Otto Opitz, Stefan Etschberger,
Wolfgang R. Burkart, Robert Klein

Mathematik

Lehrbuch für das Studium der Wirtschaftswissenschaften

DE GRUYTER
OLDENBOURG

ISBN 978-3-11-047532-6
e-ISBN (PDF) 978-3-11-047533-3
e-ISBN (EPUB) 978-3-11-047550-0

Library of Congress Cataloging-in-Publication Data
A CIP catalog record for this book has been applied for at the Library of Congress.

Bibliografische Information der Deutschen Nationalbibliothek
Die Deutsche Nationalbibliothek verzeichnet diese Publikation in der Deutschen Nationalbibliografie; detaillierte bibliografische Daten sind im Internet über http://dnb.dnb.de abrufbar.

Druck und Bindung: Hubert und Co. GmbH & Co. KG, Göttingen
♾ Gedruckt auf säurefreiem Papier
Printed in Germany

www.degruyter.com

Otto Opitz, Stefan Etschberger, Wolfgang R. Burkart, Robert Klein
Mathematik

Vorwort

Ein solider Überblick über mathematische Grundlagen ist heute unverzichtbarer Bestandteil eines modernen Studiums der Wirtschaftswissenschaften. Die Mathematik fördert zudem das Verständnis vielfältiger mathematischer Planungsmethoden sowie der Statistik und Stochastik. In allen früheren Auflagen des vorliegenden Lehrbuchs wurde versucht, die für die Ökonomie wichtigsten Bausteine der Mathematik in anspruchsvoller, aber doch auch verständlicher Form darzustellen.

Das für die Konzeption der 12. Auflage erweiterte Autorenteam war sich darin einig, dass das Niveau bisheriger Auflagen beibehalten werden sollte. Darüber hinaus sollte der Inhalt allerdings um geeignete Verfahren des Operations Research, insbesondere Methoden der Optimierung und der Finanzmathematik, erweitert werden. Damit wird u. a. die Absicht verfolgt, mathematisch-theoretische Grundlagen und deren Anwendungen, die in der Literatur häufig getrennt diskutiert werden, zu verbinden und formal aufeinander abzustimmen. Insofern wurde der Inhalt der 12. Auflage gegenüber allen Vorgängerauflagen wesentlich erweitert. Noch stärker als bisher wird das Buch somit zum umfassenden und zuverlässigen Begleiter sowohl durch das Bachelor- als auch das Masterstudium und mithin auch weiterführenden Ansprüchen gerecht.

Neu an der aktuellen Fassung ist auch die seitenweise vorgenommene *Zweispaltigkeit*. Diese soll die flüssige Lesbarkeit fördern.

Wie in früheren Auflagen setzt sich die Darstellung kapitelweise wiederkehrend aus bestimmten *Grundbausteinen* zusammen, die deutlich voneinander abgesetzt sind. Abgesehen von den Kapiteln 1, 2, 3, in denen einige elementare Grundlagen aus der Schule wiederholt werden, handelt es sich um folgende Bausteine:

- Beschreibung des mathematischen Problems und des entsprechenden ökonomischen Hintergrunds
- Definition relevanter mathematischer Begriffe
- Sätze über mathematische Zusammenhänge
- Beweis bzw. Beweisideen zu den angegebenen Sätzen
- Beispiele mit Anwendungen aus der Ökonomie
- Ergänzende Bemerkungen

Die Fülle an *Beispielen* wurde beibehalten. Relevante Beispiele fördern das generelle Verständnis der Theorie, die Einsicht in deren Anwendungsrelevanz sowie Fertigkeiten der numerischen Behandlung.

Inhaltlich unterscheidet sich das Buch von vergleichbaren Darstellungen durch die Erweiterung von Anwendungen in den Kapiteln 27 bis 30, bei denen Probleme der Finanzmathematik sowie Methoden der linearen, nichtlinearen und ganzzahligen Optimierung in einer Form dargestellt werden, die nicht nur einführenden Charakter haben.

Zur Reihung der in diesem Lehrbuch behandelten Gebiete erfolgen nun einige Anmerkungen.

Am Anfang stehen elementare Grundlagen der Schulmathematik, und zwar *arithmetische Grundlagen* in Kapitel 1 und *geometrische Grundlagen* in Kapitel 2. Kapitel 3 befasst sich mit einer Einführung in die *komplexen Zahlen* und deren Rechenregeln, die beispielsweise bei der Lösung von Differenzen- und Differentialgleichungen höherer Ordnung (Kapitel 25), bei der Bestimmung von Matrixeigenwerten (Kapitel 20, 26) oder einfach bei der Nullstellenbestimmung von Polynomen (Abschnitt 9.3) benötigt werden.

Die folgenden Kapitel 4 bis 7 sind wichtigen *formalen Grundlagen* der Mathematik gewidmet. Ziel der *Aussagenlogik* ist die Erlernung einer mathematisch korrekten Argumentation und Beweisführung. Es geht gewissermaßen darum, die Spielregeln kennenzulernen, mit denen das Gebäude der folgenden Kapitel erstellt wird. Bereits die Darstellung der elementaren *Mengenlehre* ist ohne Aussagenlogik nicht möglich. Kenntnisse der Mengenlehre sind andererseits für alle später folgenden Teilgebiete wichtig. Betrachtet man Zuordnungen von Elementen zweier Mengen unter gewissen Bedingungen, so kommt man zum Begriff der *Relation* und unter weiteren Bedingungen zum Begriff der *Abbildung* oder *Funktion*, deren Definitions- und Wertebereich wiederum Mengen sind. Andererseits geht es in der linearen Algebra um die Einführung und Beschreibung von Punktmengen n-dimensionaler Räume und darauf aufbauend um die Lösung linearer Gleichungssysteme.

Der folgende Teil des Lehrbuchs, bestehend aus den Kapiteln 8 bis 13, befasst sich mit der *Analysis von Funktionen einer Variablen*. Im Mittelpunkt stehen dabei die ausführliche Diskussion *elementarer reeller Funktionen* sowie deren *Differentiation* und *Integration*. Grundlegend für derartige Überlegungen ist die Theorie von *Zahlenfolgen* und *Reihen*, das *Grenzwertverhalten von Funktionen* und damit zusammenhängend die *Stetigkeit von Funktionen*. In der Differentialrechnung sind Fragen des Änderungsverhaltens gegenüber Funktionen zu diskutieren. Damit erweist sich die Differentialrechnung auch als wesentliche Voraussetzung für die *Kurvendiskussion* reeller Funktionen, also für Fragen der Monotonie, Konvexität und Extremwertbestimmung. Ist nur das Veränderungsverhalten einer Funktion bekannt, so kann mit Hilfe der *Integration* die Funktion explizit bestimmt werden. Damit kann die Integration reeller Funktionen als Umkehrung der Differentialrechnung gesehen werden.

Mit Fragen der *linearen Algebra* befassen sich nachfolgend die Kapitel 14 bis 20. Voraussetzung zur Behandlung dieses Gebietes sind die Begriffe der *Matrix* und des *Vektors* als spezieller Matrix sowie die relevanten Rechenregeln. Damit kann man *Punktmengen* des *n-dimensionalen Raumes*, insbesondere Teilräume, offene, abgeschlossene und konvexe Mengen in übersichtlicher Weise beschreiben. Einige Anmerkungen über *Vektorräume* verdeutlichen den Zusammenhang von Matrixeigenschaften und Punktmengen n-dimensionaler Räume. Auf diesen Überlegungen basiert schließlich die Untersuchung von linearen Gleichungssystemen und Abbildungen. Für die Lösung *linearer Gleichungssysteme* steht ein auf Gauß und Jordan zurückgehendes Verfahren im Vordergrund. Die Diskussion *linearer Abbildungen* führt zur Diskussion der Existenz *inverser Matrizen*, deren Berechnung ebenfalls mit Hilfe des Gauß-Jordan-Algorithmus erfolgt. Zur Lösung spezieller Gleichungssysteme kann auch die *Determinante* einer Matrix benutzt werden. Zentrale Bedeutung erlangt die Determinante jedoch erst bei der Behandlung von *Eigenwertproblemen* quadratischer Matrizen und beim Nachweis von *Definitheitseigenschaften* dieser Matrizen. Einerseits gelingt es, mit Hilfe der Eigenwerttheorie gleichförmige ökonomische Verhaltens- und Wachstumsprozesse zu beschreiben, andererseits sind Kurvendiskussionen bei differenzierbaren Funktionen mehrerer Variablen eng mit Definitheitseigenschaften bestimmter Matrizen und damit auch mit Eigenwertproblemen verbunden. In der linearen Algebra werden damit alle Grundlagen für die Analysis von Funktionen mehrerer Variablen gelegt.

Die *Analysis von reellen Funktionen mehrerer Variablen* ist Gegenstand der Kapitel 21 bis 23. Unter Verweis auf entsprechende Kapitel der Analysis von Funktionen einer Variablen werden die Begriffe *Stetigkeit* und *Differenzierbarkeit* erweitert. Dabei geht es insbesondere um *partielles Differenzieren*, um *Richtungsableitungen* und das *totale Differential*. Darauf aufbauend werden die Standardfragen der Monotonie, Konvexität und Extremwertbestimmung behandelt. Die Berechnung der Koeffizienten in der *einfachen linearen Regression* erweist sich als interessante Anwendung der Extremwertbestimmung. Eine kurze Übersicht über einfache Grundlagen zur *Integration von Funktionen mehrerer Variablen* schließt diesen Teil des Buches ab.

Das für den Ökonomen sehr wichtige Gebiet der *Differenzen- und Differentialgleichungen* kann in Einführungsveranstaltungen oft nur knapp abgehandelt werden. Dennoch bietet dieses Gebiet für viele ökonomische Verhaltens- und Wachstumsprozesse geeignete Modelle. Aus diesem Grunde wurde in den Kapiteln 24 bis 26 auf eine strenge Theorie zugunsten von Beispielen verzichtet. Ferner erfolgte eine weitgehende Beschränkung auf *lineare Gleichungen* bzw. *Gleichungssysteme* mit *konstanten Koeffizienten*.

Die Kapitel 27 bis 30 befassen sich mit einigen *wesentlichen Anwendungen* der Mathematik auf wirtschaftswissenschaftliche Fragestellungen.

Direkt aufbauend auf dem Kapitel 8 über Folgen und Reihen gilt die *Finanzmathematik* als wichtiger Bestandteil eines wirtschaftswissenschaftlichen Studiums. Ausgehend von der *Zins-* und *Abschreibungsrechnung* wird das *Äquivalenzprinzip der Finanzmathematik* mit seiner Relevanz für Investitions- und Finanzierungsentscheidungen dargestellt. Ergänzt wird das Kapitel 27 durch Ausführungen zur *Renten-*, *Tilgungs-* und *Kursrechnung*.

In der *linearen Optimierung* geht es zunächst um *Darstellungsformen* und die *Lösbarkeit* entsprechender Problemstellungen. Grundlage dafür sind lineare Abbildungen und Gleichungssysteme (Kapitel 17, 18). Die *Dualität* von *Maximum-* und *Minimumproblemen* steht im Zentrum des Kapitels 28. Ein interessantes

Beispiel dazu stellt das *lineare Standardtransportproblem* dar, das aufgrund seiner speziellen Struktur mit einem so genannten primal-dualen Algorithmus behandelt werden kann. Zur Lösung sehr allgemeiner Probleme wird schließlich die *Zweiphasenmethode* beschrieben.

Die *nichtlineare Optimierung* (Kapitel 29) schließt direkt an die Kapitel 21, 22 über Differentialrechnung von Funktionen mehrerer Variablen und deren Eigenschaften an. Die Erweiterung gegenüber den genannten Kapiteln besteht darin, dass analog zur linearen Optimierung *Nebenbedingungen* eine tragende Rolle spielen. In diesem Zusammenhang sind vor allem die klassischen Ansätze von *Lagrange* und *Kuhn/Tucker* zu nennen, die verfahrensbedingt Optimallösungen liefern, falls solche existieren. Demgegenüber ermitteln sogenannte *Gradienten-* oder *Strafkostenverfahren* im Allgemeinen Optimallösungen nur näherungsweise.

Die Forderung nach *Ganzzahligkeit in Optimierungsmodellen* (Kapitel 30) wurde in der Mathematik lange Zeit kaum beachtet. Neben den klassischen *Schnittebenenverfahren von Gomory* wurden für viele spezielle Anwendungen maßgeschneiderte Lösungsverfahren entwickelt. Als wichtiges allgemein orientiertes Lösungskonzept der ganzzahligen Optimierung gilt das *Branch-and-Bound-Prinzip*. Es geht dabei um die Zerlegung der Menge der zulässigen Lösungen in Teilmengen, um daraus Schranken für Optimallösungen abzuleiten.

Zweifellos können die hier diskutierten Anwendungen kaum Gegenstand der Mathematikausbildung von Studierenden im Grundstudium der Wirtschaftswissenschaften sein. Nützlich sind die entsprechenden Kapitel dennoch im Rahmen von Vorlesungen über Operations Research oder mathematische Planungsverfahren.

Mit der vorliegenden 12. Auflage erfuhr das Lehrbuch seine umfangreichste Veränderung und Erweiterung. Für die Erstellung des Manuskripts zeichnen die Autoren S. Etschberger und W. Burkart verantwortlich, für den Inhalt selbstverständlich alle vier Autoren.

Dem Verlag De Gruyter Oldenbourg, insbesondere Herrn Dr. Stefan Giesen, danken wir für die Aufgeschlossenheit in allen Fragen und die gute Zusammenarbeit.

Augsburg, im Mai 2017

Otto Opitz
Stefan Etschberger
Wolfgang Burkart
Robert Klein

Inhaltsverzeichnis

Lineare Algebra

Analysis von Funktionen mehrerer Variablen

1 Grundlagen der Arithmetik

Im ersten Kapitel behandeln wir zunächst die *reellen Zahlen* und wie man mit ihnen rechnet. Das umfasst neben den Grundrechenarten auch das Potenzieren, Radizieren und Logarithmieren. Danach besprechen wir die allgemeine Notation von Summen und Produkten mittels spezieller Symbole sowie einige grundlegende Sachverhalte der Kombinatorik. Schließlich gehen wir auf das Lösen von Gleichungen und den Umgang mit Ungleichungen ein.

1.1 Zahlenbereiche, Grundrechenarten

Ausgehend von den *natürlichen Zahlen*

$$1, 2, 3, 4, 5, \ldots$$

werden wir den Zahlenbereich schrittweise erweitern. Fügt man die Zahl 0 sowie die negativen Zahlen $-1, -2, -3, -4, -5, \ldots$ hinzu, so erhält man den Bereich der *ganzen Zahlen*. Alle denkbaren *Brüche* mit ganzen Zahlen im *Zähler* und *Nenner* – ausgenommen die Zahl 0 im Nenner – bilden den Bereich der *rationalen Zahlen*, zum Beispiel

$$\tfrac{3}{4},\ -\tfrac{1}{5},\ \tfrac{25}{7},\ \tfrac{6}{1} = 6\,.$$

Betrachtet man die Grundrechenarten der *Addition* $(+)$, *Subtraktion* $(-)$, *Multiplikation* $(\cdot)$ und *Division* $(:)$, allgemein in der Mathematik auch als Operationen bezeichnet, so gilt:

- Für zwei natürliche Zahlen a, b führen die *Summe* $a + b$ und das *Produkt* $a \cdot b$ wieder zu einer natürlichen Zahl.
- Für zwei ganze Zahlen a, b ist das Resultat von Summe, Produkt und *Differenz* $a - b$ jeweils wieder ganzzahlig.
- Für zwei rationale Zahlen a, b erhalten wir auch wieder ein rationales Ergebnis durch Summe, Produkt, Differenz und den *Quotienten* $a : b$ beziehungsweise $\frac{a}{b}$, falls b von 0 verschieden ist, kurz $b \neq 0$.

Ist der Quotient $a : b = \frac{a}{b}$ zweier ganzer Zahlen a, b ganzzahlig, so heißt a durch b *ohne Rest teilbar*. Man bezeichnet b als *Teiler* von a und a als *Vielfaches* von b.

Bei der Division der ganzen Zahlen a, b durch eine natürliche Zahl n ist es oft wichtig zu wissen, ob ein gleicher oder verschiedener Rest entsteht. Erhalten wir bei der Division $\frac{a}{n}$ und $\frac{b}{n}$ einen gleichen Rest, so ist $\frac{a-b}{n}$ ganzzahlig beziehungsweise $a - b$ durch n ohne Rest teilbar. In diesem Fall heißen die ganzen Zahlen a, b *kongruent modulo* n und man schreibt

$$a = b \pmod{n}, \tag{1.1}$$

falls $\frac{a-b}{n}$ ganzzahlig ist. Die natürliche Zahl n heißt *Modul* der Kongruenz.

Beispielsweise bedeutet

$a = 0 \pmod{n}$: a ist durch n ohne Rest teilbar.
$a = 1 \pmod{n}$: bei $\frac{a}{n}$ entsteht ein Rest von 1.

Damit gilt für alle geraden Zahlen $a = 2, 4, 6, \ldots$ beziehungsweise für alle ungeraden $b = 1, 3, 5, \ldots$

$$a = 0 \pmod{2}, \qquad b = 1 \pmod{2}\,.$$

Für rationale Zahlen existiert neben der Darstellung als *Bruch* zweier ganzer Zahlen auch die sogenannte *Dezimaldarstellung*, beispielsweise

$$\frac{6}{10} = 0 + \frac{6}{10} = 0.6$$

$$\frac{25}{8} = 3 + \frac{1}{8} = 3 + \frac{125}{1000} = 3.125$$

$$-\frac{18}{11} = -1 - \frac{7}{11} = -1 - \frac{63}{99} = -1.6363\ldots$$
$$= -1.\overline{63}$$

$$\frac{16}{7} = 2.285714\,285714\,\ldots = 2.\overline{285714}$$
$$= 2 + \frac{285714}{999999} = 2 + \frac{2 \cdot 142857}{7 \cdot 142857} = 2 + \frac{2}{7}$$

DOI: 10.1515/9783110475333-001

Man erhält jeweils *endliche* ($^6/_{10}$) oder *unendlich-periodische* ($-^{18}/_{11}$) Dezimalzahlen.

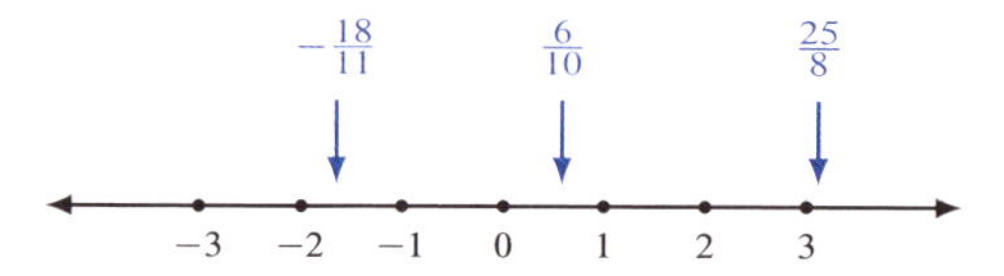

Abbildung 1.1: *Zahlengerade und rationale Zahlen*

Offenbar ist der Bereich der rationalen Zahlen noch nicht umfassend genug, um alle Punkte der Zahlengeraden zu erreichen. Beispielsweise gibt es keine rationale Zahl, die mit sich selbst multipliziert die Zahl 2 ergibt. Mit der Dezimalzahl $a = 1.414213562\ldots$ kommt man der Lösung um so näher, je mehr Dezimalstellen ausgerechnet werden. Eine sich wiederholende Ziffernfolge kann dabei jedoch nicht festgestellt werden. Man spricht von einem *unendlich-nichtperiodischen Dezimalbruch* oder von einer *irrationalen Zahl*. Irrationale Zahlen sind beispielsweise die *Eulersche Zahl* $\mathrm{e} = 2.71828\ldots$ und die *Kreiszahl* $\pi = 3.14159\ldots$.

Erweitert man den Bereich der rationalen Zahlen um die irrationalen Zahlen, so entsteht der Bereich der *reellen Zahlen*.

Jeder reellen Zahl entspricht nun ein Punkt der Zahlengeraden und jedem Punkt der Zahlengeraden eine reelle Zahl. Mit den Bezeichnungen $\mathbb{N}, \mathbb{Z}, \mathbb{Q}, \mathbb{R}$ für die genannten Zahlenbereiche erhalten wir einen hierarchischen Aufbau wie in Abbildung 1.2.

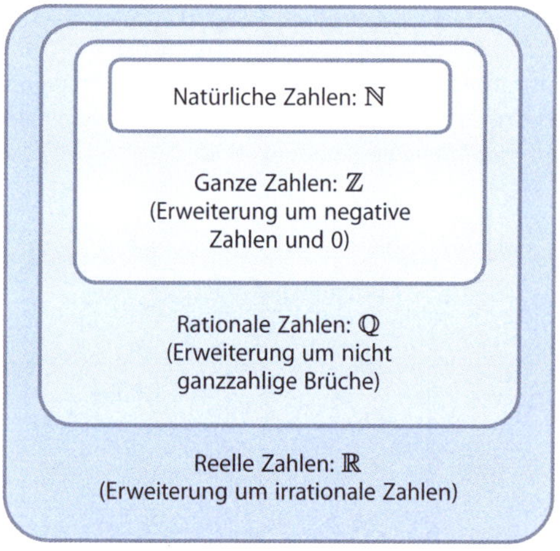

Natürliche Zahlen: $\mathbb{N}$

Ganze Zahlen: $\mathbb{Z}$
(Erweiterung um negative Zahlen und 0)

Rationale Zahlen: $\mathbb{Q}$
(Erweiterung um nicht ganzzahlige Brüche)

Reelle Zahlen: $\mathbb{R}$
(Erweiterung um irrationale Zahlen)

Abbildung 1.2: *Hierarchischer Aufbau des Zahlensystems*

Für die Verknüpfung von reellen Zahlen a, b, c gilt bezüglich der Addition:

- $a + b = b + a$
  (Kommutativgesetz der Addition)
- $(a + b) + c = a + (b + c)$
  (Assoziativgesetz der Addition)
- für alle a gibt es eine Zahl 0 mit
  $a + 0 = 0 + a = a$
- für alle a, b gibt es eine Zahl x mit
  $a + x = x + a = b$

Für die multiplikative Verknüpfung gilt:

- $a \cdot b = b \cdot a$
  (Kommutativgesetz der Multiplikation)
- $(a \cdot b) \cdot c = a \cdot (b \cdot c)$
  (Assoziativgesetz der Multiplikation)
- für alle a gibt es eine Zahl 1 mit
  $a \cdot 1 = 1 \cdot a = a$
- für alle a, b mit $a \neq 0$ gibt es eine Zahl x mit
  $a \cdot x = x \cdot a = b$

Außerdem gilt:

$$a \cdot (b + c) = a \cdot b + a \cdot c \qquad \text{(Distributivgesetz)}$$

Hier ist auf folgende Regeln zu achten:

- Multiplikation und Division haben Vorrang vor Addition und Subtraktion, z. B. $5 \cdot 3 - 5 : 2 = 15 - 2.5 = 12.5$
- Rechenoperationen in Klammern sind bevorzugt durchzuführen, z. B. $5 \cdot (3 - 0.5) = 5 \cdot 2.5 = 12.5$ (vgl. Distributivgesetz)

Daraus ergeben sich einige grundsätzliche Regeln für das *Klammerrechnen*:

$$\begin{aligned} -(a) &= -a & -(-a) &= a \\ (a + b) &= a + b & & \\ -(a + b) &= -a - b & -(a - b) &= -a + b \\ -(a \cdot b) &= (-a) \cdot b & & \\ &= -a \cdot b & (-a)(-b) &= ab \end{aligned} \tag{1.2}$$

Für das Rechnen mit *Brüchen* $\frac{a}{b}$ heißt a der *Zähler* und b der *Nenner* des Bruches. Unter der Voraussetzung, dass der Nenner jeweils verschieden von 0 ist, gelten die Regeln:

$$\frac{a}{b} \pm \frac{c}{b} = \frac{a \pm c}{b} \qquad \frac{a}{b} \pm \frac{c}{d} = \frac{a \cdot d \pm b \cdot c}{b \cdot d}$$
$$\frac{a}{b} \cdot \frac{c}{d} = \frac{a \cdot c}{b \cdot d} \qquad \frac{a}{b} = \frac{a \cdot c}{b \cdot c}$$
$$\frac{a}{b} : \frac{c}{d} = \frac{a \cdot d}{b \cdot c} \tag{1.3}$$

Beispiel 1.1

a) $$12 - (2 - 4 - (2 - 5) + (4 - 6 + 2) - (3 - (2 - 5) - 2))$$
$$= 12 - (2 - 4 + 3 + 0 - (3 + 3 - 2))$$
$$= 12 - (1 - 4) = 12 + 3 = 15$$

b) $$3 + 5(1 - 4) - 6(4 - 3(1 - 2)) \cdot 2(3 - 2 \cdot 2)$$
$$= 3 - 15 - 6(4 + 3) \cdot 2(-1)$$
$$= -12 - 42(-2) = 72$$

c) $$\left(\tfrac{5}{2} - \tfrac{2}{5}\right) \cdot 20 - \tfrac{16}{3}\left(\tfrac{3}{2} - \tfrac{3}{4}\right) - \left(\tfrac{1}{3} - \tfrac{14}{6}\right)$$
$$= \tfrac{25-4}{10} \cdot 20 - \tfrac{16}{3} \cdot \tfrac{6-3}{4} - \tfrac{2-14}{6}$$
$$= 42 - 4 + 2 = 40$$

Oft sind exakte Ergebnisse von Rechenoperationen in Dezimalschreibweise nicht erforderlich oder möglich (irrationale Zahlen). Dann beschränkt man sich im Ergebnis auf eine vorgegebene Anzahl von Nachkommastellen.

Gegebenenfalls ist dazu die auf die letzte interessierende Dezimalstelle folgende Ziffer zu betrachten. Im Fall von 0, 1, 2, 3, 4 bleibt die letzte interessierende Dezimalstelle unverändert, im Fall von 5, 6, 7, 8, 9 wird die interessierende Dezimalstelle um 1 erhöht. Man spricht dann vom *Abrunden* bzw. *Aufrunden* reeller Dezimalzahlen.

Beispiel 1.2

Wir betrachten die rationale Zahl $\frac{1}{16} = 0.0625$ sowie die irrationale Zahl $e \approx 2.7182818$.

	Gerundete Zahl	
Nachkommastellen	$\frac{1}{16}$	e
0	0	3
1	0.1	2.7
2	0.06	2.72
3	0.063	2.718

1.2 Potenzen, Wurzeln, Logarithmen

Ausgangspunkt ist zunächst für eine reelle Zahl a und eine natürliche Zahl n die Gleichung:

$$x = \underbrace{a \cdot a \cdot \ldots \cdot a}_{n-\text{mal}} = a^n \tag{1.4}$$

Das Symbol x beschreibt das *n-fache Produkt* einer reellen Zahl. Man bezeichnet a als *Basis*, n als *Exponenten*, a^n heißt die *n-te Potenz von a* oder kurz „a hoch n". Mit der Vereinbarung

$$a^{-n} = \frac{1}{a^n} \tag{1.5}$$

können wir das *Potenzieren* auf negative Exponenten erweitern.

Für ganzzahlige $m, n \neq 0$ und reelle $a, b \neq 0$ gelten die Rechenregeln:

$$a^1 = a$$
$$a^m \cdot a^n = a^{m+n}$$
$$(a^m)^n = a^{m \cdot n} = (a^n)^m$$
$$a^n \cdot b^n = (a \cdot b)^n$$
$$\frac{a^n}{b^n} = \left(\frac{a}{b}\right)^n$$
$$a^0 = a^{n-n} = a^n \cdot a^{-n} = \frac{a^n}{a^n} = 1 \tag{1.6}$$

Zusätzlich vereinbart man $0^0 = 1$.

Beispiel 1.3

$$3^2 \cdot 3^3 = 9 \cdot 27 = 243 = 3^5$$
$$(3^2)^3 = 9^3 = 729 = 3^6$$
$$3^2 \cdot 2^2 = 9 \cdot 4 = 36 = 6^2$$
$$\frac{3^2}{2^2} = \frac{9}{4} = 2.25 = \left(\frac{3}{2}\right)^2$$

Das Radizieren stellt in gewissem Sinne eine Umkehrung des Potenzierens dar. Beim *Potenzieren* sucht man zur reellen Basis a und zu ganzzahligem Exponenten n die Zahl $x = a^n$. Beim *Radizieren* sucht man eine Basis x, deren n-te Potenz die Zahl a ergibt. Betrachtet wird für eine reelle Zahl a und eine natürliche Zahl n die Gleichung

$$\underbrace{x \cdot x \cdot \ldots \cdot x}_{n\text{-mal}} = x^n = a\,. \tag{1.7}$$

Die Lösung dieser *Potenz-* oder *Wurzelgleichung* heißt die *n-te Wurzel* von a. Man schreibt

$$x = \sqrt[n]{a} = a^{\frac{1}{n}} \tag{1.8}$$

und bezeichnet a als *Radikand*, n als *Wurzelexponent*.

Wichtig erscheint schließlich der Hinweis, dass man für die n-te Wurzel einer reellen Zahl möglicherweise eine reelle Zahl, zwei reelle Zahlen oder auch keine reelle Zahl findet.

Ist n eine ungerade Zahl, so existiert für $\sqrt[n]{a}$ stets eine eindeutige reelle Lösung. Ist jedoch n eine gerade Zahl, so existiert keine reelle Lösung, wenn der Radikand a negativ ist.

Für $a > 0$ und n geradzahlig existieren immer zwei reelle Lösungen der Form x_1 und $x_2 = -x_1$ mit

$$x_1 = +\sqrt[n]{a} = \sqrt[n]{a}, \qquad x_2 = -\sqrt[n]{a} \quad \text{bzw.}$$
$$x = \pm\sqrt[n]{a}.$$

Es ergeben sich folgende Rechenregeln für ganzzahlige $m, n \neq 0$ und reelle $a, b \neq 0$:

$$\begin{aligned}
\sqrt[1]{a} &= a^{\frac{1}{1}} = a \\
\sqrt[m]{a^n} &= a^{\frac{n}{m}} \\
\sqrt[m]{a} \cdot \sqrt[n]{a} &= a^{\frac{1}{m}} a^{\frac{1}{n}} = a^{\frac{1}{m} + \frac{1}{n}} \\
&= a^{\frac{n+m}{n \cdot m}} = \sqrt[n \cdot m]{a^{n+m}} \\
\sqrt[m]{\sqrt[n]{a}} &= \sqrt[m]{a^{\frac{1}{n}}} = \left(a^{\frac{1}{n}}\right)^{\frac{1}{m}} \\
&= a^{\frac{1}{nm}} = \sqrt[nm]{a} \\
\sqrt[n]{a} \cdot \sqrt[n]{b} &= a^{\frac{1}{n}} \cdot b^{\frac{1}{n}} = (ab)^{\frac{1}{n}} = \sqrt[n]{ab}
\end{aligned} \tag{1.9}$$

Damit kann das Radizieren als Erweiterung des *Potenzierens* auf *rationale Exponenten* angesehen werden.

Oft verwendet man für $\sqrt[2]{a}$ die Abkürzung $\sqrt{a}$. Man spricht dann auch von der *Quadratwurzel* von a.

Beispiel 1.4

$$\begin{aligned}
\sqrt[3]{8^2} &= 8^{\frac{2}{3}} = 8^{\frac{1}{3} \cdot 2} = 2^2 = 4 \\
\sqrt[3]{\sqrt{729}} &= 729^{\frac{1}{2} \cdot \frac{1}{3}} = 27^{\frac{1}{3}} = 3 \\
\sqrt[3]{64} \cdot \sqrt{64} &= 64^{\frac{1}{3}} \cdot 64^{\frac{1}{2}} = 4 \cdot 8 = 32 = 64^{\frac{5}{6}} \\
\sqrt[3]{8} \cdot \sqrt[3]{27} &= 2 \cdot 3 = 6 = (8 \cdot 27)^{\frac{1}{3}}
\end{aligned}$$

Für das *Logarithmieren* geht man von zwei gegebenen positiven reellen Zahlen a, b aus. Gesucht wird ein Wert x, so dass die x-te Potenz von a gerade b ergibt, also

$$a^x = b \quad \text{bzw.} \quad x = \log_a b. \tag{1.10}$$

Die Lösung heißt der *Logarithmus von b zur Basis a*. Damit gilt für $a > 1$:

$$\log_a b \begin{cases} > 0 & \text{für } b > 1 \\ = 0 & \text{für } b = 1 \\ < 0 & \text{für } 0 < b < 1 \end{cases} \tag{1.11}$$

$$\begin{aligned}
\log_a a &= 1 \\
\log_a (b \cdot c) &= \log_a b + \log_a c \qquad (b, c > 0) \\
\log_a (b/c) &= \log_a b - \log_a c \qquad (b, c > 0) \\
\log_a \left(b^c\right) &= c \log_a b \qquad (b > 0,\ c \text{ beliebig})
\end{aligned} \tag{1.12}$$

Aus der Schule geläufig ist der *dekadische Logarithmus* oder *Zehnerlogarithmus* mit $a = 10$, also

$$\begin{aligned}
&10^x = b \text{ bzw.} && x = \log_{10} b = \log b, \\
&\text{gelegentlich auch} && x = \lg b.
\end{aligned}$$

Besonders wichtig für die Analysis ist der *natürliche Logarithmus* mit der Basis $\mathrm{e} \approx 2.71828\ldots$, bekannt als Eulersche Zahl:

$$\mathrm{e}^x = b \quad \text{bzw.} \quad x = \log_{\mathrm{e}} b = \ln b.$$

Die Logarithmen verschiedener Basen können ineinander überführt werden. Dabei überlegt man sich folgende Schritte:

$$a^x = b^y = c \qquad (\text{mit } a, b > 1 \text{ reell, } c > 0 \text{ reell})$$

Daraus folgt

$$x = \log_a c,\ y = \log_b c \quad \text{bzw.} \quad \frac{x}{y} = \frac{\log_a c}{\log_b c}$$

sowie mit den Rechenregeln in (1.12)

$$\log_a a^x = \log_a b^y \text{ bzw. } x \cdot \log_a a = x = y \log_a b$$
$$\text{bzw. } \frac{x}{y} = \log_a b.$$

Durch Gleichsetzen ergibt sich:

$$\frac{x}{y} = \log_a b = \frac{\log_a c}{\log_b c} \quad \text{bzw.} \quad \log_b c = \frac{\log_a c}{\log_a b}$$

Für $a = c$ gilt speziell $\log_b a = \frac{1}{\log_a b}$.

Beispiel 1.5

a) $\ln 10 = 2.302585\ldots = \dfrac{\log 10}{\log \mathrm{e}} = \frac{1}{0.4343\ldots}$

b) $\log \mathrm{e} = 0.4343\ldots = \dfrac{\ln \mathrm{e}}{\ln 10} = \frac{1}{2.302585\ldots}$

c) $\ln 5 + \log_5 6 = \ln 5 + \dfrac{\ln 6}{\ln 5} \approx 1.60944 + \frac{1.79176}{1.60944} = 2.72272$

d) $\ln 10 \cdot \log \mathrm{e} = \ln 10 \cdot \dfrac{\ln \mathrm{e}}{\ln 10} = 1$

e) $\log_2 8 + \log_5 25 = \log_2 2^3 + \log_5 5^2 = 3 + 2 = 5$

f) $\log_{0.1} 10 = \dfrac{\log 10}{\log 0.1} = \frac{1}{-1} = -1$

1.3 Indizierung, Summen und Produkte

Kennzeichnet man reelle Zahlen durch Symbole $a, b, c, \ldots$, so reichen diese Symbole oft nicht aus, um große Zahlenmengen darzustellen. Man verwendet dann *indizierte* Symbole $a_1, a_2, a_3, \ldots, b_1, b_2, \ldots$. Die dem Symbol a bzw. b angefügte und etwas tiefer gestellte Zahl $1, 2, 3 \ldots$ heißt *Index*. Stellt eine Unternehmung n verschiedene Produkte her, so kann man die Produktionsquantitäten etwa mit $q_1, q_2, \ldots, q_n$ oder q_j $(j = 1, \ldots, n)$ bezeichnen.

Gelegentlich ist es sogar zweckmäßig, *Doppelindizes* zu verwenden. Werden beispielsweise n verschiedene Produkte auf m Maschinen bearbeitet, so fallen für jede Einheit eines Produktes m Maschinenzeiten, also insgesamt $m \cdot n$ Zeitwerte an. Der Wert z_{ij} $(i = 1, \ldots, m,\ j = 1, \ldots, n)$ gibt die Zeit an, die die Herstellung einer Einheit des Produktes P_j auf Maschine M_i benötigt. Die Indizierung ist problemlos auf alle ganzen Zahlen ausdehnbar, also beispielsweise

$$a_{-k}, a_{-k+1}, \ldots, a_{-1}, a_0, a_1, \ldots, a_n\,.$$

Für die Addition und Multiplikation mehrerer reeller Zahlen $a_1, a_2, \ldots, a_n$ führen wir ein Summen- bzw. ein Produktsymbol ein. Für die *Summe* schreiben wir

$$a_1 + a_2 + \ldots + a_n = \sum_{i=1}^{n} a_i\,. \tag{1.13}$$

Dabei bezeichnet i den *Summationsindex*, dieser läuft von 1 als *untere Grenze* bis n als *obere Grenze*.

Für ganzzahlige m, n mit $m \leq n$ und jeweils reellen a, c, a_i, b_i, a_{ij} ergeben sich damit folgende Rechenregeln:

$$\sum_{i=m}^{n} c a_i = c \sum_{i=m}^{n} a_i$$

$$\sum_{i=m}^{n} (a_i + b_i) = \sum_{i=m}^{n} a_i + \sum_{i=m}^{n} b_i$$

$$\sum_{i=m}^{n} (a_i - b_i) = \sum_{i=m}^{n} a_i - \sum_{i=m}^{n} b_i$$

$$\sum_{i=m}^{n} a_i = \sum_{i=m}^{k} a_i + \sum_{i=k+1}^{n} a_i$$

$(k$ ist ganzzahlig mit $m \leq k \leq n)$

$$\sum_{i=m}^{n} a_i = \sum_{i=m+k}^{n+k} a_{i-k} = a_m + a_{m+1} + \ldots + a_n$$

$(k$ ist ganzzahlig$)$ (1.14)

$$\sum_{i=1}^{m} a_{ij} = a_{1j} + a_{2j} + \ldots + a_{mj} \quad (j = 1, \ldots, n)$$

$$\sum_{j=1}^{n} a_{ij} = a_{i1} + a_{i2} + \ldots + a_{in} \quad (i = 1, \ldots, m)$$

$$\begin{aligned}\sum_{i=1}^{m} \sum_{j=1}^{n} a_{ij} &= a_{11} + a_{12} + \ldots + a_{1n} + \ldots \\ &\quad + a_{m1} + a_{m2} + \ldots + a_{mn} \\ &= a_{11} + a_{21} + \ldots + a_{m1} + \ldots \\ &\quad + a_{1n} + a_{2n} + \ldots + a_{mn} \\ &= \sum_{j=1}^{n} \sum_{i=1}^{m} a_{ij}\end{aligned} \tag{1.15}$$

Damit gilt mit ganzzahligen m, n, p, q mit $m \leq n$, $p \leq q$ und reellen a_i, b_j:

$$\begin{aligned}\sum_{i=m}^{n} a_i \sum_{j=p}^{q} b_j &= \sum_{i=m}^{n} \sum_{j=p}^{q} a_i b_j = \sum_{i=m}^{n} \sum_{j=p}^{q} b_j a_i \\ &= \sum_{j=p}^{q} \sum_{i=m}^{n} b_j a_i = \sum_{j=p}^{q} \sum_{i=m}^{n} a_i b_j = \sum_{j=p}^{q} b_j \sum_{i=m}^{n} a_i\end{aligned} \tag{1.16}$$

Beispiel 1.6

a) $\sum_{k=1}^{n} a = \underbrace{a + a + \ldots + a}_{(n)\text{-mal}} = na$

b) $\sum_{k=1}^{n} k = 1 + 2 + \ldots + n = \sum_{k=3}^{n+2} (k-2)$

c) $\sum_{k=1}^{5} k^2 = 1 + 4 + 9 + 16 + 25 = 55$

d) $\sum_{i=1}^{3} \sum_{j=1}^{2} ij = 1 \cdot 1 + 1 \cdot 2 + 2 \cdot 1 + 2 \cdot 2 + 3 \cdot 1 + 3 \cdot 2 = 18$

$\sum_{i=1}^{3} i \sum_{j=1}^{2} j = (1 + 2 + 3) \cdot (1 + 2) = 18$

e) $\sum_{k=1}^{5} k \sum_{k=1}^{5} k = (1 + 2 + 3 + 4 + 5) \cdot (1 + 2 + 3 + 4 + 5) = 15 \cdot 15 = 225$

Entsprechend schreiben wir mit i als *Multiplikationsindex* für das Produkt

$$a_1 \cdot a_2 \cdot \ldots \cdot a_n = \prod_{i=1}^{n} a_i\,. \tag{1.17}$$

Damit ergeben sich für ganzzahlige k, m, n mit $m \leq k \leq n$ und jeweils reellen a, c, a_i, b_i, a_{ij} folgende Rechenregeln:

$$\begin{aligned}
\prod_{i=m}^{n} ca_i &= c^{n-m+1} \prod_{i=m}^{n} a_i \\
\prod_{i=m}^{n} a_i b_i &= \prod_{i=m}^{n} a_i \prod_{i=m}^{n} b_i \\
\prod_{i=m}^{n} \frac{a_i}{b_i} &= \prod_{i=m}^{n} a_i \Big/ \prod_{i=m}^{n} b_i \\
\prod_{i=m}^{n} a_i &= \prod_{i=m}^{k} a_i \prod_{i=k+1}^{n} a_i \\
\prod_{i=m}^{n} a_i &= \prod_{i=m+k}^{n+k} a_{i-k} \\
&= a_m \cdot a_{m+1} \cdot \ldots \cdot a_n
\end{aligned} \tag{1.18}$$

Beispiel 1.7

a) $\prod_{i=1}^{n} i = 1 \cdot 2 \cdot \ldots \cdot n$

b) $\prod_{i=1}^{n} c = \underbrace{c \cdot c \cdot \ldots \cdot c}_{(n)\text{-mal}} = c^n$

c) $\prod_{i=1}^{3} i \prod_{j=2}^{4} j = (1 \cdot 2 \cdot 3) \cdot (2 \cdot 3 \cdot 4) = 144$

$= \prod_{i=1}^{3} i \prod_{j=1}^{3} (j+1) = \prod_{i=1}^{3} \prod_{j=1}^{3} i(j+1)$

d) $\left(\prod_{i=2}^{5} i\right)^2 = (2 \cdot 3 \cdot 4 \cdot 5)^2 = 120^2 = 14400 = \prod_{i=2}^{5} i^2$

e) $\dfrac{\prod_{i=1}^{4} (i+1)}{\prod_{i=1}^{4} i} = \dfrac{2 \cdot 3 \cdot 4 \cdot 5}{1 \cdot 2 \cdot 3 \cdot 4} = \prod_{i=1}^{4} \dfrac{i+1}{i}$

1.4 Kombinatorik

Wir beschäftigen uns zunächst mit der Frage, wie viele Möglichkeiten es gibt, n verschiedene Objekte in eine Reihenfolge zu bringen. Jede derartige Reihung bezeichnet man als *Permutation*. Für die Objekte a_1, a_2, a_3 erhalten wir beispielsweise 6 Permutationen

$$\begin{matrix} (a_1, a_2, a_3) & (a_2, a_1, a_3) & (a_3, a_1, a_2) \\ (a_1, a_3, a_2) & (a_2, a_3, a_1) & (a_3, a_2, a_1)\,. \end{matrix}$$

Dieses Problem hängt eng mit dem Produkt der natürlichen Zahlen von 1 bis n zusammen (Beispiel 1.7):

$$1 \cdot 2 \cdot \ldots \cdot n = \prod_{i=1}^{n} i = n! \tag{1.19}$$

Dieser Ausdruck $n!$ wird als *n-Fakultät* bezeichnet. Beispielsweise gilt

$$1! = 1,\ 2! = 2,\ 3! = 6,\ 5! = 1 \cdot 2 \cdot 3 \cdot 4 \cdot 5 = 120\,.$$

Mit der Vereinbarung $0! = 1$ ergibt sich die Rekursionsformel

$$(n+1)! = (n+1) \cdot n! \quad \text{für } n = 0, 1, 2, \ldots .$$

Betrachten wir nun zur Bildung aller Permutationen der Objekte $a_1, \ldots, a_n$ die Objekte der Reihe nach, so ergeben sich für a_1 genau n Positionen. Liegt a_1 fest, bleiben für a_2 noch $n-1$ Positionen usw. Liegen $a_1, \ldots, a_{n-1}$ fest, so auch a_n. Wir erhalten $n(n-1) \cdot \ldots \cdot 2 \cdot 1$ Möglichkeiten. Daraus resultiert ein grundlegendes Ergebnis der Kombinatorik:

Für n verschiedene Objekte existieren $n!$ Permutationen. (1.20)

Schwieriger wird die Situation, wenn die n Objekte sich aus r Gruppen von jeweils $n_1, n_2, \ldots, n_r$ nicht unterscheidbaren Objekten mit $n_1 + n_2 + \ldots + n_r = n$ zusammensetzen. Wir bezeichnen für diesen Fall zunächst die gesuchte Anzahl von Permutationen mit x. Nimmt man an, alle n_1 Objekte der ersten Gruppe wären unterscheidbar, so gäbe es in dieser Gruppe $n_1!$ Permutationen. Die Gesamtzahl aller Permutationen würde von x auf $x \cdot n_1!$ anwachsen. In gleicher Weise verfährt man mit allen weiteren Gruppen, so dass die Gesamtzahl der Permutationen schließlich auf $x \cdot n_1! \cdot n_2! \cdot \ldots n_r!$ ansteigen würde. Dieses Ergebnis muss dann aber mit der Anzahl $n!$ der Permutationen von n verschiedenen Objekten übereinstimmen. Wir erhalten die Gleichheit

$$x \cdot n_1! \cdot n_2! \cdot \ldots \cdot n_r! = n!$$

und damit das Ergebnis:

Für n Objekte, die sich aus r Gruppen mit $n_1, n_2, \ldots, n_r$ nicht unterscheidbaren Objekten zusammensetzen, existieren

$$x = \frac{n!}{n_1! \cdot n_2! \cdot \ldots \cdot n_r!} \tag{1.21}$$

Permutationen. Insbesondere erhält man für $r = 2$ Gruppen mit $n_1 = k, n_2 = n - k$ nicht unterscheidbaren Objekten nach Formel (1.21)

$$x = \frac{n!}{k!\,(n-k)!}$$

Permutationen. Da dieses Ergebnis eine wichtige Rolle für binomische Ausdrücke der Form $(a+b)^n$ spielt, bezeichnet man für $k, n = 0, 1, 2, \ldots$ und $k \leq n$

$$\frac{n!}{k!\,(n-k)!} = \binom{n}{k} \tag{1.22}$$

als *Binomialkoeffizient „n über k"* oder *„k aus n"*. Es gilt damit auch:

$$\binom{n}{k} = \frac{n \cdot (n-1) \cdot \ldots \cdot (n-k+1)}{1 \cdot 2 \cdot \ldots \cdot k}$$

Für $k > n$ setzt man $\binom{n}{k} = 0$.

Beispiel 1.8

a) Für die Objekte

$$a, a, a, a, a, b, b, b, b, c, c, c, d$$

ist $n = 13, n_1 = 5, n_2 = 4, n_3 = 3, n_4 = 1$. Wir erhalten

$$\frac{13!}{5! \cdot 4! \cdot 3! \cdot 1!} = \frac{6 \cdot 7 \cdot 8 \cdot 9 \cdot 10 \cdot 11 \cdot 12 \cdot 13}{4! \cdot 3!} = 7 \cdot 4 \cdot 9 \cdot 10 \cdot 11 \cdot 13 = 360360\,.$$

b) In einem Regal einer Hochschulbibliothek sollen drei Exemplare des gleichen Lehrbuches der BWL sowie je zwei gleiche Lehrbücher der Ingenieurmathematik und der Informatik untergebracht werden. Unterscheidet man die Bücher nach ihrer Signatur, gibt es für die 7 Bücher insgesamt $7! = 5040$ Permutationen. Werden die Bücher nur nach ihrem Titel unterschieden, so erhält man

$$\frac{7!}{3! \cdot 2! \cdot 2!} = 210$$

mögliche Permutationen. Sollen die Bücher eines Titels jeweils zusammenstehen, so gibt es lediglich $3! = 6$ Permutationen.

c) $$\binom{8}{1} = \frac{8!}{1! \cdot 7!} = \binom{8}{7} = 8\,,$$

$$\binom{5}{3} = \frac{5!}{3! \cdot 2!} = \frac{4 \cdot 5}{1 \cdot 2} = 10\,,$$

$$\binom{6}{2} = \frac{6!}{2! \cdot 4!} = \frac{5 \cdot 6}{1 \cdot 2} = 15\,,$$

Für die Binomialkoeffizienten gelten folgende Rechenregeln mit $k, n = 0, 1, 2, \ldots$ und $k \leq n$:

$$\binom{n}{k} = \frac{n!}{k!\,(n-k)!} = \binom{n}{n-k} \qquad (1.23)$$

$$\begin{aligned}
&\binom{n}{k} + \binom{n}{k+1} \\
&= \frac{n!}{k!\,(n-k)!} + \frac{n!}{(k+1)!\,(n-k-1)!} \\
&= \frac{n!\,(k+1) + n!\,(n-k)}{(k+1)!\,(n-k)!} = \frac{n!\,(n+1)}{(k+1)!\,(n-k)!} \\
&= \binom{n+1}{k+1} \qquad (1.24)
\end{aligned}$$

Mit (1.23) erhält man speziell für $k = 0$ bzw. $k = n$

$$\binom{n}{0} = \binom{n}{n} = 1\,.$$

Wir wenden uns nun den *binomischen Ausdrücken* der Form $(a+b)^n$ zu. Für $n = 0, 1, 2, \ldots$ berechnet man:

$$\begin{aligned}
(a+b)^0 &= 1 \\
(a+b)^1 &= 1a + 1b \\
(a+b)^2 &= 1a^2 + 2ab + 1b^2 \\
(a+b)^3 &= 1a^3 + 3a^2b + 3ab^2 + 1b^3 \\
(a+b)^4 &= 1a^4 + 4a^3b + 6a^2b^2 + 4ab^3 + 1b^4
\end{aligned}$$

Hier zeigt sich, dass – abgesehen von den Einsen am linken und rechten Rand der Formeln – die „inneren“ Koeffizienten mit der Summe der beiden unmittelbar über ihnen links und rechts stehenden Koeffizienten übereinstimmen.

Mit Hilfe von (1.23) und (1.24) kann man die Koeffizienten der binomischen Formeln im *Pascalschen Dreieck* wie in Abbildung 1.3 anordnen.

Aus Abbildung 1.3 ergibt sich die *Binomische Formel* für a, b als reelle Zahlen und n als natürliche Zahl:

$$\begin{aligned}
(a+b)^n &= a^n + na^{n-1}b + \binom{n}{2}a^{n-2}b^2 \\
&\quad + \ldots + nab^{n-1} + b^n \\
&= \sum_{i=0}^{n} \binom{n}{i} \cdot a^{n-i} \cdot b^i \qquad (1.25)
\end{aligned}$$

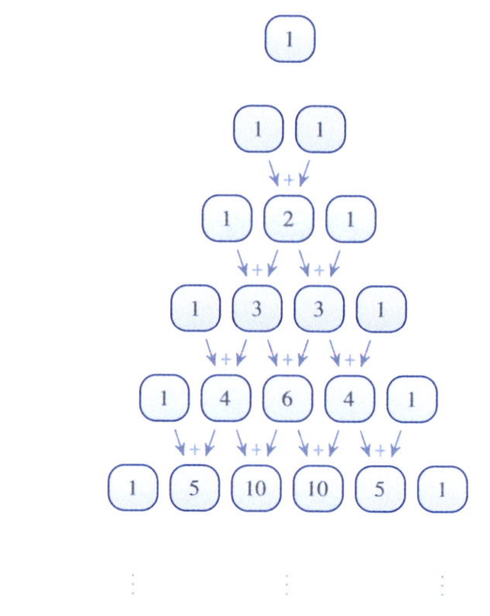

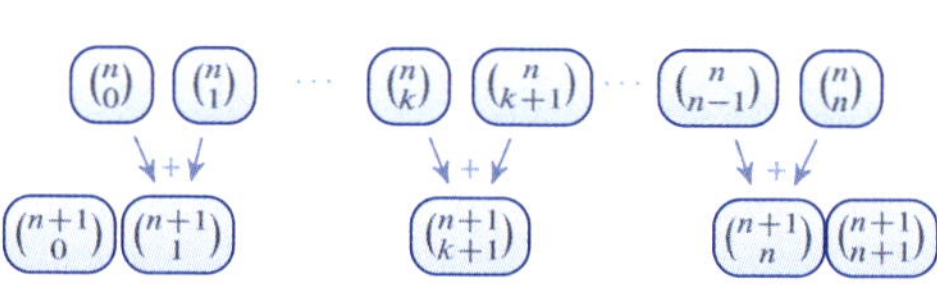

Abbildung 1.3: *Zahlendreieck nach Pascal (1623–1662)*

Wir kehren zur Bestimmung der Anzahl bestimmter Permutationen zurück und führen den Begriff der Kombination ein.

Für die natürlichen Zahlen k und n bezeichnet man jede Zusammenstellung von k aus n Elementen als eine *Kombination k-ter Ordnung*.

Je nachdem, ob es dabei auf die Reihenfolge der Zusammenstellung ankommt, unterscheiden wir Kombinationen

- *mit Berücksichtigung der Reihenfolge*,
- bzw. *ohne Berücksichtigung der Reihenfolge*.

Je nachdem, ob Elemente auch mehrmals ausgewählt werden können, unterscheiden wir Kombinationen

- *mit Wiederholung*,
- bzw. *ohne Wiederholung*.

Insgesamt sind also die vier in Tabelle 1.1 dargestellten Fälle zu diskutieren.

Reihenfolge	Wiederholung mit	Wiederholung ohne
mit	n^k *Fall (a)*	$\frac{n!}{(n-k)!}$ *Fall (b)*
ohne	$\binom{n+k-1}{k}$ *Fall (d)*	$\binom{n}{k}$ *Fall (c)*

Tabelle 1.1: *Anzahl Kombinationen k-ter Ordnung aus n Elementen*

Wir diskutieren zunächst ein einfaches Beispiel.

Beispiel 1.9

Bei einem Wurf zweier Würfel soll i für die Augenzahl des ersten und j für die Augenzahl des zweiten Würfels stehen. Man erhält also Ergebnisse der Form (i, j). Die folgende Tabelle enthält alle möglichen Ergebnisse:

(1,1)	(1,2)	(1,3)	(1,4)	(1,5)	(1,6)
(2,1)	(2,2)	(2,3)	(2,4)	(2,5)	(2,6)
(3,1)	(3,2)	(3,3)	(3,4)	(3,5)	(3,6)
(4,1)	(4,2)	(4,3)	(4,4)	(4,5)	(4,6)
(5,1)	(5,2)	(5,3)	(5,4)	(5,5)	(5,6)
(6,1)	(6,2)	(6,3)	(6,4)	(6,5)	(6,6)

Wir stellen fest, dass wir es mit Kombinationen zweiter Ordnung bei einer Basis von 6 Elementen zu tun haben und diskutieren die auftretenden 4 Fälle aus Tabelle 1.1.

a) Soll die Reihenfolge berücksichtigt werden, also beispielsweise $(3, 5) \neq (5, 3)$ und eine Wiederholung möglich sein, beispielsweise $(2, 2)$, so erhalten wir $36 = 6^2$ Ergebnisse.

b) Soll die Reihenfolge berücksichtigt werden, eine Wiederholung aber ausgeschlossen sein, so entfallen die 6 Ergebnisse $(1, 1), (2, 2), \ldots, (6, 6)$. Die Anzahl der Kombinationen beträgt damit $36 - 6 = 30 = \frac{6!}{4!}$.

c) Soll die Reihenfolge nicht berücksichtigt werden und eine Wiederholung ausgeschlossen sein, so entfallen gegenüber b) die Hälfte der Ergebnisse, beispielsweise alle (i, j) mit $i < j$, es verbleiben noch $\frac{30}{2} = 15 = \binom{6}{2}$ Ergebnisse.

d) Soll schließlich die Reihenfolge nicht berücksichtigt werden, eine Wiederholung aber zulässig sein, so kommen gegenüber c) wieder die 6 Ergebnisse $(1, 1), (2, 2), \ldots, (6, 6)$ dazu. Damit beträgt die Anzahl der Ergebnisse

$$15 + 6 = 21 = \binom{7}{2} = \binom{6+2-1}{2}.$$

In diesem Beispiel finden wir die vier möglichen Fälle von Tabelle 1.1 bestätigt. Dennoch schließen wir etwas allgemeinere Überlegungen an.

Fall (a): mit Reihenfolge, mit Wiederholung

Bei der Auswahl jedes der k Elemente gibt es n Möglichkeiten, da sowohl die Reihenfolge der Elemente berücksichtigt wird, als auch Wiederholungen zugelassen sind. Wir erhalten insgesamt

$$\underbrace{n \cdot n \cdot \ldots \cdot n}_{k\text{-mal}} = n^k$$

Möglichkeiten.

Fall (b): mit Reihenfolge, ohne Wiederholung

Sollen gegenüber Fall (a) lediglich Wiederholungen ausgeschlossen sein, so haben wir bei der Auswahl von k aus n Elementen zur Besetzung der ersten Position n Möglichkeiten, zur Besetzung der zweiten Position $n - 1$ Möglichkeiten und schließlich zur Besetzung der k-ten Position noch $n - k + 1$ Möglichkeiten, wir erhalten

$$n \cdot (n-1) \cdot \ldots \cdot (n-k+1) = \frac{n!}{(n-k)!}$$

Möglichkeiten.

Fall (c): ohne Reihenfolge, ohne Wiederholung

Dieser Fall unterscheidet sich vom Fall (b) dadurch, dass die Reihenfolge der k Elemente nicht mehr berücksichtigt wird. Sei nun x die Anzahl der Kombinationen k-ter Ordnung ohne Wiederholung und ohne Berücksichtigung der Reihenfolge. Nehmen wir an, wir müssten die Reihenfolge in der Kombination doch berücksichtigen, so ergäben sich $k!$ Möglichkeiten für jede der x Kombinationen, also insgesamt $x \cdot k!$ Möglichkeiten und wir erhalten Fall (b). Daraus resultiert die Gleichung $x \cdot k! = \frac{n!}{(n-k)!}$ beziehungsweise für x

$$\frac{n!}{(n-k)! \cdot k!} = \binom{n}{k}.$$

Fall (d): ohne Reihenfolge, mit Wiederholung

Gegenüber Fall (c) wird die Wiederholung wieder zugelassen, wobei die Reihenfolge der Elemente wie in Fall (c) unberücksichtigt bleibt.

Ein Objekt kann nun bis zu k-mal ausgewählt werden. Dazu ergänzt man $a_1, \ldots, a_n$ um $k-1$ weitere Objekte $b_1, \ldots, b_{k-1}$, von denen jedes für eine Wiederholung steht. Wird beispielsweise a_1 als erstes Objekt ausgewählt und j-mal wiederholt ($j = 1, \ldots, k-1$), so enthält die entsprechende Kombination die Objekte $a_1, b_1, \ldots, b_j$. Wird a_1 erstmals als i-tes Objekt ausgewählt und j-mal wiederholt ($j = 1, \ldots, k-i$), so enthält die Kombination die Objekte $a_1, b_i, \ldots, b_{i+j-1}$. Damit ist die Anzahl von Kombinationen k-ter Ordnung aus n Objekten $a_1, \ldots, a_n$ mit Wiederholung und ohne Berücksichtigung der Reihenfolge gleich der Anzahl von Kombinationen k-ter Ordnung aus $n+k-1$ Objekten $a_1, \ldots, a_n, b_1, \ldots, b_{k-1}$ ohne Wiederholung und ohne Berücksichtigung der Reihenfolge. Wir erhalten den Fall c) mit

$$\binom{n+k-1}{k}$$

Möglichkeiten.

Beispiel 1.10

a) Hat ein zehnköpfiger Aufsichtsrat aus seiner Mitte einen ersten und einen zweiten Vorsitzenden sowie einen Schriftführer zu wählen, so handelt es sich um eine Kombination dritter Ordnung mit Berücksichtigung der Reihenfolge, aber ohne Wiederholung; ferner ist $n = 10$. Damit gibt es $\frac{10!}{7!} = 10 \cdot 9 \cdot 8 = 720$ Möglichkeiten.

b) In der Elferwette des Fußballtotos sind elf Spiele jeweils mit 1, 0 oder 2 zu tippen. Die Reihenfolge der Spiele ist vorgegeben. In diesem Fall erhalten wir $3^{11} = 177\,147$ mögliche Tippreihen.

c) Im Zahlenlotto hat man 6 verschiedene aus 49 möglichen Zahlen anzukreuzen. Die Reihenfolge der Auswahl bleibt unberücksichtigt. Es ergeben sich

$$\binom{49}{6} = 13\,983\,816$$

Möglichkeiten.

d) In einem Supermarkt sollen im Lauf einer Woche sechs Werbeaktionen erfolgen. Zur Auswahl stehen Lautsprecherdurchsagen, Handzettel- und Plakatwerbung. Wir erhalten $n = 3$, $k = 6$. Damit gibt es keine Kombination ohne Wiederholung. Mit Wiederholung ergeben sich $3^6 = 729$ Möglichkeiten, falls die Reihenfolge der Aktionen eine Rolle spielt, andernfalls $\binom{3+6-1}{6} = \binom{8}{6} = 28$ Möglichkeiten.

1.5 Gleichungen mit einer Variablen

Beim Rechnen mit reellen Zahlen in den Abschnitten 1.1 und 1.2 wurden Symbole $a, b, c, d, \ldots$ verwendet, die stellvertretend für bestimmte Zahlen stehen, also im konkreten Anwendungsfall vorgegeben sind. Man nennt sie *Konstanten* oder *Parameter*. Sollen Symbole, etwa $x, y, \ldots$, im Rahmen gewisser Bedingungen einen oder mehrere zunächst unbekannte Werte annehmen können, so spricht man von *Variablen*. Werden nun zwei *Ausdrücke* oder *Terme*, bestehend aus Konstanten, Variablen und deren Verknüpfungen durch algebraische Operationen, beispielsweise

$$a + x, \quad \frac{ax^2}{b}, \quad \sqrt{xy} - \frac{a}{b}, \quad ab - b^2,$$

mit einem Gleichheitszeichen = verbunden, so spricht man von einer *Gleichung*. Zur Umformung einer Gleichung $A = B$ mit den Termen A, B nutzt man folgende Regeln:

Rechenregel	Gleichung $A = B$
Vertauschen der Seiten	$B = A$
Addition/Subtraktion eines Terms C	$A + C = B + C$ $A - C = B - C$
Multiplikation/Division eines Terms C	$A \cdot C = B \cdot C$ $A/C = B/C$

Tabelle 1.2: *Umformung von Gleichungen*

Wir behandeln zunächst *lineare Gleichungen* der Form

$$ax + b = 0 \qquad (1.26)$$

mit x als Variable, $a \neq 0, b$ als gegebene reelle Konstanten. Die eindeutige Lösung ist dann

$$x = -\frac{b}{a}.$$

Beispiel 1.11

a) Aus

$$2x + (5x + 6) = 5 - (2 - 4x)$$

folgt nach Zusammenfassung schrittweise

$$\begin{aligned} 7x + 6 &= 3 + 4x \quad \text{(Addition von } -4x - 6) \\ 3x &= -3 \quad \text{(Division durch 3)} \\ x &= -1 \end{aligned}$$

b) Aus

$$\frac{2}{x+1} - \frac{3}{x} = \frac{-2}{x+1}$$

folgt nach Multiplikation mit $(x+1)x$ schrittweise

$$\begin{aligned} 2x - 3(x+1) &= -2x \quad \text{(Ausmultiplizieren)} \\ 2x - 3x - 3 &= -2x \quad \text{(Addition von } 2x + 3) \\ x &= 3 \end{aligned}$$

Sogenannte *Verhältnisgleichungen* der Form

$$\frac{a}{b} = \frac{c}{d}$$

sind als lineare Gleichungen darstellbar, wenn drei der vier Größen bekannt sind. In der *Prozentrechnung* entspricht beispielsweise a dem *Prozentwert*, b dem *Grundwert*, c dem *Prozentsatz* (%) und $d = 100$.

Beispiel 1.12

a) 7200 von 15000 Studierenden einer Universität sind weiblich. Dann gilt:

$$\frac{p}{100} = \frac{7200}{15000} \text{ bzw. } p = \frac{720000}{15000} = 48\,(\%)$$

48% der Studierenden sind weiblich, 52% männlich.

b) Der Preis für 500 g Kaffee sei 6 €. Bei einem Wechselkurs von 1.3 (Dollar/Euro) ergibt sich folgender Preis in Dollar:

$$\frac{1.3}{1} = \frac{x}{6} \text{ bzw. } x = 6 \cdot 1.3 = 7.8\,\text{(Dollar)}$$

c) 24 Lampen benötigen nach 80-stündiger Brennzeit 180 kW h. Für den kW h-Verbrauch von 20 Lampen gleicher Stärke ergeben sich bei 100-stündiger Brennzeit

$$\frac{24 \cdot 80}{20 \cdot 100} = \frac{180}{x} \quad \text{bzw.}$$
$$x = \frac{20 \cdot 100 \cdot 180}{24 \cdot 80} = 187.5\,\text{kW h}.$$

d) Der Einkaufspreis eines Artikels beträgt 50 €, der Verkaufspreis 65 €. Dann gilt für den prozentualen Aufschlag:

$$\frac{65-50}{50} = \frac{x}{100} \quad \text{bzw.}$$
$$x = \frac{100 \cdot (65-50)}{50} = 30\,(\%)$$

e) Auf den Preis eines Gutes wird ein Rabatt von 8 % gewährt, auf den verminderten Preis zusätzlich 2.5 % Skonto- Der Kunde bezahlt schließlich 8.97 €.

Für den ursprünglichen Preis erhalten wir

$$\begin{aligned} \frac{x}{8.97} &= \frac{100}{100-8} \cdot \frac{100}{100-2.5} \\ &= \frac{100}{92} \cdot \frac{100}{97.5} \\ x \cdot 92 \cdot 97.5 &= 89700 \\ x &= 10\,(€)\,. \end{aligned}$$

Eine *quadratische Gleichung* ist gegeben durch

$$ax^2 + bx + c = 0 \tag{1.27}$$

mit x als Variable, $a \neq 0, b, c$ als gegebene reelle Konstante.

Mit Hilfe der *binomischen Formeln*

$$(u \pm v)^2 = u^2 \pm 2uv + v^2 \tag{1.28}$$

erhält man schrittweise:

$$\begin{aligned} ax^2 + bx + c &= 0 \\ x^2 + \tfrac{b}{a}x + \tfrac{c}{a} &= 0 \\ x^2 + 2\tfrac{b}{2a}x + \left(\tfrac{b}{2a}\right)^2 - \left(\tfrac{b}{2a}\right)^2 + \tfrac{c}{a} &= 0 \\ \left(x + \tfrac{b}{2a}\right)^2 &= \tfrac{b^2}{4a^2} - \tfrac{c}{a} \\ x + \tfrac{b}{2a} &= \pm\sqrt{\tfrac{b^2}{4a^2} - \tfrac{c}{a}} \\ x &= -\tfrac{b}{2a} \pm \tfrac{1}{2a}\sqrt{b^2 - 4ac} \\ x &= \frac{1}{2a}\left(-b \pm \sqrt{b^2 - 4ac}\right) \end{aligned}$$

Die sogenannte *Diskriminante* $(b^2 - 4ac)$ ist entscheidend für die Art der Lösung der quadratischen Gleichung. Eine reellwertige Lösung kann nämlich nur existieren, wenn $(b^2 - 4ac)$ nicht negativ ist.

Im Einzelnen existieren für

- $b^2 - 4ac > 0$ zwei reelle Lösungen

$$x_{1/2} = \frac{1}{2a}\left(-b \pm \sqrt{b^2 - 4ac}\right), \qquad (1.29)$$

- $b^2 - 4ac = 0$ eine „zweifache" reelle Lösung

$$x_1 = x_2 = -\frac{b}{2a},$$

- $b^2 - 4ac < 0$ keine reelle Lösung der quadratischen Gleichung.

Beispiel 1.13

a) Für $3x^2 + 4x + 2 = 0$ ist

$$b^2 - 4ac = 4^2 - 4 \cdot 6 = -8 < 0,$$

also existiert keine reelle Lösung.

b) Für $9x^2 + 6x + 1 = 0$ ist

$$b^2 - 4ac = 36 - 4 \cdot 9 = 0,$$

es existiert eine zweifache reelle Lösung

$$x_1 = x_2 = -\tfrac{6}{18} = -\tfrac{1}{3}.$$

c) Für $8x^2 - 6x + 1 = 0$ ist

$$b^2 - 4ac = 36 - 4 \cdot 8 = 4 > 0,$$

es existieren zwei reelle Lösungen

$$x_1 = \tfrac{1}{16}(6 + 2) = \tfrac{1}{2},$$
$$x_2 = \tfrac{1}{16}(6 - 2) = \tfrac{1}{4}.$$

Im Zusammenhang mit dem Potenzieren, Radizieren und Logarithmieren haben wir unterschiedliche *nichtlineare* Potenz- bzw. Exponentialgleichungen kennen gelernt, die jeweils unter gewissen Voraussetzungen reelle Lösungen besitzen.

Seien a, b Konstanten und x die Variable, für die im Rahmen der jeweiligen Gleichung eine Lösung gesucht wird. Damit fassen wir die auftretenden Fälle in der folgenden Tabelle 1.3 zusammen:

Potenz- bzw. Exponentialgleichungen	reelle Lösungen existieren, falls
$x = a^b$	$a > 0, b$ reell $a < 0, b = \frac{p}{q}$ [1)] $a = 0, b > 0$
$x^b = a$ oder $x = \sqrt[b]{a} = a^{\frac{1}{b}}$	$a > 0, b$ reell $a = 0, b \neq 0$ $a < 0, b = \frac{p}{q}$ [1)]
$b^x = a$ oder $x = \log_b a$	$a > 0,$ $b > 0,$ $b \neq 1$

[1)] Dabei gilt für $\frac{p}{q}$ jeweils: p ganzzahlig, q ungerade, also $q = \pm 1, \pm 3, \ldots$ und $\frac{p}{q}$ gekürzt

Tabelle 1.3: *Existenz von Lösungen für Potenz- und Exponentialgleichungen*

Für Potenz- und Exponentialgleichungen allgemeiner Art ergänzen wir in Tabelle 1.4 die in Tabelle 1.2 angegebenen Rechenregeln:

Rechenregel	Gleichung $A = B$
Potenzieren mit n natürlich	$A^n = B^n$
Radizieren mit n natürlich, $A, B > 0$	$\sqrt[n]{A} = \sqrt[n]{B}$
Potenzieren mit reeller Basis $a > 0, a \neq 1$	$a^A = a^B$
Logarithmieren mit reeller Basis $a > 1$ sowie $A, B > 0$	$\log_a A = \log_b B$

Tabelle 1.4: *Umformungen von nichtlinearen Gleichungen*

Beispiel 1.14

Für

$$\sqrt{x-2}+4=x$$

erhält man nach der Subtraktion von 4 schrittweise:

$$\sqrt{x-2}=x-4 \qquad \text{(quadrieren)}$$
$$x-2=x^2-8x+16 \quad \text{(Addition von } -x+2\text{)}$$
$$0=x^2-9x+18 \qquad \text{(Lösen der quadratischen Gleichung)}$$
$$x=\tfrac{1}{2}\left(9\pm\sqrt{81-72}\right)=\tfrac{1}{2}(9\pm 3)$$
$$x_1=6, \quad x_2=3$$

Die Rechenprobe zeigt für $x_1=6$

$$\sqrt{6-2}+4=2+4=6$$

beziehungsweise für $x_2=3$

$$\sqrt{3-2}+4=1+4\neq 3\,.$$

Wir erhalten also nur eine Lösung $x_1=6$.

Beispiel 1.15

Für

$$\sqrt[3]{x^2-1}=1$$

erhält man durch Potenzieren mit 3:

$$x^2-1=1^3=1 \qquad \text{(Addition von 1)}$$
$$x^2=2$$
$$x_1=\sqrt{2}, \quad x_2=-\sqrt{2}$$

Die Rechenprobe

$$\sqrt[3]{\left(\pm\sqrt{2}\right)^2-1}=\sqrt[3]{2-1}=1$$

bestätigt beide erhaltene Lösungen

$$x_1=\sqrt{2} \quad \text{und} \quad x_2=-\sqrt{2}\,.$$

Beispiel 1.16

Für die Exponentialgleichung

$$2\cdot 3^{2x-1}=7\cdot 3^{x+1}$$

erhält man nach Logarithmieren schrittweise:

$$\log_3 2+(2x-1)\log_3 3$$
$$=\log_3 7+(x+1)\log_3 3 \qquad (\log_3 3=1)$$

$$(2x-1)\cdot 1-(x+1)\cdot 1$$
$$=\log_3 7-\log_3 2 \qquad \text{(Rechenregeln für Logarithmen)}$$

$$x-2=\frac{\ln 7}{\ln 3}-\frac{\ln 2}{\ln 3}=\frac{\ln 7-\ln 2}{\ln 3}=\frac{\ln 7/2}{\ln 3}$$
$$x=\frac{\ln 7/2}{\ln 3}+2\approx 3.14\ldots$$

Die Rechenprobe $2\cdot 3^{5.28}\approx 661\approx 7\cdot 3^{4.14}$ bestätigt die Lösung.

Beispiel 1.17

Die Gleichung

$$\ln(2x+1)^2=2$$

ergibt nach Potenzieren mit der Basis e:

$$(2x+1)^2=\mathrm{e}^2 \qquad \text{(Quadratwurzel)}$$
$$2x+1=\pm\mathrm{e}$$
$$x_1=\tfrac{\mathrm{e}-1}{2}, \quad x_2=\tfrac{-\mathrm{e}-1}{2}$$

Die Rechenprobe liefert

$$\ln(\pm\mathrm{e}-1+1)^2=\ln(\pm\mathrm{e})^2=2$$

und bestätigt damit beide Lösungen x_1, x_2 für die obige Gleichung.

Anhand dieser Beispiele fassen wir das Vorgehen bei derartigen Gleichungen zusammen:

1. Eliminieren der Potenzen durch Radizieren oder Logarithmieren (Beispiel 1.16, 1.17) beziehungsweise Eliminieren von Wurzeln oder Logarithmen durch Potenzieren (Beispiel 1.14, 1.15)
2. Lösen der Gleichung, falls möglich
3. Überprüfen der Lösung durch eine Rechenprobe

1.6 Ungleichungen mit einer Variablen

Neben dem Gleichheitszeichen = existieren für den Vergleich von Zahlen oder Termen weitere Symbole. Es bedeuten:

$a \neq b$: a ist ungleich b

$a \underset{(=)}{<} b$: a ist kleiner (oder gleich) b

$a \underset{(=)}{>} b$: a ist größer (oder gleich) b

Zur Umformung einer Ungleichung $A \leq B$ mit den Termen A, B nutzt man unter anderem die Regeln in Tabelle 1.5.

Rechenregel	Ungleichung $A \leq B$
Vertauschen der Seiten	$B \geq A$
Addition/Subtraktion eines Terms C	$A \pm C \leq B \pm C$
Multiplikation/Division eines Terms $C > 0$	$A \cdot B \leq B \cdot C$ $A/C \leq B/C$
Multiplikation/Division eines Terms $C < 0$	$A \cdot B \geq B \cdot C$ $A/C \geq B/C$

Tabelle 1.5: *Umformung von Ungleichungn*

Entsprechend zu (1.26) besitzt die lineare Ungleichung

$$ax + b \leq 0 \tag{1.30}$$

mit x als Variable, $a \neq 0$, b als gegebene reelle Konstanten die Lösung

$$x \leq -\frac{b}{a} \text{ für } a > 0 \quad \text{bzw.} \quad x \geq -\frac{b}{a} \text{ für } a < 0\,.$$

Wir betrachten nun Ausschnitte reeller Zahlen zwischen Werten a und b mit $b > a$. Dann verwendet man die Schreibweise

- $[a, b]$ für ein *abgeschlossenes Intervall*, falls $a \leq x \leq b$,
- (a, b) für ein *offenes Intervall*, falls $a < x < b$,
- $(a, b]$ für ein *linksseitig offenes* und *rechtsseitig abgeschlossenes* Intervall, falls $a < x \leq b$,
- $[a, b)$ für ein *linksseitig abgeschlossenes* und *rechtsseitig offenes* Intervall, falls $a \leq x < b$.

Entsprechend dazu enthalten die Intervalle

$(-\infty, b]$ alle reellen Zahlen mit $x \leq b$,
(a, ∞) alle reellen Zahlen mit $x > a$,
$(-\infty, \infty)$ alle reellen Zahlen, also $-\infty < x < \infty$.

Für $a = b$ besteht das Intervall $[a, b] = [a, a]$ aus einem Wert $x = a$, für $a > b$ enthält das Intervall $[a, b]$ keine Werte.

Beispiel 1.18

Zur Lösung der Ungleichung

$$\frac{x+1}{x-2} > \frac{1}{2}$$

mit $x \neq 2$ unterscheiden wir zwei Fälle:

I) $x > 2$:
$$\begin{aligned} 2(x+1) &> x-2 \\ 2x+2 &> x-2 \\ x &> -4 \end{aligned}$$
Aus $x > 2$ und $x > -4$ ergibt sich $x > 2$.

II) $x < 2$:
$$\begin{aligned} 2(x+1) &< x-2 \\ 2x+2 &< x-2 \\ x &< -4 \end{aligned}$$
Aus $x < 2$ und $x < -4$ ergibt sich $x < -4$.

Gesamtlösung: x liegt entweder im Intervall $(-\infty, -4)$ oder in $(2, \infty)$

Arbeitet man nur mit der Addition bzw. Subtraktion, kann man zur Lösung von Bruchungleichungen in manchen Fällen auf Fallunterscheidungen verzichten.

Beispiel 1.19

Für die Ungleichung

$$\frac{2}{x-1} \leq \frac{1}{x+1}$$

mit $x \neq \pm 1$ ergeben sich folgende gleichwertige Darstellungen:

$$\begin{aligned} \frac{2}{x-1} - \frac{1}{x+1} &\leq 0 \\ \frac{2 \cdot (x+1) - 1 \cdot (x-1)}{(x-1)(x+1)} &\leq 0 \\ \frac{2x+2-x+1}{(x-1)(x+1)} &\leq 0 \\ \frac{x+3}{(x-1)(x+1)} &\leq 0 \end{aligned}$$

Damit sieht man unmittelbar durch Betrachtung der Vorzeichen der einzelnen Faktoren in Zähler und Nenner, dass x aus dem Intervall $(-\infty, -3)$ oder aus $(-1, 1)$ die Ungleichung lösen.

Der *Betrag* oder *Absolutbetrag* einer reellen Zahl a

$$|a| = \begin{cases} a & \text{für} \quad a \geq 0 \\ -a & \text{für} \quad a < 0 \end{cases} \tag{1.31}$$

ist auf der Zahlengeraden als Abstand vom Nullpunkt interpretierbar. Es gilt:

$$\begin{aligned} -|a| \leq a \leq |a| &= |-a| \\ |a+b| &\leq |a| + |b| \\ |a-b| &\leq |a| - |b| \\ |ab| &= |a| \cdot |b| \\ |a:b| &= |a| : |b| \end{aligned} \tag{1.32}$$

Beispiel 1.20

Gesucht sind alle x, die die Betragsungleichung

$$|x-2| \leq |x| + 1$$

erfüllen. Es ergeben sich 3 Fälle:

I) $x \geq 2$:

$$x - 2 \leq x + 1 \text{ bzw. } 0 \leq 3\,,$$

also für alle $x \geq 2$ lösbar

II) $0 \leq x < 2$:

$$2 - x \leq x + 1 \text{ bzw. } 1 \leq 2x\,,$$

also $\frac{1}{2} \leq x$

III) $x < 0$:

$$2 - x \leq -x + 1 \text{ bzw. } 2 \leq 1\,,$$

also unlösbar

Wir erhalten im

Fall I) die Lösung $x \geq 2$ und im

Fall II) die Lösung $\frac{1}{2} \leq x < 2$.

Damit ist die Ungleichung lösbar für alle x mit

$$x \geq \frac{1}{2}\,.$$

Beispiel 1.21

Auch die Lösung der Gleichung

$$\frac{|x+1|}{|x|} = \frac{1}{x} + 1 \quad (x \neq 0)$$

erhält man durch Fallunterscheidung:

I) $x > 0$:

$$x + 1 = 1 + x$$

gilt für alle reellen x

II) $-1 \leq x < 0$:

$$x + 1 = -1 - x \text{ bzw. } x = -1$$

III) $x < -1$:

$$-(x+1) = -1 - x$$

gilt für alle reellen x

Wir erhalten im

Fall I) die Lösung $x > 0$, im

Fall II) die Lösung $x = -1$ und im

Fall III) die Lösung $x \leq -1$.

Damit ist die Ungleichung lösbar für alle x aus dem Intervall $(-\infty, -1)$ oder $(0, \infty)$.

Wir betrachten nun quadratische Ungleichungen der Form

$$ax^2 + bx + c \geq 0 \quad (\leq 0) \tag{1.33}$$

mit x als Variable, $a \neq 0$, b, c als gegebene reelle Konstanten. Nach (1.27) besitzt die zugehörige Gleichung

I) zwei verschiedene reelle Lösungen x_1, x_2 mit $x_1 > x_2$ für

$$b^2 - 4ac > 0\,,$$

II) eine „zweifache" reelle Lösung $x_1 = x_2$ für

$$b^2 - 4ac = 0\,,$$

III) keine reelle Lösung für

$$b^2 - 4ac < 0\,.$$

Für die gegebene Ungleichung orientiert sich die Lösung am Koeffizienten der höchsten x-Potenz, also am Wert a. Dann gilt für $a > 0$ ($a < 0$) in Abhängigkeit der Lösungen für die zugehörige Gleichung

$$\begin{aligned} &\text{I)} && ax^2 + bx + c \geq 0 \quad (\leq 0) \\ & && \text{für } x \geq x_1 \text{ und für } x \leq x_2 \\ & && ax^2 + bx + c \leq 0 \quad (\geq 0) \\ & && \text{für } x_2 \leq x \leq x_1\,, \\ &\text{II)} && ax^2 + bx + c \geq 0 \,(\leq 0) \\ & && \text{für alle reellen } x\,, \\ &\text{III)} && ax^2 + bx + c > 0 \,(< 0) \\ & && \text{für alle reellen } x\,. \end{aligned} \tag{1.34}$$

Beispiel 1.22

a) Für $3x^2 + 4x + 2 = 0$ existiert keine reelle Lösung (Beispiel 1.13a). Damit gilt

$$3x^2 + 4x + 2 > 0$$

für alle reellen x (Fall III).

b) Für $9x^2 + 6x + 1 = 0$ existiert eine zweifache reelle Lösung $x = -\frac{1}{3}$ (Beispiel 1.13b). Damit gilt $9x^2 + 6x + 1 > 0$ für alle $x \neq -\frac{1}{3}$ (Fall II).

c) Für $-x^2 + 1 = -(x+1)(x-1) = 0$ existieren zwei reelle Lösungen $x_1 = 1$, $x_2 = -1$ mit $x_1 > x_2$. Damit gilt nach Fall I)

$$-x^2 + 1 \leq 0 \qquad \text{für } x \geq 1 \text{ und } x \leq -1$$

$$-x^2 + 1 \geq 0 \qquad \text{für } -1 \leq x \leq 1$$

Abschließend behandeln wir exemplarisch einige Wurzel- und Exponentialungleichungen.

Beispiel 1.23

Für $\sqrt{x-2} + 4 = x$ erhält man die Lösung

$$x = 6\,. \qquad \text{(Beispiel 1.14)}$$

Für $x \geq 6$ wächst die linke Seite der Gleichung schwächer als die rechte Seite. Damit gilt mit

$$\sqrt{x-2} \geq 0 \qquad \text{bzw. } x \geq 2$$

$$\sqrt{x-2} + 4 \leq x \qquad \text{für } x \geq 6 \text{ bzw.}$$

$$\sqrt{x-2} + 4 \geq x \qquad \text{für } 2 \leq x \leq 6$$

Für $x<2$ gibt es keine Lösung der Ungleichungen

$$\sqrt{x-2} + 4 \leq x \quad \text{bzw.} \quad \sqrt{x-2} + \geq x\,.$$

Beispiel 1.24

Für $\sqrt[3]{x^2 - 1} = 1$ erhält man nach Beispiel 1.15 die Lösungen

$$x = \pm\sqrt{2}\,.$$

Bei konstanter rechter Seite wächst die linke Seite der Gleichung mit wachsendem x^2. Damit gilt

$$\sqrt[3]{x^2 - 1} \geq 1 \qquad \text{für } x \geq \sqrt{2}$$

$$\text{und für } x \leq -\sqrt{2}$$

$$\sqrt[3]{x^2 - 1} \leq 1 \qquad \text{für } -\sqrt{2} \leq x \leq \sqrt{2}$$

Somit gilt für alle reellen $x \neq \pm\sqrt{2}$ entweder

$$\sqrt[3]{x^2 - 1} > 1 \quad \text{oder} \quad \sqrt[3]{x^2 - 1} < 1\,.$$

Beispiel 1.25

Für $1 + e^x = e^{x+1}$ erhält man:

$$\begin{aligned} 1 + e^x &= e^x \cdot e^1 \\ 1 &= e^x \cdot e^1 - e^x \\ 1 &= e^x(e-1) \\ (e-1)^{-1} &= e^x \\ \ln(e-1)^{-1} &= x \\ -\ln(e-1) &= x < 0 \end{aligned}$$

Für $1 + e^x \leq e^{x+1}$ erhält man nach geeigneten Umformungen $-\ln(e-1) \leq x$.

Entsprechend folgt aus $1 + e^x \geq e^{x+1}$

$$-\ln(e-1) \geq x\,.$$

Damit gilt für die reellen $x \neq -\ln(e-1)$ entweder

$$1 + e^x < e^{x+1} \quad \text{oder} \quad 1 + e^x > e^{x+1}\,.$$

Für $1 + e^x \geq e^{x+1}$ ist x stets negativ.

Relevante Literatur

Arrenberg, Jutta u. a. (2013). *Vorkurs in Wirtschaftsmathematik*. 4. Aufl. Oldenbourg, Kap. 2, 5–10

Bosch, Karl (2010). *Brückenkurs Mathematik: Eine Einführung mit Beispielen und Übungsaufgaben*. 14. Aufl. De Gruyter Oldenbourg, Kap. 2–14, 16, 17

Cramer, Erhard und Nešlehová, Johanna (2015). *Vorkurs Mathematik: Arbeitsbuch zum Studienbeginn in Bachelor-Studiengängen*. 6. Aufl. Springer Spektrum, Kap. 1, 3, 4, 6–8

Kemnitz, Arnfried (2014). *Mathematik zum Studienbeginn: Grundlagenwissen für alle technischen, mathematisch-naturwissenschaftlichen und wirtschaftswissenschaftlichen Studiengänge*. 11. Aufl. Springer Spektrum, Kap. 1, 2, 9

Opitz, Otto u. a. (2014). *Mathematik: Übungsbuch für das Studium der Wirtschaftswissenschaften*. 8. Aufl. De Gruyter Oldenbourg, Kap. 1

Purkert, Walter (2014). *Brückenkurs Mathematik für Wirtschaftswissenschaftler*. 8. Aufl. Springer Gabler, Kap. 1, 2

Schäfer, Wolfgang u. a. (2006). *Mathematik-Vorkurs: Übungs- und Arbeitsbuch für Studienanfänger*. 6. Aufl. Vieweg+Teubner, Kap. 1-3, 6, 10, 12, 14

Schwarze, Jochen (2011a). *Elementare Grundlagen der Mathematik für Wirtschaftswissenschaftler*. 8. Aufl. NWB, Kap. 4–10

Tietze, Jürgen (2013). *Einführung in die angewandte Wirtschaftsmathematik: Das praxisnahe Lehrbuch – inklusive Brückenkurs für Einsteiger*. 17. Aufl. Springer Spektrum, Kap. 1.2

2 Grundlagen der Geometrie

In diesem Kapitel stehen die Grundlagen der *Geometrie* im Mittelpunkt. Dabei geht es um ebene sowie räumliche Geometrie, Trigonometrie und einige Aspekte der analytischen Geometrie der Ebene.

2.1 Ebene Geometrie

Ausgangspunkt sind die Begriffe

Punkt: $\bullet A$

Strecke mit Begrenzungspunkten: A —— B

Gerade:

Linie:

Kreislinie: *Winkel:* C, A, B, D, P, α

Ein Punkt P, der in A beginnend sich auf der Kreislinie im Gegenuhrzeigersinn bewegt, beschreibt einen Winkel α. Wir vereinbaren das *Gradmaß*

$$\alpha = \begin{cases} 0^\circ & \text{für } P = A \\ 90^\circ & \text{für } P = B \\ 180^\circ & \text{für } P = C \\ 270^\circ & \text{für } P = D \end{cases}$$

Für einen vollen Umlauf von P auf der Kreislinie gilt $\alpha = 360^\circ$. Ferner spricht man von einem

spitzen Winkel für α aus $(0, 90^\circ)$

rechten Winkel für $\alpha = 90^\circ$

stumpfen Winkel für α aus $(90^\circ, 180^\circ)$

gestreckten Winkel für $\alpha = 180^\circ$

vollen Winkel für $\alpha = 360^\circ$

Zwei unterschiedliche Geraden der Ebene verlaufen entweder *parallel* oder sie besitzen einen *Schnittpunkt* wie in Abbildung 2.1 ersichtlich.

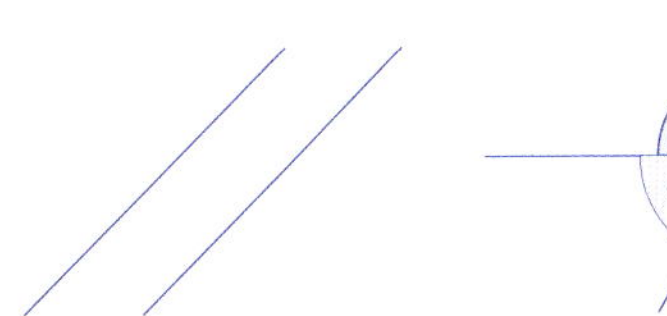

Abbildung 2.1: *Zwei parallele Geraden (links) und zwei Geraden mit Schnittpunkt*

Für die dabei auftretenden Winkel im Schnittpunkt von Geraden gilt

$$\alpha_1 + \beta_1 = \alpha_2 + \beta_2 = 180^\circ, \quad \alpha_1 = \alpha_2, \ \beta_1 = \beta_2 .$$

Zwei Geraden heißen *senkrecht zueinander* oder *orthogonal*, falls $\alpha_1 = \alpha_2 = \beta_1 = \beta_2 = 90^\circ$.

Schneiden sich drei Geraden einer Ebene paarweise, so erhalten wir ein *Dreieck* (Abbildung 2.2) mit den *Ecken* oder *Eckpunkten* A, B, C, den *Seiten* a, b, c und den Winkeln α, β, γ.

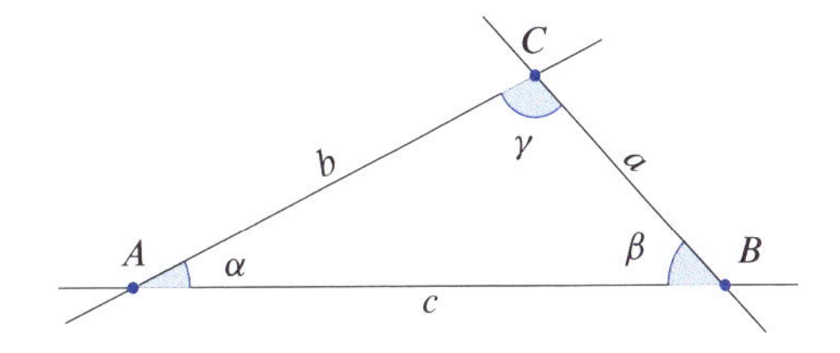

Abbildung 2.2: *Allgemeines Dreieck*

Dabei gilt stets:

$$\alpha + \beta + \gamma = 180^\circ ,$$
$$a < b + c , \ b < a + c , \ c < a + b .$$

Je nach dem größten Winkel unterscheidet man spitzwinklige, rechtwinklige und stumpfwinklige Dreiecke. In einem *gleichschenkligen* Dreieck sind zwei Seiten gleich lang, in einem *gleichseitigen* Dreieck alle drei Seiten.

DOI: 10.1515/9783110475333-002

Für ein *rechtwinkliges Dreieck* z. B. mit $\gamma = 90°$ in Abbildung 2.2 gilt der *Satz des Pythagoras*:

$$a^2 + b^2 = c^2 \tag{2.1}$$

Während der *Umfang* eines beliebigen Dreiecks mit $u = a + b + c$ einfach zu berechnen ist, benötigen wir für die *Fläche* den Begriff der *Höhe*, d. h. einer Strecke, die von einer Ecke ausgehend orthogonal zur gegenüber liegenden Seite bzw. deren Verlängerung ist (Abbildung 2.3).

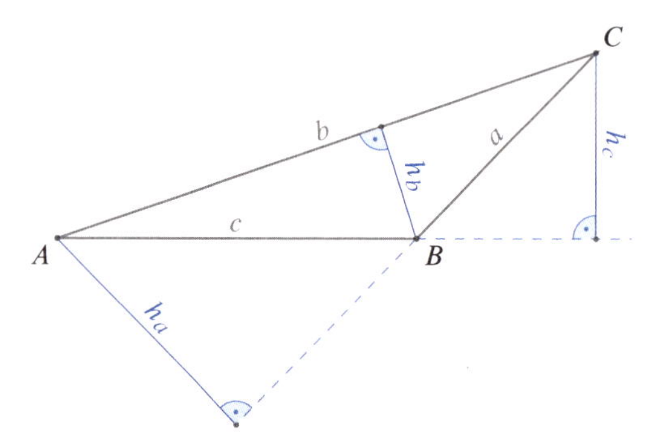

Abbildung 2.3: *Höhen in einem stumpfwinkligen Dreieck*

Dann gilt für die *Fläche*

$$F = \tfrac{1}{2} a h_a = \tfrac{1}{2} b h_b = \tfrac{1}{2} c h_c \,. \tag{2.2}$$

Eine von vier Strecken begrenzte Fläche der Ebene heißt *Viereck* (siehe Abbildung 2.4) mit den Ecken A, B, C, D , den Seiten a, b, c, d und den Winkeln $\alpha, \beta, \gamma, \delta$.

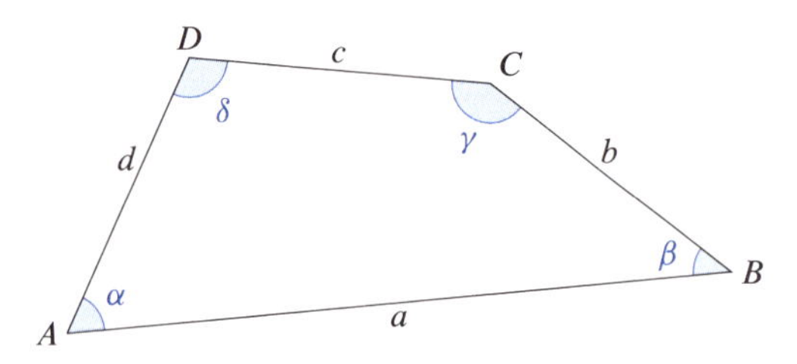

Abbildung 2.4: *Allgemeines Viereck*

Da sich ein Viereck stets in zwei Dreiecke zerlegen lässt, gilt für die Winkelsumme $\alpha + \beta + \gamma + \delta = 360°$. Der Umfang ist $a + b + c + d$.

Ein Viereck mit zwei parallelen Seiten heißt *Trapez* mit der Fläche

$$F = \frac{1}{2}(a + c)\,h \,.$$

Dabei sind a, c parallel und die Höhe h entspricht dem Abstand von a und c.

Ein Viereck mit je zwei parallelen Seiten heißt *Parallelogramm* mit der Fläche

$$F = a h_a \,.$$

Dabei ist a eine beliebige Seite und die Höhe h_a der Abstand zwischen a und der dazu parallelen Seite.

Ein Viereck mit den Seiten $a = c$ und $b = d$ sowie $\alpha = \beta = \gamma = \delta = 90°$ heißt *Rechteck* mit der Fläche

$$F = ab \,.$$

Dabei sind die Seiten a, b orthogonal. Ein Rechteck mit vier gleich langen Seiten heißt *Quadrat* mit der Fläche $F = a^2$.

Ein von $n \geq 3$ Strecken begrenzte Fläche der Ebene heißt *n-Eck* mit einer Winkelsumme von $(n - 2) \cdot 180°$. Sind alle Begrenzungsstrecken gleich lang und alle Winkel gleich groß, so spricht man von einem *regelmäßigen* n-Eck.

Beispiel 2.1

Der dargestellte Weg (Maße in Metern) von einem Meter Breite soll mit rechteckigen Steinen, die 20 cm lang und 8 cm breit sind, gepflastert werden.

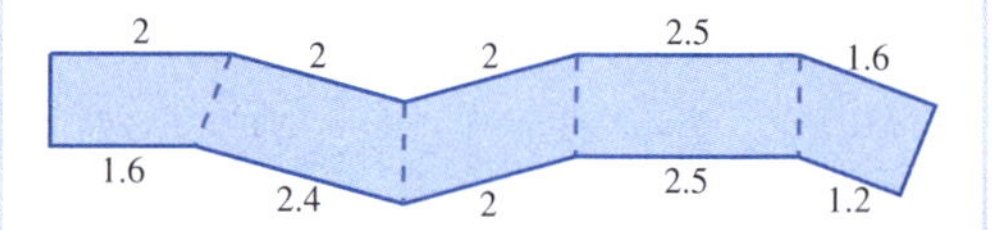

Für Verschnitt, Abfall etc. ist ein Zuschlag von 5 % zu rechnen. Gesucht ist die Anzahl der benötigten Steine.

Für die Wegfläche gilt (von links gerechnet):

$$\underset{\text{(Trapez)}}{\tfrac{1}{2}(2 + 1.6) \cdot 1} + \underset{\text{(Trapez)}}{\tfrac{1}{2}(2 + 2.4) \cdot 1}$$

$$+ \underset{\text{(Parallelogramm)}}{2 \cdot 1} + \underset{\text{(Rechteck)}}{2.5 \cdot 1}$$

$$+ \underset{\text{(Trapez)}}{\tfrac{1}{2}(1.6 + 1.2) \cdot 1}$$

$$= 1.8 + 2.2 + 2 + 2.5 + 1.4 = 9.9\,(\mathrm{m}^2)$$

Die Anzahl der Steine mit Zuschlag beträgt

$$\frac{9.9}{0.08 \cdot 0.2} \cdot 1.05 = 649.6875$$

Damit werden aufgerundet 650 Steine benötigt.

Beispiel 2.2

Ein rechteckiges Haus ist 12 Meter lang, 8 Meter breit, 7 Meter hoch (ohne Dach). Für eine Tür entfallen an den Außenwänden 2m^2, für 7 Fenster jeweils 2.5m^2 und für weitere 5 Fenster pro Fenster 1.5m^2. Gesucht ist die kg-Menge an Farbe für einen Fassadenanstrich, wenn 1kg Farbe für 8m^2 reicht. Für die Fassadenfläche errechnen wir

$$\begin{aligned}&2\cdot 12\cdot 7+2\cdot 8\cdot 7-2-7\cdot 2.5-5\cdot 1.5\\&=280-27=253\,(\text{m}^2)\,.\end{aligned}$$

Damit ergibt sich für die benötigte Farbmenge $253 : 8 = 31.625\,(\text{kg})$.

Die Menge aller Punkte der Ebene, die von einem Punkt M den gleichen Abstand r haben, heißt *Kreis* mit dem *Mittelpunkt* M und dem *Radius* r. Mit $\pi \approx 3.14159$ beträgt der Kreisumfang $2r\pi$ und die Fläche $r^2\pi$ für beliebiges $r > 0$.

Eine Gerade, die den Kreis schneidet, heißt *Sekante*, die entsprechende durch den Kreis begrenzte Strecke *Sehne*. Eine Sehne durch den Mittelpunkt entspricht dem *Durchmesser* $2r$ des Kreises. Eine Gerade, die den Kreis in einem Punkt berührt, heißt *Tangente* (Abbildung 2.5).

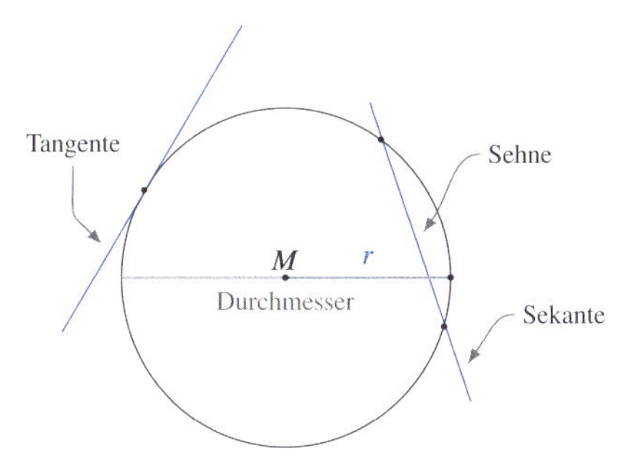

Abbildung 2.5: *Sehne, Sekante, Tangente eines Kreises*

Ferner erhält man sogenannte Kreissektoren und Kreissegmente (Abbildung 2.6) in Abhängigkeit eines Mittelpunktswinkels α. Offenbar besteht zwischen dem Bogen b und dem Winkel α der Zusammenhang

$$\frac{b}{2r\pi}=\frac{\alpha}{360}\quad\text{bzw.}\quad b=\frac{\alpha}{360}\cdot 2r\pi \tag{2.3}$$

Für den Flächeninhalt F des Kreissektors gilt entsprechend

$$\frac{F}{r^2\pi}=\frac{\alpha}{360}\quad\text{bzw.}\quad F=\frac{\alpha}{360}\cdot r^2\pi=\frac{br}{2}\,. \tag{2.4}$$

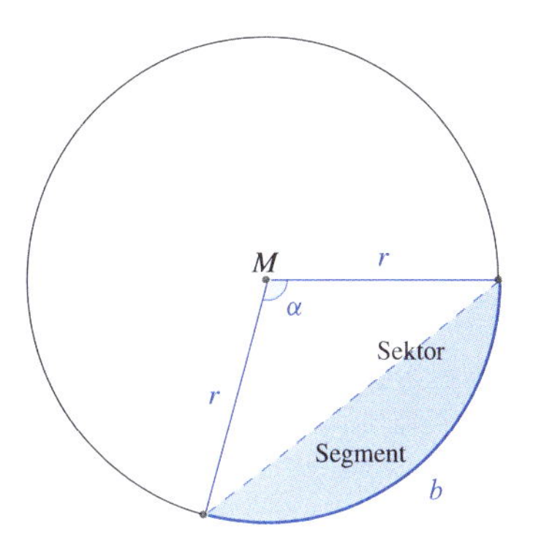

Abbildung 2.6: *Kreissektor und Kreissegment zum Mittelpunktswinkel* α

Die Fläche eines Kreissegments ergibt sich schließlich aus der Differenz der Fläche eines Kreissektors und eines gleichschenkligen Dreiecks.

Beispiel 2.3

Wir nehmen an, die Erde sei eine ideale Kugel mit dem Radius r. Um die Erdkugel werde am Äquator ein Kabel gelegt, das 5 Meter länger als der Erdumfang ist. Für den Fall, dass das Kabel überall den gleichen Abstand von der Erdoberfläche hat, ist dieser Abstand zu berechnen.

Der Erdumfang sei $2r\pi$. Damit gilt:

$$\begin{aligned}&2r\pi+5=2(r+x)\pi\\&\text{bzw.}\quad 5=2x\pi \qquad \text{bzw.}\quad x\approx 0.8\,\text{m}\end{aligned}$$

Das Ergebnis $x \approx 0.8$ m ist überraschenderweise unabhängig vom wahren Radius der Erde.

Beispiel 2.4

In einem Kreis mit dem Radius r ist die Fläche F des Kreissektors S für $\alpha = 90°$ zu berechnen. Man bestimme ferner einen Kreis K, dessen Fläche mit F identisch ist. Das Verhältnis der Umfänge von K und S ist anzugeben.

$$F=\frac{90\pi r^2}{360}=\frac{\pi r^2}{4}=x^2\pi\quad\text{bzw.}\quad x=\frac{r}{2}$$

Damit ist $x = \frac{r}{2}$ der Radius von K. Das gesuchte Umfangverhältnis beträgt

$$\frac{2\cdot\frac{r}{2}\pi}{\frac{90\cdot 2\pi r}{360}+2r}=\frac{r\pi}{\frac{r\pi}{2}+2r}=\frac{2\pi}{\pi+4}\,.$$

2.2 Räumliche Geometrie

In diesem Abschnitt stellen wir in den Abbildungen 2.7 bis 2.13 wichtige Gebilde im dreidimensionalen Raum graphisch dar und geben dazu einige Kenngrößen an.

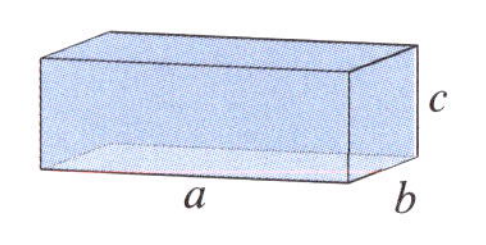

Volumen
$V = a \cdot b \cdot c$

Oberfläche
$O = 2ab + 2ac + 2bc$

Abbildung 2.7: *Quader mit Seitenlängen* a, b, c

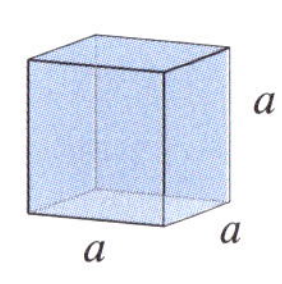

Volumen
$V = a^3$

Oberfläche
$O = 6a^2$

Abbildung 2.8: *Würfel mit Seitenlänge* a

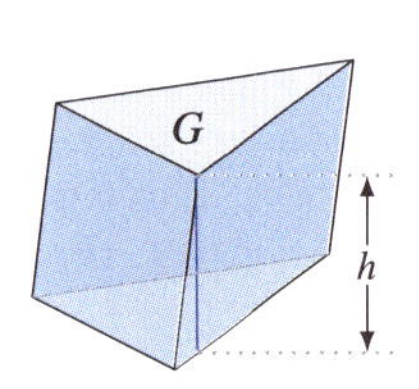

Volumen
$V = Gh$

Mantelfläche
$M = Uh$

Oberfläche
$O = 2G + Uh$

Abbildung 2.9: *Prisma mit dreieckiger Grundfläche* G *und* U *als Umfang des Grunddreiecks*

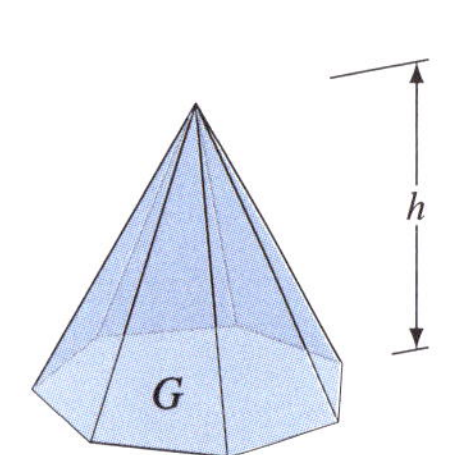

Volumen
$V = \frac{1}{3}Gh$

Oberfläche
$O = G + 7D$

Abbildung 2.10: *Pyramide mit siebeneckiger Grundfläche* G *und sieben Seitendreiecken mit jeweils der Fläche* D

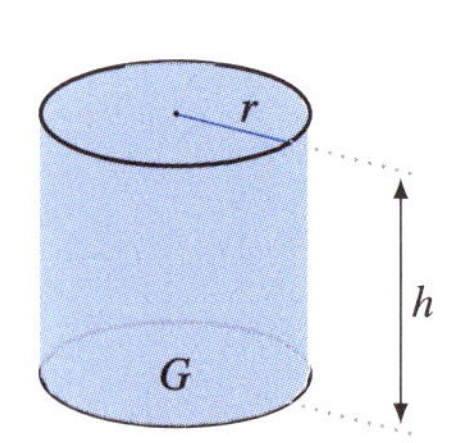

Volumen
$V = Gh = r^2\pi \cdot h$

Mantelfläche
$M = 2r\pi \cdot h$

Oberfläche
$O = 2r\pi h + 2r^2\pi$

Abbildung 2.11: *Kreiszylinder mit Radius* r

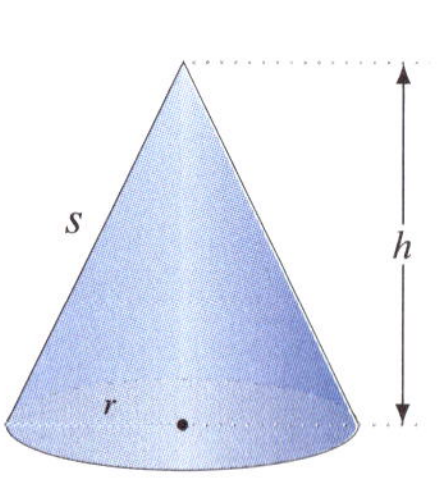

Volumen
$V = \frac{1}{3}r^2\pi \cdot h$

Mantelfläche
$M = \pi r s$
(mit $s = \sqrt{r^2 + h^2}$)

Oberfläche
$O = \pi r s + r^2\pi$

Abbildung 2.12: *Kreiskegel mit Radius* r

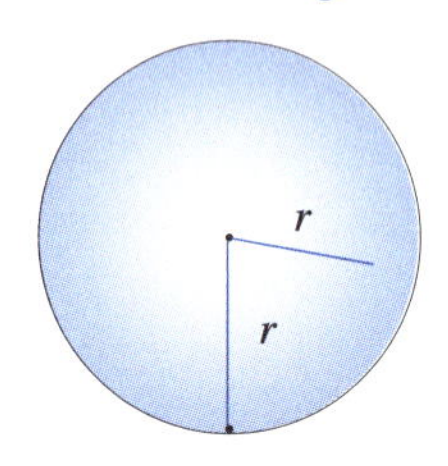

Volumen
$V = \frac{4}{3}r^3\pi$

Oberfläche
$O = 4r^2\pi$

Abbildung 2.13: *Kugel mit Radius* r

Beispiel 2.5

1000 m Kupferdraht (Dichte 8.8 g/cm^3) wiegen 5 kg. Man berechne den Durchmesser.

$$\begin{aligned} 5000\,\text{g} &= 8.8\,\text{g/cm}^3 \cdot \text{Volumen Kreiszylinder} \\ &= 8.8\,\text{g/cm}^3 \cdot r^2\pi \cdot 100\,000\,\text{cm} \end{aligned}$$

bzw.

$$r^2 = \frac{5}{100 \cdot 8.8\pi}\text{cm}^2 = 0.0018\,\text{cm}^2$$

bzw.

$$2r = 0.085\,\text{cm} = 0.85\,\text{mm}$$

Der Kupferdraht hat einen Durchmesser von 0.85 mm.

Beispiel 2.6

Aus einem Würfel mit der Seitenlänge $a = 10\,\text{cm}$ wird eine Kugel mit dem Radius $r = 5\,\text{cm}$ herausgeschnitten. Dann besitzt der Abfall das Volumen

$$\begin{aligned} V &= 1000\,\text{cm}^3 - \tfrac{4}{3} \cdot 125\pi\,\text{cm}^3 \\ &= 476.4\,\text{cm}^3\,. \end{aligned}$$

Abschließend behandeln wir wichtige Schnitte durch einen Kegel und erhalten daraus die bekannten Kegelschnitte in Abbildung 2.14.

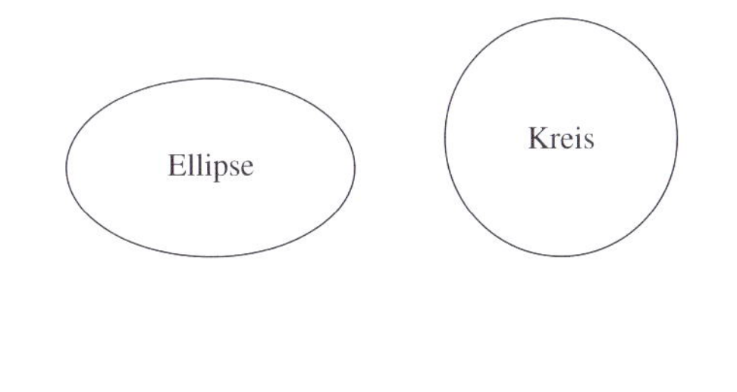

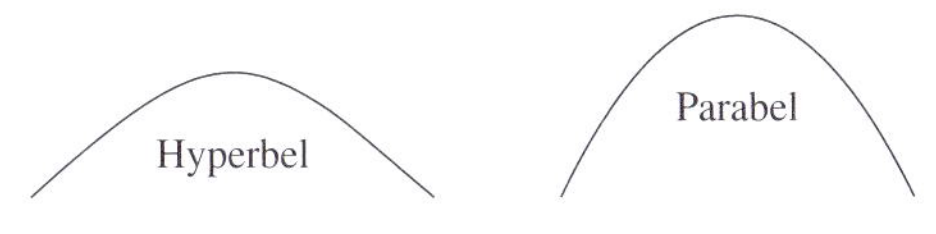

Abbildung 2.14: *Kegelschnitte*

Die Verbindungsstrecke einer Kegelspitze mit dem Kreismittelpunkt ist die *Rotationsachse* des Kegels. Ein gerader Schnitt durch den Kegel längs der Rotationsachse ergibt ein Dreieck (Abbildung 2.15).

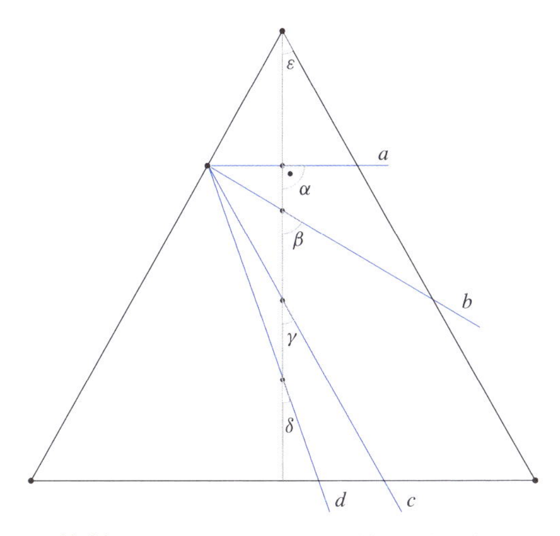

Abbildung 2.15: *Kegelschnitte in Abhängigkeit des Schnittwinkels zur Rotationsachse*

Damit ergeben sich die in Abbildung 2.14 skizzierten Gebilde in Abhängigkeit der Schnittwinkel $\alpha, \beta, \delta, \gamma$ und zwar (Abbildung 2.15)

für $\alpha = 90°$ (Schnitt a) ein Kreis,

für $\varepsilon < \beta < 90°$ (Schnitt b) eine Ellipse,

für $\gamma = \varepsilon$ (Schnitt c) eine Parabel,

für $0 < \delta < \varepsilon$ (Schnitt d) eine Hyperbel.

2.3 Trigonometrie

Wir gehen von einem Kreis mit Radius $r > 0$ aus und variieren den in Abbildung 2.16 angegebenen Winkel α zwischen 0° und 360°. Entsprechend bewegt sich der Kreisbogen zwischen 0 und $2r\pi$ (Kapitel 2.1). Man bezeichnet α als *Gradmaß*, x als *Bogenmaß* des Winkels.

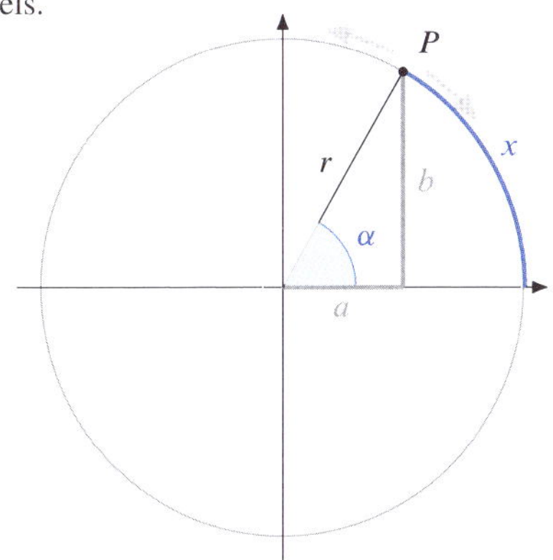

Abbildung 2.16: *Trigonometrie am Kreis*

Für $r = 1$ erhält man den Zusammenhang entsprechender Werte aus Tabelle 2.1:

Gradmaß für α	0	30	45	60	90
Bogenmaß x	0	$\frac{\pi}{6}$	$\frac{\pi}{4}$	$\frac{\pi}{3}$	$\frac{\pi}{2}$
Gradmaß für α	135	180	225	270	360
Bogenmaß x	$\frac{3\pi}{4}$	π	$\frac{5\pi}{4}$	$\frac{3\pi}{2}$	2π

Tabelle 2.1: *Grad- und Bogenmaße von Winkeln*

Ausgehend von Abbildung 2.16 bezeichnen wir mit den Quotienten

$$\sin x = \frac{b}{r} \qquad \text{den } \textit{Sinus von } x,$$

$$\cos x = \frac{a}{r} \qquad \text{den } \textit{Kosinus von } x,$$

$$\tan x = \frac{b}{a} \quad (a \neq 0) \qquad \text{den } \textit{Tangens von } x,$$

$$\cot x = \frac{a}{b} \quad (b \neq 0) \qquad \text{den } \textit{Kotangens von } x. \quad (2.5)$$

Analog bezeichnet man für den Winkel im Gradmaß $\sin\alpha$ als den Sinus von α, entsprechend $\cos\alpha$, $\tan\alpha$, $\cot\alpha$.

Offenbar variieren die Sinus- und Kosinuswerte im Intervall $[-1, 1]$, die Tangens- und Kotangenswerte in $(-\infty, \infty)$. Ferner gelten folgende Beziehungen, wobei jeweils der Winkel im Bogenmaß (x) durch einen Winkel im Gradmaß (α) ersetzt werden kann:

$$\sin^2 x + \cos^2 x = \frac{b^2}{r^2} + \frac{a^2}{r^2} = \frac{b^2 + a^2}{r^2} = 1$$

$$\tan x = \frac{\sin x}{\cos x},$$

$$\cot x = \frac{\cos x}{\sin x} = \frac{1}{\tan x} \tag{2.6}$$

Für $0 \le \alpha \le 90°$ bzw. $0 \le x \le \frac{\pi}{2}$ lassen sich mit Hilfe von Abbildung 2.16 und (2.5) weiter folgende Identitäten ableiten:

$$\begin{aligned} \sin x &= \cos\left(\tfrac{\pi}{2} - x\right), \\ \cos x &= \sin\left(\tfrac{\pi}{2} - x\right) \\ \tan x &= \cot\left(\tfrac{\pi}{2} - x\right), \\ \cot x &= \tan\left(\tfrac{\pi}{2} - x\right) \end{aligned} \tag{2.7}$$

$$\begin{aligned} \sin x &= \sin(\pi - x), \\ \cos x &= \cos(2\pi - x) \\ \tan x &= \tan(\pi + x), \\ \cot x &= \cot(\pi + x) \end{aligned} \tag{2.8}$$

$$\begin{aligned} -\sin x &= \sin(\pi + x) = \sin(2\pi - x) \\ -\cos x &= \cos(\pi - x) = \cos(\pi + x) \\ -\tan x &= \tan(\pi - x) = \tan(2\pi - x) \\ -\cot x &= \cot(\pi - x) = \cos(2\pi - x) \end{aligned} \tag{2.9}$$

Ferner gilt für ganzzahlige Werte $k = \pm 1, \pm 2, \ldots$:

$$\begin{aligned} \sin x &= \sin(x + 2k\pi), \\ \cos x &= \cos(x + 2k\pi), \\ \tan x &= \tan(x + k\pi), \\ \cot x &= \cot(x + k\pi) \end{aligned} \tag{2.10}$$

Wir können uns damit bei der Berechnung von Sinus-, Kosinus-, Tangens- und Kotangenswerten auf Winkel im Intervall $[0, \frac{\pi}{2}]$ beschränken. Wir fassen einige wesentliche Werte in Tabelle 2.2 zusammen.

Gradmaß α	$0°$	$30°$	$45°$	$60°$	$90°$
Bogenmaß x	0	$\frac{\pi}{6}$	$\frac{\pi}{4}$	$\frac{\pi}{3}$	$\frac{\pi}{2}$
$\sin\alpha$	0	$\frac{1}{2}$	$\frac{\sqrt{2}}{2}$	$\frac{\sqrt{3}}{2}$	1
$\cos\alpha$	1	$\frac{\sqrt{3}}{2}$	$\frac{\sqrt{2}}{2}$	$\frac{1}{2}$	0
$\tan\alpha$	0	$\frac{\sqrt{3}}{3}$	1	$\sqrt{3}$	∞
$\cot\alpha$	∞	$\sqrt{3}$	1	$\frac{\sqrt{3}}{3}$	0

Tabelle 2.2: *Spezielle Werte von* $\sin x$, $\cos x$, $\tan x$, $\cot x$ *mit* $0° \le \alpha \le 90°$ *bzw.* $0 \le x \le \frac{\pi}{2}$

Für alle Winkel zwischen 0° und 90° sind die in (2.5) angegebenen Quotienten positiv. Offenbar wechseln die Vorzeichen der trigonometrischen Ausdrücke zwischen 90° und 360°. Mit Hilfe von Abb. 2.16 bzw. (2.8), (2.9) erhält man hierzu Ergebnisse, die in Tabelle 2.3 zusammengestellt sind. Das entsprechende Feld bleibt in dieser Tabelle für den Fall frei, dass der Nenner eines Quotienten 0 wird, der Quotient also nicht definiert ist. Ferner ergeben sich für Winkel der Form $\alpha' = \alpha + 360°$ die selben Winkel wie für α (2.10).

α	$\sin\alpha$	$\cos\alpha$	$\tan\alpha$	$\cot\alpha$
$0°$	0	1	0	
$(0, 90°)$	$+$	$+$	$+$	$+$
$90°$	1	0		0
$(90°, 180°)$	$+$	$-$	$-$	$-$
$180°$	0	-1	0	
$(180°, 270°)$	$-$	$-$	$+$	$+$
$270°$	-1	0		0
$(270°, 360°)$	$-$	$+$	$-$	$-$
$360°$	0	1	0	
$(360°, 450°)$	$+$	$+$	$+$	$+$
$450°$	1	0		0
$\vdots$	$\vdots$	$\vdots$	$\vdots$	$\vdots$

Tabelle 2.3: *Vorzeichen und Werte von* $\sin\alpha$, $\cos\alpha$, $\tan\alpha$, $\cot\alpha$

Ferner sind folgende Formeln, bekannt als sogenannte *Additionstheoreme* nützlich:

$$\begin{aligned} \sin(x \pm y) &= \sin x \cos y \pm \cos x \sin y \\ \cos(x \pm y) &= \cos x \cos y \mp \sin x \sin y \end{aligned} \tag{2.11}$$

$$\sin x + \sin y = 2 \sin \tfrac{x+y}{2} \cos \tfrac{x-y}{2}$$

$$\sin x - \sin y = 2\cos\tfrac{x+y}{2}\sin\tfrac{x-y}{2}$$
$$\cos x + \cos y = 2\cos\tfrac{x+y}{2}\cos\tfrac{x-y}{2}$$
$$\cos x - \cos y = -2\sin\tfrac{x+y}{2}\sin\tfrac{x-y}{2} \qquad (2.12)$$

Abschließend zitieren wir zwei wichtige Sätze. In einem Dreieck mit den Seiten a, b, c und den jeweils gegenüberliegenden Winkeln α, β, γ gilt

der *Sinussatz*: $a : b : c = \sin\alpha : \sin\beta : \sin\gamma$ (2.13)

der *Kosinussatz*:
$$a^2 = b^2 + c^2 - 2bc\cos\alpha$$
$$b^2 = a^2 + c^2 - 2ac\cos\beta$$
$$c^2 = a^2 + b^2 - 2ab\cos\gamma \qquad (2.14)$$

Beispiel 2.7

a) $\sin 2\alpha = \sin(\alpha+\alpha)$
$= \sin\alpha\cos\alpha + \cos\alpha\sin\alpha$
$= 2\sin\alpha\cos\alpha$

b) $\cos 2\alpha = \cos\alpha\cos\alpha - \sin\alpha\sin\alpha$
$= \cos^2\alpha - \sin^2\alpha$

c) $\sin 15^\circ = \sin(60^\circ - 45^\circ)$
$= \sin 60^\circ\cos 45^\circ - \cos 60^\circ \sin 45^\circ$
$= \frac{\sqrt{3}}{2}\cdot\frac{\sqrt{2}}{2} - \frac{1}{2}\cdot\frac{\sqrt{2}}{2}$
$= \frac{\sqrt{6}-\sqrt{2}}{4}$

d) $\cos 105^\circ = -\cos 75^\circ$
$= -\sin 15^\circ$
$= \frac{1}{4}\left(\sqrt{2}-\sqrt{6}\right)$

e) $\sin 15^\circ - \sin 75^\circ = 2\cos 45^\circ \sin(-30^\circ)$
$= -2\frac{\sqrt{2}}{2}\frac{1}{2}$
$= -\frac{\sqrt{2}}{2}$

f) Für $\alpha = \beta = 45^\circ$, $\gamma = 90^\circ$, $c = \sqrt{2}$ gilt
$$\frac{\sin\alpha}{\sin\beta} = \frac{a}{b} = 1\,,$$
also $a = b$ und
$$c^2 - a^2 - b^2 = c^2 - 2a^2 = -2ab\cos\gamma = 0\,.$$
Damit gilt $a = 1$. Wir erhalten ein gleichschenklig-rechtwinkliges Dreieck mit den Seiten
$$a = b = 1\,,\quad c = \sqrt{2}\,,\quad c^2 = a^2 + b^2\,.$$

2.4 Analytische Geometrie der Ebene

Ausgangspunkt ist häufig ein *kartesisches Koordinatensystem* mit zwei senkrecht zueinander stehenden Achsen, der *Abszissenachse* x als horizontaler Zahlengeraden und der *Ordinatenachse* y als vertikaler Zahlengeraden. Der Schnittpunkt der Achsen heißt *Nullpunkt* oder *Ursprung*. Für jeden Punkt der Ebene erhält man durch senkrechte Projektion auf die beiden Achsen einen Abzissen- oder x-Wert und einen Ordinaten- oder y-Wert. Man spricht von den *Koordinaten* des Punktes.

Allgemein kann man auf diese Weise jedem Punkt der Ebene ein Zahlenpaar (x, y) und umgekehrt jedem Zahlenpaar einen Punkt der Ebene zuordnen. Die Punkte $(x, 0)$ liegen auf der Abszissenachse, die Punkte $(0, y)$ auf der Ordinatenachse, der Punkt $(0, 0)$ entspricht dem Nullpunkt.

Beispiel 2.8

In Abbildung 2.17 erhält man beispielsweise die Zuordnungen:

$(x, y) = (2, 1.5)$ für Punkt A
$(x, y) = (-2, 1)$ für Punkt B
$(x, y) = (0, -0.5)$ für Punkt C

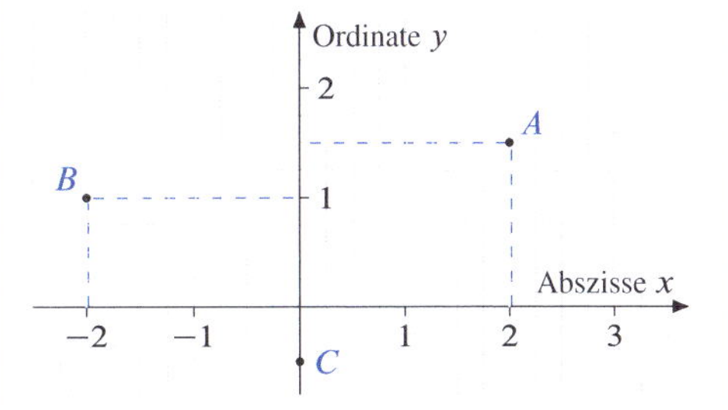

Abbildung 2.17: *Punkte im kartesischen Koordinatensystem*

Eine *Strecke* $\overline{AB}$ ist durch die direkte Verbindung zweier Punkte A, B mit den Koordinaten (a_1, a_2), (b_1, b_2) bestimmt (Abbildung 2.18).

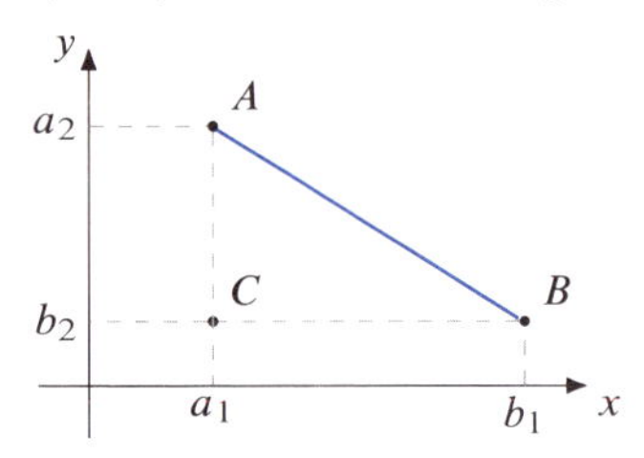

Abbildung 2.18: *Strecke als Verbindung zweier Punkte*

Mit Hilfe des Satzes von Pythagoras (2.1) erhält man für die *Länge* d der Strecke $\overline{AB}$

$$d = \sqrt{(a_2 - b_2)^2 + (a_1 - b_1)^2}\,. \qquad (2.15)$$

Ferner ist die *Steigung* s der Strecke $\overline{AB}$ erklärt durch den Quotienten

$$s = \frac{b_2 - a_2}{b_1 - a_1}\,. \qquad (2.16)$$

Jede Strecke ist Teil einer *Geraden*, diese erhält man durch Verlängerung der Strecke nach beiden Seiten. Betrachtet man die Gleichung $ax + by + c = 0$, in der a und b nicht gleichzeitig 0 sind, so charakterisieren alle Lösungen (x, y) der Gleichung eine Gerade im x-y-Koordinatensystem, und jeder Geraden der Ebene kann umgekehrt eine lineare Gleichung der Form $ax + by + c = 0$ zugeordnet werden.

Beispiel 2.9

Den linearen Gleichungen

$$\begin{array}{rccccccc} \text{I)} & x & - & y & + & 1 & = & 0 \\ \text{II)} & x & - & & & 2 & = & 0 \\ \text{III)} & x & + & 2y & - & 4 & = & 0 \end{array}$$

entsprechen die Geraden I, II, III in Abbildung 2.19.

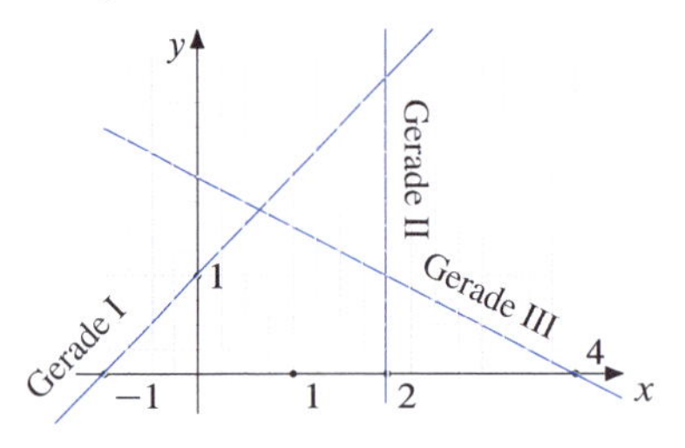

Abbildung 2.19: *Geraden zu I), II), III)*

Eine Gerade der Ebene ist durch zwei verschiedene Punkte $A = (a_1, a_2)$ und $B = (b_1, b_2)$ eindeutig bestimmt. Man erhält die *Zweipunkteform* der Geraden durch

$$\begin{aligned} \frac{y - a_2}{x - a_1} &= \frac{b_2 - a_2}{b_1 - a_1} = s \qquad && \text{falls } a_1 \neq b_1\,, \\ x &= a_1 && \text{falls } a_1 = b_1, \\ & && a_2 \neq b_2\,. \end{aligned} \qquad (2.17)$$

Daraus folgt für $a_1 \neq b_1$

$$\begin{aligned} &(y - a_2) - s(x - a_1) \\ &= -sx + y + sa_1 - a_2 = 0\,, \end{aligned}$$

also die ursprüngliche Form $ax + by + c = 0$ mit

$$a = -s, \quad b = 1, \quad c = sa_1 - a_2\,.$$

Für $a_1 = b_1$ und $a_2 \neq b_2$ hat man mit $x = a_1$ bereits die Form $ax + by + c = 0$ mit $a = 1$, $b = 0$, $c = -a_1$.

Löst man die Gleichung $ax + by + c = 0$ nach y auf, also

$$y = -\frac{a}{b}x - \frac{c}{b} \qquad (b \neq 0)\,, \qquad (2.18)$$

so spricht man von der *kartesischen Normalform*. Der Wert $-a/b$ charakterisiert die *Steigung der Geraden* und der Wert $-c/b$ gibt den Schnittpunkt der Geraden mit der Ordinatenachse an und heißt *Ordinatenabschnitt*.

Für den Fall, dass a und b nicht beide gleich 0 werden, erhalten wir einige Spezialfälle der Geraden $ax + by + c = 0$ in Tabelle 2.4.

Konstanten	Gleichung	Verlauf
$a = 0, b \neq 0$	$by + c = 0$	parallel zur x-Achse
$a \neq 0, b = 0$	$ax + c = 0$	parallel zur y-Achse
$c = 0$	$ax + by = 0$	enthält (0,0)

Tabelle 2.4: *Spezielle Geraden in der Ebene*

Wir betrachten nun zwei Geraden der Ebene mit den Gleichungen

$$a_1 x + b_1 y + c_1 = 0, \quad a_2 x + b_2 y + c_2 = 0$$

und fragen nach möglichen Schnittpunkten. Dabei unterscheiden wir drei Fälle:

a) Es existiert genau ein Schnittpunkt, wenn die Steigungen s_1, s_2 der Geraden verschieden sind, z. B. für $b_1 \neq 0, b_2 \neq 0$

$$s_1 \neq s_2 \quad \text{bzw.} \quad -\frac{a_1}{b_1} \neq -\frac{a_2}{b_2}$$
$$\text{bzw.} \quad a_1 b_2 \neq a_2 b_1 .$$

Für den Schnittpunkt berechnet man

$$(x, y) = \left(\frac{b_2 c_1 - b_1 c_2}{a_2 b_1 - a_1 b_2}, \frac{a_1 c_2 - a_2 c_1}{a_2 b_1 - a_1 b_2} \right) .$$

b) Die Geraden sind identisch und besitzen damit unendlich viele Schnittpunkte, wenn die Steigungen s_1, s_2 und die Ordinatenabschnitte t_1, t_2 übereinstimmen, z. B. für $b_1 \neq 0, b_2 \neq 0$

$$s_1 = s_2 \quad \text{bzw.} \quad -\frac{a_1}{b_1} = -\frac{a_2}{b_2}$$
$$\text{bzw.} \quad a_1 b_2 = a_2 b_1 ,$$
$$t_1 = t_2 \quad \text{bzw.} \quad -\frac{c_1}{b_1} = -\frac{c_2}{b_2}$$
$$\text{bzw.} \quad c_1 b_2 = c_2 b_1 .$$

c) Die Geraden sind parallel und besitzen keinen Schnittpunkt, wenn die Steigungen s_1, s_2 übereinstimmen, die Ordinatenabschnitte t_1, t_2 jedoch verschieden sind, z. B. für $b_1 \neq 0, b_2 \neq 0$

$$s_1 = s_2 \quad \text{bzw.} \quad -\frac{a_1}{b_1} = -\frac{a_2}{b_2}$$
$$\text{bzw.} \quad a_1 b_2 = a_2 b_1 ,$$
$$t_1 \neq t_2 \quad \text{bzw.} \quad -\frac{c_1}{b_1} \neq -\frac{c_2}{b_2}$$
$$\text{bzw.} \quad c_1 b_2 \neq c_2 b_1 .$$

Für $b_1 \neq 0, b_2 = 0$ bzw. $b_1 = 0, b_2 \neq 0$ trifft Fall a) zu. Für $b_1 = b_2 = 0$ trifft entweder Fall b) oder Fall c) zu (Tabelle 2.4).

Beispiel 2.10

Gegeben sind drei Geraden durch

I) $-4x + 5y - 12 = 0$,
II) die Punkte $A = (-1, 1)$, $B = (0, 3)$,
III) die Steigung 2 und den Ordinatenabschnitt 0.

Dann gilt für Gerade II) die Zweipunkteform

$$\frac{y-3}{x-0} = \frac{1-3}{-1-0} = 2 \text{ bzw. } y = 2x + 3$$

und für III) die kartesische Normalform

$$y = 2x .$$

Ferner sind die Geraden II) und III) parallel, während I) und II) den Schnittpunkt $(x, y) = (-\frac{1}{2}, 2)$ bzw. I) und III) den Schnittpunkt $(x, y) = (2, 4)$ besitzen (Abbildung 2.20).

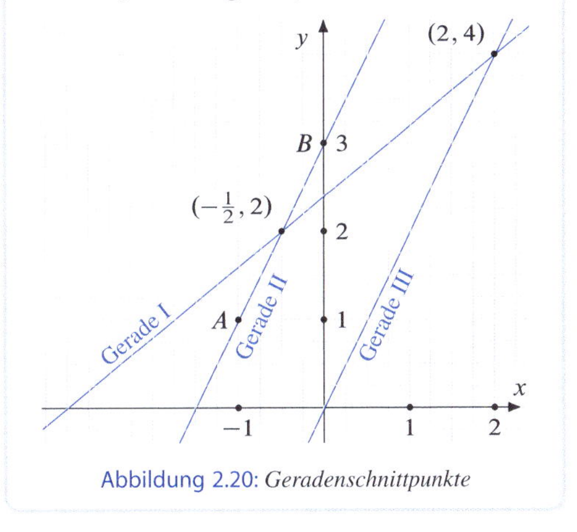

Abbildung 2.20: *Geradenschnittpunkte*

Um zur geometrischen Interpretation linearer Ungleichungen mit zwei Variablen zu kommen, überlegt man sich, dass eine Gerade die Ebene stets in zwei sogenannte *Halbebenen* aufteilt. Die Punkte einer der beiden Halbebenen lassen sich durch die Ungleichung

$ax + by + c \leq 0$, falls die Punkte auf der Geraden eingeschlossen sind,

$ax + by + c < 0$, falls die Punkte auf der Geraden ausgeschlossen sind,

charakterisieren, die Punkte der anderen Halbebene durch

$$ax + by + c \geq 0 \quad \text{bzw.} \quad ax + by + c > 0 .$$

Umgekehrt kann jeder Ungleichung der angegebenen Form eine entsprechende Halbebene zugeordnet werden.

Um zu erklären, welche Ungleichung welcher Halbebene entspricht, genügt es, für einen beliebigen Punkt (u, v) außerhalb der Geraden

$$ax + by + c = 0$$

den Term $au + bv + c$ zu berechnen. Ist der Term positiv, so entspricht die Halbebene, die (u, v) enthält, der Ungleichung

$$ax + by + c > 0 .$$

Ist der Term negativ, so entspricht die entsprechende Halbebene der Ungleichung

$$ax + by + c < 0 .$$

Ausgehend von der Gleichung

$$x + 3y - 3 = 0$$

wird in Abbildung 2.21 der Punkt $(-1, -1)$ mit

$$-1 + 3 \cdot (-1) - 3 = -7 < 0$$

gewählt, also entspricht die Halbebene, die $(-1, -1)$ enthält, der Ungleichung

$$x + 3y - 3 < 0 .$$

Liegt beispielsweise der Nullpunkt $(0, 0)$ wie in Abbildung 2.21 nicht auf der Geraden, setzt man am besten diesen Punkt ein, die Berechnung ist in diesem Fall sehr einfach. Wegen $a \cdot 0 + b \cdot 0 + c = c$ gehört der Nullpunkt für $c > 0$ zur Halbebene

$$ax + by + c > 0$$

und für $c < 0$ zu

$$ax + by + c < 0 .$$

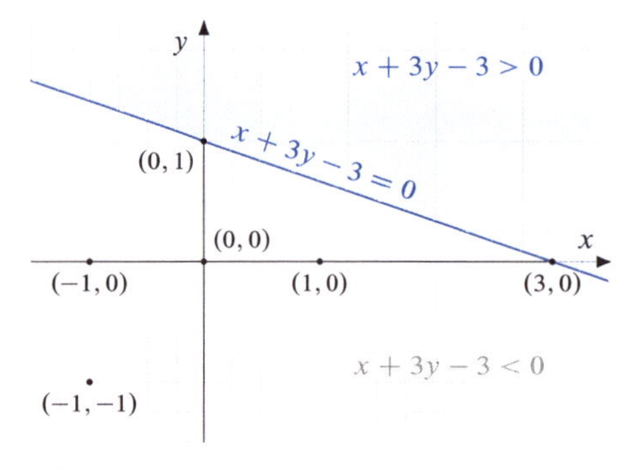

Abbildung 2.21: *Beispiele linearer Ungleichungen und Halbebenen*

Auch zwei oder mehrere lineare Ungleichungen lassen sich geometrisch veranschaulichen.

Beispiel 2.11

Wir stellen die Ungleichungen

I) $4x + 3y - 12 \leq 0$
II) $x - y + 2 > 0$
III) $y \geq 0$

in Abbildung 2.22 geometrisch dar.

Dabei wird durch jede der drei Ungleichungen die gesamte Ebene in zwei Halbebenen zerlegt.

Alle Punkte, die I) erfüllen, liegen links-unterhalb $4x + 3y - 12 = 0$, einschließlich der Geraden.

Alle Punkte, die II) erfüllen, liegen rechts-unterhalb $x - y + 2 = 0$, ausschließlich der Geraden.

Alle Punkte, die III) erfüllen, liegen oberhalb $y = 0$, einschließlich der Geraden.

Alle Punkte, die I) und II) erfüllen, liegen unterhalb der Geraden

$$x - y + 2 = 0 \quad \text{und} \quad 4x + 3y - 12 = 0 ,$$

einschließlich $4x+3y-12 = 0$ und ausschließlich $x - y + 2 = 0$.

Alle Punkte, die I), II), III) erfüllen, liegen im Dreieck ABC, wobei die Seite AB ausgeschlossen wird (Abbildung 2.22).

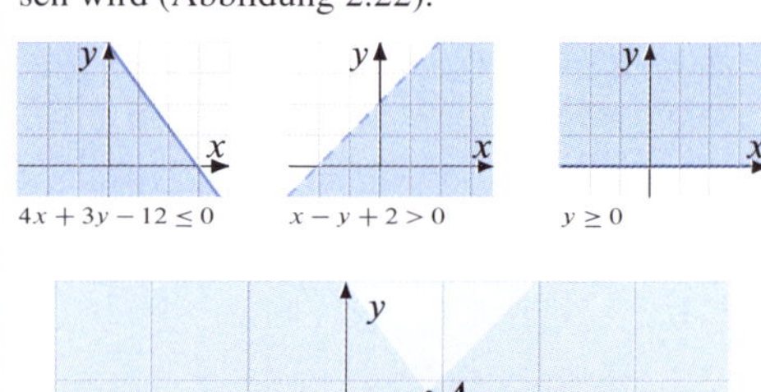

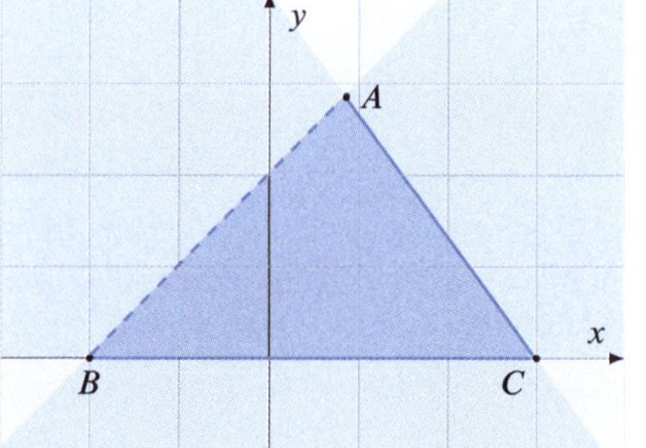

Abbildung 2.22: *Gemeinsamer Bereich dreier Halbebenen*

Abschließend erwähnen wir einige wichtige Spezialfälle der *quadratischen Gleichung* mit *zwei Variablen*:

$$ax^2 + by^2 + cxy + dx + ey + f = 0 \quad (2.19)$$

Fall a: $a = b = 1, \quad c = 0,$
$d = -2u, \quad e = -2v,$
$f = u^2 + v^2 - r^2$

Wir erhalten mit

$$\begin{aligned} &x^2 + y^2 - 2ux - 2vy + u^2 + v^2 - r^2 \\ &= (x-u)^2 + (y-v)^2 - r^2 = 0 \end{aligned}$$

die Gleichung eines *Kreises* mit dem Mittelpunkt (u, v) und dem Radius r (Abbildung 2.23). Für alle Punkte innerhalb des Kreises gilt

$$(x-u)^2 + (y-v)^2 < r^2,$$

außerhalb des Kreises (Abbildung 2.23)

$$(x-u)^2 + (y-v)^2 > r^2.$$

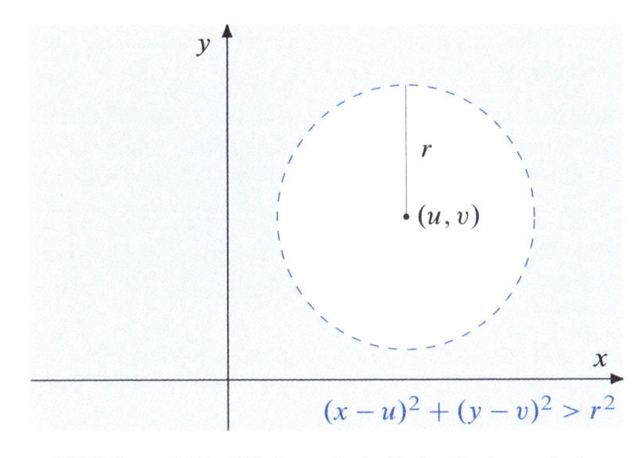

Abbildung 2.23: *Fläche außerhalb des Kreises mit der Gleichung* $(x-u)^2 + (y-v)^2 = r^2$

Fall b: $a = 1, \quad b = c = 0,$
$d = -2u, \quad e = -r,$
$f = u^2 + rv$

Wir erhalten mit

$$\begin{aligned} &x^2 - 2ux - ry + u^2 + rv \\ &= (x-u)^2 - r(y-v) = 0 \end{aligned}$$

die in Abbildung 2.24 dargestellte *Parabel* mit dem Scheitelpunkt (u, v), falls $r > 0$. Für alle Punkte unterhalb der Parabellinie gilt $(x-u)^2 > r(y-v)$.

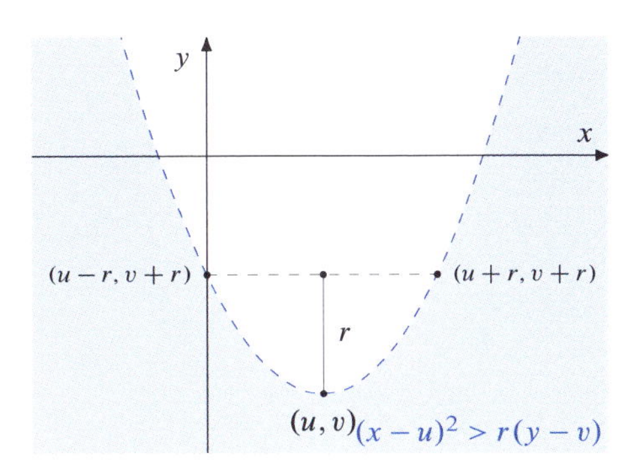

Abbildung 2.24: *Fläche unterhalb der Parabel mit der Gleichung* $(x-u)^2 = r(y-v)$, $r > 0$

Für $r < 0$ erhält man eine entsprechende, nach unten geöffnete Parabel. Vertauscht man die Rollen von x und y und von u und v, erhält man eine nach der x-Achse geöffnete Parabel mit der Gleichung

$$(y-v)^2 = r(x-u).$$

Fall c: $a = b = 0, \quad c = 1,$
$d = -v, \quad e = -u,$
$f = uv - r^2$

In diesem Fall erhalten wir mit

$$\begin{aligned} &xy - vx - uy + uv - r^2 \\ &= (x-u)(y-v) - r^2 = 0 \end{aligned}$$

die in Abbildung 2.25 dargestellte Hyperbel mit dem Mittelpunkt (u, v). Für alle Punkte rechts oberhalb bzw. links unterhalb der Hyperbeläste gilt

$$(x-u)(y-v) > r^2.$$

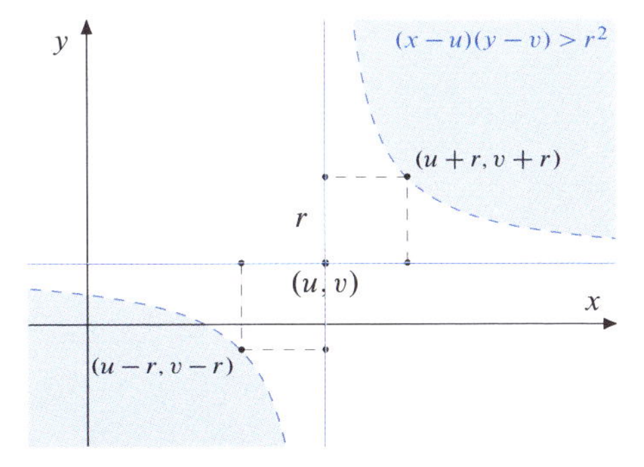

Abbildung 2.25: *Fläche ober- bzw. unterhalb der Äste der Hyperbel mit* $(x-u)(y-v) = r^2$

Beispiel 2.12

Für die Gleichung bzw. Ungleichungen

I) $2x^2 + 8x + 2y = 0$
II) $x^2 - y^2 + 2x + 1 \geq 0$
III) $xy - 2x - 1 \leq 0$
IV) $x^2 + 2y^2 + 4y + 3 = 0$
V) $x^2 + y(y - 2) = 0$

erhält man durch Umformung:

I) $x^2 + 4x + y = (x + 2)^2 + y - 4 = 0$, eine nach unten geöffnete Parabel (Abbildung 2.26)

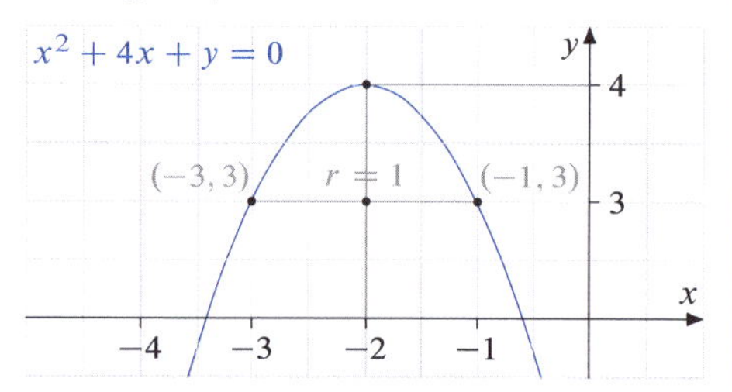

Abbildung 2.26: *Parabel zur Gleichung I)*

II) $(x+1)^2 - y^2 = (x+1+y)(x+1-y) \geq 0$, einen durch zwei Geraden begrenzten Bereich (Abbildung 2.27)

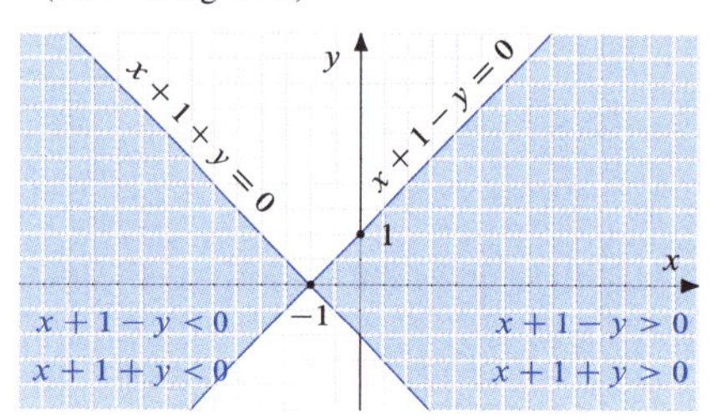

Abbildung 2.27: *Bereich der Ungleichung II)*

III) $x(y - 2) - 1 \leq 0$, einen durch eine Hyperbel begrenzten Bereich (Abbildung 2.28)

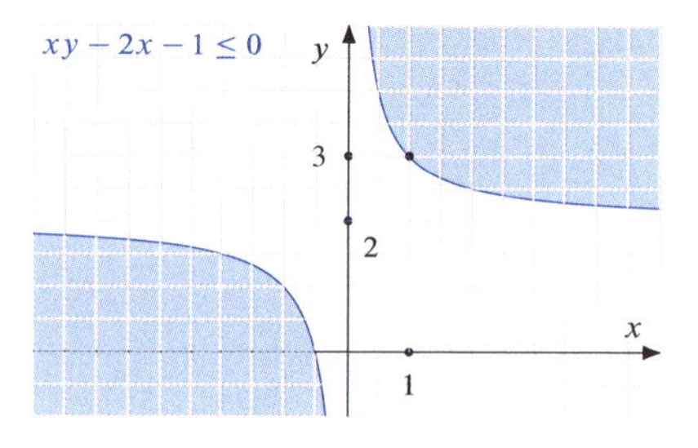

Abbildung 2.28: *Bereich der Ungleichung III)*

IV) $x^2 + 2(y + 1)^2 + 1 = 0$, wegen $x^2 \geq 0$, $(y + 1)^2 \geq 0$ ohne reelle Lösung.

V)
$$\begin{aligned} x^2 + y(y-2) &= x^2 + y^2 - 2y \\ &= x^2 + y^2 - 2y + 1 - 1 \\ &= x^2 + (y-1)^2 - 1 = 0\,, \end{aligned}$$

einem Kreis mit dem Mittelpunkt (0, 1) und dem Radius $r = 1$ (Abbildung 2.29)

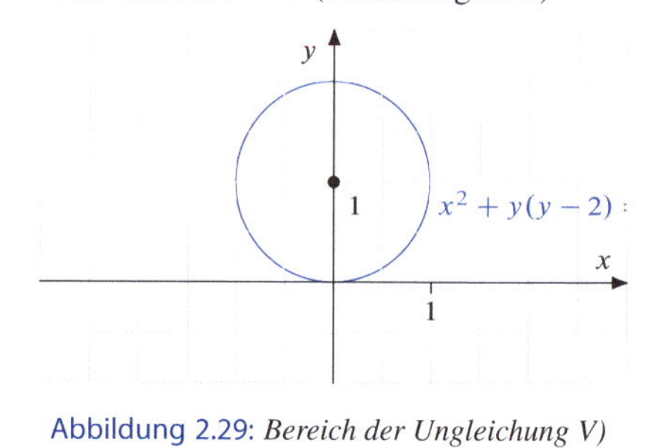

Abbildung 2.29: *Bereich der Ungleichung V)*

Relevante Literatur

Bosch, Karl (2010). *Brückenkurs Mathematik: Eine Einführung mit Beispielen und Übungsaufgaben*. 14. Aufl. De Gruyter Oldenbourg, Kap. 19–21

Kemnitz, Arnfried (2014). *Mathematik zum Studienbeginn: Grundlagenwissen für alle technischen, mathematisch-naturwissenschaftlichen und wirtschaftswissenschaftlichen Studiengänge*. 11. Aufl. Springer Spektrum, Kap. 3, 4, 6, 7

Opitz, Otto u. a. (2014). *Mathematik: Übungsbuch für das Studium der Wirtschaftswissenschaften*. 8. Aufl. De Gruyter Oldenbourg, Kap. 1

Schwarze, Jochen (2011a). *Elementare Grundlagen der Mathematik für Wirtschaftswissenschaftler*. 8. Aufl. NWB, Kap. 11–13

Wellstein, Hartmut und Kirsche, Peter (2009). *Elementargeometrie: Eine aufgabenorientierte Einführung*. Vieweg+Teubner, Kap. 1-9

3 Komplexe Zahlen

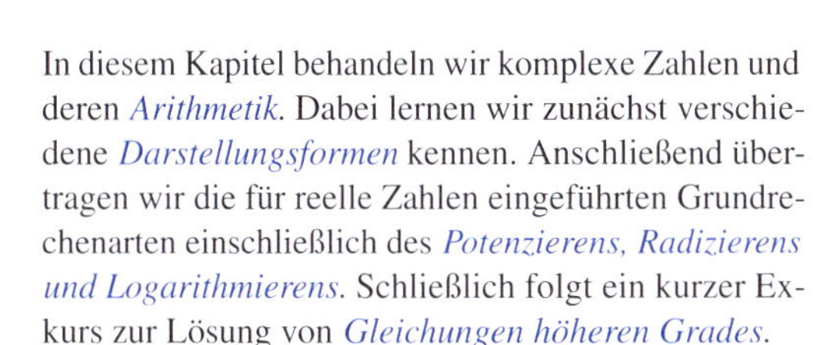

In diesem Kapitel behandeln wir komplexe Zahlen und deren *Arithmetik*. Dabei lernen wir zunächst verschiedene *Darstellungsformen* kennen. Anschließend übertragen wir die für reelle Zahlen eingeführten Grundrechenarten einschließlich des *Potenzierens, Radizierens und Logarithmierens*. Schließlich folgt ein kurzer Exkurs zur Lösung von *Gleichungen höheren Grades*.

3.1 Darstellungsformen komplexer Zahlen

Wir betrachten die quadratische Gleichung

$$x^2 + 1 = 0,$$

deren Lösung wir formal mit

$$x_1 = \sqrt{-1}\,,$$
$$x_2 = -\sqrt{-1}$$

angeben können. Da die Wurzel $\sqrt{-1}$ im reellen Zahlenbereich nicht existiert, muss man diesen Bereich nochmals erweitern.

Wir führen dazu ein weiteres Symbol i ein mit der Eigenschaft

$$\mathrm{i}^2 = -1 \tag{3.1}$$

bzw.

$$\mathrm{i} = \sqrt{-1}\,,$$
$$-\mathrm{i} = -\sqrt{-1}\,.$$

Sind a, b zwei reelle Zahlen, dann heißt

$$z = a + \mathrm{i}b \tag{3.2}$$

eine *komplexe Zahl*.

Dabei bezeichnet man die reellen Zahlen

$a = \mathrm{Re}(z)$ als den *Realteil* von z,
$b = \mathrm{Im}(z)$ als den *Imaginärteil* von z.

Eine komplexe Zahl $z = a + \mathrm{i}b$ mit $b = 0$ ist reell. Die reellen Zahlen sind damit im Bereich der komplexen Zahlen enthalten, der durch das Symbol $\mathbb{C}$ bezeichnet wird.

Entsprechend der Charakterisierung der reellen Zahlen durch die Zahlengerade kann man die komplexen Zahlen als Punkte der *komplexen Zahlenebene* mit einem kartesischen Koordinatensystem darstellen. Jeder komplexen Zahl $a + \mathrm{i}b$ entspricht dann der Punkt (a, b) der Zahlenebene.

Der Realteil a wird auf der Abszisse abgetragen, der Imaginärteil b auf der Ordinate. Man spricht hier von einer *kartesischen Darstellung* komplexer Zahlen mit einer *reellen* und einer *imaginären Achse* (Abbildung 3.1).

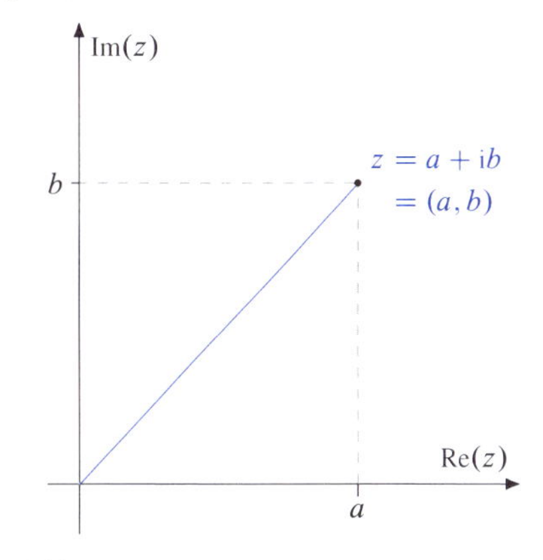

Abbildung 3.1: *Kartesische Darstellung komplexer Zahlen*

DOI: 10.1515/9783110475333-003

Alternativ zu der in Abbildung 3.1 gegebenen geometrischen Interpretation lassen sich komplexe Zahlen auch durch *Polarkoordinaten* wie in Abbildung 3.2 darstellen.

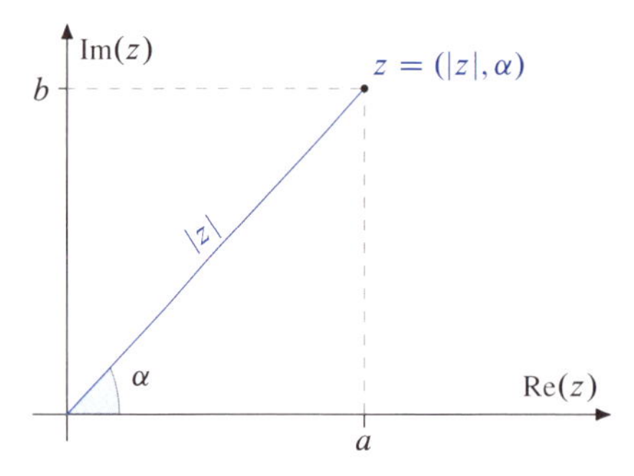

Abbildung 3.2: *Polarkoordinaten für komplexe Zahlen*

Man charakterisiert dabei die Zahl z durch das Paar $(|z|, \alpha)$, wobei $|z|$ der Absolutbetrag von z bzw. der Abstand des Punktes z vom Nullpunkt ist, und α den Winkel beschreibt, der von der reellen Achse $\operatorname{Re}(z)$ und der Strecke zwischen dem Nullpunkt und z eingeschlossen wird.

Nach dem Satz von Pythagoras (2.1) und (2.5) gilt

$$|z| = \sqrt{a^2 + b^2}, \quad \sin\alpha = \frac{b}{|z|}, \quad \cos\alpha = \frac{a}{|z|} \tag{3.3}$$

und damit ergibt sich bei Verwendung des Gradmaßes für $0^\circ \leq \alpha \leq 360^\circ$

$$\begin{aligned} a + \mathrm{i}\,b &= |z| \cdot \cos\alpha + \mathrm{i}|z| \cdot \sin\alpha \\ &= |z| \cdot (\cos\alpha + \mathrm{i}\sin\alpha) \end{aligned}$$

beziehungsweise bei Verwendung des Bogenmaßes für $0 \leq x \leq 2\pi$

$$a + \mathrm{i}b = |z| \cdot (\cos x + \mathrm{i}\sin x)\,.$$

Wir erhalten eine *trigonometrische Darstellungsform* komplexer Zahlen.

Schließlich basiert die sogenannte *exponentielle Darstellungsform* komplexer Zahlen auf der *Eulerschen Formel*

$$\mathrm{e}^{\pm\mathrm{i}x} = \cos x \pm \mathrm{i}\sin x,$$

die wir allerdings erst später in Kapitel 12 beweisen können. Insgesamt gilt für die drei Darstellungsformen die Identität

$$a + \mathrm{i}\,b = |z|\,(\cos x + \mathrm{i}\sin x) = |z|\,\mathrm{e}^{\mathrm{i}x} \tag{3.4}$$

Beispiel 3.1

a) Für $z_1 = 2 + \mathrm{i}2\sqrt{3}$ erhält man nach (3.3) für den Betrag

$$|z_1| = \sqrt{2^2 + 2^2 \cdot 3} = 4\,.$$

Für die Winkel erhält man die Beziehung

$$\cos x = \tfrac{2}{4} \quad \text{und} \quad \sin x = \tfrac{2\sqrt{3}}{4}\,.$$

Nach Tabelle 2.2 gilt $x = \frac{\pi}{3}$ (beziehungsweise $\alpha = 60^\circ$) sowie nach (3.4)

$$z_1 = 4\left(\cos\tfrac{\pi}{3} + \mathrm{i}\sin\tfrac{\pi}{3}\right) = 4\,\mathrm{e}^{\mathrm{i}\frac{\pi}{3}}\,.$$

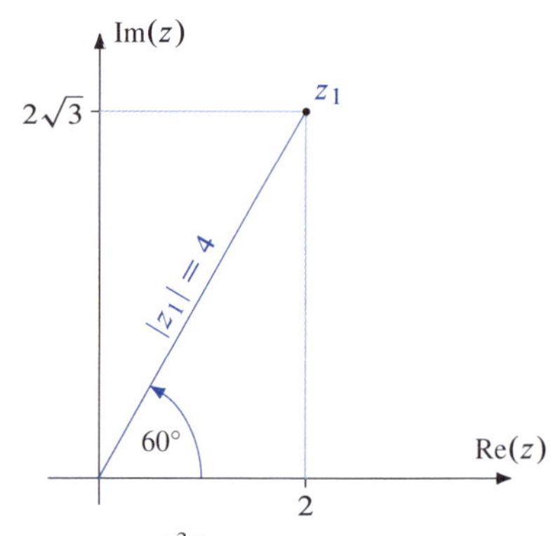

b) Für $z_2 = 2\,\mathrm{e}^{\mathrm{i}\frac{3\pi}{4}}$, also für einen Winkel von $x = \frac{3\pi}{4}$ bzw. $\alpha = 135^\circ$ ergibt sich mit (3.4) sowie (2.8), (2.9) und Tabelle 2.2

$$\begin{aligned} z_2 &= 2\left(\cos\tfrac{3\pi}{4} + \mathrm{i}\ \sin\tfrac{3\pi}{4}\right) \\ &= 2\left(-\cos\tfrac{\pi}{4} + \mathrm{i}\ \sin\tfrac{\pi}{4}\right) \\ &= -\sqrt{2} + \mathrm{i}\sqrt{2} \end{aligned}$$

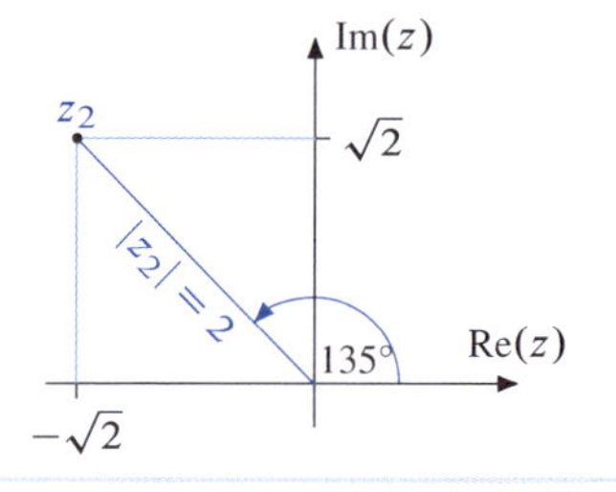

Offenbar sind alle drei Darstellungsformen gleichwertig. Für die Durchführung und Veranschaulichung der vier Grundrechenarten sind sie allerdings unterschiedlich gut geeignet.

3.2 Grundrechenarten

Zunächst sind zwei komplexe Zahlen

$$z_1 = a_1 + \mathrm{i}\, b_1 = |z_1|\,(\cos x_1 + \mathrm{i}\, \sin x_1) = |z_1|\,\mathrm{e}^{\mathrm{i}x_1}$$
$$z_2 = a_2 + \mathrm{i}\, b_2 = |z_2|\,(\cos x_2 + \mathrm{i}\, \sin x_2) = |z_2|\,\mathrm{e}^{\mathrm{i}x_2}$$

gleich oder *identisch* für $a_1 = a_2$, $b_1 = b_2$ bzw. $|z_1| = |z_2|$, $x_1 = x_2$. Ferner bezeichnet man zwei komplexe Zahlen

$$z = a + \mathrm{i}\, b = |z|\,(\cos x + \mathrm{i}\, \sin x) = |z|\,\mathrm{e}^{\mathrm{i}x}$$
$$\overline{z} = a - \mathrm{i}\, b = |z|\,(\cos x - \mathrm{i}\, \sin x) = |z|\,\mathrm{e}^{-\mathrm{i}x} \quad (3.5)$$

als *konjugiert komplex* und es gilt $|z| = |\overline{z}|$ (Abbildung 3.3).

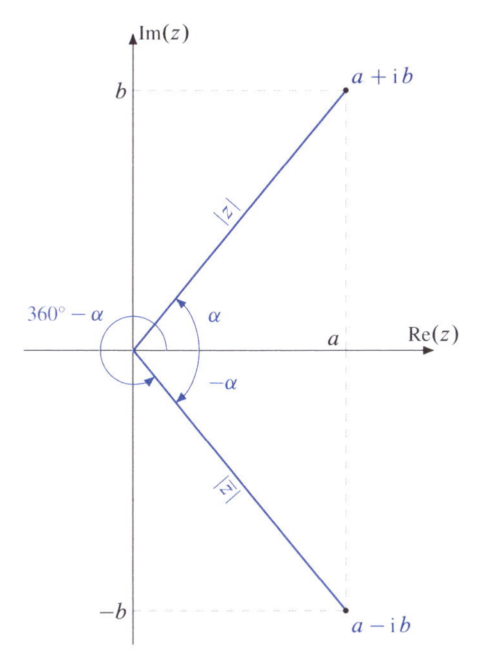

Abbildung 3.3: *Darstellung konjugiert komplexer Zahlen*

Ersetzt man α durch x, $360° - \alpha$ durch $y = 2\pi - x$, so gilt

$$\begin{aligned} &|z|\,(\cos y + \mathrm{i}\, \sin y) \\ &= |z|\,(\cos(2\pi - x) + \mathrm{i}\, \sin(2\pi - x)) \\ &= |z|\,(\cos x - \mathrm{i}\, \sin x) \\ &= |z|\,\mathrm{e}^{-\mathrm{i}\,x} = a - \mathrm{i}\, b\,. \end{aligned}$$

Zwei konjugiert komplexe Zahlen $z = a + \mathrm{i}\, b$ und $\overline{z} = a - \mathrm{i}\, b$ liegen also stets symmetrisch zur reellen Achse. Damit gilt für reelle z auch $z = \overline{z}$.

Für die folgende Anwendung der vier Grundrechenarten sind jeweils die Terme der Realteile und Imaginärteile gesondert zusammenzufassen. Für die kartesische Form gilt im Einzelnen mit (3.1)

$$\begin{aligned} (a + \mathrm{i}\, b) + (c + \mathrm{i}\, d) &= (a + c) + \mathrm{i}\,(b + d) \\ (a + \mathrm{i}\, b) - (c + \mathrm{i}\, d) &= (a - c) + \mathrm{i}\,(b - d) \\ (a + \mathrm{i}\, b) \cdot (c + \mathrm{i}\, d) &= ac + \mathrm{i}\, bc + \mathrm{i}\, ad + \mathrm{i}^2 bd \\ &= (ac - bd) + \mathrm{i}\,(bc + ad) \\ \frac{a + \mathrm{i}b}{c + \mathrm{i}d} &= \frac{(a + \mathrm{i}\, b)(c - \mathrm{i}\, d)}{(c + \mathrm{i}\, d)(c - \mathrm{i}\, d)} \\ &= \frac{(ac + bd) + \mathrm{i}\,(bc - ad)}{(c^2 - \mathrm{i}^2 d^2)} \\ &= \frac{ac + bd}{c^2 + d^2} + \mathrm{i}\,\frac{bc - ad}{c^2 + d^2} \\ &\text{für } c^2 + d^2 > 0 \end{aligned} \quad (3.6)$$

Zwischen komplexen Zahlen und ihren konjugiert komplexen Zahlen existieren dann folgende wichtige Zusammenhänge. Für

$$z = a + \mathrm{i}\, b, \qquad y = c + \mathrm{i}\, d,$$
$$\overline{z} = a - \mathrm{i}\, b\,, \qquad \overline{y} = c - \mathrm{i}\, d$$

gilt:

$$\begin{aligned} z + \overline{z} &= a + \mathrm{i}\, b + a - \mathrm{i}b = 2a \\ z \cdot \overline{z} &= (a + \mathrm{i}\, b) \cdot (a - \mathrm{i}\, b) \\ &= a^2 + b^2 = |z|^2 = |\overline{z}|^2 \\ \overline{z} + \overline{y} &= (a - \mathrm{i}\, b) + (c - \mathrm{i}\, d) \\ &= a + c - i(b + d) = \overline{z + y} \\ \overline{z} - \overline{y} &= (a - \mathrm{i}\, b) - (c - \mathrm{i}\, d) \\ &= a - c - i(b - d) = \overline{z - y} \\ \overline{z} \cdot \overline{y} &= (a - \mathrm{i}\, b) \cdot (c - \mathrm{i}\, d) \\ &= (ac - bd) - \mathrm{i}\,(bc + ad) = \overline{zy} \\ \frac{\overline{z}}{\overline{y}} &= \frac{(a - \mathrm{i}\, b)}{(c - \mathrm{i}\, d)} \\ &= \frac{(a - \mathrm{i}\, b)(c + \mathrm{i}\, d)}{(c - \mathrm{i}\, d)(c + \mathrm{i}\, d)} \\ &= \frac{(ac + bd) - \mathrm{i}\,(bc - ad)}{(c^2 - \mathrm{i}^2 d^2)} \\ &= \frac{ac + bd}{c^2 + d^2} - \mathrm{i}\,\frac{bc - ad}{c^2 + d^2} = \overline{\left(\frac{z}{y}\right)} \end{aligned} \quad (3.7)$$

Für die trigonometrische bzw. exponentielle Form erhält man zu (3.6) und (3.7) entsprechende Ergebnisse. Es ergibt sich mit

$$\begin{aligned} z_k &= a_k + \mathrm{i}\, b_k \\ &= |z_k|\,(\cos x_k + \mathrm{i}\, \sin x_k) \\ &= |z_k|\, \mathrm{e}^{\mathrm{i}\, x_k} \quad (k = 1, 2) \end{aligned}$$

und mit Hilfe von (3.1) und (2.11)

$$\begin{aligned} z_1 z_2 = {} & |z_1|(\cos x_1 + \mathrm{i}\, \sin x_1) \\ & \cdot |z_2|(\cos x_2 + \mathrm{i}\, \sin x_2) \\ = {} & |z_1|\,|z_2| \\ & \cdot (\cos x_1\, \cos x_2 - \sin x_1\, \sin x_2 \\ & \quad + \mathrm{i}\,(\sin x_1\, \cos x_2 + \sin x_2\, \cos x_1)) \\ = {} & |z_1|\,|z_2|\,(\cos(x_1 + x_2) + \mathrm{i}\, \sin(x_1 + x_2)) \\ = {} & |z_1|\,|z_2|\, \mathrm{e}^{\mathrm{i}\,(x_1 + x_2)} \end{aligned}$$

$$\begin{aligned} \text{bzw. } \frac{z_1}{z_2} &= \frac{|z_1|}{|z_2|}(\cos(x_1 - x_2) + \mathrm{i}\, \sin(x_1 - x_2)) \\ &= \frac{|z_1|}{|z_2|}\mathrm{e}^{\mathrm{i}\,(x_1 - x_2)} \end{aligned} \tag{3.8}$$

Beispiel 3.2

Gegeben ist

$$\begin{aligned} z_1 &= 2\mathrm{e}^{\mathrm{i}\,\frac{\pi}{6}} = 2\left(\cos\tfrac{\pi}{6} + \mathrm{i}\, \sin\tfrac{\pi}{6}\right) = \sqrt{3} + \mathrm{i} \\ z_2 &= \mathrm{e}^{\mathrm{i}\,\frac{2\pi}{3}} = \left(\cos\tfrac{2\pi}{3} + \mathrm{i}\, \sin\tfrac{2\pi}{3}\right) \\ &= -\tfrac{1}{2} + \mathrm{i}\tfrac{\sqrt{3}}{2} \end{aligned}$$

mit $x_1 = \frac{\pi}{6}$ bzw. $\alpha_1 = 30°$ und $x_2 = \frac{2\pi}{3}$ bzw. $\alpha_2 = 120°$.

a) $$\begin{aligned} z_1 + z_2 &= \sqrt{3} - \tfrac{1}{2} + \mathrm{i}\left(1 + \tfrac{\sqrt{3}}{2}\right) \\ &\approx 1.232 + 1.866\,\mathrm{i} \\ z_1 - z_2 &= \sqrt{3} + \tfrac{1}{2} + \mathrm{i}\left(1 - \tfrac{\sqrt{3}}{2}\right) \\ &\approx 2.232 + 0.134\,\mathrm{i} \end{aligned}$$

Die Summe $z_1 + z_2$ entspricht graphisch der Diagonalen des von z_1 und z_2 aufgespannten Parallelogramms. Die Differenz $z_1 - z_2$ kann man als Summe von z_1 und $-z_2$ auffassen.

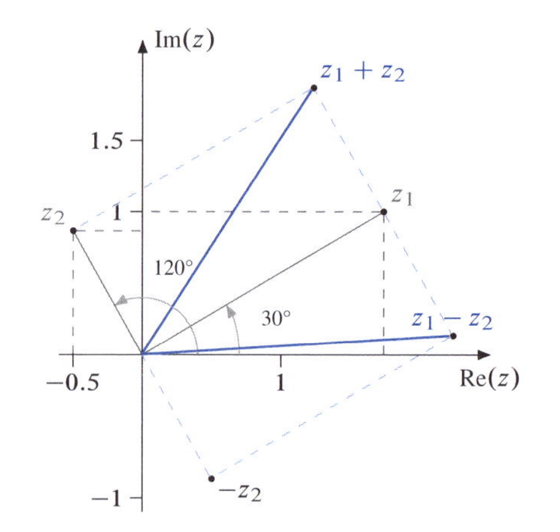

Abbildung 3.4: *Graphische Darstellung von $z_1 + z_2$ und $z_1 - z_2$*

b) $$\begin{aligned} z_1 \cdot z_2 &= 2\,\mathrm{e}^{\mathrm{i}\left(\frac{\pi}{6} + \frac{2\pi}{3}\right)} = 2\,\mathrm{e}^{\mathrm{i}\,\frac{5\pi}{6}} \\ &= 2\left(\cos\tfrac{5\pi}{6} + \mathrm{i}\, \sin\tfrac{5\pi}{6}\right) \\ &= -\sqrt{3} + \mathrm{i} \\ \frac{z_1}{z_2} &= 2\mathrm{e}^{\mathrm{i}\left(\frac{\pi}{6} - \frac{2\pi}{3}\right)} = 2\mathrm{e}^{\mathrm{i}\left(-\frac{\pi}{2}\right)} \\ &= 2\left(\cos\left(-\tfrac{\pi}{2}\right) + \mathrm{i}\, \sin\left(-\tfrac{\pi}{2}\right)\right) = -2\mathrm{i} \end{aligned}$$

Für $z_1 \cdot z_2$ werden die Strecken $|z_1| = 2$ und $|z_2| = 1$ multipliziert, die Winkel $x_1 = \frac{\pi}{6}$ und $x_2 = \frac{2\pi}{3}$ addiert.

Für $\frac{z_1}{z_2}$ erfolgt eine Division der Strecken $|z_1|$ und $|z_2|$ sowie eine Subtraktion der Winkel x_1 und x_2.

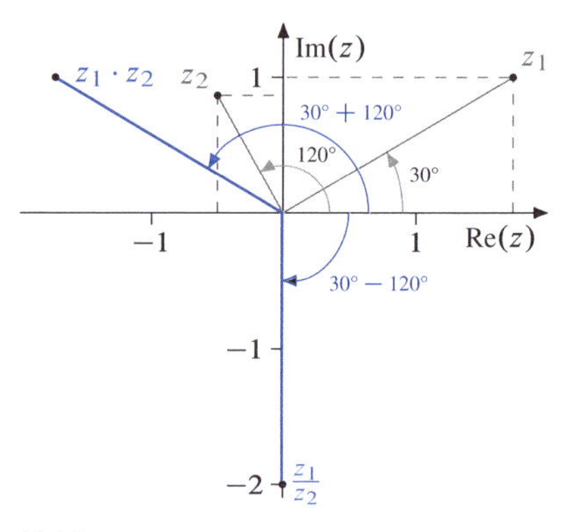

Abbildung 3.5: *Graphische Darstellung von $z_1 \cdot z_2$ und z_1/z_2*

3.3 Potenzieren, Radizieren, Logarithmieren

Für eine komplexe Zahl $z = a + \mathrm{i}\,b$ gilt analog zu Kapitel 1.2 mit Hilfe von (3.8)

$$\begin{aligned} z^n &= \underbrace{(a+\mathrm{i}\,b)(a+\mathrm{i}\,b)\cdots(a+\mathrm{i}\,b)}_{n\text{-mal}} = (a+\mathrm{i}\,b)^n \\ &= |z|^n\,(\cos nx + \mathrm{i}\,\sin nx) = |z|^n\,\mathrm{e}^{\mathrm{i}\,nx} \qquad (3.9) \end{aligned}$$

Auch hier bezeichnet man $z = a + \mathrm{i}\,b$ als *Basis*, n als *Exponenten* und $z^n = (a + \mathrm{i}\,b)^n$ als die *n-te Potenz* von z oder kurz „z hoch n“.

Mit der Vereinbarung $z \neq 0$ können wir das Potenzieren auf negative ganzzahlige Exponenten erweitern:

$$\begin{aligned} z^{-n} &= (a+\mathrm{i}\,b)^{-n} = \left(\frac{1}{a+\mathrm{i}\,b}\right)^n \\ &= |z|^{-n}\,(\cos(-nx) + \mathrm{i}\,\sin(-nx)) \\ &= |z|^{-n}\,\mathrm{e}^{-\mathrm{i}\,nx} \qquad (3.10) \end{aligned}$$

Die in Abschnitt 1.2 angegebenen Rechenregeln für reelle Zahlen sind übertragbar.

Beispiel 3.3

Für $z = 1 + \mathrm{i}$ mit $|z| = \sqrt{2}$ gilt

$$\begin{aligned} z &= \sqrt{2}\left(\tfrac{\sqrt{2}}{2} + \mathrm{i}\,\tfrac{\sqrt{2}}{2}\right) \\ &= \sqrt{2}\left(\cos\tfrac{\pi}{4} + \mathrm{i}\,\sin\tfrac{\pi}{4}\right) = \sqrt{2}\,\mathrm{e}^{\mathrm{i}\,\frac{\pi}{4}} \end{aligned}$$

Daraus folgt beispielsweise

$$\begin{aligned} z^3 &= (1+\mathrm{i})^3 = -2 + 2i \\ &= 2\sqrt{2}\left(\cos\tfrac{3\pi}{4} + \mathrm{i}\,\sin\tfrac{3\pi}{4}\right) = 2\sqrt{2}\,\mathrm{e}^{\mathrm{i}\,\frac{3\pi}{4}} \end{aligned}$$

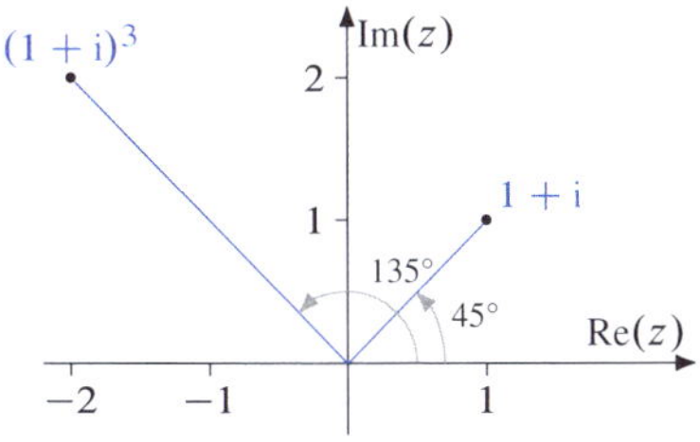

Abbildung 3.6: *Graphische Darstellung von* $z^3 = (1+i)^3 = -2 + 2i$

Beispiel 3.4

Für

$$\begin{aligned} z &= 2\mathrm{e}^{\mathrm{i}\,\frac{3\pi}{4}} \\ &= 2\left(\cos\tfrac{3\pi}{4} + \mathrm{i}\,\sin\tfrac{3\pi}{4}\right) \\ &= 2\left(-\tfrac{\sqrt{2}}{2} + \mathrm{i}\,\tfrac{\sqrt{2}}{2}\right) \\ &= \sqrt{2}(-1 + \mathrm{i}) \end{aligned}$$

gilt

$$\begin{aligned} z^{-1} &= \tfrac{1}{2}\mathrm{e}^{-\mathrm{i}\,\frac{3\pi}{4}} \\ &= \tfrac{1}{2}\left(\cos\left(-\tfrac{3\pi}{4}\right) + \mathrm{i}\,\sin\left(-\tfrac{3\pi}{4}\right)\right) \\ &= \tfrac{1}{2}\left(-\tfrac{\sqrt{2}}{2} - \mathrm{i}\,\tfrac{\sqrt{2}}{2}\right) \\ &= \tfrac{\sqrt{2}}{4}(-1 - \mathrm{i}) \end{aligned}$$

beziehungsweise

$$\begin{aligned} z^{-2} &= \tfrac{1}{4}\mathrm{e}^{-\mathrm{i}\,\frac{3\pi}{2}} \\ &= \tfrac{1}{4}\left(\cos\left(-\tfrac{3\pi}{2}\right) + \mathrm{i}\,\sin\left(-\tfrac{3\pi}{2}\right)\right) \\ &= \tfrac{1}{4}\,(0 + \mathrm{i}\cdot 1) \\ &= \tfrac{1}{4}\mathrm{i} \end{aligned}$$

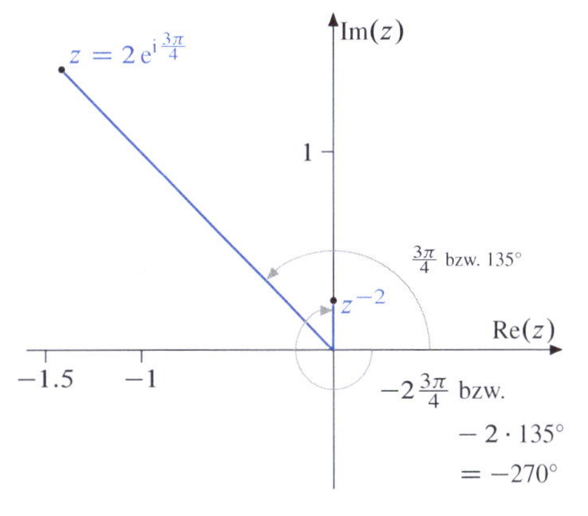

Abbildung 3.7: *Graphische Darstellung von* $z^{-2} = \left(\sqrt{2}(-1+i)\right)^{-2} = \frac{1}{4}i$

Für das *Radizieren* betrachten wir die Gleichung

$$z^n = (a + \mathrm{i}\, b)^n = c \tag{3.11}$$

mit z, c als komplexen Zahlen. Die Lösung dieser *Potenz-* oder *Wurzelgleichung* heißt die *n-te Wurzel* von c.

Mit den Gleichungen (3.4) und (3.9) gilt

$$z = |z|\,\mathrm{e}^{\mathrm{i}\,x}, \quad z^n = |z|^n\,\mathrm{e}^{\mathrm{i}\,nx} .$$

Aus der Periodizität der Sinus- und Cosinuswerte erhalten wir mit Tabelle 2.1 und der Eulerschen Formel

$$\mathrm{e}^{\mathrm{i}\,2k\pi} = \cos 2k\pi + \mathrm{i}\,\sin 2k\pi = 1 \tag{3.12}$$

für alle ganzzahligen Werte $k = \pm 1, \pm 2, \ldots$. Daraus folgt

$$\begin{aligned} c &= |c|\,\mathrm{e}^{\mathrm{i}y} \\ &= |c|\,\mathrm{e}^{\mathrm{i}y}\,\mathrm{e}^{\mathrm{i}2k\pi} \\ &= |c|\,\mathrm{e}^{\mathrm{i}\,(y+2k\pi)} \\ &= z^n = |z|^n\,\mathrm{e}^{\mathrm{i}\,nx} \end{aligned}$$

und damit

$$|z| = \sqrt[n]{|c|} \quad \text{und} \quad nx = y + 2k\pi .$$

Die Potenzgleichung $z^n = c$ besitzt damit genau n verschiedene Lösungen

$$z_k = \sqrt[n]{|c|}\,\mathrm{e}^{i\,x_k} = \sqrt[n]{|c|}\,(\cos x_k + \mathrm{i}\,\sin x_k)$$
$$\text{mit } x_k = \tfrac{y+2k\pi}{n} \quad \text{für } k = 0, 1, \ldots, n-1 \tag{3.13}$$

Die zugehörigen Bildpunkte liegen in der komplexen Zahlenebene auf dem Mittelpunktskreis mit dem Radius $r = \sqrt[n]{|c|}$ und bilden die Ecken eines regelmäßigen n-Ecks (Kapitel 2.1).

Beispiel 3.5

Die Gleichung $z^4 = 1$ hat genau 4 verschiedene Lösungen. Aus dem Koeffizientenvergleich der Gleichungen

$$\begin{aligned} z^4 &= |z|^4\,(\cos 4x + \mathrm{i}\,\sin 4x) \\ &= |z|^4\,\mathrm{e}^{i\,4x} = 1 \end{aligned}$$

$$\begin{aligned} c &= |c|\,(\cos y + \mathrm{i}\,\sin y) \\ &= |c|\,\mathrm{e}^{iy} = 1 \end{aligned}$$

folgt $|z|^4 = |c| = 1$, also $|z| = \sqrt[4]{1} = 1$ sowie $\cos y = 1, \sin y = 0$, also $y = 0$ und mit $4x = y + 2k\pi$

$$x_k = \frac{2k\pi}{4} = \frac{k\pi}{2} \quad \text{für } k = 0, 1, 2, 3 .$$

Wir erhalten also die Lösungen ($k = 0, 1, 2, 3$)

$$\begin{aligned} z_k &= 1\,(\cos x_k + \mathrm{i}\,\sin x_k) \\ &= \mathrm{e}^{i\,x_k} \end{aligned}$$

beziehungsweise im Einzelnen

$$\begin{aligned} z_0 &= \cos 0 + \mathrm{i}\,\sin 0 \\ &= \mathrm{e}^0 = 1 \\ z_1 &= \cos \tfrac{\pi}{2} + \mathrm{i}\,\sin \tfrac{\pi}{2} \\ &= \mathrm{e}^{\mathrm{i}\,\frac{\pi}{2}} = i \\ z_2 &= \cos \pi + \mathrm{i}\,\sin \pi \\ &= \mathrm{e}^{\mathrm{i}\,\pi} = -1 \\ z_3 &= \cos \tfrac{3\pi}{2} + \mathrm{i}\,\sin \tfrac{3\pi}{2} \\ &= \mathrm{e}^{\mathrm{i}\,\frac{3\pi}{2}} = -i\,. \end{aligned}$$

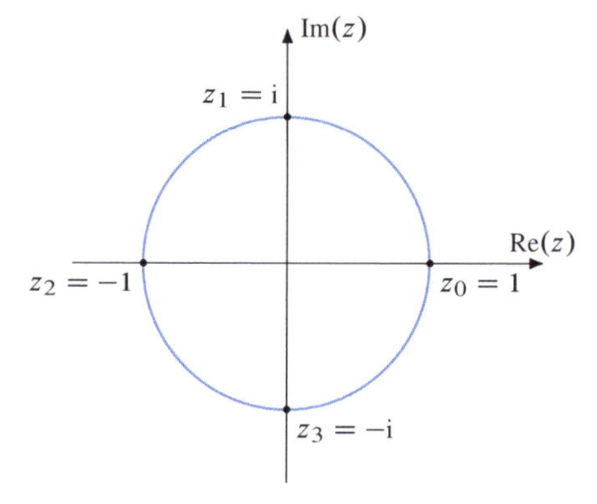

Abbildung 3.8: *Graphische Darstellung der Lösungen von $z^4 = 1$*

Die Lösungen z_0 und z_2 sind reell, die Lösungen z_1 und z_3 konjugiert komplex. Zur Kontrolle berechnet man:

$$\begin{aligned} z^4 &= 1^4 = \mathrm{i}^4 \\ &= (-1)^4 = (-i)^4 \\ &= 1 \end{aligned}$$

Beispiel 3.6

Die Gleichung $z^3 = 8\mathrm{i}$ hat genau drei verschiedene Lösungen. Mit

$$8\mathrm{i} = 8\,\mathrm{e}^{\mathrm{i}(\frac{\pi}{2}+2k\pi)} \quad \text{für } k = 0, 1, 2$$

ergibt sich

$$z_k = \sqrt[3]{8}\,\mathrm{e}^{\mathrm{i}\,x_k} \text{ mit } x_k = \frac{\frac{\pi}{2}+2k\pi}{3} = \frac{1+4k}{6}\pi\,.$$

Für $k = 0, 1, 2$ erhalten wir also die Lösungen:

$$\begin{aligned} z_0 &= 2\,\mathrm{e}^{\mathrm{i}\,\frac{\pi}{6}} = 2\left(\cos\tfrac{\pi}{6} + \mathrm{i}\,\sin\tfrac{\pi}{6}\right) \\ &= \sqrt{3} + \mathrm{i} \\ z_1 &= 2\,\mathrm{e}^{\mathrm{i}\,\frac{5\pi}{6}} = 2\left(\cos\tfrac{5\pi}{6} + \mathrm{i}\,\sin\tfrac{5\pi}{6}\right) \\ &= -\sqrt{3} + \mathrm{i} \\ z_2 &= 2\,\mathrm{e}^{\mathrm{i}\,\frac{9\pi}{6}} = 2\left(\cos\tfrac{9\pi}{6} + \mathrm{i}\,\sin\tfrac{9\pi}{6}\right) \\ &= -2\mathrm{i} \end{aligned}$$

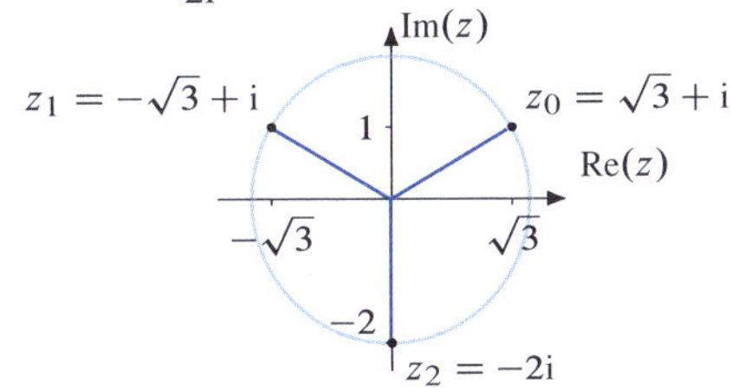

Abbildung 3.9: *Graphische Darstellung der Lösungen von $z^3 = 8i$*

Zur Kontrolle berechnet man

$$z_k^3 = (\sqrt{3}+\mathrm{i})^3 = (-\sqrt{3}+\mathrm{i})^3 = (-2\mathrm{i})^3 = 8\mathrm{i}\,.$$

Für das *Logarithmieren* gehen wir von der Exponentialgleichung $\mathrm{e}^z = c$ bzw. $z = \ln c$ mit den komplexen Zahlen $z, c \neq 0$ aus. Mit der Darstellung

$$\begin{aligned} c &= |c|\,\mathrm{e}^{\mathrm{i}\,(x+2k\pi)} \\ &= |c|\,(\cos(x + 2k\pi) + \mathrm{i}\,\sin(x + 2k\pi)) \end{aligned}$$

erhalten wir nach den Rechenregeln für natürliche Logarithmen (Kapitel 1.2) für $k = 0, \pm 1, \pm 2, \ldots$

$$\begin{aligned} z &= \ln\left(|c|\mathrm{e}^{\mathrm{i}\,(x+2k\pi)}\right) \\ &= \ln|c| + \ln \mathrm{e}^{\mathrm{i}\,(x+2k\pi)} \\ &= \ln|c| + \mathrm{i}\,(x + 2k\pi) \end{aligned} \tag{3.14}$$

Für $k = 0$ bezeichnet man die Form

$$z = \ln|c| + \mathrm{i}\,x \tag{3.15}$$

als den *Hauptwert* des natürlichen Logarithmus von c, für $k \neq 0$ ergeben sich unendlich viele *Nebenwerte*.

Beispiel 3.7

Für $c = 2\sqrt{3} - 2\mathrm{i}$
$= |c|\,(\cos(x + 2k\pi) + \mathrm{i}\,\sin(x + 2k\pi))$
gilt $|c| = \sqrt{12 + 4} = 4$ und damit für $k = 0$

$$c = 4(\cos x + \mathrm{i}\,\sin x) = 4\,\mathrm{e}^{\mathrm{i}\,x} = 2\sqrt{3} - 2\mathrm{i}\,.$$

Aus $4\cos x = 2\sqrt{3}$ und $4\mathrm{i}\sin x = -2\mathrm{i}$ folgt

$$\cos x = \frac{\sqrt{3}}{2}, \quad \sin x = -\frac{1}{2} \quad \text{bzw. } x = \frac{11\pi}{6}\,.$$

Man erhält beispielsweise den Hauptwert

$$z = \ln c = \ln 4 + \mathrm{i}\,\frac{11\pi}{6}\,.$$

Nachrechnen bestätigt dieses Ergebnis:

$$\begin{aligned} c &= \mathrm{e}^z = \mathrm{e}^{\ln 4 + \mathrm{i}\,\frac{11\pi}{6}} = 4\,\mathrm{e}^{\mathrm{i}\,\frac{11\pi}{6}} \\ &= 4\left(\cos\tfrac{11\pi}{6} + \mathrm{i}\sin\tfrac{11\pi}{6}\right) \\ &= 4\cdot\left(\tfrac{\sqrt{3}}{2} - \mathrm{i}\tfrac{1}{2}\right) = 2\sqrt{3} - 2\mathrm{i} \end{aligned}$$

Beispiel 3.8

Für $c = -3$
$= |c|\,(\cos(x + 2k\pi) + \mathrm{i}\,\sin(x + 2k\pi))$
gilt $|c| = 3$ und damit für $k = 0$

$$c = 3(\cos x + \mathrm{i}\sin x) = 3\,\mathrm{e}^{\mathrm{i}\,x} = -3$$

Mit $\cos x = -1$ und $\sin x = 0$ ergibt sich $x = \pi$ und der Hauptwert

$$z = \ln c = \ln 3 + \mathrm{i}\pi\,.$$

Zur Kontrolle berechnet man

$$\begin{aligned} c &= \mathrm{e}^z = \mathrm{e}^{\ln 3 + \mathrm{i}\pi} = 3\,\mathrm{e}^{\mathrm{i}\pi} \\ &= 3(\cos\pi + \mathrm{i}\,\sin\pi) = -3 \end{aligned}$$

Offenbar ist der natürliche Logarithmus für alle komplexen Zahlen $c \neq 0$ erklärt, also auch für negative reelle Zahlen.

3.4 Gleichungen höheren Grades

Wir betrachten nun allgemein *Gleichungen n-ten Grades* der Form

$$a_n z^n + a_{n-1} z^{n-1} + \ldots + a_1 z + a_0 = 0 \quad (3.16)$$

mit *komplexen Koeffizienten* a_i $(i = 0, 1, \ldots, n)$, $a_n \neq 0$ und der *komplexen Variablen* z.

Für jedes natürliche n lässt sich zeigen, dass die Gleichung (3.16) genau n komplexe Lösungen $z_1, \ldots, z_n$ besitzt, die nicht alle verschieden sein müssen. Es gilt die Darstellung

$$a_n z^n + \ldots + a_1 z + a_0 = a_n(z - z_1) \ldots (z - z_n) . \quad (3.17)$$

Diese sogenannte *Produktdarstellung des Terms*

$$a_n z^n + \ldots + a_1 z + a_0$$

ist das Ergebnis des *Fundamentalsatzes der Algebra*. Durch schrittweises Dividieren des Ausdruckes $a_n z^n + \ldots + a_1 z + a_0$ durch $z - z_1$ usw. erhält man als Ergebnis Terme $(n-1)$-ter, $(n-2)$-ter Ordnung usw. Derartige Überlegungen sind hilfreich, wenn es gelingt, einzelne Lösungen $z_1, z_2, \ldots$ zu finden.

Aus der Algebra wissen wir jedoch, dass bereits die Lösung von Gleichungen dritten und vierten Grades bei reellen Koeffizienten schwierig ist, für $n \geq 5$ sind nur noch Spezialfälle lösbar. Daher ist man allgemein auf Verfahren zur näherungsweisen Bestimmung von Lösungen angewiesen. In der Analysis (Kapitel 9) begegnet man häufig dem Fall, dass bei reellen Koeffizienten $a_0, a_1, \ldots, a_n$ reelle Lösungen der Gleichung

$$a_n x^n + \ldots + a_1 x + a_0 = 0,$$

sogenannte Nullstellen, gesucht sind.

Nachfolgend bezeichnen wir den Term

$$p(x) = a_n x^n + \ldots + a_1 x + a_0 \quad (a_n \neq 0) \quad (3.18)$$

als *Polynom n-ten Grades* (siehe auch Kapitel 9.3.1). Findet man reelle Werte x_0, x_1 mit

$$p(x_0) > 0, \; p(x_1) < 0 , \quad (3.19)$$

so existiert mindestens eine Nullstelle x^* der Gleichung $p(x) = 0$ zwischen x_0 und x_1. Durch Anwendung eines *Zwischenwertverfahrens* berechnet man für spezielle x_k zwischen x_0 und x_1 den Ausdruck $p(x_k)$, um damit der Nullstelle näher zu kommen.

Eine konkrete Variante eines solchen Verfahrens ist die *Regula falsi*. Nach der Bestimmung der Startwerte x_0 und x_1 mit $p(x_0) \cdot p(x_1) < 0$ liegt der Wert

$$x_2 = x_1 - \frac{x_1 - x_0}{p(x_1) - p(x_0)} p(x_1) \quad (3.20)$$

zwischen x_0 und x_1. Mit Hilfe der Formel

$$x_{k+1} = x_k - \frac{x_k - x_{k-1}}{p(x_k) - p(x_{k-1})} p(x_k) \quad (3.21)$$

erhält man mit $x_3, x_4, \ldots$ immer weiter verbesserte Werte für eine Nullstelle im untersuchten Bereich.

Beispiel 3.9

Für die quadratische Gleichung

$$x^2 + x - 1 = 0$$

berechnet man mit der quadratischen Lösungsformel (1.29) die Nullstellen

$$x^* = \frac{-1 \pm \sqrt{5}}{2} \approx \begin{cases} 0.618 \\ -1.618 \end{cases} .$$

Mit den Startwerten $x_0 = 0$, $x_1 = 1$ und $p(x_0) \cdot p(x_1) = (-1) \cdot 1 < 0$ erhalten wir nach der Regula falsi:

$$\begin{aligned} x_2 &= 1 - \frac{1-0}{1+1} \cdot 1 \\ &= 0.5 \\ p(x_2) &= 0.25 + 0.5 - 1 \\ &= -0.25 \end{aligned}$$

$$\begin{aligned} x_3 &= 0.5 - \frac{0.5-1}{-0.25-1} \cdot (-0.25) \\ &= 0.6 \\ p(x_3) &= 0.36 + 0.6 - 1 \\ &= -0.04 \end{aligned}$$

$$\begin{aligned} x_4 &= 0.6 - \frac{0.6-0.5}{-0.04+0.25} (-0.04) \\ &= 0.619 \\ p(x_4) &= 0.002 \end{aligned}$$

Damit erhält man näherungsweise die Nullstelle

$$x^* \approx 0.619 .$$

Beispiel 3.10

Gegeben sei die Gleichung

$$x^4 + x^3 + x^2 - x - 1 = 0\,.$$

Mit den Startwerten $x_0 = 0$, $x_1 = 1$ und $p(x_0) \cdot p(x_1) = (-1) \cdot 1 < 0$ erhalten wir nach der Regula falsi:

$$\begin{aligned} x_2 &= 1 - \frac{1-0}{1+1} \cdot 1 = 0.5 \\ p(x_2) &= -1.06 \\ x_3 &= 0.5 - \frac{0.5-1}{-1.06-1} \cdot (-1.06) = 0.76 \\ p(x_3) &= -0.41 \\ x_4 &= 0.76 - \frac{0.76-0.5}{-0.41+1.06}(-0.41) \\ &= 0.924 \\ p(x_4) &= 0.45 \\ x_5 &= 0.924 - \frac{0.924-0.76}{0.45+0.41}(0.45) = 0.84 \\ p(x_5) &= 0.044 \end{aligned}$$

Damit erhält man näherungsweise die Nullstelle

$$x^* \approx 0.84\,.$$

Eine exakte Bestimmung der Lösungen von Gleichungen n-ten Grades mit reellen Koeffizienten ist vor allem dann möglich, wenn ganzzahlige Lösungen existieren und diese durch „Ausprobieren" gefunden werden können. In den folgenden beiden Beispielen beschreiben wir dazu einen geeigneten Ansatz.

Beispiel 3.11

Für die Gleichung

$$z^5 - 2z^3 - 6z^2 + z + 6 = 0$$

findet man mit $z = 1$ wegen

$$1^5 - 2 \cdot 1^3 - 6 \cdot 1^2 + 1 + 6 = 0$$

und mit $z = -1$ wegen

$$(-1)^5 - 2 \cdot (-1)^3 - 6 \cdot (-1)^2 + (-1) + 6 = 0$$

die Lösungen $z_1 = 1$, $z_2 = -1$.

Durch *Polynomdivision* mit

$$(z - z_1)(z - z_2) = (z-1)(z+1) = z^2 - 1$$

berechnet man

$$\begin{array}{l} (\;z^5 - 2z^3 - 6z^2 + z + 6) : (z^2 - 1) = z^3 - z - 6 \\ \underline{-z^5 + z^3} \\ \quad -z^3 - 6z^2 + z \\ \quad \underline{z^3 \qquad\quad - z} \\ \qquad -6z^2 \quad + 6 \\ \qquad \underline{6z^2 \quad - 6} \\ \qquad\qquad 0 \end{array}$$

Ferner löst $z_3 = 2$ die Gleichung $z^3 - z - 6 = 0$ und wir erhalten

$$\begin{array}{l} (\;z^3 \qquad - z - 6) : (z - 2) = z^2 + 2z + 3 \\ \underline{-z^3 + 2z^2} \\ \quad 2z^2 - z \\ \quad \underline{-2z^2 + 4z} \\ \qquad 3z - 6 \\ \qquad \underline{-3z + 6} \\ \qquad\quad 0 \end{array}$$

Die daraus resultierende quadratische Gleichung $z^2 + 2z + 3$ besitzt die konjugiert komplexen Lösungen

$$\begin{aligned} z_4 &= \tfrac{1}{2} \cdot (-2 + \sqrt{4-12}) = -1 + \mathrm{i}\sqrt{2} \\ z_5 &= \frac{1}{2} \cdot (-2 - \sqrt{4-12}) = -1 - \mathrm{i}\sqrt{2} \end{aligned}$$

Damit ergibt sich für die Produktdarstellung gemäß (3.17)

$$\begin{aligned} & z^5 - 2z^3 - 6z^2 + z + 6 \\ &= (z-1)(z+1)(z-2) \\ &\quad \cdot (z + 1 - \mathrm{i}\sqrt{2})(z + 1 + \mathrm{i}\sqrt{2}) \end{aligned}$$

Beispiel 3.12

Für die Gleichung

$$\begin{aligned} & z^4 - 2z^3 + 6z^2 - 2z + 5 \\ &= (z^2 + 1)(z^2 - 2z + 5) \end{aligned}$$

erhält man nur komplexe Lösungen, denn aus

$$\begin{aligned} z^2 + 1 = 0 \quad &\text{folgt} \quad z_1 = \mathrm{i}, \\ & \qquad\quad\;\; z_2 = -\mathrm{i}, \\ \text{aus } z^2 - 2z + 5 = 0 \quad &\text{folgt} \quad z_3 = 1 + 2\mathrm{i}, \\ & \qquad\quad\;\; z_4 = 1 - 2\mathrm{i} \end{aligned}$$

In den Beispielen 3.11 und 3.12 fällt auf, dass mit jeder komplexen Lösung z auch der konjugiert komplexe Wert $\overline{z}$ als Lösung auftritt. Diese Beobachtung lässt sich für den Fall reeller Koeffizienten $a_0, a_1, \ldots, a_n$ mit $\overline{a_i} = a_i$ $(i = 0, \ldots, n)$ allgemein beweisen:

Sei z eine Lösung der Gleichung

$$a_n z^n + \ldots + a_1 z + a_0 = 0 .$$

Dann gilt mit (3.7)

$$\begin{aligned} 0 = \overline{0} &= \overline{a_n z^n + \ldots + a_1 z + a_0} \\ &= \overline{a_n z^n} + \ldots + \overline{a_1 z} + \overline{a_0} \\ &= \overline{a_n} \cdot \overline{z^n} + \ldots + \overline{a_1} \cdot \overline{z} + \overline{a_0} \\ &= a_n \cdot \overline{z}^n + \ldots + a_1 \cdot \overline{z} + a_0 . \end{aligned}$$

Damit löst $\overline{z}$ ebenfalls die Gleichung

$$a_n z^n + \ldots + a_1 z + a_0 = 0 .$$

Hat man nun die reellen Lösungen $x_1, \ldots, x_r$ sowie die konjugiert komplexen Lösungen $z_1, \overline{z_1}, \ldots, z_s, \overline{z_s}$, so muss $n = r + 2s$ erfüllt sein, da die Gleichung (3.17) genau n Lösungen besitzt.

Wir erhalten die *Produktdarstellung*

$$\begin{aligned} &a_n z^n + \ldots + a_1 z + a_0 \\ &= a_n (z - x_1) \cdots (z - x_r) \\ &\quad (z - z_1)(z - \overline{z_1}) \cdots (z - z_s)(z - \overline{z_s}) \end{aligned} \tag{3.22}$$

Ferner gilt für jedes Paar $z_j, \overline{z_j}$ komplexer Lösungen

$$\begin{aligned} (z - z_j)(z - \overline{z_j}) &= z^2 - (z_j + \overline{z_j})z + z_j \overline{z_j} \\ &= z^2 + pz + q \end{aligned}$$

wobei

$$p = -(z_j + \overline{z_j}) \quad \text{und} \quad q = z_j \overline{z_j}$$

nach (3.7) reellwertig sind.

Diese Tatsachen führen zur *reellen Produktdarstellung*

$$\begin{aligned} &a_n z^n + \ldots + a_1 z + a_0 \\ &= a_n (z - x_1) \cdots (z - x_r) \\ &\quad (z^2 + p_1 z + q_1) \cdots (z^2 + p_s z + q_s) \end{aligned} \tag{3.23}$$

Treten reelle bzw. komplexe Lösungen mehrfach auf, so kann man dies in (3.23) berücksichtigen. Für die reelle Produktdarstellung gilt dann

$$\begin{aligned} &a_n z^n + \ldots + a_1 z + a_0 \\ &= a_n (z - x_1)^{\alpha_1} \cdots (z - x_r)^{\alpha_r} \\ &\quad (z^2 + p_1 z + q_1)^{\beta_1} \cdots (z^2 + p_s z + q_s)^{\beta_s} \end{aligned} \tag{3.24}$$

wobei die Exponenten $\alpha_1, \ldots, \alpha_r, \beta_1, \ldots, \beta_s$ natürliche Zahlen sind mit

$$\alpha_1 + \ldots + \alpha_r + 2\beta_1 + \ldots + 2\beta_s = n .$$

Man spricht dabei von α_i-fachen reellen Lösungen x_i $(i = 1, \ldots, r)$ bzw. von β_j-fachen konjugiert komplexen Lösungspaaren $(z_j, \overline{z_j})$ $(j = 1, \ldots, s)$.

Sicher führen die hier angestellten Überlegungen nur in Ausnahmefällen zur Ermittlung explizierter Lösungen einer Gleichung n-ten Grades mit reellen Koeffizienten. Andererseits zeigt eine reelle Produktdarstellung der Form (3.23) bzw. (3.24), dass ein Ausdruck n-ten Grades zerlegt werden kann. Dies wird sich bei bestimmten Fragestellungen der linearen Algebra und der Analysis als nützlich erweisen.

Relevante Literatur

Arens, Tilo u. a. (2015). *Mathematik*. 3. Aufl. Springer Spektrum, Kap. 5

Kemnitz, Arnfried (2014). *Mathematik zum Studienbeginn: Grundlagenwissen für alle technischen, mathematisch-naturwissenschaftlichen und wirtschaftswissenschaftlichen Studiengänge*. 11. Aufl. Springer Spektrum, Kap. 1.12

Opitz, Otto u. a. (2014). *Mathematik: Übungsbuch für das Studium der Wirtschaftswissenschaften*. 8. Aufl. De Gruyter Oldenbourg, Kap. 1

Wagner, Jürgen (2016). *Einstieg in die Hochschulmathematik: Verständlich erklärt vom Abiturniveau aus*. Springer Spektrum, Kap. 1

Walz, Guido u. a. (2015). *Brückenkurs Mathematik: Für Studieneinsteiger aller Disziplinen*. 4. Aufl. Springer Spektrum, Kap. 9

Aussagen und ihre Verknüpfungen

Mathematik hat viele Aspekte einer Sprache. Um diese Sprache lesen, verstehen und Sachverhalte selbst formulieren zu können, sind einige formale Begriffe und Techniken äußerst hilfreich. In diesem Kapitel werden wir uns deshalb mit den Grundlagen der Aussagenlogik befassen. Dazu werden wir *Aussagen* aufstellen und miteinander verknüpfen

„Logik ist die Hygiene, derer sich der Mathematiker bedient, um seine Gedanken gesund und kräftig zu erhalten."
H. Weyl (1885–1955)

4.1 Axiome, Definitionen, Sätze

Vielen Menschen ist beim täglichen Argumentieren und Ziehen von Schlussfolgerungen nicht klar, nach welchen Gesetzen sie dabei vorgehen. Die Umgangssprache erweist sich dabei oft als unscharf und mehrdeutig. In der mathematischen Aussagenlogik werden deshalb Tatsachen zuerst sprachlich präzise dargestellt, um dann neue Erkenntnisse durch die Anwendung formaler Methoden zu erlangen.

Dazu formuliert man zunächst aus Grundbegriffen gewisse fundamentale Sachverhalte, die als richtig und sinnvoll vorausgesetzt und nicht bewiesen werden, man nennt sie *Axiome*.

Beispiel 4.1

Der italienische Mathematiker *G. Peano* hat für die *natürlichen Zahlen* mit Hilfe der Grundbegriffe der *Eins* (1) und des *Nachfolgers* einige Axiome formuliert, zum Beispiel:

- 1 ist eine natürliche Zahl.
- Jede natürliche Zahl n besitzt genau eine natürliche Zahl $n + 1$ als Nachfolger.

Abbildung 4.1: *Giuseppe Peano (1858-1932)*

Mit Hilfe der Grundbegriffe und Axiome werden andere Begriffe erklärt oder definiert. Man spricht von einer *Definition*, wenn man einen Sachverhalt durch einen neuen Begriff erklärt, der nicht bereits für andere Sachverhalte vergeben wurde. Es geht dabei häufig um Schreib- und Sprechvereinfachungen.

Beispiel 4.2

Möchte man beispielsweise die reelle Zahl a mit sich selbst n-mal multiplizieren, definiert man

$$a^n = \underbrace{a \cdot a \ldots \cdot a}_{n\text{-mal}}$$

als die n-te Potenz von a und legt damit auch die Sprechweise „a hoch n" fest (Kapitel 1.2, Formel (1.4)).

Aus den Axiomen und Definitionen will man ferner Folgerungen ziehen, die den Erkenntnisstand erweitern. Unter Voraussetzung des bisherigen Wissens formuliert man sogenannte *Aussagen*, die man als *wahr* oder *falsch* identifizieren möchte.

DOI: 10.1515/9783110475333-004

Dies geschieht mit Hilfe des Instrumentariums der *Aussagenlogik*. Man spricht in diesem Zusammenhang auch von einem *mathematischen Satz*. Hat man die Aussage als wahr erkannt, so gilt der mathematische Satz als *gezeigt* oder *bewiesen*.

Beispiel 4.3

Für eine von 0 verschiedene reelle Zahl a gilt

$$a^0 = 1\,.$$

Um diese Aussage zu verifizieren, benutzen wir die Definition (Kapitel 1.2, Formel (1.5) und (1.6))

$$a^{-n} = \frac{1}{a^n}$$

für eine beliebige natürliche Zahl n. Dann gilt:

$$\begin{aligned} a^0 &= a^{n-n} \\ &= a^n \cdot a^{-n} \\ &= a^n \cdot \frac{1}{a^n} \\ &= 1 \end{aligned}$$

Während man also im Rahmen eines mathematischen Satzes die Zusammenhänge von Grundbegriffen, Axiomen, Definitionen und Aussagen entdecken will, erweitert man bei Definitionen gewissermaßen das Vokabular. Definitionen sind nicht zu beweisen. In diesem Sinn werden wir in den folgenden Kapiteln die Begriffe Definition, Satz und Beweis benutzen.

Eine *Aussage* beschreibt also einen Tatbestand, der entweder *wahr* (w) oder *falsch* (f) ist. Für eine Aussage sind demnach außer wahr und falsch keine weiteren *Wahrheitswerte* zugelassen, man spricht vom *Prinzip des ausgeschlossenen Dritten*.

Eine Aussage erhält auch nicht gleichzeitig die Werte wahr und falsch, man spricht vom *Prinzip des ausgeschlossenen Widerspruchs*.

Für eine wahre Aussage A beziehungsweise für eine falsche Aussage B sagt man auch

- A ist richtig bzw. B ist nicht richtig,
- A gilt bzw. B gilt nicht,
- A ist erfüllt bzw. B ist nicht erfüllt.

4.2 Verknüpfung von Aussagen

Durch Hinzufügen des Wortes „nicht“ kann jede Aussage negiert werden.

Definition 4.4

Eine Aussage $\overline{\mathsf{A}}$ (gesprochen „nicht A“) heißt *Negation* der Aussage A.

Die Aussage $\overline{\mathsf{A}}$ ist wahr, wenn A falsch ist, und $\overline{\mathsf{A}}$ ist falsch, wenn A wahr ist. Dies drückt man in einer Wahrheitstabelle aus:

A	w	f
$\overline{\mathsf{A}}$	f	w

Tabelle 4.1: *Wahrheitstabelle der Negation*

Beispiel 4.5

Wir betrachten die Aussagen

A_1: Gewinn = Umsatz − Kosten.
A_2: Im Jahr 3000 gibt es keine Kernkraftwerke mehr.
A_3: Die reellen Zahlen $-(a+b)$ und $-a-b$ sind gleich.
A_4: Die Gleichung $x^n = -1$ hat für alle natürlichen n eine reelle Lösung.

Die Aussagen A_1 und A_3 sind wahr. A_4 ist falsch, da zum Beispiel die Gleichung $x^2 = -1$ keine reelle Lösung besitzt, und damit $x^n = -1$ nicht für alle natürlichen Zahlen reell lösbar ist. Die Aussage A_2 ist wahr oder falsch. Eine sichere Antwort ist jedoch erst im Jahr 3000 möglich.

Negieren wir die Aussagen $\mathsf{A}_1, \ldots, \mathsf{A}_4$, so erhalten wir

$\overline{\mathsf{A}_1}$: Gewinn ≠ Umsatz − Kosten.
$\overline{\mathsf{A}_2}$: Im Jahr 3000 gibt es noch Kernkraftwerke.
$\overline{\mathsf{A}_3}$: Die reellen Zahlen $-(a+b)$ und $-a-b$ sind verschieden.
$\overline{\mathsf{A}_4}$: Die Gleichung $x^n = -1$ hat nicht für alle natürlichen n eine reelle Lösung.

Entsprechend Definition 4.4 ist die Aussage $\overline{\mathsf{A}_4}$ wahr, während die Aussagen $\overline{\mathsf{A}_1}$ und $\overline{\mathsf{A}_3}$ falsch sind.

Es gibt verschiedene Möglichkeiten, zwei Aussagen miteinander zu verknüpfen. Das Ergebnis ist dann wieder eine neue Aussage. Für zwei Aussagen A, B betrachten wir zunächst die Verknüpfungsvarianten „A und B“ sowie „A oder B“.

Definition 4.6

a) Die Aussage $A \wedge B$ (gesprochen „A und B“) heißt *Konjunktion*.

Nur dann, wenn beide Aussagen A und B wahr sind, ist auch $A \wedge B$ wahr, ansonsten ist $A \wedge B$ falsch.

A	w	w	f	f
B	w	f	w	f
$A \wedge B$	w	f	f	f

Tabelle 4.2: *Wahrheitstabelle der Konjunktion*

b) Die Aussage $A \vee B$ (gesprochen „A oder B“) heißt *Disjunktion*.

Wenn mindestens eine der Aussagen A, B wahr ist, dann ist auch $A \vee B$ wahr. Sind beide Aussagen A und B falsch, so auch $A \vee B$.

A	w	w	f	f
B	w	f	w	f
$A \vee B$	w	w	w	f

Tabelle 4.3: *Wahrheitstabelle der Disjunktion*

Eine wahre Konjunktion $A \wedge B$ entspricht also einem wahren „sowohl A als auch B“, eine wahre Disjunktion $A \vee B$ einem wahren „mindestens A oder B“.

Beispiel 4.7

Wir gehen von den Aussagen

A_i: Ein Produkt P wird auf der Maschine M_i mit $i = 1, 2, 3, 4$ bearbeitet

aus und interpretieren einige Verknüpfungen mit $\wedge$ beziehungsweise $\vee$.

Es bedeuten

- $A_1 \wedge A_2 \wedge A_3 \wedge A_4$: Das Produkt wird auf allen 4 Maschinen bearbeitet.
- $(A_1 \wedge A_2) \vee A_3$: Das Produkt wird auf den Maschinen M_1 und M_2 oder auf M_3 oder auf M_1, M_2, M_3 bearbeitet.
- $(A_1 \vee A_3) \wedge A_4$: Das Produkt wird auf M_1 oder M_3 oder beiden bearbeitet, in jedem Fall aber zusätzlich auf M_4.
- $(\overline{A_1} \wedge \overline{A_2}) \wedge A_3$: Das Produkt wird weder auf M_1 noch M_2 , jedoch auf M_3 bearbeitet.

Jedes der Verknüpfungsbeispiele kann wahr oder falsch sein. Für den Fall, dass die Aussagen

$$A_1, A_2, A_3, \overline{A_4}$$

wahr sind, erhält man schrittweise

Verknüpfung	Wert
$A_1 \wedge A_2$	w
$A_1 \vee A_3$	w
$\overline{A_1} \wedge \overline{A_2}$	f
$A_1 \wedge A_2 \wedge A_3$	w
$A_1 \wedge A_2 \wedge A_3 \wedge A_4$	f
$(A_1 \wedge A_2) \vee A_3$	w
$(A_1 \vee A_3) \wedge A_4$	f
$(\overline{A_1} \wedge \overline{A_2}) \wedge A_3$	f

Die in ihrem Wahrheitsgehalt am schwierigsten fassbare Verknüpfung zweier Aussagen A, B ist die Verknüpfung „wenn A, dann B“.

Definition 4.8

Die Aussage $A \Rightarrow B$ (gesprochen „wenn A, dann B“) heißt *Implikation*.

Nur dann, wenn die Aussage A wahr und B falsch ist, ist $A \Rightarrow B$ falsch, in allen übrigen Fällen ist $A \Rightarrow B$ wahr.

A	w	w	f	f
B	w	f	w	f
$A \Rightarrow B$	w	f	w	w

Tabelle 4.4: *Wahrheitstabelle der Implikation*

Eine Implikation $A \Rightarrow B$ ist sicherlich wahr, wenn A und B wahr sind. Sie ist aber auch dann wahr, wenn A falsch ist, unabhängig davon, ob B wahr oder falsch ist.

Geht man also von „A falsch" aus, so kann B wahr oder falsch sein, die Gesamtaussage $A \Rightarrow B$ ist dennoch wahr.

Ist aber andererseits A wahr, so hängt der Wahrheitsgehalt der Implikation $A \Rightarrow B$ allein vom Wahrheitsgehalt der Aussage B ab: Ist B wahr, so auch $A \Rightarrow B$. Ist B falsch, so auch $A \Rightarrow B$.

Die Umschreibung der Implikation mit der Formulierung „wenn A, dann B" ist durch die unscharfe Bedeutung im Deutschen nicht ganz unproblematisch. Umgangssprachlich suggeriert diese Formulierung oft eine zeitliche Abfolge oder eine Kausalität zwischen Voraussetzung und Folgerung, deren intuitive Interpretation dem Wahrheitsgehalt der aussagenlogischen Definition widersprechen kann. Beispielsweise ist die Aussage „*Wenn Weihnachten auf Ostern fällt, ist der Schnee blau*" aussagenlogisch wahr, da die Voraussetzung auf jeden Fall falsch ist. Man spricht in diesem Zusammenhang von *Paradoxa der Implikation*.

Alternativ schreiben wir für die Implikation $A \Rightarrow B$ auch:

- Wenn A gilt, gilt auch B.
- A impliziert B.
- Aus A folgt B.
- A ist hinreichend für B.
- B ist notwendig für A.

Beispiel 4.9

Mit den Aussagen

A_1: Eine Fußballmannschaft gewinnt,

A_2: Die Fußballmannschaft hat mindestens ein Tor erzielt

ist die Implikation

$A_1 \Rightarrow A_2$: Wenn eine Fußballmannschaft gewinnt, dann hat sie mindestens ein Tor erzielt

stets wahr.

Entweder beide Aussagen A_1, A_2 sind wahr oder A_1 ist falsch; unabhängig davon, ob A_2 wahr oder falsch ist. Andererseits ist die Implikation $A_2 \Rightarrow A_1$ falsch.

Die Aussage A_1 ist damit eine hinreichende Bedingung für A_2. Zugleich ist A_2 eine notwendige Bedingung für A_1, denn nur wenn eine Fußballmannschaft mindestens ein Tor erzielt hat, kann sie ein Spiel gewinnen.

Beispiel 4.10

Für reelles x sind folgende Aussagen gegeben:

$A_1: x \geq 1$
$A_2: x + 1 = 2$
$A_3: 3x \geq 2$

Dann sind die Implikationen

$$A_2 \Rightarrow A_1, \text{ wegen } x = 1 \Rightarrow x \geq 1$$
$$A_2 \Rightarrow A_3, \text{ wegen } x = 1 \Rightarrow x \geq 2/3$$
$$A_1 \Rightarrow A_3, \text{ wegen } x \geq 1 \Rightarrow x \geq 2/3$$

wahr, während die Implikationen

$$A_1 \Rightarrow A_2,$$
$$A_3 \Rightarrow A_2,$$
$$A_3 \Rightarrow A_1$$

offenbar falsch sind. Beispielsweise ist A_3 für $x = 0.9$ wahr, A_1 bzw. A_2 sind aber falsch.

Beispiel 4.11

Wir gehen von der wahren Aussage

A: Umsatz = Absatz · Preis

aus und formulieren die Aussagen

A_1: Der Absatz wächst
A_2: Der Preis fällt
A_3: Der Umsatz wächst

Dann ist die folgende Implikation wahr:

$$(A_1 \wedge \overline{A_2}) \Rightarrow A_3:$$

Wenn der Absatz bei nicht fallendem Preis zunimmt, dann wächst der Umsatz.

Abschließend führen wir die Verknüpfung „A gleichwertig zu B“ ein.

Definition 4.12

Die Aussage

$$A \Leftrightarrow B$$

(gesprochen „A gleichwertig zu B“ oder „A äquivalent zu B“) heißt *Äquivalenz*.

Die Aussage $A \Leftrightarrow B$ ist wahr, wenn die Aussagen A und B gleiche Wahrheitswerte besitzen, also A und B beide wahr oder beide falsch sind, andernfalls ist $A \Leftrightarrow B$ falsch.

A	w	w	f	f
B	w	f	w	f
$A \Leftrightarrow B$	w	f	f	w

Tabelle 4.5: *Wahrheitstabelle der Äquivalenz*

Für eine Äquivalenz $A \Leftrightarrow B$ schreiben wir auch:

- A äquivalent zu B
- A genau dann, wenn B
- A dann und nur dann, wenn B
- A notwendig und hinreichend für B

Beispiel 4.13

Für reelles x und die Aussagen

$$\begin{aligned} A_1 &: \quad x \geq -1 \\ A_2 &: -2x \leq \ 2 \end{aligned}$$

ist die Äquivalenz $A_1 \Leftrightarrow A_2$ wahr.

Beispiel 4.14

Für die Aussagen

A_1: n, m sind ungerade natürliche Zahlen

A_2: $n + m$ ist eine gerade Zahl

A_3: $n \cdot m$ ist eine ungerade Zahl

ist die Äquivalenz $A_1 \Leftrightarrow A_2$ falsch, denn für $n = 8, m = 6$ ist A_1 falsch und A_2 wahr.

Die Implikation $A_1 \Rightarrow A_2$ ist jedoch wahr, denn immer wenn n, m ungerade natürliche Zahlen sind, ist die Summe $n + m$ geradzahlig.

Die Äquivalenz $A_1 \Leftrightarrow A_3$ ist wahr, da entweder A_1 und A_3 wahr sind, d. h. n, m und $n \cdot m$ sind ungerade Zahlen, oder A_1 und A_3 falsch sind, d. h. mindestens eine der Zahlen n, m ist gerade, ebenso $n \cdot m$.

Beispiel 4.15

Zwei Kreise mit den Radien r_1, r_2 besitzen die Flächen

$$F_1 = r_1^2\pi\,, \ F_2 = r_2^2\pi\,.$$

Mit den Aussagen

$$\begin{aligned} A_1 &: \ F_1 = 4F_2 \\ A_2 &: \ r_1 = 2r_2 \end{aligned}$$

ist die Äquivalenz $A_1 \Leftrightarrow A_2$ wegen

$$F_1 = 4F_2 \ \Leftrightarrow \ r_1^2\pi = 4r_2^2\pi \ \Leftrightarrow \ r_1 = 2r_2$$

stets wahr.

Mit den bisher eingeführten Operationen der Negation ($\overline{A}$), der Konjunktion ($A \wedge B$), der Disjunktion ($A \vee B$), der Implikation ($A \Rightarrow B$) und der Äquivalenz ($A \Leftrightarrow B$) kennen wir die wichtigsten Grundprinzipien der Aussagenlogik.

Verknüpft man mehr als zwei Aussagen (Beispiel 4.7, 4.11), so können ebenfalls Wahrheitswerte ermittelt werden. Für die Reihenfolge in der Durchführung einzelner Operationen trifft man wie beim Rechnen mit reellen Zahlen Vereinbarungen. Diese Ausführungsprioritäten sind in Tabelle 4.6 aufgelistet.

Gemäß der Rechenregel „Punkt vor Strich“ bei reellen Zahlen gilt also beispielsweise bei logischen Operationen „$\vee$ vor $\Rightarrow$“. Trotzdem sind auch bei logischen Ausdrücken in Klammern gesetzten Anweisungen vorrangig auszuführen (siehe Beispiel 4.7 und 4.11).

Priorität	Grundrechen-arten	logische Operationen
1	Potenzieren	$\overline{A}$
2	Multiplizieren	$A \wedge B$, $A \vee B$
3	Addieren	$A \Rightarrow B$, $A \Leftrightarrow B$

Tabelle 4.6: *Prioritäten der logischen Operationen*

4.3 Tautologie und Kontradiktion

Definition 4.16

Eine verknüpfte Aussage, die – unabhängig von den Wahrheitswerten ihrer Einzelaussagen – stets wahr ist, nennen wir eine *Tautologie*. Im Gegensatz dazu nennen wir eine verknüpfte Aussage, die stets falsch ist, eine *Kontradiktion*.

Satz 4.17

Die folgenden Aussagen sind

a) Tautologien:

$$A \vee \overline{A},$$
$$A \Leftrightarrow \overline{\overline{A}},$$
$$A \wedge B \Rightarrow A,$$
$$A \Rightarrow A \vee B$$

b) Kontradiktionen:

$$A \wedge \overline{A},$$
$$A \Leftrightarrow \overline{A},$$
$$(A \vee \overline{A}) \Leftrightarrow (B \wedge \overline{B})$$

Beweis

Wir ermitteln für alle verknüpften Aussagen die Wahrheitswerte in der folgenden Tabelle mit den Abkürzungen T, K für Tautologien bzw. Kontradiktionen.

A	w	w	f	f	
B	w	f	w	f	
$\overline{A}$	f	f	w	w	
$A \vee \overline{A}$	w	w	w	w	T
$A \wedge \overline{A}$	f	f	f	f	K
$A \Leftrightarrow \overline{A}$	f	f	f	f	K
$\overline{\overline{A}}$	w	w	f	f	
$A \Leftrightarrow \overline{\overline{A}}$	w	w	w	w	T
$A \wedge B$	w	f	f	f	
$A \wedge B \Rightarrow A$	w	w	w	w	T
$A \vee B$	w	w	w	f	
$A \Rightarrow A \vee B$	w	w	w	w	T
$B \wedge \overline{B}$	f	f	f	f	K
$(A \vee \overline{A}) \Leftrightarrow (B \wedge \overline{B})$	f	f	f	f	K

Typische Tautologien lassen sich dazu benutzen, kompliziertere aussagenlogische Verknüpfungen zu vereinfachen. Solche Tautologien können so als „Rechenregeln" interpretiert werden.

Diese Sichtweise geht auf *G. Boole* (siehe Abbildung 4.2) zurück, der mit seiner *Booleschen Algebra* den Grundstein der modernen mathematischen Logik legte.

Abbildung 4.2: *George Boole (1815-1864)*

Wir formulieren einige dieser Regeln im folgenden Satz.

Satz 4.18

Mit den Aussagen A und B sind folgende Aussagen Tautologien

a) Kommutativgesetz:

$$A \wedge B \Leftrightarrow B \wedge A,$$
$$A \vee B \Leftrightarrow B \vee A$$

b) Assoziativgesetz:

$$(A \wedge B) \wedge C \Leftrightarrow A \wedge (B \wedge C)$$
$$(A \vee B) \vee C \Leftrightarrow A \vee (B \vee C)$$

c) Distributivgesetz:

$$(A \wedge B) \vee C \Leftrightarrow (A \vee C) \wedge (B \vee C)$$
$$(A \vee B) \wedge C \Leftrightarrow (A \wedge C) \vee (B \wedge C)$$

d) De Morgansche Gesetze:

$$\overline{A \wedge B} \Leftrightarrow \overline{A} \vee \overline{B}$$
$$\overline{A \vee B} \Leftrightarrow \overline{A} \wedge \overline{B}$$

Beweis

Den Beweis überlassen wir dem Leser. Er verläuft analog zum Beweis von Satz 4.17 durch das Aufstellen von Wahrheitstabellen.

Die Methoden der Formulierung und Verknüpfungen von Aussagen haben auch in der Digitaltechnik eine wichtige Bedeutung.

Beispiel 4.19

Digitale Schaltungen werden elektronisch meist durch Transistoren und Dioden in integrierten Halbleiterschaltkreisen realisiert.

In Schaltplänen der Digitaltechnik verwendet man sogenannte *Logikgatter* zur Auswertung der Ausgangssignale in Abhängigkeit von den Eingangssignalen solcher Schaltungen.

An den Eingängen werden dabei die Spannungszustände „0“ für eine geringe Spannung bzw. für den logischen Zustand „falsch“ oder „1“ für eine hohe Spannung bzw. den Zustand „wahr“ angelegt.

Die kleinsten Gatterbausteine können über die elementaren logischen Verknüpfungen der Negation, der Disjunktion und der Konjunktion dargestellt werden. In Tabelle 4.7 zeigen wir die gebräuchliche Notation nach ANSI IEEE Standard 91-1984.

Weitere Negationen („Inversionen“) werden über einen Kreis „o“ am Eingang bzw. Ausgang des jeweiligen Gatterelements symbolisiert.

Bezeichnung	Logische Verknüpfung	Symbol
UND-Gatter	Konjunktion	A, B → $A \wedge B$
ODER-Gatter	Disjunktion	A, B → $A \vee B$
NICHT-Gatter	Negation	A → $\overline{A}$

Tabelle 4.7: *Grundbausteine der Schaltalgebra*

Aus diesen Bausteinen zusammengesetzte Schaltungen lassen sich danach leicht in aussagenlogische Verknüpfungen übersetzen. Der Wert der Spannung am Ausgang ist dann in Abhängigkeit der Eingangssignale über eine Wahrheitstabelle zu bestimmen.

Gegeben ist beispielsweise folgendes logisches Gatter:

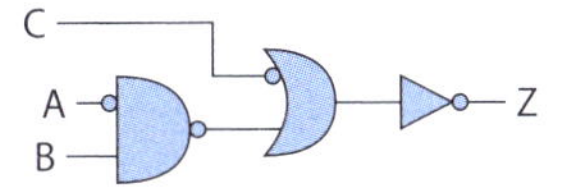

In aussagenlogische Notation übertragen erhalten wir am Ausgang Z die Aussage:

$$\overline{\overline{(\overline{A} \wedge B)} \vee \overline{C}}$$

Diesen Ausdruck vereinfachen wir mit den Rechenregeln aus den Sätzen 4.17 bzw. 4.18. Es ergeben sich folgende Äquivalenzen:

$$\overline{\overline{(\overline{A} \wedge B)} \vee \overline{C}} \Leftrightarrow \overline{\overline{(\overline{A} \wedge B)}} \wedge \overline{\overline{C}}$$
$$\Leftrightarrow \overline{A} \wedge B \wedge C$$

In der folgenden Wahrheitstabelle lesen wir den Wert des Ausgangssignals Z in Abhängigkeit der jeweiligen Eingangssignale A, B, C ab:

$\overline{A}$	w	w	w	w	f	f	f	f
B	w	w	f	f	w	w	f	f
C	w	f	w	f	w	f	w	f
Z	w	f	f	f	f	f	f	f

Am Ausgang des Gatters liegt also nur eine Spannung an, wenn am Eingang A keine Spannung sowie an den Eingängen B und C jeweils Spannung anliegt.

Vor allem in der mathematischen Beweisführung erleichtern weitere Tautologien oft die Argumentation, von denen wir einige wichtige im folgenden Satz festhalten wollen.

Satz 4.20

Mit den Aussagen A und B sind folgende Aussagen Tautologien

$$(A \Rightarrow B) \wedge (B \Rightarrow A) \Leftrightarrow (A \Leftrightarrow B) \quad \text{(a)}$$

$$(A \Rightarrow B) \wedge (B \Rightarrow C) \Rightarrow (A \Rightarrow C) \quad \text{(b)}$$

$$\begin{aligned} (A \Rightarrow B) &\Leftrightarrow (\overline{B} \Rightarrow \overline{A}) \\ &\Leftrightarrow (\overline{A} \vee B) \\ &\Leftrightarrow \overline{(A \wedge \overline{B})} \quad \text{(c)} \end{aligned}$$

$$\begin{aligned} \left((A \wedge B) \vee (\overline{A} \wedge \overline{B})\right) &\Leftrightarrow (\overline{A} \Leftrightarrow \overline{B}) \\ &\Leftrightarrow (A \Leftrightarrow B) \quad \text{(d)} \end{aligned}$$

Beweis

Man sieht die Richtigkeit von Satz 4.20 durch Einsetzen aller Wahrheitswerte mittels Wahrheitstabellen.

Wir überlassen das Aufstellen und Überprüfen der Tabellen dem Leser zur Übung.

Beispiel 4.21

Nach Satz 4.20c sind folgende Äquivalenzen Tautologien:

Eine Produktionssteigerung zieht eine Kostensteigerung nach sich. $(A \Rightarrow B)$

$\Leftrightarrow$ Liegt keine Kostensteigerung vor, so auch keine Produktionssteigerung. $(\overline{B} \Rightarrow \overline{A})$

$\Leftrightarrow$ Eine Produktionssteigerung liegt nicht vor oder die Kosten steigen oder beides trifft zu. $(\overline{A} \vee B)$

$\Leftrightarrow$ Es kann nicht sein, dass eine Produktionssteigerung ohne Kostensteigerung vorliegt. $\overline{(A \wedge \overline{B})}$

Beispiel 4.22

Für die natürlichen Zahlen $n, m \in \mathbb{N}$ sind nach Satz 4.20 d folgende Äquivalenzen Tautologien:

$$\begin{aligned} & n > m \Leftrightarrow \frac{n}{m} > 1 && (A \Leftrightarrow B) \\ \Leftrightarrow\ & n \leq m \Leftrightarrow \frac{n}{m} \leq 1 && (\overline{A} \Leftrightarrow \overline{B}) \\ \Leftrightarrow\ & (n > m, \frac{n}{m} > 1) \vee (n \leq m, \frac{n}{m} \leq 1) \\ & && (A \wedge B) \vee (\overline{A} \wedge \overline{B}) \end{aligned}$$

Aus den Sätzen 4.17, 4.18 und 4.20 resultieren wichtige Grundlagen mathematischen Schließens, die wir in Kapitel 5 und allen späteren Kapiteln wieder aufgreifen werden.

Wir stellen auch fest, dass einige der eingeführten Operationen redundant sind. So kommen wir in der Tat mit zwei der behandelten Operationen aus, wobei eine davon die Negation sein muss. Hält man nämlich an der Negation fest, so kann wegen Satz 4.18 jede Konjunktion durch eine geeignete Disjunktion ausgedrückt und umgekehrt jede Disjunktion durch eine Konjunktion ersetzt werden.

Mit Hilfe der Negation kann aber wegen Satz 4.20 c auch jede Implikation durch eine Konjunktion oder Disjunktion ausgedrückt werden und damit auch jede Äquivalenz. Die Tautologien werden damit freilich unübersichtlicher und komplizierter.

Allerdings lassen sich somit alle aussagenlogischen Verknüpfungen so transformieren, dass sie zu einem Logikgatter wie in Beispiel 4.19 synthetisiert werden können.

4.4 Allaussagen, Existenzaussagen

Es liegt nahe, vor allem die in Definition 4.6 eingeführten Operationen der Konjunktion und Disjunktion zu erweitern. Sind mehrere Aussagen

$$\mathsf{A}(u),\ \mathsf{A}(v),\ \ldots$$

zu verknüpfen, so schreiben wir nach Kapitel 4.2 für die Konjunktion

$$\mathsf{A}(u) \wedge \mathsf{A}(v) \wedge \ldots$$

Diese Aussage ist wahr, wenn alle Teilaussagen wahr sind. Die Disjunktion

$$\mathsf{A}(u) \vee \mathsf{A}(v) \vee \ldots$$

ist wahr, wenn mindestens eine Teilaussage wahr ist.

Definition 4.23

a) Für die Konjunktion von Aussagen $\mathsf{A}(x)$, wobei x vorgegebene Werte annimmt, schreiben wir

$$\bigwedge_x \mathsf{A}(x)$$

und sprechen von einer *Allaussage*. Eine Allaussage ist wahr, wenn alle Einzelaussagen $\mathsf{A}(x)$ wahr sind bzw. wenn $\mathsf{A}(x)$ für alle x wahr ist. Ist eine der Aussagen $\mathsf{A}(x)$ falsch, so ist auch die Allaussage falsch.

b) Für eine Disjunktion von Aussagen $\mathsf{A}(x)$, wobei x vorgegebene Werte annimmt, schreiben wir

$$\bigvee_x \mathsf{A}(x)$$

und sprechen von einer *Existenzaussage*. Gibt es mindestens ein x, so dass $\mathsf{A}(x)$ wahr ist, so ist auch die Existenzaussage wahr. Gibt es kein derartiges x, so ist die Existenzaussage falsch.

Gelegentlich schreibt man für eine Allaussage auch

$$\forall x: \quad \mathsf{A}(x) \quad („\text{für alle } x \text{ gilt } \mathsf{A}(x)“),$$

für eine Existenzaussage auch

$$\exists x: \quad \mathsf{A}(x) \quad („\text{für mindestens ein } x \text{ gilt } \mathsf{A}(x)“).$$

Unter Berücksichtigung der Negation (Definition 4.4) erhält man für All- und Existenzaussagen Zusammenhänge, die bereits in Satz 4.18 d für zwei Aussagen A, B festgestellt wurden.

Satz 4.24

Folgende Aussagen sind Tautologien:

a) $\bigwedge_x \overline{\mathsf{A}(x)} \Leftrightarrow \overline{\bigvee_x \mathsf{A}(x)}$

b) $\bigvee_x \overline{\mathsf{A}(x)} \Leftrightarrow \overline{\bigwedge_x \mathsf{A}(x)}$

Beweis

Zu a): Ist

$$\bigwedge_x \overline{\mathsf{A}(x)}$$

wahr, so ist $\overline{\mathsf{A}(x)}$ für alle x wahr. Also ist $\mathsf{A}(x)$ für alle x falsch und damit auch

$$\bigvee_x \mathsf{A}(x)\,.$$

Also ist

$$\overline{\bigvee_x \mathsf{A}(x)}$$

wahr. Ist andererseits

$$\bigwedge_x \overline{\mathsf{A}(x)}$$

falsch, so ist $\overline{\mathsf{A}(x)}$ falsch für mindestens ein x. Also ist $\mathsf{A}(x)$ wahr für mindestens ein x und damit auch

$$\bigvee_x \mathsf{A}(x)\,.$$

Also ist

$$\overline{\bigvee_x \mathsf{A}(x)}$$

falsch. Wir erhalten übereinstimmende Wahrheitswerte, die Äquivalenz

$$\bigwedge_x \overline{\mathsf{A}(x)} \Leftrightarrow \overline{\bigvee_x \mathsf{A}(x)}$$

ist eine Tautologie.

Entsprechende Überlegungen sind im Fall b) anzustellen.

Wir stellen fest:

Die Negation einer Existenzaussage ist stets eine Allaussage und die Negation einer Allaussage stets eine Existenzaussage.

Beispiel 4.25

Sei x ein Gut und $\mathsf{A}(x)$ die Aussage „Der Preis des Gutes x bleibt konstant". Dann erhält man folgende All- und Existenzaussagen:

a) $\bigwedge_x \mathsf{A}(x)$: Die Preise aller Güter bleiben konstant

b) $\bigwedge_x \overline{\mathsf{A}(x)}$: Die Preise aller Güter verändern sich

c) $\overline{\bigwedge_x \mathsf{A}(x)}$: Nicht für alle Güter bleiben die Preise konstant

d) $\overline{\bigwedge_x \overline{\mathsf{A}(x)}}$: Nicht für alle Güter verändern sich die Preise

e) $\bigvee_x \mathsf{A}(x)$: Der Preis mindestens eines Gutes bleibt konstant

f) $\bigvee_x \overline{\mathsf{A}(x)}$: Der Preis mindestens eines Gutes verändert sich

g) $\overline{\bigvee_x \mathsf{A}(x)}$: Der Preis keines Gutes bleibt konstant

h) $\overline{\bigvee_x \overline{\mathsf{A}(x)}}$: Der Preis keines Gutes verändert sich

Nach Satz 4.24 erhält man die Tautologien

$$\text{b)} \Leftrightarrow \text{g)}, \qquad \text{c)} \Leftrightarrow \text{f)}.$$

Negiert man die linken und die rechten Seiten der Äquivalenzen in Satz 4.24, so erhält man die neuen Tautologien

$$\text{d)} \Leftrightarrow \text{e)}, \qquad \text{a)} \Leftrightarrow \text{h)}.$$

Beispiel 4.26

Für reelle Zahlen x gilt:

$\bigvee_x (2x - 5 = 1)$: Es gibt ein reelles x, das die Gleichung $2x - 5 = 1$ löst

ist wahr, denn es gilt $2x - 5 = 1$ für $x = 3$. Ferner ist nach Satz 4.24 auch die Aussage

$$\overline{\bigwedge_x (2x - 5 \neq 1)}$$

wahr beziehungsweise

$$\bigwedge_x (2x - 5 \neq 1)$$

falsch.

Beispiel 4.27

Für $x \in \mathbb{R}$ gilt

$\bigwedge_x (x^2 + x + 1 \neq 0)$: Für alle reellen x gilt $x^2 + x + 1 \neq 0$

hat nach Satz 4.24 den selben Wahrheitswert wie die Aussage

$\overline{\bigvee_x (x^2 + x + 1 = 0)}$: Es gibt kein reelles x, das die Gleichung $x^2 + x + 1 = 0$ löst.

Nach Abschnitt 1.5 ist die Lösung

$$x = \tfrac{1}{2}\left(1 \pm \sqrt{1-4}\right) = \tfrac{1}{2}\left(1 \pm \sqrt{-3}\right)$$

nicht reell, also ist die Aussage

$$\bigwedge_x (x^2 + x + 1 \neq 0)$$

wahr.

Beispiel 4.28

Für $x \in \mathbb{R}$ gilt

$\bigwedge_x \left((x+1)^2 \geq 0\right)$: Für alle reellen Zahlen gilt $(x+1)^2 \geq 0$

ist wahr genau wie die äquivalente Aussage

$\overline{\bigvee_x \left((x+1)^2 < 0\right)}$: Es gibt kein reelles x mit $(x+1)^2 < 0$.

Relevante Literatur

Arrenberg, Jutta u. a. (2013). *Vorkurs in Wirtschaftsmathematik*. 4. Aufl. Oldenbourg, Kap. 3

Dietz, Hans M. (2012). *Mathematik für Wirtschaftswissenschaftler: Das ECOMath-Handbuch*. 2. Aufl. Springer, Kap. 0.2

Opitz, Otto u. a. (2014). *Mathematik: Übungsbuch für das Studium der Wirtschaftswissenschaften*. 8. Aufl. De Gruyter Oldenbourg, Kap. 2

Meinel, Christoph und Mundhenk, Martin (2015). *Mathematische Grundlagen der Informatik: Mathematisches Denken und Beweisen. Eine Einführung*. 6. Aufl. Springer Vieweg, Kap. 2

Merz, Michael und Wüthrich, Mario V. (2012). *Mathematik für Wirtschaftswissenschaftler: Die Einführung mit vielen ökonomischen Beispielen*. Vahlen, Kap. 1.3, 1.4

Mathematische Beweisführung

Wir diskutieren in diesem Kapitel einige gebräuchliche Verfahren zum Nachweis der Richtigkeit von Aussagen.

5.1 Beweis durch Nachrechnen

Ist eine Aussage in Form einer Gleichung oder Ungleichung gegeben, so kann man die Aussage oft durch *Nachrechnen* verifizieren. Dabei sind die für Gleichungen oder Ungleichungen relevanten Rechenregeln zu berücksichtigen (Abschnitte 1.5 und 1.6).

Beispiel 5.1

Man beweise für alle reellen x die Gültigkeit der Gleichung

$$\frac{x+2}{3} - \frac{4\cdot(x-2)}{12} - \frac{4}{3} = 0\,.$$

Beweis:

$$\begin{aligned}&\frac{x+2}{3} - \frac{4\cdot(x-2)}{12} - \frac{4}{3}\\ &= \frac{x+2-(x-2)-4}{3}\\ &= \frac{4-4}{3}\\ &= 0\end{aligned}$$

Beispiel 5.2

Man beweise für alle reellen x die Gültigkeit der Ungleichung

$$x^4 + x^2 - 6x + 12 \geq 3\,.$$

Beweis:

$$x^4 + x^2 - 6x + 12 = x^4 + (x-3)^2 + 3 \geq 3$$

wegen $x^4 \geq 0$, $(x-3)^2 \geq 0$.

Sehr viele mathematische Sätze werden aussagenlogisch als Implikation $\mathsf{A} \Rightarrow \mathsf{B}$ formuliert. Man bezeichnet dabei die Aussage A als *Voraussetzung* oder *Prämisse* und B als *Behauptung* oder *Konklusion*.

Wie eingangs des Kapitels 4 bereits angemerkt, gilt ein mathematischer Satz als bewiesen, wenn die entsprechende Aussage, hier also die Implikation, wahr ist. Man kann sich dabei auf den Fall beschränken, dass unter der Voraussetzung „A wahr" auch B wahr ist (Definition 4.8). Ist jedoch A wahr und B falsch, so ist die Negation $\overline{\mathsf{A} \Rightarrow \mathsf{B}}$ der Implikation $\mathsf{A} \Rightarrow \mathsf{B}$ wahr. Man schreibt in diesem Fall auch $\mathsf{A} \not\Rightarrow \mathsf{B}$ und verwendet die Sprechweisen

- wenn A, dann nicht notwendig B
- aus A folgt nicht allgemein B
- A impliziert nicht notwendig B.

Für die Implikation bzw. ihre Negation erhalten wir weitere Beweisverfahren.

5.2 Direkter Beweis einer Implikation

Oft kann man eine kompliziertere Implikation $\mathsf{A} \Rightarrow \mathsf{B}$ nicht in einem Schritt beweisen. In diesem Fall kann der Beweis in mehreren einfachen Schritten erfolgen, es gilt dann nach Satz 4.20 b:

Wenn $\mathsf{A} \Rightarrow \mathsf{C}_1, \mathsf{C}_1 \Rightarrow \mathsf{C}_2, \ldots, \mathsf{C}_{n-1} \Rightarrow \mathsf{C}_n, \mathsf{C}_n \Rightarrow \mathsf{B}$, dann $\mathsf{A} \Rightarrow \mathsf{B}$.

Die einzelnen Schritte sind dabei in voller Allgemeinheit durchzuführen, ein oder mehrere einzelne Beispiele zur Rechtfertigung reichen nicht aus.

DOI: 10.1515/9783110475333-005

Bereitet dieses Vorgehen Schwierigkeiten, so kann man versuchen, eine *Fallunterscheidung* vorzunehmen. Man zerlegt zu diesem Zweck die Aussage A in mehrere restriktivere Aussagen, beispielsweise $A_1, A_2, \ldots, A_n$, so dass gilt

$$A \Leftrightarrow A_1 \vee A_2 \vee \ldots \vee A_n$$

und beweist nach obigem Muster

$$A_1 \Rightarrow B\,, \quad A_2 \Rightarrow B\,, \quad \ldots\,, \quad A_n \Rightarrow B\,.$$

Beispiel 5.3

Zu beweisen ist die Implikation $A \Rightarrow B$ mit

$$\begin{aligned} &A\colon\ a > b \quad \text{und} \\ &B\colon\ a^2 + b^2 > 2ab\,. \end{aligned}$$

Dazu folgern wir schrittweise nach den Rechenregeln für Ungleichungen (Abschnitt 1.6):

$$\begin{aligned} a > b &\Rightarrow a - b > 0 && (A \Rightarrow C_1) \\ &\Rightarrow (a-b)^2 > 0 && (C_1 \Rightarrow C_2) \\ &\Rightarrow a^2 - 2ab + b^2 > 0 && (C_2 \Rightarrow C_3) \\ &\Rightarrow a^2 + b^2 > 2ab && (C_3 \Rightarrow B) \end{aligned}$$

Beispiel 5.4

Man beweise die Implikation $A \Rightarrow B$ mit

$$\begin{aligned} &A: x \neq 0 \\ &B: \frac{|x+1|}{x} \geq \frac{|x-1|}{x}\,. \end{aligned}$$

Wir unterscheiden die beiden Fälle $A_1 : x > 0$ und $A_2 : x < 0$. Damit gilt

$$A \Leftrightarrow A_1 \vee A_2\,.$$

Wir folgern

$$\begin{aligned} x > 0 &\Rightarrow |x+1| \geq |x-1| && (A_1 \Rightarrow C_1) \\ &\Rightarrow \frac{|x+1|}{x} \geq \frac{|x-1|}{x} && (C_1 \Rightarrow B) \end{aligned}$$

und andererseits

$$\begin{aligned} x < 0 &\Rightarrow |x+1| \leq |x-1| && (A_2 \Rightarrow C_2) \\ &\Rightarrow \frac{|x+1|}{x} \geq \frac{|x-1|}{x} && (C_2 \Rightarrow B) \end{aligned}$$

Damit ist $A \Rightarrow B$ bewiesen.

5.3 Widerlegen einer Implikation durch ein Gegenbeispiel

Bei dieser Beweismethode ist zu zeigen, dass B nicht generell gilt, wenn A vorausgesetzt wird. Dabei genügt es, ein Beispiel zu finden, das A erfüllt und gleichzeitig B widerspricht.

Beispiel 5.5

Mit den Aussagen

$$\begin{aligned} &A\colon a \leq 0 \\ &B\colon (1+a)^3 \geq 1 + 3a \end{aligned}$$

ist die Implikation $A \Rightarrow B$ falsch.

Während für $a = -1, -2, -3$ die Ungleichung

$$(1+a)^3 \geq 1 + 3a$$

erfüllt ist, gilt sie beispielsweise nicht mehr für $a = -4$.

5.4 Indirekter Beweis oder Widerspruchsbeweis für eine Implikation

Nach Satz 4.20 c ist $A \Rightarrow B$ äquivalent zu

$$\overline{B} \Rightarrow \overline{A} \quad \text{oder auch zu} \quad \overline{A \wedge \overline{B}}\,.$$

Bereitet der direkte Beweis von $A \Rightarrow B$ Schwierigkeiten, so kann man versuchen, für die Implikation $\overline{B} \Rightarrow \overline{A}$ einen direkten Beweis zu führen oder aber zu zeigen, dass die Konjunkton $A \wedge \overline{B}$ zu Widersprüchen führt, also falsch ist.

Beispiel 5.6

Man beweise die Implikation A $\Rightarrow$ B :

$$x \text{ ist eine positive reelle Zahl} \Rightarrow x + \frac{1}{x} \geq 2 .$$

Wir nehmen an, die Aussage

$$\mathsf{A} \wedge \overline{\mathsf{B}} : x \text{ ist positiv reell und } x + \frac{1}{x} < 2$$

sei wahr. Dann erhält man wegen

$$x + \frac{1}{x} < 2 \Rightarrow x^2 + 1 < 2x \Rightarrow (x-1)^2 < 0$$

einen Widerspruch, also ist $\mathsf{A} \wedge \overline{\mathsf{B}}$ falsch und $\overline{\mathsf{A} \wedge \overline{\mathsf{B}}}$ bzw. A $\Rightarrow$ B ist wahr.

Beispiel 5.7

Zu beweisen ist für eine beliebige natürliche Zahl n die Aussage

$$\mathsf{A} \Rightarrow \mathsf{B}: n^2 \text{ ist gerade } \Rightarrow n \text{ ist gerade}$$

beziehungsweise dazu äquivalent $\overline{\mathsf{B}} \Rightarrow \overline{\mathsf{A}}$: n ist ungerade $\Rightarrow n^2$ ist ungerade.

Es existiert für eine ungerade Zahl n die Darstellung $n = 2k - 1$,wobei k eine natürliche Zahl ist. Daraus folgt

$$\begin{aligned} n^2 &= (2k-1)^2 = 4k^2 - 4k + 1 \\ &= 2(2k^2 - 2k) + 1 , \end{aligned}$$

also ist n^2 auch ungerade und $\overline{\mathsf{B}} \Rightarrow \overline{\mathsf{A}}$ beziehungsweise A $\Rightarrow$ B sind erfüllt.

Beispiel 5.8

Man beweise die Implikation

$$\mathsf{A} \Rightarrow \mathsf{B}: x^3 + x - 2 = 0 \Rightarrow x = 1$$
ist die einzige reelle Lösung.

Der direkte Beweis führt mit Polynomdivision $(x^3 + x - 2) : (x - 1)$ auf die Lösung der quadratischen Gleichung $x^2 + x + 2 = 0$, die keine reellen Lösungen besitzt. Alternativ beweisen wir

$$\overline{\mathsf{B}} \Rightarrow \overline{\mathsf{A}} : x \neq 1 \Rightarrow x^3 + x - 2 \neq 0 .$$

Es gilt nämlich

$$\begin{aligned} x > 1 &\Rightarrow x^3 + x - 2 > 1 + 1 - 2 = 0 \\ x < 1 &\Rightarrow x^3 + x - 2 < 1 + 1 - 2 = 0 \end{aligned}$$

Also ist $\overline{\mathsf{B}} \Rightarrow \overline{\mathsf{A}}$ wahr und damit auch A $\Rightarrow$ B.

5.5 Beweisverfahren für die Äquivalenz

Ist ein mathematischer Satz als Äquivalenz A $\Leftrightarrow$ B formuliert, so ist dies nach Satz 4.20 a gleichbedeutend mit (A $\Rightarrow$ B) $\wedge$ (B $\Rightarrow$ A). Damit können die direkten und indirekten Beweisverfahren für Implikationen übertragen werden.

Man wird also versuchen, in einem ersten Schritt A $\Rightarrow$ B und anschließend B $\Rightarrow$ A direkt zu beweisen.

Gelegentlich ist es auch möglich, die Aussage A $\Leftrightarrow$ B ohne Umweg über Implikationen in mehreren Schritten zu zeigen. In diesem Fall gilt entsprechend zum direkten Beweis bei Implikationen:

$$\mathsf{A} \Leftrightarrow \mathsf{C}_1 , \quad \mathsf{C}_1 \Leftrightarrow \mathsf{C}_2 , \quad \ldots , \quad \mathsf{C}_n \Leftrightarrow \mathsf{B}$$
ist äquivalent zu A $\Leftrightarrow$ B

Beispiel 5.9

Man beweise für eine beliebige natürliche Zahl die Äquivalenz

$$\mathsf{A} \Leftrightarrow \mathsf{B} : n^2 \text{ ist gerade} \Leftrightarrow n \text{ ist gerade.}$$

Für A $\Rightarrow$ B siehe Beispiel 5.7.

Zu B $\Rightarrow$ A:
Für n gerade existiert eine natürliche Zahl k mit

$$n = 2k \Rightarrow n^2 = 4k^2 = 2(2k^2) .$$

Damit ist auch n^2 gerade.

Wegen A $\Rightarrow$ B und B $\Rightarrow$ A ist auch A $\Leftrightarrow$ B wahr.

Beispiel 5.10

Mit den Aussagen

$$\mathsf{A} : \frac{x^3 + x^2}{x^2 + 1} = 0, \quad \mathsf{B}_1 : x = 0, \quad \mathsf{B}_2 : x = -1$$

ist die Äquivalenz $\mathsf{A} \Leftrightarrow \mathsf{B}_1 \vee \mathsf{B}_2$ wahr.

Mit $\mathsf{C}_1 : x^3 + x^2 = 0$ gilt $\mathsf{A} \Leftrightarrow \mathsf{C}_1$ wegen $x^2 + 1 > 0$.

Mit $\mathsf{C}_2 : x^2(x+1) = 0$ gilt $\mathsf{C}_1 \Leftrightarrow \mathsf{C}_2$ sowie $\mathsf{C}_2 \Leftrightarrow \mathsf{B}_1 \vee \mathsf{B}_2$.

Insgesamt gilt:

$$\begin{aligned} \frac{x^3 + x^2}{x^2 + 1} = 0 \quad &\Leftrightarrow x^3 + x^2 = 0 \\ \Leftrightarrow x^2(x+1) = 0 \quad &\Leftrightarrow x = 0 \vee x = -1 \end{aligned}$$

5.6 Beweis durch vollständige Induktion

Abschließend diskutieren wir ein sehr wichtiges Verfahren für Allaussagen der Form $\bigwedge_n \mathsf{A}(n)$, wobei n eine ganze Zahl größer oder gleich einer festen ganzzahligen Untergrenze k ist. Dieses Beweisprinzip der *vollständigen Induktion* verläuft in zwei Schritten:

a) *Induktionsanfang:* Man zeigt, dass die Aussage für eine möglichst kleine ganze Zahl k gültig ist, also $\mathsf{A}(k)$ wahr ist.

b) *Induktionsschluss:* Um aus $\mathsf{A}(k)$ die Richtigkeit von $\mathsf{A}(k+1)$, hieraus die Richtigkeit von $\mathsf{A}(k+2)$ usw. zu folgern, genügt es zu zeigen: $\mathsf{A}(n) \Rightarrow \mathsf{A}(n+1)$ für beliebiges $n = k, k+1, \ldots$

Satz 5.11

Seien k, n ganze Zahlen. Dann gilt

$$\bigwedge_{n \geq k} \mathsf{A}(n) \Leftrightarrow \begin{array}{l} \text{Induktionsanfang } \mathsf{A}(k) \\ \text{Induktionsschluss } \mathsf{A}(n) \Rightarrow \mathsf{A}(n+1) \\ \qquad\qquad (n \geq k)\,. \end{array}$$

Der Beweis ergibt sich aus der obigen Verfahrensbeschreibung in zwei Schritten.

Mit Hilfe vollständiger Induktion ist in den folgenden Beispielen zu überprüfen, für welche natürlichen Zahlen n die gegebenen Aussagen wahr sind.

Beispiel 5.12

$$\mathsf{A}_1(n) : \sum_{i=1}^{n} i = \frac{n(n+1)}{2}$$

Der *Induktionsanfang* ist für $n = 1$ erfüllt, da die linke und die rechte Seite des Gleichheitszeichens übereinstimmen:

$$\mathsf{A}_1(1) : \sum_{i=1}^{1} i = 1 = \frac{1 \cdot (1+1)}{2}$$

Um beim *Induktionsschluss* zu zeigen, dass aus $\mathsf{A}_1(n)$ die Aussage

$$\mathsf{A}_1(n+1) : \sum_{i=1}^{n+1} i = \frac{(n+1)(n+2)}{2}$$

folgt, geht man von der linken Seite der Aussage

$$\mathsf{A}_1(n+1)\,, \quad \text{also von} \quad \sum_{i=1}^{n+1} i$$

aus und versucht unter Verwendung der Aussage $\mathsf{A}_1(n)$, der sogenannten *Induktionsvoraussetzung*, die Gleichheit mit der rechten Seite von $\mathsf{A}_1(n+1)$, also mit

$$\frac{(n+1)(n+2)}{2}$$

zu beweisen. Es ergibt sich:

$$\begin{aligned} \underbrace{\sum_{i=1}^{n+1} i}_{\substack{\text{linke Seite von} \\ \mathsf{A}_1(n+1)}} &= \underbrace{\sum_{i=1}^{n} i}_{\substack{\text{linke Seite} \\ \text{von } \mathsf{A}_1(n)}} + (n+1) \\ &= \underbrace{\frac{n(n+1)}{2}}_{\substack{\text{Induktions-} \\ \text{voraussetzung}}} + (n+1) \\ &= \frac{n^2 + n}{2} + \frac{2n + 2}{2} \\ &= \frac{n^2 + 3n + 2}{2} \\ &= \underbrace{\frac{(n+1)(n+2)}{2}}_{\text{rechte Seite von } \mathsf{A}_1(n+1)} \end{aligned}$$

Es folgt also $\mathsf{A}_1(n+1)$, wenn $\mathsf{A}_1(n)$ als wahr vorausgesetzt wird.

Zusammen mit dem Induktionsanfang ist damit $\mathsf{A}_1(n)$ für alle $n \geq 1$ als richtig nachgewiesen.

Die Beweise der weiteren Beispiele verlaufen nach dem gleichen Muster, wir beschreiben sie aber kompakter.

Beispiel 5.13

$$\mathsf{A}_2(n): \sum_{i=1}^{n}(2i-1) = n^2$$

Induktionsanfang für $n = 1$:

$$\mathsf{A}_2(1): \sum_{i=1}^{1}(2i-1) = 1 = 1^2$$

Beim Induktionsschluss ist zu zeigen:

$$\mathsf{A}_2(n) \Rightarrow \mathsf{A}_2(n+1):$$

$$\sum_{i=1}^{n}(2i-1) = n^2$$

$$\Rightarrow \sum_{i=1}^{n+1}(2i-1) = (n+1)^2$$

Beweis:

$$\begin{aligned}\sum_{i=1}^{n+1}(2i-1) &= \sum_{i=1}^{n}(2i-1) + [2(n+1)-1]\\ &= n^2 + [2n+1]\\ &= (n+1)^2\end{aligned}$$

Also ist $\mathsf{A}_2(n)$ für alle natürlichen n wahr.

Beispiel 5.14

$$\mathsf{A}_3(n): \sum_{i=1}^{n} a^{i-1} = \frac{a^n-1}{a-1} \qquad (\text{für } a \neq 1)$$

Induktionsanfang:

$$\mathsf{A}_3(1): \sum_{i=1}^{1} a^{i-1} = a^0 = 1 = \frac{a-1}{a-1}$$

Zu $\mathsf{A}_3(n) \Rightarrow \mathsf{A}_3(n+1)$:

$$\begin{aligned}\sum_{i=1}^{n+1} a^{i-1} &= \sum_{i=1}^{n} a^{i-1} + a^{(n+1)-1}\\ &= \frac{a^n-1}{a-1} + a^n\\ &= \frac{a^n-1+a^{n+1}-a^n}{a-1}\\ &= \frac{a^{n+1}-1}{a-1}.\end{aligned}$$

Also ist $\mathsf{A}_3(n)$ für alle natürlichen n wahr.

Beispiel 5.15

$$\mathsf{A}_4(n): (1+a)^n \geq 1 + na \qquad (\text{für } a > -1)$$

Induktionsanfang:

$$\mathsf{A}_4(1): 1 + a \geq 1 + a$$

Zu $\mathsf{A}_4(n) \Rightarrow \mathsf{A}_4(n+1)$:

$$\begin{aligned}(1+a)^{n+1} &= (1+a)^n(1+a)\\ &\geq (1+na)(1+a)\\ &= 1 + na + a + na^2\\ &\geq 1 + (n+1)a.\end{aligned}$$

Also ist $\mathsf{A}_4(n)$ für alle natürlichen n wahr.

Beispiel 5.16

$$\mathsf{A}_5(n): 2^{n-1} \leq n!$$

Induktionsanfang:

$$\mathsf{A}_5(1): 2^{1-1} = 2^0 \leq 1!$$

Zu $\mathsf{A}_5(n) \Rightarrow \mathsf{A}_5(n+1)$:

$$2^n = 2^{n-1} \cdot 2 \leq n! \cdot 2 \leq (n+1)!$$

Damit ist $\mathsf{A}_5(n)$ für alle natürlichen n wahr.

Beispiel 5.17

$$\mathsf{A}_6(n) : \sum_{i=1}^{n} i^2 = \frac{2n^3 + 3n^2 + n}{6}$$

Induktionsanfang:

$$\mathsf{A}_6(1) : 1^2 = \frac{2 \cdot 1 + 3 \cdot 1 + 1}{6} = 1$$

Zu $\mathsf{A}_6(n) \Rightarrow \mathsf{A}_6(n+1)$:

$$\begin{aligned}
\sum_{i=1}^{n+1} i^2 &= \sum_{i=1}^{n} i^2 + (n+1)^2 \\
&= \frac{2n^3 + 3n^2 + n}{6} + (n+1)^2 \\
&= \tfrac{1}{6} \cdot \left(2n^3 + 3n^2 + n + 6n^2 + 12n + 6\right) \\
&= \tfrac{1}{6} \cdot \left(2n^3 + 9n^2 + 13n + 6\right) \\
&= \tfrac{1}{6} \cdot \left(2n^3 + 6n^2 + 6n + 2 \right. \\
&\qquad \left. + 3n^2 + 6n + 3 + n + 1\right) \\
&= \tfrac{1}{6} \cdot \left(2(n+1)^3 + 3(n+1)^2 + (n+1)\right)
\end{aligned}$$

Damit ist $\mathsf{A}_6(n)$ für alle natürlichen Zahlen wahr.

Beispiel 5.18

$$\mathsf{A}_7(n) : 2^n \geq n^2$$

Induktionsanfang:

$$\mathsf{A}_7(1) : 2^1 \geq 1^2$$

Zu $\mathsf{A}_7(n) \Rightarrow \mathsf{A}_7(n+1)$:

$$\begin{aligned}
2^{n+1} &= 2 \cdot 2^n \\
&\geq 2 \cdot n^2 \\
&\geq n^2 + 2n + 1 \\
&= (n+1)^2
\end{aligned}$$

Wegen

$$\begin{aligned}
2n^2 \geq n^2 + 2n + 1 &\Leftrightarrow n^2 \geq 2n + 1 \\
&\Leftrightarrow n \geq 3
\end{aligned}$$

ist der Induktionsschluss nur für $n = 3, 4, \ldots$ möglich. Andererseits gilt für $n = 1, 2, 3, 4$:

$$2^1 > 1^2, 2^2 = 2^2, 2^3 < 3^2, 2^4 = 4^2 .$$

Damit ist $\mathsf{A}_7(n)$ für alle natürlichen $n \neq 3$ wahr.

Relevante Literatur

Meinel, Christoph und Mundhenk, Martin (2015). *Mathematische Grundlagen der Informatik: Mathematisches Denken und Beweisen. Eine Einführung*. 6. Aufl. Springer Vieweg, Kap. 4, 7, 8

Merz, Michael und Wüthrich, Mario V. (2012). *Mathematik für Wirtschaftswissenschaftler: Die Einführung mit vielen ökonomischen Beispielen*. Vahlen, Kap. 1

Opitz, Otto u. a. (2014). *Mathematik: Übungsbuch für das Studium der Wirtschaftswissenschaften*. 8. Aufl. De Gruyter Oldenbourg, Kap. 2

Plaue, Matthias und Scherfner, Mike (2009). *Mathematik für das Bachelorstudium I: Grundlagen, lineare Algebra und Analysis*. Spektrum, Kap. 2

Schäfer, Wolfgang u. a. (2006). *Mathematik-Vorkurs: Übungs- und Arbeitsbuch für Studienanfänger*. 6. Aufl. Vieweg+Teubner, Kap. 8

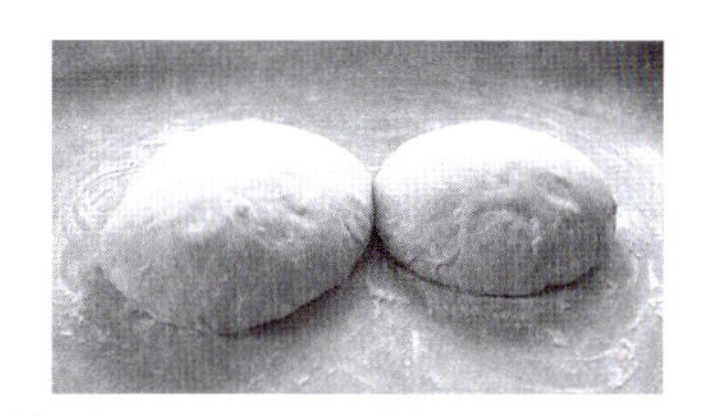

Mengen und ihre Operationen

Der Umgang mit *Mengen* ist zentral in der modernen Mathematik. In diesem Kapitel werden wir den Mengenbegriff näher fassen und Mengen zueinander in Beziehung setzen, danach Mengen miteinander verknüpfen und so die allgemeine Grundlage für Funktionen und ihre Eigenschaften legen.

6.1 Mengenbegriff

Am Ende des 19. Jahrhunderts begründete *G. Cantor* (Abbildung 6.1) die Mengenlehre.

Abbildung 6.1: *Georg Cantor (1845-1918)*

Er beginnt mit der Erklärung:

„Unter einer Menge verstehen wir jede Zusammenfassung von bestimmten, wohlunterschiedenen Objekten unserer Anschauung oder unseres Denkens, welche die Elemente der Menge genannt werden, zu einem Ganzen.“

Diese Erklärung gibt sicherlich eine gewisse Vorstellung vom Mengenbegriff wieder, sie kann jedoch nicht als Definition angesehen werden, denn die verwendeten Begriffe wie „Zusammenfassung“, „Objekte“, „Ganzes“ müssten erst präzisiert werden. Darüber hinaus führt die Cantorsche Erklärung zu Widersprüchen.

Bekannt ist die *Antinomie* von *B. Russel* (Abbildung 6.2), die durch folgende Aussage veranschaulicht werden kann:

„Ein Barbier rasiert genau alle Männer eines Dorfes, die sich nicht selbst rasieren.“

Gehört also der Barbier zu der Menge aller Männer, die sich nicht selbst rasieren, so rasiert er sich dennoch selbst. Gehört er zur Menge aller Männer, die von ihm rasiert werden, so rasiert er sich nicht selbst.

Abbildung 6.2: *Bertrand Russell (1872-1970)*

Derartige Schwierigkeiten können wir umgehen, wenn wir in der Lage sind, für jedes Objekt im obigen Sinne mit „wahr“ oder „falsch“ zu entscheiden, ob es zur Menge gehört. In vielen konkreten Anwendungsfällen ist aber in diesem Sinne klar, was unter einer Menge und ihren Elementen zu verstehen ist, z. B. bei Mengen von bestimmten Anbietern, Nachfragern, Institutionen, Gütern, Investitionsalternativen, Marktanteilen, Preisen, Zahlen, Punkten, Aussagen, Gleichungen usw. Wir verwenden deswegen diesen sogenannten *naiven* Standpunkt der Mengenlehre nach Cantor für unsere weiteren Überlegungen.

Im folgenden Abschnitt befassen wir uns zunächst mit Mengen in aufzählender und beschreibender Form sowie mit den Begriffen Teilmenge, Potenzmenge, Durchschnitt, Vereinigung, Differenz und Komplement. Der Begriff der *Menge* und ihre *elementaren, algebraischen Verknüpfungen* spielen in allen folgenden Kapiteln eine zentrale Rolle. So geht es in der linearen Algebra um Mengen von Vektoren und Matrizen oder auch um Lösungsmengen von linearen Gleichungs- und Ungleichungssystemen. In der Analysis dient der Mengenbegriff insbesondere zur Beschreibung von Definitions- und Wertebereichen, aber auch zur Darstellung der Lösungen von Differenzen- und Differentialgleichungen oder Optimierungsaufgaben.

DOI: 10.1515/9783110475333-006

Definition 6.1

Unter einer *Menge* A wird eine Gesamtheit von bestimmten, unterscheidbaren Objekten verstanden, man nennt sie *Elemente* der Menge. Für jedes denkbare Objekt kann entschieden werden, ob es Element der Menge ist oder nicht. Man schreibt:

$a \in A$ für „a ist Element von A"

$a \notin A$ für „a ist nicht Element von A"

In Ergänzung dazu nennen wir eine Gesamtheit von Objekten, die nicht notwendigerweise alle verschieden sind, ein *System*.

Eine Menge kann oft durch *Aufzählen* ihrer Elemente ohne Berücksichtigung irgendeiner Reihenfolge, eingeschlossen in geschweiften Klammern, dargestellt werden. So ist

$$A_1 = \{1, 4, 5, 8, 2, 3, 7, 9, 6, 0\}$$

die Menge aller Ziffern im Dezimalsystem,

$$A_2 = \{a, b, c, \ldots, z\}$$

die Menge aller lateinischen Kleinbuchstaben.

Alternativ dazu und vor allem bei Mengen mit sehr vielen Elementen wählt man zweckmäßig die *beschreibende Form*

$$B = \{b : b \text{ hat die Eigenschaften } \ldots\}$$

und spricht von „der Menge B aller Elemente b mit den Eigenschaften …".

Die in den Kapiteln 1.1 und 3.1 eingeführten Zahlenbereiche können nun durch folgende Mengen in beschreibender bzw. aufzählender Form dargestellt werden:

$$\begin{aligned}
\mathbb{N} &= \{a : a \text{ ist natürliche Zahl}\} = \{1, 2, 3, \ldots\} \\
\mathbb{Z} &= \{a : a \text{ ist ganze Zahl}\} = \{0, \pm 1, \pm 2, \ldots\} \\
\mathbb{Q} &= \{a : a \text{ ist rationale Zahl}\} \\
&= \{a : a = \tfrac{p}{q}, p, q \in \mathbb{Z}, q \neq 0\} \\
\mathbb{R} &= \{a : a \text{ ist reelle Zahl}\} \\
&= \{a : a \text{ ist endlicher oder unendlicher Dezimalbruch}\} \\
\mathbb{R}_+ &= \{a : a \text{ ist nichtnegative reelle Zahl}\} \\
&= \{a : a \in \mathbb{R}, a \geq 0\} \\
\mathbb{R}_- &= \{a : a \text{ ist nichtpositive reelle Zahl}\} \\
&= \{a : a \in \mathbb{R}, a \leq 0\} \\
\mathbb{C} &= \{a : a \text{ ist komplexe Zahl}\} \\
&= \{a : a = b + ci, b, c \in \mathbb{R}, i = \sqrt{-1}\}
\end{aligned}$$

Beispiel 6.2

Folgende Mengen sind zunächst in beschreibender, dann in aufzählender Form anzugeben:

M_1: Alle natürlichen Zahlen, die nicht größer als 10 sind

M_2: Alle ganzzahligen Teiler von 12

M_3: Alle natürlichen Zahlen x mit $3x \leq 13$

M_4: Alle ganzen Zahlen im Intervall $(-2, 3]$

M_5: Alle reellen Lösungen der Gleichung $x^2 - 3x - 10 = 0$

Man erhält:

$$\begin{aligned}
M_1 &= \{x \in \mathbb{N} : x \leq 10\} \\
&= \{1, 2, 3, 4, 5, 6, 7, 8, 9, 10\} \\
M_2 &= \{x \in \mathbb{Z} : x \text{ ist Teiler von } 12\} \\
&= \{\pm 1, \pm 2, \pm 3, \pm 4, \pm 6, \pm 12\} \\
M_3 &= \{x \in \mathbb{N} : 3x \leq 13\} \\
&= \{1, 2, 3, 4\} \\
M_4 &= \{x \in \mathbb{Z} : -2 < x \leq 3\} \\
&= \{-1, 0, 1, 2, 3\} \\
M_5 &= \{x \in \mathbb{R} : x^2 - 3x - 10 = 0\} \\
&= \{-2, 5\}
\end{aligned}$$

Allgemein lassen sich Mengen graphisch mit Hilfe sogenannter *Venndiagramme* besonders anschaulich darstellen. Man charakterisiert die Elemente durch Punkte in einer Fläche, die man mit einer geschlossenen Linie umgibt (Abbildung 6.3, links). Noch einfacher schreibt man den Buchstaben A und schließt ihn in eine geschlossene Linie ein (Abbildung 6.3, rechts).

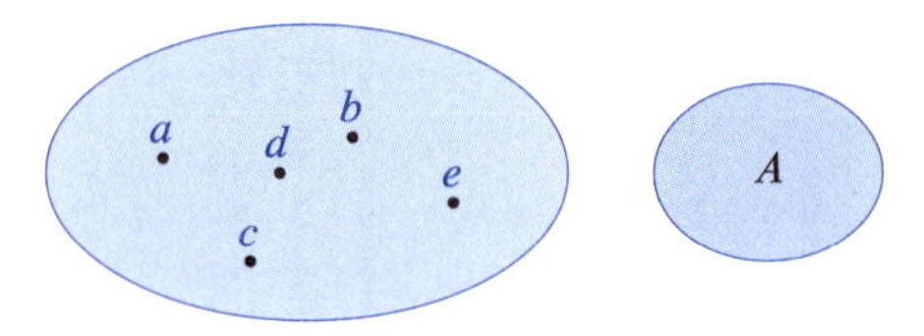

Abbildung 6.3: *Venndiagramme der Menge* $\{a, b, c, d, e\}$ *(links) und der Menge* A *(rechts)*

Venndiagramme tragen oft wesentlich zur Anschaulichkeit bei, sind jedoch kein Beweismittel im strengen Sinn.

6.2 Beziehung von Mengen

Entsprechend zu den Zahlen kann man Mengen in verschiedener Weise vergleichen. So ist es sinnvoll, die Gleichheit bzw. Ungleichheit von Mengen einzuführen. Ferner kann man sich fragen, wann eine Menge A „kleiner als" eine Menge B bzw. A „kleiner oder gleich" B ist.

Definition 6.3

a) Zwei Mengen A, B heißen *gleich* oder *identisch*, kurz $A = B$, wenn sie in ihren Elementen übereinstimmen, d. h. jedes Element von A ist auch Element von B und jedes Element von B auch Element von A, also

$$A = B \Leftrightarrow (a \in A \Leftrightarrow a \in B)\,.$$

Für zwei *nicht identische* Mengen schreibt man $A \neq B$.

b) Eine Menge A heißt *Teilmenge* von B, kurz $A \subseteq B$, wenn jedes Element von A auch Element von B ist, also

$$A \subseteq B \Leftrightarrow (a \in A \Rightarrow a \in B)\,.$$

Die Menge B heißt dann auch *Obermenge* zu A, kurz auch $B \supseteq A$. Es gilt stets $A \subseteq A$. Ist A nicht Teilmenge von B, dann schreibt man $A \nsubseteq B$.

c) Eine Menge A heißt *echte Teilmenge* von B, kurz $A \subset B$, wenn A Teilmenge von B ist, beide Mengen aber nicht identisch sind, also

$$A \subset B \Leftrightarrow (A \subseteq B \wedge A \neq B)\,.$$

Die Menge B heißt dann auch *echte Obermenge* von A.

Für die in Abbildung 6.4 durch Venndiagramme charakterisierten Mengen A, B gilt die Teilmengenbeziehung $A \subset B$.

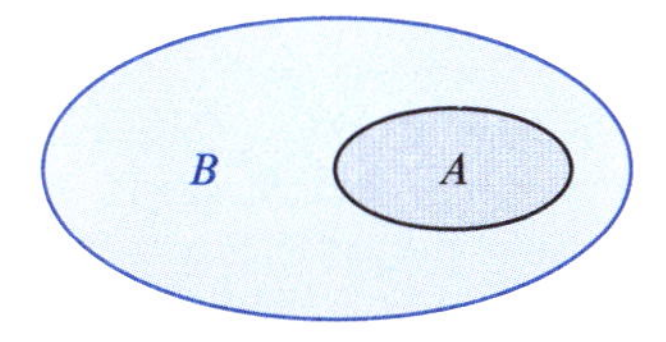

Abbildung 6.4: *Teilmenge* $A \subset B$

Beispiel 6.4

a) Für die Zahlenmengen gelten beispielsweise die echten Teilmengenbeziehungen

$$\mathbb{N} \subset \mathbb{R}_+ \quad \text{und} \quad \mathbb{N} \subset \mathbb{Z} \subset \mathbb{Q} \subset \mathbb{R} \subset \mathbb{C}\,.$$

b) Die Menge

$$\{a \in \mathbb{R} : a^2 = 1\} = \{-1, 1\}$$

ist eine Teilmenge von $\mathbb{Z}$, nicht von $\mathbb{N}$.

c) Für die Mengen

$$A = \{a, b, c, 0, 1\}\,,$$
$$B = \{c, 0\}\,,$$
$$C = \{c, 0, d\}$$

gelten die Beziehungen $B \subset A$, $B \subset C$, aber $A \nsubseteq C$, $C \nsubseteq A$.

d) Für die Venndiagramme

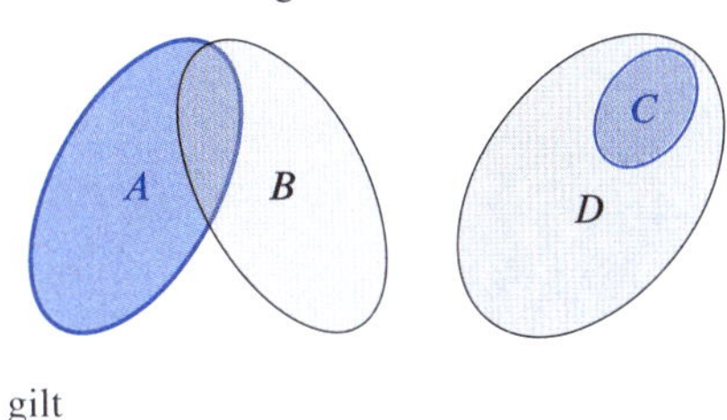

gilt

$$A \nsubseteq B\,,$$
$$B \nsubseteq A\,,$$
$$C \subset D\,.$$

Insbesondere im Rahmen von Fragestellungen der Kombinatorik (Abschnitt 1.4) ist man an der Anzahl von Elementen einer Menge interessiert.

Definition 6.5

Eine Menge A heißt *endlich*, wenn sie endlich viele Elemente enthält, andernfalls *unendlich*. Enthält A genau n Elemente, so schreibt man

$$|A| = n\,.$$

Zwischen Teilmengenbeziehungen und der Elementanzahl von endlichen Mengen existieren naheliegende Zusammenhänge.

Satz 6.6

A, B seien endliche Mengen mit $|A| = a$, $|B| = b$. Dann gilt:

a) $A = B \Rightarrow a = |A| = |B| = b$

b) $A \subseteq B \Rightarrow a = |A| \leq |B| = b$

c) $A \subset B \Rightarrow a = |A| < |B| = b$

Wir verzichten auf diesen sehr einfachen Beweis, weisen jedoch darauf hin, dass bei allen drei Aussagen die Umkehrschlüsse der Form „$\Leftarrow$" nicht richtig sind (siehe Beispiel 6.7).

Beispiel 6.7

Für die Mengen

$$M_1 = \{0, 1, 2, 3, 4, 5\}, \quad M_2 = \{1, 2, 3, 4\}$$
$$M_3 = \{x \in \mathbb{N} : x^2 \leq 20\}$$
$$M_4 = \left\{y \in \mathbb{R} : y = \tfrac{1}{x},\ x \in M_2\right\}$$

gilt: $|M_1| = 6$,

$|M_2| = |M_3| = |M_4| = 4$,

$M_2 = M_3 \subset M_1$,

$M_4 \not\subseteq M_i$ für $(i = 1, 2, 3)$

Um algebraische Mengenoperationen sinnvoll einführen und durchführen zu können, benötigen wir eine Menge, die kein Element enthält.

Definition 6.8

Eine Menge, die keine Elemente enthält, heißt *leere Menge*. Wir verwenden das Symbol $\emptyset$, und es gilt $|\emptyset| = 0$.

Satz 6.9

a) Die leere Menge ist Teilmenge jeder Menge.

b) $A \subseteq B$ und $B \subseteq C \Rightarrow A \subseteq C$

c) $A = B$ und $B = C \Rightarrow A = C$

Beweis

a) Zu beweisen ist nach Definition 6.3 b die Implikation

$$a \in \emptyset \Rightarrow a \in A$$

für jede beliebige Menge A. Da aber $a \in \emptyset$ stets falsch ist (Definition 6.8), ist die Implikation immer richtig (Definition 4.8).

b) $(A \subseteq B) \wedge (B \subseteq C)$

$\Leftrightarrow (a \in A \Rightarrow a \in B) \wedge (a \in B \Rightarrow a \in C)$ (Definition 6.3 b)

$\Rightarrow (a \in A \Rightarrow a \in C)$ (Satz 4.20 b)

$\Leftrightarrow A \subseteq C$ (Definition 6.3 b)

Daraus folgt die Behauptung.

c) Der Beweis verläuft analog zu b).

Sind nun die Elemente einer Menge selbst wieder Mengen, so erhält man eine Menge von Mengen.

Definition 6.10

Die Menge aller Teilmengen von A, also

$$\mathcal{P}(A) = \{C : C \subseteq A\},$$

heißt *Potenzmenge* von A. Es gilt die Äquivalenz

$$C \subseteq A \Leftrightarrow C \in \mathcal{P}(A).$$

Beispiel 6.11

Die Potenzmengen der Mengen

$$A = \{a, b, c\} \quad B = \{0, A\}$$

sind

$$\mathcal{P}(A) = \{\emptyset, \{a\}, \{b\}, \{c\}, \{a, b\}, \{a, c\}, \{b, c\}, \{a, b, c\}\},$$

$$\mathcal{P}(B) = \{\emptyset, \{0\}, \{A\}, \{0, A\}\}.$$

Enthält also die Menge B als Elemente die Zahl 0 und die Menge A, die aus a, b und c besteht, so enthält die Potenzmenge $\mathcal{P}(B)$ die leere Menge $\emptyset$ und $B = \{0, A\}$ sowie die Mengen $\{0\}$, $\{A\}$, die jeweils aus einem Element 0 bzw. A bestehen.

So unrealistisch dieses zweite Beispiel auch sein mag, es zeigt recht deutlich die Konsequenz des Vorgehens.

Zur Bildung der Potenzmenge $\mathcal{P}(A)$ einer endlichen Menge A geht man zweckmäßig folgendermaßen vor: Man notiert zuerst die leere Menge $\emptyset$, anschließend der Reihe nach alle einelementigen, zweielementigen, ... Teilmengen von A und schließlich A selbst.

Eine Potenzmenge $\mathcal{P}(A)$ enthält also immer $\emptyset$ und A.

Satz 6.12

Für $n = 0, 1, 2, \ldots$ gilt:

$$|A| = n \quad \Rightarrow \quad |\mathcal{P}(A)| = 2^n$$

Beweis

Wir führen den Beweis mit vollständiger Induktion (Satz 5.11).

Induktionsanfang ($n = 0$):

$$|A| = 0 \Rightarrow A = \emptyset$$
$$\Rightarrow \mathcal{P}(A) = \{\emptyset\}$$
$$\Rightarrow |\mathcal{P}(A)| = 2^0 = 1$$

(Für $n = 1$ ist beispielsweise

$$A = \{1\}, \qquad |A| = 1,$$
$$\mathcal{P}(A) = \{\emptyset, A\}, \qquad |\mathcal{P}(A)| = 2^1 = 2\,.)$$

Induktionsschluss ($n \to n + 1$):

$$A = \{a_1, \ldots, a_n\},$$

also gilt

$$|A| = n \Rightarrow |\mathcal{P}(A)| = 2^n$$
$$A' = \{a_1, \ldots, a_n, a_{n+1}\},$$

also:

$$|A'| = n + 1\,.$$

Dann enthält $\mathcal{P}(A')$ alle Teilmengen von A, das sind 2^n Teilmengen, ferner alle weiteren Teilmengen, die aus den Teilmengen von A in Kombination mit dem neuen Element a_{n+1} entstehen, das sind nochmals 2^n Teilmengen. Also ist

$$\begin{aligned} |\mathcal{P}(A')| &= 2^n + 2^n \\ &= 2 \cdot 2^n \\ &= 2^{n+1}\,. \end{aligned}$$

Damit ist der Beweis erbracht.

6.3 Verknüpfung von Mengen

6.3.1 Schnitt und Vereinigung

Wir gewinnen neue Mengen, wenn wir zwei Mengen so zusammenfassen, dass nur die gemeinsamen, in beiden Mengen enthaltenen Elemente zählen (*Durchschnitt*) beziehungsweise jedes Element zählt, das zumindest in einer der beiden Mengen enthalten ist (*Vereinigung*).

Definition 6.13

Die Menge aller Elemente, die sowohl zu einer Menge A als auch zu einer Menge B gehören, heißt *Durchschnittsmenge* oder *Durchschnitt* von A und B. Man schreibt:

$$A \cap B = \{a : a \in A \wedge a \in B\}$$

In Abbildung 6.5 wird eine Durchschnittsmenge beispielhaft durch ein Venndiagramm dargestellt.

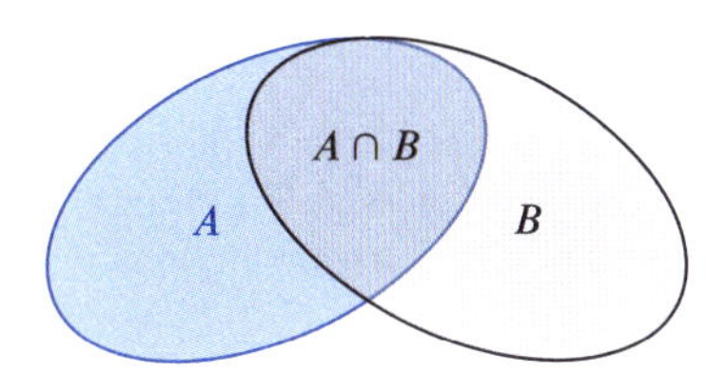

Abbildung 6.5: *Durchschnittsmenge* $A \cap B$

Besitzen zwei Mengen A, B kein gemeinsames Element, so ist die Durchschnittsmenge leer, es ist $A \cap B = \emptyset$ (siehe Abbildung 6.6). Die Mengen A, B heißen dann *elementfremd* oder *disjunkt*.

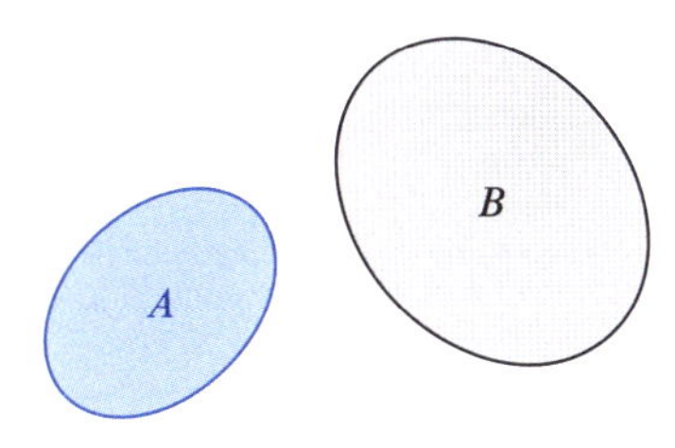

Abbildung 6.6: *Disjunkte Mengen* A, B

Definition 6.14

Die Menge aller Elemente, die zu einer Menge A oder zu einer Menge B oder zu beiden Mengen A, B gehören, heißt *Vereinigungsmenge* oder *Vereinigung* von A und B. Man schreibt:

$$A \cup B = \{a : a \in A \vee a \in B\}$$

In Abbildung 6.7 stellen wir die Vereinigung zweier Mengen A, B mit gemeinsamen Elementen dar, in Abbildung 6.8 die Vereinigung zweier disjunkter Mengen A, B.

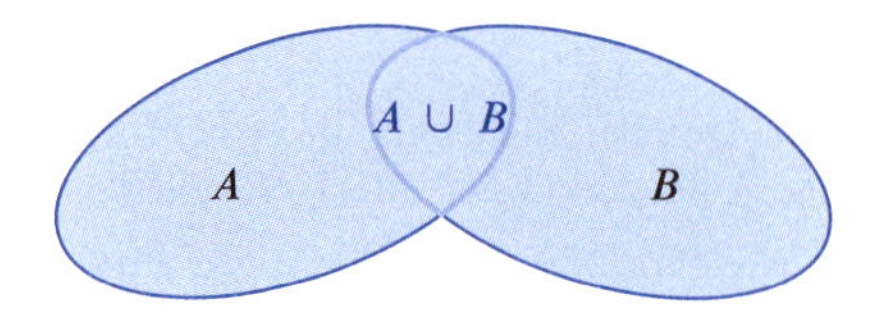

Abbildung 6.7: *Vereinigungsmenge* $A \cup B$

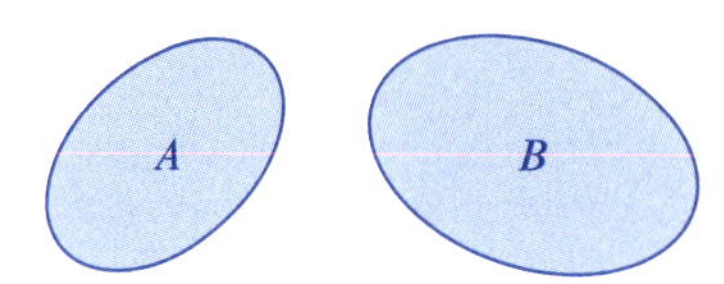

Abbildung 6.8: *Vereinigung disjunkter Mengen* A, B

Es liegt nahe, wie im Fall von Teilmengenbeziehungen auch hier Zusammenhänge zwischen Durchschnitt, Vereinigung und ihrer Elementanzahl bei endlichen Mengen anzugeben.

Satz 6.15

Für die endlichen Mengen A, B mit

$$|A| = a, \quad |B| = b, \quad |A \cap B| = c$$

gilt:

$$\begin{aligned} |A \cup B| &= |A| + |B| - |A \cap B| \\ &= a + b - c \end{aligned}$$

Beweis

Addiert man jeweils die Anzahl der Elemente von A und B, so hat man für $|A \cup B|$ den Durchschnitt doppelt gezählt. Aus diesem Grunde ist für $|A \cup B|$ die Anzahl c der Elemente von $A \cap B$ von der Summe $a + b$ zu subtrahieren.

Selbstverständlich enthält der Satz 6.15 auch den Spezialfall, dass A und B elementfremd sind. Dann ist

$$|A \cap B| = 0$$

und

$$|A \cup B| = |A| + |B| .$$

Allgemein erhält man nach einer kleinen Umformung:

$$|A \cup B| + |A \cap B| = |A| + |B|$$

Durch Verbindung von Durchschnitten und Vereinigungen erhält man eine Reihe von Aussagen, die wir in nachfolgendem Satz zusammenstellen.

Satz 6.16

Seien A, B, C Mengen. Dann gilt

a) die Kommutativität:

$$\begin{aligned} A \cap B &= B \cap A, \\ A \cup B &= B \cup A \end{aligned}$$

b) die Assoziativität:

$$\begin{aligned} (A \cap B) \cap C &= A \cap (B \cap C) \\ (A \cup B) \cup C &= A \cup (B \cup C) \end{aligned}$$

c) die Distributivität:

$$\begin{aligned} (A \cap B) \cup C &= (A \cup C) \cap (B \cup C) \\ (A \cup B) \cap C &= (A \cap C) \cup (B \cap C) \end{aligned}$$

d) $A \subseteq B \Leftrightarrow A \cap B = A \Leftrightarrow A \cup B = B$

Auf den expliziten Beweis, der mit Hilfe der Begriffe Teilmenge, Durchschnitt und Vereinigung (Definition 6.3, 6.13, 6.14) zu führen ist, verzichten wir.

Stattdessen erscheint es angebracht, auf die engen Verwandtschaften zwischen mengenalgebraischen Operationen und aussagenlogischen Verknüpfungen hinzuweisen, die natürlich beim Beweis des Satzes 6.16 die entscheidende Rolle spielen. Wir formulieren die Aussagen:

$$\begin{aligned} \mathsf{A}&: a \in A \\ \mathsf{B}&: a \in B \\ \mathsf{C}&: a \in C \end{aligned}$$

und sehen so Entsprechungen zwischen aussagenlogischen Begriffen und deren Pendants aus der Mengenlehre:

Aussagenlogik	Mengenlehre
Konjunktion $\mathsf{A} \wedge \mathsf{B}$	Durchschnitt $A \cap B$
Disjunktion $\mathsf{A} \vee \mathsf{B}$	Vereinigung $A \cup B$
Implikation $\mathsf{A} \Rightarrow \mathsf{B}$	Teilmenge $A \subseteq B$
Äquivalenz $\mathsf{A} \Leftrightarrow \mathsf{B}$	Identität $A = B$

Betrachtet man nun die Aussagen des Satzes 4.18 a, b, c, so finden wir in Satz 6.16 a, b, c entsprechendes bezüglich Mengen.

Die Aussage des Satzes 6.16 d lautet speziell für $A = \emptyset$ bzw. $A = B$,

$$\begin{aligned} \emptyset \cap B &= \emptyset\,, \\ \emptyset \cup B &= B\,, \\ B \cap B &= B = B \cup B\,. \end{aligned}$$

Analog dem Vorgehen in der Aussagenlogik, wo wir die Konjunktion und die Disjunktion auf mehrere Aussagen ausgedehnt haben (Definition 4.23), sind wir nun in der Lage, auch Durchschnitts- und Vereinigungsbildungen auf mehr als zwei Mengen $A_u, A_v, \ldots$ zu erweitern.

Dazu fassen wir die Indizes $u, v, \ldots$ zu einer Indexmenge I zusammen. Ist nun I eine endliche Menge mit $|I| = n$, so kann man

$$I = \{1, \ldots, n\}$$

wählen. Für unendliche Indexmengen kommen hier vor allem die Zahlenmengen $\mathbb{N}$ bzw. $\mathbb{R}$ in Frage.

Definition 6.17

Seien A_x mit $x \in I$ vorgegebene Mengen und I eine Indexmenge. Dann schreibt man für den *Durchschnitt* aller dieser Mengen

$$\bigcap_{x \in I} A_x = \{a : a \in A_x \text{ für alle } x \in I\}$$

und für die *Vereinigung*

$$\begin{aligned} \bigcup_{x \in I} A_x &= \left\{ \begin{matrix} a : a \in A_x \text{ für mindestens} \\ \text{ein } x \in I \end{matrix} \right\} \\ &= \left\{ \begin{matrix} a : \text{es existiert ein } x \in I \\ \text{mit } a \in A_x \end{matrix} \right\} \end{aligned}$$

Für $I = \{1, \ldots, n\}$ schreibt man auch

$$\bigcap_{x \in I} A_x = \bigcap_{i=1}^{n} A_i\,, \quad \text{bzw.} \quad \bigcup_{x \in I} A_x = \bigcup_{i=1}^{n} A_i\,.$$

Der Durchschnitt enthält also nur die Elemente, die zu allen Mengen A_x gehören, die Vereinigung alle Elemente, die zumindest zu einer der Mengen A_x gehören.

In Verbindung mit All- und Existenzaussagen gelten folgende Entsprechungen:

Aussagenlogik		Mengenlehre	
Allaussage	$\bigwedge_x A(x)$	Durchschnitt	$\bigcap_{x \in I} A_x$
Existenzaus.	$\bigvee_x A(x)$	Vereinigung	$\bigcup_{x \in I} A_x$

Beispiel 6.18

Für die Mengen

$$A_1 = \{1, 6\}\,, \qquad A_2 = \{2, 4, 6\}\,, \qquad A_3 = \{1, 2, 3, 4, 5\}$$

und die Indexmenge

$$I = \{1, 2, 3\}$$

gilt:

$$\begin{aligned} \bigcap_{x \in I} A_x &= \bigcap_{i=1}^{3} A_i = A_1 \cap A_2 \cap A_3 = \emptyset \\ \bigcup_{x \in I} A_x &= \bigcup_{i=1}^{3} A_i = A_1 \cup A_2 \cup A_3 \\ &= \{1, 2, 3, 4, 5, 6\} \end{aligned}$$

Beispiel 6.19

Für die Mengen $A_n = \{1, \ldots, n\}$ mit $n \in \mathbb{N}$ ist

$$\begin{aligned} \bigcap_{x \in \mathbb{N}} A_x &= A_1 \cap A_2 \cap \ldots = \{1\} \\ \bigcup_{x \in \mathbb{N}} A_x &= A_1 \cup A_2 \cup \ldots = \mathbb{N}\,. \end{aligned}$$

Zur Negation $\overline{\mathsf{A}}$ einer Aussage A wurde das Pendant aus der Mengenlehre bisher noch nicht genannt, obwohl es bereits in der Definition 6.1 enthalten ist. Entspricht einer Aussage A die Elementbeziehung $a \in A$, so entspricht der Negation $\overline{\mathsf{A}}$ die Elementbeziehung $a \notin A$.

Sieht man nun alle betrachteten Mengen $A, B, \ldots$ im Zusammenhang mit einer „Universalmenge" M, die alle anderen Mengen als Teilmengen enthält, so bedeutet $a \notin A$ soviel wie

„a gehört zu M, aber nicht zur Teilmenge A".

6.3.2 Differenz und Komplement

Wir kommen mit diesen Überlegungen zu dem allgemeineren Begriff der Differenzmenge und als Spezialfall davon zu den Komplementärmengen.

Definition 6.20

Die Menge aller Elemente, die zu einer Menge B, aber nicht zu A gehören, heißt *Differenzmenge* oder *Differenz* von B und A, man schreibt

$$B \setminus A = \{a : a \in B \wedge a \notin A\}.$$

Ist A Teilmenge von B, dann heißt die Menge

$$\begin{aligned} B \setminus A &= \{a : a \in B \wedge a \notin A\} \\ &= \overline{A}_B \end{aligned}$$

auch *Komplementärmenge* oder *Komplement* von A bezüglich B.

Offensichtlich ist jedes Komplement auch eine Differenz, eine Differenz muss jedoch kein Komplement sein. Die Differenz ist der allgemeinere Begriff. Wir veranschaulichen beide Begriffe und insbesondere ihre Unterschiede durch entsprechende Venndiagramme. Die farblich markierte Fläche in Abbildung 6.9 entspricht dem Komplement von A bzgl. B und damit auch der Differenz von B und A, die eingefärbte Fläche in Abbildung 6.10 beschreibt die Differenz von B und A.

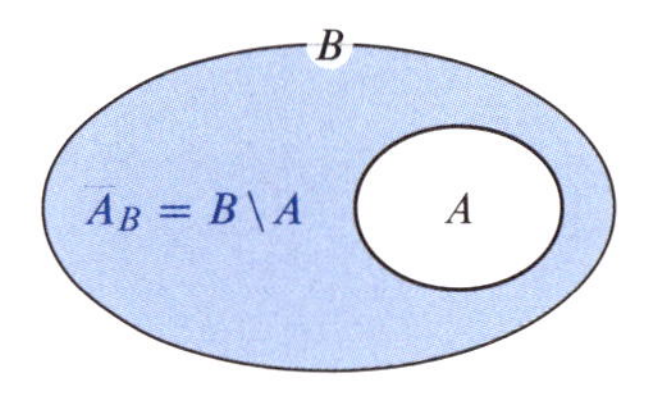

Abbildung 6.9: *Komplementärmenge von* A *bzgl.* B

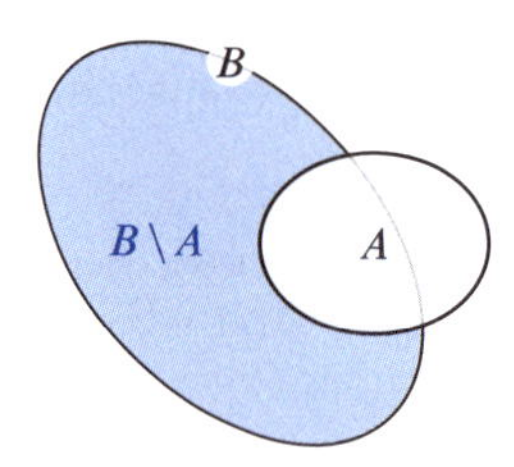

Abbildung 6.10: *Differenzmenge von* B *und* A

Damit lassen sich weitere mengenalgebraische Aussagen formulieren.

Satz 6.21

Für die Mengen A, B, C mit $A, B \subseteq C$ gilt:

a) $A \cup \overline{A}_C = A \cup (C \setminus A) = C$

b) $A \cap \overline{A}_C = A \cap (C \setminus A) = \emptyset$

c) $\overline{(\overline{A}_C)}_C = C \setminus \overline{A}_C = C \setminus (C \setminus A) = A$

d) $\overline{A}_C \cap \overline{B}_C = \overline{(A \cup B)}_C$

e) $\overline{A}_C \cup \overline{B}_C = \overline{(A \cap B)}_C$

f) $A \subseteq B \Leftrightarrow \overline{A}_C \supseteq \overline{B}_C$

g) $A = B \Leftrightarrow \overline{A}_C = \overline{B}_C$

Beweis

Zum Beweis der Aussagen a) und c) kann auf die ersten beiden Tautologien des Satzes 4.17 a verwiesen werden, zum Beweis von b) auf die erste Kontradiktion von Satz 4.17 b. Die Aussagen d) und e) entsprechen den Aussagen von Satz 4.18 d und die Aussagen f) und g) den Aussagen von Satz 4.20 c und der einfach nachzuprüfenden Tautologie

$$(\mathsf{A} \Leftrightarrow \mathsf{B}) \Leftrightarrow (\overline{\mathsf{A}} \Leftrightarrow \overline{\mathsf{B}}).$$

Wenn wir hier dennoch den expliziten Beweis von d) und f) angeben, so wollen wir zeigen, wie der Satz 4.18 im Einzelnen angewandt wird.

Beweis zu d)

$$\begin{aligned} & x \in \overline{A}_C \cap \overline{B}_C \\ \Leftrightarrow\ & (x \in C \wedge x \notin A) \wedge (x \in C \wedge x \notin B) && \text{(Definition 6.13, 6.20)} \\ \Leftrightarrow\ & x \in C \wedge x \notin A \wedge x \notin B && \text{(Satz 4.18 a, b)} \\ \Leftrightarrow\ & x \in C \wedge (x \notin A \cup B) && \text{(Satz 4.18 d, Definition 6.14)} \\ \Leftrightarrow\ & x \in \overline{(A \cup B)}_C && \text{(Definition 6.20)} \end{aligned}$$

Beweis zu f)

$$\begin{aligned} A \subseteq B &\Leftrightarrow (x \in A \Rightarrow x \in B) && \text{(Definition 6.3 b)} \\ &\Leftrightarrow (x \in \overline{B}_C \Rightarrow x \in \overline{A}_C) && \text{(Satz 4.20 c, Definition 6.20)} \\ &\Leftrightarrow \overline{B}_C \subseteq \overline{A}_C && \text{(Definition 6.3 b)} \end{aligned}$$

Damit kennen wir die wesentlichen, das Komplement einer Menge betreffenden Aussagen, die natürlich nicht für beliebige Differenzmengen gültig sind.

Satz 6.22

Für zwei beliebige Mengen A, B gilt:

a) $$B \setminus A = B \setminus (A \cap B) = \overline{(A \cap B)}_B = (A \cup B) \setminus A = \overline{A}_{(A \cup B)}$$

b) $$(A \cup B) \setminus (A \cap B) = \overline{(A \cap B)}_{(A \cup B)} = (A \setminus B) \cup (B \setminus A)$$

Beweisidee A

nstatt eines strengen Beweises stellen wir einige Plausibilitätsüberlegungen an.

zu a) Die Differenz $B \setminus A$ enthält alle Elemente von B, die nicht zu A und damit auch nicht zu $A \cap B$ gehören, also ist

$$B \setminus A = B \setminus (A \cap B)\,.$$

Wegen $A \cap B \subseteq B$ ist

$$B \setminus (A \cap B) = \overline{(A \cap B)}_B\,.$$

Ferner enthält

$$(A \cup B) \setminus A = \overline{A}_{(A \cup B)}$$

alle Elemente von $A \cup B$, die nicht zu A gehören. Dies ist ebenfalls gleichbedeutend mit $B \setminus A$.

zu b) Für zwei beliebige Mengen A, B ist die Differenz

$$(A \cup B) \setminus (A \cap B)$$

stets gleich dem Komplement von $A \cap B$ bzgl. $A \cup B$. Damit enthält dieses Komplement alle Elemente aus $A \cup B$, die nicht in beiden Mengen A, B gleichzeitig liegen, also alle Elemente aus A, die nicht zu B, sowie alle Elemente aus B, die nicht zu A gehören. Dies ist gerade

$$(A \setminus B) \cup (B \setminus A)\,.$$

Beispiel 6.23

Für die Mengen

$$A = \{a, b, c, d\}, \quad B = \{a, b\}, \quad C = \{b, c, d\}$$

erhält man beispielsweise

$$\begin{aligned}
A \setminus B &= \overline{B}_A = \{c, d\} = C \setminus B,\\
A \setminus C &= \overline{C}_A = \{a\} = B \setminus C,\\
B \setminus A &= C \setminus A = \emptyset,\\
\overline{(B \cup C)}_A &= \overline{B}_A \cap \overline{C}_A = \emptyset,\\
\overline{(B \cap C)}_A &= \overline{B}_A \cup \overline{C}_A = \{a, c, d\},\\
(B \cup C) \setminus (B \cap C) &= (B \setminus C) \cup (C \setminus B)\\
&= \{a, c, d\}.
\end{aligned}$$

Beispiel 6.24

In den folgenden Venndiagrammen erhält man jeweils für die markierten Mengen:

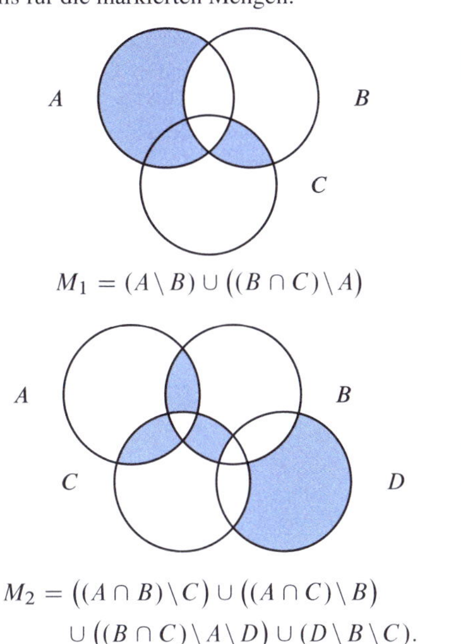

$$M_1 = (A \setminus B) \cup \big((B \cap C) \setminus A\big)$$

$$M_2 = \big((A \cap B) \setminus C\big) \cup \big((A \cap C) \setminus B\big) \cup \big((B \cap C) \setminus A \setminus D\big) \cup (D \setminus B \setminus C).$$

Abschließend bestimmen wir die Anzahl der Elemente einer Differenzmenge $B \setminus A$.

Satz 6.25

Für zwei endliche Mengen A, B gilt:

$$|B \setminus A| = |B| - |A \cap B| = |A \cup B| - |A|$$

Beweis

Es gilt sicher

$$|B \setminus A| = |B| - |A|\,,$$

falls $A \subseteq B$.

Aus

$$B \setminus A = B \setminus (A \cap B) \qquad \text{(Satz 6.22 a)}$$

folgt wegen $A \cap B \subseteq B$ auch

$$|B \setminus A| = |B \setminus (A \cap B)| = |B| - |A \cap B|\,.$$

Entsprechend folgert man wegen $A \subseteq A \cup B$ aus

$$B \setminus A = (A \cup B) \setminus A \qquad \text{(Satz 6.22 a)}$$

die Beziehung

$$|B \setminus A| = |(A \cup B) \setminus A| = |A \cup B| - |A|\,.$$

Beispiel 6.26

Der Skiclub „Buckelpiste" möchte eine alpine Vereinsmeisterschaft in den Disziplinen Abfahrt (A), Slalom (S) und Riesenslalom (R) austragen.

Es meldeten sich 40 Teilnehmer, davon 15 für die Abfahrt, 20 für den Slalom, 30 für den Riesenslalom. Alle Slalomteilnehmer meldeten sich auch für den Riesenslalom. Zwei Sportskanonen möchten in allen drei Disziplinen auftreten.

Damit gilt:

$$\begin{aligned} |A| = 15, \quad |S| = 20, \quad |R| &= 30, \\ |R \cap S| &= 20, \\ |R \cup S| &= 30, \\ |R \setminus S| &= 10, \\ |A \cap S \cap R| = |A \cap S| &= 2, \\ |A \cup S \cup R| = |A \cup R| &= 40 \end{aligned}$$

Daraus folgt nach Satz 6.15 bzw. nach Satz 6.25:

$$\begin{aligned} |A \cap R| &= |A| + |R| - |A \cup R| \\ &= 15 + 30 - 40 = 5 \\ |A \cup S| &= |A| + |S| - |A \cap S| \\ &= 15 + 20 - 2 = 33 \\ |A \setminus R \setminus S| &= |A \setminus R| = |A| - |A \cap R| \\ &= 15 - 5 = 10 \\ |R \setminus S \setminus A| &= |R| - |R \cap A| - |R \cap S| \\ &\quad + |R \cap S \cap A| \\ &= 30 - 5 - 20 + 2 = 7 \end{aligned}$$

Wir erhalten folgende Ergebnisse:

- 10 Teilnehmer meldeten sich nur für die Abfahrt
- 7 nur für den Riesenslalom
- 3 nur für Abfahrt und Riesenslalom
- 18 nur für Slalom und Riesenslalom

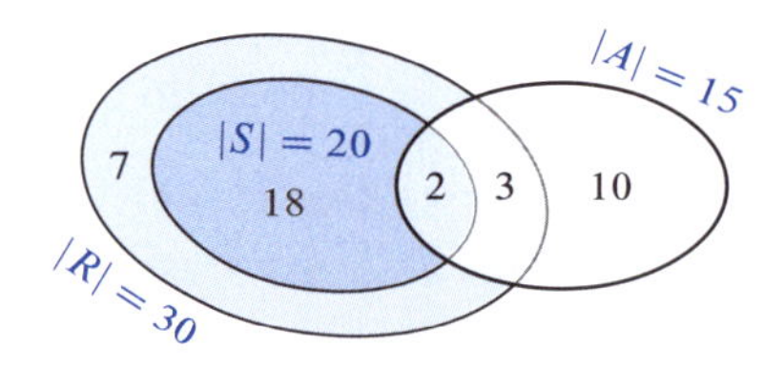

Abbildung 6.11: *Venndiagramm zu Beispiel 6.26*

Damit kennen wir die wesentlichen mengenalgebraischen Operationen. Um die Reihenfolge in der Durchführung von mehreren Operationen festzulegen, setzt man zweckmäßigerweise Klammern (Satz 6.16, 6.21, 6.22 oder Beispiel 6.23, 6.26).

Entsprechend zur Aussagenlogik (Kapitel 4, Tabelle 4.6) kann man auch hier wie in Tabelle 6.1 Prioritäten vereinbaren, um unnötige Klammern zu vermeiden.

Priorität	Aussagen	Mengen
1	$\overline{A}$	$\overline{A}_C$, $A \setminus B$
2	$A \wedge B$, $A \vee B$	$A \cap B$, $A \cup B$
3	$A \Rightarrow B$, $A \Leftrightarrow B$	$A \subseteq B$, $A = B$

Tabelle 6.1: *Prioritäten der Mengenoperationen*

Beispiel 6.27

In Beispiel 6.24 erhält man mit diesen Prioritätsregeln die vereinfachten Darstellungen:

- $M_1 = A \setminus B \cup \big((B \cap C) \setminus A\big)$
- $M_2 = (A \cap B) \setminus C \cup (A \cap C) \setminus B$
  $\cup (B \cap C) \setminus A \setminus D \cup D \setminus B \setminus C.$

Relevante Literatur

Bosch, Karl (2010). *Brückenkurs Mathematik: Eine Einführung mit Beispielen und Übungsaufgaben*. 14. Aufl. De Gruyter Oldenbourg, Kap. 1

Cramer, Erhard und Nešlehová, Johanna (2015). *Vorkurs Mathematik: Arbeitsbuch zum Studienbeginn in Bachelor-Studiengängen*. 6. Aufl. Springer Spektrum, Kap. 2

Opitz, Otto u. a. (2014). *Mathematik: Übungsbuch für das Studium der Wirtschaftswissenschaften*. 8. Aufl. De Gruyter Oldenbourg, Kap. 3

Meinel, Christoph und Mundhenk, Martin (2015). *Mathematische Grundlagen der Informatik: Mathematisches Denken und Beweisen. Eine Einführung*. 6. Aufl. Springer Vieweg, Kap. 3

Merz, Michael und Wüthrich, Mario V. (2012). *Mathematik für Wirtschaftswissenschaftler: Die Einführung mit vielen ökonomischen Beispielen*. Vahlen, Kap. 2

Schäfer, Wolfgang u. a. (2006). *Mathematik-Vorkurs: Übungs- und Arbeitsbuch für Studienanfänger*. 6. Aufl. Vieweg+Teubner, Kap. 9

Binäre Relationen

7.1 Einführung und Darstellungsformen

Wir bauen nun die Mengenlehre in einer weiteren Richtung aus und gehen dazu von zwei Mengen A, B sowie $a \in A$ und $b \in B$ aus. Kombiniert man die Elemente in der Form (a, b), wobei es auf die Reihenfolge von a und b ankommt, so spricht man von einem *geordneten Paar* (a, b). Die geordneten Paare (a, b) und (b, a) sind also für $a \neq b$ verschieden.

Wir fassen im folgenden diese geordneten Paare zu einer Menge zusammen und definieren damit das *kartesische Produkt*, das auf den französischen Mathematiker und Philosophen René Descartes (siehe Abbildung 7.1) zurückgeht.

Abbildung 7.1: *René Descartes (1596-1650)*

Definition 7.1

Die Menge aller geordneten Paare (a, b) mit der Eigenschaft, dass a zu einer Menge A und b zu einer Menge B gehört, heißt das *kartesische Produkt* von A und B, man schreibt

$$A \times B = \{(a, b) : a \in A, b \in B\}.$$

Für die geordneten Paare (a, b) und (c, d) aus $A \times B$ erklärt man

$$(a, b) = (c, d) \Leftrightarrow a = c \wedge b = d,$$
$$(a, b) \neq (c, d) \Leftrightarrow a \neq c \vee b \neq d.$$

Entsprechend zu $A \times B$ schreibt man

$$B \times A = \{(b, a) : b \in B, a \in A\}.$$

Für $A = \emptyset$ vereinbart man

$$\emptyset \times B = B \times \emptyset = \emptyset,$$

analog für $B = \emptyset$. Im Übrigen gilt

$$\begin{aligned} A \times B &\neq B \times A \quad \text{für } A \neq B \\ A \times B &= B \times A \quad \text{für } A = B. \end{aligned}$$

Interessiert man sich für die Anzahl der Elemente von $A \times B$, so ist die folgende Aussage unmittelbar einleuchtend.

Satz 7.2

A, B seien endliche Mengen mit

$$|A| = n \text{ und } |B| = m.$$

Dann ist

$$|A \times B| = |B \times A| = |A| \cdot |B| = n \cdot m.$$

DOI: 10.1515/9783110475333-007

Beispiel 7.3

Für die Studenten einer Vorlesung werden die Merkmale Geschlecht mit den Ausprägungen M, W sowie Semesterzahl mit den Ausprägungen 1, 2, 3 erhoben. Mit den Mengen

$$A = \{M, W\},$$
$$B = \{1, 2, 3\}$$

erhält man

$$\begin{aligned} A \times B &= \{(a, b) : a \in A, b \in B\} \\ &= \{(M, 1), (M, 2), (M, 3), \\ &\quad (W, 1), (W, 2), (W, 3)\}. \end{aligned}$$

Ferner ist

$$|A \times B| = |A| \cdot |B| = 3 \cdot 2 = 6.$$

Beispiel 7.4

Für $A = \mathbb{Z}$ und $B = \mathbb{N}$ lässt sich die Menge

$$A \times B = \{(a, b): a \in \mathbb{Z},\ b \in \mathbb{N}\}$$

in der Ebene graphisch darstellen (Abb. 7.2). Sie enthält als Elemente alle Punkte mit

$$a = 0, \pm 1, \pm 2, \pm 3, \ldots$$

und

$$b = 1, 2, 3, \ldots$$

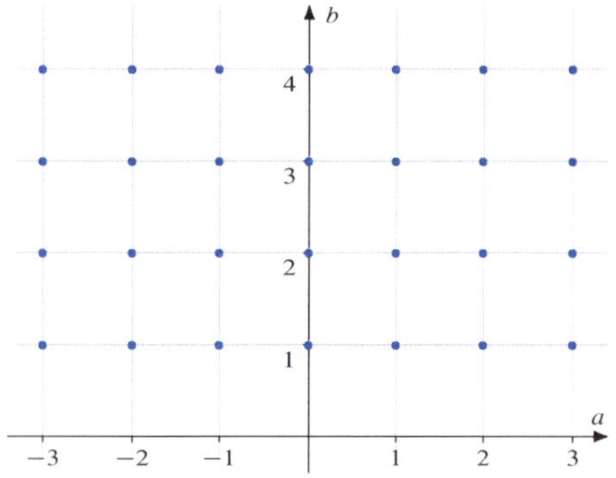

Abbildung 7.2: *Menge* $\mathbb{Z} \times \mathbb{N}$

Das kartesische Produkt lässt sich auf $n = 3, 4, \ldots$ Mengen erweitern.

Definition 7.5

Seien $A_1, \ldots, A_n$ Mengen. Dann heißt

$$\begin{aligned} \mathop{\times}_{i=1}^{n} A_i &= A_1 \times \ldots \times A_n \\ &= \{(a_1, \ldots, a_n) : a_1 \in A_1, \ldots, a_n \in A_n\} \\ &= \{(a_1, \ldots, a_n) : a_i \in A_i \forall i = 1, \ldots, n\} \end{aligned}$$

das *kartesische Produkt* der Mengen $A_1, \ldots, A_n$.

Jedes Element

$$(a_1, \ldots, a_n) \in \mathop{\times}_{i=1}^{n} A_i$$

heißt *geordnetes n-Tupel*, und es gilt für zwei Elemente $(a_1, \ldots, a_n)$, $(b_1, \ldots, b_n)$ von $\times_{i=1}^{n} A_i$

$$(a_1, \ldots, a_n) = (b_1, \ldots, b_n) \Leftrightarrow a_i = b_i \quad \text{(für alle } i = 1, \ldots, n.)$$

Für $A_1 = A_2 = \ldots = A_n = A$ schreibt man auch

$$\mathop{\times}_{i=1}^{n} A_i = A^n.$$

Damit ist beispielsweise

- $\mathbb{N}^n$ die Menge aller geordneten n-Tupel natürlicher Zahlen,
- $\mathbb{R}_+^n$ die Menge aller geordneten n-Tupel nichtnegativer reeller Zahlen,
- $\mathbb{R}^2 \times \mathbb{Z} = \{(a, b, c) : a, b \in \mathbb{R},\ c \in \mathbb{Z}\} \subset \mathbb{R}^3$,
- $W = \{(a_1, a_2, a_3) : 0 \leq a_i \leq 1,\ i = 1, 2, 3\}$ die Menge aller Punkte des $\mathbb{R}_+^3$, die einen Würfel mit der Kantenlänge 1 und einer Ecke im Nullpunkt beschreiben.

Wenn wir uns nun im Folgenden nicht mehr für alle geordneten Paare (a, b) eines kartesischen Produktes $A \times B$ interessieren, sondern nur noch für solche (a, b), bei denen a in einer bestimmten Beziehung zu b steht, so kommt man zum Begriff der Relation.

Definition 7.6

Gegeben sind die nichtleeren Mengen A, B. Eine Teilmenge $R \subseteq A \times B$ heißt dann *binäre Relation von der Menge A in die Menge B*. Für die Elemente von R schreibt man $(a, b) \in R$ und sagt, $a \in A$ *steht in Relation R zu* $b \in B$. Für $(a, b) \notin R$ steht dann $a \in A$ nicht in Relation zu $b \in B$. Für $A = B$ heißt $R \subseteq A \times A$ auch *binäre Relation auf A*.

Beispiel 7.7

Gegeben sind die Mengen

$$A = \{1, 2\} \text{ und } B = \{2, 3\}.$$

Damit gilt

$$A \times B = \{(1,2), (1,3), (2,2), (2,3)\}.$$

Wir erhalten beispielsweise die Relationen:

$$R_1 = \{(a,b) \in A \times B : a = b\} = \{(2,2)\}$$

$$R_2 = \{(a,b) \in A \times B : a < b\} = \{(1,2), (1,3), (2,3)\}$$

$$R_3 = \{(a,b) \in A \times B : a \leq b\} = A \times B$$

$$R_4 = \{(a,b) \in A \times B : a + b = 2\} = \emptyset$$

$$R_5 = \{(a,b) \in A \times B : b \geq 2^a\} = \{(1,2), (1,3)\}$$

Da die Mengen A und B endlich sind und nur wenige Elemente enthalten, kann man zur Veranschaulichung von $R_1, \ldots, R_5$ sogenannte *Relationsgraphen* nutzen:

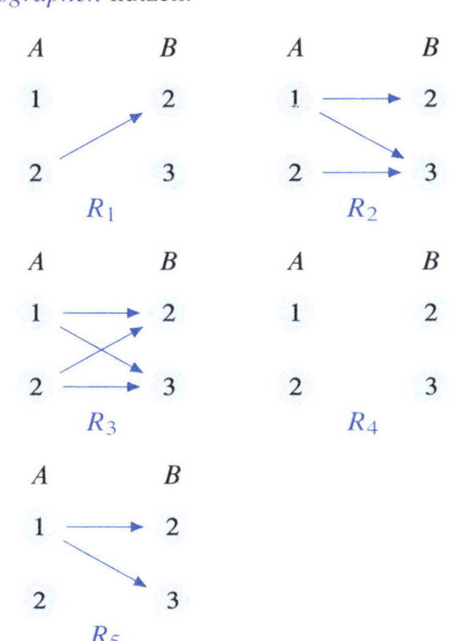

Man beschreibt dabei die Mengen A, B durch Punkte und die Relation R_i durch Pfeile von A nach B.

Alternativ dazu ist auch eine Veranschaulichung durch sogenannte *Relationstabellen* möglich.

R_1	2	3
1		
2	×	

R_2	2	3
1	×	×
2		×

R_3	2	3
1	×	×
2	×	×

R_4	2	3
1		
2		

R_5	2	3
1	×	×
2		

Beispiel 7.8

Für die Mengen

$$A = \{b, c, d\}, \quad B = \{a, b, d, e\}$$

und die Relation $R \subseteq A \times B$ mit

$$(x, y) \in R \Leftrightarrow x \text{ steht im Alphabet vor } y$$

erhält man

$$R = \{(b,d), (b,e), (c,d), (c,e), (d,e)\}$$

mit dem Relationsgraphen und der zugehörigen Relationstabelle:

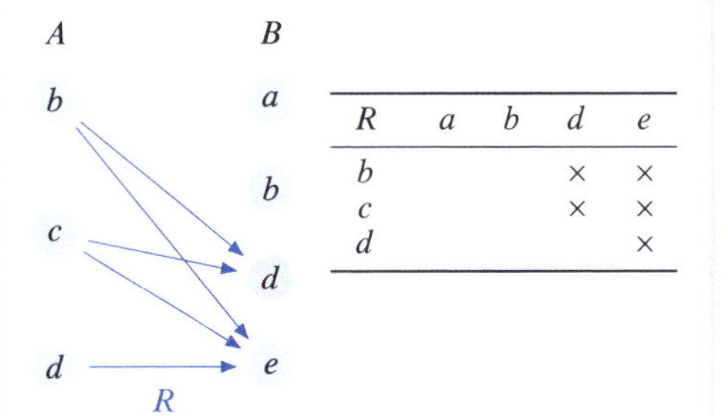

R	a	b	d	e
b			×	×
c			×	×
d				×

Beispiel 7.9

Für das kartesische Produkt

$$A \times B = \{(a,b) : a \in \mathbb{R},\ b \in \mathbb{N}\} = \mathbb{R} \times \mathbb{N}$$

und die Relation $R \subseteq A \times B$ mit

$$(a,b) \in R \Leftrightarrow a \geq b$$

lässt sich R graphisch darstellen. Auch hier spricht man vom *Graphen* der Relation R.

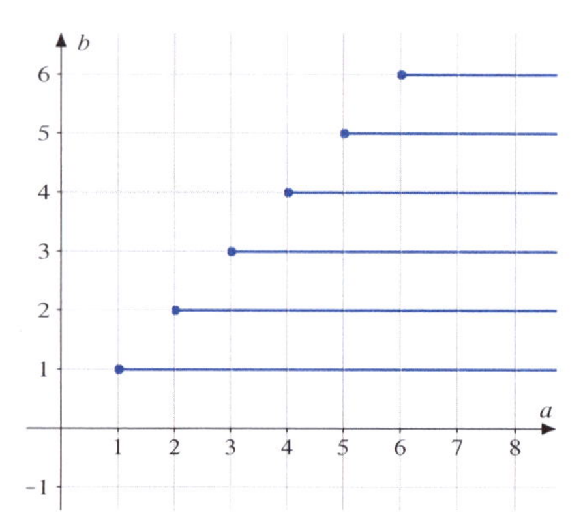

Abbildung 7.3: *Graph der Relation* $R = \{(a,b) \in \mathbb{R} \times \mathbb{N} : a \geq b\}$

Beispiel 7.10

Für die Menge $A \times B = \mathbb{R}^2$ und die Relation $R \subseteq \mathbb{R}^2$ mit

$$R = \{(x,y) \in \mathbb{R}^2 : y \geq x^2\}$$

enthält R alle Zahlenpaare des $\mathbb{R}^2$, die oberhalb einer Parabel mit dem Scheitel im Nullpunkt liegen (Abbildung 7.4).

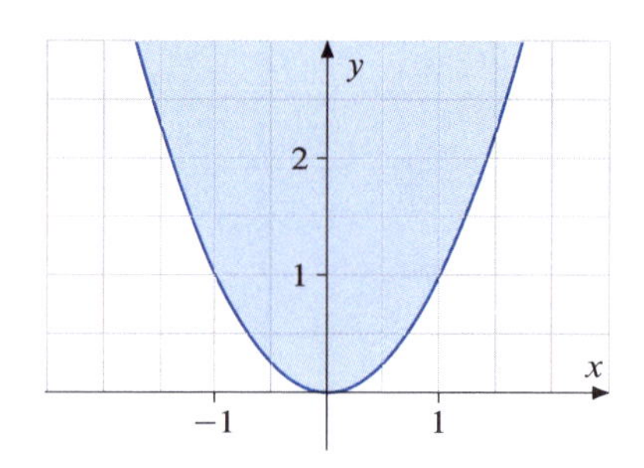

Abbildung 7.4: *Graph der Relation* $R = \{(x,y) \in \mathbb{R}^2 : y \geq x^2\}$

7.2 Ordnungsrelationen

Wir werden uns in diesem Abschnitt nochmals mit speziellen binären Relationen beschäftigen, die bestimmte Ordnungseigenschaften von Mengen deutlich machen. Damit wird das Fundament für eine recht allgemeine Präferenzentheorie gelegt.

7.2.1 Ordnungseigenschaften

Wir betrachten eine binäre Relation R auf der Menge A, also $R \subseteq A \times A$.

Definition 7.11

Sei R eine binäre Relation auf A. Dann heißt R

reflexiv, wenn $(a,a) \in R$ für alle $a \in A$,

symmetrisch, wenn $(a,b) \in R \Rightarrow (b,a) \in R$ für alle $a, b \in A$,

vollständig, wenn $(a,b) \notin R \Rightarrow (b,a) \in R$ für alle $a, b \in A$,

transitiv, wenn $(a,b) \in R \wedge (b,c) \in R \Rightarrow (a,c) \in R$ für alle $a, b, c \in A$,

antisymmetrisch, wenn $(a,b) \in R \wedge (b,a) \in R \Rightarrow a = b$ für alle $a, b \in A$.

Die hier angegebenen Eigenschaften können im Regelfall direkt nachgeprüft werden. Für endliche Mengen A kann man auch hier *Relationsgraphen* oder *-tabellen* benutzen.

Beispiel 7.12

Gegeben seien die Menge

$$A = \{1, 2, 3\}$$

und die Relationen $R_i \subseteq A \times A$ mit:

$$R_1 = \{(1,1), (2,2), (3,3), (1,2), (1,3), (2,3)\}$$

$$R_2 = \{(1,1), (2,3), (3,2)\}$$

$$R_3 = \{(1,2), (2,3), (3,1), (2,2), (3,3)\}$$

$$R_4 = A \times A$$

$$R_5 = \emptyset$$

Damit erhält man die folgenden Relationstabellen bzw. -graphen.

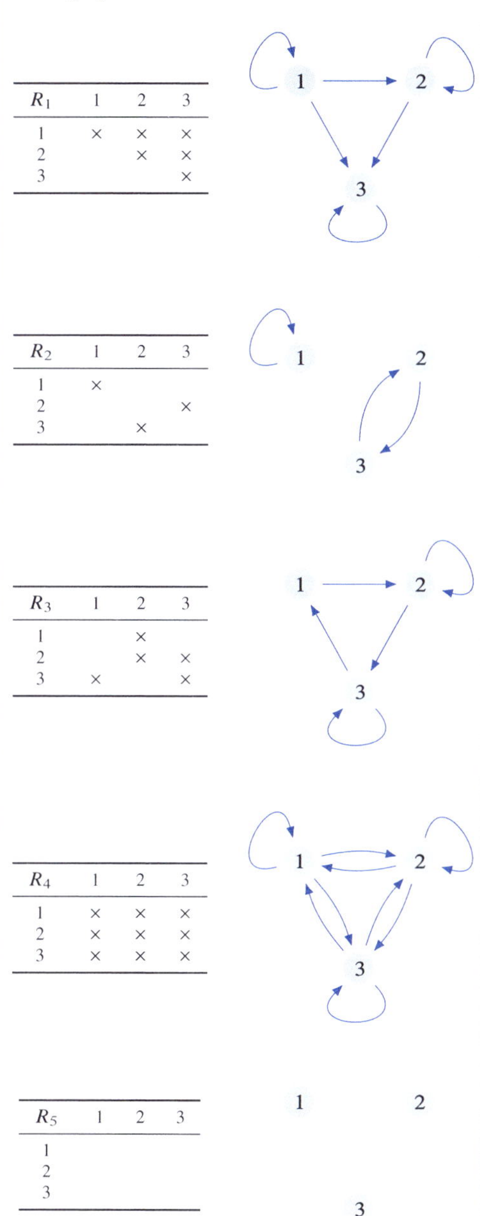

R_1	1	2	3
1	×	×	×
2		×	×
3			×

R_2	1	2	3
1	×		
2			×
3		×	

R_3	1	2	3
1		×	
2		×	×
3	×		×

R_4	1	2	3
1	×	×	×
2	×	×	×
3	×	×	×

R_5	1	2	3
1			
2			
3			

Eine Relation ist demnach *reflexiv*, wenn im Graphen alle Punkte mit „Schlingen" der Form ⟲ versehen sind bzw. in der Tabelle die gesamte Hauptdiagonale von links oben nach rechts unten mit dem Symbol × markiert ist. Dies trifft im Beispiel 7.12 für die Relationen R_1 und R_4 zu.

Eine Relation ist *symmetrisch*, wenn im Graphen jedes Punktepaar (a, b) mit $a \neq b$ durch zwei Pfeile ($a \rightleftarrows b$) oder überhaupt nicht ($a \quad b$) verbunden ist bzw. in der Tabelle zu jedem markierten Feld auch das an der Hauptdiagonale gespiegelte Feld markiert ist. Damit sind die Relationen R_2, R_4, R_5 symmetrisch.

Eine Relation ist *vollständig*, wenn im Graphen jedes Punktepaar (a, b) durch mindestens einen Pfeil ($a \longrightarrow b$ oder $a \longleftarrow b$) verbunden ist und alle Schlingen ⟲ vorhanden sind bzw. in der Tabelle zu jedem nicht markierten Feld wenigstens das an der Hauptdiagonale gespiegelte Feld und damit auch alle Felder der Hauptdiagonale selbst markiert sind. Damit ist jede vollständige Relation auch reflexiv. Die reflexiven Relationen R_1 und R_4 sind auch vollständig.

Eine Relation ist *transitiv*, wenn im Graphen, in dem die Punktepaare $(a, b), (b, c)$ durch Pfeile ($a \longrightarrow b$ und $b \longrightarrow c$) verbunden sind, auch das Punktepaar (a, c) durch einen Pfeil ($a \longrightarrow c$) verbunden ist bzw. in der Tabelle mit den Feldern

	b
a	×

und

	c
b	×

auch das Feld

	c
a	×

markiert ist. Damit sind die Relationen R_1, R_4, R_5 transitiv.

Eine Relation ist *antisymmetrisch*, wenn im zugehörigen Graphen jedes beliebige Punktepaar (a, b) mit $a \neq b$ durch höchstens einen Pfeil ($a \longrightarrow b$) oder ($a \longleftarrow b$) verbunden ist bzw. in der Tabelle zu jedem markierten Feld außerhalb der Hauptdiagonalen das an der Hauptdiagonale gespiegelte Feld nicht markiert ist. Damit sind die Relationen R_1, R_3, R_5 antisymmetrisch.

7.2.2 Äquivalenzrelationen

Mit Hilfe binärer Relationen

$$R \subseteq A \times A\,,$$

die bestimmte der in Definition 7.11 angegebenen Eigenschaften besitzen, ist es nun möglich, die Menge A in Teilmengen „gleichwertiger" Elemente aufzuteilen.

Beispiel 7.13

a) Sei A_1 eine Menge von Autobesitzern und R_1 eine Relation auf A_1 mit

$$(a,b) \in R_1 \Leftrightarrow a \text{ und } b \text{ besitzen das gleiche Modell.}$$

b) Sei A_2 eine Menge von alternativen Neuproduktideen einer Unternehmung und R_2 eine Relation auf A_2 mit

$$(a,b) \in R_2 \Leftrightarrow a \text{ und } b \text{ sprechen den gleichen Kundenkreis an.}$$

c) Betrachtet werden die Monatsumsätze a_1 bzw. a_2 von zwei Produkten. Zusammengefasst erhält man einen Monatsumsatz von $a = (a_1, a_2)$. Sei A_3 die Menge aller Monatsumsätze a und R_3 eine Relation auf A_3 mit

$$(a,b) \in R_3 \Leftrightarrow a_1 + a_2 = b_1 + b_2\,.$$

d) Auf der Menge $\mathbb{R}$ der reellen Zahlen erklären wir R_4, R_5 mit

$$(a,b) \in R_4 \Leftrightarrow a = b,$$
$$(a,b) \in R_5 \Leftrightarrow a,b \in \mathbb{Q}.$$

Man überprüft mit Hilfe von Definition 7.11, dass alle Relationen $R_1, \ldots, R_5$ reflexiv, symmetrisch und transitiv sind. Wir erhalten Mengen von

- Autobesitzern mit dem gleichen Modell bei R_1,
- Neuproduktideen, die den gleichen Kundenkreis ansprechen, bei R_2,
- Gleiche Umsatzsummen von zwei Produkten bei R_3

sowie

- einelementige Teilmengen $\{a\}$ mit $a \in \mathbb{R}$ bei R_4,
- die Menge $\mathbb{Q}$ aller rationalen Zahlen als eine Teilmenge der reellen Zahlen bei R_5.

Damit wurden alle Mengen in Teilmengen mit „gleichwertigen" Elementen aufgeteilt, wobei die Eigenschaft der Gleichwertigkeit durch die jeweilige Relation R_i festgelegt ist. Genau dann, wenn man wie bei R_4 nur einelementige Teilmengen erhält, ist zusätzlich auch die Eigenschaft der Antisymmetrie erfüllt, nämlich

$$(a,b) \in R \wedge (b,a) \in R \Rightarrow a = b\,.$$

Definition 7.14

Eine binäre Relation R auf A heißt *Äquivalenzrelation*, wenn R reflexiv, symmetrisch und transitiv ist, *Identitätsrelation*, wenn R eine antisymmetrische Äquivalenzrelation ist.

In Beispiel 7.13 sind R_1, R_2, R_3, R_4, R_5 Äquivalenzrelationen, R_4 ist sogar eine Identitätsrelation.

Eine Äquivalenzrelation R auf einer nichtleeren Menge A teilt, wie wir gesehen haben, die Menge A in Teilmengen auf, die als *Äquivalenzklassen* oder *Indifferenzklassen* bezeichnet werden. Zu jedem $a \in A$ lässt sich die Äquivalenzklasse bzgl. R durch

$$A(a) = \{x \in A : (a,x) \in R\}$$

angeben. Damit gilt für jedes $b \in A(a)$ auch

$$A(a) = A(b)\,.$$

Bezüglich R sind also alle Elemente einer Klasse als gleichwertig, die Elemente verschiedener Klassen als nicht gleichwertig anzusehen.

Für $(a,b) \notin R$ sind die Äquivalenzklassen $A(a)$ und $A(b)$ disjunkt, also

$$A(a) \cap A(b) = \emptyset\,.$$

Ferner ist die Vereinigung $\bigcup_{a \in A} A(a)$ identisch mit der Menge A.

Man spricht von einer *Zerlegung*

$$Z = \{A(a) \colon a \in A\}$$

der Menge A in die Äquivalenzklassen $A(a)$.

So erhält man in Beispiel 7.13 a, b Äquivalenzklassen von

- Autobesitzern mit dem gleichen Modell,
- Neuproduktideen, die den gleichen Kundenkreis ansprechen.

Für Beispiel 7.13 c ist eine graphische Veranschaulichung zweckmäßig (Abbildung 7.5). Da sich der Gesamtumsatz aus der Summe der Umsätze zweier Einzelprodukte ergibt, werden durch die Geraden mit

$$a_1 + a_2 = c \qquad (c \geq 0)$$

gleichwertige Ergebnisse aufgezeigt, die den Äquivalenzklassen entsprechen.

Man spricht auch von *Isonutzenlinien* oder *-kurven*.

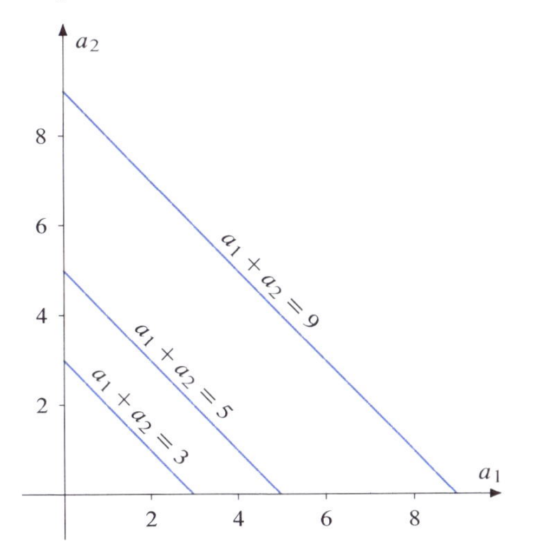

Abbildung 7.5: *Isonutzenlinien für* $a_1 + a_2 = c$

Man erhält die *feinste Zerlegung* von A, d. h. einelementige Klassen, wenn R Identitätsrelation ist. In diesem Fall existiert kein Paar (a, b) mit $a \neq b$, so dass a und b gleichwertig bzgl. R sind.

Man erhält die *gröbste Zerlegung* von A, d. h.

$$Z = \{A\},$$

wenn $(a, b) \in R$ für alle $a, b \in A$ gilt. In diesem Fall sind alle Elemente von A gleichwertig bzgl. R.

Die Relation R_4 auf $\mathbb{R}$ (Beispiel 7.13 d) mit

$$(a, b) \in R_4 \Leftrightarrow a = b$$

bestimmt die feinste Zerlegung von $\mathbb{R}$ und die Relation S mit

$$(a, b) \in S \quad \text{für alle} \quad a, b \in \mathbb{R}$$

die gröbste Zerlegung von $\mathbb{R}$.

Ist A endlich, so dienen auch hier wieder Relationsgraphen und -tabellen zur Veranschaulichung von Äquivalenz- und Identitätsrelationen.

Beispiel 7.15

a) In Beispiel 7.12 ist lediglich R_4 eine Äquivalenzrelation.

b) Für

$$A = \{1, 2, 3\}$$

ist die Relation

$$S_1 = \{(1, 1), (2, 2), (3, 3)\}$$

auf A mit

S_1	1	2	3
1	×		
2		×	
3			×

eine Identitätsrelation mit den Klassen $\{1\}, \{2\}, \{3\}$ und die Relation

$$S_2 = \{(1, 1), (2, 2), (3, 3), (1, 2), (2, 1)\}$$

auf A mit

S_2	1	2	3
1	×	×	
2	×	×	
3			×

eine Äquivalenzrelation mit den Klassen $\{1, 2\}$ und $\{3\}$.

7.2.3 Präordnungen

Während eine Äquivalenzrelation auf A zu einer Klassifizierung der Elemente von A führt, wollen wir nun versuchen, mit Hilfe anderer spezieller Relationen

$$P \subseteq A \times A$$

verschiedene Ordnungsbeziehungen auf Elementpaaren $(a, b) \in A \times A$ im Sinne der Aussage „a ist kleiner oder gleich b" zu erklären.

Beispiel 7.16

a) Sei A_1 eine Menge von Bürgern und P_1 eine Relation auf A_1 mit

$$(a, b) \in P_1 \Leftrightarrow a \text{ ist nicht älter als } b\,.$$

b) Sei A_2 eine Menge von Investitionsalternativen einer Unternehmung und P_2 eine Relation auf A_2 mit

$(a, b) \in P_2 \Leftrightarrow$ die Gewinnerwartung für a ist nicht günstiger als die für b.

c) Sei A_3 eine Menge von Konsumgüterkombinationen $a = (a_1, a_2)$, wobei a_1 die Quantität von Gut 1 und a_2 die Quantität von Gut 2 ist. Eine Relation P_3 auf A_3 sei erklärt durch

$$(a, b) \in P_3 \Leftrightarrow a_1a_2 \leq b_1b_2\,.$$

d) Auf der Menge $\mathbb{N}$ der natürlichen Zahlen seien Relationen P_4, P_5 erklärt mit

$(a, b) \in P_4 \Leftrightarrow a \leq b$,

$(a, b) \in P_5 \Leftrightarrow a$ enthält nicht mehr Ziffern als b.

Die angegebenen Relationen $P_1, \ldots, P_5$ sind jeweils im Sinne von „kleiner oder gleich" zu interpretieren, beispielsweise

$(a, b) \in P_1 \Leftrightarrow$ (a jünger als b) oder (a und b gleichaltrig),

$(a, b) \in P_2 \Leftrightarrow$ (die Gewinnerwartung für a ist ungünstiger als die für b) oder (beide Gewinnerwartungen sind gleich günstig)

Wir definieren weitere Relationen $R_1, \ldots, R_5$:

$$(a, b) \in R_i \Leftrightarrow (a, b) \in P_i \wedge (b, a) \in P_i$$

Damit gilt

$(a, b) \in R_1 \Leftrightarrow a$ und b sind gleichaltrig,

$(a, b) \in R_2 \Leftrightarrow$ die Gewinnerwartungen sind für a und b gleich günstig,

$(a, b) \in R_3 \Leftrightarrow a_1a_2 = b_1b_2$,

$(a, b) \in R_4 \Leftrightarrow a = b$,

$(a, b) \in R_5 \Leftrightarrow a$ und b enthalten gleich viele Ziffern

und man erhält wieder Äquivalenzrelationen.

Wir erhalten im Einzelnen Klassen von

- gleichaltrigen Bürgern bei R_1,
- Investitionsalternativen mit gleich günstigen Gewinnerwartungen bei R_2,
- Güterkombinationen mit gleicher Bewertung $a_1a_2 = c$ bei R_3,
- einelementige Teilmengen $\{a\}$ mit $a \in \mathbb{N}$ bei R_4 sowie
- Teilmengen von natürlichen Zahlen mit gleich vielen Ziffern bei R_5.

Andererseits sind auch die Mengen

$$P_i \setminus R_i \ (i = 1, \ldots, 5) \qquad \text{(Definition 6.20)}$$

Relationen auf A_i mit

$$(a, b) \in P_i \setminus R_i \Leftrightarrow (a, b) \in P_i \wedge (b, a) \notin P_i$$

und man erhält

$(a, b) \in P_1 \setminus R_1 \Leftrightarrow a$ ist jünger als b,

$(a, b) \in P_2 \setminus R_2 \Leftrightarrow$ die Gewinnerwartung für a ist ungünstiger als für b,

$(a, b) \in P_3 \setminus R_3 \Leftrightarrow a_1a_2 < b_1b_2$,

$(a, b) \in P_4 \setminus R_4 \Leftrightarrow a < b$,

$(a, b) \in P_5 \setminus R_5 \Leftrightarrow a$ enthält weniger Ziffern als b.

Die Relationen $P_i \setminus R_i$ sind weder reflexiv noch symmetrisch, jedoch transitiv.

Zurück zu den ursprünglichen Relationen P_i:

Jedes P_i setzt sich zusammen aus einer Äquivalenzrelation R_i, die die Menge A_i in Klassen gleichwertiger Elemente zerlegt, und einer transitiven Relation $P_i \setminus R_i$, die zwischen den Elementen verschiedener Klassen eine Ordnungsbeziehung der Form „jünger als", „ungünstiger als", „kleiner als", „weniger Ziffern als" usw. aufbaut.

Mit Hilfe von Definition 7.11 kann man ferner nachweisen, dass alle Relationen $P_1, \ldots, P_5$ die Eigenschaften der Reflexivität, der Vollständigkeit sowie der Transitivität erfüllen.

Hat man, wie beispielsweise bei P_4, nur einelementige Äquivalenzklassen, so gilt zusätzlich die Eigenschaft der Antisymmetrie, also

$$(a, b) \in P \wedge (b, a) \in P \Rightarrow a = b.$$

Definition 7.17

Eine binäre Relation P auf A heißt *Präordnung*, wenn P reflexiv und transitiv ist, *Ordnung*, wenn P eine antisymmetrische Präordnung ist. Ist ferner die Vollständigkeit erfüllt, so spricht man von einer *vollständigen Präordnung* bzw. *Ordnung*. Ist P transitiv mit $(a, a) \notin P$ für alle $a \in A$, so heißt P *strikte Präordnung* bzw. *Ordnung*.

In Beispiel 7.16 sind P_1, P_2, P_3, P_4, P_5 vollständige Präordnungen, P_4 ist sogar eine vollständige Ordnung.

In Erweiterung zu Beispiel 7.16 fassen wir zusammen:

Satz 7.18

a) Jede Präordnung $P \subseteq A \times A$ enthält eine Äquivalenzrelation $R \subseteq A \times A$ mit

$$(a, b) \in P \wedge (b, a) \in P \Leftrightarrow (a, b) \in R\,.$$

Ist P eine Ordnung, so ist R eine Identitätsrelation.

Damit zerlegt $P \subseteq A \times A$ die Menge A in Äquivalenzklassen bzgl. R, innerhalb derer die Elemente als gleichwertig anzusehen sind.

b) Jede vollständige Präordnung $P \subseteq A \times A$ induziert zusätzlich zwischen den Elementen verschiedener Äquivalenzklassen eine strikte Präordnung $P \setminus R$ mit

$$(a, b) \in P \wedge (b, a) \notin P \Leftrightarrow (a, b) \in P \setminus R\,.$$

Damit gilt für jedes Paar $(a, b) \notin R$ entweder $(a, b) \in P \setminus R$ oder $(b, a) \in P \setminus R$.

Ist P eine Ordnung, so ist $P \setminus R$ eine strikte Ordnung.

Beispiel 7.19

Wir betrachten nochmals die Relationen P_3, P_4, P_5 aus Beispiel 7.16.

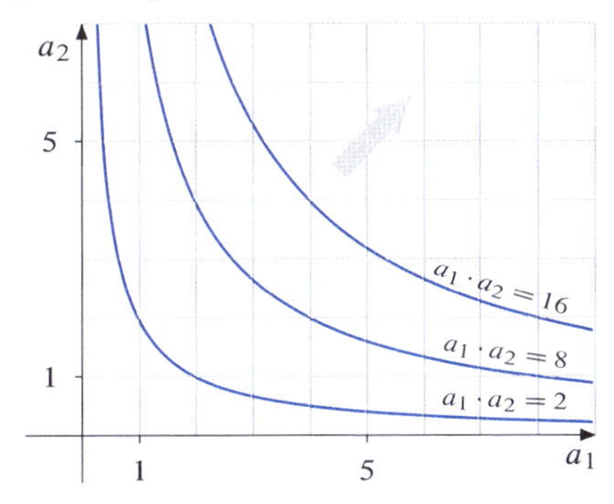

Abbildung 7.6: *Isonutzenkurven für* $a_1 a_2 = c$

In der graphischen Darstellung von P_3 (Abbildung 7.6) erfasst man durch die Kurven mit

$$a_1 a_2 = c \quad (c \geq 0)$$

alle Güterkombinationen, die in ihrer Bewertung übereinstimmen. Jeder der Isonutzenkurven entspricht eine Äquivalenzklasse. Andererseits wächst die Bewertung c in Pfeilrichtung von Kurve zu Kurve kontinuierlich an.

In Fall P_4 bildet jede natürliche Zahl eine einelementige Klasse. Auf der Menge $\mathbb{N}$ der natürlichen Zahlen ergibt sich eine vollständige Ordnung.

In Fall P_5 erhält man Äquivalenzklassen der Form

$$\{1, \ldots, 9\}, \{10, \ldots, 99\}, \{100, \ldots, 999\}, \ldots$$

Andererseits gilt beispielsweise

$$(5, 71), (97, 112), \ldots \in P_5 \setminus R_5.$$

Beispiel 7.20

Die Relation P auf $\mathbb{R} \times \mathbb{R}$ mit

$$(a, b) \in P \Leftrightarrow a_1 \leq b_1 \wedge a_2 \leq b_2$$

ist reflexiv wegen

$$(a, a) \in P \Leftrightarrow a_1 \leq a_1 \wedge a_2 \leq a_2 ,$$

transitiv wegen

$$\begin{aligned}&(a, b) \in P \wedge (b, c) \in P\\ &\Rightarrow (a_1 \leq b_1 \wedge a_2 \leq b_2) \wedge (b_1 \leq c_1 \wedge b_2 \leq c_2)\\ &\Rightarrow a_1 \leq c_1 \wedge a_2 \leq c_2\\ &\Rightarrow (a, c) \in P,\end{aligned}$$

antisymmetrisch wegen

$$\begin{aligned}(a, b) \in P \wedge (b, a) \in P &\Rightarrow a_1 = b_1 \wedge a_2 = b_2\\ &\Rightarrow a = b,\end{aligned}$$

also eine Ordnung, die aber beispielsweise wegen

$$\big((1, 3), (3, 2)\big) \notin P \wedge \big((3, 2), (1, 3)\big) \notin P$$

nicht vollständig ist.

Ist A endlich, so kann man Präordnungs- und Ordnungseigenschaften von Relationen wieder mit Hilfe von Relationsgraphen bzw. -tabellen aufdecken.

Beispiel 7.21

In Beispiel 7.12 sind R_1 und R_4 vollständige Präordnungen, R_1 ist eine vollständige Ordnung.

Beispiel 7.22

Für $A = \{1, 2, 3\}$ betrachten wir die Relationen

$$\begin{aligned}P_1 &= \big\{(1, 1), (2, 2), (3, 3), (1, 2),\\ &\qquad (2, 1), (1, 3), (2, 3)\big\},\\ P_2 &= \big\{(1, 1), (2, 2), (3, 3), (1, 2), (1, 3), (2, 3)\big\},\\ P_3 &= \big\{(1, 1), (2, 2), (3, 3), (1, 2)\big\}\end{aligned}$$

mit den Relationsgraphen bzw. -tabellen

P_1	1	2	3
1	×	×	×
2	×	×	×
3			×

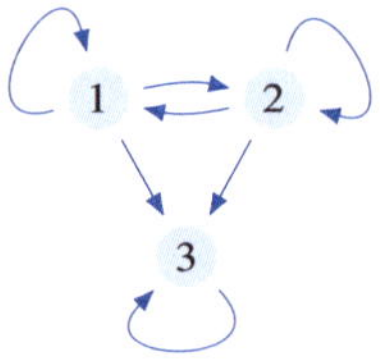

P_2	1	2	3
1	×	×	×
2		×	×
3			×

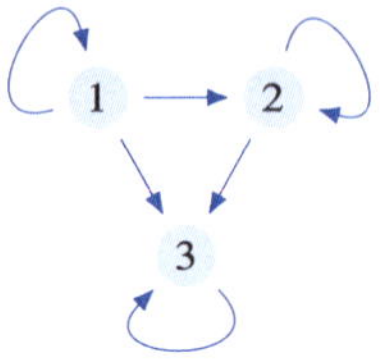

P_3	1	2	3
1	×	×	
2		×	
3			×

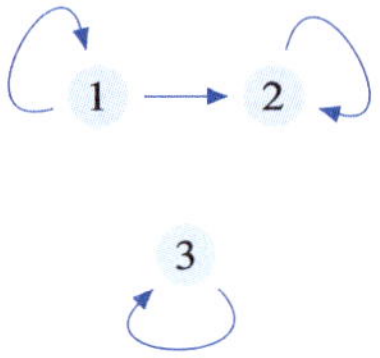

P_1 ist eine vollständige Präordnung, die sich zusammensetzt aus der Äquivalenzrelation

$$R_1 = \big\{(1, 1), (2, 2), (3, 3), (1, 2), (2, 1)\big\}$$

mit den beiden Klassen $\{1, 2\}, \{3\}$ (Beispiel 7.15b) und der strikten Präordnung

$$P_1 \setminus R_1 = \{(1, 3), (2, 3)\} .$$

Die Relation P_2 ist eine vollständige Ordnung, die sich zusammensetzt aus der Identitätsrelation

$$R_2 = \big\{(1, 1), (2, 2), (3, 3)\big\}$$

mit den Klassen $\{1\}, \{2\}, \{3\}$ (Beispiel 7.15b) und der strikten Ordnung

$$P_2 \setminus R_2 = \big\{(1, 2), (1, 3), (2, 3)\big\} .$$

Schließlich ist die Relation P_3 eine Ordnung, die wegen $(2, 3), (3, 2) \notin P_3$ nicht vollständig ist. Sie setzt sich zusammen aus der Identitätsrelation

$$R_3 = \big\{(1, 1), (2, 2), (3, 3)\big\}$$

mit den Klassen $\{1\}, \{2\}, \{3\}$ und der strikten Ordnung $P_3 \setminus R_3 = \{(1, 2)\}$.

Wir haben mit Hilfe spezieller Relationen einerseits Klassenstrukturen, andererseits Ordnungsstrukturen von Mengen aufgedeckt. Nachfolgend werden die wichtigsten Eigenschaften binärer Relationen nochmals in einem Diagramm zusammengestellt.

Wir starten dabei mit einer reflexiven Relation und fügen Schritt für Schritt verschiedene Eigenschaften hinzu, um schließlich eine möglichst differenzierte Klassen- bzw. Ordnungsstruktur zu erhalten (Abbildung 7.7).

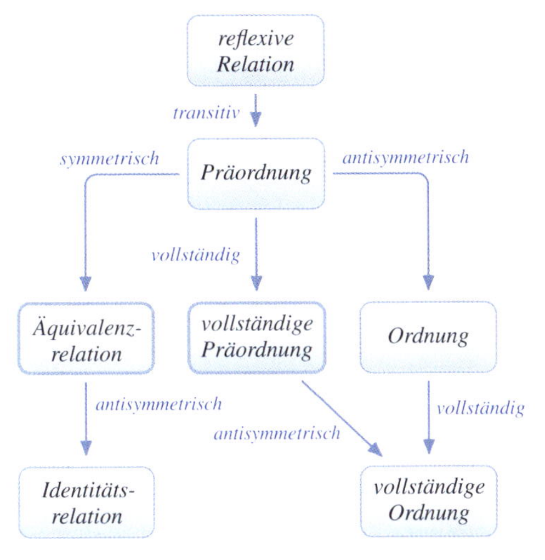

Abbildung 7.7: *Hierarchie von Relationen*

Als besonders wichtig für eine sehr allgemeine Präferenzentheorie erweisen sich Äquivalenzrelationen und vollständige Präordnungen, die wir in Abbildung 7.7 hervorgehoben haben.

Obwohl die beiden Relationen auf der gleichen Hierarchieebene zu finden sind, besteht doch ein wesentlicher qualitativer Unterschied. Während man bei Äquivalenzrelationen nur die Beziehung „gleich" innerhalb von Klassen und „verschieden" zwischen den Klassen hat, erhält man bei vollständigen Präordnungen neben der Beziehung „gleich" innerhalb von Klassen eine Ordnungsbeziehung der Form „kleiner" zwischen den Klassen. Entsprechend kann man die Identitätsrelation und die vollständige Ordnung vergleichen.

Im Zusammenhang mit Ordnungsstrukturen auf Mengen ist es schließlich sinnvoll, nach ranghöchsten und rangniedrigsten Elementen zu fragen.

Definition 7.23

Sei P eine vollständige Präordnung auf einer Menge A. Dann heißt $a \in A$

- *größtes Element* bzgl. P, wenn für alle $x \in A$ gilt $(x, a) \in P$, und
- *kleinstes Element* bzgl. P, wenn für alle $x \in A$ gilt $(a, x) \in P$.

In Beispiel 7.22 erhalten wir für die vollständige Präordnung P_1 nun $3 \in A$ als größtes Element und $1, 2 \in P$ als kleinste Elemente, für die vollständige Ordnung P_2 entsprechend $3 \in A$ als größtes und $1 \in P$ als kleinstes Element, für die nicht vollständige Präordnung P_3 weder ein größtes noch ein kleinstes Element in A.

In Beispiel 7.16 d erhalten wir für die vollständige Ordnung P_4 auf $\mathbb{N}$ mit der Äquivalenz

$$(a, b) \in P_4 \Leftrightarrow a \leq b$$

als kleinstes Element $1 \in \mathbb{N}$, ein größtes Element existiert nicht.

Wir werden nun Voraussetzungen angeben, unter denen die Existenz größter und kleinster Elemente gesichert ist.

Satz 7.24

Sei A eine endliche Menge und P eine Präordnung auf A. Dann gilt:

a) P ist vollständige Präordnung $\Rightarrow$ es existieren größte und kleinste Elemente in A

b) P ist vollständige Ordnung $\Rightarrow$ es existiert genau ein größtes und ein kleinstes Element in A.

Beweis

a) Jede vollständige Präordnung induziert zwischen den Elementen verschiedener Äquivalenzklassen eine strikte vollständige Präordnung (Satz 7.18). Da A endlich ist, existieren auch endlich viele Äquivalenzklassen sowie eine ranghöchste bzw. rangniedrigste Klasse. Daraus folgt die Behauptung.

b) Im Fall einer vollständigen Ordnung sind die Äquivalenzklassen einelementig. Daraus folgt die Behauptung.

Ist eine Präordnung oder Ordnung auf A nicht vollständig oder enthält die Menge A unendlich viele Elemente, so muss nicht immer ein größtes oder kleinstes Element existieren.

Beispiel 7.25

Sei $A_1 = \mathbb{R}$ und P_1 eine vollständige Ordnung auf A_1 mit

$$(a, b) \in P_1 \Leftrightarrow a \leq b\,.$$

Dann existiert weder ein größtes noch ein kleinstes Element bzgl. P_1.

Ersetzt man A_1 durch

$$A_2 = \{x \in \mathbb{R} : 0 \leq x \leq 1\}\,,$$

so existiert in A_2 bzgl. P_1 sowohl ein größtes Element $1 \in A_2$ als auch ein kleinstes Element $0 \in A_2$.

Beispiel 7.26

Seien $A_3 = \{1, 2, 3, 4\}$ und P_2, P_3, P_4 Relationen auf A_3 mit

$$\begin{aligned} P_2 = \{&(1,1), (2,2), (3,3), (4,4), (1,2),\\ &(2,1), (1,3), (1,4), (2,3), (2,4),\\ &(3,4), (4,3)\}, \end{aligned}$$

$$\begin{aligned} P_3 = \{&(1,1), (2,2), (3,3), (4,4), (2,1),\\ &(3,1), (4,1), (4,3)\}, \end{aligned}$$

$$\begin{aligned} P_4 = \{&(1,1), (2,2), (3,3), (4,4), (1,2),\\ &(3,1), (3,2), (3,4), (4,1), (4,2)\}, \end{aligned}$$

so erhält man die Relationsgraphen:

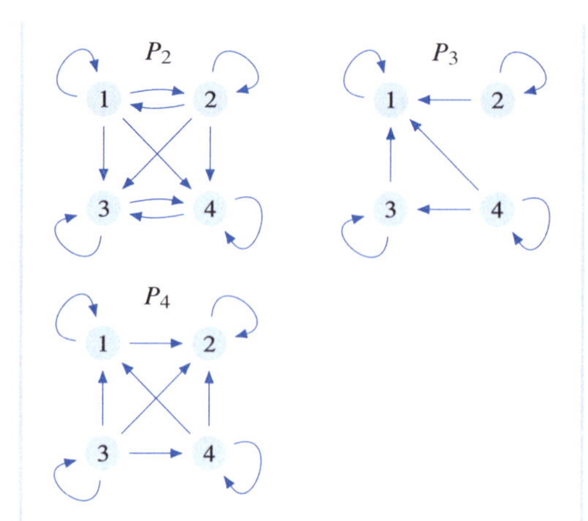

Die Relation P_2 ist eine vollständige Präordnung mit den größten Elementen $3, 4 \in A$ und den kleinsten Elementen $1, 2 \in A$. Die Relation P_3 ist eine nicht vollständige Ordnung, $1 \in A$ ist größtes Element, ein kleinstes Element existiert nicht. Die Relation P_4 ist eine vollständige Ordnung, $2 \in A$ ist größtes Element und $3 \in A$ kleinstes Element.

7.3 Invertierung und Komposition

7.3.1 Inverse Relationen

Zu jeder binären Relation

$$R \subseteq A \times B$$

gibt es eine Relation

$$R^{-1} \subseteq B \times A\,,$$

die die umgekehrte Beziehung zwischen den Elementen von A und B zum Ausdruck bringt.

Definition 7.27

Sei $R \subseteq A \times B$ eine binäre Relation. Dann heißt

$$\begin{aligned} R^{-1} &= \{(b, a) \in B \times A :\ (a, b) \in R\}\\ &\subseteq B \times A \end{aligned}$$

Umkehrrelation oder *inverse Relation* von R. Es ist stets

$$\left(R^{-1}\right)^{-1} = R\,.$$

Beispiel 7.28

Wir betrachten die in Beispiel 7.7 angegebenen Relationen und erhalten folgende Umkehrrelationen:

$$R_1^{-1} = \{(b,a) \in B \times A : a = b\} = \{(2,2)\} = R_1$$

$$R_2^{-1} = \{(b,a) \in B \times A : a < b\} = \{(2,1),\ (3,1),\ (3,2)\}$$

$$R_3^{-1} = \{(b,a) \in B \times A : a \leq b\} = B \times A$$

$$R_4^{-1} = \{(b,a) \in B \times A : a + b = 2\} = \emptyset$$

$$R_5^{-1} = \{(b,a) \in B \times A : b \geq 2^a\} = \{(2,1),\ (3,1)\}$$

Beispiel 7.29

Mit der Relation

$$R = \{(b,d),\ (b,e),\ (c,d),\ (c,e),\ (d,e)\}$$

aus Beispiel 7.8 erhält man die Umkehrrelation

$$R^{-1} = \{(d,b),\ (e,b),\ (d,c),\ (e,c),\ (e,d)\}$$

mit dem Relationsgraphen:

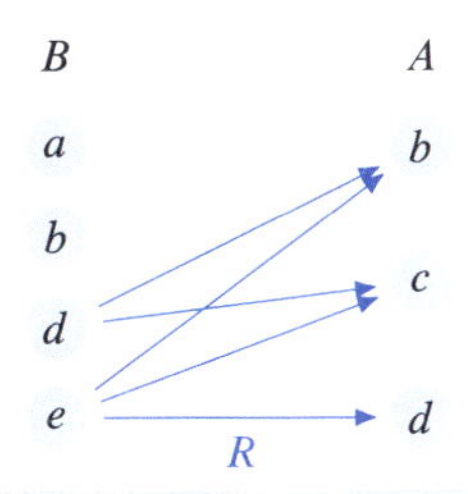

Beispiel 7.30

Zu

$$R = \{(a,b) \in \mathbb{R} \times \mathbb{N} : a \geq b\}$$

aus Beispiel 7.9 ergibt sich die Umkehrrelation

$$R^{-1} = \{(b,a) \in \mathbb{N} \times \mathbb{R} : a \geq b\},$$

deren Graph im $\mathbb{R}^2$ in Abbildung 7.8 dargestellt ist.

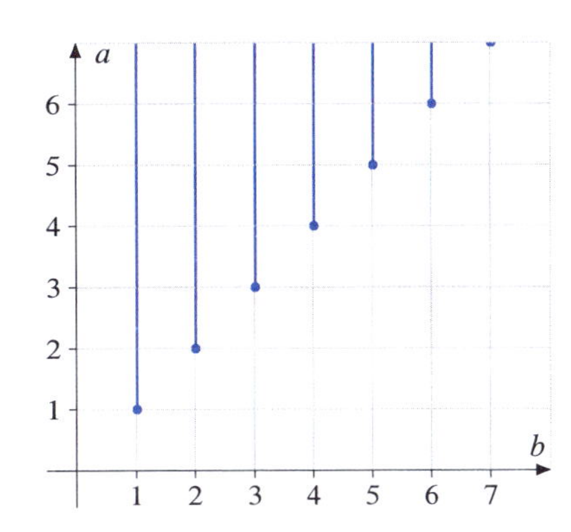

Abbildung 7.8: *Graph der Relation* $R^{-1} = \{(b,a) \in \mathbb{N} \times \mathbb{R} : a \geq b\}$

Spiegelt man den Graphen von R^{-1} an der Achse $b = a$, so erhält man den Graphen von R und umgekehrt. Die Graphen stimmen bis auf Vertauschung der Koordinatenachsen überein.

Beispiel 7.31

Zu

$$R = \{(x,y) \in \mathbb{R}^2 : y \geq x^2\}$$

aus Beispiel 7.10 ergibt sich die Umkehrrelation

$$R^{-1} = \{(y,x) \in \mathbb{R}^2 : y \geq x^2\},$$

deren Graph in Abbildung 7.9 dargestellt ist.

Auch hier erhält man wie in Beispiel 7.30 den Graphen von R^{-1} durch Spiegeln des Graphen von R an der Achse $y = x$. Entsprechendes gilt für alle Relationen auf $\mathbb{R}$.

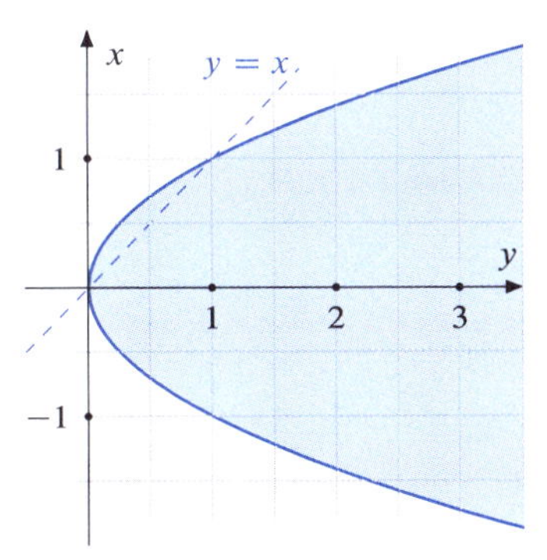

Abbildung 7.9: *Graph der Relation* $R^{-1} = \{(y,x) \in \mathbb{R}^2 : y \geq x^2\}$

7.3.2 Verknüpfung von Relationen

Unter gewissen Voraussetzungen ist es nun möglich, binäre Relationen hintereinanderzuschalten.

Definition 7.32

Seien A, B, C Mengen und

$$R \subseteq A \times B\,,\; S \subseteq B \times C$$

binäre Relationen. Dann heißt

$$S \circ R = \big\{(a,c) \in A \times C : \exists\, b \in B \text{ mit } (a,b) \in R \wedge (b,c) \in S\big\}$$

die *zusammengesetzte Relation* oder *Komposition* von R und S.

Beispiel 7.33

Für $A = B = C = \{1,2,3\}$ und

$$R = \{(1,2),(2,2),(2,3)\} \subseteq A \times A\,,$$
$$S = \{(1,1),(2,1),(3,1),(3,3)\} \subseteq A \times A$$

erhält man mit Hilfe entsprechender Relationsgraphen die zusammengesetzten Relationen $S \circ R$ und $R \circ S$, also mit

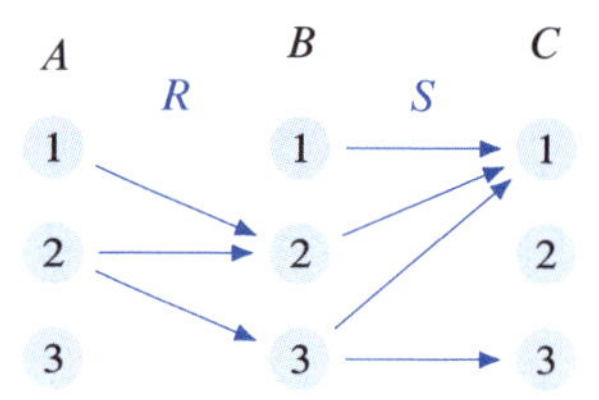

die verknüpfte Relation

$$S \circ R = \{(1,1),(2,1),(2,3)\}$$

bzw. mit

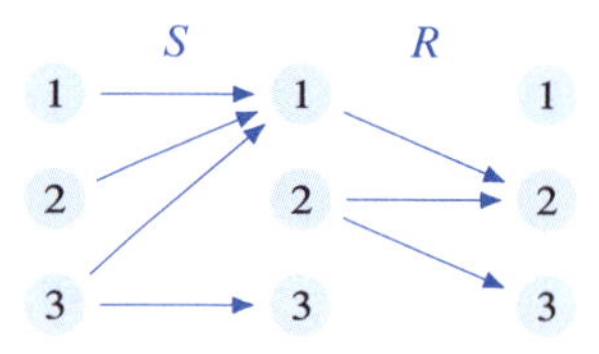

die Relation $R \circ S = \{(1,2),(2,2),(3,2)\}$.

Beispiel 7.34

Für $A = B = C = \mathbb{R}_+$ und

$$R = \{(x,y) \in \mathbb{R}_+^2 : x + y = 1\}\,,$$

$$S = \{(x,y) \in \mathbb{R}_+^2 : y \geq x^2\} \text{ gilt}$$

$$\begin{aligned}
S \circ R &= \big\{(x,y) \in \mathbb{R}_+^2 : \exists z \in \mathbb{R}_+ \text{ mit } x + z = 1 \wedge y \geq z^2\big\} \\
&= \big\{(x,y) \in \mathbb{R}_+^2 : \exists z \in \mathbb{R}_+ \text{ mit } z = 1 - x \wedge y \geq z^2\big\} \\
&= \big\{(x,y) \in \mathbb{R}_+^2 : y \geq (1-x)^2 \wedge x \in [0,1]\big\}
\end{aligned}$$

beziehungsweise

$$\begin{aligned}
R \circ S &= \big\{(x,y) \in \mathbb{R}_+^2 : \exists z \in \mathbb{R}_+ \text{ mit } z \geq x^2,\ z + y = 1\big\} \\
&= \big\{(x,y) \in \mathbb{R}_+^2 : 1 - y \geq x^2\big\} \\
&= \big\{(x,y) \in \mathbb{R}_+^2 : 1 - x^2 \geq y\big\}\,.
\end{aligned}$$

Wir veranschaulichen die zugehörigen Graphen in den Abbildungen 7.10 bis 7.13.

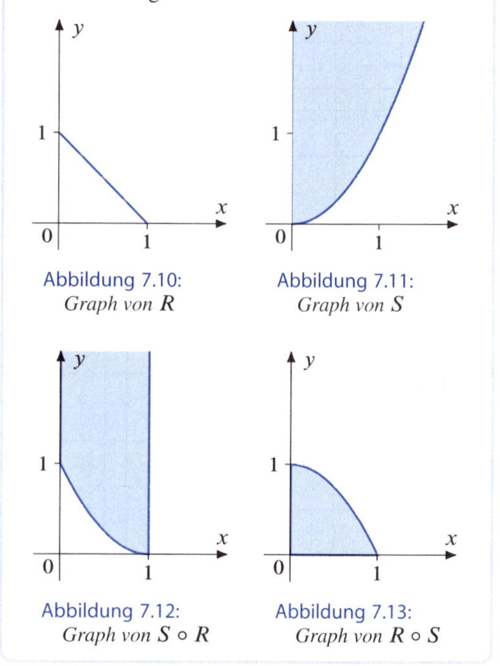

Abbildung 7.10: *Graph von R*

Abbildung 7.11: *Graph von S*

Abbildung 7.12: *Graph von S ∘ R*

Abbildung 7.13: *Graph von R ∘ S*

Zwischen Komposition und Umkehrrelation besteht nun ein wichtiger Zusammenhang.

Satz 7.35

Seien A, B, C Mengen und

$$R \subseteq A \times B\,, \; S \subseteq B \times C$$

binäre Relationen. Dann gilt:

$$(S \circ R)^{-1} = R^{-1} \circ S^{-1}$$

Beweis

$$\begin{aligned}
&(c,a) \in (S \circ R)^{-1} \\
&\Leftrightarrow (a,c) \in S \circ R && \text{(Definition 7.27)} \\
&\Leftrightarrow \exists b \in B \text{ mit } (a,b) \in R \wedge (b,c) \in S && \text{(Definition 7.32)} \\
&\Leftrightarrow \exists b \in B \text{ mit } (c,b) \in S^{-1} \wedge (b,a) \in R^{-1} && \text{(Definition 7.27)} \\
&\Leftrightarrow (c,a) \in R^{-1} \circ S^{-1} && \text{(Definition 7.32)}
\end{aligned}$$

Insbesondere gilt für

$$C = A \quad \text{und} \quad S = R^{-1}$$

bzw.

$$S^{-1} = R$$

$$\begin{aligned}
(R^{-1} \circ R)^{-1} &= R^{-1} \circ R, \\
R^{-1} \circ R &\neq R \circ R^{-1}, \\
\text{bzw.} \quad (S \circ S^{-1})^{-1} &= S \circ S^{-1}, \\
S \circ S^{-1} &\neq S^{-1} \circ S .
\end{aligned}$$

Beispiel 7.36

Wir greifen nochmals Beispiel 7.33 auf mit

$$\begin{aligned}
R &= \{(1,2),(2,2),(2,3)\}, \\
R^{-1} &= \{(2,1),(2,2),(3,2)\}, \\
S &= \{(1,1),(2,1),(3,1),(3,3)\}, \\
S^{-1} &= \{(1,1),(1,2),(1,3),(3,3)\}
\end{aligned}$$

Mit Hilfe der Relationsgraphen

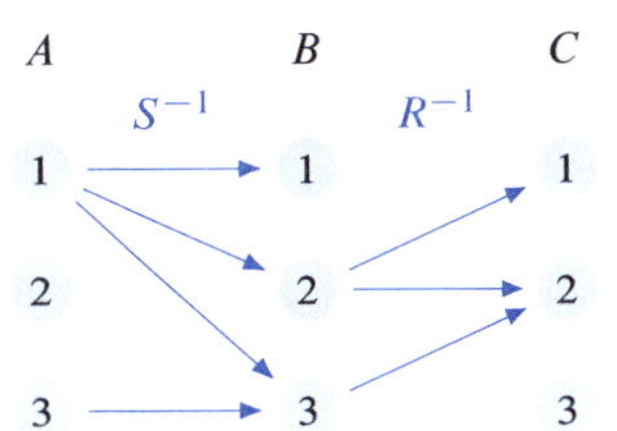

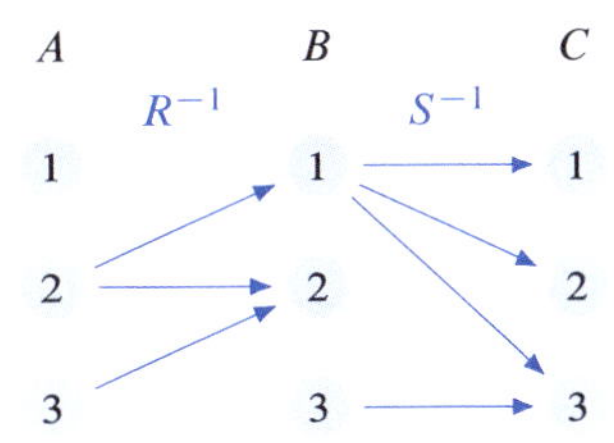

sowie

$$\begin{aligned}
S \circ R &= \{(1,1),(2,1),(2,3)\}, \\
R \circ S &= \{(1,2),(2,2),(3,2)\}
\end{aligned}$$

erhalten wir

$$\begin{aligned}
R^{-1} \circ S^{-1} &= \{(1,1),(1,2),(3,2)\} \\
&= (S \circ R)^{-1}, \\
S^{-1} \circ R^{-1} &= \{(2,1),(2,2),(2,3)\} \\
&= (R \circ S)^{-1}.
\end{aligned}$$

Ferner gilt

$$\begin{aligned}
R^{-1} \circ R &= \{(1,1),(1,2),(2,2),(2,1)\} \\
&= (R^{-1} \circ R)^{-1}, \\
R \circ R^{-1} &= \{(2,2),(2,3),(3,2),(3,3)\} \\
&\neq R^{-1} \circ R .
\end{aligned}$$

7.4 Funktionen als spezielle Relationen

Durch eine binäre Relation $R \subseteq A \times B$ wird bislang angegeben, ob und gegebenenfalls in welcher Beziehung Elemente $a \in A$ und $b \in B$ zueinander stehen. Zugelassen ist dabei der Fall, dass für ein $a \in A$ mehrere $b \in B$ mit $(a, b) \in R$ existieren, ebenso wie der Fall, dass ein $b \in B$ bezüglich R mit mehreren $a \in A$ in Relation steht.

Im Folgenden untersuchen wir spezielle Relationen $F \subseteq A \times B$ von der Menge A in die Menge B mit der Eigenschaft, dass es zu *jedem* $a \in A$ *genau* ein $b \in B$ mit $(a, b) \in F$ gibt.

Definition 7.37

Seien A, B nichtleere Mengen. Eine Vorschrift f, die jedem $a \in A$ genau ein $b \in B$ zuordnet, heißt *Abbildung* oder *Funktion* von der Menge A in die Menge B. Wir schreiben

$$f : A \to B$$

oder elementweise

$$a \in A \mapsto f(a) = b \in B\,.$$

Man bezeichnet die Menge A als den *Definitionsbereich* und die Menge B als den *Wertebereich* der Abbildung f. Ferner heißen die Elemente a von A *Urbilder* oder *Argumente* und die Elemente $f(a)$ von B *Bilder* oder *Funktionswerte* von f.

Für jede Teilmenge $A' \subseteq A$ bzw. $B' \subseteq B$ heißt

$$f(A') = \{f(a) : a \in A'\} = B' \subseteq B$$

Bildbereich von A' bzgl. f,

$$A' = \{a \in A : f(a) \in B'\} \subseteq A$$

Urbildbereich von B' bzgl. f.

Durch die Abbildung f wird die Relation F mit

$$F = \{(a, b) \in A \times B : b = f(a)\}$$

erklärt. Es gilt für alle $a \in A$ und $b, c \in B$

$$(a, b),\ (a, c) \in F \Rightarrow b = c\,.$$

Eine Abbildung ist also eine spezielle Relation, bei der jedem $a \in A$ genau ein $b \in B$ zugeordnet wird.

Das bedeutet:

- Jedes Element aus A tritt als Urbild auf und besitzt ein Bild.
- Kein Urbild besitzt mehr als ein Bild.
- Nicht alle Elemente von B müssen als Bilder auftreten.
- Verschiedene Urbilder besitzen verschiedene oder gleiche Bilder.

Abweichend von der Symbolik der Mengenlehre schreibt man für Abbildungen $f : A \to B$ oder kurz f, während die oft benutzte Schreibweise $f(a)$, $f(x)$, ... nur den Funktionswert für das jeweilige Urbild a, x, ... angibt. Auch die Schreibweise „$y = f(x)$ ist eine Funktion" ist missverständlich, denn die Gleichung $y = f(x)$ beschreibt lediglich die Zuordnungsvorschrift der Funktion f, nicht aber deren Definitions- bzw. Wertebereich.

Funktionen mit endlichem Definitionsbereich lassen sich analog zu Relationsgraphen oder -tabellen ebenfalls durch *Graphen* oder *Wertetabellen* darstellen. Für einen reellwertigen Definitions- und Wertebereich dient oft auch der *Graph* im $\mathbb{R}^2$ der Anschaulichkeit.

Beispiel 7.38

Sei $A = \{a_1, a_2, a_3, a_4, a_5, a_6\}$ eine Menge von Tätigkeiten, die von einer Menge von Angestellten $B = \{b_1, b_2, b_3, b_4\}$ zu erledigen sind. Mit der Wertetabelle

a_i	a_1	a_2	a_3	a_4	a_5	a_6
$f_1(a_i)$		b_1	b_2		b_3	b_4
$f_2(a_i)$	b_1	b_2	b_2	b_2, b_3	b_3	b_4
$f_3(a_i)$	b_1	b_1	b_1	b_1	b_1	b_1
$f_4(a_i)$	b_1	b_3	b_2	b_2	b_3	b_4

werden Zuordnungsvorschriften f_1, f_2, f_3, f_4 beschrieben, für die man Folgendes nach Definition 7.37 feststellt:

- f_1 ist keine Abbildung von A in B, da die Elemente a_1, a_4 kein Bild besitzen.
- f_2 ist keine Abbildung von A in B, da das Element a_4 zwei Bilder besitzt.
- f_3 ist eine Abbildung von A in B, obwohl für alle Urbilder das gleiche Bild b_1 auftritt.
- f_4 ist eine Abbildung von A in B, die den Wertebereich $\{b_1, b_2, b_3, b_4\}$ voll ausschöpft.

Bei Abbildungen fordern wir die Eindeutigkeit der Funktionswerte aller Urbilder. Wir erhalten spezielle Abbildungen, wenn wir berücksichtigen, auf welche Weise Elemente der Bildmenge erreicht werden.

Definition 7.39

Eine Abbildung $f : A \to B$ heißt

- *surjektiv*, wenn zu jedem $y \in B$ mindestens ein $x \in A$ existiert mit $f(x) = y$ bzw. wenn $B = f(A)$ erfüllt ist,
- *injektiv*, wenn für alle $x_1, x_2 \in A$ gilt

  $$\big(x_1 \neq x_2 \Rightarrow f(x_1) \neq f(x_2)\big)$$

  bzw. äquivalent dazu

  $$\big(f(x_1) = f(x_2) \Rightarrow x_1 = x_2\big),$$

- *bijektiv*, wenn f surjektiv und injektiv ist,
- *Identität*, wenn $B = A$, f bijektiv und $f(x) = x$ für alle $x \in A$ ist.

Bei jeder Abbildung treten alle Elemente des Definitionsbereichs A als Urbilder auf, bei jeder surjektiven Abbildung werden darüber hinaus auch alle Elemente des Wertebereichs durch f *mindestens einmal* erreicht.

Die folgenden Abbildungen veranschaulichen die in Definition 7.39 eingeführten Begriffe.

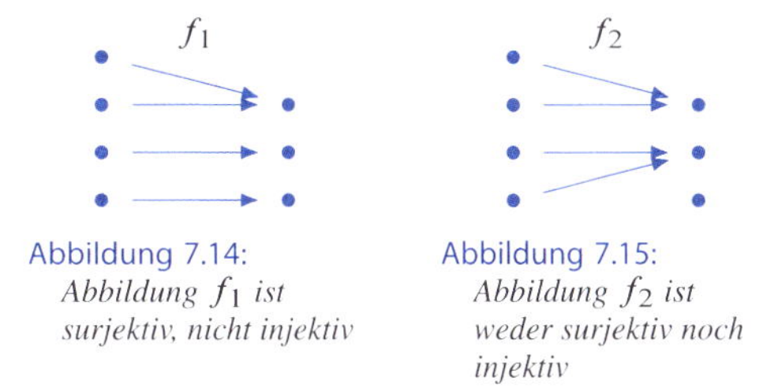

Abbildung 7.14: *Abbildung f_1 ist surjektiv, nicht injektiv*

Abbildung 7.15: *Abbildung f_2 ist weder surjektiv noch injektiv*

Die in Abbildung 7.14 dargestellte Abbildung f_1 ist surjektiv, die in Abbildung 7.15 dargestellte Abbildung f_2 nicht.

Bei einer injektiven Abbildung werden unterschiedliche Urbilder, also $x_1 \neq x_2$, durch f in unterschiedliche Bilder überführt, d. h. $f(x_1) \neq f(x_2)$. Dies ist nach Satz 4.20 c gleichwertig mit der Implikation: Wenn die Bilder übereinstimmen, also $f(x_1) = f(x_2)$, dann auch die Urbilder, also $x_1 = x_2$.

Eine injektive Abbildung muss jedoch nicht surjektiv sein. Die in Abbildung 7.14 und 7.15 dargestellten Abbildungen f_1 und f_2 sind nicht injektiv, wohl aber die Abbildungen f_3 und f_4 in Abbildung 7.16 und 7.17.

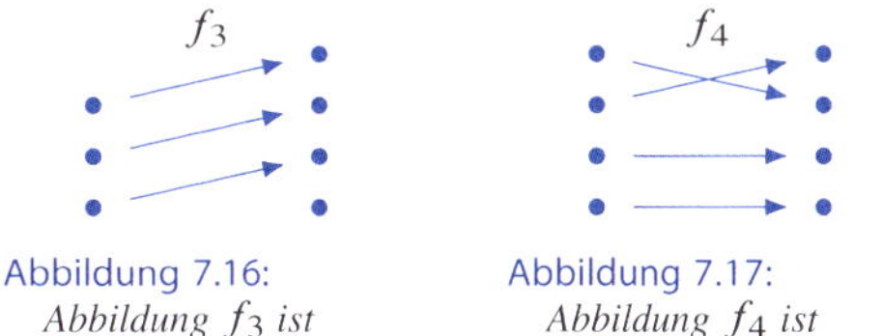

Abbildung 7.16: *Abbildung f_3 ist injektiv, nicht surjektiv*

Abbildung 7.17: *Abbildung f_4 ist surjektiv und injektiv, also bijektiv*

Durch eine bijektive Abbildung wird schließlich erreicht, dass jedem Urbild $x \in A$ genau ein Bild $f(x) \in B$ und jedem $y \in B$ genau ein Urbild $x \in A$ mit $f(x) = y$ zugeordnet wird. Sind die Mengen A, B endlich, so stimmen sie in der Anzahl ihrer Elemente überein.

Beispiel 7.40

Mit $A = \{a_1, a_2, a_3\}$, $B = \{b_1, b_2, b_3, b_4\}$ betrachten wir die durch die Wertetabellen und Graphen erklärten Funktionen:

$a \in A$	a_1	a_2	a_3
$f_1(a)$	a_2	a_3	a_1
$f_2(a)$	b_1	b_2	b_3

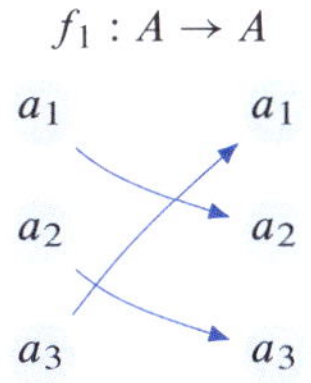

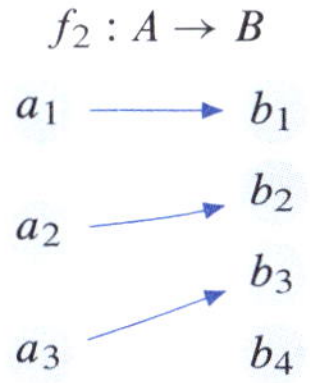

$f_1 : A \to A$ $f_2 : A \to B$

$b \in B$	b_1	b_2	b_3	b_4
$f_3(b)$	a_1	a_1	a_2	a_3
$f_4(b)$	b_3	b_4	b_1	b_2

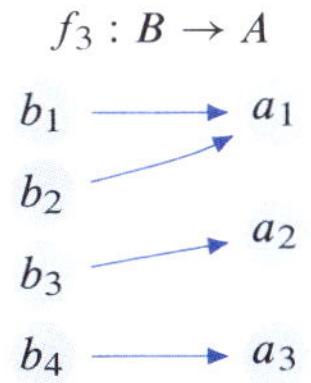

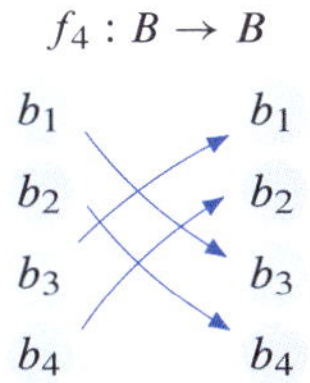

$f_3 : B \to A$ $f_4 : B \to B$

Die Funktionen f_1, f_4 sind bijektiv, f_2 ist injektiv, f_3 ist surjektiv.

Im Folgenden werden wir klären , unter welchen Bedingungen Abbildungen verknüpft bzw. invertiert werden können.

Definition 7.41

Seien $f : A \to B$, $g : C \to D$ Abbildungen mit $f(A) \subseteq C$. Dann heißt die Abbildung

$$g \circ f : A \to D\,,$$

bei der jedem Urbild $x \in A$ das Bild

$$(g \circ f)(x) = g\big(f(x)\big) \in D$$

zugeordnet wird, die *zusammengesetzte Abbildung* oder *Komposition* von f und g.

Die Komposition $g \circ f$ ist in Abbildung 7.18 dargestellt.

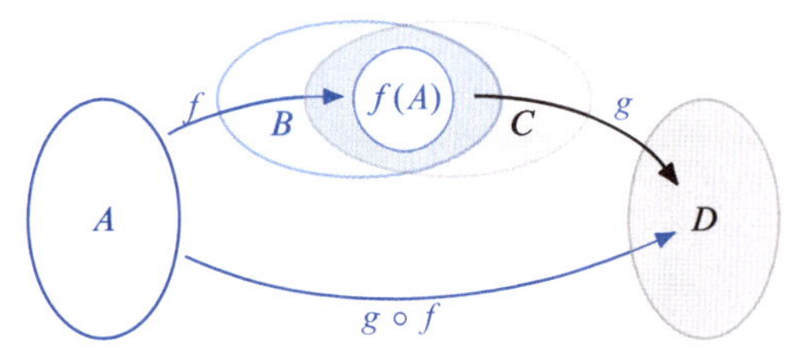

Abbildung 7.18: *Komposition von f und g*

Man kommt also vom Urbildbereich A zunächst mit Hilfe von f zum Bildbereich $f(A)$, auf dem wegen $f(A) \subseteq C$ die Abbildung g definiert ist. Mit Hilfe von g erreicht man dann den Bildbereich

$$g\big(f(A)\big) \subseteq D\,.$$

Da nach Definition 7.37 die Teilmengenbeziehung $f(A) \subseteq B$ stets erfüllt ist, gilt mit Definition 7.41 auch

$$f(A) \subseteq B \cap C\,.$$

Satz 7.42

Seien $f : A \to B, g : C \to D$ Abbildungen mit $B = C$. Dann gilt:

a) f, g surjektiv $\Rightarrow g \circ f$ surjektiv

b) f, g injektiv $\Rightarrow g \circ f$ injektiv

c) f, g bijektiv $\Rightarrow g \circ f$ bijektiv

Beweis

a) f, g surjektiv

$\Rightarrow$ zu jedem $y \in B$ existiert ein $x \in A$ mit $f(x) = y$ und zu jedem $z \in D$ ein $y \in C$ mit $g(y) = z$

$\Rightarrow$ wegen $B = C$ existiert zu jedem $z \in D$ ein $x \in A$ mit $g(f(x)) = z$

$\Rightarrow g \circ f$ surjektiv

b) f, g injektiv

$\Rightarrow x_1, x_2 \in A$ mit

$$x_1 \neq x_2 \wedge f(x_1) \neq f(x_2)$$

und deshalb auch

$$g(f(x_1)) \neq g(f(x_2))$$

$\Rightarrow g \circ f$ injektiv

c) folgt direkt aus a), b).

Beispiel 7.43

Wir betrachten nochmals die Abbildungen

$$f_1, f_2, f_3, f_4$$

aus Beispiel 7.40 mit

$$A = \{a_1, a_2, a_3\}\,, \quad B = \{b_1, b_2, b_3, b_4\}$$

	$a \in A$	a_1	a_2	a_3	
$f_1: A \to A$	$f_1(a)$	a_2	a_3	a_1	
$f_2: A \to B$	$f_2(a)$	b_1	b_2	b_3	
	$b \in B$	b_1	b_2	b_3	b_4
$f_3: B \to A$	$f_3(b)$	a_1	a_1	a_2	a_3
$f_4: B \to B$	$f_4(b)$	b_3	b_4	b_1	b_2

Dann folgt aus f_1, f_4 bijektiv, f_2 injektiv und f_3 surjektiv:

$f_1 \circ f_1: A \to A\,,\ f_4 \circ f_4: B \to B$	bijektiv
$f_2 \circ f_1: A \to B\,,\ f_4 \circ f_2: A \to B$	injektiv
$f_1 \circ f_3: B \to A\,,\ f_3 \circ f_4: B \to A$	surjektiv
$f_2 \circ f_3: B \to B\,,\ f_3 \circ f_2: A \to A$	weder surjektiv, noch injektiv

Wegen $A \neq B$ sind alle weiteren Kompositionen $f_1 \circ f_2$, $f_1 \circ f_4$, $f_2 \circ f_2$, $f_2 \circ f_4$, $f_3 \circ f_1$, $f_3 \circ f_3$, $f_4 \circ f_1$, $f_4 \circ f_3$ nicht möglich.

Definition 7.44

Sei

$$f : A \to B$$

eine bijektive Abbildung. Dann heißt die Abbildung

$$f^{-1} : B \to A\,,$$

die jedem $y \in B$ genau das $x \in A$ mit $y = f(x)$ zuordnet, die *Umkehrabbildung* oder *inverse Abbildung*von f.

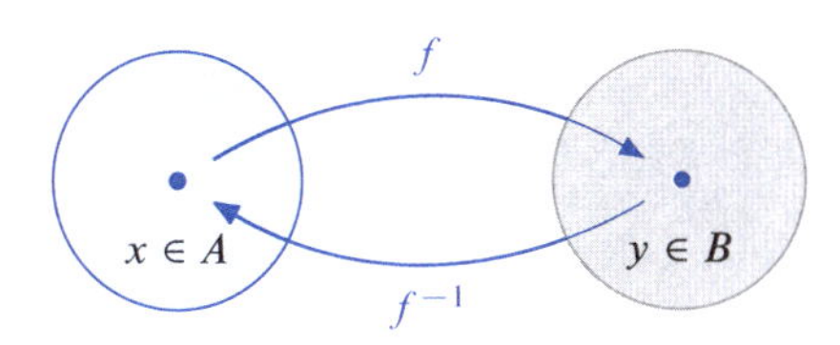

Abbildung 7.19: *Umkehrabbildung* f^{-1} *von* $f : A \to B$

Wird also einem Urbild $x \in A$ mit Hilfe von f genau ein Bild $y = f(x)$ zugeordnet, so wird y mit Hilfe von f^{-1} wieder in $x \in A$ überführt; wichtig ist dabei, dass f bijektiv ist.

Für inverse Abbildungen gilt stets

$$\left(f^{-1}\right)^{-1} = f\,.$$

Zusammen mit der Komposition gelten für inverse Abbildungen auch noch folgende Zusammenhänge:

Satz 7.45

Seien

$$f : A \to B, g : B \to D$$

bijektive Abbildungen. Dann gilt:

a) f^{-1}, g^{-1} sind bijektiv

b) $(g \circ f)^{-1}$ existiert mit $(g \circ f)^{-1} = f^{-1} \circ g^{-1}$

c) $f \circ f^{-1}$ und $f^{-1} \circ f$ sind Identitäten

Beweis

a) ist nach Definition 7.39 und 7.44 unmittelbar klar.

b) Mit f, g ist

$$\begin{aligned} f^{-1}, g^{-1} &\text{ bijektiv} && \text{(Satz 7.45 a)},\\ g \circ f &\text{ bijektiv} && \text{(Satz 7.42 c)}\\ \Rightarrow f^{-1} \circ g^{-1} &\text{ bijektiv} && \text{(Satz 7.42 c)},\\ (g \circ f)^{-1} &\text{ bijektiv} && \text{(Satz 7.45 a)}. \end{aligned}$$

Ferner gilt:

$$\begin{aligned} & x = (g \circ f)^{-1}(z)\\ \Leftrightarrow\ & (g \circ f)(x) = z = g(f(x))\\ \Leftrightarrow\ & f(x) = g^{-1}(z)\\ \Leftrightarrow\ & x = f^{-1}(g^{-1}(z)) = (f^{-1} \circ g^{-1})(z) \end{aligned}$$

c) ergibt sich als Spezialfall von b):

$$\begin{aligned} & z = (f^{-1} \circ f)(x) = f^{-1}(f(x))\\ \Leftrightarrow\ & f(z) = f(x)\\ \Leftrightarrow\ & x = z, \text{ da } f \text{ bijektiv.} \end{aligned}$$

Analog gilt

$$(f \circ f^{-1})(y) = y$$

für alle $y \in B$.

Mit $f \circ f^{-1}$ und $f^{-1} \circ f$ hat man identische Abbildungen.

Zum Verständnis von Satz 7.45 b kann man folgenden Vorgang heranziehen:

Bezeichnet man das Hineinschlüpfen in Schuhe mit f, das Zuschnüren mit g, so kann der Gesamtvorgang $g \circ f$ rückgängig gemacht werden (bezeichnet mit $(g \circ f)^{-1}$): Man schnürt zuerst auf (g^{-1}), anschließend schlüpft man aus dem Schuh (f^{-1}), also gilt insgesamt

$$(g \circ f)^{-1} = f^{-1} \circ g^{-1}\,.$$

Beispiel 7.46

Mit $B = \{b_1, b_2, b_3, b_4\}$ betrachten wir die Abbildungen $f_1, f_2 \colon B \to B$ mit den Wertetabellen:

$b \in B$	b_1	b_2	b_3	b_4
$f_1(b)$	b_3	b_4	b_1	b_2
$f_2(b)$	b_1	b_3	b_4	b_2

Wir erhalten die inversen Abbildungen

$$f_1^{-1},\ f_2^{-1} : B \to B$$

mit den Wertetabellen:

$b \in B$	b_1	b_2	b_3	b_4
$f_1^{-1}(b)$	b_3	b_4	b_1	b_2
$f_2^{-1}(b)$	b_1	b_4	b_2	b_3

Ferner existieren die Kompositionen $f_1 \circ f_2$ und $(f_2 \circ f_1)$ sowie

$$(f_1 \circ f_2)^{-1} = f_2^{-1} \circ f_1^{-1}$$

und

$$(f_2 \circ f_1)^{-1} = f_1^{-1} \circ f_2^{-1}$$

mit

$b \in B$	b_1	b_2	b_3	b_4
$(f_1 \circ f_2)(b)$	b_3	b_1	b_2	b_4
$(f_1 \circ f_2)^{-1}(b)$	b_2	b_3	b_1	b_4
$(f_2 \circ f_1)(b)$	b_4	b_2	b_1	b_3
$(f_2 \circ f_1)^{-1}(b)$	b_3	b_2	b_4	b_1

sowie beispielsweise
$f_1 \circ f_2 \colon B \to B$

f_2 f_1

b_1 b_1 b_1
b_2 b_2 b_2
b_3 b_3 b_3
b_4 b_4 b_4

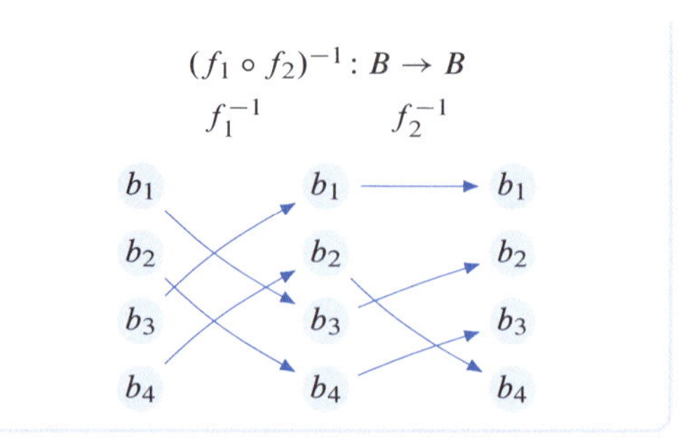

Schließlich lässt sich das Konzept invertierbarer Abbildungen noch verallgemeinern. Ist nämlich $f : A \to B$ lediglich injektiv, nicht surjektiv, so ist $f : A \to C$ mit $C = f(A)$ surjektiv und damit bijektiv. Es existiert die Umkehrabbildung $f^{-1} \colon C \to A$.

Relevante Literatur

Bradtke, Thomas (2003). *Mathematische Grundlagen für Ökonomen*. 2. Aufl. De Gruyter Oldenbourg, Kap. 3

Dietz, Hans M. (2012). *Mathematik für Wirtschaftswissenschaftler: Das ECOMath-Handbuch*. 2. Aufl. Springer, Kap. 1

Gamerith, Wolf u. a. (2010). *Einführung in die Wirtschaftsmathematik*. 5. Aufl. Springer, Kap. 1.3

Opitz, Otto u. a. (2014). *Mathematik: Übungsbuch für das Studium der Wirtschaftswissenschaften*. 8. Aufl. De Gruyter Oldenbourg, Kap. 4

Meinel, Christoph und Mundhenk, Martin (2015). *Mathematische Grundlagen der Informatik: Mathematisches Denken und Beweisen. Eine Einführung*. 6. Aufl. Springer Vieweg, Kap. 5

Merz, Michael und Wüthrich, Mario V. (2012). *Mathematik für Wirtschaftswissenschaftler: Die Einführung mit vielen ökonomischen Beispielen*. Vahlen, Kap. 6

Folgen und Reihen

Ökonomische Prozesse wie logistische Abläufe, Produktionsprozesse oder Zahlungs- und Informationsströme basieren oft auf Sequenzen von Bewertungen, die man im Fall ihrer Quantifizierbarkeit als (reelle) Zahlenfolgen bezeichnet. Wenn entsprechende Prozesse nach endlich vielen Schritten beendet werden, spricht man von *endlichen Zahlenfolgen*. Beispielsweise geht es in der Finanzmathematik (Kapitel 27) vorrangig um zeitlich befristete Zahlungsströme. Für Prozesse ohnen festen Planungshorizont ist die Anwendung *unendlicher Zahlenfolgen* von Vorteil.

Man interessiert sich unter anderem auch für deren Verhalten in ferner Zukunft. Dabei stellen sich Fragen der *Konvergenz* und *Divergenz* unendlicher Zahlenfolgen. Von zentraler Bedeutung sind diese Fragen für die gesamte *Analysis* (Kapitel 9 bis 13), die auf der Theorie unendlicher Folgen aufbaut.

In den Abschnitten 8.1 und 8.2 stellen wir Beispiele von *Zahlenfolgen* vor und diskutieren als wichtige Typen *arithmetische* sowie *geometrische* Folgen. Begriffe der Konvergenz bzw. Divergenz bei unendlichen Folgen führen schließlich in Abschnitt 8.3 zu Grenzwertüberlegungen und Häufungspunkten. Die Theorie unendlicher Folgen wird in gewisser Weise in Abschnitt 8.4 dadurch abgerundet, dass bei Anwendung der Grundrechenarten auf konvergente Folgen wieder konvergente Folgen entstehen.

Addiert man endlich viele Glieder einer unendlichen Folge, so lässt sich die entstehende Summe als neue Folge interpretieren, man spricht dann von einer *endlichen* oder *unendlichen Reihe*. Kapitel 8.5 behandelt zunächst wiederum arithmetische und geometrische Reihen, die beispielsweise in der Finanzmathematik bei der Einfachverzinsung und der Zinseszinsrechnung die zentrale Rolle spielen. Danach geht es in Kapitel 8.6 wieder um Fragen zu Konvergenz und Divergenz.

Abschließend stellen wir die berühmte *Eulersche Zahl* e (Kapitel 1.1, Seite 2) als unendliche Folge im engeren Sinn sowie als unendliche Reihe dar.

8.1 Explizit und rekursiv definierte Folgen

Definition 8.1

Unter einer *unendlichen Folge* im $\mathbb{R}^1$ versteht man eine Abbildung von

$$\mathbb{N} \cup \{0\} = \mathbb{N}_0$$

nach $\mathbb{R}$, also

$$a : \mathbb{N}_0 \to \mathbb{R}$$

mit den reellen Werten

$$a(0),\ a(1),\ a(2) \text{ bzw.}$$

$$a_0,\ a_1,\ a_2,\ \ldots .$$

Für die Folge schreibt man oft $(a_n)_{n=0,1,2,\ldots}$ oder kurz (a_n), der Wert a_n heißt das *n-te Glied* der Folge.

Entsprechend heißt die Abbildung

$$a : \{0, 1, \ldots, k\} \to \mathbb{R} \text{ mit } k \in \mathbb{N}_0$$

eine *endliche Folge im* $\mathbb{R}^1$.

Anstatt $\mathbb{N}_0$ wählt man in vielen Fällen auch

$$\mathbb{N} = \{1, 2, 3, \ldots\}$$

oder

$$\mathbb{N}_k = \{k, k+1, \ldots\}$$

als Definitionsbereich von a. Man erhält die Folge

$$a_1, a_2, a_3, \ldots$$

bzw.

$$a_k, a_{k+1}, \ldots .$$

Eine Folge (a_n) ist *explizit* definiert, wenn durch Kenntnis von n der Wert von a_n direkt berechnet werden kann.

DOI: 10.1515/9783110475333-008

Beispiel 8.2

Explizit definiert seien die Folgen (a_n), (b_n), (c_n) mit:

$$a_n = \frac{2}{n+1}, \qquad b_n = \frac{2n-1}{n!},$$
$$c_n = (-1)^n \cdot \frac{n^2}{2^n}$$

Es ergeben sich folgende Zahlenwerte für diese Folgen:

k	0	1	2	3	4	5 ···
a_k	2	1	$\frac{2}{3}$	$\frac{2}{4}$	$\frac{2}{5}$	$\frac{2}{6}$
b_k	-1	1	$\frac{3}{2}$	$\frac{5}{6}$	$\frac{7}{24}$	$\frac{9}{120}$
c_k	0	$-\frac{1}{2}$	1	$-\frac{9}{8}$	1	$-\frac{25}{32}$

Bei einer *rekursiv* definierten Folge muss man eines oder mehrere Anfangsglieder $a_0, a_1, \ldots$, sowie den Zusammenhang aufeinander folgender Folgenglieder a_{k-1}, a_k kennen, um a_n berechnen zu können. Hat man für solche Folgen ausreichend viele Anfangsglieder, so sind auch die Folgen eindeutig festgelegt.

Beispiel 8.3

Gegeben seien die Folgen (d_n), (e_n), (f_n) mit:

$$d_n = \frac{-d_{n-1}}{n} \quad \text{mit } d_0 = 2$$
$$e_n = \sqrt{e_{n-1}+1} \quad \text{mit } e_0 = 8$$
$$f_n = f_{n-1} + f_{n-2} \quad \text{mit } f_0 = 0,\ f_1 = 1$$

Die berühmte Folge (f_n) heißt nach einem ihrer Entdecker, Leonardo von Pisa (1170–1250), genannt Fibonacci, *Folge der Fibonacci-Zahlen*.

Für die ersten Werte der Folgen errechnet man

$$d_1 = \frac{-d_0}{1} = \frac{-2}{1} = -2$$
$$d_2 = \frac{-d_1}{2} = \frac{-(-2)}{2} = 1$$
$$d_3 = \frac{-d_2}{3} = \frac{-1}{3} = -\frac{1}{3}$$
$$d_4 = \frac{-d_3}{4} = \frac{-\left(-\frac{1}{3}\right)}{4} = \frac{1}{12}$$

$$e_1 = \sqrt{e_0+1} = \sqrt{8+1} = 3$$
$$e_2 = \sqrt{e_1+1} = \sqrt{3+1} = 2$$
$$e_3 = \sqrt{e_2+1} = \sqrt{2+1} \approx 1.732$$

$$f_2 = f_1 + f_0 = 0 + 1 = 1$$
$$f_3 = f_2 + f_1 = 1 + 1 = 2$$
$$f_4 = f_3 + f_2 = 2 + 1 = 3$$
$$f_5 = f_4 + f_3 = 3 + 2 = 5$$
$$f_6 = f_5 + f_4 = 5 + 3 = 8$$

Abbildung 8.1: *Leonardo von Pisa (1170–1250)*

Andererseits ist es nicht ausreichend, eine Folge nur durch einige Anfangsglieder anzugeben.

Beispiel 8.4

Die ersten drei Glieder einer Folge seien $1, \frac{1}{2}, \frac{1}{3}, \ldots$.

Dies erreicht man beispielsweise mit den beiden unterschiedlichen Folgen (g_n) und (h_n) mit

$$g_n = \frac{1}{n+1} \quad \text{und}$$
$$h_n = \frac{1}{n^3 - 3n^2 + 3n + 1},$$

denn damit ergibt sich

$$g_0 = h_0 = 1, \qquad g_1 = h_1 = \tfrac{1}{2},$$
$$g_2 = h_2 = \tfrac{1}{3}.$$

8.2 Arithmetische und geometrische Folgen

Wir erklären die beiden für ökonomische Anwendungen wichigsten Folgen rekursiv und leiten daraus die explizite Darstellung ab.

Definition 8.5

Eine Folge (a_n) heißt

- *arithmetisch*, wenn die Differenz zweier aufeinanderfolgender Glieder konstant ist, also
$$a_n - a_{n-1} = d$$
für alle $n \in \mathbb{N}$, bzw.
- *geometrisch*, wenn der Quotient zweier aufeinander folgender Glieder konstant ist, also
$$\frac{a_n}{a_{n-1}} = q$$
für alle $n \in \mathbb{N}$.

Durch Vorgabe eines Anfangsgliedes a_0 sowie der Konstanten d bzw. q sind arithmetische und geometrische Folgen eindeutig bestimmt. Damit gilt für eine arithmetische Folge (a_n):

$$\begin{aligned} a_n &= a_{n-1} + d = a_{n-2} + 2d = \dots \\ &= a_0 + n \cdot d, \end{aligned}$$

für eine geometrische Folge (b_n) entsprechend

$$\begin{aligned} b_n &= b_{n-1} \cdot q = b_{n-2} \cdot q^2 = \dots \\ &= b_0 \cdot q^n. \end{aligned}$$

Beispiel 8.6

In Zeitperiode $n = 0$ werden $A_0 = 250$ Einheiten eines Produktes abgesetzt, und man nimmt an, dass in jeder zukünftigen Zeitperiode 5 Einheiten mehr abgesetzt werden. Dann gilt

$$\begin{aligned} A_0 &= 250, \ A_1 = 255, \ A_2 = 260, \\ A_{20} &= 350, \ \dots, \\ A_n &= 250 + 5 \cdot n. \end{aligned}$$

Wir erhalten also eine arithmetische Folge mit $A_0 = 250$, $d = 5$.

Beispiel 8.7

Ein Anfangskapital $K_0 = 1000$ € wird zu einem jährlichen Prozentzinssatz von 5 % angelegt und man nimmt an, dass die anfallenden Zinsen in den Folgejahren mitverzinst werden. Dann gilt

$$\begin{aligned} K_0 &= 1000, \\ K_1 &= 1000 \cdot 1.05 = 1050, \\ K_2 &= 1000 \cdot 1.05^2 = 1102.50, \\ &\vdots \\ K_{20} &= 1000 \cdot 1.05^{20} = 2553.30, \\ &\vdots \\ K_n &= 1000 \cdot 1.05^n. \end{aligned}$$

Wir erhalten damit eine geometrische Folge mit

$$K_0 = 1000, \quad q = 1.05.$$

8.3 Konvergenz und Divergenz unendlicher Folgen

Um das generelle Verhalten unendlicher Folgen analysieren zu können, benötigen wir weitere Begriffe.

Definition 8.8

Eine Folge (a_n) heißt

- *beschränkt*, wenn ein $c \in \mathbb{R}_+$ existiert mit $|a_n| \le c$ für alle $n \in \mathbb{N}_0$, also alle Glieder der Folge im Intervall $[-c, c]$ liegen.

Ferner nennt man die Folge (a_n)

- *(streng) monoton wachsend*, wenn $a_n \le a_{n+1}$ $(a_n < a_{n+1})$ für alle $n \in \mathbb{N}_0$,
- *(streng) monoton fallend*, wenn $a_n \ge a_{n+1}$ $(a_n > a_{n+1})$ für alle $n \in \mathbb{N}_0$,
- *konstant*, wenn $a_n = a_{n+1}$ für alle $n \in \mathbb{N}_0$,
- *alternierend*, wenn $(a_n < a_{n+1} \Leftrightarrow a_{n+1} > a_{n+2})$ für alle $n \in \mathbb{N}_0$.

Beispiel 8.9

Wir betrachten die Folgen

$$(a_n),\ (b_n),\ (c_n),\ (d_n),\ (e_n)$$

mit

$$a_n = \frac{n}{n+1}, \qquad b_n = \frac{n}{10},$$
$$c_n = \frac{n}{2^n}, \qquad d_n = (-1)^n \frac{1}{n+1},$$
$$e_n = (-1)^n.$$

Für die *Folge* (a_n) erhält man die Äquivalenzen

$$\begin{aligned} a_n < a_{n+1} &\Leftrightarrow \frac{n}{n+1} < \frac{n+1}{n+2} \\ &\Leftrightarrow n(n+2) < (n+1)^2 \\ &\Leftrightarrow n^2 + 2n < n^2 + 2n + 1 \\ &\Leftrightarrow 0 < 1 . \end{aligned}$$

Damit ist (a_n) streng monoton wachsend. Ferner ist (a_n) wegen

$$|a_n| = \left| \frac{n}{n+1} \right| \leq 1$$

auch beschränkt.

Die *Folge* (b_n) ist wegen

$$\begin{aligned} b_n < b_{n+1} &\Leftrightarrow \frac{n}{10} < \frac{n+1}{10} \\ &\Leftrightarrow 0 < 1 \end{aligned}$$

streng monoton wachsend und wegen

$$\left| \frac{n}{10} \right| > c$$

für alle $n > 10 \cdot c$ nicht beschränkt.

Die *Folge* (c_n) ist wegen

$$\begin{aligned} c_n > c_{n+1} &\Leftrightarrow \frac{n}{2^n} > \frac{n+1}{2^{n+1}} \\ &\Leftrightarrow n \cdot 2^{n+1} > (n+1) \cdot 2^n \\ &\Leftrightarrow 2n \cdot 2^n > (n+1) \cdot 2^n \\ &\Leftrightarrow 2n > n + 1 \end{aligned}$$

für $n \geq 2$ streng monoton fallend und mit

$$0 \leq n \leq 2^n \Leftrightarrow 0 \leq \frac{n}{2^n} \leq 1$$

beschränkt.

Die *Folgen* (d_n) *und* (e_n) sind alternierend mit

$$d_0 = 1,\ d_1 = -\tfrac{1}{2},\ d_2 = \tfrac{1}{3},$$
$$d_3 = -\tfrac{1}{4},\ d_4 = \tfrac{1}{5},\ \ldots$$

bzw. $e_0 = 1,\ e_1 = -1,\ e_2 = 1,\ e_3 = -1,\ \ldots$

und beschränkt wegen

$$|d_n| = \left| (-1)^n \frac{1}{n+1} \right| = \frac{1}{n+1} \leq 1$$
$$|e_n| = \left| (-1)^n \right| = 1 .$$

Beispiel 8.10

Eine arithmetische Folge (f_n) ist streng monoton wachsend für $d > 0$, streng monoton fallend für $d < 0$ und konstant für $d = 0$. Sie ist nur für $d = 0$ beschränkt.

Eine geometrische Folge (g_n) ist beschränkt für $q \in [-1, 1]$. Sie ist ferner streng monoton wachsend für $q > 1$, streng monoton fallend für $q \in (0, 1)$ und konstant für $q = 1$. Für $q < 0$ ist die Folge (g_n) alternierend. Für $q = 0$ gilt $g_n = 0$ für $n = 1, 2, 3, \ldots$.

Zusammenfassend ist festzuhalten, dass es für unbeschränkte Folgen kein Intervall $[-c, c]$ gibt, in dem alle a_n $(n \in \mathbb{N}_0)$ enthalten sind. Dagegen gibt es unter den beschränkten Folgen solche, die in einem festen Intervall $[-c, c]$ zwischen zwei oder mehreren Werten pendeln und solche, die für wachsendes $n \in \mathbb{N}_0$ genau einem Wert $a \in [-c, c]$ zustreben.

Definition 8.11

Eine reelle Zahl a heißt *Grenzwert* oder *Limes* der Folge (a_n), wenn es zu jedem vorgegebenen $\varepsilon > 0$ einen von ε abhängigen Index $n(\varepsilon)$ gibt mit $|a_n - a| < \varepsilon$ für alle $n > n(\varepsilon)$. Man bezeichnet eine Folge als *konvergent*, wenn sie einen Grenzwert besitzt. Wir schreiben

$$\lim_{n \to \infty} a_n = a \quad \text{oder} \quad a_n \to a \quad \text{für} \quad n \to \infty .$$

Ist eine Folge konvergent mit $a = 0$ als Grenzwert, so spricht man von einer *Nullfolge*.

Eine Folge heißt *divergent*, wenn sie nicht konvergent ist.

Zu jeder konvergenten Folge (a_n) kann man also ein reelles a so angeben, dass alle Glieder der Folge ab einem bestimmten Index $n(\varepsilon)$ im offenen Intervall $(a - \varepsilon,\ a + \varepsilon)$ liegen. Das sind alle Glieder bis auf endlich viele. Für den Fall, dass ein solches a nicht existiert, unterscheidet man zwei grundlegende Fälle:

- $\lim\limits_{n\to\infty} a_n = \pm\infty$ bzw. $a_n \to \pm\infty$ für $n \to \infty$, d. h. (a_n) ist unbeschränkt.
- Die Folge (a_n) ist beschränkt, aber es existieren mehrere „Quasigrenzwerte".

Definition 8.12

Eine reelle Zahl a heißt *Häufungspunkt* der Folge (a_n), wenn es zu jedem vorgegebenen $\varepsilon > 0$ unendlich viele Indizes $n \in \mathbb{N}$ gibt mit

$$|a_n - a| < \varepsilon\,.$$

Damit ist jeder Grenzwert ein Häufungspunkt, die Umkehrung gilt nicht.

Beispiel 8.13

Wir betrachten die Folgen (a_n), (b_n), (c_n), (d_n), (e_n), (f_n) mit

$$a_n = \frac{n}{n+1}, \qquad b_n = \frac{n}{10},$$

$$c_n = \frac{n}{2^n}, \qquad d_n = (-1)^n \frac{1}{n+1},$$

$$e_n = 1 + (-1)^n, \qquad f_n = \begin{cases} n & \text{für } n \text{ gerade} \\ \frac{1}{n} & \text{für } n \text{ ungerade}\,. \end{cases}$$

Die ersten Glieder der *Folge* (a_n) sind

$$0, \frac{1}{2}, \frac{2}{3}, \frac{3}{4}, \frac{4}{5}, \ldots,$$

so dass der Wert $a = 1$ als Grenzwert vermutet werden kann. Damit gelten die Äquivalenzen

$$|a_n - a| = \left|\frac{n}{n+1} - 1\right| < \varepsilon$$

$$\Leftrightarrow \left|\frac{n-n-1}{n+1}\right| = \frac{1}{n+1} < \varepsilon$$

$$\Leftrightarrow \frac{1}{\varepsilon} < n+1 \Leftrightarrow n > \frac{1}{\varepsilon} - 1.$$

Also ist $|a_n - 1| < \varepsilon$ für alle $n > n(\varepsilon) = \frac{1}{\varepsilon} - 1$.

Beispielsweise ergibt sich für $\varepsilon = 0.1$ ein Wert für $n(\varepsilon) = 1/0.1 - 1 = 9$. Alle Folgenwerte für $n > 9$ liegen damit weniger als 0.1 vom Grenzwert $a = 1$ entfernt. Graphisch ist dieser Zusammenhang in Abbildung 8.2 dargestellt.

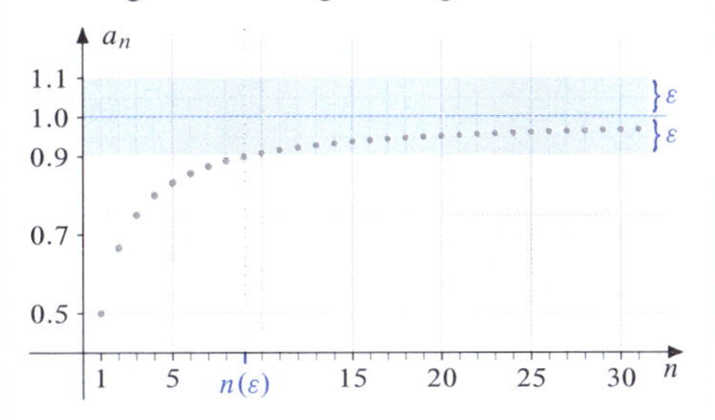

Abbildung 8.2: *Folge* (a_n) *mit* $n(\varepsilon) = 9$ *für* $\varepsilon = 0.1$.

(a_n) ist damit konvergent, und es gilt

$$\lim_{n\to\infty} a_n = \lim_{n\to\infty} \frac{n}{n+1} = 1\,.$$

Der Wert $a = 1$ ist der einzige Häufungspunkt.

Die *Folge* (b_n) ist unbeschränkt (Beispiel 8.9), besitzt also keinen Grenzwert und ist divergent. Ferner hat sie auch keinen Häufungspunkt.

Von der *Folge* (c_n) wissen wir (Beispiel 8.9), dass sie monoton fällt und beschränkt ist. Die ersten Glieder sind $0, \frac{1}{2}, \frac{2}{4}, \frac{3}{8}, \frac{4}{16}, \frac{5}{32}$, und wir vermuten den Grenzwert $c = 0$.

Wegen

$$2^n \geq n^2$$

für $n = 4, 5, \ldots$ (Beispiel 5.18) gilt die Äquivalenz

$$|c_n - c| = \left|\frac{n}{2^n} - 0\right| \leq \left|\frac{n}{n^2} - 0\right|$$

$$= \frac{1}{n} < \varepsilon \Leftrightarrow \frac{1}{\varepsilon} < n\,.$$

Also ist

$$\left|\frac{n}{2^n} - 0\right| < \varepsilon \text{ für alle } n > n(\varepsilon) = \frac{1}{\varepsilon}.$$

Damit ist (c_n) eine Nullfolge wegen

$$\lim_{n\to\infty} c_n = \lim_{n\to\infty} \frac{n}{2^n} = 0$$

und der Wert $c = 0$ ist der einzige Häufungspunkt der Folge (c_n).

Für die *Folge* (d_n) mit den Anfangsgliedern

$$1, -\frac{1}{2}, \frac{1}{3}, -\frac{1}{4}, \ldots$$

vermuten wir den Grenzwert $d = 0$. Damit gilt:

$$|d_n - d| = \left|(-1)^n \frac{1}{n+1} - 0\right| < \varepsilon$$
$$\Leftrightarrow \frac{1}{n+1} < \varepsilon \Leftrightarrow \frac{1}{\varepsilon} < n+1$$
$$\Leftrightarrow n > \frac{1}{\varepsilon} - 1$$

Auch (d_n) ist eine Nullfolge wegen

$$\lim_{n\to\infty} d_n = \lim_{n\to\infty} \left((-1)^n \cdot \frac{1}{n+1}\right) = 0\,.$$

(d_n) besitzt damit genau einen Häufungspunkt $d = 0$.

Die *Folge* (e_n) mit den Anfangsgliedern

$$2, 0, 2, 0, 2, \ldots$$

besitzt zwei Häufungspunkte 2 und 0, denn es gilt:

$$|e_n - 2| = 0 < \varepsilon \text{ für alle geraden } n$$
$$|e_n - 0| = 0 < \varepsilon \text{ für alle ungeraden } n$$

Also ist (e_n) divergent.

Die *Folge* (f_n) mit den Anfangsgliedern

$$0, 1, 2, \frac{1}{3}, 4, \frac{1}{5}, 6, \frac{1}{7}, \ldots$$

besitzt einen Häufungspunkt 0, denn es gilt für ungerade $n \in \mathbb{N}$

$$|f_n - 0| = \frac{1}{n} < \varepsilon \Leftrightarrow \frac{1}{\varepsilon} < n\,.$$

Andererseits ist aber

$$\lim_{n\to\infty} f_n = \infty$$

für gerade $n \in \mathbb{N}$.

Obwohl die Folge (f_n) genau einen Häufungspunkt besitzt, ist sie divergent.

8.4 Rechnen mit konvergenten Folgen

Offenbar ist der Beweis von Konvergenz bzw. Divergenz komplizierterer Folgen mit Hilfe von Definition 8.11 bzw. 8.12 oft umständlich. Das Problem lässt sich vereinfachen, wenn man Rechenoperationen für elementare konvergente Folgen einführt. So enthält die Addition $(a_n + b_n)$ der Folgen (a_n) und (b_n) die Glieder $a_0 + b_0, a_1 + b_1, a_2 + b_2, \ldots$, entsprechend gilt für:

$(a_n - b_n)$: $a_0 - b_0,\ a_1 - b_1,\ a_2 - b_2,\ \ldots$

$(a_n \cdot b_n)$: $a_0 \cdot b_0,\ a_1 \cdot b_1,\ a_2 \cdot b_2,\ \ldots$

$\left(\frac{a_n}{b_n}\right)$: $\frac{a_0}{b_0},\ \frac{a_1}{b_1},\ \frac{a_2}{b_2},\ \ldots$ mit $b_n \neq 0$ für alle $n \in \mathbb{N}_0$

Satz 8.14

Die Folgen (a_n) und (b_n) seien konvergent mit

$$\lim_{n\to\infty} a_n = a,\ \lim_{n\to\infty} b_n = b\,.$$

Dann konvergieren die Folgen

$$(a_n + b_n),\ (a_n - b_n),\ (a_n \cdot b_n)$$

$\left(\frac{a_n}{b_n}\right)$ für $b_n \neq 0\ (n \in \mathbb{N}_0),\ b \neq 0$,

$\left(a_n{}^c\right)$ für $a_n > 0\ (n \in \mathbb{N}_0),\ a > 0$,

$\left(c^{a_n}\right)$ für $c > 0$.

Im Einzelnen gilt:

a) $\lim_{n\to\infty} (a_n + b_n) = \lim_{n\to\infty} a_n + \lim_{n\to\infty} b_n = a + b$

b) $\lim_{n\to\infty} (a_n - b_n) = \lim_{n\to\infty} a_n - \lim_{n\to\infty} b_n = a - b$

c) $\lim_{n\to\infty} (a_n \cdot b_n) = \lim_{n\to\infty} a_n \cdot \lim_{n\to\infty} b_n = a \cdot b$

d) $\lim_{n\to\infty} \left(\frac{a_n}{b_n}\right) = \frac{\lim_{n\to\infty} a_n}{\lim_{n\to\infty} b_n} = \frac{a}{b}$

e) $a_n \leq b_n$ für alle $n \geq n_0$
$\Rightarrow \lim_{n\to\infty} a_n = a \leq b = \lim_{n\to\infty} b_n$

f) $\lim_{n\to\infty} \left(a_n^c\right) = a^c$

g) $\lim_{n\to\infty} \left(c^{a_n}\right) = c^a$

Beweisidee

Für $n \to \infty$ gilt

$$a_n \to a\,, \qquad b_n \to b \quad \text{bzw.}$$
$$(a_n - a) \to 0\,, \qquad (b_n - b) \to 0\,,$$

Daraus folgt $$\left(\frac{1}{b_n} - \frac{1}{b}\right) \to 0\,.$$

a) $(a_n + b_n) - (a + b) \to 0$
$\Rightarrow \lim\limits_{n\to\infty} (a_n + b_n) = a + b$

b) $(a_n - b_n) - (a - b) \to 0$
$\Rightarrow \lim\limits_{n\to\infty} (a_n - b_n) = a - b$

c) $(a_n \cdot b_n) - (a \cdot b)$
$= (a_n \cdot b_n) - (a \cdot b_n) + (a \cdot b_n) - (a \cdot b)$
$= ((a_n - a) \cdot b_n) + (a \cdot (b_n - b)) \quad \to 0$
$\Rightarrow \lim\limits_{n\to\infty} (a_n \cdot b_n) = a \cdot b$

d) $\left(\frac{a_n}{b_n}\right) - \left(\frac{a}{b}\right)$
$= \left((a_n - a) \cdot \frac{1}{b_n}\right) + \left(a \cdot \left(\frac{1}{b_n} - \frac{1}{b}\right)\right) \to 0$
$\Rightarrow \lim\limits_{n\to\infty} \left(\frac{a_n}{b_n}\right) = \frac{a}{b}$

e) Zu jedem $\varepsilon > 0$ existiert ein $n \in \mathbb{N}$ mit
$$a - \varepsilon < a_n \quad \text{sowie} \quad b_n < b + \varepsilon\,.$$
Aus $a_n \leq b_n$ folgt
$$a - \varepsilon < b + \varepsilon \quad \text{bzw.} \quad a \leq b\,.$$

f) $a_n \to a$:
$$\lim_{n\to\infty} \left(\frac{a_n}{a}\right)^c = 1^c = 1$$
$\Rightarrow a_n^c \to a \quad (n \to \infty)$

g) $a_n \to a$:
$$\lim_{n\to\infty} \left(\frac{c^{a_n}}{c^a}\right)^c = \lim_{n\to\infty} (c^{a_n - a}) = c^0 = 1$$
$\Rightarrow c^{a_n} \to c^a \quad (n \to \infty)$

Zum Nachweis der Konvergenz für kompliziertere Folgen, die sich durch elementare Rechenoperationen einfacher Folgen ergibt, reicht es damit oft aus, das Konvergenzverhalten einiger einfacher Folgen zu kennen.

Beispiel 8.15

Gegeben sind die Folgen (a_n), (b_n), (c_n), (d_n), (e_n), (f_n) mit:

$$a_n = \frac{2n^2 + n - 2}{n^2 + 3n + 1}, \quad b_n = \frac{n^3}{\sqrt{n^5}}$$
$$c_n = \frac{\sqrt{n^3 - n}}{n^2 + n}, \quad d_n = \frac{(-1)^n \cdot (n-1)^2}{(n+1)^3}$$
$$e_n = \frac{(-1)^n \cdot 3}{\sqrt[n]{5}}, \quad f_n = 4^{\frac{3n+1}{2n}}$$

Nach einfachen Umformungen erhält man für $n \to \infty$:

- $a_n = \dfrac{2 + \frac{1}{n} - \frac{2}{n^2}}{1 + \frac{3}{n} + \frac{1}{n^2}} \to \dfrac{2 + 0 - 0}{1 + 0 + 0}$
  $\Rightarrow \lim\limits_{n\to\infty} a_n = 2$
- $b_n = \dfrac{n^3}{n^{5/2}} = n^{3-5/2} = n^{1/2} = \sqrt{n} \to \infty$
  $\Rightarrow (b_n)$ divergiert
- $c_n = \dfrac{\sqrt{n^3 - n}}{n^2 + n} < \dfrac{\sqrt{n^3}}{n^2} = \dfrac{1}{n^{1/2}} \to 0$
  $\Rightarrow \lim\limits_{n\to\infty} c_n = 0$
- $d_n = (-1)^n \cdot \dfrac{(n-1)^2}{(n+1)^3}$:
  $\dfrac{(n-1)^2}{(n+1)^3} < \dfrac{n^2}{n^3} = \dfrac{1}{n} \to 0$
  also ist auch $\lim\limits_{n\to\infty} d_n = 0$
- $e_n = (-1)^n \cdot \dfrac{3}{\sqrt[n]{5}}$:
  $\sqrt[n]{5} = 5^{1/n} \to 5^0 = 1$
  $\Rightarrow \lim\limits_{n\to\infty} e_n = \pm 3$
  (e_n) divergiert mit den beiden Häufungspunkten $+3$ und -3.
- $f_n = 4^{\frac{3n+1}{2n}} = 4^{\frac{3+1/n}{2}} \to 4^{\frac{3+0}{2}} = 8$
  $\Rightarrow \lim\limits_{n\to\infty} f_n = 8$

Aus dem Vergleich der höchsten Zähler- und Nennerpotenzen ist für die Folgen (a_n), (b_n), (c_n), (d_n) die Frage der Konvergenz direkt entscheidbar. Die Häufungspunkte bzw. der Grenzwert für (e_n) bzw. (f_n) ergeben sich direkt aus Satz 8.14.

Mit diesen Überlegungen unmittelbar klar werden die beiden folgenden Sätze.

Satz 8.16

Arithmetische Folgen (a_n) mit

$$a_n = a_0 + n \cdot d$$

konvergieren nur für $d = 0$. Es gilt dann:

$$\lim_{n \to \infty} a_n = a_0$$

Satz 8.17

Geometrische Folgen (b_n) mit

$$b_n = b_0 \cdot q^n$$

konvergieren nur für $q \in (-1, 1]$ mit:

$$\lim_{n \to \infty} b_n = \begin{cases} b_0 & \text{für } q = 1 \\ 0 & \text{für } q \in (-1, 1) \end{cases}$$

8.5 Arithmetische und geometrische Reihen

Definition 8.18

(a_n) sei eine unendliche Folge im $\mathbb{R}^1$. Addiert man die Glieder $a_0, a_1, a_2, \ldots$ schrittweise auf, so erhält man mit

$$s_n = a_0 + a_1 + \ldots + a_n = \sum_{i=0}^{n} a_i$$

für alle $n \in \mathbb{N}_0$ eine neue Folge (s_n) im $\mathbb{R}^1$, die wir als *unendliche Reihe* bezeichnen. Das n-te Glied s_n heißt auch *n-te Partialsumme*.

Definition 8.19

Für eine arithmetische Folge (a_n) mit $d \in \mathbb{R}$ und $a_n = a_0 + n \cdot d$ heißt (s_n) mit $s_n = \sum_{i=0}^{n} a_i$ *arithmetische Reihe*.

Für eine geometrische Folge (b_n) mit $q \in \mathbb{R}$ und $b_n = b_0 \cdot q^n$ heißt (s_n) mit $s_n = \sum_{i=0}^{n} b_i$ eine *geometrische Reihe*.

Satz 8.20

Ist (s_n) eine arithmetische Reihe, so gilt für die n-te Partialsumme:

$$s_n = \sum_{i=0}^{n} (a_0 + id) = (n+1)\left(a_0 + \frac{d \cdot n}{2}\right)$$

Beweis

$$\begin{aligned} s_n &= \sum_{i=0}^{n} (a_0 + id) \qquad \text{(Kapitel 8.2)} \\ &= \sum_{i=0}^{n} a_0 + \sum_{i=0}^{n} id = (n+1)a_0 + d \sum_{i=0}^{n} i \\ &= (n+1)a_0 + d\,\frac{(n+1)n}{2} \\ &= (n+1)\left(a_0 + \frac{d \cdot n}{2}\right). \end{aligned}$$

Für die ersten Glieder der arithmetischen Reihe (s_n) mit

$$s_n = \sum_{i=0}^{n} (a_0 + id)$$

gilt damit:

n	s_n
0	a_0
1	$2a_0 + d$
2	$3a_0 + 3d$
3	$4a_0 + 6d$
4	$5a_0 + 10d$
	$\vdots$

Offenbar sind alle arithmetischen Reihen mit $a_0 \neq 0, d \neq 0$ divergent.

Satz 8.21

Ist (s_n) eine geometrische Reihe, so gilt für die n-te Partialsumme:

$$s_n = \sum_{i=0}^{n} b_0 \cdot q^i = \begin{cases} b_0 \cdot \dfrac{1 - q^{n+1}}{1 - q} & \text{für } q \neq 1 \\ b_0 \cdot (n+1) & \text{für } q = 1 \end{cases}$$

Beweis

Für alle $q \neq 1$ und $n \in \mathbb{N}_0$ gilt

$$1 - q^{n+1} = (1-q) \cdot (1 + q + q^2 + \ldots + q^n)$$

Damit ist

$$\sum_{i=0}^{n} b_0 \cdot q^i = b_0 \cdot (1 + q + q^2 + \ldots + q^n) = b_0 \cdot \frac{1-q^{n+1}}{1-q}.$$

Für $q = 1$ ist

$$\sum_{i=0}^{n} b_0 \cdot q^i = \sum_{i=0}^{n} b_0 \cdot 1 = b_0 \cdot (n+1).$$

Für die ersten Glieder der geometrischen Reihe mit $q \neq 1$ gilt damit:

n	s_n
s_0	b_0
s_1	$b_0 \cdot \frac{1-q^2}{1-q}$
s_2	$b_0 \cdot \frac{1-q^3}{1-q}$
s_3	$b_0 \cdot \frac{1-q^4}{1-q}$
	$\vdots$

Damit lassen sich arithmetische und geometrische Reihen auch als Folgen im Sinne von Kapitel 8.1 darstellen, weshalb Konvergenzüberlegungen hier direkt möglich sind.

Unmittelbar klar ist, dass eine arithmetische Reihe (r_n) mit

$$r_n = \sum_{i=0}^{n} a_i = (n+1) \cdot \left(a_0 + d \cdot \frac{n}{2}\right)$$

nur konvergiert, wenn $a_0 = d = 0$.

Andererseits gilt der folgende

Satz 8.22

Konvergent ist eine geometrische Reihe (s_n) mit $s_n = \sum_{i=0}^{n} b_0 \cdot q^i$ nur für $|q| < 1$, und es gilt dann

$$\lim_{n\to\infty} s_n = \frac{b_0}{1-q}.$$

Beweis

$$q = 1 \Rightarrow s_n = b_0 \cdot (n+1) \to \infty \text{ für } n \to \infty.$$

$$q = -1 \Rightarrow s_n = b_0 \cdot \frac{1-(-1)^{n+1}}{1-(-1)} = \begin{cases} 0 & \text{für } n \text{ ungerade} \\ b_0 & \text{für } n \text{ gerade} \end{cases}$$

$$|q| > 1 \Rightarrow s_n = b_0 \cdot \frac{1-q^{n+1}}{1-q} \to \pm\infty$$

$$|q| < 1 \Rightarrow s_n = b_0 \cdot \frac{1-q^{n+1}}{1-q} \to b_0 \cdot \frac{1}{1-q}$$

Beispiel 8.23

Wir betrachten die Reihen (r_n), (s_n) mit

$$r_n = \sum_{i=0}^{n} 10 \cdot 0.9^{i-1}, \quad s_n = \sum_{i=1}^{n} \frac{4^{i+1}+20}{5^i}.$$

Für (r_n) gilt:

$$r_n = \sum_{i=0}^{n} 10 \cdot \frac{0.9^i}{0.9} = \frac{100}{9} \cdot \sum_{i=0}^{n} 0.9^i$$

$$= \frac{100}{9} \cdot \frac{1-0.9^{n+1}}{1-0.9} = \frac{100}{9} \cdot \frac{1-0.9^{n+1}}{0.1}$$

$$= \frac{1000}{9} \cdot (1-0.9^{n+1})$$

$$\Rightarrow \lim_{n\to\infty} r_n = \frac{1000}{9}$$

Für (s_n) gilt:

$$s_n = \sum_{i=0}^{n} \frac{4^{i+1}+20}{5^i} - \frac{4^{0+1}+20}{5^0}$$

$$= \sum_{i=0}^{n} 4 \cdot \left(\frac{4}{5}\right)^i + \sum_{i=0}^{n} 20 \cdot \left(\frac{1}{5}\right)^i - 24$$

$$= 4 \cdot \frac{1-0.8^{n+1}}{1-0.8} + 20 \cdot \frac{1-0.2^{n+1}}{1-0.2} - 24$$

$$\Rightarrow \lim_{n\to\infty} s_n = \frac{4}{0.2} \cdot (1-0) + \frac{20}{0.8} \cdot (1-0) - 24$$

$$= 20 + 25 - 24$$

$$= 21$$

8.6 Konvergenz und Divergenz unendlicher Reihen

Mit der nachfolgenden Definition des Grenzwerts unendlicher Reihen wird deutlich, dass die für Folgen formulierten Definitionen und Sätze über Konvergenz und Divergenz im Prinzip übertragbar sind.

Definition 8.24

Eine reelle Zahl s heißt *Grenzwert* oder *Limes der Reihe* (s_n), wenn zu jedem $\varepsilon > 0$ ein Index $n(\varepsilon)$ existiert mit

$$|s_n - s| < \varepsilon \quad \text{für alle } n > n(\varepsilon)\,.$$

Man bezeichnet eine Reihe als *konvergent*, wenn sie einen Grenzwert besitzt. Wir schreiben

$$\lim_{n\to\infty} s_n = \lim_{n\to\infty} \sum_{i=0}^{n} a_i = \sum_{i=0}^{\infty} a_i = s$$

oder auch $s_n \to s$ für $n \to \infty$. Eine Reihe heißt *divergent*, wenn Sie nicht konvergent ist.

Während wir nun für arithmetische und geometrische Reihen mit den Sätzen 8.20 und 8.21 bzw. 8.22 direkt über Konvergenz und Divergenz Bescheid wissen und im Fall der Konvergenz auch den Grenzwert kennen, bereiten andere unendliche Reihen gelegentlich Probleme.

Satz 8.25

Ist die Reihe (s_n) mit

$$s_n = \sum_{i=0}^{n} a_i$$

konvergent, so ist die Folge (a_n) eine Nullfolge.

Beweis

Nach Definition 8.24 existiert zu jedem $\varepsilon > 0$ ein $n(\varepsilon)$ mit

$$|s_n - s| < \varepsilon \quad \text{für alle } n > n(\varepsilon)\,.$$

Daraus folgt für $n_0, n_1 \in \mathbb{N}$ mit $n_1 > n_0 > n(\varepsilon)$

$$\left|\sum_{i=n_0+1}^{n_1} a_i\right| = |s_{n_1} - s_{n_0}| = |s_{n_1} - s + s - s_{n_0}| \le |s_{n_1} - s| + |s - s_{n_0}| < 2\varepsilon\,.$$

Diese Eigenschaft bezeichnet man auch als Konvergenzkriterium von *Augustin-Louis Cauchy* (1789–1857). Setzt man nun

$$\varepsilon_1 = 2\varepsilon \quad \text{und} \quad n_1 = n_0 + 1\,,$$

so erhält man die Behauptung mit

$$\left|\sum_{i=n_1}^{n_1} a_i\right| = |a_{n_1}| < \varepsilon_1 \quad \text{für alle} \quad n_1 > n(\varepsilon)\,.$$

Dass die Aussage von Satz 8.25 in umgekehrter Richtung nicht generell gilt, wird aus dem folgenden Satz 8.26 a klar.

Satz 8.26

a) Die sogenannte *harmonische Reihe* (q_n) mit

$$q_n = \sum_{i=1}^{n} \frac{1}{i} \qquad (n \in \mathbb{N})$$

divergiert.

b) Die Reihe (s_n) mit

$$s_n = \sum_{i=1}^{n} \frac{1}{i^2} \qquad (n \in \mathbb{N})\,,$$

konvergiert mit

$$\lim_{n\to\infty} s_n = \frac{\pi^2}{6}\,.$$

c) Ist (a_n) eine monoton wachsende oder fallende Nullfolge, so konvergiert die Reihe (u_n) mit

$$u_n = \sum_{i=1}^{n} (-1)^i \cdot a_i\,.$$

Für $a_i = \frac{1}{i}$ gilt

$$\lim_{n\to\infty} u_n = -\ln 2\,.$$

Beweis

Für den Nachweis der Divergenz von a) betrachten wir

$$\begin{aligned} q_n &= \sum_{i=1}^{n} \frac{1}{i} \\ &= 1 + \tfrac{1}{2} + \tfrac{1}{3} + \tfrac{1}{4} + \tfrac{1}{5} + \tfrac{1}{6} + \tfrac{1}{7} + \tfrac{1}{8} + \ldots \\ &> 1 + \tfrac{1}{2} + \underbrace{\tfrac{1}{4} + \tfrac{1}{4}} + \underbrace{\tfrac{1}{8} + \tfrac{1}{8} + \tfrac{1}{8} + \tfrac{1}{8}} + \ldots \\ &= 1 + \tfrac{1}{2} + \quad \tfrac{1}{2} \quad + \qquad \tfrac{1}{2} \qquad + \ldots \end{aligned}$$

Da sich beliebig viele solche Blöcke bilden lassen, die größer als $\frac{1}{2}$ sind, ist q_n unbeschränkt und damit divergent.

Zur Konvergenz von b) betrachten wir die Reihe (r_n) mit:

$$\begin{aligned} r_n &= \sum_{i=2}^{n} \left(\frac{1}{i-1} - \frac{1}{i} \right) \\ &= \left(1 - \frac{1}{2}\right) + \left(\frac{1}{2} - \frac{1}{3}\right) + \cdots + \left(\frac{1}{n-1} - \frac{1}{n}\right) \\ &= 1 - \frac{1}{n} \to 1 \quad \text{für } n \to \infty \end{aligned}$$

Ferner gilt:

$$\begin{aligned} \frac{1}{i-1} - \frac{1}{i} &= \frac{i-(i-1)}{i \cdot (i-1)} \\ &= \frac{1}{i^2 - i} > \frac{1}{i^2} \qquad (\text{für alle } i = 2, 3, \ldots) \\ \Rightarrow 1 &\geq \sum_{i=2}^{n} \left(\frac{1}{i-1} - \frac{1}{i} \right) \\ &> \sum_{i=2}^{n} \left(\frac{1}{i^2} \right) \qquad (\text{für alle } n = 2, 3, \ldots) \\ \Rightarrow s_n &= \sum_{i=1}^{n} \left(\frac{1}{i^2} \right) \\ &= 1 + \sum_{i=2}^{n} \left(\frac{1}{i^2} \right) < 1 + \sum_{i=2}^{n} \left(\frac{1}{i-1} - \frac{1}{i} \right) \\ &\leq 1 + 1 = 2 \end{aligned}$$

Damit konvergiert die Reihe (s_n).

Zum Beweis der Konvergenz von (u_n) sowie der Berechnung der Grenzwerte von (s_n) und (u_n) (für den Fall $a_i = 1/i$) verweisen wir auf Forster (2016), Kapitel 7.

Um die Reihe (s_n) mit

$$s_n = \sum_{i=1}^{n} \frac{1}{i^2}$$

als konvergent nachzuweisen, haben wir die monoton wachsenden Partialsummen von (s_n) nach oben durch eine konvergente Reihe (r_n) abgeschätzt. Zum Nachweis der Divergenz der Reihe (q_n) mit

$$q_n = \sum_{i=1}^{n} \frac{1}{i}$$

konnten wir eine divergente Folge finden, deren Glieder sich stets kleiner als entsprechende Partialsummen von (q_n) erwiesen.

Dieses Vorgehen der Abschätzung von Reihen nach oben durch konvergente Reihen oder nach unten durch divergente Reihen wollen wir etwas allgemeiner betrachten.

Definition 8.27

Gegeben seien die Reihen (s_n), (r_n), (q_n), (p_n) mit

$$s_n = \sum_{i=0}^{n} a_i, \qquad r_n = \sum_{i=0}^{n} b_i,$$
$$q_n = \sum_{i=0}^{n} c_i, \qquad p_n = \sum_{i=0}^{n} d_i$$

und nichtnegativen Summanden $a_i, b_i, c_i, d_i \geq 0$ für alle $i \in \mathbb{N}_0$.

Dann heißt die Reihe (r_n) *Majorante* zu (s_n), wenn sie konvergiert und wenn

$$b_i \geq a_i \geq 0$$

für alle $i \in \mathbb{N}_0$ erfüllt ist.

Entsprechend heißt die Reihe (p_n) *Minorante* zu (q_n), wenn sie divergiert und wenn

$$0 \leq d_i \leq c_i$$

für alle $i \in \mathbb{N}_0$ erfüllt ist.

Satz 8.28

a) Sei (r_n) eine Majorante zu (s_n)
$\Rightarrow (s_n)$ konvergiert.

b) Sei (p_n) eine Minorante zu (q_n)
$\Rightarrow (q_n)$ divergiert.

Beweis

a) Für jedes $\varepsilon > 0$ existiert ein $n(\varepsilon) \in \mathbb{N}$ mit

$$\left| \sum_{i=n_0}^{n_1} b_i \right| < \varepsilon \quad \text{für alle } n_1 \geq n_0 \geq n(\varepsilon).$$

Damit gilt

$$\sum_{i=n_0}^{n_1} a_i \leq \sum_{i=n_0}^{n_1} b_i < \varepsilon \quad \text{für alle } n_1 \geq n_0 \geq n(\varepsilon).$$

Also erfüllt die Reihe (s_n) das Konvergenzkriterium von Cauchy (Beweis zu Satz 8.25).

b) Wäre die Reihe (q_n) konvergent, wäre sie eine konvergente Majorante zu (p_n). Damit könnte (p_n) nicht divergent sein. Das ist ein Widerspruch. Also muss (q_n) divergent sein.

Damit können wir die harmonische Reihe (q_n) bzw. die Reihe (s_n) (8.26 a, b) als Minorante bzw. Majorante nutzen.

Beispiel 8.29

a) Die Reihe (s_n) mit

$$s_n = \sum_{i=1}^{n} \frac{1}{i^3}$$

konvergiert, denn $\left(\sum_{i=1}^{n} \frac{1}{i^2}\right)$ ist eine Majorante.

b) Die Reihe (t_n) mit

$$t_n = \sum_{i=1}^{n} \frac{1}{\sqrt{i}}$$

divergiert, mit $\left(\sum_{i=1}^{n} \frac{1}{i}\right)$ als Minorante.

c) Für die Reihe (u_n) mit $u_n = \sum_{i=1}^{n} a_i$,

$a_1 = 1, a_{n+1} = \dfrac{a_n}{n+1}$ $(n = 1, 2, \ldots)$ gilt

$$u_n = 1 + \frac{1}{2!} + \frac{1}{3!} + \ldots + \frac{1}{n!} = \sum_{i=1}^{n} \frac{1}{i!}\,.$$

Für die Reihe (v_n) mit $v_n = \sum_{i=1}^{n} b_i$,

$b_1 = 1, b_{n+1} = \dfrac{1}{2} \cdot b_n$ $(n = 1, 2, \ldots)$ gilt

$$\begin{aligned} v_n &= 1 + \frac{1}{2^1} + \frac{1}{2^2} + \ldots + \frac{1}{2^{n-1}} \\ &= \sum_{i=0}^{n-1} \left(\frac{1}{2}\right)^i = \frac{1 - (1/2)^n}{1/2} \end{aligned}$$

$\Rightarrow$ (v_n) ist eine geometrische Reihe und besitzt den Grenzwert

$$\lim_{n \to \infty} (v_n) = \frac{1}{1/2} = 2 \qquad \text{(Satz 8.22)}\,.$$

Andererseits gilt für alle $n \in \mathbb{N}$

$$2^{n-1} \le n! \qquad \text{(Beispiel 5.16)}$$

$$\text{bzw.} \quad \left(\frac{1}{2}\right)^{n-1} \ge \frac{1}{n!}\,.$$

Damit ist (v_n) eine Majorante zu (u_n), woraus die Konvergenz von (u_n) folgt.

In Beispiel 8.29 c zeigt sich, dass konvergente geometrische Reihen oft geeignete Majoranten anderer Reihen darstellen. Diese Tatsache benutzen wir im nächsten Satz.

Satz 8.30

Für eine Reihe (s_n) mit

$$s_n = \sum_{i=0}^{n} a_i$$

und $a_k \neq 0$ für $k \ge n_0 \in \mathbb{N}$ gilt:

a) (s_n) konvergiert, wenn eine Zahl $q \in (0, 1)$ existiert mit

$$\left|\frac{a_{k+1}}{a_k}\right| \le q$$

für alle $k \ge n_0$. Man schreibt dafür gelegentlich

$$\lim_{k \to \infty} \left|\frac{a_{k+1}}{a_k}\right| = q < 1\,.$$

b) (s_n) divergiert, wenn eine Zahl $q > 1$ existiert mit

$$\left|\frac{a_{k+1}}{a_k}\right| \ge q$$

für alle $k \ge n_0$. Man schreibt auch

$$\lim_{k \to \infty} \left|\frac{a_{k+1}}{a_k}\right| = q > 1\,.$$

Für den Fall

$$\lim_{k \to \infty} \left|\frac{a_{k+1}}{a_k}\right| = 1$$

ist keine Aussage möglich.

Man bezeichnet dieses Kriterium als *Quotientenkriterium*.

Beweis

$$\left|\frac{a_{k+1}}{a_k}\right| \le q < 1 \qquad \text{(für alle } k \ge n_0 \in \mathbb{N})$$

$$\Rightarrow |a_{n_0+1}| \le q\,|a_{n_0}|\,,$$

$$\Rightarrow |a_{n_0+2}| \le q^2\,|a_{n_0}|\,, \ldots$$

$$\Rightarrow |a_{n_0+k-n_0}| = |a_k| \le q^{k-n_0}\,|a_{n_0}|$$

Damit konvergiert die Reihe (r_n) mit

$$r_n = \begin{cases} s_n & \text{für } n \le n_0 \\ s_{n_0} + \sum\limits_{k=n_0+1}^{n} q^{k-n_0} \cdot |a_{n_0}| & \text{für } n > n_0 \end{cases}$$

und

$$\lim_{n\to\infty} r_n \le s_{n_0} + |a_{n_0}| \cdot \frac{1}{1-q}.$$

Wegen $s_n \le r_n$ für alle $n \in \mathbb{N}_0$ ist (r_n) eine Majorante zu (s_n).

Entsprechend zeigt man im Fall

$$\left|\frac{a_{k+1}}{a_k}\right| \ge q > 1,$$

dass die zu (r_n) entsprechende Reihe Minorante zu (s_n) ist.

Beispiel 8.31

Wir betrachten die Reihen (s_n), (r_n), (e_n) mit

$$s_n = \sum_{i=0}^{n} \frac{i^2}{2^i}, \quad r_n = \sum_{i=0}^{n} \frac{i!}{2^i}, \quad e_n = \sum_{i=0}^{n} \frac{1}{i!}.$$

- Dann gilt für (s_n)

$$\left|\frac{(k+1)^2 \cdot 2^k}{2^{k+1} \cdot k^2}\right| = \left|\frac{(k+1)^2}{2k^2}\right| = \left|\frac{1}{2} \cdot \frac{(k+1)^2}{k^2}\right| \to \frac{1}{2} \quad (\text{für } k \to \infty)$$

$\Rightarrow (s_n)$ konvergiert.

- Für (r_n) gilt

$$\left|\frac{(k+1)! \cdot 2^k}{2^{k+1} \cdot k!}\right| = \left|\frac{k+1}{2}\right| \to \infty \quad (\text{für } k \to \infty)$$

$\Rightarrow (r_n)$ divergiert.

- Für (e_n) gilt

$$\left|\frac{1 \cdot k!}{(k+1)! \cdot 1}\right| = \left|\frac{1}{k+1}\right| \to 0 \quad (\text{für } k \to \infty)$$

$\Rightarrow (e_n)$ konvergiert.

Beispiel 8.32

In den folgenden beiden Fällen gibt das Quotientenkriterium keinen Hinweis zur Konvergenz der Reihe:

Für die divergente Reihe

$$\left(\sum_{i=1}^{n} \frac{1}{i}\right) \quad \text{gilt} \quad \lim_{k\to\infty} \left|\frac{k}{k+1}\right| = 1$$

und für die konvergente Reihe

$$\left(\sum_{i=1}^{n} \frac{1}{i^2}\right) \quad \text{ebenso} \quad \lim_{k\to\infty} \left|\frac{k^2}{(k+1)^2}\right| = 1.$$

8.7 Die Eulersche Zahl als Grenzwert

In Beispiel 8.31 haben wir die Konvergenz der unendlichen Reihe (e_n) mit

$$e_n = \sum_{i=0}^{n} \frac{1}{i!}$$

nachgewiesen. In diesem Abschnitt befassen wir uns nochmals etwas genauer mit dieser Reihe. Wir werden zeigen, dass der Grenzwert von (e_n) der Eulerschen Zahl $\mathrm{e} = 2.71828\ldots$ (Kapitel 1.1) entspricht. Ferner erweist sich die Eulersche Zahl auch als Grenzwert einer Folge im Sinne von Kapitel 8.1. Diese Zahl e spielt bei Problemen mit kontinuierlichem Wachstum und Zinseszins eine zentrale Rolle (Kapitel 27.1.4). Auch im Zusammenhang mit Exponential- und Logarithmusfunktionen sowie ihrer Differentiation in Kapitel 11 werden wir auf diese Zahl zurückkommen.

Satz 8.33

Gegeben sei die Folge (b_n) und die Reihe (e_n) mit

$$b_n = \left(1 + \frac{1}{n}\right)^n, \quad e_n = \sum_{i=0}^{n} \frac{1}{i!} \quad (n \in \mathbb{N}).$$

Dann gilt:

a) $b_n \le e_n$ für alle $n \in \mathbb{N}$

b) $\lim\limits_{n\to\infty} b_n = \lim\limits_{n\to\infty} e_n = \mathrm{e}$

Beweis

Aus der binomischen Formel (Kapitel 1.4, (1.25)) folgt für a)

$$\begin{aligned}
b_n &= \left(1+\frac{1}{n}\right)^n \\
&= 1 + \binom{n}{1}\frac{1}{n} + \binom{n}{2}\frac{1}{n^2} + \ldots + \binom{n}{k}\frac{1}{n^k} + \ldots + \binom{n}{n}\frac{1}{n^n} \\
&= 1 + 1 + \frac{n\cdot(n-1)}{2!\cdot n^2} + \ldots + \frac{n\cdot(n-1)\cdots(n-k+1)}{k!\cdot n^k} \\
&\quad + \ldots + \frac{n!}{n!\cdot n^n} \\
&= 1 + 1 + \frac{1}{2!}\cdot\frac{n}{n}\cdot\frac{n-1}{n} + \ldots \\
&\quad + \frac{1}{k!}\cdot\frac{n}{n}\cdot\frac{n-1}{n}\cdot\frac{n-2}{n}\cdots\frac{n-k+1}{n} + \ldots \\
&\quad + \frac{1}{n!}\cdot\frac{n}{n}\cdot\frac{n-1}{n}\cdot\frac{n-2}{n}\cdots\frac{n-n+1}{n} \\
&= 1 + 1 + \frac{1}{2!}\cdot\underbrace{\left(1-\frac{1}{n}\right)}_{<1} + \ldots \\
&\quad + \frac{1}{k!}\cdot\underbrace{\left(1-\frac{1}{n}\right)\cdot\left(1-\frac{2}{n}\right)\cdots\left(1-\frac{k-1}{n}\right)}_{<1} + \ldots \\
&\quad + \frac{1}{n!}\cdot\underbrace{\left(1-\frac{1}{n}\right)\cdot\left(1-\frac{2}{n}\right)\cdots\left(1-\frac{n-1}{n}\right)}_{<1} \\
&\leq 1 + 1 + \frac{1}{2!} + \ldots + \frac{1}{k!} + \ldots + \frac{1}{n!} = e_n
\end{aligned}$$

Also gilt $b_n \leq e_n$ für alle $n \in \mathbb{N}$. Damit ist a) gezeigt.

Berechnet man $b_{n+1} = \left(1 + \frac{1}{n+1}\right)^{n+1}$ in ähnlicher Weise, so zeigt sich, dass $b_n \leq b_{n+1}$ gilt. Offenbar ist auch $e_n \leq e_{n+1}$. Beide Folgen wachsen monoton.

Zur Bestimmung des Grenzwertes

$$\lim_{n\to\infty} b_n = \lim_{n\to\infty} e_n$$

betrachten wir eine Folge, die auf der Definition von (b_n) basiert, aber um die letzten Summanden verkürzt ist. Wir definieren dazu für ein festes $m \in \mathbb{N}$ und $m < n$ die Folge $(\hat{b}_n)$ mit

$$\begin{aligned}
\hat{b}_n &= 2 + \frac{1}{2!}\cdot\left(1-\frac{1}{n}\right) + \ldots + \frac{1}{m!}\cdot\left(1-\frac{1}{n}\right)\cdots\left(1-\frac{m-1}{n}\right) \\
&\leq 2 + \frac{1}{2!}\cdot\left(1-\frac{1}{n}\right) + \ldots + \frac{1}{m!}\cdot\left(1-\frac{1}{n}\right)\cdots\left(1-\frac{m-1}{n}\right) \\
&\quad + \ldots + \frac{1}{n!}\cdot\left(1-\frac{1}{n}\right)\cdots\left(1-\frac{n-1}{n}\right) = b_n
\end{aligned}$$

Also ist $\lim_{n\to\infty} \hat{b}_n \leq \lim_{n\to\infty} b_n$ (Satz 8.14 e) sowie

$$\lim_{n\to\infty} \hat{b}_n = 2 + \frac{1}{2!} + \ldots + \frac{1}{m!} = \sum_{i=0}^{m} \frac{1}{i!} = e_m$$

Damit gilt insgesamt

$$b_m \leq e_m = \lim_{n\to\infty} \hat{b}_n \leq \lim_{n\to\infty} b_n$$

bzw. durch Limesbildung gemäß Satz 8.14 e

$$\lim_{m\to\infty} b_m \leq \lim_{m\to\infty} e_m = e \leq \lim_{n\to\infty} b_n\,.$$

Wegen

$$\lim_{m\to\infty} b_m = \lim_{n\to\infty} b_n = b$$

gilt damit auch $b = e$ und der Satz 8.33 b) ist bewiesen.

Einige Zahlenwerte für b_n bzw. e_n in Tabelle 8.1 zeigen die deutlich schnellere Konvergenz von e_n.

n	b_n	e_n
1	2.0000000000000000	2.0000000000000000
2	2.2500000000000000	2.5000000000000000
3	2.3703703703703702	2.6666666666666665
4	2.4414062500000000	2.7083333333333334
10	2.5937424601000019	2.7182818011463845
20	2.6532977051444209	2.7182818284590451
100	2.7048138294215289	2.7182818284590451
1000	2.7169239322355203	2.7182818284590451
10000	2.7181459268243562	2.7182818284590451

Tabelle 8.1: *Zahlenwerte für* $b_n = (1 + 1/n)^n$ *sowie* $e_n = \sum_{i=0}^{n} 1/i!$

Relevante Literatur

Adams, Gabriele u. a. (2013). *Mathematik zum Studieneinstieg: Grundwissen der Analysis für Wirtschaftswissenschaftler, Ingenieure, Naturwissenschaftler und Informatiker*. 6. Aufl. Springer Gabler, Kap. 2

Arens, Tilo u. a. (2015). *Mathematik*. 3. Aufl. Springer Spektrum, Kap. 6, 8

Forster, Otto (2016). *Analysis 1: Differential- und Integralrechnung einer Veränderlichen*. 12. Aufl. Springer Spektrum, Kap. 4, 7, 8

Opitz, Otto u. a. (2014). *Mathematik: Übungsbuch für das Studium der Wirtschaftswissenschaften*. 8. Aufl. De Gruyter Oldenbourg, Kap. 7

Merz, Michael und Wüthrich, Mario V. (2012). *Mathematik für Wirtschaftswissenschaftler: Die Einführung mit vielen ökonomischen Beispielen*. Vahlen, Kap. 11

Thomas, George B. u. a. (2013). *Analysis 1: Lehr- und Übungsbuch*. 12. Aufl. Pearson, Kap. 10

Reelle Funktionen einer Variablen

9.1 Einführende Beispiele

In diesem Kapitel diskutieren wir spezielle Abbildungen

$$f: A \to B \qquad \text{mit } A, B \subseteq \mathbb{R}$$

und bezeichnen diese Abbildungen als reelle Funktionen einer reellen Variablen. Dazu formulieren wir zunächst einige Beispiele.

Beispiel 9.1

Für ein Produkt wird der monatliche Absatz erhoben. Über ein Jahr betrachtet erhält man Absatzwerte für 12 Zeitpunkte. Mit

$$A = \{1, \ldots, 12\}, \quad B = \{1, 2, 3, 4, 5\}$$

lässt sich die Funktion

$$f : A \to B$$

beispielsweise durch die Wertetabelle

t	1	2	3	4	5	6	7	8	9	10	11	12
$f(t)$	3	2	3	4	4	4	1	2	4	5	3	4

oder graphisch darstellen (Abbildung 9.1).

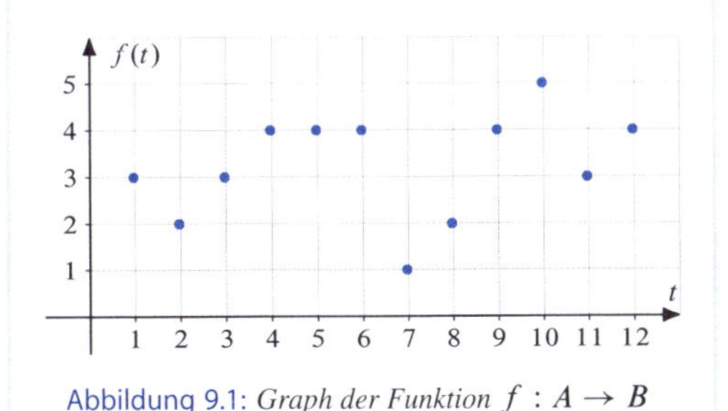

Abbildung 9.1: *Graph der Funktion* $f : A \to B$

Beispiel 9.2

Eine Einproduktunternehmung geht von einer Kostenfunktion k mit

$$k(x) = c + dx$$

aus, wobei c die Fixkosten, d die Stückkosten und x die variable Absatzquantität sind. Ferner wird zwischen der Variablen x und dem Preis p eine Beziehung der Form

$$x = a - bp \qquad \text{mit } a, b > 0$$

geschätzt. Hier ist a die Absatzquantität für $p = 0$, also eine Sättigungsgrenze für den Absatz. Es gilt damit $x \in [0, a]$. Fällt der Preis p um eine Geldeinheit, so gibt b die dadurch verursachte Steigerung des Absatzes im Intervall $[0, a]$ an. Wir erhalten mit der Äquivalenz

$$x = a - bp \Leftrightarrow p = \frac{1}{b}(a - x)$$

die Umsatzfunktion $u: [0, a] \to \mathbb{R}$ mit

$$\begin{aligned} u(x) &= px \\ &= \frac{1}{b}(a - x)x \\ &= \frac{1}{b}(ax - x^2) \end{aligned}$$

und die Gewinnfunktion $g: [0, a] \to \mathbb{R}$ mit

$$\begin{aligned} g(x) &= u(x) - k(x) \\ &= \frac{1}{b}(ax - x^2) - c - dx \\ &= -\frac{1}{b}x^2 + \left(\frac{a}{b} - d\right)x - c\,. \end{aligned}$$

DOI: 10.1515/9783110475333-009

Für $a = 10$, $b = 1$, $c = 2$, $d = 2$ ergeben sich die Funktionsgleichungen

$$k(x) = 2 + 2x\,,$$
$$u(x) = 10x - x^2\,,$$
$$g(x) = -x^2 + 8x - 2$$

und die in Abbildung 9.2 dargestellten Kurvenverläufe.

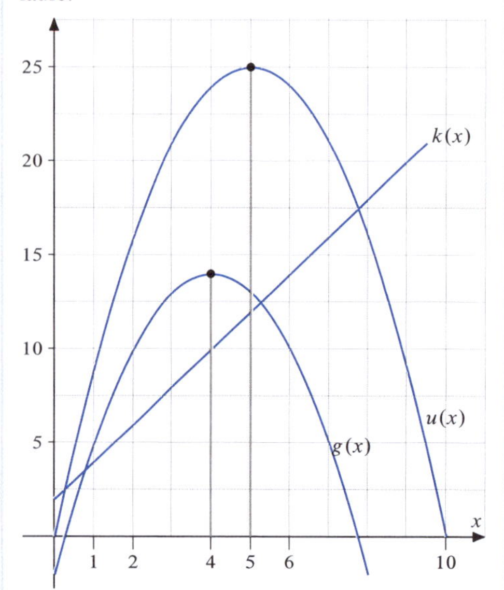

Abbildung 9.2: *Graphen der Funktionen* k, u, g

Dabei

- wächst die Kostenfunktion k für x zwischen 0 und 10,
- die Umsatzfunktion wächst für x zwischen 0 und 5 und fällt für x zwischen 5 und 10.
- Die Gewinnfunktion wächst für x zwischen 0 und 4 und fällt anschließend.

Im Gegensatz zu Beispiel 9.1, in dem der Definitionsbereich eine endliche Menge darstellt, erhalten wir mit dem Definitionsbereich $[0, a]$ für die Umsatz- und die Gewinnfunktion von Beispiel 9.2 ein abgeschlossenes Intervall. Im ersten Fall spricht man auch von einer *diskreten* und im zweiten Fall von einer *kontinuierlichen* Funktion. In beiden Fällen handelt es sich jedoch um reelle Funktionen.

Definition 9.3

Eine Abbildung $f: D \to W$ mit dem *Definitionsbereich* $D \subseteq \mathbb{R}$ und dem *Wertebereich* $W \subseteq \mathbb{R}$ heißt *reellwertige Abbildung* einer *reellen Variablen* oder *reelle Funktion* einer *reellen Variablen*. Analog zu Definition 7.37 schreibt man auch hier

$$x \in D \subseteq \mathbb{R} \mapsto f(x) = y \in W \subseteq \mathbb{R}$$

und bezeichnet die Elemente $x \in D$ als *Urbilder* oder *Argumente* bzw. $y = f(x) \in W$ als *Bilder* oder *Funktionswerte* von f.

Zur Beschreibung von reellen Funktionen wählt man oft die Darstellung durch die Funktionsgleichung $y = f(x)$ und spricht von der *unabhängigen Variablen* x und der *abhängigen Variablen* y. Wählt man ein bestimmtes $x_0 \in D$, so ist damit das Bild $y_0 = f(x_0)$ eindeutig festgelegt.

Durch f wird insbesondere die binäre Relation

$$F = \{(x, y) : x \in D, y = f(x)\}$$

erklärt (Definition 7.6). Mit $D, W \subseteq \mathbb{R}$ lässt sich die Funktion f in einem kartesischen Koordinatensystem darstellen (Abbildung 9.1, 9.2). Man spricht vom *Graphen der Funktion* im $\mathbb{R}^2$.

Die wichtigen Begriffe der Surjektivität, Injektivität und Bijektivität ergeben sich für reelle Funktionen einer Variablen direkt aus Definition 7.39.

Definition 9.4

Die reelle Funktion

$$f: D \to W \qquad \text{mit } D, W \subseteq \mathbb{R}$$

heißt

- *surjektiv*, wenn zu jedem Bild $y \in W$ mindestens ein Urbild $x \in D$ mit $f(x) = y$ existiert,
- *injektiv*, wenn für alle $x_1, x_2 \in D$ gilt

$$x_1 \neq x_2 \Rightarrow f(x_1) \neq f(x_2) \text{ bzw.}$$
$$f(x_1) = f(x_2) \Rightarrow x_1 = x_2\,,$$

- *bijektiv*, wenn f surjektiv und injektiv ist.

Beispiel 9.5

Wir betrachten die reellen Funktionen:

$$f_1 : \mathbb{R} \to \mathbb{R} \quad \text{mit } x \mapsto f_1(x) = 2x - 1$$
$$f_2 : \mathbb{N} \to \mathbb{N} \quad \text{mit } x \mapsto f_2(x) = 2x - 1$$
$$f_3 : \mathbb{R} \to \mathbb{R}_+ \quad \text{mit } x \mapsto f_3(x) = x^2$$
$$f_4 : \mathbb{N} \to \mathbb{N} \quad \text{mit } x \mapsto f_4(x) = x^2$$
$$f_5 : \mathbb{R} \to \mathbb{R} \quad \text{mit } x \mapsto f_5(x) = \frac{x}{x+1}$$
$$f_6 : \mathbb{N} \to \mathbb{R} \quad \text{mit } x \mapsto f_6(x) = \frac{x}{x+1}$$

Dann ist f_1 surjektiv, da zu jedem $y \in \mathbb{R}$ ein $x = \dfrac{y+1}{2} \in \mathbb{R}$ existiert mit

$$f_1(x) = f_1\left(\frac{y+1}{2}\right) = 2\left(\frac{y+1}{2}\right) - 1 = y\,.$$

Die Funktion f_1 ist auch injektiv wegen

$$\begin{aligned} x_1 \neq x_2 &\Rightarrow 2x_1 \neq 2x_2 \\ &\Rightarrow 2x_1 - 1 \neq 2x_2 - 1 \\ &\Rightarrow f_1(x_1) \neq f_1(x_2)\,. \end{aligned}$$

Damit ist f_1 bijektiv.

Die Funktion f_2 ist wie f_1 injektiv, jedoch nicht mehr surjektiv, da für $x \in \mathbb{N}$ mit

$$f_2(x) = 2x - 1$$

nur ungeradzahlige Funktionswerte erreicht werden.

Die Funktion f_3 ist surjektiv, da zu jedem $y \in \mathbb{R}_+$ ein $x = \sqrt{y}$ existiert mit

$$f_3(x) = f_3(\sqrt{y}) = (\sqrt{y})^2 = y\,.$$

Ferner ist f_3 nicht injektiv wegen

$$x_1 = 1\,,\ x_2 = -1,\ \text{also } x_1 \neq x_2\,,$$
$$\text{aber} \quad f_3(x_1) = f_3(x_2) = 1\,.$$

Die Funktion f_4 ist nicht surjektiv, da für $x \in \mathbb{N}$ nur die Quadratzahlen x^2 als Bilder von f_4 auftreten.

Wegen $x_1, x_2 \in \mathbb{N}$ mit $x_1 \neq x_2$

$$\Rightarrow f_4(x_1) = x_1^2 \neq x_2^2 = f_4(x_2)$$

ist f_4 injektiv.

f_5 ist keine Funktion, da für $x = -1$ kein Bild existiert, im Gegensatz zu f_6, da mit $x \in \mathbb{N}$ stets $f_6(x) \in \mathbb{R}$ gilt. Ferner ist f_6 injektiv wegen

$$\begin{aligned} f_6(x_1) = f_6(x_2) &\Rightarrow \frac{x_1}{x_1+1} = \frac{x_2}{x_2+1} \\ &\Rightarrow x_1x_2 + x_1 = x_1x_2 + x_2 \\ &\Rightarrow x_1 = x_2\,. \end{aligned}$$

Andererseits ist f_6 nicht surjektiv, da für $x \in \mathbb{N}$ nur Werte im Intervall $\left[\frac{1}{2}, 1\right)$ auftreten können.

Ebenso übertragen wir die Begriffe der zusammengesetzten Abbildung aus Definition 7.41 und der inversen Abbildung aus Definition 7.44.

Definition 9.6

a) Zu den reellen Funktionen

$$f : D \to W \quad \text{und} \quad g : C \to V$$

mit $D, C, W, V \subseteq \mathbb{R}$ sowie $f(D) \subseteq C \subseteq \mathbb{R}$ bezeichnet man die reelle Funktion

$$g \circ f : D \to V\,,$$

die jedem Urbild $x \in D$ das Bild

$$(g \circ f)(x) = g(f(x))$$

zuordnet, als *zusammengesetzte* oder *mittelbare* Funktion bzw. als *Komposition* der Funktionen g und f.

b) Ist

$$f : D \to W \ (D,\ W \subseteq \mathbb{R})$$

eine bijektive reelle Funktion, dann heißt die ebenfalls bijektive reelle Funktion

$$f^{-1} : W \to D\,,$$

die jedem $y \in W$ genau ein $x \in D$ mit

$$y = f(x)$$

zuordnet, die zu f *inverse Funktion* oder *Umkehrfunktion*.

Beispiel 9.7

Wir betrachten die bijektiven Abbildungen:

$$f_1 : \mathbb{R} \to \mathbb{R} \quad \text{mit} \quad x \mapsto f_1(x) = 2x - 3 = y$$
$$f_2 : \mathbb{R} \to \mathbb{R} \quad \text{mit} \quad x \mapsto f_2(x) = x^3 = y$$

Dann sind die inversen Abbildungen

$$f_1^{-1}, f_2^{-1} : \mathbb{R} \to \mathbb{R}$$

mit

$$y \mapsto f_1^{-1}(y) = \tfrac{1}{2}(y + 3) = x$$
$$y \mapsto f_2^{-1}(y) = \sqrt[3]{y} = x$$

ebenfalls bijektiv.

In Abbildung 9.3 sind die Graphen der Abbildungen f_1, f_2, f_1^{-1}, f_2^{-1} im $\mathbb{R}^2$ dargestellt.

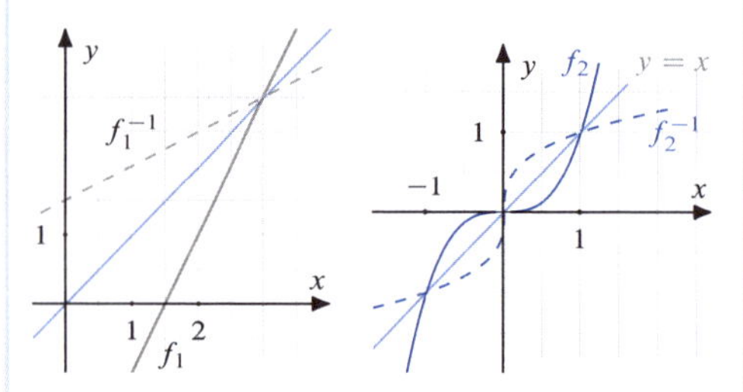

Abbildung 9.3: *Graphen der Abbildungen* f_1, f_2, f_1^{-1}, f_2^{-1}

Man erhält für f_1^{-1} die (grau gestrichelte) Gerade, wenn man die Gerade von f_1 an der Achse $y = x$ spiegelt, ebenso den (blau gestrichelten) Graphen für f_2^{-1} durch Spiegelung des Graphen von f_2 an der Achse $y = x$.

Ferner sind $f_2 \circ f_1$, $f_1 \circ f_2$, $(f_1 \circ f_2)^{-1}$ und $(f_2 \circ f_1)^{-1}$ bijektiv.

Für $f_2 \circ f_1 : \mathbb{R} \to \mathbb{R}$ mit

$$x \mapsto (f_2 \circ f_1)(x) = (2x - 3)^3$$

gilt $(f_2 \circ f_1)^{-1} : \mathbb{R} \to \mathbb{R}$ mit

$$y \mapsto (f_2 \circ f_1)^{-1}(y) = \tfrac{1}{2}\left(\sqrt[3]{y} + 3\right) = x$$

Entsprechend bestimmt man für $f_1 \circ f_2 : \mathbb{R} \to \mathbb{R}$ mit

$$x \mapsto (f_1 \circ f_2)(x) = 2x^3 - 3$$

die inverse Funktion $(f_1 \circ f_2)^{-1} : \mathbb{R} \to \mathbb{R}$ mit

$$y \mapsto (f_1 \circ f_2)^{-1}(y) = \sqrt[3]{\tfrac{1}{2}(y + 3)} = x$$

In Übereinstimmung mit der Aussage des Satzes 7.45 c ist beispielsweise

$$\begin{aligned}
&\left((f_1 \circ f_2) \circ (f_1 \circ f_2)^{-1}\right)(y) \\
&= (f_1 \circ f_2)\left(\sqrt[3]{\tfrac{1}{2}(y + 3)}\right) \\
&= 2\left(\sqrt[3]{\tfrac{1}{2}(y + 3)}\right)^3 - 3 \\
&= y\,.
\end{aligned}$$

Beispiel 9.8

Gegeben sind Funktionen $f_1, f_2 : \mathbb{R}_+ \to \mathbb{R}$ mit

$$f_1(x) = 2x^3 - 9x^2 + 12x - 2\,,$$
$$f_2(x) = \sqrt{x} + 1$$

und den Wertetabellen:

x	0	1	2	3	4	...
$f_1(x)$	−2	3	2	7	30	...
$f_2(x)$	1	2	2.4	2.7	3	...

Wir stellen f_1 und f_2 durch Ihre Graphen dar (Abbildungen 9.4, 9.5).

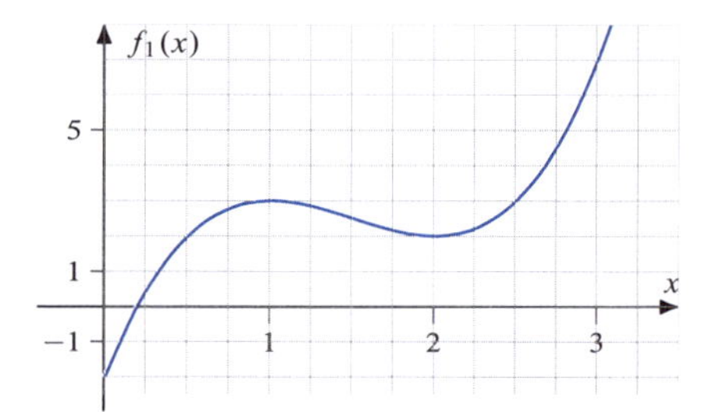

Abbildung 9.4: *Graph der Funktion* f_1

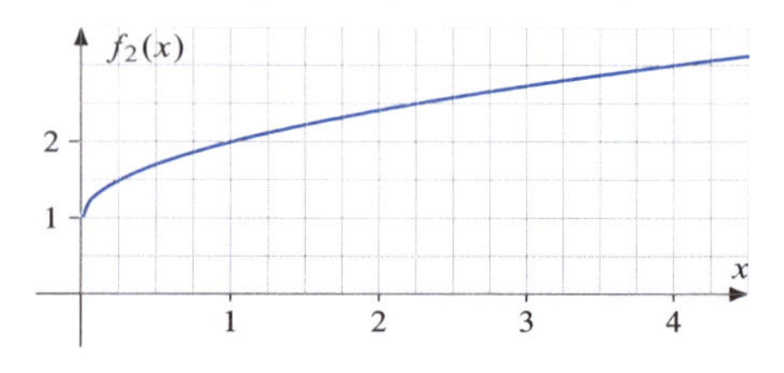

Abbildung 9.5: *Graph der Funktion* f_2

Die Funktion f_1 ist wegen

$$f_1(\mathbb{R}_+) = [-2, \infty)$$

nicht surjektiv. Die Funktion f_1 ist auch nicht injektiv, da ein $x \in (0, 1)$ mit $f_1(x) = 2$ existiert und ferner $f_1(2) = 2$ ist.

Die Funktion f_2 ist wegen

$$f_2(\mathbb{R}_+) = [1, \infty)$$

nicht surjektiv. Die Funktion f_2 ist injektiv wegen

$$\begin{aligned} x_1 \neq x_2 &\Rightarrow \sqrt{x_1} \neq \sqrt{x_2} \\ &\Rightarrow \sqrt{x_1} + 1 \neq \sqrt{x_2} + 1 \\ &\Rightarrow f_2(x_1) \neq f_2(x_2)\,. \end{aligned}$$

Andererseits ist $\tilde{f}_2 : \mathbb{R}_+ \to [1, \infty)$ mit

$$\tilde{f}_2(x) = \sqrt{x} + 1$$

bijektiv und es existiert die Umkehrfunktion

$$\tilde{f}_2^{-1} : [1, \infty) \to \mathbb{R}_+$$

mit

$$\tilde{f}_2^{-1}(y) = (y - 1)^2\,.$$

Es gilt nämlich:

$$\begin{aligned} y = \sqrt{x} + 1 &\Leftrightarrow y - 1 = \sqrt{x} \\ &\Leftrightarrow (y - 1)^2 = x\,. \end{aligned}$$

Schließlich existieren die zusammengesetzten Funktionen $f_1 \circ f_2 : \mathbb{R}_+ \to \mathbb{R}$ mit

$$\begin{aligned} (f_1 \circ f_2)(x) &= f_1(\sqrt{x} + 1) \\ &= 2(\sqrt{x} + 1)^3 - 9(\sqrt{x} + 1)^2 \\ &\quad +12(\sqrt{x} + 1) - 2 \end{aligned}$$

und $f_2 \circ f_1 : D \to \mathbb{R}$ mit

$$\begin{aligned} (f_2 \circ f_1)(x) &= f_2(2x^3 - 9x^2 + 12x - 2) \\ &= \sqrt{2x^3 - 9x^2 + 12x - 2} + 1\,, \end{aligned}$$

wenn $D = \{x \in \mathbb{R}_+ : 2x^3 - 9x^2 + 12x - 2 \geq 0\}$.

Bei reellen Funktionen können die Rechenoperationen der Addition, Subtraktion, Multiplikation und Division durchgeführt werden.

Satz 9.9

Seien $f, g : D \to \mathbb{R}$ reelle Funktionen mit identischem Definitionsbereich $D \subseteq \mathbb{R}$. Dann sind auch die folgenden Abbildungen relle Funktionen:

$$\begin{aligned} &f + g : D \to \mathbb{R} \text{ mit} \\ &\qquad x \mapsto (f + g)(x) = f(x) + g(x)\,, \\ &f - g : D \to \mathbb{R} \text{ mit} \\ &\qquad x \mapsto (f - g)(x) = f(x) - g(x)\,, \\ &f \cdot g : D \to \mathbb{R} \text{ mit} \\ &\qquad x \mapsto (f \cdot g)(x) = f(x) \cdot g(x)\,, \\ &\frac{f}{g} : D_1 \to \mathbb{R} \text{ mit} \\ &\qquad x \mapsto \left(\frac{f}{g}\right)(x) = \frac{f(x)}{g(x)}\,, \\ &\qquad D_1 = \{x \in D : g(x) \neq 0\} \end{aligned}$$

Der Beweis ergibt sich unmittelbar aus der Tatsache, dass mit reellen Zahlen $f(x)$, $g(x)$ die Grundrechenarten durchführbar sind, die Division $\frac{f(x)}{g(x)}$ jedoch nur, wenn $g(x) \neq 0$ ist.

Beispiel 9.10

Es gilt für die reellen Funktionen f_1, f_2, f_3 mit

$$\begin{aligned} f_1(x) &= x^2 + 1\,, \\ f_2(x) &= 2x\,, \\ f_3(x) &= \frac{x}{x^2 + 1}\,: \end{aligned}$$

$$\begin{aligned} (f_1 + f_2)(x) &= x^2 + 1 + 2x = (x + 1)^2\,, \\ (f_1 - f_2)(x) &= x^2 + 1 - 2x = (x - 1)^2\,, \\ (f_1 \cdot f_3)(x) &= (x^2 + 1) \cdot \frac{x}{x^2 + 1} = x\,, \\ \left(\frac{f_3}{f_1}\right)(x) &= \frac{x}{(x^2 + 1)^2}\,, \\ \left(\frac{f_1}{f_3}\right)(x) &= \frac{(x^2 + 1)^2}{x}\,, \ \big(D = \mathbb{R} \setminus \{0\}\big)\,. \end{aligned}$$

9.2 Eigenschaften reeller Funktionen

In diesem Abschnitt diskutieren wir weiterführende Fragen zu reellen Funktionen:

- Für welche Urbilder nimmt die Funktion f einen bestimmten Wert c an, beispielsweise $c = 0$?
- Existieren Maximal- und Minimalstellen der Funktion und wo liegen diese gegebenenfalls?
- Welche generellen Eigenschaften hat der Kurvenverlauf der Funktion? In welchen Bereichen nehmen die Funktionswerte zu bzw. ab? Wie kann man die Krümmung einer Kurve beschreiben?

Definition 9.11

Gegeben sei eine reelle Funktion $f : D \to W$ mit $D, W \subseteq \mathbb{R}$. Dann nennt man $x_c \in D$ mit

$$f(x_c) = c$$

eine *c-Stelle* von f. Für $c = 0$ spricht man von einer *Nullstelle*.

Definition 9.12

Für eine reelle Funktion $f : D \to W$ mit $D, W \subseteq \mathbb{R}$ bezeichnet man ferner

$$x_{\max} \in D \text{ mit } f(x_{\max}) \geq f(x)\ \forall x \in D$$

als *Maximalstelle* und

$$x_{\min} \in D \text{ mit } f(x_{\min}) \leq f(x)\ \forall x \in D$$

als *Minimalstelle* von f. Wir schreiben

$$f(x_{\max}) = \max\{f(x) \colon x \in D\} = \max_{x \in D} f(x),$$
$$f(x_{\min}) = \min\{f(x) \colon x \in D\} = \min_{x \in D} f(x)$$

und $f(x_{\max})$ heißt *Maximum* oder *Maximalwert*, $f(x_{\min})$ *Minimum* oder *Minimalwert der Funktion* f.

Insgesamt spricht man auch von *Extremal-* oder *Optimalstellen* bzw. von *Extremal-* oder *Optimalwerten* von f.

In einer Maximalstelle nimmt die Funktion ihren höchsten und in einer Minimalstelle ihren niedrigsten Wert an. Wir sprechen gelegentlich auch von einem *globalen Maximum* oder *Minimum* im Gegensatz zu einem *lokalen Maximum* oder *Minimum*. In diesem Fall sind die Bedingungen von Definition 9.12 anstatt für alle $x \in D$ nur in einem begrenzten Bereich um $x_{\max}$ bzw. $x_{\min}$ erfüllt.

Definition 9.13

Gegeben sei eine reelle Funktion $f : D \to W$ mit $D, W \subseteq \mathbb{R}$. Ferner sei $x_0 \in D$. Existiert nun ein offenes Intervall der Form $(x_0 - r, x_0 + r)$ mit $r > 0$ um x_0, in dem

$$f(x_0) \geq f(x) \text{ für alle } x \in D \cap (x_0 - r, x_0 + r)$$

erfüllt ist, so bezeichnen wir x_0 als *lokale Maximalstelle* von f. Gilt dagegen

$$f(x_0) \leq f(x) \text{ für alle } x \in D \cap (x_0 - r, x_0 + r),$$

so heißt x_0 *lokale Minimalstelle* von f.

Den Funktionswert $f(x_0)$ nennt man *lokales Maximum* bzw. *Minimum*.

Jedes globale Maximum (Minimum) ist offenbar auch ein lokales Maximum (Minimum). Die Umkehrung dieser Aussage gilt nicht.

Beispiel 9.14

Wir betrachten zunächst die in Beispiel 9.1 behandelte Funktion. Damit besitzt
$f \colon A \to B$ mit

t	1	2	3	4	5	6	7	8	9	10	11	12
$f(t)$	3	2	3	4	4	4	1	2	4	5	3	4

ein Maximum bei $t = 10$ mit $f(10) = 5$ und ein Minimum bei $t = 7$ mit $f(7) = 1$.

Beispiel 9.15

In Abbildung 9.2 stellen wir fest, dass beide Funktionen u, g mit

$$u(x) = 10x - x^2,$$
$$g(x) = -x^2 + 8x - 2$$

ein globales Maximum für $x = 5$ mit $u(5) = 25$ bzw. für $x = 4$ mit $g(4) = 14$ besitzen.

Beispiel 9.16

Die in Beispiel 9.8 betrachteten Funktionen $f_1, f_2: \mathbb{R}_+ \to \mathbb{R}$ mit

$$f_1(x) = 2x^3 - 9x^2 + 12x - 2,$$
$$f_2(x) = \sqrt{x} + 1$$

sind in Abbildung 9.4 und 9.5 graphisch dargestellt. Demnach besitzt die Funktion f_1 ein lokales Maximum für $x = 1$ mit $f(1) = 3$, jedoch kein globales Maximum, da f_1 für $x > 2$ kontinuierlich ansteigt.

Andererseits existiert für f_1 ein lokales Minimum für $x = 2$ mit $f(2) = 2$ und wegen des begrenzten Definitionsbereichs $\mathbb{R}_+$ auch ein globales Minimum für $x = 0$ mit $f(0) = -2$.

Die Funktion f_2 besitzt weder ein globales noch ein lokales Maximum, da f_2 für $x \in \mathbb{R}_+$ kontinuierlich ansteigt. Ein globales Minimum existiert für $x = 0$ mit $f_2(0) = 1$,

Schließlich wollen wir den Verlauf einer reellen Funktion noch etwas genauer analysieren. Neben Extremalstellen interessieren wir uns für Bereiche, die eine Funktion nicht verlässt bzw. in denen sie wächst oder fällt.

Definition 9.17

Eine reelle Funktion $f: D \to W$ mit $D, W \subseteq \mathbb{R}$ heißt

nach unten beschränkt, wenn es ein $c_0 \in W$ gibt mit

$$f(x) \geq c_0$$

für alle $x \in D$,

nach oben beschränkt, wenn es ein $c_1 \in W$ gibt mit

$$f(x) \leq c_1$$

für alle $x \in D$,

beschränkt, wenn f nach unten und oben beschränkt ist.

Demnach ist eine Funktion beschränkt, wenn alle Funktionswerte in einem Intervall $[c_0, c_1]$ mit $c_0 \leq c_1$ liegen.

Definition 9.18

Eine reelle Funktion $f: D \to W$ mit $D, W \subseteq \mathbb{R}$ heißt *[streng] monoton wachsend* im abgeschlossenen Intervall $[a, b] \subseteq D$, falls gilt

$$x, \hat{x} \in [a, b] \text{ mit } x < \hat{x} \Rightarrow f(x) \leq f(\hat{x}) \quad [f(x) < f(\hat{x})],$$

und *[streng] monoton fallend* im abgeschlossenen Intervall $[a, b] \subseteq D$, falls gilt

$$x, \hat{x} \in [a, b] \text{ mit } x < \hat{x} \Rightarrow f(x) \geq f(\hat{x}) \quad [f(x) > f(\hat{x})].$$

Ist f gleichzeitig monoton wachsend und fallend in $[a, b] \subseteq D$, ergibt sich $f(x) = c$ für alle $x \in [a, b]$. In diesem Fall nennt man die Funktion *konstant* in $[a, b]$.

Falls also beim Übergang von x zu $\hat{x}$ mit $x < \hat{x}$ die Funktionswerte größer werden oder konstant bleiben, spricht man von einer monoton wachsenden Funktion, falls die Funktionswerte kleiner werden oder konstant bleiben, von einer monoton fallenden Funktion. Ferner ist f mit $y = f(x)$ genau dann [streng] monoton wachsend, wenn $-f$ [streng] monoton fallend ist und umgekehrt.

Satz 9.19

Jede streng monoton wachsende bzw. fallende reelle Funktion $f: D \to W$ mit $D, W \subseteq \mathbb{R}$ ist injektiv. Wenn zusätzlich $f(D) = W$ erfüllt ist, ist f bijektiv.

Beweis

f streng monoton wachsend

$\Rightarrow (x_1 < x_2 \Rightarrow f(x_1) < f(x_2))$

$\Rightarrow f$ injektiv.

Für f streng monoton fallend verläuft der kurze Beweis entsprechend.

Für $f(D) = W$ ist die Funktion auch surjektiv und damit insgesamt bijektiv: In diesem Fall existiert eine inverse Funktion $g = f^{-1}$ mit $f^{-1}: W \to D$ und

$$\left(f^{-1}(y) = x \Leftrightarrow y = f(x)\right),$$

die ihrerseits wieder streng monoton wächst.

Beispiel 9.20

Wir betrachten die Funktion f mit $f(x) = ax^b$, wobei $a > 0, b \in \mathbb{R}$. Diese Funktion mit dem Definitionsbereich $D_1 = \mathbb{R}_+$ im Fall $b \geq 0$ und $D_2 = \mathbb{R}_+ \backslash \{0\}$ im Fall $b < 0$ ist für vielfältige ökonomische Anwendungen von Interesse. Wir betrachten diese Funktionsklasse für $a = 1$ und $b = 2, 1/2, -1$, bezeichnen diese Varianten mit

$$f_1(x) = x^2$$
$$f_2(x) = x^{1/2} = \sqrt{x}$$
$$f_3(x) = x^{-1} = \frac{1}{x}$$

und stellen ihre Graphen in Abbildung 9.6 dar.

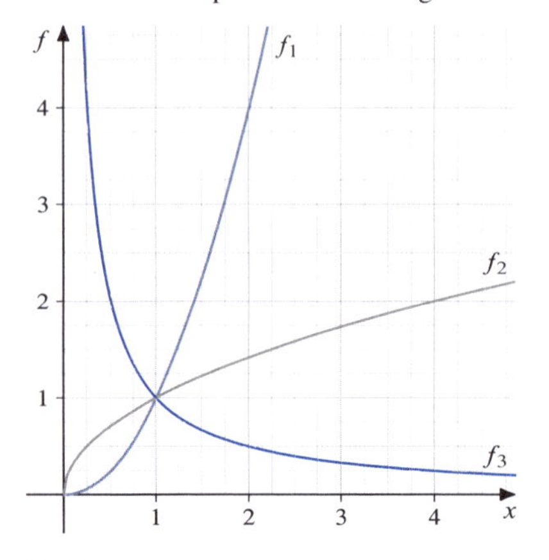

Abbildung 9.6: *Graphen der Funktionen f_1, f_2, f_3*

Zur Diskussion der Monotonieeigenschaften erhalten wir für $x_1, x_2 \in \mathbb{R}_+$

$$x_1 < x_2 \Rightarrow {x_1}^2 < {x_2}^2$$
$$\Rightarrow f_1(x_1) < f_1(x_2),$$
$$x_1 < x_2 \Rightarrow \sqrt{x_1} < \sqrt{x_2}$$
$$\Rightarrow f_2(x_1) < f_2(x_2),$$
$$0 < x_1 < x_2 \Rightarrow \frac{1}{x_1} > \frac{1}{x_2}$$
$$\Rightarrow f_3(x_1) > f_3(x_2).$$

Die beiden Funktionen f_1 und f_2 wachsen streng monoton, da mit zunehmenden x-Werten auch die Funktionswerte wachsen. Entsprechend fällt die Funktion f_3 streng monoton, da mit zunehmenden x-Werten die Funktionswerte fallen.

Soll nun ferner erklärt werden, ob das Wachstum oder Gefälle einer Funktion beschleunigt oder verlangsamt verläuft, so analysiert man das Krümmungsverhalten. Betrachten wir dazu nochmals Abbildung 9.6 und die Graphen der Funktionen f_1 und f_2, so erhalten wir für f_1 ein beschleunigtes oder *progressives Wachstum* und für f_2 ein verlangsamtes oder *degressives Wachstum*. Im Fall von f_1 spricht man auch von einer *links gekrümmten* oder *konvexen* Funktion, im Fall von f_2 von einer *rechts gekrümmten* oder *konkaven* Funktion.

Definition 9.21

Sei $f : D \to W$ mit $D, W \subseteq \mathbb{R}$ eine reelle Funktion, $[a, b] \subseteq D$ ein abgeschlossenes Intervall und $\lambda \in (0, 1)$.

Dann heißt f *[streng] konvex* in $[a, b]$ mit $a < b$, wenn gilt:

$$x_1, x_2 \in [a, b],\ x_1 \neq x_2$$
$$\Rightarrow f(\lambda x_1 + (1-\lambda)x_2) \leq \lambda f(x_1) + (1-\lambda) f(x_2)$$
$$[f(\lambda x_1 + (1-\lambda)x_2) < \lambda f(x_1) + (1-\lambda) f(x_2)]$$

Die Funktion f heißt *[streng] konkav* in $[a, b]$, wenn gilt:

$$x_1, x_2 \in [a, b],\ x_1 \neq x_2$$
$$\Rightarrow f(\lambda x_1 + (1-\lambda)x_2) \geq \lambda f(x_1) + (1-\lambda) f(x_2)$$
$$[f(\lambda x_1 + (1-\lambda)x_2) > \lambda f(x_1) + (1-\lambda) f(x_2)]$$

Der Ausdruck

$$\lambda x_1 + (1-\lambda)x_2$$

beschreibt dabei eine Zahl, die für $\lambda \in (0, 1)$ zwischen x_1 und x_2 liegt und für größere λ-Werte näher bei x_1 bzw. für kleinere λ-Werte näher bei x_2 liegt. Wir nehmen ohne Beschränkung der Allgemeinheit an, dass $x_1 < x_2$ gilt und stellen diesen Zusammenhang graphisch in Abbildung 9.7 dar.

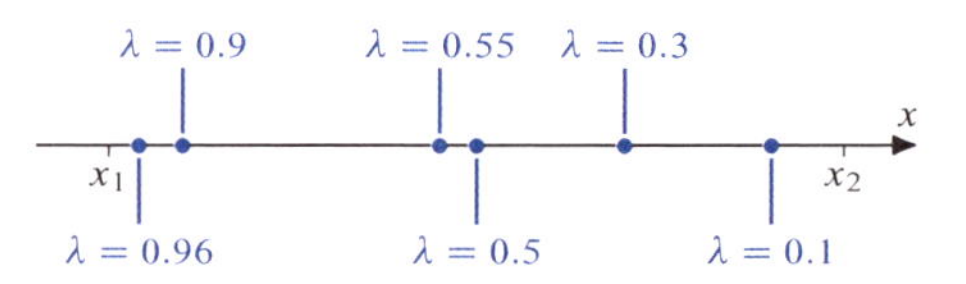

Abbildung 9.7: *Darstellung von $\lambda x_1 + (1-\lambda)x_2$ für verschiedene Werte von λ auf dem Zahlenstrahl*

Die Zahl

$$\lambda f(x_1) + (1-\lambda) f(x_2)$$

liegt analog dazu zwischen den beiden Funktionswerten $f(x_1)$ und $f(x_2)$. Graphisch dargestellt liegt der Punkt mit den Koordinaten

$$P_\lambda = \begin{pmatrix} \lambda x_1 + (1-\lambda)x_2 \\ \lambda f(x_1) + (1-\lambda) f(x_2) \end{pmatrix}$$

demnach auf der Verbindungsstrecke zwischen den Punkten

$$P_{\lambda=1} = \begin{pmatrix} x_1 \\ f(x_1) \end{pmatrix} \quad \text{und} \quad P_{\lambda=0} = \begin{pmatrix} x_2 \\ f(x_2) \end{pmatrix}.$$

Bei einer streng konvexen Funktion liegt der Punkt

$$Q_\lambda = \begin{pmatrix} \lambda x_1 + (1-\lambda)x_2 \\ f\big(\lambda x_1 + (1-\lambda)x_2\big) \end{pmatrix}$$

also immer unterhalb dieser Verbindungsstrecke, bei einer streng konkaven Funktion darüber (siehe Abbildung 9.8).

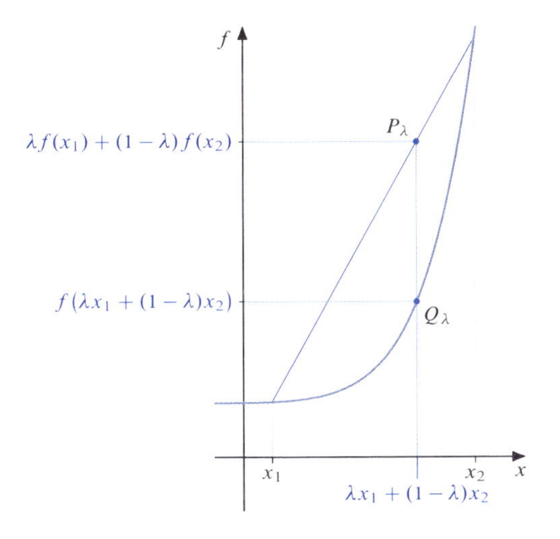

Abbildung 9.8: *Konvexität einer Funktion*

Daraus ergibt sich auch, dass eine Funktion f mit $y = f(x)$ genau dann [streng] konkav ist, wenn die Funktion $-f$ mit $\hat{y} = -f(x)$ [streng] konvex ist und umgekehrt. Fällt f mit der Geraden durch die Punkte $P_{\lambda=1}$ und $P_{\lambda=0}$ zusammen, so gilt

$$f\big(\lambda x_1 + (1-\lambda)x_2\big) = \lambda f(x_1) + (1-\lambda) f(x_2)$$

und f ist sowohl konvex als auch konkav.

Beispiel 9.22

Wir betrachten noch einmal die Funktion $f_1\colon \mathbb{R}_+ \to \mathbb{R}$ mit

$$f_1(x) = x^2 .$$

In Abbildung 9.9 vermutet man, dass für beliebige 2 Punkte $\big(x_1, f_1(x_1)\big)$ und $\big(x_2, f_1(x_2)\big)$ der Funktionsgraph von f_1 immer unterhalb der Verbindungslinie g liegt.

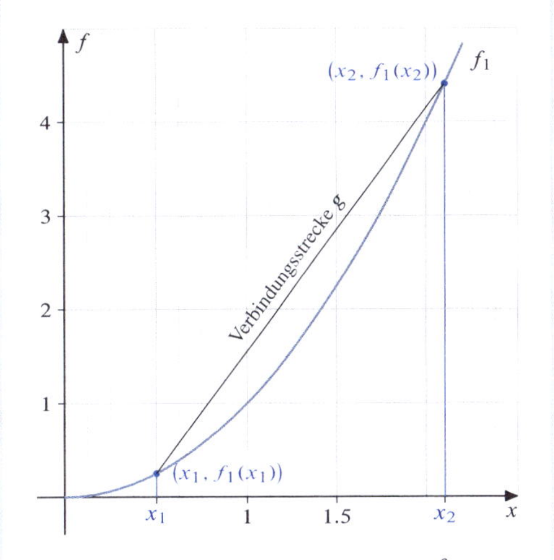

Abbildung 9.9: *Zur Konvexität von f_1*

Allgemein gilt:

$$f_1(\lambda x_1 + (1-\lambda)x_2) < \lambda f(x_1) + (1-\lambda) f(x_2)$$

$$\Leftrightarrow (\lambda x_1 + (1-\lambda)x_2)^2 < \lambda x_1^2 + (1-\lambda)x_2^2$$

$$\Leftrightarrow \lambda^2 x_1^2 + 2\cdot\lambda x_1\cdot(1-\lambda)x_2 + (1-\lambda)^2 x_2^2 < \lambda x_1^2 + (1-\lambda)x_2^2$$

$$\Leftrightarrow x_1^2(\lambda^2-\lambda) - 2x_1x_2(\lambda^2-\lambda) + x_2^2(\lambda^2-\lambda) < 0$$

$$\Leftrightarrow (\lambda^2-\lambda)(x_1^2 - 2x_1x_2 + x_2^2) < 0$$

$$\Leftrightarrow (\lambda^2-\lambda)(x_1-x_2)^2 < 0$$

$$\Leftrightarrow \lambda^2 - \lambda < 0 \text{ für } \lambda \in (0,1) \text{ und } (x_1-x_2)^2 > 0 \text{ für } x_1 \neq x_2$$

Also ist f_1 streng konvex.

Mit ähnlichen Überlegungen zeigt man die strenge Konvexität von f_3 bzw. die strenge Konkavität von f_2 aus Beispiel 9.20.

Für die Funktion f mit

$$f(x) = ax^b, \quad a > 0, \; b \in \mathbb{R}$$

gibt es vielfältige ökonomische Interpretationsmöglichkeiten.

Für $b > 1$ ist die Funktion für alle $x \in \mathbb{R}_+$ konvex, in der Ökonomie spricht man von *überproportionalem* oder *progressivem Wachstum*. Sei beispielsweise $x > 0$ der Preis eines Gutes und $f(x) = ax^b$ $(a > 0, \; b > 1)$ das preisabhängige Angebot des Produzenten, so erklärt f eine *Preis-Angebots-Beziehung*.

Für $b = 1$ ist die Funktion für alle $x \in \mathbb{R}_+$ linear, man spricht von *proportionalem Wachstum* mit der Proportionalitätskonstanten a. Erklärt man durch $x > 0$ das Produktionsniveau und durch $f(x) = ax$ die variablen Kosten, so erhält man mit $a = \frac{ax}{x}$ die Stückkosten.

Für $b \in (0, 1)$ ist die Funktion für alle $x \in \mathbb{R}_+$ konkav, man spricht von *unterproportionalem* oder *degressivem Wachstum*. Seien $x > 0$ die Werbekosten einer Planperiode und $f(x) = ax^b$ $\big(a > 0, \; b \in (0, 1)\big)$ der werbeabhängige Absatz eines Produktes, dann erklärt f eine *Werbung-Absatz-Beziehung*.

Für $b < 0$ erhält man eine streng monoton fallende und konvexe Funktion. Mit $x > 0$ als Preis eines Produktes und der preisabhängigen Nachfrage $f(x) = ax^b$ $(a > 0, \; b < 0)$ ergibt sich eine *Preis-Nachfrage-Funktion*.

Die Untersuchung des Kurvenverlaufs reeller Funktionen kann etwas vereinfacht werden, wenn bestimmte Eigenschaften der Symmetrie oder Periodizität erfüllt sind.

Definition 9.23

Eine Funktion $f : D \to W$ mit $D, W \subseteq \mathbb{R}$ und $(x \in D \Leftrightarrow -x \in D)$ heißt

- *gerade*, wenn $f(-x) = f(x)$ bzw.
- *ungerade*, wenn $f(-x) = -f(x)$

für alle $x \in D$ gilt.

Der Graph einer geraden Funktion verläuft also symmetrisch zur vertikalen Achse, der Graph einer ungeraden Funktion punktsymmetrisch zum Nullpunkt.

Beispiel 9.24

Gegeben sind die Funktionen f_1, f_2, f_3, f_4 mit

$$f_1(x) = x, \qquad f_2(x) = x^2,$$

$$f_3(x) = x^3, \qquad f_4(x) = \frac{1}{x}.$$

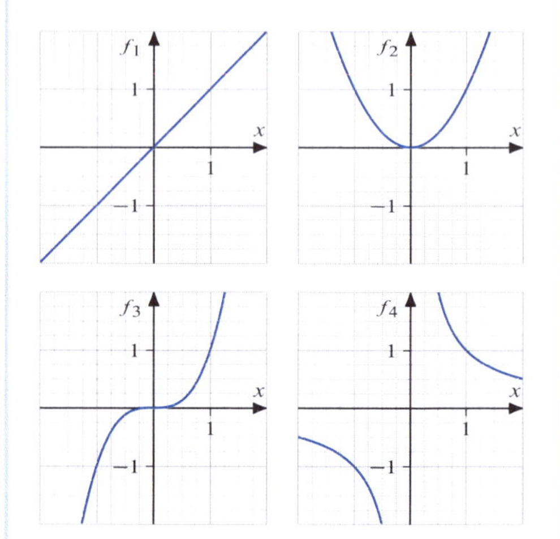

Abbildung 9.10: *Graphen gerader und ungerader Funktionen*

Damit ergibt sich:

$$\begin{aligned}
f_1(-x) &= -x &&= -f_1(x) &&\Rightarrow f_1 \text{ ist ungerade}\\
f_2(-x) &= x^2 &&= f_2(x) &&\Rightarrow f_2 \text{ ist gerade}\\
f_3(-x) &= -x^3 &&= -f_3(x) &&\Rightarrow f_3 \text{ ist ungerade}\\
f_4(-x) &= -\tfrac{1}{x} &&= -f_4(x) &&\Rightarrow f_4 \text{ ist ungerade}
\end{aligned}$$

Definition 9.25

Sei $D \subseteq \mathbb{R}$ und $x \in D \Rightarrow x + kp \in D$ für alle $k = \pm 1, \pm 2, \ldots$. Dann heißt eine Funktion $f : D \to \mathbb{R}$ *periodisch* mit der Periode $p > 0$, wenn gilt:

$$f(x) = f(x + kp)$$

für alle $k = \pm 1, \pm 2, \ldots$

Kennt man diese Funktion in $D \cap [x, x + p)$ für ein $x \in D$, so ist die Funktion im gesamten Definitionsbereich bekannt.

Beispiel 9.26

Die Funktion $f: \mathbb{R} \to \mathbb{R}$ mit

$$f(x) = \begin{cases} x & \text{für} \quad 0 \le x < 1 \\ 2 - x & \text{für} \quad 1 \le x < 2 \end{cases} \quad \text{sowie}$$

$$\begin{aligned} f(x) &= f(x \pm 2) \\ &= f(x \pm 4) \\ &= \dots \end{aligned}$$

ist periodisch mit $p = 2$. Der Graph von f ist in Abbildung 9.11, eine Wertetabelle nachfolgend dargestellt:

x	-2	-1	-0.5	0	0.5	1	2	2.5	3
$f(x)$	0	1	0.5	0	0.5	1	0	0.5	1

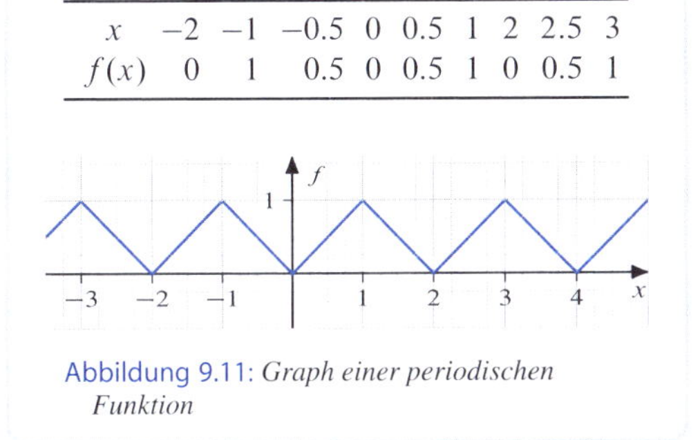

Abbildung 9.11: *Graph einer periodischen Funktion*

In Abschnitt 9.3.5 werden wir mit den trigonometrischen Funktionen (Abschnitt 2.3) weitere periodische Funktionen diskutieren. Periodische Funktionen sind für die Ökonomie von Interesse, wenn es darum geht, beispielsweise Absatz- oder Umsatzwerte, die saisonalen Einflüssen unterliegen, in Abhängigkeit der Zeit darzustellen.

Wir haben damit die wichtigsten Grundbegriffe für reelle Funktionen einer Variablen eingeführt. Die sehr einfachen Beispiele lassen jedoch erkennen, dass der Nachweis der Monotonie und insbesondere der Konvexität oder auch die Bestimmung von Maximal- und Minimalstellen bei komplizierteren Funktionen doch sehr aufwendig werden kann. Mit der Differentialrechnung werden wir in den Kapiteln 11 und 12 ein Instrumentarium kennen lernen, mit dem die hier angesprochenen Aufgabenstellungen bei einer Vielzahl reeller Funktionen einfacher zu lösen sind.

Bevor wir jedoch die Differentiation reeller Funktionen ausführlich behandeln, werden wir in Kapitel 9.3 einige spezielle Typen *elementarer reeller Funktionen* kennen lernen.

9.3 Elementare reelle Funktionen

Zur Klasse der elementaren reellen Funktionen einer reellen Variablen zählen alle Funktionen, die durch einen analytischen Ausdruck darstellbar sind. Dazu gehören beispielsweise Polynome (Abschnitt 9.3.1), rationale Funktionen (Abschnitt 9.3.2), Potenz- und Wurzelfunktionen (Abschnitt 9.3.3), Exponential- und Logarithmusfunktionen (Abschnitt 9.3.4) sowie trigonometrische Funktionen (Abschnitt 9.3.5).

Zu den nicht elementaren reellen Funktionen rechnet man beispielsweise die sogenannte Dirichlet-Funktion $d: \mathbb{R} \to \{0, 1\}$ mit

$$d(x) = \begin{cases} 0 & \text{für} \quad x \text{ rational} \\ 1 & \text{für} \quad x \text{ irrational,} \end{cases}$$

die graphisch nicht darstellbar ist.

9.3.1 Polynome

Definition 9.27

Die reelle Funktion $p: D \to \mathbb{R}$ mit $D \subseteq \mathbb{R}$ und

$$\begin{aligned} p(x) &= a_0 + a_1 x + \ldots + a_n x^n \\ &= \sum_{i=0}^{n} a_i x^i \end{aligned}$$

mit $a_n \neq 0$ heißt *Polynom n-ten Grades* mit den reellen Polynomkoeffizienten $a_0, a_1, \ldots, a_n$. Wir schreiben $\mathrm{Gr}(p) = n$.

Für $a_i = 0$ $(i = 0, \ldots, n)$ heißt p *Nullpolynom*.

Zwei Polynome nennt man *identisch*, wenn sie in allen Koeffizienten übereinstimmen.

Speziell gilt:

p ist konstant $\big(p(x) = a_0\big) \Leftrightarrow \mathrm{Gr}(p) = 0$

p ist linear $\big(p(x) = a_0 + a_1 x, a_1 \neq 0\big)$
$\Leftrightarrow \mathrm{Gr}(p) = 1$

p ist quadratisch $\big(p(x) = a_0 + a_1 x + a_2 x^2, a_2 \neq 0\big)$
$\Leftrightarrow \mathrm{Gr}(p) = 2$

In mehreren Beispielen des Kapitels 9 haben wir bereits verschiedene Polynome kennen gelernt.

So ist die in Beispiel 9.2 verwendete Kostenfunktion mit

$$k(x) = c + dx$$

ein Polynom ersten Grades, die Umsatz- und die Gewinnfunktion mit

$$u(x) = \frac{1}{b}\left(ax - x^2\right),$$
$$g(x) = -\frac{1}{b}x^2 + \left(\frac{a}{b} - d\right)x - c$$

sind Polynome zweiten Grades.

Satz 9.28

Gegeben seien die Polynome p_1, p_2 mit

$$\mathrm{Gr}(p_1) = n \leq m = \mathrm{Gr}(p_2).$$

Dann gilt:

a) Die Funktionen $p_1 + p_2$, $p_1 - p_2$, $p_1 \cdot p_2$ sind Polynome mit

$$\mathrm{Gr}(p_1 + p_2) \leq m,$$
$$\mathrm{Gr}(p_1 - p_2) \leq m,$$
$$\mathrm{Gr}(p_1 p_2) = n + m.$$

b) Besitzt p_i nur geradzahlige Exponenten einschließlich der Null, so ist p_i eine gerade Funktion, also

$$p_i(-x) = p_i(x).$$

Besitzt p_i nur ungeradzahlige Exponenten, so ist p_i eine ungerade Funktion, also

$$p_i(-x) = -p_i(x).$$

c) Ist x_1 eine Nullstelle von p_1, also $p_1(x_1) = 0$, dann ist u mit

$$u(x)(x - x_1) = p_1(x)$$

ein Polynom mit $\mathrm{Gr}(u) = n - 1$.

d) Das Polynom p_1 hat höchstens n reellwertige Nullstellen. Ist der Grad von p_1 ungeradzahlig, so existiert mindestens eine reellwertige Nullstelle.

Beweis

Sei $p_1(x) = \sum\limits_{i=0}^{n} a_i x^i$, $p_2(x) = \sum\limits_{i=0}^{m} b_i x^i$ mit $n \leq m$.

a) $$(p_1 + p_2)(x) = p_1(x) + p_2(x) = \sum_{i=0}^{n}(a_i + b_i)x^i + \sum_{i=n+1}^{m} b_i x^i$$

mit

$$\mathrm{Gr}(p_1 + p_2) \begin{cases} = m & \text{für } n < m \text{ oder} \\ & (n = m, a_n \neq -b_m) \\ < m & \text{für } (n = m,\ a_n = -b_m) \end{cases}$$

Für $(p_1 - p_2)$ ist das Symbol $-$ durch $+$ zu ersetzen.

$$(p_1 p_2)(x) = p_1(x) p_2(x) = \sum_{i=0}^{n}\sum_{j=0}^{m} a_i b_j x^{i+j}$$

mit $\mathrm{Gr}(p_1 p_2) = n + m$.

b) $p_i(x) = a_0 + a_2 x^2 + a_4 x^4 + \ldots$
$\Rightarrow p_i(-x) = p_i(x)$
$p_i(x) = a_1 x^1 + a_3 x^3 + a_5 x^5 + \ldots$
$\Rightarrow p_i(-x) = -p_i(x)$

c) folgt direkt aus Abschnitt 3.4, (3.17).

d) folgt direkt aus Abschnitt 3.4, (3.17), (3.23), (3.24).

Insbesondere die Aussagen des Satzes 9.28 c, d werden benutzt, um die reellen Nullstellen eines Polynoms gegebenenfalls transparent zu machen. Ist nämlich x_1 eine Nullstelle des Polynoms p_1, so gilt für alle $x \neq x_1$ die Äquivalenz

$$u(x)(x - x_1) = p_1(x) \Leftrightarrow u(x) = \frac{p_1(x)}{x - x_1}.$$

Ist also x_1 bekannt, so lässt sich $u(x)$ durch das in Abschnitt 3.4 (Beispiel 3.11) erwähnte Verfahren der *Polynomdivision* berechnen.

Besitzt ein Polynom p mit $\mathrm{Gr}(p) = n$ genau r verschiedene reellwertige Nullstellen $x_1, \ldots, x_r$ mit $r \leq n$, so existiert die Darstellung

$$p(x) = a_n (x - x_1)^{\alpha_1} (x - x_2)^{\alpha_2} \cdot \ldots \cdot (x - x_r)^{\alpha_r} v(x)$$

mit $\alpha_1, \ldots, \alpha_r \in \mathbb{N}$ und $v(x)$ ist wieder ein Polynom mit

$$\mathrm{Gr}(v) = n - m \quad \text{für } \alpha_1 + \ldots + \alpha_r = m \leq n \text{ und}$$
$$v(x) = 1 \quad \text{für } \alpha_1 + \ldots + \alpha_r = n.$$

Ferner bezeichnet man x_i $(i = 1, \ldots, r)$ als *α_i-fache Nullstelle* von p oder man sagt, die Nullstelle x_i habe die *Vielfachheit* α_i.

Das Polynom v hat für $m < n$ nur noch komplexe Nullstellen und ist nicht weiter in Faktoren

$$(x - x_j)^{\alpha_j}$$

mit $x_j \in \mathbb{R}$ zerlegbar. Nach der *reellen Produktdarstellung* (Abschnitt 3.4, (3.23), (3.24)) ist das Polynom v jedoch in quadratische Faktoren der Form

$$(x^2 + b_j x + c_j)^{\beta_j}$$

mit reellen Koeffizienten b_j, c_j und $\beta_j \in \mathbb{N}$ zerlegbar. Es gilt gemäß Abschnitt 3.4, (3.23):

$$v(x) = (x^2 + b_1 x + c_1)^{\beta_1} \cdot \ldots \cdot (x^2 + b_s x + c_s)^{\beta_s}$$

bzw.

$$\begin{aligned} p(x) &= a_n (x - x_1)^{\alpha_1} \cdots (x - x_r)^{\alpha_r} \cdot v(x) \\ &= a_n \prod_{i=1}^{r} (x - x_i)^{\alpha_i} \prod_{j=1}^{s} (x^2 + b_j x + c_j)^{\beta_j} \end{aligned}$$

mit

$$\alpha_1, \ldots, \alpha_r, \beta_1, \ldots, \beta_s \in \mathbb{N}, \ \sum_{i=1}^{r} \alpha_i + 2 \sum_{j=1}^{s} \beta_j = n$$

Beispiel 9.29

Gegeben seien die Polynome p_1, p_2, p_3 mit:

$$\begin{aligned} p_1(x) &= x^5 + x^4 - 5x^3 - 5x^2 + 4x + 4 \\ p_2(x) &= x^4 + x^3 - x - 1 \\ p_3(x) &= x^5 + x \end{aligned}$$

Dann gilt:

$$\mathrm{Gr}(p_1) = 5, \ \mathrm{Gr}(p_2) = 4, \ \mathrm{Gr}(p_3) = 5$$

$$\begin{aligned} (p_1 + p_2)(x) &= x^5 + 2x^4 - 4x^3 \\ &\quad - 5x^2 + 3x + 3 \end{aligned}$$

mit $\mathrm{Gr}(p_1 + p_2) = 5$

$(p_1 - p_3)(x) = x^4 - 5x^3 - 5x^2 + 3x + 4$
mit $\mathrm{Gr}(p_1 - p_3) = 4$

$$\begin{aligned} (p_2 p_3)(x) &= (x^4 + x^3 - x - 1)(x^5 + x) \\ &= x^9 + x^8 - x^6 + x^4 - x^2 - x \end{aligned}$$

mit $\mathrm{Gr}(p_2 p_3) = 9$

Für p_1 ist $x_1 = -1$ wegen

$$p_1(-1) = -1 + 1 + 5 - 5 - 4 + 4 = 0$$

eine Nullstelle. Durch die Polynomdivision

$$\begin{array}{l} (x^5+x^4-5x^3-5x^2+4x+4) : (x+1) \\ -(x^5+x^4) \\ \hline \quad -5x^3-5x^2+4x+4 \\ \quad -(-5x^3-5x^2) \\ \hline \qquad 4x+4 \\ \qquad -(\ 4x+4) \\ \hline \qquad\qquad 0 \\ \hline = x^4 - 5x^2 + 4 \end{array}$$

erhalten wir ein Polynom vierten Grades und, falls man $y = x^2$ substituiert, ein Polynom u zweiten Grades mit

$$u(y) = y^2 - 5y + 4\,.$$

Die Nullstellen von u ergeben sich aus der Lösung der quadratischen Gleichung

$$y^2 - 5y + 4 = 0$$

(Abschnitt 1.5, (1.29)).

Es ist

$$\begin{aligned} y &= \tfrac{1}{2}\left(5 \pm \sqrt{25 - 16}\right) \\ &\Rightarrow y_1 = 4, \ y_2 = 1\,. \end{aligned}$$

Daraus folgt mit $y = x^2$ bzw. $x = \pm\sqrt{y}$

$$x_2 = 2, \ x_3 = -2, \ x_4 = 1, \ x_5 = -1 = x_1\,.$$

Die doppelte Nullstelle bei $x = -1$ sowie die einfachen Nullstellen bei $x = -2, 1, 2$ von p_1 sind im Graph in Abbildung 9.12 zu sehen.

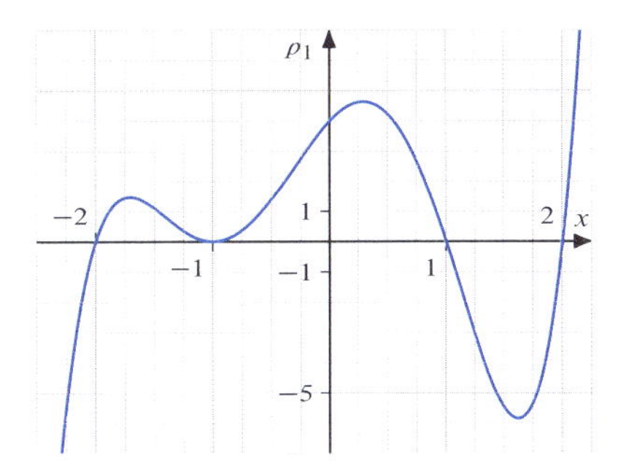

Abbildung 9.12: *Graph des Polynoms* p_1

Wir erhalten die reelle Produktdarstellung

$$p_1(x) = (x+1)^2(x-2)(x+2)(x-1)$$

mit

$$\alpha_1 = 2,\ \alpha_2 = \alpha_3 = \alpha_4 = 1$$

als Vielfachheiten. Die Summe

$$\alpha_1 + \alpha_2 + \alpha_3 + \alpha_4 = 5$$

ergibt den Grad des Polynoms $\mathrm{Gr}(p_1)$.

Entsprechend ermittelt man mit Hilfe einer Polynomdivision für p_2 die reelle Produktdarstellung

$$\begin{aligned} p_2(x) &= x^4 + x^3 - x - 1 \\ &= (x-1)(x+1)(x^2+x+1)\,. \end{aligned}$$

Das Polynom p_2 besitzt zwei einfache reelle Nullstellen $x_1 = 1$, $x_2 = -1$ und zwei weitere nichtreelle Nullstellen, die zueinander konjugiert komplex sein müssen (Abb. 9.13).

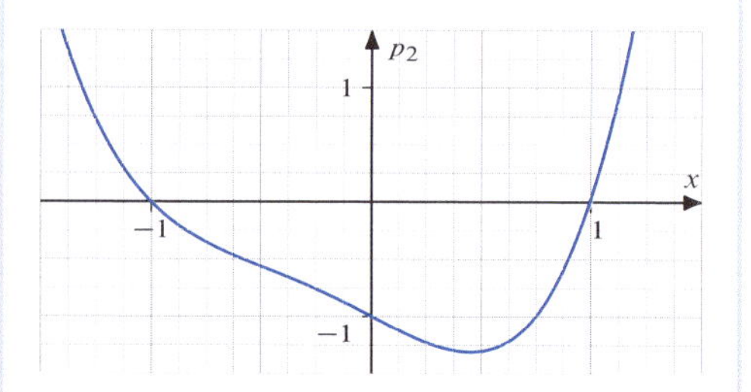

Abbildung 9.13: *Graph des Polynoms p_2*

Für p_3 gilt die reelle Produktdarstellung

$$\begin{aligned} p_3(x) &= x^5 + x = x(x^4+1) \\ &= x(x^2 + \sqrt{2}x + 1)(x^2 - \sqrt{2}x + 1)\,. \end{aligned}$$

Also existiert genau eine reelle Nullstelle $x = 0$ (Abb. 9.14).

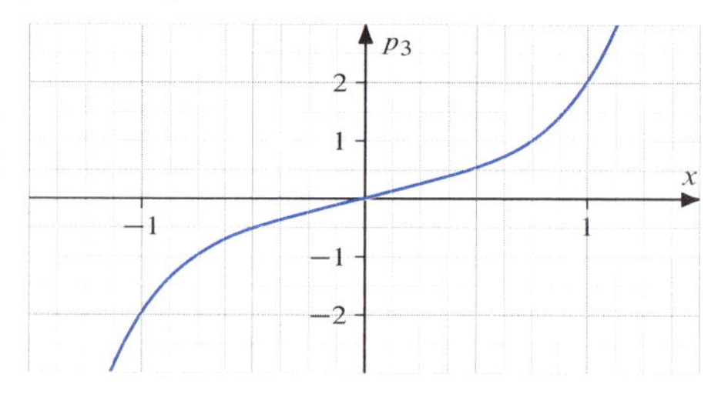

Abbildung 9.14: *Graph des Polynoms p_3*

9.3.2 Rationale Funktionen

In Satz 9.28 a wurde gezeigt, dass die Summe, die Differenz und das Produkt zweier Polynome wieder ein Polynom ergeben. Wir fragen nun nach den Eigenschaften des Quotienten zweier Polynome.

Definition 9.30

Der Quotient $q = \frac{p_1}{p_2}$ zweier Polynome p_1, p_2 mit

$$q(x) = \frac{p_1(x)}{p_2(x)}$$

heißt *rationale Funktion*. Diese ist für alle $x \in \mathbb{R}$ mit $p_2(x) \neq 0$ definiert, also für alle reellen x, die nicht Nullstellen des Nennerpolynoms p_2 sind.

Für $\mathrm{Gr}(p_2) = 0$ bzw.

$$p_2(x) = b_0 \neq 0\,,$$

ist $q = \frac{p_1}{p_2}$ ein Polynom, man spricht auch von einer *ganzrationalen Funktion*.

Für $\mathrm{Gr}(p_2) > 0$ heißt q auch eine *gebrochenrationale* Funktion.

Diese nennt man *echt-gebrochen-rational*, wenn $\mathrm{Gr}(p_1) < \mathrm{Gr}(p_2)$ ist.

Lässt sich nun eine Kosten-, Umsatz- oder Gewinnfunktion durch ein Polynom darstellen, so ist die Stückkosten-, Stückumsatz- bzw. Stückgewinnfunktion stets durch eine rationale Funktion darstellbar. Ist beispielsweise eine Kostenfunktion K von der Form

$$K(x) = ax^2 + bx + c\,,$$

so besitzt die *Stückkostenfunktion* k für $x > 0$ die Gleichung

$$k(x) = \frac{K(x)}{x} = \frac{ax^2 + bx + c}{x}\,.$$

Hat eine *Preis-Absatz-Beziehung* die Form

$$x(p) = \frac{a}{p^n}$$

mit $a > 0$ als Konstante und $n \in \mathbb{N}$, so ist x eine echt-gebrochen-rationale Funktion.

Aus der Volkswirtschaftslehre bekannt sind die *Engelkurve*

$$x(e) = \frac{ae}{b+e}$$

mit e als Einkommen, $x(e)$ als einkommensabhängiger Nachfrage, $a, b > 0$ als Konstanten,

sowie die *Phillipskurve*

$$p(q) = a + \frac{b}{q} = \frac{aq+b}{q}$$

mit q als prozentualer Arbeitslosigkeit, $p(q)$ als von q abhängiger Preisniveauänderung sowie $a, b > 0$ als Konstanten.

In beiden Fällen handelt es sich um gebrochen-rationale Funktionen.

Satz 9.31

Gegeben seien die rationalen Funktionen q_1, q_2 und die Polynome p_1, p_2. Dann gilt:

a) Die Funktionen $q_1 + q_2$, $q_1 - q_2$, $q_1 \cdot q_2$ sind rational. Für alle x mit $q_2(x) \neq 0$ ist auch $\frac{q_1}{q_2}$ rational.

b) Eine gebrochen-rationale Funktion $q = \frac{p_1}{p_2}$ ist eindeutig additiv zerlegbar in ein Polynom und eine echt-gebrochen-rationale Funktion gemäß

$$q(x) = \frac{p_1(x)}{p_2(x)} = p(x) + \frac{r(x)}{p_2(x)}.$$

c) Ist x_1 eine α_1-fache reelle Nullstelle von p_1 und eine α_2-fache reelle Nullstelle von p_2 ($\alpha_1, \alpha_2 \in \mathbb{N}$), so kann die rationale Funktion $q = \frac{p_1}{p_2}$ mit

$$p_1(x) = (x - x_1)^{\alpha_1} u_1(x) \quad \text{und}$$
$$p_2(x) = (x - x_1)^{\alpha_2} u_2(x)$$

in der Form

$$q(x) = (x - x_1)^{\alpha_1 - \alpha_2} \frac{u_1(x)}{u_2(x)}$$

geschrieben werden.

Beweis

a) Seien $p_{11}, p_{12}, p_{21}, p_{22}$ Polynome mit

$$q_1(x) = \frac{p_{11}(x)}{p_{12}(x)}, \quad q_2(x) = \frac{p_{21}(x)}{p_{22}(x)}.$$

$$\Rightarrow q_1(x) + q_2(x) = \frac{p_{11}(x)p_{22}(x) + p_{21}(x)p_{12}(x)}{p_{12}(x)p_{22}(x)},$$

$$q_1(x) - q_2(x) = \frac{p_{11}(x)p_{22}(x) - p_{21}(x)p_{12}(x)}{p_{12}(x)p_{22}(x)},$$

$$q_1(x) \cdot q_2(x) = \frac{p_{11}(x)p_{21}(x)}{p_{12}(x)p_{22}(x)},$$

$$\frac{q_1(x)}{q_2(x)} = \frac{p_{11}(x)p_{22}(x)}{p_{12}(x)p_{21}(x)}.$$

Alle Funktionen $q_1 + q_2$, $q_1 - q_2$, $q_1 \cdot q_2$, $\frac{q_1}{q_2}$ konnten als Quotienten von Polynomen dargestellt werden, sie sind daher rational.

b) Sei $q = \frac{p_1}{p_2}$ mit $\text{Gr}(p_1) = n$, $\text{Gr}(p_2) = m$ eine rationale Funktion.
Für $n < m$ ist q echt-gebrochen-rational und eindeutig additiv zerlegbar in das Nullpolynom und q.
Für $n \geq m > 0$ erhalten wir durch Polynomdivision eine Darstellung der Form

$$q(x) = \frac{p_1(x)}{p_2(x)} = p(x) + \frac{r(x)}{p_2(x)},$$

wobei

$$\text{Gr}(p) = n - m, \ \text{Gr}(r) < \text{Gr}(p_2) = m.$$

Nimmt man an, es gäbe eine weitere solche Darstellung

$$q(x) = \tilde{p}(x) + \frac{\tilde{r}(x)}{p_2(x)},$$

dann folgt

$$0 = q(x) - q(x) = p(x) - \tilde{p}(x) + \frac{r(x) - \tilde{r}(x)}{p_2(x)}.$$

Dies ist nur möglich für $p = \tilde{p}$ sowie $r = \tilde{r}$. Daraus folgt die Behauptung.

c) ergibt sich aus

$$q(x) = \frac{(x - x_1)^{\alpha_1} u_1(x)}{(x - x_1)^{\alpha_2} u_2(x)} = (x - x_1)^{\alpha_1 - \alpha_2} \frac{u_1(x)}{u_2(x)}.$$

Beispiel 9.32

Gegeben seien die Polynome p_1, p_2, p_3 mit

$$p_1(x) = x^5 + x^4 - 5x^3 - 5x^2 + 4x + 4\,,$$
$$p_2(x) = x^4 - 5x^2 + 4\,,$$
$$p_3(x) = x^6 + 1$$

sowie die rationalen Funktionen q_1, q_2, q_3 mit

$$q_1(x) = \frac{p_3(x)}{p_2(x)}\,, \qquad q_2(x) = \frac{p_1(x)}{p_3(x)}\,,$$
$$q_3(x) = \frac{p_1(x)}{p_2(x)}\,.$$

Durch Polynomdivision erhalten wir für q_1

$$\begin{array}{l} (x^6 \qquad\qquad\quad +1\ ) : (x^4 - 5x^2 + 4) \\ -(x^6 - 5x^4 + 4x^2\ ) \\ \hline \quad 5x^4 - 4x^2\ +1 \\ \quad -(5x^4 - 25x^2 + 20) \\ \hline \qquad 21x^2 - 19 \\ \hline = x^2 + 5 + \dfrac{21x^2 - 19}{x^4 - 5x^2 + 4} \end{array}$$

Für q_2 ergibt sich entsprechend die angegebene additive Zerlegung

$$q_2(x) = 0 + \frac{x^5 + x^4 - 5x^3 - 5x^2 + 4x + 4}{x^6 + 1}\,.$$

q_3 lässt sich mit Polynomdivision in ein Polynom ohne Rest umschreiben:

$$\begin{aligned} q_3(x) &= \frac{x^5 + x^4 - 5x^3 - 5x^2 + 4x + 4}{x^4 - 5x^2 + 4} \\ &= x + 1 \qquad\qquad \text{(Beispiel 9.29)} \end{aligned}$$

Gilt in der Darstellung

$$q(x) = \frac{p_1(x)}{p_2(x)} = p(x) + \frac{r(x)}{p_2(x)}$$

für das sogenannte *Restpolynom* $r(x) = 0$, so heißt p_1 durch p_2 *teilbar* bzw. p_2 ist *Teiler* von p_1 (Abschnitt 1.1). Wir erhalten die Gleichung

$$p_1(x) = p(x)p_2(x)\,,$$

und die rationale Funktion q ist als Polynom p darstellbar.

Ist das Restpolynom $r(x) \neq 0$, nennt man p auch die *Asymptotenkurve*. $p(x)$ kann man hierbei benutzen, um das Verhalten von $q(x)$ für $x \to \pm\infty$ zu untersuchen. Der Rest $r(x)\,/\,p_2(x)$ wird bei betragsmäßig genügend großem x betragsmäßig klein und geht für $x \to \pm\infty$ gegen 0.

An den Nullstellen des Nenners sind rationale Funktionen nicht definiert. Das Verhalten der Funktion in der Nähe dieser Definitionslücken ist aber oft interessant. Zerlegt man die rationale Funktion q mit einer Nennernullstelle bei $x = x_1$ nach Satz 9.31 c in

$$q(x) = (x - x_1)^{\alpha_1 - \alpha_2} \frac{u_1(x)}{u_2(x)}\,,$$

dann nennt man im Fall $\alpha_1 - \alpha_2 < 0$ die Nennernullstelle eine *Polstelle* der rationalen Funktion q. Der Funktionswert von q geht in diesem Fall für $x \to x_1$ gegen $\pm\infty$.

Beispiel 9.33

Die rationale Funktion q mit

$$q(x) = \frac{5x^3 - 10x^2 - 4x + 10}{(x-1)(x-2)}$$

lässt sich durch Polynomdivision zerlegen in

$$q(x) = 5x + 5 + \frac{x}{(x-1)(x-2)}\,.$$

Die Asymptotenkurve ist also $p(x) = 5x + 5$.

Für den Nenner des Rests erhalten wir zwei einfache Nullstellen bei $x = 1, 2$. Diese Nennernullstellen sind keine Nullstellen des Zählers. $q(x)$ hat damit zwei Polstellen.

In Abbildung 9.15 sind der Graph von q zusammen mit der Asymptotenkurve $p(x)$ dargestellt.

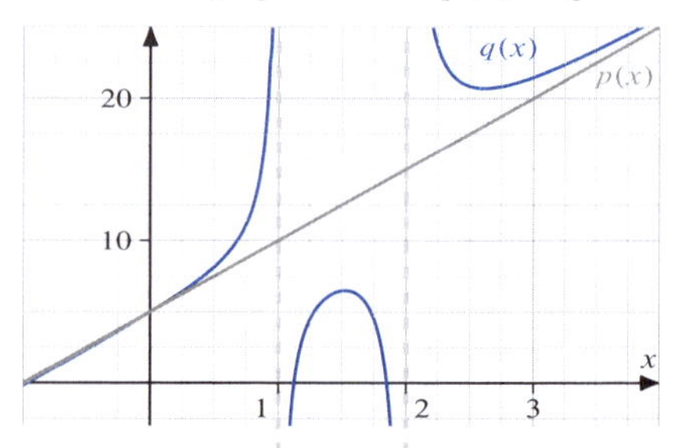

Abbildung 9.15: *Rationale Funktion mit Asymptotenkurve und Polstellen*

Gebrochen-rationale Funktionen bereiten in der Integralrechnung (Abschnitt 13.1) einige Schwierigkeiten, die sich mit Hilfe der Methode der *Partialbruchzerlegung* gelegentlich auflösen lassen.

Wir gehen von einer echt-gebrochen-rationalen Funktion

$$q = \frac{r}{p}$$

aus und erinnern nochmals an die reelle Produktdarstellung (Abschnitt 3.4, (3.23), (3.24)) des Nennerpolynoms

$$\begin{aligned} p(x) = & a_n(x-x_1)^{\alpha_1} \cdot \ldots \cdot (x-x_r)^{\alpha_r} \\ & \cdot (x^2+b_1x+c_1)^{\beta_1} \cdot \ldots \cdot (x^2+b_sx+c_s)^{\beta_s} \end{aligned}$$

Man kann nun zeigen, dass q darstellbar ist als Summe von echt-gebrochen-rationalen Funktionen $\frac{r_k}{p_k}$, wobei die Nennerpolynome p_k die Form

$$\begin{array}{lll} (x-x_i)^{\mu} & \text{für} \quad \mu = 1, \ldots, \alpha_i & \text{bzw.} \\ (x^2+b_jx+c_j)^{\nu} & \text{für} \quad \nu = 1, \ldots, \beta_j & \end{array}$$

besitzen. Die Funktion q lässt sich damit darstellen als Summe von einfacheren rationalen Funktionen, wobei die Anzahl und Form der Summanden durch die Struktur des Nennerpolynoms p bestimmt wird.

Aus Übersichtlichkeitsgründen behandeln wir nur einige einfachere Spezialfälle.

Satz 9.34

Es seien die echt-gebrochen-rationalen Funktionen

$$q_i = \frac{r_i}{p_i}$$

mit $\mathrm{Gr}(r_i) < \mathrm{Gr}(p_i)$ für $i = 1, 2, 3$ gegeben. Ferner sei für $r_1(x_i) \neq 0$ $(i = 1, 2, 3)$, $r_2(x_1) \neq 0$, $r_3(x_1) \neq 0$

$$\begin{aligned} p_1(x) &= (x-x_1)(x-x_2)(x-x_3) \\ p_2(x) &= (x-x_1)^2(x^2+bx+c) \\ p_3(x) &= (x-x_1)(x^2+bx+c)^2 \end{aligned}$$

wobei die Werte x_1, x_2, x_3 verschieden sind und das Polynom p_4 mit

$$p_4(x) = x^2+bx+c$$

keine reelle Nullstelle besitzt.

Dann existieren Summendarstellungen der Form:

$$\begin{aligned} q_1(x) &= \frac{r_1(x)}{p_1(x)} \\ &= \frac{A}{x-x_1} + \frac{B}{x-x_2} + \frac{C}{x-x_3} \\ q_2(x) &= \frac{r_2(x)}{p_2(x)} \\ &= \frac{D}{x-x_1} + \frac{E}{(x-x_1)^2} + \frac{F+Gx}{x^2+bx+c} \\ q_3(x) &= \frac{r_3(x)}{p_3(x)} \\ &= \frac{H}{x-x_1} + \frac{I+Jx}{x^2+bx+c} \\ &\quad + \frac{K+Lx}{(x^2+bx+c)^2} \end{aligned}$$

Dabei sind $A, \ldots, L$ Konstanten, die mit Hilfe von $r_1(x)$, $r_2(x)$, $r_3(x)$ bestimmt werden können.

Beweisidee

Wir bestimmen die Konstanten $A, \ldots, L$ indem wir in der jeweiligen Gleichung beide Seiten mit dem Nennerpolynom p_i multiplizieren. Damit ergibt sich beispielsweise für die zweite Gleichung

$$\begin{aligned} r_2(x) = & D(x-x_1)(x^2+bx+c) + E(x^2+bx+c) \\ & + (F+Gx)(x-x_1)^2 . \end{aligned}$$

Da zwei Polynome genau dann übereinstimmen, wenn die entsprechenden Polynomkoeffizienten identisch sind (Definition 9.27), führt man einen *Koeffizientenvergleich* für die Potenzen von x, also für x^0, x^1, x^2, x^3 durch.

Für die zweite Gleichung erhält man dann ein lineares Gleichungssystem mit 4 Gleichungen und den 4 Unbekannten D, E, F, G, das eindeutig lösbar ist. Entsprechend behandelt man die übrigen Fälle.

Beispiel 9.35

Wir wollen eine Partialbruchzerlegung der echt-gebrochen-rationalen Funktion $\frac{r_1}{p_1}$ mit

$$\frac{r_1(x)}{p_1(x)} = \frac{2x+1}{x^2-1}$$

durchführen. Der Grad des Zählerpolynoms ist hier kleiner als der Grad des Nennerpolynoms. Ferner lässt sich der Nenner in lineare Faktoren zerlegen:

$$p_1(x) = x^2-1 = (x+1)(x-1)$$

Die Nullstellen des Nenners bei $x = \pm 1$ sind keine Nullstellen im Zähler.

Zur Lösung formulieren wir folgenden Ansatz:

$$\begin{aligned}\frac{2x+1}{x^2-1} &= \frac{A}{x+1} + \frac{B}{x-1} \\ \Rightarrow 2x+1 &= A(x-1) + B(x+1) \\ &= (A+B)x - A + B\,.\end{aligned}$$

Durch Koeffizientenvergleich ergibt sich:

$$\left.\begin{aligned} A + B &= 2 \\ -A + B &= 1 \end{aligned}\right\} \Rightarrow A = \tfrac{1}{2}, B = \tfrac{3}{2}$$

Wir erhalten die Lösung:

$$\frac{2x+1}{x^2-1} = \frac{1}{2(x+1)} + \frac{3}{2(x-1)}$$

Beispiel 9.36

Für die Funktion $\frac{r_2}{p_2}$ mit

$$\frac{r_2(x)}{p_2(x)} = \frac{x^2+3x-1}{(x-1)(x^2+x+1)}$$

gilt auch $\mathrm{Gr}(r_2) < \mathrm{Gr}(p_2)$. Der Nenner besitzt hier nur eine Nullstelle bei $x = 1$, der zweite Faktor des Nenners x^2+x+1 kann nicht 0 werden. Wir fordern:

$$\begin{aligned}&\frac{x^2+3x-1}{(x-1)(x^2+x+1)} = \frac{D}{x-1} + \frac{F+Gx}{x^2+x+1} \\ &\Rightarrow x^2+3x-1 \\ &\quad = D(x^2+x+1) + (F+Gx)(x-1) \\ &\quad = (D+G)x^2 + (D+F-G)x + D - F\end{aligned}$$

Durch Koeffizientenvergleich ergibt sich:

$$\left.\begin{aligned} D \qquad + G &= 1 \\ D + F - G &= 3 \\ D - F \qquad &= -1 \end{aligned}\right\} \Rightarrow \left\{\begin{aligned} &D = 1, F = 2, \\ &G = 0 \end{aligned}\right.$$

und daraus die Lösung:

$$\frac{x^2+3x-1}{(x-1)(x^2+x+1)} = \frac{1}{x-1} + \frac{2}{x^2+x+1}$$

Beispiel 9.37

Bei der Funktion

$$\frac{r_3(x)}{p_3(x)} = \frac{x^2+x}{(x^2+1)^2}$$

ist auch $\mathrm{Gr}(r_3) < \mathrm{Gr}(p_3)$. Der Nenner besitzt keine Nullstelle. Damit ergibt sich

$$\begin{aligned}&\frac{x^2+x}{(x^2+1)^2} = \frac{I+Jx}{x^2+1} + \frac{K+Lx}{(x^2+1)^2} \\ &\Rightarrow x^2+x \\ &\quad = (I+Jx)(x^2+1) + K + Lx \\ &\quad = Jx^3 + Ix^2 + (J+L)x + I + K\end{aligned}$$

Durch Koeffizientenvergleich ergibt sich hier direkt:

$$J = 0, I = 1, L = 1, K = -I = -1$$

Damit erhalten wir die Lösung

$$\frac{x^2+x}{(x^2+1)^2} = \frac{1}{x^2+1} + \frac{x-1}{(x^2+1)^2}$$

Fasst man nun die Aussagen der Sätze 9.31 b und 9.34 zusammen, so erhalten wir das nachfolgende Ergebnis.

Satz 9.38

Seien p_1 und p_2 Polynome mit

$$p_2(x) = \prod_{i=1}^{r} (x - x_i)^{\alpha_i} \prod_{j=1}^{s} (x^2 + b_j x + c_j)^{\beta_j}$$

und

$$q = \frac{p_1}{p_2}$$

eine gebrochen-rationale Funktion.

Dann ist q eindeutig additiv zerlegbar in ein Polynom und eine Summe von echt-gebrochen-rationalen Funktionen $\frac{r_k}{q_k}$ mit

$$\begin{aligned}&q_k = (x - x_i)^{\varrho} \quad (\varrho = 1, \ldots, \alpha_i) \\ &\quad \Rightarrow r_k \text{ konstant}\end{aligned}$$

$$\begin{aligned}&q_k = (x^2 + b_j x + c_j)^{\sigma} \quad (\sigma = 1, \ldots, \beta_j) \\ &\quad \Rightarrow r_k = v_j + w_j x\,, \text{ linear.}\end{aligned}$$

9.3.3 Potenz- und Wurzelfunktionen

Wir verlassen nun den Bereich der Polynome und rationalen Funktionen und betrachten Funktionen, in denen die unabhängige Variable x mit nicht ganzzahligen Exponenten versehen ist.

Definition 9.39

Unter einer *Potenzfunktion* versteht man eine Funktion

$$f: D \to \mathbb{R} \quad \text{mit} \quad f(x) = x^a\,.$$

Dabei gilt für die Definitionsmenge von f:

$$D = \begin{cases} \mathbb{R}_+\,, & \text{falls } a > 0 \text{ und reell} \\ \mathbb{R}_+ \setminus \{0\}\,, & \text{falls } a < 0 \text{ und reell} \end{cases}$$

Für nicht ganzzahlige, jedoch *rationale Exponenten* spricht man auch von einer *Wurzelfunktion*.

Beispiele für Wurzelfunktionen sind

$$f: \mathbb{R}_+ \to \mathbb{R} \text{ mit } f(x) = x^{2/3} = \sqrt[3]{x^2}\,,$$

$$f: \mathbb{R}_+ \setminus \{0\} \to \mathbb{R} \text{ mit } f(x) = x^{-1/2} = \frac{1}{\sqrt{x}}\,.$$

Weil $\sqrt{x}$ nur für $x \geq 0$ existiert, ist die Bestimmung der Definitionsbereiche für verknüpfte Wurzelfunktionen gelegentlich nicht ganz einfach.

Beispiel 9.40

Wir betrachten die Funktionen $w_i: D \to \mathbb{R}$ für $(i = 1, \ldots, 5)$ mit

$$w_1(x) = x + \sqrt{1 + x^2}\,, \quad w_2(x) = \sqrt{x + \sqrt{x}}\,,$$

$$w_3(x) = \sqrt{x - \sqrt{x}}\,, \quad w_4(x) = \sqrt{\frac{x-1}{x}}\,,$$

$$w_5(x) = \sqrt[3]{\frac{x}{1-x}}\,.$$

Im Einzelnen ergeben sich folgende Definitionsbereiche:

w_1: $D = \mathbb{R}$, da $1 + x^2 > 0$ für alle $x \in \mathbb{R}$

w_2: $D = \mathbb{R}_+$, da $x + \sqrt{x} \geq 0$ für alle $x \in \mathbb{R}_+$

w_3: $D = [1, \infty)$, da $(x - \sqrt{x} \geq 0 \Leftrightarrow x \geq 1)$

w_4: $D = (-\infty, 0) \cup [1, \infty)$, da $\frac{x-1}{x} \geq 0$ für $x \geq 1$ oder $x < 0$

w_5: $D = \mathbb{R} \setminus \{1\}$, da $\sqrt[3]{\frac{x}{x-1}}$ für $x \neq 1$ stets existiert.

Der Vollständigkeit halber erwähnen wir, dass auch irrationale Exponenten auftreten können, beispielsweise bei

$$f: \mathbb{R}_+ \to \mathbb{R} \text{ mit } f(x) = x^{\sqrt{2}}\,.$$

Man spricht hier von einer *transzendenten Funktion*. Bei ökonomischen Anwendungen reichen allerdings oft rationale Exponenten aus.

Satz 9.41

Es gilt für ein rationales $a \neq 0$ und eine Potenzfunktion f mit $f(x) = x^a$:

a) Für $a > 0$ ist f streng monoton wachsend mit $f(0) = 0$ und $f(x) > 0$ für $x > 0$.

b) Für $a < 0$ ist f streng monoton fallend mit $f(x) > 0$ für $x > 0$. Für $x = 0$ ist f nicht definiert (Definition 9.39).

c) $f(x_1)f(x_2) = f(x_1 x_2)\,,$
$$\frac{f(x_1)}{f(x_2)} = f\left(\frac{x_1}{x_2}\right).$$

d) Zu $f: D \to D$ mit $D = R_+ \setminus \{0\}$ existiert eine inverse Funktion
$$g = f^{-1}$$
mit $f(x) = y = x^a$
$$\Leftrightarrow x = f^{-1}(y) = y^{1/a} = (x^a)^{1/a}\,.$$

Beweisidee

a) Für $a > 0$ und a rational gilt offenbar:
$$x_1 < x_2 \Leftrightarrow x_1^a < x_2^a\,.$$
Ferner ist $f(0) = 0^a = 0$ sowie $f(x) = x^a > 0$ für $x > 0$.

b) Für $a < 0$ und a rational ergibt sich
$$x_1 < x_2 \Rightarrow x_1^{-1} > x_2^{-1}$$
$$\Rightarrow x_1^a > x_2^a\,.$$

Nach a) und b) ist f für $a > 0$ $(a < 0)$ streng monoton wachsend (fallend).

c) $f(x_1)f(x_2) = x_1^a x_2^a = (x_1 x_2)^a = f(x_1 x_2)$
$$\frac{f(x_1)}{f(x_2)} = \frac{x_1^a}{x_2^a} = \left(\frac{x_1}{x_2}\right)^a = f\left(\frac{x_1}{x_2}\right)$$
(Abschnitt 1.1)

d) folgt aus Satz 9.19 sowie
$$(x^a)^{1/a} = x^{a/a} = x$$
mit $a \neq 0$.

Beispiel 9.42

Wir betrachten die Graphen der Potenzfunktionen f_1, f_2 mit $f_1(x) = x^{2.5}$, $f_2(x) = x^{-3.5}$ und ihrer Umkehrfunktionen (Abbildungen 9.16, 9.17).

Die Funktionen f_1 und f_1^{-1} sind für alle $x \geq 0$ definiert und streng monoton wachsend. Ferner ist

$$f_1(0) = 0,\ f_1^{-1}(0) = 0 \text{ sowie}$$
$$f_1(x) > 0,\ f_1^{-1}(x) > 0$$

für alle $x > 0$.

Die Funktionen f_2 und f_2^{-1} sind für alle $x > 0$ definiert und streng monoton fallend. Ferner gilt $f_2(x) > 0,\ f_2^{-1}(x) > 0$ für alle $x > 0$.

Zu jedem der Graphen von f_1, f_2 erhält man den Graphen der entsprechenden Umkehrfunktionen f_1^{-1}, f_2^{-1} durch Spiegelung an der Achse $y = x$. Damit gilt beispielsweise auch

$$f_1(1) = f_1^{-1}(1) = 1\,,\ f_2(1) = f_2^{-1}(1) = 1\,.$$

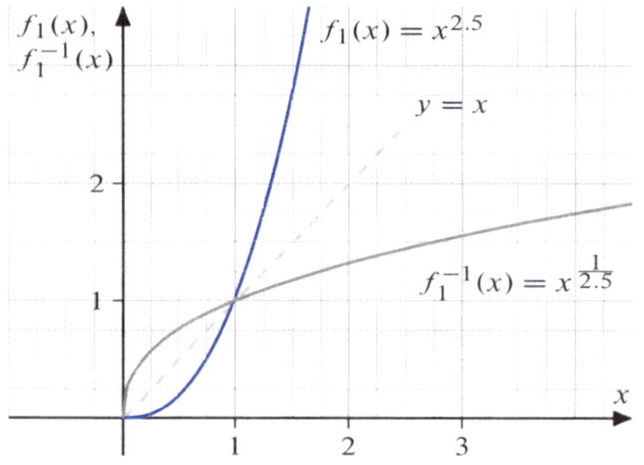

Abbildung 9.16: *Graphen der Potenzfunktion f_1 und ihrer Umkehrfunktion f_1^{-1}*

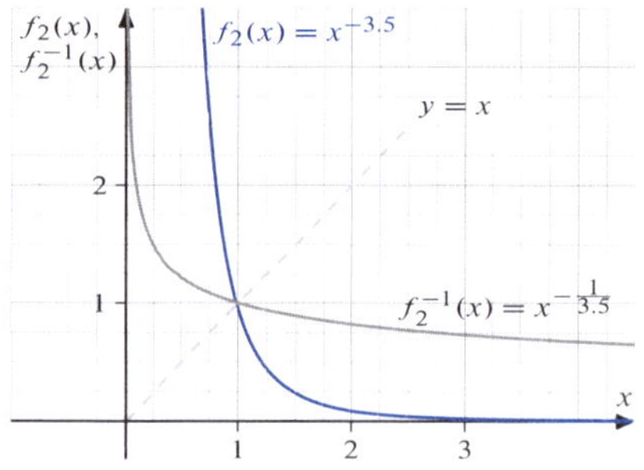

Abbildung 9.17: *Graphen der Potenzfunktion f_2 und ihrer Umkehrfunktion f_2^{-1}*

9.3.4 Exponential- und Logarithmusfunktionen

Zur Erklärung und Analyse gleichförmiger Wachstumsprozesse sind weitere reelle Funktionen von zentraler Bedeutung, die zu den transzendenten Funktionen zählen.

Definition 9.43

Eine reelle Funktion $f : \mathbb{R} \to \mathbb{R}$ mit

$$f(x) = a^x$$

bei gegebenem $a > 0$ heißt *Exponentialfunktion zur Basis a*.

Satz 9.44

Gegeben sei eine Exponentialfunktion f mit

$$f(x) = a^x,\ a > 0\,.$$

Dann gilt:

a) $f(x) > 0$ für alle $x \in \mathbb{R}$,
   $f(0) = 1$,
   $f(x_1)f(x_2) = f(x_1 + x_2)$,
   $\left(f(x_1)\right)^{x_2} = f(x_1 x_2)$

b) f ist streng monoton wachsend für $a > 1$ bzw. streng monoton fallend für $a < 1$

Beweis

a) Offenbar gilt für $a > 0$ sowohl $f(0) = a^0 = 1$ als auch $f(x) = a^x > 0$ für alle $x \in \mathbb{R}$.

$$\begin{aligned} f(x_1)f(x_2) &= a^{x_1}a^{x_2} = a^{x_1+x_2} \\ &= f(x_1 + x_2) \end{aligned}$$

$$\begin{aligned} (f(x_1))^{x_2} &= (a^{x_1})^{x_2} = a^{x_1 x_2} \\ &= f(x_1 x_2) \qquad \text{(Abschnitt 1.1)} \end{aligned}$$

b) $a > 1,\ x_1 < x_2 \Rightarrow 1 = 1^{x_2 - x_1} < a^{x_2 - x_1}$

$$\Rightarrow 1 < \frac{a^{x_2}}{a^{x_1}} \Rightarrow a^{x_1} < a^{x_2}$$

Entsprechend beweist man:

$a < 1,\ x_1 < x_2 \Rightarrow 1 = 1^{x_2 - x_1} > a^{x_2 - x_1}$

$$\Rightarrow 1 > \frac{a^{x_2}}{a^{x_1}} \Rightarrow a^{x_1} > a^{x_2}$$

Beispiel 9.45

Wir betrachten die Graphen der Exponentialfunktionen f_1, f_2, f_3 mit

$$f_1(x) = 2^x, \quad f_2(x) = 2^{-x}, \quad f_3(x) = e^x$$

und der Wertetabelle:

x	-2	-1	0	1	2
2^x	0.25	0.50	1.00	2.00	4.00
2^{-x}	4.00	2.00	1.00	0.50	0.25
e^x	0.14	0.37	1.00	2.72	7.39

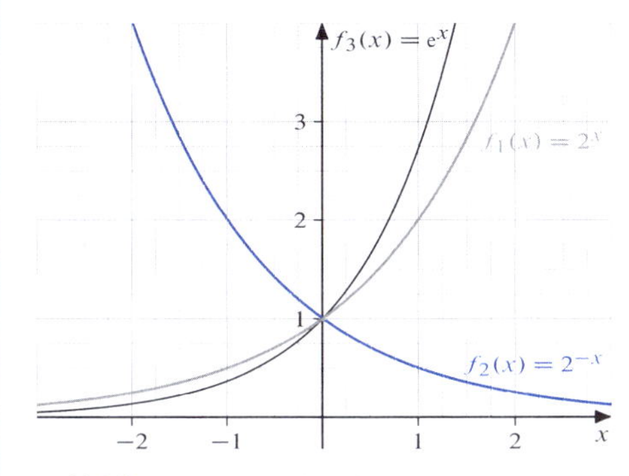

Abbildung 9.18: *Graphen der Exponentialfunktionen f_1, f_2, f_3*

Alle drei Funktionen sind auf $\mathbb{R}$ definiert und nehmen nur positive Werte an. Die Funktionen f_1, f_3 wachsen streng monoton und f_2 fällt streng monoton.

Die Funktionen f_1 und f_2 sind ferner in gewissem Sinne zueinander symmetrisch, es gilt nämlich

$$f_1(x) f_2(x) = 2^x 2^{-x} = 2^0 = 1$$

für alle x.

Allgemein gilt für $f(x) = a^x$:

$$f(x)f(-x) = f(0) = a^0 = 1 \qquad \text{(Satz 9.44 a)}$$

Zum Verlauf von f mit $f(x) = a^x$ ist g mit

$$g(x) = a^{-x} = f(-x)$$

das Spiegelbild von f bzgl. der Ordinate y. Damit genügt es, Exponentialfunktionen für $a > 1$ zu betrachten.

Da jede Exponentialfunktion mit $f(x) = a^x$ $(a > 1)$ streng monoton wachsend und positiv ist (Satz 9.44), existiert eine Umkehrfunktion (Satz 9.19).

Definition 9.46

Gegeben sei eine Exponentialfunktion f mit

$$f(x) = a^x > 0 .$$

Dann heißt die Umkehrfunktion $g : \mathbb{R}_+ \setminus \{0\} \to \mathbb{R}$

$$g(x) = f^{-1}(x) = \log_a x$$

Logarithmusfunktion zur Basis a.

Damit erhalten wir die Zusammenhänge:

$$y = g(x) = \log_a x \Leftrightarrow x = f(y) = a^y$$

$$(g \circ f)(x) = g(f(x)) = \log_a (a^x) = x \qquad \text{(für alle } x \in \mathbb{R})$$

$$(f \circ g)(x) = f(g(x)) = a^{\log_a x} = x \qquad \text{(für alle } x \in \mathbb{R}_+ \setminus \{0\})$$

Satz 9.47

Gegeben sei eine Logarithmusfunktion g mit $g(x) = \log_a x$, $a > 1$. Dann gilt:

a) g ist streng monoton wachsend

b) $g(x) > 0$ für $x > 1$,
$g(x) < 0$ für $x \in (0, 1)$,
$g(1) = 0$,
$g(x_1 x_2) = g(x_1) + g(x_2)$,
$g\left(x_1^{x_2}\right) = x_2 \cdot g(x_1)$

Beweis

a) Da g Umkehrfunktion einer streng monoton wachsenden Exponentialfunktion ist, ist auch g streng monoton wachsend (Satz 9.19).

b) Aus der Äquivalenz

$$x = a^y \Leftrightarrow \log_a x = y$$

folgt für $x = 1$

$$1 = a^0 \Leftrightarrow \log_a(1) = 0 .$$

Weil g streng monoton wächst, folgt daraus

$$g(x) > 0 \text{ für } x > 1 \text{ und}$$
$$g(x) < 0 \text{ für } x \in (0, 1) .$$

Ferner ist:

$$\begin{aligned} g(x_1 x_2) &= \log_a(x_1 x_2) = \log_a (a^{y_1} a^{y_2}) \\ &= \log_a \left(a^{y_1 + y_2}\right) = y_1 + y_2 \\ &= \log_a x_1 + \log_a x_2 = g(x_1) + g(x_2) \\ g\left(x_1^{x_2}\right) &= \log_a \left(x_1^{x_2}\right) = \log_a \left((a^{y_1})^{x_2}\right) \\ &= \log_a \left(a^{y_1 x_2}\right) = y_1 x_2 \\ &= x_2 \log_a x_1 = x_2 g(x_1) \end{aligned}$$

Aus Vereinfachungsgründen schreibt man häufig

$$\log x = \log_{10} x$$

für den *dekadischen* Logarithmus und

$$\ln x = \log_{\mathrm{e}} x$$

für den *natürlichen* Logarithmus.

Beispiel 9.48

Wir betrachten die Graphen der Exponentialfunktionen f_1, f_2 mit

$$f_1(x) = \mathrm{e}^x\,, \quad f_2(x) = 10^x$$

sowie deren Umkehrfunktionen g_1, g_2 mit

$$g_1(x) = \ln x\,, \quad g_2(x) = \log x$$

und der Wertetabelle:

x	0.1	e^{-1}	1	e	10
$\ln(x)$	−2.30	−1.00	0.00	1.00	2.30
$\log(x)$	−1.00	−0.43	0.00	0.43	1.00

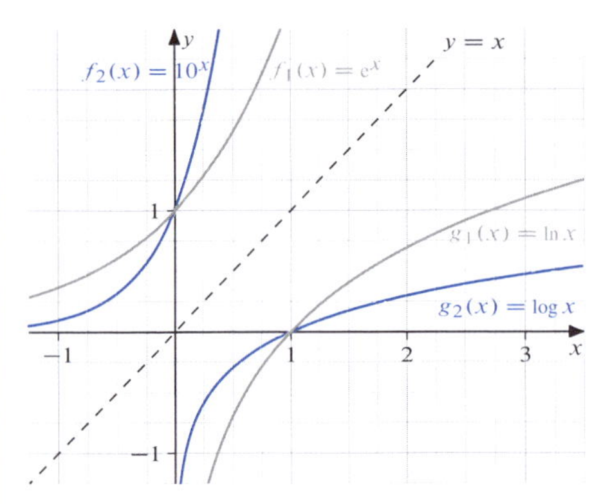

Abbildung 9.19: *Graphen der Exponentialfunktionen f_1, f_2 und ihrer Umkehrfunktionen g_1, g_2*

Durch Spiegelung an der in Abbildung 9.19 gestrichelten Achse $y = x$ erhalten wir für f_1 den Graphen der Umkehrfunktion g_1 bzw. für f_2 den Graphen der Umkehrfunktion g_2. Entsprechend können auch die Funktionen f_1, f_2 als Umkehrfunktionen zu g_1, g_2 angesehen werden.

Zwischen den Exponentialfunktionen und den Logarithmusfunktionen mit unterschiedlicher Basis werden wir nun einen Zusammenhang herstellen, der einen Basiswechsel gestattet.

Satz 9.49

Gegeben seien die Exponentialfunktionen f_1, f_2 mit

$$f_1(x) = a^x\,, \quad f_2(x) = b^x$$

sowie die Logarithmusfunktionen g_1, g_2 mit

$$g_1(x) = \log_a x\,, \quad g_2(x) = \log_b x\,.$$

Ferner sei $a > 1$, $b > 1$. Dann gilt:

a) $f_1(x) = a^x = b^{x \log_b a}\,,$

$f_2(x) = b^x = a^{x \log_a b}$

b) $g_1(x) = \log_a x = \dfrac{\log_b x}{\log_b a}\,,$

$g_2(x) = \log_b x = \dfrac{\log_a x}{\log_a b}$

Beweis

a) Wir nutzen die Beziehungen

$$(f_1 \circ g_1)(x) = a^{\log_a x} = x \quad \text{bzw.}$$
$$(f_2 \circ g_2)(x) = b^{\log_b x} = x$$

und erhalten

$$f_1(x) = a^x = b^{\log_b(a^x)} = b^{x \log_b a}$$
$$f_2(x) = b^x = a^{\log_a(b^x)} = a^{x \log_a b}\,.$$

b) Durch Logarithmieren der Gleichung $x = a^{\log_a x}$ ergibt sich:

$$\log_b x = \log_b\left(a^{\log_a x}\right) = \log_a(x) \cdot \log_b(a)$$
$$\Rightarrow \; g_1(x) = \log_a x = \frac{\log_b x}{\log_b a}$$

Entsprechend ergibt sich durch Logarithmieren der Gleichung $x = b^{\log_b x}$:

$$\log_a x = \log_a\left(b^{\log_b x}\right) = \log_b(x) \cdot \log_a(b)$$
$$\Rightarrow \; g_2(x) = \log_b x = \frac{\log_a x}{\log_a b}$$

Dieser Satz wird sich vor allem in der Differential- und Integralrechnung als nützlich erweisen (Kapitel 11, 13). Da das Differenzieren und Integrieren von Exponential- und Logarithmusfunktionen zur Basis e mit $y = \mathrm{e}^x$ bzw. $x = \ln y$ besonders einfach ist, rechnet man entsprechend Satz 9.49 folgendermaßen um:

$$f_1(x) = a^x = \mathrm{e}^{x \ln a}\,, \quad g_1(x) = \log_a x = \frac{\ln x}{\ln a}$$

9.3.5 Trigonometrische Funktionen

Als weitere Gruppe von transzendenten Funktionen diskutieren wir die *trigonometrischen Funktionen*, auch als *Winkelfunktionen* bezeichnet.

Wir knüpfen an die Überlegungen in Abschnitt 2.3 an und erinnern in Abbildung 9.20 an die in (2.5) formulierten Beziehungen. Für $r = 1$ gilt

$$\sin\alpha = a\,, \qquad \cos\alpha = b\,.$$

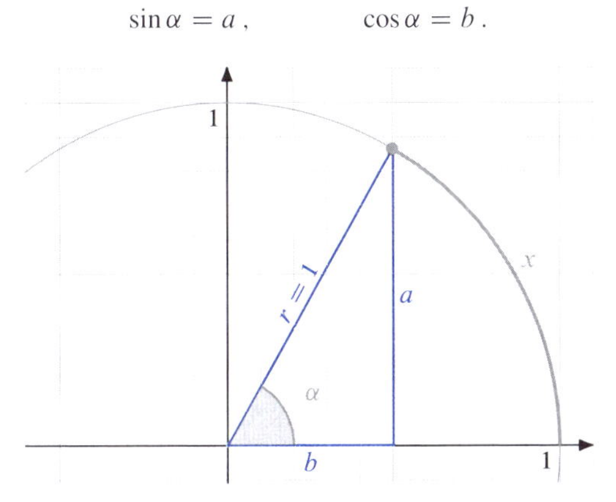

Abbildung 9.20: *Sinus- und Kosinuswerte im Einheitskreis*

In der Analysis transformiert man das *Gradmaß* für den Winkel α aus Maßstabsgründen in das sogenannte *Bogenmaß*. Jedem Winkel α entspricht im Einheitskreis eindeutig ein Kreisbogen der Länge x und umgekehrt jedem Kreisbogen der Länge x ein Winkel α.

Berücksichtigt man weiter, dass die Kreislinie des Einheitskreises die Länge 2π besitzt, so entspricht der Winkel von 360° gerade dem Wert 2π. Damit ergibt sich eine bijektive Abbildung mit

$$\alpha = \frac{360}{2\pi}x = \frac{180}{\pi}x \quad \text{bzw.} \quad x = \frac{2\pi\alpha}{360} = \frac{\pi\alpha}{180}\,.$$

Im Einzelnen gilt:

α	0	30	45	60	90	135
x	0	$\frac{\pi}{6}$	$\frac{\pi}{4}$	$\frac{\pi}{3}$	$\frac{\pi}{2}$	$\frac{3\pi}{4}$
α	180	225	270	360	450	...
x	π	$\frac{5\pi}{4}$	$\frac{3\pi}{2}$	2π	$\frac{5\pi}{2}$	...

Damit lassen sich Sinus und Kosinus als Funktionen der reellen Variablen $x \in \mathbb{R}$ erklären.

Definition 9.50

Die reellen Funktionen $s, c : \mathbb{R} \to \mathbb{R}$ mit

$$s(x) = \sin x\,,$$
$$c(x) = \cos x$$

heißen *Sinus-* bzw. *Kosinusfunktion*.

In den Abbildungen 9.21 und 9.22 ist der Zusammenhang zwischen den Winkel- und Streckenbeziehungen im Dreieck und dem Graph der Sinus- bzw. Kosinusfunktion dargestellt.

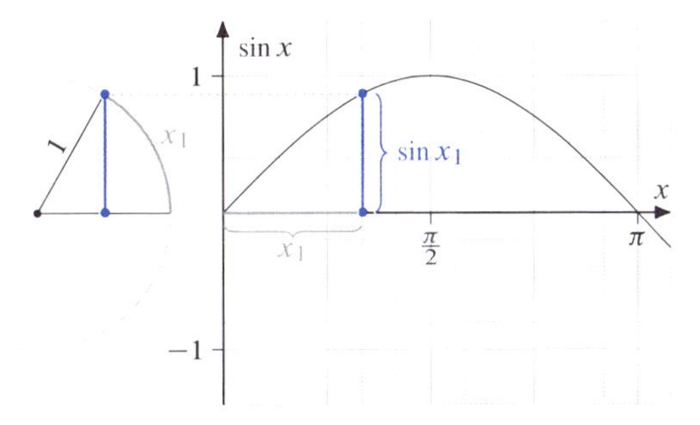

Abbildung 9.21: *Graph der Sinusfunktion mit* $y = \sin x$

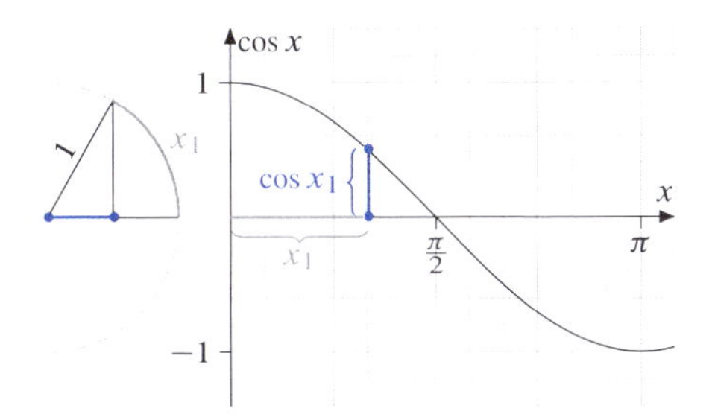

Abbildung 9.22: *Graph der Kosinusfunktion mit* $y = \cos x$

In Abbildung 9.23 sind die Graphen beider Funktionen zusammen dargestellt.

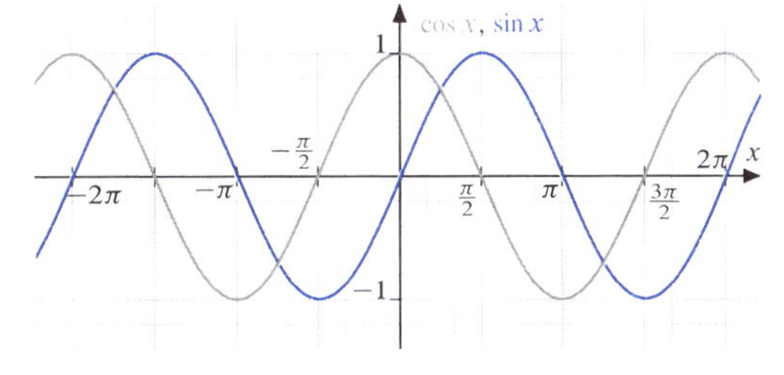

Abbildung 9.23: *Graphen der Sinus- und Kosinusfunktion*

Satz 9.51

Es seien die Sinusfunktion mit

$$s(x) = \sin x$$

und die Kosinusfunktion mit

$$c(x) = \cos x$$

gegeben. Dann gilt:

a) $\sin x$, $\cos x \in [-1, 1]$ für alle $x \in \mathbb{R}$

b) s, c sind periodische Funktionen mit der Periode $p = 2\pi$ und es gilt für alle $k \in \mathbb{Z}$

$$s(x) = 0 \text{ für } x = k\pi,$$
$$c(x) = 0 \text{ für } x = (2k-1) \cdot \frac{\pi}{2}$$

c) c ist gerade mit $c(-x) = c(x)$, s ist ungerade mit $s(-x) = -s(x)$

d) $\sin(x+y) = \sin x \cos y + \cos x \sin y$

$\cos(x+y) = \cos x \cos y - \sin x \sin y$

$$\sin x + \sin y = 2 \sin\left(\frac{x+y}{2}\right) \cos\left(\frac{x-y}{2}\right)$$

$$\sin x - \sin y = 2 \cos\left(\frac{x+y}{2}\right) \sin\left(\frac{x-y}{2}\right)$$

$$\cos x + \cos y = 2 \cos\left(\frac{x+y}{2}\right) \cos\left(\frac{x-y}{2}\right)$$

$$\cos x - \cos y = -2 \sin\left(\frac{x+y}{2}\right) \sin\left(\frac{x-y}{2}\right)$$

e) $\sin^2 x + \cos^2 x = 1$

Beweis

a) , b), c) folgt direkt aus der Definition 9.50 in Verbindung mit den Überlegungen in Abschnitt 2.3.

d) Wir führen exemplarisch den Beweis von

$$\sin(x+y) = \sin x \cos y + \cos x \sin y$$

mithilfe der Eulerschen Formel der komplexen Zahlen (Abschnitt 3.1). Es gilt:

$$e^{ix} = \cos(x) + i \cdot \sin(x)$$
$$e^{-ix} = \cos(x) - i \cdot \sin(x)$$

Durch Addition bzw. Subtraktion dieser beiden Gleichungen und anschließendem Auflösen nach $\sin(x)$ bzw. $\cos x$ ergibt sich

$$\frac{1}{2i}\left(e^{ix} - e^{-ix}\right) = \sin x\,,$$
$$\frac{1}{2}\left(e^{ix} + e^{-ix}\right) = \cos x\,.$$

Damit kann man schreiben:

$$\begin{aligned}
&\sin(x)\cos(y) + \cos(x)\sin(y)\\
&= \frac{1}{2i}\left(e^{ix} - e^{-ix}\right) \cdot \frac{1}{2}\left(e^{iy} + e^{-iy}\right)\\
&\quad + \frac{1}{2}\left(e^{ix} + e^{-ix}\right) \cdot \frac{1}{2i}\left(e^{iy} - e^{-iy}\right)\\
&= \frac{1}{4i}\left(e^{i(x+y)} + e^{i(x-y)} - e^{i(y-x)} - e^{-i(x+y)}\right.\\
&\quad \left. + e^{i(x+y)} + e^{i(y-x)} - e^{i(x-y)} - e^{-i(x+y)}\right)\\
&= \frac{1}{2i} \cdot \frac{1}{2}\left(2e^{i(x+y)} - 2e^{-i(x+y)}\right)\\
&= \frac{1}{2i}\left(e^{i(x+y)} - e^{-i(x+y)}\right)\\
&= \sin(x+y)
\end{aligned}$$

e) folgt aus Abbildung 9.20 mit Hilfe des Satzes von Pythagoras.

Da wir mit Hilfe von periodischen Funktionen in der Lage sind, saisonelle oder konjunkturelle Prozesse in der Ökonomie zu beschreiben, sind die trigonometrischen Funktionen s und c sehr wichtig. Es ist möglich, Sinus- und Kosinusfunktionen sowie geeignete Kombinationen an vorgegebene Saison- oder Konjunkturzyklen anzupassen.

Beispiel 9.52

Wir betrachten die Sinusfunktion s_1 mit

$$s_1(x) = a \sin(bx + c)$$

und $a, b, c > 0$. Mit $\sin(0) = \sin(2\pi)$ und

$$bx + c = 0 \Rightarrow x = -\frac{c}{b}\,,$$
$$bx + c = 2\pi \Rightarrow x = \frac{1}{b}(-c + 2\pi)$$

berechnet man die Periode

$$\frac{1}{b}(-c + 2\pi) - \left(-\frac{c}{b}\right) = \frac{2\pi}{b}$$

für die Funktion s_1.

Die Konstante b variiert die Periode, die für $b < 1$ gegenüber 2π verlängert und für $b > 1$ verkürzt wird.

Ferner gilt

$$s_1(x) \in [-a, a].$$

Damit steuert die Konstante $a > 0$ den Schwankungsbereich der Funktionswerte von s_1.

Die Konstante $c > 0$ bedeutet schließlich eine Verschiebung des Nullpunktes nach links.

Beispiel 9.53

Durch die Kosinusfunktion c_1 mit

$$c_1(x) = a\cos(bx + c) + d$$

sollen Monatsdaten beschrieben werden. Wir bestimmen die Konstanten $a, b, c, d \geq 0$ so, dass eine Periode $p = 12$, also

$$c_1(x) = c_1(x + 12)$$

erreicht wird; zusätzlich soll

$$c_1(x) \in [0, 10],\ c_1(1) = 0$$

gelten und damit $c_1(7) = 10$.

Mit $\cos 0 = \cos(2\pi)$ berechnet man wie in Beispiel 9.52 die Periode $\frac{2\pi}{b}$. Damit gilt:

$$\frac{2\pi}{b} = 12 \Leftrightarrow b = \frac{2\pi}{12} = \frac{\pi}{6}$$

Ferner überlegt man sich

$$\begin{aligned} c_1(1) &= a\cos(b + c) + d \\ &= a\cos\left(\frac{\pi}{6} + c\right) + d = 0\,. \end{aligned}$$

Wegen $\min_x \cos(x) = \cos(\pi) = -1$ folgt daraus

$$c = \frac{5\pi}{6} \quad \text{sowie} \quad -a + d = 0\,.$$

Entsprechend gilt

$$\begin{aligned} c_1(7) &= a\cos(7b + c) + d \\ &= a\cos\left(\frac{7\pi}{6} + c\right) + d = 10\,. \end{aligned}$$

Wegen

$$\max_x \cos(x) = \cos(2\pi) = 1$$

folgt daraus $c = \frac{5\pi}{6}$ sowie $a + d = 10$.

Insgesamt ergibt sich mit $a = d = 5$, $b = \frac{\pi}{6}$, $c = \frac{5\pi}{6}$ das Ergebnis

$$c_1(x) = 5\cos\left(\frac{\pi}{6}x + \frac{5\pi}{6}\right) + 5\,,$$

das wir in Figur 9.24 veranschaulichen.

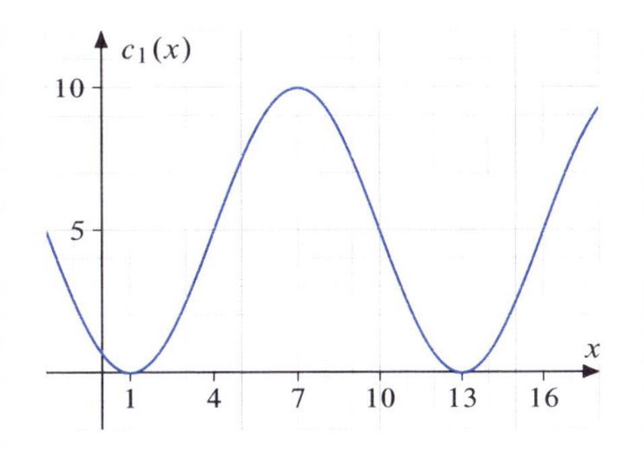

Abbildung 9.24: *Graph der Funktion* c_1

Für den Wert $c \geq 0$ existieren unendlich viele Lösungen, nämlich $c = \frac{5\pi}{6} + k2\pi$ mit $k \in \mathbb{Z}$.

Aus den Quotienten der Sinus- und Kosinusfunktion kann man zwei weitere trigonometrische Funktionen herleiten.

Definition 9.54

Die reelle Funktion

$$u\colon \mathbb{R}\setminus\{x : x = \tfrac{\pi}{2} + k\pi\ (k \in \mathbb{Z})\} \to \mathbb{R} \quad \text{mit}$$

$$u(x) = \tan x = \frac{\sin x}{\cos x}$$

heißt *Tangensfunktion* und die reelle Funktion

$$v\colon \mathbb{R}\setminus\{x : x = k\pi\ (k \in \mathbb{Z})\} \to \mathbb{R} \quad \text{mit}$$

$$v(x) = \cot x = \frac{1}{\tan x} = \frac{\cos x}{\sin x}$$

heißt *Kotangensfunktion* (Abbildung 9.25).

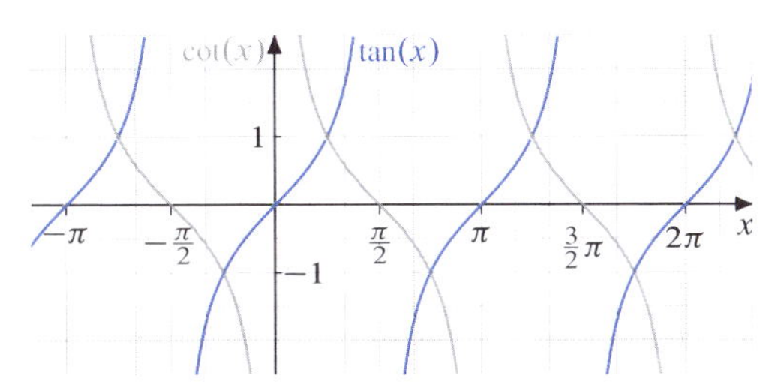

Abbildung 9.25: *Graph der Tangens- und der Kotangensfunktion*

Satz 9.55

Gegeben seien die Tangensfunktion mit

$$u(x) = \tan x$$

und die Kotangensfunktion mit

$$v(x) = \cot x\,.$$

Dann gilt:

a) u und v sind periodische Funktionen mit der Periode $p = \pi$ und es gilt:

$$u(x) = 0 \;\text{ für } x = k\pi \qquad (k \in \mathbb{Z})$$
$$v(x) = 0 \;\text{ für } x = (2k-1)\frac{\pi}{2} \qquad (k \in \mathbb{Z})$$

b) u und v sind ungerade Funktionen mit

$$\tan(-x) = -\tan x\,, \quad \cot(-x) = -\cot x$$

c) $1 + \tan^2 x = \dfrac{1}{\cos^2 x}$, $1 + \cot^2 x = \dfrac{1}{\sin^2 x}$

Beweis

a) folgt aus Definition 9.54 und Satz 9.51 b.

b) $$\tan(-x) = \frac{\sin(-x)}{\cos(-x)} = \frac{-\sin x}{\cos x} = -\tan x$$
$$\cot(-x) = \frac{1}{\tan(-x)} = \frac{1}{-\tan x} = -\cot x$$

c) $$1 + \tan^2 x = 1 + \frac{\sin^2 x}{\cos^2 x} = \frac{\cos^2 x + \sin^2 x}{\cos^2 x}$$
$$= \frac{1}{\cos^2 x} \qquad \text{(Satz 9.51 e)}$$
$$1 + \cot^2 x = 1 + \frac{\cos^2 x}{\sin^2 x} = \frac{\sin^2 x + \cos^2 x}{\sin^2 x}$$
$$= \frac{1}{\sin^2 x} \qquad \text{(Satz 9.51 e)}$$

Die Nullstellen der Tangensfunktion fallen also definitionsgemäß mit den Nullstellen der Sinusfunktion zusammen. Ferner ist die Tangensfunktion für alle Nullstellen der Kosinusfunktion nicht definiert. Entsprechendes gilt für die Kotangensfunktion.

Aus diesem Grunde eignen sich diese beiden periodischen Funktionen nicht zur Beschreibung saisonaler ökonomischer Prozesse. Wir werden jedoch vor allem die Tangensfunktion nochmals benötigen, wenn wir im Rahmen der Differentialrechnung die Steigung reeller Funktionen behandeln (Kapitel 11).

Beispiel 9.56

Wir stellen den Graphen der Funktion u_1 mit

$$u_1(x) = 2\tan\left(\frac{\pi}{20}x - \frac{\pi}{4}\right) + 2$$

und der Wertetabelle

x	−2	0	5	10	14
$u_1(x)$	−1.9	0	2	4	14.6

für $x \in [-2, 15)$ dar (Abbildung 9.26).

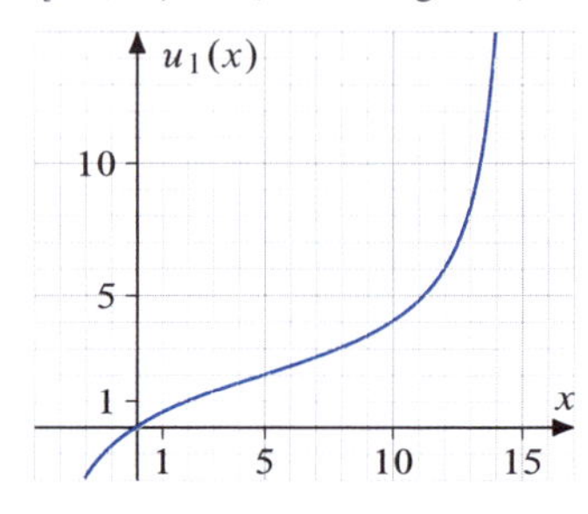

Abbildung 9.26: *Graph der Funktion* u_1

Relevante Literatur

Adams, Gabriele u. a. (2013). *Mathematik zum Studieneinstieg: Grundwissen der Analysis für Wirtschaftswissenschaftler, Ingenieure, Naturwissenschaftler und Informatiker*. 6. Aufl. Springer Gabler, Kap. 3

Arens, Tilo u. a. (2015). *Mathematik*. 3. Aufl. Springer Spektrum, Kap. 4

Kemnitz, Arnfried (2014). *Mathematik zum Studienbeginn: Grundlagenwissen für alle technischen, mathematisch-naturwissenschaftlichen und wirtschaftswissenschaftlichen Studiengänge*. 11. Aufl. Springer Spektrum, Kap. 5, 6.1

Merz, Michael und Wüthrich, Mario V. (2012). *Mathematik für Wirtschaftswissenschaftler: Die Einführung mit vielen ökonomischen Beispielen*. Vahlen, Kap. 13, 14

Opitz, Otto u. a. (2014). *Mathematik: Übungsbuch für das Studium der Wirtschaftswissenschaften*. 8. Aufl. De Gruyter Oldenbourg, Kap. 5, 6

Purkert, Walter (2014). *Brückenkurs Mathematik für Wirtschaftswissenschaftler*. 8. Aufl. Springer Gabler, Kap. 4

Sydsæter, Knut und Hammond, Peter (2015). *Mathematik für Wirtschaftswissenschaftler: Basiswissen mit Praxisbezug*. 4. Aufl. Pearson Studium, Kap. 4, 5

Tietze, Jürgen (2013). *Einführung in die angewandte Wirtschaftsmathematik: Das praxisnahe Lehrbuch – inklusive Brückenkurs für Einsteiger*. 17. Aufl. Springer Spektrum, Kap. 2

10

Grenzwerte und Stetigkeit

Zur graphischen Darstellung von reellen Funktionen $f: D \to W$ mit $D, W \subseteq \mathbb{R}$ reichte es bislang aus, einige markante Wertepaare zu bestimmen und diese durch eine Kurve zu verbinden. Damit ist jedoch keineswegs gesichert, dass die Kurve der Funktion hinreichend gerecht wird. Es geht um die Frage, ob kleinste Änderungen der unabhängigen Variablen x auch nur minimale Änderungen der abhängigen Variablen $y = f(x)$ implizieren. Zur Klärung dieses Problems sind Grenzwertbetrachtungen anzustellen.

Wir bauen dazu auf dem Grenzwertbegriff von Folgen aus Kapitel 8 auf und verallgemeinern zunächst in Abschnitt 10.1 diese Überlegungen auf reelle Funktionen. Mit diesen Grundlagen sind wir in der Lage, in Abschnitt 10.2 die Stetigkeit von reellen Funktionen zu erklären und interessante Eigenschaften stetiger Funktionen abzuleiten. Schließlich geht es in Abschnitt 10.3 darum, zu vorgegebenen Funktionswerten ein geeignetes Urbild zu bestimmen. Es wird sich zeigen, dass dies im Fall stetiger Funktionen stets möglich ist.

10.1 Grenzwerte reeller Funktionen

Das Konvergenzverhalten von Zahlenfolgen kann auf reelle Funktionen übertragen werden.

Definition 10.1

Die Funktion $f: D \to W$ mit $D, W \subseteq \mathbb{R}$ heißt an der Stelle $x_0 \in \mathbb{R}$, die nicht notwendig zu D gehören muss, *konvergent gegen* $f_0 \in \mathbb{R}$, wenn mindestens eine Folge (x_n) mit $x_n \in D$, $x_n \neq x_0$ und

$$x_n \to x_0 \ (n \to \infty)$$

existiert und für alle diese Folgen

$$f(x_n) \to f(x_0) = f_0 \in \mathbb{R}$$

erfüllt ist.

$f_0 = f(x_0)$ heißt dann *Grenzwert der Folge* $(f(x_n))$ und man schreibt für alle gegen x_0 konvergierenden Folgen (x_n)

$$\lim_{x_n \to x_0} f(x_n) = f(x_0) = f_0 \quad \text{oder auch}$$

$$\lim_{x \to x_0} f(x) = f(x_0) = f_0 \, .$$

Nähern wir uns dem Wert x_0 von oben mit $x > x_0$, so schreibt man

$$\lim_{x \searrow x_0} f(x) = f(x_0) = f_0 \, .$$

Nähern wir uns von unten mit $x < x_0$, so schreibt man

$$\lim_{x \nearrow x_0} f(x) = f(x_0) = f_0 \, .$$

Beispiel 10.2

Wir betrachten die Funktionen f_1, f_2, f_3, f_4 mit den jeweils zugehörigen Graphen und stellen einige Überlegungen zu Grenzwerten an.

Für $f_1: (-1, \infty) \to \mathbb{R}$ mit

$$f_1(x) = \frac{1}{x+1}$$

erhalten wir

$$\lim_{x \to 0} f_1(x) = 1 \, , \quad \lim_{x \searrow -1} f_1(x) = \infty \, .$$

f_1 strebt also für $x \to -1$ gegen ∞.

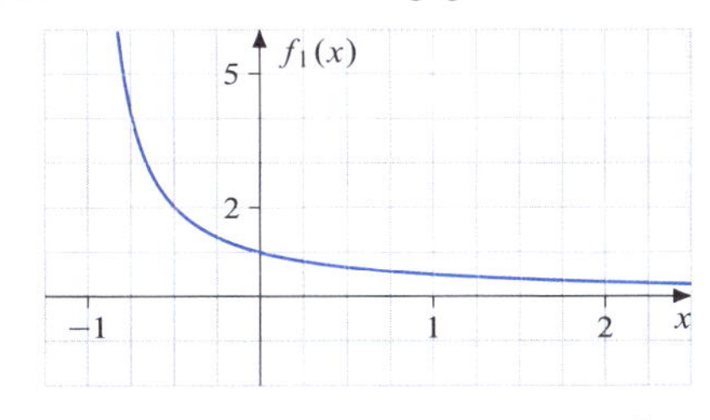

Abbildung 10.1: *Graph der Funktion f_1*

DOI: 10.1515/9783110475333-010

Bei $f_2 : \mathbb{R} \to \mathbb{R}_+$ mit

$$f_2(x) = \begin{cases} x^2 & \text{für } x \le 1 \\ 2^x & \text{für } x > 1 \end{cases}$$

ergibt sich

$$\begin{aligned} \lim_{x \searrow 1} f_2(x) &= 2^1 = 2 \neq 1 \\ &= f_2(1)\,. \end{aligned}$$

f_2 „springt" also in $x = 1$ vom Wert 1 auf 2.

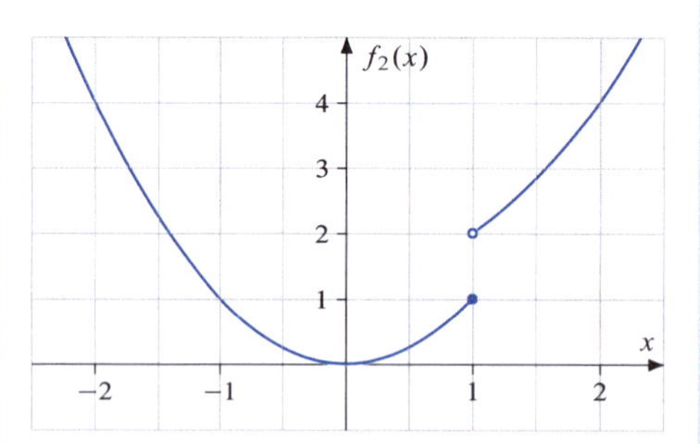

Abbildung 10.2: *Graph der Funktion* f_2

Für $f_3 : \mathbb{R} \to \mathbb{R}$ mit

$$f_3(x) = \begin{cases} (x-1)^2 - 1 & \text{für } x < 0 \\ \sqrt{x} & \text{für } x \ge 0 \end{cases}$$

gilt

$$\begin{aligned} \lim_{x \nearrow 0} f_3(x) &= (0-1)^2 - 1 = 0 = \sqrt{0} \\ &= f_3(0)\,. \end{aligned}$$

f_3 verläuft also bei $x = 0$ ohne „Sprung".

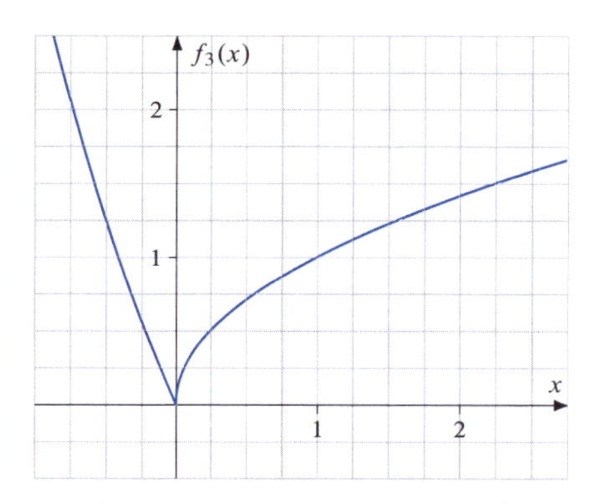

Abbildung 10.3: *Graph der Funktion* f_3

Für $f_4 : \mathbb{R} \setminus \{0, 2\} \to \mathbb{R}$ mit

$$f_4(x) = \frac{x^2 - 4}{x^2 - 2x} = \frac{(x+2)(x-2)}{x(x-2)} = \frac{x+2}{x}$$

gilt

$$\begin{aligned} \lim_{x \to 2} f_4(x) &= \frac{2+2}{2} = 2\,, \\ \lim_{x \to 0} f_4(x) &= \pm\infty\,. \end{aligned}$$

Die Funktion f_4 ist für $x = 2$ nicht definiert (siehe ∘ in Abbildung 10.4). Diese Definitionslücke ist jedoch mit Hilfe einer Grenzwertbetrachtung überbrückbar.

Bei $x = 0$ befindet sich eine Polstelle, der Funktionswert strebt für $x \searrow 0$ nach $+\infty$ und für $x \nearrow 0$ nach $-\infty$.

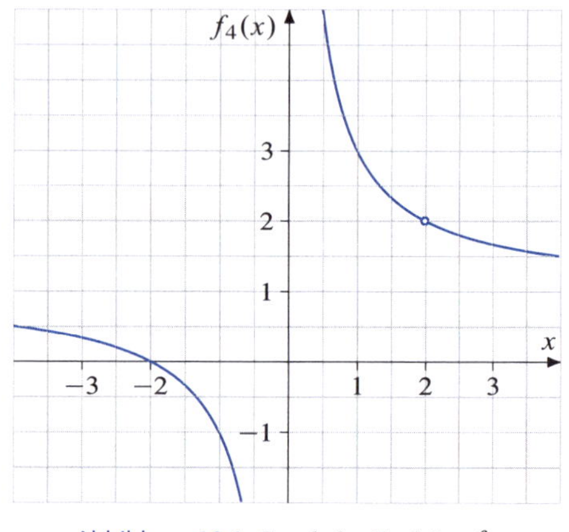

Abbildung 10.4: *Graph der Funktion* f_4

Wir können Definition 10.1 erweitern, indem wir die Stelle x_0 durch $+\infty$ oder $-\infty$ ersetzen.

Beispiel 10.3

Für die Funktionen f_1, f_2, f_3, f_4 aus Beispiel 10.2 ergibt sich

$$\begin{aligned} &\lim_{x \to \infty} f_1(x) = 0\,, \\ &\lim_{x \to \pm\infty} f_2(x) = \lim_{x \to \pm\infty} f_3(x) = \infty\,, \\ &\lim_{x \to \pm\infty} f_4(x) = 1\,. \end{aligned}$$

Beispiel 10.4

Für $g_1 : \mathbb{R} \to \mathbb{R}$ mit

$$g_1(x) = \frac{1}{x^2 + 1}$$

gilt

$$\lim_{x \to \pm\infty} g_1(x) = 0 .$$

Für $g_2 : \mathbb{R} \to \mathbb{R}$ mit

$$g_2(x) = \frac{x^2 - 3x + 5}{2x^2 + 1}$$

gilt

$$g_2(x) = \frac{1 - \frac{3}{x} + \frac{5}{x^2}}{2 + \frac{1}{x^2}}$$

$$\Rightarrow \lim_{x \to \pm\infty} g_2(x) = \frac{1}{2} .$$

Für $g_3 : \mathbb{R} \setminus \{1\} \to \mathbb{R}$ mit

$$g_3(x) = \frac{x^2 - 5}{x + 1}$$

gilt

$$g_3(x) = \frac{x - \frac{5}{x}}{1 + \frac{1}{x}}$$

$$\Rightarrow \lim_{x \to \pm\infty} g_3(x) = \pm\infty .$$

(vgl. dazu Beispiel 8.15 in Abschnitt 8.4.)

Mit diesen Beispielen wird das asymptotische Verhalten von Funktionen beschrieben. Während g_1, g_2 für $x \to \pm\infty$ gegen die Funktionswerte 0 bzw. gegen $\frac{1}{2}$ konvergieren, divergiert die Funktion g_3 für $x \to \infty$ gegen $+\infty$, für $x \to -\infty$ gegen $-\infty$.

10.2 Stetige Funktionen

Wir veranschaulichen den Begriff der Stetigkeit reeller Funktionen zunächst graphisch. Betrachten wir die in Abbildung 10.5 dargestellte Funktion f in x_1 und x_2, so führt eine beliebig kleine Erhöhung von x_1 zu einem „Sprung" des Funktionswertes, während eine beliebig kleine Veränderung von x_2 eine entsprechend kleine Veränderung von $f(x_2)$ nach sich zieht. Wir werden sehen, dass die Funktion f in x_2 stetig und in x_1 unstetig ist.

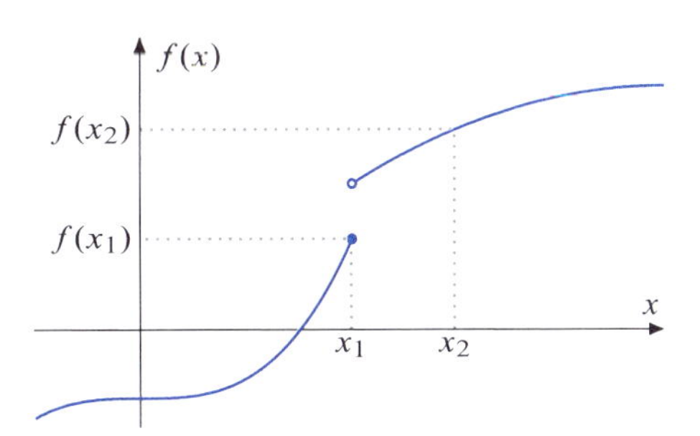

Abbildung 10.5: *Stetigkeitsbegriff reeller Funktionen*

Intuitiv sind damit alle uns bekannten elementaren reellen Funktionen (Kapitel 9.3) in ihrem Definitionsbereich stetig.

Andererseits besitzen die für die Ökonomie wichtigen *Treppenfunktionen* sogenannte Sprungstellen, beispielsweise die Funktion f mit

$$f(x) = \begin{cases} 0 & \text{für} \quad x \leq 0 \\ 1 & \text{für} \quad 0 < x \leq 2 \\ 2 & \text{für} \quad 2 < x \leq 5 \\ 4 & \text{für} \quad 5 < x \end{cases}$$

in den Punkten $x = 0, 2, 5$ (Abbildung 10.6)

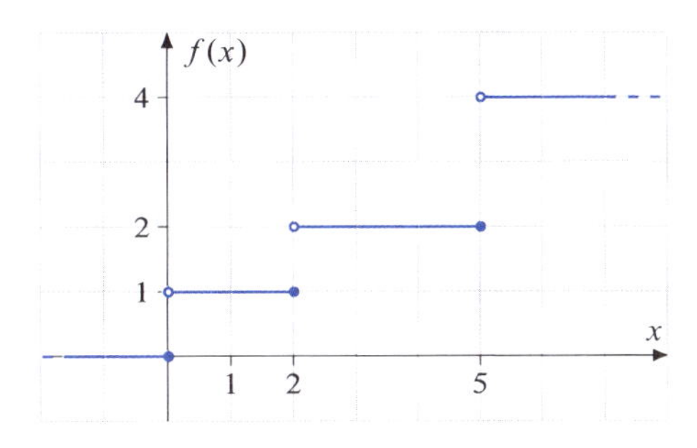

Abbildung 10.6: *Graph einer Treppenfunktion*

Es gibt reelle Funktionen, die unendlich viele Sprungstellen besitzen, beispielsweise die Dirichletfunktion d mit

$$d(x) = \begin{cases} 0 & \text{für } x \text{ rational} \\ 1 & \text{für } x \text{ irrational} \end{cases} .$$

Diese Funktion lässt sich nicht graphisch darstellen.

Für einen formalen Zugang zu stetigen und später auch zu differenzierbaren Funktionen (Kapitel 11) benötigen wird die Konvergenz reeller Funktionen (Definition 10.1).

Definition 10.5

Ist $f : D \to W$ mit $D, W \subseteq \mathbb{R}$ in $x_0 \in D$ konvergent gegen $f_0 = f(x_0)$, dann heißt f *stetig in* x_0. Für alle Folgen mit dem Grenzwert x_0, also $x \to x_0$, gilt dann:

$$\lim_{x \to x_0} f(x) = f(x_0) = f\left(\lim_{x \to x_0} x\right)$$

Die Funktion f heißt *stetig in* $T \subseteq D$, wenn f für alle $x \in T$ stetig ist.

Ist die Funktion f für ein $x_1 \in D$ nicht stetig, so spricht man von einer *Unstetigkeitsstelle* oder *Sprungstelle* der Funktion.

Beispiel 10.6

Die Funktionen $f_1, f_2 : \mathbb{R} \to \mathbb{R}$ mit

$$f_1(x) = c\,, \quad f_2(x) = x$$

sind für alle $x_0 \in \mathbb{R}$ stetig. Denn es gilt für jede Folge mit dem Grenzwert x_0:

$$\lim_{x \to x_0} f_1(x) = \lim_{x \to x_0} c = c = f(x_0)$$

$$\lim_{x \to x_0} f_2(x) = \lim_{x \to x_0} x = x_0 = f(x_0)$$

Beispiel 10.7

Wir betrachten die Funktion $g_1 : \mathbb{R} \to \mathbb{R}$ mit

$$g_1(x) = \begin{cases} 2 & \text{für } x < 0 \\ 0 & \text{für } x \geq 0 \end{cases}$$

Die Funktion g_1 ist stetig für alle $x \neq 0$ (Beispiel 10.6, Funktion f_1).

Zur Überprüfung der Stetigkeit von g_1 im Nullpunkt betrachten wir Folgen (x) mit $x \nearrow 0$ für $x < 0$ bzw. $x \searrow 0$ für $x > 0$.

Dann gilt $\lim\limits_{x \searrow 0} g_1(x) = g_1(0) = 0\,,$

$$\lim_{x \nearrow 0} g_1(x) = \lim_{x \nearrow 0} 2 = 2$$

und damit ist g_1 unstetig im Punkt $x = 0$ (Abbildung 10.7).

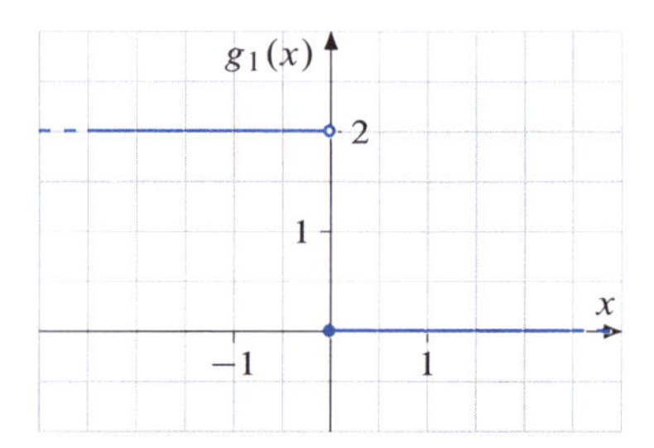

Abbildung 10.7: *Graph der Funktion g_1*

Beispiel 10.8

Zur Überprüfung der Stetigkeit der Funktion $g_2 : \mathbb{R} \to \mathbb{R}$ mit

$$g_2(x) = \begin{cases} x + x^8 & \text{für } 0 < x < 1 \\ 1 + x^2 & \text{sonst} \end{cases}$$

für alle $x_0 \in (0, 1)$ erhalten wir nach Satz 8.14

$$\begin{aligned} \lim_{x \to x_0} g_2(x) &= \lim_{x \to x_0} (x + x^8) \\ &= \lim_{x \to x_0} (x) + \big(\lim_{x \to x_0} (x)\big)^8 \\ &= x_0 + {x_0}^8 = g_2(x_0) \end{aligned}$$

und für alle $x_0 < 0$ bzw. $x_0 > 1$ ebenfalls nach Satz 8.14

$$\begin{aligned} \lim_{x \to x_0} g_2(x) &= \lim_{x \to x_0} (1 + x^2) \\ &= \lim_{x \to x_0} (1) + \lim_{x \to x_0} (x) \cdot \lim_{x \to x_0} (x) \\ &= 1 + {x_0}^2 = g_2(x_0) \end{aligned}$$

Die Funktion g_2 ist also stetig für alle $x \neq 0, 1$. Für $x = 0, 1$ gilt

$$g_2(x) = 1 + x^2 = \begin{cases} 1 & \text{für } x = 0 \\ 2 & \text{für } x = 1\,. \end{cases}$$

Wir betrachten Folgen mit $x \searrow 0$

$$\lim_{x \searrow 0} g_2(x) = \lim_{x \searrow 0} (x + x^8) = 0 \neq 1 = g_2(0)\,.$$

Für $x \nearrow 1$ ist

$$\lim_{x \nearrow 1} g_2(x) = \lim_{x \nearrow 1} (x + x^8) = 2 = g_2(1)\,.$$

Damit ist g_2 stetig für $x = 1$ und unstetig für $x = 0$.

Insgesamt ist g_2 stetig für alle $x \neq 0$. Dies wird durch den Graphen von g_2 (Abbildung 10.8) bestätigt.

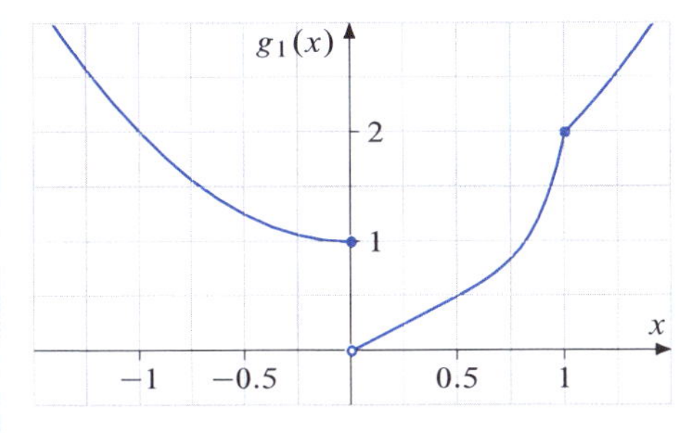

Abbildung 10.8: *Graph der Funktion* g_2

Beispiel 10.9

Betrachten wir die Graphen der Funktionen f_2, f_3 (Abbildung 10.2, 10.3) aus Beispiel 10.2, so ist f_3 für alle $x \in \mathbb{R}$ stetig, während f_2 für $x = 1$ eine Sprungstelle besitzt, also für $x = 1$ unstetig bzw. für $x \neq 1$ stetig ist.

Wir befassen uns nun unter anderem mit den Stetigkeitseigenschaften elementarer Funktionen.

In Satz 8.14 wurde gezeigt, dass die Summe und die Differenz, das Produkt und mit gewissen Einschränkungen auch der Quotient konvergenter Folgen in $\mathbb{R}$ konvergent sind, ebenso wie die Folgen $(a_n{}^c)$ und (c^{a_n}). Diese Aussagen sind unter Berücksichtigung der Definitionen 10.1 und 10.5 auf stetige Funktionen übertragbar.

Satz 10.10

Seien $f, g: D \to \mathbb{R}$ in $D \subseteq \mathbb{R}$ stetige Funktionen. Dann gilt:

a) Die Funktionen $f \pm g$, $fg: D \to \mathbb{R}$ sind stetig in D.

b) Die Funktion $\dfrac{f}{g}: D \to \mathbb{R}$ ist stetig in D für alle x mit $g(x) \neq 0$.

c) Die Funktion h_1 mit $h_1(x) = |f(x)|$ ist stetig in D, ebenso die Funktionen $h_2 = g \circ f$ und $h_3 = f^{-1}$, falls sie existieren.

d) Die Potenzfunktion p mit $p(x) = x^a$, $(a \in \mathbb{R})$ ist in ihrem Definitionsbereich stetig (Definition 9.39).

e) Die Exponentialfunktion q mit $q(x) = a^x$ ist in ihrem Definitionsbereich stetig (Definition 9.43), ebenso die Logarithmusfunktion q^{-1} mit $q^{-1}(x) = \log_a x$ (Definition 9.46).

f) Die trigonometrischen Funktionen sind in ihrem Definitionsbereich stetig (Def. 9.50, 9.54).

Die Beweise zu den Aussagen a) und b) folgen unmittelbar aus Satz 8.14. Zur Stetigkeit von Potenzfunktionen, Exponential- und Logarithmusfunktionen sowie trigonometrischen Funktionen verweisen wir auf entsprechende Graphen (Abbildungen 9.16–9.22, 9.25).

Damit sind alle behandelten elementaren Funktionen (Kapitel 9.3) in ihrem Definitionsbereich stetig. Mit stetigen Funktionen f und g sind ferner die zusammengesetzten Funktionen $g \circ f$ und $f \circ g$, die inversen Funktionen f^{-1} und g^{-1} sowie die Betragsfunktionen stetig.

Beispiel 10.11

Wir betrachten die Funktionen $g_1, g_2 : \mathbb{R} \to \mathbb{R}$ mit

$$g_1(x) = x^4 , \; g_2(x) = x^2 - 1 .$$

Wegen der Stetigkeit von f_1, f_2 mit

$$f_1(x) = 1 , \; f_2(x) = x \qquad \text{(Beispiel 10.6)}$$

gilt dies auch für g_1, g_2 mit

$$g_1(x) = (f_2(x))^4 ,$$
$$g_2(x) = (f_2(x))^2 - f_1(x) \quad \text{(Satz 10.10 b, c)}$$

bzw. für $g_1 g_2$ und für $\dfrac{g_1}{g_2}$ mit

$$(g_1 g_2)(x) = x^6 - x^4 \quad (x \in \mathbb{R}) ,$$
$$\frac{g_1}{g_2}(x) = \frac{x^4}{x^2 - 1} \quad (x \neq \pm 1) .$$

(Satz 10.10 c, d)

Beispiel 10.12

Wir betrachten die Funktionen f_1, f_2, f_3 mit

$$f_1(x) = \sqrt[4]{\frac{1-x^2}{x}}\,,$$
$$f_2(x) = \cos\left(\tfrac{1}{x}\right) + \tan x\,,$$
$$f_3(x) = \ln(\sin x)\,.$$

Alle diese Funktionen sind zusammengesetzt aus stetigen Funktionen (Satz 10.10) und damit in ihrem gesamten Definitionsbereich stetig, also:

f_1 für $x \in (-\infty, -1] \cup (0, 1]$ (Satz 10.10 b, c, d, f)

f_2 für x mit $x \neq 0$ und $\cos x \neq 0$ (Satz 10.10 a, d, e, h)

f_3 für x mit $\sin x > 0$ (Satz 10.10 e, g, h)

Im Rahmen der empirischen Ermittlung reeller Funktionen ist es gelegentlich erforderlich, die Funktionsgleichung in einzelnen Intervallen unterschiedlich festzulegen (Beispiel 10.7 oder alle Treppenfunktionen). Ist dann die Funktion in jedem der Intervalle bei separater Betrachtung stetig, so sind lediglich noch die sogenannten *Nahtstellen* auf Stetigkeit zu untersuchen.

Beispiel 10.13

Wir betrachten die Funktion $f : \mathbb{R} \to \mathbb{R}$ mit:

$$f(x) = \begin{cases} e^{x+1} & \text{für } x < -1 \\ \dfrac{2x}{x^2-3} & \text{für } -1 \leq x < 1 \\ -\sqrt{x} & \text{für } x = 1 \\ \ln(x+1) & \text{für } x > 1 \end{cases}$$

Dann ist die Funktion f für

$$x \in (-\infty, -1) \cup (-1, 1) \cup (1, \infty)$$

stetig. Wir untersuchen die Funktionen an den Nahtstellen $x = -1, 1$ mit

$$f(-1) = \frac{-2}{1-3} = 1\,,$$
$$f(1) = -\sqrt{1} = -1\,.$$

Es gilt

$$\begin{aligned}\lim_{x \nearrow -1} f(x) &= \lim_{x \nearrow -1} e^{x+1} \\ &= e^0 = 1 \\ &= f(-1)\,,\end{aligned}$$

$$\begin{aligned}\lim_{x \nearrow 1} f(x) &= \lim_{x \nearrow 1} \frac{2x}{x^2-3} \\ &= \frac{2}{-2} = -1 \\ &= f(1)\,,\end{aligned}$$

$$\begin{aligned}\lim_{x \searrow 1} f(x) &= \lim_{x \searrow 1} (\ln(x+1)) \\ &= \ln 2 \neq f(1)\,,\end{aligned}$$

Damit ist f für $x = -1$ stetig und für $x = 1$ unstetig.

In der Definition 10.5 zur Stetigkeit einer Funktion an der Stelle x_0 wird ausdrücklich verlangt, dass x_0 zum Definitionsbereich gehört. Es gibt jedoch Funktionen mit

$$f(x_n) \to f_0 \text{ für } x_n \to x_0\,,$$

ohne dass x_0 Element des Definitionsbereichs ist.

Definition 10.14

Eine reelle Funktion $f : D \to \mathbb{R}$ mit $x_0 \notin D$ heißt *an der Stelle x_0 stetig fortsetzbar*, wenn es eine Funktion

$$\tilde{f} : D \cup \{x_0\} \to \mathbb{R}$$

gibt, die für alle $x \in D$ mit f identisch ist und in x_0 stetig ist, also:

$$\tilde{f}(x) = \begin{cases} f(x) & \text{für alle } x \in D \\ \lim\limits_{x_n \to x_0} f(x_n) & \text{für } x = x_0 \end{cases}$$

Beispiel 10.15

Die rationale Funktion f_1 mit

$$f_1(x) = \frac{x^2-4}{x-2}$$

ist zunächst für alle $x \neq 2$ definiert und stetig.

Wegen

$$f_1(x) = \frac{(x+2)(x-2)}{(x-2)} = x+2$$

ist die Funktion f_1 auch für $x = 2$ definierbar und stetig fortsetzbar (Abbildung 10.9):

$$\lim_{x\to 2} f_1(x) = \lim_{x\to 2} \frac{(x+2)(x-2)}{(x-2)}$$
$$= \lim_{x\to 2}(x+2) = 4$$

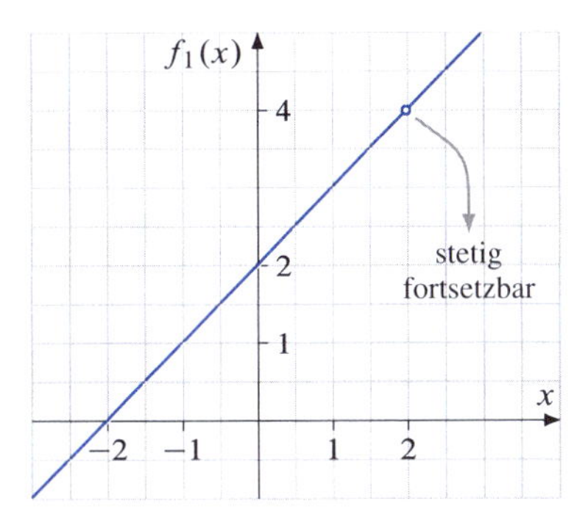

Abbildung 10.9: *Graph der Funktion f_1*

Beispiel 10.16

Die Wurzelfunktion f_2 mit

$$f_2(x) = \frac{x}{\sqrt[3]{x}}$$

ist zunächst für alle $x \neq 0$ definiert und stetig. Wegen

$$f_2(x) = \frac{x}{x^{\frac{1}{3}}} = x^{1-\frac{1}{3}} = x^{\frac{2}{3}} = \sqrt[3]{x^2}$$

ist die Funktion f_2 auch für $x = 0$ definierbar und stetig fortsetzbar:

$$\lim_{x\to 0} f_2(x) = \lim_{x\to 0} \sqrt[3]{x^2} = 0\,.$$

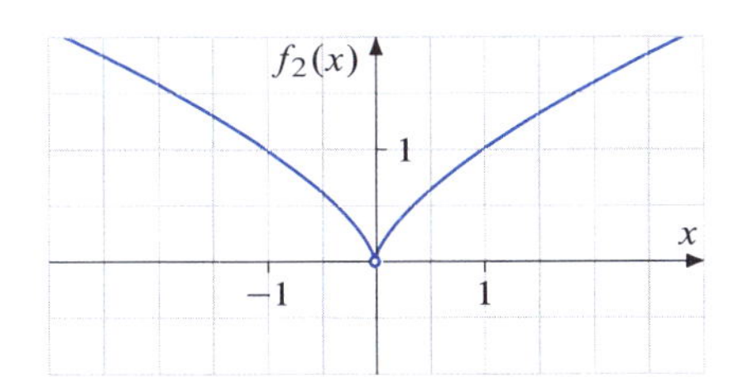

Abbildung 10.10: *Graph der Funktion f_2*

Beispiel 10.17

Die trigonometrische Funktion f_3 mit

$$f_3(x) = \frac{\sin x}{x}$$

ist für alle $x \neq 0$ definiert und stetig. Einige Funktionswerte von f_3 für x in der Nähe von 0 haben wir in der folgenden Wertetabelle dargestellt:

x	$\frac{\pi}{5}$	$\frac{\pi}{6}$	$\frac{\pi}{12}$	$-\frac{\pi}{12}$	$-\frac{\pi}{6}$
$f_3(x)$	0.9	0.95	0.99	0.99	0.95

Man vermutet, dass f_3 bei $x = 0$ stetig fortsetzbar mit dem Funktionswert 1 ist. Zur Überprüfung der stetigen Fortsetzbarkeit betrachten wir Abbildung 10.11.

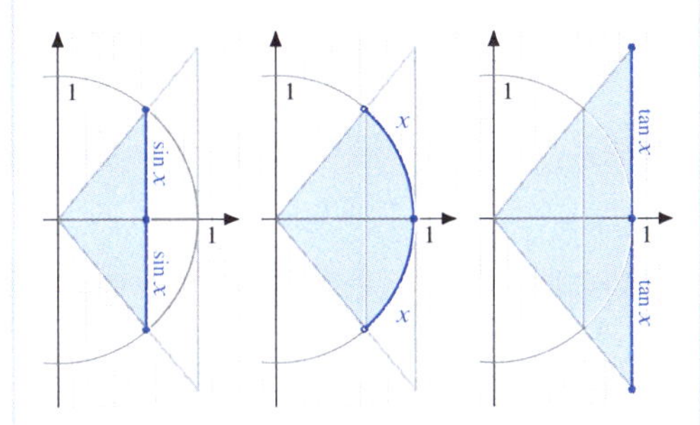

Abbildung 10.11: *Sinus- und Tangensfunktion am Einheitskreis mit $x \in \left(-\frac{\pi}{2}, \frac{\pi}{2}\right)$*

Für $x \in \left(0, \frac{\pi}{2}\right)$ gilt damit

$$0 < \sin x \leq x \leq \tan x = \frac{\sin x}{\cos x}$$

bzw. nach Division mit $\sin x > 0$

$$1 \leq \frac{x}{\sin x} \leq \frac{1}{\cos x}\,,$$

oder

$$1 \geq \frac{\sin x}{x} \geq \cos x\,.$$

Aus

$$\lim_{x\to 0} \cos x = 1$$

folgt schließlich

$$\lim_{x\to 0} \frac{\sin x}{x} = 1\,.$$

Andererseits kommen wir für $x \in \left(-\frac{\pi}{2}, 0\right)$ und

$$0 > \sin x \geq x \geq \tan x = \frac{\sin x}{\cos x}$$

nach Division mit $\sin x < 0$ zum gleichen Ergebnis

$$1 \leq \frac{x}{\sin x} \leq \frac{1}{\cos x}$$

oder

$$1 \geq \frac{\sin x}{x} \geq \frac{1}{\cos x},$$

also

$$\lim_{x\to 0} \cos x = 1$$

$$\Rightarrow \lim_{x\to 0} \frac{\sin x}{x} = 1 .$$

Damit ist auch f_3 für $x = 0$ definierbar und stetig fortsetzbar.

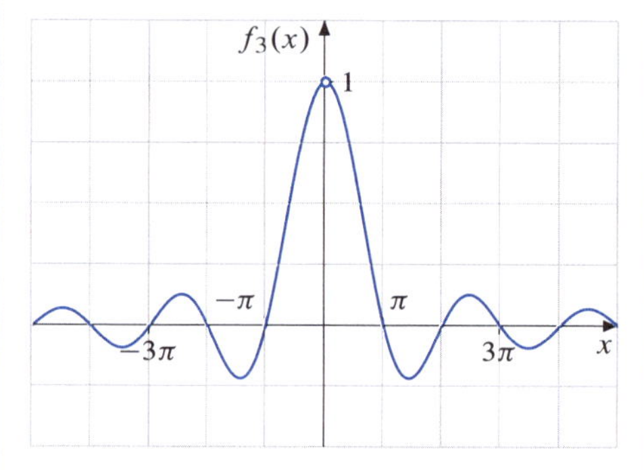

Abbildung 10.12: *Graph der Funktion f_3*

Beispiel 10.18

Die rationale Funktion f_4 mit

$$f_4(x) = \frac{1}{x}$$

ist für alle $x \neq 0$ definiert und stetig. Wegen

$$\lim_{x\searrow 0} \frac{1}{x} = \infty ,$$

$$\lim_{x\nearrow 0} \frac{1}{x} = -\infty$$

ist f_4 nicht stetig fortsetzbar.

10.3 Zwischenwertsatz

Bei reellen Funktionen, die für die Ökonomie von Bedeutung sind, beispielsweise Gewinn-, Umsatz- oder Kostenfunktionen, interessiert man sich für die Stellen, an denen die Funktion ein Maximum oder ein Minimum annimmt. In diesem Zusammenhang ist zunächst zu klären, wann Maximal- bzw. Minimalwerte überhaupt existieren.

Satz 10.19

Jede in einem abgeschlossenen und beschränkten Intervall stetige Funktion $f : [a, b] \to \mathbb{R}$ mit $a < b$ ist beschränkt und nimmt ihr Maximum und ihr Minimum an. Man schreibt gelegentlich

$$\max\left\{f(x) : x \in [a, b]\right\} = f(x_{\max}) = f_{\max} ,$$

$$\min\left\{f(x) : x \in [a, b]\right\} = f(x_{\min}) = f_{\min} .$$

Mit Hilfe der nachfolgenden Grafik kann Satz 10.19 veranschaulicht werden.

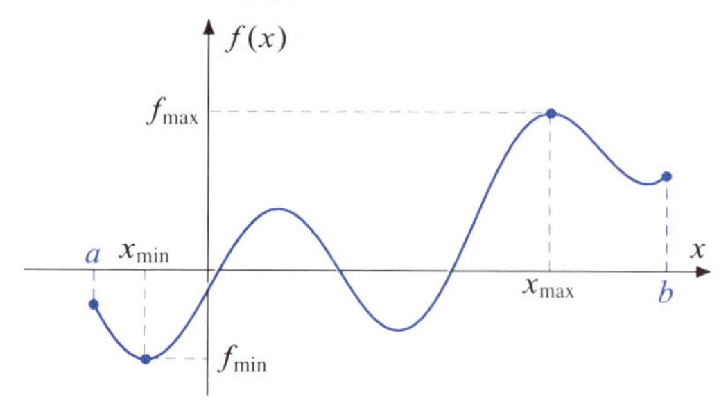

Abbildung 10.13: $f : [a, b] \to \mathbb{R}$ *mit f stetig*

Zum expliziten Beweis verweisen wir auf Forster (2016), Kapitel 11.

Beispiel 10.20

a) Die Funktion $f_1 : (0, 1) \to \mathbb{R}$ mit

$$f_1(x) = x^2$$

ist im offenen Intervall $(0, 1)$ zwar beschränkt wegen $f_1(x) \in (0, 1)$, sie besitzt jedoch weder ein Maximum noch ein Minimum. Ersetzt man den Definitionsbereich $(0, 1)$ durch $[0, 1]$, so gilt

$$\max\{f_1(x) : x \in [0, 1]\} = 1 \text{ für } x = 1 ,$$

$$\min\{f_1(x) : x \in [0, 1]\} = 0 \text{ für } x = 0 .$$

b) Die Funktion $f_2 : \mathbb{R}_+ \to \mathbb{R}$ mit

$$f_2(x) = x^2$$

ist unbeschränkt wegen $f_2(x) \to \infty$ für $x \to \infty$. Ferner gilt

$$\min\{f_2(x) : x \in \mathbb{R}_+\} = 0$$

für $x = 0$, ein Maximum existiert nicht.

c) Die Funktion $f_3 : [0, 1] \to \mathbb{R}$ mit

$$f_3(x) = \begin{cases} \frac{1}{x} & \text{für } x \in (0, 1] \\ 1 & \text{für } x = 0 \end{cases}$$

besitzt einen abgeschlossenen und beschränkten Definitionsbereich $[0, 1]$, aber sie ist für $x = 0$ unstetig.

Es gilt $\min\{f_3(x) : x \in [0, 1]\} = 1$ für $x \in \{0, 1\}$, ein Maximum existiert nicht.

Nachdem nun eine auf $[a, b]$ stetige Funktion ihr Maximum und Minimum annimmt, stellt man sich die Frage, ob auch für jeden Wert $y \in [f_{\min}, f_{\max}]$ ein Urbild $x \in [a, b]$ existiert mit $f(x) = y$. Darüber gibt der sogenannte *Zwischenwertsatz* Auskunft.

Satz 10.21

Sei $f : [a, b] \to \mathbb{R}$ stetig. Dann gilt:

a) Ist $f(a) < 0$, $f(b) > 0$, so existiert ein $x \in (a, b)$ mit $f(x) = 0$

b) Ist $f(a) < f(b)$, so existiert für alle $y \in [f(a), f(b)]$ ein $x \in [a, b]$ mit $f(x) = y$

c) Für alle $y \in [f_{\min}, f_{\max}]$ existiert ein $x \in [a, b]$ mit $f(x) = y$

Beweis

a) Zur Veranschaulichung der Aussage kann wieder Abbildung 10.13 herangezogen werden. Aus der Stetigkeit von f ergibt sich, dass die Funktion f mit $f(a) < 0$, $f(b) > 0$ für x zwischen a und b mindestens einen Schnittpunkt mit der Abszisse besitzt.

Zum expliziten Beweis verweisen wir auf Arens u. a. (2015), Kapitel 7.6.

b) Für $y = f(a)$ oder $y = f(b)$ ist die Behauptung klar. Für $y \in (f(a), f(b))$ lässt sich der Beweis mit Hilfe von Satz 10.21 a führen. Setzt man

$$g(a) = f(a) - y < 0\,,$$
$$g(b) = f(b) - y > 0\,,$$

so erfüllt g die Voraussetzungen von Satz 10.21 a. Damit existiert ein $x \in (a, b)$ mit

$$g(x) = f(x) - y = 0\,,$$

also $f(x) = y$.

c) Für $f_{\min} = f_{\max}$ ist die Behauptung klar. Für

$$f_{\min} = f(x_{\min}) < f(x_{\max}) = f_{\max}$$

und $y \in (f_{\min}, f_{\max})$ setzen wir entsprechend Satz 10.21 b

$$g(x_{\min}) = f(x_{\min}) - y < 0\,,$$
$$g(x_{\max}) = f(x_{\max}) - y > 0\,.$$

Damit erfüllt g wieder die Voraussetzungen von Satz 10.21 a, und es existiert ein $x \in (a, b)$ mit $g(x) = f(x) - y = 0$, also $f(x) = y$.

Der Zwischenwertsatz kann für die c-Stellenbestimmung (Definition 9.11) stetiger reeller Funktionen mit einer Variablen genutzt werden. Ist eine stetige Funktion $f : D \to \mathbb{R}$ mit $D \subseteq \mathbb{R}$ und der Wert $c \in \mathbb{R}$ gegeben, so verfährt man folgendermaßen:

1) Man sucht $a, b \in D$ so, dass $f(a) \le c \le f(b)$. Gibt es keine Werte a, b mit der angegebenen Eigenschaft, so ist $c \notin [f_{\min}, f_{\max}]$ und die Funktion f besitzt keine c-Stelle.

2) Andernfalls verkleinert man das Intervall $[a, b]$ beispielsweise durch fortgesetzte Halbierung zu $[a_1, b_1]$, $[a_2, b_2]$, ... mit

$$f(a_k) \le c \le f(b_k) \quad (k = 1, 2, \ldots)\,,$$

so dass jedes der Intervalle $[a_k, b_k]$ mindestens eine c-Stelle enthält.

3) Das Verfahren bricht entweder nach endlich vielen Schritten ab, oder wir erhalten nach n Schritten für jedes $x \in [a_n, b_n]$ eine näherungsweise c-Stelle, die von einer wahren c-Stelle x_c mit $f(x_c) = c$ um weniger als $b_n - a_n$ abweicht. Für alle $n \in \mathbb{N}$ gilt die Fehlerabschätzung $|x - x_c| < b_n - a_n$. Der Wert $b_n - a_n$ heißt *maximale Abweichung* von x gegenüber x_c.

Beispiel 10.22

Wir suchen eine Nullstelle für die Polynome

$$p_1(x) = x^5 + 4x^4 - 3x^3 - 10x^2 + 2x + 1\,,$$
$$p_2(x) = 2x^4 + 3x^2 + 1$$

mit einer maximalen Abweichung von 0.1:

x	$p_1(x)$	$\Rightarrow$ Intervall mit Nullstelle
0	1	
1	−5	(0 , 1.0)
0.5	−0.59375	(0 , 0.5)
0.2	0.98272	(0.2, 0.5)
0.4	0.12064	(0.4, 0.5)

Damit ist jedes $x \in (0.4, 0.5)$ eine näherungsweise Nullstelle von p_1 mit einer maximalen Abweichung von 0.1. Ferner ist $x = 0.45$ eine näherungsweise Nullstelle mit einer maximalen Abweichung von 0.05.

Das Polynom p_2 nimmt wegen $x^2 \geq 0, x^4 \geq 0$ nur positive Werte an und es gilt

$$\min\{p_2(x) : x \in \mathbb{R}\} = p_2(0) = 1\,.$$

Damit existiert keine Nullstelle.

Beispiel 10.23

Die Wurzelfunktion v mit

$$v(x) = \sqrt{x^2 + x + 1}$$

ist für alle $x \in \mathbb{R}$ definiert und stetig. Wir suchen einen x-Wert mit $v(x) = 20$, wobei die maximale Abweichung 0.05 betragen darf. Mit

x	$v(x)$	$\Rightarrow$ Intervall mit $v(x) = 20$
20	20.520	
19	19.519	(19 , 20)
19.5	20.019	(19 , 19.5)
19.4	19.920	(19.4 , 19.5)
19.45	19.970	(19.45, 19.5)

erhalten wir die maximale Abweichung 0.05.

Beispiel 10.24

Die Exponentialfunktion f mit

$$f(x) = \frac{e^{x^2-1}}{x}$$

ist für alle $x \neq 0$ definiert und stetig. Wir suchen einen x-Wert mit $f(x) = 5$, wobei die maximale Abweichung 0.01 betragen darf. Mit

x	$f(x)$	$\Rightarrow$ Intervall mit $f(x) = 5$
2	10.04	
1	1.00	(1 , 2)
1.5	2.33	(1.5 , 2)
1.8	5.22	(1.5 , 1.8)
1.75	4.49	(1.75, 1.8)
1.78	4.91	(1.78, 1.8)
1.79	5.06	(1.78, 1.79)

erhalten wir die maximale Abweichung 0.01.

Relevante Literatur

Adams, Gabriele u. a. (2013). *Mathematik zum Studieneinstieg: Grundwissen der Analysis für Wirtschaftswissenschaftler, Ingenieure, Naturwissenschaftler und Informatiker.* 6. Aufl. Springer Gabler, Kap. 4

Arens, Tilo u. a. (2015). *Mathematik.* 3. Aufl. Springer Spektrum, Kap. 7

Forster, Otto (2016). *Analysis 1: Differential- und Integralrechnung einer Veränderlichen.* 12. Aufl. Springer Spektrum, Kap. 10, 11

Merz, Michael und Wüthrich, Mario V. (2012). *Mathematik für Wirtschaftswissenschaftler: Die Einführung mit vielen ökonomischen Beispielen.* Vahlen, Kap. 13.10, 15

Opitz, Otto u. a. (2014). *Mathematik: Übungsbuch für das Studium der Wirtschaftswissenschaften.* 8. Aufl. De Gruyter Oldenbourg, Kap. 7

Plaue, Matthias und Scherfner, Mike (2009). *Mathematik für das Bachelorstudium I: Grundlagen, lineare Algebra und Analysis.* Spektrum, Kap. 16, 17

Tietze, Jürgen (2013). *Einführung in die angewandte Wirtschaftsmathematik: Das praxisnahe Lehrbuch – inklusive Brückenkurs für Einsteiger.* 17. Aufl. Springer Spektrum, Kap. 4

11 Differentiation von Funktionen einer Variablen

Wie im Fall stetiger Funktionen (Kapitel 10.2) erläutern wir den Begriff Differentiation für reelle Funktionen einer Variablen mit Hilfe einer Grafik.

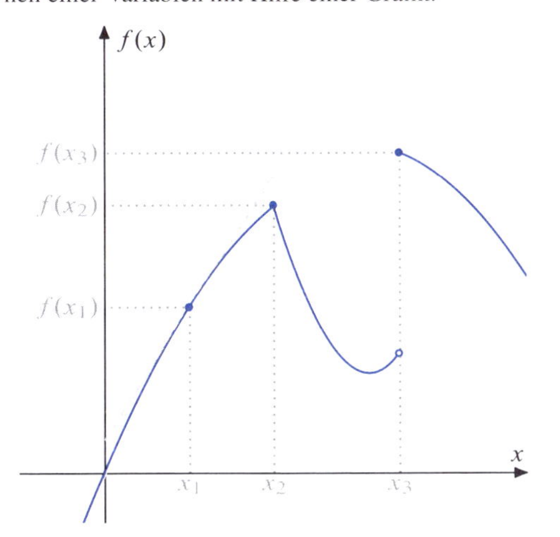

Abbildung 11.1: *Differentiation reeller Funktionen*

Betrachten wir dazu die in Abbildung 11.1 dargestellte Funktion f und konstruieren beispielsweise in einem Punkt x_1 die *Tangente* an f, so ist die Steigung dieser Tangente ein geeignetes Maß für den Anstieg der Funktion f im Punkt x_1. Den berechneten Wert werden wir später als Differentialquotienten der Funktion f an der Stelle x_1 bezeichnen.

Während die Tangentenkonstruktion im Punkt x_1 eindeutig möglich erscheint, ist dies im Punkt x_2 bzw. x_3 nicht der Fall. Im Punkt x_2 ist die Funktion f zwar stetig, ein eindeutiger Anstieg oder Differentialquotient existiert jedoch nicht, man spricht auch von einem *Knick* der Funktion.

In x_3 stellen wir sogar einen *Sprung* der Funktion fest, die Funktion ist unstetig. Auch hier existiert kein eindeutiger Anstieg.

Für alle Punkte x, in denen eine eindeutige Tangente an die Funktion f existiert, werden wir f als differenzierbar bezeichnen. Demnach ist die in Abbildung 11.1 dargestellte Funktion für alle $x \neq x_2, x_3$ differenzierbar.

In Abschnitt 11.1 beginnen wir mit dem Differenzenquotienten bei reellen Funktionen einer Variablen und leiten daraus mit Hilfe einer Grenzwertbetrachtung den Differentialquotienten ab. Wir beweisen die elementaren Rechenregeln (Abschnitt 11.2) und stellen schließlich fest, dass fast alle der in Kapitel 9.3 eingeführten elementaren Funktionen in ihrem gesamten Definitionsbereich differenziert werden können (Abschnitt 11.3).

Da sich durch die Differentiation elementarer Funktionen wieder elementare Funktionen ergeben, können auch diese differenziert werden. In Abschnitt 11.4 werden derartige Differentialquotienten höherer Ordnung behandelt.

Die Frage der Änderung des Funktionsverlaufs in Abhängigkeit der unabhängigen Variablen kann nicht immer mit Differenzen- oder Differentialquotienten sinnvoll beantwortet werden. Daher führen wir in Abschnitt 11.5 Änderungsraten und Elastizitäten ein, die bei ökonomischen Fragestellungen eine große Rolle spielen.

11.1 Differenzenquotient und Differentiation

Wir betrachten eine Funktion

$$f : D \to \mathbb{R} \text{ mit } D \subseteq \mathbb{R}$$

und den entsprechenden Graphen (Abbildung 11.2) zwischen den Punkten

$$A = \left(x_1,\ f(x_1)\right),$$
$$B = \left(x_2,\ f(x_2)\right).$$

DOI: 10.1515/9783110475333-011

Verbindet man Punkt A und Punkt B durch eine Gerade, so hat diese die Steigung

$$\tan\alpha = \frac{f(x_2) - f(x_1)}{x_2 - x_1}$$

(Abschnitt 2.4 (2.16), Abschnitt 2.3 (2.5)).

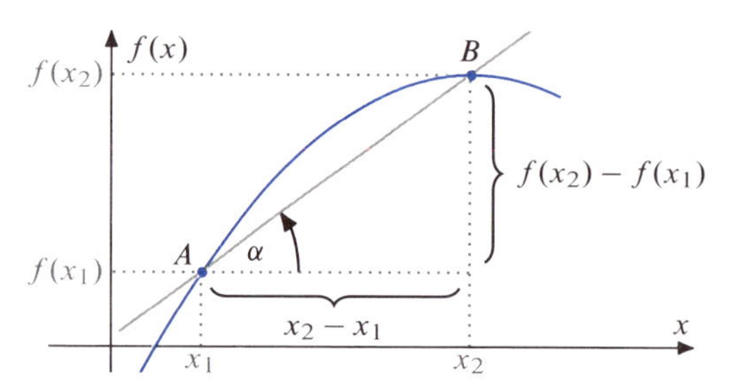

Abbildung 11.2: *Differenzenquotient einer reellen Funktion*

Definition 11.1

Sei $f : D \to \mathbb{R}$, $D \subseteq \mathbb{R}$ eine reelle Funktion. Dann heißt der Ausdruck

$$\frac{f(x_2) - f(x_1)}{x_2 - x_1} = \tan\alpha$$

Differenzenquotient der Funktion f im Intervall $[x_1, x_2] \subseteq D$.

Häufig schreibt man Differenzenquotienten in etwas anderer Form. Ersetzt man x_2 durch $x_1 + \Delta x_1$, so ist

$$\Delta x_1 = x_2 - x_1$$

die *Differenz der unabhängigen Variablen* und

$$f(x_1 + \Delta x_1) - f(x_1) = f(x_2) - f(x_1)$$

die *Differenz der abhängigen Variablen*. Mit

$$\Delta f(x_1) = f(x_1 + \Delta x_1) - f(x_1)$$

erhalten wir für den *Differenzenquotienten*

$$\frac{f(x_2) - f(x_1)}{x_2 - x_1} = \frac{f(x_1 + \Delta x_1) - f(x_1)}{\Delta x_1} = \frac{\Delta f(x_1)}{\Delta x_1}.$$

Die Differenz $\Delta f(x_1)$ gibt die Änderung der Funktion f bei Veränderung des Wertes x_1 um Δx_1 an. Der Differenzenquotient ist damit ein Maß für die „mittlere Steigung" der Funktion zwischen den Werten x_1 und $x_2 = x_1 + \Delta x_1$.

Dieser Differenzenquotient $\frac{\Delta f(x_1)}{\Delta x_1}$ nähert sich für $\Delta x_1 \to 0$ der Steigung der Tangente an die Funktion f im Punkt $A = (x_1, f(x_1))$ (Abbildung 11.3).

Wir betrachten in diesem Fall den Grenzwert

$$\lim_{\Delta x_1 \to 0} \frac{\Delta f(x_1)}{\Delta x_1}.$$

Definition 11.2

Eine reelle Funktion $f : D \to \mathbb{R}$, $D \subseteq \mathbb{R}$ heißt an der Stelle $x_1 \in D$ *differenzierbar*, wenn der Grenzwert

$$\lim_{\Delta x_1 \to 0} \frac{\Delta f(x_1)}{\Delta x_1}$$

existiert.

Gegebenenfalls bezeichnet man

$$\lim_{\Delta x_1 \to 0} \frac{\Delta f(x_1)}{\Delta x_1} = \lim_{\Delta x_1 \to 0} \frac{f(x_1 + \Delta x_1) - f(x_1)}{\Delta x_1} = \frac{\mathrm{d}f(x_1)}{\mathrm{d}x_1} = f'(x_1)$$

als den *Differentialquotienten*, die *erste Ableitung* oder die *Steigung* der Funktion f an der Stelle x_1.

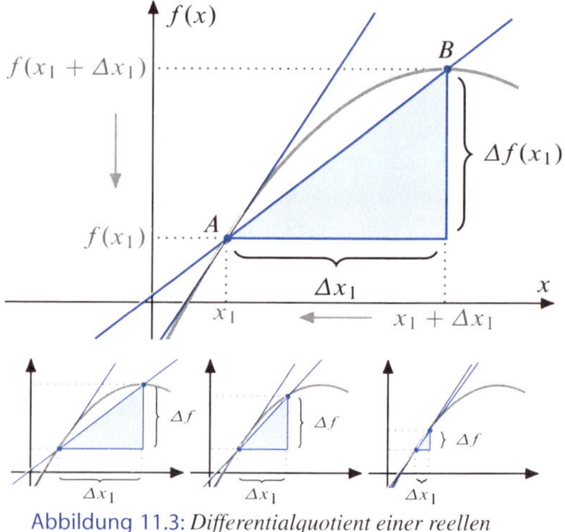

Abbildung 11.3: *Differentialquotient einer reellen Funktion*

Der Begriff des Differentialquotienten wurde von *G. W. Leibniz* (1646–1716) und unabhängig davon von *I. Newton* (1643–1727) diskutiert.

Mit Hilfe des Differenzen- bzw. des Differentialquotienten kann man nun auch die Gleichungen der Geraden durch A und B sowie der Tangente an die Funktion in A darstellen (Abbildung 11.3). Mit

$$A = (x_1, f(x_1)),$$
$$B = (x_1 + \Delta x_1, f(x_1 + \Delta x_1))$$

gilt für die Gerade durch A und B

$$g(x) = f(x_1) + \frac{\Delta f(x_1)}{\Delta x_1}(x - x_1)$$

und für die Tangente in A

$$h(x) = f(x_1) + f'(x_1) \cdot (x - x_1).$$

Definition 11.3

Eine reelle Funktion

$$f : D \to \mathbb{R}$$

heißt in $D_1 \subseteq D \subseteq \mathbb{R}$ *differenzierbar*, wenn f für alle $x \in D_1$ differenzierbar ist.

Damit ist auch f' eine reelle Funktion, die für alle $x \in D_1$ definiert und eventuell differenzierbar ist.

Wir leiten nun zunächst den Differentialquotienten einer sehr einfachen Funktion mit Hilfe von Definition 11.2 ab.

Satz 11.4

Gegeben sei die reelle Funktion $f : \mathbb{R} \to \mathbb{R}$ mit

$$f(x) = x^n \quad (n = 0, 1, 2, \dots).$$

Dann gilt

$$f'(x) = nx^{n-1}$$

für alle $x \in \mathbb{R}$.

Beweis

$$f(x) = x^0 = 1 \Rightarrow f'(x) = 0$$

Mit $f(x) = x^n$, $(n \in \mathbb{N})$ folgt:

$$f'(x) = \lim_{\Delta x \to 0} \frac{f(x + \Delta x) - f(x)}{\Delta x}$$

$$= \lim_{\Delta x \to 0} \frac{(x + \Delta x)^n - x^n}{(x + \Delta x) - x}$$

$$= \lim_{\Delta x \to 0} \big[(x + \Delta x)^{n-1} + x(x + \Delta x)^{n-2} + \dots + x^{n-1}\big]$$

$$= nx^{n-1}$$

Dabei wird folgende Formel benutzt:

$$\frac{a^n - b^n}{a - b} = a^{n-1} + a^{n-2}b + \dots + ab^{n-2} + b^{n-1}$$

für alle $a, b \in \mathbb{R}$ (Abschnitt 3.4)

Daraus folgt beispielsweise:

$$f(x) = x \quad \Rightarrow \quad f'(x) = 1$$
$$f(x) = x^2 \quad \Rightarrow \quad f'(x) = 2x$$

Zwischen der Differenzierbarkeit einer Funktion und der Stetigkeit besteht nun folgender Zusammenhang.

Satz 11.5

Sei

$$f : D \to \mathbb{R}, \ D \subseteq \mathbb{R}$$

eine reelle Funktion.

Ist f im Punkt $x \in D$ differenzierbar, so ist f in x auch stetig.

Beweis

Weil f in $x \in D$ differenzierbar ist, gilt

$$\lim_{\Delta x \to 0} \frac{f(x + \Delta x) - f(x)}{\Delta x} = f'(x).$$

Damit gilt

$$\lim_{\Delta x \to 0} f(x + \Delta x) - f(x)$$
$$= \lim_{\Delta x \to 0} \frac{f(x + \Delta x) - f(x)}{\Delta x} \Delta x$$
$$= f'(x) \cdot 0 = 0.$$

Daraus folgt

$$\lim_{\Delta x \to 0} f(x + \Delta x) = f(x)$$
$$= f\Big(\lim_{\Delta x \to 0}(x + \Delta x)\Big)$$

und damit f ist in x stetig (Definition 10.5).

Die Umkehrung des Satzes 11.5 gilt nicht.

Beispiel 11.6

Wir betrachten die reelle Funktion f mit

$$f(x) = |x| ,$$

die für alle $x \in \mathbb{R}$ stetig ist (Satz 10.10 c).

Andererseits gilt für $x = 0$ (Abbildung 11.4):

$$\lim_{\Delta x \searrow 0} \frac{f(\Delta x) - f(0)}{\Delta x} = \lim_{\Delta x \searrow 0} \frac{|\Delta x|}{\Delta x} = 1$$

$$\lim_{\Delta x \nearrow 0} \frac{f(\Delta x) - f(0)}{\Delta x} = \lim_{\Delta x \nearrow 0} \frac{|\Delta x|}{\Delta x} = -1$$

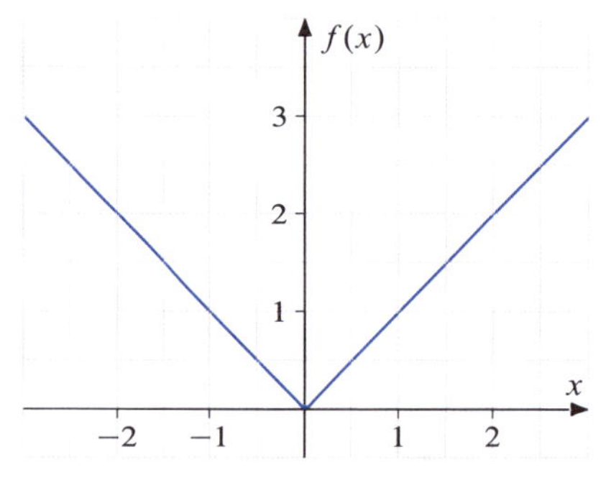

Abbildung 11.4: *Graph der Funktion f mit $f(x) = |x|$*

Die Funktion f mit

$$f(x) = |x|$$

ist im Punkt $x = 0$ nicht differenzierbar.

Beispiel 11.7

Der Wochenlohn eines Facharbeiters hängt ab von der geleisteten Arbeitsstundenzahl x.

Unabhängig von der Anzahl der Stunden erhält der erste Arbeiter 30 Euro pro Stunde, der zweite Arbeiter 29 Euro pro Stunde für $x \leq 36$ und 50 Euro für jede weitere Stunde bzw. der dritte Arbeiter 25 Euro pro Stunde für $x \leq 36$ und 32 Euro pro Stunde, falls er mehr als 36 Stunden arbeitet.

Wir erhalten die reellen Lohnfunktionen

$$f_1, f_2, f_3 : \mathbb{R}_+ \to \mathbb{R}_+$$

mit

$$f_1(x) = 30x ,$$

$$f_2(x) = \begin{cases} 29x & \text{für } x \leq 36 \\ 1044 + 50(x - 36) & \text{für } x > 36 \end{cases} ,$$

$$f_3(x) = \begin{cases} 25x & \text{für } x \leq 36 \\ 32x & \text{für } x > 36 \end{cases} ,$$

deren Graphen wir in Abbildung 11.5 für $x \in [30, 40]$ darstellen.

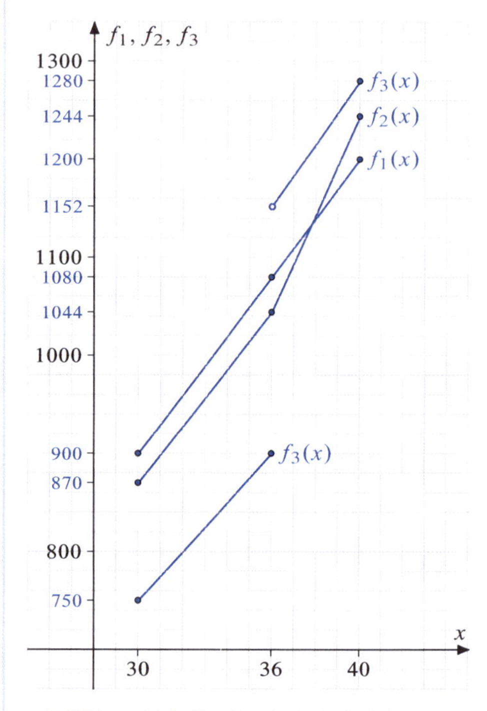

Abbildung 11.5: *Graphen der Lohnfunktionen f_1, f_2, f_3*

Die Funktion f_1 ist eine Gerade und damit stetig und differenzierbar.

Die Funktion f_2 besteht aus zwei Geradenstücken, sie hat für $x = 36$ einen Knick und ist stetig, jedoch für $x = 36$ nicht differenzierbar.

Auch die Funktion f_3 besteht aus zwei Geradenstücken mit einer Sprungstelle für $x = 36$ und ist daher weder stetig noch differenzierbar in $x = 36$.

Jede differenzierbare Funktion ist also stetig, d. h., jede nicht stetige Funktion kann auch nicht differenzierbar sein. Im Fall eines *Knicks* im Graphen einer Funktion geht die Differenzierbarkeit, im Fall eines *Sprungs* die Stetigkeit und Differenzierbarkeit der Funktion in dem entsprechenden Punkt verloren.

11.2 Differentiationsregeln

Um die Differenzierbarkeit von Polynomen und rationalen Funktionen zu erhalten, zeigen wir, dass für zwei differenzierbare Funktionen f und g auch deren Summe, Differenz, Produkt und mit gewissen Einschränkungen auch deren Quotient differenzierbar sind.

Wir erhalten die *Summen-* und *Differenzenregel* sowie die *Produkt-* und die *Quotientenregel* für Differentialquotienten.

Satz 11.8

Die reellen Funktionen f und g seien in $x \in \mathbb{R}$ differenzierbar. Dann sind auch die reellen Funktionen

$$f+g,\ f-g,\ f\cdot g$$

sowie für $g(x) \neq 0$ auch

$$\frac{f}{g}$$

in $x \in \mathbb{R}$ differenzierbar und es gilt:

a) $(f+g)'(x) = f'(x) + g'(x)$,
$(f-g)'(x) = f'(x) - g'(x)$

b) $(f \cdot g)'(x) = f'(x)g(x) + f(x)g'(x)$,
$(c \cdot f)'(x) = cf'(x)$ für $c \in \mathbb{R}$

c) $\left(\frac{f}{g}\right)'(x) = \dfrac{f'(x)g(x) - f(x)g'(x)}{\big(g(x)\big)^2}$

Der Beweis aller Teilaussagen basiert auf der Definition der Differentialquotienten (Definition 11.2) sowie den elementaren Rechenregeln für Grenzwerte (Satz 8.14).

Beispiel 11.9

Wir betrachten die Funktionen f_1, f_2 mit

$$f_1(x) = x^3 - 2x^2 + 3x + 1,$$
$$f_2(x) = 2x^2 + 1.$$

Dann sind die Funktionen

$$f_1, f_2, f_1 + f_2, f_1 - f_2, f_1 \cdot f_2, \frac{f_1}{f_2}$$

für alle $x \in \mathbb{R}$ differenzierbar:

$$f_1'(x) = 3x^2 - 4x + 3$$

$$f_2'(x) = 4x$$

$$\begin{aligned}(f_1 + f_2)'(x) &= 3x^2 - 4x + 3 + 4x \\ &= 3x^2 + 3\end{aligned}$$

$$(f_1 - f_2)'(x) = 3x^2 - 8x + 3$$

$$\begin{aligned}(f_1 \cdot f_2)'(x) &= (3x^2 - 4x + 3)(2x^2 + 1) \\ &\quad + (x^3 - 2x^2 + 3x + 1)4x \\ &= 10x^4 - 16x^3 + 21x^2 + 3\end{aligned}$$

$$\begin{aligned}\left(\frac{f_1}{f_2}\right)'(x) &= \frac{(3x^2 - 4x + 3)(2x^2 + 1)}{(2x^2 + 1)^2} \\ &\quad - \frac{(x^3 - 2x^2 + 3x + 1)4x}{(2x^2 + 1)^2} \\ &= \frac{2x^4 - 3x^2 - 8x + 3}{4x^4 + 4x^2 + 1}\end{aligned}$$

Um kompliziertere Funktionen differenzieren zu können, benötigen wir Aussagen zur Differentiation von zusammengesetzten Funktionen $g \circ f$ und erhalten die *Kettenregel*.

Gibt es zu einer differenzierbaren Funktion f auch deren Umkehrfunktion f^{-1} (Definition 9.6), so ist auch f^{-1} in ihrem Definitionsbereich differenzierbar.

Satz 11.10

Gegeben seien die reellen, stetigen Funktionen f und g.

a) Ist f in x und g in $y = f(x)$ differenzierbar, dann ist auch die zusammengesetzte Funktion $g \circ f$ in x differenzierbar und es gilt:

$$(g \circ f)'(x) = g'\big(f(x)\big)f'(x)$$

b) Ist f im Definitionsbereich streng monoton und in x differenzierbar mit $f'(x) \neq 0$, dann ist die Umkehrfunktion f^{-1} differenzierbar in $y = f(x)$ und es gilt:

$$f^{-1\prime}(y) = \frac{1}{f'(x)} = \frac{1}{f'\big(f^{-1}(y)\big)}$$

Beweis

a) Mit der Abkürzung

$$\Delta f = f(x + \Delta x) - f(x)$$

und den Rechenregeln für Grenzwerte (Satz 8.14) gilt:

$$\begin{aligned}
&(g \circ f)'(x) \\
&= \lim_{\Delta x \to 0} \frac{g(f(x+\Delta x)) - g(f(x))}{\Delta x} \\
&= \lim_{\Delta x \to 0} \frac{g(f(x+\Delta x)) - g(f(x))}{\Delta x} \cdot \frac{\Delta f}{\Delta f} \\
&= \lim_{\Delta x \to 0} \frac{g(f(x+\Delta x)) - g(f(x))}{\Delta f} \cdot \frac{\Delta f}{\Delta x} \\
&= \lim_{\Delta x \to 0} \frac{g(f+\Delta f) - g(f(x))}{\Delta f} \cdot \frac{\Delta f}{\Delta x} \\
&= \lim_{\Delta f \to 0} \frac{g(f+\Delta f) - g(f(x))}{\Delta f} \cdot \lim_{\Delta x \to 0} \frac{\Delta f}{\Delta x} \\
&= g'(f(x)) \cdot f'(x)
\end{aligned}$$

b) ergibt sich aus a) und

$$y = f(x) \Leftrightarrow f^{-1}(y) = x$$

wegen

$$\begin{aligned}
&(f^{-1} \circ f)(x) = f^{-1}(f(x)) = x \\
&\Rightarrow (f^{-1} \circ f)'(x) = f^{-1'}(f(x)) f'(x) = 1 \\
&\Rightarrow f^{-1'}(f(x)) = f^{-1'}(y) = \frac{1}{f'(x)} \\
&\qquad = \frac{1}{f'(f^{-1}(y))}.
\end{aligned}$$

Beispiel 11.11

Zur Funktion $f : \mathbb{R}_+ \to \mathbb{R}_+$ mit

$$y = f(x) = x^n \quad (n \in \mathbb{N})$$

existiert die Umkehrfunktion f^{-1} mit

$$x = f^{-1}(y) = \sqrt[n]{y} = y^{\frac{1}{n}}.$$

Nach Satz 11.10 b gilt:

$$\begin{aligned}
f^{-1'}(y) &= \frac{1}{f'(x)} = \frac{1}{nx^{n-1}} = \frac{1}{n\sqrt[n]{y^{n-1}}} \\
&= \frac{1}{n} y^{-\frac{n-1}{n}} = \frac{1}{n} y^{\frac{1}{n}-1}
\end{aligned}$$

Damit können wir Wurzelfunktionen differenzieren, zum Beispiel:

$$\begin{aligned}
g_1(x) &= x^{\frac{1}{2}} = \sqrt{x} \\
\Rightarrow g_1'(x) &= \tfrac{1}{2} x^{\frac{1}{2}-1} = \frac{1}{2\sqrt{x}} \\
g_2(x) &= x^{\frac{1}{3}} = \sqrt[3]{x} \\
\Rightarrow g_2'(x) &= \tfrac{1}{3} x^{\frac{1}{3}-1} = \frac{1}{3\sqrt[3]{x^2}}
\end{aligned}$$

Beispiel 11.12

Wir betrachten die Funktion h mit

$$h(x) = \sqrt{x^2 + 2x - 3}.$$

Dann ist h für alle x mit

$$x^2 + 2x - 3 = (x-1)(x+3) > 0,$$

also für alle $x < -3$ oder $x > 1$ definiert und differenzierbar. Zur Differentiation ist die Kettenregel anzuwenden.

Wir substituieren gemäß Satz 11.10 a:

$$y = f(x) = x^2 + 2x - 3, \quad g(y) = \sqrt{y}$$

Damit gilt

$$\begin{aligned}
h(x) &= \sqrt{x^2 + 2x - 3} \\
&= \sqrt{f(x)} \\
&= g(f(x)) \\
&= (g \circ f)(x)
\end{aligned}$$

sowie

$$\begin{aligned}
h'(x) &= (g \circ f)'(x) \\
&= g'(f(x)) f'(x) \\
&= \frac{1 \cdot f'(x)}{2\sqrt{f(x)}} \\
&= \frac{2x+2}{2\sqrt{x^2+2x-3}} \\
&= \frac{x+1}{\sqrt{x^2+2x-3}}
\end{aligned}$$

11.3 Differenzieren elementarer Funktionen

Offenbar folgt aus den Sätzen 11.8, 11.10, dass alle Polynome, rationale Funktionen und Potenzfunktionen mit rationalen Exponenten in ihrem Definitionsbereich differenzierbar sind. Dies wird in den Beispielen 11.9, 11.11 und 11.12 exemplarisch klar.

Im Folgenden konzentrieren wir uns auf die wichtigsten transzendenten Funktionen, nämlich Logarithmus- und Exponentialfunktionen sowie trigonometrische Funktionen.

Satz 11.13

Sei f eine reelle Funktion und $a > 0, b \in \mathbb{R}$.

Dann gilt:

a) $f(x) = \ln x \quad (x > 0) \Rightarrow f'(x) = \frac{1}{x}$

b) $f(x) = \log_a x \ (x > 0) \Rightarrow f'(x) = \frac{1}{x \ln a}$

c) $f(x) = e^x \quad (x \in \mathbb{R}) \Rightarrow f'(x) = e^x$

d) $f(x) = a^x \quad (x \in \mathbb{R}) \Rightarrow f'(x) = a^x \ln a$

e) $f(x) = x^b \quad (x > 0) \Rightarrow f'(x) = bx^{b-1}$

f) $f(x) = \sin x \quad (x \in \mathbb{R}) \Rightarrow f'(x) = \cos x$

g) $f(x) = \cos x \quad (x \in \mathbb{R}) \Rightarrow f'(x) = -\sin x$

Beweis

a) Mit 9.47 b sowie Satz 8.33 gilt die Umformung

$$\begin{aligned}\frac{\ln(x+\Delta x) - \ln x}{\Delta x} &= \frac{1}{\Delta x} \ln \frac{x+\Delta x}{x} \\ &= \frac{1}{x}\frac{x}{\Delta x} \ln \frac{x+\Delta x}{x} \\ &= \frac{1}{x} \ln \left(1 + \frac{\Delta x}{x}\right)^{\frac{x}{\Delta x}} .\end{aligned}$$

Für $\Delta x \to 0$ bzw. $\frac{x}{\Delta x} = n \to \infty$ erhält man

$$\begin{aligned}\frac{1}{x} \ln \left(\lim_{n\to\infty} \left(1 + \frac{1}{n}\right)^n\right) &= \frac{1}{x} \ln e \\ &= \frac{1}{x} \qquad \text{(Satz 8.33)}\end{aligned}$$

b) $f(x) = \log_a x = \frac{\ln x}{\ln a}$ (Satz 9.49 b)

$$\begin{aligned}\Rightarrow f'(x) &= \frac{1}{\ln a} (\ln x)' \\ &= \frac{1}{x \ln a} \qquad \text{(Satz 11.8 b, 11.13 a)}\end{aligned}$$

c) d) f mit

$$f(x) = a^x$$

ist die Umkehrfunktion von g mit

$$g(x) = \log_a x :$$

$$\begin{aligned}&y = f(x) = a^x \\ &\Leftrightarrow x = g(y) = \log_a y \qquad \text{(Def. 9.46)}\end{aligned}$$

Damit ergibt sich:

$$\begin{aligned}f'(x) &= \frac{1}{g'(y)} \\ &= \frac{1}{1/(y \ln a)} \\ &= y \ln a \\ &= a^x \ln a \qquad \text{(Satz 11.10 b, 11.13 b)}\end{aligned}$$

Für $a = e$ gilt speziell

$$f'(x) = e^x \ln e = e^x = f(x) .$$

Die erste Ableitung der Exponentialfunktion zur Basis e stimmt mit der Exponentialfunktion für alle $x \in \mathbb{R}$ überein.

e) Es gilt die Gleichung:

$$x^b = e^{\ln x^b} = e^{b \ln x} \qquad \text{(Definition 9.46)}$$

Damit gilt:

$$\begin{aligned}\left(x^b\right)' &= \left(e^{b \ln x}\right)' \\ &= e^{b \ln x} \left(\frac{b}{x}\right) \\ &= x^b \frac{b}{x} \\ &= bx^{b-1} \qquad \text{(Satz 11.10 a, 11.13 a)}\end{aligned}$$

Für die Beweise von f) und g) benötigt man einige Rechenregeln für trigonometrische Funktionen (Satz 9.51) sowie die Konvergenz von $\frac{\sin x}{x} \to 1$ für $x = 0$ (Beispiel 10.17).

Damit sind auch alle in Kapitel 9.3 eingeführten transzendenten Funktionen in ihrem gesamten Definitionsbereich differenzierbar.

Mit Hilfe der Sätze 11.4, 11.8, 11.10 und 11.13 können wir nun komplizierte Differentialquotienten berechnen.

Beispiel 11.14

Die reelle Funktion f mit

$$f(x) = x\,e^x \sin\left(\frac{1}{x+1}\right) + \sqrt{x^2+1}\ \ln\left(\frac{2x+3}{x}\right)$$

ist für alle x mit $x \neq -1$ und

$$\frac{2x+3}{x} = 2 + \frac{3}{x} > 0$$

definiert und differenzierbar, also für $x > 0$ oder $x < -1.5$.

$$\begin{aligned} f'(x) &= e^x \sin\frac{1}{x+1} + xe^x \sin\frac{1}{x+1} \\ &\quad + xe^x \cos\left(\frac{1}{x+1}\right)\cdot\left(-\frac{1}{(x+1)^2}\right) \\ &\quad + \frac{2x}{2\sqrt{x^2+1}} \ln\left(\frac{2x+3}{x}\right) \\ &\quad + \sqrt{x^2+1}\,\frac{x}{2x+3}\left(\frac{2x-2x-3}{x^2}\right) \\ &= (1+x)e^x \sin\frac{1}{1+x} - \frac{xe^x}{(x+1)^2}\cos\frac{1}{x+1} \\ &\quad + \frac{x}{\sqrt{x^2+1}} \ln\left(\frac{2x+3}{x}\right) - \frac{3\sqrt{x^2+1}}{x(2x+3)} \end{aligned}$$

Beispiel 11.15

Für eine Einproduktunternehmung U gelte der Preis $p > 0$, die Nachfrage

$$f(p) = a + bp^{-c} \quad (\text{mit } a, b, c > 0)$$

und der Umsatz

$$\begin{aligned} u(p) &= f(p)p \\ &= ap + bp^{1-c}\,. \end{aligned}$$

Die Steigung des Umsatzes für den Preis p ist

$$u'(p) = a + b(1-c)p^{-c}$$

und heißt *Grenzumsatz* für den Preis p.

Die Graphen der Funktionen f, u und u' für

$$a = 2,\ b = 1,\ c = 0.5\,,$$

also mit

$$\begin{aligned} f(p) &= 2 + \frac{1}{\sqrt{p}}\,, \\ u(p) &= 2p + \sqrt{p} \\ u'(p) &= 2 + \frac{1}{2\sqrt{p}} \end{aligned}$$

sind in Abbildung 11.6 dargestellt.

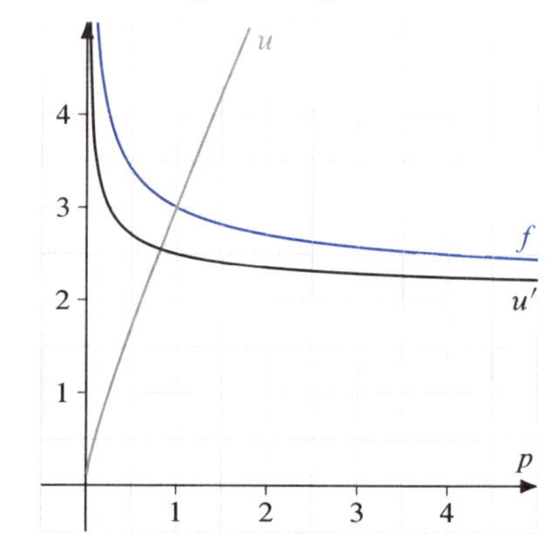

Abbildung 11.6: *Graphen der Funktionen f, u und u'*

Beispiel 11.16

Betrachtet man den Absatz eines Produktes in Abhängigkeit der Zeit $t \geq 0$, so nimmt man mittel- bis langfristig gelegentlich die folgende *logistische Beziehung* an:

$$f(t) = a(1 + be^{-ct})^{-1} \quad \text{mit } a, b, c > 0$$

Dabei ist $f(t) > 0$ der bis zum Zeitpunkt t getätigte kumulierte Absatz.

Wir erhalten mit der ersten Ableitung

$$\begin{aligned} f'(t) &= -a\left(1 + be^{-ct}\right)^{-2}\left(-bce^{-ct}\right) \\ &= \frac{abc\,e^{-ct}}{\left(1 + be^{-ct}\right)^2} \end{aligned}$$

den Zuwachs für den kumulierten Absatz zu jedem beliebigen Zeitpunkt t, also den Produktabsatz zum Zeitpunkt t. Dieser ist stets positiv.

Ferner gilt mit Satz 8.14:

$$\lim_{t\to\infty} f(t) = \lim_{t\to\infty} \frac{a}{1+b\mathrm{e}^{-ct}} = \frac{a}{\lim\limits_{t\to\infty}(1+b\mathrm{e}^{-ct})} = \frac{a}{1+b\lim\limits_{t\to\infty}\mathrm{e}^{-ct}} = a$$

Die Konstante a kann als obere Grenze oder als Sättigungswert für den kumulierten Absatz interpretiert werden.

Entsprechend ist

$$f(0) = \frac{a}{1+b\mathrm{e}^0} = \frac{a}{1+b}$$

beziehungsweise

$$1+b = \frac{a}{f(0)}.$$

Die Konstante $1+b$ ist der Quotient aus dem Sättigungswert und dem bis $t = 0$ registrierten kumulierten Absatz $f(0) > 0$ als Startwert. Für

$$f(0) = 0 = \frac{a}{1+b}$$

ist dieses Modell nicht sinnvoll. Wegen

$$a - f(t) = a - \frac{a}{1+b\mathrm{e}^{-ct}} = \frac{a(1+b\mathrm{e}^{-ct}) - a}{1+b\mathrm{e}^{-ct}} = \frac{ab\mathrm{e}^{-ct}}{1+b\mathrm{e}^{-ct}}$$

erhalten wir

$$\frac{c}{a} f(t)\,(a - f(t)) = \frac{c}{a}\,\frac{a^2 b\mathrm{e}^{-ct}}{(1+b\mathrm{e}^{-ct})^2} = \frac{abc\mathrm{e}^{-ct}}{(1+b\mathrm{e}^{-ct})^2} = f'(t).$$

Der zum Zeitpunkt t getätigte Absatz $f'(t)$ ist proportional zum kumulierten Absatz $f(t)$ und dem nicht ausgeschöpften Absatzpotential $a - f(t)$.

Für $a = 1$ und damit $f(t) < 1$ ist die Konstante c der entsprechende Proportionalitätsfaktor.

Damit haben wir für alle Modellkonstanten $a, b, c > 0$ eine ökonomisch sinnvolle Interpretation gefunden. Abschließend skizzieren wir die Graphen der Funktionen f und f' mit

$$a = 100,\ b = 9,\ c = 1,$$

also

$$f(t) = \frac{100}{1+9\mathrm{e}^{-t}},$$

$$f'(t) = \frac{900\mathrm{e}^{-t}}{(1+9\mathrm{e}^{-t})^2}.$$

Mit der Wertetabelle

t	0	1	2	3	5	9
$f(t)$	10	23.2	45.1	69.1	94.3	99.9
$f'(t)$	9	17.8	24.8	21.4	5.4	0.1

erhalten wir die in Abbildung 11.7 dargestellten Graphen.

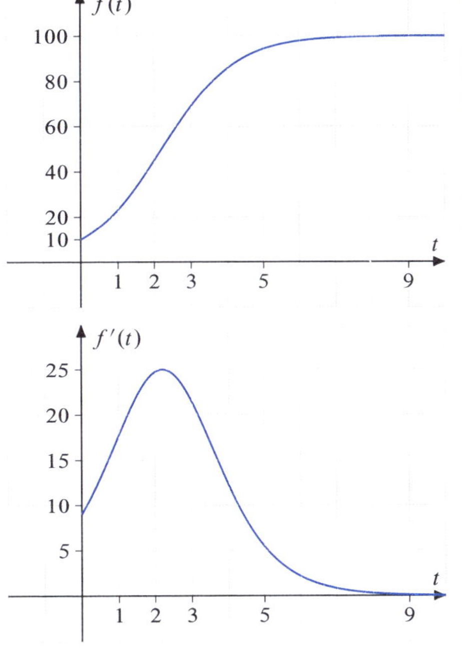

Abbildung 11.7: *Graphen der logistischen Funktion f und ihrer Ableitung f'*

11.4 Ableitungen höherer Ordnung

Ist nun eine Funktion f in $D_1 \subseteq \mathbb{R}$ differenzierbar (Definition 11.3), so ist der Differentialquotient f' ebenfalls eine reelle Funktion, die auf $D_1 \subseteq \mathbb{R}$ definiert ist. Ist f' wieder differenzierbar, so kommt man zu höheren Ableitungen.

Definition 11.17

Sei $f: D \to \mathbb{R}$ in $D \subseteq \mathbb{R}$ differenzierbar.

Ist der Differentialquotient $f': D \to \mathbb{R}$ in $x \in D$ differenzierbar, so heißt

$$\frac{\mathrm{d} f'(x)}{\mathrm{d}x} = \frac{\mathrm{d}^2 f(x)}{(\mathrm{d}x)^2} = f''(x)$$

die *zweite Ableitung* oder der *Differentialquotient zweiter Ordnung* von f in $x \in D$.

Entsprechend schreibt man für $n = 2, 3, \ldots$

$$\begin{aligned}\frac{\mathrm{d}}{\mathrm{d}x}\left(f^{(n-1)}(x)\right) &= \frac{\mathrm{d}}{\mathrm{d}x}\left(\frac{\mathrm{d}^{n-1} f(x)}{(\mathrm{d}x)^{n-1}}\right) \\ &= \frac{\mathrm{d}^n f(x)}{(\mathrm{d}x)^n} = f^{(n)}(x)\end{aligned}$$

und bezeichnet $f^{(n)}(x)$ als die *n-te Ableitung* von f in $x \in D$.

Die Funktion f heißt *n-mal differenzierbar* in D, wenn f in jedem Punkt $x \in D$ n-mal differenzierbar ist.

Die Funktion f heißt *n-mal stetig differenzierbar* in D, wenn f n-mal differenzierbar in D und $f^{(n)}$ stetig in D ist.

Beispiel 11.18

Wir betrachten die Funktionen f_1, f_2, f_3, f_4 mit

$$f_1(x) = x^3 - 3x^2 + 4x - 1, \quad f_2(x) = \mathrm{e}^{2x},$$
$$f_3(x) = \ln x, \quad f_4(x) = \sin x.$$

Dann ist:

$$\begin{aligned}f_1'(x) &= 3x^2 - 6x + 4, \\ f_1''(x) &= 6x - 6, \\ f_1'''(x) &= 6, \\ f_1^{(n)}(x) &= 0 \qquad (\text{für } n = 4, 5, \ldots)\end{aligned}$$

$$\begin{aligned}f_2'(x) &= 2\mathrm{e}^{2x}, \\ f_2''(x) &= 4\mathrm{e}^{2x}, \\ f_2^{(n)}(x) &= 2^n \mathrm{e}^{2x} \qquad (\text{für } n = 1, 2, \ldots)\end{aligned}$$

$$\begin{aligned}f_3'(x) &= \frac{1}{x}, \\ f_3''(x) &= -\frac{1}{x^2}, \\ f_3'''(x) &= \frac{2}{x^3}, \\ f_3^{(n)}(x) &= (-1)^{n-1}\frac{(n-1)!}{x^n} \\ &\qquad (\text{für } n = 1, 2, \ldots)\end{aligned}$$

$$\begin{aligned}f_4'(x) &= \cos x, \\ f_4''(x) &= -\sin x, \\ f_4^{(2n)}(x) &= (-1)^n \sin x \quad (\text{für } n = 1, 2, \ldots) \\ f_4^{(2n+1)}(x) &= (-1)^n \cos x \\ &\qquad (\text{für } n = 0, 1, 2, \ldots)\end{aligned}$$

Wir betrachten nun Grenzwerte der Form

$$\lim_{x \to x_0} \frac{f(x)}{g(x)}$$

mit

$$f(x_0) = g(x_0) = 0.$$

Je nach der Gestalt von f und g kann dieser Grenzwert sehr unterschiedlich ausfallen. Derartige *unbestimmte Ausdrücke* der Form $\frac{0}{0}$ wurden bereits im Rahmen der stetigen Fortsetzbarkeit reeller Funktionen (Definition 10.14) diskutiert. In den Beispielen 10.15, 10.16 und 10.17 erhielten wir:

$$\begin{aligned}\lim_{x \to 2} \frac{x^2 - 4}{x - 2} &= \lim_{x \to 2}(x + 2) \\ &= 4, \\ \lim_{x \to 0} \frac{x}{\sqrt[3]{x}} &= \lim_{x \to 0} \sqrt[3]{x^2} \\ &= 0, \\ \lim_{x \to 0} \frac{\sin x}{x} &= 1.\end{aligned}$$

Diese Ergebnisse erhält man auch mit Hilfe der Differentialrechnung.

Satz 11.19

Die Funktionen $f, g : [a, b] \to \mathbb{R}$ seien in (a, b) differenzierbar mit

$$g'(x) \neq 0 \text{ für alle } x \in (a, b) .$$

Ferner existiere ein $x_0 \in (a, b)$ mit

$$f(x_0) = g(x_0) = 0$$

und

$$\lim_{x \to x_0} \frac{f'(x)}{g'(x)} = \frac{f'(x_0)}{g'(x_0)} = c .$$

Dann gilt auch

$$\lim_{x \to x_0} \frac{f(x)}{g(x)} = c .$$

Diese Aussage geht auf *G. F. A. de l'Hospital* (1661–1704) zurück.

Beweis

Aus $f(x_0) = g(x_0) = 0$ folgt

$$\lim_{x \to x_0} \frac{f(x)}{g(x)} = \lim_{x \to x_0} \frac{f(x) - f(x_0)}{g(x) - g(x_0)}$$

$$= \frac{\lim\limits_{x \to x_0} \dfrac{f(x) - f(x_0)}{x - x_0}}{\lim\limits_{x \to x_0} \dfrac{g(x) - g(x_0)}{x - x_0}} = \frac{f'(x_0)}{g'(x_0)} = c$$

Beispiel 11.20

Wir betrachten die in Beispiel 10.15, 10.16, 10.17 angegebenen Funktionen mit

$$f_1(x) = \frac{x^2 - 4}{x - 2} , f_2(x) = \frac{x}{x^{\frac{1}{3}}} ,$$

$$f_3(x) = \frac{\sin x}{x} .$$

Dann gilt:

$$\lim_{x \to 2} \frac{x^2 - 4}{x - 2} = \lim_{x \to 2} \frac{2x}{1} = 4$$

$$\lim_{x \to 0} \frac{x}{x^{\frac{1}{3}}} = \lim_{x \to 0} \frac{1}{\frac{1}{3} x^{-\frac{2}{3}}} = \lim_{x \to 0} 3x^{\frac{2}{3}} = 0$$

$$\lim_{x \to 0} \frac{\sin x}{x} = \lim_{x \to 0} \frac{\cos x}{1} = 1$$

Beispiel 11.21

Die Funktion f_4 mit

$$f_4(x) = \frac{\mathrm{e}^x - 1}{x^2}$$

ist zunächst für alle $x \neq 0$ definiert. Es gilt:

$$\lim_{x \to 0} \frac{\mathrm{e}^x - 1}{x^2} = \lim_{x \to 0} \frac{\mathrm{e}^x}{2x} = \pm\infty$$

Es resultiert kein endlicher Grenzwert, die Funktion ist für $x = 0$ nicht definierbar.

In ähnlicher Weise lassen sich auch Ausdrücke der Form

$$\frac{\infty}{\infty} \quad \text{und} \quad 0 \cdot \infty$$

behandeln. Wir gehen darauf nicht näher ein und verweisen auf Forster (2016, Kap. 16).

Satz 11.19 ist auch anwendbar, wenn mit $\frac{f(x_0)}{g(x_0)}$ auch

$$\frac{f'(x_0)}{g'(x_0)}, \frac{f''(x_0)}{g''(x_0)}, \ldots, \frac{f^{(n-1)}(x_0)}{g^{(n-1)}(x_0)}$$

von der Form $\frac{0}{0}$ sind und

$$\lim_{x \to x_0} \frac{f^{(n)}(x)}{g^{(n)}(x)} = c$$

erfüllt ist. Dann gilt:

$$\lim_{x \to x_0} \frac{f(x)}{g(x)} = \lim_{x \to x_0} \frac{f^{(i)}(x)}{g^{(i)}(x)} = c \quad \text{für } i = 1, \ldots, n$$

Beispiel 11.22

a) $$\lim_{x \to 1} \frac{(x-1)^4}{(\mathrm{e}^x - \mathrm{e})^2} = \lim_{x \to 1} \frac{4(x-1)^3}{2(\mathrm{e}^x - \mathrm{e})\mathrm{e}^x} = \lim_{x \to 1} \frac{12(x-1)^2}{4\mathrm{e}^{2x} - 2\mathrm{e}^{x+1}} = 0$$

b) $$\lim_{x \to 0} \frac{x^2}{\sin^2 x} = \lim_{x \to 0} \frac{2x}{2 \sin x \cos x} = \lim_{x \to 0} \frac{2}{2\cos^2 x - 2\sin^2 x} = 1$$

11.5 Änderungsraten und Elastizitäten

Auf der Grundlage von Differenzen- und Differentialquotienten können weitere wichtige ökonomische Kennzahlen gebildet werden.

Beispiel 11.23

Zwei Angestellte mit einem Monatsgehalt von $x_1 = 2500$ bzw. $x_2 = 2000$ erhalten Steigerungen von $\Delta x_1 = 200$ bzw. $\Delta x_2 = 160$.

Für die Quotienten $\frac{\Delta x_i}{x_i}$ $(i = 1, 2)$ ergibt sich

$$\frac{\Delta x_1}{x_1} = \frac{200}{2500} = 0.08\,,$$
$$\frac{\Delta x_2}{x_2} = \frac{160}{2000} = 0.08\,.$$

Trotz der unterschiedlichen Zuwächse um 200 bzw. 160 Geldeinheiten sind die Zuwächse bezogen auf die jeweiligen Ausgangsgehälter gleich und betragen 8 %.

Beispiel 11.24

In der Zinseszinsrechnung wird ein Anfangskapital K_0 zum Zinssatz i für t Jahre angelegt. Für das Endkapital ergibt sich

$$K_t = K_{t-1}(1 + i) = \ldots = K_0(1 + i)^t\,.$$

Daraus resultiert ein Kapitalzuwachs pro Jahr von

$$\begin{aligned}\frac{\Delta K_t}{\Delta t} &= \frac{K_{t+1} - K_t}{t + 1 - t} \\ &= K_t(1 + i) - K_t \\ &= K_t \cdot i\,.\end{aligned}$$

Der angegebene Differenzenquotient wächst mit t.

Bezieht man diesen Quotienten auf das Kapital $K(t)$, so erhalten wir

$$\frac{\Delta K_t}{\Delta t} \cdot \frac{1}{K_t} = \frac{K_t \cdot i}{K_t} = i$$

und damit gerade den Zinssatz pro Jahr.

Beispiel 11.25

Die Lebkuchen „Prianiki" werden in Deutschland in einer 200-Gramm-Packung, in Russland in einer 250-Gramm-Packung verkauft. Mit den Variablen p_1, x_1 für Preis und Nachfrage in Deutschland gelte die Preis-Absatz-Beziehung

$$x_1 = 10000 - 300 p_1\,.$$

Bei identischem Nachfrageverhalten in Deutschland und Russland lässt sich diese Beziehung umrechnen. Unter Berücksichtigung der gegebenen Mengeneinheiten von 200 g bzw. 250 g und einem Wechselkurs von 1 € = 30 Rubel gilt mit

$$p_1 = \frac{1}{30} p_2$$

und

$$x_1 = \frac{250}{200} x_2$$

$$\begin{aligned}\frac{250}{200} x_2 &= 10\,000 - \frac{300}{30} p_2 \quad \text{bzw.} \\ x_2 &= 8000 - 8 p_2\,.\end{aligned}$$

Wir geben einige Werte an:

p_1	4	5	6
x_1	8800	8500	8200
p_2	120	150	180
x_2	7040	6800	6560

Diskutiert man beide Preis-Nachfrage-Beziehungen, so erhalten wir bei einer Preiserhöhung um eine Einheit zunächst eine Nachfrageminderung von

$$\frac{\Delta x_1}{\Delta p_1} = -300 \text{ bzw. } \frac{\Delta x_2}{\Delta p_2} = -8\,.$$

Bezogen auf die Werte von Preis und Nachfrage

$$\begin{aligned}(p_1, x_1) &= (5, 8500) \text{ bzw.} \\ (p_2, x_2) &= (150, 6800)\end{aligned}$$

ist die prozentuale Nachfrageminderung

$$\frac{\Delta x_1}{\Delta p_1} \cdot \frac{1}{x_1} = -\frac{300}{8500} = -\frac{3}{85}$$

bzw.

$$\frac{\Delta x_2}{\Delta p_2} \cdot \frac{1}{x_2} = -\frac{1}{850}\,.$$

Multipliziert man beide Ausdrücke mit dem jeweiligen Preis p_1 bzw. p_2, so ergibt sich

$$\frac{\Delta x_1}{\Delta p_1} \cdot \frac{p_1}{x_1} = -\frac{3 \cdot 5}{85} = -\frac{3}{17}$$

bzw.

$$\frac{\Delta x_2}{\Delta p_2} \cdot \frac{p_2}{x_2} = -\frac{1 \cdot 150}{850} = -\frac{3}{17}.$$

Die Quotienten

$$\frac{\Delta x_i}{\Delta p_i} \cdot \frac{p_i}{x_i} = \frac{\Delta x_i}{x_i} \left(\frac{\Delta p_i}{p_i}\right)^{-1} \quad (i = 1, 2)$$

beschreiben das Verhältnis von *relativer Nachfrageänderung* und *relativer Preisänderung* für beide Länder. Die beiden Quotienten sind gleich und zeigen an, dass das Nachfrageverhalten beider Länder identisch ist. Diese Tatsache lässt sich aus den Quotienten $\frac{\Delta x_i}{\Delta p_i} \cdot \frac{1}{x_i}$ bzw. $\frac{\Delta x_i}{\Delta p_i}$ nur mit einiger Überlegung herauslesen.

Die Frage, wie eine Variable auf Änderungen einer sie beeinflussenden anderen Variablen reagiert, kann nicht generell mit dem Differenzen- oder Differentialquotienten sinnvoll beantwortet werden. Oft sind modifizierte Quotienten geeigneter.

Definition 11.26

Für eine reelle Funktion $f : D \to \mathbb{R}$ $(D \subseteq \mathbb{R})$ heißt beim Übergang von x zu $x + \Delta x$

$$\frac{\Delta x}{x}$$

die *mittlere relative Änderung* von x und

$$\frac{\Delta f(x)}{f(x)} = \frac{f(x + \Delta x) - f(x)}{f(x)}$$

die *mittlere relative Änderung* von f.

Ferner bezeichnet man beim Übergang von x zu $x + \Delta x$ den Ausdruck

$$\frac{\Delta f(x)}{\Delta x} \frac{1}{f(x)}$$

als *mittlere Änderungsrate* von f und

$$\frac{\Delta f(x)}{\Delta x} \frac{x}{f(x)}$$

als *mittlere Elastizität* von f.

Während man auf der Basis von Differenzenquotienten nur „mittlere" Veränderungen entsprechender Funktionen messen kann, betrachtet man im Fall differenzierbarer Funktionen zweckmäßig die Grenzwerte für $\Delta x \to 0$ und erhält damit punktbezogene Änderungsraten und Elastizitäten.

Definition 11.27

Sei $f : D \to \mathbb{R}$ $(D \subseteq \mathbb{R})$ differenzierbar. Dann bezeichnet man den Ausdruck

$$\varrho_f(x) = \frac{\mathrm{d} f(x)}{\mathrm{d} x} \frac{1}{f(x)} = \frac{f'(x)}{f(x)}$$

als *Änderungsrate* und

$$\varepsilon_f(x) = \frac{\mathrm{d} f(x)}{\mathrm{d} x} \frac{x}{f(x)} = \frac{x f'(x)}{f(x)} = x \cdot \varrho_f(x)$$

als *Elastizität* von f im Punkt $x \in D$.

Die Änderungsrate entspricht der Veränderung der Funktion f im Punkt x, bezogen auf den Funktionswert $f(x)$, man spricht auch von der *prozentualen Änderung* der Funktion im Punkt x.

Die Elastizität entspricht der Veränderung der Funktion f im Punkt x, bezogen auf den Wert der Durchschnittsfunktion

$$\frac{f(x)}{x},$$

oder auch dem *Quotienten der relativen Änderung von* $f(x)$ und der *relativen Änderung* von x.

Für $x = 1$ entspricht die Elastizität $\varepsilon_f(x)$ der Änderungsrate $\varrho_f(x)$.

Die Elastizität in einem Punkt x lässt sich auch interpretieren als (marginale) Änderung der Funktion in Prozent des aktuellen Funktionswertes bei Erhöhung von x um 1 Prozent.

Da bei ökonomischen Problemen oft von Funktionen $f : \mathbb{R}_+ \to \mathbb{R}_+$ ausgegangen werden kann, bestimmt der Differentialquotient das Vorzeichen von Änderungsraten und Elastizitäten, die damit jeden reellen Wert annehmen können.

Für $|\varepsilon_f(x)| > 1$ reagiert die relative Änderung von $f(x)$ überproportional auf relative Änderungen von x, die Funktion f heißt im Punkt x *elastisch*. Entsprechend heißt f im Punkt x *unelastisch* für $|\varepsilon_f(x)| < 1$.

Beispiel 11.28

Für die Exponentialfunktion f mit $f(x) = ae^{bx}$ $(a, b \neq 0)$ gilt:

$$\varrho_f(x) = \frac{f'(x)}{f(x)} = \frac{abe^{bx}}{ae^{bx}} = b\,,$$
$$\varepsilon_f(x) = x\varrho_f(x) = bx$$

Für die Exponentialfunktion der Form f ist die Änderungsrate konstant. Die Elastizität wächst linear mit x.

Für $a = 10^{-9}, b = 4$ ergibt sich so beispielsweise

$$\varepsilon_f(x) = 4x\,.$$

Damit erhalten wir z. B. für $x = 6$ eine Elastizität von $\varepsilon_f(6) = 24$.

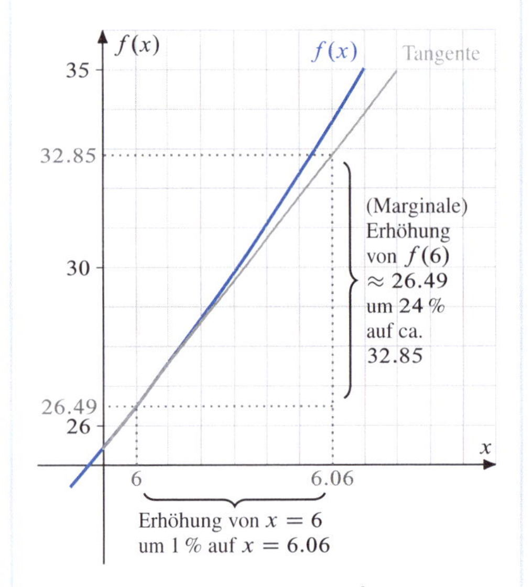

Abbildung 11.8: *Elastizität von f bei $x = 6$*

Das bedeutet, dass sich bei einer einprozentigen Erhöhung von $x = 6$ auf $x = 6.06$ der Funktionswert von f (marginal, also in Richtung der Tangente an den Funktionsgraphen) von $f(6) \approx 26.49$ um 24 Prozent, also auf 32.85 erhöht. Da $\varepsilon_f(6) > 1$ ist f somit elastisch für $x = 6$.

Wir stellen diesen Zusammenhang in Abbildung 11.8 dar.

Beispiel 11.29

Für die Potenzfunktion g mit $g(x) = ax^b$ $(x > 0$ und $a, b \neq 0)$ gilt:

$$\varrho_g(x) = \frac{g'(x)}{g(x)} = \frac{abx^{b-1}}{ax^b} = \frac{b}{x}\,,$$
$$\varepsilon_g(x) = x\varrho_g(x) = b$$

Für die Potenzfunktion der Form g fällt die Änderungsrate mit wachsendem x. Die Elastizität ist dagegen konstant.

Satz 11.30

Seien f, g differenzierbar. Dann gilt:

a) $g(x) = cf(x)(c \neq 0) \Rightarrow \varrho_g(x) = \varrho_f(x)$

b) $\varrho_{f\pm g}(x) = \dfrac{f(x)\varrho_f(x) \pm g(x)\varrho_g(x)}{f(x) \pm g(x)}$

c) $\varrho_{fg}(x) = \varrho_f(x) + \varrho_g(x)$

d) $\varrho_{f/g}(x) = \varrho_f(x) - \varrho_g(x)$

e) $\varrho_{g\circ f}(x) = f(x)\varrho_g(f(x))\varrho_f(x)$

f) $g = f^{-1} \Rightarrow f(x)\varrho_g(f(x))x\varrho_f(x) = 1$

Beweis

a) $\varrho_g(x) = \dfrac{g'(x)}{g(x)} = \dfrac{cf'(x)}{cf(x)} = \varrho_f(x)$ (Satz 11.8 b)

Alle anderen Aussagen erhält man unter Verwendung der Definition für die Änderungsrate (Definition 11.27) und der Differentiationsregeln (Satz 11.8, 11.10) durch Nachrechnen.

Im Einzelnen lassen sich die Ergebnisse wie folgt interpretieren:

Nach Satz 11.30 a sind die Änderungsraten zweier Funktionen f und g, deren Quotient f/g für alle x konstant ist, gleich. Die Änderungsrate der Summe zweier Funktionen (Satz 11.30 b) ist für alle x ein gewichtetes Mittel der einzelnen Änderungsraten der Summanden. Besonders einfach sind die Änderungsraten des Produktes und des Quotienten zweier Funktionen (Satz 11.30 c, d). In diesen Fällen werden die Änderungsraten der Einzelfunktionen f und g addiert bzw. subtrahiert.

Entsprechende Aussagen gelten auch für Elastizitäten.

Satz 11.31

Seien f, g differenzierbar. Dann gilt:

a) $$y = ax \ (a \neq 0)\,,$$
$$g(y) = g(ax) = \tilde{g}(x) = cf(x) \ (c \neq 0)$$
$$\Rightarrow \varepsilon_g(y) = \varepsilon_f(x)$$

b) $$\varepsilon_{f \pm g}(x) = \frac{f(x)\varepsilon_f(x) \pm g(x)\varepsilon_g(x)}{f(x) \pm g(x)}$$

c) $$\varepsilon_{fg}(x) = \varepsilon_f(x) + \varepsilon_g(x)$$

d) $$\varepsilon_{f/g}(x) = \varepsilon_f(x) - \varepsilon_g(x)$$

e) $$\varepsilon_{g \circ f}(x) = \varepsilon_g\big(f(x)\big) \cdot \varepsilon_f(x)$$

f) $$g = f^{-1} \Rightarrow \varepsilon_g\big(f(x)\big) \cdot \varepsilon_f(x) = 1$$

Beweis

a) $$\begin{aligned} \varepsilon_g(y) &= \frac{\mathrm{d}g(y)}{\mathrm{d}y}\frac{y}{g(y)} \\ &= \frac{\mathrm{d}cf(x)}{\mathrm{d}(ax)}\frac{ax}{cf(x)} \\ &= \frac{\mathrm{d}cf(x)}{\mathrm{d}x}\frac{\mathrm{d}x}{\mathrm{d}(ax)}\frac{ax}{cf(x)} \\ &= \frac{cf'(x)}{a}\frac{ax}{cf(x)} = \frac{f'(x)}{f(x)}x \\ &= \varepsilon_f(x) \end{aligned}$$

Berücksichtigt man die Identität

$$\varepsilon_f(x) = x\varrho_f(x)\,,$$

so folgen die restlichen Aussagen direkt aus den entsprechenden Aussagen des Satzes 11.30.

Die Aussage von Satz 11.31 a ist von zentraler Bedeutung für die Ökonomie. Transformiert man in einer funktionalen Beziehung

$$u = f(x)$$

die abhängige und unabhängige Variable in der Form

$$y = ax \text{ und } g(y) = cf(x)\,,$$

dann bleiben die Elastizitäten gleich.

Elastizitäten sind unabhängig von Maßeinheiten, in denen die abhängige und die unabhängige Variable gemessen werden. Für x als Preis und $f(x)$ als preisabhängige Nachfrage ist die entsprechende Elastizität von f in x unabhängig davon, in welchen Einheiten Preis und Nachfrage gemessen werden (Beispiel 11.25).

Die Ergebnisse von Satz 11.31 b, c, d stimmen mit den Ergebnissen von Satz 11.30 b, c, d überein.

Interessant sind schließlich auch die Aussagen in Satz 11.31 e, f. Die Elastizität einer Komposition $g \circ f$ ergibt sich aus dem Produkt der einzelnen Elastizitäten. Das Produkt der Elastizität einer Funktion mit der Elastizität der dazu gehörigen Umkehrfunktion ergibt 1.

Mit Hilfe der Sätze 11.30 und 11.31 lassen sich nun eine Reihe von bekannten Gesetzmäßigkeiten der Ökonomie ableiten. Wir betrachten dabei nur differenzierbare Funktionen.

Beispiel 11.32

Sei p der Preis und $f(p)$ die preisabhängige Nachfrage nach einem Gut. Dann ergibt sich für den preisabhängigen Umsatz

$$u(p) = p \cdot f(p)\,.$$

Wir setzen $h(p) = p$ und erhalten

$$\begin{aligned} \varrho_h(p) &= \frac{h'(p)}{h(p)} = \frac{1}{p}\,, \\ \varepsilon_h(p) &= p \cdot \varrho_h(p) = 1\,. \end{aligned}$$

Dann ist die Änderungsrate des Umsatzes

$$\begin{aligned} \varrho_u(p) &= \varrho_{hf}(p) \\ &= \varrho_h(p) + \varrho_f(p) \\ &= \frac{1}{p} + \varrho_f(p) \qquad \text{(Satz 11.30 c)} \end{aligned}$$

sowie die Preiselastizität des Umsatzes

$$\begin{aligned} \varepsilon_u(p) &= \varepsilon_{hf}(p) \\ &= \varepsilon_h(p) + \varepsilon_f(p) \\ &= 1 + \varepsilon_f(p)\,. \qquad \text{(Satz 11.31 c)} \end{aligned}$$

Durch direktes Nachrechnen erhält man gleiche Ergebnisse:

$$\begin{aligned} u'(p) &= f(p) + pf'(p) \\ \Rightarrow \varrho_u(p) &= \frac{u'(p)}{u(p)} = \frac{f(p)+pf'(p)}{pf(p)} \\ &= \frac{1}{p} + \varrho_f(p) \\ \Rightarrow \varepsilon_u(p) &= \frac{u'(p)}{u(p)} p \\ &= \frac{\big(f(p)+pf'(p)\big)\,p}{pf(p)} \\ &= 1 + \varepsilon_f(p) \end{aligned}$$

Existiert nun zu f auch die Umkehrfunktion

$$g = f^{-1} \text{ mit } x = f(p)$$

bzw.

$$p = g(x) = f^{-1}(x),$$

so gilt die Äquivalenz

$$\begin{aligned} & u(p) = pf(p) \\ \Leftrightarrow\ & v(x) = xg(x) = xf^{-1}(x), \end{aligned}$$

wobei $v(x)$ den mengenabhängigen Umsatz darstellt.

Man erhält folgende Beziehung zwischen dem Grenzumsatz $v'(x)$, dem Preis p und der Preiselastizität der Nachfrage $\varepsilon_f(p)$, die als *Amoroso-Robinson-Relation* bezeichnet wird.

$$\begin{aligned} v'(x) &= g(x) + xg'(x) \\ &= g(x)\left(1 + \frac{xg'(x)}{g(x)}\right) \\ &= g(x)\big(1 + \varepsilon_g(x)\big) \\ &= p\left(1 + \frac{1}{\varepsilon_f(p)}\right) \qquad \text{(Satz 11.31 f)} \end{aligned}$$

Entsprechend dazu gilt

$$f(p)\big(1 + \varepsilon_f(p)\big) = x\left(1 + \frac{1}{\varepsilon_g(x)}\right).$$

Beispiel 11.33

Wir bezeichnen mit $c(x)$ die vom Produktionsniveau x abhängigen Kosten eines Gutes und mit $k(x) = \frac{c(x)}{x}$ die Stückkosten. Dann erhalten wir mit $h(x) = x$ und

$$\varrho_h(x) = \frac{h'(x)}{h(x)} = \frac{1}{x}, \quad \varepsilon_h(x) = x\varrho_h(x) = 1$$

die Änderungsrate der Stückkosten

$$\begin{aligned} \varrho_k(x) &= \varrho_{c/h}(x) = \varrho_c(x) - \varrho_h(x) \\ &= \varrho_c(x) - \frac{1}{x} \qquad \text{(Satz 11.30 d)} \end{aligned}$$

sowie die Elastizität der Stückkosten bzgl. des Produktionsniveaus

$$\begin{aligned} \varepsilon_k(x) &= \varepsilon_{c/h}(x) = \varepsilon_c(x) - \varepsilon_h(x) \\ &= \varepsilon_c(x) - 1\,. \qquad \text{(Satz 11.31 d)} \end{aligned}$$

Ist das Produktionsniveau x gleich der Nachfrage und diese eine Funktion des Verkaufspreises p mit $x = f(p)$, so ergibt sich für die Preiselastizität der Kosten mit $c(x) = c(f(p))$

$$\varepsilon_{c\circ f}(p) = \varepsilon_c(x)\varepsilon_f(p)\,. \qquad \text{(Satz 11.31 e)}$$

Relevante Literatur

Forster, Otto (2016). *Analysis 1: Differential- und Integralrechnung einer Veränderlichen.* 12. Aufl. Springer Spektrum, Kap. 15, 16

Merz, Michael und Wüthrich, Mario V. (2012). *Mathematik für Wirtschaftswissenschaftler: Die Einführung mit vielen ökonomischen Beispielen.* Vahlen, Kap. 16

Opitz, Otto u. a. (2014). *Mathematik: Übungsbuch für das Studium der Wirtschaftswissenschaften.* 8. Aufl. De Gruyter Oldenbourg, Kap. 8

Purkert, Walter (2014). *Brückenkurs Mathematik für Wirtschaftswissenschaftler.* 8. Aufl. Springer Gabler, Kap. 5.1, 5.2

Senger, Jürgen (2009). *Mathematik: Grundlagen für Ökonomen.* 3. Aufl. De Gruyter Oldenbourg, Kap. 3.1–3.5

Sydsæter, Knut und Hammond, Peter (2015). *Mathematik für Wirtschaftswissenschaftler: Basiswissen mit Praxisbezug.* 4. Aufl. Pearson Studium, Kap. 6

Tietze, Jürgen (2013). *Einführung in die angewandte Wirtschaftsmathematik: Das praxisnahe Lehrbuch – inklusive Brückenkurs für Einsteiger.* 17. Aufl. Springer Spektrum, Kap. 5

12 Kurvendiskussion

Zu den wesentlichen Charakteristika des sogenannten Kurvenverlaufs einer Funktion

$$f : D \to \mathbb{R} \quad (D \subseteq \mathbb{R})$$

gehören (Abschnitt 9.2) insbesondere

- die Schnittpunkte mit den Koordinatenachsen (Definition 9.11):

$$\begin{aligned} &x_0 \in D && \text{mit } f(x_0) = 0 \\ &y_0 \in f(D) && \text{mit } f(0) = y_0 \end{aligned}$$

- die lokalen Extremalstellen (Definition 9.13):

$$x_{\max} \text{ mit } f(x_{\max}) \geq f(x) \text{ für alle } x \in D \cap (x_{\max} - r, x_{\max} + r)$$

$$x_{\min} \text{ mit } f(x_{\min}) \leq f(x) \text{ für alle } x \in D \cap (x_{\min} - r, x_{\min} + r)$$

- die Bereiche, in denen f monoton wächst bzw. fällt (Definition 9.18):

$$x_1 < x_2 \Rightarrow f(x_1) \leq f(x_2) \quad \text{bzw.}$$
$$x_1 < x_2 \Rightarrow f(x_1) \geq f(x_2)$$

- die Bereiche, in denen f konvex bzw. konkav ist (Definition 9.21):

$$x_1 \neq x_2 \Rightarrow f(\lambda x_1 + (1-\lambda)x_2) \leq \lambda f(x_1) + (1-\lambda) f(x_2) \quad \text{für } \lambda \in (0,1)$$

$$x_1 \neq x_2 \Rightarrow f(\lambda x_1 + (1-\lambda)x_2) \geq \lambda f(x_1) + (1-\lambda) f(x_2) \quad \text{für } \lambda \in (0,1)$$

12.1 Monotonie und Konvexität

Wir werden in diesem Kapitel sehen, dass für differenzierbare Funktionen einer Variablen Maximal- und Minimalstellen, Monotonie- und Konvexitätseigenschaften mit Hilfe geeigneter Differentialquotienten einfacher nachgewiesen werden können.

Wir betrachten zunächst die Abbildungen 12.1 und 12.2.

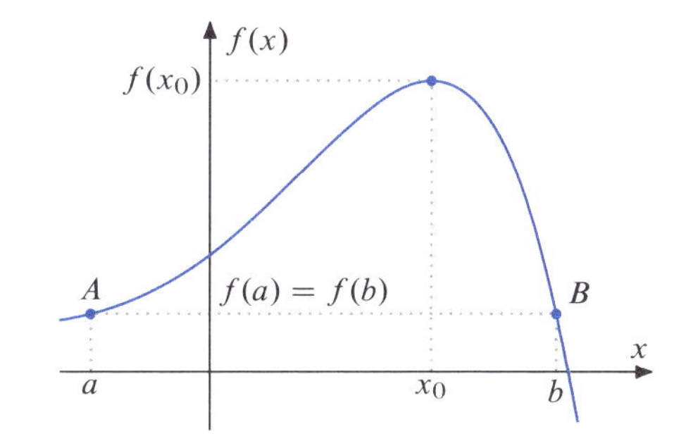

Abbildung 12.1: *Satz von Rolle*

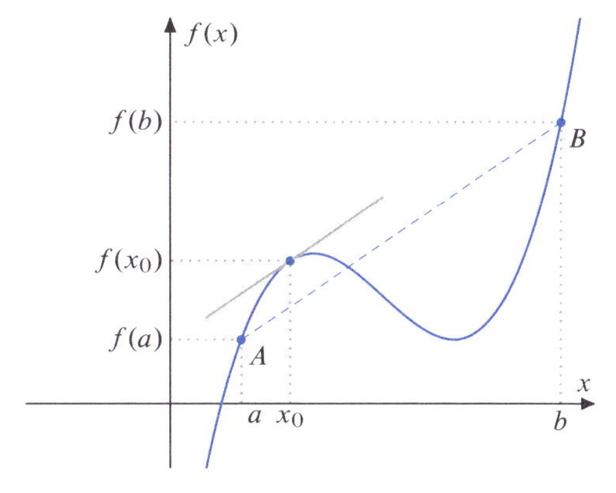

Abbildung 12.2: *Mittelwertsatz der Differentialrechnung*

DOI: 10.1515/9783110475333-012

Verbindet man in beiden Abbildungen die Punkte

$$A = \big(a, f(a)\big) \text{ und } B = \big(b, f(b)\big)$$

durch eine Gerade, so gibt es einen Punkt x_0 zwischen a und b, in dem die Steigung der Tangente an die Kurve f gleich der Steigung der Geraden durch A und B ist. Die jeweilige Tangentensteigung entspricht der ersten Ableitung der Funktion f im Punkt x_0. Im ersten Fall erhält man wegen $f(a) = f(b)$ eine waagrechte Tangente, also $f'(x_0) = 0$, im zweiten Fall wegen $f(a) < f(b)$ die Ableitung $f'(x_0) > 0$. Es lässt sich zeigen, dass für differenzierbare Funktionen stets die Gleichung

$$\frac{f(b) - f(a)}{b - a} = f'(x_0) \quad \text{für ein } x_0 \in (a, b)$$

erfüllt ist. Man bezeichnet diese Aussage als *Mittelwertsatz der Differentialrechnung* (Abbildung 12.2). Für $f(a) = f(b)$ ist die Aussage als Satz von *M. Rolle* (1652–1719) bekannt (Abbildung 12.1).

Satz 12.1

Die Funktionen

$$f, g: [a, b] \to \mathbb{R}$$

mit $a < b$ seien in $[a, b]$ stetig und in (a, b) differenzierbar. Dann gilt:

a) Ist
$$f(a) = f(b)\,,$$
so existiert ein $x_0 \in (a, b)$ mit $f'(x_0) = 0$

b) Ist
$$f(a) \neq f(b)\,,$$
so existiert ein $x_0 \in (a, b)$ mit
$$\frac{f(b) - f(a)}{b - a} = f'(x_0)$$

c) Ist
$$g'(x) \neq 0$$
für alle $x \in (a, b)$, so ist
$$g(a) \neq g(b)$$
und es existiert ein $x_0 \in (a, b)$ mit
$$\frac{f(b) - f(a)}{g(b) - g(a)} = \frac{f'(x_0)}{g'(x_0)}$$

Beweis

Mit Hilfe der Abbildungen 12.1 und 12.2 sind die Aussagen a) und b) anschaulich klar. Für den Beweis verweisen wir auf Forster (2016, S. Kap. 16).

Der Beweis von c) basiert auf den Aussagen a) und b). Für $g'(x) \neq 0$ mit

$$g'(x) = \frac{g(b) - g(a)}{b - a}$$

gilt $g(a) \neq g(b)$.

Damit existiert ein $x_0 \in (a, b)$ mit

$$\frac{f'(x_0)}{g'(x_0)} = \frac{f(b) - f(a)}{b - a} \cdot \frac{b - a}{g(b) - g(a)} = \frac{f(b) - f(a)}{g(b) - g(a)}\,.$$

Für die Monotonie, die Konvexität und Konkavität erhält man nun notwendige bzw. hinreichende Bedingungen, die wir in den nachfolgenden zwei Sätzen zusammenstellen.

Satz 12.2

Die Funktion f sei in $[a, b]$ stetig und in (a, b) differenzierbar. Dann gilt:

a) f monoton wachsend in $[a, b]$
$\Leftrightarrow$ $f'(x) \geq 0$ für alle $x \in (a, b)$

b) f monoton fallend in $[a, b]$
$\Leftrightarrow$ $f'(x) \leq 0$ für alle $x \in (a, b)$

c) f konstant in $[a, b]$
$\Leftrightarrow$ $f'(x) = 0$ für alle $x \in (a, b)$

d) $f'(x) > 0$ für alle $x \in (a, b)$
$\Rightarrow$ f streng monoton wachsend in $[a, b]$

e) $f'(x) < 0$ für alle $x \in (a, b)$
$\Rightarrow$ f streng monoton fallend in $[a, b]$

Beweis

a1) f monoton wachsend in $[a, b]$ und

$$x, x + \Delta x \in (a, b)$$
$$\Rightarrow (\Delta x > 0 \Rightarrow f(x + \Delta x) - f(x) \geq 0)$$
$$\Rightarrow \frac{f(x + \Delta x) - f(x)}{\Delta x} \geq 0$$
$$\Rightarrow f'(x) = \lim_{\Delta x \to 0} \frac{f(x + \Delta x) - f(x)}{\Delta x} \geq 0$$

a2) $f'(x) \geq 0$ für alle $x \in (a, b) \Rightarrow$ Für alle $x_1, x_2 \in [a, b]$ mit $x_1 < x_2$ existiert ein $x_0 \in (x_1, x_2)$ mit

$$\frac{f(x_2) - f(x_1)}{x_2 - x_1} = f'(x_0) \geq 0 \quad \text{(Satz 12.1 a, b)}$$
$$\Rightarrow f(x_2) \geq f(x_1) \Rightarrow f \text{ monoton wachsend in } [a, b]$$

b) Der Beweis verläuft analog zu a).

c) f konstant in $[a, b]$

$\Leftrightarrow$ f ist gleichzeitig monoton wachsend und fallend in $[a, b]$

$\Leftrightarrow$ $f'(x_0) \geq 0, f'(x) \leq 0$ für alle $x \in (a, b)$

$\Leftrightarrow$ $f'(x) = 0$ für alle $x \in (a, b)$

d), e) Der Beweis verläuft analog zu a) bzw. b).

Wir fassen die wichtigsten Aussagen des Satzes 12.2 zusammen:

Eine in $[a, b]$ stetige und in (a, b) differenzierbare Funktion f ist genau dann monoton wachsend [bzw. monoton fallend], wenn

$$f'(x) \geq 0 \quad [\text{bzw. } f'(x) \leq 0]$$

für alle $x \in (a, b)$ erfüllt ist (Satz 12.2 a, b).

Für die strenge Monotonie gilt nur eine Richtung:

Aus

$$f'(x) > 0 \quad [\text{bzw. } f'(x) < 0]$$

für alle $x \in (a, b)$ folgt, dass f streng monoton wächst [bzw. streng monoton fällt] (Satz 12.2 d, e).

Die Umkehrung gilt nicht. Es gibt demnach streng monotone Funktionen mit $f'(x) = 0$ für einzelne $x \in (a, b)$, z. B.

$$f(x) = x^3, \qquad f'(x) = 3x^2, \quad \text{aber}$$
$$f'(0) = 0.$$

Beispielsweise sei die in Abbildung 12.3 dargestellte Funktion f konstant in $[a_0, a_1]$, also zugleich monoton wachsend und fallend, ferner in $[a_1, a_2]$ streng monoton wachsend und in $[a_2, a_4]$ streng monoton fallend, aber $f'(a_3) = 0$.

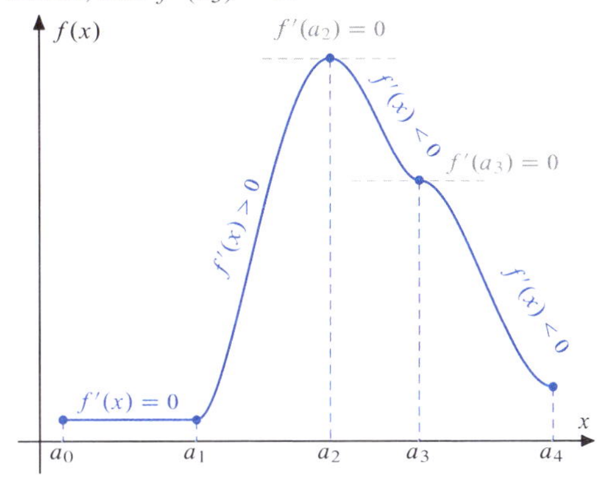

Abbildung 12.3: *Monotonie einer differenzierbaren Funktion*

Satz 12.3

Die Funktion f sei in $[a, b]$ stetig und in (a, b) zweimal differenzierbar. Dann gilt:

a) f konvex in $[a, b]$
$\Leftrightarrow f''(x) \geq 0$ für alle $x \in (a, b)$

b) f konkav in $[a, b]$
$\Leftrightarrow f''(x) \leq 0$ für alle $x \in (a, b)$

c) f beschreibt eine Gerade
$\Leftrightarrow f''(x) = 0$ für alle $x \in (a, b)$

d) $f''(x) > 0$ für alle $x \in (a, b)$
$\Rightarrow f$ streng konvex in $[a, b]$

e) $f''(x) < 0$ für alle $x \in (a, b)$
$\Rightarrow f$ streng konkav in $[a, b]$

Zum Beweis veranschaulichen wir die Konvexität und Konkavität in Abbildung 12.4.

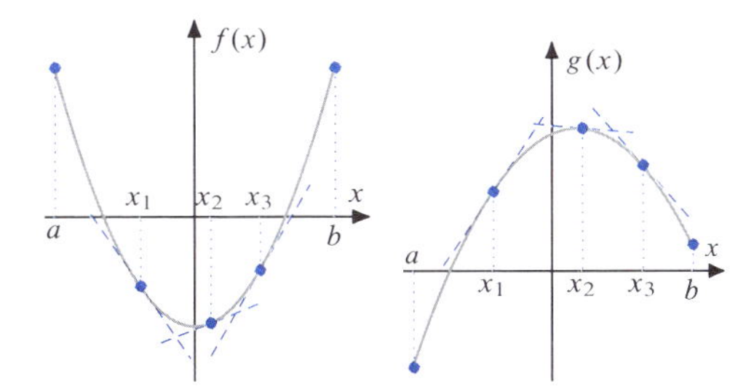

Abbildung 12.4: *f als konvexe Funktion, g als konkave Funktion*

Dazu betrachten wir die Tangenten in den Punkten x_1, x_2, x_3, deren Steigungen die Ableitungen der Funktionen f, g jeweils in den Punkten x_1, x_2, x_3 angeben. Betrachten wir die Differentialquotienten f' bzw. g' für alle $x \in (a, b)$, so wächst f' streng monoton in $[a, b]$ und g' fällt streng monoton in $[a, b]$. Damit folgen alle Aussagen des Satzes 12.3 direkt aus den entsprechenden Aussagen des Satzes 12.2 (Forster 2016, s. Kap. 16).

Wir fassen wiederum die wichtigsten Aussagen des Satzes 12.3 zusammen:

Eine in $[a, b]$ stetige und in (a, b) zweimal differenzierbare Funktion f ist genau dann in $[a, b]$ konvex [bzw. konkav], wenn $f''(x) \geq 0$ [bzw. $f''(x) \leq 0$] für alle $x \in (a, b)$ erfüllt ist (Satz 12.3 a, b).

Für die strenge Konvexität und Konkavität gilt nur eine Richtung:

So folgt aus $f''(x) > 0$ [bzw. $f''(x) < 0$] für alle $x \in (a, b)$ die strenge Konvexität [bzw. strenge Konkavität] von f (Satz 12.3 d, e).

Die Umkehrung gilt nicht. Es gibt also streng konvexe bzw. konkave Funktionen mit $f''(x) = 0$ für einzelne $x \in (a, b)$.

Beispielsweise ist die in Abbildung 12.5 dargestellte Funktion f konstant in $[a_1, a_2]$, streng monoton wachsend in $[a_0, a_1]$ und $[a_2, a_4]$.

Sie ist ferner konkav in $[a_0, a_2]$, $[a_3, a_5]$ und $[a_6, a_7]$ bzw. konvex in $[a_1, a_3]$ und $[a_5, a_7]$. Streng konkav ist sie dann in $[a_0, a_1]$ und $[a_3, a_5]$ (hellblau markiert), streng konvex in $[a_2, a_3]$ und $[a_5, a_6]$ (hellgrau).

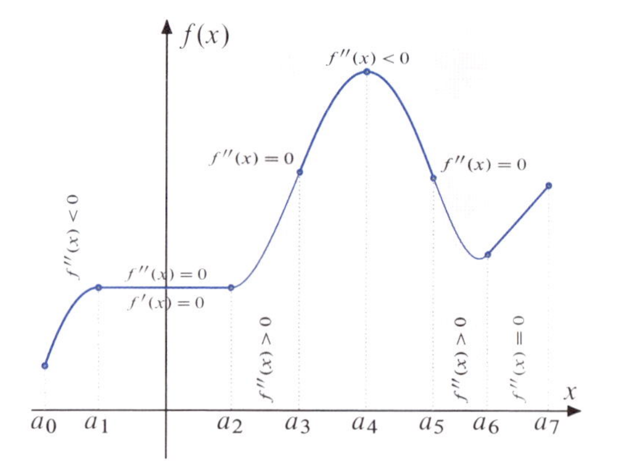

Abbildung 12.5: *Konvexität und Konkavität einer differenzierbaren Funktion*

Beispiel 12.4

Wir betrachten die für $x \geq 0$ erklärte Kostenfunktion mit

$$\begin{aligned} c(x) &= c_2 x^2 + c_1 x + c_0\,, && (c_0, c_1, c_2 > 0) \\ c'(x) &= 2c_2 x + c_1 > 0\,, && \text{für alle } x \geq 0 \\ c''(x) &= 2c_2 > 0\,. \end{aligned}$$

Die Kostenfunktion ist positiv, streng monoton wachsend und streng konvex. Abbildung 12.6 gibt den prinzipiellen Verlauf der Funktion c für $x \in [0, 1]$ wieder.

Für $x = 0$ erhalten wir den Funktionswert

$$c(0) = c_0\,,$$

für $x = 1$ entsprechend den Funktionswert

$$c(1) = c_0 + c_1 + c_2\,.$$

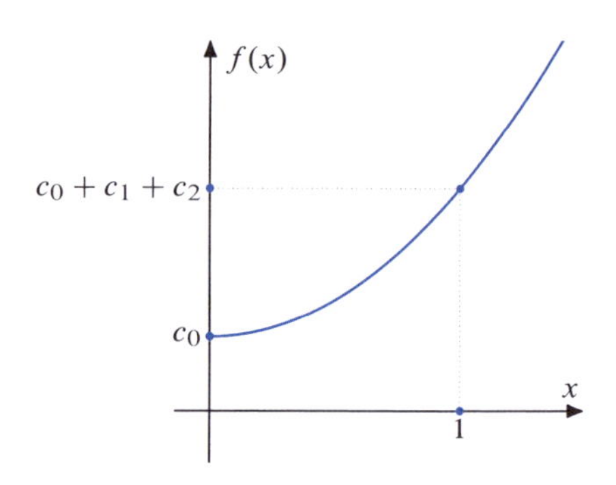

Abbildung 12.6: *Quadratische Kostenfunktion*

Für die Stückkostenfunktion, definiert für $x > 0$, gilt:

$$\begin{aligned} &\frac{c(x)}{x} = c_2 x + c_1 + \frac{c_0}{x} > 0 \\ &\left(\frac{c(x)}{x}\right)' = c_2 - \frac{c_0}{x^2} \geq 0 \\ &\Leftrightarrow c_2 x^2 - c_0 \geq 0 \\ &\Leftrightarrow x^2 \geq \frac{c_0}{c_2} \\ &\left(\frac{c(x)}{x}\right)'' = \frac{2c_0}{x^3} > 0 \end{aligned}$$

Die Stückkostenfunktion ist positiv, streng monoton wachsend für

$$x \geq \sqrt{\frac{c_0}{c_2}}$$

bzw. streng monoton fallend für

$$x \leq \sqrt{\frac{c_0}{c_2}}$$

und streng konvex für alle $x > 0$.

Abbildung 12.7 gibt den prinzipiellen Verlauf wieder.

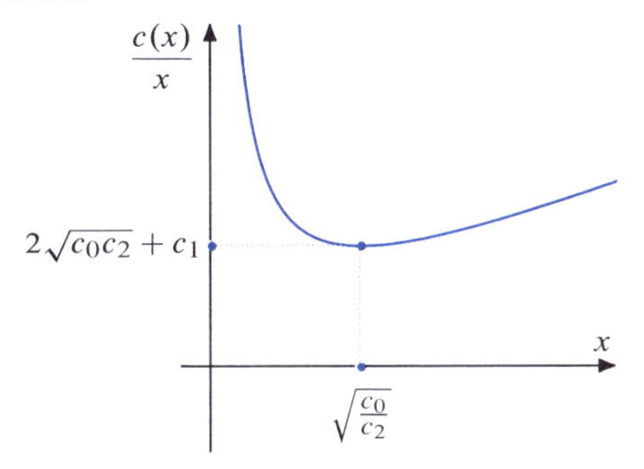

Abbildung 12.7: *Stückkostenfunktion einer quadratischen Kostenfunktion*

Für $x = \sqrt{\frac{c_0}{c_2}}$ erhalten wir den minimalen Funktionswert

$$c_2\sqrt{\frac{c_0}{c_2}} + c_1 + \frac{c_o}{\sqrt{\frac{c_0}{c_2}}} = 2\sqrt{c_0 c_2} + c_1 .$$

Für $x \searrow 0$ und $x \nearrow \infty$ strebt $\frac{c(x)}{x}$ gegen ∞.

Die Ableitungen liefern folgende Ergebnisse (Abbildungen 12.8, 12.9):

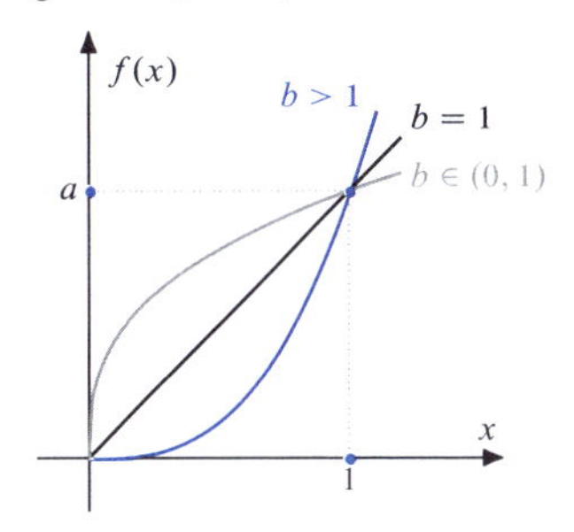

Abbildung 12.8: *Potenzfunktion mit* $f(x) = ax^b \;\; (b > 0)$

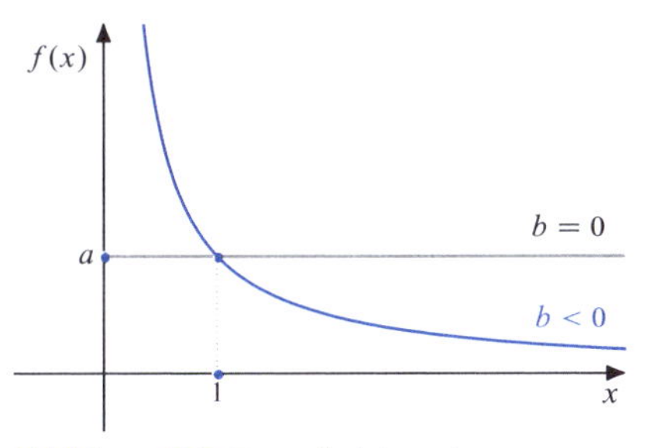

Abbildung 12.9: *Potenzfunktion mit* $f(x) = ax^b \;\; (b \leq 0)$

Die Potenzfunktion ist für $b > 1$ streng monoton wachsend und streng konvex, für $b = 1$ streng monoton wachsend und linear, also gleichzeitig konvex und konkav, für $b \in (0, 1)$ streng monoton wachsend und streng konkav, für $b = 0$ konstant, schließlich für $b < 0$ streng monoton fallend und streng konvex (Beispiel 9.20, 9.22).

Beispiel 12.5

Wir betrachten die für alle $x > 0$ erklärte Potenzfunktion f mit $f(x) = ax^b$ und $a > 0, b \in \mathbb{R}$ (Definition 9.39). Es gilt:

$$\begin{aligned} f'(x) = abx^{b-1} &> 0 \quad &&\text{für } b > 0 \\ &= 0 &&\text{für } b = 0 \\ &< 0 &&\text{für } b < 0 \end{aligned}$$

$$\begin{aligned} f''(x) = ab(b-1)x^{b-2} &> 0 \\ &\text{für } b > 1 \text{ oder } b < 0 \\ &= 0 \quad \text{für } b \in \{0, 1\} \\ &< 0 \quad \text{für } b \in (0, 1) \end{aligned}$$

Beispiel 12.6

Für die Funktion $f\colon \mathbb{R} \to \mathbb{R}$ mit $f(x) = xe^{-x}$ gilt:

$$\begin{aligned} f'(x) &= e^{-x} - xe^{-x} \\ &= (1-x)e^{-x} \geq 0 \quad &&\text{für } x \leq 1 \\ &\phantom{= (1-x)e^{-x}} \leq 0 &&\text{für } x \geq 1 \\ f''(x) &= -e^{-x} - e^{-x} + xe^{-x} \\ &= (x-2)e^{-x} \geq 0 &&\text{für } x \geq 2 \\ &\phantom{= (x-2)e^{-x}} \leq 0 &&\text{für } x \leq 2 \end{aligned}$$

Die Funktion ist streng monoton wachsend für $x \leq 1$ und streng monoton fallend für $x \geq 1$, sie ist streng konvex für $x \geq 2$ und streng konkav für $x \leq 2$ (Abbildung 12.10).

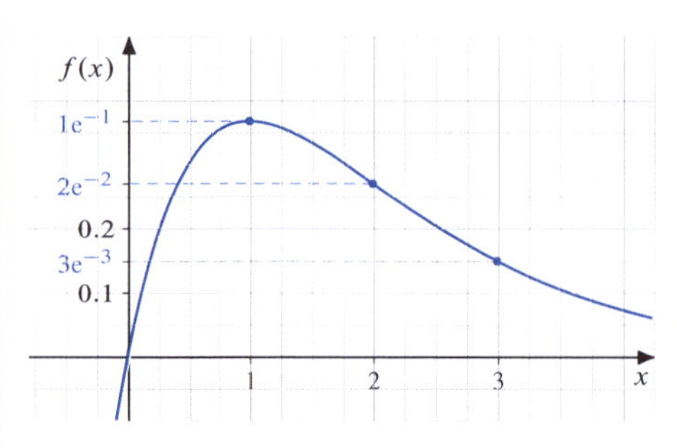

Abbildung 12.10: *Graph der Funktion f mit $f(x) = xe^{-x}$*

Beispiel 12.7

Für die Funktion $f : \mathbb{R}_+ \to \mathbb{R}$ mit

$$f(x) = x + \sin x$$

gilt:

$$f'(x) = 1 + \cos x \geq 0 \qquad \text{für } x \in \mathbb{R}_+$$

Die Funktion ist für alle $x \geq 0$ streng monoton wachsend (Abbildung 12.11).

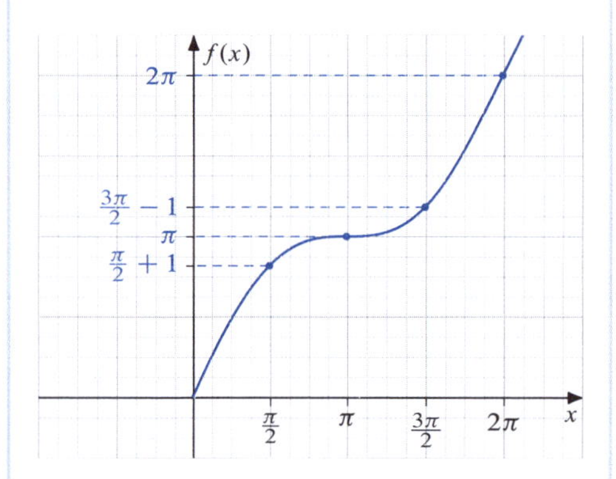

Abbildung 12.11: *Graph der Funktion f mit $f(x) = x + \sin x$*

Für die zweite Ableitung gilt $f''(x) = -\sin x$. Damit ist

$$f''(x) \geq 0 \qquad \text{für } x \in [\pi, 2\pi], [3\pi, 4\pi], \ldots$$
$$f''(x) \leq 0 \qquad \text{für } x \in [0, \pi], [2\pi, 3\pi], \ldots$$

und f in den Intervallen $[0, \pi], [2\pi, 3\pi], \ldots$ streng konkav bzw. in $[\pi, 2\pi], [3\pi, 4\pi], \ldots$ streng konvex (Abbildung 12.11).

12.2 Extremwertbestimmung

Offensichtlich sind wir mit Hilfe der Monotonie und der Konvexität bzw. Konkavität in der Lage, den Kurvenverlauf einer Funktion prinzipiell zu veranschaulichen. Wir dürfen daher auch erwarten, dass Maximal- und Minimalstellen einer reellen differenzierbaren Funktion mit Hilfe von Ableitungen ermittelt werden können.

Satz 12.8

Die Funktion f sei in (a, b) differenzierbar und besitze in $x_0 \in (a, b)$ ein lokales Maximum oder Minimum. Dann gilt

$$f'(x_0) = 0 .$$

Beweis

Besitzt f in $x_0 \in (a, b)$ ein lokales Maximum, so existiert ein $r > 0$ mit

$$f(x_0) \geq f(x) \qquad \text{für alle } x \in (x_0 - r, x_0 + r)$$

(Definition 9.13). Daraus folgt:

$$f(x_0 + \Delta x) - f(x_0) \leq 0$$
$$\text{für } x_0 + \Delta x \in (x_0 - r, x_0 + r)$$

$$\Rightarrow \frac{f(x_0 + \Delta x) - f(x_0)}{\Delta x} \begin{cases} \leq 0 & \text{für } \Delta x > 0 \\ \geq 0 & \text{für } \Delta x < 0 \end{cases}$$

$$\Rightarrow \lim_{\Delta x \to 0} \frac{f(x_0 + \Delta x) - f(x_0)}{\Delta x} = f'(x_0) = 0$$

Besitzt f in x_0 ein lokales Minimum, so verläuft der Beweis entsprechend.

Wenn wir also in x_0 ein Maximum oder Minimum von f gefunden haben, so muss die erste Ableitung $f'(x_0)$ verschwinden. Umgekehrt kann man aus den Nullstellen der ersten Ableitung allein nicht auf ein Maximum oder Minimum von f schließen. Satz 12.8 liefert also eine notwendige, aber im Allgemeinen keine hinreichende Bedingung für ein lokales Extremum. Hinreichende Bedingungen erhalten wir über die zweite Ableitung der Funktion f.

Satz 12.9

Die Funktion

$$f : [a, b] \to \mathbb{R}$$

sei stetig und in (a, b) zweimal stetig differenzierbar. Ferner sei

$$f'(x_0) = 0$$

für ein $x_0 \in (a, b)$. Dann gilt:

a) $f''(x_0) < 0$
$\Rightarrow x_0$ ist lokale Maximalstelle von f
$f''(x_0) > 0$
$\Rightarrow x_0$ ist lokale Minimalstelle von f

b) $f''(x) < 0$ für alle $x \in (a, b)$
$\Rightarrow x_0$ ist einzige Maximalstelle von f
$f''(x) > 0$ für alle $x \in (a, b)$
$\Rightarrow x_0$ ist einzige Minimalstelle von f

Beweis

a) Für $f''(x_0) < 0$ existiert wegen der Stetigkeit von f'' ein offenes Intervall $(x_0 - r, x_0 + r)$ mit $f''(x) < 0$ für alle $x \in (x_0 - r, x_0 + r)$.

$\Rightarrow f$ ist streng konkav in $[x_0 - r, x_0 + r]$
mit $f'(x_0) = 0$ (Satz 12.3 e)
$\Rightarrow x_0$ ist in $[x_0 - r, x_0 + r]$ lokale Maximalstelle von f

Für $f''(x_0) > 0$ verläuft der Beweis entsprechend.

b) Der Beweis folgt direkt aus Satz 12.3 d, e.

Mit Satz 12.9 ist nun eine Verfahrensvorschrift zur Extremwertbestimmung bei konkreten Beispielen gegeben. Man ermittelt zunächst alle Nullstellen der ersten Ableitung und prüft anschließend für jede dieser Nullstellen nach, ob die zweite Ableitung positiv oder negativ ist. Je nachdem erhält man eine lokale Maximal- oder Minimalstelle. Anschließend bezieht man gegebenenfalls die beiden Randpunkte des Definitionsbereichs ein. Aus dem Vergleich der relevanten Funktionswerte erhält man die globalen Maximal- und Minimalstellen.

Für $f''(x_0) = 0$ ist nach Satz 12.9 keine Aussage möglich, wir werden auf dieses Problem in Abschnitt 12.3, Satz 12.18 zurückkommen.

Beispiel 12.10

Wir betrachten nochmals die quadratische Kostenfunktion sowie die dazugehörige Stückkostenfunktion aus Beispiel 12.7 mit

$$c(x) = c_2 x^2 + c_1 x + c_0 ,$$
$$\frac{c(x)}{x} = c_2 x + c_1 + \frac{c_0}{x} \quad \text{mit } c_0, c_1, c_2 > 0 .$$

Da c für alle $x \geq 0$ und damit für jedes Intervall $[a, b] \subseteq \mathbb{R}_+$ streng monoton wachsend ist, tritt in $[a, b]$ das Kostenminimum für $x = a$ und das Kostenmaximum für $x = b$ auf.

Für die Stückkostenfunktion gilt

$$\left(\frac{c(x)}{x}\right)' = c_2 - \frac{c_0}{x^2} ,$$
$$\left(\frac{c(x)}{x}\right)'' = \frac{2c_0}{x^3} .$$

Daraus ergibt sich für $x > 0$:

$$\left(\frac{c(x)}{x}\right)' = 0$$
$$\Leftrightarrow c_2 - \frac{c_0}{x^2} = 0$$
$$\Leftrightarrow x^2 = \frac{c_0}{c_2}$$
$$\Leftrightarrow x = \sqrt{\frac{c_0}{c_2}}$$

$$\left(\frac{c(x)}{x}\right)'' > 0 \text{ für alle } x > 0, \text{ also auch für } x = \sqrt{\frac{c_0}{c_2}}$$

Für $x = \sqrt{\frac{c_0}{c_2}}$ erhalten wir ein globales Minimum der Stückkosten.

Eine Stückkostenfunktion dieser Form ist aus der *Lagerhaltung* bekannt.

Wir betrachten den in Abbildung 12.12 dargestellten Lagerbestandsverlauf.

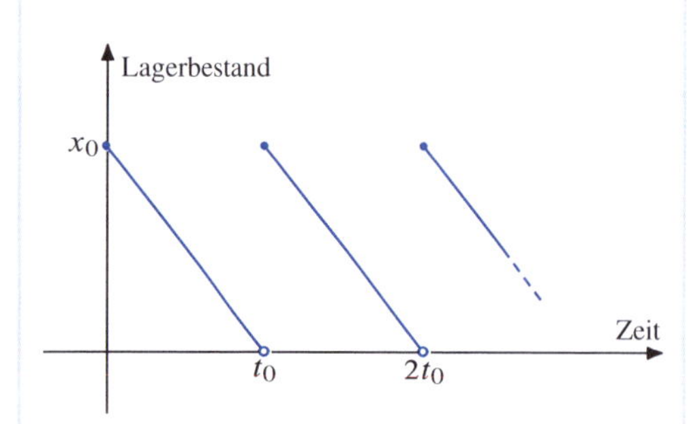

Abbildung 12.12: *Lagerbestand bei konstanter Nachfrage pro Zeiteinheit und Bestellung in gleichen Zeitabständen* $t_0, 2t_0, \ldots$

Wir bezeichnen mit

q die konstante Nachfrage pro Zeiteinheit,

$t_0, 2t_0, \ldots$ die Bestellzeitpunkte,

$x_0 = qt_0$ die jeweilige Bestellmenge,

K_1 die Kosten für jede anfallende Bestellung,

K_2 die Lagerkosten pro Stück und Zeitpunkt.

Dem Anfangslagerbestand x_0 steht die Nachfrage q gegenüber, so dass das Lager zum Zeitpunkt t_0 leer ist und ohne Zeitverlust wieder auf den Bestand x_0 aufgefüllt wird. Dieser Prozess wiederholt sich periodisch (Abbildung 12.12).

Damit ergibt sich in einem Planungszeitraum $[0, T]$ mit $T = nt_0 \quad (n \in \mathbb{N})$

$\frac{x_0 t_0 n}{2} = \frac{x_0 T}{2}$ für die gesamte Lagermenge in $[0, T]$,

$\frac{K_2 x_0 T}{2}$ für die gesamten Lagerkosten in $[0, T]$,

$n = \frac{qT}{x_0}$ für die Anzahl der Bestellungen in $[0, T]$,

$K_1 n = \frac{K_1 qT}{x_0}$ für die gesamten Bestellkosten in $[0, T]$.

Die Gesamtkosten k setzen sich zusammen aus den Lagerkosten und den Bestellkosten im Planungszeitraum $[0, T]$. Hat man zusätzlich fixe Kosten K_0, so erhalten wir

$$\begin{aligned} k(x_0) &= \frac{K_2 x_0 T}{2} + \frac{K_1 qT}{x_0} + K_0 \\ &= c_2 x_0 + \frac{c_0}{x_0} + c_1 \end{aligned}$$

mit

$$\begin{aligned} c_2 &= \frac{1}{2} K_2 T\,, \\ c_0 &= K_1 qT\,, \\ c_1 &= K_0\,. \end{aligned}$$

Für

$$x_0 = \sqrt{\frac{c_0}{c_2}} = \sqrt{\frac{2K_1 q}{K_2}}\,,$$

bekannt als *Losgrößenformel* von *Harris* und *Wilson*, erhalten wir ein Minimum der Funktion.

Zur Berechnung des ersten Bestellzeitpunktes t_0 überlegt man sich, dass der Lagerbestand x im Intervall $[0, t_0]$ eine lineare Funktion der Zeit t ist mit

$$\begin{aligned} & x(t) = x_0 - qt \\ \Rightarrow\ & x(t_0) = x_0 - qt_0 = 0 \\ \Rightarrow\ & t_0 = \frac{x_0}{q} = \sqrt{\frac{2K_1}{qK_2}}\,. \end{aligned}$$

Mit wachsenden Bestellkosten K_1 bzw. fallenden Lagerkosten K_2 wächst die optimale Bestellmenge x_0 bzw. die Zeit t_0 zwischen zwei Bestellungen. Wächst die Nachfrage, so erhöht sich die Bestellmenge bzw. verringert sich die Zeit zwischen zwei Bestellungen.

Beispiel 12.11

Wir betrachten das Problem der Gewinnmaximierung einer Einproduktunternehmung bei *vollständiger Konkurrenz*, d. h., der Produktpreis ist für das einzelne Unternehmen exogen vorgegeben, und für den Fall eines *Angebotsmonopols*, d. h., die Nachfrage x ist eine Funktion des vom Anbieter gesetzten Preises p.

a) *Vollständige Konkurrenz*: Für diesen Fall erhalten wir mit den Kosten $c(x)$ und dem Umsatz $u(x) = xp$ den Gewinn g mit

$$g(x) = u(x) - c(x) = xp - c(x)\,.$$

Der Gewinn $g(x)$ wird für $x = x_0$ maximal, falls gilt:

$$\begin{aligned} g'(x_0) &= u'(x_0) - c'(x_0) \\ &= p - c'(x_0) = 0 \end{aligned}$$

$$\begin{aligned} g''(x_0) &= -c''(x_0) < 0 \text{ bzw.} \\ & \quad c''(x_0) > 0 \end{aligned}$$

Bei vollständiger Konkurrenz sind im Gewinnmaximum die Grenzkosten $c'(x)$ gleich dem Preis. Wegen $c''(x_0) > 0$ sind die Kosten in einer Umgebung von x_0 streng konvex, bzw. wachsen die Grenzkosten streng monoton. Der Anbieter wird die Produktion erhöhen, falls die Grenzkosten unter dem Preis liegen, andernfalls wird er die Produktion senken (Abbildung 12.13).

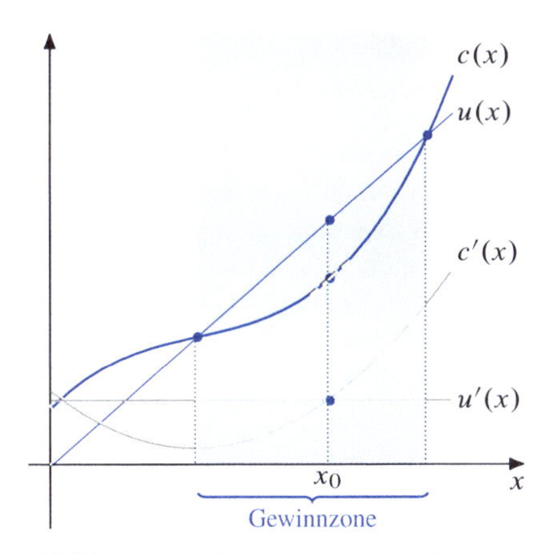

Abbildung 12.13: *Gewinnmaximierung bei vollständiger Konkurrenz*

b) Ist der Anbieter *Monopolist*, so erhalten wir mit einer streng monoton fallenden Nachfragefunktion $x = f(p)$ bzw. deren ebenfalls streng monoton fallenden Umkehrfunktion $p = f^{-1}(x)$ den Gewinn

$$\begin{aligned} g(x) &= u(x) - c(x) \\ &= xf^{-1}(x) - c(x)\,. \end{aligned}$$

Der Gewinn $g(x)$ wird für $x = x_1$ maximal, falls gilt:

$$\begin{aligned} g'(x_1) &= u'(x_1) - c'(x_1) \\ &= f^{-1}(x_1) + x_1 f^{-1\prime}(x_1) \\ &\quad -c'(x_1) = 0 \end{aligned}$$

$$\begin{aligned} g''(x_1) &= u''(x_1) - c''(x_1) \\ &= 2f^{-1\prime}(x_1) + x_1 f^{-1\prime\prime}(x_1) \\ &\quad -c''(x_1) < 0 \end{aligned}$$

Wegen $f^{-1\prime} < 0$ und $x \in \mathbb{R}_+$ ist im Gewinnmaximum

$$f^{-1}(x_1) - c'(x_1) > 0\,.$$

Der Preis

$$p_1 = f^{-1}(x_1)$$

liegt über den Grenzkosten $c'(x_1)$ und auch über dem Grenzumsatz wegen

$$c'(x_1) = u'(x_1)\,.$$

Wegen $g''(x_1) < 0$ ist der Gewinn in einer Umgebung von x_1 streng konkav, der Grenzgewinn $g'(x_1)$ fällt streng monoton. Der Anbieter wird seine Produktion erhöhen, falls die Grenzkosten unter dem Grenzerlös liegen, andernfalls wird er die Produktion senken (Abbildung 12.14).

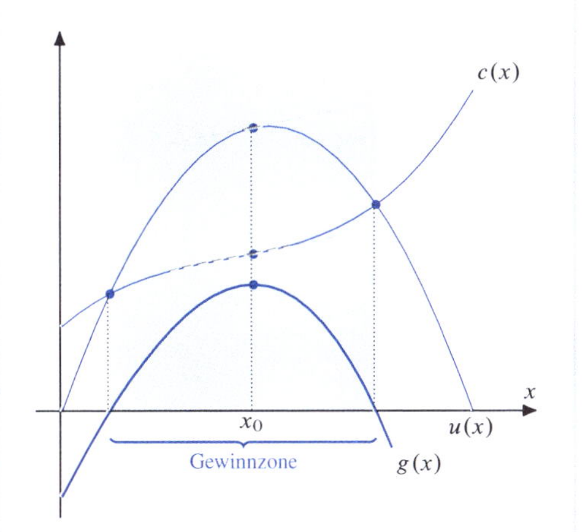

Abbildung 12.14: *Gewinnmaximierung beim Angebotsmonopol*

Beispiel 12.12

Wir betrachten eine Kostenfunktion c und die dazugehörige Stückkostenfunktion k mit

$$k(x) = \frac{c(x)}{x}.$$

Dann gilt für das Minimum der Stückkostenfunktion

$$k'(x) = \frac{xc'(x) - c(x)}{x^2} = 0$$

bzw.

$$xc'(x) - c(x) = 0$$

oder

$$c'(x) = \frac{c(x)}{x}.$$

Die Grenzkosten sind gleich den Stückkosten.

In Abbildung 12.15 wählen wir die Funktionen c, k mit

$$c(x) = 0.25x^2 + 1,$$
$$c'(x) = 0.5x,$$
$$k(x) = 0.25x + \frac{1}{x}$$

sowie

$$k'(x) = 0.25 - \frac{1}{x^2} = 0$$
$$\Leftrightarrow 0.25x^2 - 1 = 0$$
$$\Leftrightarrow x^2 = \frac{1}{0.25}$$
$$\Leftrightarrow x = 2.$$

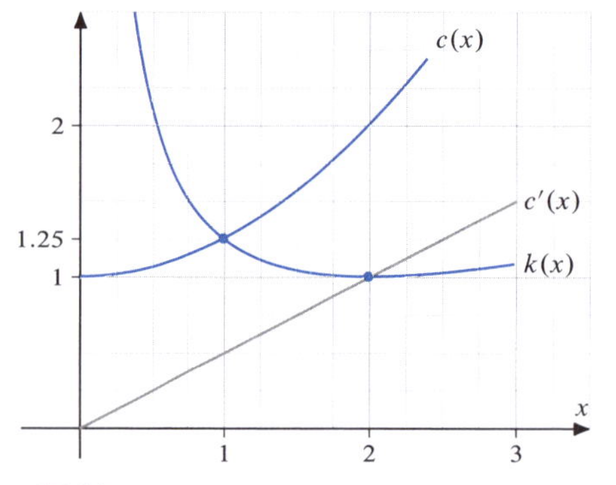

Abbildung 12.15: *Zusammenhang von Kosten, Stückkosten und Grenzkosten*

Wir erhalten zwei Schnittpunkte in Abbildung 12.15. Für $x = 1$ gilt

$$c(1) = k(1) = 1.25.$$

Für $x = 2$ gilt hier

$$c'(2) = k(2) = 1.$$

Wegen

$$k''(x) = \frac{2}{x^3} > 0$$

für alle $x > 0$ minimiert der Wert $x = 2$ die Stückkosten.

Ist eine Funktion f im Intervall $[a, x_0]$ streng monoton fallend und in $[x_0, b]$ streng monoton wachsend, so ist x_0 eine Minimalstelle. Entsprechend erhält man mit x_0 eine Maximalstelle, wenn f im Intervall $[a, x_0]$ streng monoton wächst und in $[x_0, b]$ streng monoton fällt.

Betrachten wir anstelle von Monotonieeigenschaften der angegebenen Art Konvexitäts- und Konkavitätseigenschaften, so erhalten wir einen neuen Begriff.

Definition 12.13

Eine in (a, b) differenzierbare Funktion hat in $x_0 \in (a, b)$ einen *Wendepunkt*, wenn ein $r > 0$ existiert, so dass f in $[x_0 - r, x_0]$ streng konvex und in $[x_0, x_0 + r]$ streng konkav oder in $[x_0 - r, x_0]$ streng konkav und in $[x_0, x_0 + r]$ streng konvex ist. Gilt zusätzlich $f'(x_0) = 0$, so heißt x_0 auch *Terrassenpunkt*.

Ist x_0 ein Wende- oder Terrassenpunkt einer zweimal differenzierbaren Funktion, so folgt aus Satz 12.3 auch

$$f''(x_0) = 0.$$

Diese Bedingung ist notwendig, aber nicht hinreichend. Wir verweisen hierfür auf Abschnitt 12.3, Satz 12.18.

Beispiel 12.14

Wir betrachten die Funktion f mit

$$f(x) = 2x^3 - 9x^2 + 12x - 2\,,$$

deren Graphen (Beispiel 9.8, Abbildung 9.4) wir hier nochmals veranschaulichen (Abbildung 12.16). In Beispiel 9.16 wurde ferner plausibel erläutert, dass f für $x_1 = 1$ ein lokales Maximum und für $x_2 = 2$ ein lokales Minimum besitzt. Wir werden diese Ergebnisse mit Hilfe der Differentialrechnung bestätigen.

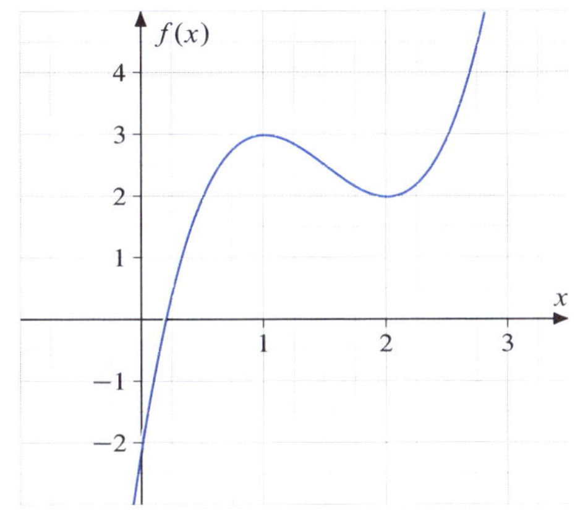

Abbildung 12.16: *Graph der Funktion f*

$$\begin{aligned}\text{Es gilt: } f'(x) &= 6x^2 - 18x + 12 = 0\\ &\Leftrightarrow x^2 - 3x + 2 = 0\\ &\Leftrightarrow x = 1 \text{ oder } x = 2\end{aligned}$$

$$\begin{aligned}f'(x) > 0 &\Leftrightarrow x^2 - 3x + 2 > 0\\ &\Leftrightarrow x > 2 \text{ oder } x < 1\\ f'(x) < 0 &\Leftrightarrow x^2 - 3x + 2 < 0\\ &\Leftrightarrow x \in (1, 2)\end{aligned}$$

$$\begin{aligned}f''(x) &= 12x - 18 = 0 && \Leftrightarrow x = 1.5\\ f''(x) &> 0 && \Leftrightarrow x > 1.5\\ f''(x) &< 0 && \Leftrightarrow x < 1.5\end{aligned}$$

Damit ist die Funktion f für

$$x \in (-\infty, 1] \cup [2, \infty)$$

streng monoton wachsend und für $x \in [1, 2]$ streng monoton fallend. Ferner ist f für $x \geq 1.5$ streng konvex und für $x \leq 1.5$ streng konkav.

Wegen $f''(1) = -6 < 0$ ist $x = 1$ mit $f(1) = 3$ eine lokale Maximalstelle.

Wegen $f''(2) = 6 > 0$ ist $x = 2$ mit $f(2) = 2$ eine lokale Minimalstelle.

Wegen $\lim\limits_{x\to\infty} f(x) = \infty$, $\lim\limits_{x\to-\infty} f(x) = -\infty$ existiert weder ein globales Maximum noch ein globales Minimum.

Für $x = 1.5$ erhalten wir einen Wendepunkt mit

$$f(1.5) = 2.5\,.$$

Beispiel 12.15

Wir diskutieren die Funktion $f : \mathbb{R} \to \mathbb{R}$ mit

$$f(x) = \mathrm{e}^{-(x-2)^2}$$

und untersuchen sie auf Schnittpunkte mit den Koordinatenachsen, auf Extremalstellen, Wendepunkte, Monotonie, Konvexität und Konkavität. Es gilt $f(x) > 0$ für alle $x \in \mathbb{R}$
$\Rightarrow$ es existiert kein x mit $f(x) = 0$.

Andererseits gilt

$$f(0) = \mathrm{e}^{-4} \approx 0.0183$$

Wir berechnen

$$\begin{aligned}f'(x) &= -2(x-2) \cdot \mathrm{e}^{-(x-2)^2}\,,\\ f''(x) &= 4(x-2)^2 \cdot \mathrm{e}^{-(x-2)^2} - 2 \cdot \mathrm{e}^{-(x-2)^2}\\ &= (4x^2 - 16x + 14) \cdot \mathrm{e}^{-(x-2)^2}\end{aligned}$$

und erhalten

$$\begin{aligned}f'(x) = 0 \quad &\Leftrightarrow -2(x-2) \cdot \mathrm{e}^{-(x-2)^2} = 0\\ &\Leftrightarrow -2(x-2) = 0 \Leftrightarrow x = 2\,,\\ f''(2) = (16 - 32 + 14) \cdot \mathrm{e}^0 &= -2 < 0\,.\end{aligned}$$

Die Funktion f besitzt in $x = 2$ eine Maximalstelle mit

$$f(2) = e^0 = 1\,,$$

eine Minimalstelle existiert nicht. Mit

$$f'(x) > 0 \Leftrightarrow -2(x-2) > 0 \Leftrightarrow x < 2$$

wächst f streng monoton für $x \leq 2$ und fällt streng monoton für $x \geq 2$.

Wegen

$$\begin{aligned} f''(x) = 0 &\Leftrightarrow 4x^2 - 16x + 14 = 0 \\ &\Leftrightarrow x = \frac{16 \pm \sqrt{256-224}}{8} \\ &\qquad = 2 \pm \sqrt{2}/2 \\ &\Leftrightarrow x_1 \approx 2.71\,, x_2 \approx 1.29\,, \end{aligned}$$

$$\begin{aligned} f''(x) \geq 0 &\Leftrightarrow 4x^2 - 16x + 14 \geq 0 \\ &\Leftrightarrow x \leq 1.29 \text{ oder } x \geq 2.71\,, \end{aligned}$$

$$\begin{aligned} f''(x) \leq 0 &\Leftrightarrow 4x^2 - 16x + 14 \leq 0 \\ &\Leftrightarrow x \in [1.29, 2.71] \end{aligned}$$

ist f streng konvex für

$$x \in (-\infty, 1.29] \cup [2.71, \infty)\,,$$

streng konkav für

$$x \in [1.29, 2.71]\,.$$

Ferner besitzt f die Wendepunkte

$$x_1 = 2.71,\ x_2 = 1.29$$

(Abbildung 12.17).

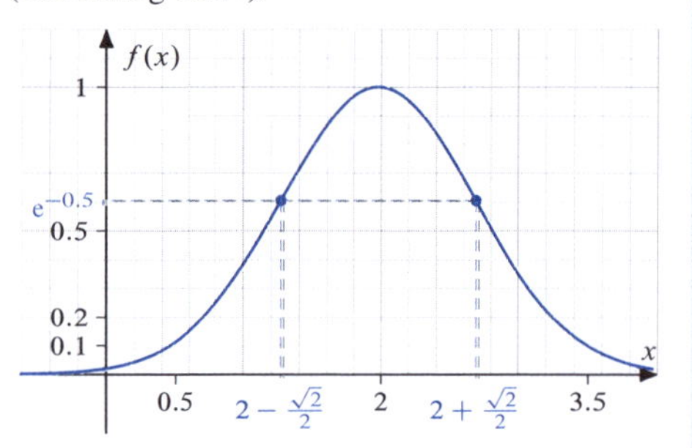

Abbildung 12.17: *Graph der Funktion mit* $f(x) = e^{-(x-2)^2}$

12.3 Approximation reeller Funktionen durch Polynome

In Kapitel 9.3 haben wir wichtige elementare Funktionen kennengelernt und einige ihrer Eigenschaften diskutiert. Während wir nun problemlos jeden Funktionswert eines Polynoms oder einer rationalen Funktion mit Hilfe der vier Grundrechenarten bestimmen können, ist dies beispielsweise bereits bei Wurzelfunktionen und vor allem bei transzendenten Funktionen nicht mehr möglich. Aus diesem Grunde befassen wir uns mit der Frage, wie man diese Funktionen durch möglichst einfache Funktionen, nämlich Polynome, näherungsweise darstellen kann.

Wir gehen von einer reellen Funktion $f : [a,b] \to \mathbb{R}$ aus, die in einem Intervall $(x_0 - c, x_0 + c) \subseteq [a,b]$ beliebig oft differenzierbar ist. Ferner sei ein Polynom p_n mit

$$\begin{aligned} p_n(x) &= a_0 + a_1(x - x_0) + \ldots + a_n(x - x_0)^n \\ &= \sum\nolimits_{i=0}^{n} a_i (x - x_0)^i \qquad (x_0 \in \mathbb{R}) \end{aligned}$$

gegeben.

Wir fordern nun, dass die Funktionswerte $f(x_0)$ und $p_n(x_0)$ sowie die Ableitungen $f^{(i)}(x_0)$ und $p_n^{(i)}(x_0)$ $(i = 1, \ldots, n)$ übereinstimmen.

Wir erhalten für p_n

$$\begin{aligned} p_n'(x) &= a_1 + 2a_2(x - x_0) + 3a_3(x - x_0)^2 \\ &\quad + \ldots + n a_n (x - x_0)^{n-1}\,, \\ p_n''(x) &= 2 \cdot a_2 + 3 \cdot 2 \cdot a_3(x - x_0) \\ &\quad + 4 \cdot 3 \cdot a_4(x - x_0)^2 \\ &\quad + \ldots + n(n-1)a_n(x - x_0)^{n-2}\,, \\ p_n'''(x) &= 3! \cdot a_3 + 4 \cdot 3 \cdot 2 \cdot a_4(x - x_0) \\ &\quad + 5 \cdot 4 \cdot 3 \cdot a_5(x - x_0)^2 + \ldots\,, \\ p_n^{(4)}(x) &= 4! \cdot a_4 + 5 \cdot 4 \cdot 3 \cdot 2 \cdot a_5(x - x_0) + \ldots \\ &\ \ \vdots \end{aligned}$$

und damit an der Stelle $x = x_0$

$$p_n^{(i)}(x_0) = \begin{cases} i!\, a_i & \text{für } i = 1, \ldots, n \\ 0 & \text{für } i = n+1, n+2, \ldots \end{cases}.$$

Daraus ergibt sich die Äquivalenz:

$$f(x_0) = p_n(x_0) \Leftrightarrow f(x_0) = a_0$$
$$f^{(i)}(x_0) = p_n^{(i)}(x_0) \Leftrightarrow f^{(i)}(x_0) = i!\, a_i$$
$$\Leftrightarrow \frac{1}{i!} f^{(i)}(x_0) = a_i \qquad (i = 1, \ldots, n)$$

Definition 12.16

Das Polynom f_n mit

$$\begin{aligned} f_n(x) &= f(x_0) + f'(x_0)(x - x_0) \\ &\quad + \frac{f''(x_0)}{2!}(x - x_0)^2 \\ &\quad + \ldots + \frac{f^{(n)}(x_0)}{n!}(x - x_0)^n \\ &= \sum_{i=0}^{n} \frac{f^{(i)}(x_0)}{i!}(x - x_0)^i \\ &\qquad (\text{mit } f^{(0)}(x_0) = f(x_0)) \end{aligned}$$

bezeichnen wir nach *B. Taylor* (1685–1731) als *Taylorpolynom* n-ten Grades von f an der Stelle x_0.

Die folgende Aussage gibt nun darüber Auskunft, inwieweit Taylorpolynome eine gegebene Funktion f approximieren.

Satz 12.17

Die Funktion f sei im Intervall $(x_0 - c, x_0 + c)$ beliebig oft differenzierbar. Dann gibt es zu jedem

$$x \in (x_0 - c, x_0 + c)$$

mit $x \neq x_0$ ein z zwischen x und x_0 mit

$$\begin{aligned} r_{n+1}(x) &= f(x) - f_n(x) \\ &= f(x) - \sum_{i=0}^{n} \frac{f^{(i)}(x_0)}{i!}(x - x_0)^i \\ &= \frac{f^{(n+1)}(z)}{(n+1)!}(x - x_0)^{n+1}. \end{aligned}$$

Zum Beweis verweisen wir auf Forster (2016, s. Kap. 22).

Wegen $f(x_0) = f_n(x_0)$ beschreibt der Ausdruck $r_{n+1}(x)$ die Abweichung der Funktion f von f_n für alle $x \in (x_0 - c, x_0 + c)$ mit $x \neq x_0$ und heißt *Restglied* nach *J.-L. Lagrange* (1736–1813). Das Restglied hat die gleiche Gestalt wie die übrigen Polynomsummanden, abgesehen davon, dass die $(n + 1)$-te Ableitung von f nicht an der Stelle x_0, sondern für ein z zwischen x und x_0 zu berechnen ist.

Aus Satz 12.17 ergibt sich die *Taylorsche Formel*

$$\begin{aligned} f(x) &= \sum_{i=0}^{n} \frac{f^{(i)}(x_0)}{i!}(x - x_0)^i \\ &\quad + \frac{f^{(n+1)}(z)}{(n+1)!}(x - x_0)^{n+1} \\ &\qquad (z \text{ zwischen } x \text{ und } x_0) \\ &= \sum_{i=0}^{n} \frac{f^{(i)}(x_0)}{i!}(x - x_0)^i + r_{n+1}(x), \end{aligned}$$

also für

$$\begin{aligned} n = 0: f(x) &= f(x_0) + f'(z)(x - x_0), \\ n = 1: f(x) &= f(x_0) + f'(x_0)(x - x_0) \\ &\quad + \frac{f''(z)}{2!}(x - x_0)^2, \\ n = 2: f(x) &= f(x_0) + f'(x_0)(x - x_0) \\ &\quad + \frac{f''(x_0)}{2!}(x - x_0)^2 \\ &\quad + \frac{f'''(z)}{3!}(x - x_0)^3. \end{aligned}$$

Zunächst spielen Taylorpolynome bei der Bestimmung von Extremwerten und Wendepunkten eine bedeutende Rolle. Beispielsweise haben wir zur Ermittlung der Minimalstellen einer differenzierbaren Funktion f nach Satz 12.9 die Nullstellen von $f'(x)$ zu bestimmen. Jeder Wert x_0 mit $f'(x_0) = 0$ und $f''(x_0) > 0$ minimiert dann die Funktion f. Betrachten wir die Funktion f mit $f(x) = x^4$, so liegt ihr globales Minimum sicher bei $x = 0$. Andererseits ist jedoch

$$f'(x) = 4x^3, \qquad f''(x) = 12x^2,$$
$$f'''(x) = 24x, \qquad f^{(4)}(x) = 24,$$

also

$$f'(0) = f''(0) = f'''(0) = 0, f^{(4)}(0) = 24 > 0.$$

Satz 12.9 liefert nur hinreichende Bedingungen für Extremalstellen. Ferner kann der Begriff des Wendepunktes zwar nach Definition 12.13 mit Hilfe von Konvexität und Konkavität erklärt werden, seine Bestimmung erscheint jedoch in diesem Fall recht aufwändig. Mit Hilfe der Taylorschen Formel bzw. Satz 12.17 sind wir in der Lage, Satz 12.9 zu verallgemeinern bzw. hinreichende Bedingungen zur Bestimmung von Wendepunkten anzugeben.

Satz 12.18

Die Funktion f sei in (a, b) beliebig oft differenzierbar. Ferner existiert ein $x_0 \in (a, b)$ sowie ein $n = 2, 3, 4, \ldots$ mit

$$f''(x_0) = f'''(x_0) = \ldots = f^{(n)}(x_0) = 0,$$
$$f^{(n+1)}(x_0) \neq 0\,.$$

a) $f'(x_0) = 0$, $f^{(n+1)}(x_0) > 0$ und $n + 1$ ist geradzahlig $\Rightarrow x_0$ ist lokale Minimalstelle von f.

b) $f'(x_0) = 0$, $f^{(n+1)}(x_0) < 0$ und $n + 1$ ist geradzahlig $\Rightarrow x_0$ ist lokale Maximalstelle von f.

c) $f^{(n+1)}(x_0) \neq 0$ und $n + 1$ ist ungeradzahlig $\Rightarrow x_0$ ist Wendepunkt von f. Gilt zusätzlich $f'(x_0) = 0$, so ist x_0 Terrassenpunkt.

Beweisidee

a) Wegen $f'(x_0) = \ldots = f^{(n)}(x_0) = 0$ gilt für die Taylorformel

$$f(x) = f(x_0) + \frac{f^{(n+1)}(z)}{(n+1)!}(x - x_0)^{n+1}\,.$$

Ferner ist

$$(x - x_0)^{n+1} > 0$$

für geradzahliges $n + 1$ sowie

$$f^{(n+1)}(z) > 0 \text{ für } z \in (x_0, x)\,.$$

Daraus folgt unmittelbar

$$f(x) > f(x_0)\,,$$

x_0 ist lokale Minimalstelle.

b) Entsprechend beweist man im Fall

$$f^{(n+1)}(x_0) < 0\,,$$

dass x_0 lokale Maximalstelle von f ist.

c) Für

$$f''(x_0) = \ldots = f^{(n)}(x_0) = 0 \quad \text{sowie}$$
$$f^{(n+1)}(x_0) \neq 0$$

hat die Taylorformel für f folgende Form:

$$f(x) = f(x_0) + f'(x_0)(x - x_0) + \frac{f^{(n+1)}(z)}{(n+1)!}(x - x_0)^{n+1}$$

Analog zu Teil a) zeigt man mit $f^{(n+1)}(x_0) > 0$ wegen $n + 1$ ungeradzahlig

$$f(x) > f(x_0) + f'(x_0)(x - x_0) \quad \text{für} \quad x > x_0\,,$$
$$f(x) < f(x_0) + f'(x_0)(x - x_0) \quad \text{für} \quad x < x_0\,.$$

Da die Gleichung

$$g(x) = f(x_0) + f'(x_0)(x - x_0)$$

gerade die Tangente an f im Punkt x_0 charakterisiert, ist f für $x > x_0$ streng konvex, für $x < x_0$ streng konkav, also ist x_0 Wendepunkt von f (Definition 12.13).

Beispiel 12.19

Wir untersuchen die Funktion f mit

$$f(x) = -x^6 + 6x^4 + 1$$

auf Extremalstellen, Wendepunkte, Monotonie, Konvexität und Konkavität:

$$\begin{aligned} f'(x) &= -6x^5 + 24x^3 \\ &= -6x^3(x^2 - 4) = 0 \Leftrightarrow x = 0, 2, -2 \\ f''(x) &= -30x^4 + 72x^2 \\ f''(\pm 2) &= -30 \cdot 16 + 72 \cdot 4 \\ &= -192 < 0 \end{aligned}$$

Wir erhalten mit $x_2 = 2$ sowie $x_3 = -2$ zwei lokale Maximalstellen von f mit $f(\pm 2) = 33$.

$$\begin{aligned} & f''(x) = 0 \\ \Leftrightarrow\ & x = 0 \text{ oder } -30x^2 + 72 = 0 \\ & \text{bzw. } 30x^2 = 72 \\ \Leftrightarrow\ & x = 0, \sqrt{2.4}, -\sqrt{2.4}\,, \end{aligned}$$

$$\begin{aligned} f'''(x) &= -120x^3 + 144x \\ f'''(\sqrt{2.4}) &= -120(\sqrt{2.4})^3 + 144\sqrt{2.4} \neq 0 \\ f'''(-\sqrt{2.4}) &= 120(\sqrt{2.4})^3 - 144\sqrt{2.4} \neq 0\,. \end{aligned}$$

Damit besitzt f für $x_{4/5} = \pm\sqrt{2.4}$ zwei Wendepunkte mit $f(\sqrt{2.4}) = f(-\sqrt{2.4}) \approx 21.736$.

$$f'''(x) = 0 \Leftrightarrow x = 0 \text{ oder } \pm 120x^2 + 144 = 0$$
$$\Leftrightarrow x = 0, \pm\sqrt{1.2},$$

wobei $f'(\pm\sqrt{1.2}) \neq 0$, $f''(\pm\sqrt{1.2}) \neq 0$.

Damit sind die Werte $\sqrt{1.2}, -\sqrt{1.2}$ weder Extremalstellen noch Wendepunkte (Satz 12.18).

$f^{(4)}(x) = -360x^2 + 144 > 0$ für $x = 0$.

Wir erhalten mit $x_1 = 0$ eine lokale Minimalstelle von f mit $f(0) = 1$. Wegen $f(x) \to -\infty$ für $x \to \pm\infty$ sind die erhaltenen Maximalstellen global.

Zusammenfassung der Ergebnisse (Abb. 12.18): f besitzt

- f besitzt eine lokale Minimalstelle für $x_1 = 0$,
- zwei globale Maximalstellen für $x_2 = 2$, $x_3 = -2$,
- zwei Wendepunkte für $x_4 = \sqrt{2.4}$, $x_5 = -\sqrt{2.4}$,

Ferner gilt:

- f wächst streng monoton für $x \in (-\infty, -2]$ und $x \in [0, 2]$
- f fällt streng monoton für $x \in [-2, 0]$ und $x \in [2, \infty)$
- f ist streng konkav für $x \in (-\infty, -\sqrt{2.4}]$ und $x \in [\sqrt{2.4}, \infty)$
- f ist streng konvex für $x \in [-\sqrt{2.4}, \sqrt{2.4}]$

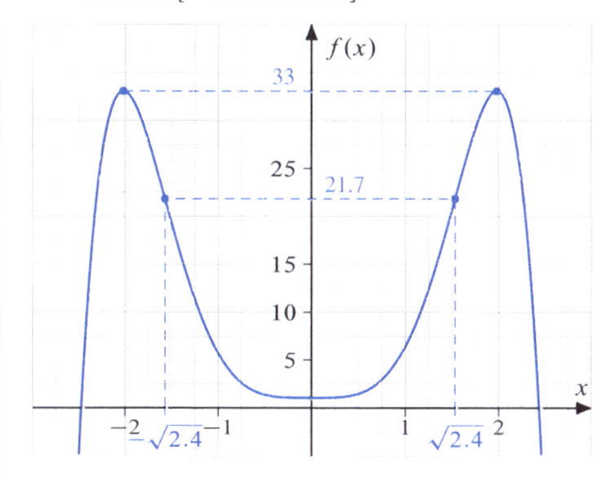

Abbildung 12.18: *Graph der Funktion f mit $f(x) = -x^6 + 6x^4 + 1$*

Beispiel 12.20

Wir betrachten nochmals die logistische Funktion (Beispiel 11.16, Abbildung 11.7) mit:

$$f(t) = 100(1 + 9e^{-t})^{-1} > 0 \quad \text{für alle } t \geq 0$$
$$f'(t) = -100(1 + 9e^{-t})^{-2}(-9e^{-t})$$
$$= 900e^{-t}(1 + 9e^{-t})^{-2} > 0 \quad \text{für alle } t$$

$$f''(t) = -900e^{-t}(1 + 9e^{-t})^{-2}$$
$$-900e^{-t} \cdot 2(1 + 9e^{-t})^{-3}(-9e^{-t})$$
$$= -900e^{-t}(1 + 9e^{-t})^{-2}$$
$$+16200e^{-2t}(1 + 9e^{-t})^{-3} = 0$$

$$\Leftrightarrow -900e^{-t}(1 + 9e^{-t}) + 16200e^{-2t} = 0$$
$$\Leftrightarrow -(1 + 9e^{-t}) + 18e^{-t} = 0$$
$$\Leftrightarrow -1 - 9e^{-t} + 18e^{-t} = -1 + 9e^{-t} = 0$$
$$\Leftrightarrow -e^t + 9 = 0 \Leftrightarrow e^t = 9$$
$$\Leftrightarrow t = \ln 9 \approx 2.2$$

$$f'''(t) = 900e^{-t}(1 + 9e^{-t})^{-2}$$
$$+1800e^{-t}(1 + 9e^{-t})^{-3}(-9e^{-t})$$
$$-32400e^{-2t}(1 + 9e^{-t})^{-3}$$
$$-48600e^{-2t}(1 + 9e^{-t})^{-4}(-9e^{-t})$$

Durch Einsetzen erhält man: $f'''(\ln 9) > 0$

Wir erhalten für $t = \ln 9$ einen Wendepunkt.

Soll nun ein Funktionswert $f(x)$ mit Hilfe der Taylorschen Formel näherungsweise berechnet werden, so wählt man x_0 in der Nähe von x so, dass $f(x_0)$ sowie die Ableitungen $f^{(i)}(x_0)$ leicht bestimmbar sind. Gelingt ferner eine Abschätzung $|r_{n+1}(x)| < r$, so hat man den Funktionswert $f(x)$ bis auf einen maximalen Fehler r bestimmt.

Beispiel 12.21

Gegeben sei f mit

$$f(x) = (1 + x)^k, \qquad k \notin \mathbb{N} \cup \{0\}.$$

Damit ist f für $k = -1, -2, \ldots$ eine rationale Funktion, andernfalls eine Potenzfunktion. Dann folgt nach Satz 11.13 e:

$$f'(x) = k(1+x)^{k-1},$$
$$f''(x) = k(k-1)(1+x)^{k-2}$$
$$f'''(x) = k(k-1)(k-2)(1+x)^{k-3}$$

Für das Taylorpolynom und das Restglied mit $x_0 = 0, n = 2$ erhalten wir (Definition 12.16, Satz 12.17):

$$f_2(x) = f(0) + f'(0)x + \frac{f''(0)}{2!}x^2$$
$$= 1 + kx + \frac{k(k-1)}{2}x^2$$
$$r_3(x) = \frac{k(k-1)(k-2)}{3!}(1+z)^{k-3}x^3 \quad \text{mit } z \in (0, x)$$

Damit berechnen wir näherungsweise $(1.2)^{\frac{1}{3}}$ bzw. $(0.5)^{\frac{2}{5}}$.

Im ersten Fall setzen wir $f(x) = (1+x)^k$ mit $x = 0.2$, $k = \frac{1}{3}$ und erhalten für $x_0 = 0, n = 2$:

$$f_2(0.2) = 1 + \frac{1}{3} \cdot 0.2 + \frac{1}{2} \cdot \frac{1}{3} \cdot \left(-\frac{2}{3}\right) \cdot 0.2^2$$
$$= 1.0622$$
$$r_3(0.2) = \frac{1}{3!} \cdot \frac{1}{3} \cdot \left(-\frac{2}{3}\right) \cdot \left(-\frac{5}{3}\right)$$
$$\cdot (1+z)^{-\frac{8}{3}} \cdot 0.2^3$$
$$= \frac{0.04}{81} \cdot (1+z)^{-\frac{8}{3}} < \frac{0.04}{81} \cdot 1$$
$$= 0.0005 \quad \text{für } z \in (0, 0.2)$$

Daraus folgt $f(0.2) \in (1.0622, 1.0627)$.

Im zweiten Fall setzen wir $f(x) = (1+x)^k$ mit $x = -0.5, k = 0.4$ und wir erhalten damit für $x_0 = 0, n = 2$:

$$f_2(-0.5) = 1 + 0.4(-0.5)$$
$$+ \frac{1}{2} \cdot (0.4) \cdot (-0.6)(-0.5)^2 = 0.77$$
$$r_3(-0.5) = \frac{1}{3!} \cdot (0.4)(-0.6)(-1.6)$$
$$\cdot (1+z)^{-2.6}(-0.5)^3$$
$$= -0.008 \cdot (1+z)^{-2.6} > \frac{-0.008}{0.5^3}$$
$$= -0.064 \quad \text{für } z \in (-0.5, 0)$$

Daraus folgt $f(-0.5) \in (0.706, 0.770)$.

Beispiel 12.22

Für die Funktion e mit

$$e(x) = \mathrm{e}^x$$

gilt nach Satz 11.13 c:

$$e'(x) = e''(x) = \ldots = e^{(n)}(x) = \mathrm{e}^x$$

Für das Taylorpolynom und das Restglied mit $x_0 = 0, n = 3$ erhalten wir:

$$e_3(x) = e(0) + e'(0)x + \frac{e''(0)}{2!}x^2 + \frac{e'''(0)}{3!}x^3$$
$$= 1 + x + \frac{x^2}{2!} + \frac{x^3}{3!}$$

$$r_4(x) = \frac{e^{(4)}(z)}{4!}x^4 = \frac{\mathrm{e}^z}{4!}x^4 \qquad \text{mit } z \in (0, x)$$

Für $e(x) = \mathrm{e}^x$ mit $x = \frac{1}{2}$ gilt

$$e\left(\frac{1}{2}\right) = \sqrt{\mathrm{e}}$$

sowie

$$e_3\left(\frac{1}{2}\right) = 1 + \frac{1}{2} + \frac{1}{8} + \frac{1}{48} = 1.646,$$
$$r_4\left(\frac{1}{2}\right) = \frac{\mathrm{e}^z}{4!}\left(\frac{1}{2}\right)^4 < \frac{3}{4!} \cdot \frac{1}{16}$$
$$= \frac{1}{128} < 0.008 \qquad \text{für } z \in (0, 0.5).$$

Daraus folgt $e\left(\frac{1}{2}\right) = \sqrt{\mathrm{e}} \in (1.646, 1.654)$.

Für $e(x) = \mathrm{e}^x$ mit $x = -1$ gilt

$$e(-1) = \mathrm{e}^{-1} = \frac{1}{\mathrm{e}}$$

sowie

$$e_3(-1) = 1 - 1 + \frac{1}{2} - \frac{1}{6} = \frac{1}{3},$$
$$r_4(-1) = \frac{\mathrm{e}^z}{4!}(-1)^4 < \frac{1}{4!} \approx 0.04167$$
$$\text{für } z \in (-1, 0).$$

Daraus folgt $e(-1) = \frac{1}{\mathrm{e}} \in (0.3333, 0.3750)$.

Beispiel 12.23

Für die Funktion g mit

$$g(x) = \ln(x)$$

gilt nach Satz 11.13 a, e:

$$g'(x) = x^{-1}, \qquad g''(x) = -x^{-2},$$
$$g'''(x) = 2x^{-3}, \qquad g^{(4)}(x) = -3!x^{-4}.$$

Für das Taylorpolynom und das Restglied mit $x_0 = 1$, $n = 4$ erhalten wir:

$$\begin{aligned} g_4(x) &= g(1) + g'(1)(x-1) + \frac{g''(1)}{2!}(x-1)^2 \\ &\quad + \frac{g'''(1)}{3!}(x-1)^3 + \frac{g^{(4)}(1)}{4!}(x-1)^4 \\ &= 0 + (x-1) - \frac{1}{2}(x-1)^2 \\ &\quad + \frac{1}{3}(x-1)^3 - \frac{1}{4}(x-1)^4 \end{aligned}$$

$$r_5(x) = \frac{g^{(5)}(z)}{5!}(x-1)^5 \qquad \text{mit } z \in (1, x)$$

Für $g(x) = \ln(x)$ mit $x = 0.5$ gilt $g(0.5) = \ln(0.5)$ sowie

$$\begin{aligned} g_4(0.5) &= -0.5 - 0.125 - 0.042 - 0.016 \\ &= -0.683, \\ r_5(0.5) &= \frac{1}{5!}\, 4!\, z^{-5}\, (-0.5)^5 \\ &= 0.00625 \cdot z^{-5} \\ &> -0.00625 \cdot 0.5^{-5} = -0.2 \\ &\qquad \text{für } z \in (0.5, 1). \end{aligned}$$

Daraus folgt $g(0.5) \in (-0.703, -0.683)$.

Eine Kontrolle der Ergebnisse mit dem Taschenrechner zeigt folgende Ergebnisse:

$$\begin{aligned} (1.2)^{\frac{1}{3}} &\approx 1.06266, \\ 0.5^{0.4} &\approx 0.75796 && \text{(Beispiel 12.21)} \\ \sqrt{e} &\approx 1.64872, \\ e^{-1} &\approx 0.368 && \text{(Beispiel 12.22)} \\ \ln(0.5) &\approx -0.69315 && \text{(Beispiel 12.23)} \end{aligned}$$

Abschließend geben wir die Taylorpolynome für einige wichtige transzendente Funktionen an.

Satz 12.24

Für $x_0 = 0$ gilt:

a) $e^x = 1 + x + \dfrac{x^2}{2!} + \ldots + \dfrac{x^n}{n!} + r_{n+1}(x)$

b) $\sin(x) = x - \dfrac{x^3}{3!} + \dfrac{x^5}{5!} - \ldots + (-1)^n \dfrac{x^{2n+1}}{(2n+1)!} + r_{n+1}(x)$

c) $\cos(x) = 1 - \dfrac{x^2}{2!} + \dfrac{x^4}{4!} - \ldots + (-1)^n \dfrac{x^{2n}}{(2n)!} + r_{n+1}(x)$

Für $x_0 = 1$:

d) $\ln(x) = (x-1) - \dfrac{1}{2}(x-1)^2 + \ldots + (-1)^{n-1} \dfrac{(x-1)^n}{n} + r_{n+1}(x)$

Zum Beweis berechnet man n Ableitungen der Funktionen und setzt diese in die Taylorpolynome ein.

Ohne Beweis stellen wir weiter fest, dass die in Satz 12.24 a, b, c nach Taylor entwickelten Funktionen für beliebige $x \in \mathbb{R}$ näherungsweise im Sinne der Beispiele 12.21, 12.22, 12.23 berechnet werden können.

Das zentrale Argument besteht in der Konvergenz der Folge (a_n) mit $a_n = \frac{k^n}{n!}$. Wegen

$$\frac{k^{n+1}}{(n+1)!} \Big/ \frac{k^n}{n!} = \frac{k}{n+1} \underset{n\to\infty}{\longrightarrow} 0 \qquad (k \in \mathbb{R})$$

gilt auch $\lim\limits_{n\to\infty} a_n = 0$.

Dagegen nehmen die Summanden der Taylorentwicklung von $\ln(x)$ nur dann ab, wenn $|x - 1| < 1$ gilt. Daher lässt sich der Wert $\ln(x)$ nach Taylor näherungsweise nur für $x \in (0, 2)$ ermitteln. Beispielsweise empfiehlt es sich daher, zur Berechnung von $\ln(4.7)$ das Taylorpolynom zur Funktion g mit $g(x) = \ln(4 + x)$ zu ermitteln und anschließend wie in Beispiel 12.23 zu verfahren.

Im Bereich der *komplexen Zahlen* (Kapitel 3) existiert nun ein interessanter Zusammenhang zwischen Satz 12.24 a und Satz 12.24 b, c, die sogenannte *Eulersche Formel*.

Satz 12.25

Sei $\alpha + \mathrm{i}\beta$ eine komplexe Zahl. Dann gilt die Gleichung

$$\begin{aligned} \mathrm{e}^{(\alpha+i\beta)x} &= \mathrm{e}^{\alpha x}\mathrm{e}^{i\beta x} \\ &= \mathrm{e}^{\alpha x}(\cos\beta x + i\sin\beta x)\,. \end{aligned}$$

Beweis

Nach Satz 12.24 erhalten wir für $n \to \infty$

$$\begin{aligned} \mathrm{e}^{\mathrm{i}\beta x} &= 1 + \mathrm{i}\beta x + \frac{(\mathrm{i}\beta x)^2}{2!} + \frac{(\mathrm{i}\beta x)^3}{3!} \\ &\quad + \frac{(\mathrm{i}\beta x)^4}{4!} + \frac{(\mathrm{i}\beta x)^5}{5!} + \dots \\ \cos(\beta x) &= 1 - \frac{(\beta x)^2}{2!} + \frac{(\beta x)^4}{4!} \mp \dots \\ \mathrm{i}\sin(\beta x) &= \mathrm{i}\beta x - \mathrm{i}\frac{(\beta x)^3}{3!} + \mathrm{i}\frac{(\beta x)^5}{5!} \mp \dots \end{aligned}$$

Addiert man die zweite und dritte Gleichung und berücksichtigt ferner $\mathrm{i}^2 = -1$, $\mathrm{i}^3 = -\mathrm{i}$, $\mathrm{i}^4 = 1$ (Kapitel 3), so ergibt sich die erste Gleichung. Daraus folgt die Behauptung.

Wir wollen Überlegungen mit komplexen Argumenten nicht weiter vertiefen, benötigen aber diese eine Aussage im Rahmen der Lösung von linearen Differentialgleichungen und linearen Differentialgleichungssystemen, jeweils mit reellen Koeffizienten (Kapitel 25, 26).

Relevante Literatur

Adams, Gabriele u. a. (2013). *Mathematik zum Studieneinstieg: Grundwissen der Analysis für Wirtschaftswissenschaftler, Ingenieure, Naturwissenschaftler und Informatiker.* 6. Aufl. Springer Gabler, Kap. 5.4

Dietz, Hans M. (2012). *Mathematik für Wirtschaftswissenschaftler: Das ECOMath-Handbuch.* 2. Aufl. Springer, Kap. 9–11

Forster, Otto (2016). *Analysis 1: Differential- und Integralrechnung einer Veränderlichen.* 12. Aufl. Springer Spektrum, Kap. 16, 22

Merz, Michael und Wüthrich, Mario V. (2012). *Mathematik für Wirtschaftswissenschaftler: Die Einführung mit vielen ökonomischen Beispielen.* Vahlen, Kap. 17, 18

Opitz, Otto u. a. (2014). *Mathematik: Übungsbuch für das Studium der Wirtschaftswissenschaften.* 8. Aufl. De Gruyter Oldenbourg, Kap. 9

Thomas, George B. u. a. (2013). *Analysis 1: Lehr- und Übungsbuch.* 12. Aufl. Pearson, Kap. 4

Tietze, Jürgen (2013). *Einführung in die angewandte Wirtschaftsmathematik: Das praxisnahe Lehrbuch – inklusive Brückenkurs für Einsteiger.* 17. Aufl. Springer Spektrum, Kap. 6

13 Integration

In der Differentialrechnung befasst man sich generell mit der Problematik des Änderungsverhaltens einer Funktion in ihrem Definitionsbereich. Nun kehren wir die Fragestellung um: Kann man eine Funktion, deren Änderungsverhalten wir kennen, rekonstruieren?

Wir gehen dabei zunächst von einer Funktion f einer Variablen aus und suchen eine differenzierbare Funktion F, deren erste Ableitung F' an jeder Stelle x mit $f(x)$ übereinstimmt. Wir sprechen dann von einer *Stammfunktion* F zu f. Dabei zeigt sich, dass die Stammfunktion nicht eindeutig ist, vorausgesetzt, sie existiert überhaupt. Die Frage der *Existenz* stellt sich, wenn wir von einer Funktion f ausgehen, von der wir nicht wissen, ob sie als Ableitung einer anderen Funktion aufgefasst werden kann.

Die generelle Existenzfrage für Stammfunktionen werden wir in Abschnitt 13.1 zurückstellen. Statt dessen betrachten wir die wesentlichen elementaren Funktionen, für die Stammfunktionen mit Hilfe der Differentialrechnung direkt hergeleitet werden können. Wir sprechen in diesem Zusammenhang von *unbestimmten Integralen*. Die Vorgehensweise ist rein technischer Natur.

Um zu strengeren Existenzaussagen zu kommen, wählen wir in Abschnitt 13.2 einen alternativen Zugang zur Integralrechnung. Dabei gehen wir beispielsweise von dem Problem aus, die in Abbildung 13.1 angedeutete Fläche, begrenzt durch die x-Achse und den Graphen der Funktion f, im Intervall $[a, b]$ mit $a < b$ zu bestimmen.

Um diese Aufgabe zu lösen, zerlegen wir das abgeschlossene Intervall $[a, b]$ etwa in n gleichgroße Teilintervalle

$$[a, x_1], [x_1, x_2], \ldots, [x_{i-1}, x_i], \ldots, [x_{n-1}, b] \quad \text{mit } a = x_0,\ b = x_n$$

und wählen aus jedem Teilintervall $[x_{i-1}, x_i]$ ein beliebiges z_i mit dem dazugehörigen Funktionswert $f(z_i)$ aus. Der Ausdruck $f(z_i)(x_i - x_{i-1})$ entspricht dann der Fläche des über dem Intervall $[x_{i-1}, x_i]$ entstehenden Rechtecks mit der Höhe $f(z_i)$. Durch Addition über alle i erhält man einen von n abhängigen Näherungswert für den gesuchten Flächeninhalt

$$R_n = \sum_{i=1}^{n} f(z_i) \cdot (x_i - x_{i-1}),$$

der nach B. Riemann (1826–1866) als *Riemannsche Summe* bezeichnet wird. Wenn wir nun die angegebene Unterteilung des Ausgangsintervalls $[a, b]$ zunehmend feiner gestalten, indem wir die Anzahl n der Teilintervalle erhöhen, so verbessern wir den Näherungswert für die gesuchte Fläche, bis wir über eine Grenzwertbetrachtung die Fläche selbst erhalten. Diese bezeichnet man dann als *bestimmtes Integral*. Damit gelangen wir zu Existenzaussagen. Schließlich stellen wir den Zusammenhang zwischen dem bestimmten und dem unbestimmten Integral her und übertragen die für unbestimmte Integrale abgeleiteten Regeln auf bestimmte Integrale.

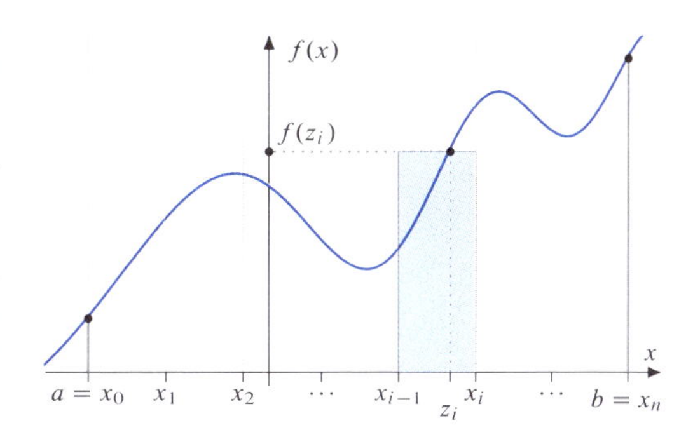

Abbildung 13.1: *Flächeninhalt und Riemannsche Summe*

Zuletzt behandeln wir in Abschnitt 13.3 *uneigentliche Integrale*. Wir zeigen, dass ein bestimmtes Integral auch dann existieren kann, wenn eine oder beide Grenzen des Integrationsintervalls $[a, b]$ gegen $\pm\infty$ gehen oder die zu integrierende Funktion an einer Stelle des beschränkten Intervalls $[a, b]$ nicht definiert ist.

DOI: 10.1515/9783110475333-013

13.1 Unbestimmte Integrale

Beispiel 13.1

Wir suchen differenzierbare Funktionen

$$f_i : \mathbb{R} \to \mathbb{R} \quad (i = 1, \dots, 4),$$

für welche die Ableitungen an jeder beliebigen Stelle $x \in \mathbb{R}$ durch die Gleichungen

$$\begin{aligned} f_1'(x) &= 2, \\ f_2'(x) &= 3x, \\ f_3'(x) &= \mathrm{e}^x, \\ f_4'(x) &= \cos x \end{aligned}$$

gegeben sind. Wenn wir dazu die entsprechenden Differentiationsregeln aus Abschnitt 11.2 nachschlagen, finden wir Lösungen wie beispielsweise:

$$\begin{aligned} f_1(x) &= 2x, \\ f_2(x) &= \tfrac{3}{2}x^2, \\ f_3(x) &= \mathrm{e}^x, \\ f_4(x) &= \sin x \end{aligned}$$

In dieser Weise betrachten wir nun allgemein differenzierbare reelle Funktionen einer unabhängigen Variablen und kommen damit zum Begriff der Stammfunktion, ohne dabei Existenzprobleme weiter zu beachten.

Definition 13.2

Eine differenzierbare Funktion

$$F : D \to \mathbb{R} \;\text{ mit }\; D \subseteq \mathbb{R}$$

heißt *Stammfunktion* der Funktion

$$f : D \to \mathbb{R},$$

wenn

$$F'(x) = f(x)$$

für alle $x \in D$ erfüllt ist.

Es zeigt sich, dass man zu jeder Funktion f gegebenenfalls mehrere, sogar unendlich viele Stammfunktionen finden kann, die glücklicherweise in einem engen Zusammenhang zueinander stehen.

Satz 13.3

Die reellen Funktionen $F, \hat{F} : D \to \mathbb{R}$ mit $D \subseteq \mathbb{R}$ seien differenzierbar in D und F sei eine Stammfunktion von $f : D \to \mathbb{R}$. Dann gilt die folgende Äquivalenz:

$$\begin{aligned} &\hat{F} \text{ ist Stammfunktion von } f \\ \Leftrightarrow\; &\hat{F}(x) - F(x) \text{ ist konstant für alle } x \end{aligned}$$

Beweis

$\hat{F}$ ist Stammfunktion von f

$\Leftrightarrow\; \hat{F}'(x) = f(x)$ für alle $x \in D$

$\Leftrightarrow\; \hat{F}'(x) - F'(x) = f(x) - f(x) = 0$ für alle $x \in D$

$\Leftrightarrow\; \hat{F}(x) - F(x) = c$ für alle $x \in D,\; c \in \mathbb{R}$

Hat man zu f eine Stammfunktion F gefunden, dann ist genau jede andere Funktion $\hat{F}$ mit

$$\hat{F} = F(x) + c$$

für alle $x \in D$ ebenfalls Stammfunktion von f. In Beispiel 13.1 gilt damit

$$\begin{aligned} f_1(x) &= 2x + c_1, \\ f_2(x) &= \tfrac{3}{2}x^2 + c_2, \\ f_3(x) &= \mathrm{e}^x + c_3, \\ f_4(x) &= \sin x + c_4 \end{aligned}$$

für beliebige $c_1, c_2, c_3, c_4 \in \mathbb{R}$.

Definition 13.4

Ist $F : D \to \mathbb{R}$ eine Stammfunktion der Funktion $f : D \to \mathbb{R}$, so heißt

$$\int f(x)\,\mathrm{d}x = \int F'(x)\,\mathrm{d}x = F(x) + c \quad \text{für beliebiges } c \in \mathbb{R}$$

das *unbestimmte Integral* der Funktion f.

Man bezeichnet ferner x als *Integrationsvariable*, $f(x)$ als den *Integranden*, $\mathrm{d}x$ als *Differential* und c als *Integrationskonstante*.

Existiert für eine Funktion die Stammfunktion, so erhält man mit dem unbestimmten Integral alle Stammfunktionen, man spricht von einer *Schar von Stammfunktionen*.

Wir wollen nun wichtige unbestimmte Integrale mit Hilfe von Definition 13.2 berechnen. Da die unbestimmte Integration die Umkehrung der Differentiation darstellt, genügt es, jeweils die Gleichheit

$$F'(x) = \frac{\mathrm{d}}{\mathrm{d}x} \int f(x)\,\mathrm{d}x = f(x)$$

nachzuweisen. Die wichtigsten Differentiationsformeln (Satz 11.13) liefern entsprechende Integrationsformeln.

Satz 13.5

Sei f eine reelle Funktion und $c \in \mathbb{R}$ eine beliebige Konstante. Dann gilt:

$f(x)$	$\int f(x)\,\mathrm{d}x$
$a \quad (a \in \mathbb{R})$	$ax + c$
$x^n \quad (n \in \mathbb{N}, x \in \mathbb{R})$	$\frac{1}{n+1}x^{n+1} + c$
$x^m \ (m = -2, -3, \ldots; \ x \neq 0)$	$\frac{1}{m+1}x^{m+1} + c$
$x^r \ (r \in \mathbb{R}\setminus\{-1\}; \ x > 0)$	$\frac{1}{r+1}x^{r+1} + c$
$x^{-1} \quad (x \neq 0)$	$\ln\lvert x\rvert + c$
$\sin x \quad (x \in \mathbb{R})$	$-\cos x + c$
$\cos x \quad (x \in \mathbb{R})$	$\sin x + c$
$e^x \quad (x \in \mathbb{R})$	$e^x + c$
$a^x \ (a > 0, a \neq 1, \ x \in \mathbb{R})$	$\frac{1}{\ln a} a^x + c$

Der Beweis folgt unmittelbar aus Satz 11.13.

Sind die in Satz 13.5 behandelten elementaren Funktionen durch eine oder mehrere der vier Grundrechenarten verknüpft, so erhalten wir für die Integration bestimmte Regeln. Am einfachsten ist das Problem im Fall der Addition und Subtraktion von Funktionen oder der Multiplikation der Funktion mit einer Konstanten zu lösen.

Satz 13.6

Für die reellen Funktionen $f, g : D \to \mathbb{R}$ mit $D \subseteq \mathbb{R}$ existiere das unbestimmte Integral. Dann gilt:

a) $$\int \big(f(x) \pm g(x)\big)\,\mathrm{d}x = \int f(x)\,\mathrm{d}x \pm \int g(x)\,\mathrm{d}x$$

b) $$\int a f(x)\,\mathrm{d}x = a \int f(x)\,\mathrm{d}x$$

für alle $a \in \mathbb{R}$

Der Beweis folgt direkt aus Satz 11.8.

Beispiel 13.7

Wir berechnen einige unbestimmte Integrale:

$$\begin{aligned}
&\int f_1(x)\,\mathrm{d}x \\
&= \int \left(1 + \sqrt{x} + 4x^3 - \tfrac{2}{x^2} + \tfrac{3}{x}\right)\mathrm{d}x \\
&= \int 1\,\mathrm{d}x + \int x^{1/2}\,\mathrm{d}x + 4\int x^3\,\mathrm{d}x \\
&\quad - 2\int x^{-2}\,\mathrm{d}x + 3\int x^{-1}\,\mathrm{d}x \\
&= x + \tfrac{2}{3}x^{3/2} + x^4 + 2x^{-1} + 3\ln\lvert x\rvert + c \\
&= F_1(x) + c
\end{aligned}$$

$$\begin{aligned}
&\int f_2(x)\,\mathrm{d}x \\
&= \int \left(e^{x/2} + 2^x - \cos(3x)\right)\mathrm{d}x \\
&= 2e^{x/2} + \frac{1}{\ln 2}2^x - \tfrac{1}{3}\sin(3x) + c \\
&= F_2(x) + c
\end{aligned}$$

Zur Überprüfung der Ergebnisse differenzieren wir F_1 und F_2:

$$\begin{aligned}
F_1'(x) &= 1 + x^{1/2} + 4x^3 - 2x^{-2} + 3x^{-1} \\
&= f_1(x)
\end{aligned}$$

$$\begin{aligned}
F_2'(x) &= e^{x/2} + 2^x - \cos(3x) \\
&= f_2(x)
\end{aligned}$$

In beiden Fällen war das unbestimmte Integral nach Satz 13.6 in mehrere Einzelintegrale aufzuspalten. Dennoch kommen wir mit einer Integrationskonstante c aus, die sich aus der additiven Zusammenfassung der Einzelkonstanten ergibt.

Im Gegensatz zur Summe zweier Funktionen ist das unbestimmte Integral des Produkts zweier Funktionen nicht mehr so einfach. Wir kommen zur Regel der partiellen Integration.

Satz 13.8 (Partielle Integration)

Für zwei stetig differenzierbare Funktionen $f, g : D \to \mathbb{R}$ mit $D \subseteq \mathbb{R}$ gilt:

$$\int f(x)g'(x)\,\mathrm{d}x = f(x)g(x) - \int f'(x)g(x)\,\mathrm{d}x$$

Beweis

Wir definieren $h : D \to \mathbb{R}$ mit $h(x) = f(x)g(x)$

$$h'(x) = f'(x)g(x) + f(x)g'(x) \qquad \text{(Satz 11.8 b)}$$

$$\begin{aligned} h(x) &= \int \big(f'(x)g(x) + f(x)g'(x)\big)\,\mathrm{d}x \\ &= \int f'(x)g(x)\,\mathrm{d}x + \int f(x)g'(x)\,\mathrm{d}x \end{aligned}$$

$$\Rightarrow \int f(x)g'(x)\,\mathrm{d}x = f(x)g(x) - \int f'(x)g(x)\,\mathrm{d}x$$

Wir betrachten nun einige Standardfälle zur Anwendung der partiellen Integration.

Besteht der Integrand wie in den folgenden Beispielen 13.9, 13.10 aus dem Produkt eines Polynoms mit einer trigonometrischen Funktion oder einer Exponentialfunktion, so setzt man die Regel zur partiellen Integration stets in der Form an, dass f das Polynom und g' die trigonometrische Funktion bzw. die Exponentialfunktion darstellt.

Beispiel 13.9

$$\begin{aligned} \int x \sin x\,\mathrm{d}x &= \int f(x)g'(x)\,\mathrm{d}x \\ &\qquad (\text{mit } f(x) = x, g'(x) = \sin x) \\ &= f(x)g(x) - \int f'(x)g(x)\,\mathrm{d}x \\ &= -x\cos x - \int 1 \cdot (-\cos x)\,\mathrm{d}x \\ &= -x\cos x + \sin x + c \end{aligned}$$

Beispiel 13.10

$$\begin{aligned} \int (x^2 + x)\mathrm{e}^x\,\mathrm{d}x &= \int f(x)g'(x)\,\mathrm{d}x \\ &\qquad (\text{mit } f(x) = x^2 + x, g'(x) = \mathrm{e}^x) \\ &= f(x)g(x) - \int f'(x)g(x)\,\mathrm{d}x \\ &= (x^2 + x)\mathrm{e}^x - \int (2x + 1)\mathrm{e}^x\,\mathrm{d}x \end{aligned}$$

wobei

$$\begin{aligned} &\int (2x + 1)\mathrm{e}^x\,\mathrm{d}x \\ &= \int f(x)g'(x)\,\mathrm{d}x \\ &\qquad (\text{mit } f(x) = 2x + 1, g'(x) = \mathrm{e}^x) \\ &= f(x)g(x) - \int f'(x)g(x)\,\mathrm{d}x \\ &= (2x + 1)\mathrm{e}^x - \int 2\mathrm{e}^x\,\mathrm{d}x \\ &= (2x + 1)\mathrm{e}^x - 2\mathrm{e}^x + c \end{aligned}$$

Daraus resultiert die Lösung:

$$\begin{aligned} &\int (x^2 + x)\mathrm{e}^x\,\mathrm{d}x \\ &= (x^2 + x)\mathrm{e}^x - (2x + 1)\mathrm{e}^x + 2\mathrm{e}^x + c \\ &= (x^2 - x + 1)\mathrm{e}^x + c \\ &= F(x) + c \end{aligned}$$

Durch Differenzieren der Lösung erhalten wir den Integranden:

$$\begin{aligned} F'(x) &= (2x - 1)\mathrm{e}^x + (x^2 - x + 1)\mathrm{e}^x \\ &= (x^2 + x)\mathrm{e}^x \end{aligned}$$

Ebenso wie im vorangegangenen Beispiel wählt man als g' die Exponentialfunktion, wenn diese im Integranden multiplikativ mit einer Sinus- oder Kosinusfunktion verknüpft ist, siehe Beispiel 13.11. Oftmals entsteht dabei das gesuchte Integral durch zweimalige partielle Integration, wobei das unbestimmte Integral der Aufgabenstellung identisch mit einem Term auf der rechten Seite ist (mit umgekehrtem Vorzeichen). In diesem Fall fasst man die beiden Integrale auf einer Seite zusammen, teilt die gesamte Gleichung durch 2 und fügt auf der anderen Seite die Integrationskonstante c additiv hinzu.

Beispiel 13.11

$$\int \sin x\, \mathrm{e}^x \,\mathrm{d}x = \int f(x)g'(x)\,\mathrm{d}x$$
$$(\text{mit } f(x) = \sin x, g'(x) = \mathrm{e}^x)$$
$$= f(x)g(x) - \int f'(x)g(x)\,\mathrm{d}x$$
$$= \sin x\, \mathrm{e}^x - \int \cos x\, \mathrm{e}^x \,\mathrm{d}x$$

wobei

$$\int \cos x\, \mathrm{e}^x \,\mathrm{d}x = \int f(x)g'(x)\,\mathrm{d}x$$
$$(\text{mit } f(x) = \cos x, g'(x) = \mathrm{e}^x)$$
$$= f(x)g(x) - \int f'(x)g(x)\,\mathrm{d}x$$
$$= \cos x\, \mathrm{e}^x - \int (-\sin x)\mathrm{e}^x \,\mathrm{d}x$$
$$= \cos x\, \mathrm{e}^x + \int \sin x\, \mathrm{e}^x \,\mathrm{d}x$$

Daraus resultiert:

$$\int \sin x\, \mathrm{e}^x \,\mathrm{d}x$$
$$= \sin x\, \mathrm{e}^x - \left(\cos x\, \mathrm{e}^x + \int \sin x\, \mathrm{e}^x \,\mathrm{d}x\right)$$
$$= \sin x\, \mathrm{e}^x - \cos x\, \mathrm{e}^x - \int \sin x\, \mathrm{e}^x \,\mathrm{d}x$$

Also gilt:

$$2\int \sin x\, \mathrm{e}^x \,\mathrm{d}x = \mathrm{e}^x(\sin x - \cos x) + c$$
$$\Rightarrow \int \sin x\, \mathrm{e}^x \,\mathrm{d}x = \frac{\mathrm{e}^x}{2}(\sin x - \cos x) + c$$
$$= F(x) + c$$

Durch Differenzieren von $F(x) + c$ erhalten wir den Integranden:

$$F'(x) = \tfrac{1}{2} \cdot \mathrm{e}^x \cdot (\sin x - \cos x)$$
$$+\tfrac{1}{2} \cdot \mathrm{e}^x \cdot (\cos x + \sin x)$$
$$= \tfrac{1}{2} \cdot \mathrm{e}^x \cdot 2 \cdot \sin x$$
$$= \mathrm{e}^x \sin x$$

Verknüpft – wie im folgenden Beispiel 13.12 – der Integrand ein Polynom multiplikativ mit der Logarithmusfunktion, so setzt man die Regel zur partiellen Integration stets in der Form an, dass die Logarithmusfunktion zu differenzieren ist. Dadurch entsteht ein Ausdruck der Form $\frac{1}{x}$, und nach einem Rechenschritt verschwindet der Logarithmus im Integranden.

Beispiel 13.12

$$\int (3x^2 - 2)\ln x\,\mathrm{d}x$$
$$= \int f(x)g'(x)\,\mathrm{d}x$$
$$(\text{mit } f(x) = \ln x, g'(x) = 3x^2 - 2)$$
$$= f(x)g(x) - \int f'(x)g(x)\,\mathrm{d}x$$
$$= \ln x \cdot (x^3 - 2x) - \int \frac{1}{x}(x^3 - 2x)\,\mathrm{d}x$$
$$= \ln x \cdot (x^3 - 2x) - \int (x^2 - 2)\,\mathrm{d}x$$
$$= \ln x \cdot (x^3 - 2x) - \frac{x^3}{3} + 2x + c$$
$$= F(x) + c$$

Durch Differenzieren von $F(x) + c$ erhalten wir den Integranden:

$$F'(x) = (3x^2 - 2)\ln x$$
$$+ (x^3 - 2x)\tfrac{1}{x} - x^2 + 2$$
$$= (3x^2 - 2)\ln x$$

Das unbestimmte Integral der Logarithmusfunktion fehlt in der Liste der elementaren Integrale von Satz 13.5. Ersetzt man in Beispiel 13.12 den Term $3x^2 - 2$ durch 1, so erhält man:

Beispiel 13.13

$$\int \ln x\,\mathrm{d}x = \int f(x)g'(x)\,\mathrm{d}x$$
$$(\text{mit } f(x) = \ln x, g'(x) = 1)$$
$$= f(x)g(x) - \int f'(x)g(x)\,\mathrm{d}x$$
$$= \ln x \cdot x - \int \frac{1}{x} \cdot x\,\mathrm{d}x$$
$$= \ln x \cdot x - x + c = F(x) + c$$

Durch Differenzieren erhalten wir auch hier den Integranden:

$$F'(x) = \ln x \cdot 1 + \tfrac{1}{x} \cdot x - 1 = \ln x$$

Diese zahlreichen Beispiele zeigen, dass die Integration komplizierter Funktionen nicht durch einheitliche Verfahrensregeln bewältigt werden kann. Ist die Regel der partiellen Integration anzuwenden, so ist letzten Endes im Einzelfall zu überlegen, wie der Integrand in die Funktionen f und g' zerlegt werden muss. Ähnlich gelagert ist das Problm bei der nun folgenden Substitutionsregel, die oft bei zusammengesetzten Funktionen angewandt werden kann.

Satz 13.14 (Substitutionsregel)

Die Funktion

$$f: D \to \mathbb{R}\,,\ D \subseteq \mathbb{R}$$

besitze eine Stammfunktion F. Ferner sei die Funktion

$$g: D_1 \to \mathbb{R} \text{ mit } D_1 \subseteq \mathbb{R},\ g(D_1) \subseteq D$$

stetig differenzierbar. Dann existiert die zusammengesetzte Funktion

$$f \circ g : D_1 \to \mathbb{R} \text{ mit}$$

$$z = f(y) = f\big(g(x)\big) = (f \circ g)(x)$$

(Definition 7.41)

und es gilt mit

$$y = g(x)\,, \qquad \frac{\mathrm{d}g}{\mathrm{d}x} = g'(x)$$

$$\begin{aligned}\int f\big(g(x)\big)g'(x)\,\mathrm{d}x &= \int f\big(g(x)\big)\,\mathrm{d}g(x)\\ &= \int f(y)\,\mathrm{d}y\\ &= F(y) + c\\ &= F\big(g(x)\big) + c\\ &= (F \circ g)(x) + c\end{aligned}$$

mit $c \in \mathbb{R}$ beliebig.

Beweis

Nach der Kettenregel der Differentiation (Satz 11.10 a) gilt:

$$\begin{aligned}(F \circ g)'(x) &= F'\big(g(x)\big)g'(x)\\ \Rightarrow (F \circ g)(x) + c &= \int (F \circ g)'(x)\,\mathrm{d}x\\ &= \int F'\big(g(x)\big)g'(x)\,\mathrm{d}x\\ &= \int f\big(g(x)\big)g'(x)\,\mathrm{d}x\end{aligned}$$

Beispiel 13.15

$$\begin{aligned}\int x^2\sqrt{x^3-1}\,\mathrm{d}x &= \frac{1}{3}\int f\big(g(x)\big)g'(x)\,\mathrm{d}x\\ &= \tfrac{1}{3}F\big(g(x)\big) + c\\ &= \tfrac{2}{9}\sqrt{(x^3-1)^3} + c\end{aligned}$$

mit $g(x) = x^3 - 1, \quad \sqrt{g(x)} = \sqrt{(x^3-1)}$

$$g'(x) = 3x^2, \quad \frac{1}{3}g'(x) = x^2$$

$$f\big(g(x)\big) = g(x)^{\frac{1}{2}} = \big(x^3-1\big)^{\frac{1}{2}}$$

$$F(g(x)) = \frac{2}{3}g(x)^{\frac{3}{2}} + c$$

Aus Satz 13.14 können wesentliche Spezialfälle abgeleitet werden:

Satz 13.16

Die Funktion $f : D \to \mathbb{R}$ besitze eine Stammfunktion F und die Funktion $g : D \to \mathbb{R}$ sei stetig differenzierbar. Dann gilt:

a) $\displaystyle\int f(ax+b)\,\mathrm{d}x = \tfrac{1}{a}F(ax+b) + c$ für alle $a \neq 0,\ b \in \mathbb{R}$

b) $\displaystyle\int \big(g(x)\big)^n g'(x)\,\mathrm{d}x = \frac{1}{n+1}\big(g(x)\big)^{n+1} + c$ für $n \in \mathbb{N}$

c) $\displaystyle\int \frac{g'(x)}{g(x)}\,\mathrm{d}x = \ln|g(x)| + c$ für $g(x) \neq 0$

d) $\displaystyle\int \frac{g'(x)}{\big(g(x)\big)^n}\,\mathrm{d}x = \frac{-1}{(n-1)\big(g(x)\big)^{n-1}} + c$ für $n \in \mathbb{N}\setminus\{1\}$

e) $\displaystyle\int g'(x)\mathrm{e}^{g(x)}\,\mathrm{d}x = \mathrm{e}^{g(x)} + c$

Der Beweis erfolgt wie bei Satz 13.14 durch Anwendung der Kettenregel bei der Differentiation (Satz 11.10 a).

Beispiel 13.17 (zu Satz 13.16 a)

$$\begin{aligned}\int \sqrt{1+2x}\,\mathrm{d}x &= \int f(1+2x)\,\mathrm{d}x\\ &= \tfrac{1}{2}F(1+2x)+c\\ &= \tfrac{1}{2}\cdot\tfrac{2}{3}(1+2x)^{3/2}+c\\ &= \tfrac{1}{3}\sqrt{(1+2x)^3}+c\end{aligned}$$

mit $f(1+2x) = (1+2x)^{1/2}$

Beispiel 13.18 (zu Satz 13.16 b)

$$\begin{aligned}\int \sin x\cos x\,\mathrm{d}x &= \int g(x)g'(x)\,\mathrm{d}x\\ &= \tfrac{1}{2}\big(g(x)\big)^2+c\\ &= \tfrac{1}{2}\big(\sin x\big)^2+c\end{aligned}$$

mit $g(x) = \sin x,\quad g'(x) = \cos x$

Beispiel 13.19 (zu Satz 13.16 c)

$$\begin{aligned}\int \frac{2}{3x-1}\,\mathrm{d}x &= \frac{2}{3}\int \frac{g'(x)}{g(x)}\,\mathrm{d}x\\ &= \tfrac{2}{3}\ln|g(x)|+c\\ &= \tfrac{2}{3}\ln|3x-1|+c\\ &= \ln\sqrt[3]{(3x-1)^2}+c\end{aligned}$$

mit $g(x) = 3x-1,\quad g'(x) = 3,$
$2/3\cdot g'(x) = 2$

Beispiel 13.20 (zu Satz 13.16 d)

$$\begin{aligned}\int \frac{6x^2-2}{(x^3-x+5)^3}\,\mathrm{d}x &= 2\int \frac{g'(x)}{\big(g(x)\big)^3}\,\mathrm{d}x\\ &= 2\cdot\frac{-1}{2(x^3-x+5)^2}+c\\ &= -\frac{1}{(x^3-x+5)^2}+c\end{aligned}$$

mit $g(x) = x^3-x+5,\quad g'(x) = 3x^2-1,$
$2g'(x) = 6x^2-2$

Beispiel 13.21 (zu Satz 13.16 e)

$$\begin{aligned}&\int (4x-2)\,\mathrm{e}^{x^2-x+2}\,\mathrm{d}x\\ &= 2\int g'(x)\,\mathrm{e}^{g(x)}\,\mathrm{d}x\\ &= 2\cdot\mathrm{e}^{g(x)}+c\\ &= 2\,\mathrm{e}^{x^2-x+2}+c\end{aligned}$$

mit $g(x) = x^2-x+2,\quad g'(x) = 2x-1,$
$2g'(x) = 4x-2$

Die Beispiele zeigen, dass die Substitutionsregel auf die Lösung von Integralen abzielt, in denen der Integrand multiplikativ eine zusammengesetzte Funktion $f\circ g$ mit der Ableitung g' der inneren Funktion verknüpft, wei beispielsweise bei

$\sqrt{x^3-1}\cdot x^2$	(Beispiel 13.15)
$(x^3-x+5)^{-3}(6x^2-2)$	(Beispiel 13.20)
$\mathrm{e}^{x^2-x+2}(4x-2)$	(Beispiel 13.21)

Während nun Polynome generell nach Satz 13.6 integriert werden können und wieder Polynome ergeben, können wir bisher gebrochen-rationale Funktionen nur dann integrieren, wenn der Zähler bis auf eine multiplikative Konstante die Ableitung des Nenners ist (Satz 13.16 c) oder sich eine der in Satz 13.16 b oder 13.16 d beschriebenen Formen erkennen lässt.

Mit Hilfe der Polynomdivision und Partialbruchzerlegung sind wir prinzipiell in der Lage, alle rationalen Funktionen zu integrieren, siehe folgende Beispiele 13.22, 13.23.

Im Fall allgemeiner Wurzelfunktionen wird die Problematik schwieriger: Wir begnügen uns in diesem Fall mit Beispielen, die mit Hilfe geeignete Substitution (Satz 13.14, 13.16) gelöst werden können und verweisen im Übrigen auf Forster (2016, Kap. 19).

Beispiel 13.22

Wir berechnen das unbestimmte Integral

$$\int \frac{1}{x^2-1}\,dx \quad \text{für} \quad x \neq \pm 1$$

und führen zunächst eine Partialbruchzerlegung durch (Satz 9.34, Beispiele 9.35, 9.36, 9.37).

$$\frac{1}{x^2-1} = \frac{A}{x-1} + \frac{B}{x+1}$$
$$\Rightarrow 1 = A(x+1) + B(x-1)$$

Durch Koeffizientenvergleich ergibt sich

$$\left.\begin{aligned} A + B &= 0 \\ A - B &= 1 \end{aligned}\right\} \Rightarrow A = \tfrac{1}{2}, B = -\tfrac{1}{2}$$

und damit die Gleichung

$$\frac{1}{x^2-1} = \frac{1}{2(x-1)} - \frac{1}{2(x+1)}.$$

Daraus folgt für das Integral:

$$\begin{aligned}
&\int \frac{1}{x^2-1}\,dx \\
&= \int \left(\frac{1}{2(x-1)} - \frac{1}{2(x+1)}\right) dx \\
&= \frac{1}{2}\int \frac{1}{x-1}\,dx - \frac{1}{2}\int \frac{1}{x+1}\,dx \\
&= \tfrac{1}{2}\ln|x-1| - \tfrac{1}{2}\ln|x+1| + c \\
&= \ln\sqrt{|x-1|} - \ln\sqrt{|x+1|} + c \\
&= \ln\sqrt{\frac{|x-1|}{|x+1|}} + c = F(x) + c
\end{aligned}$$

Wir bestätigen das Ergebnis für $x > 1$ durch Differenzieren von F:

$$\begin{aligned}
F'(x) &= \frac{\frac{1}{2}(x-1)^{-1/2}}{(x-1)^{1/2}} - \frac{\frac{1}{2}(x+1)^{-1/2}}{(x+1)^{1/2}} \\
&= \frac{1}{2(x-1)} - \frac{1}{2(x+1)} \\
&= \frac{(x+1)-(x-1)}{2(x^2-1)} \\
&= \frac{1}{x^2-1} \qquad \text{(Satz 11.13 a, 11.10 a)}
\end{aligned}$$

Das gleiche Resultat erhält man für $x < -1$ oder $x \in (-1, 1)$.

Beispiel 13.23

Wir berechnen das unbestimmte Integral:

$$\int \frac{2x^4 + x^3 - 12x^2 - 9x - 14}{x^4 - 3x^2 - 4}\,dx$$

Da der Integrand keine echt-gebrochen-rationale Funktion ist (Definition 9.30), beginnen wir mit einer Polynomdivision (Beispiel 9.32).

$$\begin{array}{l}
(2x^4 + x^3 - 12x^2 - 9x - 14) : (x^4 - 3x^2 - 4) = 2 \\
\underline{-(2x^4 \qquad - 6x^2 \qquad - 8)} \\
\qquad x^3 - 6x^2 - 9x - 6
\end{array}$$

Daraus folgt:

$$\begin{aligned}
&\frac{2x^4 + x^3 - 12x^2 - 9x - 14}{x^4 - 3x^2 - 4} \\
&= 2 + \frac{x^3 - 6x^2 - 9x - 6}{x^4 - 3x^2 - 4}
\end{aligned}$$

Mit

$$\begin{aligned}
x^4 - 3x^2 - 4 &= (x^2+1)(x^2-4) \\
&= (x^2+1)(x+2)(x-2)
\end{aligned}$$

führen wir eine Partialbruchzerlegung durch.

$$\begin{aligned}
&\frac{x^3 - 6x^2 - 9x - 6}{x^4 - 3x^2 - 4} \\
&= \frac{Ax + B}{x^2+1} + \frac{C}{x+2} + \frac{D}{x-2} \\
&\Rightarrow x^3 - 6x^2 - 9x - 6 = (Ax+B)(x^2-4) \\
&\quad + C(x-2)(x^2+1) + D(x+2)(x^2+1)
\end{aligned}$$

Durch Koeffizientenvergleich ergibt sich

$$\begin{aligned}
1 &= A \qquad\quad + C + D \\
-6 &= \qquad\quad B - 2C + 2D \\
-9 &= -4A \qquad + C + D \\
-6 &= \qquad -4B - 2C + 2D
\end{aligned}$$

und wir erhalten

$$A = 2, B = 0, C = 1, D = -2.$$

Die gesuchte Zerlegung ist:

$$\begin{aligned}
&\frac{2x^4 + x^3 - 12x^2 - 9x - 14}{x^4 - 3x^2 - 4} \\
&= 2 + \frac{2x}{x^2+1} + \frac{1}{x+2} - \frac{2}{x-2}
\end{aligned}$$

Daraus folgt für das Integral:

$$\int \frac{2x^4 + x^3 - 12x^2 - 9x - 14}{x^4 - 3x^2 - 4}\,\mathrm{d}x$$
$$= \int \left(2 + \frac{2x}{x^2+1} + \frac{1}{x+2} - \frac{2}{x-2}\right)\mathrm{d}x$$
$$= 2x + \ln|x^2+1| + \ln|x+2|$$
$$- 2\ln|x-2| + c \qquad \text{(Satz 13.16 c)}$$
$$= 2x + \ln(x^2+1) + \ln|x+2|$$
$$- \ln(x-2)^2 + c$$
$$= 2x + \ln\frac{(x^2+1)|x+2|}{(x-2)^2} + c \quad \text{(Satz 9.47 b)}$$

13.2 Bestimmte Integrale und Flächenberechnung

Wir kommen zurück zu dem Problem, eine durch den Graphen einer beschränkten Funktion f und die x-Achse im Intervall $[a, b] \subseteq \mathbb{R}$ mit $a < b$ begrenzte Fläche zu bestimmen (Abbildung 13.1). In Anlehnung an die Bildung von *Riemannschen Summen* unterteilen wir das abgeschlossene Intervall $[a, b]$ wieder in n gleich große Teilintervalle

$$[a, x_1], [x_1, x_2], \ldots, [x_{i-1}, x_i], \ldots, [x_{n-1}, b] \quad \text{mit } a = x_0, b = x_n$$

und wählen in jedem Teilintervall $[x_{i-1}, x_i]$ die Werte, in denen die Funktion f ihr Minimum bzw. ihr Maximum annimmt (Abbildung 13.2). Dies ist zunächst für jede stetige Funktion möglich, da diese in einem abgeschlossenen und beschränkten Intervall sowohl ihr Minimum als auch ihr Maximum erreicht (Satz 10.19). Wir erhalten für alle $i = 1, \ldots, n$

$$f(u_i) = \min\{f(x) : x \in [x_{i-1}, x_i]\},$$
$$f(v_i) = \max\{f(x) : x \in [x_{i-1}, x_i]\}.$$

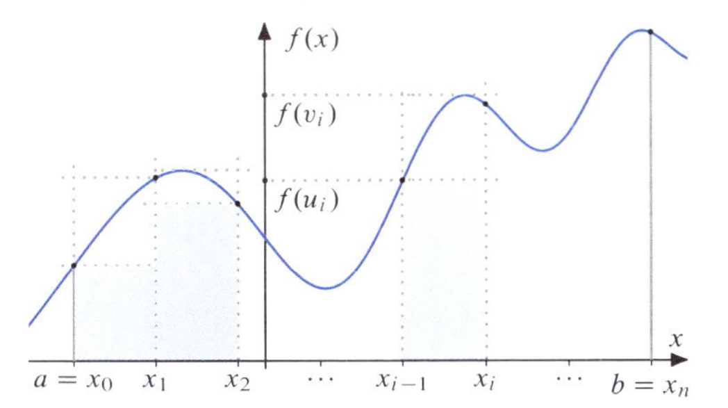

Abbildung 13.2: *Unter- und Oberschranken der Flächeninhalte*

Wir setzen ferner zunächst voraus:

$$f(x) \geq 0 \quad \text{für alle } x \in [a, b]$$

Nun können wir in Abhängigkeit der Anzahl n von Teilintervallen eine untere und eine obere Schranke für den wahren Flächeninhalt I angeben (Abbildung 13.2), und es gilt:

$$I_{\min}^n \leq I \leq I_{\max}^n \quad \text{mit}$$
$$I_{\min}^n = \sum_{i=1}^{n} f(u_i)(x_i - x_{i-1}),$$
$$I_{\max}^n = \sum_{i=1}^{n} f(v_i)(x_i - x_{i-1}).$$

Verfeinert man nun die Unterteilung von $[a, b]$, indem man n erhöht, so erhält man die Folgen $(I_{\min}^n)$ und $(I_{\max}^n)$.

Definition 13.24

Die Funktion

$$f : [a, b] \to \mathbb{R}$$

sei beschränkt.

Existieren für $n \to \infty$ die Grenzwerte der Folgen

$$(I_{\min}^n) \text{ und } (I_{\max}^n)$$

und gilt

$$\lim_{n\to\infty} I_{\min}^n = \lim_{n\to\infty} I_{\max}^n = I,$$

so heißt die Funktion f *(Riemann-)integrierbar* im Intervall $[a, b]$. Man schreibt

$$I = \int_a^b f(x)\,\mathrm{d}x$$

und bezeichnet entsprechend Definition 13.4 den Ausdruck I als *bestimmtes Integral* von f im Intervall $[a, b]$, ferner x als *Integrationsvariable*, $f(x)$ als den *Integranden*, $\mathrm{d}x$ als *Differential* und a, b als *Integrationsgrenzen*.

Das bestimmte Integral ist also eine reelle Zahl, die einen Flächeninhalt ausweist, während das unbestimmte Integral eine Schar von Funktionen beschreibt (Definition 13.4).

Beispiel 13.25

Wir berechnen die bestimmten Integrale

$$I_1 \text{ von } f_1 : \mathbb{R} \to \mathbb{R} \text{ mit } f_1(x) = 1$$
$$I_2 \text{ von } f_2 : \mathbb{R} \to \mathbb{R} \text{ mit } f_2(x) = x$$
$$I_3 \text{ von } f_3 : \mathbb{R} \to \mathbb{R} \text{ mit } f_3(x) = x^2$$

jeweils im Intervall $[0, a]$, und geben eine graphische Interpretation.

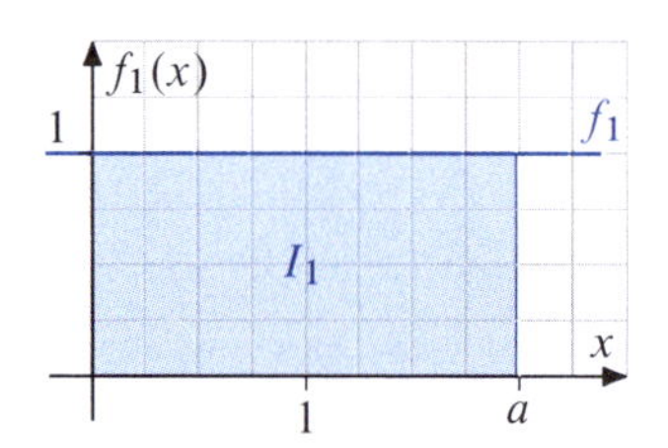

Abbildung 13.3: *Bestimmtes Integral der Funktionen f_1 in $[0, a]$*

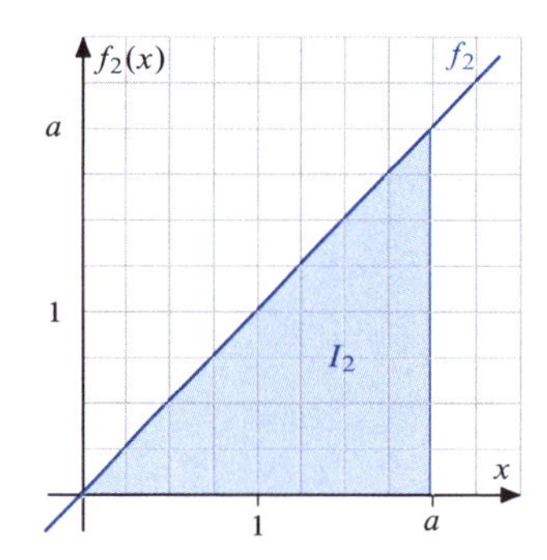

Abbildung 13.4: *Bestimmtes Integral der Funktion f_2 in $[0, a]$*

Offenbar gilt:

$$I_1 = \int_0^a f_1(x)\,dx = \int_0^a 1\,dx = a$$

$$I_2 = \int_0^a f_2(x)\,dx = \int_0^a x\,dx = \frac{a^2}{2}$$

Im Fall von f_3 betrachten wir zunächst die zehn Teilintervalle (Abbildung 13.5)

$$[0, 0.1a],\ [0.1a, 0.2a],\ \ldots,\ [0.9a, a]$$

und bestimmen mit $f_3(x) = x^2$

$$\begin{aligned} I_{\text{min}}^{10} &= (0)^2 \cdot 0.1a + (0.1a)^2 \cdot 0.1a \\ &\quad + (0.2a)^2 \cdot 0.1a + \ldots \\ &\quad + (0.9a)^2 \cdot 0.1a = 0.285a^3, \end{aligned}$$

$$\begin{aligned} I_{\text{max}}^{10} &= (0.1a)^2 \cdot 0.1a + (0.2a)^2 \cdot 0.1a \\ &\quad + (0.3a)^2 \cdot 0.1a + \ldots \\ &\quad + (a)^2 \cdot 0.1a = 0.385a^3 \end{aligned}$$

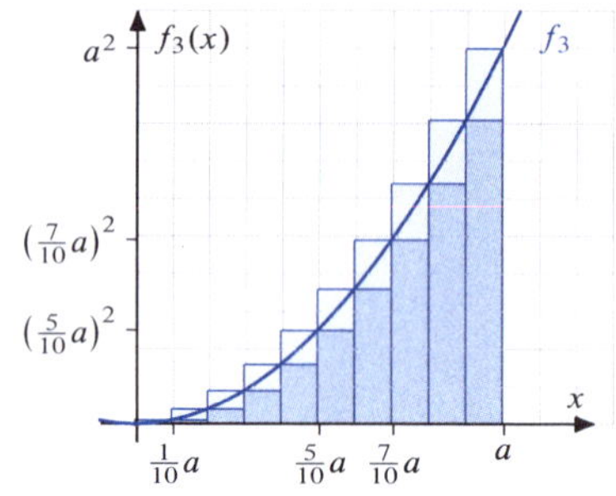

Abbildung 13.5: *Ober- und Unterschranken des Integrals von f_3 in $[0, a]$*

Für $I = \int_0^1 x^2\,dx$ gilt damit:

$$\begin{aligned} & I_{\text{min}}^{10} < I < I_{\text{max}}^{10} \\ \Leftrightarrow\quad & 0.285a^3 < I < 0.385a^3 \end{aligned}$$

Für eine Teilintervallbreite von $\frac{1}{n}$ gilt:

$$\begin{aligned} I_{\text{min}}^n &= \sum_{i=0}^{n-1} \left[\left(\frac{i}{n} \cdot a \right)^2 \cdot \frac{a}{n} \right] = \frac{a^3}{n^3} \sum_{i=0}^{n-1} i^2 \\ &= \frac{a^3}{n^3} \left[-n^2 + \sum_{i=1}^{n} i^2 \right] \\ &= \frac{a^3}{n^3} \cdot \left[-n^2 + \frac{2n^3 + 3n^2 + n}{6} \right] \\ &\qquad\qquad \text{(Beispiel 5.17)} \\ &= a^3 \left[-\frac{1}{n} + \frac{1}{6} \left(2 + \frac{3}{n} + \frac{1}{n^2} \right) \right] \underset{n \to \infty}{\longrightarrow} \frac{a^3}{3} \end{aligned}$$

$$\begin{aligned} I_{\text{max}}^n &= \sum_{i=1}^{n} \left[\left(\frac{i}{n} \cdot a \right)^2 \cdot \frac{a}{n} \right] = \frac{a^3}{n^3} \sum_{i=1}^{n} i^2 \\ &= \frac{a^3}{n^3} \cdot \frac{2n^3 + 3n^2 + n}{6} \quad \text{(Beispiel 5.17)} \\ &= \frac{a^3}{6} \left(2 + \frac{3}{n} + \frac{1}{n^2} \right) \underset{n \to \infty}{\longrightarrow} \frac{a^3}{3} \end{aligned}$$

Also gilt:

$$\lim_{n \to \infty} I_{\text{min}}^n = \lim_{n \to \infty} I_{\text{max}}^n = I = \int_0^a x^2\,dx = \frac{a^3}{3}$$

Die Ergebnisse von Beispiel 13.25 deuten an, dass zwischen dem bestimmten und unbestimmten Integral einer Funktion ein enger Zusammenhang besteht, der an dieser Stelle natürlich noch nicht bekannt ist.

Beispielsweise gilt

$$\int 1\,\mathrm{d}x = x + c \qquad \text{und} \qquad \int_0^a 1\,\mathrm{d}x = a,$$

$$\int x\,\mathrm{d}x = \frac{x^2}{2} + c \qquad \text{und} \qquad \int_0^a x\,\mathrm{d}x = \frac{a^2}{2},$$

$$\int x^2\,\mathrm{d}x = \frac{x^3}{3} + c \qquad \text{und} \qquad \int_0^a x\,\mathrm{d}x = \frac{a^3}{3}.$$

Bevor wir nun den genauen Zusammenhang aufdecken können, benötigen wir noch einige Aussagen über bestimmte Integrale.

Satz 13.26

Gegeben seien die integrierbaren Funktionen $f, g : [a, b] \to \mathbb{R}$. Dann gilt:

a) $$\int_a^b c\, f(x)\,\mathrm{d}x = c \int_a^b f(x)\,\mathrm{d}x$$
für alle $c \in \mathbb{R}$ (Satz 13.6 b)

b) $f(x) \leq g(x)$ für alle $x \in [a, b]$
$$\Rightarrow \int_a^b f(x)\,\mathrm{d}x \leq \int_a^b g(x)\,\mathrm{d}x$$

c) $$\int_a^b f(x)\,\mathrm{d}x = \int_a^c f(x)\,\mathrm{d}x + \int_c^b f(x)\,\mathrm{d}x$$
für alle $c \in (a, b)$

Den Beweis findet man bei Forster (2016), Kap 19.Wir überprüfen die Aussagen von Satz 13.26 mit Hilfe von Abbildung 13.6 lediglich exemplarisch.

- Beispielsweise erhalten wir für die Flächen unter f bzw. $2f$
$$\int_{-1}^4 f(x)\,\mathrm{d}x = 1 + 3 + 2 = 6,$$
$$\int_{-1}^4 2f(x)\,\mathrm{d}x = 12 = 2\int_{-1}^4 f(x)\,\mathrm{d}x.$$
- Alle Funktionswerte von f sind kleiner oder gleich den Funktionswerten von g. Damit ist die Fläche unter g auch größer oder gleich der Fläche unter f.
- Die Fläche unter f im Intervall $[-1, 4]$ kann aufgespalten werden in die Flächen unter f im Intervall $[-1, 2]$ zuzüglich $[2, 4]$.

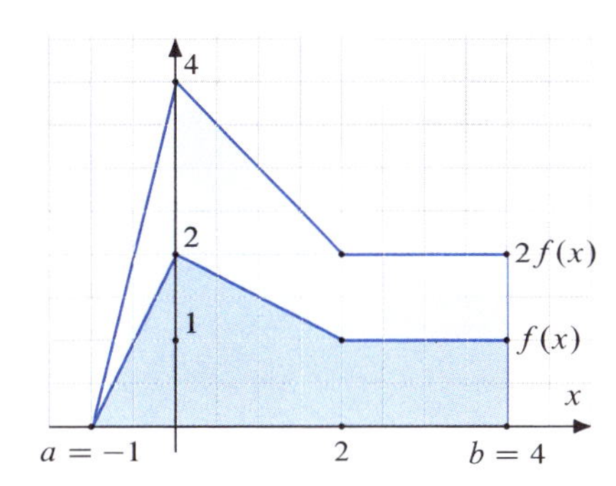

Abbildung 13.6: *Kurvenverläufe f und $g = 2f$ mit $x \in [a, b]$*

Betrachten wir nun die Aussage des Satzes 13.26 a für $c = -1$ und $f(x) \geq 0$ für alle $x \in [a, b]$, so folgt mit $g(x) = -f(x) \leq 0$ für alle $x \in [a, b]$:

$$\int_a^b g(x)\,\mathrm{d}x = \int_a^b \big(-f(x)\big)\,\mathrm{d}x$$
$$= -\int_a^b f(x)\,\mathrm{d}x \leq 0$$

In Abbildung 13.7 stellen wir eine stetige Funktion f dar, die positive und negative Werte annimmt.

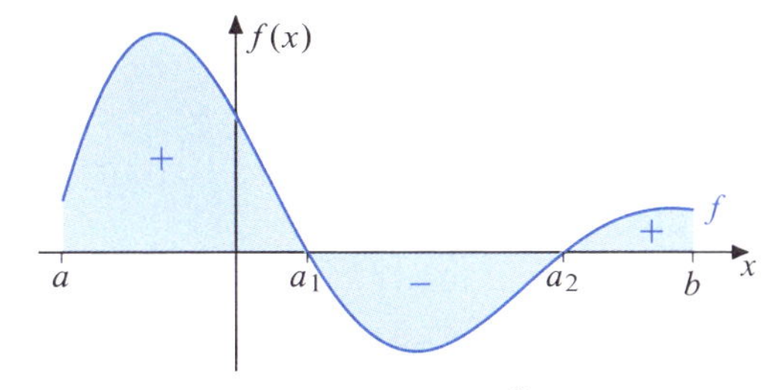

Abbildung 13.7: *Funktion f mit $\int_{a_1}^{a_2} f(x)\,\mathrm{d}x < 0$*

Wir erhalten

$$\int_a^{a_1} f(x)\,\mathrm{d}x > 0, \qquad \int_{a_1}^{a_2} f(x)\,\mathrm{d}x < 0,$$

$$\int_{a_2}^b f(x)\,\mathrm{d}x > 0$$

und nach Satz 13.26 c

$$\int_a^b f(x)\,\mathrm{d}x = \int_a^{a_1} f(x)\,\mathrm{d}x + \int_{a_1}^{a_2} f(x)\,\mathrm{d}x + \int_{a_2}^{b} f(x)\,\mathrm{d}x.$$

Das bestimmte Integral von f in $[a, b]$ ergibt sich aus der Summe der Flächen zwischen a und a_1 bzw. a_2 und b abzüglich der Fläche zwischen a_1 und a_2. Um die *absolute Gesamtfläche* zu erhalten, hat man den Ausdruck

$$\int\limits_{a_1}^{a_2} f(x)\,\mathrm{d}x \text{ durch } \left|\int\limits_{a_1}^{a_2} f(x)\,\mathrm{d}x\right| \text{ bzw. } \int\limits_{a_1}^{a_2} |f(x)|\,\mathrm{d}x$$

zu ersetzen.

Das bestimmte Integral und die absolute Gesamtfläche, die durch den Graphen einer Funktion und die x-Achse in $[a, b]$ begrenzt ist (Abbildung 13.7), sind also nicht immer gleich. Zielt daher eine Aufgabenstellung auf eine Flächenberechnung der beschriebenen Art ab, so ist über eine Nullstellenbestimmung zu klären, in welchen Teilintervallen das bestimmte Integral negativ wird.

Wir wollen nun die Definition 13.24 des bestimmten Integrals dahingehend erweitern, dass wir die Voraussetzung $a < b$ fallen lassen.

Definition 13.27

Die Funktion $f : [a, b] \to \mathbb{R}$ sei integrierbar. Dann setzt man:

$$\int\limits_a^a f(x)\,\mathrm{d}x = 0, \quad \int\limits_b^a f(x)\,\mathrm{d}x = -\int\limits_a^b f(x)\,\mathrm{d}x$$

Damit ist die Summenformel aus Satz 13.26 c für jede beliebige Lage der Integrationsgrenzen a, b, c richtig, falls alle auftretenden Integrale existieren.

So gilt für $a \le b \le c$

$$\begin{aligned}\int_a^b f(x)\,\mathrm{d}x &= \int_a^c f(x)\,\mathrm{d}x - \int_b^c f(x)\,\mathrm{d}x \\ &= \int_a^c f(x)\,\mathrm{d}x + \int_c^b f(x)\,\mathrm{d}x\end{aligned}$$

und für $c \le a \le b$

$$\begin{aligned}\int_a^b f(x)\,\mathrm{d}x &= \int_c^b f(x)\,\mathrm{d}x - \int_c^a f(x)\,\mathrm{d}x \\ &= \int_c^b f(x)\,\mathrm{d}x + \int_a^c f(x)\,\mathrm{d}x.\end{aligned}$$

Beispiel 13.28

Gegeben sei die reelle Funktion

$$f : \mathbb{R} \to \mathbb{R}$$

mit

$$f(x) = \begin{cases} 1 & \text{für } x \le 0 \\ -x & \text{für } x \in (0, 1] \\ -1 & \text{für } x > 1 \end{cases}$$

und deren Graph in Abbildung 13.8.

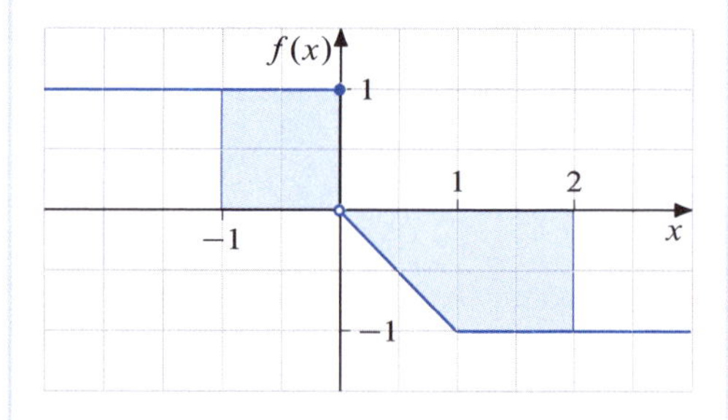

Abbildung 13.8: *Graph der stückweise definierten Funktion f*

Aus Abbildung 13.8 folgt beispielsweise für das bestimmte Integral

$$\begin{aligned}\int_{-1}^2 f(x)\,\mathrm{d}x &= \int_{-1}^0 f(x)\,\mathrm{d}x + \int_0^1 f(x)\,\mathrm{d}x + \int_1^2 f(x)\,\mathrm{d}x \\ &= 1 - \tfrac{1}{2} - 1 \\ &= -\tfrac{1}{2}\end{aligned}$$

und für die Fläche

$$\begin{aligned}\int_{-1}^0 f(x)\,\mathrm{d}x - \int_0^2 f(x)\,\mathrm{d}x &= 1 + \tfrac{1}{2} + 1 \\ &= \tfrac{5}{2}.\end{aligned}$$

Beispiel 13.29

Zur Abbildung 13.9 finden wir das Ergebnis

$$\int_0^{2\pi} \sin(x)\,\mathrm{d}x = \int_0^{\pi} \sin(x)\,\mathrm{d}x + \int_{\pi}^{2\pi} \sin(x)\,\mathrm{d}x = 0.$$

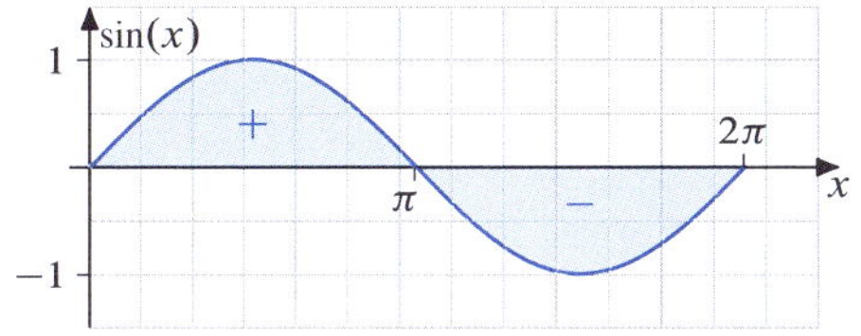

Abbildung 13.9: *Sinusfunktion*

Damit können wir einen Existenzsatz für bestimmte Integrale formulieren.

Satz 13.30

Sei $f : [a,b] \to \mathbb{R}$ stetig bis auf endlich viele Sprungstellen

$$a_1, \dots, a_k \quad \text{mit } a < a_1 < a_2 < \dots < a_k < b.$$

Dann ist f in $[a,a_1], [a_1,a_2], \dots, [a_k,b]$ integrierbar und man erhält für das bestimmte Integral:

$$\int_a^b f(x)\,\mathrm{d}x = \int_a^{a_1} f(x)\,\mathrm{d}x + \dots + \int_{a_k}^b f(x)\,\mathrm{d}x$$

Wir veranschaulichen diese Aussage beispielhaft in Abbildung 13.10.

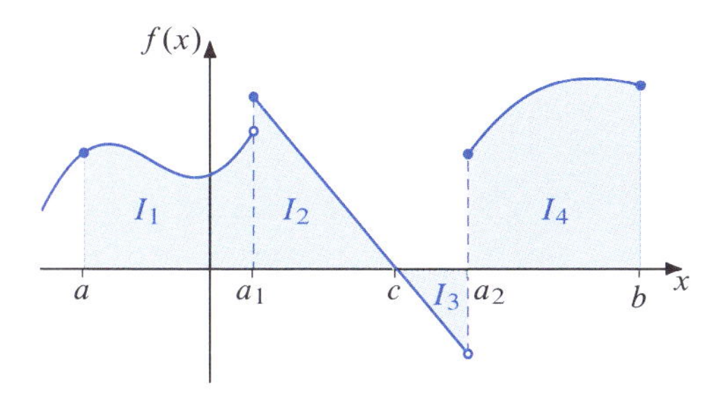

Abbildung 13.10: *Funktion mit Sprungstellen* a_1, a_2

Das bestimmte Integral $\int_a^b f(x)\,\mathrm{d}x$ existiert und es gilt

$$I = \int_a^b f(x)\,\mathrm{d}x = I_1 + I_2 + I_3 + I_4$$
$$= \int_a^{a_1} f(x)\,\mathrm{d}x + \int_{a_1}^{a_2} f(x)\,\mathrm{d}x + \int_{a_2}^{b} f(x)\,\mathrm{d}x,$$

wobei das Integral

$$\int_{a_1}^{a_2} f(x)\,\mathrm{d}x = I_2 + I_3$$

aus einem positiven Anteil I_2 und einem negativen Anteil I_3 besteht.

Nun können wir den *Hauptsatz der Differential- und Integralrechnung* formulieren.

Satz 13.31

Sei $f : D \to \mathbb{R}$, $D \subseteq \mathbb{R}$ eine stetige Funktion und F eine beliebige Stammfunktion von f.

Dann gilt für $a, b \in D$:

$$\int_a^b f(x)\,\mathrm{d}x = F(b) - F(a)$$

Beweisidee

Zu Beginn von Abschnitt 13.1 hatten wir festgestellt (Definition 13.2, 13.4), dass die Differentiation einer Funktion F in gewissem Sinn die Integration einer Funktion f mit der Stammfunktion F rückgängig macht.

Aus

$$G(y) = \int_a^y f(x)\,\mathrm{d}x$$

für alle $y \in D$ und ein festes $a \in D$ kann man daher folgern:

G ist differenzierbar mit $G'(y) = f(y)$ für alle $y \in D$.

$\Rightarrow$ G ist Stammfunktion von f mit

$$G(a) = \int_a^a f(x)\,\mathrm{d}x = 0 \qquad \text{(Definition 13.27)}$$

$$\Rightarrow \int_a^b f(x)\,\mathrm{d}x = G(b) - G(a) = G(b)$$

$\Rightarrow$ Für jede Stammfunktion F gilt

$$F(y) = G(y) + c \text{ mit } c \in \mathbb{R} \qquad \text{(Satz 13.3)}$$

$$\Rightarrow F(b) - F(a) = G(b) + c - G(a) - c$$
$$= G(b) - G(a) = G(b) = \int_a^b f(x)\,\mathrm{d}x$$

Für einen genaueren Beweis verweisen wir auf Forster (2016), Kap. 19.

Wir fassen das bestimmte und unbestimmte Integral nochmals in einem Satz zusammen.

Satz 13.32

Sei $f: D \to \mathbb{R}$, $D \subseteq \mathbb{R}$ eine in D stetige Funktion. Dann existiert eine Stammfunktion F von f mit $F'(x) = f(x)$ (Definition 13.2) sowie das unbestimmte Integral

$$\int f(x)\,\mathrm{d}x = F(x) + c \qquad \text{(Definition 13.4)}$$

und das bestimmte Integral

$$\int_a^b f(x)\,\mathrm{d}x = F(b) - F(a)\,. \qquad \text{(Satz 13.31)}$$

Zur Berechnung des bestimmten Integrals sucht man eine Stammfunktion F mit $F'(x) = f(x)$, setzt die Werte a und b in $F(x)$ ein und erhält

$$\int_a^b f(x)\,\mathrm{d}x = F(x)\Big|_a^b = F(b) - F(a).$$

Bevor wir Beispiele diskutieren, weisen wir nochmals darauf hin, dass ein *bestimmtes Integral* eine reelle Zahl darstellt, während ein *unbestimmtes Integral* eine Schar von Funktionen ermittelt, die sich nur durch eine additive Konstante unterscheiden.

Beispiel 13.33

In Beispiel 13.22 wurde das unbestimmte Integral

$$\int \frac{1}{x^2-1}\,\mathrm{d}x = \ln\sqrt{\frac{|x-1|}{|x+1|}} + c$$

berechnet. Daraus ergibt sich für das bestimmte Integral, beispielsweise mit den Integrationsgrenzen $a = 0.6$ und $b = 0.8$:

$$\begin{aligned}\int_{0.6}^{0.8} \frac{1}{x^2-1}\,\mathrm{d}x &= \ln\sqrt{\frac{|x-1|}{|x+1|}}\Bigg|_{0.6}^{0.8}\\ &= \ln\sqrt{\frac{0.2}{1.8}} - \ln\sqrt{\frac{0.4}{1.6}}\\ &= \ln\tfrac{1}{3} - \ln\tfrac{1}{2} = \ln\tfrac{2}{3}\\ &\approx -0.4054651\end{aligned}$$

Beispiel 13.34

Für das zu versteuernde Jahreseinkommen x bezeichne $s(x)$ den zugehörigen Steuerbetrag und $s'(x)$ den Grenzsteuersatz. Dabei erfüllen $s(x)$ und $s'(x)$ folgende Eigenschaften:

s sei eine stetige Funktion mit

$$s(x) = 0 \qquad \text{für } x \in [0, 10\,000)$$
(Steuerfreiheit des Existenzminimums),

$$s'(x) = \frac{x}{200\,000} + \frac{1}{20} \qquad \text{für } x \in [10\,000, 120\,000]$$
(lineares Anwachsen des Grenzsteuersatzes),

$$s'(x) = 0.65 \qquad \text{für } x > 120\,000$$
(konstanter Grenzsteuersatz).

Der Grenzsteuersatz für $x = 100\,000$ ist dann beispielsweise

$$s'(100\,000) = \frac{100\,000}{200\,000} + \frac{1}{20} = 0.55.$$

Für $x \in [10\,000, 120\,000]$ berechnen wir den Steuersatz mit

$$\begin{aligned}s(x) &= \int \left(\frac{x}{2\cdot 10^5} + \frac{1}{20}\right)\mathrm{d}x\\ &= \frac{x^2}{4\cdot 10^5} + \frac{x}{20} + c.\end{aligned}$$

Aus der Stetigkeit der Funktion s folgt:

$$\begin{aligned}&s(10\,000) = \frac{10^8}{4\cdot 10^5} + \frac{10^4}{20} + c = 0\\ &\Rightarrow c = -250 - 500 = -750\\ &\Rightarrow s(x) = \frac{x^2}{4\cdot 10^5} + \frac{x}{20} - 750\\ &\Rightarrow s(120\,000) = \frac{144\cdot 10^8}{4\cdot 10^5} + \frac{12\cdot 10^4}{20} - 750\\ &\qquad = 41\,250\end{aligned}$$

Für $x > 120\,000$ erhalten wir den Steuersatz:

$$\begin{aligned}&s(x) = \int 0.65\,\mathrm{d}x = 0.65x + c\\ &\Rightarrow s(120\,000) = 0.65\cdot 120\,000 + c = 41\,250\\ &\Rightarrow c = -36\,750\\ &\Rightarrow s(x) = 0.65x - 36\,750\end{aligned}$$

Damit ergibt sich beispielsweise ein Durchschnittssteuersatz für $x = 100\,000$ von

$$\begin{aligned}\frac{s(100\,000)}{100\,000} &= \frac{1}{10^5}\left(\frac{10^{10}}{4\cdot 10^5} + \frac{10^5}{20} - 750\right)\\ &= \frac{1}{10^5}(25\,000 + 5\,000 - 750)\\ &= \frac{29\,250}{100\,000} = 0.2925\end{aligned}$$

und für $x = 200\,000$ von

$$\begin{aligned}\frac{s(200\,000)}{200\,000} &= \frac{1}{2\cdot 10^5}(0.65\cdot 2\cdot 10^5 - 36\,750)\\ &= \frac{93\,250}{200\,000} = 0.46625.\end{aligned}$$

Für den Grenzsteuersatz und die zu bezahlende Steuer ergeben sich die in Abbildung 13.11 dargestellten Funktionen.

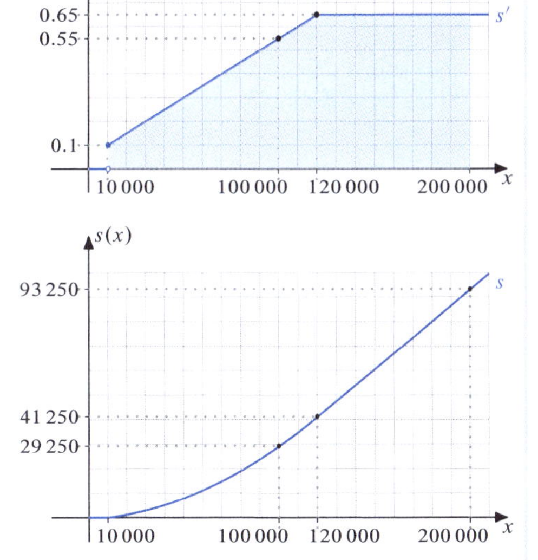

Abbildung 13.11: *Grenzsteuersatzfunktion s' und Steuerfunktion s*

Der Grenzsteuersatz s' ist für $x \in [0, 10\,000)$ gleich 0, hat bei $x = 10\,000$ eine Sprungstelle und bei $x = 120\,000$ einen Knick. Die Fläche unter s' entspricht der abzugebenden Steuer in Abhängigkeit des zu versteuernden Jahreseinkommens x.

Die Funktion s ist für $x \in [0, 10\,000]$ gleich 0, steigt für $x \in [10\,000, 120\,000]$ quadratisch an und wächst für $x \geq 120\,000$ linear.

Beispiel 13.35

In einem Lager wird die momentane Nachfrage zum Zeitpunkt $t \in \mathbb{R}_+$ durch die Beziehung

$$f(t) = 100(1+t)^{-2}$$

geschätzt (Abbildung 13.12).

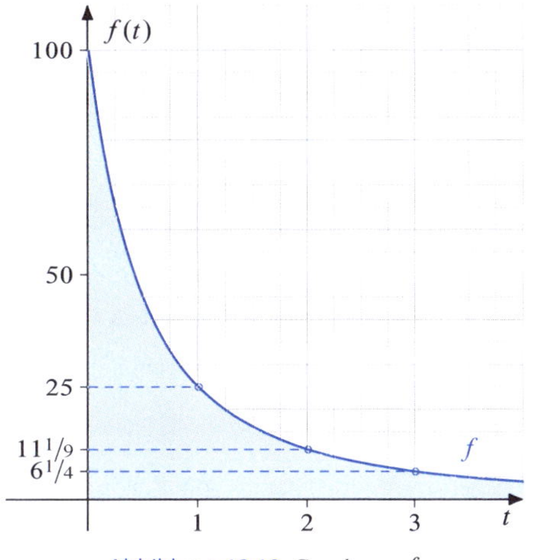

Abbildung 13.12: *Graph von f*

Dann ergibt sich die Gesamtnachfrage für einen Zeitraum $[0, T]$ durch

$$F(T) = \int_0^T f(t)\,\mathrm{d}t = \int_0^T \frac{100}{(1+t)^2}\,\mathrm{d}t.$$

Wir berechnen das unbestimmte Integral:

$$\begin{aligned}\int \frac{100}{(1+t)^2}\,\mathrm{d}t &= 100\int \frac{g'(t)}{\big(g(t)\big)^2}\,\mathrm{d}t\\ &\qquad\text{(Satz 13.16 d)}\\ &= \frac{-100}{g(t)} + c = \frac{-100}{1+t} + c\\ &\qquad\text{(mit } g(t) = 1+t,\ g'(t) = 1)\end{aligned}$$

Daraus folgt:

$$\begin{aligned}F(T) &= \int_0^T \frac{100}{(1+t)^2}\,\mathrm{d}t = \left.\frac{-100}{1+t}\right|_0^T\\ &= -\frac{100}{1+T} + 100 = 100\left(1 - \frac{1}{1+T}\right)\\ &= 100\,\frac{T}{T+1} \qquad \text{(Abbildung 13.13)}\end{aligned}$$

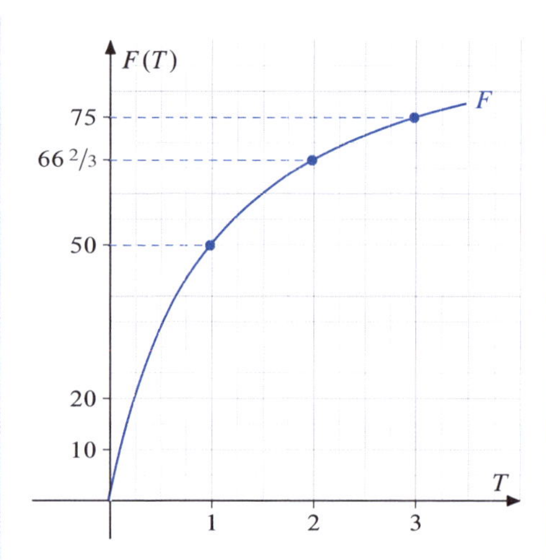

Abbildung 13.13: *Graph von* F

Ist beispielsweise ein Anfangsbestand

$$a \geq F(T)$$

gegeben, so resultiert daraus zum Zeitpunkt T der Lagerbestand

$$\begin{aligned} L(T) &= a - F(T) \\ &= a - 100\,\frac{T}{T+1}\,. \end{aligned}$$

Setzt man mit $a < 100$

$$\begin{aligned} L(T) = 0 \Leftrightarrow a &= 100\,\frac{T}{T+1} \\ \Leftrightarrow (T+1)\cdot a &= 100T \\ \Leftrightarrow T(a-100) &= -a \\ \Leftrightarrow T &= \frac{a}{100-a}, \end{aligned}$$

so gibt

$$T = \frac{a}{100-a}$$

an, wann in Abhängigkeit des Anfangsbestandes a das Lager leer ist. Für $a = 100$ geht T gegen ∞, der Lagerbestand bleibt stets positiv.

Wir können schließlich die für unbestimmte Integrale gültigen Rechenregeln auf bestimmte Integrale übertragen.

Satz 13.36

a) Die *Additionsregel* (Satz 13.6) gilt für integrierbare Funktionen $f, g\colon [a,b] \to \mathbb{R}$

$$\begin{aligned} &\int_a^b \big(f(x) \pm g(x)\big)\,\mathrm{d}x \\ &= \int_a^b f(x)\,\mathrm{d}x \pm \int_a^b g(x)\,\mathrm{d}x. \end{aligned}$$

b) Die *Regel der partiellen Integration* (Satz 13.8) gilt für stetig differenzierbare Funktionen $f, g\colon [a,b] \to \mathbb{R}$

$$\begin{aligned} &\int_a^b f(x)g'(x)\,\mathrm{d}x \\ &= f(x)g(x)\Big|_a^b - \int_a^b f'(x)g(x)\,\mathrm{d}x \\ &= f(b)g(b) - f(a)g(a) - \int_a^b f'(x)g(x)\,\mathrm{d}x. \end{aligned}$$

c) Die *Substitutionsregel* (Satz 13.14) gilt für integrierbare Funktionen $f\colon [\alpha,\beta] \to \mathbb{R}$ mit zugehöriger Stammfunktion F und stetig differenzierbare Funktionen $g\colon [a,b] \to \mathbb{R}$ mit $g[a,b] \subseteq [\alpha,\beta]$

$$\begin{aligned} &\int_a^b f\big(g(x)\big)g'(x)\,\mathrm{d}x \\ &= F\big(g(x)\big)\Big|_a^b = F\big(g(b)\big) - F\big(g(a)\big) \\ &= \int_{g(a)}^{g(b)} f(y)\,\mathrm{d}y. \end{aligned}$$

Die Beweise folgen direkt aus den Sätzen 13.6, 13.8, 13.14 in Verbindung mit Satz 13.32.

Beispiel 13.37

$$\begin{aligned} &\int_{-1}^1 (x^2+x)\mathrm{e}^x\,\mathrm{d}x \\ &= (x^2-x+1)\mathrm{e}^x\Big|_{-1}^1 \qquad \text{(Beispiel 13.10)} \\ &= \mathrm{e} - 3\mathrm{e}^{-1} \approx 1.615 \end{aligned}$$

Beispiel 13.38

$$\int_0^{2\pi} e^x \sin x \, dx$$
$$= \tfrac{1}{2}e^x(\sin x - \cos x)\Big|_0^{2\pi} \qquad \text{(Beispiel 13.11)}$$
$$= \tfrac{1}{2}e^{2\pi}(-1) - \tfrac{1}{2}(-1)$$
$$= \tfrac{1}{2}(1 - e^{2\pi}) \approx -267.25$$

Beispiel 13.39

$$\int_1^3 (3x^2 - 2)\ln x \, dx$$
$$= \left[(x^3 - 2x)\ln x - \tfrac{x^3}{3} + 2x\right]_1^3$$
(Beispiel 13.12)
$$= (21 \cdot \ln 3 - 9 + 6) - (-\tfrac{1}{3} + 2) \approx 18.4$$

Beispiel 13.40

$$\int_0^{12} \sqrt{1+2x}\, dx = \tfrac{1}{3}\sqrt{(1+2x)^3}\Big|_0^{12}$$
(Beispiel 13.17)
$$= \frac{125}{3} - \frac{1}{3} = \frac{124}{3} \approx 41.33$$

Beispiel 13.41

Zur Berechnung von $\int_0^2 \frac{x^2}{x+1}\, dx$ erhalten wir durch Polynomdivision:

$$\frac{x^2}{x+1} = x - 1 + \frac{1}{x+1}$$

$$\Rightarrow \int \frac{x^2}{x+1}\, dx = \int \left(x - 1 + \frac{1}{x+1}\right) dx$$
$$= \tfrac{x^2}{2} - x + \ln|x+1| + c$$
$$\Rightarrow \int_0^2 \frac{x^2}{x+1}\, dx = \left[\tfrac{x^2}{2} - x + \ln|x+1|\right]_0^2$$
$$= 2 - 2 + \ln 3 - 0$$
$$= \ln 3 \approx 1.099$$

Beispiel 13.42

$$\int_1^2 \frac{x+1}{x^2}\, dx = \int_1^2 \left(\frac{1}{x} + \frac{1}{x^2}\right) dx$$
$$= \left[\ln|x| - \frac{1}{x}\right]_1^2$$
$$= \left(\ln 2 - \tfrac{1}{2}\right) - (0 - 1)$$
$$= \ln 2 + \tfrac{1}{2} \approx 1.193$$

Beispiel 13.43

Eine Unternehmung beabsichtigt, die Kosten- und Umsatzentwicklung eines neuen Produktes für die ersten fünf Jahre nach seiner Makteinführung im Voraus zu bestimmen. Folgende Schätzungen werden in Abhängigkeit des Zeitpunktes $t \in \mathbb{R}_+$ zugrunde gelegt:

$$k(t) = 1000(1 - t^2 e^{-t}) \qquad \text{für die Kosten}$$
$$u(t) = 10\,000 t e^{-t^2} \qquad \text{für den Umsatz}$$

Dann ergibt sich für den Zeitraum $[0, 5]$:

$$K(5) = \int_0^5 k(t)\, dt = \int_0^5 1000(1 - t^2 e^{-t})\, dt$$
für die Gesamtkosten

$$U(5) = \int_0^5 u(t)\, dt = \int_0^5 10\,000 t e^{-t^2}\, dt$$
für den Gesamtumsatz

$$G(5) = U(5) - K(5) \qquad \text{für den Gewinn}$$

Wir berechnen $K(5)$ mit Hilfe partieller Integration (Satz 13.8, Beispiel 13.10):

$$\int t^2 e^{-t}\, dt = \int f(t)g'(t)\, dt$$
$$= f(t)g(t) - \int f'(t)g(t)\, dt$$
$$= -t^2 e^{-t} + \int 2t e^{-t}\, dt$$
(mit $f(t) = t^2$, $g'(t) = e^{-t}$)

$$\begin{aligned}\int 2t\mathrm{e}^{-t}\,\mathrm{d}t &= \int f(t)g'(t)\,\mathrm{d}t\\ &= f(t)g(t) - \int f'(t)g(t)\,\mathrm{d}t\\ &= -2t\mathrm{e}^{-t} + \int 2\mathrm{e}^{-t}\,\mathrm{d}t\\ &= -2t\mathrm{e}^{-t} - 2\mathrm{e}^{-t} + c\end{aligned}$$

$$\begin{aligned}\Rightarrow \int t^2\mathrm{e}^{-t}\,\mathrm{d}t &= -t^2\mathrm{e}^{-t} - 2t\mathrm{e}^{-t} - 2\mathrm{e}^{-t} + c\\ &= -\mathrm{e}^{-t}(t^2 + 2t + 2) + c\\ &\quad (\text{mit } f(t) = 2t,\ g'(t) = \mathrm{e}^{-t})\end{aligned}$$

$$\begin{aligned}\Rightarrow K(5) &= \int_0^5 1000(1 - t^2\mathrm{e}^{-t})\,\mathrm{d}t\\ &= 1000\left(\int_0^5 1\,\mathrm{d}t - \int_0^5 t^2\mathrm{e}^{-t}\,\mathrm{d}t\right)\\ &= 1000\Big(t + \mathrm{e}^{-t}\big(t^2 + 2t + 2\big)\Big)\Big|_0^5\\ &= 1000\big(5 + 37\mathrm{e}^{-5} - 2\big)\\ &= 3000 + 37\,000\mathrm{e}^{-5} \approx 3\,249.3\end{aligned}$$

Für $U(5)$ wenden wir die Substitutionsregel an (Satz 13.14, 13.16 e, Beispiel 13.21):

$$\begin{aligned}\int t\mathrm{e}^{-t^2}\,\mathrm{d}t &= -\frac{1}{2}\int g'(t)\mathrm{e}^{g(t)}\,\mathrm{d}t\\ &= -\tfrac{1}{2}\mathrm{e}^{g(t)} + c\\ &= -\tfrac{1}{2}\mathrm{e}^{-t^2} + c\end{aligned}$$

mit $g(t) = -t^2,\ g'(t) = -2t,\ -\frac{1}{2}g'(t) = t$

$$\begin{aligned}\Rightarrow U(5) &= \int_0^5 10\,000t\mathrm{e}^{-t^2}\,\mathrm{d}t\\ &= -\tfrac{10\,000}{2}\mathrm{e}^{-t^2}\Big|_0^5\\ &= -5000\big(\mathrm{e}^{-25} - 1\big)\\ &= 5000\big(1 - \mathrm{e}^{-25}\big) \approx 5000\end{aligned}$$

Daraus resultiert folgender Gewinn:

$$\begin{aligned}G(5) &= U(5) - K(5)\\ &= 5000 - 3249.3 = 1750.7\end{aligned}$$

Beispiel 13.44

Für die Produktion eines Gutes sei die Grenzkostenfunktion k' durch

$$k'(x) = \frac{1}{x+1}\big(\ln(x+1)\big)^2$$

gegeben. Wir ermitteln die Kostenfunktion für den Fall, dass die Fixkosten $k_0 = 10$ betragen. Dann folgt mit der Substitutionsregel (Satz 13.14, 13.16 b):

$$\begin{aligned}k(x) &= \int \frac{1}{x+1}\big(\ln(x+1)\big)^2\,\mathrm{d}x\\ &= \int \big(g(x)\big)^2 g'(x)\,\mathrm{d}x = \tfrac{1}{3}g(x)^3 + c\\ &= \tfrac{1}{3}\big(\ln(x+1)\big)^3 + c\\ &\big(\text{mit } g(x) = \ln(x+1),\ g'(x) = \tfrac{1}{x+1}\big)\end{aligned}$$

Mit den Fixkosten $k_0 = 10 = k(0) = c$ erhalten wir folgende Kostenfunktion:

$$k(x) = \tfrac{1}{3}\big(\ln(x+1)\big)^3 + 10$$

13.3 Uneigentliche Integrale

Bisher haben wir bei der bestimmten Integration vorausgesetzt, dass die zu integrierende Funktion überall auf $[a, b]$ definiert ist und die Integrationsgrenzen endlich sind. Ist eine dieser Bedingungen verletzt, so spricht man von einem *uneigentlichen Integral*. Wir betrachten zunächst den Fall unendlicher Integrationsgrenzen.

Definition 13.45

Die reelle Funktion f sei für alle $x \in \mathbb{R}$ definiert und integrierbar. Dann heißt der Grenzwert

$$\lim_{b\to\infty}\int_a^b f(x)\,\mathrm{d}x,$$

falls existent, das *konvergente uneigentliche Integral* von f im Intervall $[a, \infty)$ und man schreibt:

$$\lim_{b\to\infty}\int_a^b f(x)\,\mathrm{d}x = \int_a^\infty f(x)\,\mathrm{d}x$$

Andernfalls spricht man von einem *divergenten uneigentlichen Integral*.

Entsprechend definiert man das konvergente uneigentliche Integral von f im Intervall $(-\infty, b]$, falls der Grenzwert

$$\lim_{a \to -\infty} \int_a^b f(x)\,\mathrm{d}x = \int_{-\infty}^b f(x)\,\mathrm{d}x$$

existiert.

Sind beide Integrale

$$\int_{-\infty}^a f(x)\,\mathrm{d}x \quad \text{und} \quad \int_a^\infty f(x)\,\mathrm{d}x$$

konvergent, so existiert auch

$$\int_{-\infty}^\infty f(x)\,\mathrm{d}x = \int_{-\infty}^a f(x)\,\mathrm{d}x + \int_a^\infty f(x)\,\mathrm{d}x.$$

Beispiel 13.46

Wir betrachten die in Abbildung 13.14 dargestellten Funktionen $f_1, f_2 : \mathbb{R}_+\backslash\{0\} \to \mathbb{R}$ mit

$$f_1(x) = \frac{1}{x}, \quad f_2(x) = \frac{1}{x^2}$$

sowie die uneigentlichen Integrale

$$I_1 = \int_1^\infty f_1(x)\,\mathrm{d}x, \quad I_2 = \int_1^\infty f_2(x)\,\mathrm{d}x\,.$$

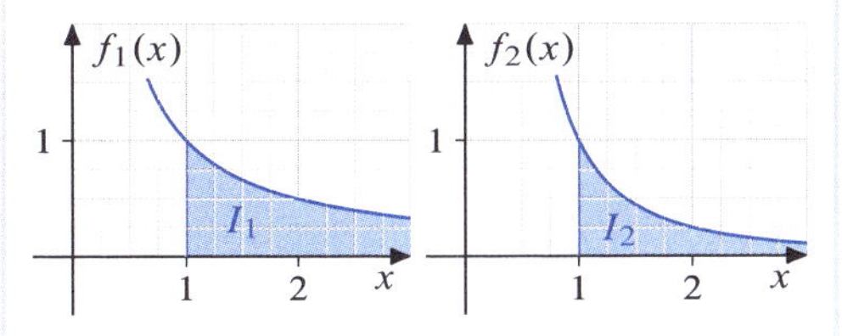

Abbildung 13.14: *Uneigentliche Integrale im Intervall* $[1, \infty)$

$$\int_1^\infty \frac{1}{x}\,\mathrm{d}x = \lim_{b\to\infty} \int_1^b \frac{1}{x}\,\mathrm{d}x = \lim_{b\to\infty} \big(\ln|x|\big)\Big|_1^b$$
$$= \lim_{b\to\infty} \big(\ln|b| - \ln(1)\big) = \infty,$$

$$\int_1^\infty \frac{1}{x^2}\,\mathrm{d}x = \lim_{b\to\infty} \int_1^b \frac{1}{x^2}\,\mathrm{d}x = \lim_{b\to\infty} \left(-\tfrac{1}{x}\right)\Big|_1^b$$
$$= \lim_{b\to\infty} \left(-\tfrac{1}{b} + 1\right) = 1.$$

Wir erhalten ein überraschendes Ergebnis:

Das Integral I_1 divergiert (die Fläche von I_1 ist unendlich groß), während das Integral I_2 konvergiert und eine Fläche von 1 besitzt.

Beispiel 13.47

Für $f : \mathbb{R} \to \mathbb{R}$ (Abbildung 13.15) mit

$$f(x) = \begin{cases} 1 & \text{für } x \in [-1, 1] \\ \dfrac{1}{x^2} & \text{sonst} \end{cases}$$

betrachten wir das uneigentliche Integral

$$I = \int_{-\infty}^\infty f(x)\,\mathrm{d}x.$$

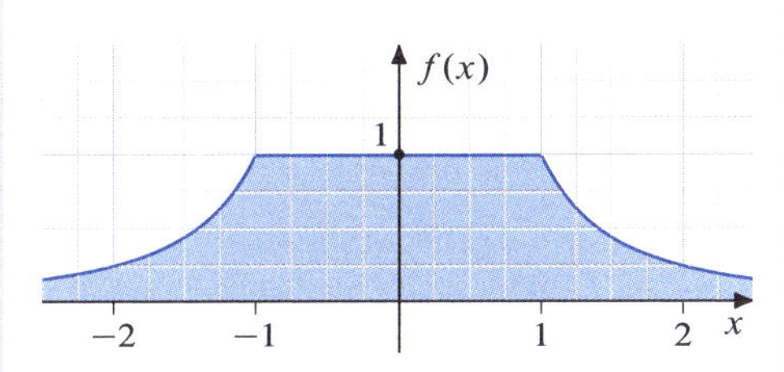

Abbildung 13.15: *Uneigentliches Integral im Intervall* $(-\infty, \infty)$

$$\begin{aligned} I &= \int_{-\infty}^\infty f(x)\,\mathrm{d}x \\ &= \int_{-\infty}^{-1} \frac{\mathrm{d}x}{x^2} + \int_{-1}^1 1\,\mathrm{d}x + \int_1^\infty \frac{\mathrm{d}x}{x^2} \\ &= \lim_{a\to-\infty} \int_a^{-1} \frac{\mathrm{d}x}{x^2} + x\Big|_{-1}^1 + \lim_{b\to\infty} \int_1^b \frac{\mathrm{d}x}{x^2} \\ &= \lim_{a\to-\infty} \left(-\frac{1}{x}\right)\Big|_a^{-1} + 2 + \lim_{b\to\infty} \left(-\frac{1}{x}\right)\Big|_1^b \\ &= 1 + 2 + 1 = 4 \end{aligned}$$

Das Integral I konvergiert und die Fläche von I beträgt 4.

Im Folgenden befassen wir uns mit der Frage der Integrierbarkeit, wenn der Integrand an einer Stelle des Integrationsintervalls $[a, b]$ nicht beschränkt ist.

Definition 13.48

Die reelle Funktion f sei in $[a, b)$ definiert und für alle $x \in [a, b-\varepsilon]$ mit $\varepsilon \in (0, b-a)$ integrierbar. Dann heißt der Grenzwert

$$\lim_{\varepsilon \to 0} \int_a^{b-\varepsilon} f(x)\,\mathrm{d}x,$$

falls er existiert, das *konvergente uneigentliche Integral* von f im Intervall $[a, b]$ und man schreibt:

$$\lim_{\varepsilon \to 0} \int_a^{b-\varepsilon} f(x)\,\mathrm{d}x = \int_a^b f(x)\,\mathrm{d}x$$

Andernfalls spricht man von einem *divergenten uneigentlichen Integral*.

Ist f in $(a, b]$ definiert und für alle $x \in [a+\varepsilon, b]$ mit $\varepsilon \in (0, b-a)$ integrierbar, so heißt auch der Grenzwert

$$\lim_{\varepsilon \to 0} \int_{a+\varepsilon}^{b} f(x)\,\mathrm{d}x,$$

falls er existiert, das *konvergente uneigentliche Integral* von f im Intervall $[a, b]$ und man schreibt:

$$\lim_{\varepsilon \to 0} \int_{a+\varepsilon}^{b} f(x)\,\mathrm{d}x = \int_a^b f(x)\,\mathrm{d}x$$

Ist f in (a, b) definiert und sind für $c \in (a, b)$ die uneigentlichen Integrale

$$\int_a^c f(x)\,\mathrm{d}x \quad \text{und} \quad \int_c^b f(x)\,\mathrm{d}x$$

konvergent, dann ist auch das Integral

$$\int_a^b f(x)\,\mathrm{d}x = \int_a^c f(x)\,\mathrm{d}x + \int_c^b f(x)\,\mathrm{d}x$$

konvergent.

Beispiel 13.49

Wir betrachten die in Abbildung 13.16 dargestellten Funktionen $f_1, f_2 : \mathbb{R}_+ \backslash \{0\} \to \mathbb{R}$ mit

$$f_1(x) = \tfrac{1}{x}, \quad f_2(x) = \tfrac{1}{\sqrt{x}}$$

sowie die uneigentlichen Integrale

$$I_1 = \int_0^1 f_1(x)\,\mathrm{d}x, \quad I_2 = \int_0^1 f_2(x)\,\mathrm{d}x.$$

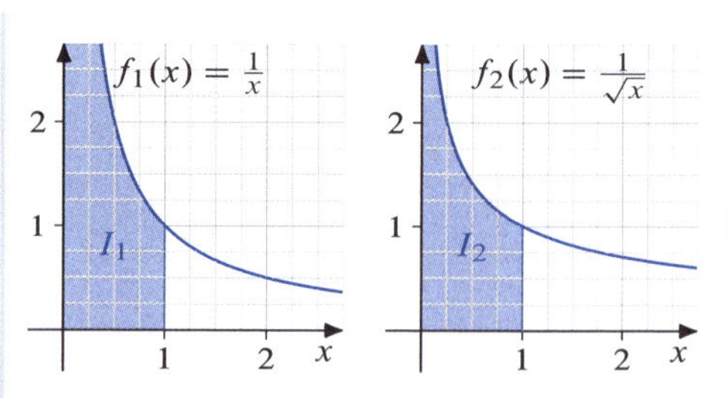

Abbildung 13.16: *Uneigentliche Integrale im Intervall* $[0, 1]$

Die Funktionen f_1 und f_2 sind für $x = 0$ nicht definiert. Es gilt:

$$I_1 = \int_0^1 \frac{1}{x}\,\mathrm{d}x = \lim_{\varepsilon \to 0} \int_\varepsilon^1 \frac{1}{x}\,\mathrm{d}x$$

$$= \lim_{\varepsilon \to 0} \big(\ln|x|\big)\Big|_\varepsilon^1 = \lim_{\varepsilon \to 0} \big(\ln(1) - \ln(\varepsilon)\big) = \infty$$

$$I_2 = \int_0^1 \frac{1}{\sqrt{x}}\,\mathrm{d}x = \lim_{\varepsilon \to 0} \int_\varepsilon^1 \frac{1}{\sqrt{x}}\,\mathrm{d}x$$

$$= \lim_{\varepsilon \to 0} \left(2\sqrt{x}\right)\Big|_\varepsilon^1 = \lim_{\varepsilon \to 0} \left(2 - 2\sqrt{\varepsilon}\right) = 2$$

Das Integral I_1 divergiert (die Fläche von I_1 ist unendlich groß), während das Integral I_2 konvergiert und eine Fläche von 2 besitzt.

Relevante Literatur

Arens, Tilo u. a. (2015). *Mathematik*. 3. Aufl. Springer Spektrum, Kap. 11, 12

Forster, Otto (2016). *Analysis 1: Differential- und Integralrechnung einer Veränderlichen*. 12. Aufl. Springer Spektrum, Kap. 18–20

Merz, Michael und Wüthrich, Mario V. (2012). *Mathematik für Wirtschaftswissenschaftler: Die Einführung mit vielen ökonomischen Beispielen*. Vahlen, Kap. 19, 20

Opitz, Otto u. a. (2014). *Mathematik: Übungsbuch für das Studium der Wirtschaftswissenschaften*. 8. Aufl. De Gruyter Oldenbourg, Kap. 10

Senger, Jürgen (2009). *Mathematik: Grundlagen für Ökonomen*. 3. Aufl. De Gruyter Oldenbourg, Kap. 5

Sydsæter, Knut und Hammond, Peter (2015). *Mathematik für Wirtschaftswissenschaftler: Basiswissen mit Praxisbezug*. 4. Aufl. Pearson Studium, Kap. 9

Thomas, George B. u. a. (2013). *Analysis 1: Lehr- und Übungsbuch*. 12. Aufl. Pearson, Kap. 5, 8

Tietze, Jürgen (2013). *Einführung in die angewandte Wirtschaftsmathematik: Das praxisnahe Lehrbuch – inklusive Brückenkurs für Einsteiger*. 17. Aufl. Springer Spektrum, Kap. 8.1-8.5

14

Matrizen und Vektoren

Viele Problemstellungen der Ökonomie sind charakterisiert durch mehrfache Zusammenhänge und Beziehungen zwischen Variablen und konstanten Werten. Aus Übersichtlichkeitsgründen verwendet man in derartigen Fällen geordnete Variablen- bzw. Zahlenschemata in Form von Tabellen.

Beispiel 14.1

Eine Unternehmung stellt mit Hilfe der Produktionsfaktoren F_1, F_2, F_3 die Produkte P_1, P_2 her. Die nachfolgende Tabelle gibt spaltenweise an, wie viele Mengeneinheiten der jeweiligen Faktoren F_1, F_2, F_3 zur Herstellung einer Einheit von Produkt P_1 bzw. P_2 benötigt werden.

	P_1	P_2
F_1	6	2
F_2	4	5
F_3	3	8

Zur Herstellung einer Einheit von Produkt P_1 werden beispielsweise

6 Einheiten des Faktors F_1 ,
4 Einheiten von F_2 und
3 Einheiten von F_3

benötigt.

Beispiel 14.2

Die Orte S_1 , S_2 , S_3 , S_4 sind durch ein Straßennetz verbunden.

Die nachfolgende Tabelle gibt die Entfernungen zwischen je zwei Orten an.

	S_1	S_2	S_3	S_4
S_1	0	5	8	12
S_2	5	0	6	8
S_3	8	6	0	7
S_4	12	8	7	0

Beispielsweise beträgt die Distanz von S_2 nach S_3 (2. Zeile/3. Spalte) 6 Entfernungseinheiten, genau wie die Distanz von S_3 nach S_2 (3. Zeile/ 2. Spalte).

Beispiel 14.3

Ein Warenhaus mit 2 Lagerhäusern L_1 , L_2 und 5 Filialen $F_1, \ldots, F_5$ kann die Kosten für den Transport einer Wareneinheit von den Lagerhäusern zu den Filialen folgendermaßen zusammenstellen:

	F_1	F_2	F_3	F_4	F_5
L_1	10	6	5	8	12
L_2	8	8	6	9	7

Die in den Beispielen benutzte tabellarische Darstellung von Daten empfiehlt sich nicht nur aus Übersichtlichkeitsgründen. Wir werden zeigen, dass man damit auch rechnen kann. So befassen wir uns in Abschnitt 14.1 mit den Begriffen von Matrizen und Vektoren und deren Schreibweise. In den sich anschließenden Abschnitten 14.2, 14.3 erklären wir dann die Addition, Subtraktion und Multiplikation geeigneter Matrizen und Vektoren.

DOI: 10.1515/9783110475333-014

14.1 Einführende Bemerkungen zur Schreibweise

Wir führen zunächst den Begriff der Matrix ein und erhalten damit auch Vektoren als spezielle Matrizen. Anschließend übertragen wir die für reelle Zahlen bekannten Identitäts- und Ordnungsrelationen

$$=,\ \neq,\ \geq,\ \leq,\ >,\ <$$

auf Matrizen bzw. Vektoren.

Definition 14.4

Ein geordnetes, rechteckiges Schema von Zahlen oder Symbolen

$$\boldsymbol{A} = \begin{pmatrix} a_{11} & a_{12} & \cdots & a_{1j} & \cdots & a_{1n} \\ a_{21} & a_{22} & \cdots & a_{2j} & \cdots & a_{2n} \\ \vdots & \vdots & \ddots & \vdots & \ddots & \vdots \\ a_{i1} & a_{i2} & \cdots & a_{ij} & \cdots & a_{in} \\ \vdots & \vdots & \ddots & \vdots & \ddots & \vdots \\ a_{m1} & a_{m2} & \cdots & a_{mj} & \cdots & a_{mn} \end{pmatrix}$$
$$= (a_{ij})_{m,n} \quad \text{mit} \quad m, n \in \mathbb{N}$$

heißt *Matrix mit m Zeilen und n Spalten* oder kurz *$m \times n$-Matrix*.

Die Symbole

$$a_{11}, \ldots, a_{mn}$$

nennt man *Komponenten* der Matrix.

Für die Komponente a_{ij} gibt i die Zeile und j die Spalte an, in der a_{ij} steht. Man bezeichnet i als den *Zeilenindex* und j als den *Spaltenindex* von a_{ij}.

Sind alle Komponenten a_{ij} reelle Zahlen, so spricht man von einer *reellen Matrix*.

In Beispiel 14.1 erhalten wir eine 3×2-Matrix, in Beispiel 14.2 eine 4×4-Matrix und in Beispiel 14.3 eine 2×5-Matrix.

Ein wichtiges Hilfsmittel für das Rechnen mit reellen Matrizen ist das Transponieren von Matrizen.

Definition 14.5

Zu jeder $m \times n$-Matrix

$$\boldsymbol{A} = \begin{pmatrix} a_{11} & \cdots & a_{1n} \\ \vdots & \ddots & \vdots \\ a_{m1} & \cdots & a_{mn} \end{pmatrix}$$

heißt die $n \times m$-Matrix

$$\boldsymbol{A}^T = \begin{pmatrix} a_{11} & \cdots & a_{m1} \\ \vdots & \ddots & \vdots \\ a_{1n} & \cdots & a_{mn} \end{pmatrix}$$

die zu $\boldsymbol{A}$ *transponierte Matrix*.

Wir erhalten also zu jeder Matrix $\boldsymbol{A}$ die transponierte Matrix $\boldsymbol{A}^T$, wenn wir die Zeilen von $\boldsymbol{A}$ der Reihe nach als Spalten bzw. die Spalten von $\boldsymbol{A}$ der Reihe nach als Zeilen schreiben.

Da die Matrix

$$\left(\boldsymbol{A}^T\right)^T$$

wieder $\boldsymbol{A}$ ergibt, ist auch $\boldsymbol{A}$ zu $\boldsymbol{A}^T$ transponiert. Man sagt: $\boldsymbol{A}$ und $\boldsymbol{A}^T$ sind *zueinander transponiert*.

Beispiel 14.6

a) $\boldsymbol{A} = \begin{pmatrix} 1 & 2 & 3 & 4 & 5 \\ 1 & 3 & 5 & 2 & 4 \end{pmatrix}$

$$\Rightarrow \boldsymbol{A}^T = \begin{pmatrix} 1 & 1 \\ 2 & 3 \\ 3 & 5 \\ 4 & 2 \\ 5 & 4 \end{pmatrix}$$

b) $\boldsymbol{B}^T = \begin{pmatrix} 1 & 2 & 3 \\ 1 & 3 & 4 \\ 2 & 5 & 0 \end{pmatrix}$

$$\Rightarrow \left(\boldsymbol{B}^T\right)^T = \boldsymbol{B} = \begin{pmatrix} 1 & 1 & 2 \\ 2 & 3 & 5 \\ 3 & 4 & 0 \end{pmatrix}$$

Wir betrachten nun Matrizen mit genau einer Spalte bzw. einer Zeile.

Definition 14.7

Eine $n \times 1$-Matrix ist ein geordnetes n-Tupel von Zahlen oder Symbolen der Form

$$a = \begin{pmatrix} a_1 \\ \vdots \\ a_n \end{pmatrix}$$

und heißt *Spaltenvektor* mit n *Komponenten.*

Entsprechend heißt die $1 \times n$-Matrix

$$a^T = (a_1, \ldots, a_n)$$

Zeilenvektor mit n *Komponenten.*

Die Vektoren $\boldsymbol{a}, \boldsymbol{a}^T$ sind zueinander *transponiert.*

Sind alle Komponenten von $\boldsymbol{a}$ bzw. $\boldsymbol{a}^T$ reelle Zahlen, so spricht man auch von einem *reellen Spalten-* bzw. *Zeilenvektor.*

Reelle Spalten- und Zeilenvektoren lassen sich geometrisch veranschaulichen. Dazu interpretiert man den $\mathbb{R}^1$ als Gerade, den $\mathbb{R}^2$ als Ebene und den $\mathbb{R}^3$ als den aus der Anschauung gewohnten dreidimensionalen Raum. Dann kann man allgemein einen Vektor $\boldsymbol{a}$ bzw. $\boldsymbol{a}^T$ mit n reellen Komponenten als einen Punkt des $\mathbb{R}^n$ mit n Koordinaten $a_1, \ldots, a_n$ auffassen. Man verwendet die Schreibweisen

$$\boldsymbol{a} \in \mathbb{R}^n, \quad \boldsymbol{a}^T \in \mathbb{R}^n$$

und charakterisiert den Vektor $\boldsymbol{a}$ bzw. $\boldsymbol{a}^T$ durch eine gerichtete Strecke, die vom Nullpunkt zum Punkt $\boldsymbol{a}$ zeigt.

Für $n = 1, 2, 3$ kann man Vektoren visuell darstellen (Abbildungen 14.1, 14.2, 14.3). Für $n = 4, 5, \ldots$ ist keine Darstellung mehr in der gegebenen Form möglich.

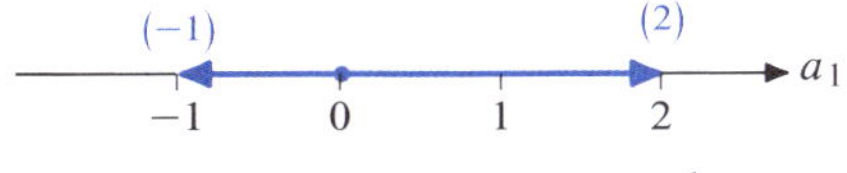

Abbildung 14.1: *Vektoren im* $\mathbb{R}^1$

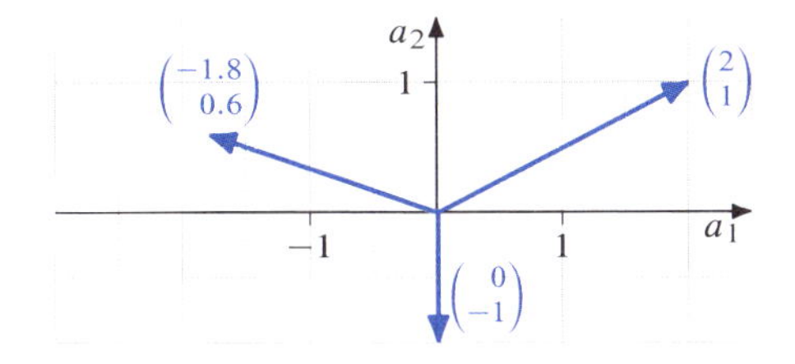

Abbildung 14.2: *Vektoren im* $\mathbb{R}^2$

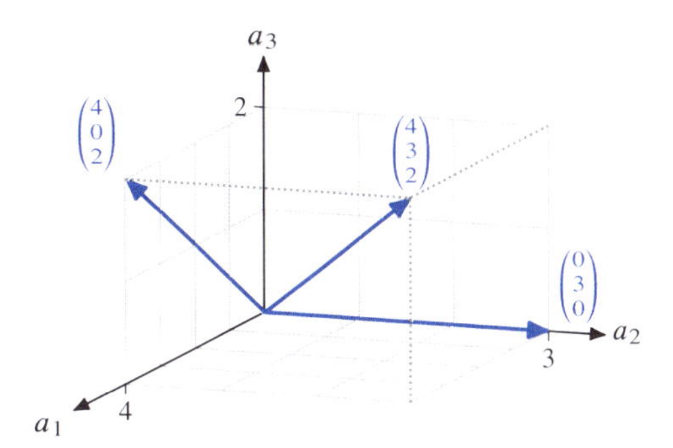

Abbildung 14.3: *Vektoren im* $\mathbb{R}^3$

Beispiel 14.8

Eine Unternehmung stellt n Produkte in den Quantitäten $x_1, x_2, \ldots, x_n$ her und erzielt die Verkaufspreise $p_1, p_2, \ldots, p_n$. Man erhält den Produktvektor

$$\boldsymbol{x} = \begin{pmatrix} x_1 \\ \vdots \\ x_n \end{pmatrix} \quad \text{bzw.} \quad \boldsymbol{x}^T = (x_1, \ldots, x_n)$$

und den Preisvektor

$$\boldsymbol{p} = \begin{pmatrix} p_1 \\ \vdots \\ p_n \end{pmatrix} \quad \text{bzw.} \quad \boldsymbol{p}^T = (p_1, \ldots, p_n).$$

Beispiel 14.9

Aus einem Lager einer Unternehmung werden m Produkte $P_1, \ldots, P_m$ an n Verkaufsstellen $V_1, \ldots, V_n$ geliefert. Ist x_{ij} die Liefermenge von Produkt P_i an Verkaufsstelle V_j, so enthält die Matrix

$$\boldsymbol{X} = (x_{ij})_{m,n}$$

alle relevanten Liefermengen. Die j-te Spalte von $\boldsymbol{X}$ enthält die Liefermengen aller Produkte $P_1, \ldots, P_m$ an die Verkaufsstelle V_j, dargestellt durch den Vektor

$$\boldsymbol{x}_j = \begin{pmatrix} x_{1j} \\ \vdots \\ x_{mj} \end{pmatrix} \quad \text{bzw.} \quad \boldsymbol{x}_j^T = (x_{1j}, \ldots, x_{mj})$$

Entsprechend enthält die i-te Zeile von $\boldsymbol{X}$, also der Vektor $(x_{i1}, \ldots, x_{in})$, die Liefermengen von Produkt P_i an alle Verkaufsstellen $V_1, \ldots, V_n$.

Man kann also generell die Spalten einer $m \times n$-Matrix $\boldsymbol{A}$, die wir „unten indizieren", als Spalten- oder Zeilenvektoren formulieren, nämlich

$$\boldsymbol{a}_1 = \begin{pmatrix} a_{11} \\ \vdots \\ a_{m1} \end{pmatrix}, \quad \ldots, \quad \boldsymbol{a}_n = \begin{pmatrix} a_{1n} \\ \vdots \\ a_{mn} \end{pmatrix}$$

oder

$$\begin{aligned} \boldsymbol{a}_1^T &= (a_{11}, \ldots, a_{m1}), \\ &\vdots \\ \boldsymbol{a}_n^T &= (a_{1n}, \ldots, a_{mn}). \end{aligned}$$

Damit erhält man für $\boldsymbol{A}$ folgende Darstellung:

$$\begin{aligned} \boldsymbol{A} &= \begin{pmatrix} a_{11} & \cdots & a_{1n} \\ \vdots & \ddots & \vdots \\ a_{m1} & \cdots & a_{mn} \end{pmatrix} \\ &= (\boldsymbol{a}_1, \ldots, \boldsymbol{a}_n) = (a_{ij})_{m,n} \end{aligned}$$

Wir erklären nun die Relationen

$$=, \quad \neq, \quad \leq, \quad <$$

für Matrizen.

Definition 14.10

Seien $\boldsymbol{A} = (a_{ij})_{m,n}$ und $\boldsymbol{B} = (b_{ij})_{m,n}$ reelle Matrizen mit übereinstimmender Zeilenzahl m und Spaltenzahl n. Man erklärt dann:

$\boldsymbol{A} = \boldsymbol{B}$ ($\boldsymbol{A}$ gleich $\boldsymbol{B}$)	$\Leftrightarrow a_{ij} = b_{ij}$	für alle $i = 1, \ldots, m$, $j = 1, \ldots, n$
$\boldsymbol{A} \neq \boldsymbol{B}$ ($\boldsymbol{A}$ ungleich $\boldsymbol{B}$)	$\Leftrightarrow a_{ij} \neq b_{ij}$	für mind. ein Indexpaar (i, j)
$\boldsymbol{A} \leq \boldsymbol{B}$ ($\boldsymbol{A}$ kleiner oder gleich $\boldsymbol{B}$)	$\Leftrightarrow a_{ij} \leq b_{ij}$	für alle Indexpaare (i, j)
$\boldsymbol{A} < \boldsymbol{B}$ ($\boldsymbol{A}$ kleiner $\boldsymbol{B}$)	$\Leftrightarrow a_{ij} < b_{ij}$	für alle Indexpaare (i, j)

Entsprechend definiert man $\boldsymbol{A} \geq \boldsymbol{B}$ und $\boldsymbol{A} > \boldsymbol{B}$.

Gelegentlich sollen zwei $m \times n$-Matrizen beide Bedingungen

$$\begin{aligned} a_{ij} &\leq b_{ij} \quad \text{für alle } (i, j), \\ a_{ij} &< b_{ij} \quad \text{für mindestens ein } (i, j) \end{aligned}$$

erfüllen; dann schreibt man $\boldsymbol{A} \leq \boldsymbol{B}$, $\boldsymbol{A} \neq \boldsymbol{B}$.

Wir weisen darauf hin, dass Definition 14.10 auch Spalten- und Zeilenvektoren als $m \times 1$- bzw. $1 \times n$-Matrizen einschließt. Ferner enthält Definition 14.10 folgende Implikationen:

$$\begin{aligned} \boldsymbol{A} = \boldsymbol{B} \quad &\Rightarrow \quad \boldsymbol{A} \leq \boldsymbol{B} \\ \boldsymbol{A} < \boldsymbol{B} \quad &\Rightarrow \quad \boldsymbol{A} \leq \boldsymbol{B} \\ \boldsymbol{A} < \boldsymbol{B} \quad &\Rightarrow \quad \boldsymbol{A} \neq \boldsymbol{B} \end{aligned}$$

Die Umkehrungen „$\Leftarrow$" gelten nicht.

Abschließend bezeichnen wir noch einige spezielle Matrizen.

Definition 14.11

a) Eine $n \times n$-Matrix heißt *quadratische Matrix* mit n Zeilen und n Spalten (Beispiel 14.2).

b) Eine $n \times n$-Matrix $\boldsymbol{A}$ heißt *symmetrische Matrix*, wenn $\boldsymbol{A} = \boldsymbol{A}^T$ erfüllt ist, d. h., die Matrix $\boldsymbol{A}$ ist von der Form (Beispiel 14.2)

$$\boldsymbol{A} = \begin{pmatrix} a_{11} & a_{12} & \cdots & a_{1n} \\ a_{12} & a_{22} & \cdots & a_{2n} \\ \vdots & \vdots & \ddots & \vdots \\ a_{1n} & a_{2n} & \cdots & a_{nn} \end{pmatrix}.$$

c) Eine $n \times n$-Matrix $\boldsymbol{A}$ heißt *Dreiecksmatrix*, wenn $a_{ij} = 0$ für alle $i < j$ oder $a_{ij} = 0$ für alle $i > j$ gilt, d. h. $\boldsymbol{A}$ besitzt die Form einer unteren oder oberen Dreiecksmatrix:

$$\boldsymbol{A} = \begin{pmatrix} a_{11} & 0 & \cdots & 0 \\ \vdots & \ddots & \ddots & \vdots \\ \vdots & & \ddots & 0 \\ a_{n1} & \cdots & \cdots & a_{nn} \end{pmatrix}$$

$$\boldsymbol{A} = \begin{pmatrix} a_{11} & \cdots & \cdots & a_{1n} \\ 0 & \ddots & & \vdots \\ \vdots & \ddots & \ddots & \vdots \\ 0 & \cdots & 0 & a_{nn} \end{pmatrix}$$

Weitere Nullen können dabei auftreten.

d) Eine $n \times n$ Matrix $\boldsymbol{A}$ heißt *Diagonalmatrix*, wenn $a_{ij} = 0$ für alle $i \neq j$ gilt, d. h., die Matrix $\boldsymbol{A}$ hat die Form

$$\boldsymbol{A} = \begin{pmatrix} a_{11} & 0 & \cdots & \cdots & 0 \\ 0 & \ddots & \ddots & & \vdots \\ \vdots & \ddots & \ddots & \ddots & \vdots \\ \vdots & & \ddots & \ddots & 0 \\ 0 & \cdots & \cdots & 0 & a_{nn} \end{pmatrix}.$$

Weitere Nullen können in der sogenannten *Hauptdiagonalen* $(a_{11}, \ldots, a_{nn})$ auftreten.

e) Eine $n \times n$-Matrix $\boldsymbol{A}$ heißt *Einheitsmatrix*, wenn $a_{ii} = 1$ für alle $i = 1, \ldots, n$ und $a_{ij} = 0$ für alle $i \neq j$ gilt. Wir bezeichnen Einheitsmatrizen mit

$$\boldsymbol{E} = \begin{pmatrix} 1 & 0 & \cdots & \cdots & 0 \\ 0 & \ddots & \ddots & & \vdots \\ \vdots & \ddots & \ddots & \ddots & \vdots \\ \vdots & & \ddots & \ddots & 0 \\ 0 & \cdots & \cdots & 0 & 1 \end{pmatrix}.$$

Für die Zeilen bzw. Spalten von $\boldsymbol{E}$ schreiben wir

$$\boldsymbol{e}_1 = \begin{pmatrix} 1 \\ 0 \\ \vdots \\ 0 \end{pmatrix}, \quad \boldsymbol{e}_2 = \begin{pmatrix} 0 \\ 1 \\ \vdots \\ 0 \end{pmatrix}, \quad \ldots, \quad \boldsymbol{e}_n = \begin{pmatrix} 0 \\ 0 \\ \vdots \\ 1 \end{pmatrix}$$

und sprechen von den n *Einheitsvektoren* des $\mathbb{R}^n$.

f) Eine $m \times n$-Matrix $\boldsymbol{A}$ heißt *Nullmatrix*, wenn $a_{ij} = 0$ für alle $i = 1, \ldots, m$ und für alle $j = 1, \ldots, n$ gilt. Man schreibt

$$\boldsymbol{0} = \begin{pmatrix} 0 & \cdots & 0 \\ \vdots & \ddots & \vdots \\ 0 & \cdots & 0 \end{pmatrix}.$$

Ein Zeilen- oder Spaltenvektor $\boldsymbol{0}$, der lediglich Nullen als Komponenten enthält, heißt *Nullvektor*.

Beispiel 14.12

Von den quadratischen 3×3-Matrizen

$$\boldsymbol{A} = \begin{pmatrix} 1 & 2 & 3 \\ 2 & 3 & 4 \\ 3 & 4 & 5 \end{pmatrix},$$

$$\boldsymbol{B} = \begin{pmatrix} -1 & 1 & 2 \\ 0 & 0 & 1 \\ 0 & 0 & 2 \end{pmatrix},$$

$$\boldsymbol{C} = \begin{pmatrix} 2 & 0 & 0 \\ 0 & 0 & 0 \\ 0 & 0 & 3 \end{pmatrix}$$

sind $\boldsymbol{A}$ und $\boldsymbol{C}$ symmetrisch, $\boldsymbol{B}$ ist eine obere Dreiecksmatrix. $\boldsymbol{C}$ ist eine Diagonalmatrix und somit sowohl eine obere als auch eine untere Dreiecksmatrix.

Es gilt

$$\boldsymbol{A} \neq \boldsymbol{B}, \boldsymbol{A} \neq \boldsymbol{C}, \boldsymbol{B} \neq \boldsymbol{C},$$
$$\boldsymbol{A} > \boldsymbol{B} \quad (\text{wie auch } \boldsymbol{A} \geq \boldsymbol{B}).$$

Ferner ist

$$\boldsymbol{A} \geq \boldsymbol{E}, \boldsymbol{A} > \boldsymbol{0},$$
$$\boldsymbol{C} \geq \boldsymbol{0}, \boldsymbol{C} \neq \boldsymbol{0},$$

aber nicht

$$\boldsymbol{A} > \boldsymbol{E}, \boldsymbol{C} > \boldsymbol{0}, \boldsymbol{C} < \boldsymbol{0}.$$

14.2 Regeln der Addition und Subtraktion

Um die algebraischen Operationen der Addition und Subtraktion von Matrizen bzw. Vektoren geeignet durchführen zu können, benötigen wir die entsprechenden Rechenregeln für reelle Zahlen, die hier auch als *Skalare* bezeichnet werden. Wir verweisen auf Abschnitt 1.1:

Für $a, b \in \mathbb{R}$ sind die Operationen

$$a + b, \quad a - b$$

durchführbar. Als Ergebnis erhält man in allen Fällen wieder eine reelle Zahl.

Definition 14.13

Für zwei Matrizen

$$A = (a_{ij})_{m,n}, \quad B = (b_{ij})_{m,n}$$

mit je m Zeilen und n Spalten erklärt man die *Addition* durch:

$$\begin{aligned} A + B &= \begin{pmatrix} a_{11} & \cdots & a_{1n} \\ \vdots & \ddots & \vdots \\ a_{m1} & \cdots & a_{mn} \end{pmatrix} + \begin{pmatrix} b_{11} & \cdots & b_{1n} \\ \vdots & \ddots & \vdots \\ b_{m1} & \cdots & b_{mn} \end{pmatrix} \\ &= \begin{pmatrix} a_{11} + b_{11} & \cdots & a_{1n} + b_{1n} \\ \vdots & \ddots & \vdots \\ a_{m1} + b_{m1} & \cdots & a_{mn} + b_{mn} \end{pmatrix} \end{aligned}$$

bzw.

$$\begin{aligned} A + B &= (a_{ij})_{m,n} + (b_{ij})_{m,n} \\ &= (a_{ij} + b_{ij})_{m,n} \end{aligned}$$

Entsprechend erklärt man die *Subtraktion* durch:

$$\begin{aligned} A - B &= \begin{pmatrix} a_{11} & \cdots & a_{1n} \\ \vdots & \ddots & \vdots \\ a_{m1} & \cdots & a_{mn} \end{pmatrix} - \begin{pmatrix} b_{11} & \cdots & b_{1n} \\ \vdots & \ddots & \vdots \\ b_{m1} & \cdots & b_{mn} \end{pmatrix} \\ &= \begin{pmatrix} a_{11} - b_{11} & \cdots & a_{1n} - b_{1n} \\ \vdots & \ddots & \vdots \\ a_{m1} - b_{m1} & \cdots & a_{mn} - b_{mn} \end{pmatrix} \end{aligned}$$

bzw.

$$\begin{aligned} A - B &= (a_{ij})_{m,n} - (b_{ij})_{m,n} \\ &= (a_{ij} - b_{ij})_{m,n} \end{aligned}$$

Für zwei $m \times n$-Matrizen A und B erhält man also die *Summe* $A + B$ bzw. die *Differenz* $A - B$, wenn man die in der Anordnung sich entsprechenden Komponenten von A und B addiert bzw. subtrahiert. Das Ergebnis ist in beiden Fällen eine $m \times n$-Matrix.

Stimmen zwei Matrizen A, B in ihrer Zeilen- oder Spaltenzahl nicht überein, so sind Addition und Subtraktion nicht definiert.

Nach Definition 14.13 lassen sich sowohl Zeilenvektoren als auch Spaltenvektoren gleicher Komponentenzahl addieren und subtrahieren.

Für $a, b \in \mathbb{R}^n$ gilt:

$$a + b = \begin{pmatrix} a_1 \\ \vdots \\ a_n \end{pmatrix} + \begin{pmatrix} b_1 \\ \vdots \\ b_n \end{pmatrix} = \begin{pmatrix} a_1 + b_1 \\ \vdots \\ a_n + b_n \end{pmatrix}$$

$$a - b = \begin{pmatrix} a_1 \\ \vdots \\ a_n \end{pmatrix} - \begin{pmatrix} b_1 \\ \vdots \\ b_n \end{pmatrix} = \begin{pmatrix} a_1 - b_1 \\ \vdots \\ a_n - b_n \end{pmatrix}$$

Die Addition und die Subtraktion lassen sich für $n = 1, 2, 3$ wieder geometrisch illustrieren.

Beispiel 14.14

Gegeben seien die Vektoren

$$a = \begin{pmatrix} 3 \\ 1 \end{pmatrix}, \quad b = \begin{pmatrix} 1 \\ 2 \end{pmatrix}$$

des $\mathbb{R}^2$. Dann entspricht die Summe

$$a + b = \begin{pmatrix} 3 \\ 1 \end{pmatrix} + \begin{pmatrix} 1 \\ 2 \end{pmatrix} = \begin{pmatrix} 4 \\ 3 \end{pmatrix}$$

der Diagonale des von a und b aufgespannten Parallelogramms (Abbildung 14.4).

Um die Differenz

$$a - b = \begin{pmatrix} 3 \\ 1 \end{pmatrix} - \begin{pmatrix} 1 \\ 2 \end{pmatrix} = \begin{pmatrix} 2 \\ -1 \end{pmatrix}$$

darzustellen, verfährt man wie bei der Darstellung der Summe der Vektoren

$$a = \begin{pmatrix} 3 \\ 1 \end{pmatrix} \quad \text{und} \quad -b = \begin{pmatrix} -1 \\ -2 \end{pmatrix}.$$

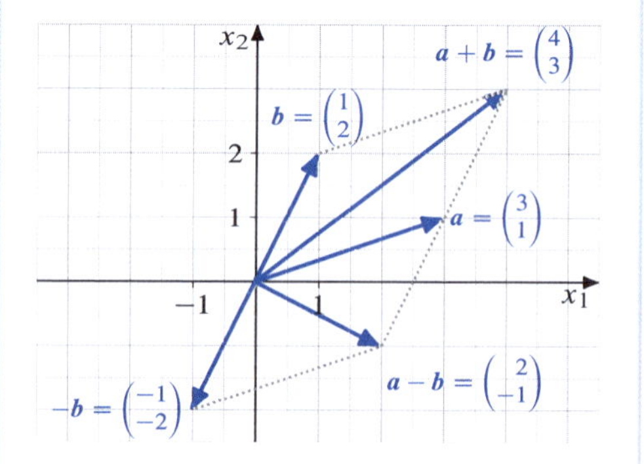

Abbildung 14.4: *Addition und Subtraktion von Vektoren des* $\mathbb{R}^2$

Entsprechend gilt für die Addition und Subtraktion von Zeilenvektoren:

$$\begin{aligned} \boldsymbol{a}^T + \boldsymbol{b}^T &= (a_1, \ldots, a_n) + (b_1, \ldots, b_n) \\ &= (a_1 + b_1, \ldots, a_n + b_n) \\ \boldsymbol{a}^T - \boldsymbol{b}^T &= (a_1, \ldots, a_n) - (b_1, \ldots, b_n) \\ &= (a_1 - b_1, \ldots, a_n - b_n) \end{aligned}$$

Eine Addition oder Subtraktion der Form $\boldsymbol{a}^T \pm \boldsymbol{b}$ oder $\boldsymbol{a} \pm \boldsymbol{b}^T$ ist für $n > 1$ nicht definiert. Andererseits lassen sich für beliebige $m \times n$-Matrizen $\boldsymbol{A}, \boldsymbol{B}$ die Gleichungen

$$(\boldsymbol{A} + \boldsymbol{B})^T = \boldsymbol{A}^T + \boldsymbol{B}^T,$$

$$(\boldsymbol{A} - \boldsymbol{B})^T = \boldsymbol{A}^T - \boldsymbol{B}^T$$

nachweisen. Die Operationen der Addition bzw. Subtraktion und der Transposition sind also vertauschbar.

Mit Definition 14.13 kann man auch mehr als zwei $m \times n$-Matrizen addieren oder subtrahieren, beispielsweise gilt für $\boldsymbol{A} = (a_{ij})_{m,n}$, $\boldsymbol{B} = (b_{ij})_{m,n}$, $\boldsymbol{C} = (c_{ij})_{m,n}$:

$$\boldsymbol{A} + \boldsymbol{B} - \boldsymbol{C} = (a_{ij} + b_{ij} - c_{ij})_{m,n}$$

Beispiel 14.15

Ein Unternehmen stellt drei Produkte P_1, P_2, P_3 her und liefert diese an die Händler H_i $(i = 1, \ldots, 5)$. Die mengenmäßigen Lieferungen in vier Quartalen eines Jahres werden durch vier 3×5-Matrizen $\boldsymbol{A}, \boldsymbol{B}, \boldsymbol{C}, \boldsymbol{D}$ der Form

$$\boldsymbol{A} = \begin{pmatrix} 10 & 8 & 6 & 4 & 9 \\ 15 & 2 & 12 & 10 & 6 \\ 6 & 10 & 8 & 12 & 5 \end{pmatrix},$$

$$\boldsymbol{B} = \begin{pmatrix} 10 & 6 & 6 & 5 & 12 \\ 10 & 3 & 12 & 9 & 8 \\ 8 & 10 & 12 & 8 & 10 \end{pmatrix},$$

$$\boldsymbol{C} = \begin{pmatrix} 6 & 4 & 5 & 4 & 6 \\ 12 & 2 & 6 & 8 & 4 \\ 4 & 8 & 6 & 8 & 3 \end{pmatrix},$$

$$\boldsymbol{D} = \begin{pmatrix} 8 & 4 & 5 & 2 & 10 \\ 6 & 2 & 8 & 6 & 4 \\ 5 & 8 & 10 & 6 & 8 \end{pmatrix}$$

wiedergegeben.

Eine tabellarische Darstellung der Lieferungen im 4. Quartal wäre entsprechend:

4. Quartal	H_1	H_2	H_3	H_4	H_5
P_1	8	4	5	2	10
P_2	6	2	8	6	4
P_3	5	8	10	6	8

Für die mengenmäßigen Lieferungen im gesamten Jahr erhält man komponentenweise

$$\begin{aligned} a_{11} + b_{11} + c_{11} + d_{11} &= 10 + 10 + 6 + 8 = 34 \\ a_{12} + b_{12} + c_{12} + d_{12} &= 8 + 6 + 4 + 4 = 22 \\ &\vdots \end{aligned}$$

und damit insgesamt

$$\boldsymbol{A} + \boldsymbol{B} + \boldsymbol{C} + \boldsymbol{D} = \begin{pmatrix} 34 & 22 & 22 & 15 & 37 \\ 43 & 9 & 38 & 33 & 22 \\ 23 & 36 & 36 & 34 & 26 \end{pmatrix}$$

beziehungsweise in tabellarischer Darstellung:

Jahr	H_1	H_2	H_3	H_4	H_5
P_1	34	22	22	15	37
P_2	43	9	38	33	22
P_3	23	36	36	34	26

Andererseits ergibt sich für die Differenz der mengenmäßigen Lieferungen des ersten und zweiten Halbjahres:

$$\begin{aligned} a_{11} + b_{11} - c_{11} - d_{11} &= 10 + 10 - 6 - 8 = 6 \\ a_{12} + b_{12} - c_{12} - d_{12} &= 8 + 6 - 4 - 4 = 6 \\ &\vdots \end{aligned}$$

$$\boldsymbol{A} + \boldsymbol{B} - \boldsymbol{C} - \boldsymbol{D} = \begin{pmatrix} 6 & 6 & 2 & 3 & 5 \\ 7 & 1 & 10 & 5 & 6 \\ 5 & 4 & 4 & 6 & 4 \end{pmatrix}$$

beziehungsweise in tabellarischer Darstellung:

	H_1	H_2	H_3	H_4	H_5
P_1	6	6	2	3	5
P_2	7	1	10	5	6
P_3	5	4	4	6	4

Beispiel 14.16

Auf drei Maschinen M_1, M_2, M_3 werden vier verschiedene Produkte P_1, P_2, P_3, P_4 gefertigt. Die Komponenten z_{ij} der zugehörigen 3×4-Matrix

$$Z = (z_{ij})_{3,4}$$

repräsentieren die Produktionszeiten in Minuten auf Maschine M_i zur Fertigung einer Einheit von Produkt P_j :

$$Z = \begin{pmatrix} 4 & 5 & 5 & 2 \\ 5 & 2 & 4 & 8 \\ 2 & 4 & 6 & 2 \end{pmatrix}$$

Spaltenweise enthält Z die für das jeweilige Produkt P_1, P_2, P_3, P_4 benötigten Maschinenzeiten:

$$z_1 = \begin{pmatrix} 4 \\ 5 \\ 2 \end{pmatrix}, \; z_2 = \begin{pmatrix} 5 \\ 2 \\ 4 \end{pmatrix}, \; z_3 = \begin{pmatrix} 5 \\ 4 \\ 6 \end{pmatrix}, \; z_4 = \begin{pmatrix} 2 \\ 8 \\ 2 \end{pmatrix}$$

Dann enthält der Vektor

$$\begin{aligned} z &= z_1 + z_2 + z_3 + z_4 \\ &= \begin{pmatrix} 4+5+5+2 \\ 5+2+4+8 \\ 2+4+6+2 \end{pmatrix} = \begin{pmatrix} 16 \\ 19 \\ 14 \end{pmatrix} \end{aligned}$$

die Zeiten der Maschinen M_1, M_2, M_3, die erforderlich sind, um insgesamt je eine Einheit aller Produkte P_j herzustellen.

Gibt der Vektor

$$c = \begin{pmatrix} 20 \\ 20 \\ 20 \end{pmatrix}$$

die verfügbaren Zeiten der Maschinen M_1, M_2, M_3 an, dann erhält man mit

$$c - z = \begin{pmatrix} 20 \\ 20 \\ 20 \end{pmatrix} - \begin{pmatrix} 16 \\ 19 \\ 14 \end{pmatrix} = \begin{pmatrix} 4 \\ 1 \\ 6 \end{pmatrix}$$

einen Vektor von sogenannten Leerkapazitäten.

Wir fassen die für die Addition bzw. Subtraktion wichtigsten Rechenregeln zusammen.

Satz 14.17

A, B, C seien $m \times n$-Matrizen. Für die Addition gelten das *Kommutativgesetz*

$$A + B = B + A$$

und das *Assoziativgesetz*

$$(A + B) + C = A + (B + C).$$

Ferner existiert zu A, B genau eine $m \times n$-Matrix X mit

$$A + X = B \quad \text{bzw.} \quad X = B - A\,.$$

Für $B = A$ ist X die $m \times n$-Nullmatrix.

Für $B = 0$ gilt

$$X = 0 - A = -A = (-a_{ij})_{m,n}\,.$$

Der Beweis erfolgt mit Hilfe von Definition 14.13 durch einfaches Nachrechnen.

14.3 Regeln der Multiplikation

In der Matrixrechnung unterscheidet man die skalare Multiplikation und die Matrixmultiplikation.

Definition 14.18

Sei A eine $m \times n$-Matrix und $r \in \mathbb{R}$ ein *Skalar*. Dann erklärt man die *skalare Multiplikation* von A mit r durch:

$$\begin{aligned} r \cdot A = r \cdot \begin{pmatrix} a_{11} & \cdots & a_{1n} \\ \vdots & \ddots & \vdots \\ a_{m1} & \cdots & a_{mn} \end{pmatrix} &= \begin{pmatrix} ra_{11} & \cdots & ra_{1n} \\ \vdots & \ddots & \vdots \\ ra_{m1} & \cdots & ra_{mn} \end{pmatrix} \\ &= \begin{pmatrix} a_{11}r & \cdots & a_{1n}r \\ \vdots & \ddots & \vdots \\ a_{m1}r & \cdots & a_{mn}r \end{pmatrix} \\ &= \begin{pmatrix} a_{11} & \cdots & a_{1n} \\ \vdots & \ddots & \vdots \\ a_{m1} & \cdots & a_{mn} \end{pmatrix} \cdot r = A \cdot r \end{aligned}$$

Die skalare Multiplikation ist für Spalten- und Zeilenvektoren entsprechend durchführbar.
Für $\boldsymbol{a} \in \mathbb{R}^n, r \in \mathbb{R}$ gilt:

$$r \cdot \boldsymbol{a} = r \begin{pmatrix} a_1 \\ \vdots \\ a_n \end{pmatrix} = \begin{pmatrix} ra_1 \\ \vdots \\ ra_n \end{pmatrix}$$

Auch die skalare Multiplikation für Vektoren lässt sich für $n = 1, 2, 3$ geometrisch illustrieren.

Beispiel 14.19

Gegeben seien der Vektor

$$\boldsymbol{a} = \begin{pmatrix} 2 \\ 1 \end{pmatrix}$$

und die Skalare $r_1 = 2, r_2 = -\frac{3}{4}$. Um den Vektor

$$2\boldsymbol{a} = \begin{pmatrix} 4 \\ 2 \end{pmatrix}$$

zu erhalten, verlängert man die dem Vektor $\boldsymbol{a}$ entsprechende gerichtete Strecke auf das Doppelte (Abbildung 14.5). Bei

$$-\frac{3}{4}\boldsymbol{a} = \begin{pmatrix} -1.5 \\ -0.75 \end{pmatrix}$$

wird die Richtung von $\boldsymbol{a}$ umgekehrt und die Länge mit dem Faktor $\frac{3}{4}$ multipliziert.

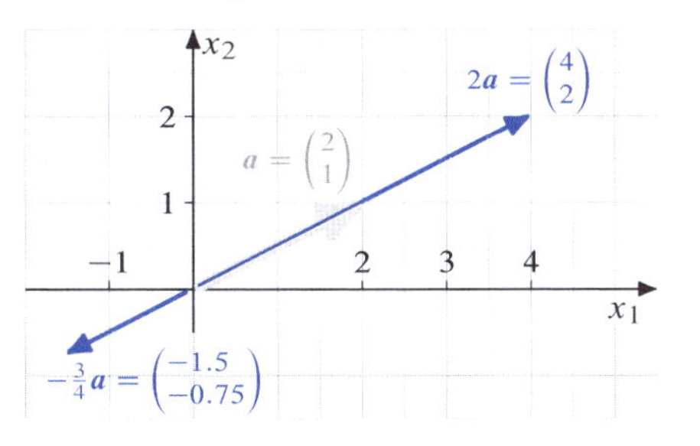

Abbildung 14.5: *Skalare Multiplikation von Vektoren des* $\mathbb{R}^2$

Allgemein hat jeder Vektor $r \cdot \boldsymbol{a}$ für $r > 0$ die selbe Richtung wie $\boldsymbol{a}$ und für $r < 0$ die entgegengesetzte Richtung. Für die skalare Multiplikation von Zeilenvektoren gilt entsprechend

$$r \cdot \boldsymbol{a}^T = r(a_1, \ldots, a_n) = (ra_1, \ldots, ra_n).$$

Zur Demonstration der skalaren Multiplikation bei Vektoren und Matrizen greifen wir nochmals auf Beispiel 14.16 zurück.

Beispiel 14.20

Sollen in Beispiel 14.16 von jedem Produkt 10 Einheiten produziert werden, so erhält man für die Matrix der benötigten Maschinenzeiten

$$10 \cdot \boldsymbol{Z} = \begin{pmatrix} 40 & 50 & 50 & 20 \\ 50 & 20 & 40 & 80 \\ 20 & 40 & 60 & 20 \end{pmatrix}.$$

Wünscht man unterschiedliche Produktionsmengen, beispielsweise 5 Einheiten von P_1, 10 Einheiten von P_2 sowie je 20 Einheiten von P_3 und P_4, so erhält man die für die einzelnen Produkte P_1, P_2, P_3, P_4 erforderlichen Maschinenzeiten durch

$$5 \cdot \boldsymbol{z}_1 = \begin{pmatrix} 20 \\ 25 \\ 10 \end{pmatrix}, \quad 10 \cdot \boldsymbol{z}_2 = \begin{pmatrix} 50 \\ 20 \\ 40 \end{pmatrix},$$

$$20 \cdot \boldsymbol{z}_3 = \begin{pmatrix} 100 \\ 80 \\ 120 \end{pmatrix}, \quad 20 \cdot \boldsymbol{z}_4 = \begin{pmatrix} 40 \\ 160 \\ 40 \end{pmatrix}.$$

Wir fassen die wesentlichen Rechenregeln zusammen.

Satz 14.21

$\boldsymbol{A}, \boldsymbol{B}$ seien $m \times n$-Matrizen; r, s Skalare. Dann gelten für die skalare Multiplikation

- das *Kommutativgesetz*

$$r\boldsymbol{A} = \boldsymbol{A}r,$$

- das *Assoziativgesetz*

$$(rs)\boldsymbol{A} = r(s\boldsymbol{A})$$

- und die *Distributivgesetze*

$$(r + s)\boldsymbol{A} = r\boldsymbol{A} + s\boldsymbol{A},$$
$$r(\boldsymbol{A} + \boldsymbol{B}) = r\boldsymbol{A} + r\boldsymbol{B}.$$

Der Beweis erfolgt mit Hilfe von Definition 14.13 und 14.18 durch Nachrechnen.

Zur Multiplikation zweier Matrizen $\boldsymbol{A}$ und $\boldsymbol{B}$ müssen bestimmte Bedingungen betreffend die Spaltenzahl von $\boldsymbol{A}$ sowie die Zeilenzahl von $\boldsymbol{B}$ erfüllt sein.

Definition 14.22

Sei $\boldsymbol{A}$ eine $m \times p$-Matrix und $\boldsymbol{B}$ eine $p \times n$-Matrix. Dann erklärt man die *Matrixmultiplikation* von $\boldsymbol{A}$ und $\boldsymbol{B}$ durch:

$$\boldsymbol{AB} = \begin{pmatrix} a_{11} & \cdots & a_{1p} \\ \vdots & \ddots & \vdots \\ a_{m1} & \cdots & a_{mp} \end{pmatrix} \begin{pmatrix} b_{11} & \cdots & b_{1n} \\ \vdots & \ddots & \vdots \\ b_{p1} & \cdots & b_{pn} \end{pmatrix} = \begin{pmatrix} \sum\limits_{k=1}^{p} a_{1k}b_{k1} & \cdots & \sum\limits_{k=1}^{p} a_{1k}b_{kn} \\ \vdots & \ddots & \vdots \\ \sum\limits_{k=1}^{p} a_{mk}b_{k1} & \cdots & \sum\limits_{k=1}^{p} a_{mk}b_{kn} \end{pmatrix}$$

oder

$$\boldsymbol{AB} = (a_{ik})_{m,p}(b_{kj})_{p,n} = \left(\sum_{k=1}^{p} a_{ik}b_{kj} \right)_{m,n}$$

Als Ergebnis erhalten wir eine $m \times n$-Matrix. Die Zeilenzahl der Ergebnismatrix ist gleich der Zeilenzahl von $\boldsymbol{A}$ und die Spaltenzahl der Ergebnismatrix gleich der Spaltenzahl von $\boldsymbol{B}$.

Stimmen die Spaltenzahl von $\boldsymbol{A}$ und die Zeilenzahl von $\boldsymbol{B}$ nicht überein, so ist das Matrixprodukt $\boldsymbol{AB}$ nicht definiert.

Zu zwei Matrizen $\boldsymbol{A}$, $\boldsymbol{B}$ ergibt sich, falls die Spaltenzahl von $\boldsymbol{A}$ mit der Zeilenzahl von $\boldsymbol{B}$ übereinstimmt, das *Matrixprodukt* $\boldsymbol{C} = \boldsymbol{AB}$, indem man für jedes Paar, bestehend aus einer Zeile von $\boldsymbol{A}$ und einer Spalte von $\boldsymbol{B}$, die entsprechenden Komponenten multipliziert und die erhaltenen Produkte anschließend addiert. Verfährt man in der Weise mit der i-ten Zeile und j-ten Spalte, so ist das Ergebnis wieder eine reelle Zahl, die in der i-ten Zeile und j -ten Spalte von $\boldsymbol{C}$ steht.

Wir veranschaulichen das Vorgehen exemplarisch für $i = 1, j = 2$ zur Berechnung von

$$c_{12} = \sum_{k=1}^{p} a_{1k} \cdot b_{k2}$$

mit Hilfe des Schemas in Abbildung 14.6.

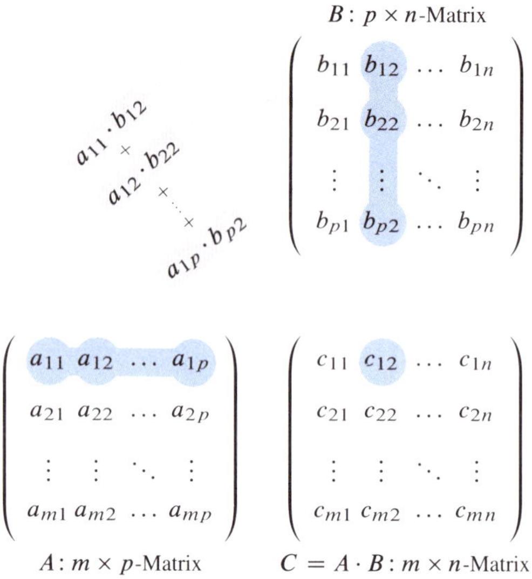

$$\boldsymbol{B}: p \times n\text{-Matrix} \quad \begin{pmatrix} b_{11} & b_{12} & \ldots & b_{1n} \\ b_{21} & b_{22} & \ldots & b_{2n} \\ \vdots & \vdots & \ddots & \vdots \\ b_{p1} & b_{p2} & \ldots & b_{pn} \end{pmatrix}$$

$$a_{11} \cdot b_{12} \times a_{12} \cdot b_{22} \times \cdots \times a_{1p} \cdot b_{p2}$$

$$\begin{pmatrix} a_{11} & a_{12} & \ldots & a_{1p} \\ a_{21} & a_{22} & \ldots & a_{2p} \\ \vdots & \vdots & \ddots & \vdots \\ a_{m1} & a_{m2} & \ldots & a_{mp} \end{pmatrix} \quad \begin{pmatrix} c_{11} & c_{12} & \ldots & c_{1n} \\ c_{21} & c_{22} & \ldots & c_{2n} \\ \vdots & \vdots & \ddots & \vdots \\ c_{m1} & c_{m2} & \ldots & c_{mn} \end{pmatrix}$$

$\boldsymbol{A}: m \times p$-Matrix $\qquad \boldsymbol{C} = \boldsymbol{A} \cdot \boldsymbol{B}: m \times n$-Matrix

Abbildung 14.6: *Schema zur Matrixmultiplikation*

Beispiel 14.23

In einer Unternehmung werden aus vier Einzelteilen T_1, T_2, T_3, T_4 drei Baugruppen B_1, B_2, B_3 montiert und aus diesen zwei Endprodukte P_1, P_2 hergestellt. Sei nun

a_{ij} die Anzahl der Einheiten von T_i, die zur Montage einer Einheit von B_j benötigt wird,

b_{ij} die Anzahl der Einheiten von B_i, die zur Herstellung einer Einheit von P_j erforderlich ist.

Die Bedarfe sind in den beiden Tabellen

	B_1	B_2	B_3
T_1	5	2	3
T_2	4	3	2
T_3	2	6	5
T_4	3	5	3

und

	P_1	P_2
B_1	1	2
B_2	3	1
B_3	2	3

bzw. den entsprechenden Bedarfsmatrizen

$$\boldsymbol{A} = \begin{pmatrix} 5 & 2 & 3 \\ 4 & 3 & 2 \\ 2 & 6 & 5 \\ 3 & 5 & 3 \end{pmatrix} \quad \text{und} \quad \boldsymbol{B} = \begin{pmatrix} 1 & 2 \\ 3 & 1 \\ 2 & 3 \end{pmatrix}$$

dargestellt.

Man erhält durch Matrixmultiplikation die Matrix mit dem Bedarf an Einzelteilen für beide Produkte

$$\boldsymbol{A} \cdot \boldsymbol{B} = \begin{pmatrix} 17 & 21 \\ 17 & 17 \\ 30 & 25 \\ 24 & 20 \end{pmatrix}$$

bzw. die tabellarische Entsprechung:

	P_1	P_2
T_1	17	21
T_2	17	17
T_3	30	25
T_4	24	20

Sollen nun 8 Einheiten von P_1 und 10 Einheiten von P_2 hergestellt werden, so erhält man den Produktvektor

$$\boldsymbol{c} = \begin{pmatrix} 8 \\ 10 \end{pmatrix}$$

und mit

$$\boldsymbol{A} \cdot \boldsymbol{B} \cdot \boldsymbol{c} = \begin{pmatrix} 17 & 21 \\ 17 & 17 \\ 30 & 25 \\ 24 & 20 \end{pmatrix} \begin{pmatrix} 8 \\ 10 \end{pmatrix} = \begin{pmatrix} 346 \\ 306 \\ 490 \\ 392 \end{pmatrix}$$

einen Vektor, der komponentenweise angibt, wie viele Einheiten der Einzelteile verfügbar sein müssen, um das vorgegebene Produktionsziel zu erreichen.

Wir diskutieren einige Spezialfälle der Matrixmultiplikation.

- Ist $\boldsymbol{A}$ eine $m \times n$-Matrix und $\boldsymbol{B}$ eine $n \times m$-Matrix, so existiert sowohl das Produkt $\boldsymbol{AB}$ als auch $\boldsymbol{BA}$. Ferner ist $\boldsymbol{AB}$ eine $m \times m$-Matrix und $\boldsymbol{BA}$ eine $n \times n$-Matrix.
- Ist $\boldsymbol{A}$ eine quadratische $n \times n$-Matrix, so existiert das Produkt $\boldsymbol{A} \cdot \boldsymbol{A} = \boldsymbol{A}^2$. Sind $\boldsymbol{A}$ und $\boldsymbol{B}$ quadratische $n \times n$-Matrizen, so sind die Produkte $\boldsymbol{AB}$ und $\boldsymbol{BA}$ ebenfalls $n \times n$-Matrizen. Dennoch ist allgemein $\boldsymbol{AB} \neq \boldsymbol{BA}$.
- Ist $\boldsymbol{A}$ eine quadratische $n \times n$-Matrix und $\boldsymbol{D}$ eine $n \times n$-Diagonalmatrix mit

$$\boldsymbol{D} - \begin{pmatrix} d & \cdots & 0 \\ \vdots & \ddots & \vdots \\ 0 & \cdots & d \end{pmatrix},$$

dann ist

$$\begin{aligned} \boldsymbol{AD} &= \begin{pmatrix} a_{11} & \cdots & a_{1n} \\ \vdots & \ddots & \vdots \\ a_{n1} & \cdots & a_{nn} \end{pmatrix} \begin{pmatrix} d & \cdots & 0 \\ \vdots & \ddots & \vdots \\ 0 & \cdots & d \end{pmatrix} \\ &= \begin{pmatrix} a_{11}d & \cdots & a_{1n}d \\ \vdots & \ddots & \vdots \\ a_{n1}d & \cdots & a_{nn}d \end{pmatrix} = \boldsymbol{A}d \\ &= d\boldsymbol{A} = \begin{pmatrix} da_{11} & \cdots & da_{1n} \\ \vdots & \ddots & \vdots \\ da_{n1} & \cdots & da_{nn} \end{pmatrix} \\ &= \begin{pmatrix} d & \cdots & 0 \\ \vdots & \ddots & \vdots \\ 0 & \cdots & d \end{pmatrix} \begin{pmatrix} a_{11} & \cdots & a_{1n} \\ \vdots & \ddots & \vdots \\ a_{n1} & \cdots & a_{nn} \end{pmatrix} \\ &= \boldsymbol{DA}. \end{aligned}$$

- Ist $\boldsymbol{E}$ die $n \times n$-Einheitsmatrix, so gilt entsprechend:

$$\boldsymbol{AE} = \boldsymbol{A} = \boldsymbol{EA}$$

Wie wir in Beispiel 14.23 gesehen haben, wird durch Definition 14.22 auch die Multiplikation von Matrizen mit Vektoren geregelt. Mit

$$\boldsymbol{A} = \begin{pmatrix} a_{11} & \cdots & a_{1n} \\ \vdots & \ddots & \vdots \\ a_{m1} & \cdots & a_{mn} \end{pmatrix}, \quad \boldsymbol{b} = \begin{pmatrix} b_1 \\ \vdots \\ b_m \end{pmatrix}, \quad \boldsymbol{c} = \begin{pmatrix} c_1 \\ \vdots \\ c_n \end{pmatrix}$$

ist

$$\boldsymbol{Ac} = \begin{pmatrix} a_{11} & \cdots & a_{1n} \\ \vdots & \ddots & \vdots \\ a_{m1} & \cdots & a_{mn} \end{pmatrix} \begin{pmatrix} c_1 \\ \vdots \\ c_n \end{pmatrix} = \begin{pmatrix} \sum_{j=1}^{n} a_{1j}c_j \\ \vdots \\ \sum_{j=1}^{n} a_{mj}c_j \end{pmatrix}$$

ein Spaltenvektor des $\mathbb{R}^m$,

$$\begin{aligned} \boldsymbol{b}^T\boldsymbol{A} &= (b_1, \ldots, b_m) \begin{pmatrix} a_{11} & \cdots & a_{1n} \\ \vdots & \ddots & \vdots \\ a_{m1} & \cdots & a_{mn} \end{pmatrix} \\ &= \left(\sum_{i=1}^{m} b_i a_{i1}, \ldots, \sum_{i=1}^{m} b_i a_{in} \right) \end{aligned}$$

ein Zeilenvektor des $\mathbb{R}^n$.

Die Multiplikation zweier Vektoren ist ein weiterer Spezialfall von Definition 14.22.

Definition 14.24

Seien $\boldsymbol{a}, \boldsymbol{b} \in \mathbb{R}^n$ Spaltenvektoren mit

$$\boldsymbol{a} = \begin{pmatrix} a_1 \\ \vdots \\ a_n \end{pmatrix}, \quad \boldsymbol{b} = \begin{pmatrix} b_1 \\ \vdots \\ b_n \end{pmatrix}.$$

Dann ergibt

$$\boldsymbol{a}^T \boldsymbol{b} = (a_1, \dots, a_n) \begin{pmatrix} b_1 \\ \vdots \\ b_n \end{pmatrix} = \sum_{i=1}^{n} a_i b_i$$

eine reelle Zahl und heißt *Skalarprodukt* von $\boldsymbol{a}$ und $\boldsymbol{b}$.

Entsprechend dazu ist

$$\boldsymbol{a}\boldsymbol{b}^T = \begin{pmatrix} a_1 \\ \vdots \\ a_n \end{pmatrix} (b_1, \dots, b_n) = \begin{pmatrix} a_1 b_1 & \cdots & a_1 b_n \\ \vdots & \ddots & \vdots \\ a_n b_1 & \cdots & a_n b_n \end{pmatrix}$$

eine $n \times n$-Matrix.

Die Produkte $\boldsymbol{a}\boldsymbol{b}$ und $\boldsymbol{a}^T \boldsymbol{b}^T$ sind nicht definiert.

Wir fassen die wesentlichen Rechenregeln für die Matrixmultiplikation zusammen.

Satz 14.25

$\boldsymbol{A}$ sei eine $m \times p$-Matrix, $\boldsymbol{C}$ eine $q \times n$-Matrix, $\boldsymbol{B}$ und $\boldsymbol{D}$ seien $p \times q$-Matrizen und $\boldsymbol{E}_p$ bzw. $\boldsymbol{E}_m$ die $p \times p$- bzw. $m \times m$-Einheitsmatrix. Dann gelten für die Matrixmultiplikation

- das *Assoziativgesetz*

$$(\boldsymbol{AB})\boldsymbol{C} = \boldsymbol{A}(\boldsymbol{BC}),$$

- die *Distributivgesetze*

$$\boldsymbol{A}(\boldsymbol{B} + \boldsymbol{D}) = \boldsymbol{AB} + \boldsymbol{AD},$$
$$(\boldsymbol{B} + \boldsymbol{D})\boldsymbol{C} = \boldsymbol{BC} + \boldsymbol{DC}$$

- und ferner

$$\boldsymbol{A}\boldsymbol{E}_p = \boldsymbol{E}_m \boldsymbol{A} = \boldsymbol{A}.$$

Beweis

Nach Definition 14.22 sind

$$\boldsymbol{X} = (\boldsymbol{AB})\boldsymbol{C} \text{ und } \boldsymbol{Y} = \boldsymbol{A}(\boldsymbol{BC})$$

jeweils $m \times n$-Matrizen.

$$\text{Mit } x_{ij} = \left((a_{i1}, \dots, a_{ip}) \begin{pmatrix} b_{11} & \cdots & b_{1q} \\ \vdots & \ddots & \vdots \\ b_{p1} & \cdots & b_{pq} \end{pmatrix} \right) \begin{pmatrix} c_{1j} \\ \vdots \\ c_{qj} \end{pmatrix}$$

$$\text{und } y_{ij} = (a_{i1}, \dots, a_{ip}) \left(\begin{pmatrix} b_{11} & \cdots & b_{1q} \\ \vdots & \ddots & \vdots \\ b_{p1} & \cdots & b_{pq} \end{pmatrix} \begin{pmatrix} c_{1j} \\ \vdots \\ c_{qj} \end{pmatrix} \right)$$

beweist man durch Nachrechnen $x_{ij} = y_{ij}$ für alle $i = 1, \dots, m$ und $j = 1, \dots, n$. Daraus folgt die Behauptung

$$(\boldsymbol{AB})\boldsymbol{C} = \boldsymbol{A}(\boldsymbol{BC}).$$

Die Matrizen

$$\boldsymbol{A}(\boldsymbol{B} + \boldsymbol{D}) \text{ und } \boldsymbol{AB} + \boldsymbol{AD}$$

sind vom Typ $m \times q$.
Für alle $i = 1, \dots, m$ und $j = 1, \dots, q$ gilt ferner

$$(a_{i1}, \dots, a_{ip}) \left(\begin{pmatrix} b_{1j} \\ \vdots \\ b_{pj} \end{pmatrix} + \begin{pmatrix} d_{1j} \\ \vdots \\ d_{pj} \end{pmatrix} \right) = (a_{i1}, \dots, a_{ip}) \begin{pmatrix} b_{1j} \\ \vdots \\ b_{pj} \end{pmatrix} + (a_{i1}, \dots, a_{ip}) \begin{pmatrix} d_{1j} \\ \vdots \\ d_{pj} \end{pmatrix},$$

also auch

$$\boldsymbol{A}(\boldsymbol{B} + \boldsymbol{D}) = \boldsymbol{AB} + \boldsymbol{AD}.$$

Entsprechend beweist man

$$(\boldsymbol{B} + \boldsymbol{D})\boldsymbol{C} = \boldsymbol{BC} + \boldsymbol{DC}.$$

Schließlich ist auch

$$\boldsymbol{A}\boldsymbol{E}_p = \boldsymbol{E}_m \boldsymbol{A} = \boldsymbol{A}.$$

Während für die Matrixmultiplikation allgemein das Kommutativgesetz nicht gilt, also

$$\boldsymbol{AB} \neq \boldsymbol{BA},$$

ist für zwei Vektoren $\boldsymbol{a}, \boldsymbol{b} \in \mathbb{R}^n$ stets

$$\boldsymbol{a}^T \boldsymbol{b} = \boldsymbol{b}^T \boldsymbol{a}$$

(Definition 14.24). Diese Tatsache wird im Beweis des folgenden Satzes benutzt.

Satz 14.26

A sei eine $m \times p$-Matrix, B eine $p \times n$-Matrix. Dann gilt:

a) Es existieren AB und $B^T A^T$ und es ist $B^T A^T = (AB)^T$.

b) $A^T A$ ist eine symmetrische $p \times p$-Matrix und AA^T eine symmetrische $m \times m$-Matrix.

Beweis

Mit Hilfe von Definition 14.5 und 14.22 zeigt man:

a) AB ist $m \times n$-Matrix

$\Rightarrow (AB)^T$ ist $n \times m$-Matrix;

B^T ist $n \times p$-Matrix, A^T ist $p \times m$-Matrix

$\Rightarrow B^T A^T$ existiert und ist $n \times m$-Matrix.

Sei $C = AB$

$$\Rightarrow c_{ij} = (a_{i1}, \ldots, a_{ip}) \begin{pmatrix} b_{1j} \\ \vdots \\ b_{pj} \end{pmatrix} = (b_{1j}, \ldots, b_{pj}) \begin{pmatrix} a_{i1} \\ \vdots \\ a_{ip} \end{pmatrix}$$

(für alle Paare (i, j))

Sei $D = B^T A^T$

$$\Rightarrow d_{ji} = (b_{1j}, \ldots, b_{pj}) \begin{pmatrix} a_{i1} \\ \vdots \\ a_{ip} \end{pmatrix} = c_{ij}$$

(für alle Paare (j, i))

$\Rightarrow D = C^T \Rightarrow B^T A^T = (AB)^T$

b) $(A^T A)^T = A^T (A^T)^T = A^T A$ (Satz 14.26 a)

Also ist $A^T A$ symmetrisch (Definition 14.11 b) und vom Typ $p \times p$.

Analog verläuft der Beweis für AA^T.

Beispiel 14.27

Gegeben sind die Matrizen

$$A = \begin{pmatrix} 3 & 5 & 2 & -2 \\ -1 & 0 & 3 & 4 \\ 2 & -1 & -2 & 1 \end{pmatrix},$$

$$B = \begin{pmatrix} 0 & 1 & -1 & 0 \\ 2 & 0 & 1 & -1 \\ 1 & 2 & 0 & -1 \\ 0 & 1 & 0 & -1 \end{pmatrix}.$$

Dann ist beispielsweise

$$AB = \begin{pmatrix} 3 & 5 & 2 & -2 \\ -1 & 0 & 3 & 4 \\ 2 & -1 & -2 & 1 \end{pmatrix} \begin{pmatrix} 0 & 1 & -1 & 0 \\ 2 & 0 & 1 & -1 \\ 1 & 2 & 0 & -1 \\ 0 & 1 & 0 & -1 \end{pmatrix} = \begin{pmatrix} 12 & 5 & 2 & -5 \\ 3 & 9 & 1 & -7 \\ -4 & -1 & -3 & 2 \end{pmatrix},$$

$$B^T A^T = \begin{pmatrix} 0 & 2 & 1 & 0 \\ 1 & 0 & 2 & 1 \\ -1 & 1 & 0 & 0 \\ 0 & -1 & -1 & -1 \end{pmatrix} \begin{pmatrix} 3 & -1 & 2 \\ 5 & 0 & -1 \\ 2 & 3 & -2 \\ -2 & 4 & 1 \end{pmatrix} = \begin{pmatrix} 12 & 3 & -4 \\ 5 & 9 & -1 \\ 2 & 1 & -3 \\ -5 & -7 & 2 \end{pmatrix} = (AB)^T,$$

$$AA^T = \begin{pmatrix} 3 & 5 & 2 & -2 \\ -1 & 0 & 3 & 4 \\ 2 & -1 & -2 & 1 \end{pmatrix} \begin{pmatrix} 3 & -1 & 2 \\ 5 & 0 & -1 \\ 2 & 3 & -2 \\ -2 & 4 & 1 \end{pmatrix} = \begin{pmatrix} 42 & -5 & -5 \\ -5 & 26 & -4 \\ -5 & -4 & 10 \end{pmatrix} = (AA^T)^T.$$

Beispiel 14.28

Auf einem Markt konkurrieren drei Produkte P_1, P_2, P_3 mit den Marktanteilen von 0.5, 0.4 bzw. 0.1 zu einem Zeitpunkt t.

Sei ferner $a_{ij} \in [0, 1]$ der Anteil an Käufern von Produkt P_i zum Zeitpunkt t, der zum Zeitpunkt $t + 1$ Produkt P_j kauft; für $i = j$ spricht man von *Markentreue* und für $i \neq j$ von *Markenwechsel*.

Dann gibt die 3×3-Matrix $A = (a_{ij})_{3,3}$ die anteiligen Käuferfluktuationen zwischen den Produkten P_1, P_2, P_3 an.

Für jede Zeile gilt:

$$a_{i1} + a_{i2} + a_{i3} = 1 \quad (i = 1, 2, 3)$$

Hat man für die Übergänge von t zu $t+1$ sowie von $t+1$ zu $t+2$ jeweils die Matrix

$$A = \begin{pmatrix} 0.6 & 0.3 & 0.1 \\ 0.1 & 0.5 & 0.4 \\ 0.1 & 0.1 & 0.8 \end{pmatrix}$$

ermittelt, und ist $\boldsymbol{x}_t^T = (0.5,\ 0.4,\ 0.1)$ der Vektor der Marktanteile zum Zeitpunkt t, so erhält man

$$\begin{aligned} \boldsymbol{x}_{t+1}^T &= \boldsymbol{x}_t^T \boldsymbol{A} \\ &= (0.5,\ 0.4,\ 0.1) \begin{pmatrix} 0.6 & 0.3 & 0.1 \\ 0.1 & 0.5 & 0.4 \\ 0.1 & 0.1 & 0.8 \end{pmatrix} \\ &= (0.35,\ 0.36,\ 0.29) \end{aligned}$$

bzw.

$$\begin{aligned} \boldsymbol{x}_{t+2}^T &= \boldsymbol{x}_{t+1}^T \boldsymbol{A} \\ &= (0.35,\ 0.36,\ 0.29) \begin{pmatrix} 0.6 & 0.3 & 0.1 \\ 0.1 & 0.5 & 0.4 \\ 0.1 & 0.1 & 0.8 \end{pmatrix} \\ &= (0.275,\ 0.314,\ 0.411) \end{aligned}$$

und damit die Vektor der Marktanteile zu den Zeitpunkten $t+1$ und $t+2$. Ferner gibt die Matrix

$$\begin{aligned} \boldsymbol{A}^2 &= \begin{pmatrix} 0.6 & 0.3 & 0.1 \\ 0.1 & 0.5 & 0.4 \\ 0.1 & 0.1 & 0.8 \end{pmatrix} \begin{pmatrix} 0.6 & 0.3 & 0.1 \\ 0.1 & 0.5 & 0.4 \\ 0.1 & 0.1 & 0.8 \end{pmatrix} \\ &= \begin{pmatrix} 0.4 & 0.34 & 0.26 \\ 0.15 & 0.32 & 0.53 \\ 0.15 & 0.16 & 0.69 \end{pmatrix} \end{aligned}$$

die Übergänge von t zu $t+2$ an, also ist auch

$$\boldsymbol{x}_{t+2}^T = \boldsymbol{x}_t^T \boldsymbol{A}^2.$$

Das Produkt P_3 mit einer Markentreue von $a_{33} = 0.8$ gibt an P_1 und P_2 pro Zeitperiode 10 % Marktanteil ab, erhöht seinen Marktanteil andererseits durch Wechsler von P_1 (10 %) und durch Wechsler von P_2 (40 %). Damit ist es nicht verwunderlich, dass der ursprüngliche Marktanteil von 10 % für P_3 zum Zeitpunkt t im Zeitpunkt $t+1$ auf 29 % und im Zeitpunkt $t+2$ sogar auf 41 % anwächst.

Mit Hilfe der entsprechenden Rechenregeln für reelle Zahlen haben wir die Addition, die Subtraktion und die Multiplikation bei Vektoren und Matrizen kennengelernt (Abschnitte 14.2 und 14.3). Unter gewissen weiteren Bedingungen ist auch eine Operation möglich, die der Division entspricht. Wir können darauf aber erst in Kapitel 18 eingehen.

Für das Rechnen mit Matrixgleichungen und Matrixungleichungen sind einige Äquivalenzen bzw. Implikationen nützlich.

Satz 14.29

a) $\boldsymbol{A}, \boldsymbol{B}, \boldsymbol{C}$ seien $m \times n$-Matrizen. Dann gilt:

$$\begin{aligned} \boldsymbol{A} = \boldsymbol{B} &\quad\Leftrightarrow\quad \boldsymbol{A} + \boldsymbol{C} = \boldsymbol{B} + \boldsymbol{C} \\ \boldsymbol{A} \leq \boldsymbol{B} &\quad\Leftrightarrow\quad \boldsymbol{A} + \boldsymbol{C} \leq \boldsymbol{B} + \boldsymbol{C} \\ \boldsymbol{A} < \boldsymbol{B} &\quad\Leftrightarrow\quad \boldsymbol{A} + \boldsymbol{C} < \boldsymbol{B} + \boldsymbol{C} \\ \boldsymbol{A}, \boldsymbol{B} \leq \boldsymbol{C} &\quad\Rightarrow\quad \boldsymbol{A} + \boldsymbol{B} \leq 2 \cdot \boldsymbol{C} \end{aligned}$$

b) $\boldsymbol{A}, \boldsymbol{B}$ seien $m \times n$-Matrizen, $r \neq 0$ ein Skalar. Dann gilt:

$$\begin{aligned} \boldsymbol{A} = \boldsymbol{B} &\quad\Leftrightarrow\quad r\boldsymbol{A} = r\boldsymbol{B} \\ \boldsymbol{A} \leq \boldsymbol{B} &\quad\Leftrightarrow\quad \begin{cases} r\boldsymbol{A} \leq r\boldsymbol{B} & \text{für } r > 0 \\ r\boldsymbol{A} \geq r\boldsymbol{B} & \text{für } r < 0 \end{cases} \end{aligned}$$

c) $\boldsymbol{A}, \boldsymbol{B}$ seien $m \times n$-Matrizen, $\boldsymbol{C}$ eine $n \times p$-Matrix. Dann gilt:

$$\begin{aligned} \boldsymbol{A} = \boldsymbol{B} &\quad\Rightarrow\quad \boldsymbol{AC} = \boldsymbol{BC} \\ \boldsymbol{A} \leq \boldsymbol{B},\ \boldsymbol{C} \geq \boldsymbol{0} &\quad\Rightarrow\quad \boldsymbol{AC} \leq \boldsymbol{BC} \\ \boldsymbol{A} \leq \boldsymbol{B},\ \boldsymbol{C} \leq \boldsymbol{0} &\quad\Rightarrow\quad \boldsymbol{AC} \geq \boldsymbol{BC} \\ \boldsymbol{A} < \boldsymbol{B},\ \boldsymbol{C} > \boldsymbol{0} &\quad\Rightarrow\quad \boldsymbol{AC} < \boldsymbol{BC} \\ \boldsymbol{A} < \boldsymbol{B},\ \boldsymbol{C} < \boldsymbol{0} &\quad\Rightarrow\quad \boldsymbol{AC} > \boldsymbol{BC} \end{aligned}$$

Zum Beweis der einzelnen Aussagen benutzt man die in den Definitionen 14.10, 14.13, 14.18 und 14.22 erklärten Ordnungsrelationen und Rechenoperationen.

Relevante Literatur

Opitz, Otto u. a. (2014). *Mathematik: Übungsbuch für das Studium der Wirtschaftswissenschaften*. 8. Aufl. De Gruyter Oldenbourg, Kap. 11

Pampel, Thorsten (2010). *Mathematik für Wirtschaftswissenschaftler*. Springer, Kap. 10, 11

Papula, Lothar (2017). *Mathematische Formelsammlung: Für Ingenieure und Naturwissenschaftler*. 12. Aufl. Springer Vieweg, Kap. II, VII.1

Schmidt, Karsten und Trenkler, Götz (2015). *Einführung in die Moderne Matrix-Algebra: Mit Anwendungen in der Statistik*. 3. Aufl. Springer Gabler, Kap. 0, 1, 2

Senger, Jürgen (2009). *Mathematik: Grundlagen für Ökonomen*. 3. Aufl. De Gruyter Oldenbourg, Kap. 8.1, 8.2

Tietze, Jürgen (2013). *Einführung in die angewandte Wirtschaftsmathematik: Das praxisnahe Lehrbuch – inklusive Brückenkurs für Einsteiger*. 17. Aufl. Springer Spektrum, Kap. 9.1

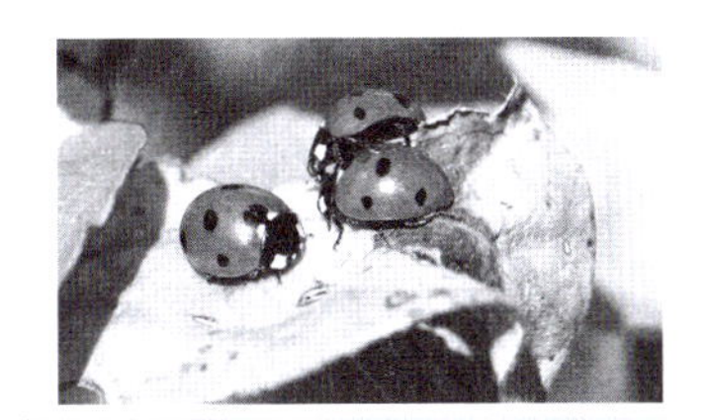

Punktmengen im $\mathbb{R}^n$

In der Optimierung und deren Anwendung auf ökonomische Fragestellungen spielen bestimmte Punktmengen des $\mathbb{R}^n$ eine zentrale Rolle. Ihre Darstellung mit Hilfe von Matrizen bzw. Vektoren zeigt ferner den engen Zusammenhang zwischen algebraischen Ausdrücken und deren geometrischen Darstellungen.

Wir beginnen dabei in Abschnitt 15.1 mit dem Absolutbetrag von Vektoren, beschreiben anschließend in Abschnitt 15.2 Hyperebenen und Sphären oder Kugeloberflächen im $\mathbb{R}^n$ durch geeignete Gleichungen bzw. Ungleichungen und definieren in den Abschnitten 15.3 und 15.4 offene bzw. abgeschlossene Punktmengen sowie konvexe Mengen.

15.1 Absolutbetrag von Vektoren

Wir führen zunächst für Vektoren des $\mathbb{R}^n$ den Begriff der Länge oder Norm als Abstand des entsprechenden Punktes vom Nullpunkt ein.

Definition 15.1

Für einen Vektor $\boldsymbol{a} \in \mathbb{R}^n$ heißt

$$\begin{aligned}\|\boldsymbol{a}\| &= \sqrt{\boldsymbol{a}^T\boldsymbol{a}} = \sqrt{a_1^2 + \ldots + a_n^2}\\ &= \sqrt{\sum_{i=1}^n a_i^2} \quad \in \mathbb{R}_+\end{aligned}$$

der *Absolutbetrag*, die *Norm* oder die *Länge* von $\boldsymbol{a}$.

Entsprechend gilt für $\boldsymbol{a}, \boldsymbol{b} \in \mathbb{R}^n$:

$$\begin{aligned}\|\boldsymbol{a}+\boldsymbol{b}\| &= \sqrt{(a_1+b_1)^2 + \ldots + (a_n+b_n)^2}\\ &= \sqrt{\sum_{i=1}^n (a_i+b_i)^2}\end{aligned}$$

$$\begin{aligned}\|\boldsymbol{a}-\boldsymbol{b}\| &= \sqrt{(a_1-b_1)^2 + \ldots + (a_n-b_n)^2}\\ &= \sqrt{\sum_{i=1}^n (a_i-b_i)^2}\end{aligned}$$

$$\begin{aligned}\|\boldsymbol{a}^T\boldsymbol{b}\| &= |\boldsymbol{a}^T\boldsymbol{b}| = |a_1b_1 + \ldots + a_nb_n|\\ &= \left|\sum_{i=1}^n a_ib_i\right|\end{aligned}$$

Für $n = 1$ erhält man die Absolutbeträge für reelle Zahlen (Abschnitt 1.6, Formel (1.31)).

Beispiel 15.2

Für

$$\begin{aligned}\boldsymbol{a}^T &= (3, 0, 4)\,,\\ \boldsymbol{b}^T &= (-1, -1, 2)\end{aligned}$$

ist

$$\begin{aligned}\|\boldsymbol{a}\| &= \sqrt{3^2 + 0^2 + 4^2} = 5\,,\\ \|\boldsymbol{b}\| &= \sqrt{(-1)^2 + (-1)^2 + 2^2} = \sqrt{6}\,.\end{aligned}$$

Mit

$$\begin{aligned}\boldsymbol{a}^T + \boldsymbol{b}^T &= (2, -1, 6)\,,\\ \boldsymbol{a}^T - \boldsymbol{b}^T &= (4, 1, 2)\,,\\ \boldsymbol{a}^T\boldsymbol{b} &= 5\end{aligned}$$

ergibt sich

$$\begin{aligned}\|\boldsymbol{a}+\boldsymbol{b}\| &= \sqrt{2^2 + (-1)^2 + 6^2} = \sqrt{41}\,,\\ \|\boldsymbol{a}-\boldsymbol{b}\| &= \sqrt{4^2 + 1^2 + 2^2} = \sqrt{21}\,,\\ \|\boldsymbol{a}^T\boldsymbol{b}\| &= 5\,.\end{aligned}$$

DOI: 10.1515/9783110475333-015

Mit Hilfe von Definition 15.1 beweist man für $\boldsymbol{a}, \boldsymbol{b} \in \mathbb{R}^n$, $r \in \mathbb{R}$ durch Nachrechnen die Gleichungen

$$\|\boldsymbol{a}+\boldsymbol{b}\| = \|\boldsymbol{b}+\boldsymbol{a}\|,$$
$$\|\boldsymbol{a}-\boldsymbol{b}\| = \|\boldsymbol{b}-\boldsymbol{a}\|,$$
$$\|r\boldsymbol{a}\| = |r| \cdot \|\boldsymbol{a}\|.$$

Zwischen dem Skalarprodukt zweier Vektoren und deren Absolutbeträgen existiert folgender Zusammenhang.

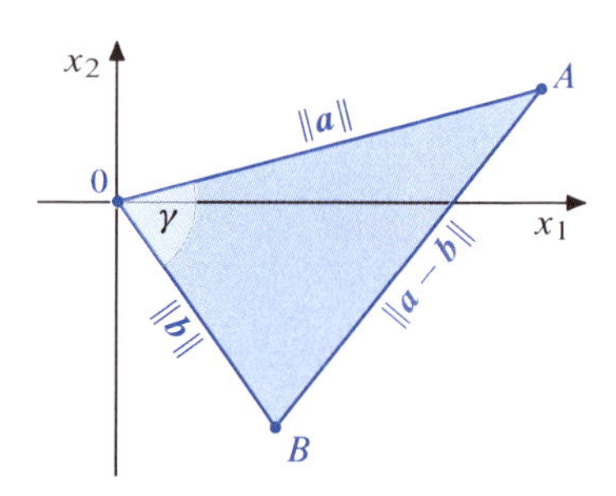

Abbildung 15.1: *Kosinussatz im Dreieck OAB*

Satz 15.3

Seien $\boldsymbol{a}, \boldsymbol{b}$ Vektoren des $\mathbb{R}^n$, die den Winkel γ einschließen. Dann ist:

$$\begin{aligned}\boldsymbol{a}^T\boldsymbol{b} &= \tfrac{1}{2}\left(\|\boldsymbol{a}+\boldsymbol{b}\|^2 - \|\boldsymbol{a}\|^2 - \|\boldsymbol{b}\|^2\right)\\ &= \tfrac{1}{2}\left(\|\boldsymbol{a}\|^2 + \|\boldsymbol{b}\|^2 - \|\boldsymbol{a}-\boldsymbol{b}\|^2\right)\\ &= \|\boldsymbol{a}\| \cdot \|\boldsymbol{b}\| \cdot \cos(\gamma)\end{aligned}$$

Beweis

Ist $\boldsymbol{a}$ oder $\boldsymbol{b}$ Nullvektor, so ist die Behauptung unmittelbar klar. Andernfalls gilt:

$$\begin{aligned}&\|\boldsymbol{a}+\boldsymbol{b}\|^2 - \|\boldsymbol{a}\|^2 - \|\boldsymbol{b}\|^2\\ &= \sum_{i=1}^n (a_i+b_i)^2 - \sum_{i=1}^n a_i^2 - \sum_{i=1}^n b_i^2\\ &= \sum_{i=1}^n 2a_ib_i\\ &= 2\boldsymbol{a}^T\boldsymbol{b}\end{aligned}$$

$$\begin{aligned}&\|\boldsymbol{a}\|^2 + \|\boldsymbol{b}\|^2 - \|\boldsymbol{a}-\boldsymbol{b}\|^2\\ &= \sum_{i=1}^n a_i^2 + \sum_{i=1}^n b_i^2 - \sum_{i=1}^n (a_i-b_i)^2\\ &= \sum_{i=1}^n 2a_ib_i\\ &= 2\boldsymbol{a}^T\boldsymbol{b}\end{aligned}$$

Nach dem Kosinussatz (Abschnitt 2.3, (2.14)) gilt im Dreieck mit den Ecken $0, A, B$ (Abbildung 15.1)

$$\|\boldsymbol{a}-\boldsymbol{b}\|^2 = \|\boldsymbol{a}\|^2 + \|\boldsymbol{b}\|^2 - 2\cdot\|\boldsymbol{a}\|\cdot\|\boldsymbol{b}\|\cdot\cos(\gamma).$$

Daraus folgt die Behauptung mit

$$\begin{aligned}2\cdot\|\boldsymbol{a}\|\cdot\|\boldsymbol{b}\|\cdot\cos(\gamma) &= \|\boldsymbol{a}\|^2 + \|\boldsymbol{b}\|^2 - \|\boldsymbol{a}-\boldsymbol{b}\|^2\\ &= 2\boldsymbol{a}^T\boldsymbol{b}.\end{aligned}$$

Satz 15.3 enthält weitere wichtige Implikationen.

Satz 15.4

Für zwei Vektoren $\boldsymbol{a}, \boldsymbol{b} \in \mathbb{R}^n$ mit $\boldsymbol{a}, \boldsymbol{b} \neq \boldsymbol{0}$ gilt:

a) $\|\boldsymbol{a}^T\boldsymbol{b}\| \leq \|\boldsymbol{a}\|\cdot\|\boldsymbol{b}\|$ für $n > 1$
(Cauchy-Schwarz-Ungleichung)
$= |a| \cdot |b|$ für $n = 1$
(Abschnitt 1.6, Formel (1.31))

b) $\|\boldsymbol{a}+\boldsymbol{b}\| \leq \|\boldsymbol{a}\| + \|\boldsymbol{b}\|$
(Dreiecksungleichung)
$\|\boldsymbol{a}-\boldsymbol{b}\| \geq \|\boldsymbol{a}\| - \|\boldsymbol{b}\|$

Beweis

a) Der von $\boldsymbol{a}, \boldsymbol{b} \in \mathbb{R}^n\,(n > 1)$ eingeschlossene Winkel γ liegt stets im Intervall $[0, \pi]$. Mit

$$\boldsymbol{a}^T\boldsymbol{b} = \|\boldsymbol{a}\|\cdot\|\boldsymbol{b}\|\cdot\cos(\gamma) \qquad \text{(Satz 15.3)}$$

ergeben sich folgende Fälle:

(1) $\gamma = 0,\ \cos(\gamma) = 1$
$\Rightarrow \boldsymbol{a}^T\boldsymbol{b} = \|\boldsymbol{a}\|\cdot\|\boldsymbol{b}\| = \|\boldsymbol{a}^T\boldsymbol{b}\|$

(2) $\gamma \in (0, \pi/2),\ \cos(\gamma) \in (0, 1)$
$\Rightarrow \boldsymbol{a}^T\boldsymbol{b} < \|\boldsymbol{a}\|\cdot\|\boldsymbol{b}\|$ auch für $\boldsymbol{a} > \boldsymbol{0}, \boldsymbol{b} > \boldsymbol{0}$
$\Rightarrow \|\boldsymbol{a}^T\boldsymbol{b}\| < \|\boldsymbol{a}\|\cdot\|\boldsymbol{b}\|$

(3) $\gamma = \pi/2,\ \cos(\gamma) = 0$
$\Rightarrow \boldsymbol{a}^T\boldsymbol{b} = \|\boldsymbol{a}^T\boldsymbol{b}\| = 0 < \|\boldsymbol{a}\|\cdot\|\boldsymbol{b}\|$

(4) $\gamma \in (\pi/2, \pi),\ \cos(\gamma) \in (-1, 0)$
$\Rightarrow 0 > \boldsymbol{a}^T\boldsymbol{b} > -\|\boldsymbol{a}\|\cdot\|\boldsymbol{b}\|$
$\Rightarrow \|\boldsymbol{a}^T\boldsymbol{b}\| < \|\boldsymbol{a}\|\cdot\|\boldsymbol{b}\|$

(5) $\gamma = \pi,\ \cos(\gamma) = -1$
$\Rightarrow \boldsymbol{a}^T\boldsymbol{b} = -\|\boldsymbol{a}\|\cdot\|\boldsymbol{b}\|$
$\Rightarrow \|\boldsymbol{a}^T\boldsymbol{b}\| = \|\boldsymbol{a}\|\cdot\|\boldsymbol{b}\|$

Damit ist Satz 15.4 a bewiesen.

b) $a^T b \leq \|a\| \cdot \|b\| = \sqrt{a^T a} \cdot \sqrt{b^T b}$ (Satz 15.4 a)

$$\begin{aligned}
\Leftrightarrow 2a^T b &\leq 2\sqrt{a^T a} \cdot \sqrt{b^T b} \\
\Leftrightarrow a^T a + b^T b + 2a^T b &\leq a^T a + b^T b \\
&\quad + 2\sqrt{a^T a} \cdot \sqrt{b^T b} \\
\Leftrightarrow (a+b)^T (a+b) &\leq \left(\sqrt{a^T a} + \sqrt{b^T b}\right)^2 \\
\Leftrightarrow \|a+b\|^2 &\leq \left(\|a\| + \|b\|\right)^2 \\
\Leftrightarrow \|a+b\| &\leq \|a\| + \|b\|
\end{aligned}$$

Entsprechend dazu gilt:

$$\begin{aligned}
&-a^T b \geq -\|a\| \cdot \|b\| = -\sqrt{a^T a} \cdot \sqrt{b^T b} \\
&\Leftrightarrow \|a - b\| \geq \|a\| - \|b\|
\end{aligned}$$

Definition 15.5

Zwei Vektoren $a, b \in \mathbb{R}^n$ heißen *orthogonal*, wenn gilt:

$$a^T b = 0$$

Beispiel 15.6

Gegeben sind die folgenden Vektoren:

$$a = \begin{pmatrix} 1 \\ 2 \\ 3 \end{pmatrix}, \quad b = \begin{pmatrix} -1 \\ 2 \\ 0 \end{pmatrix}, \quad c = \begin{pmatrix} 2 \\ 1 \\ 0 \end{pmatrix}$$

Dann gilt

$$\|a\| = \sqrt{14}, \quad \|b\| = \sqrt{5}, \quad \|c\| = \sqrt{5},$$
$$a^T b = 3, \quad b^T c = 0.$$

Sei γ_1 der von a und b, γ_2 der von b und c eingeschlossene Winkel. Dann ist

$$\begin{aligned}
\cos(\gamma_1) &= \frac{a^T b}{\|a\| \cdot \|b\|} = \frac{3}{\sqrt{14} \cdot \sqrt{5}} = \frac{3}{\sqrt{70}} \\
&\Rightarrow \gamma_1 \approx 69^\circ, \\
\cos(\gamma_2) &= \frac{b^T c}{\|b\| \cdot \|c\|} = 0 \\
&\Rightarrow \gamma_2 = 90^\circ.
\end{aligned}$$

Die beiden Vektoren b, c schließen einen Winkel von 90° ein und stehen damit senkrecht zueinander.

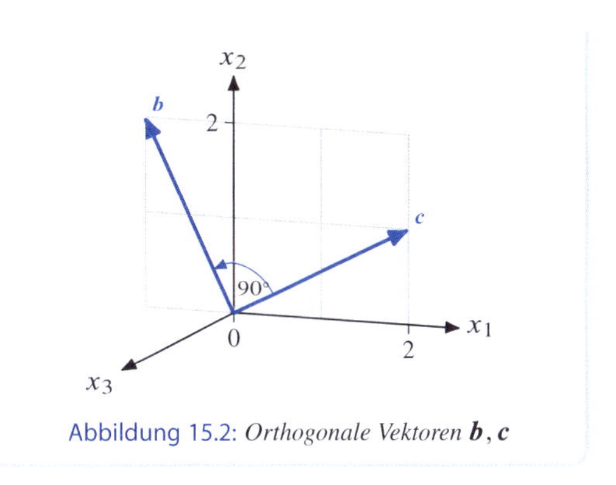

Abbildung 15.2: *Orthogonale Vektoren* b, c

15.2 Hyperebenen und Sphären

Wir kommen nun zu einigen wichtigen Punktmengen im $\mathbb{R}^n$.

Definition 15.7

a) Sei $a \in \mathbb{R}^n$ mit $a \neq 0$, $b \in \mathbb{R}$. Dann bezeichnet man die Punktmenge

$$\begin{aligned}
H(a, b) &= \{x \in \mathbb{R}^n : a^T x = b\} \\
&= \left\{ x = \begin{pmatrix} x_1 \\ \vdots \\ x_n \end{pmatrix} : a_1 x_1 + \ldots + a_n x_n = b \right\}
\end{aligned}$$

als *Hyperebene* im $\mathbb{R}^n$. Die Hyperebene $H(a, b)$ teilt den $\mathbb{R}^n$ in zwei *Halbräume* (vgl. Abschnitt 2.4)

$$\begin{aligned}
H_{\leq} &= \{x \in \mathbb{R}^n : a^T x \leq b\} \\
\text{und } H_{\geq} &= \{x \in \mathbb{R}^n : a^T x \geq b\} \\
\text{bzw. } H_{<} &= \{x \in \mathbb{R}^n : a^T x < b\} \\
\text{und } H_{>} &= \{x \in \mathbb{R}^n : a^T x > b\}.
\end{aligned}$$

b) Sei $a \in \mathbb{R}^n$, $r \in \mathbb{R}_+$. Dann heißt die Punktmenge

$$\begin{aligned}
K(a, r) &= \{x \in \mathbb{R}^n : \|x - a\| = r\} \\
&= \{x = (x_1, \ldots, x_n)^T : \\
&\quad \sqrt{(x_1 - a_1)^2 + \ldots + (x_n - a_n)^2} = r\}
\end{aligned}$$

eine *Sphäre* oder *Kugeloberfläche* im $\mathbb{R}^n$ mit dem Mittelpunkt $a \in \mathbb{R}^n$ und dem Radius $r \in \mathbb{R}_+$.

Die Kugeloberfläche $K(\boldsymbol{a}, r)$ teilt den $\mathbb{R}^n$ in zwei Mengen

$$
\begin{aligned}
K_{\leq} &= \{\boldsymbol{x} \in \mathbb{R}^n \colon \ \|\boldsymbol{x} - \boldsymbol{a}\| \leq r\} \\
\text{und } K_{\geq} &= \{\boldsymbol{x} \in \mathbb{R}^n \colon \ \|\boldsymbol{x} - \boldsymbol{a}\| \geq r\} \\
\text{bzw. } K_{<} &= \{\boldsymbol{x} \in \mathbb{R}^n \colon \ \|\boldsymbol{x} - \boldsymbol{a}\| < r\} \\
\text{und } K_{>} &= \{\boldsymbol{x} \in \mathbb{R}^n \colon \ \|\boldsymbol{x} - \boldsymbol{a}\| > r\}.
\end{aligned}
$$

Beispiel 15.8

Gegeben seien die Punktmengen im $\mathbb{R}^2$:

$$
\begin{aligned}
H &= \left\{\boldsymbol{x} = \begin{pmatrix} x_1 \\ x_2 \end{pmatrix} \in \mathbb{R}^2 \colon \ x_1 - 2x_2 = 1\right\} \\
K &= \left\{\boldsymbol{x} = \begin{pmatrix} x_1 \\ x_2 \end{pmatrix} \in \mathbb{R}^2 \colon \ \left\|\boldsymbol{x} - \begin{pmatrix} 2 \\ 1 \end{pmatrix}\right\| = 1\right\} \\
&= \left\{\boldsymbol{x} = \begin{pmatrix} x_1 \\ x_2 \end{pmatrix} \in \mathbb{R}^2 \colon \right. \\
&\qquad \left. \sqrt{(x_1 - 2)^2 + (x_2 - 1)^2} = 1\right\}
\end{aligned}
$$

Wir stellen die Mengen $H, H_{\leq}, H_{\geq}, K, K_{\leq}, K_{\geq}$ geometrisch dar (Abbildungen 15.3, 15.4) und erhalten für H eine Gerade, für $H_{\leq}$ und $H_{\geq}$ Halbebenen, für K eine Kreislinie und für $K_{\leq}$ eine Kreisfläche im $\mathbb{R}^2$. Für $K_{\geq}$ ergibt sich der $\mathbb{R}^2$ ausschließlich der Kreisfläche $K_{\leq}$, aber einschließlich der Kreislinie K.

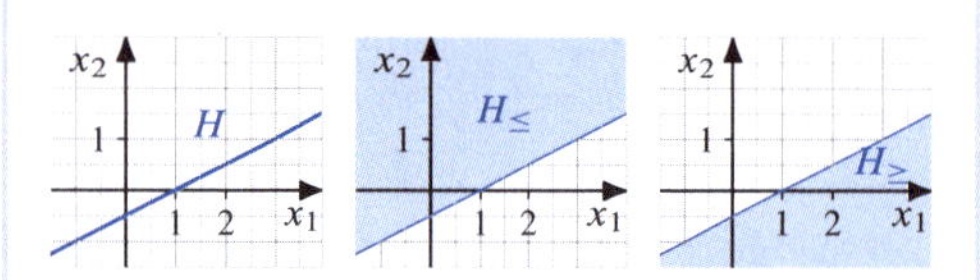

Abbildung 15.3: *Geometrische Darstellung der Punktmengen H, $H_{\leq}$, $H_{\geq}$*

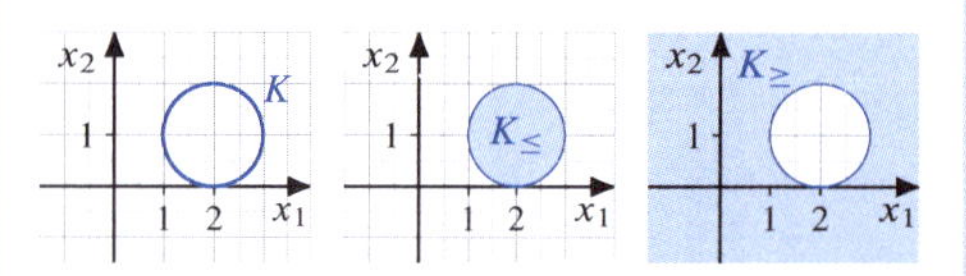

Abbildung 15.4: *Geometrische Darstellung der Punktmengen K, $K_{\leq}$, $K_{\geq}$*

Bei $H_{<}, H_{>}$ bzw. $K_{<}, K_{>}$ entfallen jeweils die Begrenzungslinien.

Beispiel 15.9

Gegeben seien die Punktmengen H, K im $\mathbb{R}^3$:

$$
\begin{aligned}
H &= \{\boldsymbol{x} \in \mathbb{R}^3 \colon \ 2x_1 + 3x_2 + 3x_3 = 6\} \\
K &= \{\boldsymbol{x} \in \mathbb{R}^3 \colon \ \|\boldsymbol{x} - (3, 2, 0)^T\| = 1\} \\
&= \{\boldsymbol{x} \in \mathbb{R}^3 \colon \\
&\qquad \sqrt{(x_1 - 3)^2 + (x_2 - 2)^2 + x_3^2} = 1\}
\end{aligned}
$$

Wir stellen die Mengen H und K geometrisch dar (Abbildung 15.5, 15.6) und erhalten für H eine Ebene und für K eine Kugeloberfläche im $\mathbb{R}^3$. Die Mengen $H_{\leq}$ bzw. $H_{\geq}$ sind entsprechende Halbräume, $K_{\leq}$ enthält alle Punkte des $\mathbb{R}^3$ innerhalb und $K_{\geq}$ alle Punkte des $\mathbb{R}^3$ außerhalb der Kugel, jeweils einschließlich der Kugeloberfläche.

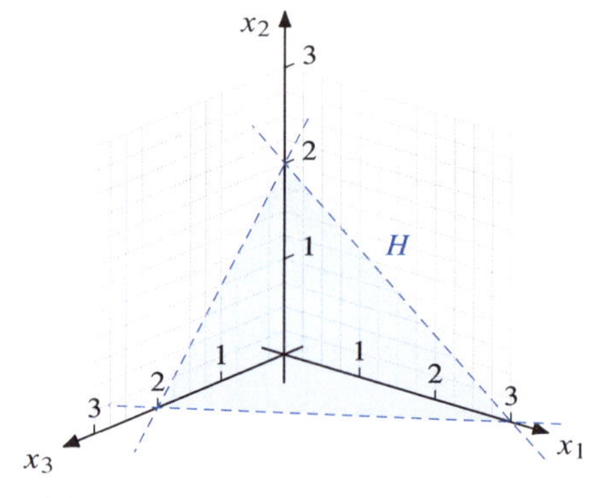

Abbildung 15.5: *Geometrische Darstellung der Punktmenge H im $\mathbb{R}^3$*

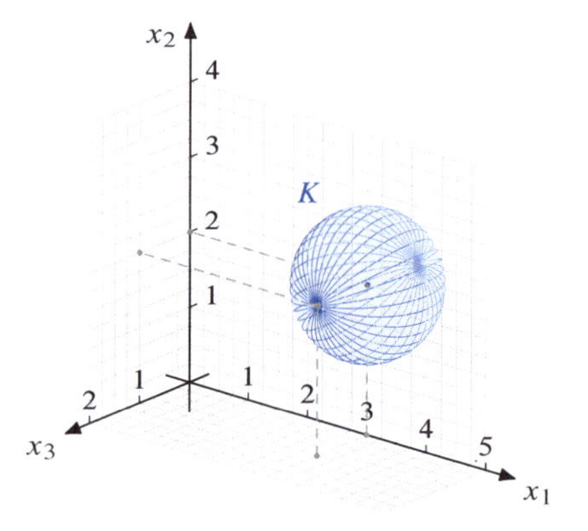

Abbildung 15.6: *Geometrische Darstellung der Punktmenge K im $\mathbb{R}^3$*

Auch hier entfallen bei $H_{<}, H_{>}$ bzw. $K_{<}, K_{>}$ jeweils die Begrenzungsflächen.

15.3 Offene und abgeschlossene Punktmengen

Für die nachfolgenden Überlegungen benötigen wir zunächst vor allem die Menge

$$K_< = K_<(\boldsymbol{a}, r),$$

die alle Punkte $\boldsymbol{x} \in \mathbb{R}^n$ enthält, deren Abstand zu einem vorgegebenen $\boldsymbol{a} \in \mathbb{R}^n$ kleiner als r ist. Man spricht in diesem Fall von einer *r-Umgebung von $\boldsymbol{a}$*. Mit Hilfe dieses Umgebungsbegriffs werden wir sogenannte innere und äußere Punkte einer beliebigen Menge charakterisieren, um anschließend offene und abgeschlossene Mengen erklären zu können.

Definition 15.10

Sei $M \subseteq \mathbb{R}^n$ eine Punktmenge des $\mathbb{R}^n$ und

$$\overline{M} = \mathbb{R}^n \setminus M$$

deren Komplement bzgl. $\mathbb{R}^n$ (Abschnitt 6.3.2, Definition 6.20). Dann heißt

a) $\boldsymbol{a} \in \mathbb{R}^n$ *innerer Punkt* von M, wenn eine r-Umgebung $K_<(\boldsymbol{a}, r)$ mit $r > 0$ von $\boldsymbol{a}$ existiert, die ganz in M liegt, also

$$K_<(\boldsymbol{a}, r) \subseteq M,$$

b) $\boldsymbol{a} \in \mathbb{R}^n$ *äußerer Punkt* von M, wenn eine r-Umgebung $K_<(\boldsymbol{a}, r)$ mit $r > 0$ von $\boldsymbol{a}$ existiert, die ganz im Komplement $\overline{M}$ liegt; in diesem Fall gilt

$$K_<(\boldsymbol{a}, r) \subseteq \overline{M} = \mathbb{R}^n \setminus M$$

oder auch

$$K_<(\boldsymbol{a}, r) \cap M = \emptyset,$$

c) $\boldsymbol{a} \in \mathbb{R}^n$ *Randpunkt* von M, wenn $\boldsymbol{a}$ weder innerer noch äußerer Punkt von M ist, also

$$K_<(\boldsymbol{a}, r) \cap \overline{M} \neq \emptyset$$

und

$$K_<(\boldsymbol{a}, r) \cap M \neq \emptyset$$

mit $r > 0$.

Damit kommt man zu offenen und abgeschlossenen Mengen.

Definition 15.11

Eine Punktmenge $M \subseteq \mathbb{R}^n$ heißt

a) *offen*, wenn jedes Element $\boldsymbol{a} \in M$ innerer Punkt von M ist,

b) *abgeschlossen*, wenn jedes Element $\boldsymbol{a} \in \overline{M}$ innerer Punkt von $\overline{M}$ ist, also das Komplement $\overline{M}$ offen ist.

Satz 15.12

Seien $M_1, \ldots, M_k$ offene (abgeschlossene) Punktmengen des $\mathbb{R}^n$. Dann sind auch der Durchschnitt $\bigcap_{i=1}^k M_i$ und die Vereinigung $\bigcup_{i=1}^k M_i$ offen (abgeschlossen).

Beweis

Seien $\boldsymbol{M}_1, \ldots, \boldsymbol{M}_k$ offene Mengen.

$$\begin{aligned}
&\boldsymbol{a} \in \bigcap_{i=1}^k \boldsymbol{M}_i \\
&\Rightarrow \boldsymbol{a} \text{ ist innerer Punkt von } \boldsymbol{M}_i \text{ für alle } i \\
&\Rightarrow \text{es existiert } \boldsymbol{K}_<(\boldsymbol{a}, \boldsymbol{r}_i) \subset \boldsymbol{M}_i \text{ für alle } i \\
&\Rightarrow \text{es existiert } \boldsymbol{K}_<(\boldsymbol{a}, \boldsymbol{r}) \subset \bigcap_{i=1}^k \boldsymbol{M}_i \\
&\quad \text{und } \boldsymbol{r} \text{ ist minimal unter den } \boldsymbol{r}_i \\
&\Rightarrow \boldsymbol{a} \text{ ist innerer Punkt von } \bigcap_{i=1}^k \boldsymbol{M}_i \\
&\Rightarrow \bigcap_{i=1}^k \boldsymbol{M}_i \text{ ist offen}
\end{aligned}$$

$$\begin{aligned}
&\boldsymbol{a} \in \bigcup_{i=1}^k \boldsymbol{M}_i \\
&\Rightarrow \boldsymbol{a} \text{ ist innerer Punkt von } \boldsymbol{M}_i \text{ für mindestens ein } i \\
&\Rightarrow \text{es existiert } \boldsymbol{K}_<(\boldsymbol{a}, \boldsymbol{r}_i) \subset \boldsymbol{M}_i \text{ für ein } i \\
&\Rightarrow \boldsymbol{K}_<(\boldsymbol{a}, \boldsymbol{r}_i) \subset \bigcup_{i=1}^k \boldsymbol{M}_i \\
&\Rightarrow \boldsymbol{a} \text{ ist innerer Punkt von } \bigcup_{i=1}^k \boldsymbol{M}_i \\
&\Rightarrow \bigcup_{i=1}^k \boldsymbol{M}_i \text{ ist offen}
\end{aligned}$$

Sind die Mengen $\boldsymbol{M}_1, \ldots, \boldsymbol{M}_k$ abgeschlossen, so sind die Komplemente $\overline{\boldsymbol{M}_1}, \ldots, \overline{\boldsymbol{M}_k}$ offen (Definition 15.11) und damit auch die Mengen $\bigcap_{i=1}^k \overline{\boldsymbol{M}_i}$ und $\bigcup_{i=1}^k \overline{\boldsymbol{M}_i}$. Wegen

$$\bigcap_{i=1}^k \overline{\boldsymbol{M}_i} = \overline{\bigcup_{i=1}^k \boldsymbol{M}_i}$$

$$\text{und} \quad \bigcup_{i=1}^k \overline{\boldsymbol{M}_i} = \overline{\bigcap_{i=1}^k \boldsymbol{M}_i} \qquad \text{(Satz 6.21 d, e)}$$

sind auch die Mengen $\overline{\bigcup_{i=1}^k \boldsymbol{M}_i}$ und $\overline{\bigcap_{i=1}^k \boldsymbol{M}_i}$ offen und ihre Komplemente $\bigcup_{i=1}^k \boldsymbol{M}_i$ und $\bigcap_{i=1}^k \boldsymbol{M}_i$ abgeschlossen (Definition 15.11).

Einfache offene und abgeschlossene Mengen erhält man z. B. durch Intervalle (vgl. Abschnitt 1.6).

Definition 15.13

Seien $\boldsymbol{a} = (a_1, \ldots, a_n)^T$, $\boldsymbol{b} = (b_1, \ldots, b_n)^T$ Vektoren des $\mathbb{R}^n$ mit $\boldsymbol{a} < \boldsymbol{b}$. Dann heißt

$$[\boldsymbol{a}, \boldsymbol{b}] = \{\boldsymbol{x} \in \mathbb{R}^n \colon \boldsymbol{a} \leq \boldsymbol{x} \leq \boldsymbol{b}\} = \left\{\boldsymbol{x} = \begin{pmatrix} x_1 \\ \vdots \\ x_n \end{pmatrix} \colon a_i \leq x_i \leq b_i \ (i = 1, \ldots, n)\right\}$$

ein *abgeschlossenes* und

$$(\boldsymbol{a}, \boldsymbol{b}) = \{\boldsymbol{x} \in \mathbb{R}^n \colon \boldsymbol{a} < \boldsymbol{x} < \boldsymbol{b}\} = \left\{\boldsymbol{x} = \begin{pmatrix} x_1 \\ \vdots \\ x_n \end{pmatrix} \colon a_i < x_i < b_i \ (i = 1, \ldots, n)\right\}$$

ein *offenes Intervall* im $\mathbb{R}^n$. Intervalle der Form

$$[\boldsymbol{a}, \boldsymbol{b}) = \{\boldsymbol{x} \in \mathbb{R}^n \colon \boldsymbol{a} \leq \boldsymbol{x} < \boldsymbol{b}\}$$

oder

$$(\boldsymbol{a}, \boldsymbol{b}] = \{\boldsymbol{x} \in \mathbb{R}^n \colon \boldsymbol{a} < \boldsymbol{x} \leq \boldsymbol{b}\}$$

nennt man *halboffene Intervalle*, hier speziell *rechts offen, links abgeschlossen* bzw. *links offen, rechts abgeschlossen*.

Ein Intervall im $\mathbb{R}^n$ enthält also alle Punkte $\boldsymbol{x} \in \mathbb{R}^n$, deren Koordinaten x_i unabhängig voneinander zwischen a_i und b_i variieren können. Kann eine der Komponenten von $\boldsymbol{a}$ oder $\boldsymbol{b}$ beliebig groß oder klein werden, so spricht man von einem unbeschränkten Intervall. Wir kommen allgemein zu beschränkten bzw. unbeschränkten Mengen.

Definition 15.14

Eine Punktmenge $M \subseteq \mathbb{R}^n$ heißt

a) *beschränkt nach oben*, wenn ein $\boldsymbol{b} \in \mathbb{R}^n$ existiert mit $\boldsymbol{b} \geq \boldsymbol{x}$ für alle $\boldsymbol{x} \in M$,

b) *beschränkt nach unten*, wenn ein $\boldsymbol{a} \in \mathbb{R}^n$ existiert mit $\boldsymbol{a} \leq \boldsymbol{x}$ für alle $\boldsymbol{x} \in M$,

c) *beschränkt*, wenn M nach oben und unten beschränkt ist,

d) *kompakt*, wenn M beschränkt und abgeschlossen ist.

Die Vereinigung und der Durchschnitt endlich vieler beschränkter Mengen ist wieder beschränkt. Wegen Satz 15.12 gilt eine entsprechende Aussage auch für kompakte Mengen.

Beispiel 15.15

Gegeben seien die Mengen:

$$M_1 = \{\boldsymbol{x} \in \mathbb{R}^2_+ \colon x_1 + 2x_2 \leq 3,\ \|\boldsymbol{x}\| \leq 2\}$$
$$M_2 = \{\boldsymbol{x} \in \mathbb{R}^2_+ \colon x_1 \in \mathbb{N}\}$$

Die Menge M_1 ist kompakt, die Menge M_2 abgeschlossen, aber nicht beschränkt, also auch nicht kompakt.

Für den Durchschnitt erhalten wir die kompakte Menge

$$M_1 \cap M_2 = \left\{\begin{pmatrix} 2 \\ 0 \end{pmatrix}\right\} \cup \left\{\begin{pmatrix} 1 \\ c \end{pmatrix} \colon c \in [0, 1]\right\}.$$

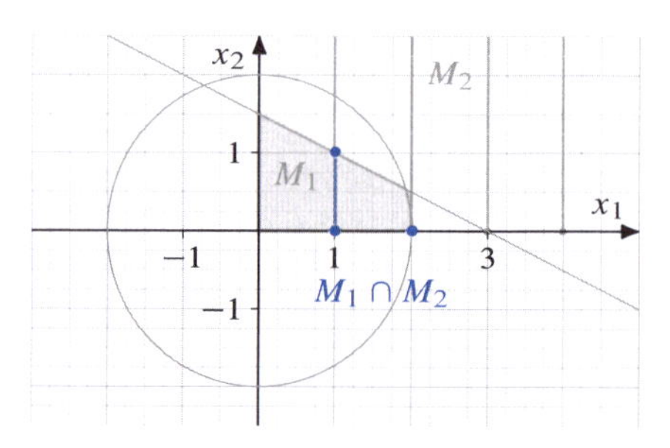

Abbildung 15.7: *Geometrische Darstellung der Punktmengen* $\boldsymbol{M_1}, \boldsymbol{M_2}, \boldsymbol{M_1 \cap M_2} \subseteq \mathbb{R}^2$

Andererseits ist die Menge

$$M_1' = \{\boldsymbol{x} \in \mathbb{R}^2 \colon x_1 + 2x_2 < 3,\ \|\boldsymbol{x}\| < 2\}$$

offen und die Menge

$$M_1'' = \{\boldsymbol{x} \in \mathbb{R}^2 \colon x_1 + 2x_2 < 3,\ \|\boldsymbol{x}\| \leq 2\}$$

weder offen noch abgeschlossen.

M_1'' ist nicht offen, weil für kein $\boldsymbol{x} \in M_1''$ mit $\|\boldsymbol{x}\| = 2$ eine r-Umgebung in M_1'' gefunden werden kann.

Weiterhin ist die Menge M_1'' nicht abgeschlossen, weil für kein $\boldsymbol{x} \in \overline{M_1''}$ mit $x_1 + 2x_2 = 3$ eine r-Umgebung in $\overline{M_1''}$ existiert.

Alle Punkte mit $x_1 + 2x_2 = 3$ und $\|\boldsymbol{x}\| \leq 2$ sind beispielsweise Randpunkte von M_1'' und $\overline{M_1''}$.

Also gibt es auch Mengen, die weder offen noch abgeschlossen sind.

Beispiel 15.16

Es gibt Mengen, die sowohl offen als auch abgeschlossen sind.

Da der Durchschnitt zweier offener oder abgeschlossener Mengen auch leer sein kann, ist die leere Menge $\emptyset$ nach Satz 15.12 sowohl offen als auch abgeschlossen.

Damit ist das Komplement der leeren Menge ebenfalls offen und abgeschlossen.

Beispiel 15.17

Wir betrachten die Menge

$$H_< = \{x \in \mathbb{R}^2 : a_1x_1 + a_2x_2 < b\}.$$

Dann liegt für jedes $x \in H_<$, also für $a_1x_1 + a_2x_2 = c < b$, die Umgebung $K_<$ von x mit $r < b - c$ ganz in $H_<$, also ist $H_<$ offen. Analog zeigt man, dass $H_>$ offen ist.

Damit sind die Komplemente $H_\leq = \overline{H_>}$ und $H_\geq = \overline{H_<}$ abgeschlossen (Definition 15.11). Das Gleiche gilt für $H = H_\leq \cap H_\geq$ (Satz 15.12).

Andererseits existiert für die Menge $H_<$ weder ein $u \in \mathbb{R}^2$ mit $u \leq x$ noch ein $v \in \mathbb{R}^2$ mit $v \geq x$ für alle $x \in H_<$. Die Menge $H_<$ ist weder nach unten noch nach oben beschränkt und damit auch nicht kompakt. Entsprechendes gilt für die Mengen $H_>, H_\leq, H_\geq$ und H.

Beispiel 15.18

Wir betrachten die Kreisfläche

$$F_< = \{x \in \mathbb{R}^2 : \|x - a\| < b\}.$$

Dann liegt auch hier für jedes $x \in F_<$, also für $\|x - a\| = c < b$, die Umgebung $K_<$ von x mit $r < b - c$ ganz in $F_<$, also ist $F_<$ offen. Analog zeigt man, dass $F_>$ offen ist.

Damit sind wieder die Komplemente $F_\leq = \overline{F_>}$, $F_\geq = \overline{F_<}$ und auch $F = F_\leq \cap F_\geq$ abgeschlossen.

Die Menge $F_<$ ist wegen $F_< \subset [u, v]$ mit $u = a - (b, b)^T$ und $v = a + (b, b)^T$ beschränkt, ebenso $F_\leq$. Also ist die Menge $F_\leq$ auch kompakt.

Andererseits sind die Mengen $F_>, F_\geq$ nicht beschränkt und damit auch nicht kompakt.

15.4 Konvexe Mengen

Um nun weitere für ökonomische Probleme wichtige Eigenschaften von Punktmengen des $\mathbb{R}^n$ diskutieren zu können, wollen wir die Operationen der Addition und der skalaren Multiplikation bei Vektoren (Definitionen 14.13 und 14.18) geeignet verbinden.

Definition 15.19

Seien $a_1, \ldots, a_m$ Vektoren des $\mathbb{R}^n$ und $r_1, \ldots, r_m$ reellwertige Skalare, dann heißt der Vektor b mit

$$b = r_1a_1 + \ldots + r_ma_m = \sum_{i=1}^{m} r_ia_i$$

eine *Linearkombination* von $a_1, \ldots, a_m$.

Beispiel 15.20

Gegeben seien die Vektoren $a = (1, 2)^T$ und $b = (3, 1)^T$ des $\mathbb{R}^2$ und wir betrachten alle Linearkombinationen $r_1a + r_2b$ (Abbildung 15.8).

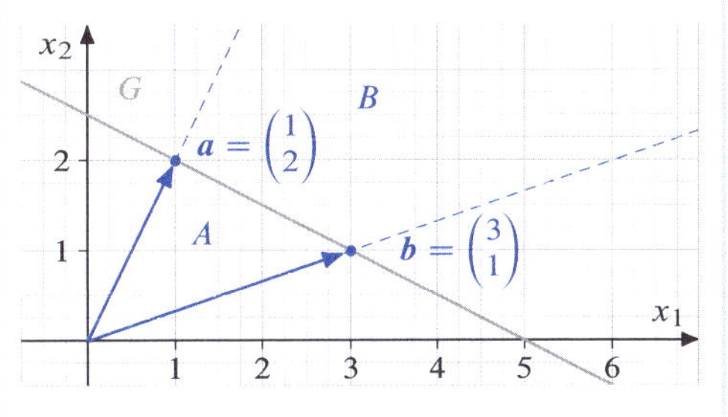

Abbildung 15.8: *Linearkombinationen $r_1a + r_2b$ im $\mathbb{R}^2$*

Für

$\begin{pmatrix} r_1 \\ r_2 \end{pmatrix} = \begin{pmatrix} 1 \\ 0 \end{pmatrix}$ erhalten wir den Punkt $a = \begin{pmatrix} 1 \\ 2 \end{pmatrix}$,

für $\begin{pmatrix} r_1 \\ r_2 \end{pmatrix} = \begin{pmatrix} 0 \\ 1 \end{pmatrix}$ den Punkt $b = \begin{pmatrix} 3 \\ 1 \end{pmatrix}$.

Sei nun $r_1 + r_2 = 1$. Dann ergibt sich für

- $r_1 \geq 0,\ r_2 \geq 0$ die Strecke auf G zwischen den Punkten $\begin{pmatrix} 1 \\ 2 \end{pmatrix}$ und $\begin{pmatrix} 3 \\ 1 \end{pmatrix}$,
- $r_1 > 0,\ r_2 < 0$ der Strahl auf G links oberhalb von $\begin{pmatrix} 1 \\ 2 \end{pmatrix}$,
- $r_1 < 0,\ r_2 > 0$ der Strahl auf G rechts unterhalb von $\begin{pmatrix} 3 \\ 1 \end{pmatrix}$.

Für $r_1 + r_2 \leq 1$ erhält man den Halbraum links unterhalb von G, insbesondere für $r_1 \geq 0, r_2 \geq 0$ alle Punkte des mit A bezeichneten Dreiecks.

Entsprechend erhält man für $r_1 + r_2 \geq 1$ den Halbraum rechts oberhalb von G, insbesondere für $r_1 \geq 0, r_2 \geq 0$ alle Punkte der Menge B.

Mit Hilfe der beiden Vektoren $\boldsymbol{a} = (1, 2)^T$ und $\boldsymbol{b} = (3, 1)^T$ kann jeder Vektor des $\mathbb{R}^2$ als Linearkombination von $\boldsymbol{a}$ und $\boldsymbol{b}$ dargestellt werden.

Beispiel 15.21

Wir betrachten drei gegebene Vektoren $\boldsymbol{a}, \boldsymbol{b}, \boldsymbol{c}$ des $\mathbb{R}^3$ und deren Linearkombinationen (Abbildung 15.9).

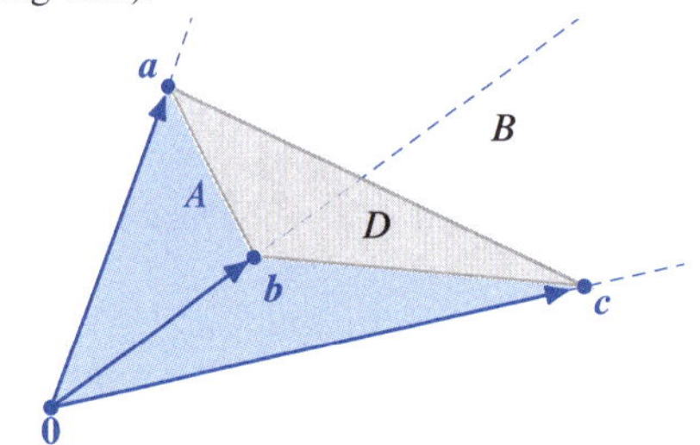

Abbildung 15.9: *Linearkombinationen* $r_1\boldsymbol{a} + r_2\boldsymbol{b} + r_3\boldsymbol{c}$ *im* $\mathbb{R}^3$

Wir setzen zunächst $r_1 \geq 0, r_2 \geq 0, r_3 \geq 0$. Für

$$r_1 + r_2 + r_3 = 1$$

erhalten wir dann das durch die Punkte $\boldsymbol{a}, \boldsymbol{b}, \boldsymbol{c}$ aufgespannte Dreieck D, für

$$r_1 + r_2 + r_3 \leq 1$$

das durch die Punkte $\boldsymbol{0}, \boldsymbol{a}, \boldsymbol{b}, \boldsymbol{c}$ aufgespannte Tetraeder A und für

$$r_1 + r_2 + r_3 \geq 1$$

alle Punkte rechts oberhalb von D, bezeichnet mit B.

Mit Hilfe von $r_i < 0$ für genau ein, zwei bzw. alle $i = 1, 2, 3$ erhält man wie in Beispiel 15.20 hier alle Punkte des $\mathbb{R}^3$.

In den Beispielen 15.20 und 15.21 haben wir zur Charakterisierung bestimmter Teilmengen des $\mathbb{R}^2$ bzw. $\mathbb{R}^3$ spezielle Linearkombinationen betrachtet. Daraus ergeben sich neue Begriffe für den $\mathbb{R}^n$.

Definition 15.22

Seien $\boldsymbol{a}_1, \ldots, \boldsymbol{a}_m$ Vektoren des $\mathbb{R}^n$ und $r_1, \ldots, r_m$ reellwertige Skalare. Dann heißt die Linearkombination

$$\boldsymbol{b} = r_1\boldsymbol{a}_1 + \ldots + r_m\boldsymbol{a}_m$$

a) *nichtnegative Linearkombination* für $r_i \geq 0$ $(i = 1, \ldots, m)$,

b) *positive Linearkombination* für $r_i > 0$ $(i = 1, \ldots, m)$,

c) *konvexe Linearkombination* oder *Konvexkombination* für $r_i \geq 0$ $(i = 1, \ldots, m)$ und $\sum_{i=1}^m r_i = 1$,

d) *echte Konvexkombination* für $r_i > 0$ $(i = 1, \ldots, m)$ und $\sum_{i=1}^m r_i = 1$.

Definition 15.23

Seien $\boldsymbol{a}_1, \ldots, \boldsymbol{a}_m$ Vektoren des $\mathbb{R}^n$ und $r_1, \ldots, r_m$ reellwertige Skalare. Dann bezeichnet man die Punktmenge

$$Q = \left\{\boldsymbol{x} \in \mathbb{R}^n\colon \boldsymbol{x} = \sum_{i=1}^m r_i\boldsymbol{a}_i,\ r_i \geq 0 \quad (i = 1, \ldots, m)\right\}$$

aller nichtnegativen Linearkombinationen als den von den Vektoren

$$\boldsymbol{a}_1, \ldots, \boldsymbol{a}_m$$

aufgespannten *abgeschlossenen konvexen Kegel* und die Punktmenge

$$\begin{aligned} P &= \left\{\boldsymbol{x} \in \mathbb{R}^n\colon \boldsymbol{x} = \sum_{i=1}^m r_i\boldsymbol{a}_i,\ r_i \geq 0 \quad (i = 1, \ldots, m),\ \sum_{i=1}^m r_i = 1\right\} \\ &= \left\{\boldsymbol{x} \in Q\colon \sum_{i=1}^m r_i = 1\right\} \subset Q \end{aligned}$$

aller Konvexkombinationen als das von den Vektoren

$$\boldsymbol{a}_1, \ldots, \boldsymbol{a}_m$$

aufgespannte *abgeschlossene konvexe Polyeder*. Lässt man in Q bzw. P nur positive Skalare $r_i > 0$ $(i = 1, \ldots, m)$ zu, so ergibt sich ein *offener konvexer Kegel* bzw. ein *offenes konvexes Polyeder*.

Konvexe Polyeder sind im Gegensatz zu konvexen Kegeln stets beschränkt.

Beispiel 15.24

Wir betrachten die in den Beispielen 15.20 und 15.21 beschriebenen Linearkombinationen. Dann spannen die Vektoren

$$\boldsymbol{a} = (1,2)^T, \boldsymbol{b} = (3,1)^T$$

den konvexen Kegel $A \cup B$ bzw. das konvexe Polyeder $A \cap B$ auf (vgl. Abbildung 15.8).

Entsprechend erhalten wir mit Hilfe der Vektoren $\boldsymbol{a}, \boldsymbol{b}, \boldsymbol{c} \in \mathbb{R}^3$ in Abbildung 15.9 den konvexen Kegel $A \cup B$ bzw. das konvexe Polyeder D.

Ferner wird auch mit einem oder zwei Vektoren aus $\boldsymbol{a}, \boldsymbol{b}, \boldsymbol{c} \in \mathbb{R}^3$ sowohl ein konvexer Kegel als auch ein konvexes Polyeder aufgespannt. So erhalten wir mit Hilfe von $\boldsymbol{a} \in \mathbb{R}^3$

$$Q_a = \{\boldsymbol{x} \in \mathbb{R}^3 \colon \boldsymbol{x} = r\boldsymbol{a},\ r \geq 0\},$$
$$P_a = \{\boldsymbol{x} \in \mathbb{R}^3 \colon \boldsymbol{x} = r\boldsymbol{a},\ r = 1\} = \{\boldsymbol{a}\}$$

bzw. mit $\boldsymbol{a}, \boldsymbol{b} \in \mathbb{R}^3$

$$\begin{aligned} Q_{ab} &= \{\boldsymbol{x} \in \mathbb{R}^3 \colon \boldsymbol{x} = r_1\boldsymbol{a} + r_2\boldsymbol{b};\ r_1, r_2 \geq 0\}, \\ P_{ab} &= \{\boldsymbol{x} \in \mathbb{R}^3 \colon \boldsymbol{x} = r_1\boldsymbol{a} + r_2\boldsymbol{b};\ r_1, r_2 \geq 0, \\ &\qquad r_1 + r_2 = 1\} \\ &= \{\boldsymbol{x} \in \mathbb{R}^3 \colon \boldsymbol{x} = r_1\boldsymbol{a} + (1 - r_1)\boldsymbol{b}, \\ &\qquad r_1 \in [0,1]\} \end{aligned}$$

Wir erweitern den Begriff der Konvexität auf beliebige Punktmengen des $\mathbb{R}^n$.

Definition 15.25

Eine Punktmenge $M \subseteq \mathbb{R}^n$ heißt *konvex*, wenn mit zwei beliebigen Punkten $\boldsymbol{a}, \boldsymbol{b} \in M$ auch jede Konvexkombination

$$\boldsymbol{x} = r_1\boldsymbol{a} + r_2\boldsymbol{b} = r_1\boldsymbol{a} + (1 - r_1)\boldsymbol{b}$$

mit

$$r_1 \geq 0,\ r_2 \geq 0,\ r_1 + r_2 = 1$$

zu M gehört. Mit $\boldsymbol{x}$ erhält man gerade alle Punkte auf der Verbindungsstrecke zwischen $\boldsymbol{a}$ und $\boldsymbol{b}$.

Beispiel 15.26

Konvexe Kegel und konvexe Polyeder sind konvexe Mengen.

Für zwei Punkte $\boldsymbol{b}, \boldsymbol{c}$ des Polyeders

$$\begin{aligned} P = \Big\{\boldsymbol{x} \in \mathbb{R}^n \colon \boldsymbol{x} = \sum_{i=1}^m r_i\boldsymbol{a}_i,\ r_i \geq 0 \\ (i = 1, \ldots, m;\ \boldsymbol{a}_1, \ldots, \boldsymbol{a}_m \in \mathbb{R}^n), \\ \sum_{i=1}^m r_i = 1\Big\} \end{aligned}$$

gilt für $s_i, t_i \in \mathbb{R}_+$ $(i = 1, \ldots, m)$ beispielsweise

$$\boldsymbol{b} = \sum_{i=1}^m s_i\boldsymbol{a}_i, \quad \boldsymbol{c} = \sum_{i=1}^m t_i\boldsymbol{a}_i,$$

$$\sum_{i=1}^m s_i = \sum_{i=1}^m t_i = 1.$$

Für jedes $\boldsymbol{x} \in \mathbb{R}^n$ mit $\boldsymbol{x} = q\boldsymbol{b} + (1-q)\boldsymbol{c}, q \in [0,1]$ folgt daraus

$$\begin{aligned} \boldsymbol{x} &= q\sum_{i=1}^m s_i\boldsymbol{a}_i + (1-q)\sum_{i=1}^m t_i\boldsymbol{a}_i \\ &= \sum_{i=1}^m qs_i\boldsymbol{a}_i + \sum_{i=1}^m (1-q)t_i\boldsymbol{a}_i \\ &= \sum_{i=1}^m \big(qs_i\boldsymbol{a}_i + (1-q)t_i\boldsymbol{a}_i\big) \\ &= \sum_{i=1}^m \big(qs_i + (1-q)t_i\big)\boldsymbol{a}_i \end{aligned}$$

mit

$$qs_i + (1-q)t_i \geq 0 \quad \text{für alle} \quad i = 1, \ldots, m$$

sowie

$$\begin{aligned} &\sum_{i=1}^m \big(qs_i + (1-q)t_i\big) \\ &= q\sum_{i=1}^m s_i + (1-q)\sum_{i=1}^m t_i \\ &= q + 1 - q = 1 \end{aligned}$$

und daraus $\boldsymbol{x} \in P$.

Beispiel 15.27

Jeder Halbraum des $\mathbb{R}^n$

$$H_{\leq} = \{\boldsymbol{x} \in \mathbb{R}^n :\ \boldsymbol{a}^T \boldsymbol{x} \leq b\} \quad \text{mit } \boldsymbol{a} \in \mathbb{R}^n \setminus \{\boldsymbol{0}\}$$

ist konvex.

Sei z. B. $\boldsymbol{x}, \boldsymbol{y} \in H_{\leq}$ mit

$$\boldsymbol{a}^T \boldsymbol{x} \leq b$$

und

$$\boldsymbol{a}^T \boldsymbol{y} \leq b\,.$$

Dann gilt für

$$\boldsymbol{z} = q\boldsymbol{x} + (1-q)\boldsymbol{y}$$

mit $q \in [0,1]$:

$$\begin{aligned} \boldsymbol{a}^T \boldsymbol{z} &= \boldsymbol{a}^T \big(q\boldsymbol{x} + (1-q)\boldsymbol{y}\big) \\ &= \boldsymbol{a}^T q\boldsymbol{x} + \boldsymbol{a}^T (1-q)\boldsymbol{y} \\ &= q\boldsymbol{a}^T \boldsymbol{x} + (1-q)\boldsymbol{a}^T \boldsymbol{y} \\ &\leq qb + (1-q)b = b \end{aligned}$$

Also ist $\boldsymbol{z} \in H_{\leq}$ und somit $H_{\leq}$ konvex.

Entsprechendes gilt für die Halbräume $H_{\geq}$, $H_{<}$, $H_{>}$ (Definition 15.7).

Beispiel 15.28

Die Menge

$$K_{<} = \{\boldsymbol{x} \in \mathbb{R}^n :\ \|\boldsymbol{x} - \boldsymbol{a}\| < r\}$$

ist konvex.

Sei z. B. $\boldsymbol{x}, \boldsymbol{y} \in K_{<}$ mit $\|\boldsymbol{x} - \boldsymbol{a}\| < r$, $\|\boldsymbol{y} - \boldsymbol{a}\| < r$.

Dann gilt für $\boldsymbol{z} = q\boldsymbol{x} + (1-q)\boldsymbol{y}$ mit $q \in [0,1]$:

$$\begin{aligned} \|\boldsymbol{z} - \boldsymbol{a}\| &= \|q\boldsymbol{x} + (1-q)\boldsymbol{y} - \boldsymbol{a}\| \\ &= \|q\boldsymbol{x} + (1-q)\boldsymbol{y} - q\boldsymbol{a} - (1-q)\boldsymbol{a}\| \\ &\leq \|q\boldsymbol{x} - q\boldsymbol{a}\| + \|(1-q)\boldsymbol{y} - (1-q)\boldsymbol{a}\| \\ &\qquad\qquad (\text{Satz 15.4 b}) \\ &= q\|\boldsymbol{x} - \boldsymbol{a}\| + (1-q)\|\boldsymbol{y} - \boldsymbol{a}\| \\ &< qr + (1-q)r = r \end{aligned}$$

Also ist $\boldsymbol{z} \in K_{<}$ und somit $K_{<}$ konvex.

Entsprechendes gilt auch für die Menge $K_{\leq}$. Die Mengen $K_{>}$ und $K_{\geq}$ sind dagegen nicht konvex.

Im Rahmen der Untersuchung von Mengen auf ihre Konvexität ist die folgende Aussage sehr hilfreich.

Satz 15.29

Der Durchschnitt konvexer Mengen ist konvex.

Beweis

Seien $\boldsymbol{M}_i$ $(i \in I)$ konvexe Mengen und $\boldsymbol{a}, \boldsymbol{b} \in \bigcap_{i \in I} \boldsymbol{M}_i$.

$\Rightarrow \boldsymbol{a}, \boldsymbol{b} \in \boldsymbol{M}_i$ für alle $i \in I$

$\Rightarrow q\boldsymbol{a} + (1-q)\boldsymbol{b} \in \boldsymbol{M}_i$ für alle $i \in I$ und $q \in [0,1]$ (Definition 15.25)

$\Rightarrow q\boldsymbol{a} + (1-q)\boldsymbol{b} \in \bigcap_{i \in I} \boldsymbol{M}_i$ für alle $q \in [0,1]$

$\Rightarrow \bigcap_{i \in I} \boldsymbol{M}_i$ ist konvex.

Einige konvexe Mengen lassen sich durch Konvexkombinationen bzw. echte Konvexkombinationen bestimmter Randpunkte beschreiben.

Definition 15.30

Ein Punkt $\boldsymbol{a}$ einer konvexen Menge $M \subseteq \mathbb{R}^n$ heißt *Eckpunkt*, wenn $\boldsymbol{a}$ nicht als echte Konvexkombination zweier von $\boldsymbol{a}$ verschiedener Punkte $\boldsymbol{a}_1, \boldsymbol{a}_2 \in M$ darstellbar ist, d. h., es gilt

$$\boldsymbol{a} = q\boldsymbol{a}_1 + (1-q)\boldsymbol{a}_2 \ \Rightarrow\ q \notin (0,1).$$

Für konvexe Polyeder ergibt sich daraus folgende Aussage.

Satz 15.31

Ein konvexes Polyeder P im $\mathbb{R}^n$ hat endlich viele Eckpunkte

$$\boldsymbol{a}_1, \ldots, \boldsymbol{a}_k \in \mathbb{R}^n$$

und jedes $\boldsymbol{b} \in P$ ist als Konvexkombination der Eckpunkte $\boldsymbol{a}_1, \ldots, \boldsymbol{a}_k$ darstellbar.

Beweisidee

Da P durch endlich viele Vektoren aufgespannt wird, kommen nur diese Vektoren als Eckpunkte in Frage. Ferner lässt sich jeder Vektor von P, der nicht einem Eckpunkt entspricht, als Konvexkombination von mindestens zwei Vektoren und damit auch Eckpunkten von P darstellen.

Damit ist ein konvexes Polyeder durch die Menge aller Konvexkombinationen seiner endlich vielen Eckpunkte eindeutig bestimmt.

Definition 15.32

Ein konvexes Polyeder P im $\mathbb{R}^n$ heißt k-*Simplex*, wenn P genau $k + 1$ Eckpunkte besitzt, die nicht in einer Hyperebene des $\mathbb{R}^k$ liegen.

Danach entspricht

- das 0-Simplex einem Punkt,
- das 1-Simplex einer Strecke,
- das 2-Simplex einem Dreieck,
- das 3-Simplex einem Tetraeder im $\mathbb{R}^3$.

Beispiel 15.33

Es sind zwei Produkte P_1, P_2 auf zwei Maschinen M_1, M_2 zu fertigen.

Es ergeben sich die Maschinenzeiten von 4 Minuten auf M_1 und 3 Minuten auf M_2 zur Herstellung einer Einheit von P_1, von 2 Minuten auf M_1 und 5 Minuten auf M_2 zur Herstellung einer Einheit von P_2.

Ferner besitzen die Maschinen eine Kapazität von je 420 Minuten.

Bezeichnet man die Produktionsquantitäten mit x_1 für P_1 und x_2 für P_2, so erhält man folgende Bedingungen für Maschinenkapazitäten:

$$4x_1 + 2x_2 \leq 420\,,$$
$$3x_1 + 5x_2 \leq 420$$

Die Menge $(x_1, x_2)^T \in \mathbb{R}^2_+$ der produzierbaren Vektoren ist:

$$P = \left\{ \boldsymbol{x} = \begin{pmatrix} x_1 \\ x_2 \end{pmatrix} \in \mathbb{R}^2_+ : 4x_1 + 2x_2 \leq 420, \; 3x_1 + 5x_2 \leq 420 \right\}$$

Wir stellen diese Menge grafisch dar (Abbildung 15.10) und diskutieren einige produzierbare Vektoren.

Für $(105, 0)^T$ gilt:

$$I)\; 4 \cdot 105 + 0 = 420$$
$$II)\; 3 \cdot 105 + 0 = 315 < 420$$

M_1 ist ausgelastet, M_2 ist mit 315 Minuten nicht ausgelastet.

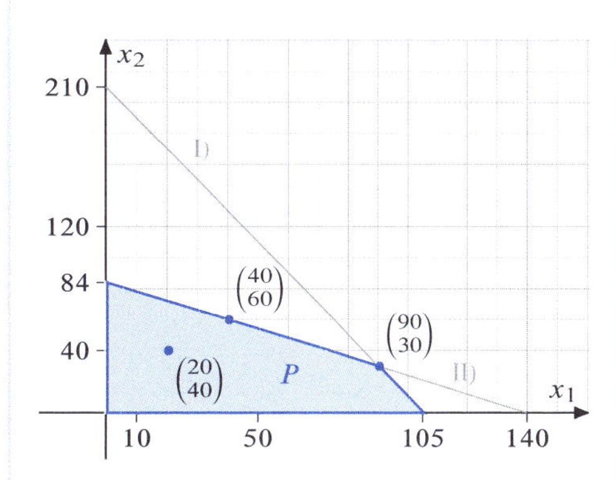

Abbildung 15.10: *Graphische Darstellung von* P

Für $(90, 30)^T$ gilt:

$$I)\; 4 \cdot 90 + 2 \cdot 30 = 420$$
$$II)\; 3 \cdot 90 + 5 \cdot 30 = 420$$

Beide Maschinen sind ausgelastet.

Für $(40, 60)^T$ gilt:

$$I)\; 4 \cdot 40 + 2 \cdot 60 = 280 < 420$$
$$II)\; 3 \cdot 40 + 5 \cdot 60 = 420$$

Nur M_2 ist ausgelastet.

Für $(20, 40)^T$ gilt:

$$I)\; 4 \cdot 20 + 2 \cdot 40 = 160 < 420$$
$$II)\; 3 \cdot 20 + 5 \cdot 40 = 260 < 420$$

Im letzten Fall ist keine der Maschinen ausgelastet.

Man überlegt sich andererseits, dass am „Nord-Ost-Rand“ von P jeweils mindestens eine Maschine ausgelastet ist. Die Menge P ist ein abgeschlossenes konvexes Polyeder.

Wählt man im $\mathbb{R}^2$ als Vektoren die Eckpunkte von P

$$\boldsymbol{a}^1 = \begin{pmatrix} 0 \\ 0 \end{pmatrix}, \qquad \boldsymbol{a}^2 = \begin{pmatrix} 105 \\ 0 \end{pmatrix},$$
$$\boldsymbol{a}^3 = \begin{pmatrix} 90 \\ 30 \end{pmatrix}, \qquad \boldsymbol{a}^4 = \begin{pmatrix} 0 \\ 84 \end{pmatrix},$$

so enthält P gerade alle Konvexkombinationen dieser Vektoren.

Beispiel 15.34

Es wird angenommen, dass die Nachfrage x nach einem Produkt durch den Preis p mit

$$x \leq 1 + \frac{4}{p}$$

bestimmt wird. Durch Umformen erhält man

$$(x-1)p \leq 4\,.$$

Hat man ferner die Konsumrestriktion $x \in [2,8]$, so ergibt sich für die Menge der möglichen Nachfrage-Preis-Kombinationen

$$N = \left\{ \begin{pmatrix} x \\ p \end{pmatrix} \in \mathbb{R}^2_+ : \; x \in [2,8], \; (x-1)p \leq 4 \right\},$$

die in Abbildung 15.11 grafisch dargestellt ist.

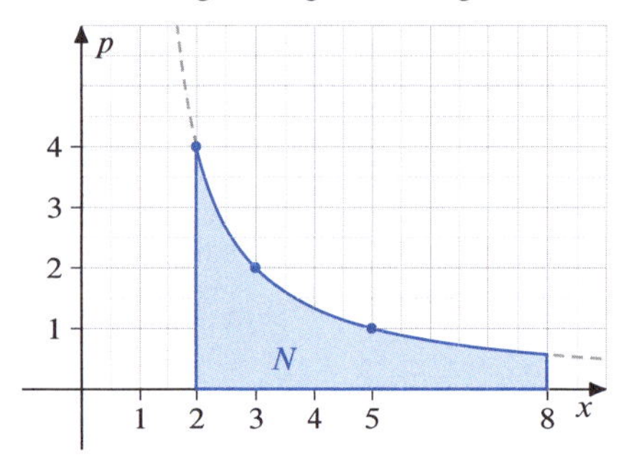

Abbildung 15.11: *Grafische Darstellung von N*

N ist abgeschlossen und beschränkt, aber nicht konvex.

Die Menge der Randpunkte ist:

$$R = \left\{ \begin{pmatrix} x \\ 0 \end{pmatrix} : \; x \in [2,8] \right\} \cup \left\{ \begin{pmatrix} 2 \\ p \end{pmatrix} : \; p \in [0,4] \right\}$$
$$\cup \left\{ \begin{pmatrix} 8 \\ p \end{pmatrix} : \; p \in \left[0, \tfrac{4}{7}\right] \right\}$$
$$\cup \left\{ \begin{pmatrix} x \\ p \end{pmatrix} : \; x \in [2,8], \; (x-1)p = 4 \right\}$$

Beispiel 15.35

Die Kreisfläche

$$K_{\leq} = \{ \boldsymbol{x} \in \mathbb{R}^2 : \; \|\boldsymbol{x} - \boldsymbol{a}\| \leq r \}$$

hat unendlich viele Eckpunkte. Kein Randpunkt von $K_{\leq}$ lässt sich als Konvexkombination zweier anderer Punkte von $K_{\leq}$ darstellen, wodurch alle Randpunkte $\boldsymbol{x}$ mit $\|\boldsymbol{x} - \boldsymbol{a}\| = r$ Eckpunkte sind.

Relevante Literatur

Fischer, Gerd (2013). *Lineare Algebra: Eine Einführung für Studienanfänger*. 18. Aufl. Springer Spektrum, Kap. 2.0, 2.1

Gramlich, Günter M. (2014). *Lineare Algebra: Eine Einführung*. 4. Aufl. Carl Hanser, Kap. 2, 3

Merz, Michael und Wüthrich, Mario V. (2012). *Mathematik für Wirtschaftswissenschaftler: Die Einführung mit vielen ökonomischen Beispielen*. Vahlen, Kap. 7

Opitz, Otto u. a. (2014). *Mathematik: Übungsbuch für das Studium der Wirtschaftswissenschaften*. 8. Aufl. De Gruyter Oldenbourg, Kap. 12

Strang, Gilbert (2003). *Lineare Algebra*. Springer, Kap. 1

Vektorräume

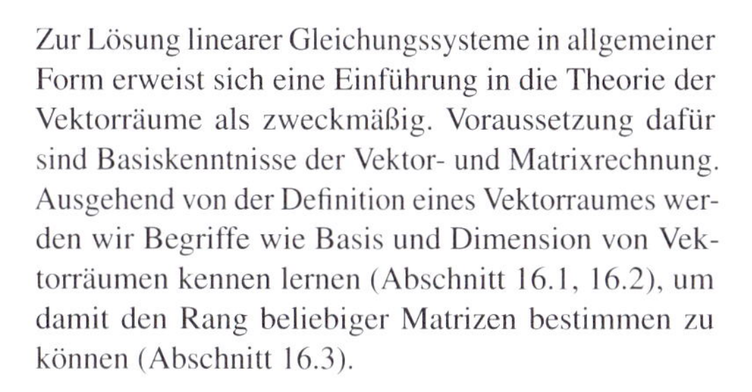

Zur Lösung linearer Gleichungssysteme in allgemeiner Form erweist sich eine Einführung in die Theorie der Vektorräume als zweckmäßig. Voraussetzung dafür sind Basiskenntnisse der Vektor- und Matrixrechnung. Ausgehend von der Definition eines Vektorraumes werden wir Begriffe wie Basis und Dimension von Vektorräumen kennen lernen (Abschnitt 16.1, 16.2), um damit den Rang beliebiger Matrizen bestimmen zu können (Abschnitt 16.3).

16.1 Begriff, Basis und Dimension

Definition 16.1

Eine nichtleere Menge V von Vektoren des $\mathbb{R}^n$ heißt *linearer Raum* oder *Vektorraum*, wenn für die Elemente von V eine Addition

$$\boldsymbol{a}, \boldsymbol{b} \in V \quad \Rightarrow \quad \boldsymbol{a} + \boldsymbol{b} \in V$$

und eine skalare Multiplikation

$$\boldsymbol{a} \in V,\ r \in \mathbb{R} \quad \Rightarrow \quad r \cdot \boldsymbol{a} \in V$$

definiert sind.

Für die Addition und die skalare Multiplikation gelten die in den Sätzen 14.17 und 14.21 angegebenen Rechenregeln.

Beispiel 16.2

Wir überprüfen, ob die Menge

$$V = \{\boldsymbol{x} \in \mathbb{R}^3 \colon\ x_1 - x_2 + x_3 = 0\}$$

einen Vektorraum darstellt.

Zunächst überlegen wir, wie Vektoren der Menge V dargestellt werden können:

$$\begin{aligned} V &= \{\boldsymbol{x} \in \mathbb{R}^3 \colon\ x_1 - x_2 + x_3 = 0\} \\ &= \{\boldsymbol{x} \in \mathbb{R}^3 \colon\ x_3 = x_2 - x_1\} \end{aligned}$$

$$\Rightarrow \boldsymbol{a} = \begin{pmatrix} a_1 \\ a_2 \\ a_2 - a_1 \end{pmatrix} \in V, \ \boldsymbol{b} = \begin{pmatrix} b_1 \\ b_2 \\ b_2 - b_1 \end{pmatrix} \in V$$

Für die Vektoren in V ist eine Addition erklärt:

$$\begin{aligned} \boldsymbol{a} + \boldsymbol{b} &= \begin{pmatrix} a_1 + b_1 \\ a_2 + b_2 \\ (a_2 - a_1) + (b_2 - b_1) \end{pmatrix} \\ &= \begin{pmatrix} a_1 + b_1 \\ a_2 + b_2 \\ (a_2 + b_2) - (a_1 + b_1) \end{pmatrix} \in V \end{aligned}$$

Ebenso ist für die Vektoren in V eine skalare Multiplikation erklärt:

$$r\boldsymbol{a} = \begin{pmatrix} r \cdot a_1 \\ r \cdot a_2 \\ r \cdot a_2 - r \cdot a_1 \end{pmatrix} \in V$$

Sowohl bei der Addition als auch bei der skalaren Multiplikation ist die 3. Komponente des Ergebnisvektors gleich der 2. Komponente abzüglich der ersten Komponente.

$\Rightarrow$ V ist ein Vektorraum.

Grafisch entspricht V einer Ebene (Abb. 16.1), die den Ursprung des Koordinatensystems beinhaltet und auf der x_1-x_2-Ebene durch die Winkelhalbierende läuft.

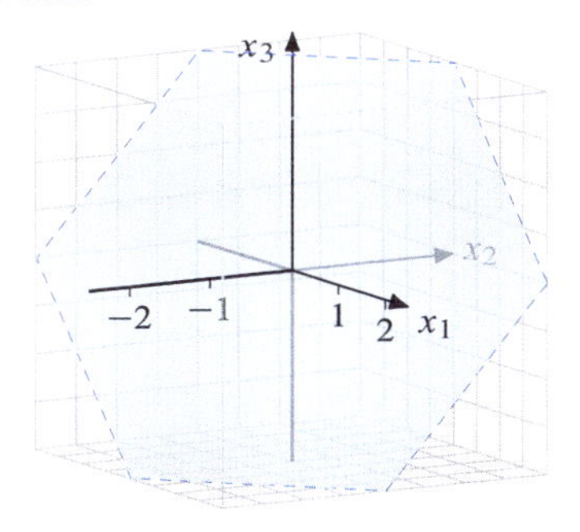

Abbildung 16.1: *Vektorraum von Beispiel 16.2*

DOI: 10.1515/9783110475333-016

Eine zentrale Frage besteht nun darin, in einem Vektorraum möglichst wenige Vektoren so anzugeben, dass alle übrigen Elemente mit Hilfe geeigneter Linearkombinationen gewonnen werden können.

Satz 16.3

Jeder Vektor

$$\boldsymbol{a} = \begin{pmatrix} a_1 \\ \vdots \\ a_n \end{pmatrix} \in \mathbb{R}^n$$

lässt sich darstellen als Linearkombination der Einheitsvektoren (Definition 14.11 e) des $\mathbb{R}^n$ mit:

$$\boldsymbol{e}_1 = \begin{pmatrix} 1 \\ 0 \\ \vdots \\ 0 \end{pmatrix}, \ldots, \boldsymbol{e}_n = \begin{pmatrix} 0 \\ 0 \\ \vdots \\ 1 \end{pmatrix}$$

Beweis

Es gilt:

$$\begin{aligned} \boldsymbol{a} &= a_1 \boldsymbol{e}_1 + \ldots + a_n \boldsymbol{e}_n \\ &= a_1 \begin{pmatrix} 1 \\ 0 \\ \vdots \\ 0 \end{pmatrix} + \ldots + a_n \begin{pmatrix} 0 \\ 0 \\ \vdots \\ 1 \end{pmatrix} \end{aligned}$$

Der Vektor $\boldsymbol{a}$ entspricht gerade der Linearkombination der Einheitsvektoren $\boldsymbol{e}_1, \ldots, \boldsymbol{e}_n$ mit den Skalaren $a_1, \ldots, a_n$.

Andererseits kommt man nicht mit weniger als mit n Einheitsvektoren aus. Entfällt beispielsweise $\boldsymbol{e}_n$, so kann man mit

$$\begin{aligned} \boldsymbol{b} &= b_1 \boldsymbol{e}_1 + \ldots + b_{n-1} \boldsymbol{e}_{n-1} \\ &= b_1 \begin{pmatrix} 1 \\ 0 \\ \vdots \\ 0 \end{pmatrix} + \ldots + b_{n-1} \begin{pmatrix} 0 \\ \vdots \\ 1 \\ 0 \end{pmatrix} \end{aligned}$$

nur Vektoren darstellen, deren n-te Komponente gleich Null ist. Dennoch werden wir zeigen, dass es außer der Menge

$$\{\boldsymbol{e}_1, \ldots, \boldsymbol{e}_n\}$$

noch andere Mengen mit je n Vektoren gibt, welche die Rolle der Einheitsvektoren in der entsprechenden Weise übernehmen können.

Definition 16.4

Die Vektoren $\boldsymbol{a}_1, \ldots, \boldsymbol{a}_m \in \mathbb{R}^n$ $(m \leq n)$ heißen *linear unabhängig*, wenn die Vektorgleichung

$$r_1 \boldsymbol{a}_1 + \ldots + r_m \boldsymbol{a}_m = \boldsymbol{0}$$

nur für $r_1 = \ldots = r_m = 0$ erfüllt ist.

Andernfalls heißen die Vektoren $\boldsymbol{a}_1, \ldots, \boldsymbol{a}_m \in \mathbb{R}^n$ *linear abhängig*. In diesem Fall existieren Skalare $r_1, \ldots, r_m$, die nicht alle gleich Null sind, mit

$$r_1 \boldsymbol{a}_1 + \ldots + r_m \boldsymbol{a}_m = \boldsymbol{0}.$$

Beispiel 16.5

Gegeben seien die Vektoren des $\mathbb{R}^3$

$$\boldsymbol{a}_1 = \begin{pmatrix} 1 \\ 2 \\ -1 \end{pmatrix}, \boldsymbol{a}_2 = \begin{pmatrix} 1 \\ -1 \\ 1 \end{pmatrix}, \boldsymbol{a}_3 = \begin{pmatrix} 2 \\ 1 \\ 0 \end{pmatrix},$$

$$\boldsymbol{a}_0 = \begin{pmatrix} 0 \\ 0 \\ 0 \end{pmatrix}, \boldsymbol{e}_1, \boldsymbol{e}_2, \boldsymbol{e}_3.$$

Dann sind die Vektoren $\boldsymbol{e}_1, \boldsymbol{e}_2, \boldsymbol{a}_3$ linear abhängig, denn es gilt

$$r_1 \begin{pmatrix} 1 \\ 0 \\ 0 \end{pmatrix} + r_2 \begin{pmatrix} 0 \\ 1 \\ 0 \end{pmatrix} + r_3 \begin{pmatrix} 2 \\ 1 \\ 0 \end{pmatrix} = \begin{pmatrix} 0 \\ 0 \\ 0 \end{pmatrix}$$

beispielsweise für

$$r_1 = 2, \; r_2 = 1, \; r_3 = -1.$$

Der Vektor $\boldsymbol{a}_3$ ist eine Linearkombination von $\boldsymbol{e}_1$ und $\boldsymbol{e}_2$; es gilt

$$\boldsymbol{a}_3 = 2\boldsymbol{e}_1 + \boldsymbol{e}_2.$$

Auch die Vektoren $\boldsymbol{a}_1, \boldsymbol{a}_2, \boldsymbol{a}_3$ sind linear abhängig, denn es gilt

$$r_1 \begin{pmatrix} 1 \\ 2 \\ -1 \end{pmatrix} + r_2 \begin{pmatrix} 1 \\ -1 \\ 1 \end{pmatrix} + r_3 \begin{pmatrix} 2 \\ 1 \\ 0 \end{pmatrix} = \begin{pmatrix} 0 \\ 0 \\ 0 \end{pmatrix}$$

beispielsweise für

$$r_1 = r_2 = 1, \; r_3 = -1.$$

Ferner sind mehr als drei der Vektoren stets linear abhängig.

Für $\boldsymbol{a}_1, \boldsymbol{a}_2, \boldsymbol{e}_1, \boldsymbol{e}_2$ gilt die Gleichung

$$r_1\begin{pmatrix}1\\2\\-1\end{pmatrix}+r_2\begin{pmatrix}1\\-1\\1\end{pmatrix}+r_3\begin{pmatrix}1\\0\\0\end{pmatrix}+r_4\begin{pmatrix}0\\1\\0\end{pmatrix}=\begin{pmatrix}0\\0\\0\end{pmatrix}$$

etwa für

$$r_1 = r_2 = 1,\ r_3 = -2,\ r_4 = -1\,.$$

Jedes System von Vektoren, das den Nullvektor $\boldsymbol{a}_0$ enthält, ist linear abhängig. Für $\boldsymbol{a}_0, \boldsymbol{a}_1, \boldsymbol{a}_2$ ist beispielsweise

$$1\cdot\begin{pmatrix}0\\0\\0\end{pmatrix}+0\cdot\begin{pmatrix}1\\2\\-1\end{pmatrix}+0\cdot\begin{pmatrix}1\\-1\\1\end{pmatrix}=\begin{pmatrix}0\\0\\0\end{pmatrix}.$$

Andererseits sind je drei Vektoren aus

$$\boldsymbol{a}_1, \boldsymbol{a}_2, \boldsymbol{a}_3, \boldsymbol{e}_1, \boldsymbol{e}_2, \boldsymbol{e}_3$$

linear unabhängig, ausgenommen

$$\boldsymbol{a}_1, \boldsymbol{a}_2, \boldsymbol{a}_3 \text{ und } \boldsymbol{e}_1, \boldsymbol{e}_2, \boldsymbol{a}_3\,.$$

Für $\boldsymbol{e}_1, \boldsymbol{a}_2, \boldsymbol{a}_3$ erhält man beispielsweise die Gleichung

$$r_1\begin{pmatrix}1\\0\\0\end{pmatrix}+r_2\begin{pmatrix}1\\-1\\1\end{pmatrix}+r_3\begin{pmatrix}2\\1\\0\end{pmatrix}=\begin{pmatrix}0\\0\\0\end{pmatrix}$$

oder komponentenweise:

$$\left.\begin{aligned} r_1 + r_2 + 2r_3 &= 0\\ -r_2 + r_3 &= 0\\ r_2 &= 0\end{aligned}\right\}\Rightarrow r_2 = r_3 = r_1 = 0$$

Auch für $\boldsymbol{a}_1, \boldsymbol{a}_2, \boldsymbol{e}_2$ gilt

$$r_1\begin{pmatrix}1\\2\\-1\end{pmatrix}+r_2\begin{pmatrix}1\\-1\\1\end{pmatrix}+r_3\begin{pmatrix}0\\1\\0\end{pmatrix}=\begin{pmatrix}0\\0\\0\end{pmatrix}$$

bzw.

$$\left.\begin{aligned} r_1 + r_2 &= 0\\ 2r_1 - r_2 + r_3 &= 0\\ -r_1 + r_2 &= 0\end{aligned}\right\}\Rightarrow r_1 = r_2 = r_3 = 0.$$

Die drei Einheitsvektoren sind linear unabhängig.

Je zwei der Vektoren

$$\boldsymbol{a}_1, \boldsymbol{a}_2, \boldsymbol{a}_3, \boldsymbol{e}_1, \boldsymbol{e}_2, \boldsymbol{e}_3$$

sind linear unabhängig.

Satz 16.6

Die Vektoren

$$\boldsymbol{a}_1, \ldots, \boldsymbol{a}_m \in \mathbb{R}^n \qquad (m \le n)$$

sind genau dann linear abhängig, wenn sich einer der Vektoren als Linearkombination der anderen Vektoren darstellen lässt.

Beweis

Die Vektoren $\boldsymbol{a}_1, \ldots, \boldsymbol{a}_m$ sind linear abhängig

$\Leftrightarrow$ es existiert mindestens ein

$r_i \neq 0$ mit $\sum_{j=1}^{m} r_j \boldsymbol{a}_j = \boldsymbol{0}$ (Definition 16.4)

$\Leftrightarrow$ es existiert mindestens ein

$r_i \neq 0$ mit $\boldsymbol{a}_i = -\frac{1}{r_i}\cdot\sum_{j=1, j\neq i}^{m} r_j \boldsymbol{a}_j$

$\Leftrightarrow$ $\boldsymbol{a}_i$ ist Linearkombination von $\boldsymbol{a}_1, \ldots, \boldsymbol{a}_{i-1}, \boldsymbol{a}_{i+1}, \ldots, \boldsymbol{a}_m$.

Damit sind wir in der Lage, den Begriff der Basis und der Dimension eines Vektorraumes einzuführen.

Definition 16.7

Eine Menge

$$B = \{\boldsymbol{b}_1, \ldots, \boldsymbol{b}_m\}$$

linear unabhängiger Vektoren eines Vektorraumes

$$V \subseteq \mathbb{R}^n \qquad (m \le n)$$

heißt *Basis* von V, wenn jedes beliebige $\boldsymbol{b} \in V$ als Linearkombination der *Basisvektoren* $\boldsymbol{b}_1, \ldots, \boldsymbol{b}_m$ gemäß

$$\boldsymbol{b} = r_1\boldsymbol{b}_1 + \ldots + r_m\boldsymbol{b}_m$$

darstellbar ist.

Der Vektorraum V hat dann die *Dimension* m. Man schreibt:

$$\dim V = m$$

Da die Vektoren $\boldsymbol{b}_1, \ldots, \boldsymbol{b}_m$ linear unabhängig sind, kann kein $\boldsymbol{b}_i$ als Linearkombination der anderen $m-1$ Vektoren dargestellt werden. Die Streichung eines $\boldsymbol{b}_i$ aus B würde bedeuten, dass Elemente von V nicht erreicht werden können. In diesem Sinne kann B nicht verkleinert werden.

Da andererseits jedes $\boldsymbol{b} \in V$ als Linearkombination der Vektoren $\boldsymbol{b}_1, \ldots, \boldsymbol{b}_m$ darstellbar ist, sind je $m+1$ Elemente von V linear abhängig. In diesem Sinne kann B nicht erweitert werden. Die Dimension von V ist damit eindeutig.

Offenbar ist der $\mathbb{R}^n$ ein Vektorraum mit der Dimension n. Da die Einheitsvektoren $\{\boldsymbol{e}_1, \ldots, \boldsymbol{e}_n\}$ linear unabhängig sind, bilden sie eine Basis. Im Übrigen entspricht der Begriff der Dimension des $\mathbb{R}^n$ der gewohnten Vorstellung. So wird ein eindimensionaler Vektorraum durch die Punkte einer Geraden und ein zweidimensionaler Vektorraum durch die Punkte einer Ebene charakterisiert, jeweils unter Einschluss des Nullpunktes.

Beispiel 16.8

Gegeben seien die Vektoren

$$\boldsymbol{b}_1 = \begin{pmatrix} 2 \\ 1 \\ 0 \end{pmatrix}, \quad \boldsymbol{b}_2 = \begin{pmatrix} 0 \\ 2 \\ 1 \end{pmatrix} \quad \in \mathbb{R}^3.$$

Dann wird durch $r\boldsymbol{b}_1$ bzw. $r\boldsymbol{b}_2$ mit $r \in \mathbb{R}$ jeweils ein eindimensionaler Vektorraum V_1 bzw. V_1' aufgespannt (Abbildung 16.2).

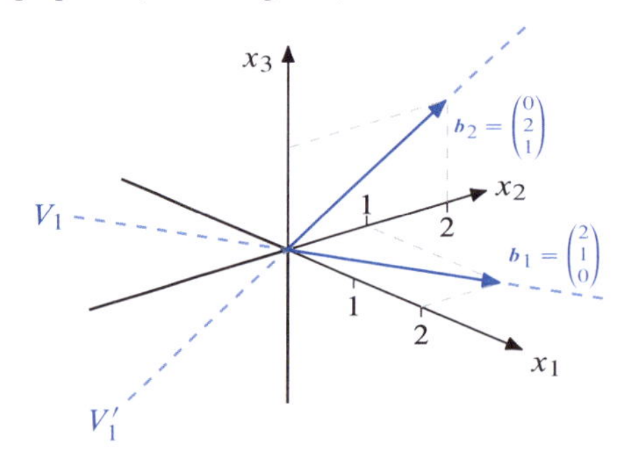

Abbildung 16.2: *Vektorräume V_1 und V_1' der Dimension 1*

In V_1 ist die Basis einelementig, beispielsweise $B = \{\boldsymbol{b}_1\}$. Der Vektor $\boldsymbol{b}_1$ kann hier durch jedes Vielfache $r\boldsymbol{b}_1$ mit $r \neq 0$ ersetzt werden.

Durch $r_1\boldsymbol{b}_1 + r_2\boldsymbol{b}_2$ mit $r_1, r_2 \in \mathbb{R}$ entsteht ein zweidimensionaler Vektorraum V_2 (Abb. 16.3).

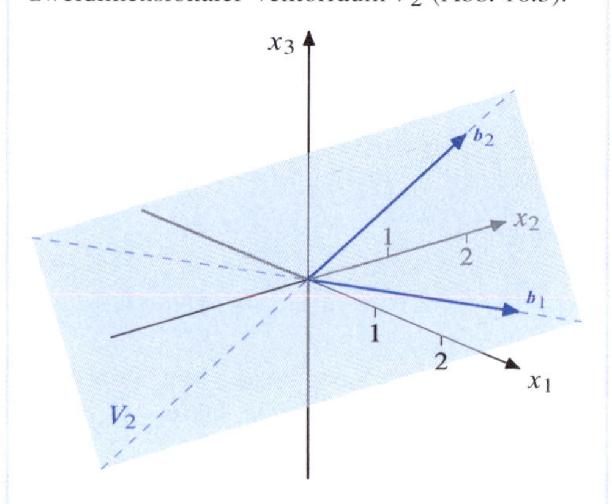

Abbildung 16.3: *Vektorraum V_2 der Dimension 2*

In V_2 gilt entsprechend $B = \{\boldsymbol{b}_1, \boldsymbol{b}_2\}$.

In diesem Fall können die Vektoren $\boldsymbol{b}_1, \boldsymbol{b}_2$ durch zwei beliebige linear unabhängige Vektoren des $\mathbb{R}^3$ ersetzt werden, die in der Ebene V_2 liegen.

16.2 Basistausch

Im Gegensatz zur Dimension eines Vektorraumes ist die Basis nicht eindeutig.

Wir betrachten den n-dimensionalen Vektorraum $\mathbb{R}^n$ und versuchen, alle möglichen Basen zu charakterisieren. Dafür benötigen wir zwei sogenannte Austauschsätze (Sätze 16.9 und 16.11), die auf *E. Steinitz* (1871–1928) zurückgehen.

Satz 16.9

Sei

$$B = \{\boldsymbol{b}_1, \ldots, \boldsymbol{b}_n\}$$

eine Basis des $\mathbb{R}^n$. Dann ist auch

$$B_1 = \{\boldsymbol{c}_1, \boldsymbol{b}_2, \ldots, \boldsymbol{b}_n\}$$
$$\text{mit} \quad \boldsymbol{c}_1 = r_1\boldsymbol{b}_1 + \ldots + r_n\boldsymbol{b}_n, \quad r_1 \neq 0$$

eine Basis des $\mathbb{R}^n$.

Beweis

Es existiert stets eine Basis der Form

$$\{b_1, \ldots, b_n\}$$

für den $\mathbb{R}^n$, beispielsweise

$$\{e_1, \ldots, e_n\}.$$

Wir betrachten folgende Gleichung:

$$\begin{aligned}
&s_1 c_1 + s_2 b_2 + \ldots + s_n b_n \\
&= s_1(r_1 b_1 + \ldots + r_n b_n) \\
&\quad + s_2 b_2 + \ldots + s_n b_n = \mathbf{0} \\
&\Rightarrow (s_1 r_1) b_1 + (s_2 + s_1 r_2) b_2 \\
&\qquad + \ldots + (s_n + s_1 r_n) b_n = \mathbf{0} \\
&\Rightarrow s_1 r_1 = s_2 + s_1 r_2 = \ldots = s_n + s_1 r_n = 0, \\
&\qquad \text{da } \{b_1, \ldots, b_n\} \text{ Basis ist} \\
&(\Rightarrow r_1 \neq 0 \Rightarrow s_1 = 0 \Rightarrow s_2 = \ldots = s_n = 0) \\
&\Rightarrow c_1, b_2, \ldots, b_n \text{ linear unabhängig}
\end{aligned}$$

Für beliebiges $a \in \mathbb{R}^n$ sei nun

$$\begin{aligned}
&a = p_1 b_1 + \ldots + p_n b_n \\
&\text{mit} \quad b_1 = \tfrac{1}{r_1} c_1 - \tfrac{r_2}{r_1} b_2 - \ldots - \tfrac{r_n}{r_1} b_n \\
&\Rightarrow a = p_1 \Big(\tfrac{1}{r_1} c_1 - \tfrac{r_2}{r_1} b_2 - \ldots - \tfrac{r_n}{r_1} b_n \Big) \\
&\qquad + p_2 b_2 + \ldots + p_n b_n \\
&= \tfrac{p_1}{r_1} c_1 + \Big(p_2 - \tfrac{p_1 r_2}{r_1} \Big) b_2 + \ldots + \Big(p_n - \tfrac{p_1 r_n}{r_1} \Big) b_n,
\end{aligned}$$

also ist a aus den Vektoren $c_1, b_2, \ldots, b_n$ linear kombinierbar, damit ist $B_1 = \{c_1, b_2, \ldots, b_n\}$ eine Basis.

Offenbar bleibt Satz 16.9 auch dann gültig, wenn man einen beliebigen Vektor b_k gegen ein

$$c_k = \sum\nolimits_{i=1}^{n} r_i b_i \text{ mit } r_k \neq 0$$

austauscht. Dann erhält man für $a \in \mathbb{R}^n$ die Darstellungen

$$\begin{aligned}
a &= p_1 b_1 + \ldots + p_k b_k + \ldots + p_n b_n \\
&\qquad \text{bzgl. } B = \{b_1, \ldots, b_k, \ldots, b_n\}, \\
a &= q_1 b_1 + \ldots + q_k c_k + \ldots + q_n b_n \\
&\qquad \text{bzgl. } B_k = \{b_1, \ldots, c_k, \ldots, b_n\}
\end{aligned}$$

und es gilt

$$q_k = \tfrac{p_k}{r_k}, \quad q_i = p_i - \tfrac{p_k r_i}{r_k} \quad \text{für} \quad i \neq k.$$

Zweckmäßigerweise verwendet man für derartige Rechnungen folgendes Schema (Tabelle 16.1):

Zeile	Basis	c_k	a	Operation
(1)	b_1	r_1	p_1	
(2)	b_2	r_2	p_2	
$\vdots$	$\vdots$	$\vdots$	$\vdots$	
(k)	b_k	$\boxed{r_k}$	p_k	
$\vdots$	$\vdots$	$\vdots$	$\vdots$	
(n)	b_n	r_n	p_n	
(n+1)	b_1	0	$q_1 = p_1 - \frac{r_1 p_k}{r_k}$	(1) $- \frac{r_1}{r_k} \cdot$ (k)
(n+2)	b_2	0	$q_2 = p_2 - \frac{r_2 p_k}{r_k}$	(2) $- \frac{r_2}{r_k} \cdot$ (k)
$\vdots$	$\vdots$	$\vdots$	$\vdots$	$\vdots$
(n+k)	c_k	1	$q_k = \frac{p_k}{r_k}$	$\frac{1}{r_k} \cdot$ (k)
$\vdots$	$\vdots$	$\vdots$	$\vdots$	$\vdots$
(2n)	b_n	0	$q_n = p_n - \frac{r_n p_k}{r_k}$	(n) $- \frac{r_n}{r_k} \cdot$ (k)

Tabelle 16.1: *Austausch eines Basisvektors*

Ausgehend von Zeile (1), …, (n) in Tabelle 16.1 mit

$$\begin{aligned}
c_k &= r_1 b_1 + \ldots + r_k b_k + \ldots + r_n b_n \\
a &= p_1 b_1 + \ldots + p_k b_k + \ldots + p_n b_n \\
&\text{jeweils bzgl. } B = \{b_1, \ldots, b_n\}
\end{aligned}$$

erhalten wir in den Zeilen (n+1), …, (2n)

$$\begin{aligned}
c_k &= 0 + \ldots + 0 + 1 \cdot c_k + 0 + \ldots + 0 \\
a &= \Big(p_1 - \tfrac{r_1 p_k}{r_k} \Big) b_1 + \ldots + \Big(\tfrac{p_k}{r_k} \Big) c_k \\
&\quad + \ldots + \Big(p_n - \tfrac{r_n p_k}{r_k} \Big) b_n \\
&\text{jeweils bzgl. } B_k = \{b_1, \ldots, c_k, \ldots, b_n\}.
\end{aligned}$$

Die Zeilennummerierung i (i = (1), …, (2n)) ist zudem nützlich, um in der Operationsspalte den jeweiligen Rechenschritt angeben zu können. Beispielsweise ist im Fall ((i) $- \frac{r_i}{r_k} \cdot$ (k)) von der i-ten Zeile das $\frac{r_i}{r_k}$-fache der k-ten Zeile abzuziehen.

Beispiel 16.10

Für $B = \{b_1, b_2, b_3, b_4\}$ mit

$$b_1 = \begin{pmatrix} 1 \\ 2 \\ 0 \\ 1 \end{pmatrix}, \; b_2 = \begin{pmatrix} 0 \\ 1 \\ 1 \\ 1 \end{pmatrix}, \; b_3 = \begin{pmatrix} 1 \\ 1 \\ 2 \\ 0 \end{pmatrix}, \; b_4 = \begin{pmatrix} 2 \\ 0 \\ 1 \\ 1 \end{pmatrix}$$

und

$$c_3 = 3b_1 - 2b_2 + b_3 - b_4 = \begin{pmatrix} 2 \\ 5 \\ -1 \\ 0 \end{pmatrix}$$

sowie

$$a = b_1 + 5b_2 - 3b_3 + b_4 = \begin{pmatrix} 0 \\ 4 \\ 0 \\ 7 \end{pmatrix}$$

ergibt sich mit Hilfe des Austauschtableaus:

Zeile	Basis	c_3	a	Operation
①	b_1	3	1	
②	b_2	−2	5	
③	b_3	[1]	−3	
④	b_4	−1	1	
⑤	b_1	0	10	① − 3 · ③
⑥	b_2	0	−1	② + 2 · ③
⑦	c_3	1	−3	③
⑧	b_4	0	−2	④ + ③

Damit ist:

$$a = 10b_1 - b_2 - 3c_3 - 2b_4$$
$$= 10\begin{pmatrix} 1 \\ 2 \\ 0 \\ 1 \end{pmatrix} - \begin{pmatrix} 0 \\ 1 \\ 1 \\ 1 \end{pmatrix} - 3\begin{pmatrix} 2 \\ 5 \\ -1 \\ 0 \end{pmatrix} - 2\begin{pmatrix} 2 \\ 0 \\ 1 \\ 1 \end{pmatrix} = \begin{pmatrix} 0 \\ 4 \\ 0 \\ 7 \end{pmatrix}$$

Wir haben somit den Vektor a als Linearkombination der neuen Basis $\{b_1, b_2, c_3, b_4\}$ dargestellt.

Satz 16.11

Seien

$$b_1, \ldots, b_n$$

linear unabhängige Vektoren des $\mathbb{R}^n$. Dann ist

$$B = \{b_1, \ldots, b_n\}$$

eine *Basis* des $\mathbb{R}^n$.

Beweis

Wir gehen von der Basis $\{e_1, \ldots, e_n\}$ der Einheitsvektoren aus und tauschen der Reihe nach Vektoren $e_1, e_2, \ldots$ gegen $b_1, b_2, \ldots$ aus. Dies beweisen wir mit Hilfe vollständiger Induktion nach der Anzahl k der ausgetauschten Vektoren.

Für $k = 1$ folgt der Beweis aus Satz 16.9.

Wir nehmen nun an, wir haben etwa mit

$$\{b_1, \ldots, b_k, e_{k+1}, \ldots, e_n\}$$

eine Basis. Dann gilt auch

$$b_{k+1} = r_1 b_1 + \ldots + r_k b_k + r_{k+1} e_{k+1} + \ldots + r_n e_n,$$

wobei die Werte $r_{k+1}, \ldots, r_n$ wegen der linearen Unabhängigkeit der Vektoren $b_1, \ldots, b_n$ nicht alle 0 sind, also beispielsweise $r_{k+1} \neq 0$. Damit lässt sich nach Satz 16.9 der Vektor e_{k+1} gegen b_{k+1} austauschen. Schließlich erhalten wir mit $\{b_1, \ldots, b_n\}$ eine Basis.

Jedes linear unabhängige System von n Vektoren des $\mathbb{R}^n$ ist also eine Basis im $\mathbb{R}^n$. Geht man entsprechend Satz 16.9 und 16.11 von einer Basis zu einer anderen Basis über, so spricht man von einem *Basistausch* oder einer *Basistransformation*.

Beispiel 16.12

Will man den Vektor $a = (2, 5, 4)^T$ einmal durch die Basis $\{e_1, e_2, e_3\}$, zum anderen durch $\{b_1, b_2, b_3\}$ mit

$$b_1 = \begin{pmatrix} 1 \\ 2 \\ 3 \end{pmatrix}, \quad b_2 = \begin{pmatrix} 1 \\ 0 \\ 1 \end{pmatrix}, \quad b_3 = \begin{pmatrix} 2 \\ 1 \\ 0 \end{pmatrix}$$

darstellen, so ergibt sich in 3 Schritten:

Zeile	Basis	b_1	b_2	b_3	a	Operation
①	e_1	[1]	1	2	2	
②	e_2	2	0	1	5	
③	e_3	3	1	0	4	
④	b_1	1	1	2	2	①
⑤	e_2	0	[−2]	−3	1	② − 2 · ①
⑥	e_3	0	−2	−6	−2	③ − 3 · ①
⑦	b_1	1	0	1/2	5/2	④ + 1/2 · ⑤
⑧	b_2	0	1	3/2	−1/2	−1/2 · ⑤
⑨	e_3	0	0	[−3]	−3	⑥ − ⑤
⑩	b_1	1	0	0	2	⑦ + 1/6 · ⑨
⑪	b_2	0	1	0	−2	⑧ + 1/2 · ⑨
⑫	b_3	0	0	1	1	−1/3 · ⑨

Damit erhält man

$$a = 2b_1 - 2b_2 + b_3$$
$$= 2\begin{pmatrix} 1 \\ 2 \\ 3 \end{pmatrix} - 2\begin{pmatrix} 1 \\ 0 \\ 1 \end{pmatrix} + \begin{pmatrix} 2 \\ 1 \\ 0 \end{pmatrix} = \begin{pmatrix} 2 \\ 5 \\ 4 \end{pmatrix}.$$

Beispiel 16.13

Versucht man, aus dem System $\{\boldsymbol{b}_1, \boldsymbol{b}_2, \boldsymbol{b}_3, \boldsymbol{b}_4\}$ von Vektoren des $\mathbb{R}^3$ mit

$$\boldsymbol{b}_1 = \begin{pmatrix} 1 \\ 2 \\ -1 \end{pmatrix}, \qquad \boldsymbol{b}_2 = \begin{pmatrix} 1 \\ -1 \\ 2 \end{pmatrix},$$

$$\boldsymbol{b}_3 = \begin{pmatrix} 2 \\ 1 \\ 1 \end{pmatrix}, \qquad \boldsymbol{b}_4 = \begin{pmatrix} 0 \\ 3 \\ -3 \end{pmatrix}$$

eine Basis zu finden und die Vektoren

$$\boldsymbol{a}_1 = \begin{pmatrix} 1 \\ 1 \\ 1 \end{pmatrix} \quad \text{und} \quad \boldsymbol{a}_2 = \begin{pmatrix} 1 \\ 0 \\ 1 \end{pmatrix}$$

durch die ermittelte Basis darzustellen, so ergibt sich in 2 Schritten:

Zeile	Basis	$\boldsymbol{b}_1$	$\boldsymbol{b}_2$	$\boldsymbol{b}_3$	$\boldsymbol{b}_4$	$\boldsymbol{a}_1$	$\boldsymbol{a}_2$	Operation
①	$\boldsymbol{e}_1$	1	1	2	0	1	1	
②	$\boldsymbol{e}_2$	2	−1	1	3	1	0	
③	$\boldsymbol{e}_3$	−1	2	1	−3	1	1	
④	$\boldsymbol{b}_1$	1	1	2	0	1	1	①
⑤	$\boldsymbol{e}_2$	0	−3	−3	3	−1	−2	② − 2 · ①
⑥	$\boldsymbol{e}_3$	0	3	3	−3	2	2	③ + ①
⑦	$\boldsymbol{b}_1$	1	0	1	1	2/3	1/3	④ + 1/3 · ⑤
⑧	$\boldsymbol{b}_2$	0	1	1	−1	1/3	2/3	−1/3 · ⑤
⑨	$\boldsymbol{e}_3$	0	0	0	0	1	0	⑥ + ⑤

Im Endtableau erkennt man, dass die Menge $\{\boldsymbol{b}_1, \boldsymbol{b}_2, \boldsymbol{e}_3\}$ eine Basis darstellt. Weder $\boldsymbol{b}_3$ noch $\boldsymbol{b}_4$ können neben $\boldsymbol{b}_1$ und $\boldsymbol{b}_2$ in die Basis aufgenommen werden, weil sie linear aus $\boldsymbol{b}_1$ und $\boldsymbol{b}_2$ kombinierbar sind:

$$\boldsymbol{b}_3 = 1 \cdot \boldsymbol{b}_1 + 1 \cdot \boldsymbol{b}_2$$
$$\boldsymbol{b}_4 = 1 \cdot \boldsymbol{b}_1 - 1 \cdot \boldsymbol{b}_2$$

Es ist somit klar, dass je 3 der Vektoren $\boldsymbol{b}_1, \boldsymbol{b}_2, \boldsymbol{b}_3, \boldsymbol{b}_4$ linear abhängig sind und das System $\{\boldsymbol{b}_1, \boldsymbol{b}_2, \boldsymbol{b}_3, \boldsymbol{b}_4\}$ keine Basis enthält. Dies wird durch Zeile ⑨ deutlich, die in den Spalten $\boldsymbol{b}_1, \dots, \boldsymbol{b}_4$ nur Nullen enthält.

Andererseits gilt:

$$\boldsymbol{a}_1 = \tfrac{2}{3} \cdot \boldsymbol{b}_1 + \tfrac{1}{3} \cdot \boldsymbol{b}_2 + 1 \cdot \boldsymbol{e}_3$$
$$\boldsymbol{a}_2 = \tfrac{1}{3} \cdot \boldsymbol{b}_1 + \tfrac{2}{3} \cdot \boldsymbol{b}_2$$

Lediglich der Vektor $\boldsymbol{a}_2$ ist eine Linearkombination aus $\boldsymbol{b}_1$ und $\boldsymbol{b}_2$. Entsprechende Ergebnisse erhält man, wenn in obigem Rechentableau eine andere Reihenfolge des Basistausches verfolgt wird.

Satz 16.14

Sei $B = \{\boldsymbol{b}_1, \dots, \boldsymbol{b}_n\}$ eine Basis des $\mathbb{R}^n$ und

$$\boldsymbol{a} = r_1\boldsymbol{b}_1 + \ldots + r_n\boldsymbol{b}_n .$$

Dann sind die Skalare $r_1, \dots, r_n$ eindeutig bestimmt.

Beweis

Angenommen, es gibt eine Darstellung

$$\boldsymbol{a} = s_1\boldsymbol{b}_1 + \ldots + s_n\boldsymbol{b}_n$$

mit $s_i \neq r_i$ für mindestens ein i.

Dann gilt nach Subtraktion der Gleichungen:

$$\boldsymbol{0} = (r_1 - s_1)\boldsymbol{b}_1 + \ldots + (r_n - s_n)\boldsymbol{b}_n$$
$$\Rightarrow \quad r_i = s_i \; (i = 1, \dots, n),$$

da $B = \{\boldsymbol{b}_1, \dots, \boldsymbol{b}_n\}$ Basis ist.

Abschließend erklären wir den Begriff des Teilraumes.

Definition 16.15

Eine Teilmenge T des Vektorraumes $\mathbb{R}^n$ heißt *linearer Teilraum* des $\mathbb{R}^n$, wenn auch T ein Vektorraum ist.

Ein linearer Teilraum des Vektorraumes $\mathbb{R}^n$ besitzt also alle Eigenschaften des $\mathbb{R}^n$, bezogen auf einen Teil der Elemente des $\mathbb{R}^n$. Jede Linearkombination von Vektoren des linearen Teilraumes erzeugt wieder einen Vektor des linearen Teilraumes. Damit kann man auch für Teilräume die Begriffe Basis und Dimension erklären. Es gilt:

$$\dim T \leq n .$$

Beispiel 16.16

Gegeben seien die Mengen

$$V_1 = \{\boldsymbol{x} \in \mathbb{R}^4\colon\ x_1 + x_2 + x_3 + x_4 = 1\},$$
$$V_2 = \{\boldsymbol{x} \in \mathbb{R}^4\colon\ x_4 = 2x_1,\ x_1 - x_2 + x_3 = 0\},$$
$$V_3 = \{\boldsymbol{x} \in \mathbb{R}^4\colon\ x_1 + x_2 \leq x_3 + x_4\},$$
$$V_4 = \{\boldsymbol{x} \in \mathbb{R}^4\colon\ x_1^2 = x_2 \cdot x_3\},$$
$$V_5 = \{\boldsymbol{x} \in \mathbb{R}^4\colon\ x_4 = 0\}.$$

Sei $\boldsymbol{x} \in V_1,\ r \in \mathbb{R}$

$$\Rightarrow x_1 + x_2 + x_3 + x_4 = 1$$
$$\Rightarrow rx_1 + rx_2 + rx_3 + rx_4 = r$$
$$\Rightarrow r\boldsymbol{x} \notin V_1 \quad \text{für } r \neq 1$$

Also ist V_1 kein Vektorraum.

Sei $\boldsymbol{x} \in V_2,\ r \in \mathbb{R}$

$$\Rightarrow x_4 = 2x_1,\ x_1 - x_2 + x_3 = 0$$
$$\Rightarrow rx_4 = 2rx_1,\ rx_1 - rx_2 + rx_3 = 0$$
$$\Rightarrow r\boldsymbol{x} \in V_2$$

Zudem gilt mit $\boldsymbol{y} \in V_2$: $y_4 = 2y_1$, $y_1 - y_2 + y_3 = 0$.

$$\Rightarrow x_4 + y_4 = 2(x_1 + y_1),$$
$$\Rightarrow (x_1 + y_1) - (x_2 + y_2) + (x_3 + y_3) = 0$$
$$\Rightarrow \boldsymbol{x} + \boldsymbol{y} \in V_2$$

Damit ist V_2 ein Vektorraum.

Sei $\boldsymbol{x} \in V_3$

$$\Rightarrow x_1 + x_2 \leq x_3 + x_4$$
$$\Rightarrow rx_1 + rx_2 \geq rx_3 + rx_4 \quad \text{für } r < 0$$
$$\Rightarrow r\boldsymbol{x} \notin V_3 \quad \text{für } r < 0$$

$\Rightarrow$ V_3 ist kein Vektorraum.

Sei $\boldsymbol{x} \in V_4,\ r \in \mathbb{R}$

$$\Rightarrow x_1^2 = x_2 \cdot x_3$$
$$\Rightarrow (rx_1)^2 = r^2x_1^2 = r^2x_2x_3 = rx_2 \cdot rx_3$$
$$\Rightarrow r\boldsymbol{x} \in V_4$$

Zur Überprüfung der Additivität gilt für $\boldsymbol{y} \in V_4$, die Bedingung

$$y_1^2 = y_2 \cdot y_3\,.$$

Wir nehmen an, dass

$$(x_1 + y_1)^2 = (x_2 + y_2)(x_3 + y_3)$$

erfüllt ist. Andererseits gilt für

$$x^T = (1, 1, 1, 0)\,,$$
$$y^T = (2, 1, 4, 0)$$
$$(x_1 + y_1)^2 = 9$$
$$\neq (x_2 + y_2)(x_3 + y_3) = 2 \cdot 5 = 10$$
$$\Rightarrow \boldsymbol{x} + \boldsymbol{y} \notin V_4$$

Damit ist V_4 kein Vektorraum.

Sei $\boldsymbol{x} \in V_5,\ r \in \mathbb{R}$

$$\Rightarrow x_4 = 0$$
$$\Rightarrow rx_4 = 0$$
$$\Rightarrow r\boldsymbol{x} \in V_5$$

Mit $\boldsymbol{y} \in V_5$ ist auch $x_4 + y_4 = 0$

$$\Rightarrow \boldsymbol{x} + \boldsymbol{y} \in V_5$$

Damit ist V_5 ist ein Vektorraum.

Beispiel 16.17

Gegeben seien folgende Vektoren des $\mathbb{R}^3$:

$$\boldsymbol{a}_1 = \begin{pmatrix} 1 \\ 2 \\ 3 \end{pmatrix}, \quad \boldsymbol{a}_2 = \begin{pmatrix} -1 \\ -2 \\ 1 \end{pmatrix}, \quad \boldsymbol{a}_3 = \begin{pmatrix} 1 \\ 2 \\ -1 \end{pmatrix},$$
$$\boldsymbol{e}_2 = \begin{pmatrix} 0 \\ 1 \\ 0 \end{pmatrix}$$

Durch die Mengen

$$\{\boldsymbol{a}_1, \boldsymbol{a}_2, \boldsymbol{a}_3\},$$
$$\{\boldsymbol{a}_2, \boldsymbol{a}_3\},$$
$$\{\boldsymbol{a}_1, \boldsymbol{a}_2, \boldsymbol{a}_3, \boldsymbol{e}_2\}$$

werden jeweils Vektorräume aufgespannt.

Wir betrachten folgendes Tableau:

Zeile	Basis	a_1	a_2	a_3	Operation
①	e_1	1	−1	1	
②	e_2	2	−2	2	
③	e_3	3	1	−1	
④	a_1	1	−1	1	①
⑤	e_2	0	0	0	② − 2 · ①
⑥	e_3	0	4	−4	③ − 3 · ①
⑦	a_1	1	0	0	④ + 1/4 · ⑥
⑧	e_2	0	0	0	⑤
⑨	a_2	0	1	−1	1/4 · ⑥
⑩	a_1	1	0	0	⑦
⑪	e_2	0	0	0	⑧
⑫	a_3	0	−1	1	−1 · ⑨

In den letzten beiden Tableau-Schritten (Zeilen ⑦ bis ⑫) ist Folgendes ersichtlich:

- In der Basis $\{a_1, e_2, a_2\}$ ist kein Austausch von e_2 gegen a_3 möglich (Zeile ⑧), in der Basis $\{a_1, e_2, a_3\}$ kein Austausch von e_2 gegen a_2 (Zeile ⑪).

  Die Vektoren $\{a_1, a_2, a_3\}$ sind also linear abhängig mit $a_2 + a_3 = \mathbf{0}$.
- Die Menge

$$\{a_1, a_2, a_3\}$$

  spannt einen zweidimensionalen Vektorraum auf, beispielsweise mit der Basis

$$\{a_1, a_2\} \quad \text{oder} \quad \{a_1, a_3\}.$$

- Entsprechend wird durch die Menge $\{a_2, a_3\}$ ein eindimensionaler Vektorraum mit der Basis $\{a_2\}$ oder $\{a_3\}$ aufgespannt.
- Durch die Menge

$$\{a_1, a_2, a_3, e_2\}$$

  entsteht ein dreidimensionaler Vektorraum mit der Basis

$$\{a_1, a_2, e_2\} \quad \text{oder} \quad \{a_1, a_3, e_2\}.$$

16.3 Rang einer Matrix

Wir kehren zurück zur $m \times n$-Matrix

$$A = \begin{pmatrix} a_{11} & \cdots & a_{1n} \\ \vdots & \ddots & \vdots \\ a_{m1} & \cdots & a_{mn} \end{pmatrix} = (a_1, \ldots, a_n),$$

die durch m Zeilenvektoren bzw. n Spaltenvektoren beschrieben werden kann; im Allgemeinen ist $m \neq n$. Die Zeilen- bzw. Spaltenvektoren spannen je einen Vektorraum im Sinne von Definition 16.1 auf, für den die Dimension bestimmt werden kann.

Definition 16.18

Man bezeichnet den durch die Zeilenvektoren einer Matrix aufgespannten Vektorraum als *Zeilenraum* und den durch die Spaltenvektoren aufgespannten Vektorraum als *Spaltenraum* der Matrix A.

Die Dimension des Zeilen- bzw. Spaltenraumes heißt *Zeilenrang* bzw. *Spaltenrang* der Matrix A.

Der Zeilenrang von A ergibt sich aus der Maximalzahl linear unabhängiger Zeilenvektoren von A und ist damit höchstens m. Ebenso entspricht der Spaltenrang der Maximalzahl linear unabhängiger Spaltenvektoren von A und ist höchstens n.

Satz 16.19

A sei eine $m \times n$-Matrix mit dem Zeilenrang r und dem Spaltenrang s.

Dann gilt $r = s$.

Beweis

Mit Hilfe von $s \leq n$ linear unabhängigen Spaltenvektoren von

$$A = (a_{ij})_{m,n} = (a_1, \ldots, a_n),$$

beispielsweise $a_1, \ldots, a_s$, lässt sich jeder Spaltenvektor von A linear kombinieren. Mit

$$A_s = (a_1, \ldots, a_s)$$

gilt

$$\begin{aligned} a_k &= c_{1k} a_1 + \ldots + c_{sk} a_s \qquad & (k = 1, \ldots, n) \\ &= A_s c_k & c_k^T = (c_{1k}, \ldots, c_{sk}). \end{aligned}$$

Daraus folgt in Matrixschreibweise

$$\begin{aligned} \boldsymbol{A} &= (\boldsymbol{a}_1, \ldots, \boldsymbol{a}_n) \\ &= (\boldsymbol{A}_s \boldsymbol{c}_1, \ldots, \boldsymbol{A}_s \boldsymbol{c}_n) \\ &= \boldsymbol{A}_s (\boldsymbol{c}_1, \ldots, \boldsymbol{c}_n) \\ &= \boldsymbol{A}_s \boldsymbol{C}, \end{aligned}$$

wobei

$$\boldsymbol{C} = (\boldsymbol{c}_1, \ldots, \boldsymbol{c}_n) = \begin{pmatrix} c_{11} & \cdots & c_{1n} \\ \vdots & \ddots & \vdots \\ c_{s1} & \cdots & c_{sn} \end{pmatrix}.$$

Dies ist äquivalent zu

$$\begin{aligned} \boldsymbol{A} &= \begin{pmatrix} (a_{11}, \ldots, a_{1n}) \\ \vdots \\ (a_{m1}, \ldots, a_{mn}) \end{pmatrix} \\ &= \boldsymbol{A}_s \begin{pmatrix} (c_{11}, \ldots, c_{1n}) \\ \vdots \\ (c_{s1}, \ldots, c_{sn}) \end{pmatrix} \\ &= \begin{pmatrix} a_{11} & \cdots & a_{1s} \\ \vdots & \ddots & \vdots \\ a_{m1} & \cdots & a_{ms} \end{pmatrix} \begin{pmatrix} (c_{11}, \ldots, c_{1n}) \\ \vdots \\ (c_{s1}, \ldots, c_{sn}) \end{pmatrix} \end{aligned}$$

oder komponentenweise

$$\begin{aligned} (a_{11}, \ldots, a_{1n}) &= a_{11}(c_{11}, \ldots, c_{1n}) \\ &\quad + \ldots \\ &\quad + a_{1s}(c_{s1}, \ldots, c_{sn}), \\ (a_{21}, \ldots, a_{2n}) &= a_{21}(c_{11}, \ldots, c_{1n}) \\ &\quad + \ldots \\ &\quad + a_{2s}(c_{s1}, \ldots, c_{sn}), \\ &\vdots \\ (a_{m1}, \ldots, a_{mn}) &= a_{m1}(c_{11}, \ldots, c_{1n}) \\ &\quad + \ldots \\ &\quad + a_{ms}(c_{s1}, \ldots, c_{sn}). \end{aligned}$$

Alle Zeilenvektoren von $\boldsymbol{A}$ sind als Linearkombinationen der Vektoren

$$(c_{11}, \ldots, c_{1n}), \ldots, (c_{s1}, \ldots, c_{sn})$$

darstellbar, also ist der Zeilenrang von $\boldsymbol{A}$ höchstens s, also $r \leq s$. Führt man die gleiche Überlegung mit r linear unabhängigen Zeilenvektoren von $\boldsymbol{A}$ durch, so erhält man $s \leq r$.

Damit ist der Satz bewiesen.

Für jede $m \times n$-Matrix stimmen also der Zeilen- und der Spaltenrang überein. Der Vektorraum, der durch die Zeilenvektoren einer Matrix aufgespannt wird, hat die gleiche Dimension wie der durch die Spaltenvektoren aufgespannte Vektorraum.

Definition 16.20

Die Anzahl k linear unabhängiger Zeilenvektoren einer $m \times n$-Matrix $\boldsymbol{A}$, die mit der Anzahl der linear unabhängigen Spaltenvektoren von $\boldsymbol{A}$ übereinstimmt, heißt *Rang* der Matrix $\boldsymbol{A}$ und man schreibt:

$$\operatorname{Rg} \boldsymbol{A} = k$$

Satz 16.21

$\boldsymbol{A}$ sei eine $m \times n$-Matrix. Dann gilt:

a) $\operatorname{Rg} \boldsymbol{A} = \operatorname{Rg} \boldsymbol{A}^T \leq \min\{m, n\}$

b) $\operatorname{Rg} \boldsymbol{A} = m$
$\Leftrightarrow (a_{11}, \ldots, a_{1n}), \ldots, (a_{m1}, \ldots, a_{mn})$
linear unabhängig mit $m \leq n$

c) $\operatorname{Rg} \boldsymbol{A} = n$
$\Leftrightarrow \boldsymbol{a}_1, \ldots, \boldsymbol{a}_n$ linear unabhängig mit $m \geq n$

Beweis

a) Da Zeilen- und Spaltenrang einer Matrix übereinstimmen und $\boldsymbol{A}$ in $\boldsymbol{A}^T$ durch Ersetzen der Zeilen durch die Spalten übergeht, ist $\operatorname{Rg} \boldsymbol{A} = \operatorname{Rg} \boldsymbol{A}^T$.
Ferner ist $\operatorname{Rg} \boldsymbol{A}$ höchstens gleich der Anzahl von Zeilen bzw. Spalten der Matrix $\boldsymbol{A}$, also auch höchstens gleich dem Minimum aus beiden Zahlen.

b) und c) ergeben sich direkt aus Definition 16.20 und Satz 16.21 a).

Beispiel 16.22

Gegeben seien die Matrizen

$$\boldsymbol{A} = \begin{pmatrix} 1 & 2 & 1 & 2 & 1 & 2 \\ 2 & 1 & 0 & 1 & 2 & 3 \end{pmatrix},$$

$$\boldsymbol{B} = \begin{pmatrix} 1 & 2 & 1 \\ -1 & -1 & 3 \\ 4 & 1 & 2 \\ -2 & 0 & 3 \\ 1 & 1 & 1 \end{pmatrix},$$

$$\boldsymbol{C} = \begin{pmatrix} 1 & 0 & -1 & 2 \\ 0 & 2 & 1 & -1 \\ 1 & 2 & 0 & 1 \\ -1 & 0 & 1 & -2 \end{pmatrix},$$

$$\boldsymbol{D} = \begin{pmatrix} 1 & 2 & 3 & 4 \\ 0 & 1 & 2 & 3 \\ 0 & 0 & 1 & 2 \\ 0 & 0 & 0 & 1 \end{pmatrix}.$$

- Für $\boldsymbol{A}$ gilt

$$\operatorname{Rg} \boldsymbol{A} \leq \min\{2, 6\} = 2\,,$$

da die beiden Zeilen und damit auch zwei Spalten von $\boldsymbol{A}$ linear unabhängig sind.

- Für die Matrix $\boldsymbol{B}$ gilt entsprechend:

$$\operatorname{Rg} \boldsymbol{B} = \operatorname{Rg} \boldsymbol{B}^T \leq \min\{5, 3\} = 3\,.$$

Um nun die Anzahl linear unabhängiger Spaltenvektoren von $\boldsymbol{B}$ bzw. die linear unabhängigen Zeilenvektoren von $\boldsymbol{B}^T$ herauszufinden, verwenden wir entsprechend zu Beispiel 16.17 das in den Sätzen 16.9 und 16.11 eingeführte Prinzip der Basistransformation. Wir gehen dabei von der Basis $\{\boldsymbol{e}_1, \boldsymbol{e}_2, \boldsymbol{e}_3\}$ im $\mathbb{R}^3$ aus und versuchen im folgenden Tableau, Einheitsvektoren gegen Zeilenvektoren von $\boldsymbol{B}^T$ auszutauschen:

Zeile	Basis	$\boldsymbol{b}_1$	$\boldsymbol{b}_2$	$\boldsymbol{b}_3$	$\boldsymbol{b}_4$	$\boldsymbol{b}_5$	Operation
(1)	$\boldsymbol{e}_1$	(1)	−1	4	−2	1	
(2)	$\boldsymbol{e}_2$	2	−1	1	0	1	
(3)	$\boldsymbol{e}_3$	1	3	2	3	1	
(4)	$\boldsymbol{b}_1$	1	−1	4	−2	1	(1)
(5)	$\boldsymbol{e}_2$	0	(1)	−7	4	−1	(2) − 2 · (1)
(6)	$\boldsymbol{e}_3$	0	4	−2	5	0	(3) − (1)
(7)	$\boldsymbol{b}_1$	1	0	−3	2	0	(4) + (5)
(8)	$\boldsymbol{b}_2$	0	1	−7	4	−1	(5)
(9)	$\boldsymbol{e}_3$	0	0	26	−11	(4)	(6) − 4 · (5)
(10)	$\boldsymbol{b}_1$	1	0	−3	2	0	(7)
(11)	$\boldsymbol{b}_2$	0	1	$-1/2$	$5/4$	0	(8) + $1/4$ · (9)
(12)	$\boldsymbol{b}_5$	0	0	$13/2$	$-11/4$	1	$1/4$ · (9)

Wir erhalten die Basis $\{\boldsymbol{b}_1, \boldsymbol{b}_2, \boldsymbol{b}_5\}$ im $\mathbb{R}^3$, es gilt

$$\operatorname{Rg} \boldsymbol{B}^T = \operatorname{Rg} \boldsymbol{B} = 3\,.$$

- Wir betrachten Matrix $\boldsymbol{C}$ mit $\operatorname{Rg} \boldsymbol{C} \leq 4$ und tauschen auch hier die Basis im folgenden Tableau:

Zeile	Basis	$\boldsymbol{c}_1$	$\boldsymbol{c}_2$	$\boldsymbol{c}_3$	$\boldsymbol{c}_4$	Operation
(1)	$\boldsymbol{e}_1$	(1)	0	−1	2	
(2)	$\boldsymbol{e}_2$	0	2	1	−1	
(3)	$\boldsymbol{e}_3$	1	2	0	1	
(4)	$\boldsymbol{e}_4$	−1	0	1	−2	
(5)	$\boldsymbol{c}_1$	1	0	−1	2	(1)
(6)	$\boldsymbol{e}_2$	0	(2)	1	−1	(2)
(7)	$\boldsymbol{e}_3$	0	2	1	−1	(3) − (1)
(8)	$\boldsymbol{e}_3$	0	0	0	0	(4) + (1)
(9)	$\boldsymbol{c}_1$	1	0	−1	2	(5)
(10)	$\boldsymbol{c}_2$	0	1	$1/2$	$-1/2$	$1/2$ · (6)
(11)	$\boldsymbol{e}_3$	0	0	0	0	(7) − (6)
(12)	$\boldsymbol{e}_3$	0	0	0	0	(8)

Nur zwei der vier Spalten von $\boldsymbol{C}$ können in die Basis aufgenommen werden. Damit ist die Maximalzahl linear unabhängiger Spaltenvektoren von $\boldsymbol{C}$ gleich 2.

Es gilt $\operatorname{Rg} \boldsymbol{C} = 2$.

- Die Matrix $\boldsymbol{D}$ ist eine Dreiecksmatrix, die in der Hauptdiagonale nur von 0 verschiedene Komponenten besitzt. Hier sind die vier Zeilen- bzw. Spaltenvektoren linear unabhängig, also ist $\operatorname{Rg} \boldsymbol{D} = 4$.

Das in Beispiel 16.22 für die Matrizen $\boldsymbol{B}$ und $\boldsymbol{C}$ angewandte Verfahren zur Bestimmung des Rangs einer Matrix lässt sich nun allgemein formulieren.

Für eine $m \times n$-Matrix $\boldsymbol{A}$ geht man von der Basis $\{\boldsymbol{e}_1, \ldots, \boldsymbol{e}_m\}$ der Einheitsvektoren im $\mathbb{R}^m$ aus und versucht, in beliebiger Reihenfolge die Spaltenvektoren $\boldsymbol{a}_1, \ldots, \boldsymbol{a}_n \in \mathbb{R}^m$ in die Basis aufzunehmen. Für $m < n$ können höchstens m Spaltenvektoren aufgenommen werden, da auch nur m Einheitsvektoren vorhanden sind. Für $m \geq n$ können höchstens n Einheitsvektoren ausgetauscht werden, da nur n Spaltenvektoren vorhanden sind.

Wie wir in Beispiel 16.22 gesehen haben, basiert der Austausch von Basiselementen auf bestimmten Umformungen der Matrixzeilen. Diese Umformungen wurden in der Spalte „Operation" des entsprechenden Austauschtableaus jeweils festgehalten.

Definition 16.23

Unter *elementaren Zeilenumformungen* in einer $m \times n$-Matrix $\boldsymbol{A}$ versteht man

a) die Multiplikation einer Zeile mit $r \neq 0$:

$$\begin{pmatrix} a_{11} & \cdots & a_{1n} \\ \vdots & \ddots & \vdots \\ a_{i1} & \cdots & a_{in} \\ \vdots & \ddots & \vdots \\ a_{m1} & \cdots & a_{mn} \end{pmatrix} \rightarrow \begin{pmatrix} a_{11} & \cdots & a_{1n} \\ \vdots & \ddots & \vdots \\ ra_{i1} & \cdots & ra_{in} \\ \vdots & \ddots & \vdots \\ a_{m1} & \cdots & a_{mn} \end{pmatrix}$$

b) das Ersetzen einer Zeile durch die Summe dieser und einer anderen Zeile:

$$\begin{pmatrix} a_{11} & \cdots & a_{1n} \\ \vdots & \ddots & \vdots \\ a_{i1} & \cdots & a_{in} \\ \vdots & \ddots & \vdots \\ a_{j1} & \cdots & a_{jn} \\ \vdots & \ddots & \vdots \\ a_{m1} & \cdots & a_{mn} \end{pmatrix} \rightarrow \begin{pmatrix} a_{11} & \cdots & a_{1n} \\ \vdots & \ddots & \vdots \\ a_{i1}+a_{j1} & \cdots & a_{in}+a_{jn} \\ \vdots & \ddots & \vdots \\ a_{j1} & \cdots & a_{jn} \\ \vdots & \ddots & \vdots \\ a_{m1} & \cdots & a_{mn} \end{pmatrix}$$

Durch Kombination von a) und b) erhält man weitere zulässige Zeilenumformungen, nämlich

c) das Ersetzen einer Zeile durch die Summe dieser und dem r-fachen einer anderen Zeile:

$$\begin{pmatrix} a_{11} & \cdots & a_{1n} \\ \vdots & \ddots & \vdots \\ a_{i1} & \cdots & a_{in} \\ \vdots & \ddots & \vdots \\ a_{j1} & \cdots & a_{jn} \\ \vdots & \ddots & \vdots \\ a_{m1} & \cdots & a_{mn} \end{pmatrix} \rightarrow \begin{pmatrix} a_{11} & \cdots & a_{1n} \\ \vdots & \ddots & \vdots \\ a_{i1}+ra_{j1} & \cdots & a_{in}+ra_{jn} \\ \vdots & \ddots & \vdots \\ a_{j1} & \cdots & a_{jn} \\ \vdots & \ddots & \vdots \\ a_{m1} & \cdots & a_{mn} \end{pmatrix}$$

d) das Vertauschen zweier Zeilen:

$$\begin{pmatrix} a_{11} & \cdots & a_{1n} \\ \vdots & \ddots & \vdots \\ a_{i1} & \cdots & a_{in} \\ \vdots & \ddots & \vdots \\ a_{j1} & \cdots & a_{jn} \\ \vdots & \ddots & \vdots \\ a_{m1} & \cdots & a_{mn} \end{pmatrix} \rightarrow \begin{pmatrix} a_{11} & \cdots & a_{1n} \\ \vdots & \ddots & \vdots \\ a_{j1} & \cdots & a_{jn} \\ \vdots & \ddots & \vdots \\ a_{i1} & \cdots & a_{in} \\ \vdots & \ddots & \vdots \\ a_{m1} & \cdots & a_{mn} \end{pmatrix}$$

Entsprechend erklärt man *elementare Spaltenumformungen*.

Satz 16.24

Eine $m \times n$-Matrix $\boldsymbol{A} \neq \boldsymbol{0}$ lässt sich durch elementare Zeilenumformungen und Spaltenvertauschungen stets in eine der folgenden vier Formen überführen:

a) $$\begin{pmatrix} 1 & 0 & \cdots & 0 & d_{1,k+1} & \cdots & d_{1,n} \\ 0 & 1 & \cdots & 0 & d_{2,k+1} & \cdots & d_{2,n} \\ \vdots & \vdots & \ddots & \vdots & \vdots & \ddots & \vdots \\ 0 & 0 & \cdots & 1 & d_{k,k+1} & \cdots & d_{k,n} \\ 0 & 0 & \cdots & 0 & 0 & \cdots & 0 \\ \vdots & \vdots & \ddots & \vdots & \vdots & \ddots & \vdots \\ 0 & 0 & \cdots & 0 & 0 & \cdots & 0 \end{pmatrix}$$

mit $k < \min\{m, n\}$, $d_{ij} \in \mathbb{R}$
$(i = 1, \ldots, k;\ j = k + 1, \ldots, n)$

b) $$\begin{pmatrix} 1 & 0 & \cdots & 0 & d_{1,m+1} & \cdots & d_{1,n} \\ 0 & 1 & \cdots & 0 & d_{2,m+1} & \cdots & d_{2,n} \\ \vdots & \vdots & \ddots & \vdots & \vdots & \ddots & \vdots \\ 0 & 0 & \cdots & 1 & d_{m,m+1} & \cdots & d_{m,n} \end{pmatrix}$$

mit $m < n$, $d_{ij} \in \mathbb{R}$
$(i = 1, \ldots, m;\ j = m + 1, \ldots, n)$

c) $$\begin{pmatrix} 1 & \cdots & 0 \\ \vdots & \ddots & \vdots \\ 0 & \cdots & 1 \\ 0 & \cdots & 0 \\ \vdots & \ddots & \vdots \\ 0 & \cdots & 0 \end{pmatrix} \quad \text{mit } m > n$$

d) $$\begin{pmatrix} 1 & \cdots & 0 \\ \vdots & \ddots & \vdots \\ 0 & \cdots & 1 \end{pmatrix} \quad \text{mit } m = n$$

Ferner erhalten wir

$\operatorname{Rg} \boldsymbol{A} = k$	in Fall a),
$\operatorname{Rg} \boldsymbol{A} = m$	in Fall b),
$\operatorname{Rg} \boldsymbol{A} = n$	in Fall c),
$\operatorname{Rg} \boldsymbol{A} = m = n$	in Fall d).

Beweis

Zur Umformung der Matrix $\boldsymbol{A}$ beschreiben wir den nach *C. F. Gauß* (1777–1855) und *W. Jordan* (1842–1899) benannten *Gauß-Jordan-Algorithmus*.

Der Algorithmus stellt eine Erweiterung des Gaußschen Eliminationsverfahrens dar und überführt eine Matrix nicht nur in eine Dreiecksmatrix, sondern bringt sie auf die sogenannte *reduzierte Stufenform*.

1) Wir wählen, gegebenenfalls nach einer Zeilen- oder Spaltenvertauschung, $a_{11} \neq 0$ als sogenanntes *Pivotelement*. Durch a_{11} wird Spalte 1 als *Pivotspalte* und Zeile 1 als *Pivotzeile* festgelegt. Durch elementare Zeilenumformungen ergibt sich in der ersten Spalte ein Einheitsvektor (Tabelle 16.2).

Man erhält eine $m \times n$-Matrix $\boldsymbol{B} = (b_{ij})_{m,n}$ mit

$$b_{ij} = a_{ij} - a_{i1}\frac{a_{1j}}{a_{11}} \quad \begin{pmatrix} i = 2,\dots,m \\ j = 2,\dots,n \end{pmatrix}, \quad b_{i1} = 0$$

$$b_{1j} = \frac{a_{1j}}{a_{11}} \quad (j = 2,\dots,n), \quad b_{11} = 1$$

Zeile	$\boldsymbol{a}_1$	$\boldsymbol{a}_2$	$\cdots$	$\boldsymbol{a}_n$	Operation
1	a_{11}	a_{12}	$\cdots$	a_{1n}	
2	a_{21}	a_{22}	$\cdots$	a_{2n}	
$\vdots$	$\vdots$	$\vdots$	$\ddots$	$\vdots$	
m	a_{m1}	a_{m2}	$\cdots$	a_{mn}	
m+1	1	$\frac{a_{12}}{a_{11}}$	$\cdots$	$\frac{a_{1n}}{a_{11}}$	$\frac{1}{a_{11}} \cdot$ 1
m+2	0	$a_{22} - \frac{a_{21}}{a_{11}}a_{12}$	$\cdots$	$a_{2n} - \frac{a_{21}}{a_{11}}a_{1n}$	2 $- \frac{a_{21}}{a_{11}} \cdot$ 1
$\vdots$	$\vdots$	$\vdots$	$\ddots$	$\vdots$	$\vdots$
2m	0	$a_{m2} - \frac{a_{m1}}{a_{11}}a_{12}$	$\cdots$	$a_{mn} - \frac{a_{m1}}{a_{11}}a_{1n}$	m $- \frac{a_{m1}}{a_{11}} \cdot$ 1

Tabelle 16.2: *Erster Schritt des Gauß-Jordan-Algorithmus*

2) Wir wählen nun, gegebenenfalls wieder nach einer geeigneten Zeilen- oder Spaltenvertauschung, $b_{22} \neq 0$ als neues *Pivotelement* (Tabelle 16.3).

Man erhält eine neue $m \times n$-Matrix mit zwei Einheitsvektoren, im Übrigen ergeben sich zum ersten Schritt entsprechende Umformungen.

Zeile	$\boldsymbol{b}_1$	$\boldsymbol{b}_2$	$\boldsymbol{b}_3$	$\cdots$	$\boldsymbol{b}_n$	Operation
m+1	1	b_{12}	b_{13}	$\cdots$	b_{1n}	
m+2	0	b_{22}	b_{23}	$\cdots$	b_{2n}	
$\vdots$	$\vdots$	$\vdots$	$\vdots$	$\ddots$	$\vdots$	
2m	0	b_{m2}	b_{m3}	$\cdots$	b_{mn}	
2m+1	1	0	$b_{13} - \frac{b_{12}}{b_{22}}b_{23}$	$\cdots$	$b_{1n} - \frac{b_{12}}{b_{22}}b_{2n}$	m+1 $- \frac{b_{12}}{b_{22}} \cdot$ m+2
2m+2	0	1	$\frac{b_{23}}{b_{22}}$	$\cdots$	$\frac{b_{2n}}{b_{22}}$	$\frac{1}{b_{22}} \cdot$ m+2
2m+3	0	0	$b_{33} - \frac{b_{32}}{b_{22}}b_{23}$	$\cdots$	$b_{3n} - \frac{b_{32}}{b_{22}}b_{2n}$	m+3 $- \frac{b_{32}}{b_{22}} \cdot$ m+2
$\vdots$	$\vdots$	$\vdots$	$\vdots$	$\ddots$	$\vdots$	$\vdots$
3m	0	0	$b_{m3} - \frac{b_{m2}}{b_{22}}b_{23}$	$\cdots$	$b_{mn} - \frac{b_{m2}}{b_{22}}b_{2n}$	2m $- \frac{b_{m2}}{b_{22}} \cdot$ m+2

Tabelle 16.3: *Zweiter Schritt des Gauß-Jordan-Algorithmus*

3) Im Verlauf des Verfahrens können alle im Satz 16.24 genannten Fälle auftreten:
   - Wir erhalten nach k Schritten mit
   $$k < \min\{m, n\}$$
   eine Matrix vom Typ a).
   Da die Zeilen $k + 1, \ldots, m$ nur noch Nullen enthalten, kann kein weiteres Pivotelement mehr gefunden werden.
   - Wir erhalten nach m Schritten mit $m < n$ eine Matrix vom Typ b).
   - Wir erhalten nach n Schritten mit $m > n$ eine Matrix vom Typ c).
   - Wir erhalten nach $m = n$ Schritten eine Matrix vom Typ d).
4) Um den jeweiligen Rang der Matrix zu bestimmen, überlegt man sich, dass mit den verwendeten Zeilenumformungen lediglich Basisvektoren ausgetauscht wurden. Endet das Verfahren nach k Schritten (Fall a) mit
   $$k < \min\{m, n\},$$
   so konnten auch nur k der n Spaltenvektoren von $\boldsymbol{A}$ in die Basis aufgenommen werden. Diese sind linear unabhängig, also ist
   $$\operatorname{Rg} \boldsymbol{A} = k .$$
   Entsprechend wurden in den übrigen Fällen m bzw. n Spaltenvektoren von $\boldsymbol{A}$ in die Basis aufgenommen.

Beispiel 16.25

Wir berechnen den Rang der Matrizen

$$\boldsymbol{A} = \begin{pmatrix} 2 & 1 & 0 & 1 & 2 \\ -1 & 2 & 1 & 0 & -1 \\ 0 & 4 & 1 & 2 & 1 \end{pmatrix},$$

$$\boldsymbol{B} = \begin{pmatrix} 4 & 2 & 1 \\ -2 & 1 & 2 \\ 1 & 0 & 3 \\ -1 & -1 & -1 \end{pmatrix},$$

$$\boldsymbol{C} = \begin{pmatrix} 2 & 1 & 3 & 1 \\ 0 & -1 & -1 & 1 \\ 1 & 0 & 2 & -1 \\ -1 & 2 & 1 & 2 \end{pmatrix},$$

$$\boldsymbol{D} = \begin{pmatrix} -1 & 0 & 1 & 1 & -1 \\ 1 & 1 & -1 & 0 & 0 \\ 0 & 1 & 0 & 1 & -1 \\ -1 & 0 & 1 & 0 & 1 \\ -1 & 2 & 1 & 2 & -1 \end{pmatrix}.$$

Für $\boldsymbol{A}$ erhalten wir

Zeile	a_1	a_2	a_3	a_4	a_5	Operation
①	2	1	0	1	2	
②	**−1**	2	1	0	−1	
③	0	4	1	2	1	
④	1	−2	−1	0	1	$-1 \cdot$ ②
⑤	0	5	2	**1**	0	① $+ 2 \cdot$ ②
⑥	0	4	1	2	1	③
⑦	1	−2	−1	0	1	④
⑧	0	5	2	1	0	⑤
⑨	0	−6	−3	0	**1**	⑥ $- 2 \cdot$ ⑤
⑩	1	4	2	0	0	⑦ − ⑨
⑪	0	5	2	1	0	⑧
⑫	0	−6	−3	0	1	⑨
	a_1	a_4	a_5	a_2	a_3	Spaltentausch
⑬	1	0	0	4	2	
⑭	0	1	0	5	2	
⑮	0	0	1	−6	−3	

und damit Fall b) in Satz 16.24, also $\operatorname{Rg} \boldsymbol{A} = 3$.

Für $\boldsymbol{B}$ gilt:

Zeile	b_1	b_2	b_3	Operation
①	4	2	1	
②	−2	1	2	
③	**1**	0	3	
④	−1	−1	−1	
⑤	1	0	3	③
⑥	0	2	−11	① $- 4 \cdot$ ③
⑦	0	1	8	② $+ 2 \cdot$ ③
⑧	0	**−1**	2	④ + ③
⑨	1	0	3	⑤
⑩	0	1	−2	$-1 \cdot$ ⑧
⑪	0	0	−7	⑥ $+ 2 \cdot$ ⑧
⑫	0	0	**10**	⑦ + ⑧
⑬	1	0	0	⑨ $- 3/10 \cdot$ ⑫
⑭	0	1	0	⑩ $+ 2/10 \cdot$ ⑫
⑮	0	0	1	$1/10 \cdot$ ⑫
⑯	0	0	0	⑪ $+ 7/10 \cdot$ ⑫

Wir erhalten Fall c) in Satz 16.24, also $\operatorname{Rg} \boldsymbol{B} = 3$.

Für $\boldsymbol{C}$ ergibt sich:

Zeile	c_1	c_2	c_3	c_4	Operation
①	2	1	3	1	
②	0	−1	−1	1	
③	**1**	0	2	−1	
④	−1	2	1	2	
⑤	1	0	2	−1	③
⑥	0	**−1**	−1	1	②
⑦	0	2	3	1	④ + ③
⑧	0	1	−1	3	① − 2 · ③
⑨	1	0	2	−1	⑤
⑩	0	1	1	−1	−1 · ⑥
⑪	0	0	**1**	3	⑦ + 2 · ⑥
⑫	0	0	−2	4	⑧ + ⑥
⑬	1	0	0	−7	⑨ − 2 · ⑪
⑭	0	1	0	−4	⑩ − ⑪
⑮	0	0	1	3	⑪
⑯	0	0	0	**10**	⑫ + 2 · ⑪
⑰	1	0	0	0	⑬ + 7/10 · ⑯
⑱	0	1	0	0	⑭ + 4/10 · ⑯
⑲	0	0	1	0	⑮ − 3/10 · ⑯
⑳	0	0	0	1	1/10 · ⑯

Wir erhalten Fall d) in Satz 16.24, also $\operatorname{Rg} \boldsymbol{C} = 4$.

Für $\boldsymbol{D}$ ergibt sich

Zeile	d_1	d_2	d_3	d_4	d_5	Operation
①	**−1**	0	1	1	−1	
②	1	1	−1	0	0	
③	0	1	0	1	−1	
④	−1	0	1	0	1	
⑤	−1	2	1	2	−1	
⑥	1	0	−1	−1	1	−1 · ①
⑦	0	**1**	0	1	−1	② + ①
⑧	0	1	0	1	−1	③
⑨	0	0	0	−1	2	④ − ①
⑩	0	2	0	1	0	⑤ − ①
⑪	1	0	−1	−1	1	⑥
⑫	0	1	0	1	−1	⑦
⑬	0	0	0	0	0	⑧ − ⑦
⑭	0	0	0	**−1**	2	⑨
⑮	0	0	0	−1	2	⑩ − 2 · ⑦
⑯	1	0	−1	0	−1	⑪ − ⑭
⑰	0	1	0	0	1	⑫ + ⑭
⑱	0	0	0	1	−2	−1 · ⑭
⑲	0	0	0	0	0	⑮ − ⑭
⑳	0	0	0	0	0	⑬
	d_1	d_2	d_4	d_3	d_5	Spaltentausch
㉑	1	0	0	−1	−1	
㉒	0	1	0	0	1	
㉓	0	0	1	0	−2	
㉔	0	0	0	0	0	
㉕	0	0	0	0	0	

und damit Fall a) in Satz 16.24, also $\operatorname{Rg} \boldsymbol{D} = 3$.

In Beispiel 16.25 erhalten wir jeden der in Satz 16.24 angegebenen Fälle a) bis d) genau einmal. Zur Beschleunigung des Verfahrens kann man sich überlegen, dass man in Satz 16.24 auch mit folgenden Dreiecksformen auskommt.

Satz 16.26

Eine $m \times n$-Matrix $\boldsymbol{A} \neq \boldsymbol{0}$ lässt sich durch elementare Zeilenumformungen und Spaltenvertauschungen stets in eine der folgenden vier Formen überführen:

$$\text{a)} \begin{pmatrix} 1 & d_{1,2} & \cdots & d_{1,k} & d_{1,k+1} & \cdots & d_{1,n} \\ 0 & 1 & \cdots & d_{2,k} & d_{2,k+1} & \cdots & d_{2,n} \\ \vdots & \vdots & \ddots & \vdots & \vdots & \ddots & \vdots \\ 0 & 0 & \cdots & 1 & d_{k,k+1} & \cdots & d_{k,n} \\ 0 & 0 & \cdots & 0 & 0 & \cdots & 0 \\ \vdots & \vdots & \ddots & \vdots & \vdots & \ddots & \vdots \\ 0 & 0 & \cdots & 0 & 0 & \cdots & 0 \end{pmatrix}$$

mit $k < \min\{m, n\}$, $d_{ij} \in \mathbb{R}$
$(i = 1, \ldots, k;\ j = k + 1, \ldots, n)$

$$\text{b)} \begin{pmatrix} 1 & d_{1,2} & \cdots & d_{1,m} & d_{1,m+1} & \cdots & d_{1,n} \\ 0 & 1 & \cdots & d_{2,m} & d_{2,m+1} & \cdots & d_{2,n} \\ \vdots & \vdots & \ddots & \vdots & \vdots & \ddots & \vdots \\ 0 & 0 & \cdots & 1 & d_{m,m+1} & \cdots & d_{m,n} \end{pmatrix}$$

mit $m < n$, $d_{ij} \in \mathbb{R}$
$(i = 1, \ldots, m;\ j = m + 1, \ldots, n)$

$$\text{c)} \begin{pmatrix} 1 & d_{1,2} & \cdots & d_{1,n} \\ 0 & 1 & \cdots & d_{2,n} \\ \vdots & \vdots & \ddots & \vdots \\ 0 & 0 & \cdots & 1 \\ 0 & 0 & \cdots & 0 \\ \vdots & \vdots & \ddots & \vdots \\ 0 & 0 & \cdots & 0 \end{pmatrix} \quad \text{mit } m > n$$

$$\text{d)} \begin{pmatrix} 1 & d_{1,2} & \cdots & d_{1,n} \\ 0 & 1 & \cdots & d_{2,n} \\ \vdots & \vdots & \ddots & \vdots \\ 0 & 0 & \cdots & 1 \end{pmatrix} \quad \text{mit } m = n$$

Ferner erhalten wir

$$\begin{aligned} \operatorname{Rg} \boldsymbol{A} &= k && \text{in Fall a)}, \\ \operatorname{Rg} \boldsymbol{A} &= m && \text{in Fall b)}, \\ \operatorname{Rg} \boldsymbol{A} &= n && \text{in Fall c)}, \\ \operatorname{Rg} \boldsymbol{A} &= m = n && \text{in Fall d)}. \end{aligned}$$

Damit spart man sich in den Rechentableaus einige Umformungen. Für den Fall a) sind dann im Schritt j $(j = 1, \ldots, k)$ anstatt m nur noch $m + 1 - j$ Zeilenumformungen vorzunehmen. Man spart darüber hinaus Schreibarbeit, wenn auftretende Nullzeilen sofort eliminiert werden.

Relevante Literatur

Arens, Tilo u. a. (2015). *Mathematik*. 3. Aufl. Springer Spektrum, Kap. 15

Fischer, Gerd (2012). *Lernbuch Lineare Algebra und Analytische Geometrie: Das Wichtigste ausführlich für das Lehramts- und Bachelorstudium*. 2. Aufl. Springer Spektrum, Kap. 2.1, 2.2

Fischer, Gerd (2013). *Lineare Algebra: Eine Einführung für Studienanfänger*. 18. Aufl. Springer Spektrum, Kap. 1.4, 1.5

Liesen, Jörg und Mehrmann, Volker (2015). *Lineare Algebra: Ein Lehrbuch über die Theorie mit Blick auf die Praxis*. 2. Aufl. Springer Spektrum, Kap. 9

Opitz, Otto u. a. (2014). *Mathematik: Übungsbuch für das Studium der Wirtschaftswissenschaften*. 8. Aufl. De Gruyter Oldenbourg, Kap. 13

Senger, Jürgen (2009). *Mathematik: Grundlagen für Ökonomen*. 3. Aufl. De Gruyter Oldenbourg, Kap. 8.5

Strang, Gilbert (2003). *Lineare Algebra*. Springer, Kap. 1, 3

17

Lineare Gleichungssysteme

Die Behandlung linearer Gleichungssysteme ist ein zentrales Teilgebiet der linearen Algebra. Mit zunehmender Zahl von Variablen und Gleichungen erweist es sich als zweckmäßig, zur Beschreibung und Lösung von Gleichungssystemen Matrizen und Vektoren (Kapitel 14) zu verwenden.

Da die einzelnen Gleichungen mit n Variablen Hyperebenen im $\mathbb{R}^n$ darstellen (Abschnitt 15.2), entspricht die Menge von Lösungen des Gesamtsystems geometrisch dem Durchschnitt der entsprechenden Hyperebenen.

Damit wird sich zeigen, dass Gleichungssysteme genau dann lösbar sind, wenn der genannte Durchschnitt nicht leer ist. Formal werden wir dabei einen engen Zusammenhang mit dem Rang bestimmter Matrizen herstellen (Abschnitt 16.3).

Um die Anwendungsrelevanz linearer Gleichungssysteme deutlich zu machen, beginnen wir in Abschnitt 17.1 mit einer Reihe von Beispielen aus den Wirtschaftswissenschaften. Mit Hilfe der elementaren Zeilenumformungen zur Bestimmung von Matrizenrängen (Definition 16.23, Satz 16.24) werden wir in Abschnitt 17.2 die Existenz von Lösungen linearer Gleichungssysteme allgemein diskutieren. Diese Überlegungen dienen schließlich auch zur Lösung entsprechender Systeme (Abschnitt 17.3, 17.4). Der bestehende enge Zusammenhang mit Vektorräumen wird in Abschnitt 17.5 erläutert.

17.1 Einführende Beispiele

Beispiel 17.1 (Produktionsplanung)

Für die Herstellung der Erzeugnisse E_1, E_2, E_3 werden die Materialien M_1, M_2, M_3 benötigt.

Der Materialverbrauch pro Einheit der Erzeugnisse ist in der angegebenen Tabelle aufgeführt, die Materialvorräte von M_1, M_2, M_3 betragen 25 bzw. 25 bzw. 50 Mengeneinheiten.

	E_1	E_2	E_3
M_1	1	2	3
M_2	3	1	4
M_3	2	5	2

Wir wollen ermitteln, wie viele Einheiten der Erzeugnisse E_1, E_2, E_3 mit Hilfe des vorhandenen Materials hergestellt werden können, wobei das Materiallager geräumt werden soll.

Bezeichnet man mit x_1, x_2, x_3 die unbekannten herstellbaren Quantitäten der Erzeugnisse E_1, E_2, E_3, so erhalten wir drei Gleichungen:

$$\begin{aligned} x_1 + 2x_2 + 3x_3 &= 25 \\ 3x_1 + x_2 + 4x_3 &= 25 \\ 2x_1 + 5x_2 + 2x_3 &= 50 \end{aligned}$$

Das gegebene System ist von der Form $\boldsymbol{Ax} = \boldsymbol{b}$ mit

$$\boldsymbol{A} = \begin{pmatrix} 1 & 2 & 3 \\ 3 & 1 & 4 \\ 2 & 5 & 2 \end{pmatrix}, \quad \boldsymbol{x} = \begin{pmatrix} x_1 \\ x_2 \\ x_3 \end{pmatrix}, \quad \boldsymbol{b} = \begin{pmatrix} 25 \\ 25 \\ 50 \end{pmatrix}.$$

DOI: 10.1515/9783110475333-017

Beispiel 17.2 (Innerbetriebliche Leistungsverrechnung)

Die Abteilungen A_1, A_2, A_3 eines Betriebes sind durch mengenmäßige Leistungen $a_{ij} \geq 0$ (mit $i, j = 1, 2, 3$) gegenseitig verbunden. Jede der Abteilungen gibt ferner Leistungen an den Markt ab, die wir mit b_i $(i = 1, 2, 3)$ bezeichnen (siehe Abbildung 17.1 und nachfolgende tabellarische Darstellung).

In jeder der Abteilungen fallen Kosten an, in denen die Leistungen von und nach außen nicht berücksichtigt sind. Wir bezeichnen diese *Primärkosten* (Löhne, Energieverbrauch, Abschreibungen etc.) mit c_i $(i = 1, 2, 3)$.

Zur Bewertung der von anderen Abteilungen empfangenen bzw. zur Bewertung der eigenen abgegebenen Leistungen dienen die *Sekundärkosten* x_i $(i = 1, 2, 3)$ pro Leistungseinheit.

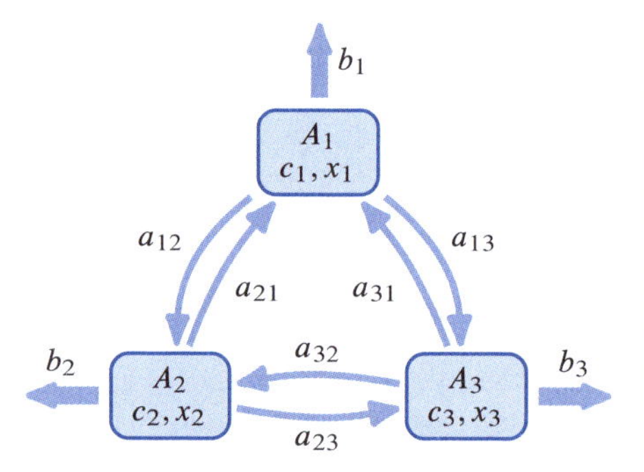

Abbildung 17.1: *Innerbetriebliche Leistungsverflechtung der Abteilungen A_1, A_2, A_3*

Leistungen	nach			
	A_1	A_2	A_3	außen
von A_1 mit c_1, x_1	0	a_{12}	a_{13}	b_1
A_2 mit c_2, x_2	a_{21}	0	a_{23}	b_2
A_3 mit c_3, x_3	a_{31}	a_{32}	0	b_3

Damit erhält man beispielsweise bei Abteilung A_1 für abgegebene Leistungen $b_1 + a_{12} + a_{13}$ die Sekundärkosten $x_1(b_1 + a_{12} + a_{13})$ und für empfangene Leistungen $a_{21} + a_{31}$ die Sekundärkosten $x_2 a_{21} + x_3 a_{31}$ bzw. $c_1 + x_2 a_{21} + x_3 a_{31}$, wenn die Primärkosten mit berücksichtigt werden.

Für jede der drei Abteilungen erhalten wir in entsprechender Weise eine Bewertung der abgegebenen Leistungen

Abteilung	Sekundärkosten für abgegebene Leistungen
A_1	$x_1(b_1 + a_{12} + a_{13})$
A_2	$x_2(b_2 + a_{21} + a_{23})$
A_3	$x_3(b_3 + a_{31} + a_{32})$

sowie eine Bewertung der empfangenen Leistungen einschließlich der Primärkosten:

Abteilung	Gesamtkosten für empfangene Leistungen
A_1	$c_1 + x_2 a_{21} + x_3 a_{31}$
A_2	$c_2 + x_1 a_{12} + x_3 a_{32}$
A_3	$c_3 + x_1 a_{13} + x_2 a_{23}$

Um nun innerbetrieblich ein Kostengleichgewicht zu erhalten, setzt man die beiden Spalten der Tabelle komponentenweise gleich und erhält das *lineare Gleichungssystem*

$$\begin{aligned} x_1(b_1 + a_{12} + a_{13}) - x_2 a_{21} - x_3 a_{31} &= c_1 \\ -x_1 a_{12} + x_2(b_2 + a_{21} + a_{23}) - x_3 a_{32} &= c_2 \\ -x_1 a_{13} - x_2 a_{23} + x_3(b_3 + a_{31} + a_{32}) &= c_3 \end{aligned}$$

mit drei Gleichungen und den drei Variablen x_1, x_2, x_3.

Existieren Lösungen $x_1, x_2, x_3 \geq 0$, so bezeichnet man diese als *innerbetriebliche Verrechnungspreise*.

Beispiel 17.3 (Transportplanung)

Drei Verkaufsstellen V_1, V_2, V_3 mit einem Bedarf von $b_1 > 0$, $b_2 > 0$ bzw. $b_3 > 0$ Einheiten eines Produkts sollen durch zwei Warenlager W_1, W_2 beliefert werden, deren Vorrat $a_1 > 0$ bzw. $a_2 > 0$ Einheiten des Produkts beträgt. Der Bedarf soll genau gedeckt werden.

Wir bezeichnen die Liefermengen von W_i $(i = 1, 2)$ nach V_j $(j = 1, 2, 3)$ mit x_{ij} und die Lieferkosten pro Einheit mit c_{ij} und stellen das Problem tabellarisch und durch Abbildung 17.2 dar.

Lieferung	nach		
	V_1	V_2	V_3
von			
W_1	(x_{11}, c_{11})	(x_{12}, c_{12})	(x_{13}, c_{13})
W_2	(x_{21}, c_{21})	(x_{22}, c_{22})	(x_{23}, c_{23})

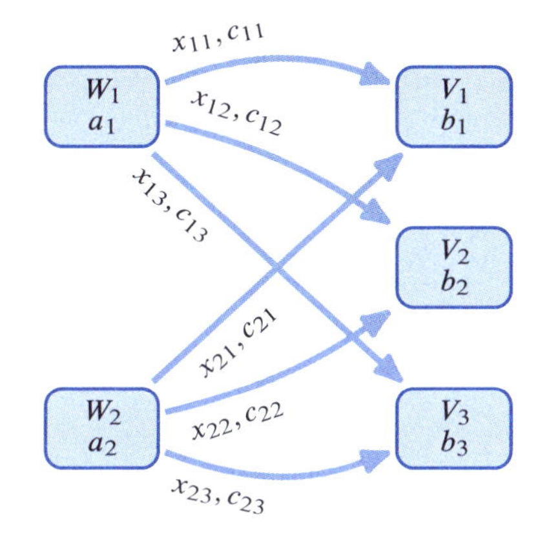

Abbildung 17.2: *Lieferungen von Warenlagern* W_1, W_2 *an die Verkaufsstellen* V_1, V_2, V_3

Für die Liefermengen erhält man die Bedingungen

$$\begin{aligned} x_{11} + x_{12} + x_{13} &\leq a_1, \\ x_{21} + x_{22} + x_{23} &\leq a_2, \\ x_{11} + x_{21} &= b_1, \\ x_{12} + x_{22} &= b_2, \\ x_{13} + x_{23} &= b_3, \\ x_{11}, x_{12}, x_{13}, x_{21}, x_{22}, x_{23} &\geq 0, \end{aligned}$$

bestehend aus linearen Gleichungen und Ungleichungen und den Variablen $x_{11}, x_{12}, x_{13}, x_{21}, x_{22}, x_{23}$.

Lösungen existieren dabei nur für den Fall, dass der Gesamtvorrat nicht kleiner als der Gesamtbedarf ist, also

$$a_1 + a_2 \geq b_1 + b_2 + b_3.$$

Ist der Gesamtvorrat gleich dem Gesamtbedarf, also

$$a_1 + a_2 = b_1 + b_2 + b_3,$$

so kann man die ersten beiden Ungleichungen durch die entsprechenden Gleichungen ersetzen.

Man kann sich überlegen, dass das Problem sehr viele Lösungen besitzt, wenn es überhaupt lösbar ist. In diesem Fall interessiert man sich für die kostengünstigste Lösung, also Werte

$$x_{11}, x_{12}, x_{13}, x_{21}, x_{22}, x_{23} \geq 0$$

der Form, dass die Gesamtlieferkosten

$$\begin{aligned} &c_{11}x_{11} + c_{12}x_{12} + c_{13}x_{13} \\ &+ c_{21}x_{21} + c_{22}x_{22} + c_{23}x_{23} \end{aligned}$$

minimal werden.

Fragestellungen dieser Form behandelt man in der *linearen Optimierung* (Kapitel 28).

17.2 Lösbarkeit linearer Gleichungssysteme

Wir beginnen zunächst mit einigen Schreibweisen für lineare Gleichungssysteme.

Definition 17.4

Ein System von Gleichungen der Form

$$\begin{array}{ccccccccc} a_{11}x_1 & + & a_{12}x_2 & + & \cdots & + & a_{1n}x_n & = & b_1 \\ a_{21}x_1 & + & a_{22}x_2 & + & \cdots & + & a_{2n}x_n & = & b_2 \\ \vdots & & \vdots & & \ddots & & \vdots & & \vdots \\ a_{m1}x_1 & + & a_{m2}x_2 & + & \cdots & + & a_{mn}x_n & = & b_m \end{array}$$

heißt *lineares Gleichungssystem* mit m Gleichungen und n Unbekannten oder Variablen $x_1, \ldots, x_n$.

Die Werte a_{ij}, b_i $(i = 1, \ldots, m;\ j = 1, \ldots, n)$ sind vorgegeben und werden als *Koeffizienten* des Gleichungssystems bezeichnet.

Gesucht sind Werte für die Variablen $x_1, \ldots, x_n$, so dass die Gleichungen erfüllt sind.

Man bezeichnet das Gleichungssystem als

- *homogen*, falls $b_1 = \ldots = b_m = 0$ ist,
- *inhomogen* in allen anderen Fällen.

Mit Hilfe von Matrizen und Vektoren kann man lineare Gleichungssysteme auch in anderer Form darstellen.

Schreibt man

$$A = \begin{pmatrix} a_{11} & \cdots & a_{1n} \\ \vdots & \ddots & \vdots \\ a_{m1} & \cdots & a_{mn} \end{pmatrix} = (a_1, \dots, a_n),$$

$$a_j = \begin{pmatrix} a_{1j} \\ \vdots \\ a_{mj} \end{pmatrix}, \quad j = 1, \dots, n,$$

$$x = \begin{pmatrix} x_1 \\ \vdots \\ x_n \end{pmatrix}, \quad b = \begin{pmatrix} b_1 \\ \vdots \\ b_m \end{pmatrix},$$

dann gilt:

$$\begin{array}{ccccccccc} a_{11}x_1 & + & a_{12}x_2 & + & \cdots & + & a_{1n}x_n & = & b_1 \\ a_{21}x_1 & + & a_{22}x_2 & + & \cdots & + & a_{2n}x_n & = & b_2 \\ \vdots & & \vdots & & \ddots & & \vdots & = & \vdots \\ a_{m1}x_1 & + & a_{m2}x_2 & + & \cdots & + & a_{mn}x_n & = & b_m \end{array}$$

$$\Leftrightarrow \begin{pmatrix} a_{11} & \cdots & a_{1n} \\ \vdots & \ddots & \vdots \\ a_{m1} & \cdots & a_{mn} \end{pmatrix} \begin{pmatrix} x_1 \\ \vdots \\ x_n \end{pmatrix} = \begin{pmatrix} b_1 \\ \vdots \\ b_m \end{pmatrix}$$

$$\Leftrightarrow (a_1, \dots, a_n)x = a_1 x_1 + \ldots + a_n x_n = b$$

$$\Leftrightarrow \sum_{j=1}^{n} a_j x_j = b$$

$$\Leftrightarrow Ax = b$$

Definition 17.5

Zu einem linearen Gleichungssystem $Ax = b$ bezeichnet man die $m \times n$-Matrix A als *Koeffizientenmatrix* und $b \in \mathbb{R}^m$ als *Konstantenvektor*.

Die *erweiterte Koeffizientenmatrix*

$$(A|b) = \left(\begin{array}{ccc|c} a_{11} & \cdots & a_{1n} & b_1 \\ \vdots & \ddots & \vdots & \vdots \\ a_{m1} & \cdots & a_{mn} & b_m \end{array}\right)$$

enthält alle gegebenen Größen und damit die gesamte Information des Systems $Ax = b$ mit m Gleichungen und n Variablen.

Die Menge aller Vektoren $x \in \mathbb{R}^n$, die das Gleichungssystem $Ax = b$ erfüllen, also

$$L = \{x \in \mathbb{R}^n : Ax = b\},$$

heißt *Lösungsmenge* des Gleichungssystems. Jedes Element $x \in L$ heißt *Lösung*.

Beispiel 17.6

Das in Beispiel 17.1 gegebene Gleichungssystem ist von der Form $Ax = b$ mit

$$A = \begin{pmatrix} 1 & 2 & 3 \\ 3 & 1 & 4 \\ 2 & 5 & 2 \end{pmatrix}, \quad x = \begin{pmatrix} x_1 \\ x_2 \\ x_3 \end{pmatrix}, \quad b = \begin{pmatrix} 25 \\ 25 \\ 50 \end{pmatrix}.$$

Wir erhalten ferner die erweiterte Koeffizientenmatrix

$$(A|b) = \left(\begin{array}{ccc|c} 1 & 2 & 3 & 25 \\ 3 & 1 & 4 & 25 \\ 2 & 5 & 2 & 50 \end{array}\right).$$

Setzt man $x_1 = 3$, $x_2 = 8$, $x_3 = 2$, so gilt:

$$\begin{aligned} 1 \cdot 3 + 2 \cdot 8 + 3 \cdot 2 &= 25 \\ 3 \cdot 3 + 1 \cdot 8 + 4 \cdot 2 &= 25 \\ 2 \cdot 3 + 5 \cdot 8 + 2 \cdot 2 &= 50 \end{aligned}$$

Der Vektor $x = \begin{pmatrix} 3 \\ 8 \\ 2 \end{pmatrix} \in L$ ist eine Lösung.

Wir werden sehen, dass die Lösbarkeit und gegebenenfalls auch die Art der Lösungen von linearen Gleichungssystemen eng mit den Rängen der Matrizen A bzw. $(A|b)$ zusammenhängen (Definition 16.20). Die Lösungsmenge von $Ax = b$ ändert sich nämlich nicht, wenn man

a) eine Gleichung auf der linken und rechten Seite mit einer reellen Zahl $r \neq 0$ multipliziert,

b) zwei Gleichungen auf der linken und rechten Seite addiert und eine der beiden ursprünglichen Gleichungen durch die neu gewonnene Gleichung ersetzt,

c) eine Gleichung durch die Summe dieser Gleichung und dem r-fachen $(r \neq 0)$ einer anderen Gleichung ersetzt,

d) zwei Gleichungen vertauscht.

Stellt man das System $\boldsymbol{A}\boldsymbol{x} = \boldsymbol{b}$ durch seine erweiterte Koeffizientenmatrix $(\boldsymbol{A}\,|\,\boldsymbol{b})$ dar, so entsprechen die genannten Operationen den *elementaren Zeilenumformungen* in $(\boldsymbol{A}\,|\,\boldsymbol{b})$, vgl. Definition 16.23:

a) Multiplikation einer Zeile mit $r \neq 0$

b) Ersetzen einer Zeile durch die Summe dieser und einer anderen Zeile

c) Ersetzen einer Zeile durch die Summe dieser und dem r-fachen einer anderen Zeile

d) Vertauschen zweier Zeilen

Die Regeln c) und d) erhält man dabei durch Kombination von a) und b). Die Vertauschung zweier Spalten i und j in der Matrix $\boldsymbol{A}$ entspricht andererseits der Vertauschung der Variablen x_i und x_j im Gleichungssystem $\boldsymbol{A}\boldsymbol{x} = \boldsymbol{b}$. Damit lässt sich der Satz 16.24 auf lineare Gleichungssysteme übertragen.

Satz 17.7

Gegeben sei ein lineares Gleichungssystem $\boldsymbol{A}\boldsymbol{x} = \boldsymbol{b}$ mit m Gleichungen und n Unbekannten. Dann lässt sich die erweiterte Koeffizientenmatrix $(\boldsymbol{A}\,|\,\boldsymbol{b})$ durch elementare Zeilenumformungen und Spaltenvertauschungen stets in einer der folgenden vier Formen, die wir mit $\left(\hat{\boldsymbol{A}}\,|\,\hat{\boldsymbol{b}}\right)$ bezeichnen, überführen:

$$\text{a)}\quad \left(\begin{array}{cccccccc|c} 1 & 0 & \cdots & 0 & \hat{a}_{1,k+1} & \cdots & \hat{a}_{1,n} & & \hat{b}_1 \\ 0 & 1 & \cdots & 0 & \hat{a}_{2,k+1} & \cdots & \hat{a}_{2,n} & & \hat{b}_2 \\ \vdots & \vdots & \ddots & \vdots & \vdots & \ddots & \vdots & & \vdots \\ 0 & 0 & \cdots & 1 & \hat{a}_{k,k+1} & \cdots & \hat{a}_{k,n} & & \hat{b}_k \\ 0 & 0 & \cdots & 0 & 0 & \cdots & 0 & & \hat{b}_{k+1} \\ \vdots & \vdots & \ddots & \vdots & \vdots & \ddots & \vdots & & \vdots \\ 0 & 0 & \cdots & 0 & 0 & \cdots & 0 & & \hat{b}_m \end{array}\right)$$

mit $k < \min\{m,n\}$, $\hat{a}_{ij} \in \mathbb{R}$
$(i = 1,\dots,k;\ j = k+1,\dots,n)$
$\hat{b}_i \in \mathbb{R}\ (i = 1,\dots,m)$

$$\text{b)}\quad \left(\begin{array}{ccccccc|c} 1 & 0 & \cdots & 0 & \hat{a}_{1,m+1} & \cdots & \hat{a}_{1,n} & \hat{b}_1 \\ 0 & 1 & \cdots & 0 & \hat{a}_{2,m+1} & \cdots & \hat{a}_{2,n} & \hat{b}_2 \\ \vdots & \vdots & \ddots & \vdots & \vdots & \ddots & \vdots & \vdots \\ 0 & 0 & \cdots & 1 & \hat{a}_{m,m+1} & \cdots & \hat{a}_{m,n} & \hat{b}_m \end{array}\right)$$

mit $m < n$, $\hat{a}_{ij} \in \mathbb{R}$, $\hat{b}_i \in \mathbb{R}$
$(i = 1,\dots,m;\ j = m+1,\dots,n)$

$$\text{c)}\quad \left(\begin{array}{cccc|c} 1 & 0 & \cdots & 0 & \hat{b}_1 \\ 0 & 1 & \cdots & 0 & \hat{b}_2 \\ \vdots & \vdots & \ddots & \vdots & \vdots \\ 0 & 0 & \cdots & 1 & \hat{b}_n \\ 0 & 0 & \cdots & 0 & \hat{b}_{n+1} \\ \vdots & \vdots & \ddots & \vdots & \vdots \\ 0 & 0 & \cdots & 0 & \hat{b}_m \end{array}\right)$$

mit $m > n$, $\hat{b}_i \in \mathbb{R}\ (i = 1,\dots,m)$

$$\text{d)}\quad \left(\begin{array}{cccc|c} 1 & 0 & \cdots & 0 & \hat{b}_1 \\ 0 & 1 & \cdots & 0 & \hat{b}_2 \\ \vdots & \vdots & \ddots & \vdots & \vdots \\ 0 & 0 & \cdots & 1 & \hat{b}_n \end{array}\right)$$

mit $m = n$, $\hat{b}_i \in \mathbb{R}\ (i = 1,\dots,m)$

Beweis

Zur Umformung der Matrix $(\boldsymbol{A}\,|\,\boldsymbol{b})$ benutzen wir den im Beweis zu Satz 16.24 beschriebenen Gauß-Jordan-Algorithmus, wobei wir uns bei den Zeilenumformungen und Spaltenvertauschungen ganz auf die Matrix $\boldsymbol{A}$ konzentrieren und den Vektor $\boldsymbol{b}$ entsprechend umformen.

Hinter jeder der angegebenen Formen a) bis d) steckt ein lineares Gleichungssystem $\hat{\boldsymbol{A}}\hat{\boldsymbol{x}} = \hat{\boldsymbol{b}}$, wobei $\hat{\boldsymbol{x}} \in \mathbb{R}^n$ aus $\boldsymbol{x} \in \mathbb{R}^n$ durch eventuell notwendige Komponentenvertauschungen entsteht.

Im Fall a) gilt beispielsweise:

$$\begin{array}{lllll} \hat{x}_1 + & & \hat{a}_{1,k+1}\hat{x}_{k+1} + \ldots + \hat{a}_{1,n}\hat{x}_n & = & \hat{b}_1 \\ & \hat{x}_2 + & \hat{a}_{2,k+1}\hat{x}_{k+1} + \ldots + \hat{a}_{2,n}\hat{x}_n & = & \hat{b}_2 \\ & \ddots & \vdots & & \vdots \\ & & \hat{x}_k + \hat{a}_{k,k+1}\hat{x}_{k+1} + \ldots + \hat{a}_{k,n}\hat{x}_n & = & \hat{b}_k \\ & & 0 & = & \hat{b}_{k+1} \\ & & \vdots & & \vdots \\ & & 0 & = & \hat{b}_m \end{array}$$

Da die Lösungsmenge des Systems $\boldsymbol{A}\boldsymbol{x} = \boldsymbol{b}$ mit der Lösungsmenge von $\hat{\boldsymbol{A}}\hat{\boldsymbol{x}} = \hat{\boldsymbol{b}}$ bis auf Variablenvertauschungen übereinstimmt, haben wir in Satz 17.7 eine umfassende Aussage zur Lösbarkeit von $\boldsymbol{A}\boldsymbol{x} = \boldsymbol{b}$.

So existiert in den Fällen b) und d) stets eine Lösung, nämlich im Fall d) die eindeutige Lösung

$$\hat{x}_1 = \hat{b}_1, \quad \ldots, \quad \hat{x}_n = \hat{b}_n,$$

und im Fall b) beispielsweise die Lösung

$$\hat{x}_1 = \hat{b}_1, \quad \ldots, \quad \hat{x}_m = \hat{b}_m,$$
$$\hat{x}_{m+1} = \ldots = \hat{x}_n = 0.$$

Im Fall c) existiert eine eindeutige Lösung

$$\hat{x}_1 = \hat{b}_1, \quad \ldots, \quad \hat{x}_n = \hat{b}_n,$$

falls in $(\hat{\boldsymbol{A}}|\hat{\boldsymbol{b}})$ gilt: $\hat{b}_{n+1} = \ldots = \hat{b}_m = 0$.

Entsprechend dazu existiert im Fall a) nur dann eine Lösung, beispielsweise

$$\hat{x}_1 = \hat{b}_1, \quad \ldots, \quad \hat{x}_k = \hat{b}_k,$$
$$\hat{x}_{k+1} = \ldots = \hat{x}_n = 0,$$

wenn $\hat{b}_{k+1} = \ldots = \hat{b}_m = 0$ gilt.

Ist im Fall c) $\hat{b}_i \neq 0$ für ein $i = n+1, \ldots, m$ bzw. gilt im Fall a) $\hat{b}_i \neq 0$ für ein $i = k+1, \ldots, m$, so besitzt das Gleichungssystem $\hat{\boldsymbol{A}}\hat{\boldsymbol{x}} = \hat{\boldsymbol{b}}$ und damit auch $\boldsymbol{A}\boldsymbol{x} = \boldsymbol{b}$ keine Lösung.

Bei Lösbarkeit im Fall a) oder b) können mehrere Lösungen existieren, etwa im Fall a)

$$\hat{x}_1 = \hat{b}_1 - \hat{a}_{1,n}, \quad \ldots, \quad \hat{x}_k = \hat{b}_k - \hat{a}_{k,n},$$
$$\hat{x}_{k+1} = \ldots = \hat{x}_{n-1} = 0, \hat{x}_n = 1.$$

Darauf werden wir später in den Sätzen 17.12 und 17.15 genauer eingehen.

Beispiel 17.8

Zur Lösung des Gleichungssystems

$$\begin{aligned} 2x_1 + 2x_2 + 3x_3 &= 9 \\ x_1 - 3x_2 + x_3 &= 0 \\ 3x_1 - x_2 + 4x_3 &= 9 \end{aligned}$$

geht man von der erweiterten Koeffizientenmatrix

$$(\boldsymbol{A}|\boldsymbol{b}) = \left(\begin{array}{ccc|c} 2 & 2 & 3 & 9 \\ 1 & -3 & 1 & 0 \\ 3 & -1 & 4 & 9 \end{array}\right)$$

aus und ermittelt mit Hilfe des Gauß-Jordan-Algorithmus (Satz 16.24 und 17.7), wobei wir aus Übersichtlichkeitsgründen in der Kopfzeile die Spaltenbezeichnungen $\boldsymbol{a}_1, \boldsymbol{a}_2, \boldsymbol{a}_3$ durch die Variablen x_1, x_2, x_3 ersetzen:

Zeile	x_1	x_2	x_3		Operation
①	2	2	3	9	
②	(1)	−3	1	0	
③	3	−1	4	9	
④	1	−3	1	0	②
⑤	0	8	1	9	① − 2 · ②
⑥	0	8	1	9	③ − 3 · ②
	x_1	x_3	x_2		Spaltentausch
⑦	1	1	−3	0	④
⑧	0	(1)	8	9	⑤
⑨	0	1	8	9	⑥
⑩	1	0	−11	−9	⑦ − ⑧
⑪	0	1	8	9	⑧
⑫	0	0	0	0	⑨ − ⑧

Die Auswertung des Endtableaus ergibt

$$x_1 - 11x_2 = -9, \qquad x_3 + 8x_2 = 9.$$

Wir erhalten die in Satz 17.7 angegebene Form a) und beispielsweise die Lösungen

$$x_1 = -9, \quad x_2 = 0, \quad x_3 = 9$$

oder auch

$$x_1 = 2, \quad x_2 = 1, \quad x_3 = 1.$$

Ein entsprechendes Ergebnis hätte man auch aus den Zeilen ④ bis ⑥ folgern können:

Da die Zeilen ⑤ und ⑥ übereinstimmen, handelt es sich um identische Gleichungen, von denen eine entfallen kann.

Beispiel 17.9

Zur Lösung des Gleichungssystems

$$\begin{aligned} 3x_1 + x_2 - 2x_3 &= 5 \\ -x_1 + 2x_2 + 5x_3 &= 3 \\ 2x_1 + 3x_2 + 3x_3 &= 4 \end{aligned}$$

ermittelt man die erweiterte Koeffizientenmatrix

$$(\boldsymbol{A}\,|\,\boldsymbol{b}) = \left(\begin{array}{rrr|r} 3 & 1 & -2 & 5 \\ -1 & 2 & 5 & 3 \\ 2 & 3 & 3 & 4 \end{array}\right)$$

und mit Hilfe des Gauß-Jordan-Algorithmus (Satz 16.24, 17.7):

Zeile	x_1	x_2	x_3		Operation
①	3	1	−2	5	
②	**−1**	2	5	3	
③	2	3	3	4	
④	1	−2	−5	−3	$-1\cdot$ ②
⑤	0	**7**	13	10	③ $+2\cdot$ ②
⑥	0	7	13	14	① $+3\cdot$ ②
⑦	1	0	−9/7	−1/7	④ $+2/7\cdot$ ⑤
⑧	0	1	13/7	10/7	$1/7\cdot$ ⑤
⑨	0	0	0	4	⑥ − ⑤

Aus dem Endtableau erhalten wir

$$x_1 - \tfrac{9}{7}x_3 = -\tfrac{1}{7}, \qquad x_2 + \tfrac{13}{7}x_3 = \tfrac{10}{7}.$$

Mit der letzten Gleichung

$$0\cdot x_1 + 0\cdot x_2 + 0\cdot x_3 = 0 \neq 4$$

ergibt sich ein Widerspruch, also ist die Lösungsmenge des Gleichungssystems leer.

Beispiel 17.10

Zur Lösung des Gleichungssystems von Beispiel 17.1 bzw. 17.6 ermittelt man

$$(\boldsymbol{A}\,|\,\boldsymbol{b}) = \left(\begin{array}{rrr|r} 1 & 2 & 3 & 25 \\ 3 & 1 & 4 & 25 \\ 2 & 5 & 2 & 50 \end{array}\right)$$

und mit Hilfe des Gauß-Jordan-Algorithmus (Satz 16.24, 17.7):

Zeile	x_1	x_2	x_3		Operation
①	**1**	2	3	25	
②	3	1	4	25	
③	2	5	2	50	
④	1	2	3	25	①
⑤	0	−5	−5	−50	② $-3\cdot$ ①
⑥	0	**1**	−4	0	③ $-2\cdot$ ①
⑦	1	0	11	25	④ $-2\cdot$ ⑥
⑧	0	1	−4	0	⑥
⑨	0	0	**−25**	−50	⑤ $+5\cdot$ ⑥
⑩	1	0	0	3	⑦ $+11/25\cdot$ ⑨
⑪	0	1	0	8	⑧ $-4/25\cdot$ ⑨
⑫	0	0	1	2	$-1/25\cdot$ ⑨

Aus dem Endtableau erhalten wir

$$(\hat{\boldsymbol{A}}\,|\,\hat{\boldsymbol{b}}) = \left(\begin{array}{rrr|r} 1 & 0 & 0 & 3 \\ 0 & 1 & 0 & 8 \\ 0 & 0 & 1 & 2 \end{array}\right)$$

und damit die eindeutige Lösung

$$x_1 = 3, \quad x_2 = 8, \quad x_3 = 2.$$

In allen drei Beispielen hatten wir ein Gleichungssystem mit 3 Gleichungen und 3 Unbekannten zu lösen. Dennoch erhalten wir in Beispiel 17.8 mehrere Lösungen, in Beispiel 17.9 keine Lösung und in Beispiel 17.10 genau eine Lösung.

Wir formulieren nun einige Zusammenhänge zwischen der Lösbarkeit von Gleichungssystemen und bestimmten Matrizenrängen, die im Wesentlichen aus Satz 16.24 zu folgern sind.

Satz 17.11

Gegeben seien das lineare Gleichungssystem $\boldsymbol{A}\boldsymbol{x} = \boldsymbol{b}$ mit m Gleichungen und n Unbekannten sowie die erweiterte Koeffizientenmatrix $(\boldsymbol{A}\,|\boldsymbol{b})$ und gemäß Satz 17.7 auch $(\hat{\boldsymbol{A}}\,|\hat{\boldsymbol{b}})$.

Dann gilt:

a) $\operatorname{Rg}\boldsymbol{A} = \operatorname{Rg}\hat{\boldsymbol{A}}$ und $\operatorname{Rg}(\boldsymbol{A}\,|\boldsymbol{b}) = \operatorname{Rg}(\hat{\boldsymbol{A}}\,|\hat{\boldsymbol{b}})$

b) $\operatorname{Rg}\boldsymbol{A} \leq \operatorname{Rg}(\boldsymbol{A}\,|\boldsymbol{b})$

c) $\operatorname{Rg}\boldsymbol{A} < \operatorname{Rg}(\boldsymbol{A}\,|\boldsymbol{b})$
$\Leftrightarrow$ $\boldsymbol{A}\boldsymbol{x} = \boldsymbol{b}$ ist nicht lösbar

d) $\operatorname{Rg}\boldsymbol{A} = \operatorname{Rg}(\boldsymbol{A}\,|\boldsymbol{b})$
$\Leftrightarrow$ $\boldsymbol{A}\boldsymbol{x} = \boldsymbol{b}$ ist lösbar

e) $\operatorname{Rg}\boldsymbol{A} = \operatorname{Rg}(\boldsymbol{A}\,|\boldsymbol{b}) = n$
$\Leftrightarrow$ $\boldsymbol{A}\boldsymbol{x} = \boldsymbol{b}$ hat genau eine Lösung

f) $\boldsymbol{b} = \boldsymbol{0} \Rightarrow \boldsymbol{A}\boldsymbol{x} = \boldsymbol{0}$ ist stets lösbar

Beweis

a) Aus $\boldsymbol{A}$ bzw. $(\boldsymbol{A}\,|\boldsymbol{b})$ entsteht durch elementare Zeilenumformungen und Spaltenvertauschungen $\hat{\boldsymbol{A}}$ bzw. $(\hat{\boldsymbol{A}}\,|\hat{\boldsymbol{b}})$. Der Rang der jeweiligen Matrix wird dadurch nicht verändert (Satz 16.24).

b) Sei $\operatorname{Rg}\boldsymbol{A} = r$ mit $\boldsymbol{a}_1, \ldots, \boldsymbol{a}_r$ linear unabhängig. Dann folgt die Behauptung aus:

$$\operatorname{Rg}(\boldsymbol{A}\,|\boldsymbol{b}) = \operatorname{Rg}(\boldsymbol{a}_1, \ldots, \boldsymbol{a}_r, \boldsymbol{b}) \in \{r, r+1\}$$

c) Es gelten die Äquivalenzen:

$\boldsymbol{A}\boldsymbol{x} = \boldsymbol{b}$ ist nicht lösbar

$\Leftrightarrow$ $\hat{\boldsymbol{A}}\hat{\boldsymbol{x}} = \hat{\boldsymbol{b}}$ ist nicht lösbar

$\Leftrightarrow$ $(\hat{\boldsymbol{A}}\,|\hat{\boldsymbol{b}})$ hat die Form von Satz 17.7a mit
$\hat{b}_j \neq 0$ für ein $j = k+1, \ldots, m$
bzw. die Form von Satz 17.7 c mit
$\hat{b}_j \neq 0$ für ein $j = n+1, \ldots, m$

$\Leftrightarrow$ $\operatorname{Rg}\hat{\boldsymbol{A}} < \operatorname{Rg}(\hat{\boldsymbol{A}}\,|\hat{\boldsymbol{b}})$

$\Leftrightarrow$ $\operatorname{Rg}\boldsymbol{A} < \operatorname{Rg}(\boldsymbol{A}\,|\boldsymbol{b})$ (Satz 17.11 a)

d) Der Nachweis lässt sich analog zu c) unter Verwendung der Sätze 17.11 b und 16.21 a führen:

$\boldsymbol{A}\boldsymbol{x} = \boldsymbol{b}$ ist lösbar

$\Leftrightarrow$ $\hat{\boldsymbol{A}}\hat{\boldsymbol{x}} = \hat{\boldsymbol{b}}$ ist lösbar

$\Leftrightarrow$ $(\hat{\boldsymbol{A}}\,|\hat{\boldsymbol{b}})$ hat die Form von Satz 17.7 b bzw. 17.7 d
oder von Satz 17.7 a mit
$\hat{b}_{k+1} = \ldots = \hat{b}_m = 0$
bzw. die Form von Satz 17.7 c mit
$\hat{b}_{n+1} = \ldots = \hat{b}_m = 0$

$\Leftrightarrow$ $\operatorname{Rg}\hat{\boldsymbol{A}} = \operatorname{Rg}(\hat{\boldsymbol{A}}\,|\hat{\boldsymbol{b}})$

$\Leftrightarrow$ $\operatorname{Rg}\boldsymbol{A} = \operatorname{Rg}(\boldsymbol{A}\,|\boldsymbol{b})$

e) Es gelten die Äquivalenzen:

$\boldsymbol{A}\boldsymbol{x} = \boldsymbol{b}$ besitzt genau eine Lösung

$\Leftrightarrow$ $\hat{\boldsymbol{A}}\hat{\boldsymbol{x}} = \hat{\boldsymbol{b}}$ besitzt genau eine Lösung

$\Leftrightarrow$ $(\hat{\boldsymbol{A}}\,|\hat{\boldsymbol{b}})$ hat die Form von Satz 17.7 c mit
$\hat{b}_{n+1} = \ldots = \hat{b}_m = 0$
oder die Form von Satz 17.7 d

$\Leftrightarrow$ Die Spalten von $\hat{\boldsymbol{A}}$ sind linear unabhängig

$\Leftrightarrow$ $\operatorname{Rg}\hat{\boldsymbol{A}} = \operatorname{Rg}(\hat{\boldsymbol{A}}\,|\hat{\boldsymbol{b}}) = n$ (Satz 16.21 c)

$\Leftrightarrow$ $\operatorname{Rg}\boldsymbol{A} = \operatorname{Rg}(\boldsymbol{A}\,|\boldsymbol{b}) = n$ (Satz 17.11 a).

f) $\boldsymbol{b} = \boldsymbol{0} \Rightarrow \operatorname{Rg}\boldsymbol{A} = \operatorname{Rg}(\boldsymbol{A}\,|\boldsymbol{0})$
$\Leftrightarrow$ $\boldsymbol{A}\boldsymbol{x} = \boldsymbol{0}$ ist lösbar (Satz 17.11 d).

Damit ist die Lösbarkeit von linearen Gleichungssystemen vollständig geklärt. Abbildung 17.3 zeigt die Zusammenhänge aller auftretenden Fälle:

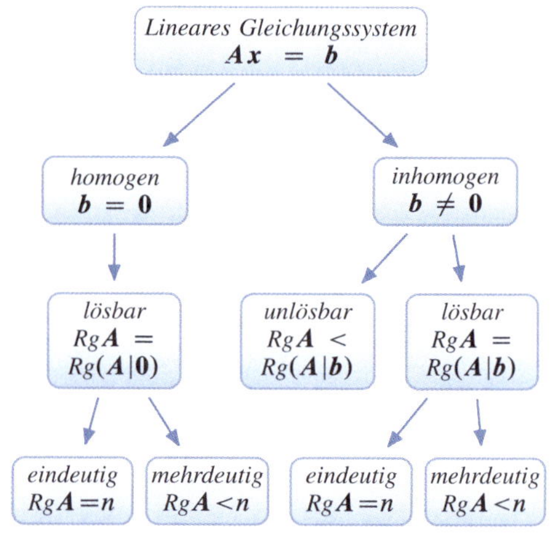

Abbildung 17.3: *Zur Lösbarkeit linearer Gleichungssysteme*

17.3 Lösung homogener Gleichungssysteme

Nach Satz 17.11 f sind homogene Gleichungssysteme der Form $\boldsymbol{A}\boldsymbol{x} = \boldsymbol{0}$ mit m Gleichungen und n Variablen stets lösbar. Dabei kann m größer, gleich oder kleiner als n sein. Im Fall

$$\operatorname{Rg} \boldsymbol{A} = \operatorname{Rg}(\boldsymbol{A}\,|\,\boldsymbol{0}) = n$$

existiert genau eine Lösung $\boldsymbol{x} = \boldsymbol{0}$ (Satz 17.11 e).

Im Folgenden betrachten wir den Fall:

$$\operatorname{Rg} \boldsymbol{A} = \operatorname{Rg}(\boldsymbol{A}\,|\,\boldsymbol{0}) = k < n$$

Satz 17.12

Gegeben sei ein lineares homogenes Gleichungssystem $\boldsymbol{A}\boldsymbol{x} = \boldsymbol{0}$ mit m Gleichungen und n Variablen, ferner sei $\operatorname{Rg} \boldsymbol{A} = k < n$.

Dann existieren neben dem Nullvektor, der das System $\boldsymbol{A}\boldsymbol{x} = \boldsymbol{0}$ immer löst, weitere $n-k$ linear unabhängige Lösungen $\boldsymbol{x}^1, \ldots, \boldsymbol{x}^{n-k} \in \mathbb{R}^n$ von $\boldsymbol{A}\boldsymbol{x} = \boldsymbol{0}$.

Jede Lösung des Systems hat die Form:

$$\boldsymbol{x}^0 = r_1\boldsymbol{x}^1 + \ldots + r_{n-k}\boldsymbol{x}^{n-k} \quad (\text{mit } r_1, \ldots, r_{n-k} \in \mathbb{R})$$

Beweis

a) Wir zeigen die Existenz linear unabhängiger Lösungen $\boldsymbol{x}^1, \ldots, \boldsymbol{x}^{n-k}$:

$\operatorname{Rg} \boldsymbol{A} = \operatorname{Rg}(\boldsymbol{A}\,|\,\boldsymbol{0}) = k < n$

$\Rightarrow$ $(\boldsymbol{A}\,|\,\boldsymbol{0})$ lässt sich in $(\hat{\boldsymbol{A}}\,|\,\boldsymbol{0})$ umformen (Satz 17.7 a,b)

$$\text{mit} \begin{pmatrix} \hat{x}_{k+1} \\ \hat{x}_{k+2} \\ \vdots \\ \hat{x}_n \end{pmatrix} = \begin{pmatrix} 1 \\ 0 \\ \vdots \\ 0 \end{pmatrix}, \begin{pmatrix} 0 \\ 1 \\ \vdots \\ 0 \end{pmatrix}, \ldots, \begin{pmatrix} 0 \\ 0 \\ \vdots \\ 1 \end{pmatrix}.$$

$\Rightarrow$ Man erhält der Reihe nach die Vektoren

$$\hat{\boldsymbol{x}}^1 = \begin{pmatrix} -\hat{a}_{1,k+1} \\ \vdots \\ -\hat{a}_{k,k+1} \\ 1 \\ 0 \\ \vdots \\ 0 \end{pmatrix}, \quad \hat{\boldsymbol{x}}^2 = \begin{pmatrix} -\hat{a}_{1,k+2} \\ \vdots \\ -\hat{a}_{k,k+2} \\ 0 \\ 1 \\ \vdots \\ 0 \end{pmatrix},$$

$$\ldots, \quad \hat{\boldsymbol{x}}^{n-k} = \begin{pmatrix} -\hat{a}_{1,n} \\ \vdots \\ -\hat{a}_{k,n} \\ 0 \\ 0 \\ \vdots \\ 1 \end{pmatrix} \in \mathbb{R}^n,$$

die das System $\boldsymbol{A}\boldsymbol{x} = \boldsymbol{0}$ lösen.

Betrachtet man die Gleichung

$$r_1\hat{\boldsymbol{x}}^1 + \ldots + r_{n-k}\hat{\boldsymbol{x}}^{n-k} = \boldsymbol{0}$$

komponentenweise, so folgt daraus

$$r_1 = \ldots = r_{n-k} = 0.$$

$\Rightarrow$ Die Lösungen $\hat{\boldsymbol{x}}^1, \ldots, \hat{\boldsymbol{x}}^{n-k}$ von $\hat{\boldsymbol{A}}\hat{\boldsymbol{x}} = \boldsymbol{0}$ sind linear unabhängig (Definition 16.4)

$\Rightarrow$ Die Lösungen $\boldsymbol{x}^1, \ldots, \boldsymbol{x}^{n-k}$ von $\boldsymbol{A}\boldsymbol{x} = \boldsymbol{0}$ sind linear unabhängig

b) Wir zeigen, dass jede Linearkombination

$$\boldsymbol{x}^0 = r_1\boldsymbol{x}^1 + \ldots + r_{n-k}\boldsymbol{x}^{n-k}$$

Lösung von $\boldsymbol{A}\boldsymbol{x} = \boldsymbol{0}$ ist:

$$\begin{aligned} \boldsymbol{A}\boldsymbol{x}^0 &= \boldsymbol{A}(r_1\boldsymbol{x}^1 + \ldots + r_{n-k}\boldsymbol{x}^{n-k}) \\ &= \boldsymbol{A}r_1\boldsymbol{x}^1 + \ldots + \boldsymbol{A}r_{n-k}\boldsymbol{x}^{n-k} \\ &= r_1(\boldsymbol{A}\boldsymbol{x}^1) + \ldots + r_{n-k}(\boldsymbol{A}\boldsymbol{x}^{n-k}) \\ &= r_1 \cdot \boldsymbol{0} + \ldots + r_{n-k} \cdot \boldsymbol{0} \\ &= \boldsymbol{0} \end{aligned}$$

c) Wir zeigen, dass jede Lösung von $\boldsymbol{A}\boldsymbol{x} = \boldsymbol{0}$ die Form $\boldsymbol{x}^0$ besitzt.

Angenommen, es gibt eine weitere Lösung $\hat{\boldsymbol{y}}$ mit $\hat{\boldsymbol{A}}\hat{\boldsymbol{y}} = \boldsymbol{0}$, die nicht als Linearkombination von $\hat{\boldsymbol{x}}^1, \ldots, \hat{\boldsymbol{x}}^{n-k}$ darstellbar ist.

$\Rightarrow$ $\hat{y}_{k+1} = \ldots = \hat{y}_n = 0$

$\Rightarrow$ $\hat{y}_1 = \ldots = \hat{y}_k = 0$

$\Rightarrow$ $\boldsymbol{y}$ ist der Nullvektor

$\Rightarrow$ jede Lösung von $\boldsymbol{A}\boldsymbol{x} = \boldsymbol{0}$ ist Linearkombination von $\boldsymbol{x}^1, \ldots, \boldsymbol{x}^{n-k}$

Beispiel 17.13 (Stationäre Marktverteilung)

Auf einem Markt konkurrieren 4 Produkte P_1, P_2, P_3, P_4, und

$$a_{ij} \in [0, 1]$$

sei der Anteil an Käufern von Produkt P_i zum Zeitpunkt t, der zum Zeitpunkt $t+1$ Produkt P_j kauft (vgl. Beispiel 14.28).

Die Matrix $\boldsymbol{A} = (a_{ij})_{4,4}$ charakterisiert die anteiligen Käuferfluktuationen zwischen den Produkten und es sei

$$\boldsymbol{A} = \begin{pmatrix} 0.5 & 0.2 & 0.2 & 0.1 \\ 0.1 & 0.6 & 0.1 & 0.2 \\ 0.1 & 0.2 & 0.6 & 0.1 \\ 0 & 0 & 0.2 & 0.8 \end{pmatrix}$$

ermittelt worden.

Wenn nun der Markt nur von den angegebenen Konkurrenten beherrscht wird, interessiert man sich für eine Aufteilung des Markt- oder Absatzvolumens, die sich trotz der weiterhin erfolgenden Übergänge, beschrieben durch die Matrix $\boldsymbol{A}$, nicht mehr ändert. Man spricht von einer stationären Markt- oder Absatzverteilung.

Bezeichnen wir die unbekannte *Marktverteilung* mit $\boldsymbol{x}^T = (x_1, x_2, x_3, x_4)$, so heißt sie *stationär*, wenn gilt:

$$\boldsymbol{x}^T \boldsymbol{A} = \boldsymbol{x}^T$$

Durch Umformen erhalten wir mit der 4×4-Einheitsmatrix $\boldsymbol{E}$:

$$\begin{aligned} \boldsymbol{x}^T\boldsymbol{A} - \boldsymbol{x}^T &= \boldsymbol{x}^T\boldsymbol{A} - \boldsymbol{x}^T\boldsymbol{E} \\ &= \boldsymbol{x}^T(\boldsymbol{A} - \boldsymbol{E}) = \boldsymbol{0}^T \end{aligned}$$

Es entsteht also ein lineares homogenes Gleichungssystem mit 4 Gleichungen und 4 Unbekannten.

Mit

$$\boldsymbol{A} - \boldsymbol{E} = \begin{pmatrix} -0.5 & 0.2 & 0.2 & 0.1 \\ 0.1 & -0.4 & 0.1 & 0.2 \\ 0.1 & 0.2 & -0.4 & 0.1 \\ 0 & 0 & 0.2 & -0.2 \end{pmatrix}$$

folgt durch Multiplikation von links mit $\boldsymbol{x}^T$:

$$\begin{aligned} -0.5x_1 + 0.1x_2 + 0.1x_3 \phantom{{}+0.2x_4} &= 0 \\ 0.2x_1 - 0.4x_2 + 0.2x_3 \phantom{{}+0.2x_4} &= 0 \\ 0.2x_1 + 0.1x_2 - 0.4x_3 + 0.2x_4 &= 0 \\ 0.1x_1 + 0.2x_2 + 0.1x_3 - 0.2x_4 &= 0 \end{aligned}$$

Aus Rechengründen multiplizieren wir alle Gleichungen mit 10 und wenden den Gauß-Jordan-Algorithmus an. Da die rechte Seite nur Nullen enthält, können wir auf die entsprechende Spalte im Tableau verzichten.

Zeile	x_1	x_2	x_3	x_4	Operation
①	−5	1	1	0	
②	2	−4	2	0	
③	2	1	−4	2	
④	1	2	1	−2	
⑤	1	2	1	−2	④
⑥	0	−3	−6	6	③ − 2 · ④
⑦	0	−8	0	4	② − 2 · ④
⑧	0	0	0	0	① + ② + ③ + ④ entfällt
⑨	1	0	−3	2	⑤ + 2/3 · ⑥
⑩	0	1	2	−2	−1/3 · ⑥
⑪	0	0	16	−12	⑦ − 8/3 · ⑥
⑫	1	0	0	−1/4	⑨ + 3/16 · ⑪
⑬	0	1	0	−1/2	⑩ − 2/16 · ⑪
⑭	0	0	1	−3/4	1/16 · ⑪

Aus dem Endtableau erhalten wir

$$\begin{aligned} x_1 \qquad\qquad - 1/4\, x_4 &= 0\,, \\ x_2 \qquad - 1/2\, x_4 &= 0\,, \\ x_3 - 3/4\, x_4 &= 0 \end{aligned}$$

und es gilt $\mathrm{Rg}(\boldsymbol{A} - \boldsymbol{E}) = 3 < 4$.

Nach Satz 17.12 existiert eine linear unabhängige Lösung $\boldsymbol{x}^1$. Setzt man $x_4 = 1$, so gilt

$$\boldsymbol{x}^{1^T} = \left(\tfrac{1}{4}, \tfrac{1}{2}, \tfrac{3}{4}, 1\right).$$

Damit ist jedes $\boldsymbol{x}^{0^T} = r \cdot \boldsymbol{x}^{1^T}$ eine Lösung von $\boldsymbol{x}^T(\boldsymbol{A} - \boldsymbol{E}) = \boldsymbol{0}$.

Wir erhalten mathematisch die Lösungsmenge

$$L = \left\{ \boldsymbol{x}^0 \in \mathbb{R}^4 : \boldsymbol{x}^0 = r \cdot \begin{pmatrix} 1/4 \\ 1/2 \\ 3/4 \\ 1 \end{pmatrix},\ r \in \mathbb{R} \right\}.$$

In diesem Beispiel sind jedoch aus ökonomischen Gründen nur positive Werte sinnvoll, also betrachten wir nur Lösungen mit $r > 0$.

Für ein Absatzvolumen von 1000 Einheiten ergibt sich wegen

$$\begin{aligned} 1000 &= x_1 + x_2 + x_3 + x_4 \\ &= r\left(\tfrac{1}{4} + \tfrac{1}{2} + \tfrac{3}{4} + 1\right) \\ \Rightarrow \quad r &= \tfrac{2}{5} \cdot 1000 = 400 \end{aligned}$$

die Lösung

$$\boldsymbol{x}^T = (100,\ 200,\ 300,\ 400)\,.$$

Betrachtet man die Marktanteile, so folgt aus

$$x_1 + x_2 + x_3 + x_4 = 1$$

die stationäre Marktverteilung

$$\boldsymbol{x}^T = (0.1,\ 0.2,\ 0.3,\ 0.4)$$

mit

$$\boldsymbol{x}^T \boldsymbol{A} = \boldsymbol{x}^T\,,$$

bzw.

$$(0.1,\ 0.2,\ 0.3,\ 0.4) \begin{pmatrix} 0.5 & 0.2 & 0.2 & 0.1 \\ 0.1 & 0.6 & 0.1 & 0.2 \\ 0.1 & 0.2 & 0.6 & 0.1 \\ 0 & 0 & 0.2 & 0.8 \end{pmatrix} = (0.1,\ 0.2,\ 0.3,\ 0.4)\,.$$

Also besitzt P_1 einen Marktanteil von 10 %, P_2 von 20 %, P_3 von 30 % und P_4 von 40 %.

Beispiel 17.14

Gegeben sei das lineare homogene Gleichungssystem $\boldsymbol{A}\boldsymbol{x} = \boldsymbol{0}$ mit

$$\boldsymbol{A} = \begin{pmatrix} 1 & 2 & 0 & 1 & 2 \\ 1 & 3 & 1 & -1 & 2 \\ 0 & 1 & 1 & -2 & 0 \\ 1 & 1 & -1 & 3 & 2 \end{pmatrix}.$$

Dann gilt:

Zeile	x_1	x_2	x_3	x_4	x_5	Operation
①	1	2	0	1	2	
②	1	3	1	−1	2	
③	0	1	1	−2	0	
④	1	1	−1	3	2	
⑤	1	2	0	1	2	①
⑥	0	1	1	−2	0	② − ①
⑦	0	1	1	−2	0	③ entfällt
⑧	0	−1	−1	2	0	④ − ① entfällt
⑨	1	0	−2	5	2	⑤ − 2 · ⑥
⑩	0	1	1	−2	0	⑥

Aus dem Endtableau ergibt sich

$$\begin{aligned} x_1 \quad\ - 2x_3 + 5x_4 + 2x_5 &= 0\,, \\ x_2 + \ \ x_3 - 2x_4 \qquad\quad &= 0\,, \end{aligned}$$

ferner ist $\operatorname{Rg} \boldsymbol{A} = 2$.

Nach Satz 17.12 existieren drei linear unabhängige Lösungen $\boldsymbol{x}^1, \boldsymbol{x}^2, \boldsymbol{x}^3 \in \mathbb{R}^5$.

Setzt man der Reihe nach

$$\begin{pmatrix} x_3 \\ x_4 \\ x_5 \end{pmatrix} = \begin{pmatrix} 1 \\ 0 \\ 0 \end{pmatrix},\ \begin{pmatrix} x_3 \\ x_4 \\ x_5 \end{pmatrix} = \begin{pmatrix} 0 \\ 1 \\ 0 \end{pmatrix},\ \begin{pmatrix} x_3 \\ x_4 \\ x_5 \end{pmatrix} = \begin{pmatrix} 0 \\ 0 \\ 1 \end{pmatrix},$$

so gilt

$$\boldsymbol{x}^1 = \begin{pmatrix} 2 \\ -1 \\ 1 \\ 0 \\ 0 \end{pmatrix},\quad \boldsymbol{x}^2 = \begin{pmatrix} -5 \\ 2 \\ 0 \\ 1 \\ 0 \end{pmatrix},\quad \boldsymbol{x}^3 = \begin{pmatrix} -2 \\ 0 \\ 0 \\ 0 \\ 1 \end{pmatrix}.$$

Wir erhalten die Lösungsmenge:

$$L = \left\{ \boldsymbol{x}^0 \in \mathbb{R}^5 : \boldsymbol{x}^0 = r_1 \begin{pmatrix} 2 \\ -1 \\ 1 \\ 0 \\ 0 \end{pmatrix} + r_2 \begin{pmatrix} -5 \\ 2 \\ 0 \\ 1 \\ 0 \end{pmatrix} + r_3 \begin{pmatrix} -2 \\ 0 \\ 0 \\ 0 \\ 1 \end{pmatrix},\ r_1, r_2, r_3 \in \mathbb{R} \right\}$$

17.4 Lösung inhomogener Gleichungssysteme

Zweifellos sind homogene Gleichungssysteme für die praktische Anwendung weniger relevant als inhomogene Systeme.

Andererseits wird sich zeigen, dass insbesondere das Ergebnis von Satz 17.12 genutzt werden kann, um inhomogene Gleichungssysteme der Form

$$\boldsymbol{A}\boldsymbol{x} = \boldsymbol{b}$$

mit

$$\operatorname{Rg} \boldsymbol{A} = \operatorname{Rg}\left(\boldsymbol{A}|\boldsymbol{b}\right)$$

allgemein zu lösen.

Satz 17.15

Gegeben sei ein lineares inhomogenes Gleichungssystem

$$\boldsymbol{A}\boldsymbol{x} = \boldsymbol{b} \qquad (\boldsymbol{b} \neq \boldsymbol{0})$$

mit m Gleichungen und n Unbekannten, ferner sei

$$\operatorname{Rg} \boldsymbol{A} = \operatorname{Rg}\left(\boldsymbol{A}|\boldsymbol{b}\right) = k < n.$$

Hat jede Lösung des homogenen Systems $\boldsymbol{A}\boldsymbol{x} = \boldsymbol{0}$ die Form

$$\boldsymbol{x}^0 = r_1\boldsymbol{x}^1 + \ldots + r_{n-k}\boldsymbol{x}^{n-k}$$

und ist $\boldsymbol{x}' \in \mathbb{R}^n$ eine spezielle Lösung des inhomogenen Systems $\boldsymbol{A}\boldsymbol{x} = \boldsymbol{b}$, so hat jede Lösung $\boldsymbol{x}^*$ von $\boldsymbol{A}\boldsymbol{x} = \boldsymbol{b}$ die Form

$$\begin{aligned} \boldsymbol{x}^* &= \boldsymbol{x}' + \boldsymbol{x}^0 \\ &= \boldsymbol{x}' + r_1\boldsymbol{x}^1 + \ldots + r_{n-k}\boldsymbol{x}^{n-k} \\ &\quad (\text{mit } r_1, \ldots, r_{n-k} \in \mathbb{R}). \end{aligned}$$

Beweis

a) Wir zeigen, dass $\boldsymbol{x}^*$ Lösung von $\boldsymbol{A}\boldsymbol{x} = \boldsymbol{b}$ ist.

$$\begin{aligned} \boldsymbol{A}\boldsymbol{x}^* &= \boldsymbol{A}(\boldsymbol{x}' + \boldsymbol{x}^0) \\ &= \boldsymbol{A}\boldsymbol{x}' + \boldsymbol{A}\boldsymbol{x}^0 = \boldsymbol{b} + \boldsymbol{0} = \boldsymbol{b} \end{aligned}$$

b) Wir zeigen, dass jede Lösung von $\boldsymbol{A}\boldsymbol{x} = \boldsymbol{b}$ die Form $\boldsymbol{x}^*$ besitzt.

Angenommen, es gibt eine weitere Lösung $\boldsymbol{x}''$ mit $\boldsymbol{A}\boldsymbol{x}'' = \boldsymbol{b}$:

$\Rightarrow \boldsymbol{A}(\boldsymbol{x}'' - \boldsymbol{x}') = \boldsymbol{A}\boldsymbol{x}'' - \boldsymbol{A}\boldsymbol{x}' = \boldsymbol{b} - \boldsymbol{b} = \boldsymbol{0}$

$\Rightarrow \boldsymbol{x}'' - \boldsymbol{x}'$ löst das homogene Gleichungssystem $\boldsymbol{A}\boldsymbol{x} = \boldsymbol{0}$

$\Rightarrow \boldsymbol{x}'' - \boldsymbol{x}'$ ist von der Form $\sum_{i=1}^{n-k} r_i\boldsymbol{x}^i$ (Satz 17.12)

$\Rightarrow \boldsymbol{x}'' = \boldsymbol{x}' + \sum_{i=1}^{n-k} r_i\boldsymbol{x}^i$

$\Rightarrow \boldsymbol{x}''$ hat die gleiche Form wie $\boldsymbol{x}^*$

Zur Bestimmung von $\boldsymbol{x}'$ nutzt man wieder Satz 17.7 a. Setzt man die Variablen $\hat{x}_{k+1} = \ldots = \hat{x}_n = 0$ in $\hat{\boldsymbol{A}}\hat{\boldsymbol{x}} = \hat{\boldsymbol{b}}$, so folgt daraus $\hat{x}_1 = \hat{b}_1, \ldots, \hat{x}_k = \hat{b}_k$. Damit erhält man (evtl. durch Variablenvertauschung) auch $\boldsymbol{x}'$.

Beispiel 17.16 (Stationäre Marktverteilung)

Wir betrachten nochmals das Beispiel 17.13 und vereinbaren, dass $\boldsymbol{x}^T$ eine stationäre Marktverteilung darstellt, also gilt:

$$x_1 + x_2 + x_3 + x_4 = 1$$

Zur Bestimmung von $\boldsymbol{x}$ erhalten wir mit den Daten aus Beispiel 17.13 ein inhomogenes Gleichungssystem mit 5 Gleichungen und 4 Unbekannten:

$$\begin{aligned} -0.5x_1 + 0.1x_2 + 0.1x_3 \phantom{{}+0.2x_4} &= 0 \\ 0.2x_1 - 0.4x_2 + 0.2x_3 \phantom{{}+0.2x_4} &= 0 \\ 0.2x_1 + 0.1x_2 - 0.4x_3 + 0.2x_4 &= 0 \\ 0.1x_1 + 0.2x_2 + 0.1x_3 - 0.2x_4 &= 0 \\ x_1 + x_2 + x_3 + x_4 &= 1 \end{aligned}$$

Wir multiplizieren wieder die ersten vier Gleichungen mit 10 und wenden den Gauß-Jordan-Algorithmus an.

Zeile	x_1	x_2	x_3	x_4		Operation
(1)	−5	1	1	0	0	
(2)	2	−4	2	0	0	
(3)	2	1	−4	2	0	
(4)	**1**	2	1	−2	0	
(5)	1	1	1	1	1	
(6)	1	2	1	−2	0	(4)
(7)	0	**−1**	0	3	1	(5) − (4)
(8)	0	−3	−6	6	0	(3) − 2 · (4)
(9)	0	−8	0	4	0	(2) − 2 · (4)
(10)	0	0	0	0	0	(1) + (2) + (3) + (4) entfällt
(11)	1	0	1	4	2	(6) + 2 · (7)
(12)	0	1	0	−3	−1	−1 · (7)
(13)	0	0	**−6**	−3	−3	(8) − 3 · (7)
(14)	0	0	0	−20	−8	(9) − 8 · (7)
(15)	1	0	0	7/2	3/2	(11) + 1/6 · (13)
(16)	0	1	0	−3	−1	(12)
(17)	0	0	1	1/2	1/2	−1/6 · (13)
(18)	0	0	0	**1**	4/10	−1/20 · (14)
(19)	1	0	0	0	1/10	(15) − 7/2 · (18)
(20)	0	1	0	0	2/10	(16) + 3 · (18)
(21)	0	0	1	0	3/10	(17) − 1/2 · (18)
(22)	0	0	0	1	4/10	(18)

Aus dem obigen Endtableau folgt:

$$x_1 = 0.1,\ x_2 = 0.2,\ x_3 = 0.3,\ x_4 = 0.4$$

Wegen

$$\operatorname{Rg} \boldsymbol{A} = \operatorname{Rg}\left(\boldsymbol{A}\,|\,\boldsymbol{b}\right) = 4$$

existiert genau eine Lösung (Satz 17.11 e), die wir auch in Beispiel 17.13 auf anderem Weg gefunden hatten.

Beispiel 17.17

Wir betrachten das inhomogene Gleichungssystem $\boldsymbol{A}\boldsymbol{x} = \boldsymbol{b}$ mit

$$\operatorname{Rg}\left(\boldsymbol{A}\,|\,\boldsymbol{b}\right) = \left(\begin{array}{ccccc|c} 1 & 2 & 0 & 1 & 2 & 5 \\ 1 & 3 & 1 & -1 & 2 & 6 \\ 0 & 1 & 1 & -2 & 0 & 1 \\ 1 & 1 & -1 & 3 & 2 & 4 \end{array}\right).$$

Dann gilt entsprechend zu Beispiel 17.14:

Zeile	x_1	x_2	x_3	x_4	x_5		Operation
(1)	**1**	2	0	1	2	5	
(2)	1	3	1	−1	2	6	
(3)	0	1	1	−2	0	1	
(4)	1	1	−1	3	2	4	
(5)	1	2	0	1	2	5	(1)
(6)	0	**1**	1	−2	0	1	(2) − (1)
(7)	0	1	1	−2	0	1	(3) entfällt
(8)	0	−1	−1	2	0	−1	(4) − (1) entfällt
(9)	1	0	−2	5	2	3	(5) − 2 · (6)
(10)	0	1	1	−2	0	1	(6)

Die Lösungsmenge des homogenen Systems wurde in Beispiel 17.14 bereits ermittelt.

Für eine spezielle Lösung $\boldsymbol{x}'$ von $\boldsymbol{A}\boldsymbol{x} = \boldsymbol{b}$ setzt man $x_3 = x_4 = x_5 = 0$. Daraus folgt:

$$\boldsymbol{x}' = (3, 1, 0, 0, 0)^T$$

Insgesamt erhalten wir die Lösungsmenge

$$L = \left\{\boldsymbol{x}^* \in \mathbb{R}^5 : \boldsymbol{x}^* = \begin{pmatrix} 3 \\ 1 \\ 0 \\ 0 \\ 0 \end{pmatrix} + r_1 \begin{pmatrix} 2 \\ -1 \\ 1 \\ 0 \\ 0 \end{pmatrix} + r_2 \begin{pmatrix} -5 \\ 2 \\ 0 \\ 1 \\ 0 \end{pmatrix} + r_3 \begin{pmatrix} -2 \\ 0 \\ 0 \\ 0 \\ 1 \end{pmatrix}, \quad r_1, r_2, r_3 \in \mathbb{R}\right\}.$$

Zur Lösung linearer Gleichungssysteme $\boldsymbol{Ax} = \boldsymbol{b}$ wurde der Gauß-Jordan-Algorithmus (Satz 16.24, 17.7) benutzt, der auf elementaren Zeilenumformungen (Definition 16.23) der erweiterten Koeffizientenmatrix $(\boldsymbol{A}\,|\boldsymbol{b})$ beruht.

Hervorzuheben ist dabei, dass der Gauß-Jordan-Algorithmus in der Lage ist, sowohl die Existenz von Lösungen festzustellen als auch gegebenenfalls alle Lösungen zu bestimmen.

Wie wir mit Hilfe der Beispiele 17.8, 17.9, 17.10, 17.13, 17.14, 17.16, 17.17 gesehen haben, geht man zweckmäßig wie folgt vor:

1) Ermittlung der erweiterten Koeffizientenmatrix $(\boldsymbol{A}\,|\boldsymbol{b})$ (Definition 17.5)
2) Übergang von $(\boldsymbol{A}\,|\boldsymbol{b})$ zu $\left(\hat{\boldsymbol{A}}\,|\hat{\boldsymbol{b}}\right)$ mit Hilfe elementarer Zeilenumformungen und Spaltenvertauschungen (Definition 16.23, 17.7)
3) Mit Hilfe von $\left(\hat{\boldsymbol{A}}\,|\hat{\boldsymbol{b}}\right)$ ist zu entscheiden, ob $\boldsymbol{Ax} = \boldsymbol{b}$ mit m Gleichungen und n Unbekannten lösbar ist:
   - $\operatorname{Rg}\hat{\boldsymbol{A}} < \operatorname{Rg}\left(\hat{\boldsymbol{A}}\,|\hat{\boldsymbol{b}}\right)$
     $\Rightarrow \boldsymbol{Ax} = \boldsymbol{b}$ ist nicht lösbar (Satz 17.11 c)
   - $\operatorname{Rg}\hat{\boldsymbol{A}} = \operatorname{Rg}\left(\hat{\boldsymbol{A}}\,|\hat{\boldsymbol{b}}\right) = n$
     $\Rightarrow \boldsymbol{Ax} = \boldsymbol{b}$ besitzt genau eine Lösung (Satz 17.11 e)
   - $\operatorname{Rg}\hat{\boldsymbol{A}} = \operatorname{Rg}\left(\hat{\boldsymbol{A}}\,|\hat{\boldsymbol{b}}\right) < n$
     $\Rightarrow \boldsymbol{Ax} = \boldsymbol{b}$ besitzt unendlich viele Lösungen (Satz 17.11 d, 17.12, 17.15)

17.5 Zusammenhang mit Vektorräumen

Wir erinnern zunächst nochmals an die allgemeine Lösung eines homogenen Gleichungssystems

$$\boldsymbol{Ax} = \boldsymbol{0} \quad \text{mit} \quad \operatorname{Rg}\boldsymbol{A} = k < n$$

in der Form

$$\boldsymbol{x}^0 = r_1\boldsymbol{x}^1 + \ldots + r_{n-k}\boldsymbol{x}^{n-k} \qquad \text{(Satz 17.12).}$$

Mit Hilfe der Vektorräume (Abschnitt 16.1) lässt sich dieses Ergebnis wie folgt interpretieren:

Die Menge

$$\left\{\boldsymbol{x} \in \mathbb{R}^n :\ \boldsymbol{a}_1{}^T\boldsymbol{x} = 0\right\}$$

aller Vektoren $\boldsymbol{x} \in \mathbb{R}^n$, die einer linearen homogenen Gleichung $\boldsymbol{a}_1{}^T\boldsymbol{x} = 0$ mit $\boldsymbol{a}_1 \neq \boldsymbol{0}$ genügen, bilden

- eine Hyperebene im $\mathbb{R}^n$ (Definition 15.7 a) bzw.
- einen $(n-1)$-dimensionalen linearen Teilraum des $\mathbb{R}^n$ (Definition 16.15).

Die Lösungsmenge des Systems $\boldsymbol{Ax} = \boldsymbol{0}$ mit

$$\operatorname{Rg}\boldsymbol{A} = k < n$$

lässt sich als Durchschnitt von Hyperebenen auffassen und ergibt einen $(n-k)$-dimensionalen linearen Teilraum des $\mathbb{R}^n$.

Um alle Lösungen des Systems $\boldsymbol{Ax} = \boldsymbol{0}$ bzw. alle Vektoren des entsprechenden Teilraums zu erhalten, fassen wir die linear unabhängigen Vektoren $\boldsymbol{x}^1, \ldots, \boldsymbol{x}^{n-k}$ zu einer Basis zusammen (Definition 16.7). Jede Lösung des Systems $\boldsymbol{Ax} = \boldsymbol{0}$ ist eine Linearkombination der Basisvektoren $\boldsymbol{x}^1, \ldots, \boldsymbol{x}^{n-k}$.

Ist schließlich $\operatorname{Rg}\boldsymbol{A} = n$, so ist die Lösungsmenge 0-dimensional, man erhält die eindeutige Lösung $\boldsymbol{x} = \boldsymbol{0}$ für $\boldsymbol{Ax} = \boldsymbol{0}$.

Ferner erhalten wir in Satz 17.12 eine eindeutige Vorschrift zur Bestimmung der $n-k$ linear unabhängigen Lösungen $\boldsymbol{x}^1, \ldots, \boldsymbol{x}^{n-k}$ von $\boldsymbol{Ax} = \boldsymbol{0}$, die eine Basis des $(n-k)$-dimensionalen Teilraumes, des sogenannten Lösungsraumes von $\boldsymbol{Ax} = \boldsymbol{0}$, bilden.

Nach Satz 16.11 ist dann auch jede andere Menge von $n-k$ linear unabhängigen Vektoren $\boldsymbol{y}^1, \ldots, \boldsymbol{y}^{n-k}$ mit

$$\boldsymbol{Ay}^i = \boldsymbol{0} \qquad (i = 1, \ldots, n-k)$$

eine Basis. Damit hat jede Lösung $\boldsymbol{y}^0$ mit $\boldsymbol{Ay}^0 = \boldsymbol{0}$ nach Satz 17.12 auch die Form

$$\boldsymbol{y}^0 = s_1\boldsymbol{y}^1 + \ldots + s_{n-k}\boldsymbol{y}^{n-k} \qquad (s_1, \ldots, s_{n-k} \in \mathbb{R}).$$

Im Beweis zu Satz 17.12 wird also nur eine Möglichkeit zur Bestimmung von $n-k$ linear unabhängigen Lösungen des Systems

$$\boldsymbol{A}\boldsymbol{x} = \boldsymbol{0}$$

beschrieben. Findet man andere linear unabhängige Lösungen

$$\boldsymbol{y}^1, \dots, \boldsymbol{y}^{n-k},$$

so gilt für die Lösungsmenge von $\boldsymbol{A}\boldsymbol{x} = \boldsymbol{0}$

$$\begin{aligned} L &= \Big\{\boldsymbol{y}^0 \in \mathbb{R}^n : \boldsymbol{y}^0 = \sum\nolimits_{i=1}^{n-k} s_i \boldsymbol{y}^i, \\ &\qquad s_i \in \mathbb{R} \ (i = 1, \dots, n-k)\Big\} \\ &= \Big\{\boldsymbol{x}^0 \in \mathbb{R}^n : \boldsymbol{x}^0 = \sum\nolimits_{i=1}^{n-k} r_i \boldsymbol{x}^i, \\ &\qquad r_i \in \mathbb{R} \ (i = 1, \dots, n-k)\Big\}. \end{aligned}$$

Offenbar wurden beim Übergang von $(\boldsymbol{A}|\boldsymbol{b})$ zu $(\hat{\boldsymbol{A}}|\hat{\boldsymbol{b}})$ mit Hilfe von elementaren Zeilenumformungen (Satz 17.7) Basistransformationen vorgenommen.

Ist $\boldsymbol{A}$ eine $m \times n$-Matrix mit

$$\operatorname{Rg} \boldsymbol{A} = k \leq \min\{m, n\},$$

so geht man bei Anwendung des Gauß-Jordan-Algorithmus von der Basis $\{\boldsymbol{e}_1, \dots, \boldsymbol{e}_m\}$ im $\mathbb{R}^m$ aus. Im Starttableau werden alle Spaltenvektoren von $\boldsymbol{A}$ sowie der Konstantenvektor $\boldsymbol{b}$ als Linearkombinationen der Einheitsvektoren $\boldsymbol{e}_1, \dots, \boldsymbol{e}_m$ dargestellt. In den nachfolgenden Tableaus tauscht man nun möglichst viele Einheitsvektoren gegen linear unabhängige Spaltenvektoren von $\boldsymbol{A}$ aus, beispielsweise $\boldsymbol{a}_1, \dots, \boldsymbol{a}_k$. Die restlichen Spaltenvektoren $\boldsymbol{a}_{k+1}, \dots, \boldsymbol{a}_n$ ergeben sich dann im Endtableau als Linearkombinationen der Vektoren $\boldsymbol{a}_1, \dots, \boldsymbol{a}_k$. Das Gleichungssystem $\boldsymbol{A}\boldsymbol{x} = \boldsymbol{b}$ ist genau dann lösbar, wenn auch $\boldsymbol{b}$ als Linearkombination der Vektoren $\boldsymbol{a}_1, \dots, \boldsymbol{a}_k$ darstellbar ist. Die Spalten $1, \dots, k$ des Endtableaus bestehen aus Einheitsvektoren.

Definition 17.18

Hat man zur Lösung des linearen Gleichungssystems $\boldsymbol{A}\boldsymbol{x} = \boldsymbol{b}$ mit Hilfe des Gauß-Jordan-Algorithmus k Einheitsvektoren gegen k linear unabhängige Spaltenvektoren von $\boldsymbol{A}$, beispielsweise $\boldsymbol{a}_1, \dots, \boldsymbol{a}_k$, ausgetauscht, so nennt man die entsprechenden Variablen

$$x_1, \dots, x_k \quad \textit{Basisvariablen}$$

und die Variablen

$$x_{k+1}, \dots, x_n \quad \textit{Nichtbasisvariablen.}$$

Setzt man alle Nichtbasisvariablen gleich 0, so erhält man für die Basisvariablen die entsprechenden Werte der b-Spalte und man spricht von einer *Basislösung.*

Da es im Allgemeinen mehrere Möglichkeiten gibt, k der m Einheitsvektoren auszutauschen, gibt es auch mehrere Basislösungen. Sind jeweils k der n Spaltenvektoren $\boldsymbol{a}_1, \dots, \boldsymbol{a}_n$ linear unabhängig, dann gibt es genau $\binom{n}{k}$ Basislösungen (Abschnitt 1.4, Tabelle 1.1, Fall c). Für jeden Fall, in dem k der n Spaltenvektoren linear abhängig sind, reduziert sich die Anzahl der Basislösungen um 1.

Beispiel 17.19

Mit dem Gauß-Jordan-Algorithmus (Satz 16.24) erhalten wir in Beispiel 17.17 durch Austausch der Einheitsvektoren $\boldsymbol{e}_1, \boldsymbol{e}_2$ gegen die Spalten $\boldsymbol{a}_1, \boldsymbol{a}_2$ das Endtableau:

Basis	x_1	x_2	x_3	x_4	x_5	$\boldsymbol{b}$
$\boldsymbol{a}_1$	1	0	−2	5	2	3
$\boldsymbol{a}_2$	0	1	1	−2	0	1

Die Variablen x_1, x_2 übernehmen die Rolle der Basisvariablen und x_3, x_4, x_5 die Rolle der Nichtbasisvariablen. Der Vektor $\boldsymbol{x}^T = (3, 1, 0, 0, 0)$ ist eine Basislösung.

Ferner folgt aus dem Tableau

$$a_3 = -2a_1 + a_2, \qquad a_4 = 5a_1 - 2a_2,$$
$$a_5 = 2a_1, \qquad b = 3a_1 + a_2.$$

Wir suchen nun nach weiteren Basislösungen mit Hilfe des Gauß-Jordan-Algorithmus.

	Basis	x_1	x_2	x_3	x_4	x_5		Operation
①	a_1	1	0	−2	5	2	3	
②	a_2	0	1	$\boxed{1}$	−2	0	1	
③	a_1	1	2	0	1	2	5	① + 2 · ②
④	a_3	0	1	1	$\boxed{-2}$	0	1	②
⑤	a_1	1	$\boxed{\frac{5}{2}}$	$\frac{1}{2}$	0	2	$\frac{11}{2}$	③ + $\frac{1}{2}$ · ④
⑥	a_4	0	$-\frac{1}{2}$	$-\frac{1}{2}$	1	0	$-\frac{1}{2}$	$-\frac{1}{2}$ · ④
⑦	a_2	$\frac{2}{5}$	1	$\frac{1}{5}$	0	$\frac{4}{5}$	$\frac{11}{5}$	$\frac{2}{5}$ · ⑤
⑧	a_4	$\frac{1}{5}$	0	$\boxed{-\frac{2}{5}}$	1	$\frac{2}{5}$	$\frac{3}{5}$	⑥ + $\frac{1}{5}$ · ⑤
⑨	a_2	$\frac{1}{2}$	1	0	$\frac{1}{2}$	1	$\frac{5}{2}$	⑦ + $\frac{1}{2}$ · ⑧
⑩	a_3	$-\frac{1}{2}$	0	1	$-\frac{5}{2}$	$\boxed{-1}$	$-\frac{3}{2}$	$-\frac{5}{2}$ · ⑧
⑪	a_2	0	1	$\boxed{1}$	−2	0	1	⑨ + ⑩
⑫	a_5	$\frac{1}{2}$	0	−1	$\frac{5}{2}$	1	$\frac{3}{2}$	−1 · ⑩
⑬	a_3	0	1	1	−2	0	1	⑪
⑭	a_5	$\frac{1}{2}$	1	0	$\boxed{\frac{1}{2}}$	1	$\frac{5}{2}$	⑫ + ⑪
⑮	a_3	2	5	1	0	$\boxed{4}$	11	⑬ + 4 · ⑭
⑯	a_4	1	2	0	1	2	5	2 · ⑭
⑰	a_5	$\frac{1}{2}$	$\frac{5}{4}$	$\frac{1}{4}$	0	1	$\frac{11}{4}$	$\frac{1}{4}$ · ⑮
⑱	a_4	0	$-\frac{1}{2}$	$-\frac{1}{2}$	1	0	$-\frac{1}{2}$	⑯ − $\frac{1}{2}$ · ⑮

Wegen $n = 5$ und $k = 2$ kann es insgesamt höchstens $\binom{5}{2} = 10$ Basislösungen geben. Ausgehend von $\{a_1, a_2\}$ finden wir der Reihe nach die Basen:

$\{a_1, a_3\}$ durch den Austausch von a_2 gegen a_3

$\{a_1, a_4\}$ durch den Austausch von a_3 gegen a_4

$\{a_2, a_4\}$ durch den Austausch von a_1 gegen a_2

usw.

Wir erhalten durch je zwei Zeilen insgesamt 9 Basislösungen, da a_1 und a_5 nicht gleichzeitig in die Basis aufgenommen werden können.

Wir stellen diese Basislösungen in nachfolgender Tabelle zusammen.

Zeilen	Basis	Basislösungen x_1	x_2	x_3	x_4	x_5
①, ②	a_1, a_2	3	1	0	0	0
③, ④	a_1, a_3	5	0	1	0	0
⑤, ⑥	a_1, a_4	$\frac{11}{2}$	0	0	$-\frac{1}{2}$	0
⑦, ⑧	a_2, a_4	0	$\frac{11}{5}$	0	$\frac{3}{5}$	0
⑨, ⑩	a_2, a_3	0	$\frac{5}{2}$	$-\frac{3}{2}$	0	0
⑪, ⑫	a_2, a_5	0	1	0	0	$\frac{3}{2}$
⑬, ⑭	a_3, a_5	0	0	1	0	$\frac{5}{2}$
⑮, ⑯	a_3, a_4	0	0	11	5	0
⑰, ⑱	a_5, a_4	0	0	0	$-\frac{1}{2}$	$\frac{11}{4}$

Aus den Zeilen ⑨ und ⑩ ergeben sich beispielsweise die Linearkombinationen

$$a_1 = \tfrac{1}{2}a_2 - \tfrac{1}{2}a_3, \qquad a_4 = \tfrac{1}{2}a_2 - \tfrac{5}{2}a_3,$$
$$a_5 = a_2 - a_3, \qquad b = \tfrac{5}{2}a_2 - \tfrac{3}{2}a_3$$

und aus den Zeilen ⑬ und ⑭

$$a_1 = \tfrac{1}{2}a_5, \qquad a_2 = a_3 + a_5,$$
$$a_4 = -2a_3 + \tfrac{1}{2}a_5, \qquad b = a_3 + \tfrac{5}{2}a_5.$$

Relevante Literatur

Arens, Tilo u. a. (2015). *Mathematik*. 3. Aufl. Springer Spektrum, Kap. 14

Merz, Michael und Wüthrich, Mario V. (2012). *Mathematik für Wirtschaftswissenschaftler: Die Einführung mit vielen ökonomischen Beispielen*. Vahlen, Kap. 9

Opitz, Otto u. a. (2014). *Mathematik: Übungsbuch für das Studium der Wirtschaftswissenschaften*. 8. Aufl. De Gruyter Oldenbourg, Kap. 14

Senger, Jürgen (2009). *Mathematik: Grundlagen für Ökonomen*. 3. Aufl. De Gruyter Oldenbourg, Kap. 8.6

Strang, Gilbert (2003). *Lineare Algebra*. Springer, Kap. 2

Tietze, Jürgen (2013). *Einführung in die angewandte Wirtschaftsmathematik: Das praxisnahe Lehrbuch – inklusive Brückenkurs für Einsteiger*. 17. Aufl. Springer Spektrum, Kap. 9.2

18 Lineare Abbildungen

Ausgehend vom Begriff der Abbildung, wie er in Abschnitt 7.4 festgelegt und diskutiert wurde, wenden wir uns nun speziellen, sogenannten linearen Abbildungen zu.

Dabei wird sich in Abschnitt 18.1 zeigen, dass wie bei linearen Gleichungssystemen auch bei linearen Abbildungen eine matrizielle Schreibweise zweckmäßig ist. Zwischen den Begriffen Surjektivität, Injektivität, Bijektivität und den Rängen entsprechender Matrizen ergibt sich dann ein interessanter Zusammenhang.

Mit Hilfe bijektiver linearer Abbildungen gelingt es schließlich in Abschnitt 18.2, inverse Matrizen einzuführen, diese zu berechnen und damit spezielle Gleichungssysteme zu lösen. Besonders einfach erweist sich die Berechnung inverser Matrizen im Fall von orthogonalen Matrizen.

18.1 Eigenschaften linearer Abbildungen

Beispiel 18.1

Eine Unternehmung stellt mit Hilfe der Produktionsfaktoren F_1, F_2, F_3 zwei Produkte P_1, P_2 her. Zur Produktion für jede Mengeneinheit von P_j $(j = 1, 2)$ werden a_{ij} Mengeneinheiten von F_i $(i = 1, 2, 3)$ verbraucht.

Verbrauchte Einheiten der Produktionsfaktoren	für eine Einheit des Produkts	
	P_1	P_2
F_1	a_{11}	a_{12}
F_2	a_{21}	a_{22}
F_3	a_{31}	a_{32}

Der Zusammenhang lässt sich anschaulich durch Abbildung 18.1 darstellen.

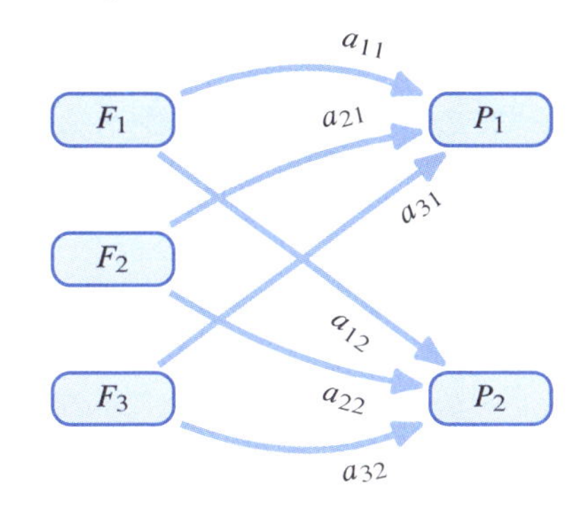

Abbildung 18.1: *Herstellung von Produkten P_1, P_2 mit Hilfe der Produktionsfaktoren F_1, F_2, F_3*

DOI: 10.1515/9783110475333-018

Wir nehmen weiter an, dass für die Produktionsfaktoren F_i $(i = 1, 2, 3)$ Beschaffungskosten c_i pro Einheit auftreten

Produktionsfaktoren	F_1	F_2	F_3
Kosten pro Einheit	c_1	c_2	c_3

und für die Produkte P_j $(j = 1, 2)$ Verkaufspreise p_j erzielt werden.

Produkte	P_1	P_2
Verkaufspreise	p_1	p_2

Für den Fall, dass x_j Einheiten des Produktes P_j $(j = 1, 2)$ hergestellt und verkauft werden sollen, erhalten wir für den Verbrauch y_i der Produktionsfaktoren F_i $(i = 1, 2, 3)$

$$\begin{aligned} y_1 &= a_{11}x_1 + a_{12}x_2, \\ y_2 &= a_{21}x_1 + a_{22}x_2, \\ y_3 &= a_{31}x_1 + a_{32}x_2 \end{aligned}$$

oder in Matrixschreibweise

$$\boldsymbol{y} = \boldsymbol{A}\boldsymbol{x} \quad \text{mit}$$

$$\boldsymbol{y} = \begin{pmatrix} y_1 \\ y_2 \\ y_3 \end{pmatrix}, \quad \boldsymbol{A} = \begin{pmatrix} a_{11} & a_{12} \\ a_{21} & a_{22} \\ a_{31} & a_{32} \end{pmatrix}, \quad \boldsymbol{x} = \begin{pmatrix} x_1 \\ x_2 \end{pmatrix}.$$

Einem Produktvektor $\boldsymbol{x}$ wird durch die Matrix $\boldsymbol{A}$ ein Faktorvektor $\boldsymbol{y}$ zugeordnet, mit dem die Produktion von $\boldsymbol{x}$ realisierbar ist. Wir erhalten eine Abbildung

$$\begin{aligned} &f\colon \mathbb{R}^2_+ \to \mathbb{R}^3_+ \quad \text{mit} \\ &\boldsymbol{x} \in \mathbb{R}^2_+ \mapsto f(\boldsymbol{x}) = \boldsymbol{A}\boldsymbol{x} = \boldsymbol{y} \in \mathbb{R}^3_+ \end{aligned}$$

(Definition 7.37)

Der Definitionsbereich $\mathbb{R}^2_+$ enthält alle möglichen Produktvektoren $\boldsymbol{x} \geq \boldsymbol{0}$, und der Wertebereich $\mathbb{R}^3_+$ alle möglichen Faktorvektoren $\boldsymbol{y} \geq \boldsymbol{0}$.

Für den Bildbereich von $\mathbb{R}^2_+$ bzgl. f gilt:

$$f(\mathbb{R}^2_+) = \left\{\boldsymbol{y} \in \mathbb{R}^3_+ : \boldsymbol{y} = \boldsymbol{A}\boldsymbol{x},\ \boldsymbol{x} \in \mathbb{R}^2_+\right\}$$

Man bezeichnet die Abbildung auch als *Faktorbedarfsfunktion*.

Bei der Beschaffung der Produktionsfaktoren treten Kosten auf, es ergibt sich für die Gesamtkosten

$$k(\boldsymbol{y}) = c_1y_1 + c_2y_2 + c_3y_3 = \boldsymbol{c}^T\boldsymbol{y}$$

$$\text{mit} \quad \boldsymbol{c}^T = (c_1, c_2, c_3), \quad \boldsymbol{y} = \begin{pmatrix} y_1 \\ y_2 \\ y_3 \end{pmatrix}.$$

Wir erhalten eine weitere Abbildung

$$\begin{aligned} &k\colon \mathbb{R}^3_+ \to \mathbb{R}_+ \quad \text{mit} \\ &\boldsymbol{y} \in \mathbb{R}^3_+ \mapsto k(\boldsymbol{y}) = \boldsymbol{c}^T\boldsymbol{y} \in \mathbb{R}_+, \end{aligned}$$

(Definition 7.37)

die man als *Kostenfunktion* bezeichnet.

Um die Kosten in Abhängigkeit des Produktvektors $\boldsymbol{x}$ auszudrücken, betrachtet man die zusammengesetzte Abbildung:

$$\begin{aligned} &k \circ f\colon \mathbb{R}^2_+ \to \mathbb{R}_+ \quad \text{mit} \\ &\boldsymbol{x} \in \mathbb{R}^2_+ \mapsto (k \circ f)(\boldsymbol{x}) = k(\boldsymbol{A}\boldsymbol{x}) = \boldsymbol{c}^T\boldsymbol{A}\boldsymbol{x} \in \mathbb{R}_+ \end{aligned}$$

(Definition 7.41)

Für den Umsatz gilt

$$u = p_1 x_1 + p_2 x_2 = \boldsymbol{p}^T \boldsymbol{x}$$

$$\text{mit} \quad \boldsymbol{p}^T = (p_1, p_2), \quad \boldsymbol{x} = \begin{pmatrix} x_1 \\ x_2 \end{pmatrix}.$$

Die dazugehörige Abbildung

$$u\colon \mathbb{R}_+^2 \to \mathbb{R}_+ \quad \text{mit}$$
$$\boldsymbol{x} \in \mathbb{R}_+^2 \mapsto u(\boldsymbol{x}) = \boldsymbol{p}^T \boldsymbol{x} \in \mathbb{R}_+$$

nennen wir auch *Umsatzfunktion* oder *Erlösfunktion*.

Unter Verwendung der Erlösfunktion u und der Kostenfunktion $k \circ f$ erhält man die *Gewinnfunktion* $g = u - k \circ f$ als Differenz zweier Abbildungen in Abhängigkeit von $\boldsymbol{x}$

$$\begin{aligned} g\colon \mathbb{R}_+^2 &\to \mathbb{R} \quad \text{mit} \\ \boldsymbol{x} \in \mathbb{R}_+^2 \mapsto g(\boldsymbol{x}) &= (u - k \circ f)(\boldsymbol{x}) \\ &= \boldsymbol{p}^T \boldsymbol{x} - \boldsymbol{c}^T \boldsymbol{A} \boldsymbol{x} \\ &= (\boldsymbol{p}^T - \boldsymbol{c}^T \boldsymbol{A}) \boldsymbol{x} \in \mathbb{R}. \end{aligned}$$

Den Abbildungen f, $k \circ f$, u und g mit der Menge $\mathbb{R}_+^2$ aller möglichen Produktvektoren $\boldsymbol{x}$ als Definitionsbereich ist gemeinsam, dass man vom Urbild zum Bild mit Hilfe einer Matrixmultiplikation übergeht. Wir erhalten:

$$f(\boldsymbol{x}) = \boldsymbol{A}\boldsymbol{x}$$
mit $\boldsymbol{A}$ als 3×2-Matrix
$$(k \circ f)(\boldsymbol{x}) = \boldsymbol{c}^T \boldsymbol{A} \boldsymbol{x}$$
mit $\boldsymbol{c}^T \boldsymbol{A}$ als 1×2-Matrix
$$u(\boldsymbol{x}) = \boldsymbol{p}^T \boldsymbol{x}$$
mit $\boldsymbol{p}^T$ als 1×2-Matrix
$$g(\boldsymbol{x}) = (\boldsymbol{p}^T - \boldsymbol{c}^T \boldsymbol{A}) \boldsymbol{x}$$
mit $(\boldsymbol{p}^T - \boldsymbol{c}^T \boldsymbol{A})$ als 1×2-Matrix

Definition 18.2

Eine Abbildung

$$f\colon \mathbb{R}^n \to \mathbb{R}^m \quad \text{mit} \quad m, n \in \mathbb{N},$$

die jedem Urbild $\boldsymbol{x} \in \mathbb{R}^n$ das Bild $\boldsymbol{y} = f(\boldsymbol{x}) \in \mathbb{R}^m$ zuordnet, heißt *linear*, wenn eine $m \times n$-Matrix $\boldsymbol{A}$ existiert mit $\boldsymbol{y} = f(\boldsymbol{x}) = \boldsymbol{A}\boldsymbol{x}$, also

$$\begin{pmatrix} y_1 \\ \vdots \\ y_m \end{pmatrix} = \begin{pmatrix} f_1(\boldsymbol{x}) \\ \vdots \\ f_m(\boldsymbol{x}) \end{pmatrix} = \begin{pmatrix} a_{11} & \cdots & a_{1n} \\ \vdots & \ddots & \vdots \\ a_{m1} & \cdots & a_{mn} \end{pmatrix} \begin{pmatrix} x_1 \\ \vdots \\ x_n \end{pmatrix}$$

oder auch

$$\begin{aligned} y_1 &= f_1(\boldsymbol{x}) = a_{11}x_1 + \ldots + a_{1n}x_n\,, \\ &\vdots \\ y_m &= f_m(\boldsymbol{x}) = a_{m1}x_1 + \ldots + a_{mn}x_n\,. \end{aligned}$$

Satz 18.3

Eine Abbildung $f : \mathbb{R}^n \to \mathbb{R}^m$ ist genau dann linear, wenn für alle Urbilder $\boldsymbol{x}_1, \boldsymbol{x}_2 \in \mathbb{R}^n$ und $r_1, r_2 \in \mathbb{R}$ das Bild der Linearkombination

$$r_1 \boldsymbol{x}_1 + r_2 \boldsymbol{x}_2$$

bzgl. f identisch ist mit der Linearkombination

$$r_1 f(\boldsymbol{x}_1) + r_2 f(\boldsymbol{x}_2)$$

der Bilder von $\boldsymbol{x}_1$ und $\boldsymbol{x}_2$, d. h.

$$f(r_1 \boldsymbol{x}_1 + r_2 \boldsymbol{x}_2) = r_1 f(\boldsymbol{x}_1) + r_2 f(\boldsymbol{x}_2).$$

Beweis

Sei $f : \mathbb{R}^n \to \mathbb{R}^m$ linear mit $f(\boldsymbol{x}) = \boldsymbol{A}\boldsymbol{x}$

$$\begin{aligned} \Rightarrow f(r_1 \boldsymbol{x}_1 + r_2 \boldsymbol{x}_2) &= \boldsymbol{A}(r_1 \boldsymbol{x}_1 + r_2 \boldsymbol{x}_2) \\ &= \boldsymbol{A} r_1 \boldsymbol{x}_1 + \boldsymbol{A} r_2 \boldsymbol{x}_2 \\ &= r_1(\boldsymbol{A}\boldsymbol{x}_1) + r_2(\boldsymbol{A}\boldsymbol{x}_2) \\ &= r_1 f(\boldsymbol{x}_1) + r_2 f(\boldsymbol{x}_2). \end{aligned}$$

Zum Beweis der Umkehrung gehen wir von der folgenden Gleichung aus:

$$f(r_1 \boldsymbol{x}_1 + r_2 \boldsymbol{x}_2) = r_1 f(\boldsymbol{x}_1) + r_2 f(\boldsymbol{x}_2)$$

Dann folgt für ein beliebiges $\boldsymbol{x} = \begin{pmatrix} x_1 \\ \vdots \\ x_n \end{pmatrix} \in \mathbb{R}^n$:

$$\begin{aligned} f(\boldsymbol{x}) &= f(x_1 \boldsymbol{e}_1 + \ldots + x_n \boldsymbol{e}_n) \\ &= x_1 f(\boldsymbol{e}_1) + \ldots + x_n f(\boldsymbol{e}_n). \end{aligned}$$

Setzen wir $f(\boldsymbol{e}_i) = \boldsymbol{a}_i \in \mathbb{R}^m$ für alle $i = 1, \ldots, n$, so gilt:

$$f(\boldsymbol{x}) = x_1 \boldsymbol{a}_1 + \ldots + x_n \boldsymbol{a}_n = \boldsymbol{A}\boldsymbol{x}$$

Damit ist der Satz bewiesen.

Wir befassen uns nun mit der Identität von linearen Abbildungen, ferner auch mit der Summen-, Differenz- und Produktabbildung.

Satz 18.4

Gegeben sind folgende lineare Abbildungen:

$$\begin{aligned} f: \mathbb{R}^n \to \mathbb{R}^m \quad &\text{mit} \quad f(\boldsymbol{x}) = \boldsymbol{A}\boldsymbol{x} \\ &\quad (\boldsymbol{A} \text{ ist } m \times n\text{-Matrix}) \\ g: \mathbb{R}^n \to \mathbb{R}^m \quad &\text{mit} \quad g(\boldsymbol{x}) = \boldsymbol{B}\boldsymbol{x} \\ &\quad (\boldsymbol{B} \text{ ist } m \times n\text{-Matrix}) \\ h: \mathbb{R}^m \to \mathbb{R}^q \quad &\text{mit} \quad h(\boldsymbol{x}) = \boldsymbol{C}\boldsymbol{x} \\ &\quad (\boldsymbol{C} \text{ ist } q \times m\text{-Matrix}) \end{aligned}$$

Dann gilt:

a) $f = g \Leftrightarrow \boldsymbol{A} = \boldsymbol{B}$

b) $f + g: \mathbb{R}^n \to \mathbb{R}^m$ ist linear mit
$$(f + g)(\boldsymbol{x}) = (\boldsymbol{A} + \boldsymbol{B})\boldsymbol{x}$$

c) $f - g: \mathbb{R}^n \to \mathbb{R}^m$ ist linear mit
$$(f - g)(\boldsymbol{x}) = (\boldsymbol{A} - \boldsymbol{B})\boldsymbol{x}$$

d) $h \circ f: \mathbb{R}^n \to \mathbb{R}^q$ ist linear mit
$$(h \circ f)(\boldsymbol{x}) = h(\boldsymbol{A}\boldsymbol{x}) = \boldsymbol{C}\boldsymbol{A}\boldsymbol{x}$$

Der Beweis von a), b) und c) ergibt sich unmittelbar aus Satz 9.9, der Beweis von d) aus Definition 9.6.

Beispiel 18.5

Alle in Beispiel 18.1 betrachteten Abbildungen f, k, $k \circ f$, u und g sind linear. Wir erhalten die

- lineare Faktorbedarfsfunktion
$$f: \mathbb{R}_+^2 \to \mathbb{R}_+^3 \quad \text{mit} \quad f(\boldsymbol{x}) = \boldsymbol{A}\boldsymbol{x},$$
- lineare faktorabhängige Kostenfunktion
$$k: \mathbb{R}_+^3 \to \mathbb{R}_+ \quad \text{mit} \quad k(\boldsymbol{y}) = \boldsymbol{c}^T \boldsymbol{y},$$
- lineare produktabhängige Kostenfunktion
$$\begin{aligned} k \circ f: \mathbb{R}_+^2 \to \mathbb{R}_+ \quad &\text{mit} \\ (k \circ f)(\boldsymbol{x}) = \boldsymbol{c}^T \boldsymbol{A}\boldsymbol{x}&, \end{aligned}$$
- lineare Umsatzfunktion
$$u: \mathbb{R}_+^2 \to \mathbb{R}_+ \quad \text{mit} \quad u(\boldsymbol{x}) = \boldsymbol{p}^T \boldsymbol{x},$$
- lineare Gewinnfunktion $g = u - k \circ f$
$$\begin{aligned} u - k \circ f: \mathbb{R}_+^2 \to \mathbb{R} \quad &\text{mit} \\ (u - k \circ f)(\boldsymbol{x}) = (\boldsymbol{p}^T - \boldsymbol{c}^T \boldsymbol{A})\boldsymbol{x}&. \end{aligned}$$

Die produktabhängige Kostenfunktion $k \circ f$ entsteht aus der Hintereinanderschaltung von f und k, die Gewinnfunktion aus der Differenz von u und der zusammengesetzten Abbildung $k \circ f$.

Beispiel 18.6

Eine Unternehmung produziert mit Hilfe von p Faktoren $F_1, \ldots, F_p$ zunächst m Zwischenprodukte $Z_1, \ldots, Z_m$ und mit diesen Zwischenprodukten sowie den p Faktoren $F_1, \ldots, F_p$ schließlich n Endprodukte $P_1, \ldots, P_n$.

Wir bezeichnen mit

a_{ij} die Anzahl der Einheiten von F_i, die zur Herstellung einer Einheit von Z_j benötigt werden,

b_{jk} die Anzahl der Einheiten von Z_j, die zur Herstellung einer Einheit von P_k benötigt werden,

c_{ik} die Anzahl der Einheiten von F_i, die zur Herstellung einer Einheit von P_k zusätzlich benötigt werden.

Wir erhalten die Produktionsmatrizen

$$A = \begin{pmatrix} a_{11} & \cdots & a_{1m} \\ \vdots & \ddots & \vdots \\ a_{p1} & \cdots & a_{pm} \end{pmatrix},$$

$$B = \begin{pmatrix} b_{11} & \cdots & b_{1n} \\ \vdots & \ddots & \vdots \\ b_{m1} & \cdots & b_{mn} \end{pmatrix},$$

$$C = \begin{pmatrix} c_{11} & \cdots & c_{1n} \\ \vdots & \ddots & \vdots \\ c_{p1} & \cdots & c_{pn} \end{pmatrix}.$$

Zur Herstellung des Produktvektors $x \in \mathbb{R}^n_+$ ist dann der Zwischenproduktvektor

$$z = Bx$$

und der Faktorvektor

$$y_1 = Cx$$

erforderlich, zur Herstellung von $z \in \mathbb{R}^m$ der Faktorvektor

$$y_2 = Az = ABx\,.$$

Zwischen Faktor- und Produktquantitäten ergibt sich die Beziehung

$$\begin{aligned} y = y_1 + y_2 &= Cx + ABx \\ &= (C + AB)x\,. \end{aligned}$$

Wir erhalten mit den linearen Abbildungen f, g, h und

$$f(x) = Bx\,, \quad g(x) = Cx\,, \quad h(x) = Ax$$

die Abbildung

$$\begin{aligned} g + h \circ f\colon\ \mathbb{R}^n_+ &\to \mathbb{R}^p_+ \quad \text{mit} \\ x \in \mathbb{R}^n_+ \mapsto (g + h \circ f)(x) &= g(x) + (h \circ f)(x) \\ &= g(x) + h(Bx) \\ &= Cx + ABx \\ &= (C + AB)x\,. \end{aligned}$$

Die folgenden Überlegungen befassen sich nun damit, wann eine lineare Abbildung f mit der Gleichung $f(x) = Ax$ surjektiv, injektiv bzw. bijektiv ist (Definition 7.39).

Satz 18.7

Sei $f\colon \mathbb{R}^n \to \mathbb{R}^m$ mit

$$f(x) = Ax$$

eine lineare Abbildung. Dann gilt:

a) f surjektiv $\Leftrightarrow$ $m \le n$ und $\operatorname{Rg} A = m$

b) f injektiv $\Leftrightarrow$ $m \ge n$ und $\operatorname{Rg} A = n$

c) f bijektiv $\Leftrightarrow$ $\operatorname{Rg} A = m = n$

Beweis

a) f surjektiv

$\Leftrightarrow$ für jedes $y \in \mathbb{R}^m$ existiert ein $x \in \mathbb{R}^n$ mit
$f(x) = Ax = y$ (Definition 7.39)

$\Leftrightarrow$ für jedes $y \in \mathbb{R}^m$ ist das lineare Gleichungssystem $Ax = y$ bzw. $\hat{A}\hat{x} = \hat{y}$ lösbar (Satz 17.7)

$\Leftrightarrow$ für jedes $y \in \mathbb{R}^m$ gilt $\operatorname{Rg} A = \operatorname{Rg}(A\,|\,y)$ bzw. $\operatorname{Rg} \hat{A} = \operatorname{Rg}(\hat{A}\,|\,\hat{y})$ (Satz 17.11 d)

$\Leftrightarrow$ $\operatorname{Rg}(\hat{A}\,|\,\hat{y})$ hat die Form von Satz 17.7 b) oder d)

$\Leftrightarrow$ $m \le n$ und $\operatorname{Rg} A = \operatorname{Rg} \hat{A} = m$ (Satz 16.24)

b) f injektiv

$\Leftrightarrow$ für alle $x_1, x_2 \in \mathbb{R}^m$ gilt
$f(x_1) = f(x_2) \Rightarrow x_1 = x_2$ (Definition 7.39)

$\Leftrightarrow$ für alle $x_1, x_2 \in \mathbb{R}^m$ gilt
$y = Ax_1 = Ax_2 \Rightarrow x_1 = x_2$

$\Leftrightarrow$ ist $y = Ax$ lösbar, so ist die Lösung x eindeutig

$\Leftrightarrow$ $\operatorname{Rg} A = n$ und $m \ge n$

c) f bijektiv

$\Leftrightarrow$ f surjektiv und injektiv (Definition 7.39)

$\Leftrightarrow$ $\operatorname{Rg} A = m = n$

Wir fassen das Ergebnis nochmals zusammen: f ist genau dann

- *surjektiv*, wenn $y = Ax$ für alle y lösbar ist,
- *injektiv*, wenn $y = Ax$ im Fall seiner Lösbarkeit genau eine Lösung besitzt,
- *bijektiv*, wenn $y = Ax$ für alle y genau eine Lösung besitzt.

18.2 Inverse und orthogonale Matrizen

Kapitel 14 befasste sich vorrangig mit der Addition, Subtraktion und Multiplikation von Matrizen. Wir werden zeigen, dass für spezielle Matrizen eine inverse Matrix existiert und berechenbar ist. Damit kommen wir zu einer Operation bei Matrizen, die der Division bei reellen Zahlen entspricht.

Wir gehen von einer bijektiven linearen Abbildung

$$f: \mathbb{R}^n \to \mathbb{R}^n \quad \text{mit} \quad \boldsymbol{y} = f(\boldsymbol{x}) = \boldsymbol{A}\boldsymbol{x} \quad \text{und} \quad \operatorname{Rg} \boldsymbol{A} = n$$

aus. Dann existiert zu f eine inverse Abbildung (Definition 7.44)

$$f^{-1}: \mathbb{R}^n \to \mathbb{R}^n \quad \text{mit} \quad \boldsymbol{x} = f^{-1}(\boldsymbol{y}) = \boldsymbol{B}\boldsymbol{y} \quad \text{und} \quad \operatorname{Rg} \boldsymbol{B} = n,$$

die ebenfalls linear und bijektiv ist.

Ferner sind die Abbildungen

$$\begin{aligned} & f \circ f^{-1}: \mathbb{R}^n \to \mathbb{R}^n \\ \text{mit} \quad & (f \circ f^{-1})(\boldsymbol{y}) = \boldsymbol{A}\boldsymbol{B}\boldsymbol{y} = \boldsymbol{E}\boldsymbol{y} = \boldsymbol{y}, \\ & f^{-1} \circ f: \mathbb{R}^n \to \mathbb{R}^n \\ \text{mit} \quad & (f^{-1} \circ f)(\boldsymbol{x}) = \boldsymbol{B}\boldsymbol{A}\boldsymbol{x} = \boldsymbol{E}\boldsymbol{x} = \boldsymbol{x} \end{aligned}$$

identische Abbildungen (Satz 7.45 c). Damit hat man zur Bestimmung von $\boldsymbol{B}$ bei gegebenem $\boldsymbol{A}$ die beiden Gleichungen

$$\boldsymbol{A}\boldsymbol{B} = \boldsymbol{E}, \qquad \boldsymbol{B}\boldsymbol{A} = \boldsymbol{E}.$$

Definition 18.8

Sei $\boldsymbol{A}$ eine $n \times n$-Matrix und $\boldsymbol{E}$ die $n \times n$-Einheitsmatrix. Existiert eine $n \times n$-Matrix $\boldsymbol{B}$ mit

$$\boldsymbol{A}\boldsymbol{B} = \boldsymbol{B}\boldsymbol{A} = \boldsymbol{E},$$

so heißt $\boldsymbol{B}$ die zu $\boldsymbol{A}$ *inverse Matrix*, und man schreibt:

$$\boldsymbol{B} = \boldsymbol{A}^{-1}$$

Ist f also eine bijektive lineare Abbildung mit $f(\boldsymbol{x}) = \boldsymbol{A}\boldsymbol{x}$, so hat die inverse Abbildung f^{-1} die Form

$$f^{-1}(\boldsymbol{y}) = \boldsymbol{A}^{-1}\boldsymbol{y}.$$

Beispiel 18.9

a) Sei $\boldsymbol{A} = (a)$ eine 1×1-Matrix und $\boldsymbol{E} = (1)$. Dann existiert für $a \neq 0$ die inverse Matrix

$$\boldsymbol{A}^{-1} = (a^{-1})$$

und es gilt

$$\begin{aligned} \boldsymbol{A}\boldsymbol{A}^{-1} &= \boldsymbol{A}^{-1}\boldsymbol{A} = \boldsymbol{E} \quad \text{bzw.} \\ aa^{-1} &= a^{-1}a = 1. \end{aligned}$$

Zu jeder reellen Zahl $a \neq 0$ existiert ein $b = a^{-1}$ mit $ab = ba = 1$.

b) Sei

$$\boldsymbol{A} = \begin{pmatrix} a & b \\ c & d \end{pmatrix}$$

eine 2×2-Matrix und

$$\boldsymbol{E} = \begin{pmatrix} 1 & 0 \\ 0 & 1 \end{pmatrix}.$$

Dann gilt für die Matrix

$$\boldsymbol{A}^{-1} = \begin{pmatrix} x_1 & x_2 \\ x_3 & x_4 \end{pmatrix},$$

falls sie existiert, die Matrixgleichung

$$\begin{aligned} \boldsymbol{A}\boldsymbol{A}^{-1} &= \begin{pmatrix} a & b \\ c & d \end{pmatrix} \begin{pmatrix} x_1 & x_2 \\ x_3 & x_4 \end{pmatrix} \\ &= \begin{pmatrix} 1 & 0 \\ 0 & 1 \end{pmatrix} = \boldsymbol{E} \end{aligned}$$

oder komponentenweise

$$\begin{aligned} ax_1 \quad\quad + bx_3 \quad\quad &= 1, \\ ax_2 \quad\quad + bx_4 &= 0, \\ cx_1 \quad\quad + dx_3 \quad\quad &= 0, \\ cx_2 \quad\quad + dx_4 &= 1. \end{aligned}$$

Mit Hilfe des Gauß-Jordan-Algorithmus berechnet man daraus

$$x_1 = \frac{d}{ad - bc}, \quad x_2 = \frac{-b}{ad - bc},$$
$$x_3 = \frac{-c}{ad - bc}, \quad x_4 = \frac{a}{ad - bc}.$$

Für $ad - bc \neq 0$ existiert zu $\boldsymbol{A}$ die inverse Matrix

$$\boldsymbol{A}^{-1} = \frac{1}{ad - bc} \begin{pmatrix} d & -b \\ -c & a \end{pmatrix}.$$

Satz 18.10

Sei $\boldsymbol{A}$ eine $n \times n$-Matrix. Dann gilt:

$$\begin{aligned} &\operatorname{Rg} \boldsymbol{A} = n \\ \Leftrightarrow\ &\text{es existiert die inverse Matrix } \boldsymbol{A}^{-1} \end{aligned}$$

Beweis

$\operatorname{Rg} \boldsymbol{A} = n$

$\Leftrightarrow$ f mit $f(\boldsymbol{x}) = \boldsymbol{A}\boldsymbol{x}$ ist bijektiv (Satz 18.7 c)

$\Leftrightarrow$ es existiert f^{-1} mit $f^{-1}(\boldsymbol{y}) = \boldsymbol{B}\boldsymbol{y}$ und es gilt $\boldsymbol{A}\boldsymbol{B} = \boldsymbol{B}\boldsymbol{A} = \boldsymbol{E}$ (Satz 7.45, Definition 18.8)

$\Leftrightarrow$ $\boldsymbol{B} = \boldsymbol{A}^{-1}$ ist invers zu $\boldsymbol{A}$

Wir haben eine Äquivalenz bewiesen, die gleichbedeutend ist mit

$$\begin{aligned} &\operatorname{Rg} \boldsymbol{A} < n \\ \Leftrightarrow\ &\text{es existiert keine inverse Matrix } \boldsymbol{A}^{-1}. \end{aligned}$$

Beispiel 18.11

Wir betrachten die Matrix $\boldsymbol{A} = \begin{pmatrix} a & b \\ c & d \end{pmatrix}$ aus Beispiel 18.9 b und stellen Folgendes fest:

$\operatorname{Rg} \boldsymbol{A} < 2$

$\Leftrightarrow$ die Vektoren $\begin{pmatrix} a \\ c \end{pmatrix}, \begin{pmatrix} b \\ d \end{pmatrix}$ sind linear abhängig (Satz 16.21 c)

$\Leftrightarrow$ es existiert ein $r \in \mathbb{R}$ mit $\begin{pmatrix} a \\ c \end{pmatrix} = r \begin{pmatrix} b \\ d \end{pmatrix}$ bzw. $a = rb$ und $c = rd$

$\Leftrightarrow$ $ad - bc = rbd - rbd = 0$

$\Leftrightarrow$ $\boldsymbol{A}^{-1}$ existiert nicht

Während wir mit dem Matrixrang eine sehr gut verwendbare Bedingung für den Nachweis der Existenz von inversen Matrizen haben (Satz 18.10), gestaltet sich die Berechnung nach Beispiel 18.9 b für $n > 2$ sehr aufwendig. Man müsste ein Gleichungssystem mit n^2 Unbekannten lösen. Wesentlich einfacher ist die Berechnung nach dem Gauß-Jordan-Algorithmus.

Satz 18.12

Sei $\boldsymbol{A}$ eine $n \times n$-Matrix mit

$$\operatorname{Rg} \boldsymbol{A} = n$$

und $\boldsymbol{E}$ die $n \times n$-Einheitsmatrix.

Dann lässt sich die $n \times 2n$-Matrix $(\boldsymbol{A}, \boldsymbol{E})$ mit Hilfe von elementaren Zeilenumformungen stets in die $n \times 2n$-Matrix $(\boldsymbol{E}, \boldsymbol{A}^{-1})$ transformieren.

Beweis

Wir betrachten das homogene Gleichungssystem

$$\boldsymbol{A}\boldsymbol{x} + \boldsymbol{E}\boldsymbol{y} = (\boldsymbol{A}, \boldsymbol{E}) \begin{pmatrix} \boldsymbol{x} \\ \boldsymbol{y} \end{pmatrix} = \boldsymbol{0}$$

mit der Koeffizientenmatrix $(\boldsymbol{A}, \boldsymbol{E})$ und $\operatorname{Rg}(\boldsymbol{A}, \boldsymbol{E}) = n$.

Mit Hilfe elementarer Zeilenumformungen erhält man daher eine Matrix der Form (vgl. Satz 16.24 b)

$$(\boldsymbol{E}, \boldsymbol{B}) = \begin{pmatrix} 1 & \cdots & 0 & b_{11} & \cdots & b_{1n} \\ \vdots & \ddots & \vdots & \vdots & \ddots & \vdots \\ 0 & \cdots & 1 & b_{n1} & \cdots & b_{nn} \end{pmatrix}.$$

Das sich ergebende homogene Gleichungssystem

$$\boldsymbol{E}\boldsymbol{x} + \boldsymbol{B}\boldsymbol{y} = (\boldsymbol{E}, \boldsymbol{B}) \begin{pmatrix} \boldsymbol{x} \\ \boldsymbol{y} \end{pmatrix} = \boldsymbol{0}$$

hat dieselbe Lösungsmenge wie

$$\boldsymbol{A}\boldsymbol{x} + \boldsymbol{E}\boldsymbol{y} = \boldsymbol{0}.$$

Andererseits gilt

$$\begin{aligned} &\boldsymbol{A}\boldsymbol{x} + \boldsymbol{E}\boldsymbol{y} = \boldsymbol{0} \\ \Leftrightarrow\ &\boldsymbol{A}^{-1}\boldsymbol{A}\boldsymbol{x} + \boldsymbol{A}^{-1}\boldsymbol{E}\boldsymbol{y} = \boldsymbol{0} \\ \Leftrightarrow\ &\boldsymbol{E}\boldsymbol{x} + \boldsymbol{A}^{-1}\boldsymbol{y} = \boldsymbol{0}. \end{aligned}$$

Wir erhalten $\boldsymbol{B} = \boldsymbol{A}^{-1}$.

Beispiel 18.13

Wir bestimmen inverse Matrizen zu

$$\boldsymbol{A}_1 = \begin{pmatrix} 1 & 0 & 2 & 1 \\ 0 & 1 & 0 & 1 \\ 1 & 1 & 2 & 2 \\ 1 & 1 & 0 & 1 \end{pmatrix}, \quad \boldsymbol{A}_2 = \begin{pmatrix} 1 & 0 & 2 \\ 0 & 1 & 1 \\ 1 & 1 & 0 \end{pmatrix},$$

$$\boldsymbol{A}_3 = \begin{pmatrix} 2 & 0 & 0 & 0 \\ 0 & \frac{7}{2} & 0 & 0 \\ 0 & 0 & \frac{1}{5} & 0 \\ 0 & 0 & 0 & 1 \end{pmatrix}.$$

Wir erhalten mit dem Gauß-Jordan-Algorithmus:

Zeile	A_1				E				Operation
①	1	0	2	1	1	0	0	0	
②	0	1	0	1	0	1	0	0	
③	1	1	2	2	0	0	1	0	
④	1	1	0	1	0	0	0	1	
⑤	1	0	2	1	1	0	0	0	①
⑥	0	1	0	1	0	1	0	0	②
⑦	0	1	0	1	−1	0	1	0	③ − ①
⑧	0	1	−2	0	−1	0	0	1	④ − ①
⑨	1	0	2	1	1	0	0	0	⑤
⑩	0	1	0	1	0	1	0	0	⑥
⑪	0	0	0	0	−1	−1	1	0	⑦ − ⑥
⑫	0	0	−2	−1	−1	−1	0	1	⑧ − ⑥

Wegen Zeile ⑪ gilt $\operatorname{Rg} A_1 < 4$, also existiert keine inverse Matrix.

Zeile	A_2			E			Operation
①	1	0	2	1	0	0	
②	0	1	1	0	1	0	
③	1	1	0	0	0	1	
④	1	0	2	1	0	0	①
⑤	0	1	1	0	1	0	②
⑥	0	1	−2	−1	0	1	③ − ①
⑦	1	0	2	1	0	0	④
⑧	0	1	1	0	1	0	⑤
⑨	0	0	−3	−1	−1	1	⑥ − ⑤
⑩	1	0	0	$\frac{1}{3}$	$-\frac{2}{3}$	$\frac{2}{3}$	⑦ + $\frac{2}{3}$ · ⑨
⑪	0	1	0	$-\frac{1}{3}$	$\frac{2}{3}$	$\frac{1}{3}$	⑧ + $\frac{1}{3}$ · ⑨
⑫	0	0	1	$\frac{1}{3}$	$\frac{1}{3}$	$-\frac{1}{3}$	$-\frac{1}{3}$ · ⑨

Wir erhalten

$$A_2^{-1} = \frac{1}{3}\begin{pmatrix} 1 & -2 & 2 \\ -1 & 2 & 1 \\ 1 & 1 & -1 \end{pmatrix}$$

mit

$$A_2^{-1} A_2 = A_2 A_2^{-1} = E \,.$$

Der Gauß-Jordan-Algorithmus ist also in der Lage, sowohl die Existenz von inversen Matrizen zu überprüfen (Satz 18.10) als auch inverse Matrizen gegebenenfalls zu berechnen (Satz 18.12).

Die Bestimmung einer zu A_3 inversen Matrix ist besonders einfach. Aus der Matrixgleichung

$$A_3 X = \begin{pmatrix} 2 & 0 & 0 & 0 \\ 0 & \frac{7}{2} & 0 & 0 \\ 0 & 0 & \frac{1}{5} & 0 \\ 0 & 0 & 0 & 1 \end{pmatrix} \begin{pmatrix} x_1 & 0 & 0 & 0 \\ 0 & x_2 & 0 & 0 \\ 0 & 0 & x_3 & 0 \\ 0 & 0 & 0 & x_4 \end{pmatrix} = \begin{pmatrix} 1 & 0 & 0 & 0 \\ 0 & 1 & 0 & 0 \\ 0 & 0 & 1 & 0 \\ 0 & 0 & 0 & 1 \end{pmatrix} = E$$

erhält man direkt

$$2x_1 = 1, \quad \tfrac{7}{2}x_2 = 1, \quad \tfrac{1}{5}x_3 = 1, \quad x_4 = 1,$$

also

$$X = A_3^{-1} = \begin{pmatrix} \frac{1}{2} & 0 & 0 & 0 \\ 0 & \frac{2}{7} & 0 & 0 \\ 0 & 0 & 5 & 0 \\ 0 & 0 & 0 & 1 \end{pmatrix}.$$

Eine entsprechende Aussage gilt für alle $n \times n$-Diagonalmatrizen, falls alle Komponenten der Hauptdiagonalen verschieden von 0 sind.

Es gibt noch eine weitere spezielle Klasse von Matrizen, deren Inverse stets existiert und einfach zu berechnen ist. Dazu erinnern wir an den Begriff der Orthogonalität zweier Vektoren $\boldsymbol{a}, \boldsymbol{b} \in \mathbb{R}^n$ (Definition 15.5) und betrachten nun $n \times n$-Matrizen, deren Zeilen- bzw. Spaltenvektoren paarweise orthogonal sind.

Definition 18.14

Eine $n \times n$-Matrix $\boldsymbol{A}$ heißt *orthogonal*, wenn gilt:

$$\boldsymbol{A}\boldsymbol{A}^T = \boldsymbol{A}^T\boldsymbol{A} = \boldsymbol{E}$$

Die Matrix $\boldsymbol{A}$ ist also orthogonal, wenn die zu $\boldsymbol{A}$ inverse Matrix $\boldsymbol{A}^{-1} = \boldsymbol{A}^T$ durch Transposition von $\boldsymbol{A}$ entsteht. Mit $\boldsymbol{A}$ ist also auch $\boldsymbol{A}^T$ orthogonal. Mit

$$\boldsymbol{A} = \begin{pmatrix} a_{11} & \cdots & a_{1n} \\ \vdots & \ddots & \vdots \\ a_{n1} & \cdots & a_{nn} \end{pmatrix} = (\boldsymbol{a}_1, \ldots, \boldsymbol{a}_n)$$

ist die Orthogonalität von $\boldsymbol{A}$ gleichbedeutend mit:

$$\boldsymbol{a}_i^T \boldsymbol{a}_j = \begin{cases} 1, & \text{falls } i = j \\ 0, & \text{falls } i \neq j \end{cases}$$

In einer orthogonalen Matrix sind also alle Zeilen- und Spaltenvektoren paarweise orthogonal (Definition 15.5). Ferner haben alle Zeilen- und Spaltenvektoren den Absolutbetrag 1 (Definition 15.1).

Beispiel 18.15

Für die Matrizen

$$\boldsymbol{A}_1 = \begin{pmatrix} \frac{3}{5} & -\frac{4}{5} \\ \frac{4}{5} & \frac{3}{5} \end{pmatrix},$$

$$\boldsymbol{A}_2 = \begin{pmatrix} \frac{1}{\sqrt{2}} & -\frac{1}{\sqrt{2}} & 0 \\ \frac{1}{\sqrt{3}} & \frac{1}{\sqrt{3}} & \frac{1}{\sqrt{3}} \\ \frac{1}{\sqrt{6}} & \frac{1}{\sqrt{6}} & -\frac{2}{\sqrt{6}} \end{pmatrix}$$

gilt

$$\boldsymbol{A}_1\boldsymbol{A}_1^T = \begin{pmatrix} \frac{3}{5} & -\frac{4}{5} \\ \frac{4}{5} & \frac{3}{5} \end{pmatrix} \begin{pmatrix} \frac{3}{5} & \frac{4}{5} \\ -\frac{4}{5} & \frac{3}{5} \end{pmatrix} = \begin{pmatrix} 1 & 0 \\ 0 & 1 \end{pmatrix} = \boldsymbol{A}_1^T\boldsymbol{A}_1,$$

$$\boldsymbol{A}_2\boldsymbol{A}_2^T = \begin{pmatrix} \frac{1}{\sqrt{2}} & -\frac{1}{\sqrt{2}} & 0 \\ \frac{1}{\sqrt{3}} & \frac{1}{\sqrt{3}} & \frac{1}{\sqrt{3}} \\ \frac{1}{\sqrt{6}} & \frac{1}{\sqrt{6}} & -\frac{2}{\sqrt{6}} \end{pmatrix} \begin{pmatrix} \frac{1}{\sqrt{2}} & \frac{1}{\sqrt{3}} & \frac{1}{\sqrt{6}} \\ -\frac{1}{\sqrt{2}} & \frac{1}{\sqrt{3}} & \frac{1}{\sqrt{6}} \\ 0 & \frac{1}{\sqrt{3}} & -\frac{2}{\sqrt{6}} \end{pmatrix} = \begin{pmatrix} 1 & 0 & 0 \\ 0 & 1 & 0 \\ 0 & 0 & 1 \end{pmatrix} = \boldsymbol{A}_2^T\boldsymbol{A}_2.$$

Also sind die Matrizen $\boldsymbol{A}_1, \boldsymbol{A}_2$ orthogonal.

Es erscheint nun zweckmäßig, für inverse Matrizen einige Eigenschaften nachzuweisen.

Satz 18.16

$\boldsymbol{A}, \boldsymbol{B}$ seien $n \times n$-Matrizen mit

$$\text{Rg}\,\boldsymbol{A} = \text{Rg}\,\boldsymbol{B} = n\,.$$

Dann gilt:

a) $\boldsymbol{A}^{-1}$ ist eindeutig

b) Es existiert die zu $\boldsymbol{A}^{-1}$ inverse Matrix $\left(\boldsymbol{A}^{-1}\right)^{-1}$ mit $\left(\boldsymbol{A}^{-1}\right)^{-1} = \boldsymbol{A}$

c) Es existiert die zu $\boldsymbol{A}^T$ inverse Matrix $\left(\boldsymbol{A}^T\right)^{-1}$ mit $\left(\boldsymbol{A}^T\right)^{-1} = \left(\boldsymbol{A}^{-1}\right)^T$

d) Für $r \in \mathbb{R}$, $r \neq 0$ und $\boldsymbol{B} = r\boldsymbol{A}$ ist $\boldsymbol{B}^{-1} = \frac{1}{r}\boldsymbol{A}^{-1}$

e) $\boldsymbol{A}^{-1}\boldsymbol{B}^{-1} = (\boldsymbol{B}\boldsymbol{A})^{-1}$

Beweis

a) Angenommen $\boldsymbol{A}$ besitzt die inversen Matrizen $\boldsymbol{C}_1, \boldsymbol{C}_2$, also

$$\boldsymbol{A}\boldsymbol{C}_1 = \boldsymbol{C}_1\boldsymbol{A} = \boldsymbol{E}, \quad \boldsymbol{A}\boldsymbol{C}_2 = \boldsymbol{C}_2\boldsymbol{A} = \boldsymbol{E}.$$

Daraus folgt mit Satz 14.25

$$\begin{aligned} \boldsymbol{C}_1 &= \boldsymbol{C}_1\boldsymbol{E} = \boldsymbol{C}_1(\boldsymbol{A}\boldsymbol{C}_2) \\ &= (\boldsymbol{C}_1\boldsymbol{A})\boldsymbol{C}_2 = \boldsymbol{E}\boldsymbol{C}_2 = \boldsymbol{C}_2, \\ \text{also} \quad \boldsymbol{C}_1 &= \boldsymbol{C}_2 = \boldsymbol{A}^{-1}. \end{aligned}$$

b) Wegen $\boldsymbol{A}\boldsymbol{A}^{-1} = \boldsymbol{A}^{-1}\boldsymbol{A} = \boldsymbol{E}$ ist $\boldsymbol{A}$ invers zu $\boldsymbol{A}^{-1}$, also $\boldsymbol{A} = \left(\boldsymbol{A}^{-1}\right)^{-1}$.

c) Man transponiert die Gleichung $\boldsymbol{E} = \boldsymbol{A}\boldsymbol{A}^{-1}$ und erhält (Satz 14.26 a):

$$\boldsymbol{E} = \boldsymbol{E}^T = \left(\boldsymbol{A}\boldsymbol{A}^{-1}\right)^T = \left(\boldsymbol{A}^{-1}\right)^T\boldsymbol{A}^T$$

Die Matrix $\left(\boldsymbol{A}^{-1}\right)^T$ ist invers zu $\boldsymbol{A}^T$, also $\left(\boldsymbol{A}^{-1}\right)^T = \left(\boldsymbol{A}^T\right)^{-1}$.

d) Es gilt für $r \neq 0$

$$\begin{aligned} \boldsymbol{E} &= r \cdot \tfrac{1}{r}\boldsymbol{E} = r \cdot \tfrac{1}{r}(\boldsymbol{A}\boldsymbol{A}^{-1}) \\ &= (r\boldsymbol{A})(\tfrac{1}{r}\boldsymbol{A}^{-1}) = \boldsymbol{B}(\tfrac{1}{r}\boldsymbol{A}^{-1}) = \boldsymbol{B}\boldsymbol{B}^{-1}, \end{aligned}$$

damit ist $\boldsymbol{B}^{-1} = \frac{1}{r}\boldsymbol{A}^{-1}$ invers zu $\boldsymbol{B} = r\boldsymbol{A}$.

e) Es gilt nach Satz 14.26

$$\begin{aligned} (\boldsymbol{B}\boldsymbol{A})(\boldsymbol{A}^{-1}\boldsymbol{B}^{-1}) &= (\boldsymbol{B}\boldsymbol{A}\boldsymbol{A}^{-1})\boldsymbol{B}^{-1} \\ &= (\boldsymbol{B}\boldsymbol{E})\boldsymbol{B}^{-1} = \boldsymbol{B}\boldsymbol{B}^{-1} = \boldsymbol{E}, \end{aligned}$$

damit ist $\boldsymbol{A}^{-1}\boldsymbol{B}^{-1} = (\boldsymbol{B}\boldsymbol{A})^{-1}$ invers zu $\boldsymbol{B}\boldsymbol{A}$.

Kennt man die zur Matrix $\boldsymbol{A}$ inverse Matrix $\boldsymbol{A}^{-1}$, so lässt sich die Lösung des linearen Gleichungssystems $\boldsymbol{A}\boldsymbol{x} = \boldsymbol{b}$ sehr einfach bestimmen.

Satz 18.17

Gegeben sei ein lineares Gleichungssystem $\boldsymbol{A}\boldsymbol{x} = \boldsymbol{b}$ sowie mit $\boldsymbol{A}$ eine $n \times n$-Matrix mit $\operatorname{Rg} \boldsymbol{A} = \operatorname{Rg}(\boldsymbol{A}|\boldsymbol{b}) = n$.

Dann existiert die zu $\boldsymbol{A}$ inverse Matrix $\boldsymbol{A}^{-1}$ und es gilt $\boldsymbol{x} = \boldsymbol{A}^{-1}\boldsymbol{b}$.

Beweis

$$\operatorname{Rg} \boldsymbol{A} = n \Leftrightarrow \boldsymbol{A}^{-1} \text{ existiert} \qquad \text{(Satz 18.10)}$$

$$\Leftrightarrow \boldsymbol{x} = \boldsymbol{E}\boldsymbol{x} = \boldsymbol{A}^{-1}\boldsymbol{A}\boldsymbol{x} = \boldsymbol{A}^{-1}\boldsymbol{b} \qquad \text{(Definition 18.8)}$$

Beispiel 18.18

a) Das Gleichungssystem $\boldsymbol{A}_1\boldsymbol{x} = \boldsymbol{b}_1$ sei gegeben mit

$$\boldsymbol{A}_1 = \begin{pmatrix} \frac{4}{5} & -\frac{3}{5} \\ \frac{3}{5} & \frac{4}{5} \end{pmatrix}, \quad \boldsymbol{b}_1 = \begin{pmatrix} 20 \\ 30 \end{pmatrix},$$

$$\text{und} \quad \boldsymbol{A}_1^{-1} = \begin{pmatrix} \frac{4}{5} & \frac{3}{5} \\ -\frac{3}{5} & \frac{4}{5} \end{pmatrix}.$$

(Definition 18.14, Beispiel 18.15)

Die Lösung ist (gemäß Satz 18.17):

$$\boldsymbol{x} = \boldsymbol{A}_1^{-1}\boldsymbol{b}_1 = \begin{pmatrix} \frac{4}{5} & \frac{3}{5} \\ -\frac{3}{5} & \frac{4}{5} \end{pmatrix} \begin{pmatrix} 20 \\ 30 \end{pmatrix} = \begin{pmatrix} 34 \\ 12 \end{pmatrix}$$

b) Das Gleichungssystem $\boldsymbol{A}_2\boldsymbol{x} = \boldsymbol{b}_2$ sei gegeben mit

$$\boldsymbol{A}_2 = \begin{pmatrix} 1 & 0 & 2 \\ 0 & 1 & 1 \\ 1 & 1 & 0 \end{pmatrix}, \quad \boldsymbol{b}_2 = \begin{pmatrix} 0 \\ 3 \\ -3 \end{pmatrix},$$

$$\text{und} \quad \boldsymbol{A}_2^{-1} = \frac{1}{3}\begin{pmatrix} 1 & -2 & 2 \\ -1 & 2 & 1 \\ 1 & 1 & -1 \end{pmatrix}.$$

(Beispiel 18.13)

Daraus folgt:

$$\boldsymbol{x} = \boldsymbol{A}_2^{-1}\boldsymbol{b}_2 = \frac{1}{3}\begin{pmatrix} 1 & -2 & 2 \\ -1 & 2 & 1 \\ 1 & 1 & -1 \end{pmatrix} \begin{pmatrix} 0 \\ 3 \\ -3 \end{pmatrix} = \begin{pmatrix} -4 \\ 1 \\ 2 \end{pmatrix}$$

Beispiel 18.19

Wir betrachten eine Volkswirtschaft mit drei produzierenden Sektoren S_1, S_2, S_3, die durch wertmäßige Lieferströme verbunden sind, und bezeichnen die Lieferquantitäten von S_i $(i = 1, 2, 3)$ an S_j $(j = 1, 2, 3)$ mit x_{ij}.

Die für den Endverbrauch vorgesehene Produktion des Sektors S_i $(i = 1, 2, 3)$ bezeichnen wir mit y_i.

Der Endverbrauch kann als vierter Sektor EV aufgefasst werden, der jedoch nur Lieferungen empfängt. Der Zusammenhang lässt sich durch Abbildung 18.2 darstellen.

wertmäßige		an die Sektoren			
Lieferung		S_1	S_2	S_3	EV
der produ-	S_1	x_{11}	x_{12}	x_{13}	y_1
zierenden	S_2	x_{21}	x_{22}	x_{23}	y_2
Sektoren	S_3	x_{31}	x_{32}	x_{33}	y_3

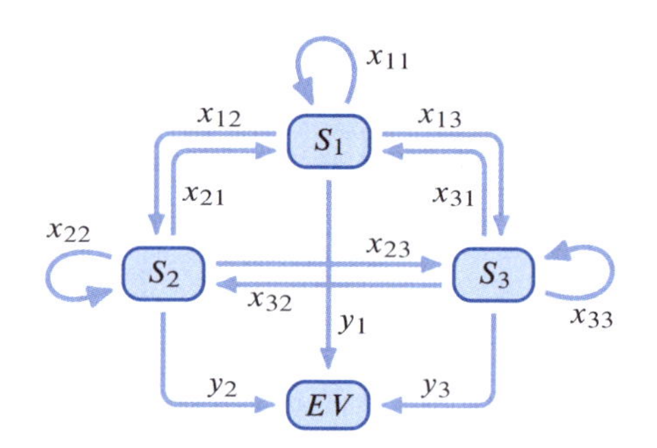

Abbildung 18.2: *Lieferströme zwischen produzierenden Sektoren S_1, S_2, S_3 und Endverbauch EV*

Damit erhalten wir den Gesamtoutput der Sektoren S_1, S_2, S_3 mit

$$x_1 = x_{11} + x_{12} + x_{13} + y_1,$$
$$x_2 = x_{21} + x_{22} + x_{23} + y_2,$$
$$x_3 = x_{31} + x_{32} + x_{33} + y_3.$$

Bezeichnen wir die Lieferung, die der Sektor S_i an S_j tätigt, damit S_j eine Einheit produzieren kann, mit

$$a_{ij} = \frac{x_{ij}}{x_j} \quad \text{bzw.} \quad a_{ij}x_j = x_{ij} \quad (i, j = 1, 2, 3),$$

dann erhalten die Beziehungen für den Gesamtoutput die Form

$$x_1 = a_{11}x_1 + a_{12}x_2 + a_{13}x_3 + y_1\,,$$
$$x_2 = a_{21}x_1 + a_{22}x_2 + a_{23}x_3 + y_2\,,$$
$$x_3 = a_{31}x_1 + a_{32}x_2 + a_{33}x_3 + y_3$$

oder nach den Endverbrauchsvariablen y_i $(i = 1, 2, 3)$ aufgelöst:

$$\begin{aligned} y_1 &= (1-a_{11})x_1 - a_{12}\,x_2 - a_{13}\,x_3 \\ y_2 &= -a_{21}\,x_1 + (1-a_{22})x_2 - a_{23}\,x_3 \\ y_3 &= -a_{31}\,x_1 - a_{32}\,x_2 + (1-a_{33})x_3 \end{aligned}$$

Sind die *Input-Output-Koeffizienten* a_{ij} bekannt, so lässt sich der Endverbrauch aus den Gesamtoutputs direkt berechnen.

Ist anstatt der Gesamtoutputs der Endverbrauch vorgegeben, so ist zur Ermittlung der x_1, x_2, x_3 ein lineares Gleichungssystem zu lösen. Derartige Fragestellungen werden in der *Input-Output-Analyse* erörtert.

In Matrixschreibweise gilt

$$\boldsymbol{y} = (\boldsymbol{E} - \boldsymbol{A})\boldsymbol{x}$$

mit $\boldsymbol{y} = \begin{pmatrix} y_1 \\ y_2 \\ y_3 \end{pmatrix}$, $\boldsymbol{x} = \begin{pmatrix} x_1 \\ x_2 \\ x_3 \end{pmatrix}$,

$$\boldsymbol{E} - \boldsymbol{A} = \begin{pmatrix} 1-a_{11} & -a_{12} & -a_{13} \\ -a_{21} & 1-a_{22} & -a_{23} \\ -a_{31} & -a_{32} & 1-a_{33} \end{pmatrix}.$$

Mit

$$f: \mathbb{R}^3_+ \to \mathbb{R}^3_+ \quad \text{und} \quad f(\boldsymbol{x}) = (\boldsymbol{E} - \boldsymbol{A})\boldsymbol{x} = \boldsymbol{y}$$

erhalten wir eine Abbildung, die jedem Gesamtoutputvektor $\boldsymbol{x}$ den entsprechenden Endverbrauchsvektor zuordnet.

Existiert die inverse Abbildung f^{-1}, so erhalten wir mit

$$f^{-1}: \mathbb{R}^3_+ \to \mathbb{R}^3_+ \quad \text{und}$$
$$f^{-1}(\boldsymbol{y}) = (\boldsymbol{E} - \boldsymbol{A})^{-1}\boldsymbol{y} = \boldsymbol{x}$$

eine Abbildung, die jedem Endverbrauchsvektor $\boldsymbol{y}$ den im Zusammenhang mit den Lieferverflechtungen erforderlichen Gesamtoutputvektor zuordnet.

Gegeben sei nun die Matrix der Input-Output-Koeffizienten durch

$$\boldsymbol{A} = \begin{pmatrix} 0.7 & 0.2 & 0.2 \\ 0.2 & 0.6 & 0 \\ 0.1 & 0.2 & 0.4 \end{pmatrix} \quad \text{bzw.}$$

$$\boldsymbol{E} - \boldsymbol{A} = \begin{pmatrix} 0.3 & -0.2 & -0.2 \\ -0.2 & 0.4 & 0 \\ -0.1 & -0.2 & 0.6 \end{pmatrix}.$$

Ist der Gesamtoutputvektor

$$\boldsymbol{x} = \begin{pmatrix} 200 \\ 150 \\ 100 \end{pmatrix}$$

gegeben, so berechnet man den Endverbrauchsvektor $\boldsymbol{y}$ aus

$$(\boldsymbol{E} - \boldsymbol{A})\boldsymbol{x} = \boldsymbol{y}\,.$$

Wir erhalten

$$\boldsymbol{y} = \begin{pmatrix} 0.3 & -0.2 & -0.2 \\ -0.2 & 0.4 & 0 \\ -0.1 & -0.2 & 0.6 \end{pmatrix} \begin{pmatrix} 200 \\ 150 \\ 100 \end{pmatrix} = \begin{pmatrix} 10 \\ 20 \\ 10 \end{pmatrix}.$$

Für $(\boldsymbol{E} - \boldsymbol{A})^{-1}$ erhält man nach dem Gauß-Jordan-Algorithmus

Zeile	$\boldsymbol{E}-\boldsymbol{A}$			$\boldsymbol{E}$			Operation
(1)	0.3	−0.2	−0.2	1	0	0	
(2)	−0.2	0.4	0	0	1	0	
(3)	−0.1	−0.2	0.6	0	0	1	
(4)	**1**	2	−6	0	0	−10	$-10\cdot$(3)
(5)	2	−4	0	0	−10	0	$-10\cdot$(2)
(6)	3	−2	−2	10	0	0	$10\cdot$(1)
(7)	1	2	−6	0	0	−10	(4)
(8)	0	**−8**	12	0	−10	20	(5) $-2\cdot$(4)
(9)	0	−8	16	10	0	30	(6) $-3\cdot$(4)
(10)	1	0	−3	0	$-\frac{5}{2}$	−5	(7) $+\frac{2}{8}\cdot$(8)
(11)	0	1	$-\frac{3}{2}$	0	$\frac{5}{4}$	$-\frac{5}{2}$	$-\frac{1}{8}\cdot$(8)
(12)	0	0	**4**	10	10	10	(9) − (8)
(13)	1	0	0	$\frac{15}{2}$	5	$\frac{5}{2}$	(10) $+\frac{3}{4}\cdot$(12)
(14)	0	1	0	$\frac{15}{4}$	5	$\frac{5}{4}$	(11) $+\frac{3}{8}\cdot$(12)
(15)	0	0	1	$\frac{5}{2}$	$\frac{5}{2}$	$\frac{5}{2}$	$\frac{1}{4}\cdot$(12)

also

$$(\boldsymbol{E}-\boldsymbol{A})^{-1} = \begin{pmatrix} 7.5 & 5 & 2.5 \\ 3.75 & 5 & 1.25 \\ 2.5 & 2.5 & 2.5 \end{pmatrix}$$

Ist der Endverbrauchsvektor

$$\boldsymbol{y} = \begin{pmatrix} 10 \\ 20 \\ 10 \end{pmatrix}$$

gegeben, so berechnet man den Gesamtoutputvektor

$$\boldsymbol{x} = \begin{pmatrix} 7.5 & 5 & 2.5 \\ 3.75 & 5 & 1.25 \\ 2.5 & 2.5 & 2.5 \end{pmatrix} \begin{pmatrix} 10 \\ 20 \\ 10 \end{pmatrix} = \begin{pmatrix} 200 \\ 150 \\ 100 \end{pmatrix}.$$

Definition 18.20

Eine $n \times n$-Matrix $\boldsymbol{A}$ heißt *regulär*, wenn die zu $\boldsymbol{A}$ inverse Matrix $\boldsymbol{A}^{-1}$ existiert mit:

$$\boldsymbol{A}\boldsymbol{A}^{-1} = \boldsymbol{A}^{-1}\boldsymbol{A} = \boldsymbol{E}$$

Andernfalls heißt $\boldsymbol{A}$ *singulär*.

Wir fassen nochmals die wichtigsten Aussagen, die zur Regularität von Matrizen äquivalent sind, in einem Satz zusammen.

Satz 18.21

Sei $f : \mathbb{R}^n \to \mathbb{R}^n$ eine lineare Abbildung mit der Gleichung $f(\boldsymbol{x}) = \boldsymbol{A}\boldsymbol{x}$ und $\boldsymbol{A}$ ist $n \times n$-Matrix. Dann gilt:

a) $\boldsymbol{A}$ ist regulär
 $\Leftrightarrow \operatorname{Rg} \boldsymbol{A} = n$
 $\Leftrightarrow \boldsymbol{A}^{-1}$ existiert und ist regulär
 $\Leftrightarrow f^{-1} : \mathbb{R}^n \to \mathbb{R}^n$ existiert mit $f^{-1}(\boldsymbol{y}) = \boldsymbol{A}^{-1}\boldsymbol{y}$
 $\Leftrightarrow f$ und f^{-1} sind bijektiv

b) $\boldsymbol{A}$ ist singulär
 $\Leftrightarrow \operatorname{Rg} \boldsymbol{A} < n$
 $\Leftrightarrow \boldsymbol{A}^{-1}$ existiert nicht
 $\Leftrightarrow f^{-1}$ existiert nicht

Relevante Literatur

Arens, Tilo u. a. (2015). *Mathematik*. 3. Aufl. Springer Spektrum, Kap. 17

Fischer, Gerd (2012). *Lernbuch Lineare Algebra und Analytische Geometrie: Das Wichtigste ausführlich für das Lehramts- und Bachelorstudium*. 2. Aufl. Springer Spektrum, Kap. 2.3, 2.4

Fischer, Gerd (2013). *Lineare Algebra: Eine Einführung für Studienanfänger*. 18. Aufl. Springer Spektrum, Kap. 2

Merz, Michael und Wüthrich, Mario V. (2012). *Mathematik für Wirtschaftswissenschaftler: Die Einführung mit vielen ökonomischen Beispielen*. Vahlen, Kap. 8

Opitz, Otto u. a. (2014). *Mathematik: Übungsbuch für das Studium der Wirtschaftswissenschaften*. 8. Aufl. De Gruyter Oldenbourg, Kap. 15

Senger, Jürgen (2009). *Mathematik: Grundlagen für Ökonomen*. 3. Aufl. De Gruyter Oldenbourg, Kap. 8.4

19

Determinanten

Nach dem Rang einer Matrix (Abschnitt 16.3), der durch die Maximalzahl linear unabhängiger Zeilen und Spalten der Matrix charakterisiert ist (Definition 16.18, 16.20, Satz 16.19), führen wir mit der *Determinante* eine weitere Kennzahl für reelle Matrizen ein.

Während der Rang für beliebige reelle $m \times n$-Matrizen erklärt und berechenbar ist, existiert die Determinante nur für quadratische Matrizen.

Es wird sich zeigen, dass mit Hilfe von Determinanten

- die Lösung spezieller Gleichungssysteme (Kapitel 17) sowie
- gegebenenfalls die Berechnung inverser Matrizen (Kapitel 18) möglich ist.

Darüber hinaus sind Determinanten eine wesentliche Grundlage

- zur Lösung von Eigenwertproblemen bei quadratischen Matrizen (Kapitel 20) sowie
- für die Differentialrechnung von reellen Funktionen mehrerer Variablen (Kapitel 21).

Wir beginnen in Abschnitt 19.1 mit der Definition und der Berechnung von Determinanten, betrachten in Abschnitt 19.2 einige Eigenschaften von Determinanten und beschreiben in Abschnitt 19.3 den Zusammenhang mit Matrizenrängen und speziellen linearen Gleichungssystemen.

19.1 Definition und Berechnung

Zunächst stellen wir fest, dass Determinanten nur für *quadratische Matrizen* der Form

$$A = \begin{pmatrix} a_{11} & \dots & a_{1n} \\ \vdots & \ddots & \vdots \\ a_{n1} & \dots & a_{nn} \end{pmatrix}$$

definiert sind. Ihre Berechnung gestaltet sich relativ einfach für $n = 1, 2, 3$.

Beispiel 19.1

Sei $\boldsymbol{A}$ eine $n \times n$-Matrix.

Für $n = 1$ gilt dann $\boldsymbol{A} = (a_{11})$ sowie

$$\det \boldsymbol{A} = \det(a_{11}) = a_{11}.$$

Für $n = 2$ ergibt sich

$$\det \boldsymbol{A} = \det \begin{pmatrix} a_{11} & a_{12} \\ a_{21} & a_{22} \end{pmatrix} = a_{11}a_{22} - a_{12}a_{21}.$$

Für $n = 3$ gilt:

$$\det \boldsymbol{A} = \det \begin{pmatrix} a_{11} & a_{12} & a_{13} \\ a_{21} & a_{22} & a_{23} \\ a_{31} & a_{32} & a_{33} \end{pmatrix} = a_{11}a_{22}a_{33} + a_{12}a_{23}a_{31} + a_{13}a_{21}a_{32} - a_{11}a_{23}a_{32} - a_{12}a_{21}a_{33} - a_{13}a_{22}a_{31}$$

DOI: 10.1515/9783110475333-019

Damit kann man sich die Berechnung von $\det \boldsymbol{A}$ für $n = 2, 3$ gut mit Hilfe folgender Überlegungen einprägen.

Für $n = 2$ multipliziert man in $\boldsymbol{A}$ die Komponenten der *Hauptdiagonale*, d. h. a_{11} und a_{22}, und subtrahiert davon das Produkt von a_{12} und a_{21} (Abbildung 19.1). Man bezeichnet diese Vorschrift als *Sarrus-Regel* (*P. Sarrus*, 1798–1861).

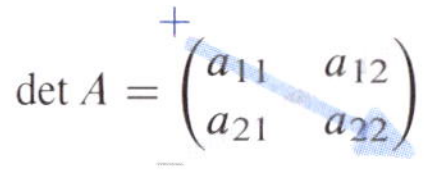

$$\det A = \begin{pmatrix} a_{11} & a_{12} \\ a_{21} & a_{22} \end{pmatrix}$$

Abbildung 19.1: *Sarrus-Regel für* 2×2-*Matrizen*

Wir erweitern nun die Sarrus-Regel auf 3×3-Matrizen (Abbildung 19.2).

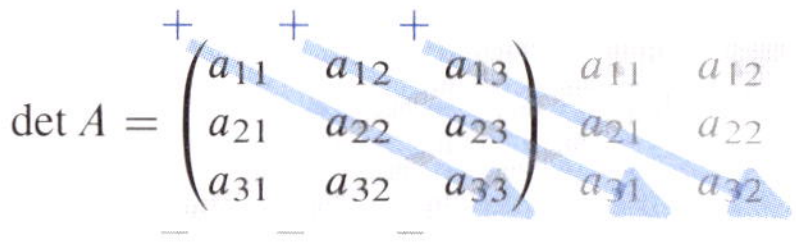

$$\det A = \begin{pmatrix} a_{11} & a_{12} & a_{13} \\ a_{21} & a_{22} & a_{23} \\ a_{31} & a_{32} & a_{33} \end{pmatrix} \begin{matrix} a_{11} & a_{12} \\ a_{21} & a_{22} \\ a_{31} & a_{32} \end{matrix}$$

Abbildung 19.2: *Sarrus-Regel für* 3×3-*Matrizen*

Man multipliziert zunächst die mit Pfeilen von links oben nach rechts unten verbundenen Zahlen und addiert. Anschließend multipliziert man die mit Pfeilen von links unten nach rechts oben verbundenen Zahlen und addiert diese Produkte. Schließlich subtrahiert man die zweite von der ersten Summe.

Zur Berechnung von $\det \boldsymbol{A}$ für $n = 3$ ist ferner folgende Überlegung nützlich:

Man bildet alle Produkte von 3 Matrixkomponenten, so dass aus jeder Zeile und Spalte von $\boldsymbol{A}$ genau ein Wert auftritt. Dazu *permutieren* wir die Zeilenindizes $1, 2, 3$ und erhalten auf diese Weise $3! = 6$ verschiedene Kombinationen der Spaltenindizes:

$$\begin{matrix} (1,2,3) & (1,3,2) & (2,1,3) \\ (2,3,1) & (3,1,2) & (3,2,1) \end{matrix}$$

Bezeichnet man jede paarweise Vertauschung gegenüber der natürlichen Reihenfolge als *Inversion*, so enthalten die angegebenen Kombinationen bis zu 3 Inversionen. Im Fall von 0 oder 2 Inversionen wird der Summand mit dem Vorzeichen „+", im Fall von 1 oder 3 Inversionen mit dem Vorzeichen „−" versehen.

Beispiel 19.2

Für die 3×3-Matrix von Beispiel 19.1 erhalten wir

$\det \boldsymbol{A}$	Spaltenindizes mit Vertauschung „__"	Anzahl Inversionen
$+a_{11}a_{22}a_{33}$	$(1,2,3)$	0
$-a_{11}a_{23}a_{32}$	$(1,\underline{3,2}) \to (1,2,3)$	1
$-a_{12}a_{21}a_{33}$	$(2,\underline{1,3}) \to (1,2,3)$	1
$+a_{12}a_{23}a_{31}$	$(2,\underline{3,1}) \to (\underline{2,1},3) \to (1,2,3)$	2
$+a_{13}a_{21}a_{32}$	$(\underline{3,1},2) \to (1,\underline{3,2}) \to (1,2,3)$	2
$-a_{13}a_{22}a_{31}$	$(\underline{3,2},1) \to (2,\underline{3,1}) \to (\underline{2,1},3) \to (1,2,3)$	3

Für die 2×2-Matrix gilt entsprechend

$\det \boldsymbol{A}$	Spaltenindizes mit Vertauschung „__"	Anzahl Inversionen
$+a_{11}a_{22}$	$(1,2)$	0
$-a_{12}a_{21}$	$(\underline{2,1}) \to (1,2)$	1

Damit werden die Ergebnisse von Beispiel 19.1 bestätigt.

Offenbar erhalten wir für $n = 4$ auf diese Weise $4! = 24$ Summanden, für $n = 5$ bereits $5! = 120$ Summanden. Damit erweist sich die Sarrus-Regel für $n \geq 4$ als zu aufwändig.

Beispiel 19.3

Wir berechnen die Determinanten der folgenden Matrizen nach der Sarrus-Regel:

$$\boldsymbol{A} = \begin{pmatrix} 5 & 4 \\ 3 & 2 \end{pmatrix}, \quad \boldsymbol{B} = \begin{pmatrix} 1 & 2 & 3 \\ 1 & -1 & -1 \\ 2 & 1 & 0 \end{pmatrix},$$

$$\boldsymbol{C} = \begin{pmatrix} 1 & -2 & 1 \\ -1 & 1 & 0 \\ 1 & 1 & -2 \end{pmatrix}$$

$$\det \boldsymbol{A} = \det \begin{pmatrix} 5 & 4 \\ 3 & 2 \end{pmatrix} = 10 - 12 = -2$$

$$\det \boldsymbol{B} = \det \begin{pmatrix} 1 & 2 & 3 \\ 1 & -1 & -1 \\ 2 & 1 & 0 \end{pmatrix}$$
$$= (0 - 4 + 3) - (-6 - 1 + 0) = 6$$

$$\det \boldsymbol{C} = \det \begin{pmatrix} 1 & -2 & 1 \\ -1 & 1 & 0 \\ 1 & 1 & -2 \end{pmatrix}$$
$$= (-2 + 0 - 1) - (1 + 0 - 4) = 0$$

Auf der Basis der vorangegangenen Überlegungen verallgemeinern wir den Begriff der Determinante von quadratischen Matrizen.

Definition 19.4

Sei $\boldsymbol{A}$ eine $n \times n$-Matrix.

Sei ferner $(1, \ldots, n)$ das geordnete n-Tupel der Zeilenindizes und $\boldsymbol{p}^T = (p_1, \ldots, p_n)$ eine Permutation von $(1, \ldots, n)$ mit $v(\boldsymbol{p})$ Inversionen.

Dann heißt die reelle Zahl

$$\det \boldsymbol{A} = \sum_{\boldsymbol{p}} (-1)^{v(\boldsymbol{p})} \cdot a_{1p_1} \cdot a_{2p_2} \cdot \ldots \cdot a_{np_n}$$

die *Determinante* von $\boldsymbol{A}$, die aus $n!$ Summanden besteht (Abschnitt 1.4, (1.20)).

Um die Determinante einer quadratischen Matrix $\boldsymbol{A}$ zu erhalten, bildet man alle Produkte von n Komponenten der Matrix $\boldsymbol{A}$, so dass aus jeder Zeile und Spalte von $\boldsymbol{A}$ genau eine Komponente als Faktor auftritt. Man erhält damit $n!$ Summanden.

Ist die Anzahl $v(\boldsymbol{p})$ der Inversionen einer Permutation $(p_1, \ldots, p_n)$ geradzahlig oder null, so wird der Summand $(a_{1p_1} \cdot a_{2p_2} \cdot \ldots \cdot a_{np_n})$ mit $+1$, andernfalls mit -1 multipliziert.

Beispiel 19.5

Wir berechnen gemäß Definition 19.4 die Determinante der Matrix

$$\boldsymbol{D} = \begin{pmatrix} 2 & 0 & 0 & 0 \\ 2 & 1 & 3 & 1 \\ -1 & 1 & 2 & 1 \\ 4 & -1 & 1 & 2 \end{pmatrix}.$$

Betrachtet man für jede Permutation $\boldsymbol{p} = (p_1, p_2, p_3, p_4)$ von $(1, 2, 3, 4)$ die Summanden $d_{1p_1} \cdot d_{2p_2} \cdot d_{3p_3} \cdot d_{4p_4}$ aus $\boldsymbol{D}$, so sind genau alle die Summanden verschieden von 0, für die in der Permutation (p_1, p_2, p_3, p_4) die Bedingung $p_1 = 1$ erfüllt ist. Dies liegt daran, dass für die erste Zeile von $\boldsymbol{D}$ gilt:

$$(d_{11}, d_{12}, d_{13}, d_{14}) = (2, 0, 0, 0)$$

Für die Determinante von $\boldsymbol{D}$ sind daher nur noch Permutationen der Form $(1, p_2, p_3, p_4)$ von $(1, 2, 3, 4)$ zu behandeln. Nachdem hier Inversionen nur noch für die Spaltenindizes 2, 3, 4 auftreten können, ergibt sich mit Definition 19.4:

$$\det \boldsymbol{D}$$
$$= \sum_{\boldsymbol{p}=(1,p_2,p_3,p_4)} (-1)^{v(\boldsymbol{p})} d_{11} d_{2p_2} d_{3p_3} d_{4p_4}$$
$$= d_{11} \cdot \sum_{\boldsymbol{p}=(1,p_2,p_3,p_4)} (-1)^{v(\boldsymbol{p})} d_{2p_2} d_{3p_3} d_{4p_4}$$
$$= d_{11} \cdot \det \begin{pmatrix} d_{22} & d_{23} & d_{24} \\ d_{32} & d_{33} & d_{34} \\ d_{42} & d_{43} & d_{44} \end{pmatrix}$$
$$= 2 \cdot \det \begin{pmatrix} 1 & 3 & 1 \\ 1 & 2 & 1 \\ -1 & 1 & 2 \end{pmatrix}$$
$$= 2[4 - 3 + 1 - (-2 + 1 + 6)]$$
$$= 2[2 - 5] = -6$$

Wir werden die in Beispiel 19.5 angestellte Überlegung verallgemeinern.

Definition 19.6

Streicht man in einer $n \times n$-Matrix $\boldsymbol{A}$ mit $n \geq 2$ die Zeile i und die Spalte j, so erhält man eine Matrix mit $n - 1$ Zeilen und $n - 1$ Spalten, die wir als *Minor* bezeichnen:

$$\boldsymbol{A}_{ij} =$$
$$\begin{pmatrix} a_{11} & \ldots a_{1,j-1} & a_{1j} & a_{1,j+1} & \ldots a_{1n} \\ \vdots & \vdots & \vdots & \vdots & \vdots \\ a_{i-1,1} & \ldots a_{i-1,j-1} & a_{i-1,j} & a_{i-1,j+1} & \ldots a_{i-1,n} \\ a_{i1} & \ldots a_{i,j-1} & a_{ij} & a_{i,j+1} & \ldots a_{in} \\ a_{i+1,1} & \ldots a_{i+1,j-1} & a_{i+1,j} & a_{i+1,j+1} & \ldots a_{i+1,n} \\ \vdots & \vdots & \vdots & \vdots & \vdots \\ a_{n1} & \ldots a_{n,j-1} & a_{nj} & a_{n,j+1} & \ldots a_{nn} \end{pmatrix}$$

Ferner heißt die reelle Zahl

$$d_{ij} = (-1)^{i+j} \det \boldsymbol{A}_{ij} = \begin{cases} \det \boldsymbol{A}_{ij} & \text{für } i+j \text{ gerade} \\ -\det \boldsymbol{A}_{ij} & \text{für } i+j \text{ ungerade} \end{cases} \qquad (i, j = 1, \ldots, n)$$

das *algebraische Komplement* oder der *Kofaktor* zur Komponente a_{ij} von $\boldsymbol{A}$.

Es gilt also:

$$\boldsymbol{D} = \begin{pmatrix} d_{11} & d_{12} & d_{13} & \cdots \\ d_{21} & d_{22} & d_{23} & \cdots \\ d_{31} & d_{32} & d_{33} & \cdots \\ \vdots & \vdots & \vdots & \ddots \end{pmatrix} = \begin{pmatrix} +\det \boldsymbol{A}_{11} & -\det \boldsymbol{A}_{12} & +\det \boldsymbol{A}_{13} & \cdots \\ -\det \boldsymbol{A}_{21} & +\det \boldsymbol{A}_{22} & -\det \boldsymbol{A}_{23} & \cdots \\ +\det \boldsymbol{A}_{31} & -\det \boldsymbol{A}_{32} & +\det \boldsymbol{A}_{33} & \cdots \\ \vdots & \vdots & \vdots & \ddots \end{pmatrix}$$

Damit lässt sich der *Entwicklungssatz* für Determinanten formulieren, der auf *P.-S. Laplace* (1749–1827) zurückgeht.

Satz 19.7

Sei $\boldsymbol{A}$ eine $n \times n$-Matrix und $\boldsymbol{D}$ die Matrix der Kofaktoren. Dann gilt für alle $n \geq 2$

$$\boldsymbol{A}\boldsymbol{D}^T = \begin{pmatrix} \det \boldsymbol{A} & 0 & \cdots & 0 \\ 0 & \det \boldsymbol{A} & \cdots & 0 \\ \vdots & \vdots & \ddots & \vdots \\ 0 & 0 & \cdots & \det \boldsymbol{A} \end{pmatrix}.$$

Insbesondere wird mit

$$\begin{aligned} \det \boldsymbol{A} &= (a_{i1}, \ldots, a_{in})^T (d_{i1}, \ldots, d_{in}) \\ &= a_{i1}d_{i1} + \ldots + a_{in}d_{in} \\ &\qquad (i = 1, \ldots, n) \\ &= \boldsymbol{a}_j^T \boldsymbol{d}_j = a_{1j}d_{1j} + \ldots + a_{nj}d_{nj} \\ &\qquad (j = 1, \ldots, n) \end{aligned}$$

die Determinante von $\boldsymbol{A}$ nach der i-ten Zeile $(a_{i1}, \ldots, a_{in})$ bzw. nach der j-ten Spalte $\boldsymbol{a}_j = \begin{pmatrix} a_{1j} \\ \vdots \\ a_{nj} \end{pmatrix}$ von $\boldsymbol{A}$ *entwickelt*.

Beweis

Für den allgemeinen Beweis verweisen wir auf Fischer (2013), Kap. 3, und begnügen uns hier mit dem Fall $n = 3$:

$$\boldsymbol{A} = \begin{pmatrix} a_{11} & a_{12} & a_{13} \\ a_{21} & a_{22} & a_{23} \\ a_{31} & a_{32} & a_{33} \end{pmatrix}$$

$$\boldsymbol{D}^T = \begin{pmatrix} \det \boldsymbol{A}_{11} & -\det \boldsymbol{A}_{21} & \det \boldsymbol{A}_{31} \\ -\det \boldsymbol{A}_{12} & \det \boldsymbol{A}_{22} & -\det \boldsymbol{A}_{23} \\ \det \boldsymbol{A}_{13} & -\det \boldsymbol{A}_{23} & \det \boldsymbol{A}_{33} \end{pmatrix}$$

Dann gilt:

$$\begin{aligned} &(a_{11}, a_{12}, a_{13}) \begin{pmatrix} \det \boldsymbol{A}_{11} \\ -\det \boldsymbol{A}_{12} \\ \det \boldsymbol{A}_{13} \end{pmatrix} = a_{11} \cdot \det \begin{pmatrix} a_{22} & a_{23} \\ a_{32} & a_{33} \end{pmatrix} \\ &\quad -a_{12} \cdot \det \begin{pmatrix} a_{21} & a_{23} \\ a_{31} & a_{33} \end{pmatrix} + a_{13} \cdot \det \begin{pmatrix} a_{21} & a_{22} \\ a_{31} & a_{32} \end{pmatrix} \\ &= a_{11}a_{22}a_{33} - a_{11}a_{23}a_{32} - a_{12}a_{21}a_{33} + a_{12}a_{23}a_{31} \\ &\quad + a_{13}a_{21}a_{32} - a_{13}a_{22}a_{31} = \det \boldsymbol{A} \end{aligned}$$

Entsprechend beweist man

$$(a_{21}, a_{22}, a_{23}) \begin{pmatrix} -\det \boldsymbol{A}_{21} \\ \det \boldsymbol{A}_{22} \\ -\det \boldsymbol{A}_{23} \end{pmatrix} = (a_{31}, a_{32}, a_{33}) \begin{pmatrix} \det \boldsymbol{A}_{31} \\ -\det \boldsymbol{A}_{32} \\ \det \boldsymbol{A}_{33} \end{pmatrix} = \det \boldsymbol{A}.$$

$$\begin{aligned} &(a_{11}, a_{12}, a_{13}) \begin{pmatrix} -\det \boldsymbol{A}_{21} \\ \det \boldsymbol{A}_{22} \\ -\det \boldsymbol{A}_{23} \end{pmatrix} = -a_{11} \cdot \det \begin{pmatrix} a_{12} & a_{13} \\ a_{32} & a_{33} \end{pmatrix} \\ &\quad +a_{12} \cdot \det \begin{pmatrix} a_{11} & a_{13} \\ a_{31} & a_{33} \end{pmatrix} - a_{13} \cdot \det \begin{pmatrix} a_{11} & a_{12} \\ a_{31} & a_{32} \end{pmatrix} \\ &= -a_{11}a_{12}a_{33} + a_{11}a_{13}a_{32} + a_{12}a_{11}a_{33} \\ &\quad -a_{12}a_{13}a_{31} - a_{13}a_{11}a_{32} + a_{13}a_{12}a_{31} = 0 \end{aligned}$$

Entsprechend beweist man

$$(a_{i1}, a_{i2}, a_{i3}) \begin{pmatrix} d_{j1} \\ d_{j2} \\ d_{j3} \end{pmatrix} = 0 \quad \text{für } i, j = 1, 2, 3 \text{ mit } i \neq j.$$

Bei der Berechnung der Determinante von $n \times n$-Matrizen mit $n \geq 4$ geht man entsprechend vor. Man entwickelt nach einer beliebigen Zeile oder Spalte (Satz 19.7) und stellt die Determinante als Skalarprodukt der Zeile oder Spalte mit dem entsprechenden Vektor der Kofaktoren dar; dies sind Determinanten von $(n-1) \times (n-1)$-Matrizen. Entwickelt man diese Determinanten weiter, so erhält man Determinanten von $(n-2) \times (n-2)$-Matrizen. Auf diese Weise gelangt man zu Determinanten von 3×3-Matrizen, nach einem weiteren Schritt zu Determinanten von 2×2-Matrizen.

Das Verfahren wird beschleunigt, wenn die Ausgangsmatrix viele Nullen enthält. Dann wählt man bei der Entwicklung stets Zeilen oder Spalten, die möglichst viele Nullen enthalten. Besteht eine Zeile oder Spalte der Ausgangsmatrix nur aus Nullen, so entwickelt man nach dieser Zeile oder Spalte und erhält $\det \boldsymbol{A} = 0$.

Insbesondere ergibt sich die Determinante einer Diagonalmatrix (Definition 14.11 d) aus dem Produkt der Diagonalelemente.

Die Determinantenberechnung gestaltet sich also umso aufwendiger, je mehr Zeilen und je weniger Nullen die Ausgangsmatrix besitzt.

Beispiel 19.8

Die Determinanten für die folgenden 3 Matrizen sollen berechnet werden:

$$\boldsymbol{A} = \begin{pmatrix} 1 & 2 & 0 & 1 \\ 2 & 0 & 0 & -1 \\ -1 & 1 & 2 & 0 \\ 0 & 3 & 1 & 1 \end{pmatrix}$$

$$\boldsymbol{B} = \begin{pmatrix} 1 & 2 & 1 & 3 \\ 0 & 1 & 2 & 0 \\ 2 & 0 & 0 & 0 \\ 1 & 1 & 1 & 1 \end{pmatrix}$$

$$\boldsymbol{C} = \begin{pmatrix} -2 & 1 & 0 & 1 \\ 0 & 3 & 1 & -1 \\ 0 & 0 & 5 & 2 \\ 0 & 0 & 0 & -1 \end{pmatrix}$$

Wir entwickeln $\det \boldsymbol{A}$ nach der dritten Spalte und erhalten:

$$\begin{aligned} \det \boldsymbol{A} &= 2 \cdot (-1)^{3+3} \cdot \det \begin{pmatrix} 1 & 2 & 1 \\ 2 & 0 & -1 \\ 0 & 3 & 1 \end{pmatrix} \\ &\quad +1 \cdot (-1)^{4+3} \cdot \det \begin{pmatrix} 1 & 2 & 1 \\ 2 & 0 & -1 \\ -1 & 1 & 0 \end{pmatrix} \\ &= 2(0 + 0 + 6 - 0 + 3 - 4) \\ &\quad -1(0 + 2 + 2 - 0 + 1 - 0) \\ &= 10 - 5 = 5 \end{aligned}$$

Wir entwickeln $\det \boldsymbol{B}$ nach der dritten Zeile und erhalten:

$$\begin{aligned} \det \boldsymbol{B} &= 2 \cdot (-1)^{3+1} \cdot \det \begin{pmatrix} 2 & 1 & 3 \\ 1 & 2 & 0 \\ 1 & 1 & 1 \end{pmatrix} \\ &= 2(4 + 0 + 3 - 6 - 0 - 1) = 0 \end{aligned}$$

Schließlich entwickeln wir Matrix $\boldsymbol{C}$ nach der ersten Spalte und den entstehenden Minor erneut nach der ersten Spalte:

$$\begin{aligned} \det \boldsymbol{C} &= (-2) \cdot (-1)^{1+1} \cdot \det \begin{pmatrix} 3 & 1 & -1 \\ 0 & 5 & 2 \\ 0 & 0 & -1 \end{pmatrix} \\ &= (-2) \cdot 3 \cdot (-1)^{1+1} \cdot \det \begin{pmatrix} 5 & 2 \\ 0 & -1 \end{pmatrix} \\ &= (-6)(-5) = 30 \end{aligned}$$

Ist eine Matrix wie die Matrix $\boldsymbol{C}$ eine Dreiecksmatrix (Definition 14.11 c), stehen also unter oder über der Hauptdiagonalen nur Nullen, so ergibt sich die Determinante aus dem Produkt der Hauptdiagonalkomponenten, also im Fall von $\boldsymbol{C}$:

$$\det \boldsymbol{C} = (-2) \cdot 3 \cdot 5 \cdot (-1) = 30$$

19.2 Eigenschaften von Determinanten

Aus dem Entwicklungssatz für Determinanten erhalten wir wichtige Folgerungen.

Satz 19.9

Für jede $n \times n$-Matrix $\boldsymbol{A}$ gilt $\det\left(\boldsymbol{A}^T\right) = \det A$.

Beweis

Die j-te Spalte von $\boldsymbol{A}$ entspricht der j-ten Zeile von $\boldsymbol{A}^T$. Entwickelt man $\det \boldsymbol{A}$ nach den Spalten und $\det\left(\boldsymbol{A}^T\right)$ nach den entsprechenden Zeilen (Satz 19.7), so erhält man identische Resultate.

Wir werden nun einige Rechenregeln für Determinanten kennenlernen. Insbesondere werden wir dabei angeben, wie sich Determinanten ändern, wenn man in der entsprechenden Matrix elementare Zeilen- bzw. Spaltenumformungen (Definition 16.23) vornimmt.

Satz 19.10

$\boldsymbol{A}$ sei eine $n \times n$-Matrix, $r \in \mathbb{R}$ ein Skalar.

Dann gilt:

a) Multipliziert man eine Zeile oder Spalte von $\boldsymbol{A}$ mit $r \in \mathbb{R}$, so erhält man für die Determinante der resultierenden Matrix den r-fachen Wert der Determinante von $\boldsymbol{A}$. Für $r = 0$ wird die Determinante gleich 0.

b) Unterscheiden sich zwei Matrizen in höchstens einer Zeile oder Spalte, so ist die Summe ihrer Determinanten gleich der Determinanten einer Matrix, in der die beiden Zeilen oder Spalten addiert werden.

c) Enthält eine Matrix $\boldsymbol{A}$ zwei identische Zeilen oder Spalten, so ist $\det \boldsymbol{A} = 0$.

d) Vertauscht man in einer Matrix $\boldsymbol{A}$ zwei Zeilen oder Spalten, so ändert die Determinante ihr Vorzeichen.

e) Addiert man zu einer Zeile oder Spalte von $\boldsymbol{A}$ das r-fache einer anderen Zeile bzw. Spalte, so ändert sich die Determinante nicht.

Beweis

Wir führen den Beweis für die Spalten. Der Beweis für die Zeilen ergibt sich unmittelbar aus Satz 19.9.

a) Wir entwickeln die Determinante der Matrix

$$\boldsymbol{A}_1 = (\boldsymbol{a}_1, \ldots, r\boldsymbol{a}_j, \ldots, \boldsymbol{a}_n)$$

nach der j-ten Spalte (Satz 19.7) und erhalten

$$\begin{aligned}\det \boldsymbol{A}_1 &= r\boldsymbol{a}_j^T \boldsymbol{d}_j \\ &= r(\boldsymbol{a}_j^T \boldsymbol{d}_j) = r \det \boldsymbol{A}.\end{aligned}$$

Für $r = 0$ gilt $\det \boldsymbol{A}_1 = 0$.

b) Wir entwickeln die Determinante der Matrix

$$\boldsymbol{A}_2 = (\boldsymbol{a}_1, \ldots, \boldsymbol{a}_j + \boldsymbol{b}_j, \ldots, \boldsymbol{a}_n)$$

nach der j-ten Spalte und erhalten

$$\begin{aligned}\det \boldsymbol{A}_2 &= (\boldsymbol{a}_j + \boldsymbol{b}_j)^T \boldsymbol{d}_j \\ &= \boldsymbol{a}_j^T \boldsymbol{d}_j + \boldsymbol{b}_j^T \boldsymbol{d}_j \\ &= \det(\boldsymbol{a}_1, \ldots, \boldsymbol{a}_j, \ldots, \boldsymbol{a}_n) \\ &\quad + \det(\boldsymbol{a}_1, \ldots, \boldsymbol{b}_j, \ldots, \boldsymbol{a}_n).\end{aligned}$$

c) Wir betrachten eine Matrix mit zwei identischen Spalten, also

$$\boldsymbol{A}_3 = (\boldsymbol{a}_1, \ldots, \boldsymbol{a}_j, \ldots, \boldsymbol{a}_j, \ldots, \boldsymbol{a}_n)$$

und entwickeln die Determinante in beliebiger Reihenfolge nach den Spalten $\boldsymbol{a}_i$ $(i \neq j)$. Dann ergeben sich nach $n - 2$ Schritten nur noch Determinanten der Form:

$$\det \begin{pmatrix} a_{pj} & a_{pj} \\ a_{qj} & a_{qj} \end{pmatrix} = a_{pj}a_{qj} - a_{pj}a_{qj} = 0 \qquad (p, q = 1, \ldots, n)$$

d) Es gilt:

$$\begin{aligned}&\det(\boldsymbol{a}_1, \ldots, \boldsymbol{a}_i, \ldots, \boldsymbol{a}_j, \ldots, \boldsymbol{a}_n) \\ &+ \det(\boldsymbol{a}_1, \ldots, \boldsymbol{a}_j, \ldots, \boldsymbol{a}_i, \ldots, \boldsymbol{a}_n) \\ &= \det(\boldsymbol{a}_1, \ldots, \boldsymbol{a}_i, \ldots, \boldsymbol{a}_j, \ldots, \boldsymbol{a}_n) \\ &\quad + \det(\boldsymbol{a}_1, \ldots, \boldsymbol{a}_j, \ldots, \boldsymbol{a}_i, \ldots, \boldsymbol{a}_n) \\ &\quad + \det(\boldsymbol{a}_1, \ldots, \boldsymbol{a}_i, \ldots, \boldsymbol{a}_i, \ldots, \boldsymbol{a}_n) \\ &\quad + \det(\boldsymbol{a}_1, \ldots, \boldsymbol{a}_j, \ldots, \boldsymbol{a}_j, \ldots, \boldsymbol{a}_n) \qquad \text{(Satz 19.10 c)} \\ &= \det(\boldsymbol{a}_1, \ldots, \boldsymbol{a}_i, \ldots, \boldsymbol{a}_j + \boldsymbol{a}_i, \ldots, \boldsymbol{a}_n) \\ &\quad + \det(\boldsymbol{a}_1, \ldots, \boldsymbol{a}_j, \ldots, \boldsymbol{a}_j + \boldsymbol{a}_i, \ldots, \boldsymbol{a}_n) \qquad \text{(Satz 19.10 b)} \\ &= \det(\boldsymbol{a}_1, \ldots, \boldsymbol{a}_i + \boldsymbol{a}_j, \ldots, \boldsymbol{a}_j + \boldsymbol{a}_i, \ldots, \boldsymbol{a}_n) = 0 \qquad \text{(Satz 19.10 b, c)}\end{aligned}$$

Daraus folgt die Behauptung.

e) Für $r = 0$ ist die Aussage klar.

Für $r \neq 0$ gilt:

$$\begin{aligned}&\det(\boldsymbol{a}_1, \ldots, \boldsymbol{a}_i + r\boldsymbol{a}_j, \ldots, \boldsymbol{a}_j, \ldots, \boldsymbol{a}_n) \\ &= \frac{1}{r} \det(\boldsymbol{a}_1, \ldots, \boldsymbol{a}_i + r\boldsymbol{a}_j, \ldots, r\boldsymbol{a}_j, \ldots, \boldsymbol{a}_n) \qquad \text{(Satz 19.10 a)} \\ &= \frac{1}{r} \det(\boldsymbol{a}_1, \ldots, \boldsymbol{a}_i, \ldots, r\boldsymbol{a}_j, \ldots, \boldsymbol{a}_n) \\ &\quad + \frac{1}{r} \det(\boldsymbol{a}_1, \ldots, r\boldsymbol{a}_j, \ldots, r\boldsymbol{a}_j, \ldots, \boldsymbol{a}_n) \qquad \text{(Satz 19.10 b)} \\ &= \frac{1}{r} \det(\boldsymbol{a}_1, \ldots, \boldsymbol{a}_i, \ldots, r\boldsymbol{a}_j, \ldots, \boldsymbol{a}_n) \\ &= \det(\boldsymbol{a}_1, \ldots, \boldsymbol{a}_i, \ldots, \boldsymbol{a}_j, \ldots, \boldsymbol{a}_n) \qquad \text{(Satz 19.10 a, c)} \\ &= \det \boldsymbol{A}\end{aligned}$$

Satz 19.10 hat für die Determinantenberechnung einige Konsequenzen. Man überführt die Matrix mit Hilfe des Gaußschen Eliminationsverfahrens (Satz 16.24) in eine Dreiecksgestalt, beispielsweise

$$B = \begin{pmatrix} b_{11} & b_{12} & \cdots & b_{1n} \\ 0 & b_{22} & \cdots & b_{2n} \\ \vdots & \vdots & \ddots & \vdots \\ 0 & 0 & \cdots & b_{nn} \end{pmatrix}$$

und erhält (Satz 19.10 d):

$$\det B = \begin{cases} b_{11} \cdot b_{22} \cdot \ldots \cdot b_{nn} & \text{für } 0, 2, 4, \ldots \\ \quad \text{Zeilen- bzw. Spaltenvertauschungen} & \\ -b_{11} \cdot b_{22} \cdot \ldots \cdot b_{nn} & \text{für } 1, 3, 5, \ldots \\ \quad \text{Zeilen- bzw. Spaltenvertauschungen} & \end{cases}$$

Beispiel 19.11

Wir berechnen die Determinanten der Matrizen:

$$A = \begin{pmatrix} 1 & 2 & 3 & 1 \\ 2 & 5 & 3 & 4 \\ -1 & 1 & 0 & 1 \\ 0 & 2 & 3 & 1 \end{pmatrix}, \quad B = \begin{pmatrix} 5 & 2 & 3 & 1 \\ 2 & 3 & 1 & 2 \\ 4 & 1 & 0 & 3 \\ 2 & 3 & 4 & 1 \end{pmatrix}$$

Mit dem Gaußschen Eliminationsverfahren erhalten wir für die Matrix A:

Zeile	a_1	a_2	a_3	a_4	Operation
①	**1**	2	3	1	
②	2	5	3	4	
③	−1	1	0	1	
④	0	2	3	1	
⑤	1	2	3	1	①
⑥	0	**1**	−3	2	② − 2 · ①
⑦	0	3	3	2	③ + ①
⑧	0	2	3	1	④
⑨	1	2	3	1	⑤
⑩	0	1	−3	2	⑥
⑪	0	0	**12**	−4	⑦ − 3 · ⑥
⑫	0	0	9	−3	⑧ − 2 · ⑥
⑬	1	2	3	1	⑨
⑭	0	1	−3	2	⑩
⑮	0	0	12	−4	⑪
⑯	0	0	0	0	⑫ − 3/4 · ⑪

Das Endtableau enthält eine Nullzeile, also ist

$$\det A = \det\left(A^T\right) = 0.$$

(Satz 19.9, 19.10 a)

Alternativ gewinnt man durch Entwickeln nach der ersten Spalte bereits aus den Zeilen ⑤ bis ⑧

$$\det A = 1 \cdot \det \begin{pmatrix} 1 & -3 & 2 \\ 3 & 3 & 2 \\ 2 & 3 & 1 \end{pmatrix} = 3 - 12 + 18 - (12 + 6 - 9) = 0.$$

Für die Matrix B ergibt sich entsprechend:

Zeile	b_1	b_2	b_3	b_4	Operation
①	5	2	3	**1**	
②	2	3	1	2	
③	4	1	0	3	
④	2	3	4	1	
⑤	5	2	3	1	①
⑥	−8	−1	−5	0	② − 2 · ①
⑦	−11	−5	−9	0	③ − 3 · ①
⑧	−3	1	**1**	0	④ − ①
⑨	5	2	3	1	⑤
⑩	−23	4	0	0	⑥ + 5 · ⑧
⑪	−38	**4**	0	0	⑦ + 9 · ⑧
⑫	−3	1	1	0	⑧
⑬	5	2	3	1	⑨
⑭	15	0	0	0	⑩ − ⑪
⑮	−38	4	0	0	⑪
⑯	−3	1	1	0	⑫
⑰	15	0	0	0	⑭
⑱	−38	4	0	0	⑮
⑲	−3	1	1	0	⑯
⑳	5	2	3	1	⑬

Aus dem Endtableau erhält man wegen der drei im letzten Schritt vorgenommenen Zeilenvertauschungen:

$$\det B = \det\left(B^T\right) = (-1) \cdot 15 \cdot 4 \cdot 1 \cdot 1 = -60$$

(Satz 19.10 d)

Aus den Zeilen ⑤ bis ⑧ folgt durch Entwickeln nach der vierten Spalte

$$\det \boldsymbol{B} = (-1) \cdot \det \begin{pmatrix} -8 & -1 & -5 \\ -11 & -5 & -9 \\ -3 & 1 & 1 \end{pmatrix}$$
$$= -[40 - 27 + 55 - (-75 + 72 + 11)]$$
$$= -60$$

und aus den Zeilen ⑨ bis ⑫ entsprechend:

$$\det \boldsymbol{B} = (-1) \cdot \det \begin{pmatrix} -23 & 4 & 0 \\ -38 & 4 & 0 \\ -3 & 1 & 1 \end{pmatrix}$$
$$= (-1) \cdot \det \begin{pmatrix} -23 & 4 \\ -38 & 4 \end{pmatrix} = -60$$

Satz 19.12

$\boldsymbol{A}, \boldsymbol{B}$ seien $n \times n$-Matrizen. Dann gilt:

a) $\det(\boldsymbol{A}\boldsymbol{B}) = \det \boldsymbol{A} \det \boldsymbol{B}$ (Determinantenmultiplikationssatz)

b) Im Allgemeinen:

$$\det(\boldsymbol{A} + \boldsymbol{B}) \neq \det \boldsymbol{A} + \det \boldsymbol{B}$$

Beweis

a) Der Multiplikationssatz für Determinanten ist nicht einfach nachzuweisen (Fischer (2013, S. 180–182)).

b) Es genügt hier, den Fall $n = 2$ zu behandeln. Es ist

$$\det(\boldsymbol{A} + \boldsymbol{B})$$
$$= \det \begin{pmatrix} a_{11} + b_{11} & a_{12} + b_{12} \\ a_{21} + b_{21} & a_{22} + b_{22} \end{pmatrix}$$
$$= (a_{11} + b_{11})(a_{22} + b_{22}) - (a_{12} + b_{12})(a_{21} + b_{21})$$
$$\det \boldsymbol{A} + \det \boldsymbol{B} = a_{11}a_{22} - a_{12}a_{21} + b_{11}b_{22} - b_{12}b_{21}$$

und daher im Allgemeinen

$$\det(\boldsymbol{A} + \boldsymbol{B}) \neq \det \boldsymbol{A} + \det \boldsymbol{B}.$$

Beispiel 19.13

Für die Matrizen

$$\boldsymbol{A} = \begin{pmatrix} 0 & 2 & 3 \\ 1 & 0 & -1 \\ 0 & 1 & 2 \end{pmatrix}, \quad \boldsymbol{B} = \begin{pmatrix} 0 & -1 & 2 \\ -1 & 2 & 1 \\ 1 & 1 & 0 \end{pmatrix}$$

berechnen wir

$$\det \boldsymbol{A}, \quad \det \boldsymbol{B}, \quad \det(\boldsymbol{A}\boldsymbol{B}), \quad \det(\boldsymbol{A} + \boldsymbol{B}).$$

Mit

$$\boldsymbol{A}\boldsymbol{B} = \begin{pmatrix} 1 & 7 & 2 \\ -1 & -2 & 2 \\ 1 & 4 & 1 \end{pmatrix}, \quad \boldsymbol{A} + \boldsymbol{B} = \begin{pmatrix} 0 & 1 & 5 \\ 0 & 2 & 0 \\ 1 & 2 & 2 \end{pmatrix}$$

gilt:

$$\det \boldsymbol{A} = 0 + 0 + 3 - (0 + 0 + 4) = -1$$
$$\det \boldsymbol{B} = 0 - 1 - 2 - (4 + 0 + 0) = -7$$
$$\det(\boldsymbol{A}\boldsymbol{B}) = -2 + 14 - 8 - (-4 + 8 - 7) = 7 = \det \boldsymbol{A} \det \boldsymbol{B}$$
$$\det(\boldsymbol{A} + \boldsymbol{B}) = 0 + 0 + 0 - (10 + 0 + 0) = -10 \neq \det \boldsymbol{A} + \det \boldsymbol{B}$$

19.3 Zusammenhänge mit Matrixrängen und linearen Gleichungssystemen

Für quadratische Matrizen kann nun ein interessanter Zusammenhang zwischen der Determinante, dem Rang und der Existenz der inversen Matrix nachgewiesen werden.

Satz 19.14

Sei $\boldsymbol{A}$ eine $n \times n$-Matrix. Dann gilt:

$$\det \boldsymbol{A} \neq 0 \iff \operatorname{Rg} \boldsymbol{A} = n \iff \boldsymbol{A}^{-1} \text{ existiert}$$

Beweis

Mit Hilfe von elementaren Zeilenumformungen (Definition 16.23) lässt sich jede $n \times n$-Matrix in eine Diagonalmatrix

$$\hat{\boldsymbol{A}} = \begin{pmatrix} \hat{a}_{11} & \dots & 0 \\ \vdots & \ddots & \vdots \\ 0 & \dots & \hat{a}_{nn} \end{pmatrix}$$

überführen (Satz 16.24), so dass die Determinanten $\det \boldsymbol{A}$ und $\det \hat{\boldsymbol{A}}$ sich allenfalls durch das Vorzeichen unterscheiden (Satz 19.10 d, e).

Damit gilt die Äquivalenz

$$\operatorname{Rg} \boldsymbol{A} = \operatorname{Rg} \hat{\boldsymbol{A}} = n \iff \hat{a}_{ii} \neq 0 \quad (i = 1, \dots, n) \iff \det \boldsymbol{A} \neq 0$$

sowie nach Satz 18.10 auch

$$\operatorname{Rg} \boldsymbol{A} = n \iff \text{es existiert die Inverse } \boldsymbol{A}^{-1} \text{ zu } \boldsymbol{A}.$$

Mit Hilfe der Determinanten lässt sich nicht nur die Existenz der inversen Matrix nachweisen, sondern $\boldsymbol{A}^{-1}$ kann auch berechnet werden.

Satz 19.15

Sei $\boldsymbol{A}$ eine $n \times n$-Matrix mit $\det \boldsymbol{A} \neq 0$ und $\boldsymbol{D} = (d_{ij})_{n,n}$ die Matrix der Kofaktoren zu $\boldsymbol{A}$. Dann gilt:

a) $\boldsymbol{A}^{-1} = \dfrac{1}{\det \boldsymbol{A}} \boldsymbol{D}^T$

b) $\det(\boldsymbol{A}^{-1}) = (\det \boldsymbol{A})^{-1}$

c) $\det \boldsymbol{A} = \pm 1$,
falls $\boldsymbol{A}$ eine orthogonale Matrix ist (Definition 18.14)

Beweis

a) Nach Satz 19.7 gilt: $\boldsymbol{A}\boldsymbol{D}^T = (\det \boldsymbol{A}) \cdot \boldsymbol{E}$

$$\Rightarrow \boldsymbol{D}^T = \boldsymbol{A}^{-1}\boldsymbol{A}\boldsymbol{D}^T = \boldsymbol{A}^{-1}(\det \boldsymbol{A})\boldsymbol{E} = (\det \boldsymbol{A})\boldsymbol{A}^{-1}\boldsymbol{E} = (\det \boldsymbol{A})\boldsymbol{A}^{-1}$$

$$\Rightarrow \boldsymbol{A}^{-1} = \frac{1}{\det \boldsymbol{A}} \boldsymbol{D}^T$$

b) $\det \boldsymbol{A} \neq 0 \Rightarrow \boldsymbol{A}^{-1}$ existiert mit $\boldsymbol{A}\boldsymbol{A}^{-1} = \boldsymbol{E}$

$$\Rightarrow \det \boldsymbol{A} \det(\boldsymbol{A}^{-1}) = \det(\boldsymbol{A}\boldsymbol{A}^{-1}) = \det \boldsymbol{E} = 1 = (\det \boldsymbol{A})(\det \boldsymbol{A})^{-1} \quad \text{(Satz 19.12 a)}$$

$$\Rightarrow \det(\boldsymbol{A}^{-1}) = (\det \boldsymbol{A})^{-1}$$

c) $\boldsymbol{A}$ orthogonal $\Leftrightarrow \boldsymbol{A}\boldsymbol{A}^T = \boldsymbol{E}$ (Definition 18.14)

$$\Leftrightarrow 1 = \det \boldsymbol{E} = \det(\boldsymbol{A}\boldsymbol{A}^T) = \det \boldsymbol{A} \det \boldsymbol{A}^T = (\det \boldsymbol{A})^2 \quad \text{(Satz 19.12 a, 19.9)}$$

Daraus folgt die Behauptung.

Beispiel 19.16

Wir betrachten nochmals Beispiel 18.19 zur Input-Output-Analyse mit drei Sektoren S_1, S_2, S_3 und der Matrix für die Input-Output-Koeffizienten

$$\boldsymbol{A} = \begin{pmatrix} 0.7 & 0.2 & 0.2 \\ 0.2 & 0.6 & 0 \\ 0.1 & 0.2 & 0.4 \end{pmatrix} \quad \text{bzw.}$$

$$\boldsymbol{E} - \boldsymbol{A} = \begin{pmatrix} 0.3 & -0.2 & -0.2 \\ -0.2 & 0.4 & 0 \\ -0.1 & -0.2 & 0.6 \end{pmatrix}.$$

Wir berechnen nun $(\boldsymbol{E} - \boldsymbol{A})^{-1}$ nach Satz 19.15 a und erhalten:

$$\begin{aligned}
d_{11} &= 0.4 \cdot 0.6 - 0 = 0.24 \\
d_{12} &= (-1)\big(-0.2 \cdot 0.6 - 0\big) = 0.12 \\
d_{13} &= (-0.2) \cdot (-0.2) - 0.4 \cdot (-0.1) = 0.08 \\
d_{21} &= (-1)\big((-0.2) \cdot (0.6) - (-0.2) \cdot (-0.2)\big) \\
&= 0.16 \\
d_{22} &= 0.3 \cdot 0.6 - (-0.2) \cdot (-0.1) = 0.16 \\
d_{23} &= (-1)\big(0.3 \cdot (-0.2) - (-0.2) \cdot (-0.1)\big) \\
&= 0.08 \\
d_{31} &= 0 - (-0.2) \cdot (0.4) = 0.08 \\
d_{32} &= (-1)\big(0 - (-0.2) \cdot (-0.2)\big) = 0.04 \\
d_{33} &= 0.3 \cdot 0.4 - (-0.2) \cdot (-0.2) = 0.08
\end{aligned}$$

Daraus resultiert

$$\boldsymbol{D}^T = \begin{pmatrix} 0.24 & 0.16 & 0.08 \\ 0.12 & 0.16 & 0.04 \\ 0.08 & 0.08 & 0.08 \end{pmatrix}.$$

Entwickelt man ferner $\det(\boldsymbol{E} - \boldsymbol{A})$ nach der dritten Spalte, so ist:

$$\begin{aligned}
\det(\boldsymbol{E} - \boldsymbol{A}) &= -0.2 \cdot d_{13} + 0.6 \cdot d_{33} \\
&= -0.2 \cdot 0.08 + 0.6 \cdot 0.08 \\
&= 0.032
\end{aligned}$$

Daraus folgt

$$\begin{aligned}
(\boldsymbol{E} - \boldsymbol{A})^{-1} &= \frac{\boldsymbol{D}^T}{\det(\boldsymbol{E} - \boldsymbol{A})} \\
&= \frac{1}{0.032} \begin{pmatrix} 0.24 & 0.16 & 0.08 \\ 0.12 & 0.16 & 0.04 \\ 0.08 & 0.08 & 0.08 \end{pmatrix} \\
&= \begin{pmatrix} 7.50 & 5.0 & 2.50 \\ 3.75 & 5.0 & 1.25 \\ 2.50 & 2.5 & 2.50 \end{pmatrix}
\end{aligned}$$

mit $(\boldsymbol{E} - \boldsymbol{A})^{-1}(\boldsymbol{E} - \boldsymbol{A}) = \boldsymbol{E}$.

Ein Vergleich mit dem in Beispiel 18.19 verwendeten Verfahren zeigt, dass die Berechnung von inversen Matrizen mit Hilfe von Determinanten eher umständlicher und rechenaufwendiger ist als die Anwendung des Gauß-Jordan-Algorithmus.

Andererseits ist es mit Hilfe von Determinanten möglich, lineare Gleichungssysteme, die genau eine Lösung besitzen, zu lösen. Ein entsprechender Satz geht auf *G. Cramer* (1704–1752) zurück, man spricht auch von der *Cramerschen Regel*.

Satz 19.17

Gegeben sei das lineare Gleichungssystem $\boldsymbol{A}\boldsymbol{x} = \boldsymbol{b}$ und es existiere $\boldsymbol{A}^{-1}$, also gilt auch $\det \boldsymbol{A} \neq 0$. Bezeichnet man mit

$$\boldsymbol{A}_j = \begin{pmatrix} a_{11} & \cdots & b_1 & \cdots & a_{1n} \\ \vdots & \ddots & \vdots & \ddots & \vdots \\ a_{n1} & \cdots & b_n & \cdots & a_{nn} \end{pmatrix}$$

die Matrix, in der gegenüber $\boldsymbol{A}$ die j-te Spalte $\begin{pmatrix} a_{1j} \\ \vdots \\ a_{1j} \end{pmatrix}$ durch $\boldsymbol{b} = \begin{pmatrix} b_1 \\ \vdots \\ b_n \end{pmatrix}$ ersetzt wird, so lässt sich die Lösung $\boldsymbol{x} = \begin{pmatrix} x_1 \\ \vdots \\ x_n \end{pmatrix}$ des Systems $\boldsymbol{A}\boldsymbol{x} = \boldsymbol{b}$ in der Form

$$x_j = \frac{\det \boldsymbol{A}_j}{\det \boldsymbol{A}} \qquad (j = 1, \ldots, n)$$

darstellen.

Beweis

$$\boldsymbol{A}\boldsymbol{x} = \boldsymbol{b} \Rightarrow \boldsymbol{A}^{-1}\boldsymbol{A}\boldsymbol{x} = \boldsymbol{x} = \boldsymbol{A}^{-1}\boldsymbol{b} \qquad \text{(Satz 18.17)}$$

$$\Rightarrow \boldsymbol{x} = \frac{1}{\det \boldsymbol{A}} \boldsymbol{D}^T \boldsymbol{b} \qquad \text{(Satz 19.15 a)}$$

$$\Rightarrow x_j = \frac{1}{\det \boldsymbol{A}} (d_{1j} b_1 + \ldots + d_{nj} b_n)$$

$$= \frac{\det \boldsymbol{A}_j}{\det \boldsymbol{A}} \qquad \text{(Satz 19.7)}$$

Beispiel 19.18

Wir lösen das Gleichungssystem $\boldsymbol{A}\boldsymbol{x} = \boldsymbol{b}$ mit

$$\boldsymbol{A} = \begin{pmatrix} 0 & 2 & 3 \\ 1 & 0 & -1 \\ 0 & 1 & 2 \end{pmatrix}, \quad \boldsymbol{b} = \begin{pmatrix} 1 \\ 0 \\ 1 \end{pmatrix}$$

mit Hilfe der Cramerschen Regel:

$$\det \boldsymbol{A} = \det \begin{pmatrix} 0 & 2 & 3 \\ 1 & 0 & -1 \\ 0 & 1 & 2 \end{pmatrix} = -1$$

(Beispiel 19.13)

$$\det \boldsymbol{A}_1 = \det \begin{pmatrix} 1 & 2 & 3 \\ 0 & 0 & -1 \\ 1 & 1 & 2 \end{pmatrix}$$
$$= 0 - 2 + 0 - (0 - 1 + 0) = -1$$

$$\det \boldsymbol{A}_2 = \det \begin{pmatrix} 0 & 1 & 3 \\ 1 & 0 & -1 \\ 0 & 1 & 2 \end{pmatrix}$$
$$= 0 + 0 + 3 - (0 + 0 + 2) = 1$$

$$\det \boldsymbol{A}_3 = \det \begin{pmatrix} 0 & 2 & 1 \\ 1 & 0 & 0 \\ 0 & 1 & 1 \end{pmatrix}$$
$$= 0 + 0 + 1 - (0 + 0 + 2) = -1$$

Wir erhalten die Lösung

$$\boldsymbol{x}^T = \left(\frac{\det \boldsymbol{A}_1}{\det \boldsymbol{A}}, \frac{\det \boldsymbol{A}_2}{\det \boldsymbol{A}}, \frac{\det \boldsymbol{A}_3}{\det \boldsymbol{A}} \right)$$
$$= (1, -1, 1).$$

Empfehlenswert ist dieses Verfahren allenfalls für kleinere Systeme, da die Determinantenberechnung für wachsendes n entsprechend umfangreicher wird. Für $n = 2, 3$ sind die Determinanten von $\boldsymbol{A}$ und $\boldsymbol{A}_j$ nach der Sarrus-Regel (Abbildung 19.1, 19.2) schnell berechenbar. Zweckmäßig beginnt man dann mit $\det \boldsymbol{A}$, da eine Lösung von $\boldsymbol{A}\boldsymbol{x} = \boldsymbol{b}$ nur für $\det \boldsymbol{A} \neq 0$ möglich ist (Satz 18.17 und 19.14).

Generell wollen wir anmerken, dass der Gauß-Jordan-Algorithmus zur Lösung linearer Gleichungssysteme der Cramerschen Regel schon wegen seiner universelleren Anwendbarkeit vorzuziehen ist. Außerdem führt er im Allgemeinen auch schneller zu einer Lösung als die auf der Berechnung von Determinanten beruhenden Verfahren. Andererseits wird sich der Determinantenbegriff für die in Kapitel 20 folgende Diskussion von Eigenwertproblemen bei quadratischen Matrizen als sehr wesentlich erweisen.

Relevante Literatur

Beutelspacher, Albrecht (2013). *Lineare Algebra: Eine Einführung in die Wissenschaft der Vektoren, Abbildungen und Matrizen*. 8. Aufl. Springer Spektrum, Kap. 7

Fischer, Gerd (2013). *Lineare Algebra: Eine Einführung für Studienanfänger*. 18. Aufl. Springer Spektrum, Kap. 3.1, 3.3

Opitz, Otto u. a. (2014). *Mathematik: Übungsbuch für das Studium der Wirtschaftswissenschaften*. 8. Aufl. De Gruyter Oldenbourg, Kap. 17

Papula, Lothar (2015). *Mathematik für Ingenieure und Naturwissenschaftler Band 2: Ein Lehr- und Arbeitsbuch für das Grundstudium*. 14. Aufl. Springer Vieweg, Kap. I.2

Papula, Lothar (2017). *Mathematische Formelsammlung: Für Ingenieure und Naturwissenschaftler*. 12. Aufl. Springer Vieweg, Kap. VII.2

Strang, Gilbert (2003). *Lineare Algebra*. Springer, Kap. 5

Sydsæter, Knut und Hammond, Peter (2015). *Mathematik für Wirtschaftswissenschaftler: Basiswissen mit Praxisbezug*. 4. Aufl. Pearson Studium, Kap. 16

Eigenwertprobleme

Die Untersuchung von linearen Wachstums- und Ausbreitungsprozessen führt zu sogenannten Eigenwertproblemen bei quadratischen Matrizen. Dabei geht es um die Behandlung eines Gleichungssystems der Form

$$\boldsymbol{A}\boldsymbol{x} = \lambda \boldsymbol{x},$$

in dem lediglich die $n \times n$-Matrix $\boldsymbol{A}$ bekannt ist. Probleme der genannten Art spielen ferner

- bei der Differentialrechnung von Funktionen mehrerer Variablen (Kapitel 21)
- bei der Behandlung und Lösung von Systemen linearer Differenzen- und Differentialgleichungen (Kapitel 24)

eine wesentliche Rolle.

In Abschnitt 20.1 werden wir aus Anschaulichkeitsgründen zwei einfache Beispiele über gleichförmige lineare Wachstumsprozesse diskutieren.

Abschnitt 20.2 befasst sich mit der Definition von Eigenwerten λ und Eigenvektoren $\boldsymbol{x}$ zur $n \times n$-Matrix $\boldsymbol{A}$ und deren Berechnung.

Die Existenz reellwertiger Eigenwerte $\lambda \in \mathbb{R}$ und Eigenvektoren $\boldsymbol{x} \in \mathbb{R}^n$ ist Gegenstand von Abschnitt 20.3.

In Abschnitt 20.4 stellen wir schließlich wichtige Zusammenhänge zu definiten Matrizen her.

20.1 Einführende Beispiele

Beispiel 20.1

Wir betrachten ein Problem der Bevölkerungsentwicklung und bezeichnen mit

$x_t > 0$ die Anzahl von Männern im Zeitpunkt t,
$y_t > 0$ die Anzahl von Frauen im Zeitpunkt t.

Die Anzahl der Sterbefälle für Männer bzw. Frauen im Zeitintervall $[t, t+1]$ sei proportional zum jeweiligen Bestand im Zeitpunkt t und zwar

- $0.2x_t$ für die Männer und
- $0.2y_t$ für die Frauen.

Andererseits nehmen wir an, dass die Anzahl der Knaben- und Mädchengeburten im Zeitintervall $[t, t+1]$ proportional ist zum Bestand der Frauen. Die Anzahl

- der Knabengeburten sei $0.2y_t$,
- der Mädchengeburten $0.3y_t$.

Für den Übergang vom Zeitpunkt t zum Zeitpunkt $t+1$ ergeben sich damit die beiden Gleichungen

$$\begin{aligned} x_{t+1} &= x_t - 0.2x_t + 0.2y_t = 0.8x_t + 0.2y_t, \\ y_{t+1} &= y_t - 0.2y_t + 0.3y_t = \qquad\qquad 1.1y_t \end{aligned}$$

oder matriziell

$$\begin{pmatrix} x_{t+1} \\ y_{t+1} \end{pmatrix} = \begin{pmatrix} 0.8 & 0.2 \\ 0 & 1.1 \end{pmatrix} \begin{pmatrix} x_t \\ y_t \end{pmatrix}.$$

Soll nun das Verhältnis von Männern zu Frauen zeitlich konstant bleiben, also

$$x_{t+1} = \lambda x_t \iff y_{t+1} = \lambda y_t \quad (\lambda \in \mathbb{R}_+),$$

so sprechen wir für $\lambda > 1$ von einem *gleichförmigen Wachstumsprozess* und für $\lambda < 1$ von einem *gleichförmigen Schrumpfungsprozess*.

DOI: 10.1515/9783110475333-020

Insgesamt ergibt sich der Zusammenhang

$$\lambda \begin{pmatrix} x_t \\ y_t \end{pmatrix} = \begin{pmatrix} \lambda x_t \\ \lambda y_t \end{pmatrix} = \begin{pmatrix} x_{t+1} \\ y_{t+1} \end{pmatrix} = \begin{pmatrix} 0.8 & 0.2 \\ 0 & 1.1 \end{pmatrix} \begin{pmatrix} x_t \\ y_t \end{pmatrix}$$

oder matriziell

$$\lambda z = A z$$

mit

$$A = \begin{pmatrix} 0.8 & 0.2 \\ 0 & 1.1 \end{pmatrix}, \quad z = \begin{pmatrix} x_t \\ y_t \end{pmatrix}, \quad \lambda \in \mathbb{R}_+.$$

Dabei ist lediglich die Matrix A bekannt und es stellt sich die Frage, ob man λ und $z \neq 0$ so bestimmen kann, dass das Gleichungssystem

$$A z = \lambda z$$

erfüllt ist.

Ohne hier schon auf Lösungsmöglichkeiten einzugehen, können wir uns sofort überzeugen, dass wir mit

$$\lambda = 1.1 \quad \text{und} \quad z = \begin{pmatrix} 2c \\ 3c \end{pmatrix}, \quad c > 0$$

eine Lösung erhalten. Es gilt

$$A z = \begin{pmatrix} 0.8 & 0.2 \\ 0 & 1.1 \end{pmatrix} \begin{pmatrix} 2c \\ 3c \end{pmatrix} = \begin{pmatrix} 2.2c \\ 3.3c \end{pmatrix} = 1.1 \begin{pmatrix} 2c \\ 3c \end{pmatrix} = \lambda z.$$

Für $c = 10$ und damit

$$z = \begin{pmatrix} 20 \\ 30 \end{pmatrix}$$

ergibt sich folgende Interpretation:

Gehen wir von 20 Männern und 30 Frauen im Zeitpunkt t aus, so erhalten wir im Zeitpunkt $t + 1$ genau 22 Männer und 33 Frauen.

Wir haben mit $\lambda = 1.1$ einen gleichförmigen Wachstumsprozess und ein Wachstum um 10 % pro Zeitperiode.

Beispiel 20.2

Wir bezeichnen den wertmäßigen Gesamtkonsum einer Volkswirtschaft in der Zeitperiode t mit x_t und die wertmäßige Gesamtinvestition mit y_t und nehmen an, dass x_{t+1}, y_{t+1} den Gleichungen

$$\begin{aligned} x_{t+1} &= x_t + 0.2y_t, \\ y_{t+1} &= 0.1x_t + 0.65y_t \end{aligned}$$

genügen. Damit steigt der Konsum pro Periode um 20 % der Investition der Vorperiode. Die Investition y_{t+1} setzt sich zusammen aus 65 % der Investition zuzüglich 10 % des Konsums der Vorperiode.

Mit der Forderung

$$x_{t+1} = \lambda x_t, \quad y_{t+1} = \lambda y_t, \quad \lambda \in \mathbb{R}_+$$

erhalten wir wieder einen gleichförmigen Wachstums- oder Schrumpfungsprozess der Form

$$A z = \lambda z \quad \text{mit}$$

$$A = \begin{pmatrix} 1 & 0.2 \\ 0.1 & 0.65 \end{pmatrix}, \quad z = \begin{pmatrix} x_t \\ y_t \end{pmatrix}, \quad \lambda \in \mathbb{R}_+.$$

Eine Lösung ist beispielsweise

$$\lambda = 1.05, \quad z = \begin{pmatrix} 4c \\ c \end{pmatrix} \text{ mit } c > 0,$$

denn es gilt

$$A z = \begin{pmatrix} 1 & 0.2 \\ 0.1 & 0.65 \end{pmatrix} \begin{pmatrix} 4c \\ c \end{pmatrix} = \begin{pmatrix} 4.2c \\ 1.05c \end{pmatrix} = 1.05 \begin{pmatrix} 4c \\ c \end{pmatrix} = \lambda z.$$

Für $c = 100$ und damit

$$z = \begin{pmatrix} 400 \\ 100 \end{pmatrix}$$

ergibt sich bei einem wertmäßigen Konsum von $x_t = 400$ und einer wertmäßigen Investition von $y_t = 100$ in der Folgeperiode der Konsum $x_{t+1} = 420$ und die Investition $y_{t+1} = 105$.

Wegen $\lambda = 1.05$ haben wir wieder einen gleichförmigen Wachstumsprozess. In Abschnitt 20.2 werden wir auch gleichförmige Schrumpfungsprozesse kennen lernen.

20.2 Eigenwerte und Eigenvektoren

Mit den beiden Beispielen von Abschnitt 20.1 haben wir bereits Eigenwertprobleme kennengelernt, die wir nun etwas genauer untersuchen wollen.

Definition 20.3

Gegeben sei eine $n \times n$-Matrix $\boldsymbol{A}$.

Ist nun für eine Zahl $\lambda \in \mathbb{R}$ und einen Vektor $\boldsymbol{x} \in \mathbb{R}^n$ mit $\boldsymbol{x} \neq \boldsymbol{0}$ das lineare Gleichungssystem $\boldsymbol{A}\boldsymbol{x} = \lambda\boldsymbol{x}$ erfüllt, so heißt

- λ *reeller Eigenwert zu* $\boldsymbol{A}$ und
- $\boldsymbol{x}$ *reeller Eigenvektor* zum Eigenwert λ.

Insgesamt spricht man von einem *Eigenwertproblem der Matrix* $\boldsymbol{A}$.

Wir formen das Gleichungssystem $\boldsymbol{A}\boldsymbol{x} = \lambda\boldsymbol{x}$ etwas um und erhalten mit

$$\begin{aligned} \boldsymbol{A}\boldsymbol{x} = \lambda\boldsymbol{x} &\Leftrightarrow \boldsymbol{A}\boldsymbol{x} - \lambda\boldsymbol{x} = \boldsymbol{0} \\ &\Leftrightarrow \boldsymbol{A}\boldsymbol{x} - \lambda\boldsymbol{E}\boldsymbol{x} = (\boldsymbol{A} - \lambda\boldsymbol{E})\boldsymbol{x} = \boldsymbol{0} \end{aligned}$$

ein homogenes lineares Gleichungssystem (Definition 17.4), das stets die Lösung $\boldsymbol{x} = \boldsymbol{0}$ besitzt. Diese Lösung ist hier jedoch uninteressant.

Satz 20.4

Das lineare Gleichungssystem $\boldsymbol{A}\boldsymbol{x} = \lambda\boldsymbol{x}$ hat genau dann eine Lösung $\boldsymbol{x} \neq \boldsymbol{0}$, wenn gilt:

$$\det(\boldsymbol{A} - \lambda\boldsymbol{E}) = 0$$

Beweis

$$\begin{aligned} &\boldsymbol{x} \neq \boldsymbol{0} \text{ löst } \boldsymbol{A}\boldsymbol{x} = \lambda\boldsymbol{x} \text{ bzw. } (\boldsymbol{A} - \lambda\boldsymbol{E})\boldsymbol{x} = \boldsymbol{0} \\ &\Leftrightarrow \operatorname{Rg}(\boldsymbol{A} - \lambda\boldsymbol{E}) < n \\ &\qquad \text{(Satz 17.11 d, f, Abbildung 17.3, Satz 17.12)} \\ &\Leftrightarrow \det(\boldsymbol{A} - \lambda\boldsymbol{E}) = 0 \qquad \text{(Satz 19.14)} \end{aligned}$$

Um Eigenwerte und Eigenvektoren einer $n \times n$-Matrix $\boldsymbol{A}$ zu finden, betrachtet man zunächst die Gleichung

$$\det(\boldsymbol{A} - \lambda\boldsymbol{E}) = 0.$$

Jedes $\lambda \in \mathbb{R}$, das der Gleichung genügt, ist ein reeller Eigenwert von $\boldsymbol{A}$.

Anschließend löst man für jedes erhaltene λ das lineare homogene Gleichungssystem

$$(\boldsymbol{A} - \lambda\boldsymbol{E})\boldsymbol{x} = \boldsymbol{0} \quad \text{mit} \quad \boldsymbol{x} \neq \boldsymbol{0}$$

und hat damit für jedes reelle λ mindestens einen reellen Eigenvektor $\boldsymbol{x}$.

Satz 20.5

Mit $\boldsymbol{x} \neq \boldsymbol{0}$ ist auch jeder Vektor $r\boldsymbol{x}$ $(r \in \mathbb{R}, r \neq 0)$ Eigenvektor zum Eigenwert λ von $\boldsymbol{A}$.

Beweis

$$\begin{aligned} (\boldsymbol{A} - \lambda\boldsymbol{E})\boldsymbol{x} = \boldsymbol{0} \Rightarrow r(\boldsymbol{A} - \lambda\boldsymbol{E})\boldsymbol{x} &= \boldsymbol{0} \\ &= (\boldsymbol{A} - \lambda\boldsymbol{E})r\boldsymbol{x} \end{aligned}$$

Beispiel 20.6

Zu den Matrizen der Beispiele 20.1, 20.2

$$\boldsymbol{A} = \begin{pmatrix} 0.8 & 0.2 \\ 0 & 1.1 \end{pmatrix}, \quad \boldsymbol{B} = \begin{pmatrix} 1 & 0.2 \\ 0.1 & 0.65 \end{pmatrix}$$

$$\text{sowie} \quad \boldsymbol{C} = \begin{pmatrix} 1 & 0 & 1 \\ 0 & 1 & 1 \\ 1 & 1 & 2 \end{pmatrix}$$

berechnen wir alle Eigenwerte und Eigenvektoren.

a) $\det(\boldsymbol{A} - \lambda\boldsymbol{E})$

$$= \det\left[\begin{pmatrix} 0.8 & 0.2 \\ 0 & 1.1 \end{pmatrix} - \begin{pmatrix} \lambda & 0 \\ 0 & \lambda \end{pmatrix}\right]$$

$$= \det\begin{pmatrix} 0.8 - \lambda & 0.2 \\ 0 & 1.1 - \lambda \end{pmatrix}$$

$$= (0.8 - \lambda)(1.1 - \lambda) = 0$$

$$\Rightarrow \quad \lambda_1 = 0.8, \; \lambda_2 = 1.1$$

Für $\lambda_1 = 0.8$ erhält man den Eigenvektor $\boldsymbol{x}_1 \in \mathbb{R}^2$ aus

$$\begin{pmatrix} 0 & 0.2 \\ 0 & 0.3 \end{pmatrix}\begin{pmatrix} x_{11} \\ x_{12} \end{pmatrix} = \begin{pmatrix} 0 \\ 0 \end{pmatrix}$$

$$\Rightarrow \quad 0.2x_{12} = 0.3x_{12} = 0\,.$$

Damit gilt $x_{12} = 0$ und x_{11} kann beliebig aus $\mathbb{R} \setminus \{0\}$ gewählt werden. Der Eigenvektor ist $\boldsymbol{x}_1 = (a, 0)^T$ mit $a \in \mathbb{R}, \; a \neq 0$.

Für $\lambda_2 = 1.1$ erhält man den Eigenvektor $\boldsymbol{x}_2 \in \mathbb{R}^2$ aus

$$\begin{pmatrix} -0.3 & 0.2 \\ 0 & 0 \end{pmatrix}\begin{pmatrix} x_{21} \\ x_{22} \end{pmatrix} = \begin{pmatrix} 0 \\ 0 \end{pmatrix}$$

$$\Rightarrow \quad -0.3x_{21} + 0.2x_{22} = 0$$

$$\Rightarrow \quad x_{22} = \tfrac{3}{2}x_{21}\,.$$

Wählt man beispielsweise $x_{21} = 2b$ mit $b \in \mathbb{R}$, so ist $x_{22} = 3b$.

Der Eigenvektor ist

$$\boldsymbol{x}_2 = \begin{pmatrix} 2b \\ 3b \end{pmatrix}$$

mit

$b \in \mathbb{R},\ b \neq 0$.

Im Nachtrag zu Beispiel 20.1 ergänzen wir die dort gegebene Interpretation:

Für $\lambda_2 = 1.1$ und $b > 0$ erhalten wir einen gleichförmigen Wachstumsprozess.

Der Vektor $\begin{pmatrix} 2b \\ 3b \end{pmatrix}$ geht in einer Zeitperiode in den Vektor $\begin{pmatrix} 2.2b \\ 3.3b \end{pmatrix}$ über.

Für $\lambda_1 = 0.8$ und $a > 0$ erhalten wir einen gleichförmigen Schrumpfungsprozess.

Der Vektor $\begin{pmatrix} a \\ 0 \end{pmatrix}$ geht in einer Zeitperiode in den Vektor $\begin{pmatrix} 0.8a \\ 0 \end{pmatrix}$ über. Hat man im Zeitpunkt t beispielsweise $a = 100$ Männer und keine Frauen, so ergeben sich keine Neugeburten. Im Zeitpunkt $t + 1$ verbleiben bei 20 Sterbefällen nur noch 80 Männer. Dennoch bleibt das Verhältnis von Frauen zu Männern konstant.

Für $a < 0$ bzw. $b < 0$ erhalten wir zwar mathematisch richtige Lösungen, die aber für dieses Beispiel nicht sinnvoll interpretierbar sind.

b) $\det(\boldsymbol{B} - \lambda \boldsymbol{E})$

$$= \det\left[\begin{pmatrix} 1 & 0.2 \\ 0.1 & 0.65 \end{pmatrix} - \begin{pmatrix} \lambda & 0 \\ 0 & \lambda \end{pmatrix}\right]$$

$$= \det\begin{pmatrix} 1-\lambda & 0.2 \\ 0.1 & 0.65-\lambda \end{pmatrix}$$

$$= (1-\lambda)(0.65-\lambda) - 0.02$$

$$= 0.63 - 1.65\lambda + \lambda^2 = 0$$

$$\Rightarrow \lambda = \tfrac{1}{2}\left(1.65 \pm \sqrt{2.7225 - 2.52}\right)$$

$$= \tfrac{1}{2}(1.65 \pm 0.45)$$

$$\Rightarrow \lambda_1 = 1.05,\ \lambda_2 = 0.6$$

Für $\lambda_1 = 1.05$ erhält man den Eigenvektor $\boldsymbol{x}_1 \in \mathbb{R}^2$ aus:

$$\begin{pmatrix} -0.05 & 0.2 \\ 0.1 & -0.4 \end{pmatrix}\begin{pmatrix} x_{11} \\ x_{12} \end{pmatrix} = \begin{pmatrix} 0 \\ 0 \end{pmatrix}$$

$$\Rightarrow \begin{cases} -0.05x_{11} + 0.2x_{12} = 0 \\ 0.1x_{11} - 0.4x_{12} = 0 \end{cases}$$

$$\Rightarrow x_{11} = 4x_{12}$$

Wählt man beispielsweise $x_{12} = a$ mit $a \in \mathbb{R}$, so ist $x_{11} = 4a$. Der Eigenvektor ist

$$\boldsymbol{x}_1 = \begin{pmatrix} 4a \\ a \end{pmatrix} \text{ mit } a \in \mathbb{R},\ a \neq 0\,.$$

Für $\lambda_2 = 0.6$ erhält man den Eigenvektor $\boldsymbol{x}_2 \in \mathbb{R}^2$ aus:

$$\begin{pmatrix} 0.4 & 0.2 \\ 0.1 & 0.05 \end{pmatrix}\begin{pmatrix} x_{21} \\ x_{22} \end{pmatrix} = \begin{pmatrix} 0 \\ 0 \end{pmatrix}$$

$$\Rightarrow \begin{cases} 0.4x_{21} + 0.2x_{22} = 0 \\ 0.1x_{21} + 0.05x_{22} = 0 \end{cases}$$

$$\Rightarrow x_{22} = -2x_{21}$$

Wählt man $x_{21} = b$ mit $b \in \mathbb{R}$, so ist $x_{22} = -2b$. Der Eigenvektor ist

$$\boldsymbol{x}_2 = \begin{pmatrix} b \\ -2b \end{pmatrix} \text{ mit } b \in \mathbb{R},\ b \neq 0\,.$$

Im Nachtrag zu Beispiel 20.2 ergänzen wir die dort gegebene Interpretation:

Neben dem gleichförmigen Wachstumsprozess mit $\lambda_1 = 1.05$ erhalten wir für $\lambda_2 = 0.6$ einen gleichförmigen Schrumpfungsprozess.

Der Vektor $\begin{pmatrix} b \\ -2b \end{pmatrix}$ in Zeitperiode t geht über in den Vektor $\begin{pmatrix} 0.6b \\ -1.2b \end{pmatrix}$ in Zeitperiode $t + 1$. Für $b = 100$ ergibt sich beispielsweise in Zeitperiode t ein wertmäßiger Konsum von 100 und eine Investition von -200, die als Desinvestition (Verkauf von Anlagen etc.) auffassbar ist. Daraus würde für die Zeitperiode $t + 1$ ein Konsum von 60 und eine Investition von -120 resultieren. Auch hier ergeben sich ökonomisch interpretierbare Lösungen nur für $a > 0,\ b > 0$.

c) $\det(\boldsymbol{C} - \lambda \boldsymbol{E})$

$$= \det\left[\begin{pmatrix} 1 & 0 & 1 \\ 0 & 1 & 1 \\ 1 & 1 & 2 \end{pmatrix} - \begin{pmatrix} \lambda & 0 & 0 \\ 0 & \lambda & 0 \\ 0 & 0 & \lambda \end{pmatrix}\right]$$

$$= \det\begin{pmatrix} 1-\lambda & 0 & 1 \\ 0 & 1-\lambda & 1 \\ 1 & 1 & 2-\lambda \end{pmatrix}$$

$$= (1-\lambda)^2(2-\lambda) - 2(1-\lambda)$$

$$= 2 - 5\lambda + 4\lambda^2 - \lambda^3 - 2 + 2\lambda$$

$$= -3\lambda + 4\lambda^2 - \lambda^3 = 0$$

$$\Rightarrow \lambda_1 = 0$$

λ_2, λ_3 aus $\lambda^2 - 4\lambda + 3 = 0$:
$\Rightarrow \lambda_{2,3} = \frac{1}{2}\left(4 \pm \sqrt{16-12}\right)$
$\Rightarrow \lambda_2 = 3, \lambda_3 = 1$

Für $\lambda_1 = 0$ gilt:

$$\begin{pmatrix} 1 & 0 & 1 \\ 0 & 1 & 1 \\ 1 & 1 & 2 \end{pmatrix}\begin{pmatrix} x_{11} \\ x_{12} \\ x_{13} \end{pmatrix} = \begin{pmatrix} 0 \\ 0 \\ 0 \end{pmatrix}$$

$$\Rightarrow \begin{cases} x_{11} + \phantom{x_{12} +} x_{13} = 0 \\ \phantom{x_{11} +} x_{12} + x_{13} = 0 \\ x_{11} + x_{12} + 2x_{13} = 0 \end{cases}$$

$$\Rightarrow \begin{cases} x_{12} = x_{11} \\ x_{13} = -x_{11} \end{cases}$$

Wählt man $x_{11} = a$ mit $a \in \mathbb{R}$, so ist $x_{12} = a$, $x_{13} = -a$. Der Eigenvektor ist

$$\boldsymbol{x}_1 = (a, a, -a)^T \text{ mit } a \in \mathbb{R}, \ a \neq 0.$$

Für $\lambda_2 = 3$ gilt:

$$\begin{pmatrix} -2 & 0 & 1 \\ 0 & -2 & 1 \\ 1 & 1 & -1 \end{pmatrix}\begin{pmatrix} x_{21} \\ x_{22} \\ x_{23} \end{pmatrix} = \begin{pmatrix} 0 \\ 0 \\ 0 \end{pmatrix}$$

$$\Rightarrow \begin{cases} -2x_{21} \phantom{-2x_{22}} + x_{23} = 0 \\ \phantom{-2x_{21}} -2x_{22} + x_{23} = 0 \\ x_{21} + x_{22} - x_{23} = 0 \end{cases}$$

$$\Rightarrow \begin{cases} x_{22} = x_{21} \\ x_{23} = 2x_{21} \end{cases}$$

Wählt man $x_{21} = b$ mit $b \in \mathbb{R}$, so ist $x_{22} = b$, $x_{23} = 2b$. Der Eigenvektor ist

$$\boldsymbol{x}_2 = (b, b, 2b)^T \text{ mit } b \in \mathbb{R}, \ b \neq 0.$$

Für $\lambda_3 = 1$ gilt:

$$\begin{pmatrix} 0 & 0 & 1 \\ 0 & 0 & 1 \\ 1 & 1 & 1 \end{pmatrix}\begin{pmatrix} x_{31} \\ x_{32} \\ x_{33} \end{pmatrix} = \begin{pmatrix} 0 \\ 0 \\ 0 \end{pmatrix}$$

$$\Rightarrow \begin{cases} \phantom{x_{31} + x_{32}} + x_{33} = 0 \\ x_{31} + x_{32} + x_{33} = 0 \end{cases}$$

$$\Rightarrow \begin{cases} x_{33} = 0 \\ x_{32} = -x_{31} \end{cases}$$

Wählt man $x_{31} = c$ mit $c \in \mathbb{R}$, so ist $x_{32} = -c$, $x_{33} = 0$. Der Eigenvektor ist

$$\boldsymbol{x}_3 = (c, -c, 0)^T \text{ mit } c \in \mathbb{R}, \ c \neq 0.$$

Zur Eigenwertberechnung einer $n \times n$-Matrix dient allgemein die Gleichung

$$\det(\boldsymbol{A} - \lambda \boldsymbol{E})$$

$$= \det\left[\begin{pmatrix} a_{11} & \cdots & a_{1n} \\ \vdots & \ddots & \vdots \\ a_{n1} & \cdots & a_{nn} \end{pmatrix} - \begin{pmatrix} \lambda & \cdots & 0 \\ \vdots & \ddots & \vdots \\ 0 & \cdots & \lambda \end{pmatrix}\right]$$

$$= \det\begin{pmatrix} a_{11}-\lambda & a_{12} & \cdots & a_{1n} \\ a_{21} & a_{22}-\lambda & \cdots & a_{2n} \\ \vdots & \vdots & \ddots & \vdots \\ a_{n1} & a_{n2} & \cdots & a_{nn}-\lambda \end{pmatrix} = 0.$$

Die Determinante von $(\boldsymbol{A} - \lambda \boldsymbol{E})$ hängt von λ ab und enthält definitionsgemäß den Summanden

$$(a_{11} - \lambda) \cdot \ldots \cdot (a_{nn} - \lambda) = (-1)^n \lambda^n + \ldots$$

(Definition 19.4), während bei allen anderen Summanden die Potenzen von λ kleiner als n sind. Insgesamt ist damit $\det(\boldsymbol{A} - \lambda \boldsymbol{E}) = 0$ eine Gleichung n-ten Grades mit der Variablen λ.

Beispiel 20.7

Wir beweisen die Gültigkeit der Gleichungen

$$\det(\boldsymbol{A} - \lambda \boldsymbol{E}) = \lambda^2 - (a_{11} + a_{22})\lambda + \det \boldsymbol{A} \quad \text{für } n = 2,$$

$$\det(\boldsymbol{A} - \lambda \boldsymbol{E})$$
$$= -\lambda^3 + (a_{11} + a_{22} + a_{33})\lambda^2$$
$$-(\det \boldsymbol{A}_{11} + \det \boldsymbol{A}_{22} + \det \boldsymbol{A}_{33})\lambda + \det \boldsymbol{A} \quad \text{für } n = 3.$$

Dabei ist $\det \boldsymbol{A}_{ii}$ $(i = 1, 2, 3)$ der Minor zu a_{ii}.

a) $n = 2$:

$$\det(\boldsymbol{A} - \lambda \boldsymbol{E}) = \det\begin{pmatrix} a_{11} - \lambda & a_{12} \\ a_{21} & a_{22} - \lambda \end{pmatrix}$$
$$= (a_{11} - \lambda)(a_{22} - \lambda) - a_{12}a_{21}$$
$$= \lambda^2 - (a_{11} + a_{22})\lambda + a_{11}a_{22} - a_{12}a_{21}$$
$$= \lambda^2 - (a_{11} + a_{22})\lambda + \det \boldsymbol{A}$$

b) $n = 3$:

$$\det(\boldsymbol{A} - \lambda \boldsymbol{E}) = \det\begin{pmatrix} a_{11} - \lambda & a_{12} & a_{13} \\ a_{21} & a_{22} - \lambda & a_{23} \\ a_{31} & a_{32} & a_{33} - \lambda \end{pmatrix}$$
$$= (a_{11} - \lambda)(a_{22} - \lambda)(a_{33} - \lambda) + a_{12}a_{23}a_{31} + a_{13}a_{21}a_{32} - a_{13}(a_{22} - \lambda)a_{31} - a_{12}a_{21}(a_{33} - \lambda) - (a_{11} - \lambda)a_{23}a_{32}$$
$$= (-1)^3\lambda^3 + \lambda^2(a_{11} + a_{22} + a_{33}) - \lambda(a_{11}a_{22} + a_{11}a_{33} + a_{22}a_{33}) + a_{11}a_{22}a_{33} + a_{12}a_{23}a_{31} + a_{13}a_{21}a_{32} - a_{13}a_{22}a_{31} - a_{12}a_{21}a_{33} - a_{11}a_{23}a_{32} + \lambda(a_{13}a_{31} + a_{12}a_{21} + a_{23}a_{32})$$
$$= -\lambda^3 + \lambda^2(a_{11} + a_{22} + a_{33}) - \lambda\left[\det\begin{pmatrix} a_{11} & a_{12} \\ a_{21} & a_{22} \end{pmatrix} + \det\begin{pmatrix} a_{11} & a_{13} \\ a_{31} & a_{33} \end{pmatrix} + \det\begin{pmatrix} a_{22} & a_{23} \\ a_{32} & a_{33} \end{pmatrix}\right] + \det \boldsymbol{A}$$
$$= -\lambda^3 + \lambda^2(a_{11} + a_{22} + a_{33}) - \lambda(\det \boldsymbol{A}_{33} + \det \boldsymbol{A}_{22} + \det \boldsymbol{A}_{11}) + \det \boldsymbol{A}$$

Definition 20.8

Für $\det(\boldsymbol{A} - \lambda \boldsymbol{E}) = 0$ erhält man eine Gleichung n-ten Grades

$$(-1)^n\lambda^n + c_{n-1}\lambda^{n-1} + \ldots + c_1\lambda + c_0 = 0$$

mit der Variablen λ und den reellen Koeffizienten $c_{n-1}, \ldots, c_1, c_0$, die aus den Komponenten der Matrix $\boldsymbol{A}$ zu berechnen sind. Man bezeichnet diese Gleichung als die *charakteristische Gleichung* von $\boldsymbol{A}$.

Da für eine Gleichung n-ten Grades ($n \geq 2$) nicht immer reelle Lösungen existieren, ist auch die Existenz reeller Eigenwerte für eine $n \times n$-Matrix nicht generell gesichert (Abschnitt 3.4).

Für das folgende Beispiel verweisen wir auf Kapitel 3 über komplexe Zahlen. Danach ist $a + ib$ mit $a, b \in \mathbb{R}$ und $i = \sqrt{-1}$ eine *komplexe Zahl*. Ferner heißen die komplexen Zahlen $z = a + ib$ und $\overline{z} = a - ib$ zueinander *konjugiert komplex*. Für $b = 0$ gilt offenbar $z = \overline{z} \in \mathbb{R}$.

Beispiel 20.9

Wir berechnen die Eigenwerte der Matrizen

$$\boldsymbol{A} = \begin{pmatrix} -1 & 3 \\ -1 & 2 \end{pmatrix}, \quad \boldsymbol{B} = \begin{pmatrix} 1 & 0 & 1 \\ 0 & 1 & 1 \\ -1 & -1 & 0 \end{pmatrix}.$$

$$\det(\boldsymbol{A} - \lambda \boldsymbol{E}) = \det\begin{pmatrix} -1 - \lambda & 3 \\ -1 & 2 - \lambda \end{pmatrix} = (-1 - \lambda)(2 - \lambda) + 3 = 1 - \lambda + \lambda^2 = 0$$

$$\Rightarrow \lambda = \tfrac{1}{2}\left(1 \pm \sqrt{1 - 4}\right)$$
$$\Rightarrow \lambda_1 = \tfrac{1}{2}(1 + i\sqrt{3}),\ \lambda_2 = \tfrac{1}{2}(1 - i\sqrt{3})$$

Wir erhalten zwei zueinander konjugiert komplexe Eigenwerte.

$$\det(\boldsymbol{B} - \lambda \boldsymbol{E}) = \det\begin{pmatrix} 1 - \lambda & 0 & 1 \\ 0 & 1 - \lambda & 1 \\ -1 & -1 & 0 - \lambda \end{pmatrix}$$
$$= -\lambda(1 - \lambda)^2 + (1 - \lambda) + (1 - \lambda)$$
$$= -\lambda^3 + 2\lambda^2 - \lambda + 1 - \lambda + 1 - \lambda$$
$$= -\lambda^3 + 2\lambda^2 - 3\lambda + 2 = 0$$

Mit der Lösung $\lambda_1 = 1$ ergibt sich durch Polynomdivision (Abschnitt 3.4, Beispiele 3.11, 3.12)

$$\begin{array}{l} \left(\lambda^3 - 2\lambda^2 + 3\lambda - 2\right) : \left(\lambda - 1\right) = \lambda^2 - \lambda + 2 \\ -\lambda^3 + \lambda^2 \\ \hline \quad - \lambda^2 + 3\lambda - 2 \\ \quad + \lambda^2 - \lambda \\ \hline \qquad 2\lambda - 2 \end{array}$$

und mit $\lambda^2 - \lambda + 2 = 0 \Rightarrow \lambda = \frac{1}{2}\left(1 \pm \sqrt{1-8}\right)$

$$\Rightarrow \lambda_{2,3} = \frac{1}{2}\left(1 \pm i\sqrt{7}\right).$$

Wir erhalten einen reellen Eigenwert $\lambda_1 = 1$ sowie zwei zueinander konjugiert komplexe Eigenwerte

$$\lambda_2 = \frac{1}{2}\left(1 + i\sqrt{7}\right),$$
$$\lambda_3 = \frac{1}{2}\left(1 - i\sqrt{7}\right).$$

Allgemein existiert für die charakteristische Gleichung nach Abschnitt 3.4 (3.23) eine reelle Produktdarstellung der Form

$$\begin{aligned} &\det(\boldsymbol{A} - \lambda\boldsymbol{E}) \\ &= (-1)^n \lambda^n + c_{n-1}\lambda^{n-1} + \ldots + c_1\lambda + c_0 \\ &= (-1)^n (\lambda - \lambda_1)^{\alpha_1} \cdot \ldots \cdot (\lambda - \lambda_r)^{\alpha_r} \\ &\quad \cdot (\lambda^2 + p_1\lambda + q_1)^{\beta_1} \cdot \ldots \cdot (\lambda^2 + p_s\lambda + q_s)^{\beta_s} \end{aligned}$$

mit $\lambda_1, \ldots, \lambda_r, \; p_1, q_1, \ldots, p_s, q_s \in \mathbb{R}$ sowie $\alpha_1, \ldots, \alpha_r, \beta_1, \ldots, \beta_s \in \mathbb{N}$ und der Bedingung

$$\sum\nolimits_{i=1}^{r} \alpha_i + 2\sum\nolimits_{j=1}^{s} \beta_j = n.$$

Da die quadratischen Gleichungen der Form $(\lambda^2 + p_j\lambda + q_j) = 0$ keine reellen Lösungen besitzen, erhalten wir $\sum_{i=1}^{r} \alpha_i$ reelle und $2\sum_{j=1}^{s} \beta_j$ komplexe Eigenwerte, von denen jeweils zwei zueinander konjugiert komplex sind.

Mit den Zahlen $\alpha_1, \ldots, \alpha_r$ sind die *Vielfachheiten* der *reellen Eigenwerte* $\lambda_1, \ldots, \lambda_r$ und mit $\beta_1, \ldots, \beta_s$ die Vielfachheiten der *konjugiert komplexen Lösungspaare* $(\lambda_{r+1}, \overline{\lambda}_{r+1}), \ldots, (\lambda_{r+s}, \overline{\lambda}_{r+s})$ bezeichnet. Für $j = 1, \ldots, s$ genügen λ_{r+j} und $\overline{\lambda}_{r+j}$ der quadratischen Gleichung

$$\lambda^2 + p_j\lambda + q_j = 0.$$

Zu jedem erhaltenen reellen oder komplexen Eigenwert λ_k der $n \times n$-Matrix $\boldsymbol{A}$ ermittelt man nun den zugehörigen Eigenvektor $\boldsymbol{x}_k \neq \boldsymbol{0}$ durch Lösung des linearen homogenen Gleichungssystems $(\boldsymbol{A} - \lambda_k\boldsymbol{E})\boldsymbol{x}_k = \boldsymbol{0}$ (Beispiel 20.6).

Für $\lambda_k \in \mathbb{R}$ ist auch der entsprechende Eigenvektor reell. Andernfalls enthält der Eigenvektor komplexe Komponenten.

20.3 Existenz reeller Eigenwerte

Wir beschränken uns im Folgenden auf den wesentlichen Spezialfall symmetrischer Matrizen, also $\boldsymbol{A} = \boldsymbol{A}^T$, und werden zeigen, dass in diesem Fall nur reelle Eigenwerte auftreten können. Dazu benötigen wir einige Aussagen zur Multiplikation von Matrizen und Vektoren mit komplexwertigen Komponenten (Kapitel 3).

Satz 20.10

Seien $\boldsymbol{C}$, $\boldsymbol{D}$ zwei $n \times n$-Matrizen mit komplexen Komponenten, $\boldsymbol{z}$ ein Vektor mit n komplexen Komponenten und c eine komplexe Zahl.

Ersetzt man alle komplexen Komponenten durch die entsprechenden konjugiert komplexen Zahlen und bezeichnet man die damit erhaltenen konjugiert komplexen Größen mit $\overline{\boldsymbol{C}}$, $\overline{\boldsymbol{z}}$ und $\overline{c}$, so gilt:

$$\overline{\boldsymbol{C} + \boldsymbol{D}} = \overline{\boldsymbol{C}} + \overline{\boldsymbol{D}}, \qquad \overline{\boldsymbol{C}\boldsymbol{z}} = \overline{\boldsymbol{C}}\,\overline{\boldsymbol{z}},$$
$$\overline{c\boldsymbol{z}} = \overline{c}\,\overline{\boldsymbol{z}}, \qquad \boldsymbol{z}^T\overline{\boldsymbol{z}} = \overline{\boldsymbol{z}}^T\boldsymbol{z} \in \mathbb{R}_+$$

Beweis

Der Beweis ergibt sich durch Nachrechnen. Man benutzt dabei die Rechenregeln für komplexe Zahlen z_1, z_2 mit den konjugiert komplexen Zahlen $\overline{z_1}, \overline{z_2}$ (Kapitel 3, insbesondere (3.7)).

Satz 20.11

Sei $\boldsymbol{A}$ eine reelle, symmetrische $n \times n$-Matrix. Dann gilt:

a) Die Eigenwerte sind reell und nicht notwendig verschieden.

b) Ist $\operatorname{Rg} \boldsymbol{A} = k \leq n$, so ist $\lambda = 0$ ein $(n-k)$-facher Eigenwert.

Beweis

a) Angenommen, wir erhalten zwei konjugiert komplexe Eigenwerte $\lambda, \overline{\lambda}$ von $\boldsymbol{A}$. Ferner sei $\boldsymbol{x} \neq \boldsymbol{0}$ ein entsprechender komplexer Eigenvektor von λ. Dann hat man die zueinander äquivalenten Gleichungssysteme

$$(\boldsymbol{A} - \lambda \boldsymbol{E})\boldsymbol{x} = \boldsymbol{0} \Leftrightarrow \overline{(\boldsymbol{A} - \lambda \boldsymbol{E})\boldsymbol{x}} = \overline{\boldsymbol{0}} = \boldsymbol{0}.$$

Aus der rechten Seite folgt mit $\boldsymbol{A} = \overline{\boldsymbol{A}}$, $\boldsymbol{E} = \overline{\boldsymbol{E}}$ und Satz 20.10

$$\begin{aligned}\overline{(\boldsymbol{A} - \lambda \boldsymbol{E})\boldsymbol{x}} &= \overline{(\boldsymbol{A} - \lambda \boldsymbol{E})}\overline{\boldsymbol{x}} = (\overline{\boldsymbol{A}} - \overline{\lambda \boldsymbol{E}})\overline{\boldsymbol{x}} \\ &= (\boldsymbol{A} - \overline{\lambda}\boldsymbol{E})\overline{\boldsymbol{x}} = \boldsymbol{0}.\end{aligned}$$

Damit ist $\overline{\boldsymbol{x}}$ Eigenvektor zu $\overline{\lambda}$.

Man gewinnt wegen $\boldsymbol{A}^T = \boldsymbol{A}$ durch Umformung

$$\begin{aligned}\lambda(\overline{\boldsymbol{x}}^T \boldsymbol{x}) &= \overline{\boldsymbol{x}}^T (\lambda \boldsymbol{x}) = \overline{\boldsymbol{x}}^T (\boldsymbol{A}\boldsymbol{x}) = \overline{\boldsymbol{x}}^T \boldsymbol{A}\boldsymbol{x} \\ &= (\overline{\boldsymbol{x}}^T \boldsymbol{A}\boldsymbol{x})^T = \boldsymbol{x}^T \boldsymbol{A}\overline{\boldsymbol{x}} = \boldsymbol{x}^T (\boldsymbol{A}\overline{\boldsymbol{x}}) \\ &= \boldsymbol{x}^T (\overline{\lambda}\overline{\boldsymbol{x}}) = \overline{\lambda}(\boldsymbol{x}^T \overline{\boldsymbol{x}})\end{aligned}$$

und aus der Identität $\overline{\boldsymbol{x}}^T \boldsymbol{x} = \boldsymbol{x}^T \overline{\boldsymbol{x}} \neq 0$ die Gleichung $\lambda = \overline{\lambda}$.

Also muss λ und damit auch $\boldsymbol{x}$ reell sein.

b) Sei $k = n$ und $\lambda = 0$

$\Rightarrow$ $\operatorname{Rg} \boldsymbol{A} = \operatorname{Rg}(\boldsymbol{A} - \lambda \boldsymbol{E}) = n$

$\Rightarrow$ $\det(\boldsymbol{A} - \lambda \boldsymbol{E}) \neq 0$ (Satz 19.14)

$\Rightarrow$ λ ist kein Eigenwert

Sei $k < n$ und $\lambda = 0$

$\Rightarrow$ $\operatorname{Rg} \boldsymbol{A} = \operatorname{Rg}(\boldsymbol{A} - \lambda \boldsymbol{E}) = k < n$ und $\det(\boldsymbol{A} - \lambda \boldsymbol{E}) = 0$

$\Rightarrow$ Das System $(\boldsymbol{A} - \lambda \boldsymbol{E})\boldsymbol{x} = \boldsymbol{A}\boldsymbol{x} = \boldsymbol{0}$ besitzt genau $n - k$ linear unabhängige Lösungen, die Eigenvektoren von $\boldsymbol{A}$ sind (Satz 17.12)

$\Rightarrow$ $\lambda = 0$ ist $(n - k)$-facher Eigenwert von $\boldsymbol{A}$

Satz 20.12

Sei $\boldsymbol{A}$ eine reelle, symmetrische $n \times n$-Matrix.

Dann existieren zu den reellen Eigenwerten $\lambda_1, \ldots, \lambda_n$ genau n reelle, linear unabhängige Eigenvektoren $\boldsymbol{x}_1, \ldots, \boldsymbol{x}_n$.

Diese sind so wählbar, dass

$$\boldsymbol{X} = (\boldsymbol{x}_1, \ldots, \boldsymbol{x}_n)$$

eine orthogonale Matrix ist (Definition 18.14), also:

$$\boldsymbol{X}^T \boldsymbol{X} = \boldsymbol{X}\boldsymbol{X}^T = \boldsymbol{E}$$

Beweis

Wegen $\boldsymbol{x}_i \neq \boldsymbol{0}$ gilt für alle Eigenvektoren

$$\boldsymbol{x}_i^T \boldsymbol{x}_i = c_i > 0. \qquad \text{(Definition 15.1)}$$

Mit $\boldsymbol{x}_i$ ist auch

$$\hat{\boldsymbol{x}}_i = \frac{\boldsymbol{x}_i}{\sqrt{c_i}}$$

Eigenvektor (Satz 20.5) und damit $\hat{\boldsymbol{x}}_i^T \hat{\boldsymbol{x}}_i = 1$.

Für zwei verschiedene Eigenwerte λ_i, λ_k und die entsprechenden Eigenvektoren $\boldsymbol{x}_i, \boldsymbol{x}_k$ mit

$$\begin{aligned}\boldsymbol{A}\boldsymbol{x}_i &= \lambda_i \boldsymbol{x}_i, \\ \boldsymbol{A}\boldsymbol{x}_k &= \lambda_k \boldsymbol{x}_k\end{aligned}$$

sowie $\boldsymbol{A}^T = \boldsymbol{A}$ folgt

$$\begin{aligned}\lambda_i (\boldsymbol{x}_i{}^T \boldsymbol{x}_k) &= \lambda_i \boldsymbol{x}_k{}^T \boldsymbol{x}_i = \boldsymbol{x}_k{}^T (\lambda_i \boldsymbol{x}_i) = \boldsymbol{x}_k{}^T (\boldsymbol{A}\boldsymbol{x}_i) \\ &= \boldsymbol{x}_k{}^T \boldsymbol{A}\boldsymbol{x}_i = (\boldsymbol{x}_k{}^T \boldsymbol{A}\boldsymbol{x}_i)^T = \boldsymbol{x}_i{}^T \boldsymbol{A}\boldsymbol{x}_k \\ &= \boldsymbol{x}_i{}^T (\boldsymbol{A}\boldsymbol{x}_k) = \boldsymbol{x}_i{}^T (\lambda_k \boldsymbol{x}_k) \\ &= \lambda_k (\boldsymbol{x}_i{}^T \boldsymbol{x}_k).\end{aligned}$$

Für $\lambda_i \neq \lambda_k$ folgt daraus $\boldsymbol{x}_i{}^T \boldsymbol{x}_k = 0$.

Gibt es mindestens zwei gleiche Eigenwerte, so lässt sich zeigen, dass für das homogene Gleichungssystem

$$(\boldsymbol{A} - \lambda \boldsymbol{E})\boldsymbol{x} = \boldsymbol{0}$$

mit

$$\operatorname{Rg}(\boldsymbol{A} - \lambda \boldsymbol{E}) = k \leq n - 2$$

mindestens zwei linear unabhängige Lösungen als Eigenvektoren existieren, die paarweise orthogonal wählbar sind (Satz 17.12).

Wir fassen zusammen:

Zu den n reellen, nicht notwendig paarweise verschiedenen Eigenwerten einer symmetrischen $n \times n$-Matrix $\boldsymbol{A}$ kann man n reelle, linear unabhängige Eigenvektoren so bestimmen, dass diese orthogonal sind:

$$\boldsymbol{x}_i{}^T \boldsymbol{x}_k = \begin{cases} 1 & \text{für } i = k \\ 0 & \text{für } i \neq k \end{cases} \qquad \text{(Definition 15.5)}$$

Damit gilt auch für $\boldsymbol{X} = (\boldsymbol{x}_1, \ldots, \boldsymbol{x}_n)$:

$$\begin{aligned}\boldsymbol{X}^T \boldsymbol{X} &= \begin{pmatrix} \boldsymbol{x}_1{}^T \\ \vdots \\ \boldsymbol{x}_n{}^T \end{pmatrix} (\boldsymbol{x}_1, \ldots, \boldsymbol{x}_n) \\ &= \begin{pmatrix} \boldsymbol{x}_1{}^T \boldsymbol{x}_1 & \ldots & \boldsymbol{x}_1{}^T \boldsymbol{x}_n \\ \vdots & \ddots & \vdots \\ \boldsymbol{x}_n{}^T \boldsymbol{x}_1 & \ldots & \boldsymbol{x}_n{}^T \boldsymbol{x}_n \end{pmatrix} = \boldsymbol{E}\end{aligned}$$

(Definition 18.14)

Beispiel 20.13

Für die symmetrische Matrix

$$\boldsymbol{C} = \begin{pmatrix} 1 & 0 & 1 \\ 0 & 1 & 1 \\ 1 & 1 & 2 \end{pmatrix}$$

hatten wir in Beispiel 20.6 die Eigenwerte

$$\lambda_1 = 0, \quad \lambda_2 = 3, \quad \lambda_3 = 1$$

und die dazu gehörigen Eigenvektoren

$$\boldsymbol{x}_1 = \begin{pmatrix} a \\ a \\ -a \end{pmatrix}, \quad \boldsymbol{x}_2 = \begin{pmatrix} b \\ b \\ 2b \end{pmatrix}, \quad \boldsymbol{x}_3 = \begin{pmatrix} c \\ -c \\ 0 \end{pmatrix}$$

berechnet, wobei $a, b, c \in \mathbb{R}$ und von 0 verschieden sind.

Da $\boldsymbol{C}$ eine symmetrische Matrix ist und die Eigenwerte paarweise verschieden sind, gilt nach Satz 20.12

$$\begin{aligned} \boldsymbol{x}_1{}^T \boldsymbol{x}_2 &= (a, a, -a) \begin{pmatrix} b \\ b \\ 2b \end{pmatrix} \\ &= ab + ab - 2ab = 0 = \boldsymbol{x}_2{}^T \boldsymbol{x}_1 \\ \boldsymbol{x}_1{}^T \boldsymbol{x}_3 &= (a, a, -a) \begin{pmatrix} c \\ -c \\ 0 \end{pmatrix} \\ &= ac - ac = 0 = \boldsymbol{x}_3{}^T \boldsymbol{x}_1 \\ \boldsymbol{x}_2{}^T \boldsymbol{x}_3 &= (b, b, 2b) \begin{pmatrix} c \\ -c \\ 0 \end{pmatrix} \\ &= bc - bc = 0 = \boldsymbol{x}_3{}^T \boldsymbol{x}_2 \end{aligned}$$

Ferner kann

$$\boldsymbol{x}_i{}^T \boldsymbol{x}_i = 1 \quad (i = 1, 2, 3)$$

erreicht werden:

$$\begin{aligned} \boldsymbol{x}_1{}^T \boldsymbol{x}_1 &= a^2 + a^2 + a^2 &&= 3a^2 = 1 \\ \boldsymbol{x}_2{}^T \boldsymbol{x}_2 &= b^2 + b^2 + 4b^2 &&= 6b^2 = 1 \\ \boldsymbol{x}_3{}^T \boldsymbol{x}_3 &= c^2 + c^2 + 0 &&= 2c^2 = 1 \end{aligned}$$

$$\Rightarrow a = \pm\frac{1}{\sqrt{3}}, \quad b = \pm\frac{1}{\sqrt{6}}, \quad c = \pm\frac{1}{\sqrt{2}}$$

Daraus ergeben sich die Eigenvektoren

$$\begin{aligned} \boldsymbol{x}_1^T &= \left(\tfrac{1}{\sqrt{3}}, \tfrac{1}{\sqrt{3}}, -\tfrac{1}{\sqrt{3}}\right) \text{ oder} \\ \boldsymbol{x}_1^T &= \left(-\tfrac{1}{\sqrt{3}}, -\tfrac{1}{\sqrt{3}}, \tfrac{1}{\sqrt{3}}\right), \end{aligned}$$

$$\begin{aligned} \boldsymbol{x}_2^T &= \left(\tfrac{1}{\sqrt{6}}, \tfrac{1}{\sqrt{6}}, \tfrac{2}{\sqrt{6}}\right) \text{ oder} \\ \boldsymbol{x}_2^T &= \left(-\tfrac{1}{\sqrt{6}}, -\tfrac{1}{\sqrt{6}}, -\tfrac{2}{\sqrt{6}}\right), \end{aligned}$$

$$\begin{aligned} \boldsymbol{x}_3^T &= \left(\tfrac{1}{\sqrt{2}}, -\tfrac{1}{\sqrt{2}}, 0\right) \text{ oder} \\ \boldsymbol{x}_3^T &= \left(-\tfrac{1}{\sqrt{2}}, \tfrac{1}{\sqrt{2}}, 0\right). \end{aligned}$$

Die Matrix der Eigenvektoren $\boldsymbol{X} = (\boldsymbol{x}_1, \boldsymbol{x}_2, \boldsymbol{x}_3)$ ist beispielsweise

$$\begin{pmatrix} \frac{1}{\sqrt{3}} & \frac{1}{\sqrt{6}} & \frac{1}{\sqrt{2}} \\ \frac{1}{\sqrt{3}} & \frac{1}{\sqrt{6}} & -\frac{1}{\sqrt{2}} \\ -\frac{1}{\sqrt{3}} & \frac{2}{\sqrt{6}} & 0 \end{pmatrix} \text{ oder auch}$$

$$\begin{pmatrix} -\frac{1}{\sqrt{3}} & \frac{1}{\sqrt{6}} & -\frac{1}{\sqrt{2}} \\ -\frac{1}{\sqrt{3}} & \frac{1}{\sqrt{6}} & \frac{1}{\sqrt{2}} \\ \frac{1}{\sqrt{3}} & \frac{2}{\sqrt{6}} & 0 \end{pmatrix}.$$

Insgesamt erhalten wir 8 Lösungen mit $\boldsymbol{X}^T\boldsymbol{X} = \boldsymbol{E}$, beispielsweise ist

$$\begin{pmatrix} \frac{1}{\sqrt{3}} & \frac{1}{\sqrt{3}} & -\frac{1}{\sqrt{3}} \\ \frac{1}{\sqrt{6}} & \frac{1}{\sqrt{6}} & \frac{2}{\sqrt{6}} \\ \frac{1}{\sqrt{2}} & -\frac{1}{\sqrt{2}} & 0 \end{pmatrix} \begin{pmatrix} \frac{1}{\sqrt{3}} & \frac{1}{\sqrt{6}} & \frac{1}{\sqrt{2}} \\ \frac{1}{\sqrt{3}} & \frac{1}{\sqrt{6}} & -\frac{1}{\sqrt{2}} \\ -\frac{1}{\sqrt{3}} & \frac{2}{\sqrt{6}} & 0 \end{pmatrix} = \begin{pmatrix} 1 & 0 & 0 \\ 0 & 1 & 0 \\ 0 & 0 & 1 \end{pmatrix}.$$

Beispiel 20.14

Wir bestätigen den Satz 20.11 ferner mit Hilfe der symmetrischen Matrix $\boldsymbol{D}$:

$$\boldsymbol{D} = \begin{pmatrix} 2 & 0 & 0 & 0 \\ 0 & 1 & 3 & 0 \\ 0 & 3 & 1 & 0 \\ 0 & 0 & 0 & 4 \end{pmatrix}$$

$$\begin{aligned}
&\det(\boldsymbol{D} - \lambda \boldsymbol{E}) \\
&= \det \begin{pmatrix} 2-\lambda & 0 & 0 & 0 \\ 0 & 1-\lambda & 3 & 0 \\ 0 & 3 & 1-\lambda & 0 \\ 0 & 0 & 0 & 4-\lambda \end{pmatrix} \\
&= (2-\lambda)(4-\lambda) \det \begin{pmatrix} 1-\lambda & 3 \\ 3 & 1-\lambda \end{pmatrix} \\
&= (2-\lambda)(4-\lambda)(-8-2\lambda+\lambda^2) \\
&= (2-\lambda)(4-\lambda)(\lambda+2)(\lambda-4) \\
&\Rightarrow \lambda_1 = \lambda_2 = 4,\ \lambda_3 = 2,\ \lambda_4 = -2
\end{aligned}$$

Wir erhalten 4 reelle Eigenwerte, davon einen zweifachen Eigenwert. Für $\lambda_1 = \lambda_2 = 4$ gilt

$$\begin{pmatrix} -2 & 0 & 0 & 0 \\ 0 & -3 & 3 & 0 \\ 0 & 3 & -3 & 0 \\ 0 & 0 & 0 & 0 \end{pmatrix} \begin{pmatrix} x_{11} \\ x_{12} \\ x_{13} \\ x_{14} \end{pmatrix} = \begin{pmatrix} 0 \\ 0 \\ 0 \\ 0 \end{pmatrix}$$

$$\Rightarrow x_{11} = 0,\ x_{12} = x_{13},\ x_{14} \in \mathbb{R}.$$

Wir wählen $x_{12} = x_{13} = a$, $x_{14} = b$ und erhalten den Eigenvektor $\boldsymbol{x} = (0, a, a, b)^T$, wobei $a, b \in \mathbb{R}$ nicht gleichzeitig 0 werden dürfen.

Die Bedingung $\boldsymbol{x}^T\boldsymbol{x} = 1$ ist erfüllt, wenn gilt

$$a^2 + a^2 + b^2 = 1.$$

Setzen wir alternativ

$$a = 0,\ b = 1 \quad \text{oder} \quad b = 0,\ a = \frac{1}{\sqrt{2}},$$

so ergeben sich zum zweifachen Eigenwert $\lambda_1 = \lambda_2 = 4$ zwei Eigenvektoren

$$\begin{aligned} x_1^T &= (0, 0, 0, 1), \\ x_2^T &= \left(0, \tfrac{1}{\sqrt{2}}, \tfrac{1}{\sqrt{2}}, 0\right) \end{aligned}$$

mit $\quad \boldsymbol{x}_1{}^T\boldsymbol{x}_1 = \boldsymbol{x}_2{}^T\boldsymbol{x}_2 = 1$

und $\quad \boldsymbol{x}_1{}^T\boldsymbol{x}_2 = 0.$

Für $\lambda_3 = 2$ gilt

$$\begin{pmatrix} 0 & 0 & 0 & 0 \\ 0 & -1 & 3 & 0 \\ 0 & 3 & -1 & 0 \\ 0 & 0 & 0 & 2 \end{pmatrix} \begin{pmatrix} x_{31} \\ x_{32} \\ x_{33} \\ x_{34} \end{pmatrix} = \begin{pmatrix} 0 \\ 0 \\ 0 \\ 0 \end{pmatrix}$$

$$\Rightarrow x_{32} = x_{33} = x_{34} = 0,\ x_{31} \in \mathbb{R}.$$

Für $x_{31} = 1$ erhalten wir den Eigenvektor

$$\boldsymbol{x}_3^T = (1, 0, 0, 0)$$

mit

$$\begin{aligned} \boldsymbol{x}_1^T\boldsymbol{x}_3 &= \boldsymbol{x}_2^T\boldsymbol{x}_3 = 0, \\ \boldsymbol{x}_3^T\boldsymbol{x}_3 &= 1. \end{aligned}$$

Für $\lambda_4 = -2$ gilt

$$\begin{pmatrix} 4 & 0 & 0 & 0 \\ 0 & 3 & 3 & 0 \\ 0 & 3 & 3 & 0 \\ 0 & 0 & 0 & 6 \end{pmatrix} \begin{pmatrix} x_{41} \\ x_{42} \\ x_{43} \\ x_{44} \end{pmatrix} = \begin{pmatrix} 0 \\ 0 \\ 0 \\ 0 \end{pmatrix}$$

$$\Rightarrow x_{41} = x_{44} = 0,\ x_{42} = -x_{43}.$$

Für $x_{42} = \frac{1}{\sqrt{2}} = -x_{43}$ erhalten wir den Eigenvektor

$$\boldsymbol{x}_4 = \left(0, \frac{1}{\sqrt{2}}, -\frac{1}{\sqrt{2}}, 0\right)^T$$

mit

$$\begin{aligned} \boldsymbol{x}_1^T\boldsymbol{x}_4 &= \boldsymbol{x}_2^T\boldsymbol{x}_4 = \boldsymbol{x}_3^T\boldsymbol{x}_4 = 0, \\ \boldsymbol{x}_4^T\boldsymbol{x}_4 &= 1. \end{aligned}$$

Die Matrix der Eigenvektoren ist dann

$$\boldsymbol{X} = \begin{pmatrix} 0 & 0 & 1 & 0 \\ 0 & \frac{1}{\sqrt{2}} & 0 & \frac{1}{\sqrt{2}} \\ 0 & \frac{1}{\sqrt{2}} & 0 & -\frac{1}{\sqrt{2}} \\ 1 & 0 & 0 & 0 \end{pmatrix} \quad \text{mit } \boldsymbol{X}^T\boldsymbol{X} = \boldsymbol{E}.$$

Beispiel 20.15

Für das folgende Input-Output-Problem gehen wir von n produzierenden Sektoren aus und bezeichnen die $n \times n$-Matrix der Input-Output-Koeffizienten mit $\boldsymbol{A}$, den Gesamtoutputvektor mit $\boldsymbol{x} \in \mathbb{R}_+^n$ (vgl. Beispiel 18.19).

Soll der Gesamtkonsumvektor $\boldsymbol{y} \in \mathbb{R}_+^n$ einerseits die Bedingung

$$\boldsymbol{y} = \boldsymbol{x} - \boldsymbol{A}\boldsymbol{x} = (\boldsymbol{E} - \boldsymbol{A})\boldsymbol{x} \geq \boldsymbol{0}$$

erfüllen, andererseits aber proportional zu $\boldsymbol{x}$ sein, so ergibt sich mit

$$\boldsymbol{y} = c\boldsymbol{x}, \quad c \in (0, 1)$$

das Eigenwertproblem

$$\boldsymbol{y} = c\boldsymbol{x} = \boldsymbol{x} - \boldsymbol{A}\boldsymbol{x} \Rightarrow \boldsymbol{A}\boldsymbol{x} = (1-c)\boldsymbol{x} = \lambda\boldsymbol{x}$$

mit $\lambda = 1 - c \in (0, 1)$.

Mit $\boldsymbol{A} = \begin{pmatrix} 0.3 & 0.2 & 0 \\ 0.2 & 0.3 & 0 \\ 0 & 0 & 0.5 \end{pmatrix}$ erhalten wir

$$\begin{aligned} &\det(\boldsymbol{A} - \lambda\boldsymbol{E}) \\ &= \det\begin{pmatrix} 0.3-\lambda & 0.2 & 0 \\ 0.2 & 0.3-\lambda & 0 \\ 0 & 0 & 0.5-\lambda \end{pmatrix} \\ &= (0.5-\lambda)\big((0.3-\lambda)^2 - 0.04\big) \\ &= (0.5-\lambda)(0.05 - 0.6\lambda + \lambda^2) \\ &= (0.5-\lambda)(0.5-\lambda)(0.1-\lambda) = 0 \end{aligned}$$

und damit die Eigenwerte

$$\lambda_1 = \lambda_2 = 0.5, \quad \lambda_3 = 0.1.$$

Für $\lambda_1 = \lambda_2 = 0.5$ gilt

$$\begin{pmatrix} -0.2 & 0.2 & 0 \\ 0.2 & -0.2 & 0 \\ 0 & 0 & 0 \end{pmatrix}\begin{pmatrix} x_{11} \\ x_{12} \\ x_{13} \end{pmatrix} = \begin{pmatrix} 0 \\ 0 \\ 0 \end{pmatrix},$$

also

$$-0.2x_{11} + 0.2x_{12} = 0$$

und damit $x_{11} = x_{12}, x_{13} \in \mathbb{R}$.

Wir erhalten mit dem Eigenvektor

$$\boldsymbol{x}^T = (a, a, b),$$

wobei $a, b \in \mathbb{R}$ nicht gleichzeitig 0 werden dürfen, den Outputvektor, falls $a, b \in \mathbb{R}_+$.

Für $a < 0$ oder $b < 0$ ergeben sich zwar mathematisch richtige Lösungen, die aber ökonomisch nicht sinnvoll interpretiert werden können.

Ferner gilt

$$\begin{aligned} \boldsymbol{A}\boldsymbol{x} &= \begin{pmatrix} 0.3 & 0.2 & 0 \\ 0.2 & 0.3 & 0 \\ 0 & 0 & 0.5 \end{pmatrix}\begin{pmatrix} a \\ a \\ b \end{pmatrix} \\ &= \begin{pmatrix} 0.5a \\ 0.5a \\ 0.5b \end{pmatrix} = 0.5\begin{pmatrix} a \\ a \\ b \end{pmatrix}. \end{aligned}$$

Wegen $c = 1 - \lambda_1 = 1 - \lambda_2 = 0.5$ stehen für den Konsum 50 % jeder Outputquantität zur Verfügung.

Für $\lambda_3 = 0.1$ gilt

$$\begin{pmatrix} 0.2 & 0.2 & 0 \\ 0.2 & 0.2 & 0 \\ 0 & 0 & 0.4 \end{pmatrix}\begin{pmatrix} x_{31} \\ x_{32} \\ x_{33} \end{pmatrix} = \begin{pmatrix} 0 \\ 0 \\ 0 \end{pmatrix},$$

also $0.2x_{31} + 0.2x_{32} = 0$, $0.4x_{33} = 0$ und damit $x_{32} = -x_{31}$, $x_{33} = 0$.

Wir erhalten mit $\boldsymbol{x}^T = (a, -a, 0) \notin \mathbb{R}_+^3$ und $a \neq 0$ keine ökonomisch sinnvoll interpretierbare Lösung.

Wir formulieren nun den Zusammenhang symmetrischer $n \times n$-Matrizen mit ihren Eigenwerten und Eigenvektoren in matrizieller Form und erweitern das Eigenwertproblem, um Wachstumsprozesse über mehrere Zeitperioden direkt formulieren zu können.

Satz 20.16

$\boldsymbol{A}$ sei eine symmetrische $n \times n$-Matrix,

$$\boldsymbol{L} = \begin{pmatrix} \lambda_1 & \dots & 0 \\ \vdots & \ddots & \vdots \\ 0 & \dots & \lambda_n \end{pmatrix}$$

die Diagonalmatrix der Eigenwerte von $\boldsymbol{A}$,

$$\boldsymbol{X} = (\boldsymbol{x}_1, \dots, \boldsymbol{x}_n)$$

die Matrix der Eigenvektoren mit

$$\boldsymbol{X}^T\boldsymbol{X} = \boldsymbol{E},$$

wobei $\boldsymbol{x}_j$ der Eigenvektor von λ_j ist ($j = 1, \dots, n$).

Ferner sei $\boldsymbol{A}^k = \boldsymbol{A} \cdot \ldots \cdot \boldsymbol{A}$ für alle $k \in \mathbb{N}$. Dann gilt:

a) $\boldsymbol{L} = \boldsymbol{X}^T\boldsymbol{A}\boldsymbol{X}$ bzw. $\boldsymbol{A} = \boldsymbol{X}\boldsymbol{L}\boldsymbol{X}^T$
b) $\boldsymbol{A}^k$ besitzt die Eigenwerte $\lambda_1^k, \dots, \lambda_n^k$ und die Eigenvektoren $\boldsymbol{x}_1, \dots, \boldsymbol{x}_n$.

Beweis

a) Für jedes Paar $(\lambda_j, \boldsymbol{x}_j)$ eines Eigenwertes und des entsprechenden Eigenvektors ist das Gleichungssystem $\boldsymbol{A}\boldsymbol{x}_j = \lambda_j \boldsymbol{x}_j$ erfüllt (Definition 20.3). Daraus folgt matriziell

$$\boldsymbol{AX} = \boldsymbol{XL}$$

und mit

$$\boldsymbol{X}^T\boldsymbol{X} = \boldsymbol{XX}^T = \boldsymbol{E}$$

auch

$$\boldsymbol{L} = \boldsymbol{X}^T\boldsymbol{XL} = \boldsymbol{X}^T\boldsymbol{AX}$$

sowie

$$\boldsymbol{A} = \boldsymbol{AXX}^T = \boldsymbol{XLX}^T\,.$$

b) $\boldsymbol{A}^k\boldsymbol{X} = (\boldsymbol{XLX}^T)^k\boldsymbol{X}$

$= \quad \boldsymbol{XL}(\boldsymbol{X}^T\boldsymbol{X})\boldsymbol{L}(\boldsymbol{X}^T\boldsymbol{X})\dots\boldsymbol{L}(\boldsymbol{X}^T\boldsymbol{X}) = \boldsymbol{XL}^k$

mit

$$\boldsymbol{L}^k = \begin{pmatrix} \lambda_1^k & \dots & 0 \\ \vdots & \ddots & \vdots \\ 0 & \dots & \lambda_n^k \end{pmatrix}$$

$$\Rightarrow \quad \boldsymbol{A}^k\boldsymbol{x}_j = \lambda_j^k\boldsymbol{x}_j\,.$$

Beispiel 20.17

Der Output einer Volkswirtschaft zum Zeitpunkt t werde durch einen Vektor der Form

$$\boldsymbol{x}_t{}^T = (x_{1t}, \dots x_{nt}) \geq \boldsymbol{0}$$

beschrieben. Davon wird $c\boldsymbol{x}_t$ mit $c \in (0,1)$ konsumiert und $(1-c)\boldsymbol{x}_t$ in die Produktion der Periode $t+1$ investiert.

Zwischen Output und Input der Periode $t+1$ besteht die Beziehung

$$\boldsymbol{x}_{t+1} = \boldsymbol{A}(1-c)\boldsymbol{x}_t,$$

wobei $\boldsymbol{A}$ eine symmetrische $n \times n$-Matrix ist.

Dann gilt auch

$$\boldsymbol{x}_{t+k} = \boldsymbol{A}^k(1-c)^k\boldsymbol{x}_t \quad \text{für} \quad k = 1, 2, \dots$$

Soll nun $\boldsymbol{x}_{t+1}$ proportional zu $\boldsymbol{x}_t$ sein, so ergibt sich mit

$$\boldsymbol{x}_{t+1} = \lambda\boldsymbol{x}_t\,, \quad \lambda \in \mathbb{R}_+$$

das Eigenwertproblem

$$(1-c)\boldsymbol{A}\boldsymbol{x}_t = \boldsymbol{A}(1-c)\boldsymbol{x}_t = \boldsymbol{x}_{t+1} = \lambda\boldsymbol{x}_t\,.$$

Für $c = \frac{3}{4}$ und $\boldsymbol{A} = \begin{pmatrix} 4 & 2 & 0 \\ 2 & 4 & 0 \\ 0 & 0 & 3 \end{pmatrix}$,

also $(1-c)\boldsymbol{A} = \begin{pmatrix} 1 & \frac{1}{2} & 0 \\ \frac{1}{2} & 1 & 0 \\ 0 & 0 & \frac{3}{4} \end{pmatrix}$ erhält man mit

$$\begin{aligned} \det \begin{pmatrix} 1-\lambda & \frac{1}{2} & 0 \\ \frac{1}{2} & 1-\lambda & 0 \\ 0 & 0 & \frac{3}{4}-\lambda \end{pmatrix} &= \left(\frac{3}{4}-\lambda\right)\left[(1-\lambda)^2 - \frac{1}{4}\right] \\ &= \left(\frac{3}{4}-\lambda\right)\left(\frac{3}{4} - 2\lambda + \lambda^2\right) \\ &= \left(\frac{3}{4}-\lambda\right)\left(\frac{1}{2}-\lambda\right)\left(\frac{3}{2}-\lambda\right) = 0\,. \end{aligned}$$

die Eigenwerte $\lambda_1 = 3/4, \lambda_2 = 1/2, \lambda_3 = 3/2$.

Für $\lambda_1 = \frac{3}{2}$ ist beispielsweise

$$\begin{pmatrix} -\frac{1}{2} & \frac{1}{2} & 0 \\ \frac{1}{2} & -\frac{1}{2} & 0 \\ 0 & 0 & -\frac{3}{4} \end{pmatrix}\begin{pmatrix} x_{11} \\ x_{12} \\ x_{13} \end{pmatrix} = \begin{pmatrix} 0 \\ 0 \\ 0 \end{pmatrix},$$

also $x_{11} = x_{12} = a,\ x_{13} = 0$.

Für jeden beliebigen Outputvektor der Form

$$\boldsymbol{x}_t^T = (a, a, 0) \in \mathbb{R}_+^3$$

erhalten wir ein Wachstum um 50 % pro Periode.

Für $k = 2, 3, \dots$ gilt damit

$$\boldsymbol{x}_{t+k} = (1.5)^k\boldsymbol{x}_t\,.$$

Für $\lambda_2 = \frac{3}{4},\ \lambda_3 = \frac{1}{2}$ erhalten wir Outputvektoren, die negative Komponenten enthalten. Diese Lösungen sind zwar mathematisch richtig, aber ökonomisch nicht interpretierbar.

20.4 Definitheit von Matrizen

Neben gleichförmigen Entwicklungs- und Wachstumsprozessen, deren Studium häufig auf Eigenwertprobleme von Matrizen führt, werden wir die hier angestellten Überlegungen u. a. auch zur Diskussion der Eigenschaften von Funktionen mehrerer Veränderlicher benötigen. Wir erklären dazu den Begriff der quadratischen Form.

Definition 20.18

$\boldsymbol{A}$ sei eine symmetrische $n \times n$-Matrix. Dann heißt die Abbildung $q: \mathbb{R}^n \to \mathbb{R}$ mit

$$q(\boldsymbol{x}) = \boldsymbol{x}^T \boldsymbol{A} \boldsymbol{x} = (x_1, \ldots, x_n) \begin{pmatrix} a_{11} & \ldots & a_{1n} \\ \vdots & \ddots & \vdots \\ a_{n1} & \ldots & a_{nn} \end{pmatrix} \begin{pmatrix} x_1 \\ \vdots \\ x_n \end{pmatrix} = \sum_{i=1}^{n} \sum_{j=1}^{n} a_{ij} x_i x_j$$

eine *quadratische Form*.

Für alle $\boldsymbol{x} \neq \boldsymbol{0}$ nennt man die Matrix $\boldsymbol{A}$

positiv definit,	wenn $\boldsymbol{x}^T \boldsymbol{A} \boldsymbol{x} > 0$,
positiv semidefinit,	wenn $\boldsymbol{x}^T \boldsymbol{A} \boldsymbol{x} \geq 0$,
negativ definit,	wenn $\boldsymbol{x}^T \boldsymbol{A} \boldsymbol{x} < 0$,
negativ semidefinit,	wenn $\boldsymbol{x}^T \boldsymbol{A} \boldsymbol{x} \leq 0$,
indefinit	in allen übrigen Fällen.

Satz 20.19

$\boldsymbol{A}$ sei eine symmetrische $n \times n$-Matrix. Dann gilt:

$\boldsymbol{A}$ negativ definit $\Leftrightarrow$ $(-1)\boldsymbol{A}$ positiv definit

$\boldsymbol{A}$ negativ semidefinit $\Leftrightarrow$ $(-1)\boldsymbol{A}$ positiv semidefinit

Der Beweis ergibt sich direkt aus Definition 20.18.

Beispiel 20.20

Wir untersuchen die Definitheitseigenschaften der Matrizen

$$\boldsymbol{A} = \begin{pmatrix} 2 & -1 \\ -1 & 1 \end{pmatrix}, \quad \boldsymbol{B} = \begin{pmatrix} 1 & 1 \\ 1 & 1 \end{pmatrix}, \quad \boldsymbol{C} = \begin{pmatrix} 1 & 1 \\ 1 & -1 \end{pmatrix}.$$

a) $$\boldsymbol{x}^T \boldsymbol{A} \boldsymbol{x} = (x_1, x_2) \begin{pmatrix} 2 & -1 \\ -1 & 1 \end{pmatrix} \begin{pmatrix} x_1 \\ x_2 \end{pmatrix} = (2x_1 - x_2, -x_1 + x_2) \begin{pmatrix} x_1 \\ x_2 \end{pmatrix} = 2{x_1}^2 - x_1x_2 - x_1x_2 + {x_2}^2 = (x_1 - x_2)^2 + {x_1}^2 > 0$$

für alle $\boldsymbol{x} \neq \boldsymbol{0}$

$\Rightarrow \boldsymbol{A}$ ist positiv definit.

b) $$\boldsymbol{x}^T \boldsymbol{B} \boldsymbol{x} = (x_1, x_2) \begin{pmatrix} 1 & 1 \\ 1 & 1 \end{pmatrix} \begin{pmatrix} x_1 \\ x_2 \end{pmatrix} = (x_1 + x_2, x_1 + x_2) \begin{pmatrix} x_1 \\ x_2 \end{pmatrix} = {x_1}^2 + x_1x_2 + x_1x_2 + {x_2}^2 = (x_1 + x_2)^2 \geq 0 \text{ für alle } \boldsymbol{x} \neq \boldsymbol{0}$$

$\Rightarrow \boldsymbol{B}$ ist positiv semidefinit.

Beispielsweise ist $(x_1 + x_2)^2 = 0$ für $x_1 = -x_2 \neq 0$.

c) $$\boldsymbol{x}^T \boldsymbol{C} \boldsymbol{x} = (x_1, x_2) \begin{pmatrix} 1 & 1 \\ 1 & -1 \end{pmatrix} \begin{pmatrix} x_1 \\ x_2 \end{pmatrix} = (x_1 + x_2, x_1 - x_2) \begin{pmatrix} x_1 \\ x_2 \end{pmatrix} = {x_1}^2 + x_1x_2 + x_1x_2 - {x_2}^2 = {x_1}^2 + 2x_1x_2 - {x_2}^2 \begin{cases} > 0 & \text{für } \boldsymbol{x} = (1, 0)^T \\ < 0 & \text{für } \boldsymbol{x} = (0, 1)^T \end{cases}$$

$\Rightarrow \boldsymbol{C}$ ist indefinit.

Entsprechend zeigt man, dass

$(-1)\boldsymbol{A} = \begin{pmatrix} -2 & 1 \\ 1 & -1 \end{pmatrix}$ negativ definit bzw.

$(-1)\boldsymbol{B} = \begin{pmatrix} -1 & -1 \\ -1 & -1 \end{pmatrix}$ negativ semidefinit ist.

Ein zu Beispiel 20.20 entsprechendes Vorgehen ist grundsätzlich auch für Matrizen mit mehr Zeilen anwendbar, wird aber bereits für 3×3-Matrizen sehr rechenaufwändig.

Satz 20.21

$\boldsymbol{A}$ sei eine symmetrische $n \times n$-Matrix,
$\boldsymbol{L}$ die Diagonalmatrix der Eigenwerte von $\boldsymbol{A}$.

Dann gelten die Äquivalenzen:

a) $\boldsymbol{A}$ positiv definit $\Leftrightarrow$ $\boldsymbol{L}$ positiv definit $\Leftrightarrow \lambda_1, \ldots, \lambda_n > 0$

b) $\boldsymbol{A}$ positiv semidefinit $\Leftrightarrow$ $\boldsymbol{L}$ positiv semidefinit $\Leftrightarrow \lambda_1, \ldots, \lambda_n \geq 0$

c) $\boldsymbol{A}$ negativ definit $\Leftrightarrow$ $\boldsymbol{L}$ negativ definit $\Leftrightarrow \lambda_1, \ldots, \lambda_n < 0$

d) $\boldsymbol{A}$ negativ semidefinit $\Leftrightarrow$ $\boldsymbol{L}$ negativ semidefinit $\Leftrightarrow \lambda_1, \ldots, \lambda_n \leq 0$

e) $\boldsymbol{A}$ indefinit $\Leftrightarrow$ $\boldsymbol{L}$ indefinit $\Leftrightarrow$ es gibt mindestens einen positiven und einen negativen Eigenwert

Beweis

a) Sei $\boldsymbol{X}$ die $n \times n$-Matrix der Eigenvektoren zu $\boldsymbol{A}$ mit $\boldsymbol{X}^T \boldsymbol{X} = \boldsymbol{E}$. Dann gilt für $\boldsymbol{y}, \boldsymbol{z} \in \mathbb{R}^n$ mit $\boldsymbol{z} = \boldsymbol{X}\boldsymbol{y}$ die Äquivalenz

$$\boldsymbol{z} = \boldsymbol{X}\boldsymbol{y} \neq \boldsymbol{0} \quad \Leftrightarrow \quad \boldsymbol{y} = \boldsymbol{X}^T \boldsymbol{X}\boldsymbol{y} = \boldsymbol{X}^T \boldsymbol{z} \neq \boldsymbol{0}.$$

Daraus folgt mit $\boldsymbol{L} = \boldsymbol{X}^T \boldsymbol{A} \boldsymbol{X}$ (Satz 20.16 a) und $\boldsymbol{z} = \boldsymbol{X}\boldsymbol{y}$:

$\boldsymbol{A}$ ist positiv definit

$\Leftrightarrow \boldsymbol{z}^T \boldsymbol{A} \boldsymbol{z} > 0$ für alle $\boldsymbol{z} \neq \boldsymbol{0}$ (Definition 20.18)

$\Leftrightarrow (\boldsymbol{X}\boldsymbol{y})^T \boldsymbol{A} \boldsymbol{X}\boldsymbol{y} = \boldsymbol{y}^T \boldsymbol{X}^T \boldsymbol{A} \boldsymbol{X} \boldsymbol{y} = \boldsymbol{y}^T \boldsymbol{L} \boldsymbol{y}$

$= \sum_{i=1}^n \lambda_i y_i^2 > 0$ für alle $\boldsymbol{y} \neq \boldsymbol{0}$

$\Leftrightarrow \lambda_1, \ldots, \lambda_n > 0$

Entsprechend beweist man die Aussagen b) bis e).

Beispiel 20.22

Wir untersuchen die Definitheitseigenschaften der Matrizen von Beispiel 20.20

$$\boldsymbol{A} = \begin{pmatrix} 2 & -1 \\ -1 & 1 \end{pmatrix}, \quad \boldsymbol{B} = \begin{pmatrix} 1 & 1 \\ 1 & 1 \end{pmatrix}, \quad \boldsymbol{C} = \begin{pmatrix} 1 & 1 \\ 1 & -1 \end{pmatrix}$$

mit Hilfe ihrer Eigenwerte.

$$\det(\boldsymbol{A} - \lambda \boldsymbol{E}) = (2-\lambda)(1-\lambda) - 1 = 1 - 3\lambda + \lambda^2 = 0$$

$$\Rightarrow \lambda = \tfrac{1}{2}\left(3 \pm \sqrt{9-4}\right) = \tfrac{1}{2}\left(3 \pm \sqrt{5}\right) > 0$$

$\Rightarrow$ $\boldsymbol{A}$ ist positiv definit

$$\det(\boldsymbol{B} - \lambda \boldsymbol{E}) = (1-\lambda)^2 - 1 = -2\lambda + \lambda^2 = 0$$

$$\Rightarrow \lambda_1 = 0, \ \lambda_2 = 2$$

$\Rightarrow$ $\boldsymbol{B}$ ist positiv semidefinit

$$\det(\boldsymbol{C} - \lambda \boldsymbol{E}) = (1-\lambda)(-1-\lambda) - 1 = -2 + \lambda^2 = 0$$

$$\Rightarrow \lambda = \pm\sqrt{2}$$

$\Rightarrow$ $\boldsymbol{C}$ ist indefinit

Von den in den Beispielen 20.13 und 20.14 betrachteten Matrizen

$$\boldsymbol{C} = \begin{pmatrix} 1 & 0 & 1 \\ 0 & 1 & 1 \\ 1 & 1 & 2 \end{pmatrix}$$

mit

$$\lambda_1 = 0, \ \lambda_2 = 3, \ \lambda_3 = 1,$$

$$\boldsymbol{D} = \begin{pmatrix} 2 & 0 & 0 & 0 \\ 0 & 1 & 3 & 0 \\ 0 & 3 & 1 & 0 \\ 0 & 0 & 0 & 4 \end{pmatrix}$$

mit

$$\lambda_1 = \lambda_2 = 4, \ \lambda_3 = 2, \ \lambda_4 = -2$$

ist die Matrix $\boldsymbol{C}$ positiv semidefinit und $\boldsymbol{D}$ indefinit.

Definition 20.23

$\boldsymbol{A}$ sei eine symmetrische $n \times n$-Matrix. Dann heißt

$$\det \boldsymbol{H}_i = \det \begin{pmatrix} a_{11} & \ldots & a_{1i} \\ \vdots & \ddots & \vdots \\ a_{i1} & \ldots & a_{ii} \end{pmatrix}$$

die i-te *Hauptunterdeterminante* $(i = 1, \dots, n)$ von $\boldsymbol{A}$.

Explizit ist

$$\det \boldsymbol{H}_1 = \det(a_{11}) = a_{11},$$

$$\det \boldsymbol{H}_2 = \det \begin{pmatrix} a_{11} & a_{12} \\ a_{21} & a_{22} \end{pmatrix} = a_{11}a_{22} - a_{12}a_{21},$$

$$\det \boldsymbol{H}_3 = \det \begin{pmatrix} a_{11} & a_{12} & a_{13} \\ a_{21} & a_{22} & a_{23} \\ a_{31} & a_{32} & a_{33} \end{pmatrix},$$

$$\vdots$$

$$\det \boldsymbol{H}_n = \det \boldsymbol{A}.$$

Damit erhält man im Vergleich zu Satz 20.21 teilweise schwächere Aussagen.

Satz 20.24

$\boldsymbol{A}$ sei eine symmetrische $n \times n$-Matrix.

Dann gelten jeweils für alle $i = 1, \dots, n$ die Äquivalenzen

a) $\boldsymbol{A}$ positiv definit $\Leftrightarrow$ $\det \boldsymbol{H}_i > 0$

b) $\boldsymbol{A}$ negativ definit $\Leftrightarrow$ $(-1)^i \det \boldsymbol{H}_i > 0$

bzw. die Implikationen

c) $\boldsymbol{A}$ positiv semidefinit $\Rightarrow$ $\det \boldsymbol{H}_i \geq 0$

d) $\boldsymbol{A}$ negativ semidefinit $\Rightarrow$ $(-1)^i \det \boldsymbol{H}_i \geq 0$

Der Beweis ist nicht einfach. Wir verweisen auf Fischer (2013), Kap.5.7.

Beispiel 20.25

Wir untersuchen die Matrizen

$$\boldsymbol{A} = \begin{pmatrix} 1 & 2 & 3 \\ 2 & 1 & 3 \\ 3 & 3 & 1 \end{pmatrix}, \quad \boldsymbol{B} = \begin{pmatrix} 1 & 0 & 2 \\ 0 & 1 & 1 \\ 2 & 1 & 5 \end{pmatrix},$$

$$\boldsymbol{C} = \begin{pmatrix} 0 & 0 & 1 \\ 0 & 1 & 0 \\ 1 & 0 & -1 \end{pmatrix}$$

auf ihre Definitheitseigenschaften.

$$\boldsymbol{A}: \det(1) = 1, \det \begin{pmatrix} 1 & 2 \\ 2 & 1 \end{pmatrix} = -3,$$

$$\boldsymbol{B}: \det(1) = 1, \det \begin{pmatrix} 1 & 0 \\ 0 & 1 \end{pmatrix} = 1,$$

$$\det \begin{pmatrix} 1 & 0 & 2 \\ 0 & 1 & 1 \\ 2 & 1 & 5 \end{pmatrix} = 5 - 5 = 0,$$

$$\boldsymbol{C}: \det(0) = 0, \det \begin{pmatrix} 0 & 0 \\ 0 & 1 \end{pmatrix} = 0, \det \boldsymbol{C} = -1.$$

Die Matrix $\boldsymbol{A}$ ist indefinit. Für die Matrizen $\boldsymbol{B}$ und $\boldsymbol{C}$ ist nach Satz 20.24 keine Entscheidung möglich, wir müssen also die Eigenwerte bestimmen.

$$\begin{aligned}
&\det(\boldsymbol{B} - \lambda \boldsymbol{E}) \\
&= \det \begin{pmatrix} 1-\lambda & 0 & 2 \\ 0 & 1-\lambda & 1 \\ 2 & 1 & 5-\lambda \end{pmatrix} \\
&= (1-\lambda)^2(5-\lambda) - 4(1-\lambda) - 1(1-\lambda) \\
&= (1-\lambda)[5 - 6\lambda + \lambda^2 - 5] \\
&= (1-\lambda)\lambda(-6+\lambda) = 0 \\
&\Rightarrow \lambda_1 = 1, \lambda_2 = 0, \lambda_3 = 6
\end{aligned}$$

$\Rightarrow$ $\boldsymbol{B}$ ist positiv semidefinit (Satz 20.21 b)

$$\begin{aligned}
\det(\boldsymbol{C} - \lambda \boldsymbol{E}) &= \det \begin{pmatrix} -\lambda & 0 & 1 \\ 0 & 1-\lambda & 0 \\ 1 & 0 & -1-\lambda \end{pmatrix} \\
&= \lambda(1+\lambda)(1-\lambda) - (1-\lambda) \\
&= (1-\lambda)[\lambda^2 + \lambda - 1] = 0
\end{aligned}$$

Daraus folgt:

$$\begin{aligned}
1 - \lambda = 0 &\Rightarrow \lambda_1 = 1 \\
\lambda^2 + \lambda - 1 = 0 &\Rightarrow \lambda = -\tfrac{1}{2}\left(1 \pm \sqrt{1+4}\right) \\
&\Rightarrow \lambda_2 = -\tfrac{1}{2}\left(1 + \sqrt{5}\right) < 0, \\
&\quad\; \lambda_3 = -\frac{1}{2}\left(1 - \sqrt{5}\right) > 0
\end{aligned}$$

$\Rightarrow$ $\boldsymbol{C}$ ist indefinit

In der Analysis von Funktionen mehrerer Variablen wird der Fall von 2×2-Matrizen von besonderer Bedeutung sein. Daher geben wir entsprechende Bedingungen für die Definitheit explizit an.

Satz 20.26

Gegeben sei die symmetrische Matrix $\boldsymbol{A}$ mit

$$\boldsymbol{A} = \begin{pmatrix} a_{11} & a_{12} \\ a_{12} & a_{22} \end{pmatrix}.$$

Dann ist $\boldsymbol{A}$:

a) positiv definit $\Leftrightarrow a_{11} > 0,\ a_{11}a_{22} - a_{12}^2 > 0$

b) negativ definit $\Leftrightarrow a_{11} < 0,\ a_{11}a_{22} - a_{12}^2 > 0$

c) positiv semidefinit $\Leftrightarrow a_{11}, a_{22} \geq 0,\ a_{11}a_{22} - a_{12}^2 \geq 0$

d) negativ semidefinit $\Leftrightarrow a_{11}, a_{22} \leq 0,\ a_{11}a_{22} - a_{12}^2 \geq 0$

e) indefinit $\Leftrightarrow a_{11}a_{22} - a_{12}^2 < 0$

Beweis

a), b) $\boldsymbol{A}$ ist positiv (negativ) definit

$$\Leftrightarrow \det \boldsymbol{H}_1 = a_{11} > (<)\, 0$$
$$\det \boldsymbol{H}_2 = a_{11}a_{22} - a_{12}^2 > 0$$

(Satz 20.24, Definition 20.23)

c), d) Für die semidefiniten Fälle kann Satz 20.24 nur in einer Richtung verwendet werden. Es gilt:

$\boldsymbol{A}$ positiv (negativ) semidefinit

$$\Rightarrow \det \boldsymbol{H}_1 = a_{11} \geq (\leq)\, 0$$
$$\det \boldsymbol{H}_2 = a_{11}a_{22} - a_{12}^2 \geq 0$$
$$\Rightarrow a_{22} \geq (\leq)\, 0$$

Für die Umkehrung „$\Leftarrow$" berechnet man die Eigenwerte aus $\det(\boldsymbol{A} - \lambda \boldsymbol{E}) = 0$.

Mit den Voraussetzungen $a_{11}, a_{22} \geq (\leq)\, 0$ und $a_{11}a_{22} - a_{12}^2 \geq 0$ erhält man $\lambda_1, \lambda_2 \geq (\leq)\, 0$ und damit die positive (negative) Semidefinitheit von $\boldsymbol{A}$.

e) Die Behauptung folgt aus der Tatsache, dass eine Matrix genau dann indefinit ist, wenn sie keine der Definitheitseigenschaften erfüllt (Definition 20.18).

Relevante Literatur

Fischer, Gerd (2013). *Lineare Algebra: Eine Einführung für Studienanfänger*. 18. Aufl. Springer Spektrum, Kap. 4.1, 4.2

Merz, Michael und Wüthrich, Mario V. (2012). *Mathematik für Wirtschaftswissenschaftler: Die Einführung mit vielen ökonomischen Beispielen*. Vahlen, Kap. 10

Opitz, Otto u. a. (2014). *Mathematik: Übungsbuch für das Studium der Wirtschaftswissenschaften*. 8. Aufl. De Gruyter Oldenbourg, Kap. 18

Pampel, Thorsten (2010). *Mathematik für Wirtschaftswissenschaftler*. Springer, Kap. 18.1–18.5

Strang, Gilbert (2003). *Lineare Algebra*. Springer, Kap. 6

21

Differentialrechnung von Funktionen mehrerer Variablen

Analog zur Analysis von Funktionen einer Variablen wird im Fall mehrerer Variablen eine *Abbildung* beschrieben, die von mehreren unabhängigen reellwertigen Variablen ausgeht und für jeden dieser Vektoren genau zu einem davon abhängigen Wert führt. Daher werden wir zunächst derartige Funktionen definieren und einige konkrete Beispiele dazu kennen lernen (Abschnitt 21.1). Anschließend greifen wir die Begriffe Stetigkeit und Ableitung von reellen Funktionen einer Variablen auf und diskutieren damit partielle Ableitungen und Richtungsableitungen (Abschnitte 21.2, 21.3). Auf diese Weise können in Abschnitt 21.4 entsprechend Abschnitt 11.4 höhere partielle Ableitungen berechnet werden. Daran unmittelbar anschließend geht es beim totalen Differential darum, Veränderungen der Funktionswerte in Abhängigkeit der gleichzeitigen Änderung aller Einflussfaktoren zu analysieren.

21.1 Darstellung und Beispiele

Definition 21.1

Eine Abbildung f mit dem *Definitionsbereich* $D \subseteq \mathbb{R}^n$ und dem *Wertebereich* $W \subseteq \mathbb{R}$ heißt *reellwertige Abbildung mehrerer reeller Variablen* oder *reelle Funktion mehrerer reeller Variablen*. Analog zu Definition 7.37, 9.3 schreibt man für $\boldsymbol{x} = (x_1, \ldots, x_n) \in D \subseteq \mathbb{R}^n$ und $y \in W \subseteq \mathbb{R}$

$$f: D \to W \quad \text{mit} \quad \boldsymbol{x} \mapsto f(\boldsymbol{x}) = y$$

und bezeichnet die Elemente $\boldsymbol{x} \in D$ als *Urbilder* oder *Argumente* bzw. $y = f(\boldsymbol{x}) \in W$ als *Bilder* oder *Funktionswerte* von f.

Zur Beschreibung von reellen Funktionen wählt man oft die Darstellung durch die Funktionsgleichung $y = f(x_1, \ldots, x_n)$ und bezeichnet $x_1, \ldots, x_n$ als *unabhängige Variablen*, y als *abhängige Variable*.

Entsprechend zu Definition 9.4 sind die Begriffe Surjektivität, Injektivität und Bijektivität erklärt.

Eine grafische Darstellung von reellen Funktionen mehrerer Variablen ist nur dann möglich, wenn eine Beschränkung auf $n = 2$ unabhängige Variablen erfolgt (Beispiele 21.2, 21.3, 21.4).

Beispiel 21.2

Für den Marktanteil y eines Produktes wird eine Abhängigkeit vom Preis p und von den Werbeausgaben q unterstellt. Mit der Wertetabelle

p	4	5	6	4	5
$q/1000$	80	80	80	90	90
y	0.15	0.12	0.10	0.16	0.14
p	6	4	5	6	
$q/1000$	90	100	100	100	
y	0.12	0.18	0.15	0.12	

erhalten wir eine Funktion $g: D \to \mathbb{R}$ mit

$$D = D_1 \times D_2, \quad D_1 = \{4, 5, 6\},$$
$$D_2 = \{80\,000,\ 90\,000,\ 100\,000\}$$

und $y = g(p, q)$ sowie den Graphen von g in Abbildung 21.1.

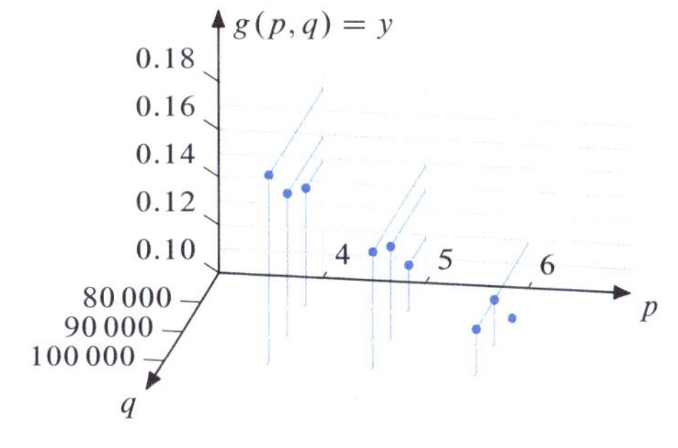

Abbildung 21.1: *Graph der Funktion* $g: D_1 \times D_2 \to \mathbb{R}$

DOI: 10.1515/9783110475333-021

Beispiel 21.3

Eine n-Produktunternehmung ermittelt eine Kostenfunktion $k : \mathbb{R}^n_+ \to \mathbb{R}$ mit

$$k(x_1, \ldots, x_n) = c_0 + c_1 x_1 + \ldots + c_n x_n .$$

Dabei stehen die $x_1, \ldots, x_n$ für die Produktquantitäten, c_0 für die Fixkosten und $c_1, \ldots, c_n$ für die variablen Stückkosten. In Abbildung 21.2 stellen wir k für $n = 2, c_0 = 2, c_1 = 0.5, c_2 = 0.25$ dar und erhalten die Gleichung

$$k(x_1, x_2) = 2 + 0.5x_1 + 0.25x_2 .$$

Die Funktion wächst mit x_1 bzw. x_2.

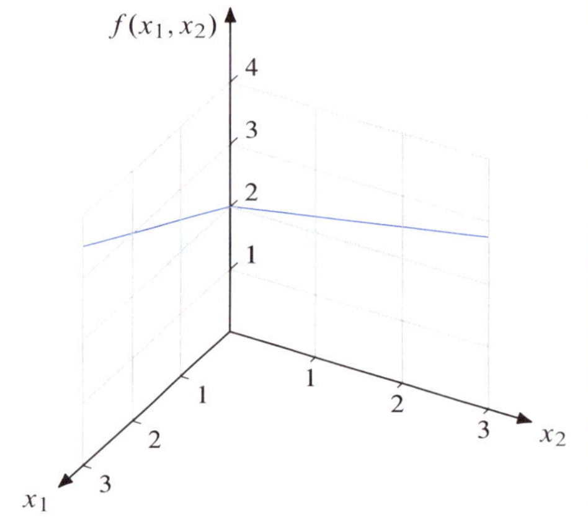

Abbildung 21.2: *Graph der Funktion* k *mit* $k(x_1, x_2) = 2 + 0.5x_1 + 0.25x_2$

Beispiel 21.4

Die Beziehung zwischen der herzustellenden Quantität eines Produktes und den dazu erforderlichen Produktionsfaktorquantitäten wird oft durch eine Produktionsfunktion $f : \mathbb{R}^n_+ \to \mathbb{R}$ des Typs

$$f(x_1, \ldots, x_n) = a_0 x_1^{\alpha_1} x_2^{\alpha_2} \ldots x_n^{\alpha_n} \quad \text{mit } a_0, \alpha_1, \ldots, \alpha_n \in \mathbb{R}_+$$

dargestellt. Die n Argumente $x_1, \ldots, x_n$ entsprechen den Faktorquantitäten und

$$y = f(x_1, \ldots, x_n)$$

der Produktquantität.

Diese Funktion wurde mit den Produktionsfaktoren x_1 und x_2 für Arbeit und Kapital von *C. W. Cobb* (1875–1949) und *P. H. Douglas* (1892–1976) genauer untersucht und wird daher häufig auch als *Cobb-Douglas-Produktionsfunktion* bezeichnet. Wir werden auf diese Funktion in den Beispielen 21.6, 21.10 sowie 21.24 näher eingehen und begnügen uns hier mit der graphischen Darstellung für

$$n = 2, a_0 = 1, \alpha_1 = \alpha_2 = \frac{1}{2}$$

in Abbildung 21.3. Damit gilt

$$f(x_1, x_2) = \sqrt{x_1 x_2} .$$

Die Funktion f wächst mit x_1 bzw. x_2.

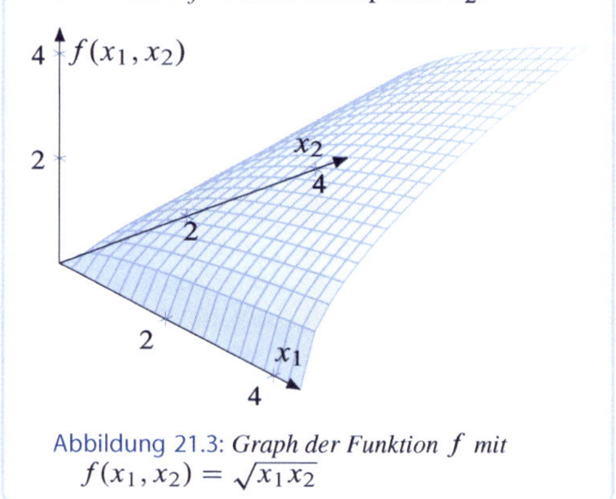

Abbildung 21.3: *Graph der Funktion* f *mit* $f(x_1, x_2) = \sqrt{x_1 x_2}$

Parallel zu den dreidimensionalen Darstellungen in Abbildung 21.2, 21.3 charakterisiert man Funktionen mit

$$y = f(x_1, x_2)$$

oft durch *Niveaulinien*, d. h. Bereiche der x_1-x_2-Ebene mit gleichem Funktionswert. Für

$$f(x_1, x_2) = c$$

erhält man beispielsweise den Bereich

$$\left\{(x_1, x_2) \in \mathbb{R}^2 : f(x_1, x_2) = c\right\} .$$

Damit ergeben sich wieder zweidimensionale Darstellungen. Je mehr Niveaulinien man konstruiert, desto präzisere Kenntnisse erhält man über den Verlauf der Funktion.

Beispiel 21.5

Wir betrachten die Kostenfunktion k mit

$$k(x_1, x_2) = 2 + 0.5x_1 + 0.25x_2$$

(Abbildung 21.2). Für $k(x_1, x_2) = c$ erhält man die in Abbildung 21.4 dargestellten Niveaulinien. Entsprechend Kapitel 7 (Abbildung 7.5, 7.6) spricht man hier auch von *Isokostenlinien*.

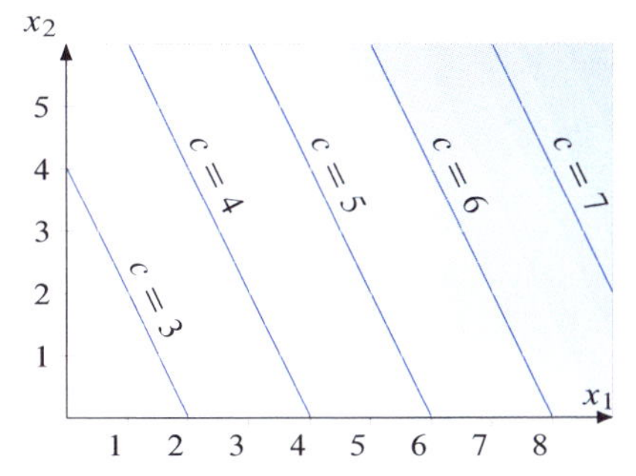

Abbildung 21.4: *Niveaulinien der Funktion* k *mit* $k(x_1, x_2) = c = 3, 4, 5, 6, 7$

Beispiel 21.6

Für die Cobb-Douglas-Produktionsfunktion f mit $f(x_1, x_2) = \sqrt{x_1 x_2}$ stellen wir die Niveaulinien für $f(x_1, x_2) = c$ in Abbildung 21.5 dar. Wir erhalten für jedes c eine Hyperbel.

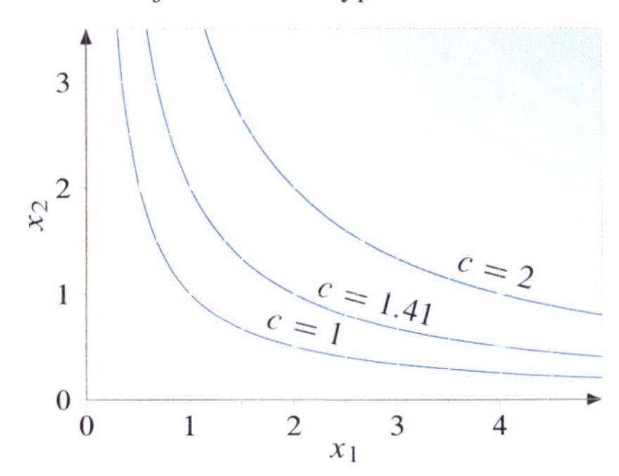

Abbildung 21.5: *Niveaulinien der Funktion* f *mit* $f(x_1, x_2) = c == 1, 1.41, 2$

Für $D \subseteq \mathbb{R}^n$ und $n = 3, 4, \ldots$ ist keine graphische Darstellung mehr möglich. Unabhängig von $n \in \mathbb{N}$ ist jedoch eine Analyse der Funktion f durch eine *Wertetabelle* zumindest teilweise realisierbar. Ist der Definitionsbereich endlich, so lässt sich die Funktion $f : D \to \mathbb{R}$ grundsätzlich durch eine Wertetabelle vollständig charakterisieren (Beispiel 21.2).

Offenbar lassen sich die Ausführungen von Kapitel 9.3 über *elementare reelle Funktionen einer Variablen* auf mehrere Variablen übertragen.

Definition 21.7

Die reelle Funktion $p : \mathbb{R}^n \to \mathbb{R} (n = 2, 3, \ldots)$ mit

$$p(x_1, \ldots, x_n) = \sum_{i_1=0}^{k_1} \cdots \sum_{i_n=0}^{k_n} a_{i_1 \ldots i_n} x_1^{i_1} \cdot \ldots \cdot x_n^{i_n} \qquad (a_{k_1 \ldots k_n} \neq 0)$$

heißt *Polynom in* n *Variablen vom Grad* $k_1 + \ldots + k_n$.

Der Quotient $q = \dfrac{p_1}{p_2}$ zweier Polynome in n Variablen mit

$$q(x_1, \ldots, x_n) = \frac{p_1(x_1, \ldots, x_n)}{p_2(x_1, \ldots, x_n)}$$

heißt *rationale Funktion* in n Variablen.

Für andere elementare Funktionen verweisen wir auf das nachfolgende Beispiel.

Beispiel 21.8

a) $f_1 : \mathbb{R}_+^n \to \mathbb{R}$ mit

$$f_1(x_1, \ldots, x_n) = a_0 x_1^{\alpha_1} \cdot \ldots \cdot x_n^{\alpha_n} \qquad (a_0, \alpha_1, \ldots, \alpha_n > 0)$$

ist eine *Potenzfunktion* (Definition 9.39), die als Cobb-Douglas-Produktionsfunktion mit n Variablen bekannt ist (Beispiel 21.4).

b) $f_2 : \mathbb{R}^n \to \mathbb{R}$ mit

$$f_2(x_1, \ldots, x_n) = a^{x_1 + x_2 + \ldots + x_n} \qquad (a > 0)$$

ist eine *Exponentialfunktion* mit n Variablen (Definition 9.43).

c) $f_3 : \mathbb{R}^4 \to \mathbb{R}$ mit

$$f_3(x_1, \ldots, x_4) = \sin(x_1 + x_2)\cos(x_3) + \sin(x_3 x_4)$$

ist eine *trigonometrische Funktion* in 4 Variablen (Definition 9.50).

Eine besondere Rolle spielen in der Ökonomie reelle Funktionen mit folgender speziellen Eigenschaft.

Definition 21.9

Eine Funktion $f : D \to \mathbb{R}$ ($D \subseteq \mathbb{R}^n$) heißt *positiv homogen vom Grade* c, wenn für alle $r > 0$ gilt

$$\begin{aligned} f(r\boldsymbol{x}) &= f(rx_1, \ldots, rx_n) \\ &= r^c f(x_1, \ldots, x_n) = r^c f(\boldsymbol{x}). \end{aligned}$$

Ist die Funktion f beispielsweise eine Produktionsfunktion, die einem Produktionsfaktorvektor $(x_1, \ldots, x_n)$ die Quantität $f(x_1, \ldots, x_n)$ eines herzustellenden Produktes zuordnet, so besagt die Homogenität vom Grade c, dass die Produktquantität auf das r^c-fache anwächst, wenn alle Faktoren auf das r-fache erhöht werden.

Beispiel 21.10

Wir betrachten die reellen Funktionen f_1, f_2 mit

$$\begin{aligned} f_1(x_1, \ldots, x_n) &= a_1 x_1 + \ldots + a_n x_n \\ f_2(x_1, \ldots, x_n) &= a_0 x_1^{\alpha_1} x_2^{\alpha_2} \cdot \ldots \cdot x_n^{\alpha_n} \\ &\quad \text{mit } \alpha_1 + \ldots + \alpha_n = c. \end{aligned}$$

Dann gilt für alle $r > 0$:

$$\begin{aligned} f_1(rx_1, \ldots, rx_n) &= a_1(rx_1) + \ldots + a_n(rx_n) \\ &= r f_1(x_1, \ldots, x_n) \end{aligned}$$

$$\begin{aligned} f_2(rx_1, \ldots, rx_n) &= a_0 (rx_1)^{\alpha_1} \cdot \ldots \cdot (rx_n)^{\alpha_n} \\ &= a_0 r^{\alpha_1} x_1^{\alpha_1} \cdot \ldots \cdot r^{\alpha_n} x_n^{\alpha_n} \\ &= a_0 r^{\alpha_1 + \ldots + \alpha_n} x_1^{\alpha_1} \cdot \ldots \cdot x_n^{\alpha_n} \\ &= r^c f_2(x_1, \ldots, x_n) \end{aligned}$$

Die Funktion f_1 ist positiv homogen vom Grad 1 oder *linear-homogen*, die Funktion f_2 ist vom *Cobb-Douglas-Typ* (Beispiel 21.4, 21.8 a) und positiv homogen vom Grad c.

Sie heißt *unterlinear-homogen* für $c < 1$ und *überlinear-homogen* für $c > 1$.

Wir betrachten abschließend spezielle Polynome in n Variablen mit

$$\begin{aligned} p(\boldsymbol{x}) &= p(x_1, \ldots, x_n) \\ &= \sum_{\substack{i_1, \ldots, i_n \\ i_1 + \ldots + i_n = c}} a_{i_1 \ldots i_n} x_1^{i_1} \cdot \ldots \cdot x_n^{i_n} \end{aligned}$$

und sprechen in diesem Fall von einem *positiv homogenen Polynom* oder einer *Form vom Grade* c.

In diesem Fall gilt

$$\begin{aligned} p(r\boldsymbol{x}) &= p(rx_1, \ldots, rx_n) \\ &= \sum_{\substack{i_1, \ldots, i_n \\ i_1 + \ldots + i_n = c}} a_{i_1 \ldots i_n} (rx_1)^{i_1} \cdot \ldots \cdot (rx_n)^{i_n} \\ &= r^c p(x_1, \ldots, x_n) \\ &= r^c p(\boldsymbol{x}). \end{aligned}$$

Für $c = 1$ erhält man eine lineare Abbildung (Definition 18.2) oder *Linearform*, beispielsweise für $n = 3$

$$\begin{aligned} p(x_1, x_2, x_3) &= a_1 x_1 + a_2 x_2 + a_3 x_3 \\ &= (a_1, a_2, a_3) \begin{pmatrix} x_1 \\ x_2 \\ x_3 \end{pmatrix} \\ &= \boldsymbol{a}^T \boldsymbol{x} \end{aligned}$$

und für $c = 2$ eine *quadratische Form* (Definition 20.18), beispielsweise für $n = 2$

$$\begin{aligned} p(x_1, x_2) &= a_{11} x_1^2 + a_{22} x_2^2 + a_{12} x_1 x_2 \\ &= (x_1, x_2) \begin{pmatrix} a_{11} & \frac{1}{2} a_{12} \\ \frac{1}{2} a_{12} & a_{22} \end{pmatrix} \begin{pmatrix} x_1 \\ x_2 \end{pmatrix} \\ &= \boldsymbol{x}^T \boldsymbol{A} \boldsymbol{x}. \end{aligned}$$

21.2 Stetigkeit und partielle Differentiation

Der Begriff der Stetigkeit für Funktionen mehrerer Variablen kann in Anlehnung an die Abschnitte 10.1 und 10.2 hergeleitet werden. Ersetzt man in Definition 10.1 bzw. 10.5 die Urbilder

$$x_n, x, x_0 \in D \subseteq \mathbb{R}$$

durch die Vektoren

$$\boldsymbol{x_n}, \boldsymbol{x}, \boldsymbol{x_0} \in D \subseteq \mathbb{R}^n ,$$

so ist f stetig in $\boldsymbol{x}_0$, wenn gilt:

$$\begin{aligned}\lim_{\boldsymbol{x}\to\boldsymbol{x_0}} f(\boldsymbol{x}) &= f(\boldsymbol{x_0})\\ &= f\left(\lim_{\boldsymbol{x}\to\boldsymbol{x_0}} \boldsymbol{x}\right)\end{aligned}$$

Beispiel 21.11

Wir zeigen, dass die so genannten *Koordinatenfunktionen* $h_i : \mathbb{R}^n \to \mathbb{R}$, die jedem Vektor $\boldsymbol{x} \in \mathbb{R}^n$ dessen i-te Komponente zuordnen, also

$$h_i(x_1, \ldots, x_i, \ldots, x_n) = x_i \quad (i = 1, \ldots, n),$$

stetig in $\mathbb{R}^n$ sind.

Für alle $\boldsymbol{x_0} = (x_{01}, \ldots, x_{0n}) \in \mathbb{R}^n$ und jede Folge $\boldsymbol{x} \to \boldsymbol{x_0}$ gilt nämlich

$$\lim_{\boldsymbol{x}\to\boldsymbol{x_0}} (h_i(\boldsymbol{x})) = \lim_{\boldsymbol{x}\to\boldsymbol{x_0}} x_i = x_{0i} = h_i(\boldsymbol{x_0}) .$$

Damit kann Satz 10.10 teilweise auf Funktionen mehrerer Veränderlicher übertragen werden.

Satz 21.12

Seien $f, g : D \to \mathbb{R}$ in $D \subseteq \mathbb{R}^n$ stetige Funktionen. Dann gilt:

a) Die Funktion $f + g : D \to \mathbb{R}$ ist stetig in D

b) Die Funktion $f - g : D \to \mathbb{R}$ ist stetig in D

c) Die Funktion $f \cdot g : D \to \mathbb{R}$ ist stetig in D

d) Die Funktion $f/g : D \to \mathbb{R}$ ist stetig in D für alle $\boldsymbol{x}$ mit $g(\boldsymbol{x}) \neq 0$

Beispiel 21.13

Gegeben seien die Funktionen $f : \mathbb{R}^3 \to \mathbb{R}$ sowie $g : \mathbb{R}^2_+ \to \mathbb{R}$ mit

$$\begin{aligned}f(x_1, x_2, x_3) &= \frac{x_1 x_2 + x_3}{(x_1 - x_2)^2 + 1},\\ g(x_1, x_2) &= \sqrt{x_1 x_2}\, e^{x_1 + x_2} \sin x_2 .\end{aligned}$$

Unter Berücksichtigung der jeweiligen Koordinatenfunktionen gilt dann

$$\begin{aligned}f(\boldsymbol{x}) &= \frac{h_1(\boldsymbol{x})h_2(\boldsymbol{x}) + h_3(\boldsymbol{x})}{(h_1(\boldsymbol{x}) - h_2(\boldsymbol{x}))^2 + 1} \quad \text{bzw.}\\ g(\boldsymbol{x}) &= \sqrt{h_1(\boldsymbol{x})}\sqrt{h_2(\boldsymbol{x})} \cdot e^{h_1(\boldsymbol{x})} e^{h_2(\boldsymbol{x})}\\ &\quad \cdot \sin h_2(\boldsymbol{x}) .\end{aligned}$$

Aus Satz 21.12 folgt die Stetigkeit von f, aus Satz 21.12 in Verbindung mit 10.10 f, g, h die Stetigkeit von g.

Damit sind alle elementaren Funktionen mehrerer Variablen in ihrem Definitionsbereich stetig. Um nun zu einer Differentialrechnung für Funktionen in n Variablen zu kommen, betrachten wir nachfolgendes Beispiel.

Beispiel 21.14

Gegeben ist die Funktion $f : D \to \mathbb{R}^+$ mit

$$D = \left\{(x_1, x_2) \in \mathbb{R}^2_+ : x_1^2 + x_2^2 \leq 9\right\}$$

und

$$f(x_1, x_2) = \sqrt{9 - x_1^2 - x_2^2} .$$

Dann kann f durch eine Kugelsektoroberfläche (Abbildung 21.6) dargestellt werden. Wir geben nachfolgend einige Wertekombinationen an.

(x_1, x_2)	$f(x_1, x_2)$
$(0, 0)$	3
$(2, 0)$	$\sqrt{5}$
$(3, 0)$	0
$(0, 1)$	$\sqrt{8}$
$(0, 3)$	0
$(2, 1)$	2
$(2, \sqrt{5})$	0
$(\sqrt{8}, 1)$	0

Die Steigung dieser Funktion in einem beliebigen $(x_1, x_2) \in D$ hängt von der Richtung ab, in der man sich bewegt. Für

$$(x_1, x_2) = (2, 1)$$

sollen die beiden in der x_1-x_2-Ebene liegenden Pfeile zum Ausdruck bringen, dass wir uns ausgehend vom Punkt $(2, 1)$ in Richtung wachsender x_1-Werte bzw. wachsender x_2-Werte bewegen. Je nachdem erhalten wir die Steigung t_1 bzw. t_2.

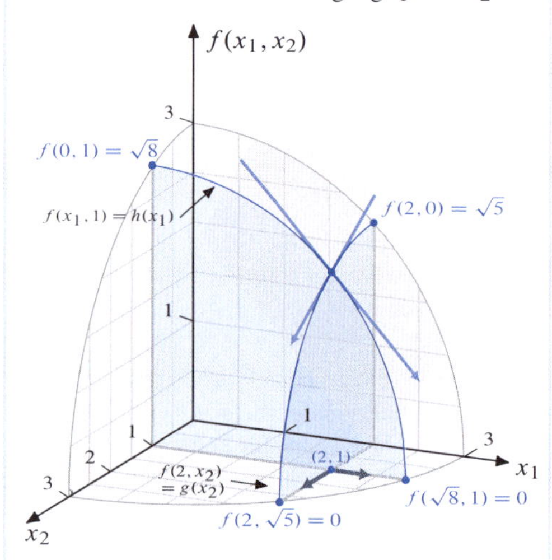

Abbildung 21.6: *Differentiation einer reellen Funktion mit zwei Variablen* x_1, x_2

Offenbar können wir von $(2, 1)$ aus jede andere Bewegungsrichtung in der x_1-x_2-Ebene einschlagen und erhalten dann im Allgemeinen unterschiedliche Steigungen der Funktion f.

Später werden wir diese Steigungen als *Richtungsableitungen* bezeichnen.

Durch die Menge aller Richtungsableitungen wird eine Ebene aufgespannt, die die Funktion im Wert $f(2, 1)$ berührt, man spricht von einer *Tangentialebene* zu f im Punkt $(2, 1)$.

Wir werden sehen, dass wir zu differenzierbaren Funktionen mit der Gleichung

$$y = f(x_1, x_2)$$

in jedem Punkt eine Tangentialebene konstruieren und ihre Gleichung angeben können, die Berechnung einer eindeutigen ersten Ableitung oder Steigung der Funktion im Punkt (x_1, x_2) entsprechend Kapitel 11 ist jedoch nicht möglich.

Halten wir eine der beiden Variablen konstant, beispielsweise $x_1 = 2$, so kann die Funktion g mit

$$g(x_2) = f(2, x_2)$$

als Funktion einer Variablen x_2 gesehen werden. Ihr Graph ist ebenfalls in Abbildung 21.6 dargestellt und durch $g(x_2)$ gekennzeichnet. In diesem Fall kann die Steigung im Punkt x_2 berechnet werden, sie entspricht gerade der Richtungsableitung der Funktion f in Richtung wachsender x_2-Werte für $x_1 = 2$.

Entsprechend erhält man für konstantes $x_2 = 1$ die Funktion h mit

$$h(x_1) = f(x_1, 1),$$

und ihre Ableitungen entsprechen den Richtungsableitungen von f in Richtung wachsender x_1-Werte.

Dieses Konzept kann auf reelle Funktionen mit n unabhängigen Variablen erweitert werden. Halten wir $n-1$ Variablen konstant, so bleibt eine Funktion mit einer Variablen übrig, deren Ableitung wieder als entsprechende Richtungsableitung interpretiert werden kann.

Wir betrachten also reelle Funktionen der Form $f\colon D \to \mathbb{R},\ D \subseteq \mathbb{R}^n$ mit

$$\boldsymbol{x} = (x_1, \ldots, x_n) \mapsto f(\boldsymbol{x}) = f(x_1, \ldots, x_n) = y.$$

Dann beschreibt der *Differenzenquotient*

$$\frac{f(x_1, \ldots, x_i + \Delta x_i, \ldots, x_n)}{\Delta x_i} - \frac{f(x_1, \ldots, x_i, \ldots, x_n)}{\Delta x_i} = \frac{f(\boldsymbol{x} + \Delta x_i \boldsymbol{e_i}) - f(\boldsymbol{x})}{\Delta x_i}$$

mit $\boldsymbol{e_i} = (0, \ldots, 1, \ldots, 0)$ als dem i-ten Einheitsvektor und

$$\boldsymbol{x},\ \boldsymbol{x} + \Delta x_i \boldsymbol{e_i} \in D$$

die Änderung des Funktionswertes im Punkt

$$\boldsymbol{x} = (x_1, \ldots, x_n),$$

bezogen auf die Änderung Δx_i der i-ten Variablen, wobei alle übrigen Variablen konstant bleiben (Definition 11.1).

Definition 21.15

Eine reelle Funktion $f: D \to \mathbb{R},\ D \subseteq \mathbb{R}^n$ heißt im Punkt $\boldsymbol{x} \in D$ *partiell differenzierbar* nach der Variablen x_i, wenn der Grenzwert

$$\lim_{\Delta x_i \to 0} \frac{f(\boldsymbol{x} + \Delta x_i \boldsymbol{e_i}) - f(\boldsymbol{x})}{\Delta x_i} = f_{x_i}(\boldsymbol{x})$$

existiert. Gegebenenfalls heißt dieser Grenzwert $f_{x_i}(\boldsymbol{x})$ die *erste partielle Ableitung* von f nach x_i im Punkt

$$\boldsymbol{x} = (x_1, \ldots, x_n) \in D$$

oder die *Steigung* von f im Punkt $\boldsymbol{x}$ in Richtung der Komponente x_i. Man schreibt

$$\begin{aligned} f^i(\boldsymbol{x}) &= f_{x_i}(x_1, \ldots, x_n) \\ &= \frac{\partial f(x_1, \ldots, x_n)}{\partial x_i} = \frac{\partial f(\boldsymbol{x})}{\partial x_i}. \end{aligned}$$

Man differenziert also eine Funktion f partiell nach der Variablen x_i, indem man alle Variablen x_j mit $j \neq i$ konstant hält und die dadurch entstehende Funktion in einer Variablen x_i entsprechend Definition 11.2 behandelt.

Definition 21.16

Eine reelle Funktion $f: D \to \mathbb{R}$ heißt in

$$D_1 \subseteq D \subseteq \mathbb{R}^n$$

partiell differenzierbar nach x_i, wenn f für alle $\boldsymbol{x} \in D_1$ partiell differenzierbar nach x_i ist.

Damit ist auch die partielle Ableitung f_{x_i} eine reelle Funktion in n Variablen, die für alle $\boldsymbol{x} \in D_1$ definiert und möglicherweise wieder partiell differenzierbar ist. Sie beschreibt in jedem Punkt der Menge D_1 die Steigung von f in Richtung der i-ten Koordinatenachse.

Da sich die partielle Differenzierbarkeit von Funktionen mehrerer Variablen damit auf die Differenzierbarkeit von Funktionen einer Variablen zurückführen lässt, können die Differentiationsvorschriften aus Kapitel 11, insbesondere die Sätze 11.4, 11.8, 11.10 a, 11.13 sinngemäß übertragen und angewandt werden.

Beispiel 21.17

Wir berechnen die partiellen Ableitungen der in Abbildung 21.6 dargestellten Funktion f mit

$$f(x_1, x_2) = \sqrt{9 - x_1^2 - x_2^2}.$$

Dann gilt:

$$\begin{aligned} f_{x_1}(x_1, x_2) &= \frac{\partial f(x_1, x_2)}{\partial x_1} \\ &= \frac{-2x_1}{2\sqrt{9 - x_1^2 - x_2^2}} = \frac{-x_1}{\sqrt{9 - x_1^2 - x_2^2}} \end{aligned}$$

$$\begin{aligned} f_{x_2}(x_1, x_2) &= \frac{\partial f(x_1, x_2)}{\partial x_2} \\ &= \frac{-2x_2}{2\sqrt{9 - x_1^2 - x_2^2}} = \frac{-x_2}{\sqrt{9 - x_1^2 - x_2^2}} \end{aligned}$$

Die partielle Ableitung $f_{x_1}(x_1, x_2)$ ist negativ für $x_1 > 0$. Durch den Graphen der Funktion h in Abbildung 21.6 wird dies bestätigt. Entsprechendes gilt für die partielle Ableitung $f_{x_2}(x_1, x_2)$.

Beispiel 21.18

Für die Funktionen $f, g: \mathbb{R}^3 \to \mathbb{R}$ mit

$$\begin{aligned} f(x_1, x_2, x_3) &= x_1 x_2 x_3 + \ln(x_1^2 x_2^2 + 1) \\ &\quad + \sin 2x_3, \end{aligned}$$

$$g(x_1, x_2, x_3) = \frac{2x_1 x_3 + x_2^2}{e^{x_2}} + \frac{\sqrt{x_1^2 + 1}}{x_3^2 + 1}$$

erhalten wir die partiellen Ableitungen mit $\boldsymbol{x} = (x_1, x_2, x_3)$:

$$f_{x_1}(\boldsymbol{x}) = \frac{\partial f(\boldsymbol{x})}{\partial x_1} = x_2 x_3 + \frac{2x_1 x_2^2}{x_1^2 x_2^2 + 1}$$

$$f_{x_2}(\boldsymbol{x}) = \frac{\partial f(\boldsymbol{x})}{\partial x_2} = x_1 x_3 + \frac{2x_1^2 x_2}{x_1^2 x_2^2 + 1}$$

$$f_{x_3}(\boldsymbol{x}) = \frac{\partial f(\boldsymbol{x})}{\partial x_3} = x_1 x_2 + 2\cos 2x_3$$

$$
\begin{aligned}
g_{x_1}(\boldsymbol{x}) &= \frac{\partial g(\boldsymbol{x})}{\partial x_1} \\
&= \frac{2x_3}{e^{x_2}} + \frac{x_1}{\sqrt{x_1^2+1}\cdot\left(x_3^2+1\right)} \\
g_{x_2}(\boldsymbol{x}) &= \frac{\partial g(\boldsymbol{x})}{\partial x_2} \\
&= \frac{2x_2\cdot e^{x_2} - \left(2x_1x_3 + x_2^2\right)\cdot e^{x_2}}{e^{2x_2}} \\
&= \frac{2x_2 - 2x_1x_3 - x_2^2}{e^{x_2}} \\
g_{x_3}(\boldsymbol{x}) &= \frac{\partial g(\boldsymbol{x})}{\partial x_3} = \frac{2x_1}{e^{x_2}} + \frac{-2x_3\sqrt{x_1^2+1}}{\left(x_3^2+1\right)^2}
\end{aligned}
$$

Definition 21.19

Ist eine reelle Funktion $f:\ D \to \mathbb{R},\ D \subseteq \mathbb{R}^n$ im Punkt $\boldsymbol{x} \in D$ partiell differenzierbar nach allen Variablen $x_1, \ldots, x_n$, dann heißt der Vektor

$$\operatorname{grad} f(\boldsymbol{x})^T = \nabla f(\boldsymbol{x})^T = \left(f_{x_1}(\boldsymbol{x}), \ldots, f_{x_n}(\boldsymbol{x})\right)$$

der *Gradient der Funktion* f im Punkt $\boldsymbol{x} \in D$.

Der Gradient enthält komponentenweise die Steigungen von f in Richtung der Variablenachsen. Das Symbol ∇ wird auch als *Nablaoperator* bezeichnet. Mit dem Gradienten in einem Punkt $\hat{\boldsymbol{x}} = (\hat{x}_1, \ldots, \hat{x}_n)$ lässt sich die Gleichung einer Hyperebene im $\mathbb{R}^n$ (Definition 15.7 a)

$$y = a_0 + a_1x_1 + a_2x_2 + \ldots + a_nx_n$$

bestimmen, die die Funktion f in $\hat{\boldsymbol{x}}$ berührt.

Bei Funktionen einer Variablen ergibt sich dabei die *Tangente* im Punkt $\hat{x}$ mit

$$y = f(\hat{x}) + f'(\hat{x})(x - \hat{x}),$$

bei Funktionen zweier Variablen die sogenannte *Tangentialebene* im Punkt $\hat{\boldsymbol{x}} = (\hat{x}_1, \hat{x}_2)$ mit

$$y = f(\hat{\boldsymbol{x}}) + f_{x_1}(\hat{\boldsymbol{x}})(x_1 - \hat{x}_1) + f_{x_2}(\hat{\boldsymbol{x}})(x_2 - \hat{x}_2).$$

Für $n = 3, 4, \ldots$ spricht man von einer *Tangentialhyperebene* im Punkt $\hat{\boldsymbol{x}} = (\hat{x}_1, \ldots, \hat{x}_n)$ mit

$$
\begin{aligned}
y &= f(\hat{\boldsymbol{x}}) + f_{x_1}(\hat{\boldsymbol{x}})(x_1 - \hat{x}_1) + \ldots + f_{x_n}(\hat{\boldsymbol{x}})(x_n - \hat{x}_n) \\
&= f(\hat{\boldsymbol{x}}) + \operatorname{grad} f(\hat{\boldsymbol{x}})^T(\boldsymbol{x} - \hat{\boldsymbol{x}}).
\end{aligned}
$$

Beispiel 21.20

Wir berechnen die Tangentialebene zu der in Abbildung 21.6 dargestellten Funktion f mit

$$f(x_1, x_2) = \sqrt{9 - x_1^2 - x_2^2}$$

in den Punkten $(2, 1)$, $(\hat{x}_1, 1)$ und $(2, \hat{x}_2)$.

Für $(\hat{x}_1, \hat{x}_2)$ mit

$$\hat{x}_1^2 + \hat{x}_2^2 < 9$$

erhalten wir den Gradienten (Beispiel 21.17)

$$\operatorname{grad} f(\hat{\boldsymbol{x}})^T = \frac{1}{\sqrt{9 - \hat{x}_1^2 - \hat{x}_2^2}}\,(-\hat{x}_1,\ -\hat{x}_2)$$

und die Tangentialebene mit der Gleichung

$$
\begin{aligned}
y &= f(\hat{\boldsymbol{x}}) + \operatorname{grad} f(\hat{\boldsymbol{x}})^T(\boldsymbol{x} - \hat{\boldsymbol{x}}) \\
&= \sqrt{9 - \hat{x}_1^2 - \hat{x}_2^2} \\
&\quad + \frac{1}{\sqrt{9 - \hat{x}_1^2 - \hat{x}_2^2}}\,(-\hat{x}_1,\ -\hat{x}_2)\begin{pmatrix} x_1 - \hat{x}_1 \\ x_2 - \hat{x}_2 \end{pmatrix} \\
&= \frac{9 - \hat{x}_1^2 - \hat{x}_2^2}{\sqrt{9 - \hat{x}_1^2 - \hat{x}_2^2}} \\
&\quad - \frac{\hat{x}_1(x_1 - \hat{x}_1) + \hat{x}_2(x_2 - \hat{x}_2)}{\sqrt{9 - \hat{x}_1^2 - \hat{x}_2^2}} \\
&= \frac{9 - \hat{x}_1x_1 - \hat{x}_2x_2}{\sqrt{9 - \hat{x}_1^2 - \hat{x}_2^2}}\,.
\end{aligned}
$$

Daraus folgt:

$$
y = \begin{cases}
\dfrac{9 - 2x_1 - x_2}{2} & \text{für } (\hat{x}_1, \hat{x}_2) = (2, 1) \\[2ex]
\dfrac{9 - \hat{x}_1x_1 - x_2}{\sqrt{8 - \hat{x}_1^2}} & \text{im Punkt } (\hat{x}_1, 1) \text{ mit } \hat{x}_1 \in (0, \sqrt{8}) \\[2ex]
\dfrac{9 - 2x_1 - \hat{x}_2x_2}{\sqrt{5 - \hat{x}_2^2}} & \text{im Punkt } (2, \hat{x}_2) \text{ mit } \hat{x}_2 \in (0, \sqrt{5})
\end{cases}
$$

Beispiel 21.21

Besonders einfach sind Gradienten und Tangentialhyperebenen im Fall linearer Funktionen berechenbar. Für die Funktion f mit

$$f(x_1, \ldots, x_n) = c_0 + c_1 x_1 + \ldots + c_n x_n$$

erhält man für alle Punkte $\hat{\boldsymbol{x}} \in \mathbb{R}^n$ den Gradienten

$$\operatorname{grad} f(\hat{\boldsymbol{x}})^T = (c_1, \ldots, c_n)$$

und die Tangentialhyperebene

$$\begin{aligned} y &= f(\hat{\boldsymbol{x}}) + \operatorname{grad} f(\hat{\boldsymbol{x}})^T (\boldsymbol{x} - \hat{\boldsymbol{x}}) \\ &= c_0 + c_1 \hat{x}_1 + \ldots + c_n \hat{x}_n \\ &\quad + (c_1, \ldots, c_n) \begin{pmatrix} x_1 - \hat{x}_1 \\ \vdots \\ x_n - \hat{x}_n \end{pmatrix} \\ &= c_0 + c_1 x_1 + \ldots + c_n x_n \,. \end{aligned}$$

Im Fall linearer Funktionen fällt die Gleichung der Tangentialhyperebene in jedem Punkt $\hat{\boldsymbol{x}}$ mit der Funktionsgleichung zusammen.

In Anlehnung an Abschnitt 11.5 können wir nunmehr partielle Änderungsraten und Elastizitäten einführen.

Definition 21.22

Ist die Funktion $f : D \to \mathbb{R},\ D \subseteq \mathbb{R}^n$ nach allen Variablen $x_1, \ldots, x_n$ partiell differenzierbar, dann heißt

$$\varrho_{f,x_i}(\boldsymbol{x}) = \frac{f_{x_i}(\boldsymbol{x})}{f(\boldsymbol{x})}$$

die *partielle Änderungsrate*,

$$\varepsilon_{f,x_i}(\boldsymbol{x}) = x_i \cdot \varrho_{f,x_i}(\boldsymbol{x}) = x_i \cdot \frac{f_{x_i}(\boldsymbol{x})}{f(\boldsymbol{x})}$$

die *partielle Elastizität* von f bezüglich x_i im Punkt $\boldsymbol{x} \in D$.

Die partielle Änderungsrate entspricht der Veränderung von f in Richtung der i-ten Koordinate bezogen auf den Funktionswert $f(\boldsymbol{x})$ oder der marginalen *prozentualen* Änderung von f im Punkt $\boldsymbol{x}$ bei Erhöhung von x_i um 1 Einheit. Die partielle Elastizität entspricht der marginalen Änderung von f in Prozent bei Erhöhung der i-ten Koordinate um 1 %.

Beispiel 21.23

Wir betrachten die lineare Kostenfunktion k einer n-Produkt-Unternehmung mit

$$k(x_1, \ldots, x_n) = c_0 + c_1 x_1 + \ldots + c_n x_n$$

und den partiellen Ableitungen

$$k_{x_i}(x_1, \ldots, x_n) = c_i \quad (i = 1, \ldots, n),$$

die wir auch als *partielle Grenzkosten* des Produktes i bezeichnen. Die partielle Kostenänderungsrate des Produktes i ist dann

$$\varrho_{k,x_i}(\boldsymbol{x}) = \frac{c_i}{k(\boldsymbol{x})}$$

und die partielle Kostenelastizität

$$\varepsilon_{k,x_i}(\boldsymbol{x}) = \frac{c_i x_i}{k(\boldsymbol{x})} \,.$$

Diese ergibt sich hier aus dem Quotienten der variablen Kosten für Produkt i und den Gesamtkosten für den Vektor $(x_1, \ldots, x_n)$ der Produktquantitäten.

Beispiel 21.24

Für eine Cobb-Douglas-Produktionsfunktion mit n Produktionsfaktoren (Beispiel 21.4) gilt die Gleichung

$$\begin{aligned} y &= f(x_1, \ldots, x_n) \\ &= a_0 \cdot x_1^{\alpha_1} \cdot x_2^{\alpha_2} \cdot \ldots \cdot x_n^{\alpha_n} \\ &\qquad (\text{mit } a_0, \alpha_1, \ldots, \alpha_n \in \mathbb{R}_+). \end{aligned}$$

Die partiellen Ableitungen

$$\begin{aligned} & f_{x_i}(x_1, \ldots, x_n) \\ &= a_0 \cdot x_1^{\alpha_1} \cdot \ldots \cdot \alpha_i \cdot x_i^{\alpha_i - 1} \cdot \ldots \cdot x_n^{\alpha_n} \\ &\qquad (i = 1, \ldots, n) \end{aligned}$$

bezeichnet man auch als *partielle Grenzproduktivitäten* der einzelnen Faktoren. Die partielle Änderungsrate des Faktors i ist dann

$$\varrho_{f,x_i}(\boldsymbol{x}) = \alpha_i / x_i$$

und die partielle Elastizität

$$\varepsilon_{f,x_i}(\boldsymbol{x}) = \alpha_i \,.$$

Die partielle Änderungsrate des Faktors i hängt nur vom Faktor i ab und fällt streng monoton mit wachsendem x_i. Die in der Funktion f auftretenden Exponenten α_i entsprechen den partiellen Elastizitäten.

Beispiel 21.25

Zwischen den Preisen $p_1, p_2 > 0$ und den Nachfragemengen $x_1, x_2 > 0$ nach zwei Gütern werden Zusammenhänge der Form

$$\begin{aligned} x_1 &= f_1(p_1, p_2) = p_1^{-a} \cdot e^{bp_2} \qquad (a, b > 0) \\ x_2 &= f_2(p_1, p_2) \\ &= c_0 \cdot p_1^{c_1} \cdot p_2^{-c_2} \qquad (c_0, c_1, c_2 > 0) \end{aligned}$$

unterstellt.

Für die Funktion f_1 erhalten wir:

$$\begin{aligned} \operatorname{grad} f_1(\boldsymbol{p}) &= \begin{pmatrix} -a p_1^{-a-1} \cdot e^{bp_2} \\ b p_1^{-a} \cdot e^{bp_2} \end{pmatrix} \\ \left(\varrho_{f_1,p_1}(\boldsymbol{p}), \varrho_{f_1;p_2}(\boldsymbol{p})\right) &= \left(\frac{-a}{p_1}, b\right) \\ \left(\varepsilon_{f_1,p_1}(\boldsymbol{p}), \varepsilon_{f_1,p_2}(\boldsymbol{p})\right) &= (-a, bp_2) \end{aligned}$$

(Beispiel 11.28, 11.29)

Die Nachfrage x_1 wächst mit fallendem Preis p_1 bzw. mit wachsendem Preis p_2, man spricht auch von *substitutiven Gütern*. Die partielle Änderungsrate $\varrho_{f_1,p_1}(\boldsymbol{p})$ der Nachfrage nach Gut 1 ist negativ und nähert sich für wachsenden Preis p_1 dem Nullpunkt, während $\varrho_{f_1,p_2}(\boldsymbol{p})$ preisunabhängig und positiv ist.

Die partielle Elastizität $\varepsilon_{f_1,p_1}(\boldsymbol{p})$ der Nachfrage nach Gut 1, auch als *direkte Preiselastizität* bezeichnet, ist preisunabhängig und negativ, während die sogenannte *Kreuzpreiselastizität* $\varepsilon_{f_1,p_2}(\boldsymbol{p})$ der Nachfrage nach Gut 1 mit p_2 wächst und stets positiv ist.

Für die Funktion f_2 erhalten wir:

$$\begin{aligned} \operatorname{grad} f_2(\boldsymbol{p}) &= \begin{pmatrix} c_0 \cdot c_1 p_1^{c_1-1} \cdot p_2^{c_2} \\ -c_0 \cdot c_2 p_1^{c_1} \cdot p_2^{-c_2-1} \end{pmatrix} \\ \left(\varrho_{f_2,p_1}(\boldsymbol{p}), \varrho_{f_2,p_2}(\boldsymbol{p})\right) &= \left(\frac{c_1}{p_1}, \frac{-c_2}{p_2}\right) \\ \left(\varepsilon_{f_2,p_1}(\boldsymbol{p}), \varepsilon_{f_2,p_2}(\boldsymbol{p})\right) &= (c_1, -c_2) \end{aligned}$$

Diese Ergebnisse lassen sich entsprechend interpretieren.

21.3 Richtungsableitungen

Mit Hilfe der partiellen Ableitungen erhalten wir Aufschluss über die Änderung einer Funktion f an einer Stelle $\boldsymbol{x} = (x_1, \ldots, x_n)$, wenn wir genau eine der Variablen variieren. Man spricht dabei auch von Ableitungen der Funktion in *Richtung* der einzelnen Variablen. Dieses Konzept lässt sich verallgemeinern.

Ist an einer Stelle $\boldsymbol{x} \in \mathbb{R}^n$ die Veränderungsrichtung für eine Funktion f durch den Vektor $\boldsymbol{r} \in \mathbb{R}^n$ mit

$$\|\boldsymbol{r}\| = \sqrt{r_1^2 + \ldots + r_n^2} = 1$$

vorgegeben, so betrachtet man eine Funktion g mit

$$g(t) = f(\boldsymbol{x} + t\boldsymbol{r}) = f(\boldsymbol{z})$$
$$(\text{und } t \in \mathbb{R},\ \boldsymbol{z} = \boldsymbol{x} + t\boldsymbol{r} \in \mathbb{R}^n.)$$

Dabei gibt die reelle Zahl t die *Schrittweite* der Veränderung von $\boldsymbol{x}$ in Richtung $\boldsymbol{r}$ an. Um nun zu Richtungsableitungen von f zu kommen, betrachten wir zunächst zusammengesetzte Funktionen mehrerer Variablen und verallgemeinern die *Kettenregel* für Funktionen einer Variablen (Satz 11.10 a).

Satz 21.26

Die Funktion $f : D \to \mathbb{R}$, $D \subseteq \mathbb{R}^n$ mit $y = f(\boldsymbol{x})$ besitze stetige partielle Ableitungen nach $x_1, \ldots, x_n$, die n Funktionen $v_1, \ldots, v_n$ mit

$$x_1 = v_1(t), \ \ldots, \quad x_n = v_n(t)$$

seien differenzierbar für alle $t \in (a, b)$.

Dann ist die Funktion $g : (a, b) \to \mathbb{R}$ mit

$$g(t) = f\left(v_1(t), \ldots, v_n(t)\right)$$

differenzierbar, und es gilt:

$$\begin{aligned} g'(t) &= \frac{\mathrm{d}g(t)}{\mathrm{d}t} \\ &= f_{x_1}(\boldsymbol{x}) v_1'(t) + \ldots + f_{x_n}(\boldsymbol{x}) v_n'(t) \end{aligned}$$

Zum Beweis verweisen wir auf Forster (2013), Kap. 6.

Dieser Satz kann nun zur Bestimmung von Richtungsableitungen von Funktionen mehrerer Variablen genutzt werden.

Definition 21.27

Gegeben sei eine Funktion

$$f : D \to \mathbb{R}\,,\ D \subseteq \mathbb{R}^n$$

mit stetigen partiellen Ableitungen in D, gegeben seien ferner die Vektoren $\boldsymbol{x}, \boldsymbol{r} \in D$ mit $\|\boldsymbol{r}\| = 1$.

Dann heißt f an der Stelle $\boldsymbol{x} \in D$ *in Richtung* $\boldsymbol{r}$ *differenzierbar*, wenn es ein $\varepsilon > 0$ mit

$$[\boldsymbol{x} - \varepsilon\boldsymbol{r}, \boldsymbol{x} + \varepsilon\boldsymbol{r}] \subseteq D$$

gibt, und der Grenzwert

$$\lim_{t \to 0} \frac{f(\boldsymbol{x} + t\boldsymbol{r}) - f(\boldsymbol{x})}{t}$$

existiert (Abbildung 21.7).

Mit Definition 11.2 und

$$v_i(t) = x_i + t r_i \qquad (i = 1, \ldots, n)$$

ergibt sich

$$\begin{aligned} g(t) &= f(\boldsymbol{x} + t\boldsymbol{r}) \\ \Rightarrow\ g'(0) &= \lim_{t \to 0} \frac{f(\boldsymbol{x} + t\boldsymbol{r}) - f(\boldsymbol{x})}{t}\,. \end{aligned}$$

Dann ist $g'(0)$ mit

$$\begin{aligned} g'(0) &= f_{x_1}(\boldsymbol{x}) r_1 + \ldots + f_{x_n}(\boldsymbol{x}) r_n \\ &= \operatorname{grad} f(\boldsymbol{x})^T \boldsymbol{r} \qquad \text{(Satz 21.26)} \end{aligned}$$

die *Richtungsableitung* von f an der Stelle $\boldsymbol{x} \in D$ in Richtung $\boldsymbol{r}$.

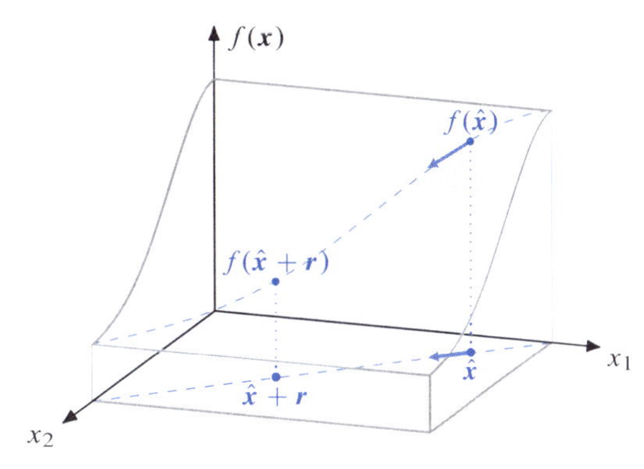

Abbildung 21.7: *Zur Bestimmung der Richtungsableitung einer Funktion f an der Stelle $\hat{\boldsymbol{x}}$ in Richtung $\boldsymbol{r}$*

Ist der Vektor $\boldsymbol{r} = (0, \ldots, 1, \ldots, 0)$ der i-te Einheitsvektor, so entspricht die Richtungsableitung

$$g'(0) = f_{x_i}(\boldsymbol{x})$$

gerade der i-ten partiellen Ableitung von f.

Beispiel 21.28

Gegeben sei eine Kostenfunktion k in Abhängigkeit der Produktquantitäten $\boldsymbol{x}^T = (x_1, x_2, x_3)$ mit

$$k(\boldsymbol{x}) = 100 + 30x_1 + 48x_2 + 36x_3 + 12x_2x_3\,.$$

Der Richtungsvektor

$$\boldsymbol{r_1}^T = \frac{1}{3} \cdot (1, 2, 2)$$

mit $\|\boldsymbol{r_1}\| = 1$ sagt beispielsweise aus, dass die Quantitäten der drei Produkte im Verhältnis 1 : 2 : 2 zu erhöhen sind.

Mit $\boldsymbol{r_1}^T$ erhalten wir nach Definition 21.27

$$\begin{aligned} g_1'(0) &= 30 \cdot \frac{1}{3} + (48 + 12x_3) \cdot \frac{2}{3} \\ &\quad + (36 + 12x_2) \cdot \frac{2}{3} \\ &= 66 + 8x_2 + 8x_3\,. \end{aligned}$$

Entsprechend gilt für den Richtungsvektor

$$\boldsymbol{r_2}^T = \frac{1}{3} \cdot (2, 1, 2)$$

mit $\|\boldsymbol{r_2}\| = 1$

$$\begin{aligned} g_2'(0) &= 30 \cdot \frac{2}{3} + (48 + 12x_3) \cdot \frac{1}{3} \\ &\quad + (36 + 12x_2) \cdot \frac{2}{3} \\ &= 60 + 8x_2 + 4x_3 \end{aligned}$$

und für den Richtungsvektor $\boldsymbol{r_3}^T = \frac{1}{3}(2, 2, 1)$

$$\begin{aligned} g_3'(0) &= 30 \cdot \frac{2}{3} + (48 + 12x_3) \cdot \frac{2}{3} \\ &\quad + (36 + 12x_2) \cdot \frac{1}{3} \\ &= 64 + 4x_2 + 8x_3 . \end{aligned}$$

Für die gegebene Kostenfunktion ist damit klar, dass der Richtungsvektor

$$\boldsymbol{r_1} = \frac{1}{3}(1, 2, 2)$$

die höchsten Kostensteigerungen verursacht. Beim Vergleich der Vektoren

$$\frac{1}{3}(2, 1, 2) \quad \text{und} \quad \frac{1}{3}(2, 2, 1)$$

stellt man fest, dass die Kostensteigerungen für alle Produktquantitäten (x_2, x_3) mit

$$x_2 = 1 + x_3$$

gleich sind. Für

$$x_2 > 1 + x_3 \quad \text{gilt} \quad g_2'(0) > g_3'(0)$$

und für

$$x_2 < 1 + x_3 \quad \text{gilt} \quad g_2'(0) < g_3'(0) .$$

Die Kostensteigerungen sind unabhängig vom Produktionsniveau des ersten Gutes.

Nachfolgend diskutieren wir eine Aussage von *L. Euler* (1707–1783) über Funktionen, die positiv homogen vom Grade c sind. Nach Definition 21.9 gilt für eine solche Funktion für alle $a > 0$

$$f(ax_1, \ldots, ax_n) = a^c f(x_1, \ldots, x_n)$$

Satz 21.29

Die reelle Funktion $f : D \to \mathbb{R}$, $D \subseteq \mathbb{R}^n$ sei positiv homogen vom Grade c und besitze stetige partielle Ableitungen in D. Dann gilt:

a) $\operatorname{grad} f(\boldsymbol{x})^T \boldsymbol{x} = c f(\boldsymbol{x})$

(*Eulersche Homogenitätsrelation*)

b)
$$\begin{aligned} &\varepsilon_{f,x_1}(\boldsymbol{x}) + \ldots + \varepsilon_{f,x_n}(\boldsymbol{x}) \\ &= \frac{f_{x_1}(\boldsymbol{x})}{f(\boldsymbol{x})} x_1 + \ldots + \frac{f_{x_n}(\boldsymbol{x})}{f(\boldsymbol{x})} x_n \\ &= \frac{1}{f(\boldsymbol{x})} \operatorname{grad} f(\boldsymbol{x})^T \boldsymbol{x} = c \end{aligned}$$

Beweis

a)
$$\begin{aligned} g(a) &= f(ax_1, \ldots, ax_n) \\ &= a^c f(x_1, \ldots, x_n) \end{aligned}$$

für festes $\boldsymbol{x} = (x_1, \ldots, x_n)$

$\Rightarrow g'(a) = ca^{c-1} f(x_1, \ldots, x_n)$.

Andererseits gilt nach Satz 21.26

$$\begin{aligned} g'(a) &= f_{x_1}(a\boldsymbol{x})x_1 + \ldots + f_{x_n}(a\boldsymbol{x})x_n \\ &= \operatorname{grad} f(a\boldsymbol{x})^T \boldsymbol{x} . \end{aligned}$$

Durch Gleichsetzen erhält man:

$$\begin{aligned} & g'(a) = ca^{c-1} f(\boldsymbol{x}) = \operatorname{grad} f(a\boldsymbol{x})^T \boldsymbol{x} \\ & \Rightarrow g'(1) = c f(\boldsymbol{x}) = \operatorname{grad} f(\boldsymbol{x})^T \boldsymbol{x} \end{aligned}$$

b) Dividiert man die Eulersche Homogenitätsrelation auf beiden Seiten mit $f(\boldsymbol{x})$, so ergibt sich auch die zweite Behauptung.

Beispiel 21.30

Die Nutzenfunktion u mit

$$u(x_1, x_2) = ax_1 + bx_2 + c\sqrt{x_1 x_2}$$

bewerte den erwarteten Gewinn aus den in zwei Anlagen investierten Beträgen. Für $k > 0$ und wegen

$$\begin{aligned} u(kx_1, kx_2) &= akx_1 + bkx_2 + c\sqrt{kx_1 \cdot kx_2} \\ &= akx_1 + bkx_2 + ck\sqrt{x_1 x_2} \\ &= k \cdot u(x_1, x_2) \end{aligned}$$

ist u positiv homogen vom Grade 1. Dann gilt nach Satz 21.29:

$$\begin{aligned} \operatorname{grad} u(\boldsymbol{x})^T \boldsymbol{x} &= u(\boldsymbol{x}) \\ \varepsilon_{u,x_1}(\boldsymbol{x}) + \varepsilon_{u,x_2}(\boldsymbol{x}) &= 1 \end{aligned}$$

Wir diskutieren noch eine weitere Konsequenz der Kettenregel (Satz 21.26).

Gegeben sei die Funktion $f : D \to \mathbb{R}$, $D \subseteq \mathbb{R}^{n+1}$ mit

$$f(x_1, \ldots, x_n, y) = 0 .$$

Es ist dabei nicht immer möglich, die Funktionsgleichung nach der Variablen y aufzulösen. Dennoch ist durch

$$f(x_1, \ldots, x_n, y) = 0$$

gelegentlich eine Funktion h mit der Eigenschaft

$$h(x_1, \ldots, x_n) = y$$

gegeben. Man sagt, h wird durch die Gleichung

$$f(x_1, \ldots, x_n, y) = 0$$

implizit definiert.

Obwohl h unbekannt ist, kann man dennoch unter bestimmten Bedingungen partielle Ableitungen von h berechnen.

Satz 21.31

Besitzt die Funktion $f : D \to \mathbb{R}$ mit

$$f(x_1, \ldots, x_n, y) = 0$$

stetige partielle Ableitungen mit

$$f_y(x_1, \ldots, x_n, y) \neq 0 ,$$

und ist h mit

$$\begin{aligned} &f(x_1, \ldots, x_n, y) \\ &= f(x_1, \ldots, x_n, h(x_1, \ldots, x_n)) \\ &= g(x_1, \ldots, x_n) = 0 \end{aligned}$$

stetig, so ist auch h stetig partiell differenzierbar nach allen Variablen, und es gilt

$$h_{x_i}(x_1, \ldots, x_n) = -\frac{f_{x_i}(x_1, \ldots, x_n, y)}{f_y(x_1, \ldots, x_n, y)} \qquad (i = 1, \ldots, n).$$

Beweis

Zur Berechnung betrachten wir g als Funktion von x_i und halten die übrigen Variablen konstant. Dann folgt mit

$$\boldsymbol{x} = (x_1, \ldots, x_n)$$

aus Satz 21.26:

$$\begin{aligned} g_{x_i}(\boldsymbol{x}) &= f_{x_i}(\boldsymbol{x}, y)\frac{\partial x_i}{\partial x_i} + f_y(\boldsymbol{x}, y)\frac{\partial h(\boldsymbol{x})}{\partial x_i} \\ &= f_{x_i}(\boldsymbol{x}, y) + f_y(\boldsymbol{x}, y) h_{x_i}(\boldsymbol{x}) \\ &= 0 \end{aligned}$$

Daraus folgt die Behauptung.

Diese Aussage kann einerseits benutzt werden, um die Berechnung von Ableitungen bzw. partiellen Ableitungen zu vereinfachen, andererseits dient sie dazu, Substitutionseffekte in der Ökonomie aufzudecken.

Beispiel 21.32

Gegeben sei die Produktionsfunktion $h: \mathbb{R}_+^2 \to \mathbb{R}$ mit

$$h(x_1, x_2) = a_0 x_1^{\alpha_1} x_2^{\alpha_2} = y\,, \quad \text{bzw.}$$
$$f(x_1, x_2, y) = y - a_0 x_1^{\alpha_1} x_2^{\alpha_2} = 0\,.$$

Durch die Gleichung $f(x_1, x_2, y) = 0$ wird eine Funktion v mit $x_2 = v(x_1, y)$ erklärt. Die Einsatzquantität des zweiten Produktionsfaktors wird hierbei als Funktion der ersten Faktorquantität und des Produktionsniveaus betrachtet. Wir erhalten

$$v_{x_1}(x_1, y) = -\frac{f_{x_1}(x_1, x_2, y)}{f_{x_2}(x_1, x_2, y)}$$
$$= -\frac{a_0 \alpha_1 x_1^{\alpha_1 - 1} x_2^{\alpha_2}}{a_0 \alpha_2 x_1^{\alpha_1} x_2^{\alpha_2 - 1}} = -\frac{\alpha_1 x_2}{\alpha_2 x_1} = -\frac{\frac{\alpha_1}{x_1}}{\frac{\alpha_2}{x_2}}$$

und damit den negativen Quotienten der *partiellen Grenzproduktivitäten* der Produktionsfaktoren. Man bezeichnet diesen Quotienten auch als *Grenzrate der Substitution* des zweiten Faktors bzgl. des ersten Faktors.

Alternativ zu dieser Rechnung folgt aus der Produktionsgleichung:

$$x_2 = v(x_1, y)$$
$$= \left(\frac{y}{a_0 x_1^{\alpha_1}}\right)^{\frac{1}{\alpha_2}}$$
$$= \left(\frac{y}{a_0}\right)^{\frac{1}{\alpha_2}} \left(x_1^{\alpha_1}\right)^{-\frac{1}{\alpha_2}}$$

$$\Rightarrow v_{x_1}(x_1, y)$$
$$= \left(\frac{y}{a_0}\right)^{\frac{1}{\alpha_2}} \left(-\frac{1}{\alpha_2}\right) \left(x_1^{\alpha_1}\right)^{-\frac{1}{\alpha_2} - 1} \left(\alpha_1 x_1^{\alpha_1 - 1}\right)$$
$$= \left(x_1^{\alpha_1} x_2^{\alpha_2}\right)^{\frac{1}{\alpha_2}} \left(-\frac{\alpha_1}{\alpha_2}\right) x_1^{-\frac{\alpha_1}{\alpha_2} - \alpha_1 + \alpha_1 - 1}$$
$$= \left(-\frac{\alpha_1}{\alpha_2}\right) x_1^{-1} x_2$$
$$= -\frac{\alpha_1 x_2}{\alpha_2 x_1} = -\frac{\frac{\alpha_1}{x_1}}{\frac{\alpha_2}{x_2}}$$

Wir erhalten das gleiche Ergebnis, wenn auch mit höherem Rechenaufwand.

In Abbildung 21.8 veranschaulichen wir die Produktionsgleichung für

$$a_0 = 1,\ \alpha_1 = \alpha_2 = \frac{1}{2}$$

sowie $y = 10, 15, 20$ bzw. 25 und erhalten:

$$f_{10}(x_1, x_2, y) = 10 - \sqrt{x_1 x_2} = 0\,,$$
$$f_{15}(x_1, x_2, y) = 15 - \sqrt{x_1 x_2} = 0\,,$$
$$f_{20}(x_1, x_2, y) = 20 - \sqrt{x_1 x_2} = 0 \text{ bzw.}$$
$$f_{25}(x_1, x_2, y) = 25 - \sqrt{x_1 x_2} = 0$$

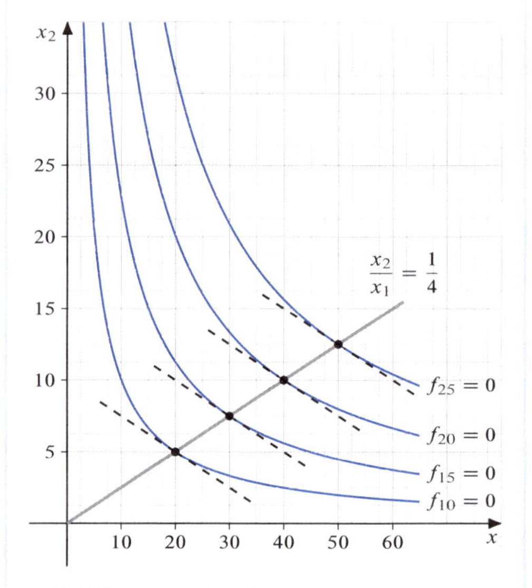

Abbildung 21.8: *Graphen der Produktionsgleichungen* $f_{10} = 0$, $f_{15} = 0$ *und* $f_{20} = 0$

Die Grenzrate der Substitution ist hier $-\frac{x_2}{x_1}$ und entspricht damit dem negativen Quotienten der Faktoreinsatzmengen. Unabhängig vom Produktionsniveau y ist diese Grenzrate konstant, solange der Quotient $\frac{x_2}{x_1}$ konstant ist.

Damit ist die Steigung der Kurve $f_{10} = 0$ beispielsweise im Punkt $(20, 5)$ identisch mit der Steigung der Kurve $f_{20} = 0$ im Punkt $(40, 10)$ (Abbildung 21.8).

Die Überlegungen zu impliziten Funktionen lassen sich auch für die Theorie der Mehrproduktunternehmung nutzen.

Stellt eine Unternehmung mit Hilfe von n Produktionsfaktoren m Produkte her, und bezeichnen wir die Faktorquantitäten mit $x_1, \ldots, x_n$, die Produktquantitäten mit $y_1, \ldots, y_m$, so existiert unter gewissen Voraussetzungen eine Funktion f, die für bestimmte Faktor-Produkt-Vektoren

$$(x_1, \ldots, x_n, y_1, \ldots, y_m) = (\boldsymbol{x}, \boldsymbol{y}) \quad \in D \subseteq \mathbb{R}_+^{n+m}$$

die Produktionsgleichung

$$f(x_1, \ldots, x_n, y_1, \ldots, y_m) = f(\boldsymbol{x}, \boldsymbol{y}) = 0$$

erfüllt. Der Produktvektor $\boldsymbol{y}$ wird genau dann mit Hilfe des Faktorvektors $\boldsymbol{x}$ realisiert, wenn die Produktionsgleichung erfüllt ist.

Dann bezeichnet

$$x_i = f_i(x_1, \ldots, x_{i-1}, x_{i+1}, \ldots, x_n, y_1, \ldots, y_m)$$

die i-te *Faktorfunktion*,

$$y_j = f_{n+j}(x_1, \ldots, x_n, y_1, \ldots, y_{j-1}, y_{j+1}, \ldots, y_m)$$

die j-te *Produktfunktion*.

Sind alle Funktionen partiell differenzierbar, so heißt

$\frac{\partial y_j}{\partial x_i}$ die j-te *Grenzproduktivität* des i-ten Faktors,

$\frac{\partial x_i}{\partial y_j}$ der i-te *Grenzaufwand* des j-ten Produktes,

$\frac{\partial y_j}{\partial y_k}$ die j-te *Grenzrate der Substitution* bzgl. des k-ten Produktes,

$\frac{\partial x_i}{\partial x_k}$ die i-te *Grenzrate der Substitution* bzgl. des k-ten Faktors.

21.4 Partielle Ableitungen zweiter Ordnung und totales Differential

Ist eine Funktion mehrerer Variablen in $D_1 \subseteq \mathbb{R}^n$ partiell nach allen Variablen differenzierbar (Definition 21.15, 21.16, 21.19), so erhält man mit

$$f_{x_1}, \ldots, f_{x_n}$$

wieder reelle Funktionen, die in D_1 definiert und möglicherweise partiell differenzierbar sind. Wir kommen zu höheren partiellen Ableitungen.

Definition 21.33

Eine Funktion

$$f : D \to \mathbb{R}, \ D \subseteq \mathbb{R}^n$$

sei in D nach allen Variablen $x_1, \ldots, x_n$ partiell differenzierbar, ebenso die partiellen Ableitungen $f_{x_1}, \ldots, f_{x_n}$.

Dann heißt f *zweimal partiell* nach allen Variablen *differenzierbar*. Wir erhalten für alle für i, j die *partiellen Ableitungen zweiter Ordnung*

$$f^{ij}(\boldsymbol{x}) = f_{x_i x_j}(x_1, \ldots, x_n) = \frac{\partial}{\partial x_j}\frac{\partial}{\partial x_i} f(\boldsymbol{x}) = \frac{\partial^2 f(\boldsymbol{x})}{\partial x_j \partial x_i}.$$

Bei der Bildung von $f_{x_i x_j}$ differenziert man zuerst nach x_i und anschließend nach x_j. Entsprechend erklärt man partielle Ableitungen höherer Ordnung. Wir nennen schließlich eine Funktion ***k*-*mal stetig partiell differenzierbar***, wenn sie stetige partielle Ableitungen k-ter Ordnung besitzt.

Beispiel 21.34

Zur Aufforstung von x_1 Hektar Boden stehen x_2 Arbeiter zur Verfügung. Nach x_3 Jahren sei y die Menge an Festmetern Nutzholz, die geschlagen wird. Ferner gelte der Zusammenhang

$$y = f(x_1, x_2, x_3) = a x_1^{\alpha} x_2^{1-\alpha} x_3^{\beta} \quad (\text{mit } a > 0,\ \alpha, \beta \in (0,\ 1).)$$

Dann beschreibt

$$f_{x_1}(x_1, x_2, x_3) = a\alpha x_1^{\alpha-1} x_2^{1-\alpha} x_3^{\beta}$$

den Grenzertrag des Faktors Boden,

$$f_{x_2}(x_1, x_2, x_3) = a(1-\alpha) x_1^{\alpha} x_2^{-\alpha} x_3^{\beta}$$

den Grenzertrag des Faktors Arbeit,

$$f_{x_3}(x_1, x_2, x_3) = a\beta x_1^{\alpha} x_2^{1-\alpha} x_3^{\beta-1}$$

den Grenzertrag des Faktors Zeit.

Ferner ist

$$f_{x_3 x_3}(x_1, x_2, x_3) = a\beta(\beta-1) x_1^{\alpha} x_2^{1-\alpha} x_3^{\beta-2}.$$

Wegen $\beta \in (0, 1)$ gilt

$$f_{x_3 x_3}(x_1, x_2, x_3) < 0,$$

d. h. der Grenzertrag des Faktors Zeit sinkt mit fortschreitender Zeit, wenn die Aufforstungsfläche x_1 und die Anzahl x_2 der Arbeiter konstant bleiben.

Weiter berechnen wir für $x_1, x_2, x_3 > 0$

$$\begin{aligned} f_{x_3 x_2}(x_1, x_2, x_3) &= a\beta(1-\alpha) x_1^{\alpha} x_2^{-\alpha} x_3^{\beta-1} \\ &> 0, \\ f_{x_2 x_3}(x_1, x_2, x_3) &= a(1-\alpha)\beta x_1^{\alpha} x_2^{-\alpha} x_3^{\beta-1} \\ &> 0. \end{aligned}$$

Der Grenzertrag des Faktors Zeit wächst mit steigender Arbeiterzahl und der Grenzertrag des Faktors Arbeit wächst mit fortschreitender Zeit. Beide Zuwächse sind gleich.

Es fällt in Beispiel 21.34 auf, dass die partiellen Ableitungen $f_{x_3 x_2}(x_1, x_2, x_3)$ und $f_{x_2 x_3}(x_1, x_2, x_3)$ für beliebige (x_1, x_2, x_3) übereinstimmen. Die folgende Aussage zeigt, dass dies kein Zufall ist.

Satz 21.35

Die Funktion $f : D \to \mathbb{R},\ D \subseteq \mathbb{R}^n$ sei zweimal stetig partiell differenzierbar in D mit den Ableitungen $f_{x_i x_j}$ $(i, j = 1, \dots, n)$. Dann gilt

$$f_{x_i x_j}(\boldsymbol{x}) = f_{x_j x_i}(\boldsymbol{x}) \quad \text{für alle} \quad \boldsymbol{x} \in D.$$

Der Beweis erfolgt durch wiederholte Anwendung des Mittelwertsatzes der Differentialrechnung (Satz 12.1) und kann bei Forster (2013), Kap. 6 nachgelesen werden.

Definition 21.36

Die Funktion $f : D \to \mathbb{R},\ D \subseteq \mathbb{R}^n$ sei zweimal stetig partiell differenzierbar in D mit den Ableitungen $f_{x_i x_j}$ $(i, j = 1, \dots, n)$. Dann heißt die symmetrische Matrix

$$\boldsymbol{H}(\boldsymbol{x}) = \begin{pmatrix} f_{x_1 x_1}(\boldsymbol{x}) & f_{x_1 x_2}(\boldsymbol{x}) & \cdots & f_{x_1 x_n}(\boldsymbol{x}) \\ f_{x_2 x_1}(\boldsymbol{x}) & f_{x_2 x_2}(\boldsymbol{x}) & \cdots & f_{x_2 x_n}(\boldsymbol{x}) \\ \vdots & & \ddots & \vdots \\ f_{x_n x_1}(\boldsymbol{x}) & f_{x_n x_2}(\boldsymbol{x}) & \cdots & f_{x_n x_n}(\boldsymbol{x}) \end{pmatrix}$$

nach *O. Hesse* (1811–1874) die *Hessematrix* von f im Punkt $\boldsymbol{x} \in D$.

Beispiel 21.37

Zur Funktion f mit

$$f(x_1, x_2) = x_1 e^{x_2} - x_1^3 x_2$$

berechnen wir die Hessematrix:

$$\begin{aligned} f_{x_1}(x_1, x_2) &= e^{x_2} - 3x_1^2 x_2, \\ f_{x_2}(x_1, x_2) &= x_1 e^{x_2} - x_1^3 \\ f_{x_1 x_1}(x_1, x_2) &= -6x_1 x_2, \\ f_{x_2 x_2}(x_1, x_2) &= x_1 e^{x_2} \\ f_{x_1 x_2}(x_1, x_2) &= e^{x_2} - 3x_1^2 \\ &= f_{x_2 x_1}(x_1, x_2) \end{aligned}$$

$$\boldsymbol{H}(x_1, x_2) = \begin{pmatrix} -6x_1 x_2 & e^{x_2} - 3x_1^2 \\ e^{x_2} - 3x_1^2 & x_1 e^{x_2} \end{pmatrix}$$

Wir erhalten beispielsweise für $(x_1, x_2) = (0, 0)$ bzw. $(-2, 1)$

$$\boldsymbol{H}(0,0) = \begin{pmatrix} 0 & 1 \\ 1 & 0 \end{pmatrix},$$
$$\boldsymbol{H}(-2,1) = \begin{pmatrix} 12 & \mathrm{e}-12 \\ \mathrm{e}-12 & -2\mathrm{e} \end{pmatrix} \approx \begin{pmatrix} 12 & -9.28 \\ -9.28 & -5.44 \end{pmatrix}.$$

Bevor wir in Kapitel 22 auf Fragen der Konvexität und Konkavität sowie der Optimierung bei Funktionen mehrerer Veränderlicher etwas näher eingehen, erweist es sich als zweckmäßig, die Taylorsche Formel (Satz 12.17) auf Funktionen mehrerer Variablen zu übertragen. Die Funktion

$$f: D \to \mathbb{R},\ D \subseteq \mathbb{R}^n$$

sei in einer offenen r-Umgebung des Punktes $\boldsymbol{c} \in D$ mit

$$K_<(\boldsymbol{c}, r) = \{\boldsymbol{x} \in D:\ \|\boldsymbol{x} - \boldsymbol{c}\| < r\}$$
(Definition 15.7 b)

genügend oft stetig partiell differenzierbar.

Ist $\boldsymbol{x} \in K_<(\boldsymbol{c}, r)$, so liegt auch jeder Punkt $\boldsymbol{z}$ zwischen $\boldsymbol{x}$ und $\boldsymbol{c}$, also

$$\boldsymbol{z} = t\boldsymbol{x} + (1-t)\boldsymbol{c} = \boldsymbol{c} + t(\boldsymbol{x} - \boldsymbol{c}) \quad (\text{mit } t \in (0,1)),$$

in $K_<(\boldsymbol{c}, r)$. Bei gegebenen $\boldsymbol{x}$ und $\boldsymbol{c}$ ist jeder Zwischenpunkt $\boldsymbol{z}$ eindeutig durch einen Wert $t \in (0, 1)$ festgelegt. Damit ist die Funktion f zwischen $\boldsymbol{x}$ und $\boldsymbol{c}$ in Abhängigkeit von t darstellbar.

$$f(\boldsymbol{z}) = f(\boldsymbol{c} + t(\boldsymbol{x} - \boldsymbol{c})) = g(t) \quad \text{mit}$$
$$f(\boldsymbol{c}) = g(0) \quad \text{und}$$
$$f(\boldsymbol{x}) = g(1)$$

Damit kann man eine zu Satz 12.17 entsprechende Aussage formulieren.

Satz 21.38

Die Funktion f sei in der r-Umgebung $K_<(\boldsymbol{c}, r)$ des Punktes $\boldsymbol{c}$ genügend oft stetig partiell differenzierbar.

Dann gibt es zu jedem $\boldsymbol{x} \in K_<(\boldsymbol{c}, r)$ mit $\boldsymbol{x} \neq \boldsymbol{c}$

a) ein $\boldsymbol{z}_0$ zwischen $\boldsymbol{x}$ und $\boldsymbol{c}$ mit

$$f(\boldsymbol{x}) = f(\boldsymbol{c}) + \operatorname{grad} f(\boldsymbol{z}_0)^T (\boldsymbol{x} - \boldsymbol{c}),$$

b) ein $\boldsymbol{z}_1$ zwischen $\boldsymbol{x}$ und $\boldsymbol{c}$ mit

$$f(\boldsymbol{x}) = f(\boldsymbol{c}) + \operatorname{grad} f(\boldsymbol{c})^T (\boldsymbol{x} - \boldsymbol{c}) + \frac{1}{2}(\boldsymbol{x} - \boldsymbol{c})^T \boldsymbol{H}(\boldsymbol{z}_1)(\boldsymbol{x} - \boldsymbol{c}).$$

Beweisidee

Wir erinnern an die Taylorsche Formel für Funktionen einer Variablen an der Stelle $x_0 = c$ (Satz 12.17)

$$f(x) = f(c) + f'(c)(x-c) + \frac{f''(c)}{2!}(x-c)^2 + \dots + \frac{f^{(n+1)}(z)}{(n+1)!}(x-c)^{n+1}$$
(mit z zwischen x und c),

also für

$$n = 0:\ f(x) = f(c) + f'(z)(x-c)$$
$$n = 1:\ f(x) = f(c) + f'(c)(x-c) + \frac{f''(z)}{2!}(x-c)^2$$

Entsprechendes gilt für Funktionen mehrerer Variablen, also für

$$n = 0:\ f(\boldsymbol{x}) = f(\boldsymbol{c}) + \operatorname{grad} f(\boldsymbol{z}_0)^T (\boldsymbol{x} - \boldsymbol{c})$$
(mit $\boldsymbol{z}_o = t\boldsymbol{x} + (1-t)\boldsymbol{c}$, für ein $t \in (0,1)$)

$$n = 1:\ f(\boldsymbol{x}) = f(\boldsymbol{c}) + \operatorname{grad} f(\boldsymbol{c})(\boldsymbol{x} - \boldsymbol{c}) + \frac{1}{2}(\boldsymbol{x} - \boldsymbol{c})^T \boldsymbol{H}(\boldsymbol{z}_1)(\boldsymbol{x} - \boldsymbol{c})$$
(mit $\boldsymbol{z}_1 = t\boldsymbol{x} + (1-t)\boldsymbol{c}$, für ein $t \in (0,1)$)

Die Ergebnisse lassen sich auf $n = 2, 3, \dots$ erweitern (Forster 2013, Kap. 7).

Beispiel 21.39

Wir approximieren die in Beispiel 21.37 behandelte Funktion mit

$$f(x_1, x_2) = x_1 e^{x_2} - x_1^3 x_2$$

in der Nähe des Nullpunktes durch ihr Taylorpolynom $f_2(x_1, x_2)$ zweiten Grades. Dann gilt:

$$\begin{aligned} f_2(x_1, x_2) &= f(0,0) + \operatorname{grad} f(0,0)^T \begin{pmatrix} x_1 \\ x_2 \end{pmatrix} \\ &\quad + \frac{1}{2}(x_1, x_2) \boldsymbol{H}(0,0) \begin{pmatrix} x_1 \\ x_2 \end{pmatrix} \\ &= 0 + (1,0) \begin{pmatrix} x_1 \\ x_2 \end{pmatrix} \\ &\quad + \frac{1}{2}(x_1, x_2) \begin{pmatrix} 0 & 1 \\ 1 & 0 \end{pmatrix} \begin{pmatrix} x_1 \\ x_2 \end{pmatrix} \\ &\qquad \text{(Beispiel 21.37)} \\ &= x_1 + \frac{1}{2}(x_1, x_2) \begin{pmatrix} x_1 \\ x_2 \end{pmatrix} \\ &= x_1 + x_1 x_2 \end{aligned}$$

Wir erhalten erwartungsgemäß ein Polynom zweiten Grades in zwei Variablen.

Es gilt

$$f_2(0,0) = f(0,0) = 0\,.$$

Für $(x_1, x_2) \neq (0,0)$ erhalten wir beispielsweise die folgenden Werte für f und f_2:

(x_1, x_2)	$f(x_1, x_2)$	$f_2(x_1, x_2)$
$(1, 1)$	1.718	2
$(0.5, 0.5)$	0.762	0.75
$(0.5, 0.1)$	0.54	0.55
$(0.1, 0.5)$	0.164	0.15
$(0.1, 0.1)$	0.11	0.11

Beispiel 21.40

Die Funktion $f : \mathbb{R}^2 \to \mathrm{R}$ mit

$$f(x_1, x_2) = 1 - e^{-x_1^2 - x_2^2}$$

soll im Nullpunkt $(0,0)$ durch das Taylorpolynom $f_2(x_1, x_2)$ zweiten Grades entwickelt werden.

Es ergibt sich:

$$\begin{aligned} \operatorname{grad} f(\boldsymbol{x}) &= -e^{-x_1^2 - x_2^2} \cdot \begin{pmatrix} -2x_1 \\ -2x_2 \end{pmatrix} \\ \boldsymbol{H}(\boldsymbol{x}) &= e^{-x_1^2 - x_2^2} \cdot \begin{pmatrix} 2 - 4x_1^2 & -4x_1 x_2 \\ -4x_1 x_2 & 2 - 4x_2^2 \end{pmatrix} \end{aligned}$$

Damit ist

$$\begin{aligned} \operatorname{grad} f(0,0) &= \begin{pmatrix} 0 \\ 0 \end{pmatrix}, \\ \boldsymbol{H}(0,0) &= \begin{pmatrix} 2 & 0 \\ 0 & 2 \end{pmatrix} \end{aligned}$$

und

$$\begin{aligned} f_2(x_1, x_2) &= f(0,0) + \operatorname{grad} f(0,0)^T \begin{pmatrix} x_1 \\ x_2 \end{pmatrix} \\ &\quad + \frac{1}{2}(x_1, x_2) \boldsymbol{H}(0,0) \begin{pmatrix} x_1 \\ x_2 \end{pmatrix} \\ &= 0 + (0,0) \begin{pmatrix} x_1 \\ x_2 \end{pmatrix} \\ &\quad + \frac{1}{2}(x_1, x_2) \begin{pmatrix} 2 & 0 \\ 0 & 2 \end{pmatrix} \begin{pmatrix} x_1 \\ x_2 \end{pmatrix} \\ &= \frac{1}{2}(2x_1, 2x_2) \begin{pmatrix} x_1 \\ x_2 \end{pmatrix} \\ &= x_1^2 + x_2^2 \end{aligned}$$

In Abbildung 21.9 stellen wir den Graphen der ursprünglichen Funktion f zusammen mit dem Graphen der Approximation durch das Taylorpolynom f_2 dar.

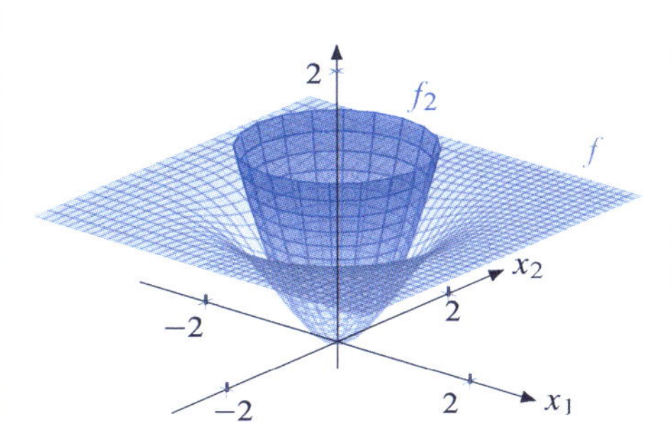

Abbildung 21.9: *Taylorpolynom 2. Ordnung zu f mit $f(x_1, x_2) = 1 - e^{-x_1^2 - x_2^2}$*

Erwartungsgemäß weicht f_2 mit steigendem Abstand vom Entwicklungspunkt $(0, 0)$ immer mehr von f ab. In der Nähe von $(0, 0)$ schmiegt sich der Verlauf von f_2 sowohl bzgl. der Steigung als auch der Krümmung an den Verlauf der Fläche von f an.

Man nennt ein Taylorpolynom 2. Ordnung von Funktionen mehrerer Variablen deshalb auch eine *Schmiegquadrik*.

Mit Hilfe des Satzes 21.38 sind wir nun auch in der Lage, die Änderung einer Funktion mehrerer Variablen an einer Stelle $\boldsymbol{x} = (x_1, \ldots, x_n)$ mit Hilfe einer linearen Funktion zu approximieren. Wir verwenden die Schreibweise

$$\begin{aligned}\Delta f(\boldsymbol{x}) &= f(\boldsymbol{x} + \Delta \boldsymbol{x}) - f(\boldsymbol{x}) \\ &= f(x_1 + \Delta x_1, \ldots, x_n + \Delta x_n) \\ &\quad - f(x_1, \ldots, x_n)\,.\end{aligned}$$

Ändert man alle Variablenwerte x_i gleichzeitig und unabhängig voneinander um Δx_i, so ergibt sich eine Änderung des Funktionswertes um $\Delta f(\boldsymbol{x})$.

Ersetzt man in Satz 21.38 b den Vektor $\boldsymbol{x}$ durch $\boldsymbol{x} + \Delta \boldsymbol{x}$ und den Vektor $\boldsymbol{c}$ durch $\boldsymbol{x}$, so ergibt sich

$$\begin{aligned}\Delta f(\boldsymbol{x}) &= f(\boldsymbol{x} + \Delta \boldsymbol{x}) - f(\boldsymbol{x}) \\ &= \operatorname{grad} f(\boldsymbol{x})^T \Delta \boldsymbol{x} + \frac{1}{2} \Delta \boldsymbol{x}^T \boldsymbol{H}(\boldsymbol{z}_1) \Delta \boldsymbol{x}\end{aligned}$$

mit $\boldsymbol{z}_1$ zwischen $\boldsymbol{x}$ und $\boldsymbol{x} + \Delta \boldsymbol{x}$.

Da nun $\Delta \boldsymbol{x}^T \boldsymbol{H}(\boldsymbol{z}_1) \Delta \boldsymbol{x}$ eine quadratische Form in $\Delta \boldsymbol{x}$ darstellt (Kapitel 21.1), gilt

$$\|\Delta \boldsymbol{x}\| = \sqrt{(\Delta x_1)^2 + \ldots + (\Delta x_n)^2}$$

(Definition 15.1)

$$\Rightarrow \quad \frac{\Delta \boldsymbol{x}^T \boldsymbol{H}(\boldsymbol{z}_1) \Delta \boldsymbol{x}}{\|\Delta \boldsymbol{x}\|} \to 0 \quad \text{für} \quad \Delta \boldsymbol{x} \to \boldsymbol{0}\,,$$

und wir erhalten mit

$$\begin{aligned}\frac{\Delta f(\boldsymbol{x})}{\|\Delta \boldsymbol{x}\|} &= \frac{f(\boldsymbol{x} + \Delta \boldsymbol{x}) - f(\boldsymbol{x})}{\|\Delta \boldsymbol{x}\|} \\ &\approx \operatorname{grad} f(\boldsymbol{x})^T \frac{\Delta \boldsymbol{x}}{\|\Delta \boldsymbol{x}\|}\end{aligned}$$

einen gewissen Bezug zur Differentialrechnung einer Variablen (Definition 11.2).

Mit Hilfe derartiger Überlegungen können wir nun den Begriff der totalen Differenzierbarkeit einführen.

Definition 21.41

Eine reelle Funktion $f : D \to \mathbb{R}$, $D \subseteq \mathbb{R}^n$ heißt in $\boldsymbol{x} \in D$ *(total) differenzierbar*, wenn in einer Umgebung von $\boldsymbol{x}$ eine Darstellung der Form

$$\begin{aligned}\Delta f(\boldsymbol{x}) &= f(\boldsymbol{x} + \Delta \boldsymbol{x}) - f(\boldsymbol{x}) \\ &= \boldsymbol{a}^T \Delta \boldsymbol{x} + g(\Delta \boldsymbol{x})\end{aligned}$$

mit

$$\boldsymbol{a} \in \mathbb{R}^n, \quad \frac{g(\Delta \boldsymbol{x})}{\|\Delta \boldsymbol{x}\|} \to 0 \quad \text{für} \quad \|\Delta \boldsymbol{x}\| \to 0$$

existiert. Für $\boldsymbol{a} = \operatorname{grad} f(\boldsymbol{x})$ heißt

$$\boldsymbol{a}^T \boldsymbol{\Delta x}$$

das *totale Differential* von f in $\boldsymbol{x} \in D$.

Über einige Zusammenhänge mit Stetigkeit und partieller Differenzierbarkeit gibt der folgende Satz Auskunft.

Satz 21.42

Gegeben
Dann gilt:

a) f besitzt stetige partielle Ableitungen in $\boldsymbol{x}$
$\Rightarrow$ f ist total differenzierbar in $\boldsymbol{x}$

b) f ist total differenzierbar in $\boldsymbol{x}$
$\Rightarrow$ f ist stetig und in $\boldsymbol{x}$ partiell nach allen Variablen differenzierbar mit

$$\begin{aligned} \boldsymbol{a} &= \operatorname{grad} f(\boldsymbol{x}), \\ g(\Delta \boldsymbol{x}) &= \frac{1}{2}\, \Delta \boldsymbol{x}^T \boldsymbol{H}(z_1)\, \boldsymbol{\Delta x} \end{aligned}$$

und mit z_1 zwischen $\boldsymbol{x}$ und $\boldsymbol{x} + \boldsymbol{\Delta x}$

Zum Beweis verweisen wir auf Forster (2013), Kap. 6.

Die näherungsweise Berechnung der Veränderung von Funktionswerten ist nun auch mit Hilfe des totalen Differentials möglich.

Die Güte der Näherung wird dabei bestimmt durch den Ausdruck $g(\Delta \boldsymbol{x})$, von dem wir wissen, dass sogar $\frac{g(\Delta \boldsymbol{x})}{\|\Delta \boldsymbol{x}\|}$ für $\Delta \boldsymbol{x} \to \boldsymbol{o}$ gegen 0 strebt.

Beispiel 21.43

Wir betrachten die Funktion $f : \mathbb{R}^2_+ \to \mathbb{R}$ mit

$$f(x_1, x_2) = \ln(x_1^2 + x_2 + 1)\,.$$

Dann gilt nach Definition 21.41 und Satz 21.42

$$\begin{aligned} \Delta f(\boldsymbol{x}) &= \frac{2x_1}{x_1^2 + x_2 + 1} \Delta x_1 \\ &\quad + \frac{1}{x_1^2 + x_2 + 1} \Delta x_2 + g(\Delta \boldsymbol{x})\,. \end{aligned}$$

Mit $\Delta x_1 = \Delta x_2 = 0.1$ erhalten wir an der Stelle $\boldsymbol{x} = (2, 5)$ mit $g(\Delta \boldsymbol{x}) \approx 0$ folgenden Näherungswert:

$$\begin{aligned} \tilde{\Delta} f(2, 5) &= \frac{4}{10} 0.1 + \frac{1}{10} 0.1 \\ &= 0.05 \approx \Delta f(2, 5) \end{aligned}$$

Wegen

$$\begin{aligned} \Delta f(\boldsymbol{x}) &= f(\boldsymbol{x} + \Delta \boldsymbol{x}) - f(\boldsymbol{x}) \\ &= \ln((x_1 + \Delta x_1)^2 + x_2 + \Delta x_2 + 1) \\ &\quad - \ln(x_1^2 + x_2 + 1) \end{aligned}$$

ist der exakte Wert für $\boldsymbol{x} = (2, 5)$ und $\Delta \boldsymbol{x} = (0.1, 0.1)$

$$\begin{aligned} \Delta f(2, 5) &= \ln(2.1^2 + 5.1 + 1) - \ln(4 + 5 + 1) \\ &= \ln(10.51) - \ln(10) \approx 0.049\,742\,. \end{aligned}$$

Der Wert $\tilde{\Delta} f(2, 5) = 0.05$ stellt eine relativ gute Näherung für die tatsächliche Differenz $\Delta f(2, 5)$ dar.

Für $\Delta x_1 = \Delta x_2 = 0.01$ berechnet man entsprechend

$$\begin{aligned} \tilde{\Delta} f(2, 5) &= \frac{4}{10} 0.01 + \frac{1}{10} 0.01 = 0.005\,, \\ \Delta f(2, 5) &= \ln(2.01^2 + 5.01 + 1) \\ &\quad - \ln(4 + 5 + 1) \\ &\approx 0.004\,997\,5\,. \end{aligned}$$

Relevante Literatur

Forster, Otto (2013). *Analysis 2: Differentialrechnung im $\mathbb{R}^n$, gewöhnliche Differentialgleichungen*. 10. Aufl. Springer Spektrum, Kap. 2, 5, 6, 7

Luderer, Bernd und Würker, Uwe (2014). *Einstieg in die Wirtschaftsmathematik*. 9. Aufl. Springer Gabler, Kap. 7

Merz, Michael und Wüthrich, Mario V. (2012). *Mathematik für Wirtschaftswissenschaftler: Die Einführung mit vielen ökonomischen Beispielen*. Vahlen, Kap. 21, 22

Opitz, Otto u. a. (2014). *Mathematik: Übungsbuch für das Studium der Wirtschaftswissenschaften*. 8. Aufl. De Gruyter Oldenbourg, Kap. 19

Senger, Jürgen (2009). *Mathematik: Grundlagen für Ökonomen*. 3. Aufl. De Gruyter Oldenbourg, Kap. 4.1–4.3

Tietze, Jürgen (2013). *Einführung in die angewandte Wirtschaftsmathematik: Das praxisnahe Lehrbuch – inklusive Brückenkurs für Einsteiger*. 17. Aufl. Springer Spektrum, Kap. 3, 7

22

Eigenschaften differenzierbarer Funktionen mehrerer Variablen

In diesem Kapitel übertragen wir wesentliche Ergebnisse der Analysis von Funktionen einer Variablen (Kapitel 11, 12) auf Funktionen mehrerer Variablen. Dazu gehören (Abschnitt 12.1)

- *Monotonie*
  $\boldsymbol{x} < \hat{\boldsymbol{x}} \Rightarrow f(\boldsymbol{x}) \leq f(\hat{\boldsymbol{x}})$ bzw.
  $\boldsymbol{x} < \hat{\boldsymbol{x}} \Rightarrow f(\boldsymbol{x}) \geq f(\hat{\boldsymbol{x}})$,
- *Konvexität* bzw. *Konkavität*

$$\boldsymbol{x} \neq \hat{\boldsymbol{x}} \Rightarrow \begin{cases} f(\lambda \boldsymbol{x} + (1-\lambda)\hat{\boldsymbol{x}}) \\ \leq \lambda f(\boldsymbol{x}) + (1-\lambda) f(\hat{\boldsymbol{x}}) \text{ bzw.} \\ \\ f(\lambda \boldsymbol{x} + (1-\lambda)\hat{\boldsymbol{x}}) \\ \geq \lambda f(\boldsymbol{x}) + (1-\lambda) f(\hat{\boldsymbol{x}}) \end{cases}$$

$$\text{(für alle } \lambda \in (0,1)\text{)}$$

Damit sind wir in der Lage, lokale und globale *Extremalstellen*

$$\boldsymbol{x}_{\max} \text{ mit } f(\boldsymbol{x}_{\max}) \geq f(\boldsymbol{x})$$
$$\boldsymbol{x}_{\min} \text{ mit } f(\boldsymbol{x}_{\min}) \leq f(\boldsymbol{x})$$

zu bestimmen und deren Art zu diskutieren (Abschnitt 22.2).

Im Abschnitt 22.3 behandeln wir eine bedeutende Anwendung der Extremwertbestimmung bei Funktionen mehrerer Variablen. Dabei geht es um die Berechnung der Koeffizienten bei der *einfachen linearen Regression*.

22.1 Monotonie und Konvexität

Für die Monotonie, die Konvexität und Konkavität existieren notwendige und hinreichende Bedingungen, die wir in den nachfolgenden Sätzen zusammenstellen.

Satz 22.1

Die Funktion $f : D \to \mathbb{R}$ mit $D \subseteq \mathbb{R}^n$ sei partiell differenzierbar nach allen Variablen $x_1, \ldots, x_n$. Dann gilt:

a) f monoton wachsend in x_i
$\Leftrightarrow f_{x_i}(\boldsymbol{x}) \geq 0$

b) f monoton fallend in x_i
$\Leftrightarrow f_{x_i}(\boldsymbol{x}) \leq 0$

Der Beweis erfolgt entsprechend zum Beweis von Satz 12.2.

Beispiel 22.2

Wir betrachten die Funktion $f : \mathbb{R}^3 \to \mathbb{R}$ mit:

$$f(x_1, x_2, x_3) = x_1 e^{x_2} - x_3^3$$

$$f_{x_1}(x_1, x_2, x_3) = e^{x_2} > 0 \qquad \text{für alle } \boldsymbol{x} \in \mathbb{R}^3$$

$$f_{x_2}(x_1, x_2, x_3) = x_1 e^{x_2} \geq 0 \qquad \text{für alle } x_1 \geq 0,\ x_2 \in \mathbb{R},\ x_3 \in \mathbb{R}$$

$$f_{x_3}(x_1, x_2, x_3) = -3x_3^2 \leq 0 \quad \text{für alle } \boldsymbol{x} \in \mathbb{R}^3$$

Damit ist f monoton wachsend in x_1, monoton fallend in x_3, jedoch nicht monoton in x_2, da für $x_1 > 0$ die Funktionswerte zunehmen, für $x_1 < 0$ jedoch abnehmen.

DOI: 10.1515/9783110475333-022

Zum Nachweis von Konvexität bzw. Konkavität benötigen wir die Hessematrizen der gemischten zweiten Ableitungen (Definition 21.36) sowie deren Definitheitseigenschaften.

Bestimmt man zu einer Funktion $f : D \to \mathbb{R}$ mit $D \subseteq \mathbb{R}^n$ die Hessematrix $\boldsymbol{H}(\boldsymbol{x}^*)$ für ein festes $\boldsymbol{x}^*$, so ist nach Definition 20.18 die Matrix $\boldsymbol{H}(\boldsymbol{x}^*)$ jeweils für $\boldsymbol{x} \neq \boldsymbol{0}$

- positiv definit, wenn $\boldsymbol{x}^T \boldsymbol{H}(\boldsymbol{x}^*)\boldsymbol{x} > 0$,
- positiv semidefinit, wenn $\boldsymbol{x}^T \boldsymbol{H}(\boldsymbol{x}^*)\boldsymbol{x} \geq 0$,
- negativ definit, wenn $\boldsymbol{x}^T \boldsymbol{H}(\boldsymbol{x}^*)\boldsymbol{x} < 0$,
- negativ semidefinit, wenn $\boldsymbol{x}^T \boldsymbol{H}(\boldsymbol{x}^*)\boldsymbol{x} \leq 0$,
- indefinit in allen übrigen Fällen.

Satz 22.3

Die Funktion $f : D \to \mathbb{R}$ mit konvexem $D \subseteq \mathbb{R}^n$ (Definition 15.25) sei zweimal stetig partiell differenzierbar nach allen Variablen. Dann gilt:

a) $\boldsymbol{H}(\boldsymbol{x})$ ist positiv definit für alle $\boldsymbol{x} \in D$
$\Rightarrow$ f ist streng konvex in D

$\boldsymbol{H}(\boldsymbol{x})$ ist negativ definit für alle $\boldsymbol{x} \in D$
$\Rightarrow$ f ist streng konkav in D

b) $\boldsymbol{H}(\boldsymbol{x})$ ist positiv semidefinit für alle $\boldsymbol{x} \in D$
$\Leftrightarrow$ f ist konvex in D

$\boldsymbol{H}(\boldsymbol{x})$ ist negativ semidefinit für alle $\boldsymbol{x} \in D$
$\Leftrightarrow$ f ist konkav in D

Zum Beweis verweisen wir auf Forster (2013), Kap. 7.

Nach Satz 22.3 b ist die Funktion f genau dann konvex (konkav) in K, wenn die Hessematrix für alle $\boldsymbol{x} \in K$ positiv semidefinit (negativ semidefinit) ist, d. h., wenn die Eigenwerte der Hessematrix größer oder gleich 0 (kleiner oder gleich 0) sind (Definition 20.18, Satz 20.21). Für die strenge Konvexität bzw. Konkavität gilt nur eine Richtung (Satz 22.3 a).

Beispiel 22.4

Wir betrachten die Funktion $f : \mathbb{R}^3 \to \mathbb{R}$ mit

$$f(\boldsymbol{x}) = x_1^3 - 3x_1 + x_2^3 - 3x_2^2 + x_3^2 .$$

Für den Gradienten erhalten wir

$$\operatorname{grad} f(\boldsymbol{x}) = \begin{pmatrix} f_{x_1}(\boldsymbol{x}) \\ f_{x_2}(\boldsymbol{x}) \\ f_{x_3}(\boldsymbol{x}) \end{pmatrix} = \begin{pmatrix} 3x_1^2 - 3 \\ 3x_2^2 - 6x_2 \\ 2x_3 \end{pmatrix},$$

und für die Hessematrix ergibt sich

$$\boldsymbol{H}(\boldsymbol{x}) = \begin{pmatrix} f_{x_1x_1}(\boldsymbol{x}) & f_{x_1x_2}(\boldsymbol{x}) & f_{x_1x_3}(\boldsymbol{x}) \\ f_{x_2x_1}(\boldsymbol{x}) & f_{x_2x_2}(\boldsymbol{x}) & f_{x_2x_3}(\boldsymbol{x}) \\ f_{x_3x_1}(\boldsymbol{x}) & f_{x_3x_2}(\boldsymbol{x}) & f_{x_3x_3}(\boldsymbol{x}) \end{pmatrix} = \begin{pmatrix} 6x_1 & 0 & 0 \\ 0 & 6x_2 - 6 & 0 \\ 0 & 0 & 2 \end{pmatrix}$$

mit den Eigenwerten

$$\lambda_1 = 6x_1, \quad \lambda_2 = 6x_2 - 6, \quad \lambda_3 = 2 .$$

Für $\lambda_1, \lambda_2, \lambda_3 \geq 0$, also

$$x_1 \geq 0,\ x_2 \geq 1,\ x_3 \in \mathbb{R},$$

ist $\boldsymbol{H}(\boldsymbol{x})$ positiv semidefinit und damit die Funktion f konvex.

Entsprechend ist f streng konvex für

$$x_1 > 0,\ x_2 > 1,\ x_3 \in \mathbb{R} .$$

Wegen $\lambda_3 = 2 > 0$ ist die Funktion f nirgends konkav bzw. streng konkav.

22.2 Extremwertbestimmung

Mit Hilfe von Monotonie und Konvexität gewinnen wir wesentliche Einsichten in den Verlauf von Funktionen mehrerer Variablen. Der folgende Satz zeigt nun einen Zusammenhang des Gradienten einer Funktion mit ihren Extremwerten.

Satz 22.5

Die Funktion $f: D \to \mathbb{R}$ sei in $D \subseteq \mathbb{R}^n$ nach allen Variablen partiell differenzierbar und besitze in $\boldsymbol{x}^* \in D$ ein lokales Maximum oder Minimum. Dann gilt:

$$\operatorname{grad} f(\boldsymbol{x}^*) = \mathbf{0}$$

Der Beweis erfolgt entsprechend zum Beweis von Satz 12.8.

Entsprechend zu Satz 12.8 haben wir auch hier eine notwendige, aber keine hinreichende Bedingung für ein lokales Maximum oder Minimum.

Beispiel 22.6

Die Funktion $f: \mathbb{R}^3 \to \mathbb{R}$ mit

$$f(\boldsymbol{x}) = (1 - x_1)^2 + (2 + x_2)^2 + e^{x_3^2}$$

nimmt für alle $\boldsymbol{x} \in \mathbb{R}^3$ wegen

$$(1 - x_1)^2 \geq 0,\ (2 + x_2)^2 \geq 0,\ e^{x_3^2} \geq 1$$

positive Werte an, die größer oder gleich 1 sind.

Damit ergibt sich eine Minimalstelle für

$$(x_1^*, x_2^*, x_3^*) = (1, -2, 0)$$

mit $f(1, -2, 0) = 1$.

Wir erhalten den Gradienten

$$\operatorname{grad} f(\boldsymbol{x}) = \begin{pmatrix} -2(1 - x_1) \\ 2(2 + x_2) \\ 2x_3 e^{x_3^2} \end{pmatrix} = \begin{pmatrix} 0 \\ 0 \\ 0 \end{pmatrix}$$

für $(x_1, x_2, x_3) = (1, -2, 0)$.

Um zu hinreichenden Bedingungen für lokale Extrema zu kommen, benötigten wir bei Funktionen einer Variablen die zweiten Ableitungen (Satz 12.9), bei Funktionen mit n unabhängigen Variablen wiederum die Hessematrix und deren Definitheitseigenschaften.

Satz 22.7

Die Funktion $f: D \to \mathbb{R}$ mit konvexem $D \subseteq \mathbb{R}^n$ sei in D zweimal stetig partiell differenzierbar nach allen Variablen. Ferner gebe es ein $\boldsymbol{x}^* \in D$ mit $\operatorname{grad} f(\boldsymbol{x}^*) = \mathbf{0}$. Dann gilt:

a) $\boldsymbol{H}(\boldsymbol{x}^*)$ ist negativ definit
$\Rightarrow \boldsymbol{x}^*$ ist lokale Maximalstelle von f

$\boldsymbol{H}(\boldsymbol{x}^*)$ ist positiv definit
$\Rightarrow \boldsymbol{x}^*$ ist lokale Minimalstelle von f

$\boldsymbol{H}(\boldsymbol{x}^*)$ ist indefinit
$\Rightarrow \boldsymbol{x}^*$ ist keine Extremalstelle von f

b) $\boldsymbol{H}(\boldsymbol{x})$ ist negativ definit für alle $\boldsymbol{x} \in D$
$\Rightarrow \boldsymbol{x}^*$ ist einzige globale Maximalstelle von f

$\boldsymbol{H}(\boldsymbol{x})$ ist positiv definit für alle $\boldsymbol{x} \in D$
$\Rightarrow \boldsymbol{x}^*$ ist einzige globale Minimalstelle von f

Zunächst sei darauf hingewiesen, dass die positive bzw. negative Semidefinitheit der Hessematrix $\boldsymbol{H}(\boldsymbol{x})$ nicht hinreicht, um Extremalstellen nachzuweisen.

Beweisidee

Wir betrachten $\boldsymbol{x}^* \in D$ mit $\operatorname{grad} f(\boldsymbol{x}^*) = \mathbf{0}$.

a) Ist $\boldsymbol{H}(\boldsymbol{x}^*)$ negativ definit, so ist f in einer Umgebung von $\boldsymbol{x}^*$ streng konkav. Damit gilt

$$\max_{\boldsymbol{x}} f(\boldsymbol{x}) = f(\boldsymbol{x}^*)$$

in einer Umgebung von $\boldsymbol{x}^*$.

Ist $\boldsymbol{H}(\boldsymbol{x}^*)$ positiv definit, so ist f in einer Umgebung von $\boldsymbol{x}^*$ streng konvex. Damit gilt

$$\min_{\boldsymbol{x}} f(\boldsymbol{x}) = f(\boldsymbol{x}^*)$$

in einer Umgebung von $\boldsymbol{x}^*$.

b) Ist entsprechend $\boldsymbol{H}(\boldsymbol{x})$ negativ bzw. positiv definit für alle $\boldsymbol{x} \in D$, so gilt

$$\max_{\boldsymbol{x}} f(\boldsymbol{x}) = f(\boldsymbol{x}^*) \quad \text{bzw.} \quad \min_{\boldsymbol{x}} f(\boldsymbol{x}) = f(\boldsymbol{x}^*)$$

für alle $\boldsymbol{x} \in D$.

Satz 22.7 liefert ein Verfahren zur Berechnung von Extremalstellen bei Funktionen mehrerer Variablen. Man berechnet den Gradienten $\operatorname{grad} f(\boldsymbol{x})$ und ermittelt alle Lösungen des Gleichungssystems $\operatorname{grad} f(\boldsymbol{x}) = \mathbf{0}$. Für jede Lösung berechnet man die Hessematrix und prüft jeweils die Definitheitseigenschaften dieser Matrix. Dazu benutzt man am einfachsten Satz 20.21 oder 20.24.

Wir übertragen die relevanten Aussagen und erhalten

$\boldsymbol{H}(\boldsymbol{x})$ positiv definit

$\Leftrightarrow \det \boldsymbol{H}_1(\boldsymbol{x}) > 0, \ldots, \det \boldsymbol{H}_n(\boldsymbol{x}) > 0,$

$\boldsymbol{H}(\boldsymbol{x})$ negativ definit

$\Leftrightarrow \det \boldsymbol{H}_1(\boldsymbol{x}) < 0, \ldots, (-1)^n \det \boldsymbol{H}_n(\boldsymbol{x}) > 0,$

wobei mit $\det \boldsymbol{H}_i(\boldsymbol{x})$ die Hauptunterdeterminanten der Matrix $\boldsymbol{H}(\boldsymbol{x})$ gemeint sind.

Entsprechend Definition 20.23 gilt für $i = 1, \ldots, n$

$$\det \boldsymbol{H}_i(\boldsymbol{x}) = \det \begin{pmatrix} f_{x_1x_1}(\boldsymbol{x}) & \cdots & f_{x_1x_i}(\boldsymbol{x}) \\ \vdots & & \vdots \\ f_{x_ix_1}(\boldsymbol{x}) & \cdots & f_{x_ix_i}(\boldsymbol{x}) \end{pmatrix}.$$

Jedes $\boldsymbol{x}^*$ mit $\operatorname{grad} f(\boldsymbol{x}^*) = \boldsymbol{0}$ liefert:

- eine lokale Minimalstelle der Funktion f, falls $\det \boldsymbol{H}_i(\boldsymbol{x}^*) > 0 \ (i = 1, \ldots, n)$
- eine globale Minimalstelle der Funktion f, falls $\det \boldsymbol{H}_i(\boldsymbol{x}) > 0 \ (i = 1, \ldots, n)$ für alle $\boldsymbol{x} \in D$

Ebenso liefert jedes $\boldsymbol{x}^*$ mit $\operatorname{grad} f(\boldsymbol{x}^*) = \boldsymbol{0}$:

- eine lokale Maximalstelle der Funktion f, falls $(-1)^i \det \boldsymbol{H}_i(\boldsymbol{x}^*) > 0 \ (i = 1, \ldots, n)$
- eine globale Maximalstelle der Funktion f, falls $(-1)^i \det \boldsymbol{H}_i(\boldsymbol{x}) > 0 \ (i = 1, \ldots, n)$ für alle $\boldsymbol{x} \in D$

Beispiel 22.8

Wir bestimmen alle Maximal- und Minimalstellen der Funktion $f: \mathbb{R}^3 \to \mathbb{R}$ mit

$$f(x_1, x_2, x_3) = \frac{1}{3}x_1^3 - 3x_2^2 - x_3^2 + 2x_2x_3 - x_1 + 2x_2 + 2x_3 + 4$$

und erhalten:

$$f_{x_1}(\boldsymbol{x}) = x_1^2 - 1 = 0 \Rightarrow x_1 = \pm 1$$
$$f_{x_2}(\boldsymbol{x}) = -6x_2 + 2x_3 + 2 = 0$$
$$f_{x_3}(\boldsymbol{x}) = -2x_3 + 2x_2 + 2 = 0$$

$$f_{x_2}(\boldsymbol{x}) + f_{x_3}(\boldsymbol{x}) = -4x_2 + 4 = 0 \Rightarrow x_2 = 1$$

$$f_{x_2}(\boldsymbol{x}) + 3f_{x_3}(\boldsymbol{x}) = -4x_3 + 8 = 0 \Rightarrow x_3 = 2$$

$$\boldsymbol{H}(\boldsymbol{x}) = \begin{pmatrix} f_{x_1x_1}(\boldsymbol{x}) & f_{x_1x_2}(\boldsymbol{x}) & f_{x_1x_3}(\boldsymbol{x}) \\ f_{x_2x_1}(\boldsymbol{x}) & f_{x_2x_2}(\boldsymbol{x}) & f_{x_2x_3}(\boldsymbol{x}) \\ f_{x_3x_1}(\boldsymbol{x}) & f_{x_3x_2}(\boldsymbol{x}) & f_{x_3x_3}(\boldsymbol{x}) \end{pmatrix} = \begin{pmatrix} 2x_1 & 0 & 0 \\ 0 & -6 & 2 \\ 0 & 2 & -2 \end{pmatrix}$$

$$\boldsymbol{H}(1, 1, 2) = \begin{pmatrix} 2 & 0 & 0 \\ 0 & -6 & 2 \\ 0 & 2 & -2 \end{pmatrix}$$

mit

$$\det \boldsymbol{H}_1(1, 1, 2) = 2$$
$$\det \boldsymbol{H}_2(1, 1, 2) = -12$$
$$\det \boldsymbol{H}_3(1, 1, 2) = 16$$

Also ist die Matrix $\boldsymbol{H}(1, 1, 2)$ indefinit (Satz 20.24).

$$\boldsymbol{H}(-1, 1, 2) = \begin{pmatrix} -2 & 0 & 0 \\ 0 & -6 & 2 \\ 0 & 2 & -2 \end{pmatrix}$$

mit

$$\det \boldsymbol{H}_1(-1, 1, 2) = -2$$
$$\det \boldsymbol{H}_2(-1, 1, 2) = 12$$
$$\det \boldsymbol{H}_3(-1, 1, 2) = -16$$

Also ist die Matrix $\boldsymbol{H}(-1, 1, 2)$ negativ definit.

Wir erhalten für $\boldsymbol{x} = (-1, 1, 2)$ ein lokales Maximum mit

$$f(-1, 1, 2) = -\frac{1}{3} - 3 - 4 + 4 + 1 + 2 + 4 + 4 = \frac{23}{3}.$$

Ein lokales Minimum gibt es nicht.

Wegen

$$\lim_{x_1 \to \infty} f(x_1, 0, 0) = \infty,$$
$$\lim_{x_1 \to -\infty} f(x_1, 0, 0) = -\infty$$

gibt es weder ein globales Maximum noch ein globales Minimum im Definitionsbereich $\mathbb{R}^3$.

Ergeben sich nur lokale oder überhaupt keine Extremalstellen und ist der Definitionsbereich D beschränkt und abgeschlossen (Definition 15.11 b, 15.14), so erhält man globale Extremalstellen durch Untersuchung der Randpunkte von D (Satz 10.19).

Beispiel 22.9

Wir untersuchen die Funktion

$$f : [0,1] \times [0,1] \to \mathbb{R}$$

mit

$$f(x_1, x_2) = \frac{x_1(1-x_1)}{\sqrt{x_2+1}} = (x_1 - x_1^2)(x_2+1)^{-\frac{1}{2}}$$

auf Maximal- und Minimalstellen und erhalten:

$$f_{x_1}(x_1, x_2) = \frac{1-2x_1}{\sqrt{x_2+1}} = 0 \Rightarrow x_1 = \tfrac{1}{2}$$

$$f_{x_2}(x_1, x_2) = (x_1 - x_1^2)\left(-\tfrac{1}{2}\right)(x_2+1)^{-\frac{3}{2}} \neq 0 \qquad \text{für } x_1 = \tfrac{1}{2},\ x_2 \in (0,1)$$

Die Funktion f besitzt im Bereich $(0,1) \times (0,1)$ weder ein Maximum noch ein Minimum.

Um mögliche globale Extrema zu finden, führen wir eine Randuntersuchung durch. Es gilt für alle $x_2 \in [0,1]$

$$x_1 = 0: \ f(0, x_2) = 0\,,$$
$$x_1 = 1: \ f(1, x_2) = 0$$

und für alle $x_1 \in [0,1]$

$$x_2 = 0: \ f(x_1, 0) = x_1 - x_1{}^2$$
$$x_2 = 1: \ f(x_1, 1) = \tfrac{1}{\sqrt{2}}(x_1 - x_1{}^2)\,.$$

Wir berechnen:

$$f_{x_1}(x_1, 0) = 1 - 2x_1 = 0 \Rightarrow x_1 = \tfrac{1}{2}$$
$$f_{x_1x_1}(x_1, 0) = -2 < 0$$

$$f_{x_1}(x_1, 1) = \tfrac{1}{\sqrt{2}}(1 - 2x_1) = 0 \Rightarrow x_1 = \tfrac{1}{2}$$
$$f_{x_1x_1}(x_1, 1) = -\tfrac{2}{\sqrt{2}} < 0$$

Ferner gilt:

$$f(x_1, x_2) = \frac{x_1(1-x_1)}{\sqrt{x_2+1}} \geq 0 \quad \text{für alle } (x_1, x_2) \in [0,1] \times [0,1]$$

$$f\left(\tfrac{1}{2}, 0\right) = \frac{1}{4} = 0.25\,,$$
$$f\left(\tfrac{1}{2}, 1\right) = \frac{1}{4\sqrt{2}} \approx 0.175$$

Damit sieht das Ergebnis folgendermaßen aus (Abbildung 22.1):

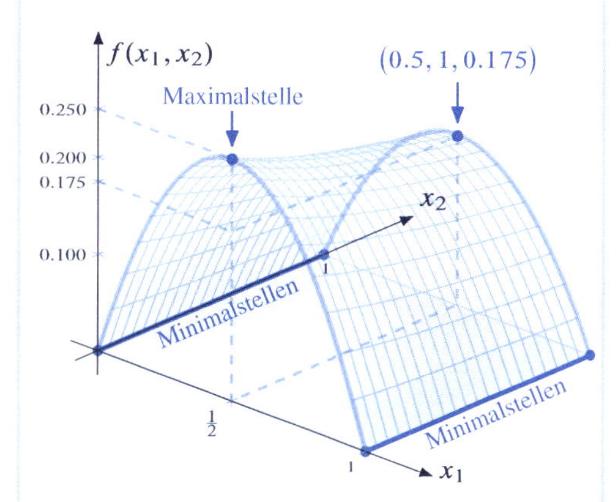

Abbildung 22.1: *Extremalstellen der Funktion f mit $f(x_1, x_2) = \frac{x_1(1-x_1)}{\sqrt{x_2+1}}$*

Die Funktion f besitzt globale Minima für alle (x_1, x_2) mit $x_1 = 0$ oder $x_1 = 1$, unabhängig vom Wert $x_2 \in [0,1]$. Ferner besitzt f genau ein globales Maximum für

$$(x_1, x_2) = (0.5, 0)\,.$$

Im Minimum erhalten wir den Funktionswert 0, im Maximum 0.25.

Beispiel 22.10

Der Zusammenhang zwischen den Absatzquantitäten x_1, x_2 zweier Produkte und ihren Preisen p_1, p_2 sei gegeben durch

$$x_1 = 50 - 2p_1 - p_2\,,$$
$$x_2 = 60 - p_1 - 3p_2 \qquad \text{mit } p_1, p_2 \in [0, 12].$$

Da die Nachfrage x_1 und x_2 jeweils mit wachsendem Preis p_1 bzw. p_2 fällt, spricht man von *komplementären Gütern*.

Für den Umsatz ergibt sich die Funktion

$$u\colon [0, 12] \times [0, 12] \to \mathbb{R}$$

in Abhängigkeit der Preise mit der Gleichung

$$\begin{aligned} u(p_1, p_2) &= p_1x_1 + p_2x_2 \\ &= 50p_1 - 2{p_1}^2 \\ &\quad +60p_2 - 3{p_2}^2 - 2p_1p_2\,. \end{aligned}$$

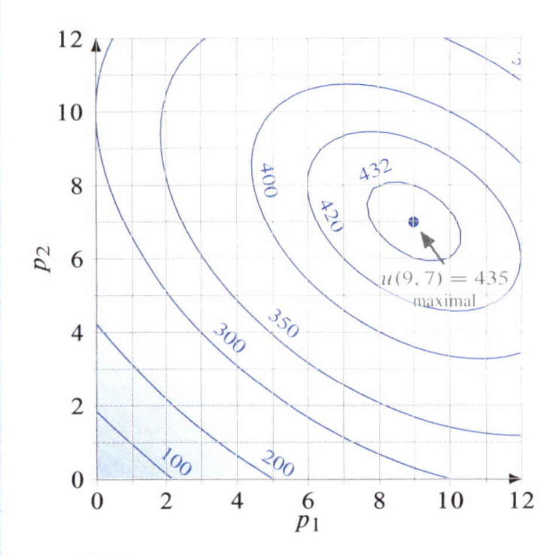

Abbildung 22.2: *Niveaulinien der Funktion u*

Um die Preiskombination mit maximalem Umsatz zu finden, betrachten wir wieder den Gradienten und die Hessematrix:

$$\left.\begin{aligned} u_{p_1}(\boldsymbol{p}) = 50 - 4p_1 - 2p_2 = 0 \\ u_{p_2}(\boldsymbol{p}) = 60 - 6p_2 - 2p_1 = 0 \end{aligned}\right\} \Rightarrow \left\{\begin{aligned} p_1 = 9 \\ p_2 = 7 \end{aligned}\right.$$

$$\begin{aligned} \boldsymbol{H}(\boldsymbol{p}) &= \begin{pmatrix} u_{p_1p_1}(\boldsymbol{p}) & u_{p_1p_2}(\boldsymbol{p}) \\ u_{p_2p_1}(\boldsymbol{p}) & u_{p_2p_2}(\boldsymbol{p}) \end{pmatrix} \\ &= \begin{pmatrix} -4 & -2 \\ -2 & -6 \end{pmatrix} \qquad \text{für alle } \boldsymbol{p} \in \mathbb{R}^2 \end{aligned}$$

$$\det \boldsymbol{H}_1(p_1, p_2) = -4\,,$$
$$\det \boldsymbol{H}_2(p_1, p_2) = 20$$

Die Matrix $\boldsymbol{H}(p_1, p_2)$ ist negativ definit für alle (p_1, p_2), wir erhalten ein globales Maximum für

$$(p_1, p_2) = (9, 7) \quad \text{bzw.} \quad (x_1, x_2) = (25, 30)\,.$$

Das Umsatzmaximum ist

$$\begin{aligned} u(p_1, p_2) &= p_1x_1 + p_2x_2 \\ &= 9 \cdot 25 + 7 \cdot 30 = 435\,. \end{aligned}$$

Ferner ist der Umsatz $u(p_1, p_2)$

- monoton wachsend in p_1 bzw. p_2 für

$$50 - 4p_1 - 2p_2 \geq 0 \text{ bzw.}$$
$$60 - 2p_1 - 6p_2 \geq 0\,,$$

- monoton fallend in p_1 bzw. p_2 für

$$50 - 4p_1 - 2p_2 \leq 0 \text{ bzw.}$$
$$60 - 2p_1 - 6p_2 \leq 0\,.$$

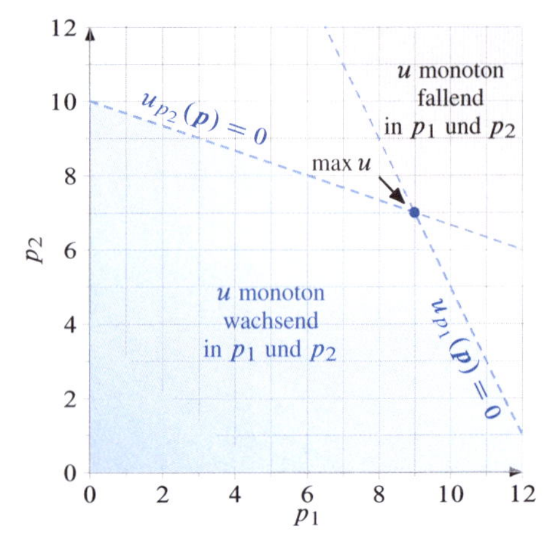

Abbildung 22.3: *Zur Monotonie der Funktion u*

Für Funktionen zweier Variablen können wir den Satz 22.7 auch in der folgenden Form schreiben.

Satz 22.11

Die Funktion $f : D \to \mathbb{R}$ mit konvexem $D \subseteq \mathbb{R}^2$ sei in D zweimal stetig partiell differenzierbar mit den Ableitungen $f_{x_1}, f_{x_2}, f_{x_1x_1}, f_{x_1x_2}, f_{x_2x_2}$. Ferner gebe es ein $\boldsymbol{x}^* \in D$ mit

$$f_{x_1}(\boldsymbol{x}^*) = 0, \quad f_{x_2}(\boldsymbol{x}^*) = 0,$$
$$f_{x_1x_1}(\boldsymbol{x}^*) f_{x_2x_2}(\boldsymbol{x}^*) - \left(f_{x_1x_2}(\boldsymbol{x}^*)\right)^2 > 0.$$

Dann gilt:

a) $f_{x_1x_1}(\boldsymbol{x}^*) < 0$
$\Rightarrow \boldsymbol{x}^*$ ist lokale Maximalstelle von f
$f_{x_1x_1}(\boldsymbol{x}^*) > 0$
$\Rightarrow \boldsymbol{x}^*$ ist lokale Minimalstelle von f

b) $f_{x_1x_1}(\boldsymbol{x}) < 0$ für alle $\boldsymbol{x}$
$\Rightarrow \boldsymbol{x}^*$ ist einziges globales Maximum von f
$f_{x_1x_1}(\boldsymbol{x}) > 0$ für alle $\boldsymbol{x}$
$\Rightarrow \boldsymbol{x}^*$ ist einziges globales Minimum von f

22.3 Einfache lineare Regression

Eine bedeutende Anwendung der Extremwertbestimmung bei Funktionen mehrerer Variablen finden wir in der Statistik (Bamberg u. a. 2017).

Beispiel 22.12

Wir betrachten beispielsweise über mehrere Zeitperioden $t = 1, 2, 3, 4, 5$ den Absatz eines Produktes und erhalten folgende Zeitreihe:

t	1	2	3	4	5
Absatz	5	10	9	12	14

Aus der Zeitreihe wird klar, dass der Produktabsatz mit fortschreitender Zeit tendenziell wächst. Möchten wir nun den Zusammenhang des Absatzes und der Zeit bestmöglich durch eine Gerade approximieren, so erscheint die in Abbildung 22.4 eingezeichnete Gerade I optisch besser zu den Beobachtungswerten (gekennzeichnet durch ●) zu passen als die Gerade II.

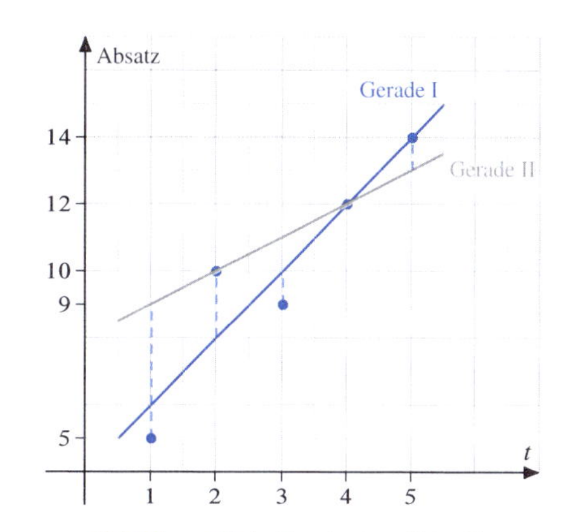

Abbildung 22.4: *Graph einer Zeitreihe*

Beide Geraden beschreiben Zeitreihen der nachfolgenden Form

	Werte der Gerade	
t	I	II
1	6	9
2	8	10
3	10	11
4	12	12
5	14	13

und es gilt:

$$f(t) = 4 + 2t \qquad \text{für Gerade I}$$
$$f(t) = 8 + t \qquad \text{für Gerade II}$$

Vergleicht man beispielsweise die quadratischen Abweichungen der $f(t)$-Werte von den Beobachtungswerten, so erhalten wir:

	quadratische Abweichungen	
t	I	II
1	1	16
2	4	0
3	1	4
4	0	0
5	0	1
Summe	6	21

Wir versuchen nun, das Problem allgemein zu lösen.

Ausgangspunkt ist eine Folge (x_i, y_i) von Beobachtungspaaren mit $i = 1, \ldots, n$. Wir nehmen an, x sei eine unabhängige Variable und y eine lineare Funktion von x, also

$$y = a + bx .$$

Gilt für alle Wertepaare (x_i, y_i) die Gleichung

$$y_i = a + bx_i ,$$

so ist die Folge (x_i, y_i) der Beobachtungen ohne Fehler durch die Geradengleichung darstellbar. Andernfalls erhalten wir für Wertepaare (x_i, y_i) die Ungleichung

$$a + bx_i \neq y_i .$$

Ziel der *Methode der kleinsten Quadrate* oder kurz der *KQ-Methode* ist es, eine Gerade so zu bestimmen, dass die Summe aller quadratischen Abweichungen minimal wird. Damit suchen wir die Minimalstellen der Funktion q mit

$$q(a,b) = \sum_{i=1}^{n} (a + bx_i - y_i)^2 .$$

Dabei sind die Werte (x_i, y_i) für $i = 1, \ldots, n$ bekannt und die Parameter a, b unbekannt. Wir erhalten für die partiellen Ableitungen

$$\begin{aligned} q_a(a,b) &= \sum_{i=1}^{n} 2(a + bx_i - y_i) \cdot 1 \\ &= 2na + 2b \sum_{i=1}^{n} x_i - 2 \sum_{i=1}^{n} y_i = 0 , \end{aligned}$$

$$\begin{aligned} q_b(a,b) &= \sum_{i=1}^{n} 2(a + bx_i - y_i) x_i \\ &= 2a \sum_{i=1}^{n} x_i + 2b \sum_{i=1}^{n} x_i{}^2 - 2 \sum_{i=1}^{n} x_i y_i \\ &= 0 \end{aligned}$$

und damit ein lineares Gleichungssystem mit zwei Gleichungen und den Unbekannten a, b

$$\begin{aligned} na + \sum_{i=1}^{n} x_i b &= \sum_{i=1}^{n} y_i , \\ \sum_{i=1}^{n} x_i a + \sum_{i=1}^{n} x_i{}^2 b &= \sum_{i=1}^{n} x_i y_i , \end{aligned}$$

das man in der Statistik als *System der Normalgleichungen* bezeichnet.

Dieses Gleichungssystem ist genau dann eindeutig lösbar, wenn gilt (Satz 19.14 e, 19.17):

$$\det \begin{pmatrix} n & \sum_{i=1}^{n} x_i \\ \sum_{i=1}^{n} x_i & \sum_{i=1}^{n} x_i{}^2 \end{pmatrix} \neq 0$$

Wir bilden, wie in der Statistik üblich, das *arithmetische Mittel*

$$\bar{x} = \frac{1}{n} \sum_{i=1}^{n} x_i \quad \text{bzw.} \quad n\bar{x} = \sum_{i=1}^{n} x_i$$

und erhalten, wenn nicht alle x_i-Werte identisch sind,

$$\begin{aligned} 0 < \sum_{i=1}^{n} (x_i - \bar{x})^2 &= \sum_{i=1}^{n} (x_i{}^2 - 2x_i \bar{x} + \bar{x}^2) \\ &= \sum_{i=1}^{n} x_i{}^2 - 2 \sum_{i=1}^{n} x_i \, \bar{x} + n\bar{x}^2 \\ &= \sum_{i=1}^{n} x_i{}^2 - 2n\bar{x}^2 + n\bar{x}^2 = \sum_{i=1}^{n} x_i{}^2 - n\bar{x}^2 \\ &= \sum_{i=1}^{n} x_i{}^2 - \frac{1}{n} \left(\sum_{i=1}^{n} x_i \right)^2 . \end{aligned}$$

Daraus folgt

$$\det\begin{pmatrix} n & \sum_{i=1}^{n} x_i \\ \sum_{i=1}^{n} x_i & \sum_{i=1}^{n} {x_i}^2 \end{pmatrix} = n\sum_{i=1}^{n} {x_i}^2 - \left(\sum_{i=1}^{n} x_i\right)^2 > 0,$$

und das Gleichungssystem ist eindeutig lösbar.

Weiter gilt:

$$q_{aa}(a,b) = 2n > 0$$

$$q_{ab}(a,b) = q_{ba}(a,b) = 2\sum_{i=1}^{n} x_i$$

$$q_{bb}(a,b) = 2\sum_{i=1}^{n} {x_i}^2$$

Wir erhalten die Hessematrix

$$\boldsymbol{H}(a,b) = \begin{pmatrix} q_{aa}(a,b) & q_{ab}(a,b) \\ q_{ab}(a,b) & q_{bb}(a,b) \end{pmatrix} = \begin{pmatrix} 2n & 2\sum_{i=1}^{n} x_i \\ 2\sum_{i=1}^{n} x_i & 2\sum_{i=1}^{n} {x_i}^2 \end{pmatrix}$$

und die Hauptunterdeterminanten

$$\det \boldsymbol{H}_1(a,b) = 2n > 0,$$

$$\det \boldsymbol{H}_2(a,b) = 4n\sum_{i=1}^{n} {x_i}^2 - 4\left(\sum_{i=1}^{n} x_i\right)^2 > 0.$$

Die Hessematrix $\boldsymbol{H}(a,b)$ ist positiv definit, die Funktion q mit

$$q(a,b) = \sum_{i=1}^{n}(a + bx_i - y_i)^2$$

ist für alle (a,b) streng konvex (Satz 22.3 a).

Damit minimiert die Lösung (a,b) des Systems der Normalgleichungen die Funktion q (Satz 22.7 b). Der Wert a ist der Ordinatenabschnitt und der Wert b die Steigung der gesuchten Geraden.

In der *linearen Regressionsanalyse* behandelt man Aufgaben dieses Typs. Im Zusammenhang mit dem hier diskutierten Problem spricht man von *einfacher linearer Regression*.

Beispiel 22.13

Wir betrachten die Zeitreihe des Beispiels 22.12 mit den Werten

x_i	1	2	3	4	5
y_i	5	10	9	12	14

und approximieren die gegebenen Werte durch eine Gerade $y = a + bx$ nach der KQ-Methode.

Dann ist mit $n = 5$

$$\sum_{i=1}^{5} x_i = 15, \qquad \sum_{i=1}^{5} {x_i}^2 = 55,$$

$$\sum_{i=1}^{5} y_i = 50, \qquad \sum_{i=1}^{5} x_i y_i = 170.$$

Wir erhalten das System der Normalgleichungen

$$\begin{aligned} 5a + 15b &= 50, \\ 15a + 55b &= 170 \end{aligned}$$

mit der eindeutigen Lösung $(a,b) = (4,2)$.

Die Gerade $y(x) = 4 + 2x$ approximiert die gegebenen Beobachtungswerte im Sinne der KQ-Methode optimal.

Beispiel 22.14

Zwischen dem Umsatz u und dem Werbebudget x einer Unternehmung wird ein linearer Zusammenhang angenommen. Über 10 Monate hat man folgende Beobachtungswerte:

i	x_i	u_i	i	x_i	u_i
1	20	180	6	26	220
2	20	160	7	28	250
3	24	200	8	34	280
4	30	250	9	30	310
5	25	250	10	33	330

Wir erhalten mit $n = 10$

$$\sum_{i=1}^{10} x_i = 270\,, \qquad \sum_{i=1}^{10} u_i = 2430\,,$$

$$\sum_{i=1}^{10} x_i^2 = 7506\,, \qquad \sum_{i=1}^{10} x_i u_i = 67780$$

und damit das Gleichungssystem

$$\begin{aligned} 10a + 270b &= 2430\,, \\ 270a + 7506b &= 67780 \end{aligned}$$

mit der Lösung $(a, b) \approx (-28.25, 10.05)$.

Die gesuchte Gerade hat die Form

$$u(x) = -28.25 + 10.05x\,.$$

Wir stellen diese Gerade mit den Beobachtungen (•) graphisch dar (Abbildung 22.5).

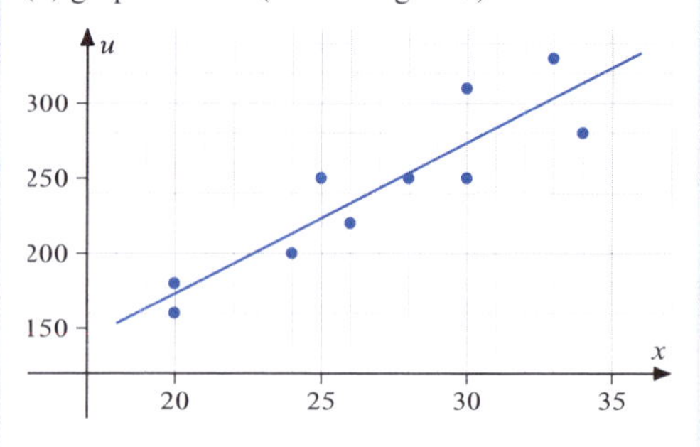

Abbildung 22.5: *Einfache lineare Regression*

Im Prinzip kann damit der Umsatz für jedes beliebige Werbebudget x im Bereich der Beobachtungen prognostiziert werden, beispielsweise für das Budget $x = 35$ der Umsatz $u(35) = 323.5$. Eine Budgetsteigerung um eine Einheit lässt eine Umsatzsteigerung um 10.05 Einheiten erwarten.

Relevante Literatur

Bamberg, Günter u. a. (2017). *Statistik: Eine Einführung für Wirtschafts- und Sozialwissenschaftler*. 18. Aufl. De Gruyter Oldenbourg, Kap. 4.3

Forster, Otto (2013). *Analysis 2: Differentialrechnung im $\mathbb{R}^n$, gewöhnliche Differentialgleichungen*. 10. Aufl. Springer Spektrum, Kap. 7

Luderer, Bernd und Würker, Uwe (2014). *Einstieg in die Wirtschaftsmathematik*. 9. Aufl. Springer Gabler, Kap. 8.1

Opitz, Otto u. a. (2014). *Mathematik: Übungsbuch für das Studium der Wirtschaftswissenschaften*. 8. Aufl. De Gruyter Oldenbourg, Kap. 20

Senger, Jürgen (2009). *Mathematik: Grundlagen für Ökonomen*. 3. Aufl. De Gruyter Oldenbourg, Kap. 4.4

Tietze, Jürgen (2013). *Einführung in die angewandte Wirtschaftsmathematik: Das praxisnahe Lehrbuch – inklusive Brückenkurs für Einsteiger*. 17. Aufl. Springer Spektrum, Kap. 7

Mehrfache Integrale

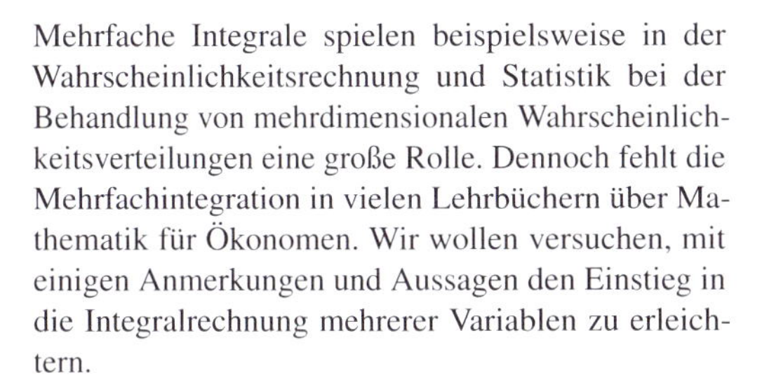

Mehrfache Integrale spielen beispielsweise in der Wahrscheinlichkeitsrechnung und Statistik bei der Behandlung von mehrdimensionalen Wahrscheinlichkeitsverteilungen eine große Rolle. Dennoch fehlt die Mehrfachintegration in vielen Lehrbüchern über Mathematik für Ökonomen. Wir wollen versuchen, mit einigen Anmerkungen und Aussagen den Einstieg in die Integralrechnung mehrerer Variablen zu erleichtern.

23.1 Parameterintegrale

Wir beschränken uns zunächst auf eine Funktion f, die für $(x_1, x_2) \in [a_1, b_1] \times [a_2, b_2]$ definiert und stetig ist. Für jeden festen Wert x_2 ist dann das bestimmte Integral

$$\int_{a_1}^{b_1} f(x_1, x_2)\, \mathrm{d}x_1$$

definiert (Definition 13.24). Es ergibt sich eine Funktion

$$F_1 : [a_2, b_2] \to \mathbb{R}$$

mit

$$F_1(x_2) = \int_{a_1}^{b_1} f(x_1, x_2)\, \mathrm{d}x_1 \,.$$

Analog zu partiellen Ableitungen (Def. 21.15, 21.16) wird x_2 konstant gehalten.

Entsprechend definieren wir eine Funktion

$$F_2 : [a_1, b_1] \to \mathbb{R}$$

mit

$$F_2(x_1) = \int\limits_{a_2}^{b_2} f(x_1, x_2)\, \mathrm{d}x_2 \,.$$

Die beiden Ergebnisse $F_1(x_2)$, $F_2(x_1)$ hängen von einem Parameter x_2 bzw. x_1 ab, man spricht von *Parameterintegralen*.

Durch geeignete Schnitte in Abbildung 23.1 erhalten wir aus den Funktionswerten $f(x_1, x_2)$ für

$$(x_1, x_2) \in [0, b_1] \times [0, b_2]$$

beispielsweise die Werte $f(x_1, b_2)$ für $x_1 \in [0, b_1]$ und die Werte $f(b_1, x_2)$ für $x_2 \in [0, b_2]$ und damit auch die bestimmten Integrale $F_1(b_2)$ und $F_2(b_1)$.

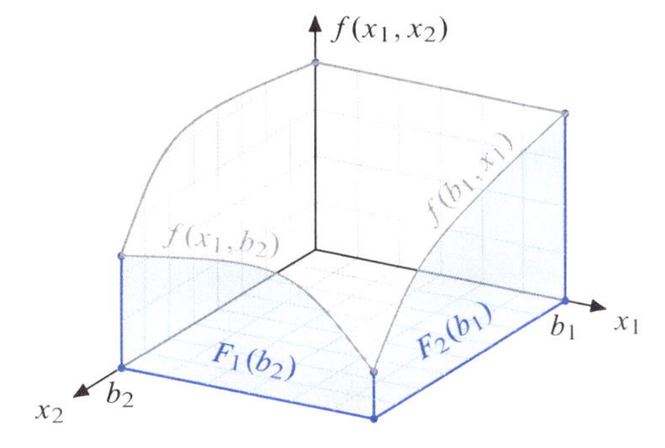

Abbildung 23.1: *Graph einer Funktion f und der Parameterintegrale $F_1(x_2)$, $F_2(x_1)$ für $x_2 = b_2$, $x_1 = b_1$ und $a_1 = a_2 = 0$*

DOI: 10.1515/9783110475333-023

Wir fragen nun nach Bedingungen für Stetigkeit, Differenzierbarkeit und Integrierbarkeit von F_1 bzw. F_2.

Satz 23.1

Ist die Funktion

$$f : [a_1, b_1] \times [a_2, b_2] \to \mathbb{R}$$

stetig, so ist auch

$$F_1 : [a_2, b_2] \to \mathbb{R}$$

mit

$$F_1(x_2) = \int_{a_1}^{b_1} f(x_1, x_2)\, \mathrm{d}x_1$$

bzw.

$$F_2 : [a_1, b_1] \to \mathbb{R}$$

mit

$$F_2(x_1) = \int_{a_2}^{b_2} f(x_1, x_2)\, \mathrm{d}x_2$$

stetig.

Beweisidee

Aus der Stetigkeit von f folgt für

$$x_1 \in [a_1, b_1], x_2, c_2 \in [a_2, b_2] :$$

$$\begin{aligned}
&(x_1, x_2) \to (x_1, c_2) \\
&\Rightarrow f(x_1, x_2) \to f(x_1, c_2) \qquad \text{(Definition 10.5)} \\
&\Rightarrow F_1(x_2) \to F_1(c_2) \\
&\Rightarrow F_1 \text{ ist stetig}
\end{aligned}$$

Entsprechendes gilt für F_2. Für einen genauen Beweis verweisen wir auf Forster (2013), Kap. 10.

Satz 23.2

Die stetige Funktion

$$f : [a_1, b_1] \times [a_2, b_2] \to \mathbb{R}$$

sei nach beiden Variablen stetig partiell differenzierbar. Dann sind die Funktionen F_1, F_2 mit

$$F_1(x_2) = \int_{a_1}^{b_1} f(x_1, x_2)\, \mathrm{d}x_1 \quad \text{und}$$

$$F_2(x_1) = \int_{a_2}^{b_2} f(x_1, x_2)\, \mathrm{d}x_2$$

stetig differenzierbar und es gilt:

$$\frac{\mathrm{d}F_1(x_2)}{\mathrm{d}x_2} = \frac{\mathrm{d}}{\mathrm{d}x_2} \int_{a_1}^{b_1} f(x_1, x_2)\, \mathrm{d}x_1 = \int_{a_1}^{b_1} \frac{\partial f(x_1, x_2)}{\partial x_2}\, \mathrm{d}x_1$$

$$\frac{\mathrm{d}F_2(x_1)}{\mathrm{d}x_1} = \frac{\mathrm{d}}{\mathrm{d}x_1} \int_{a_2}^{b_2} f(x_1, x_2)\, \mathrm{d}x_2 = \int_{a_2}^{b_2} \frac{\partial f(x_1, x_2)}{\partial x_1}\, \mathrm{d}x_2$$

Differentiation und Integration können somit vertauscht werden.

Zum Beweis verweisen wir auf Forster (2013) Kap. 10.

Beispiel 23.3

Für f mit

$$f(x_1, x_2) = 2x_1x_2 + 3x_2^2$$

erhalten wir im Bereich $[0, 2] \times [0, 1]$:

$$\begin{aligned} F_1(x_2) &= \int_0^2 \left(2x_1x_2 + 3x_2^2\right) \mathrm{d}x_1 \\ &= \left(x_1^2x_2 + 3x_1x_2^2\right)\Big|_0^2 \\ &= 4x_2 + 6x_2^2 \end{aligned}$$

$$\begin{aligned} \frac{\mathrm{d}F_1(x_2)}{\mathrm{d}x_2} &= 4 + 12x_2 , \\ \frac{\partial f(x_1, x_2)}{\partial x_2} &= 2x_1 + 6x_2 \end{aligned}$$

$$\begin{aligned} \int_0^2 \frac{\partial f(x_1, x_2)}{\partial x_2} \mathrm{d}x_1 &= \int_0^2 (2x_1 + 6x_2) \mathrm{d}x_1 \\ &= \left(x_1^2 + 6x_1x_2\right)\Big|_0^2 \\ &= 4 + 12x_2 \end{aligned}$$

$$\begin{aligned} F_2(x_1) &= \int_0^1 \left(2x_1x_2 + 3x_2^2\right) \mathrm{d}x_2 \\ &= \left(x_1x_2^2 + x_2^3\right)\Big|_0^1 \\ &= x_1 + 1 \end{aligned}$$

$$\begin{aligned} \frac{\mathrm{d}F_2(x_1)}{\mathrm{d}x_1} &= 1 , \\ \frac{\partial f(x_1, x_2)}{\partial x_1} &= 2x_2 \end{aligned}$$

$$\begin{aligned} \int_0^1 \frac{\partial f(x_1, x_2)}{\partial x_1} \mathrm{d}x_2 &= \int_0^1 2x_2 \,\mathrm{d}x_2 \\ &= x_2^2\Big|_0^1 = 1 \end{aligned}$$

Satz 23.2 wird mit diesen Ergebnissen bestätigt.

Nachfolgend diskutieren wir eine interessante Anwendung von Satz 23.2.

Beispiel 23.4

Gegeben sei die Funktion

$$f : D \to \mathbb{R},\ D \subseteq \mathbb{R}^2$$

mit

$$f(x, t) = (x - t)^2 .$$

Gesucht wird der Parameterwert t, so dass die Fläche zwischen f und der x-Achse im Intervall $[0, 4]$ minimal wird.

Zunächst beschreibt das Parameterintegral

$$F(t) = \int_0^4 (x - t)^2 \,\mathrm{d}x$$

die Fläche in Abhängigkeit von t.

Mit $F'(t) = 0$ erhalten wir eine notwendige Bedingung für das gesuchte Minimum, also

$$\begin{aligned} \frac{\mathrm{d}F(t)}{\mathrm{d}t} &= \int_0^4 \frac{\partial f(x, t)}{\partial t} \mathrm{d}x \\ &= \int_0^4 \left(-2(x - t)\right) \mathrm{d}x \\ &= \int_0^4 (2t - 2x) \,\mathrm{d}x \\ &= 2tx - x^2\Big|_0^4 = 8t - 16 = 0 \end{aligned}$$

und damit $t = 2$.

Wegen

$$F''(t) = 8 > 0$$

liefert $t = 2$ die gesuchte Lösung.

Für die minimale Fläche ergibt sich

$$\begin{aligned} F(2) &= \int_0^4 (x - 2)^2 \,\mathrm{d}x \\ &= \int_0^4 (x^2 - 4x + 4) \,\mathrm{d}x \\ &= \frac{x^3}{3} - 2x^2 + 4x\Big|_0^4 \\ &= \frac{64}{3} - 32 + 16 = \frac{16}{3} . \end{aligned}$$

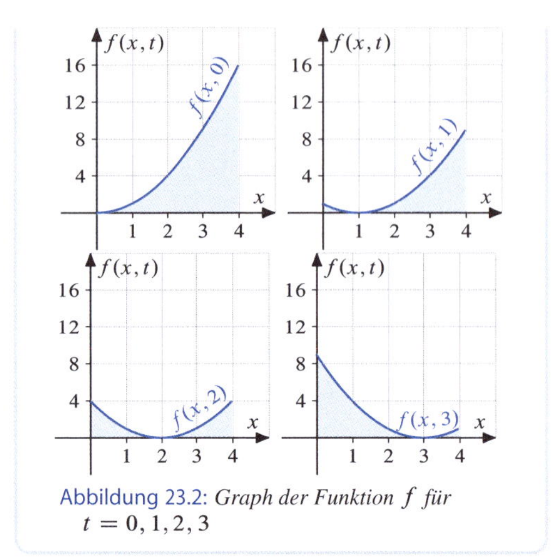

Abbildung 23.2: *Graph der Funktion f für* $t = 0, 1, 2, 3$

Wir schließen mit einer kurzen Diskussion der sogenannten *Gammafunktion* Γ und der *Betafunktion* B, die u. a. in der Wahrscheinlichkeitsrechnung eine Rolle spielen.

Beispiel 23.5

$$\begin{aligned} B(x,y) &= \int_0^1 b(x,y,t)\,\mathrm{d}t \\ &= \int_0^1 t^{x-1}(1-t)^{y-1}\,\mathrm{d}t \quad (x,y>0) \\ \Gamma(x) &= \int_0^\infty c(x,t)\,\mathrm{d}t \\ &= \int_0^\infty \mathrm{e}^{-t}t^{x-1}\,\mathrm{d}t \quad (x>0) \end{aligned}$$

Im Einzelnen erhält man:

$$\begin{aligned} \Gamma(1) &= \int_0^\infty \mathrm{e}^{-t}t^0\,\mathrm{d}t \\ &= -\mathrm{e}^{-t}\Big|_0^\infty = 0+1 = 1 \end{aligned}$$

$$\begin{aligned} \Gamma(x+1) &= \int_0^\infty \mathrm{e}^{-t}t^x\,\mathrm{d}t \\ &= -t^x\mathrm{e}^{-t}\Big|_0^\infty + \int_0^\infty \mathrm{e}^{-t}xt^{x-1}\,\mathrm{d}t \\ &= 0 + x\int_0^\infty \mathrm{e}^{-t}t^{x-1}\,\mathrm{d}t \\ &= x\cdot\Gamma(x) \quad \text{für alle } x>0 \end{aligned}$$

Damit gilt für alle $n \in \mathbb{N}$:

$$\begin{aligned} \Gamma(n+1) &= n\Gamma(n) \\ &= n(n-1)\Gamma(n-1) \\ &= \ldots = n! \end{aligned}$$

$$B(1,1) = \int_0^1 t^0(1-t)^0\cdot 1\,\mathrm{d}t = t\Big|_0^1 = 1$$

$$\begin{aligned} B(x,y) &= \int_0^1 t^{x-1}(1-t)^{y-1}\,\mathrm{d}t \\ &= \int_0^1 (1-t)^{x-1}t^{y-1}\,\mathrm{d}t = B(y,x) \end{aligned}$$

$$\begin{aligned} B(x,1) &= \int_0^1 t^{x-1}1\,\mathrm{d}t \\ &= \frac{t^x}{x}\Big|_0^1 = \frac{1}{x} = B(1,x) \end{aligned}$$

$$\begin{aligned} B(x,n) &= \int_0^1 t^{x-1}(1-t)^{n-1}\,\mathrm{d}t \\ &= (1-t)^{n-1}\frac{t^x}{x}\Big|_0^1 \\ &\quad + \frac{1}{x}\int_0^1 t^x(n-1)(1-t)^{n-2}\,\mathrm{d}t \\ &= 0 + \frac{n-1}{x}B(x+1,n-1) \\ &= \frac{(n-1)(n-2)}{x(x+1)}B(x+2,n-2) \\ &= \frac{(n-1)!}{x(x+1)\cdot\ldots\cdot(x+n-2)} \\ &\quad \cdot B(x+n-1,1) \\ &= \frac{(n-1)!}{x(x+1)\cdot\ldots\cdot(x+n-1)} \\ &= \frac{(n-1)!(x-1)!}{(x+n-1)!} = \frac{\Gamma(n)\Gamma(x)}{\Gamma(n+x)} \end{aligned}$$

Für $x, n \in \mathbb{N}$ folgt daraus:

$$\begin{aligned} B(x+1,n+1) &= \frac{\Gamma(n+1)\Gamma(x+1)}{\Gamma(n+x+2)} \\ &= \frac{n!\,x!}{(x+n+1)!} \end{aligned}$$

23.2 Doppelintegrale

In den Sätzen 23.1, 23.2 haben wir Bedingungen für die Stetigkeit und die Differenzierbarkeit der Funktionen F_1, F_2 mit

$$F_1(x_2) = \int_{a_1}^{b_1} f(x_1, x_2)\, \mathrm{d}x_1\,,$$
$$F_2(x_1) = \int_{a_2}^{b_2} f(x_1, x_2)\, \mathrm{d}x_2$$

gefunden.

Damit sind beide Funktionen auch integrierbar, und wir erhalten jeweils ein *Doppelintegral*

$$\begin{aligned} I_1 &= \int_{a_1}^{b_1} F_2(x_1)\, \mathrm{d}x_1 \\ &= \int_{a_1}^{b_1} \left(\int_{a_2}^{b_2} f(x_1, x_2)\, \mathrm{d}x_2 \right) \mathrm{d}x_1\,, \end{aligned}$$

$$\begin{aligned} I_2 &= \int_{a_2}^{b_2} F_1(x_2)\, \mathrm{d}x_2 \\ &= \int_{a_2}^{b_2} \left(\int_{a_1}^{b_1} f(x_1, x_2)\, \mathrm{d}x_1 \right) \mathrm{d}x_2\,. \end{aligned}$$

Bei der Berechnung löst man zunächst das Integral innerhalb der Klammer und betrachtet dabei wie bei partieller Differentiation (Definition 21.15) die nicht beteiligte Variable als Konstante. Im Fall I_1 berechnet man sukzessive

$$F_2(x_1) = \int_{a_2}^{b_2} f(x_1, x_2)\, \mathrm{d}x_2$$

mit x_1 als Konstante sowie

$$I_1 = \int_{a_1}^{b_1} F_2(x_1)\, \mathrm{d}x_1\,.$$

Dabei gelten die in den Abschnitten 13.1 und 13.2 eingeführten Integrationsregeln.

Beispiel 23.6

$$\begin{aligned} &\int_1^2 \int_0^1 (x_1^2 + x_2)\, \mathrm{d}x_1\, \mathrm{d}x_2 \\ &= \int_1^2 \left(\frac{x_1^3}{3} + x_1 x_2 \right) \Big|_0^1 \mathrm{d}x_2 \\ &= \int_1^2 \left(\frac{1}{3} + x_2 \right) \mathrm{d}x_2 \\ &= \left(\frac{x_2}{3} + \frac{x_2^2}{2} \right) \Big|_1^2 \\ &= \frac{2}{3} + 2 - \frac{1}{3} - \frac{1}{2} = \frac{11}{6} \end{aligned}$$

$$\begin{aligned} &\int_0^1 \int_1^2 (x_1^2 + x_2)\, \mathrm{d}x_2\, \mathrm{d}x_1 \\ &= \int_0^1 \left(x_1^2 x_2 + \frac{x_2^2}{2} \right) \Big|_1^2 \mathrm{d}x_1 \\ &= \int_0^1 \left(2x_1^2 + 2 - x_1^2 - \frac{1}{2} \right) \mathrm{d}x_1 \\ &= \int_0^1 \left(x_1^2 + \frac{3}{2} \right) \mathrm{d}x_1 \\ &= \left(\frac{x_1^3}{3} + \frac{3}{2} x_1 \right) \Big|_0^1 = \frac{11}{6} \end{aligned}$$

Beispiel 23.7

$$\begin{aligned} &\int_0^1 \int_0^{\pi/2} \cos x_1 \mathrm{e}^{x_2}\, \mathrm{d}x_1\, \mathrm{d}x_2 \\ &= \int_0^1 \left(\sin x_1 \mathrm{e}^{x_2} \right) \Big|_0^{\pi/2} \mathrm{d}x_2 \\ &= \int_0^1 \mathrm{e}^{x_2}\, \mathrm{d}x_2 = \mathrm{e}^{x_2} \Big|_0^1 = \mathrm{e} - 1 \end{aligned}$$

$$\begin{aligned} &\int_0^{\pi/2} \int_0^1 \cos x_1 \mathrm{e}^{x_2}\, \mathrm{d}x_2\, \mathrm{d}x_1 \\ &= \int_0^{\pi/2} \cos x_1 \mathrm{e}^{x_2} \Big|_0^1 \mathrm{d}x_1 \\ &= \int_0^{\pi/2} \cos x_1 (e - 1)\, \mathrm{d}x_1 \\ &= (\mathrm{e} - 1) \sin x_1 \Big|_0^{\pi/2} = \mathrm{e} - 1 \end{aligned}$$

In beiden Beispielen fällt auf, dass wir bei Vertauschung der Integrationsreihenfolge identische Ergebnisse erhalten. Daher liegt die Frage nahe, unter welchen Bedingungen dies richtig ist.

Satz 23.8

Die stetige Funktion

$$f : [a_1, b_1] \times [a_2, b_2] \to \mathbb{R}$$

sei nach beiden Variablen stetig partiell differenzierbar. Dann gilt:

$$\int_{a_2}^{b_2} \int_{a_1}^{b_1} f(x_1, x_2)\, dx_1\, dx_2 = \int_{a_1}^{b_1} \int_{a_2}^{b_2} f(x_1, x_2)\, dx_2\, dx_1$$

Zum Beweis verweisen wir auf Forster (2013) Kap. 10.

Damit können wir unter gewissen Bedingungen Doppelintegrale unabhängig von der Reihenfolge der Integration berechnen.

Eine Interpretation ist mit Hilfe der *Riemannschen Summen* möglich (Abschnitt 13.2). Wir betrachten dazu den Graphen der Funktion f in Abbildung 23.3 und interessieren uns für den Inhalt der Raumes, der zwischen dem Graphen von f und dem Rechteck

$$[a_1, b_1] \times [a_2, b_2]$$

in der x_1-x_2-Ebene liegt.

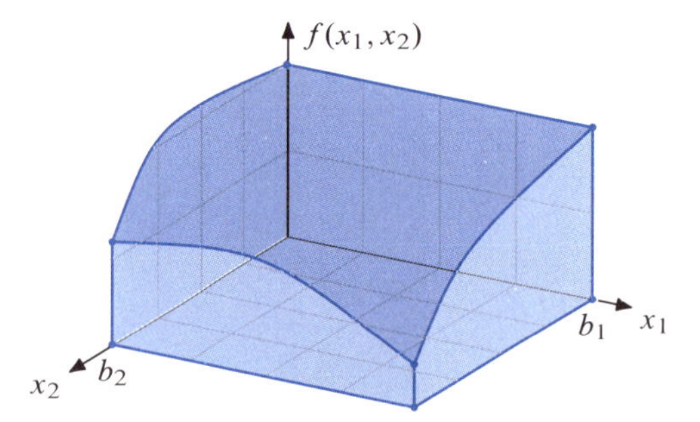

Abbildung 23.3: *Rauminhalt zwischen dem Graphen von f und dem Rechteck $[a_1, b_1] \times [a_2, b_2]$ der x_1-x_2-Ebene mit $a_1 = a_2 = 0$*

Auch hier können wir das Rechteck

$$[a_1, b_1] \times [a_2, b_2]$$

in n^2 gleich große Teilrechtecke zerlegen, indem wir die Intervalle jeweils in n Teilintervalle unterteilen.

Bestimmen wir in jedem Teilrechteck das Minimum und das Maximum von f, so erhalten wir wie im Fall einer unabhängigen Variablen eine untere und eine obere Schranke des gesuchten Rauminhalts I (Abbildung 23.4, 23.5).

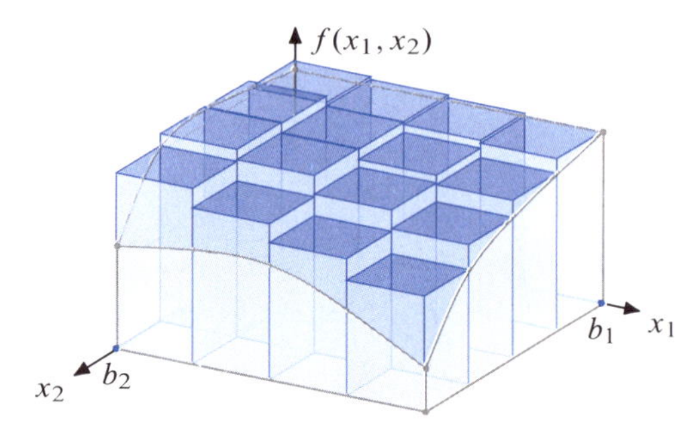

Abbildung 23.4: *Oberschranken des Rauminhalts für $n = 4$*

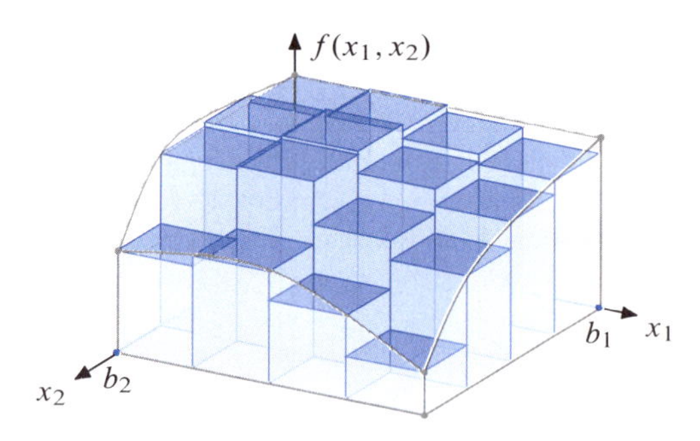

Abbildung 23.5: *Unterschranken des Rauminhalts für $n = 4$*

Definition 23.9

Existieren die Grenzwerte der unteren und oberen Schranke von I für $n \to \infty$ und sind sie identisch, so heißt die Funktion

$$f: [a_1, b_1] \times [a_2, b_2] \to \mathbb{R}$$

in ihrem Definitionsbereich *integrierbar*.

Ist f stetig und stetig partiell differenzierbar, so gilt

$$\begin{aligned} I &= \int_{a_2}^{b_2} \int_{a_1}^{b_1} f(x_1, x_2) \, dx_1 \, dx_2 \\ &= \int_{a_1}^{b_1} \int_{a_2}^{b_2} f(x_1, x_2) \, dx_2 \, dx_1 \, . \end{aligned}$$

Man bezeichnet das *Doppelintegral* I als das *bestimmte Integral* von f im Bereich

$$[a_1, b_1] \times [a_2, b_2] \, ,$$

ferner

- x_1, x_2 als *Integrationsvariable*,
- $f(x_1, x_2)$ als *Integrand* und
- a_1, b_1, a_2, b_2 als *Integrationsgrenzen* (Definition 13.24).

Beispiel 23.10

Gegeben seien die Funktionen

$$f_1, f_2 \colon D \to \mathbb{R}, \; D \subseteq \mathbb{R}^2 \quad \text{mit}$$

$$\begin{aligned} f_1(x_1, x_2) &= 4 \, , \\ f_2(x_1, x_2) &= x_1 x_2 \, . \end{aligned}$$

Gesucht ist das Volumen zwischen den Graphen von f_1 bzw. f_2 und den Rechtecken

$$[1, 3] \times [2, 5] \text{ bzw. } [1, 2] \times [1, 2]$$

der x_1-x_2-Ebene.

Dann gilt:

$$\begin{aligned} V_1 &= \int_2^5 \int_1^3 4 \, dx_1 \, dx_2 \\ &= \int_2^5 4x_1 \Big|_1^3 \, dx_2 \\ &= \int_2^5 (12 - 4) \, dx_2 \\ &= 8x_2 \Big|_2^5 = 24 \end{aligned}$$

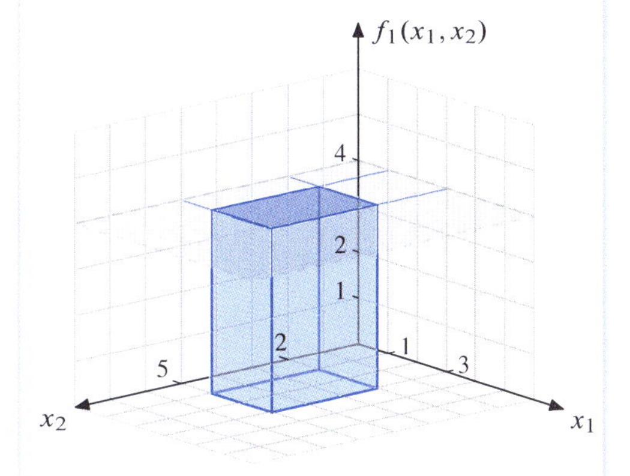

Abbildung 23.6: *Gesuchtes Volumen* $V_1 = (5 - 2) \cdot (3 - 1) \cdot 4 = 24$

$$\begin{aligned} V_2 &= \int_1^2 \int_1^2 x_1 x_2 \, dx_1 \, dx_2 \\ &= \int_1^2 \frac{x_1^2}{2} x_2 \Big|_1^2 \, dx_2 \\ &= \int_1^2 (2x_2 - \frac{1}{2} x_2) \, dx_2 \\ &= 2\frac{x_2^2}{2} - \frac{x_2^2}{4} \Big|_1^2 \\ &= \frac{3}{4} x_2^2 \Big|_1^2 = 3 - \frac{3}{4} = \frac{9}{4} \, . \end{aligned}$$

Wir verallgemeinern unsere Überlegungen in der Weise, dass der Definitionsbereich der Variablen x_2 von x_1 abhängt.

Ist die Funktion

$$f : [a_1, b_1] \times [a_2(x_1), b_2(x_1)] \to \mathbb{R}$$

im gesamten Definitionsbereich stetig, so existiert das entsprechende Doppelintegral ebenfalls, und es gilt

$$\int_{a_1}^{b_1} \int_{a_2(x_1)}^{b_2(x_1)} f(x_1, x_2)\, \mathrm{d}x_2\, \mathrm{d}x_1 = \int_{a_1}^{b_1} F_2(x_1)\, \mathrm{d}x_1 = I\,.$$

Beispiel 23.11

$$\int_0^2 \int_0^{x_1} (2x_1x_2 + 3x_2^2)\, \mathrm{d}x_2\, \mathrm{d}x_1 = \int_0^2 (x_1x_2^2 + x_2^3)\Big|_0^{x_1} \mathrm{d}x_1 = \int_0^2 (x_1^3 + x_1^3)\, \mathrm{d}x_1 = \int_0^2 2x_1^3\, dx_1 = \frac{2x_1^4}{4}\Big|_0^2 = 8$$

Eine Verallgemeinerung auf mehrere Variablen ist möglich.

Ist die Funktion f mit $y = f(x_1, \ldots, x_n)$ im Bereich $[a_1, b_1] \times \ldots \times [a_n, b_n]$ definiert und stetig, dann ist auch F_i mit

$$F_i(x_1, \ldots, x_{i-1}, x_{i+1}, \ldots, x_n) = \int_{a_i}^{b_i} f(x_1, \ldots, x_n)\, \mathrm{d}x_i$$

in ihrem Definitionsbereich stetig.

Das *Mehrfachintegral*

$$\int_{a_1}^{b_1} \ldots \int_{a_n}^{b_n} f(x_1, \ldots, x_n)\, \mathrm{d}x_n \ldots \mathrm{d}x_1$$

gibt ein n-dimensionales Volumen an, das durch den Bereich $[a_1, b_1] \times \ldots \times [a_n, b_n]$ auf den entsprechenden Achsen und den Verlauf von f im Definitionsbereich begrenzt ist. Die Integrationsreihenfolge ist vertauschbar (Satz 23.8).

Beispiel 23.12

$$\int_{-1}^1 \int_0^1 \int_1^2 8x_1x_2x_3\, \mathrm{d}x_1\, \mathrm{d}x_2\, \mathrm{d}x_3 = \int_{-1}^1 \int_0^1 4x_1^2x_2x_3\Big|_1^2 \mathrm{d}x_2\, \mathrm{d}x_3 = \int_{-1}^1 \int_0^1 (16x_2x_3 - 4x_2x_3)\, \mathrm{d}x_2\, \mathrm{d}x_3 = \int_{-1}^1 \int_0^1 12x_2x_3\, \mathrm{d}x_2\, \mathrm{d}x_3 = \int_{-1}^1 6x_2^2x_3\Big|_0^1 \mathrm{d}x_3 = \int_{-1}^1 6x_3\, \mathrm{d}x_3 = 3x_3^2\Big|_{-1}^1 = 0$$

Relevante Literatur

Forster, Otto (2013). *Analysis 2: Differentialrechnung im $\mathbb{R}^n$, gewöhnliche Differentialgleichungen*. 10. Aufl. Springer Spektrum, Kap. 10

Merz, Michael und Wüthrich, Mario V. (2012). *Mathematik für Wirtschaftswissenschaftler: Die Einführung mit vielen ökonomischen Beispielen*. Vahlen, Kap. 23

Opitz, Otto u. a. (2014). *Mathematik: Übungsbuch für das Studium der Wirtschaftswissenschaften*. 8. Aufl. De Gruyter Oldenbourg, Kap. 21

Papula, Lothar (2015). *Mathematik für Ingenieure und Naturwissenschaftler Band 2: Ein Lehr- und Arbeitsbuch für das Grundstudium*. 14. Aufl. Springer Vieweg, Kap. IV.3

Papula, Lothar (2017). *Mathematische Formelsammlung: Für Ingenieure und Naturwissenschaftler*. 12. Aufl. Springer Vieweg, Kap. IX.3

24 Differenzen- und Differentialgleichungen erster Ordnung

In Kapitel 17 haben wir uns mit linearen Gleichungen und Gleichungssystemen befasst und deren Lösbarkeit studiert. Gegenstand der nachfolgenden Kapitel 24, 25, 26 sind Gleichungen und Gleichungssysteme, deren Lösungen nicht Zahlen oder Vektoren, sondern selbst wieder Funktionen sind. Diese Gleichungen können von sehr verschiedener Art sein.

Das Gebiet der Differenzen- und vor allem der Differentialgleichungen wird in der Mathematik häufig im Anschluss an die Analysis in einer eigenen Lehrveranstaltung behandelt. Dabei geht es neben der Darstellung von Lösungsverfahren auch um Aussagen zur Existenz und Eindeutigkeit von Lösungen. Um die folgenden Kapitel methodisch überschaubar und direkt relevant für Probleme der Ökonomie zu halten, legen wir besonderes Gewicht auf Aussagen zur Ermittlung von Lösungen. Es kommt uns in erster Linie darauf an, den Leser mit dem Lösungsweg von bestimmten einfachen Typen von Differenzen- und Differentialgleichungen vertraut zu machen. Auf einschlägige Existenz- und Eindeutigkeitsfragen wird nur am Rande eingegangen. Damit haben nachfolgende Ausführungen in hohem Maße *exemplarischen Charakter*.

Für eine ausführliche Darstellung zum Thema Differenzengleichungen verweisen wir daher bereits an dieser Stelle auf Rommelfanger (2014) oder Krause und Nesemann (2012) und zum Thema Differentialgleichungen auf Forster (2013) oder Heuser (2009).

In Kapitel 24 befassen wir uns konkret mit *Differenzen-* und *Differentialgleichungen erster Ordnung*. Das sind Gleichungen, in denen neben den Variablen x und y lediglich Differenzen $\Delta y = \Delta f(x)$ bzw. Differentialquotienten $y' = f'(x)$ erster Ordnung vorkommen.

Für ökonomische Anwendungen besonders wichtig sind lineare Gleichungen. Daher steht deren Lösung auch im Vordergrund aller weiteren Überlegungen. Die Verwandtschaften in Aufgabenstellung und Lösung von Differenzen- mit Differentialgleichungen werden dabei in allen Fällen herausgestellt.

Zunächst werden wir daher die grundsätzlichen Merkmale von Differenzen- und Differentialgleichungen erster Ordnung kennen lernen. Diese Überlegungen werden durch Beispiele aus der Wirtschaftstheorie ergänzt (Abschnitt 24.1). Anschließend zeigen wir, wie insbesondere Differenzen- und Differentialgleichungen linearen Typs zu lösen sind (Abschnitte 24.2, 24.3).

24.1 Grundlagen und Beispiele

Beispiel 24.1

Wir betrachten das Bruttosozialprodukt y einer Volkswirtschaft in Abhängigkeit der Zeit

$$t = 0, 1, 2, \dots$$

und unterstellen die Beziehung

$$y(t) = (1+a)^t y(0) \quad (\text{mit } a \in (0,1),\ t = 0, 1, 2, \dots)$$

Dann gilt:

$$\begin{aligned} y(t+1) - y(t) &= (1+a)^{t+1} y(0) - (1+a)^t y(0) \\ &= (1+a)^t y(0)(1+a-1) \\ &= a(1+a)^t y(0) \\ &= a y(t) \end{aligned}$$

DOI: 10.1515/9783110475333-024

Betrachtet man etwas allgemeiner die Zeitpunkte

$$t = 0, \Delta t, 2\Delta t, \ldots$$

mit der vorgegebenen Zeitdifferenz $\Delta t > 0$

und setzt man ferner

$$y(t + \Delta t) - y(t) = \Delta y(t),$$

so kann die entsprechende *Differenzengleichung*

$$\frac{y(t + \Delta t) - y(t)}{\Delta t} = \frac{\Delta y(t)}{\Delta t} = ay(t)$$

folgendermaßen interpretiert werden:

Die Veränderung bzw. das Wachstum $\Delta y(t)$ des Bruttosozialprodukts zum Zeitpunkt $t + \Delta t$ gegenüber t ist proportional zum Bruttosozialprodukt $y(t)$ im Zeitpunkt t. Wegen

$$\frac{\Delta y(t)}{\Delta t} \frac{1}{y(t)} = a \text{ für alle } t = 0, \Delta t, 2\Delta t, \ldots$$

(Definition 11.26)

kann man auch sagen, die mittlere Wachstumsrate des Bruttosozialprodukts ist zeitunabhängig.

Gehen wir nun bei kontinuierlicher Zeit $t \in \mathbb{R}_+$ von der Beziehung

$$y(t) = y(0)e^{at} \quad \text{mit} \quad a \in (0, 1), \; t \in \mathbb{R}_+$$

aus, so erhalten wir mit

$$y'(t) = y(0)ae^{at} = ay(t)$$

eine *Differentialgleichung*, die entsprechend interpretiert werden kann.

Wegen

$$\frac{y'(t)}{y(t)} = a \text{ für alle } t \qquad \text{(Definition 11.27)}$$

ist die Wachstumsrate des Bruttosozialprodukts konstant.

Nachfolgend wählen wir nun den umgekehrten Weg. Wir gehen von einer Differenzen- bzw. Differentialgleichung aus und suchen dazu eine Lösungsfunktion.

Grundsätzlich bringt eine *Differenzengleichung* einen Zusammenhang zwischen der unabhängigen Variablen x, der abhängigen Variablen $y = f(x)$ und der Differenz

$$\Delta y = \begin{cases} \Delta f(x) \\ = f(x + \Delta x) - f(x) \\ = y(x + \Delta x) - y(x) & \text{für } \Delta x > 0 \\ \\ f(x + 1) - f(x) \\ = y(x + 1) - y(x) & \text{für } \Delta x = 1 \end{cases}$$

zum Ausdruck, also beispielsweise

$$g\big(x, y(x), y(x + 1)\big) = 0 \text{ im Fall } \Delta x = 1\,.$$

Analog dazu erklärt im Fall einer differenzierbaren Funktion mit $y = f(x)$, $y' = f'(x)$ ein Zusammenhang der Form

$$g(x, y(x), y'(x)) = 0$$

eine *Differentialgleichung*.

Wir befassen uns im Folgenden mit speziellen Differenzen- und Differentialgleichungen, die stets lösbar sind.

Definition 24.2

Eine Gleichung der Form

$$\begin{aligned} &g(x, y(x), y(x + 1)) \\ &= y(x + 1) - y(x) - a(x)y(x) - b(x) \\ &= y(x + 1) - (1 + a(x))y(x) - b(x) \\ &= y(x + 1) - \hat{a}(x)y(x) - b(x) = 0 \\ &\text{für } \hat{a}(x) = 1 + a(x) \end{aligned}$$

heißt *lineare Differenzengleichung erster Ordnung*, eine Gleichung

$$g(x, y, y') = y'(x) - a(x)y(x) - b(x) = 0$$

mit den stetigen Funktionen a, b *lineare Differentialgleichung erster Ordnung*.

Beide Gleichungen nennt man *homogen* für

$$b(x) = 0\,,$$

andernfalls *inhomogen*. Ist a bzw. $\hat{a}$ eine konstante Funktion, so spricht man von Gleichungen mit *konstanten Koeffizienten*.

Eine Funktion y, die die jeweilige Gleichung erfüllt, heißt *Lösung* oder *Lösungsfunktion*.

Die hier eingeführte Terminologie entspricht der bei linearen Gleichungen und Gleichungssystemen verwendeten Sprechweise.

Beispiel 24.3

In einem klassischen *Wachstumsmodell* für das Volkseinkommen werden bei *K. E. Boulding* folgende Beziehungen zwischen den zeitabhängigen Variablen Volkseinkommen $Y(t)$ und seiner Änderung $\Delta Y(t)$, sowie dem Konsum $C(t)$ und der Investition $I(t)$ angenommen:

$$\begin{aligned} Y(t) &= C(t) + I(t) && \\ C(t) &= c + aY(t) && \text{mit } c \geq 0,\ a \in (0,1) \\ \Delta Y(t) &= bI(t) && \text{mit } b > 0 \end{aligned}$$

Die Konstante $a \in (0,1)$ gibt für jede Zeitperiode t den Anteil des Volkseinkommens an, der über den einkommensunabhängigen Konsum $c \geq 0$ hinaus konsumiert wird. Die Konstante $b > 0$ beschreibt den Anteil der Investition in Periode t, um den sich das Volkseinkommen in der Folgeperiode $t + \Delta t$ ändert. Durch Einsetzen ergibt sich mit

$$\begin{aligned} \Delta Y(t) &= b \cdot I(t) = b(Y(t) - C(t)) \\ &= b \cdot (Y(t) - c - aY(t)) \\ &= (b - ab)Y(t) - bc \end{aligned}$$

eine inhomogene lineare Differenzengleichung erster Ordnung mit konstanten Koeffizienten

$$\begin{aligned} & g(t, Y(t), \Delta Y(t)) \\ & = \Delta Y(t) - (b - ab)Y(t) + bc \\ & = 0\,. \end{aligned}$$

Für $\Delta t = 1$ und

$$\Delta Y(t) = Y(t+1) - Y(t)$$

erhalten wir mit

$$Y(t+1) - Y(t) = (b - ab)\,Y(t) - bc$$

eine Differenzengleichung gleichen Typs mit

$$\begin{aligned} & g(t, Y(t), Y(t+1)) \\ & = Y(t+1) - (1 + b - ab)Y(t) + bc \\ & = 0\,. \end{aligned}$$

Zur weiteren Behandlung dieser Gleichung verweisen wir auf Beispiel 24.11

Beispiel 24.4

Im sogenannten *Cobweb Model (Spinnwebtheorem)* von *M. Ezekiel* wird der Zusammenhang der drei zeitabhängigen Variablen $x(t)$ für die Nachfrage, $y(t)$ für das Angebot und $p(t)$ für den Preis eines Gutes analysiert. Im Marktgleichgewicht mit Angebot = Nachfrage werden folgende Annahmen für $t = 0, 1, 2, \ldots$ getroffen:

$$\begin{aligned} y(t+1) &= a + bp(t) && \text{mit } a, b > 0 \\ x(t) &= c - dp(t) && \text{mit } c, d > 0 \\ y(t) &= x(t) && \end{aligned}$$

Die Anpassung des Angebots an die Nachfrage erfolgt mit einperiodiger Verzögerung, im Übrigen hängen Angebot und Nachfrage linear vom Preis ab. Durch Einsetzen ergibt sich mit

$$\begin{aligned} & a + bp(t) = c - dp(t+1) \\ & \Rightarrow dp(t+1) = c - a - bp(t) \\ & \Rightarrow p(t+1) = \frac{c-a}{d} - \frac{b}{d}p(t) \end{aligned}$$

wiederum eine inhomogene lineare Differenzengleichung erster Ordnung mit konstanten Koeffizienten

$$\begin{aligned} & g\big(t, p(t), p(t+1)\big) \\ & = p(t+1) + \frac{b}{d}p(t) - \frac{c-a}{d} = 0\,. \end{aligned}$$

Für $\Delta t \neq 1$ und

$$\Delta p(t) = p(t + \Delta t) - p(t)$$

erhält man entsprechend

$$\begin{aligned} \Delta p(t) &= p(t + \Delta t) - p(t) \\ &= \frac{c-a}{d} - \frac{b}{d}p(t) - p(t) \\ &= \frac{c-a}{d} - \frac{b+d}{d}p(t) \end{aligned}$$

oder eine Differenzengleichung gleichen Typs mit

$$\begin{aligned} g(t, p, \Delta p(t)) &= \Delta p(t) + \frac{b+d}{d}p(t) - \frac{c-a}{d} \\ &= 0\,. \end{aligned}$$

Wir diskutieren dieses Modell weiter in Beispiel 24.12.

Beispiel 24.5

Das klassische Wachstumsmodell für das Volkseinkommen von *R. F. Harrod* (1900–1978) basiert auf folgenden Beziehungen zwischen den Variablen Volkseinkommen $Y(t)$, der Sparsumme $S(t)$ und der Investition $I(t)$:

$$S(t) = sY(t) \qquad \text{mit } s \in (0,1)$$
$$I(t) = a\big(Y(t) - Y(t-1)\big) \qquad \text{mit } a > 0 \text{ und } a \neq s$$
$$I(t) = S(t)$$

Die Konstante $s \in (0,1)$ beschreibt den Anteil des Volkseinkommens, der gespart wird. Die Investition ist proportional zur Änderung des Volkseinkommens und andererseits gleich der Sparsumme.

Durch Einsetzen erhalten wir eine homogene lineare Differenzengleichung erster Ordnung mit konstanten Koeffizienten:

$$sY(t) = S(t) = I(t) = a(Y(t) - Y(t-1))$$
$$\Rightarrow Y(t)(s-a) = -aY(t-1)$$
$$\Rightarrow Y(t) = \frac{a}{a-s}Y(t-1)$$

Diese hat die Lösung (Beispiel 24.1)

$$Y(t) = Y(0)\left(\frac{a}{a-s}\right)^t .$$

Ersetzt man die Beziehung

$$I(t) = a(Y(t) - Y(t-1))$$

durch

$$I(t) = aY'(t),$$

so erhält man eine kontinuierliche Version des Harrodmodells. Durch Einsetzen ergibt sich eine homogene lineare Differentialgleichung erster Ordnung mit konstanten Koeffizienten

$$sY(t) = S(t) = I(t) = aY'(t)$$
$$\Rightarrow Y'(t) = \frac{s}{a}Y(t).$$

Diese hat die Lösung (Beispiel 24.1)

$$Y(t) = Y(0) \cdot e^{\frac{s}{a}t} .$$

Beispiel 24.6

Für den bis zum Zeitpunkt t getätigten kumulierten Absatz $y(t)$ in Abhängigkeit der Zeit $t \geq 0$ wird folgende Annahme getroffen:

Der Absatzzuwachs $y'(t)$ im Zeitpunkt t ist sowohl proportional zum kumulierten Absatz $y(t)$ als auch zum Wert $a - y(t) > 0$. Beschreibt die Konstante a eine obere Grenze für $y(t)$, so kann man $a - y(t)$ als das nicht ausgeschöpfte Absatzpotential im Zeitpunkt t interpretieren.

Man erhält eine Differentialgleichung der Form

$$y'(t) = ky(t)(a - y(t)) \quad (k > 0).$$

Die angegebene Art der Verknüpfung sichert, dass für $y(t) = 0$ (Absatz ist 0) bzw. $y(t) = a$ (Absatzpotential ist ausgeschöpft) kein Zuwachs auftreten kann.

In Beispiel 11.16 gingen wir von einer logistischen Funktion für $y(t)$ aus und konnten durch Differenzieren eine Beziehung der angegebenen Art herleiten. Durch Lösen der Differentialgleichung (Beispiel 24.15) werden wir den umgekehrten Weg gehen.

Satz 24.7

Gegeben sei eine lineare Differenzen- bzw. Differentialgleichung erster Ordnung, also (Definition 24.2)

a) $y(x+1) = a(x)y(x) + b(x)$ bzw.

b) $y'(x) = a(x)y(x) + b(x)$.

Ferner sei $y_H(x)$ die allgemeine Lösung der homogenen Gleichung mit $b(x) = 0$ und $y_I(x)$ eine spezielle Lösung der inhomogenen Gleichung mit $b(x) \neq 0$.

Dann ist $y(x) = y_H(x) + y_I(x)$ die allgemeine Lösung der inhomogenen Differenzen- bzw. Differentialgleichung.

Beweis

a)
$$\begin{aligned} y_H(x+1) &= a(x)y_H(x) \\ y_I(x+1) &= a(x)y_I(x) + b(x) \\ \Rightarrow \quad y(x+1) &= y_H(x+1) + y_I(x+1) \\ &= a(x)y(x) + b(x) \end{aligned}$$

b)
$$\begin{aligned} y_H'(x) &= a(x)y_H(x), \\ y_I'(x) &= a(x)y_I(x) + b(x) \\ \Rightarrow \quad y'(x) &= y_H'(x) + y_I'(x) \\ &= a(x)y(x) + b(x) \end{aligned}$$

24.2 Lösung von Differenzengleichungen erster Ordnung

Satz 24.8

Die lineare Differenzengleichung erster Ordnung

$$y(x+1) = a(x)y(x) + b(x) \quad \text{mit } x = 0, 1, 2, \ldots$$

besitzt die allgemeine Lösung:

$$\begin{aligned} y(x) &= y(0) \prod\nolimits_{k=0}^{x-1} a(k) \\ &+ \sum_{i=0}^{x-2} b(i) \prod_{k=i+1}^{x-1} a(k) + b(x-1) \end{aligned}$$

(für alle $x \in \mathbb{N}$)

Wir erhalten damit speziell

- für $b(x) = 0$
$$y(x) = y(0) \cdot \prod\nolimits_{k=0}^{x-1} a(k),$$
- für $a(x) = a$
$$y(x) = a^x y(0) + \sum_{i=0}^{x-1} b(i) a^{x-1-i},$$
- für $a(x) = a, \ b(x) = 0$
$$y(x) = a^x y(0),$$
- für $a(x) = a \neq 1, b(x) = b$
$$\begin{aligned} y(x) &= a^x y(0) + b\frac{a^x - 1}{a-1} \\ &= -\frac{b}{a-1} + \left(y(0) + \frac{b}{a-1}\right) a^x, \end{aligned}$$
- für $a(x) = a = 1, b(x) = b$
$$y(x) = y(0) + bx.$$

Beweisidee

Die Bestätigung der allgemeinen Lösung kann mit Hilfe vollständiger Induktion nach $x \in \mathbb{N}$ erfolgen (Satz 5.11, Beispiele 5.12–5.18).

Die nachfolgenden Spezialfälle erhält man durch Einsetzen der vorgegebenen Werte für $a(x)$, $b(x)$ sowie in Abhängigkeit von $y(0)$.

Damit ist das Lösungsverhalten der linearen Differenzengleichung erster Ordnung vollständig beschrieben. Die Lösung $y(x)$ hängt ab von den Funktionen a und b, sowie von einer Anfangsbedingung $y(0)$. Ist $y(0)$ vorgegeben, so spricht man von einer *speziellen Lösung*, andernfalls von der *allgemeinen Lösung* der Differenzengleichung.

Beispiel 24.9

Wir lösen die Differenzengleichung

$$y(x+1) = (x+1) \cdot y(x) + (x+1)! \quad \text{mit } x = 0, 1, 2, \ldots, \ y(0) = 2.$$

Dann gilt:

$$\begin{aligned} y(x) &= y(0) \cdot \prod\nolimits_{k=0}^{x-1} (k+1) \\ &\quad + \sum_{i=0}^{x-2} (i+1)! \prod_{k=i+1}^{x-1} (k+1) + x! \\ &= 2 \cdot x! + 1!(2 \cdot \ldots \cdot x) + 2!(3 \cdot \ldots \cdot x) \\ &\quad + \ldots + (x-1)!x + x! \\ &= x!(2+x) \end{aligned}$$

Ausgehend von dieser Lösung finden wir mit

$$\begin{aligned} &y(x+1) - (x+1)y(x) \\ &= (x+1)!\,(2+x+1) - (x+1)x!\,(2+x) \\ &= (x+1)!\,(2+x+1-2-x) = (x+1)! \end{aligned}$$

die ursprüngliche Differenzengleichung.

Für den wichtigen Fall, dass a und b konstant sind, geben wir einige Hinweise auf den Kurvenverlauf von y.

Beispiel 24.10

Für die lineare Differenzengleichung

$$y(x+1) = ay(x) + 1 \quad (\text{mit } a \in \mathbb{R}, \ y(0) = 1)$$

erhalten wir nach Satz 24.8 die Lösung

$$y(x) = \begin{cases} -\frac{1}{a-1} + \left(1 + \frac{1}{a-1}\right) a^x & \\ = -\frac{1}{a-1} + \frac{a}{a-1} a^x & \text{für } a \neq 1 \\ 1 + x & \text{für } a = 1 \end{cases}.$$

Für $a = 1$ ergibt sich eine Gerade mit der Steigung $b = 1$ und dem Achsenabschnitt $y(0) = 1$. Für $a = -1$ oszilliert die Lösung

$$y(x) = \frac{1}{2} + \frac{1}{2}(-1)^x$$

gleichförmig zwischen $y(0) = 1$ für geradzahliges x und 0 für ungeradzahliges x (Abbildung 24.1).

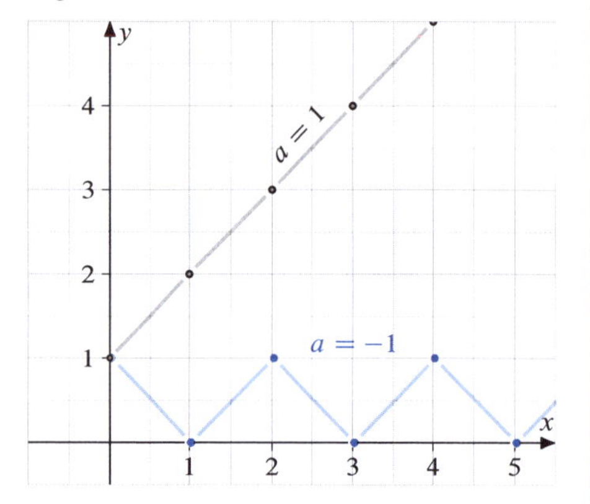

Abbildung 24.1: *Graph von $y(x)$ für $a = \pm 1$*

Für $a > 1$ wächst die Lösung

$$y(x) = \frac{a}{a-1} \cdot a^x - \frac{1}{a-1}$$

streng monoton und konvex, für $a \in (0, 1)$ streng monoton und konkav (Abbildung 24.2).

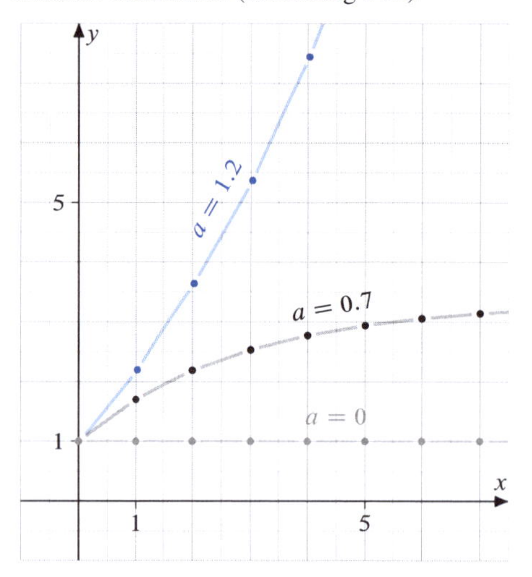

Abbildung 24.2: *Graph von $y(x)$ für $a = 0, 0.7, 1.2$*

Für negatives a verhält sich die Lösung oszillierend, dabei

- für $a < -1$ mit zunehmenden Amplituden, und $y(x)$ divergiert für $x \to \infty$ (Abbildung 24.3),
- für $a \in (-1, 0)$ mit abnehmenden Amplituden und $\lim_{x\to\infty} y(x) = \frac{1}{1-a}$ (Abbildung 24.4).

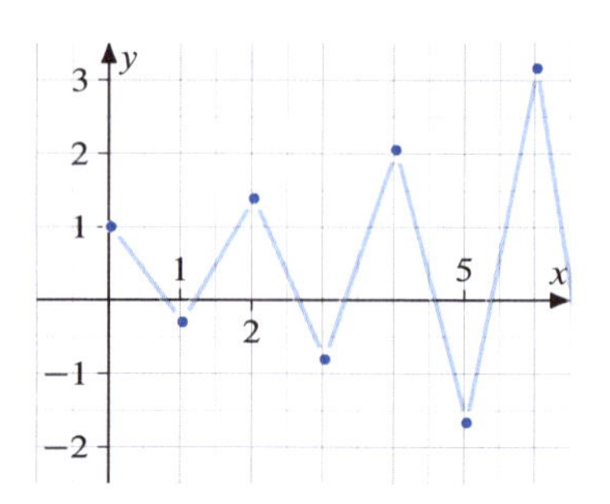

Abbildung 24.3: *Graph von $y(x)$ für $a = -1.3$*

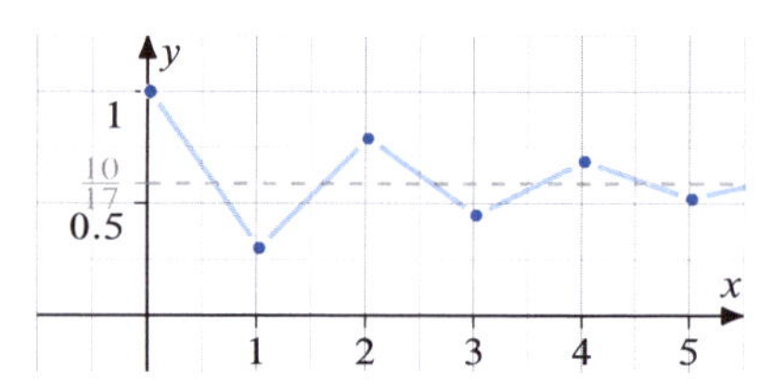

Abbildung 24.4: *Graph von $y(x)$ für $a = -0.7$*

Für $y(x + 1) = ay(x) - 1$ mit $a \in \mathbb{R}$, $y(0) = 1$ hat die Lösungsfunktion dagegen die Form (Abbildung 24.5–24.8)

$$\begin{aligned} y(x) &= \frac{1}{a-1} + \left(1 - \frac{1}{a-1}\right) a^x \\ &= \frac{1}{a-1} + \frac{a-2}{a-1} a^x \qquad \text{für } a \neq 1, \\ y(x) &= 1 - x \qquad \text{für } a = 1. \end{aligned}$$

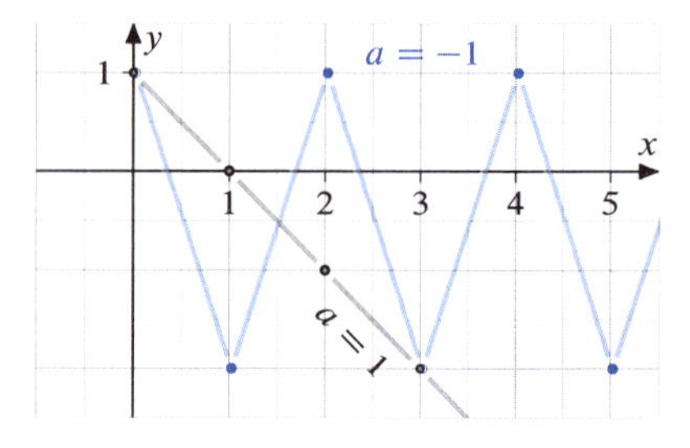

Abbildung 24.5: *Graphen der Lösung von $y(x + 1) = ay(x) - 1$ für $y(0) = 1$*

Ohne die Verläufe im Einzelnen zu diskutieren, weisen wir darauf hin, dass die Veränderung von $b = 1$ in $b = -1$ insbesondere in den Graphen für $a = 0.7, 1$ einige Veränderungen bewirkt hat. Soll eine Lösung graphisch veranschaulicht werden, so ist daher von den jeweils gegebenen Zahlenwerten für a, b und $y(0)$ auszugehen.

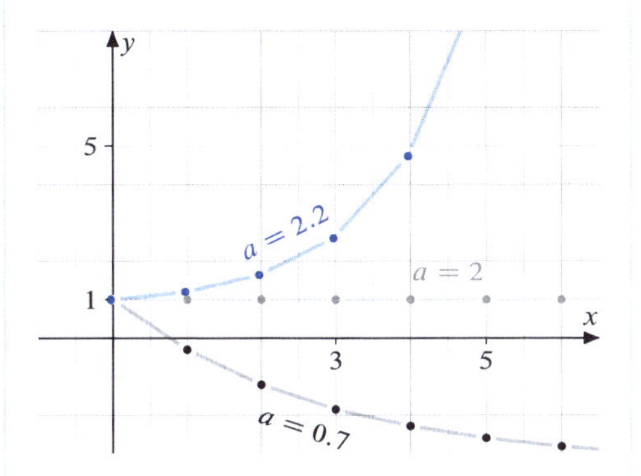

Abbildung 24.6: *Graphen der Lösung von* $y(x+1) = ay(x) - 1$ *für* $a = 0.7, 2, 2.2$

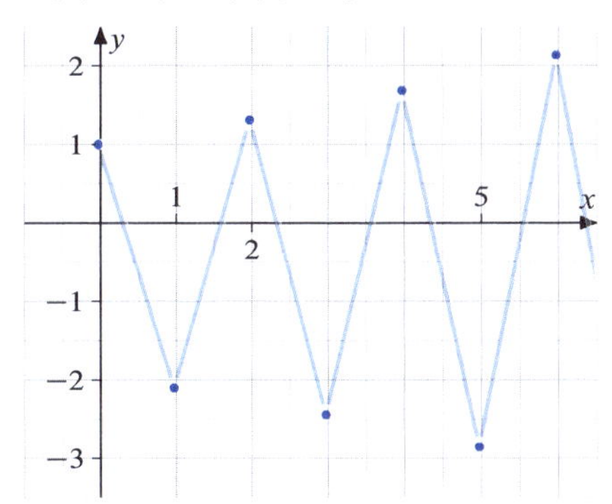

Abbildung 24.7: *Graph von* $y(x)$ *für* $a = -1.3$

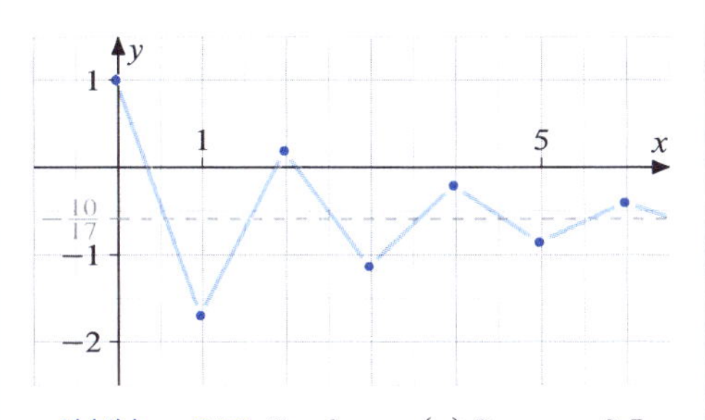

Abbildung 24.8: *Graph von* $y(x)$ *für* $a = -0.7$

Nachfolgend greifen wir das Beispiel 24.3 wieder auf.

Beispiel 24.11

Für das Wachstumsmodell von Boulding (Beispiel 24.3) ergab sich die lineare Differenzengleichung

$$Y(t+1) = (1 + b - ab)Y(t) - bc \quad \text{mit } a \in (0, 1),\ b > 0,\ c \geq 0.$$

Wegen

$$1 + b - ab = 1 + b(1-a) > 1$$

hat die Lösung die Form (Satz 24.8)

$$\begin{aligned} Y(t) &= \frac{bc}{b-ab} + \left(Y(0) - \frac{bc}{b-ab}\right)(1+b-ab)^t \\ &= \frac{c}{1-a} + \left(Y(0) - \frac{c}{1-a}\right)(1+b(1-a))^t . \end{aligned}$$

Mit der sinnvollen Annahme $Y(0) > C(0)$ gilt wegen

$$C(0) = c + aY(0)$$

auch

$$Y(0) > c + aY(0) \quad \text{oder} \quad Y(0) > \frac{c}{1-a} .$$

Wegen $1 + b(1-a) > 1$ wächst damit die Lösungsfunktion streng monoton und konvex (Abbildung 24.2).

Beispiel 24.12

Für das Cobweb Model (Beispiel 24.4) hatten wir die Differenzengleichung

$$p(t+1) = -\frac{b}{d}p(t) + \frac{c-a}{d} \quad \text{mit } a, b, c, d > 0.$$

Die Lösung ist wegen $b, d > 0$, also auch $-\frac{b}{d} < 0$

$$\begin{aligned} p(t) &= \frac{-\frac{c-a}{d}}{-\frac{b}{d} - 1} + \frac{p(0) + \frac{c-a}{d}}{-\frac{b}{d} - 1} \cdot \left(-\frac{b}{d}\right)^t \\ &= -\frac{a-c}{b+d} + \left(p(0) + \frac{a-c}{b+d}\right)\left(-\frac{b}{d}\right)^t . \end{aligned}$$

Wegen $\frac{b}{d} > 0$ verhält sich die Lösung oszillierend. Für $b \geq d$ divergiert die Lösung, für $b < d$ konvergiert sie, und es ist in diesem Fall

$$\lim_{t\to\infty} p(t) = p^* = \frac{c-a}{b+d}.$$

Wir betrachten im Folgenden exemplarisch die zwei Szenarien $b < d$ (Fall a) bzw. $b > d$ (Fall b):

a) $b < d$ mit $a = b = 1, c = 9, d = 2$, $p(0) = 4$

$\Rightarrow$ Angebot $y(t+1) = 1 + p(t)$, Nachfrage $x(t) = 9 - 2p(t)$

$\Rightarrow$ Differenzengleichung

$$p(t+1) = -\frac{1}{2}p(t) + 4$$

$\Rightarrow$ Lösung

$$p(t) = \frac{8}{3} + \frac{4}{3}\left(-\frac{1}{2}\right)^t$$

Wir veranschaulichen diesen Fall in Abbildung 24.9 (Fall a):

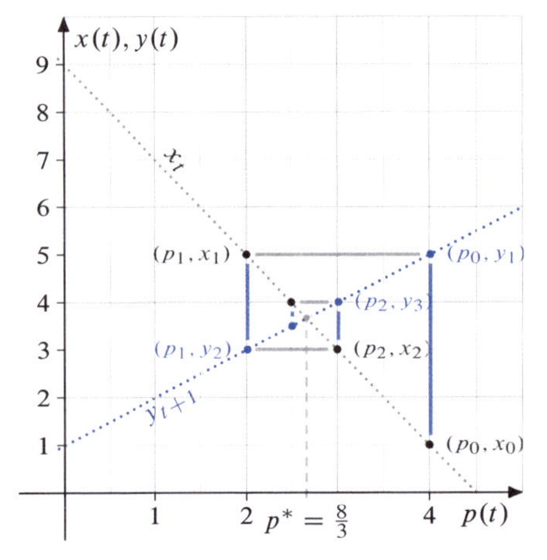

Abbildung 24.9: *Konvergenz beim Cobwebmodell (Spinnwebmodell), Fall a) mit* $x(t) = x_t$, $y(t) = y_t$, $p(t) = p_t$

Ausgehend von $p_0 = 4$ finden wir die Nachfrage $x_0 = 1$ und das Angebot $y_1 = 5$. Damit ergibt sich mit der Nachfrage $x_1 = 5$ zum Preis $p_1 = 2$ das neue Angebot $y_2 = 3$. Mit der Nachfrage $x_2 = y_2 = 3$ zum Preis $p_2 = 3$ erhalten wir ein neues Angebot $y_3 = 4$, mit der Nachfrage $x_3 = y_3 = 4$ zum Preis $p_3 = 2.5$ das Angebot $y_4 = 3.5$ usw.

Die Lösung konvergiert damit gegen den „Gleichgewichtspreis“

$$p^* = \frac{c-a}{b+d} = \frac{8}{3},$$

Angebot $y(t+1)$ = Nachfrage $x(t)$

b) $b > d$ mit $a = d = 1, b = 2, c = 9$, $p(0) = 3$

$\Rightarrow$ Angebot $y(t+1) = 1 + 2p(t)$, Nachfrage $x(t) = 9 - p(t)$

$\Rightarrow$ Differenzengleichung

$$p(t+1) = -2p(t) + 8$$

$\Rightarrow$ Lösung

$$p(t) = \frac{8}{3} + \frac{1}{3}(-2)^t$$

Fall b) ist in Abbildung 24.10 dargestellt.

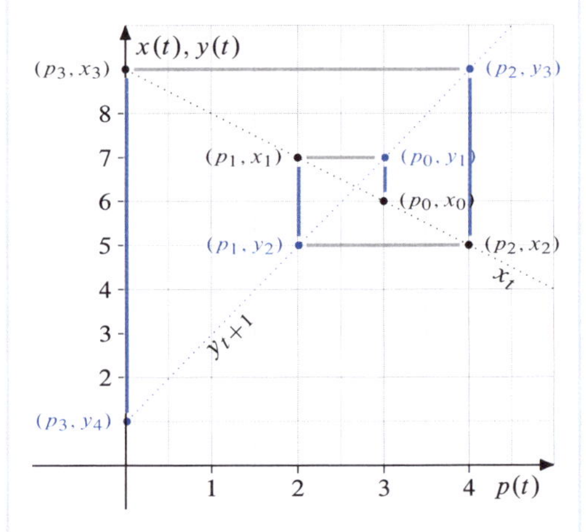

Abbildung 24.10: *Divergenz beim Cobwebmodell (Spinnwebmodell), Fall b) mit* $x(t) = x_t$, $y(t) = y_t$, $p(t) = p_t$

Ausgehend von $p_0 = 3$ finden wir die Nachfrage $x_0 = 6$ und das Angebot $y_1 = 7$. Damit ergibt sich mit der Nachfrage $x_1 = 7$ zum Preis $p_1 = 2$ das neue Angebot $y_2 = 5$. Mit der Nachfrage $x_2 = y_2 = 5$ zum Preis $p_2 = 4$ erhalten wir ein neues Angebot $y_3 = 9$, mit der Nachfrage $x_3 = y_3 = 9$ den Preis $p_3 = 0$.

Die Lösung bewegt sich also vom „Gleichgewichtspreis“ weg.

Die graphische Darstellung hat dem *Cobwebmodell* seinen Namen gegeben.

24.3 Lösung von Differentialgleichungen erster Ordnung

Bevor wir nun die entsprechende lineare Differentialgleichung erster Ordnung behandeln, diskutieren wir einen im Allgemeinen nichtlinearen Fall, der besonders einfach handzuhaben ist. Es ist dies eine Differentialgleichung mit *trennbaren Variablen* vom Typ $y' = f(x)g(y)$.

Satz 24.13

Eine Differentialgleichung der Form

$$y'(x) = f(x)\,g(y)$$

ist lösbar, falls die unbestimmten Integrale

$$\int \frac{\mathrm{d}y}{g(y)} \quad \text{und} \quad \int f(x)\;\mathrm{d}x$$

lösbar sind.

Der Beweis folgt direkt aus

$$y' = \frac{\mathrm{d}y}{\mathrm{d}x} = f(x)\,g(y) \Rightarrow \frac{\mathrm{d}y}{g(y)} = f(x)\;\mathrm{d}x\,.$$

Beispiel 24.14

Die nichtlineare Differentialgleichung erster Ordnung $y' = 2\mathrm{e}^{-y}(x+1)$ ist trennbar.

Es gilt mit $\mathrm{e}^y\,\mathrm{d}y = 2(x+1)\,\mathrm{d}x$

$$\begin{aligned} \int \mathrm{e}^y\;\mathrm{d}y &= 2\int (x+1)\;\mathrm{d}x \\ \Rightarrow \mathrm{e}^y &= (x+1)^2 + c \\ \Rightarrow y(x) &= \ln\left[(x+1)^2 + c\right]. \end{aligned}$$

Für $y(0) = 1 = \ln(1+c)$ folgt $\mathrm{e} = 1 + c$ bzw. $c = \mathrm{e} - 1$.

Wir erhalten die spezielle Lösung

$$y_1(x) = \ln\big((x+1)^2 + e - 1\big)\,.$$

Durch Differenzieren der allgemeinen Lösung erhalten wir mit

$$y' = \frac{2(x+1)}{(x+1)^2 + c} = \frac{2(x+1)}{\mathrm{e}^y} = 2(x+1)\mathrm{e}^{-y}$$

wieder die Ausgangsgleichung.

Beispiel 24.15

Für den Verlauf des Absatzes eines Produktes in Abhängigkeit der Zeit $t \geq 0$ wird die folgende Beziehung angenommen (Beispiel 24.6)

$$\begin{aligned} y'(t) &= \frac{c}{a}\,y(t)(a - y(t)) \\ &= c\,y(t) - \frac{c}{a}(y(t))^2\,. \end{aligned}$$

Dabei ist $y(t)$ der bis zum Zeitpunkt t getätigte Absatz, $a > 0$ eine obere Grenze für $y(t)$, $y'(t)$ der Absatz zum Zeitpunkt t und $c > 0$ eine Proportionalitätskonstante.

Wir lösen diese Differentialgleichung durch Trennung der Variablen:

$$\begin{aligned} y' &= \frac{c}{a}\,y(a-y) \\ \Rightarrow \int \frac{a\;\mathrm{d}y}{y(a-y)} &= \int c\,dt \end{aligned}$$

Mit Hilfe einer Partialbruchzerlegung (Satz 9.34) erhalten wir

$$\frac{a}{y(a-y)} = \frac{1}{y} + \frac{1}{a-y}\,.$$

Daraus folgt:

$$\begin{aligned} &\int \frac{a\;\mathrm{d}y}{y(a-y)} = \int \frac{\mathrm{d}y}{y} + \int \frac{\mathrm{d}y}{a-y} = \int c\;\mathrm{d}t \\ &\Rightarrow (\ln|y| - \ln|a-y|) = \ln\frac{|y|}{|a-y|} = ct + c_1 \\ &\Rightarrow \left|\frac{y}{a-y}\right| = \mathrm{e}^{ct+c_1} = \mathrm{e}^{ct}\mathrm{e}^{c_1} = c_2\mathrm{e}^{ct} \\ &\qquad\qquad\qquad\qquad \text{mit } c_2 = \mathrm{e}^{c_1} > 0 \\ &\Rightarrow \frac{y}{a-y} = c_2\mathrm{e}^{ct} \qquad\qquad \text{mit } c_2 \in \mathbb{R} \\ &\Rightarrow y{c_2}^{-1}\mathrm{e}^{-ct} = a - y \\ &\Rightarrow y\left({c_2}^{-1}\mathrm{e}^{-ct} + 1\right) = a \\ &\Rightarrow y(t) = a\big(1 + b\mathrm{e}^{-ct}\big)^{-1} \\ &\qquad\qquad\qquad\qquad \text{für } b = {c_2}^{-1} \in \mathbb{R} \end{aligned}$$

(Beispiel 11.16)

Zur Lösung von linearen Differentialgleichungen erster Ordnung gehen wir wieder von Definition 24.2 aus.

Satz 24.16

Die lineare Differentialgleichung erster Ordnung

$$y'(x) = a(x)y(x) + b(x) \quad \text{mit } a, b \text{ als stetige Funktionen}$$

besitzt die allgemeine Lösung

$$y(x) = e^{A(x)} \left(c_1 + \int b(x)e^{-A(x)}\, dx \right) \quad \text{mit } c_1 \in \mathbb{R},$$

wobei A mit $A(x) = \int a(x)\, dx$ eine Stammfunktion von a ist.

Wir erhalten damit speziell

α) für $b(x) = 0$

$$y(x) = c_1 e^{A(x)},$$

β) für $a(x) = a$

$$y(x) = e^{ax} \left(c_1 + \int b(x)e^{-ax}\, dx \right),$$

γ) für $a(x) = a \neq 0, b(x) = b$

$$y(x) = c_1 e^{ax} - \frac{b}{a},$$

δ) für $a(x) = 0, b(x) = b$

$$y(x) = c_1 + bx,$$

Ist eine Anfangsbedingung $y(0)$ vorgegeben, so lässt sich die Konstante c_1 in allen Fällen bestimmen.

Beweis

Wir diskutieren zunächst die homogene Differentialgleichung mit $b(x) = 0$ und erhalten (Satz 24.13)

$$\begin{aligned} y' = \frac{dy}{dx} &= a(x)y \\ \Rightarrow \int \frac{dy}{y} &= \int a(x)\, dx \\ \Rightarrow \ln|y| &= A(x) + c \\ \Rightarrow |y| &= e^{A(x)+c} = e^{A(x)}e^c = c_1 e^{A(x)} \quad \text{mit } c_1 = e^c > 0. \end{aligned}$$

Die allgemeine Lösung der homogenen Gleichung ist

$$y_H(x) = c_1 e^{A(x)} \text{ mit } c_1 \in \mathbb{R}.$$

Gelingt es nun, eine spezielle Lösung $y_I(x)$ der inhomogenen Differentialgleichung anzugeben, so ist y mit

$$y(x) = y_H(x) + y_I(x)$$

die allgemeine Lösung des Problems (Satz 24.7).

Wir diskutieren dazu die Methode der *Variation der Konstanten*. Dieses Vorgehen beruht auf der Annahme, dass die inhomogene Gleichung eine spezielle Lösung der Form

$$y_I(x) = c_1(x)e^{A(x)}$$

besitzt. Diese Lösung entsteht aus y_H, indem man die Konstante c_1 als Funktion von x behandelt. Diese zunächst willkürlich erscheinende Annahme kann verifiziert werden. Differenziert man y_I, so ergibt sich

$$y_I'(x) = c_1'(x)e^{A(x)} + c_1(x)a(x)e^{A(x)} \quad (\text{wegen } A'(x) = a(x)).$$

Setzt man y_I' und y_I in die Ausgangsgleichung ein, so erhalten wir:

$$\begin{aligned} & c_1'(x)e^{A(x)} + c_1(x)a(x)e^{A(x)} \\ &= a(x)c_1(x)e^{A(x)} + b(x) \\ &\Leftrightarrow c_1'(x)e^{A(x)} = b(x) \\ &\Leftrightarrow c_1'(x) = b(x)e^{-A(x)} \\ &\Leftrightarrow c_1(x) = \int b(x)e^{-A(x)}\, dx + c \end{aligned}$$

Die gesuchte inhomogene Lösung hat nun beispielsweise für $c = 0$ die Form

$$\begin{aligned} y_I(x) &= c_1(x)e^{A(x)} \\ &= e^{A(x)} \int b(x)e^{-A(x)}\, dx. \end{aligned}$$

Daraus resultiert die allgemeine Lösung:

$$\begin{aligned} y(x) &= y_H(x) + y_I(x) \\ &= c_1 e^{A(x)} + e^{A(x)} \int b(x)e^{-A(x)}\, dx \\ &= e^{A(x)} \left(c_1 + \int b(x)e^{-A(x)}\, dx \right) \quad \text{mit } c_1 \in \mathbb{R} \end{aligned}$$

Aus diesem Ergebnis erhalten wir alle angegebenen Spezialfälle.

α) Für $b(x) = 0$ ergibt sich die homogene Lösung.

β) Für $a(x) = a$ gilt wegen $A(x) = \int a\, dx = ax$

$$y(x) = e^{ax} \left(c_1 + \int b(x)e^{-ax}\, dx \right).$$

γ) Schließlich erhalten wir für $a(x) = a, b(x) = b$

- für $a \neq 0$:

$$y(x) = e^{ax} \left(c_1 - \frac{b}{a} e^{-ax} \right) = c_1 e^{ax} - \frac{b}{a}$$

- für $a = 0$:

$$y(x) = 1 \left(c_1 + \int b\, dx \right) = c_1 + bx$$

δ) Mit der Anfangsbedingung, z. B. $y(0) = 0, a(x) = a$, $b(x) = b$ gilt

- für $a \neq 0$:

$$y(0) = c_1 e^0 - \frac{b}{a} = 0$$
$$\Rightarrow c_1 = \frac{b}{a}$$
$$\Rightarrow y(x) = \frac{b}{a} e^{ax} - \frac{b}{a} = \frac{b}{a}(e^{ax} - 1),$$

- für $a = 0$:

$$y(0) = c_1 = 0 \Rightarrow y(x) = bx .$$

Für den wichtigen Fall, dass a und b konstant sind, geben wir in Beispiel 24.17 einige Hinweise auf den Kurvenverlauf von y.

Beispiel 24.17

Für die lineare Differentialgleichung

$$y'(x) = ay(x) + b$$

mit $a \in \mathbb{R}$, $b = 3$, $y(0) = 0$ erhalten wir die Lösung (Abbildung 24.11)

$$y(x) = \begin{cases} \frac{3}{a}(e^{ax} - 1) & \text{für } a \neq 0 \\ 3x & \text{für } a = 0 \end{cases} .$$

Wegen $y'(x) = 3e^{ax}$, $y''(x) = 3ae^{ax}$ ist die Lösungsfunktion $y(x)$ für alle $a \neq 0$ streng monoton wachsend sowie für $a > 0$ streng konvex und für $a < 0$ streng konkav.

Für $a = 0$, $b = 3$ ergibt sich eine Gerade durch den Nullpunkt mit der Steigung 3.

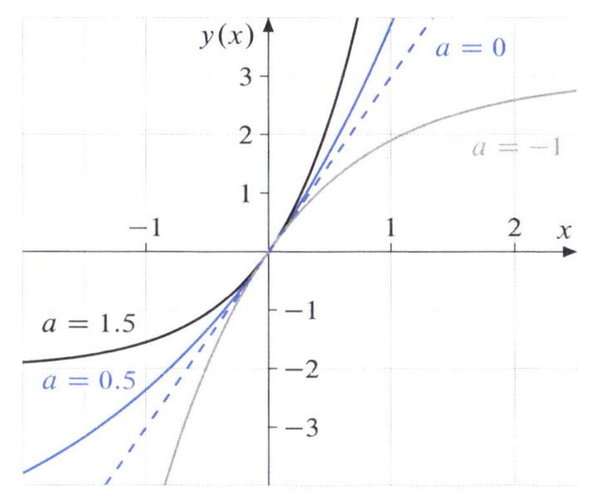

Abbildung 24.11: *Graphen der Lösung von* $y'(x) = ay(x) + b$ *für* $b = 3$, $y(0) = 0$ *sowie für* $a = 1.5, 0.5, 0, -1$

Für $y(0) = 0$, $b = -3$ hat die Lösungsfunktion die Form

$$y(x) = \begin{cases} -\frac{3}{a}(e^{ax} - 1) & \text{für } a \neq 0 \\ -3x & \text{für } a = 0 \end{cases} .$$

Wir erhalten die entsprechenden Graphen für $a = 1.5, 0.5, 0, -1$, durch Spiegelung an der x-Achse.

Damit ist auch das Lösungsverhalten der linearen Differentialgleichung erster Ordnung vollständig beschrieben.

Beispiel 24.18

Wir lösen die Differentialgleichung

$$(x^2 + 1)y' + 2xy = 3x^2 \text{ bzw.}$$
$$y' = -\frac{2x}{x^2 + 1} y + \frac{3x^2}{x^2 + 1}$$

mit der speziellen Lösung $y(1) = 2$.

Wir setzen

$$a(x) = -\frac{2x}{x^2 + 1}$$
$$\Rightarrow A(x) = -\int \frac{2x \, dx}{x^2 + 1} = -\ln(x^2 + 1) .$$
$$b(x) = \frac{3x^2}{x^2 + 1} .$$

Dann hat die Lösungsfunktion die Form (Satz 24.16):

$$y(x) = e^{-\ln(x^2+1)} \cdot \left(c_1 + \int \frac{3x^2}{x^2 + 1} e^{\ln(x^2+1)} \, dx\right)$$
$$= (x^2 + 1)^{-1} \left(c_1 + \int 3x^2 \, dx\right)$$
$$= \frac{c_1 + x^3}{x^2 + 1}$$

Andererseits ist

$$y(1) = \frac{c_1 + 1}{2} = 2 \Rightarrow c_1 = 3 .$$

Daraus folgt die spezielle Lösung:

$$y(x) = \frac{3 + x^3}{1 + x^2} \text{ mit } y(1) = 2$$

Beispiel 24.19

Die zeitliche Wachstumsrate a des Lohnniveaus sei konstant.

Wir bestimmen den zeitlichen Verlauf $y(t)$ des Lohnniveaus sowie den Lohnzuwachs für $a = 0.05$ und $y(0) = 100$ im Zeitintervall $[0, 10]$.

Mit $\frac{y'(t)}{y(t)} = a$ (Definition 11.27) erhalten wir eine homogene lineare Differentialgleichung erster Ordnung $y'(t) = ay(t)$ mit der Lösung

$$y(t) = y(0) \cdot \mathrm{e}^{at} = 100 \cdot \mathrm{e}^{0.05t} .$$

Daraus folgt

$$y(10) - y(0) = 100 \cdot \mathrm{e}^{0.5} - 100 \approx 64.87 .$$

Geht man von $y(0) = 100$ aus, so beträgt der Lohnzuwachs nach 10 Zeitperioden 64.87 %.

Beispiel 24.20

Für die Preiselastizität der Nachfrage nach einem Produkt sei der konstante Wert ε geschätzt worden. Wir bestimmen alle Nachfragefunktionen der Form $x = f(p)$ mit dieser Elastizität. Mit

$$\frac{f'(p)}{f(p)} p = \varepsilon \qquad \text{(Definition 11.27)}$$

erhalten wir eine homogene lineare Differentialgleichung erster Ordnung

$$f'(p) = \frac{\varepsilon}{p} \cdot f(p)$$

mit der Lösung

$$f(p) = c\mathrm{e}^{\int \frac{\varepsilon}{p} \, dp} = c\mathrm{e}^{\varepsilon \ln|p|} = cp^{\varepsilon} .$$

Abschließend vergleichen wir die Lösungen der behandelten linearen Differenzen- und Differentialgleichungen erster Ordnung mit konstanten Koeffizienten:

Differenzengleichung	Differentialgleichung
$y(x+1) - y(x) = ay(x) + b$	$y'(x) = ay(x) + b$
Lösung (Satz 24.8)	Lösung (Satz 24.16)
für $a = 0$: $y(x) = y(0) + bx$	für $a = 0$: $y(x) = y(0) + bx$
für $a \neq 0$: $y(x) = -\frac{b}{a} + \left(y(0) + \frac{b}{a}\right)(1+a)^x$	für $a \neq 0$: $y(x) = -\frac{b}{a} + \left(y(0) + \frac{b}{a}\right)\mathrm{e}^x$

Tabelle 24.1: *Lösungen linearer Differenzen- und Differentialgleichungen erster Ordnung für konstantes* a, b

Relevante Literatur

Benker, Hans (2005). *Differentialgleichungen mit MATHCAD und MATLAB*. Springer, Kap. 2–5

Forster, Otto (2013). *Analysis 2: Differentialrechnung im* $\mathbb{R}^n$*, gewöhnliche Differentialgleichungen*. 10. Aufl. Springer Spektrum, Kap. 11–13

Heuser, Harro (2009). *Gewöhnliche Differentialgleichungen: Einführung in Lehre und Gebrauch*. 6. Aufl. Vieweg+Teubner, Kap. II

Krause, Ulrich und Nesemann, Tim (2012). *Differenzengleichungen und diskrete dynamische Systeme. Eine Einführung in Theorie und Anwendungen*. 2. Aufl. De Gruyter, Kap. 3

Opitz, Otto u. a. (2014). *Mathematik: Übungsbuch für das Studium der Wirtschaftswissenschaften*. 8. Aufl. De Gruyter Oldenbourg, Kap. 22

Papula, Lothar (2017). *Mathematische Formelsammlung: Für Ingenieure und Naturwissenschaftler*. 12. Aufl. Springer Vieweg, Kap. X.1, 2

Rommelfanger, Heinrich (2014). *Mathematik für Wirtschaftswissenschaftler Band 3: Differenzengleichungen – Differentialgleichungen – Wahrscheinlichkeitstheorie – Stochastische Prozesse*. Springer Spektrum, Kap. 1, 2, 6, 7

Differenzen- und Differentialgleichungen höherer Ordnung

Bei der Behandlung von *Differenzen-* und *Differentialgleichungen höherer Ordnung* konzentrieren wir uns auf den linearen Fall mit konstanten Koeffizienten.

Zunächst diskutieren wir, wie eine allgemeine Lösung der entsprechenden Gleichung aufgebaut ist und befassen uns mit Lösungsansätzen im Einzelnen. Die in Abschnitt 24.1 dargestellten Ähnlichkeiten von Differenzen- und Differentialgleichungen sind auf höhere Ordnungen übertragbar.

Nach grundsätzlichen Überlegungen zu linearen Differenzen- und Differentialgleichungen n-ter Ordnung mit konstanten Koeffizienten (Abschnitt 25.1) diskutieren wir schrittweise die Lösung homogener und inhomogener Gleichungen (Abschnitte 25.2, 25.3).

25.1 Grundlagen und Beispiele

In Anlehnung an die Überlegungen für Differenzen- und Differentialgleichungen erster Ordnung (Abschnitt 24.1) schreibt man

$$g(x, y(x), y(x+1), \ldots, y(x+n)) = 0$$

für eine *Differenzengleichung n-ter Ordnung* und

$$g(x, y, y', \ldots, y^{(n)}) = 0$$

für eine *Differentialgleichung n-ter Ordnung*.

Wir beschränken uns im Folgenden auf den linearen Fall mit konstanten Koeffizienten (Definition 24.2).

Definition 25.1

Eine Gleichung der Form

$$y(x+n) + a_{n-1}y(x+n-1) + \ldots$$
$$+ a_1 y(x+1) + a_0 y(x) = b(x)$$

heißt eine

lineare Differenzengleichung n-ter Ordnung mit konstanten Koeffizienten,

und

$$y^{(n)}(x) + a_{n-1}y^{(n-1)}(x) + \ldots$$
$$+ a_1 y'(x) + a_0 y(x) = b(x)$$

heißt eine

lineare Differentialgleichung n-ter Ordnung mit konstanten Koeffizienten.

Beide Gleichungen nennt man *homogen* für $b(x) = 0$, andernfalls *inhomogen*. Eine Funktion y, die die jeweilige Gleichung erfüllt, heißt *Lösung* oder *Lösungsfunktion*.

Definition 25.1 sowie daraus resultierende Aussagen sind natürlich auch für $n = 1$ gültig.

Beispiel 25.2

P. A. Samuelson geht in seinem *Multiplikator-Akzelerator-Modell* für das Wachstum des Volkseinkommens von folgenden Beziehungen zwischen den zeitabhängigen Größen Volkseinkommen $Y(t)$, Konsum $C(t)$ und Investitionen $I(t)$ sowie den zeitunabhängigen Staatsausgaben S aus:

$$Y(t) = C(t) + I(t) + S$$
$$C(t) = aY(t-1) \qquad \text{mit } a \in (0, 1)$$
$$I(t) = b(C(t) - C(t-1)) \qquad \text{mit } b > 0$$

DOI: 10.1515/9783110475333-025

Der Konsum $C(t)$ entwickelt sich dabei proportional zum Volkseinkommen der Vorperiode, man bezeichnet die Konstante $a \in (0, 1)$ als den *Multiplikator* des Modells.

Die Investition $I(t)$ wird proportional zur Konsumveränderung von Periode $t - 1$ zur Periode t angenommen, man nennt die Konstante $b > 0$ den *Akzelerator* des Modells. Die Investition ist also genau dann positiv, wenn auch der Konsum wächst. Andernfalls kommt es zu einer Desinvestition.

Durch Einsetzen erhalten wir mit

$$\begin{aligned} Y(t) &= C(t) + I(t) + S \\ &= aY(t-1) + b(C(t) - C(t-1)) + S \\ &= aY(t-1) \\ &\quad + b(aY(t-1) - aY(t-2)) + S \\ &= (a + ab)Y(t-1) - abY(t-2) + S \end{aligned}$$

eine inhomogene lineare Differenzengleichung zweiter Ordnung.

Wir diskutieren dieses Modell weiter in Beispiel 25.19.

Beispiel 25.3

Für den Zusammenhang von Angebot $x(t)$, Nachfrage $y(t)$ und Preis $p(t)$ eines Gutes unterstellen wir die Beziehungen:

$$\begin{aligned} x(t) &= a_0 + a_1 p(t) + a_2 p'(t) + a_3 p''(t) \\ &\qquad \text{mit } a_0, a_1, a_2, a_3 \geq 0 \\ y(t) &= b_0 - b_1 p(t) - b_2 p'(t) - b_3 p''(t) \\ &\qquad \text{mit } b_0, b_1, b_2, b_3 \geq 0 \end{aligned}$$

Angebot und Nachfrage hängen damit direkt vom Preis $p(t)$, dessen Veränderung $p'(t)$ sowie der Änderung $p''(t)$ von $p'(t)$ ab. Im Marktgleichgewicht (Angebot=Nachfrage) erhalten wir mit

$$\begin{aligned} &(a_3 + b_3)p''(t) + (a_2 + b_2)p'(t) \\ &\quad + (a_1 + b_1)p(t) + a_0 - b_0 = 0 \end{aligned}$$

oder mit $a_3 + b_3 > 0$

$$\begin{aligned} &p''(t) + \frac{a_2 + b_2}{a_3 + b_3} p'(t) + \frac{a_1 + b_1}{a_3 + b_3} p(t) \\ &= \frac{b_0 - a_0}{a_3 + b_3} \end{aligned}$$

eine inhomogene lineare Differentialgleichung zweiter Ordnung. Wir diskutieren dieses Modell weiter in Beispiel 25.20.

25.2 Homogene lineare Differenzen- und Differentialgleichungen

Wir diskutieren zunächst die Struktur der allgemeinen Lösung homogener Gleichungen mit konstanten Koeffizienten und formulieren anschließend ein Lösungsverfahren insbesondere für die Ordnung $n = 2$.

Satz 25.4

Die *homogene lineare Differenzengleichung*

$$\begin{aligned} &y(x+n) + a_{n-1} y(x+n-1) + \ldots \\ &+ a_1 y(x+1) + a_0 y(x) = 0 \qquad \text{(A)} \end{aligned}$$

bzw. die *homogene lineare Differentialgleichung*

$$\begin{aligned} &y^{(n)}(x) + a_{n-1} y^{(n-1)}(x) + \ldots \\ &+ a_1 y'(x) + a_0 y(x) = 0 \qquad \text{(B)} \end{aligned}$$

besitzen jeweils spezielle Lösungen der Form

$$y_1(x), \ldots, y_n(x).$$

Dann gilt:

a) Sind für jede Lösung

$$y_i(x) \qquad (i = 1, \ldots, n)$$

genau n Anfangswerte der Form

$$\begin{aligned} &y_i(0), y_i(1), \ldots, y_i(n-1) \quad \text{im Fall (A)}, \\ &y_i(0), y_i'(0), \ldots, y_i^{(n-1)}(0) \quad \text{im Fall (B)} \end{aligned}$$

gegeben, dann sind die Lösungen $y_i(x)$ für alle x eindeutig bestimmt. Ferner löst jede Linearkombination

$$c_1 y_1(x) + \ldots + c_n y_n(x)$$

die Gleichung (A) bzw. (B).

b) Bildet man in beiden Fällen (A) und (B) die *Wronskimatrizen*

$$W = \begin{pmatrix} y_1(0) & \cdots & y_n(0) \\ \vdots & & \vdots \\ y_1(n-1) & \cdots & y_n(n-1) \end{pmatrix}$$

bzw.

$$W(x) = \begin{pmatrix} y_1(x) & \cdots & y_n(x) \\ \vdots & & \vdots \\ y_1^{(n-1)}(x) & \cdots & y_n^{(n-1)}(x) \end{pmatrix},$$

so gilt $\det W \neq 0$ bzw. $\det W(x) \neq 0$ für alle x genau dann, wenn die entsprechenden Zeilen bzw. Spalten der Matrix linear unabhängig sind (Definition 16.20, Satz 19.14).

Dann sind auch die speziellen Lösungen $y_1(x), \ldots, y_n(x)$ in beiden Fällen (A) und (B) linear unabhängig und die allgemeine Lösung hat in beiden Fällen die Form

$$y(x) = c_1 y_1(x) + \ldots + c_n y_n(x) \quad \text{mit } c_1, \ldots, c_n \in \mathbb{R} \text{ beliebig.}$$

Zum Beweis verweisen wir für den Fall (A) auf Krause und Nesemann (2012) Kap. 3 bzw. für den Fall (B) auf Heuser (2009) Kap. IV.14-16.

Satz 25.5

Gegeben sei für $a_0 \neq 0$

(A) die *homogene lineare Differenzengleichung zweiter Ordnung*

$$y(x+2) + a_1 y(x+1) + a_0 y(x) = 0$$

(B) sowie die *homogene lineare Differentialgleichung zweiter Ordnung*

$$y''(x) + a_1 y'(x) + a_0 y(x) = 0\,.$$

Mit dem *Lösungsansatz*

$$y(x) = \lambda^x \ (\lambda \neq 0) \qquad \text{für (A)}$$

$$\text{bzw. } y(x) = e^{\lambda x} \qquad \text{für (B)}$$

ergibt sich durch Einsetzen in (A) bzw. (B) die *charakteristische Gleichung*

$$\lambda^2 + a_1\lambda + a_0 = 0$$

mit den Lösungen

$$\lambda_{1,2} = -\frac{1}{2}\left(a_1 \pm \sqrt{a_1^2 - 4a_0}\right).$$

a) Im Fall $a_1^2 - 4a_0 > 0$ erhalten wir die allgemeine Lösung (Satz 25.4)

$$y(x) = c_1\lambda_1^x + c_2\lambda_2^x \qquad \text{für (A)}$$

$$\text{bzw. } y(x) = c_1 e^{\lambda_1 x} + c_2 e^{\lambda_2 x} \qquad \text{für (B).}$$

b) Im Fall $a_1^2 - 4a_0 = 0$, also $\lambda_1 = \lambda_2 = \lambda$ gilt für die allgemeine Lösung

$$y(x) = c_1\lambda^x + c_2 x\lambda^x \qquad \text{für (A)}$$

$$\text{bzw. } y(x) = c_1 e^{\lambda x} + c_2 x e^{\lambda x} \qquad \text{für (B).}$$

c) Im Fall $a_1^2 - 4a_0 < 0$ erhalten wir konjugiert komplexe λ-Werte. Die allgemeine Lösung hat dann die Form

$$y(x) = c_1 r^x \cos x\varphi + c_2 r^x \sin x\varphi \quad \text{für (A)}$$

mit

$$\alpha = -\frac{a_1}{2}, \quad \beta = \frac{1}{2}\sqrt{4a_0 - a_1^2},$$

$$r = \sqrt{\alpha^2 + \beta^2} = \sqrt{a_0},$$

$$\cos\varphi = \frac{\alpha}{r} = -\frac{a_1}{2\sqrt{a_0}},$$

$$\sin\varphi = \frac{\beta}{r} = \frac{\sqrt{4a_0 - a_1^2}}{2\sqrt{a_0}}$$

bzw.

$$y(x) = c_1 e^{\alpha x}\cos\beta x + c_2 e^{\alpha x}\sin\beta x \qquad \text{für (B)}$$

$$\text{mit } \alpha = -\frac{a_1}{2},\ \beta = \frac{1}{2}\sqrt{4a_0 - a_1^2}\,.$$

Mit Hilfe von zwei Anfangsbedingungen

$$y(0) = y_0\,, \quad y(1) = y_1 \qquad \text{für (A)}$$

$$y(0) = y_0\,, \quad y'(0) = y_1 \qquad \text{für (B)}$$

sind die Konstanten in beiden Fällen berechenbar.

Beweis

Fall (A):

Für $y(x) = \lambda^x$ gilt:

$$\begin{aligned} & y(x+2) + a_1 y(x+1) + a_0 y(x) \\ &= \lambda^{x+2} + a_1 \lambda^{x+1} + a_0 \lambda^x \\ &= \lambda^x(\lambda^2 + a_1\lambda + a_0) = 0 \\ &\Rightarrow \lambda^2 + a_1\lambda + a_0 = 0 \end{aligned}$$

Fall (B):

Für $y(x) = e^{\lambda x}$ gilt:

$$\begin{aligned} & y''(x) + a_1 y'(x) + a_0 y(x) \\ &= \lambda^2 e^{\lambda x} + a_1 \lambda e^{\lambda x} + a_0 e^{\lambda x} \\ &= e^{\lambda x}(\lambda^2 + a_1\lambda + a_0) = 0 \\ &\Rightarrow \lambda^2 + a_1\lambda + a_0 = 0 \end{aligned}$$

In beiden Fällen erhalten wir

$$\lambda = \frac{1}{2}\left(-a_1 \pm \sqrt{a_1^2 - 4a_0}\right)$$

a) $a_1^2 - 4a_0 > 0$

$$\Rightarrow \lambda_{1,2} = \frac{1}{2}\left(-a_1 \pm \sqrt{a_1^2 - 4a_0}\right) \in \mathbb{R}$$

Fall (A):

Für $y_1(x) = \lambda_1^x, \quad y_2(x) = \lambda_2^x$
berechnen wir die Wronskideterminante:

$$\begin{aligned} & \det\begin{pmatrix} y_1(0) & y_2(0) \\ y_1(1) & y_2(1) \end{pmatrix} \\ &= \det\begin{pmatrix} 1 & 1 \\ \lambda_1 & \lambda_2 \end{pmatrix} = \lambda_2 - \lambda_1 \neq 0 \end{aligned}$$

$\Rightarrow$ Allgemeine Lösung:

$$y(x) = c_1\lambda_1^x + c_2\lambda_2^x \qquad \text{mit } c_1, c_2 \in \mathbb{R}$$

Fall (B):

Für $y_1(x) = e^{\lambda_1 x}, \quad y_2(x) = e^{\lambda_2 x}$ gilt:

$$\begin{aligned} & \det\begin{pmatrix} y_1(x) & y_2(x) \\ y_1'(x) & y_2'(x) \end{pmatrix} \\ &= \det\begin{pmatrix} e^{\lambda_1 x} & e^{\lambda_2 x} \\ \lambda_1 e^{\lambda_1 x} & \lambda_2 e^{\lambda_2 x} \end{pmatrix} \\ &= e^{\lambda_1 x} e^{\lambda_2 x}(\lambda_2 - \lambda_1) \neq 0 \end{aligned}$$

$\Rightarrow$ Allgemeine Lösung:

$$y(x) = c_1 e^{\lambda_1 x} + c_2 e^{\lambda_2 x} \qquad \text{mit } c_1, c_2 \in \mathbb{R}$$

b) $a_1^2 - 4a_0 = 0 \Rightarrow \lambda_1 = \lambda_2 = \lambda = -\frac{a_1}{2} \in \mathbb{R}$:

Fall (A):

Für $y(x) = x\lambda^x$ gilt:

$$(x+2)\lambda^{x+2} + a_1(x+1)\lambda^{x+1} + a_0 x\lambda^x = 0 \qquad |:\lambda^x$$

$$\Leftrightarrow (x+2)\lambda^2 + a_1(x+1)\lambda + a_0 x = 0 \qquad \text{mit } \lambda = -\tfrac{a_1}{2},\ a_0 = \tfrac{a_1^2}{4}$$

$$\Leftrightarrow (x+2)\frac{a_1^2}{4} - \frac{a_1^2}{2}(x+1) + \frac{a_1^2}{4}x = 0$$

$$\Leftrightarrow x\frac{a_1^2}{4} + \frac{a_1^2}{2} - \frac{a_1^2}{2}x - \frac{a_1^2}{2} + \frac{a_1^2}{4}x = 0$$

Damit erhalten wir die speziellen Lösungen

$$y_1(x) = \lambda^x, y_2(x) = x\lambda^x$$

und die Wronskideterminante

$$\det\begin{pmatrix} y_1(0) & y_2(0) \\ y_1(1) & y_2(1) \end{pmatrix} = \det\begin{pmatrix} 1 & 0 \\ \lambda & \lambda \end{pmatrix} = \lambda \neq 0$$

$\Rightarrow$ Allgemeine Lösung:

$$y(x) = c_1\lambda^x + c_2 x\lambda^x \qquad \text{mit } c_1, c_2 \in \mathbb{R}$$

Fall (B):

Für $y(x) = xe^{\lambda x}$ gilt:

$$y'(x) = e^{\lambda x} + \lambda x e^{\lambda x},$$
$$y''(x) = 2\lambda e^{\lambda x} + \lambda^2 x e^{\lambda x}$$

und damit

$$\begin{aligned} & 2\lambda e^{\lambda x} + \lambda^2 x e^{\lambda x} \\ & + a_1(e^{\lambda x} + \lambda x e^{\lambda x}) + a_0 x e^{\lambda x} = 0 \qquad \Big|: e^{\lambda x} \\ & \Leftrightarrow 2\lambda + \lambda^2 x + a_1 + a_1\lambda x + a_0 x = 0 \\ & \qquad \text{mit } \lambda = -\tfrac{a_1}{2},\ a_0 = \tfrac{a_1^2}{4} \\ & \Leftrightarrow -a_1 + \frac{a_1^2}{4}x + a_1 - \frac{a_1^2}{2}x + \frac{a_1^2}{4}x = 0 \end{aligned}$$

Wir erhalten die speziellen Lösungen

$$y_1(x) = e^{\lambda x}, \qquad y_2(x) = xe^{\lambda x}$$

und die Wronskideterminante

$$\begin{aligned} & \Rightarrow \det\begin{pmatrix} y_1(x) & y_2(x) \\ y_1'(x) & y_2'(x) \end{pmatrix} \\ &= \det\begin{pmatrix} e^{\lambda x} & xe^{\lambda x} \\ \lambda e^{\lambda x} & e^{\lambda x} + \lambda x e^{\lambda x} \end{pmatrix} \\ &= e^{2\lambda x}\det\begin{pmatrix} 1 & x \\ \lambda & 1 + x\lambda \end{pmatrix} \\ &= e^{2\lambda x}(1 + \lambda x - \lambda x) \neq 0 \end{aligned}$$

$\Rightarrow$ Allgemeine Lösung:

$$y(x) = c_1 e^{\lambda x} + c_2 x e^{\lambda x} \text{ mit } c_1, c_2 \in \mathbb{R}$$

c) $a_1^2 - 4a_0 < 0$

$$\Rightarrow \lambda_{1,2} = \frac{1}{2}\left(-a_1 \pm \sqrt{a_1^2 - 4a_0}\right) = \alpha \pm \mathrm{i}\beta$$

mit $\alpha = -\frac{a_1}{2}$, $\mathrm{i}\beta = \frac{\mathrm{i}}{2}\sqrt{4a_0 - a_1^2} \neq 0$

Fall (A):

Für $y_{1,2}(x) = (\alpha \pm \mathrm{i}\beta)^x$ erhält man nach den Formeln von Moivre:

$$\begin{aligned}(\alpha \pm i\beta)^x &= r^x(\cos(x\varphi) \pm \mathrm{i}\sin(x\varphi)) \\ &= u(x) \pm \mathrm{i}v(x)\end{aligned}$$

mit

$$u(x) = r^x \cos(x\varphi), \qquad v(x) = r^x \sin(x\varphi),$$
$$r = \sqrt{\alpha^2 + \beta^2},$$
$$\cos\varphi = \frac{\alpha}{r}, \qquad \sin\varphi = \frac{\beta}{r}$$

Also löst

$$y_1(x) = (\alpha + i\beta)^x = u(x) + iv(x)$$

die Gleichung (A)

$$\begin{aligned}&u(x+2) + \mathrm{i}v(x+2) + a_1\big(u(x+1) \\ &\quad + \mathrm{i}v(x+1)\big) + a_0\big(u(x) + \mathrm{i}v(x)\big) = 0 \\ \Leftrightarrow\ &u(x+2) + a_1u(x+1) + a_0u(x) \\ &\quad + \mathrm{i}\big(v(x+2) + a_1v(x+1) + a_0v(x)\big) = 0\end{aligned}$$

Damit sind der Realteil und der Imaginärteil der Gleichung gleich Null und wir haben die reellen Funktionen $u(x), v(x)$ als spezielle Lösungen der Gleichung (A) identifiziert. Wegen

$$\begin{aligned}\det\begin{pmatrix} u(0) & v(0) \\ u(1) & v(1)\end{pmatrix} &= \det\begin{pmatrix} 1 & 0 \\ r\cos\varphi & r\sin\varphi\end{pmatrix} \\ &= r\sin\varphi = r\frac{\beta}{r} \neq 0\end{aligned}$$

sind $u(x)$ und $v(x)$ auch linear unabhängig.

$\Rightarrow$ Allgemeine Lösung:

$$y(x) = c_1r^x\cos(x\varphi) + c_2r^x\sin(x\varphi) \quad \text{mit } c_1, c_2 \in \mathbb{R}$$

Fall (B):

Für $y_{1,2}(x) = \mathrm{e}^{(\alpha \pm i\beta)x}$ erhält man nach der Euler-Formel

$$\begin{aligned}\mathrm{e}^{(\alpha \pm i\beta)x} &= \mathrm{e}^{\alpha x}(\cos(\beta x) \pm i\sin(\beta x)) \\ &= u(x) \pm iv(x) \\ \Rightarrow u(x) &= \mathrm{e}^{\alpha x}\cos(\beta x), \\ v(x) &= \mathrm{e}^{\alpha x}\sin(\beta x)\end{aligned}$$

Durch analoge Überlegungen zu Fall (A) stellen wir auch hier fest, dass die reellen Funktionen $u(x)$ und $v(x)$ spezielle Lösungen der Gleichung (B) darstellen: Wegen

$$\begin{aligned}&\det\begin{pmatrix} u(x) & v(x) \\ u'(x) & v'(x)\end{pmatrix} \\ &= \det\begin{pmatrix} \mathrm{e}^{\alpha x}\cos(\beta x) & \mathrm{e}^{\alpha x}\sin(\beta x) \\ \mathrm{e}^{\alpha x}\alpha\cos(\beta x) - \mathrm{e}^{\alpha x}\beta\sin(\beta x) & \mathrm{e}^{\alpha x}\alpha\sin(\beta x) + \mathrm{e}^{\alpha x}\beta\cos(\beta x)\end{pmatrix} \\ &= \mathrm{e}^{2\alpha x}\big(\cos(\beta x)(\alpha\sin(\beta x) + \beta\cos(\beta x)) \\ &\qquad - \sin(\beta x)(\alpha\cos(\beta x) - \beta\sin(\beta x))\big) \\ &= \mathrm{e}^{2\alpha x}\big(\beta(\cos(\beta x))^2 + \beta(\sin(\beta x))^2\big) \\ &= \mathrm{e}^{2\alpha x}\cdot\beta\cdot 1 \neq 0\end{aligned}$$

sind $u(x)$ und $v(x)$ wieder linear unabhängig.

$\Rightarrow$ Allgemeine reelle Lösung:

$$y(x) = c_1\mathrm{e}^{\alpha x}\cos(\beta x) + c_2\mathrm{e}^{\alpha x}\sin(\beta x) \quad \text{mit } c_1, c_2 \in \mathbb{R}$$

Wir weisen noch einmal darauf hin, dass dieser Satz 25.5 für alle auftretenden Fälle die allgemeine Lösung homogener linearer Differenzen- und Differentialgleichungen zweiter Ordnung mit konstanten Koeffizienten explizit liefert. Der Lösungsansatz führt in beiden Fällen auf die quadratische Gleichung $\lambda^2 + a_1\lambda + a_0 = 0$. Mit der Fallunterscheidung $a_1^2 - 4a_0 \gtreqless 0$ lässt sich die jeweilige Lösung angeben.

Nachfolgend behandeln wir Beispiele für die Fälle (A) und (B).

Beispiel 25.6

Differenzengleichung:

$$y(x+2) - \tfrac{1}{2}y(x+1) - \tfrac{1}{2}y(x) = 0$$

Charakteristische Gleichung:

$$\lambda^2 - \tfrac{1}{2}\lambda - \tfrac{1}{2} = 0 \quad \Rightarrow \lambda_1 = 1,\ \lambda_2 = -\tfrac{1}{2}$$

Allgemeine Lösung:

$$y(x) = c_1\cdot 1^x + c_2\left(-\tfrac{1}{2}\right)^x = c_1 + c_2\left(-\tfrac{1}{2}\right)^x$$

Anfangsbedingungen:

$$\left.\begin{aligned} y(0) &= 0 = c_1 + c_2 \\ y(1) &= 1 = c_1 - \tfrac{1}{2}c_2\end{aligned}\right\} \Rightarrow \left\{\begin{aligned} c_1 &= \tfrac{2}{3}, \\ c_2 &= -\tfrac{2}{3}\end{aligned}\right.$$

Spezielle Lösung (Abbildung 25.1):

$$y(x) = \tfrac{2}{3} - \tfrac{2}{3}\left(-\tfrac{1}{2}\right)^x$$

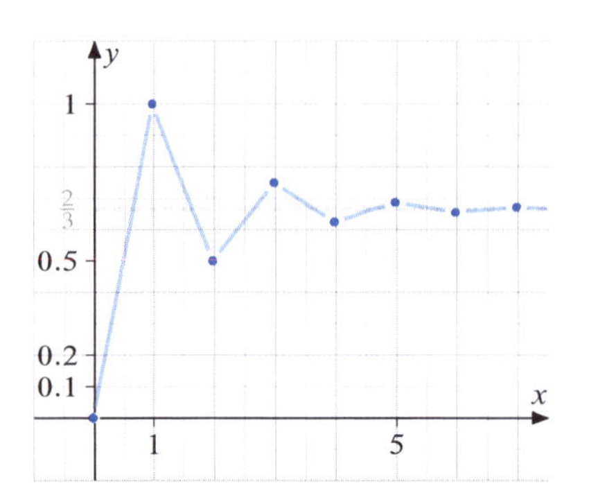

Abbildung 25.1: *Graph von* $y = \frac{2}{3} - \frac{2}{3}\left(-\frac{1}{2}\right)^x$

Wir erhalten wegen des Terms $(-1/2)^x$ eine Schwingung mit abnehmenden Amplituden und $y(x) \to 2/3$ für $x \to \infty$. Dagegen würde eine Lösung $y(x) = 2/3 - 2/3 \cdot (-2)^x$ eine Schwingung mit zunehmenden Amplituden und divergierender Lösung bedeuten.

Beispiel 25.7

Differenzengleichung:

$$y(x+2) - 4y(x+1) + 4y(x) = 0$$

Charakteristische Gleichung:

$$\lambda^2 - 4\lambda + 4 = 0 \quad \Rightarrow \quad \lambda_1 = \lambda_2 = 2$$

Allgemeine Lösung: $y(x) = c_1 2^x + c_2 x 2^x$

Anfangsbedingungen:

$$\left.\begin{aligned} y(0) &= 0 = c_1 + 0c_2 \\ y(1) &= 1 = 2c_1 + 2c_2 \end{aligned}\right\} \Rightarrow \left\{\begin{aligned} c_1 &= 0, \\ c_2 &= \tfrac{1}{2} \end{aligned}\right.$$

Spezielle Lösung: $y(x) = \frac{1}{2} \cdot x 2^x = x 2^{x-1}$

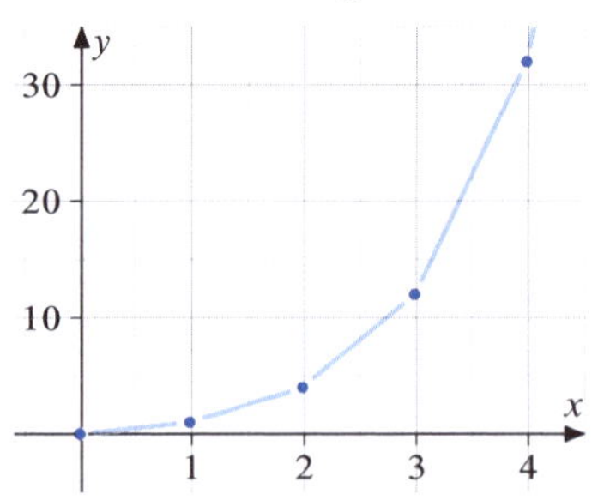

Abbildung 25.2: *Graph von* $y(x) = x2^{x-1}$

Die Lösungsfunktion nimmt exponentiell zu.

Beispiel 25.8

Differenzengleichung:

$$y(x+2) - y(x+1) + y(x) = 0$$

Charakteristische Gleichung:

$$\lambda^2 - \lambda + 1 = 0$$
$$\Rightarrow \lambda = -\tfrac{1}{2}(-1 \pm \sqrt{1-4}) = \tfrac{1}{2} \pm \tfrac{\sqrt{3}}{2}\mathrm{i}$$

Allgemeine Lösung:

$$y(x) = c_1 r^x \cos x\varphi + c_2 r^x \sin x\varphi$$

mit

$$r = \sqrt{1/4 + 3/4} = 1$$
$$\cos\varphi = \frac{1}{2}, \ \sin\varphi = \frac{\sqrt{3}}{2}, \text{ also } \varphi = \frac{\pi}{3}$$
$$\Rightarrow y(x) = c_1 \cos\frac{x\pi}{3} + c_2 \sin\frac{x\pi}{3}$$

Anfangsbedingungen:

$$\left.\begin{aligned} y(0) &= 0 = c_1 + 0c_2 \\ y(1) &= 1 = \tfrac{1}{2}c_1 + \tfrac{\sqrt{3}}{2}c_2 \end{aligned}\right\} \Rightarrow \left\{\begin{aligned} c_1 &= 0, \\ c_2 &= \tfrac{2}{\sqrt{3}} \end{aligned}\right.$$

Spezielle Lösung:

$$y(x) = \frac{2}{\sqrt{3}} \sin\frac{x\pi}{3}$$

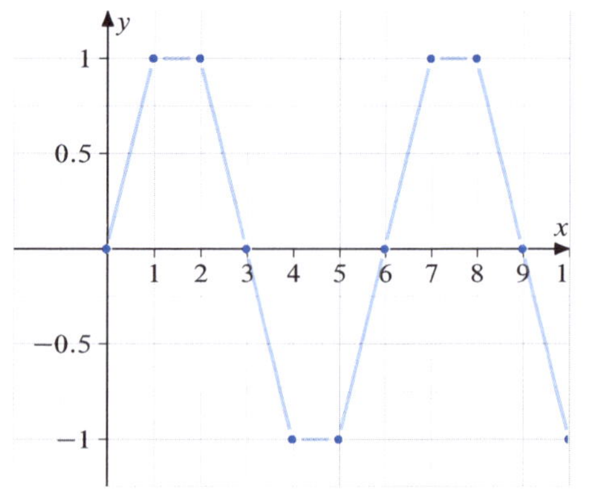

Abbildung 25.3: *Graph von* $y(x) = \frac{2}{\sqrt{3}} \sin\frac{x\pi}{3}$

Es ergibt sich eine periodische Schwingung mit gleichbleibenden Amplituden. Dies liegt am Koeffizienten $a_0 = 1$ der Differenzengleichung. Für $a_0 > 1$ würden die Amplituden zunehmen, für $a_0 < 1$ dagegen abnehmen.

Beispiel 25.9

Differentialgleichung:

$$y'' + y' - 2y = 0$$

Charakteristische Gleichung:

$$\lambda^2 + \lambda - 2 = (\lambda - 1)(\lambda + 2) = 0$$
$$\Rightarrow \lambda_1 = 1,\ \lambda_2 = -2$$

Allgemeine Lösung:

$$y(x) = c_1 \mathrm{e}^x + c_2 \mathrm{e}^{-2x}$$

Anfangsbedingungen:

$$\left.\begin{aligned} y(0) &= 1 = c_1 + c_2 \\ y'(0) &= 0 = c_1 - 2c_2 \end{aligned}\right\} \Rightarrow \begin{cases} c_1 = \frac{2}{3}, \\ c_2 = \frac{1}{3} \end{cases}$$

Spezielle Lösung:

$$y(x) = \frac{2}{3}\mathrm{e}^x + \frac{1}{3}\mathrm{e}^{-2x}$$

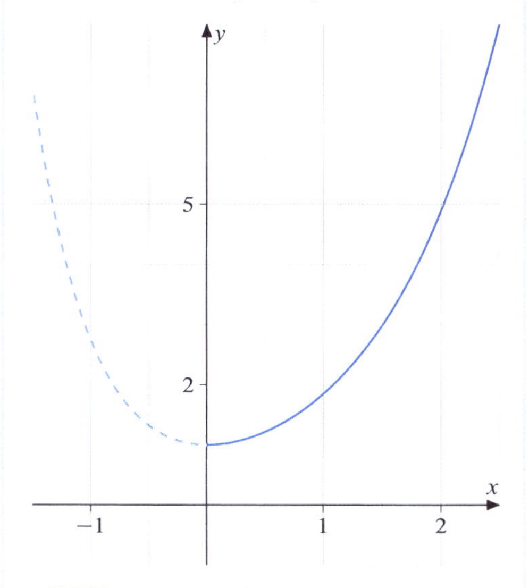

Abbildung 25.4: *Graph von* $y(x) = \frac{2}{3}e^x + \frac{1}{3}e^{-2x}$

Für $x \geq 0$ überwiegt der Term e^x.

Die Lösung wächst für $x \to \infty$ streng konvex gegen ∞. Analog gilt

$$\lim_{x \to -\infty} y(x) = \infty\,.$$

Beispiel 25.10

Differentialgleichung:

$$y'' + 2y' + y = 0$$

Charakteristische Gleichung:

$$\lambda^2 + 2\lambda + 1 = (\lambda + 1)^2 = 0$$
$$\Rightarrow \lambda_1 = \lambda_2 = -1$$

Allgemeine Lösung:

$$y(x) = c_1 \mathrm{e}^{-x} + c_2 x \mathrm{e}^{-x}$$

Anfangsbedingungen:

$$\left.\begin{aligned} y(0) &= 2 = c_1 + 0 \\ y'(0) &= 0 = -c_1 + c_2 \end{aligned}\right\} \Rightarrow c_1 = c_2 = 2$$

Spezielle Lösung:

$$\begin{aligned} y(x) &= 2\mathrm{e}^{-x} + 2x\mathrm{e}^{-x} \\ &= (2 + 2x)\mathrm{e}^{-x} \end{aligned}$$

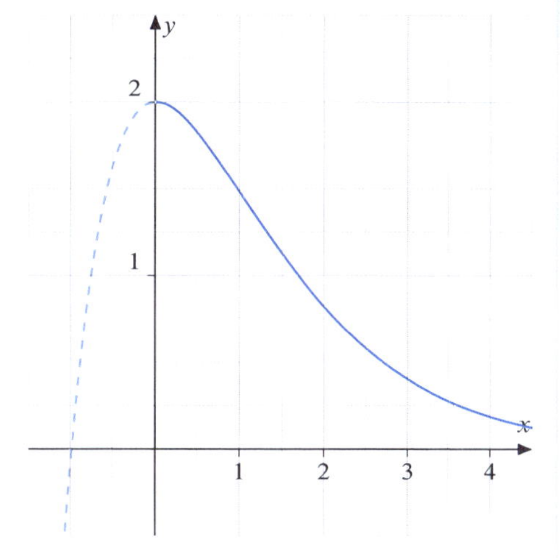

Abbildung 25.5: *Graph von* $y = (2 + 2x)e^{-x}$

Für $x \geq 0$ fällt die Funktion.

Für $x \geq 1$ ist sie streng konvex und konvergiert gegen 0 für $x \to \infty$.

Beispiel 25.11

Differentialgleichung:

$$y'' + \tfrac{1}{5}y' + \tfrac{101}{100}y = 0$$

Charakteristische Gleichung:

$$\begin{aligned} &\lambda^2 + \tfrac{1}{5}\lambda + \tfrac{101}{100} = 0 \\ &\Rightarrow \lambda = -\tfrac{1}{2}\left(\tfrac{1}{5} \pm \sqrt{\tfrac{1}{25} - \tfrac{101}{25}}\right) \\ &\quad = -\tfrac{1}{10} \pm \mathrm{i} \end{aligned}$$

Allgemeine Lösung:

$$\begin{aligned} y(x) &= c_1 \mathrm{e}^{-\frac{1}{10}x}\cos x + c_2 \mathrm{e}^{-\frac{1}{10}x}\sin x \\ &= \mathrm{e}^{-\frac{x}{10}}\left(c_1 \cos x + c_2 \sin x\right) \end{aligned}$$

$$\begin{aligned} y'(x) = \mathrm{e}^{-\frac{x}{10}}\Big[&-\tfrac{1}{10}\left(c_1 \cos x + c_2 \sin x\right) \\ &+ \left(-c_1 \sin x + c_2 \cos x\right)\Big] \end{aligned}$$

Anfangsbedingungen:

$$\left.\begin{aligned} y(0) &= 1 = c_1 + 0 \\ y'(0) &= 0 = -\tfrac{1}{10}c_1 + c_2 \end{aligned}\right\} \Rightarrow \begin{cases} c_1 = 1, \\ c_2 = \frac{1}{10} \end{cases}$$

Spezielle Lösung:

$$y(x) = \mathrm{e}^{-\frac{x}{10}}\left(\cos x + \tfrac{1}{10}\sin x\right)$$

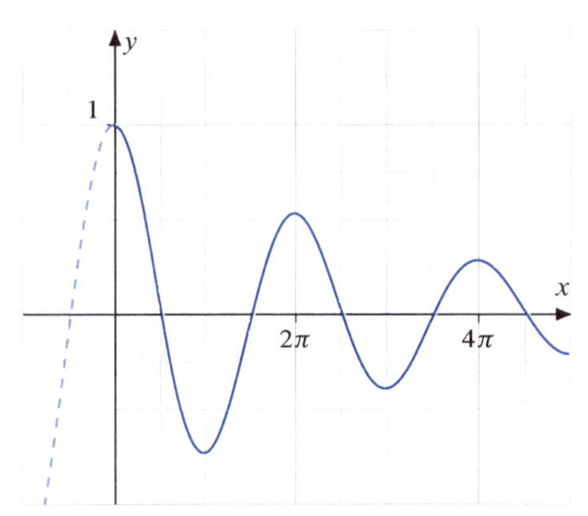

Abbildung 25.6: *Graph von* $y(x) = e^{-\frac{x}{10}}\left(\cos x + \frac{1}{10}\sin x\right)$

Wir erhalten eine Schwingung mit abnehmenden Amplituden wegen des Terms $\mathrm{e}^{-0.1x}$ und die Lösungsfunktion strebt gegen 0.

Das Vorgehen lässt sich auf homogene lineare Differenzen- und Differentialgleichungen höherer Ordnung übertragen. Mit dem Lösungsansatz $y(x) = \lambda^x$ bzw. $y(x) = \mathrm{e}^{\lambda x}$ ist dann eine charakteristische Gleichung höherer Ordnung zu lösen (Abschnitt 3.4). Wir demonstrieren das Vorgehen mit Hilfe zweier einfacher Beispiele.

Beispiel 25.12

Differenzengleichung:

$$y(x+3) - 3y(x+1) - 2y(x) = 0$$

Charakteristische Gleichung:

$$\begin{aligned} &\lambda^3 - 3\lambda - 2 = 0 \\ &\Rightarrow \lambda_1 = 2,\ \lambda_2 = \lambda_3 = -1 \end{aligned}$$

Allgemeine Lösung:

$$y(x) = c_1\, 2^x + c_2(-1)^x + c_3\, x(-1)^x$$

Beispiel 25.13

Differentialgleichung:

$$y''''(x) + y'''(x) - y''(x) + y' - 2y = 0$$

Charakteristische Gleichung:

$$\begin{aligned} &\lambda^4 + \lambda^3 - \lambda^2 + \lambda - 2 \\ &= (\lambda+2)(\lambda-1)(\lambda+\mathrm{i})(\lambda-\mathrm{i}) = 0 \end{aligned}$$

Allgemeine Lösung:

$$y(x) = c_1\,\mathrm{e}^{-2x} + c_2\,\mathrm{e}^x + c_3 \cos x + c_4 \sin x$$

Abschließend stellen wir tabellarisch zusammen, wie man zu speziellen Lösungen von homogenen linearen Differenzen- bzw. Differentialgleichungen n-ter Ordnung in Abhängigkeit der Nullstellen der charakteristischen Gleichung kommt (Tabelle 25.1).

Die Fälle $n = 1, 2$ sind in Tabelle 25.1 enthalten.

Für $n = 1$ kommt nur der erste Fall mit $y(x) = \lambda_0^x$ oder $y(x) = \mathrm{e}^{\lambda_0 x}$ in Frage.

Für $n = 2$ können drei Fälle auftreten (Satz 25.5): zwei einfache reelle Nullstellen, eine zweifache reelle Nullstelle oder zwei einfache konjugiert komplexe Nullstellen (Abschnitt 3.4).

Unabhängige spezielle Lösungen der homogenen	
Differenzengleichung	Differentialgleichung
Nullstelle λ_0 einfach, reell	
$y(x) = \lambda_0^x$	$y(x) = e^{\lambda_0 x}$
Nullstelle λ_0 k-fach, reell	
$y_j(x) = x^{j-1}\lambda_0^x$ $(j = 1, \ldots, k)$	$y_j(x) = x^{j-1}e^{\lambda_0 x}$ $(j = 1, \ldots, k)$
Nullstellen λ_1, λ_2 einfach, konjugiert komplex mit $\lambda_{1,2} = \alpha \pm i\beta$; $r = \sqrt{\alpha^2+\beta^2}, \cos\varphi = \frac{\alpha}{r}, \sin\varphi = \frac{\beta}{r}$	
$y_1(x) = r^x \cos x\varphi$ $y_2(x) = r^x \sin x\varphi$	$y_1(x) = e^{\alpha x}\cos x\varphi$ $y_2(x) = e^{\alpha x}\sin x\varphi$
Nullstellen λ_1, λ_2 $k-$fach, konjugiert komplex mit $\lambda_{1,2} = \alpha \pm i\beta$; $r = \sqrt{\alpha^2+\beta^2}, \cos\varphi = \frac{\alpha}{r}, \sin\varphi = \frac{\beta}{r}$	
$y_{1j}(x) = x^{j-1}r^x \cos x\varphi$ $y_{2j}(x) = x^{j-1}r^x \sin x\varphi$ $(j = 1, \ldots, k)$	$y_{1j}(x) = x^{j-1}e^{\alpha x}\cos x\varphi$ $y_{2j}(x) = x^{j-1}e^{\alpha x}\sin x\varphi$ $(j = 1, \ldots, k)$

Tabelle 25.1: *Spezielle Lösungen homogener linearer Differenzen- und Differentialgleichungen mit konstanten Koeffizienten*

Die allgemeine Lösung homogener linearer Differenzen- und Differentialgleichungen n-ter Ordnung mit konstanten Koeffizienten hat in allen Fällen die Form (Satz 25.4)

$$y(x) = c_1 y_1(x) + \ldots + c_n y_n(x)\,. \quad (\text{mit } c_1, \ldots, c_n \in \mathbb{R} \text{ beliebig})$$

Mit Hilfe von n Anfangsbedingungen

$$y(0), y(1), \ldots, y(n-1) \quad \text{bei Differenzengleichungen}$$
$$\text{bzw. } y(0), y'(0), \ldots, y^{(n-1)}(0) \quad \text{bei Differentialgleichungen}$$

kann man die Konstanten $c_1, \ldots, c_n$ festlegen.

25.3 Inhomogene lineare Differenzen- und Differentialgleichungen

Zunächst erweitern wir den für Differenzen- und Differentialgleichungen erster Ordnung bewiesenen Satz 24.7 auf höhere Ordnungen.

Satz 25.14

Gegeben sei die inhomogene lineare Differenzen- bzw. Differentialgleichung (Definition 25.1)

$$y(x+n) + a_{n-1}y(x+n-1) + \ldots + a_1 y(x+1) + a_0 y(x) = b(x)\,, \quad \text{(A)}$$

$$y^{(n)}(x) + a_{n-1}y^{(n-1)}(x) + \ldots + a_1 y'(x) + a_0 y(x) = b(x)\,. \quad \text{(B)}$$

Ferner sei $y_H(x)$ die allgemeine Lösung der homogenen Gleichung mit $b(x) = 0$

und $y_I(x)$ eine spezielle Lösung der inhomogenen Gleichung $b(x) \neq 0$.

Dann ist

$$y(x) = y_H(x) + y_I(x)$$

die allgemeine Lösung von (A) bzw. (B).

Der Beweis ergibt sich durch Einsetzen entsprechend zu Satz 24.7.

Nach Abschnitt 25.2 reicht es damit aus, spezielle Lösungen der inhomogenen Gleichung zu suchen.

Dazu diskutieren wir ein Verfahren, das den Funktionstyp von $b(x)$ einbezieht. Da der Term $b(x)$ gelegentlich auch als *Störglied* der vorliegenden Differenzen- bzw. Differentialgleichung angesehen wird, spricht man von einem *Störgliedansatz*.

Satz 25.15

Gegeben seien die Gleichungen der Form (A) bzw. (B) aus Satz 25.14.

Bleibt der Funktionstyp von $b(x)$ bei Differenzbildung bzw. beim Differenzieren erhalten (z. B. für Polynome, Exponentialfunktionen, trigonometrische Funktionen), so ist dies im Ansatz eines speziellen $y_I(x)$ zu berücksichtigen. Im Einzelnen gelten folgende Spezialfälle:

- Im Fall (A) und für $b(x) = ba^x$ wählt man für die inhomogene Lösung den Ansatz

$$y_I(x) = za^x$$

- Im Fall (B) und für $b(x) = be^{ax}$ wählt man den Ansatz

$$y_I(x) = ze^{ax}$$

- Für (A), (B) und $b(x) = b_1 \sin ax + b_2 \cos ax$ wählt man den Ansatz

$$y_I(x) = z_1 \sin ax + z_2 \cos ax$$

- Für (A), (B) und $b(x) = b_0 + b_1 x + \ldots + b_m x^m$ wählt man den Ansatz

$$y_I(x) = z_0 + z_1 x + \ldots + z_m x^m .$$

Dabei sind jeweils $a, b, b_0, b_1, \ldots, b_m$ gegeben, $z, z_0, z_1, \ldots, z_m$ unbekannt.

Je nach Ansatz berechnen wir

$$y_I(x+1),\ y_I(x+2),\ \ldots,\ y_I(x+n) \quad \text{bzw.}$$
$$y_I'(x),\ y_I''(x),\ \ldots,\ y_I^{(n)}(x)$$

und setzen in die jeweilige Gleichung ein. Dann stehen auf beiden Seiten der Gleichung Funktionen gleichen Typs. Mit Hilfe eines Koeffizientenvergleichs findet man entweder die gesuchten z-Werte oder man ersetzt den Ansatz $y_I(x)$ durch $xy_I(x)$ bzw. $xy_I(x)$ durch $x^2 y_I(x)$ usw.

Wir demonstrieren das Vorgehen exemplarisch.

Beispiel 25.16

Differenzengleichung:

$$y(x+2) - y(x+1) + y(x) = x2^x$$

Allgemeine homogene Lösung (Beispiel 25.8):

$$y_H(x) = c_1 \cos \frac{x\pi}{3} + c_2 \sin \frac{x\pi}{3}$$

Störgliedansatz (Satz 25.15):

$$\begin{aligned} y_I(x) &= (z_0 + z_1 x)2^x \\ y_I(x+1) &= (z_0 + z_1 x + z_1)2^{x+1} \\ y_I(x+2) &= (z_0 + z_1 x + 2z_1)2^{x+2} \end{aligned}$$

Differenzengleichung für $y_I(x)$:

$$y_I(x+2) - y_I(x+1) + y_I(x) = x2^x$$
$$(z_0 + z_1 x + 2z_1)2^x \cdot 4 - (z_0 + z_1 x + z_1)2^x \cdot 2 + (z_0 + z_1 x)2^x = x2^x$$

Koeffizientenvergleich:

$$\begin{aligned} 2^x &: 4z_0 + 8z_1 - 2z_0 - 2z_1 + z_0 = 0 \\ x2^x &: 4z_1 - 2z_1 + z_1 = 1 \\ &\Rightarrow\ z_0 = -\frac{2}{3},\ z_1 = \frac{1}{3} \end{aligned}$$

Spezielle Lösung der inhomogenen Differenzengleichung:

$$\begin{aligned} y_I(x) &= \left(-\frac{2}{3} + \frac{1}{3}x\right)2^x \\ &= \left(\frac{x}{3} - \frac{2}{3}\right)2^x \end{aligned}$$

Allgemeine Lösung der inhomogenen Differenzengleichung:

$$\begin{aligned} y(x) &= y_H(x) + y_I(x) \\ &= c_1 \cos \frac{x\pi}{3} + c_2 \sin \frac{x\pi}{3} + \left(\frac{x}{3} - \frac{2}{3}\right)2^x \end{aligned}$$

Beispiel 25.17

Differenzengleichung:

$$y(x+2) - \tfrac{1}{2}y(x+1) - \tfrac{1}{2}y(x) = \tfrac{3}{2}$$

Allgemeine homogene Lösung (Beispiel 25.6):

$$y_H(x) = c_1 + c_2\left(-\tfrac{1}{2}\right)^x$$

Störgliedansatz (Satz 25.15):

$$y_I(x) = z_0 = y_I(x+1) = y_I(x+2)$$

Differenzengleichung für $y_I(x)$:

$$\begin{aligned} &y_I(x+2) - \tfrac{1}{2}y_I(x+1) - \tfrac{1}{2}y_I(x) \\ &= z_0 - \tfrac{1}{2}z_0 - \tfrac{1}{2}z_0 \neq \tfrac{3}{2} \end{aligned}$$

Zweiter Störgliedansatz:

$$\begin{aligned} y_I(x) &= z_0 x \\ \Rightarrow y_I(x+1) &= z_0 x + z_0 \\ y_I(x+2) &= z_0 x + 2z_0 \end{aligned}$$

Differenzengleichung für $y_I(x)$:

$$z_0 x + 2z_0 - \tfrac{1}{2}(z_0 x + z_0) - \tfrac{1}{2}z_0 x = \tfrac{3}{2}$$

Koeffizientenvergleich:

$$\left.\begin{aligned} x^0: 2z_0 - \tfrac{1}{2}z_0 \quad &= \tfrac{3}{2} \\ x^1: z_0 - \tfrac{1}{2}z_0 - \tfrac{1}{2}z_0 &= 0 \end{aligned}\right\} \Rightarrow z_0 = 1$$

Spezielle Lösung der inhomogenen Differenzengleichung:

$$y_I(x) = x$$

Allgemeine Lösung der inhomogenen Differenzengleichung:

$$\begin{aligned} y(x) &= y_H(x) + y_I(x) \\ &= c_1 + c_2\left(-\tfrac{1}{2}\right)^x + x \end{aligned}$$

Im letzten Beispiel stellten wir fest, dass der erste Störgliedansatz $y_I(x) = z_0$ nicht zum Ziel führt. Man multipliziert dann in einem zweiten Versuch den ursprünglichen Ansatz mit x, also $y_I(x) = z_0 x$. Führt auch dieser Ansatz nicht zum Ziel, wählt man der Reihe nach $z_0 x^2$, $z_0 x^3, \ldots$, bis ein Koeffizientenvergleich durchführbar ist.

Beispiel 25.18

Differentialgleichung:

$$y''(x) - y(x) = \mathrm{e}^x \sin x$$

Charakteristische Gleichung:

$$\lambda^2 - 1 = 0 \Rightarrow \lambda_1 = 1,\ \lambda_2 = -1$$

Allgemeine homogene Lösung:

$$y_H(x) = c_1 \mathrm{e}^x + c_2 \mathrm{e}^{-x}$$

Störgliedansatz (Satz 25.15):

$$\begin{aligned} y_I(x) &= \mathrm{e}^x(z_1 \sin x + z_2 \cos x) \\ y_I'(x) &= \mathrm{e}^x(z_1 \sin x + z_2 \cos x) \\ &\quad + \mathrm{e}^x(z_1 \cos x - z_2 \sin x) \\ &= \mathrm{e}^x((z_1 - z_2)\sin x + (z_1 + z_2)\cos x) \\ y_I''(x) &= \mathrm{e}^x((z_1 - z_2)\sin x + (z_1 + z_2)\cos x) \\ &\quad + \mathrm{e}^x((z_1 - z_2)\cos x \\ &\quad - (z_1 + z_2)\sin x) \\ &= \mathrm{e}^x(2z_1 \cos x - 2z_2 \sin x) \end{aligned}$$

Differentialgleichung für $y_I(x)$:

$$\begin{aligned} & y_I''(x) - y_I(x) = \mathrm{e}^x \sin x \\ \Leftrightarrow\ & \mathrm{e}^x(2z_1 \cos x - 2z_2 \sin x) \\ & - \mathrm{e}^x(z_1 \sin x + z_2 \cos x) \\ & = \mathrm{e}^x \sin x \end{aligned}$$

Koeffizientenvergleich:

$$\begin{aligned} \mathrm{e}^x \sin x: -2z_2 - z_1 &= 1 \\ \mathrm{e}^x \cos x: -z_2 + 2z_1 &= 0 \\ \Rightarrow z_1 = -\tfrac{1}{5},\ z_2 &= -\tfrac{2}{5} \end{aligned}$$

Spezielle Lösung der inhomogenen Differentialgleichung:

$$y_I(x) = -\frac{1}{5}\mathrm{e}^x(\sin x + 2\cos x)$$

Allgemeine Lösung der inhomogenen Differentialgleichung:

$$\begin{aligned} y(x) &= y_H(x) + y_I(x) \\ &= c_1 \mathrm{e}^x + c_2 \mathrm{e}^{-x} - \tfrac{1}{5}\mathrm{e}^x(\sin x + 2\cos x) \end{aligned}$$

Beispiel 25.19

In Beispiel 25.2 hatten wir für das *Multiplikator-Akzelerator-Modell* von Samuelson die Differenzengleichung für das Volkseinkommen

$$Y(t) - (a + ab)Y(t-1) + abY(t-2) = S$$

mit dem Multiplikator a und dem Akzelerator b ermittelt. Die Konstante S bezeichnete die zeitunabhängigen Staatsausgaben. Mit

$$a = 0.5\,,\ b = 1\,,\ S = 20$$

erhalten wir nachfolgende Resultate.

Differenzengleichung:

$$Y(t+2) - Y(t+1) + \tfrac{1}{2}Y(t) = 20$$

Charakteristische Gleichung der homogenen Gleichung:

$$\begin{aligned} &\lambda^2 - \lambda + \tfrac{1}{2} = 0 \\ \Rightarrow\ &\lambda = -\tfrac{1}{2}\left(-1 \pm \sqrt{1-2}\right) \\ &\quad = \tfrac{1}{2}(1 \pm \mathrm{i}) \end{aligned}$$

Allgemeine homogene Lösung:

$$\begin{aligned} &Y_H(t) = c_1 r^t \cos t\varphi + c_2 r^t \sin t\varphi \\ &\text{mit } r = \sqrt{\tfrac{1}{4} + \tfrac{1}{4}} = \tfrac{1}{\sqrt{2}}\,, \\ &\cos\varphi = \tfrac{\sqrt{2}}{2}\,,\ \sin\varphi = \tfrac{\sqrt{2}}{2}\,, \\ &\text{also } \varphi = \tfrac{\pi}{4} \qquad \text{(Satz 25.5)} \\ \Rightarrow\ &Y_H(t) = c_1\left(\tfrac{1}{\sqrt{2}}\right)^t \cos\tfrac{t\pi}{4} \\ &\qquad + c_2\left(\tfrac{1}{\sqrt{2}}\right)^t \sin\tfrac{t\pi}{4} \end{aligned}$$

Störgliedansatz (Satz 25.15):

$$Y_I(t) = z_0 = Y_I(t+1) = Y_I(t+2)$$

Differenzengleichung für $Y_I(t)$:

$$\begin{aligned} &z_0 - z_0 + \tfrac{1}{2}z_0 = 20 \\ \Rightarrow\ &z_0 = 40 \end{aligned}$$

Spezielle inhomogene Lösung:

$$Y_I(t) = 40$$

Allgemeine Lösung der inhomogenen Differenzengleichung:

$$\begin{aligned} Y(t) &= Y_H(t) + Y_I(t) \\ &= c_1\left(\tfrac{1}{\sqrt{2}}\right)^t \cos\tfrac{t\pi}{4} \\ &\quad + c_2\left(\tfrac{1}{\sqrt{2}}\right)^t \sin\tfrac{t\pi}{4} + 40 \end{aligned}$$

Anfangsbedingungen:

$$\begin{aligned} &Y(0) = 36\,,\quad Y(1) = 32 \\ \Rightarrow\ &Y(0) = c_1 \cdot 1 + c_2 \cdot 0 + 40 = 36 \\ &\Rightarrow c_1 = -4 \\ &Y(1) = c_1 \tfrac{1}{\sqrt{2}}\tfrac{1}{\sqrt{2}} + c_2 \tfrac{1}{\sqrt{2}}\tfrac{1}{\sqrt{2}} + 40 = 32 \\ &\Rightarrow c_2 = -12 \end{aligned}$$

Spezielle Lösung:

$$Y(t) = \left(\tfrac{1}{\sqrt{2}}\right)^t \cdot \left(-4\cos\tfrac{t\pi}{4} - 12\sin\tfrac{t\pi}{4}\right) + 40$$

Wir erhalten den in Abbildung 25.7 dargestellten Verlauf.

Wegen der trigonometrischen Ausdrücke sowie des Terms

$$\left(\frac{1}{\sqrt{2}}\right)^t$$

ergibt sich eine Schwingung mit abnehmenden Amplituden und es gilt $Y(t) \to 40$ für $t \to \infty$.

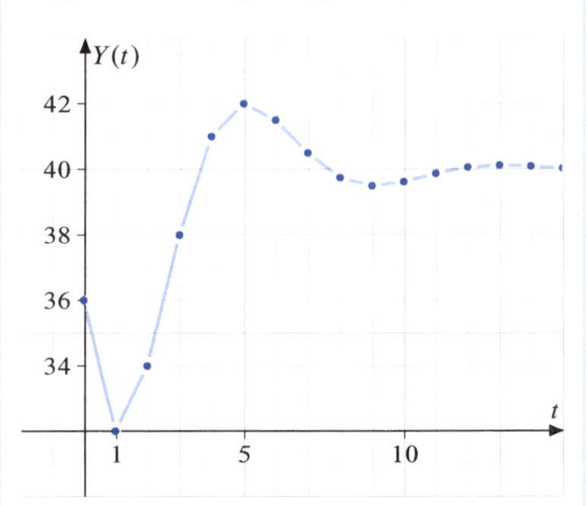

Abbildung 25.7: *Graph der Lösung von* $Y(t) - Y(t-1) + \frac{1}{2}Y(t) = 20$ *mit* $Y(0) = 36$, $Y(1) = 32$

Nehmen wir alternativ $a = 0.8$, $b = 2$ an, so ist die charakteristische Gleichung der homogenen Gleichung

$$\begin{aligned} &\lambda^2 - 2.4\lambda + 1.6 = 0 \\ &\Rightarrow \lambda = -\tfrac{1}{2}\left(-2.4 \pm \sqrt{5.76 - 6.4}\right) \\ &\quad = 1.2 \pm 0.4\mathrm{i}\,. \end{aligned}$$

Die allgemeine Lösung der homogenen Gleichung ist damit vom Typ

$$Y(t) = c_1 r^t \cos t\varphi + c_2 r^t \sin t\varphi$$

mit

$$r = \sqrt{1.2^2 + 0.4^2} = \sqrt{1.6}\,.$$

Wegen des Terms $r^t = (\sqrt{1.6})^t$ erhalten wir eine Schwingung mit zunehmenden Amplituden.

Beispiel 25.20

In Beispiel 25.3 trafen wir für das Angebot (x) bzw. die Nachfrage (y) die Annahmen

$$\begin{aligned} x(t) &= a_0 + a_1 p(t) + a_2 p'(t) + a_3 p''(t) \\ y(t) &= b_0 - b_1 p(t) - b_2 p'(t) - b_3 p''(t)\,. \end{aligned}$$

Daraus folgt im Marktgleichgewicht die Gleichung

$$\begin{aligned} &p''(t) + \frac{a_2 + b_2}{a_3 + b_3} p'(t) + \frac{a_1 + b_1}{a_3 + b_3} p(t) \\ &= \frac{b_0 - a_0}{a_3 + b_3}\,. \end{aligned}$$

Mit den Daten $a_0 = 20$, $b_0 = 40$, $a_1 = 0$, $b_1 = b_2 = b_3 = a_3 = 0.5$, $a_2 = 1$ erhalten wir nachfolgende Ergebnisse.

Differentialgleichung:

$$p''(t) + 1.5p'(t) + 0.5p(t) = 20$$

Charakteristische Gleichung der homogenen Differentialgleichung:

$$\begin{aligned} &\lambda^2 + 1.5\lambda + 0.5 = 0 \\ &\Rightarrow \lambda = -\frac{1}{2}\left(1.5 \pm \sqrt{2.25 - 2}\right) \\ &\Rightarrow \lambda_1 = -1,\ \lambda_2 = -0.5 \end{aligned}$$

Allgemeine homogene Lösung:

$$p(t) = c_1 \mathrm{e}^{-t} + c_2 \mathrm{e}^{-0.5t}$$

Störgliedansatz (Satz 25.15):

$$p_I(t) = z_0 \ \Rightarrow\ p_I'(t) = p_I''(t) = 0$$

Differentialgleichung für p_I:

$$0.5 z_0 = 20 \ \Rightarrow\ z_0 = p_I(t) = 40$$

Allgemeine Lösung der inhomogenen Differentialgleichung:

$$p(t) = c_1 \mathrm{e}^{-t} + c_2 \mathrm{e}^{-0.5t} + 40$$

Anfangsbedingungen:

$$\begin{aligned} &p(0) = 36 = c_1 + c_2 + 40 \\ &p'(0) = 4 = -c_1 - 0.5c_2 \\ &\Rightarrow c_1 = -4\,, c_2 = 0 \end{aligned}$$

Spezielle inhomogene Lösung:

$$p(t) = -4\mathrm{e}^{-t} + 40$$

Die Lösungsfunktion $p(t)$ wächst streng monoton und konkav, sie strebt für $t \to \infty$ gegen den Wert 40 (Abbildung 25.8).

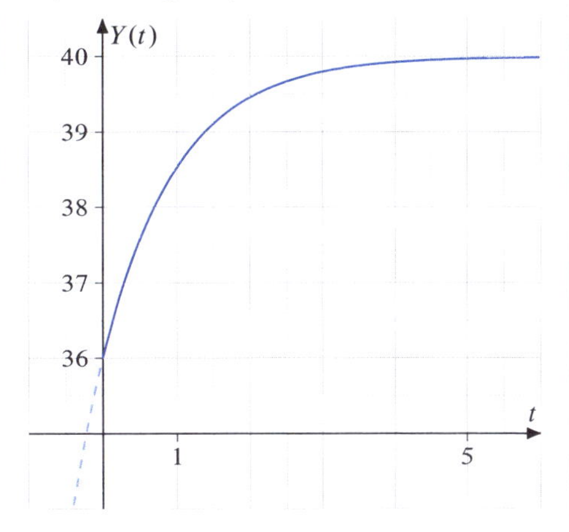

Abbildung 25.8: *Graph der Lösung von* $p'' + 1.5p' + 0.5p = 20$ *mit* $p(0) = 36,\ p'(0) = 4$

Abschließend betrachten wir noch je eine inhomogene Erweiterung der Beispiele 25.12, 25.13.

Beispiel 25.21

Differenzengleichung:

$$y(x+3) - 3y(x+1) - 2y(x) = 1$$

Allgemeine homogene Lösung (Beispiel 25.12):

$$y_H(x) = c_1 2^x + c_2(-1)^x + c_3 x(-1)^x$$

Störgliedansatz:

$$\begin{aligned} y_I(x) = z_0 &= y_I(x+1) \\ &= y_I(x+2) \\ &= y_I(x+3) \end{aligned}$$

Differenzengleichung für $y_I(x)$:

$$z_0 - 3z_0 - 2z_0 = 1 \quad \Rightarrow \quad z_0 = -\tfrac{1}{4}$$

Allgemeine Lösung der inhomogenen Differenzengleichung:

$$\begin{aligned} y(x) &= y_H(x) + y_I(x) \\ &= c_1 2^x + c_2(-1)^x + c_3 x(-1)^x - \frac{1}{4} \end{aligned}$$

Beispiel 25.22

Differentialgleichung:

$$y'''' + y''' - y'' + y' - 2y = x$$

Allgemeine homogene Lösung (Beispiel 25.13):

$$y_H(x) = c_1 \mathrm{e}^{-2x} + c_2 \mathrm{e}^x + c_3 \cos x + c_4 \sin x$$

Störgliedansatz:

$$\begin{aligned} y_I(x) &= z_0 + z_1 x\,, \\ y_I'(x) &= z_1\,, \\ y_I''(x) &= y_I'''(x) = y_I''''(x) = 0 \end{aligned}$$

Differentialgleichung für y_I:

$$z_1 - 2(z_0 + z_1 x) = x$$

Koeffizientenvergleich:

$$\begin{aligned} & x^0: z_1 - 2z_0 = 0 \\ & x^1: -2z_1 = 1 \\ & \Rightarrow z_0 = -\tfrac{1}{4},\ z_1 = -\tfrac{1}{2} \end{aligned}$$

Spezielle inhomogene Lösung:

$$y_I(x) = -\left(\tfrac{1}{4} + \tfrac{1}{2}x\right)$$

Allgemeine Lösung der inhomogenen Differentialgleichung:

$$\begin{aligned} y(x) &= y_H(x) + y_I(x) \\ &= c_1 \mathrm{e}^{-2x} + c_2 \mathrm{e}^x + c_3 \cos x \\ &\quad + c_4 \sin x - \left(\tfrac{1}{4} + \tfrac{1}{2}x\right) \end{aligned}$$

Relevante Literatur

Benker, Hans (2005). *Differentialgleichungen mit MATHCAD und MATLAB*. Springer, Kap. 6, 7

Forster, Otto (2013). *Analysis 2: Differentialrechnung im $\mathbb{R}^n$, gewöhnliche Differentialgleichungen*. 10. Aufl. Springer Spektrum, Kap. 14, 15

Heuser, Harro (2009). *Gewöhnliche Differentialgleichungen: Einführung in Lehre und Gebrauch*. 6. Aufl. Vieweg+Teubner, Kap. IV

Krause, Ulrich und Nesemann, Tim (2012). *Differenzengleichungen und diskrete dynamische Systeme. Eine Einführung in Theorie und Anwendungen*. 2. Aufl. De Gruyter, Kap. 3

Opitz, Otto u. a. (2014). *Mathematik: Übungsbuch für das Studium der Wirtschaftswissenschaften*. 8. Aufl. De Gruyter Oldenbourg, Kap. 23

Papula, Lothar (2017). *Mathematische Formelsammlung: Für Ingenieure und Naturwissenschaftler*. 12. Aufl. Springer Vieweg, Kap. X.3–5

Rommelfanger, Heinrich (2014). *Mathematik für Wirtschaftswissenschaftler Band 3: Differenzengleichungen – Differentialgleichungen – Wahrscheinlichkeitstheorie – Stochastische Prozesse*. Springer Spektrum, Kap. 3, 4, 8, 9

26

Differenzen- und Differentialgleichungssysteme erster Ordnung

In zahlreichen Anwendungen genügen mehrere Funktionen $y_1, \ldots, y_n$ einem System von Gleichungen, das einen Zusammenhang zwischen der unabhängigen Variablen x, sowie den gesuchten Funktionen $y_1, \ldots, y_n$ und ihren Ableitungen $y'_1, \ldots, y'_n$ bzw. einen Zusammenhang zwischen x und den gesuchten Funktionen $y_1, \ldots, y_n$ an den Stellen x und $x + 1$ beschreibt. Wir beschränken uns auf den Fall linearer Systeme erster Ordnung mit konstanten Koeffizienten.

Nach grundsätzlichen Überlegungen und Beispielen (Abschnitt 26.1) diskutieren wir auch hier die Lösung homogener und inhomogener Gleichungssysteme (Abschnitte 26.2, 26.3).

26.1 Grundlagen und Beispiele

Definition 26.1

Ein Gleichungssystem der Form

$$\begin{aligned} & y_1(x+1) \\ & = a_{11}y_1(x) + \ldots + a_{1n}y_n(x) + b_1(x), \\ & \quad \vdots \\ & y_n(x+1) \\ & = a_{n1}y_1(x) + \ldots + a_{nn}y_n(x) + b_n(x) \end{aligned}$$

oder in matrizieller Form

$$\boldsymbol{y}(x+1) = \boldsymbol{A} \cdot \boldsymbol{y}(x) + \boldsymbol{b}(x)$$

mit

$$\boldsymbol{A} = \begin{pmatrix} a_{11} & \ldots & a_{1n} \\ \vdots & & \vdots \\ a_{n1} & \ldots & a_{nn} \end{pmatrix},$$

$$\boldsymbol{b}(x) = \begin{pmatrix} b_1(x) \\ \vdots \\ b_n(x) \end{pmatrix}, \quad \boldsymbol{y}(x) = \begin{pmatrix} y_1(x) \\ \vdots \\ y_n(x) \end{pmatrix}$$

heißt *lineares Differenzengleichungssystem erster Ordnung mit konstanten Koeffizienten.*

Entsprechend bezeichnet man das Gleichungssystem

$$\begin{aligned} y'_1(x) &= a_{11}y_1(x) + \ldots + a_{1n}y_n(x) + b_1(x) \\ &\ \vdots \\ y'_n(x) &= a_{n1}y_1(x) + \ldots + a_{nn}y_n(x) + b_n(x) \end{aligned}$$

oder in matrizieller Form

$$\boldsymbol{y}'(x) = \boldsymbol{A} \cdot \boldsymbol{y}(x) + \boldsymbol{b}(x)$$

mit

$$\boldsymbol{y}'(x) = \begin{pmatrix} y'_1(x) \\ \vdots \\ y'_n(x) \end{pmatrix}$$

als *lineares Differentialgleichungssystem erster Ordnung* mit konstanten Koeffizienten.

Für $\boldsymbol{b}(x) = \boldsymbol{0}$ nennt man die Systeme *homogen*, andernfalls *inhomogen*. Ein Vektor $\boldsymbol{y}(x)$ von Funktionen, der das jeweilige System erfüllt, heißt *Lösung* oder *Lösungsfunktion*.

DOI: 10.1515/9783110475333-026

Beispiel 26.2

Auf einem Markt konkurrieren zwei Produkte A_1, A_2. Die Matrix

$$\boldsymbol{P} = \begin{pmatrix} p & 1-p \\ 1-q & q \end{pmatrix} \quad \text{mit } p, q \in (0,1)$$

beschreibe die durchschnittlichen anteiligen Kaufübergänge zwischen den Produkten in zwei aufeinander folgenden Zeitperioden t und $t+1$ (Beispiel 14.28, 17.13). Bezeichnen wir mit $y_i(t)$ $(i = 1,2)$ den Absatz des Produktes A_i in der Zeitperiode $t = 0, 1, 2, \ldots$, so wird die Absatzentwicklung beider Produkte durch das Differenzengleichungssystem

$$\begin{aligned} y_1(t+1) &= \quad p y_1(t) + (1-q) y_2(t), \\ y_2(t+1) &= (1-p) y_1(t) + \quad q y_2(t) \end{aligned}$$

wiedergegeben. Der Absatz für Produkt A_1 zum Zeitpunkt $t+1$ setzt sich additiv zusammen aus dem Anteil $p y_1(t)$ des Absatzes von A_1, der in der Folgeperiode $t+1$ gegenüber t für A_1 erhalten bleibt, und dem Anteil $(1-q)y_2(t)$ des Absatzes von A_2, der dem Produkt A_1 zu Ungunsten von Produkt A_2 zufließt. Entsprechend interpretiert man die zweite Gleichung. Nach geringfügiger Umformung erhalten wir

$$\begin{aligned} y_1(t+1) - y_1(t) &= -(1-p) y_1(t) \\ &\quad + (1-q) y_2(t), \\ y_2(t+1) - y_2(t) &= \quad (1-p) y_1(t) \\ &\quad - (1-q) y_2(t) \end{aligned}$$

und können nun das dazu passende differentielle Modell formulieren. Es hat die Form

$$\begin{aligned} y_1'(t) &= -(1-p) y_1(t) + (1-q) y_2(t), \\ y_2'(t) &= \quad (1-p) y_1(t) - (1-q) y_2(t). \end{aligned}$$

Die Absatzsteigerung $y_1(t+1) - y_1(t)$ bzw. $y_1'(t)$ für Produkt A_1 setzt sich zusammen aus dem Anteil $(1-q)y_2(t)$ des Absatzes von A_2, der auf A_1 übergeht, abzüglich des Anteils $(1-p)y_1(t)$ des Absatzes von A_1, der auf A_2 übergeht. Entsprechendes gilt für die zweite Gleichung.

Beispiel 26.3

In einer Volkswirtschaft sind drei produzierende Sektoren zu jedem Zeitpunkt t durch wertmäßige Lieferungen verbunden (Beispiel 18.19). Gilt für den Sektor i $(i = 1,2,3)$ zum Zeitpunkt t $(t = 0, 1, \ldots)$

$$y_i(t) = y_{i1}(t) + y_{i2}(t) + y_{i3}(t),$$

so wird der Gesamtoutput $y_i(t)$ von Sektor i additiv auf die drei Sektoren aufgeteilt. Wird ferner der wertmäßige Bedarf $y_{ij}(t+1)$ von Sektor j an Produkten von i im Zeitpunkt $t+1$ als lineare Funktion von $y_j(t)$ angenommen, so gilt ferner:

$$y_{ij}(t+1) = b_{ij} + a_{ij} y_j(t) \qquad (\text{i, j} = 1, 2, 3)$$

Dabei bedeutet

- b_{ij} den Bedarf von Sektor j an Produkten von i im Zeitpunkt $t+1$, wenn Sektor j im Zeitpunkt t nicht produziert hat,
- a_{ij} den zusätzlichen Bedarf von Sektor j an Produkten von i im Zeitpunkt $t+1$ für jede Einheit, die Sektor j im Zeitpunkt t produziert hat.

Für den Gesamtoutput $y_i(t+1)$ gilt dann:

$$\begin{aligned} y_i(t+1) &= b_{i1} + b_{i2} + b_{i3} \\ &\quad + a_{i1} y_1(t) + a_{i2} y_2(t) + a_{i3} y_3(t) \\ &\qquad (i = 1,2,3) \end{aligned}$$

Mit

$$\boldsymbol{y}(t) = \begin{pmatrix} y_1(t) \\ y_2(t) \\ y_3(t) \end{pmatrix}, \quad \boldsymbol{A} = \begin{pmatrix} a_{11} & a_{12} & a_{13} \\ a_{21} & a_{22} & a_{23} \\ a_{31} & a_{32} & a_{33} \end{pmatrix},$$

$$\boldsymbol{b} = \begin{pmatrix} b_{11} + b_{12} + b_{13} \\ b_{21} + b_{22} + b_{23} \\ b_{31} + b_{32} + b_{33} \end{pmatrix}$$

ergibt sich in Matrixform

$$\boldsymbol{y}(t+1) = \boldsymbol{A}\boldsymbol{y}(t) + \boldsymbol{b}$$

bzw.

$$\boldsymbol{y}(t+1) - \boldsymbol{y}(t) = (\boldsymbol{A} - \boldsymbol{E})\boldsymbol{y}(t) + \boldsymbol{b}.$$

Damit erhalten wir das entsprechende differentielle Modell

$$\boldsymbol{y}'(t) = (\boldsymbol{A} - \boldsymbol{E})\boldsymbol{y}(t) + \boldsymbol{b}.$$

26.2 Homogene lineare Differenzen- und Differentialgleichungssysteme

Entsprechend zu Abschnitt 25.2 (Satz 25.4, 25.5) analysieren wir zunächst die Struktur der allgemeinen Lösung homogener Systeme mit konstanten Koeffizienten und formulieren anschließend ein Lösungsverfahren für Systeme erster Ordnung.

Satz 26.4

$\boldsymbol{A}$ sei eine $n \times n$-Matrix. Das homogene lineare Differenzengleichungssystem

$$\boldsymbol{y}(x+1) = \boldsymbol{A}\boldsymbol{y}(x) \qquad \text{(C)}$$

bzw. das homogene lineare Differentialgleichungssystem

$$\boldsymbol{y}'(x) = \boldsymbol{A}\boldsymbol{y}(x) \qquad \text{(D)}$$

besitze jeweils spezielle Lösungen der Form $\boldsymbol{y}_1(x), \ldots, \boldsymbol{y}_n(x)$.

Bildet man in beiden Fällen die *Wronskimatrizen*

$$\boldsymbol{W} = (\boldsymbol{y}_1(0), \ldots, \boldsymbol{y}_n(0)) \qquad \text{für (C)}$$
$$\boldsymbol{W}(x) = (\boldsymbol{y}_1(x), \ldots, \boldsymbol{y}_n(x)), \qquad \text{für (D)}$$

so gilt $\det \boldsymbol{W} \neq 0$ bzw. $\det \boldsymbol{W}(x) \neq 0$ für alle x genau dann, wenn die entsprechenden Zeilen bzw. Spalten der Matrix linear unabhängig sind (Definition 16.20, Satz 19.14).

Dann sind auch die speziellen Lösungen

$$\boldsymbol{y}_1(x), \ldots, \boldsymbol{y}_n(x)$$

in beiden Fällen (C) und (D) linear unabhängig und die allgemeine Lösung hat in beiden Fällen die Form

$$\boldsymbol{y}(x) = c_1\,\boldsymbol{y}_1(x) + \ldots + c_n\,\boldsymbol{y}_n(x) \quad \text{mit } c_1, \ldots, c_n \in \mathbb{R} \text{ beliebig.}$$

Zum Beweis verweisen wir für den Fall (C) auf Krause und Nesemann (2012) Kap. 3 bzw. für den Fall (D) auf Heuser (2009) Kap. VII.46-52.

Satz 26.5

Gegeben sei das

homogene lineare Differenzengleichungssystem erster Ordnung

$$\boldsymbol{y}(x+1) = \boldsymbol{A}\boldsymbol{y}(x) \qquad \text{(C)}$$

sowie das

homogene lineare Differentialgleichungssystem erster Ordnung

$$\boldsymbol{y}'(x) = \boldsymbol{A}\boldsymbol{y}(x). \qquad \text{(D)}$$

Mit dem *Lösungsansatz*

$$\boldsymbol{y}(x) = \lambda^x \boldsymbol{d} \qquad \text{mit } \lambda \neq 0, \boldsymbol{d} \neq \boldsymbol{0} \text{ für (C)}$$
$$\text{bzw. } \boldsymbol{y}(x) = \mathrm{e}^{\lambda x}\boldsymbol{d} \qquad \text{mit } \boldsymbol{d} \neq \boldsymbol{0} \text{ für (D)}$$

ergibt sich das lineare Gleichungssystem

$$(\boldsymbol{A} - \lambda\boldsymbol{E})\boldsymbol{d} = \boldsymbol{0}, \; \boldsymbol{d} \neq \boldsymbol{0}$$

durch Einsetzen in (C) bzw. (D). Wir erhalten ein *Eigenwertproblem* der Matrix $\boldsymbol{A}$ (Definition 20.3) mit dem *Eigenwert* λ und dem *Eigenvektor* $\boldsymbol{d}$. Aus der *charakteristischen Gleichung* (Definition 20.8)

$$\det(\boldsymbol{A} - \lambda\boldsymbol{E}) = 0$$

ergeben sich n reelle bzw. komplexe Eigenwerte $\lambda_1, \ldots, \lambda_n$ (Abschnitt 3.4) und aus der Lösung der Gleichungssysteme

$$(\boldsymbol{A} - \lambda_\nu\boldsymbol{E})\boldsymbol{d}_\nu = \boldsymbol{0} \qquad (\nu = 1, \ldots, n)$$

anschließend n linear unabhängige Eigenvektoren (Satz 20.12), die ebenfalls reell oder komplex sind.

a) Für paarweise verschiedene reelle Eigenwerte erhalten wir n spezielle linear unabhängige Lösungen

$$\boldsymbol{y}_\nu(x) = \lambda_\nu^x \boldsymbol{d}_\nu \quad (\nu = 1, \ldots, n) \text{ für (C)}$$
$$\text{bzw. } \boldsymbol{y}_\nu(x) = \mathrm{e}^{\lambda_\nu x}\boldsymbol{d}_\nu \quad (\nu = 1, \ldots, n) \text{ für (D)},$$

die das jeweilige Ausgangssystem erfüllen.

b) Bei konjugiert komplexen Eigenwerten und Eigenvektoren können wir die Moivre-Formeln wie in Satz 25.5 c bzw. die Eulersche Formel (Satz 12.25) anwenden, also gilt

$$\begin{aligned} \boldsymbol{y}_\nu(x) &= (\alpha \pm i\beta)^x \boldsymbol{d}_\nu \\ &= r^x(\cos x\varphi \pm i \sin x\varphi)\, \boldsymbol{d}_\nu \\ &\qquad (\nu = 1,\dots,n) \text{ für (C)} \\ \text{bzw. } \boldsymbol{y}_\nu(x) &= \mathrm{e}^{(\alpha \pm i\beta)x} \boldsymbol{d}_\nu \\ &= \mathrm{e}^{\alpha x}(\cos \beta x \pm i \sin \beta x)\, \boldsymbol{d}_\nu \\ &\qquad (\nu = 1,\dots,n) \text{ für (D).} \end{aligned}$$

Da die Eigenvektoren $\boldsymbol{d}_1,\dots,\boldsymbol{d}_n$ bis auf eine multiplikative Konstante bestimmbar sind, hat die allgemeine Lösung in den Fällen a) und b) die Form

$$\boldsymbol{y}(x) = \boldsymbol{y}_1(x) + \dots + \boldsymbol{y}_n(x)\,.$$

c) Tritt mindestens ein Eigenwert mehrfach auf, so ist der Lösungsansatz zu modifizieren. Für den k-fachen Eigenwert

$$\lambda = \lambda_1 = \dots = \lambda_k$$

und die entsprechenden linear unabhängigen Eigenvektoren $\boldsymbol{d}_1,\dots,\boldsymbol{d}_k$ setzt man

$$\boldsymbol{y}(x) = \lambda^x(\boldsymbol{d}_1 + x\boldsymbol{d}_2 + \dots + x^{k-1}\boldsymbol{d}_k)$$

beziehungsweise

$$\boldsymbol{y}(x) = \mathrm{e}^{\lambda x}(\boldsymbol{d}_1 + x\boldsymbol{d}_2 + \dots + x^{k-1}\boldsymbol{d}_k)$$

und erhält damit spezielle Lösungen von (C) bzw. (D).

Führt man einen Koeffizientenvergleich für alle

$$x^0, x^1, \dots, x^{k-1}$$

durch, so ergibt sich ein Gleichungssystem mit $n \cdot k$ Gleichungen und den Unbekannten

$$\boldsymbol{d}_1,\dots,\boldsymbol{d}_k \in \mathbb{R}^n\,.$$

Daraus lassen sich die Vektoren $\boldsymbol{d}_1,\dots,\boldsymbol{d}_k$ eindeutig bis auf eine multiplikative Konstante bestimmen.

Schließlich erhält man auch hier die allgemeine Lösung des homogenen Systems aus der Summe aller speziellen Lösungen.

Für alle behandelten Fälle geben wir wieder Rechenbeispiele an.

Beispiel 26.6

Homogenes Differenzengleichungssystem:

$$\begin{aligned} y_1(x+1) &= 3y_1(x) + y_2(x) \\ y_2(x+1) &= -y_1(x) + y_2(x) \end{aligned}$$

Eigenwerte von $\boldsymbol{A}$:

$$\begin{aligned} \det\begin{pmatrix} 3-\lambda & 1 \\ -1 & 1-\lambda \end{pmatrix} &= (3-\lambda)(1-\lambda) + 1 \\ &= 4 - 4\lambda + \lambda^2 = 0 \end{aligned}$$

$$\Rightarrow \lambda_1 = \lambda_2 = 2$$

Lösungsansatz:

$$\begin{aligned} \boldsymbol{y}(x) &= \boldsymbol{d}_1 2^x + \boldsymbol{d}_2 x 2^x \\ &= \begin{pmatrix} d_{11} \\ d_{12} \end{pmatrix} 2^x + \begin{pmatrix} d_{21} \\ d_{22} \end{pmatrix} x 2^x \end{aligned}$$

Differenzengleichungssystem für $\boldsymbol{y}(x)$:

$$\begin{aligned} &\begin{pmatrix} d_{11} \\ d_{12} \end{pmatrix} 2^{x+1} + \begin{pmatrix} d_{21} \\ d_{22} \end{pmatrix} (x+1)\cdot 2^{x+1} \\ &= 2\cdot 2^x \left[\begin{pmatrix} d_{11} \\ d_{12} \end{pmatrix} + \begin{pmatrix} d_{21} \\ d_{22} \end{pmatrix} (x+1)\right] \\ &= \begin{pmatrix} 3 & 1 \\ -1 & 1 \end{pmatrix} \left[\begin{pmatrix} d_{11} \\ d_{12} \end{pmatrix} 2^x + \begin{pmatrix} d_{21} \\ d_{22} \end{pmatrix} x 2^x\right] \\ &= 2^x \left[\begin{pmatrix} 3 & 1 \\ -1 & 1 \end{pmatrix} \left[\begin{pmatrix} d_{11} \\ d_{12} \end{pmatrix} + \begin{pmatrix} d_{21} \\ d_{22} \end{pmatrix} x\right]\right] \end{aligned}$$

Koeffizientenvergleich:

- $x2^x$: $\left.\begin{aligned} 2d_{21} &= 3d_{21} + d_{22} \\ 2d_{22} &= -d_{21} + d_{22} \end{aligned}\right\}$

  $\Rightarrow d_{22} = -d_{21}$

- 2^x: $\left.\begin{aligned} 2(d_{11} + d_{21}) &= 3d_{11} + d_{12} \\ 2(d_{12} + d_{22}) &= -d_{11} + d_{12} \end{aligned}\right\}$

  $\Rightarrow \begin{cases} d_{12} = 2d_{21} - d_{11}, \\ \text{wegen } d_{22} = -d_{21} \end{cases}$

Allgemeine Lösung:

$$\begin{aligned} \boldsymbol{y}(x) &= \boldsymbol{d}_1 2^x + \boldsymbol{d}_2 x 2^x \\ &= \begin{pmatrix} d_{11} \\ 2d_{21} - d_{11} \end{pmatrix} 2^x + \begin{pmatrix} d_{21} \\ -d_{21} \end{pmatrix} x 2^x \end{aligned}$$

mit $d_{11}, d_{21} \in \mathbb{R}$ beliebig

Anfangsbedingungen beispielsweise:

$$\begin{cases} y_1(0) = 1 = d_{11} \\ y_2(0) = 3 = 2d_{21} - d_{11} \end{cases}$$

$$\Rightarrow d_{11} = 1, d_{21} = 2$$

Spezielle Lösung des Systems:

$$y(x) = \begin{pmatrix} 1 \\ 3 \end{pmatrix} 2^x + \begin{pmatrix} 2 \\ -2 \end{pmatrix} x2^x$$

Beispiel 26.7

Homogenes Differenzengleichungssystem:

$$\begin{aligned} y_1(x+1) &= \quad y_1(x) + y_2(x) \\ y_2(x+1) &= -y_1(x) \end{aligned}$$

Eigenwerte von $\boldsymbol{A}$:

$$\begin{aligned} &\det \begin{pmatrix} 1-\lambda & 1 \\ -1 & -\lambda \end{pmatrix} \\ &= -\lambda(1-\lambda) + 1 = 1 - \lambda + \lambda^2 = 0 \\ &\Rightarrow \lambda_{1,2} = \frac{1}{2} \pm \frac{\sqrt{3}}{2}\mathrm{i} \end{aligned}$$

Eigenvektoren:

$$\begin{pmatrix} \frac{1}{2} - \frac{\sqrt{3}}{2}\mathrm{i} & 1 \\ -1 & -\frac{1}{2} - \frac{\sqrt{3}}{2}\mathrm{i} \end{pmatrix} \begin{pmatrix} d_{11} \\ d_{12} \end{pmatrix} = \begin{pmatrix} 0 \\ 0 \end{pmatrix}$$

$$\Rightarrow \boldsymbol{d}_1 = d_{11} \begin{pmatrix} 1 \\ -\frac{1}{2} + \frac{\sqrt{3}}{2}\mathrm{i} \end{pmatrix}$$

$$\begin{pmatrix} \frac{1}{2} + \frac{\sqrt{3}}{2}\mathrm{i} & 1 \\ -1 & -\frac{1}{2} + \frac{\sqrt{3}}{2}\mathrm{i} \end{pmatrix} \begin{pmatrix} d_{21} \\ d_{22} \end{pmatrix} = \begin{pmatrix} 0 \\ 0 \end{pmatrix}$$

$$\Rightarrow \boldsymbol{d}_2 = d_{21} \begin{pmatrix} 1 \\ -\frac{1}{2} - \frac{\sqrt{3}}{2}\mathrm{i} \end{pmatrix}$$

Moivre-Formeln:

$$\begin{aligned} \lambda_1^x &= \left(\frac{1}{2} + \frac{\sqrt{3}}{2}\mathrm{i}\right)^x \\ &= 1 \cdot \left(\cos\frac{\pi}{3} + \mathrm{i}\sin\frac{\pi}{3}\right)^x \\ &= \cos\left(\frac{\pi}{3}x\right) + \mathrm{i}\sin\left(\frac{\pi}{3}x\right) \end{aligned}$$

Spezielle Lösung:

$$\begin{aligned} \boldsymbol{y}^1(x) &= \lambda_1^x \boldsymbol{d}_1 \\ &= \left(\cos\tfrac{x\pi}{3} + \mathrm{i}\sin\tfrac{x\pi}{3}\right) \begin{pmatrix} 1 \\ -\frac{1}{2} + \frac{\sqrt{3}}{2}\mathrm{i} \end{pmatrix} \cdot d_{11} \\ &= \begin{pmatrix} \cos\frac{x\pi}{3} + \mathrm{i}\sin\frac{x\pi}{3} \\ -\frac{1}{2}\cos\frac{x\pi}{3} - \frac{\sqrt{3}}{2}\sin\frac{x\pi}{3} \\ + \mathrm{i}\left(-\frac{1}{2}\sin\frac{x\pi}{3} + \frac{\sqrt{3}}{2}\cos\frac{x\pi}{3}\right) \end{pmatrix} \cdot d_{11} \end{aligned}$$

Allgemeine Lösung:

$$\begin{aligned} \boldsymbol{y}(x) = d_{11} &\begin{pmatrix} \cos\frac{x\pi}{3} \\ -\frac{1}{2}\cos\frac{x\pi}{3} - \frac{\sqrt{3}}{2}\sin\frac{x\pi}{3} \end{pmatrix} \\ + d_{21} &\begin{pmatrix} \sin\frac{x\pi}{3} \\ -\frac{1}{2}\sin\frac{x\pi}{3} + \frac{\sqrt{3}}{2}\cos\frac{x\pi}{3} \end{pmatrix} \end{aligned}$$

mit $d_{11}, d_{21} \in \mathbb{R}$ beliebig

Beispiel 26.8

Homogenes Differentialgleichungssystem:

$$\begin{aligned} y_1'(x) &= \qquad\qquad y_2(x) \\ y_2'(x) &= -5y_1(x) - 4y_2(x) \end{aligned}$$

Eigenwerte:

$$\begin{aligned} &\det \begin{pmatrix} 0-\lambda & 1 \\ -5 & -4-\lambda \end{pmatrix} \\ &= -\lambda(-4-\lambda) + 5 = 5 + 4\lambda + \lambda^2 = 0 \\ &\Rightarrow \lambda = -\frac{1}{2}\left(4 \pm \sqrt{16-20}\right) \\ &\Rightarrow \lambda_1 = -2 - \mathrm{i},\ \lambda_2 = -2 + \mathrm{i} \end{aligned}$$

Eigenvektoren:

$$\begin{pmatrix} 2+\mathrm{i} & 1 \\ -5 & -2+\mathrm{i} \end{pmatrix} \begin{pmatrix} d_{11} \\ d_{12} \end{pmatrix} = \begin{pmatrix} 0 \\ 0 \end{pmatrix}$$

$$\Rightarrow \boldsymbol{d}_1 = d_{11} \begin{pmatrix} 1 \\ -2-\mathrm{i} \end{pmatrix}$$

$$\begin{pmatrix} 2-\mathrm{i} & 1 \\ -5 & -2-\mathrm{i} \end{pmatrix} \begin{pmatrix} d_{21} \\ d_{22} \end{pmatrix} = \begin{pmatrix} 0 \\ 0 \end{pmatrix}$$

$$\Rightarrow \boldsymbol{d}_2 = d_{21} \begin{pmatrix} 1 \\ -2+\mathrm{i} \end{pmatrix}$$

Eulersche Formel:

$$\begin{aligned} e^{\lambda_1 x} &= e^{(-2-i)x} \\ &= e^{-2x}\,(\cos(-x) + i\sin(-x)) \\ &= e^{-2x}\,(\cos x - i\sin x) \end{aligned}$$

Spezielle Lösung:

$$\begin{aligned} \boldsymbol{y}^1(x) &= e^{\lambda_1 x}\boldsymbol{d}_1 \\ &= e^{-2x}(\cos x - i\sin x)\begin{pmatrix} 1 \\ -2-i \end{pmatrix} d_{11} \\ &= d_{11}e^{-2x}\begin{pmatrix} \cos x - i\sin x \\ \\ -2\cos x - \sin x \\ +i(2\sin x - \cos x) \end{pmatrix} \end{aligned}$$

Allgemeine Lösung:

$$\begin{aligned} \boldsymbol{y}(x) &= d_{11}e^{-2x}\begin{pmatrix} \cos x \\ -2\cos x - \sin x \end{pmatrix} \\ &\quad + d_{21}e^{-2x}\begin{pmatrix} -\sin x \\ 2\sin x - \cos x \end{pmatrix} \end{aligned}$$

mit $d_{11}, d_{21} \in \mathbb{R}$ beliebig

Anfangsbedingungen beispielsweise:

$$\left.\begin{aligned} y_1(0) &= 1 = d_{11} \\ y_2(0) &= 0 = -2d_{11} - d_{21} \end{aligned}\right\} \Rightarrow \begin{aligned} d_{11} &= 1 \\ d_{21} &= -2 \end{aligned}$$

Spezielle Lösung des Systems:

$$\begin{aligned} \boldsymbol{y}(x) &= e^{-2x}\begin{pmatrix} \cos x \\ -2\cos x - \sin x \end{pmatrix} \\ &\quad - 2e^{-2x}\begin{pmatrix} -\sin x \\ 2\sin x - \cos x \end{pmatrix} \end{aligned}$$

Beispiel 26.9

Homogenes Differentialgleichungssystem (Beispiel 26.6):

$$\begin{aligned} y_1'(x) &= 3y_1(x) + y_2(x) \\ y_2'(x) &= -y_1(x) + y_2(x) \end{aligned}$$

Eigenwerte:

$$\begin{aligned} &\det\begin{pmatrix} 3-\lambda & 1 \\ -1 & 1-\lambda \end{pmatrix} = (3-\lambda)(1-\lambda) + 1 \\ &= 4 - 4\lambda + \lambda^2 = (\lambda-2)^2 = 0 \\ &\Rightarrow \lambda_1 = \lambda_2 = 2 \end{aligned}$$

Lösungsansatz:

$$\begin{aligned} &\boldsymbol{y}(x) = \boldsymbol{d}_1 e^{2x} + \boldsymbol{d}_2 x e^{2x} \\ &\Rightarrow \boldsymbol{y}'(x) = 2\boldsymbol{d}_1 e^{2x} + \boldsymbol{d}_2 e^{2x} + 2\boldsymbol{d}_2 x e^{2x} \end{aligned}$$

Differentialgleichungssystem für $\boldsymbol{y}(x)$:

$$\begin{aligned} &2\begin{pmatrix} d_{11} \\ d_{12} \end{pmatrix} e^{2x} + (1+2x)\begin{pmatrix} d_{21} \\ d_{22} \end{pmatrix} e^{2x} \\ &= \left[2\begin{pmatrix} d_{11} \\ d_{12} \end{pmatrix} + (1+2x)\begin{pmatrix} d_{21} \\ d_{22} \end{pmatrix}\right] e^{2x} \\ &= \begin{pmatrix} 3 & 1 \\ -1 & 1 \end{pmatrix}\left[\begin{pmatrix} d_{11} \\ d_{12} \end{pmatrix} e^{2x} + \begin{pmatrix} d_{21} \\ d_{22} \end{pmatrix} x e^{2x}\right] \\ &= \begin{pmatrix} 3 & 1 \\ -1 & 1 \end{pmatrix}\left[\begin{pmatrix} d_{11} \\ d_{12} \end{pmatrix} + \begin{pmatrix} d_{21} \\ d_{22} \end{pmatrix} x\right] e^{2x} \end{aligned}$$

Koeffizientenvergleich:

- xe^{2x}: $\left.\begin{aligned} 2d_{21} &= 3d_{21} + d_{22} \\ 2d_{22} &= -d_{21} + d_{22} \end{aligned}\right\}$ $\Rightarrow d_{22} = -d_{21}$
- e^{2x}: $\left.\begin{aligned} 2d_{11} + d_{21} &= 3d_{11} + d_{12} \\ 2d_{12} + d_{22} &= -d_{11} + d_{12} \end{aligned}\right\}$ $\Rightarrow d_{12} = d_{21} - d_{11}$,

Allgemeine Lösung des Systems:

$$\begin{aligned} \boldsymbol{y}(x) &= \boldsymbol{d}_1 e^{2x} + \boldsymbol{d}_2 x e^{2x} \\ &= \begin{pmatrix} d_{11} \\ d_{21} - d_{11} \end{pmatrix} e^{2x} + \begin{pmatrix} d_{21} \\ -d_{21} \end{pmatrix} x e^{2x} \end{aligned}$$

mit $d_{11}, d_{21} \in \mathbb{R}$ beliebig

Beispiel 26.10

Wir behandeln nun nochmals die Aufgabenstellung von Beispiel 26.2 mit der Matrix

$$P = \begin{pmatrix} 0.8 & 0.2 \\ 0.5 & 0.5 \end{pmatrix}$$

und den Anfangsbedingungen

$$y_1(0) = 60\,, \; y_2(0) = 80\,.$$

Im Einzelnen erhalten wir damit nachfolgende Ergebnisse.

Differenzengleichungssystem:

$$\begin{aligned} y_1(t+1) &= 0.8y_1(t) + 0.5y_2(t) \\ y_2(t+1) &= 0.2y_1(t) + 0.5y_2(t) \end{aligned}$$

Eigenwerte:

$$\begin{aligned} &\det\begin{pmatrix} 0.8-\lambda & 0.5 \\ 0.2 & 0.5-\lambda \end{pmatrix} \\ &= (0.8-\lambda)(0.5-\lambda) - 0.1 \\ &= 0.3 - 1.3\lambda + \lambda^2 = 0 \\ &\Rightarrow \lambda_1 = 1\,, \; \lambda_2 = 0.3 \end{aligned}$$

Eigenvektoren:

$$\begin{pmatrix} -0.2 & 0.5 \\ 0.2 & -0.5 \end{pmatrix}\begin{pmatrix} d_{11} \\ d_{12} \end{pmatrix} = \begin{pmatrix} 0 \\ 0 \end{pmatrix}$$

$$\Rightarrow \boldsymbol{d}_1 = \begin{pmatrix} d_{11} \\ 0.4\,d_{11} \end{pmatrix}$$

$$\begin{pmatrix} 0.5 & 0.5 \\ 0.2 & 0.2 \end{pmatrix}\begin{pmatrix} d_{21} \\ d_{22} \end{pmatrix} = \begin{pmatrix} 0 \\ 0 \end{pmatrix}$$

$$\Rightarrow \boldsymbol{d}_2 = \begin{pmatrix} d_{21} \\ -d_{21} \end{pmatrix}$$

Allgemeine Lösung:

$$\begin{aligned} \boldsymbol{y}(t) &= 1^t\boldsymbol{d}_1 + 0.3^t\boldsymbol{d}_2 \\ &= d_{11}\begin{pmatrix} 1 \\ 0.4 \end{pmatrix} + d_{21}\,0.3^t\begin{pmatrix} 1 \\ -1 \end{pmatrix} \\ &\qquad \text{mit } d_{11}, d_{21} \in \mathbb{R} \text{ beliebig} \end{aligned}$$

Anfangsbedingungen:

$$\left.\begin{aligned} y_1(0) &= 60 = d_{11} + d_{21} \\ y_2(0) &= 80 = 0.4\,d_{11} - d_{21} \end{aligned}\right\}$$

$$\Rightarrow d_{11} = 100\,, \; d_{21} = -40$$

Spezielle Lösung:

$$\begin{aligned} y_1(t) &= 100 - 40 \cdot 0.3^t \\ y_2(t) &= 40 + 40 \cdot 0.3^t \end{aligned}$$

Wertetabelle:

t	0	1	2	$\to\infty$
$y_1(t)$	60	88	96.4	100
$y_2(t)$	80	52	43.6	40

Das Ergebnis erklärt sich aus der Übergangsmatrix $\boldsymbol{P}$. Obwohl die Ausgangssituation ($t = 0$) für Produkt 2 günstiger ist als für Produkt 1, verändert sich dies schon nach einer Periode. Die Absatzfunktionen nähern sich rasch ihren Grenzwerten

$$\lim_{t\to\infty} y_1(t) = 100\,, \; \lim_{t\to\infty} y_2(t) = 40\,.$$

Beispiel 26.11

Betrachten wir das entsprechende differentielle Modell, so erhalten wir bei Übernahme der gegebenen Daten ähnliche Resultate.

Differentialgleichungssystem:

$$\begin{aligned} y_1'(t) &= -0.2y_1(t) + 0.5y_2(t) \\ y_2'(t) &= 0.2y_1(t) - 0.5y_2(t) \end{aligned}$$

Eigenwerte:

$$\begin{aligned} &\begin{pmatrix} -0.2-\lambda & 0.5 \\ 0.2 & -0.5-\lambda \end{pmatrix} \\ &= (0.2+\lambda)(0.5+\lambda) - 0.1 = 0.7\lambda + \lambda^2 = 0 \\ &\Rightarrow \lambda_1 = 0\,, \; \lambda_2 = -0.7 \end{aligned}$$

Eigenvektoren:

$$\begin{pmatrix} -0.2 & 0.5 \\ 0.2 & -0.5 \end{pmatrix}\begin{pmatrix} d_{11} \\ d_{12} \end{pmatrix} = \begin{pmatrix} 0 \\ 0 \end{pmatrix}$$

$$\Rightarrow \boldsymbol{d}_1 = \begin{pmatrix} d_{11} \\ 0.4\,d_{11} \end{pmatrix}$$

$$\begin{pmatrix} 0.5 & 0.5 \\ 0.2 & 0.2 \end{pmatrix}\begin{pmatrix} d_{21} \\ d_{22} \end{pmatrix} = \begin{pmatrix} 0 \\ 0 \end{pmatrix}$$

$$\Rightarrow \boldsymbol{d}_2 = \begin{pmatrix} d_{21} \\ -d_{21} \end{pmatrix}$$

Allgemeine Lösung:

$$\begin{aligned} \boldsymbol{y}(t) &= \mathrm{e}^{0}\boldsymbol{d}_1 + \mathrm{e}^{-0.7t}\boldsymbol{d}_2 \\ &= d_{11}\begin{pmatrix}1\\0.4\end{pmatrix} + d_{21}\begin{pmatrix}1\\-1\end{pmatrix}\mathrm{e}^{-0.7t} \\ &\qquad \text{mit } d_{11},\ d_{21} \in \mathbb{R} \text{ beliebig} \end{aligned}$$

Anfangsbedingungen:

$$\left.\begin{aligned} y_1(0) &= 60 = d_{11} + d_{21} \\ y_2(0) &= 80 = 0.4\,d_{11} - d_{21} \end{aligned}\right\}$$

$$\Rightarrow d_{11} = 100\,,\ d_{21} = -40$$

Spezielle Lösung:

$$y_1(t) = 100 - 40 \cdot \mathrm{e}^{-0.7t}$$

$$y_2(t) = 40 + 40 \cdot \mathrm{e}^{-0.7t}$$

Wertetabelle:

t	0	1	2	$\to \infty$
$y_1(t)$	60	80.1	90.1	100
$y_2(t)$	80	59.9	49.9	40

Die Lösung des Differenzenmodells (Beispiel 26.10) konvergiert schneller gegen die Werte 100 bzw. 40 als die Lösung des Differentialmodells. Dies ist damit zu begründen, dass im ersten Fall die Zeit diskret, im zweiten Fall kontinuierlich betrachtet wird.

26.3 Inhomogene lineare Differenzen- und Differentialgleichungssysteme

Entsprechend zu Abschnitt 25.3 erweitern wir den für Differenzen- und Differentialgleichungen erster Ordnung bewiesenen Satz 24.7 auf Differenzen- und Differentialgleichungssysteme erster Ordnung.

Satz 26.12

Gegeben sei das inhomogene lineare Differenzen- und Differentialgleichungssystem (Definition 26.1)

$$\boldsymbol{y}(x+1) = \boldsymbol{A}\boldsymbol{y}(x) + \boldsymbol{b}(x)\,, \qquad \text{(C)}$$

$$\boldsymbol{y}'(x) = \boldsymbol{A}\boldsymbol{y}(x) + \boldsymbol{b}(x)\,. \qquad \text{(D)}$$

Ferner sei $\boldsymbol{y}_H(x)$ die allgemeine Lösung des homogenen Systems ($\boldsymbol{b}(x) = \boldsymbol{o}$) und $\boldsymbol{y}_I(x)$ eine spezielle Lösung des inhomogenen Systems ($\boldsymbol{b}(x) \neq \boldsymbol{o}$). Die allgemeine Lösung von (C) und (D) ist dann

$$\boldsymbol{y}(x) = \boldsymbol{y}_H(x) + \boldsymbol{y}_I(x)\,.$$

Der Beweis ergibt sich durch Einsetzen entsprechend zu Satz 24.7.

Nach Abschnitt 25.3 reicht es auch hier aus, eine spezielle Lösung des inhomogenen Systems zu suchen. Dazu modifizieren wir den Störgliedansatz 25.15 für Differenzen- und Differentialgleichungen höherer Ordnung geringfügig.

Satz 26.13

Gegeben seien die Systeme der Form (C) und (D) aus Satz 26.12. Ferner unterstellen wir für jede Komponente des Störvektors $\boldsymbol{b}(x)$ eine der Formen aus Satz 25.15.

Verknüpft man alle vorkommenden Komponenten von $\boldsymbol{b}(x)$ additiv, so erhält man daraus den Ansatz für jede Komponente der inhomogenen Lösung $\boldsymbol{y}_I(x)$ nach Satz 25.15.

Je nach Ansatz berechnet man $\boldsymbol{y}_I(x+1)$ im Fall (C) bzw. $\boldsymbol{y}_I'(x)$ im Fall (D), setzt in das entsprechende System ein und führt einen Koeffizientenvergleich durch.

Beispiel 26.14

Inhomogenes Differenzengleichungssystem:

$$\begin{aligned} y_1(x+1) &= y_1(x) + 2y_2(x) + 4 \\ y_2(x+1) &= 3y_1(x) + 2y_2(x) + 2^x \end{aligned}$$

Eigenwerte von $\boldsymbol{A}$:

$$\det\begin{pmatrix}1-\lambda & 2\\ 3 & 2-\lambda\end{pmatrix} = (1-\lambda)(2-\lambda) - 6$$

$$= -4 - 3\lambda + \lambda^2 = 0$$

$$\Rightarrow \lambda_1 = -1,\ \lambda_2 = 4$$

Eigenvektoren:

$$\begin{pmatrix}2 & 2\\3 & 3\end{pmatrix}\begin{pmatrix}d_{11}\\d_{12}\end{pmatrix}=\begin{pmatrix}0\\0\end{pmatrix}\Rightarrow \boldsymbol{d}_1=\begin{pmatrix}d_{11}\\-d_{11}\end{pmatrix}$$

$$\begin{pmatrix}-3 & 2\\3 & -2\end{pmatrix}\begin{pmatrix}d_{21}\\d_{22}\end{pmatrix}=\begin{pmatrix}0\\0\end{pmatrix}\Rightarrow \boldsymbol{d}_2=\begin{pmatrix}d_{21}\\\frac{3}{2}d_{21}\end{pmatrix}$$

Allgemeine Lösung des homogenen Systems:

$$\begin{aligned}\boldsymbol{y}_H(x)&=\boldsymbol{d}_1(-1)^x+\boldsymbol{d}_2\cdot 4^x\\&=d_{11}\begin{pmatrix}1\\-1\end{pmatrix}(-1)^x+d_{21}\begin{pmatrix}1\\\frac{3}{2}\end{pmatrix}4^x\end{aligned}$$

mit $d_{11}, d_{21}\in\mathbb{R}$ beliebig

Störgliedansatz unter Berücksichtigung beider Störterme $4, 2^x$ (Satz 26.13):

$$\boldsymbol{y}_I(x)=\begin{pmatrix}z_{10}+z_{11}2^x\\z_{20}+z_{21}2^x\end{pmatrix}$$

$$\Rightarrow \boldsymbol{y}_I(x+1)=\begin{pmatrix}z_{10}+z_{11}2^{x+1}\\z_{20}+z_{21}2^{x+1}\end{pmatrix}$$

Differenzengleichungssystem für $\boldsymbol{y}_I(x)$:

$$\begin{pmatrix}z_{10}+z_{11}2^{x+1}\\z_{20}+z_{21}2^{x+1}\end{pmatrix}=\begin{pmatrix}z_{10}+z_{11}2^x+2(z_{20}+z_{21}2^x)+4\\3(z_{10}+z_{11}2^x)+2(z_{20}+z_{21}2^x)+2^x\end{pmatrix}$$

Koeffizientenvergleich:

- x^0: $\left.\begin{aligned}z_{10}&=z_{10}+2z_{20}+4\\z_{20}&=3z_{10}+2z_{20}\end{aligned}\right\}$
  $\Rightarrow z_{20}=-2, z_{10}=\frac{2}{3}$
- 2^x: $\left.\begin{aligned}2z_{11}&=z_{11}+2z_{21}\\2z_{21}&=3z_{11}+2z_{21}+1\end{aligned}\right\}$
  $\Rightarrow z_{11}=-\frac{1}{3}, z_{21}=-\frac{1}{6}$

Spezielle Lösung des inhomogenen Systems:

$$\boldsymbol{y}_I(x)=\begin{pmatrix}\frac{2}{3}-\frac{1}{3}\cdot 2^x\\-2-\frac{1}{6}\cdot 2^x\end{pmatrix}$$

Allgemeine Lösung des inhomogenen Systems:

$$\begin{aligned}\boldsymbol{y}(x)&=\boldsymbol{y}_H(x)+\boldsymbol{y}_I(x)\\&=c_1\begin{pmatrix}1\\-1\end{pmatrix}(-1)^x+c_2\begin{pmatrix}1\\\frac{3}{2}\end{pmatrix}4^x\\&\quad+\begin{pmatrix}\frac{2}{3}-\frac{1}{3}\cdot 2^x\\-2-\frac{1}{6}\cdot 2^x\end{pmatrix}\end{aligned}$$

Beispiel 26.15

Differentialgleichungssystem:

$$\begin{aligned}y_1'(x)&=y_1(x)+y_2(x)-4e^x\\y_2'(x)&=4y_1(x)-2y_2(x)+6x-1\end{aligned}$$

Eigenwerte von $\boldsymbol{A}$:

$$\det\begin{pmatrix}1-\lambda & 1\\4 & -2-\lambda\end{pmatrix}=(1-\lambda)(-2-\lambda)-4$$

$$=-6+\lambda+\lambda^2=0\quad\Rightarrow\lambda_1=2,\ \lambda_2=-3$$

Eigenvektoren:

$$\begin{pmatrix}-1 & 1\\4 & -4\end{pmatrix}\begin{pmatrix}d_{11}\\d_{12}\end{pmatrix}=\begin{pmatrix}0\\0\end{pmatrix}\Rightarrow \boldsymbol{d}_1=\begin{pmatrix}d_{11}\\d_{11}\end{pmatrix}$$

$$\begin{pmatrix}4 & 1\\4 & 1\end{pmatrix}\begin{pmatrix}d_{21}\\d_{22}\end{pmatrix}=\begin{pmatrix}0\\0\end{pmatrix}\Rightarrow \boldsymbol{d}_2=\begin{pmatrix}d_{21}\\-4d_{21}\end{pmatrix}$$

Allgemeine Lösung des homogenen Systems:

$$\begin{aligned}\boldsymbol{y}_H(x)&=\boldsymbol{d}_1e^{2x}+\boldsymbol{d}_2e^{-3x}\\&=d_{11}\begin{pmatrix}1\\1\end{pmatrix}e^{2x}+d_{21}\begin{pmatrix}1\\-4\end{pmatrix}e^{-3x}\end{aligned}$$

mit $d_{11}, d_{21}\in\mathbb{R}$ beliebig

Störgliedansatz unter Berücksichtigung beider Störterme $4e^x$, $6x-1$ (Satz 26.13):

$$\boldsymbol{y}_I(x)=\begin{pmatrix}z_{10}+z_{11}x+z_{12}e^x\\z_{20}+z_{21}x+z_{22}e^x\end{pmatrix}$$

$$\Rightarrow \boldsymbol{y}_I'(x)=\begin{pmatrix}z_{11}+z_{12}e^x\\z_{21}+z_{22}e^x\end{pmatrix}$$

Differentialgleichungssystem für $\boldsymbol{y}_I(x)$:

$$\begin{pmatrix}z_{11}+z_{12}e^x\\z_{21}+z_{22}e^x\end{pmatrix}=\begin{pmatrix}z_{10}+z_{20}+(z_{11}+z_{21})x\\+(z_{12}+z_{22})e^x-4e^x\\4z_{10}-2z_{20}+(4z_{11}-2z_{21})x\\+(4z_{12}-2z_{22})e^x+6x-1\end{pmatrix}$$

Koeffizientenvergleich:

- e^x: $\left.\begin{aligned}z_{12}&=z_{12}+z_{22}-4\\z_{22}&=4z_{12}-2z_{22}\end{aligned}\right\}\Rightarrow\left\{\begin{aligned}z_{22}&=4,\\z_{12}&=3\end{aligned}\right.$
- x^1: $\left.\begin{aligned}0&=z_{11}+z_{21}\\0&=4z_{11}-2z_{21}+6\end{aligned}\right\}\Rightarrow\left\{\begin{aligned}z_{11}&=-1,\\z_{21}&=1\end{aligned}\right.$
- x^0: $\left.\begin{aligned}z_{11}&=z_{10}+z_{20}\\z_{21}&=4z_{10}-2z_{20}-1\end{aligned}\right\}\Rightarrow\left\{\begin{aligned}z_{10}&=0,\\z_{20}&=-1\end{aligned}\right.$

Spezielle Lösung des inhomogenen Systems:

$$\boldsymbol{y}_I(x) = \begin{pmatrix} -x + 3e^x \\ -1 + x + 4e^x \end{pmatrix}$$

Allgemeine Lösung des inhomogenen Systems:

$$\begin{aligned} \boldsymbol{y}(x) &= \boldsymbol{y}_H(x) + \boldsymbol{y}_I(x) \\ &= c_1 \begin{pmatrix} 1 \\ 1 \end{pmatrix} e^{2x} + c_2 \begin{pmatrix} 1 \\ -4 \end{pmatrix} e^{-3x} \\ &\quad + \begin{pmatrix} -x + 3\,e^x \\ -1 + x + 4\,e^x \end{pmatrix} \end{aligned}$$

Beispiel 26.16

Wir behandeln nochmals die Aufgabenstellung von Beispiel 26.3 mit der Matrix $\boldsymbol{A}$ und dem Endverbrauch $\boldsymbol{b}(t)$ mit

$$\boldsymbol{A} = \begin{pmatrix} 0.3 & 0.2 & 0.1 \\ 0 & 0.3 & 0.2 \\ 0 & 0 & 0.5 \end{pmatrix}, \ \boldsymbol{b}(t) = \begin{pmatrix} 1 \\ 0.3 \\ 1 \end{pmatrix}$$

und den Anfangsbedingungen

$$y_1(0) = y_2(0) = y_3(0) = 0\,.$$

Differenzengleichungssystem:

$$\begin{aligned} y_1(t+1) &= 0.3y_1(t) + 0.2y_2(t) \\ &\quad + 0.1y_3(t) + 1 \\ y_2(t+1) &= 0.3y_2(t) + 0.2y_3(t) + 0.3 \\ y_3(t+1) &= 0.5y_3(t) \ + 1 \end{aligned}$$

Eigenwerte von $\boldsymbol{A}$:

$$\begin{aligned} &\det \begin{pmatrix} 0.3-\lambda & 0.2 & 0.1 \\ 0 & 0.3-\lambda & 0.2 \\ 0 & 0 & 0.5-\lambda \end{pmatrix} \\ &= (0.3-\lambda)^2(0.5-\lambda) = 0 \\ &\Rightarrow \lambda_1 = 0.5,\ \lambda_2 = \lambda_3 = 0.3 \end{aligned}$$

Eigenvektor zu $\lambda_1 = 0.5$:

$$\begin{pmatrix} -0.2 & 0.2 & 0.1 \\ 0 & -0.2 & 0.2 \\ 0 & 0 & 0 \end{pmatrix} \begin{pmatrix} d_{11} \\ d_{12} \\ d_{13} \end{pmatrix} = \boldsymbol{o}$$

$$\Rightarrow \boldsymbol{d}_1 = \begin{pmatrix} \frac{3}{2}d_{13} \\ d_{13} \\ d_{13} \end{pmatrix}$$

Neuer Lösungsansatz für $\lambda_2 = \lambda_3 = 0.3$:

$$\begin{aligned} \boldsymbol{y}(t) &= 0.3^t\boldsymbol{d}_2 + 0.3^t t\boldsymbol{d}_3 \\ \Rightarrow \boldsymbol{y}(t+1) &= 0.3 \cdot 0.3^t\boldsymbol{d}_2 \\ &\quad + 0.3 \cdot 0.3^t(t+1)\boldsymbol{d}_3 \end{aligned}$$

Differenzengleichungssystem für $\boldsymbol{y}(t)$:

$$\begin{aligned} \boldsymbol{y}(t+1) &= 0.3 \cdot 0.3^t \begin{pmatrix} d_{21} \\ d_{22} \\ d_{23} \end{pmatrix} \\ &\quad + 0.3 \cdot 0.3^t(t+1) \begin{pmatrix} d_{31} \\ d_{32} \\ d_{33} \end{pmatrix} \\ &= \begin{pmatrix} 0.3 & 0.2 & 0.1 \\ 0 & 0.3 & 0.2 \\ 0 & 0 & 0.5 \end{pmatrix} \left(\begin{pmatrix} d_{21} \\ d_{22} \\ d_{23} \end{pmatrix} \right. \\ &\quad \left. + t \cdot \begin{pmatrix} d_{31} \\ d_{32} \\ d_{33} \end{pmatrix} \right) \cdot 0.3^t \end{aligned}$$

Koeffizientenvergleich:

- $0.3^t t$:

$$\left.\begin{aligned} 0.3d_{31} &= 0.3d_{31} + 0.2d_{32} + 0.1d_{33} \\ 0.3d_{32} &= 0.3d_{32} + 0.2d_{33} \\ 0.3d_{33} &= 0.5d_{33} \end{aligned}\right\}$$

$$\Rightarrow d_{33} = 0\,, d_{32} = 0\,, d_{31} \in \mathbb{R}$$

- 0.3^t:

$$\left.\begin{aligned} 0.3d_{21} + 0.3d_{31} &= 0.3d_{21} + 0.2d_{22} + 0.1d_{23} \\ 0.3d_{22} + 0.3d_{32} &= 0.3d_{22} + 0.2d_{23} \\ 0.3d_{23} + 0.3d_{33} &= 0.5d_{23} \end{aligned}\right\}$$

$$\Rightarrow d_{23} = 0\,, d_{22} = \tfrac{3}{2}d_{31}\,, d_{21} \in \mathbb{R}$$

Allgemeine Lösung des homogenen Systems:

$$y_H(t) = 0.5^t \boldsymbol{d}_1 + 0.3^t \boldsymbol{d}_2 + 0.3^t t \boldsymbol{d}_3 = 0.5^t \begin{pmatrix} \frac{3}{2}d_{13} \\ d_{13} \\ d_{13} \end{pmatrix} + 0.3^t \begin{pmatrix} d_{21} \\ \frac{3}{2}d_{31} \\ 0 \end{pmatrix} + 0.3^t t \begin{pmatrix} d_{31} \\ 0 \\ 0 \end{pmatrix}$$

Störgliedansatz:

$$y_I(t) = \begin{pmatrix} z_{10} \\ z_{20} \\ z_{30} \end{pmatrix}$$

Differenzengleichungssystem für $\boldsymbol{y}_I(t)$:

$$\boldsymbol{y}_I(t+1) = \begin{pmatrix} z_{10} \\ z_{20} \\ z_{30} \end{pmatrix} = \boldsymbol{A}\boldsymbol{y}_I(t) + \boldsymbol{b}(t) = \begin{pmatrix} 0.3 & 0.2 & 0.1 \\ 0 & 0.3 & 0.2 \\ 0 & 0 & 0.5 \end{pmatrix} \begin{pmatrix} z_{10} \\ z_{20} \\ z_{30} \end{pmatrix} + \begin{pmatrix} 1 \\ 0.3 \\ 1 \end{pmatrix}$$

$$\Rightarrow z_{30} = 2,\ z_{20} = 1,\ z_{10} = 2$$

Spezielle Lösung des inhomogenen Systems:

$$\boldsymbol{y}_I(t) = \begin{pmatrix} 2 \\ 1 \\ 2 \end{pmatrix}$$

Allgemeine Lösung des inhomogenen Systems:

$$\boldsymbol{y}(t) = \boldsymbol{y}_H(t) + \boldsymbol{y}_I(t) = 0.5^t \begin{pmatrix} \frac{3}{2}d_{13} \\ d_{13} \\ d_{13} \end{pmatrix} + 0.3^t \begin{pmatrix} d_{21} \\ \frac{3}{2}d_{31} \\ 0 \end{pmatrix} + 0.3^t t \begin{pmatrix} d_{31} \\ 0 \\ 0 \end{pmatrix} + \begin{pmatrix} 2 \\ 1 \\ 2 \end{pmatrix}$$

Anfangsbedingungen:

$$\left.\begin{aligned} y_1(0) &= 0 = \tfrac{3}{2}d_{13} + d_{21} + 2 \\ y_2(0) &= 0 = d_{13} + \tfrac{3}{2}d_{31} + 1 \\ y_3(0) &= 0 = d_{13} + 2 \end{aligned}\right\}$$

$$\Rightarrow d_{13} = -2,\ d_{31} = \tfrac{2}{3},\ d_{21} = 1$$

Spezielle Lösung des inhomogenen Systems:

$$\boldsymbol{y}(t) = 0.5^t \begin{pmatrix} -3 \\ -2 \\ -2 \end{pmatrix} + 0.3^t \begin{pmatrix} 1 \\ 1 \\ 0 \end{pmatrix} + 0.3^t t \begin{pmatrix} 2/3 \\ 0 \\ 0 \end{pmatrix} + \begin{pmatrix} 2 \\ 1 \\ 2 \end{pmatrix}$$

Wertetabelle:

t	0	1	2	$\to \infty$
$y_1(t)$	0	1	1.46	2
$y_2(t)$	0	0.3	0.59	1
$y_3(t)$	0	1	1.50	2

Bedingt durch den gegebenen Endverbrauch wächst die Produktion streng monoton mit

$$\lim_{t\to\infty} y_1(t) = 2, \qquad \lim_{t\to\infty} y_2(t) = 1, \qquad \lim_{t\to\infty} y_3(t) = 2.$$

Beispiel 26.17

Zur Lösung des entsprechenden differentiellen Modells wählen wir einen anderen Weg. Da mit dem Differenzengleichungssystem auch das korrespondierende Differentialgleichungssystem:

$$\begin{aligned} y_1'(t) &= -0.7y_1(t) + 0.2y_2(t) + 0.1y_3(t) + 1 \\ y_2'(t) &= \quad - 0.7y_2(t) + 0.2y_3(t) + 0.3 \\ y_3'(t) &= \quad - 0.5y_3(t) + 1 \end{aligned}$$

Dreiecksgestalt besitzt, kann man die drei Gleichungen auch sukzessive lösen.

Man beginnt mit der dritten Gleichung, setzt die Lösungen in die zweite Gleichung und deren Lösung in die erste Gleichung ein. Damit hat man drei separate lineare Differenzen- bzw. Differentialgleichungen erster Ordnung mit konstanten Koeffizienten.

Wir erhalten nach Satz 24.16 bzw. Tabelle 24.1:

$$y_3'(t) = -0.5y_3(t) + 1$$
$$y_3(t) = 2 + (y_3(0) - 2)\mathrm{e}^{-0.5t}$$
$$= 2\left(1 - \mathrm{e}^{-0.5t}\right) \qquad \text{für } y_3(0) = 0$$
$$y_2'(t) = -0.7y_2(t) + 0.4\left(1 - \mathrm{e}^{-0.5t}\right) + 0.3$$

$$y_2(t)$$
$$= \mathrm{e}^{-0.7t}\left(c_1 + \int \left(0.7 - 0.4\mathrm{e}^{-0.5t}\right)\mathrm{e}^{0.7t}\,\mathrm{d}t\right)$$
$$= \mathrm{e}^{-0.7t}\left(c_1 + \int \left(0.7\mathrm{e}^{0.7t} - 0.4\mathrm{e}^{0.2t}\right)\mathrm{d}t\right)$$
$$= c_1\mathrm{e}^{-0.7t} + 1 - 2\mathrm{e}^{-0.5t}$$

Mit $y_2(0) = c_1 + 1 - 2 = 0$ bzw. $c_1 = 1$ folgt

$$y_2(t) = 1 - 2\mathrm{e}^{-0.5t} + \mathrm{e}^{-0.7t}\,.$$

$$y_1'(t)$$
$$= -0.7y_1(t) + 0.2\left(1 + \mathrm{e}^{-0.7t} - 2\mathrm{e}^{-0.5t}\right)$$
$$+ 0.1 \cdot 2\left(1 - \mathrm{e}^{-0.5t}\right) + 1$$
$$= -0.7y_1(t) + 0.2\mathrm{e}^{-0.7t} - 0.6\mathrm{e}^{-0.5t} + 1.4$$

$$y_1(t)$$
$$= \mathrm{e}^{-0.7t}\left(c_1 + \int \left(0.2\mathrm{e}^{-0.7t} - 0.6\mathrm{e}^{-0.5t} + 1.4\right)\mathrm{e}^{0.7t}\,\mathrm{d}t\right)$$
$$= \mathrm{e}^{-0.7t} \cdot \left(c_1 + \int \left(0.2 - 0.6\mathrm{e}^{0.2t} + 1.4\mathrm{e}^{0.7t}\right)\mathrm{d}t\right)$$
$$= c_1\mathrm{e}^{-0.7t} + 0.2t\mathrm{e}^{-0.7t} - 3\mathrm{e}^{-0.5t} + 2$$

Mit $y_1(0) = c_1 - 3 + 2 = 0$ bzw. $c_1 = 1$ folgt

$$y_1(t) = 2 - 3\mathrm{e}^{-0.5t} + (1 + 0.2t)\mathrm{e}^{-0.7t}\,.$$

Wir erhalten die Lösung

$$\boldsymbol{y}(t) = \begin{pmatrix} y_1(t) \\ y_2(t) \\ y_3(t) \end{pmatrix}$$
$$= \begin{pmatrix} -3 \\ -2 \\ -2 \end{pmatrix}\mathrm{e}^{-0.5t} + \begin{pmatrix} 1 + 0.2t \\ 1 \\ 0 \end{pmatrix}\mathrm{e}^{-0.7t} + \begin{pmatrix} 2 \\ 1 \\ 2 \end{pmatrix}.$$

t	0	1	2	$\to \infty$
$y_1(t)$	0	0.78	1.24	2
$y_2(t)$	0	0.28	0.51	1
$y_3(t)$	0	0.79	1.26	2

Man kann nun selbstverständlich auch lineare Differenzen- und Differentialgleichungssysteme höherer Ordnung behandeln. Da aber jede einzelne Differenzen- bzw. Differentialgleichung höherer Ordnung in ein System erster Ordnung überführt werden kann, lässt sich bei jeder Aufgabenstellung der genannten Art ein – wenn auch umfangreiches – System erster Ordnung erreichen. Diese Überlegungen sollen nicht weiter vertieft werden.

Relevante Literatur

Forster, Otto (2013). *Analysis 2: Differentialrechnung im $\mathbb{R}^n$, gewöhnliche Differentialgleichungen*. 10. Aufl. Springer Spektrum, Kap. II.16

Heuser, Harro (2009). *Gewöhnliche Differentialgleichungen: Einführung in Lehre und Gebrauch*. 6. Aufl. Vieweg+Teubner, Kap. VII

Krause, Ulrich und Nesemann, Tim (2012). *Differenzengleichungen und diskrete dynamische Systeme. Eine Einführung in Theorie und Anwendungen*. 2. Aufl. De Gruyter, Kap. 3

Opitz, Otto u. a. (2014). *Mathematik: Übungsbuch für das Studium der Wirtschaftswissenschaften*. 8. Aufl. De Gruyter Oldenbourg, Kap. 24

Papula, Lothar (2017). *Mathematische Formelsammlung: Für Ingenieure und Naturwissenschaftler*. 12. Aufl. Springer Vieweg, Kap. X.6

Rommelfanger, Heinrich (2014). *Mathematik für Wirtschaftswissenschaftler Band 3: Differenzengleichungen – Differentialgleichungen – Wahrscheinlichkeitstheorie – Stochastische Prozesse*. Springer Spektrum, Kap. 5, 10

27

Finanzmathematik

Die Finanzmathematik gibt Antworten auf Fragestellungen des Bank- und Kreditwesens. Dazu gehören Probleme der

- Kapitalveränderung bei einfachen Zinsen und Zinseszinsen (Kapitel 27.1),
- einfachen und degressiven Abschreibung von Wirtschaftsgütern bei verbrauchsbedingtem Verschleiß (Kapitel 27.2),
- vergleichenden Bewertung von Zahlungen zu verschiedenen Zeitpunkten, insbesondere bei Investitions- und Finanzierungsentscheidungen (Kapitel 27.3, 27.4),
- Zinseszinsrechnung bei regelmäßigen Zahlungen, also der Renten- und Tilgungsrechnung (Kapitel 27.5, 27.6),
- zeitabhängigen Bewertung festverzinslicher Wertpapiere, die an Börsen gehandelt werden (Kapitel 27.7).

Ausführliche Darstellungen dieser Themen findet man bei Locarek-Junge (1997), Kruschwitz (2010) oder bei Tietze (2015).

Den angesprochenen Problemstellungen ist folgendes gemeinsam: Betrachtet man im Rahmen eines Planungszeitraums die Zeitpunkte $t = 0, 1, 2, \dots, n$, so sind die folgenden Bestimmungsgrößen relevant:

$K_t \geq 0$	Geldbetrag im Zeitpunkt t
$E_t \geq 0$	Erträge/Einzahlungen zum Zeitpunkt t
$C_t \geq 0$	Kosten/Auszahlungen zum Zeitpunkt t
$Z_t \geq 0$	Zinsbetrag zum Zeitpunkt t
p	konstanter Prozentzinssatz für alle t
$i = \frac{p}{100}$	konstanter Zinssatz für alle t
$q = 1 + i$	konstanter Zinsfaktor

Definition 27.1

Mit den angegebenen Bestimmungsgrößen bezeichnen wir die Gleichung

$$\begin{aligned} K_n &= K_0\, q^n + (E_1 - C_1)\, q^{n-1} + \dots \\ &\quad + (E_{n-1} - C_{n-1})\, q + (E_n - C_n) \\ &= K_0\, q^n + \sum_{t=1}^{n} (E_t - C_t)\, q^{n-t} \end{aligned}$$

als *Grundformel der Finanzmathematik*.

In den nachfolgenden Abschnitten werden wir spezielle Formen der in Definition 27.1 angegebenen Grundformel kennenlernen.

27.1 Zinsrechnung

Wir gehen von einem Geldbetrag $K_0 > 0$ aus, der für n Zeitperioden mit einem Zinssatz $i > 0$ je Periode angelegt wird. Zwischenzeitliche Einzahlungen bzw. Auszahlungen treten nicht auf. Von Interesse ist dann der Endbetrag K_n. Man spricht hier von der *Verzinsung einmaliger Beträge*.

27.1.1 Einfachzins und Zinseszins

Definition 27.2

Bei *einfacher* oder *linearer Verzinsung* werden die pro Periode anfallenden konstanten Zinsen $Z = K_0 \cdot i$ nicht verzinst, es gilt

$$\begin{aligned} K_n &= K_{n-1}\,(1 + i) = \dots = K_1\,\bigl(1 + (n-1)i\bigr) \\ &= K_0\,(1 + ni) \\ &= K_0 + nK_0 i = K_0 + n \cdot Z\,. \end{aligned}$$

Somit erhält man folgende Formeln:

DOI: 10.1515/9783110475333-027

Satz 27.3

Bei einfacher Verzinsung gilt

$$K_0 = \frac{K_n}{1+ni},$$
$$n = \frac{1}{i}\left(\frac{K_n}{K_0} - 1\right), \quad i = \frac{1}{n}\left(\frac{K_n}{K_0} - 1\right).$$

Die Zinserträge sind konstant, es gilt

$$\begin{aligned} Z_t &= K_t - K_{t-1} \\ &= K_1 - K_0 \\ &= K_0 \cdot (1+i) - K_0 \\ &= K_0 \cdot i. \end{aligned}$$

Definition 27.4

Bei Berücksichtigung der pro Periode anfallenden Zinsen spricht man von *Zinseszinsen* oder *exponentieller Verzinsung*, es gilt

$$\begin{aligned} K_n &= K_{n-1} \cdot (1+i) = \ldots \\ &= K_1 \cdot (1+i)^{n-1} \\ &= K_0 \cdot (1+i)^n \\ &= K_0 q^n. \qquad (\text{für } q = 1+i) \end{aligned}$$

Entsprechend zu Satz 27.3 gilt:

Satz 27.5

Bei Zinseszinsen erhält man

$$K_0 = K_n (1+i)^{-n} = K_n \cdot q^{-n},$$
$$q = \sqrt[n]{\frac{K_n}{K_0}},$$
$$n = \frac{\ln K_n - \ln K_0}{\ln q}.$$

Für die Zinsbeträge ergibt sich

$$\begin{aligned} Z_t &= K_t - K_{t-1} \\ &= K_{t-1} \cdot q - K_{t-1} \\ &= K_{t-1} \cdot i \\ &= K_0 q^{n-1} \cdot i \qquad (t = 1, \ldots, n). \end{aligned}$$

Beispiel 27.6

Ein Geldbetrag von 20 000 Euro wird 10 volle Jahre bei einem Jahreszinssatz von $i = 0.06$ angelegt.

Dann gilt bei einfacher Verzinsung

$$\begin{aligned} K_{10} &= 20\,000 \cdot (1 + 10 \cdot 0.06) \\ &= 32\,000 \end{aligned}$$

bzw. bei der Berücksichtigung von Zinseszinsen

$$\begin{aligned} K_{10} &= 20\,000 \cdot (1 + 0.06)^{10} \\ &= 35\,816.95\,. \end{aligned}$$

Für die Jahre $1, \ldots, 10$ ergeben sich mit

$$Z_t = 20\,000 \cdot 1.06^{t-1} \cdot 0.06$$

die folgenden Zinsbeträge:

	einfacher Zins	Zinseszins
1. Jahr	1200	1200.00
2. Jahr	1200	1272.00
3. Jahr	1200	1348.32
4. Jahr	1200	1429.22
5. Jahr	1200	1514.97
6. Jahr	1200	1605.87
7. Jahr	1200	1702.22
8. Jahr	1200	1804.36
9. Jahr	1200	1912.62
10. Jahr	1200	2027.37

Beispiel 27.7

Bekannt sei

$$K_0 = 20\,000\,, \; K_n = 26\,764.51$$

bei einem Zinssatz von $i = 0.06$. Dann erhalten wir für die Laufzeit n unter Berücksichtigung von Zinseszinsen

$$\begin{aligned} n &= \frac{\ln 26\,764.51 - \ln 20\,000}{\ln 1.06} \\ &\approx \frac{10.1948 - 9.9035}{0.0583} \\ &\approx 5. \end{aligned}$$

27.1.2 Gemischte Verzinsung

Eine Kombination von Einfachzins und Zinseszins tritt auf, wenn der Zinszeitraum eines Geldbetrages kein ganzzahliges Vielfaches der Zinsperiode ist. Man spricht dann von *gemischter Verzinsung*.

Definition 27.8

Die *Sparbuchmethode* geht von einem Kalenderjahr als *Zinsperiode* aus. Vereinfachend wird angenommen:

$$1 \text{ Jahr} = 360 \text{ Tage} \quad \text{bzw.} \quad 1 \text{ Monat} = 30 \text{ Tage}$$

Mit den Bezeichnungen

t_1 = Zinstage vor der ersten vollständigen Zinsperiode,

t_2 = Zinstage nach dem Ende der letzten vollständigen Zinsperiode,

n = Anzahl der vollständigen Zinsperioden

erhält man bei einem Geldbetrag $K_0 > 0$ zu Beginn des Gesamtzeitraums und dem Zinssatz i

$$K = K_0 \cdot \left(1 + i \cdot \frac{t_1}{360}\right) \cdot (1+i)^n \cdot \left(1 + i \cdot \frac{t_2}{360}\right).$$

Von den Banken wird dabei üblicherweise der Einzahlungstag mitverzinst, der Auszahlungstag nicht. Bezeichnet man also mit x_1 die Anzahl der Tage im Einzahlungsjahr vor dem Einzahlungstermin und mit x_2 die Tage im Auszahlungsjahr bis zum Auszahlungstermin, so ergibt sich

$$t_1 = 360 - x_1 \quad \text{bzw.} \quad t_2 = x_2 - 1.$$

Beispiel 27.9

Ein Geldbetrag von 10 000 € wurde am 30.8.2002 einbezahlt und bei einem Zinssatz von $i = 0.05$ am 5.10.2012 ausbezahlt. Die Zinsperiode entspricht einem vollen Kalenderjahr.

a) Nach der Sparbuchmethode erhält man

$$K = 10\,000 \cdot \left(1 + 0.05 \cdot \frac{121}{360}\right) \cdot 1.05^9 \cdot \left(1 + 0.05 \cdot \frac{274}{360}\right) = 16\,374.28\,.$$

b) Alternativ dazu legen wir den Beginn der ersten einjährigen Zinsperiode auf den 30.8.2002. Dann ergibt sich nach dem 30.8.2012 bis zum 5.10.2012 ein Rest von 35 Tagen und es gilt

$$K = 10\,000 \cdot 1.05^{10} \cdot \left(1 + 0.05 \cdot \frac{35}{360}\right) = 16\,368.13\,.$$

c) Bei Berücksichtigung von Zinseszinsen über den genannten Zeitraum erhalten wir

$$K = 10\,000 \cdot 1.05^{10+\frac{35}{360}} = 16\,366.40\,.$$

Der Vergleich der Ergebnisse zeigt, dass die Sparbuchmethode für den Sparer günstiger ist als die Verzinsung mit Zinseszinsen.

27.1.3 Unterjährige Verzinsung

Wird eine Zinsperiode von weniger als einem Jahr vereinbart, so spricht man von *unterjähriger Verzinsung*. Diese Situation entsteht zum Beispiel, wenn eine Bank die Zinsen eines Kontos vierteljährlich abrechnet und dem Konto gutschreibt, wie bei Girokonten üblich.

Bezeichnet man mit m die *Anzahl der Zinsabschnitte* pro Jahr, so gilt

$m = 2$ für halbjährliche Verzinsung,

$m = 4$ für vierteljährliche Verzinsung,

$m = 12$ für monatliche Verzinsung,

$m = 360$ für tägliche Verzinsung.

In der Regel ist hier 360 durch m ganzzahlig teilbar. Damit ergeben sich neue Begriffe.

Definition 27.10

Bei m Zinsabschnitten pro Jahr bezeichnen wir mit

i den *nominellen Jahreszins* mit $q = 1 + i$,

i_{rel} den *relativen Periodenzins* mit
$i_{\text{rel}} = \frac{i}{m}$, $q_{\text{rel}} = 1 + i_{\text{rel}} = 1 + \frac{i}{m}$,

i_{eff} den *effektiven Jahreszins* mit
$i_{\text{eff}} = (1 + i_{\text{rel}})^m - 1 = \left(1 + \frac{i}{m}\right)^m - 1$,
$q_{\text{eff}} = \left(1 + \frac{i}{m}\right)^m = q_{\text{rel}}^m$,

i_{kon} den *konformen Periodenzinssatz* mit
$i_{\text{kon}} = \sqrt[m]{1+i} - 1$,
bzw. $i = (1 + i_{\text{kon}})^m - 1$
bzw. $q = (1 + i_{\text{kon}})^m = q_{\text{kon}}^m$
oder $q_{\text{kon}} = \sqrt[m]{q}$

Die jährliche Verzinsung mit i_{eff} führt zum selben Ergebnis wie die periodische Verzinsung mit i_{rel}, die periodische Verzinsung mit i_{kon} führt zum selben Ergebnis wie die jährliche nominelle Verzinsung mit i.

Für die Zinseszinsformel aus Definition 27.4 erhalten wir nach einem Jahr

$$K_{m,1} = K_0 \cdot (1 + i_{\text{rel}})^m = K_0 \cdot q_{\text{rel}}^m$$

und

$$K_{m,n} = K_0 \cdot (1 + i_{\text{rel}})^{m \cdot n} = K_0 \cdot q_{\text{rel}}^{m \cdot n}$$

nach n Jahren.

Beispiel 27.11

Wird ein Geldbetrag von 20 000 € über fünf volle Jahre bei einem nominellen Jahreszins von $i = 0.06$ angelegt, dann ergibt sich unterjährig:

m	$K_{m,5} = 20\,000 \cdot$	Ergebnis
2	$\left(1 + \frac{0.06}{2}\right)^{2 \cdot 5}$	26 878.33
4	$\left(1 + \frac{0.06}{4}\right)^{4 \cdot 5}$	26 937.10
12	$\left(1 + \frac{0.06}{12}\right)^{12 \cdot 5}$	26 977.00
360	$\left(1 + \frac{0.06}{360}\right)^{360 \cdot 5}$	26 996.50

Mit abnehmender Zinsperiode bzw. wachsendem m wächst der angelegte Geldbetrag.

Beispiel 27.12

Für einen nominellen Jahreszinssatz $i = 0.06$ und $m = 4$ sowie dem entsprechenden relativen Periodenzinssatz

$$i_{\text{rel}} = \frac{0.06}{4} = 0,015$$

beträgt der effektive Jahreszins

$$i_{\text{eff}} = (1 + 0,015)^4 - 1 \approx 0.0614,$$

der offensichtlich höher ist als der nominelle Jahreszinssatz.

Andererseits muss der konforme Periodenzinssatz, der zu einem jährlichen Effektivzinssatz von $i_{\text{eff}} = 0.06$ führt, gemäß

$$i_{\text{kon}} = \sqrt[4]{1 + 0.06} - 1 \approx 0.0147$$

niedriger sein als der relative Periodenzinssatz $i_{\text{rel}} = 0.015$.

Mit abnehmender Zinsperiode bzw. wachsendem m wächst der effektive Jahreszins i_{eff} gegenüber dem nominellen Jahreszinssatz i und fällt der konforme Periodenzinssatz i_{kon} gegenüber dem relativen Periodenzinssatz i_{rel}.

27.1.4 Stetige Verzinsung

Bei gegen unendlich strebendem m erhält man nach Definition 27.10 sowie Satz 8.33 und

$$\frac{i}{m} = \frac{1}{s} \Leftrightarrow m = s \cdot i \Leftrightarrow \left(1 + \frac{i}{m}\right)^m = \left(1 + \frac{1}{s}\right)^{s \cdot i}:$$

$$\begin{aligned}\lim_{m\to\infty} K_{m,n} &= \lim_{m\to\infty} K_0 \left(1 + \frac{i}{m}\right)^{m \cdot n} \\ &= K_0 \cdot \left(\lim_{m\to\infty} \left(1 + \frac{i}{m}\right)^m\right)^n \\ &= K_0 \cdot \left(\lim_{s\to\infty} \left(1 + \frac{1}{s}\right)^s\right)^{in} = K_0 \cdot e^{i \cdot n}\end{aligned}$$

Definition 27.13

Für $m \to \infty$ spricht man mit

$$\lim_{m\to\infty} K_{m,n} = K_0 \cdot e^{i \cdot n}$$

von *stetiger Verzinsung*.

Satz 27.14

Nach Definition 27.10, 27.13 erhält man zwischen dem nominalen, effektiven und konformen stetigen Jahreszinssatz folgende Zusammenhänge

$$\begin{aligned} i_{\text{eff}} &= \lim_{m\to\infty} \left(1 + \frac{i}{m}\right)^m - 1 = e^i - 1 \\ i &= \lim_{m\to\infty} \left(1 + \frac{i_{\text{kon}}}{m}\right)^m - 1 = e^{i_{\text{kon}}} - 1 \\ i_{\text{kon}} &= \ln(i+1)\,. \end{aligned}$$

Wegen $m \to \infty$ geht der Periodenzinssatz gegen 0.

Beispiel 27.15

Wie in Beispiel 27.6 wird ein Geldbetrag von 20 000 € fünf volle Jahre zu einem nominellen Jahreszinssatz von $i = 0.06$ angelegt.

Dann gilt bei stetiger Verzinsung

$$\begin{aligned} K &= 20\,000 \cdot \left(e^{0.06}\right)^5 \\ &= 20\,000 \cdot e^{0.3} \\ &\approx 26\,997.18\,. \end{aligned}$$

Ein Vergleich mit den Ergebnissen von Beispiel 27.11 zeigt, dass sich „sehr kleine" Zinsperioden kaum mehr auswirken.

Für den effektiven Jahreszins erhält man erwartungsgemäß

$$\begin{aligned} i_{\text{eff}} &= e^{0.06} - 1 \\ &\approx 0.061\,84 > 0.06 \end{aligned}$$

Wäre die Effektivverzinsung mit 6 % vorgegeben, würde man einen konformen Zins von

$$\begin{aligned} i_{\text{kon}} &= \ln(0.06 + 1) \\ &\approx 0.0583 < 0.06 \end{aligned}$$

erhalten.

27.2 Abschreibungen

Die Wertminderung höherwertiger Wirtschaftsgüter wird im betriebswirtschaftlichen Rechnungswesen in Form von Abschreibugen berücksichtigt. Wir gehen von einem Anschaffungswert oder Nennwert $K_0 > 0$ zum Zeitpunkt $t = 0$ aus und erhalten nach einer Nutzdauer von n Zeitperioden den Restwert K_n. Mit

$$a_t = K_{t-1} - K_t \qquad (t = 1, \ldots, n)$$

wird dann der *Abschreibungsbetrag in der Zeitperiode t* bezeichnet. Dabei beträgt die Länge der Zeitperiode t in der Regel ein Jahr.

Definition 27.16

Sind die Abschreibungsbeträge konstant, so spricht man von *linearer Abschreibung*. In diesem Fall gilt

$$a_t = K_{t-1} - K_t = a \qquad (t = 1, \ldots, n)\,.$$

Damit gilt

Satz 27.17

Bei linearer Abschreibung gilt für $t = 1, \ldots, n$

$$K_t = K_0 - ta \quad \text{bzw.} \quad a = \frac{K_0 - K_t}{t}$$

sowie für den *Abschreibungssatz vom Nennwert*

$$i_t = \frac{a}{K_0} = i_0$$

und den *Abschreibungssatz vom Restwert* (nach $t - 1$ Jahren)

$$i'_t = \frac{a}{K_{t-1}} = \frac{a}{K_0 - (t-1)a}$$

mit $i'_1 = i_0$.

Definition 27.18

Mit $i \in (0, 1)$ spricht man für

$$a_t = K_{t-1} - K_t = i \cdot K_{t-1}$$

und $t = 1, \ldots, n$ von *geometrisch-degressiver Abschreibung* mit dem *Abschreibungssatz* i.

Daraus folgt:

Satz 27.19

Bei geometrisch-degressiver Abschreibung gilt für $t = 1, \dots, n$

$$K_t = K_{t-1}(1-i) = \dots = K_0(1-i)^t$$

und für $t = n$

$$\frac{K_n}{K_0} = (1-i)^n$$

bzw.

$$i = 1 - \sqrt[n]{\frac{K_n}{K_0}},$$

sowie für den *Abschreibungssatz vom Nennwert*

$$i_t = \frac{a_t}{K_0} = i\frac{K_{t-1}}{K_0} = i(1-i)^{t-1}$$

und für den *Abschreibungssatz vom Restwert* (nach $t-1$ Jahren)

$$i'_t = \frac{a_t}{K_{t-1}} = i\frac{K_{t-1}}{K_{t-1}} = i$$

mit $i = i_1$.

Beispiel 27.20

Eine Produktionsanlage mit einem Neuwert von 12 000 Euro soll in fünf Jahren auf einen Restwert von 2000 Euro abgeschrieben werden.

a) Im Fall linearer Abschreibung gilt

$$a = \frac{12\,000 - 2000}{5} = 2000,$$
$$i_t = i_0 = \frac{2000}{12\,000} \approx 0.167.$$

Wir erhalten folgenden Abschreibungsplan:

t	K_{t-1}	a	i_t	i'_t
1	12 000	2000	0.167	0.167
2	10 000	2000	0.167	0.200
3	8000	2000	0.167	0.250
4	6000	2000	0.167	0.333
5	4000	2000	0.167	0.500
6	2000	-	-	-

b) Im Fall geometrisch-degressiver Abschreibung gilt

$$i = 1 - \sqrt[5]{\frac{2000}{12\,000}}$$
$$\approx 0.301\,172\,88$$
$$a_t = iK_{t-1}.$$

Wir erhalten folgenden auf ganze Euro gerundeten Abschreibungsplan:

t	K_{t-1}	a_t	i_t	i'_t
1	12 000	3614	0.301	0.301
2	8386	2526	0.210	0.301
3	5860	1765	0.147	0.301
4	4095	1233	0.103	0.301
5	2862	862	0.072	0.301
6	2000	-	-	-

Wir schließen mit der Anmerkung, dass in Deutschland Wirtschaftsgüter, die nach dem 13.12.2010 angeschafft wurden, nur noch linear abgeschrieben werden können.

27.3 Das Äquivalenzprinzip der Finanzmathematik

Der Vergleich mehrerer Zahlungen, die bei einheitlichem Zinssatz zu verschiedenen Zeitpunkten fällig werden, stellt ein zentrales Problem der Finanzmathematik dar. Man spricht hier vom *Äquivalenzprinzip der Finanzmathematik*.

Vereinfachend gehen wir davon aus, dass Zahlungen zu Beginn oder am Ende eines Jahres als Zinsperiode unter Berücksichtigung von Zinseszinsen erfolgen.

27.3.1 Gleichwertigkeit von Zahlungsströmen

Definition 27.21

Mit dem Jahreszinssatz i bzw. dem Jahreszinsfaktor $q = 1 + i$ bezeichnet man die Zahlungen A am Ende des Jahres t_1 und B am Ende des Jahres t_2 als *finanzmathematisch äquivalent* oder *gleichwertig*

$$(A \sim B),$$

wenn gilt:

$$Aq^{-t_1} = Bq^{-t_2}$$

Dieses Äquivalenzprinzip lässt sich auf Zahlungsströme A_t $(t = 0, \ldots, n)$ als Folge von einzelnen Zahlungen A_t zum Zeitpunkt t übertragen.

Definition 27.22

In Abhängigkeit eines konstanten Jahreszinsfaktors q heißen

$$K_0 = \sum_{t=0}^{n} A_t q^{-t}$$

der *Barwert des Zahlungsstroms* (A_t),

$$K_n = \sum_{t=0}^{n} A_t q^{n-t} = q^n \cdot K_0$$

der *Endwert des Zahlungsstroms* (A_t),

$$K_s = \sum_{t=0}^{n} A_t q^{s-t} = q^s \cdot K_0$$

der *Zeitwert des Zahlungsstroms* (A_t) *zum Zeitpunkt* s.

Definition 27.23

Zwei Zahlungsströme $(A_t), (B_t)$ $(t = 0, \ldots, n)$ bezeichnet man als *gleichwertig*

$$(A_t) \sim (B_t),$$

wenn sie zu einem beliebigen Zeitpunkt s $(s = 0, \ldots, n)$ den gleichen Zeitwert besitzen, also

$$(A_t) \sim (B_t) \Leftrightarrow \sum_{t=0}^{n} A_t q^{s-t} = \sum_{t=0}^{n} B_t q^{s-t}$$
$$\Leftrightarrow \sum_{t=0}^{n} A_t q^{-t} = \sum_{t=0}^{n} B_t q^{-t}.$$

Beispiel 27.24

Gegeben sind folgende Zahlungsströme mit einem Zinssatz von $i = 0.05$:

Jahr t	A_t	B_t	C_t
0	0	400	2600
1	1000	400	0
2	0	500	0
3	1000	500	0
4	0	600	0
5	1000	600	0

Um die Zahlungsströme vergleichen zu können, berechnen wir die Barwerte

$$\sum_{t=0}^{5} A_t \cdot 1,05^{-t} = 1000 \cdot (1,05^{-1} + 1,05^{-3} + 1,05^{-5}) = 2599.74 \quad ,$$

$$\sum_{t=0}^{5} B_t \cdot 1,05^{-t} = 400 \cdot (1 + 1,05^{-1}) + 500 \cdot (1,05^{-2} + 1,05^{-3}) + 600 \cdot (1,05^{-4} + 1,05^{-5}) = 2630.12 ,$$

$$\sum_{t=0}^{5} C_t \cdot 1,05^{-t} = 2600 \cdot 1 = 2600 .$$

Im Fall von Auszahlungen ist der Zahlungsstrom (A_t) bzgl. seines Barwertes am günstigsten, im Fall von Einzahlungen der Zahlungsstrom (B_t). Ferner sind die Zahlungsströme (A_t) und (C_t) annähernd gleichwertig.

Mit Hilfe der Zeitwerte K_s $(s = 0, \ldots, n)$ eines Zahlungsstroms (Definition 27.22) ergeben sich weitere Fragen:

- Zu welchem Zeitpunkt kann der Zahlungsstrom $(A_t)_{t=0,\ldots,n}$ durch eine einmalige Zahlung in Höhe der Summe aller Zahlungen des Zahlungsstroms, also von $\sum_{t=0}^{n} A_t$ gleichwertig ersetzt werden?
- Zu welchem Zeitpunkt bleibt der Zeitpunkt eines Zahlungsstromes bei geringfügiger Zinsänderung konstant?

Beide Problemstellungen werden wir anschließend in Definition 27.25 bzw. 27.28, Satz 27.26 bzw. 27.29 und Beispiel 27.27 bzw. 27.30 behandeln.

27.3.2 Mittlerer Zinstermin

Definition 27.25

Der *mittlere Zinstermin* bezeichnet das Jahr m, in dem eine einmalige Zahlung in Höhe von

$$\sum_{t=0}^{n} A_t$$

gleichwertig zum Barwert des verzinsten Zahlungsstroms (A_t) ist, also

$$q^{-m} \cdot \left(\sum_{t=0}^{n} A_t \right) = \left(\sum_{t=0}^{n} A_t \cdot q^{-t} \right)$$

Satz 27.26

Für den mittleren Zinstermin S_m gilt dann

$$q^m = \frac{\sum_{t=0}^{n} A_t}{\sum_{t=0}^{n} A_t \cdot q^{-t}} \quad \text{bzw.}$$

$$m = \frac{1}{\ln q} \left(\ln \left(\sum_{t=0}^{n} A_t \right) - \ln \left(\sum_{t=0}^{n} \frac{A_t}{q^t} \right) \right).$$

Der Beweis ergibt sich unmittelbar aus Definition 27.25 und den Rechenregeln des Logarithmus.

Beispiel 27.27

Mit den Daten und Ergebnissen von Beispiel 27.24 erhalten wir die nachfolgenden mittleren Zinstermine:

$$m(A_t) = \frac{\ln 3000 - \ln 2599.74}{\ln 1.05} \approx 2.935$$

bzw. 2 Jahre, 11 Monate, 7 Tage

$$m(B_t) = \frac{\ln 3000 - \ln 2630.12}{\ln 1.05} \approx 2.697$$

bzw. 2 Jahre, 8 Monate, 11 Tage

$m(C_t) = 0$, da zum Zeitpunkt $t = 0$ lediglich eine Einmalzahlung $C_0 = 2600$ erfolgt.

27.3.3 Duration

Definition 27.28

Die *Duration* bezeichnet das Jahr d, in dem der Zeitwert

$$K_d(q) = \sum_{t=0}^{n} A_t \cdot q^{d-t}$$

eines Zahlungsstroms bei „geringfügiger" Änderung des Zinsfaktors q konstant bleibt, also

$$K_d'(q) = 0$$

Satz 27.29

Für die Duration d gilt:

$$d = \frac{\sum_{t=0}^{n} t A_t q^{-t}}{\sum_{t=0}^{n} A_t q^{-t}} = \frac{1}{K_0(q)} \sum_{t=0}^{n} t A_t q^{-t}$$

Beweis

$$\begin{aligned} K_d(q) &= \sum_{t=0}^{n} A_t \cdot q^{d-t} \\ \Rightarrow K_d'(q) &= \sum_{t=0}^{n} A_t \cdot (d-t) \cdot q^{d-t-1} \\ &= q^{d-1} \left(\sum_{t=0}^{n} A_t \cdot (d-t) \cdot q^{-t} \right) \end{aligned}$$

Dann gilt die Äquivalenz:

$$\begin{aligned} & K_d'(q) = 0 \\ \Leftrightarrow & \sum_{t=0}^{n} A_t (d-t) \cdot q^{-t} \\ & = d \cdot \sum_{t=0}^{n} A_t \cdot q^{-t} - \sum_{t=0}^{n} A_t \cdot t \cdot q^{-t} = 0 \\ \Leftrightarrow & d = \frac{\sum_{t=0}^{n} A_t \cdot t \cdot q^{-t}}{\sum_{t=0}^{n} A_t \cdot q^{-t}} = \frac{1}{K_0(q)} \sum_{t=0}^{n} t A_t q^{-t} \end{aligned}$$

Der Nenner entspricht dem Barwert des Zahlungsstroms (A_t) bei einem Zinsfaktor q, der Zähler den mit den Zahlungszeitpunkten gewichteten Barwerten der Zahlungen. Die Duration d gibt den Zeitpunkt an, zu dem der Zeitwert $K_d(q)$ sicher erreichbar ist, auch wenn mit einer geringen Zinsänderung von q zu rechnen ist.

Beispiel 27.30

Mit den Daten und Ergebnissen von Beispiel 27.24 erhalten wir die nachfolgenden Durationswerte:

$$d(A_t) = \frac{1000}{2599,74} \cdot \left(\frac{1}{1{,}05^1} + \frac{3}{1{,}05^3} + \frac{5}{1{,}05^5}\right) \approx 2,87$$

bzw. 2 Jahre, 10 Monate, 3 Tage

$$d(B_t) = \frac{1}{2630,12} \cdot \Big(400 \cdot (0 + \tfrac{1}{1{,}05^1}) + 500 \cdot (\tfrac{2}{1{,}05^2} + \tfrac{3}{1{,}05^3}) + 600 \cdot (\tfrac{4}{1{,}05^4} + \tfrac{5}{1{,}05^5})\Big) \approx 2,56$$

bzw. 2 Jahre, 6 Monate, 22 Tage

$$d(C_t) = 0$$

27.4 Investitions- und Finanzierungsentscheidungen

Entsprechend zu Kapitel 27.3 gehen wir von einem Planungshorizont von n Jahren aus, Zahlungen erfolgen ausschließlich am Ende der Jahre $0, \ldots, n$ bei einem Jahreszinssatz von $i > 0$, dem sogenannten Kalkulationszinssatz, und zinseszinslicher Rechnung.

Innerhalb von Zahlungsströmen treten möglicherweise *Einzahlungen* oder *Erträge* $E_t \geq 0$ bzw. *Auszahlungen* oder *Kosten* $C_t \geq 0$ auf (Definition 27.1). Da Zahlungen zum gleichen Zeitpunkt verrechenbar sind, bezeichnen wir $P_t = E_t - C_t$ als *Periodenüberschüsse*, die positiv oder negativ sein können.

27.4.1 Investition und Finanzierung

Definition 27.31

Ein Zahlungsstrom (P_t) mit $P_0 < 0$ heißt *Investition*, mit $P_0 > 0$ *Finanzierung*.

Für eine *Normalinvestition* wird zusätzlich

$$P_1, \ldots, P_n > 0$$

gefordert, für eine *Normalfinanzierung*

$$P_1, \ldots, P_n < 0\,.$$

In beiden Fällen wird

$$q = 1 + i > 1$$

angenommen.

Beispiel 27.32

Gegeben ist folgende Normalinvestition

t	0	1	2	3
C_t	20 000	1000	1000	1000
E_t	0	7000	9000	10 000
P_t	−20 000	6000	8000	9000

a) Legt man alternativ in $t = 0$ verfügbare Eigenmittel $C_0 = 20\,000$ ohne Investition zu einem Jahreszinsatz von $i = 0.05$ zinseszinslich an, erhält man

$$K_3^- = 20\,000 \cdot 1.05^3 = 23\,152.50.$$

Im Fall der Investition sind die Periodenüberschüsse entsprechend zu verzinsen:

$$K_3^+ = 6000 \cdot 1.05^2 + 8000 \cdot 1.05 + 9000 = 24\,015.00$$

Wegen $K_3^+ - K_3^- = 862.50 > 0$ ist die Investition der reinen Verzinsung vorzuziehen.

b) Im Fall einer Fremdfinanzierung der Investition in $t = 0$ fällt ein jährlicher Kreditzins von $i = 0.08$ an. Dann erhält man ohne Investition $K_3^- = 0$. Bei Investition gilt:

$$\begin{aligned} K_3^+ &= -20\,000 \cdot 1.08^3 + 6000 \cdot 1.08^2 \\ &\quad + 8000 \cdot 1.08 + 9000 \\ &= -555.84 \end{aligned}$$

Wegen $K_3^+ < K_3^-$ lohnt sich im Fall der Fremdfinanzierung die Investition nicht.

27.4.2 Kapitalwert

Definition 27.33

Für einen Zahlungsstrom (P_t) und einen einheitlichen jährlichen *Kalkulationszinssatz* i mit

$$q = 1 + i > 1$$

bezeichnet man den *Barwert* des Zahlungsstroms

$$G = \sum_{t=0}^{n} P_t \cdot q^{-t} = \sum_{t=0}^{n} \frac{P_t}{(1+i)^t}$$

als *Kapitalwert*. Eine Investition oder Finanzierung ist vorteilhaft, wenn $G > 0$ gilt. Im Falle mehrerer Alternativen entscheidet man sich für eine Lösung mit maximalem G. Man spricht hier von der *Kapitalwertmethode*.

Beispiel 27.34

Gegeben sind die Daten von Beispiel 27.32. Dann ergibt sich nach der Kapitalwertmethode

a) für einen Habenzins $i = 0.05$ als Kalkulationszinssatz

$$\begin{aligned} G &= -20\,000 + \frac{6000}{1.05^1} + \frac{8000}{1.05^2} + \frac{9000}{1.05^3} \\ &= 745.06 \end{aligned}$$

b) für einen Sollzins $i = 0.08$ als Kalkulationszinssatz

$$\begin{aligned} G &= -20\,000 + \frac{6000}{1.08^1} + \frac{8000}{1.08^2} + \frac{9000}{1.08^3} \\ &= -441.24 \end{aligned}$$

Bei Eigenfinanzierung (a) ist die Investition wegen $G > 0$ vorteilhaft, bei Fremdfinanzierung (b) nicht.

Zwischen den Ergebnissen der Beispiele 27.34 und 27.32 besteht folgender Zusammenhang:

Aus

$$\begin{aligned} G &= 745.06 \quad \text{bei Eigenfinanzierung} \\ \text{bzw. } G &= -441.24 \quad \text{bei Fremdfinanzierung} \end{aligned}$$

(Beispiel 27.34)

folgt

$$\begin{aligned} K_3^+ - K_3^- &= 1.05^3 \cdot G \\ &= 862.50 \quad \text{bei Eigenfinanzierung} \\ \text{bzw. } K_3^+ - K_3^- &= 1.08^3 \cdot G \\ &= -555.84 \quad \text{bei Fremdfinanzierung} \end{aligned}$$

(Beispiel 27.32)

Während in Beispiel 27.32 die jeweiligen Endwerte verglichen werden, stehen bei der Kapitalwertmethode in Beispiel 27.34 die Barwerte im Vordergrund.

27.4.3 Interner Zins

Eine Modifikation der Kapitalwertmethode stellt die *Methode des internen Zinssatzes* dar.

Definition 27.35

Bildet man für einen Zahlungsstrom (P_t) die Kapitalwertgleichung

$$\begin{aligned} G &= \sum_{t=0}^{n} P_t \cdot q_*^{-t} \\ &= \sum_{t=0}^{n} P_t \cdot (1 + i_*)^{-t} = 0 \end{aligned}$$

so bezeichnet man den dafür relevanten Zinssatz $i_* = q_* - 1$ als den *internen Zinssatz*.

Damit ist eine Investition (Finanzierung) vorteilhaft, wenn bei einem Kalkulationszinssatz i gilt: $i_* > i$ ($i_* < i$). Im Fall mehrerer Alternativen der Investition (Finanzierung) entscheidet man sich für die Alternative mit maximalem (minimalem) internen Zinssatz.

Multipliziert man die angegebene Kapitalwertgleichung mit q_*^n, so erhält man

$$\begin{aligned} q_*^n \cdot G &= \sum_{t=0}^{n} P_t \cdot q_*^{n-t} \\ &= \sum_{t=0}^{n} P_t \cdot (1 + i_*)^{n-t} = 0 \end{aligned}$$

mit dem gleichen internen Zinssatz i_*. Wir erhalten so eine Gleichung n-ten Grades, deren Nullstellen beispielsweise mit Hilfe der in Kapitel 3.4 angegebenen Regula falsi nach (3.20), (3.21) bestimmt werden können. Voraussetzung dafür ist, dass Nullstellen existieren.

Beispiel 27.36

Mit den Daten von Beispiel 27.32 ergibt sich bei unbekanntem Zinsfaktor q_* der Kapitalwert

$$G(q_*) = -20\,000 + \frac{6000}{q_*} + \frac{8000}{q_*^2} + \frac{9000}{q_*^3}\,.$$

Zur Ermittlung eines internen Zinssatzes setzen wir

$$G(q_*) = 0$$

und erhalten nach Multiplikation der Gleichung mit q_*^3 und Division durch 1000

$$\frac{q_*^3}{1000} \cdot G(q_*) = -20\,q_*^3 + 6\,q_*^2 + 8\,q_* + 9 = 0$$

Mit der Regula falsi (Kapitel 3.4) erhält man mit den Startwerten $q_0 = 1.05$, $q_1 = 1.08$

$$\begin{aligned} q_2 &\approx 1.08 \\ &\quad - \frac{1.08 - 1.05}{-0.555\,84 - 0.8625} \cdot (-0.555\,84) \\ &\approx 1.068\,24 \end{aligned}$$

Daraus folgt

$$\begin{aligned} \frac{q_2^3 \cdot G}{1000} &\approx -24.380\,16 + 6.846\,82 \\ &\quad + 8.545\,92 + 9 \\ &\approx 0.012\,58 \end{aligned}$$

und damit

$$\begin{aligned} q_3 &\approx 1.068\,24 \\ &\quad - \frac{1.068\,24 - 1.08}{0.012\,58 + 0.555\,84} \cdot 0.012\,58 \\ &\approx 1.0685 \end{aligned}$$

mit

$$\frac{q_3^3}{1000} \cdot G \approx 0.000\,19\,.$$

Der interne Zinsfaktor beträgt also näherungsweise

$$q_* \approx 1.0685\,,$$

das entspricht einem internen Zinssatz von

$$i_* = q_* - 1 \approx 0.0685\,.$$

Die Investition basierend auf den Daten von Beispiel 27.32 ist also für jeden Kalkulationszinssatz i mit

$$i < 0.0685$$

vorteilhaft.

Abschließend stellt sich damit die Frage, unter welchen Voraussetzungen ein ökonomisch sinnvoller und möglichst eindeutiger interner Zinssatz existiert. Darüber gibt der nachfolgende Satz Auskunft.

Satz 27.37

Gegeben sei eine Normalinvestition mit

$$P_0 < 0\,, \quad P_t > 0 \qquad (t = 1, \dots, n)$$

sowie

$$\sum_{t=0}^{n} P_t > 0$$

bzw. eine Normalfinanzierung mit

$$P_0 > 0\,, \quad P_t < 0 \qquad (t = 1, \dots, n)$$

sowie

$$\sum_{t=0}^{n} P_t < 0\,.$$

Dann existiert in beiden Fällen genau ein interner Zinssatz $i_* > 0$.

Beweis

Im Fall einer *Normalinvestition* gilt

$$G(1) = \sum_{t=0}^{n} P_t > 0 \quad \text{bzw.}$$

$$\lim_{q\to\infty} G(q) = \lim_{q\to\infty} \sum_{t=0}^{n} P_t\, q^{-t} = P_0 < 0$$

Wegen

$$q_1 < q_2 \Rightarrow \sum_{t=0}^{n} P_t\, q_1^{-t} > \sum_{t=0}^{n} P_t\, q_2^{-t}$$

fällt der Kapitalwert

$$G(q) = \sum_{t=0}^{n} P_t\, q^{-t}$$

streng monoton für zunehmendes $q \in [1, \infty)$. Daraus folgt die Behauptung.

Im Fall einer *Normalfinanzierung* folgt die Behauptung mit analogen Argumenten aus dem Wechsel der Vorzeichen für G und der in diesem Fall streng steigenden Monotonie von $G(q)$.

Offenbar liegt im Beispiel 27.36 eine Normalinvestition mit

$$\sum_{t=0}^{3} P_t = -20\,000 + 6000 + 8000 + 9000 > 0$$

vor. Damit ist der näherungsweise errechnete interne Zinssatz $i_* \approx 0.0685$ eindeutig. Für weiterführende Aussagen zum internen Zinssatz verweisen wir auf Locarek-Junge (1997).

Beispiel 27.38

Gegeben sind folgende Daten einer Normalfinanzierung:

t	0	1	2	3
C_t	0	3000	4000	4000
E_t	10 000	0	0	0
P_t	10 000	-3000	-4000	-4000

Damit gilt:

$$P_0 = 10\,000 > 0\,,$$

$$P_0 + \sum_{t=1}^{3} P_t = -1000 < 0\,.$$

Den eindeutigen internen Zinsfaktor q_* erhalten wir aus der Kapitalwertgleichung

$$G = 10\,000 - \frac{3000}{q_*} - \frac{4000}{q_*^2} - \frac{4000}{q_*^3} = 0$$

$$\Leftrightarrow \frac{q_*^3 \cdot G}{1000} = 10q_*^3 - 3q_*^2 - 4(q_* + 1) = 0$$

Mit den Startwerten

$$q_0 = 1.05\,, \; q_1 = 1.04$$

sowie

$$\begin{aligned} q_0^3 \cdot G &\approx 11\,576.25 - 3307.5 - 8200 \\ &= 68.75 \quad \text{und} \\ q_1^3 \cdot G &\approx 11\,248.64 - 3244.8 - 8160 \\ &= -156.16 \end{aligned}$$

erhält man nach der Regula falsi (Kapitel 3.4, Formeln (3.20), (3.21))

$$\begin{aligned} q_2 &\approx 1.04 - \frac{1.04 - 1.05}{-156.16 - 68.75} \cdot (-156.16) \\ &\approx 1.047\,. \end{aligned}$$

Der interne Zinsfaktor beträgt damit näherungsweise

$$q_* \approx 1.047\,,$$

der interne Zinssatz $i_* \approx 0.047$.

Damit ist eine Finanzierung der angegebenen Art für jeden Kalkulationszinssatz i mit $i > 0.047$ vorteilhaft.

27.5 Rentenrechnung

Gegenstand der Rentenrechnung ist die Verzinsung *periodischer, konstanter* oder *veränderlicher Zahlungen* bzw. *Erträge*. Den Zeitraum zwischen zwei Rentenzahlungen bezeichnet man als *Rentenperiode*.

Je nachdem, ob die Zahlungen zu Beginn oder am Ende einer Periode erfolgen, spricht man von einer *vorschüssigen* oder *nachschüssigen Rente* (Abbildung 27.1).

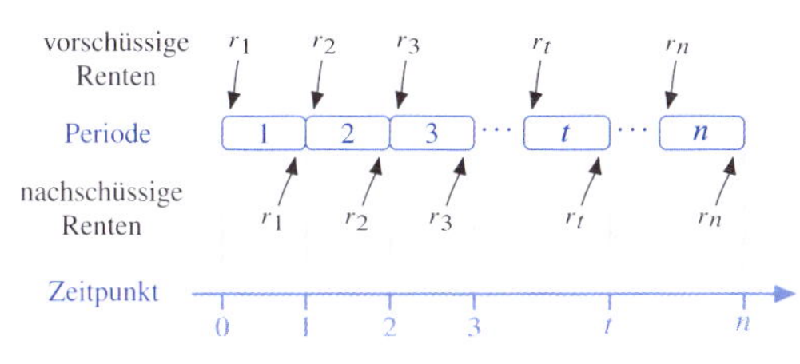

Abbildung 27.1: *Vorschüssige und nachschüssige Rentenzahlungen im Planungszeitraum* $1, \dots, n$

Wir gehen zunächst von konstanten Rentenzahlungen mit einer Rentenperiode von 1 Jahr aus.

27.5.1 Jährlich konstante Renten

Bei n jährlichen nachschüssigen konstanten Zahlungen r ergibt sich bei einem Zinsfaktor q zum Zeitpunkt n eine Gesamtsumme R_n von

$$R_n = rq^{n-1} + rq^{n-2} + \ldots + rq + r = r\frac{q^n - 1}{q - 1}$$

und bei vorschüssigen Zahlungen

$$R'_n = rq^n + rq^{n-1} + \ldots + rq^2 + rq = r\frac{q^n - 1}{q - 1} \cdot q\,.$$

Durch Diskontieren dieser Endstände erhält man die jeweiligen Barwerte bei nach- bzw. vorschüssiger Zahlung.

Definition 27.39

Mit

- r als jährlicher Rentenzahlung,
- einer Laufzeit von n Jahren,
- q als jährlichem Zinsfaktor

bezeichnet man bei zinseszinslicher Betrachtung

$$R_n = r\frac{q^n - 1}{q - 1}$$

als *nachschüssigen Rentenendwert*,

$$R'_n = r\frac{q^n - 1}{q - 1} \cdot q$$

als *vorschüssigen Rentenendwert*.

Ferner heißt

$$s_n = \frac{q^n - 1}{q - 1} \quad \text{bzw.} \quad s'_n = \frac{q^n - 1}{q - 1} \cdot q$$

nachschüssiger bzw. *vorschüssiger Rentenendwertfaktor*.

Außerdem bezeichnet man die entsprechenden *Rentenbarwerte* mit

$$R_0 = R_n q^{-n} \qquad \text{bzw.} \qquad R'_0 = R'_n q^{-n}$$

sowie den *nachschüssigen* und *vorschüssigen Rentenbarwertfaktor* mit

$$s_0 = s_n q^{-n} \qquad \text{bzw.} \quad s'_0 = s'_n q^{-n}\,.$$

Der Zusammenhang zwischen vorschüssigen bzw. nachschüssigen Rentenbarwert bzw. Rentenendwert ist in Abbildung 27.2 nochmals verdeutlicht.

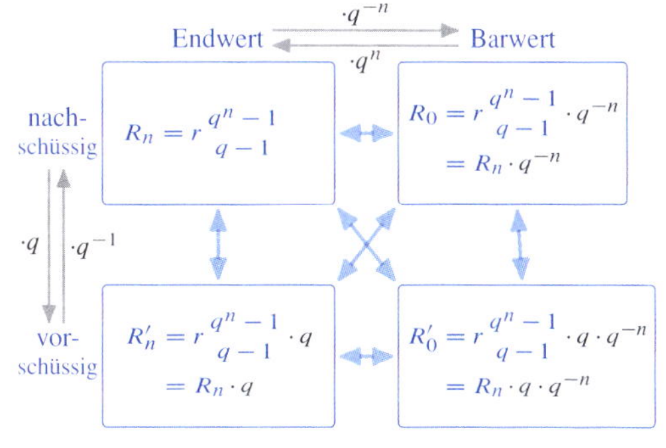

Abbildung 27.2: *Gegenüberstellung vorschüssiger und nachschüssiger Rentenbar- bzw. -endwerte*

Für den Zusammenhang zwischen Rentenendwert bzw. Rentenbarwert und Rentenendwertfaktor bzw. Rentenbarwertfaktor gilt jeweils nachschüssig

$$R_n = r \cdot s_n \quad \text{bzw.} \quad R_0 = r \cdot s_0\,,$$

vorschüssig

$$R'_n = r \cdot s'_n \quad \text{bzw.} \quad R'_0 = r \cdot s'_0\,.$$

Sind die Rentenrate r bzw. die Laufzeit n der Rente unbekannt, hilft folgender Satz bei der Berechnung:

Satz 27.40

Für die Werte r, n und q existieren folgende Zusammenhänge

a) bei nachschüssigen Zahlungen:

$$r = R_n \frac{q-1}{q^n-1} = R_0 \cdot q^n \frac{q-1}{q^n-1}$$

$$n = \frac{1}{\ln q} \ln\left(\frac{R_n}{r}(q-1)+1\right)$$

Es existiert ein $q > 1$ mit

$$rq^n - R_n q + R_n - r = 0$$

b) bei vorschüssigen Zahlungen:

$$r = R'_n q^{-1} \frac{q-1}{q^n-1} = R'_0 \cdot q^{n-1} \frac{q-1}{q^n-1}$$

$$n = \frac{1}{\ln q} \ln\left(\frac{R'_n}{rq}(q-1)+1\right)$$

Es existiert ein $q > 1$ mit

$$rq^{n+1} - R'_n q + R'_n - r = 0$$

Der Beweis erfolgt mit Hilfe von Definition 27.39 und einfachen Umformungen.

Ein unbekannter Zinsfaktor q lässt sich im Allgemeinen nicht durch elementare Umformungen der Formeln aus Satz 27.40 bestimmen. Um q damit näherungsweise zu bestimmen, kann man beispielsweise auf ein Näherungsverfahren wie die Regula falsi (siehe Kapitel 3.4) zurückgreifen.

Beispiel 27.41

Für eine Laufzeit von fünf Jahren werden zu einem Jahreszinsatz von 5 % jährlich 1000 € auf ein Konto eingezahlt. Dann erhalten wir

a) bei nachschüssigen Zahlungen:

$$\begin{aligned} R_5 &= 1000 \cdot \frac{1.05^5-1}{1.05-1} \\ &= 5525.63\ (€) && \text{als Endwert,} \\ R_0 &= \frac{R_5}{1.05^5} = 4329.48\ (€) && \text{als Barwert,} \end{aligned}$$

b) bei vorschüssigen Zahlungen:

$$\begin{aligned} R'_5 &= R_5 \cdot 1.05 = 5801.91\ (€) && \text{als Endwert,} \\ R'_0 &= R_0 \cdot 1.05 = 4545.95\ (€) && \text{als Barwert.} \end{aligned}$$

Mit Satz 27.40 gilt:

$$\begin{aligned} r &= 5525.63 \cdot \frac{0.05}{1.05^5-1} \\ &= 5801.91 \cdot \frac{1}{1.05} \cdot \frac{0.05}{1.05^5-1} \\ &= 1000 \end{aligned}$$

$$\begin{aligned} n &= \frac{1}{\ln 1.05} \cdot \ln(5.525\,63 \cdot 0.05 - 1) \\ &= \frac{1}{\ln 1.05} \cdot \ln\left(\frac{5.801\,91}{1.05} \cdot 0.05 - 1\right) \\ &= 5 \end{aligned}$$

$$\begin{aligned} &1000q^5 - 5525.63 \cdot q + 5525.63 - 1000 = 0 \\ &1000q^6 - 5801.91 \cdot q + 5801.91 - 1000q = 0 \\ &\Rightarrow q = 1.05 \end{aligned}$$

Damit werden die Werte

$$r = 1000\,, \qquad n = 5\,, \qquad q = 1.05$$

bestätigt.

27.5.2 Unterjährig konstante Renten

Wird die Zinsperiode – bisher ein Jahr – in m gleich lange Rentenperioden aufgeteilt, so erhalten wir m Rentenzahlungen pro Zinsperiode. Diese können *unterjährig einfach verzinst* werden oder mittels eines konformen Rentenperiodenzinses behandelt werden, man spricht dann von der *ICMA-Methode* (Methode der International Capital Market Association des internationalen Branchenverbandes für Kapitalmarktteilnehmer).

Im Fall von *einfacher Verzinsung der unterjährigen Raten* gehen wir davon aus, dass die Zinsen eines Jahres immer am Jahresende ausgeschüttet werden. Unterjährige Zahlungen werden somit einfach verzinst (Kapitel 27.1.2). Bei einem Jahreszinssatz von i kann man dann die m unterjährig konstanten Raten in äquivalente *Ersatzzahlungen* zusammenfassen. Bei nachschüssiger Zahlung dieser Raten erhält man dafür am Ende eines Jahres einen Betrag von

$$\begin{aligned} r_e &= r + r\left(1 + \frac{1}{m}\cdot i\right) + r\left(1 + \frac{2}{m}\cdot i\right) \\ &\quad + \ldots + r\left(1 + \frac{m-1}{m}\cdot i\right) \\ &= r\left(m + \frac{i}{m}\cdot(1 + 2 + \ldots + (m-1))\right) \\ &= r\left(m + \frac{i}{2}\cdot(m-1)\right). \end{aligned}$$

Werden die Zahlungen vorschüssig geleistet erhält man analog

$$\begin{aligned} r'_e &= r\left(1 + \frac{1}{m}\cdot i\right) + r\left(1 + \frac{2}{m}\cdot i\right) \\ &\quad + \ldots + r\left(1 + \frac{m}{m}\cdot i\right) \\ &= r\left(m + \frac{i}{2}\cdot(m+1)\right). \end{aligned}$$

Definition 27.42

Mit m Rentenzahlungen eines Jahres in Höhe von r und einem Jahreszinssatz von i bezeichnet man bei nachschüssigen Zahlungen

$$r_e = r\left(m + \frac{i}{2}\cdot(m-1)\right)$$

und bei vorschüssigen Zahlungen

$$r'_e = r\left(m + \frac{i}{2}\cdot(m+1)\right)$$

als *jährliche Ersatzzahlung* oder *Ersatzrentenrate*.

Zu beachten ist, dass r_e und r'_e konstruktionsbedingt jeweils am Jahresende anfallen, sie entsprechen also in beiden Fällen einer jährlichen *nachschüssigen* Rentenrate.

Für n volle Jahre sind dann die Formeln für nachschüssige Rentenendwerte und Rentenbarwerte nach Definition 27.39 anzuwenden, indem man r durch r_e bzw. r'_e ersetzt. Graphisch dargestellt ist dies am Beispiel von quartalsweisen vorschüssigen bzw. nachschüssigen Zahlungen in Abbildung 27.3.

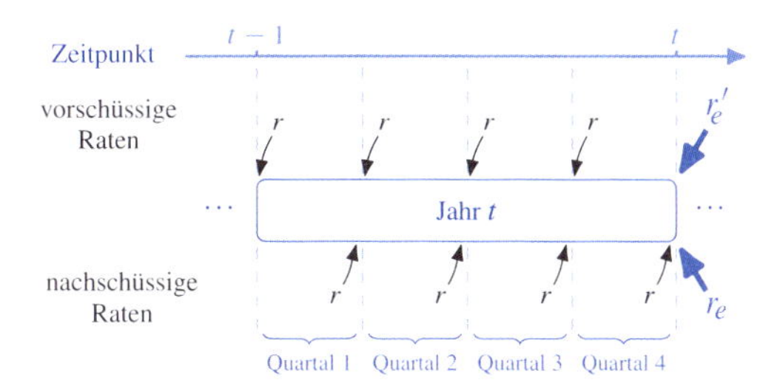

Abbildung 27.3: *Vorschüssige und nachschüssige unterjährige Rentenraten am Beispiel von Quartalszahlungen*

Beispiel 27.43

Für eine Laufzeit von drei Jahren wird bei einem jährlichen Zinssatz von $i = 0.05$ eine monatliche Zahlung von $r = 100$ (Euro) geleistet. Dann erhalten wir

a) bei nachschüssigen Zahlungen:

$$\begin{aligned} r_e &= 100\cdot\left(12 + \frac{0.05\cdot 11}{2}\right) = 1227.50, \\ R_3 &= 1225.50\cdot\frac{1.05^3 - 1}{1.05 - 1} = 3869.69, \\ R_0 &= 3869.69\cdot 1.05^{-3} = 3342.79 \end{aligned}$$

b) bei vorschüssigen Zahlungen:

$$\begin{aligned} r'_e &= 100\cdot\left(12 + \frac{0.05\cdot 13}{2}\right) = 1232.50, \\ R'_3 &= 1232.50\cdot\frac{1.05^3 - 1}{1.05 - 1} = 3885.46, \\ R'_0 &= 3885.46\cdot 1.05^{-3} = 3356.41 \end{aligned}$$

Bei der Behandlung von unterjährigen Renten gemäß der ICMA-Methode berechnet man einen konformen Zinssatz für eine Rentenperiode (z. B. einen Quartalszinssatz), der bei Annahme von Zinszahlungen pro Rentenperiode bei zinseszinslicher Betrachtung zu einem Zinsfaktor q pro Zinsperiode (z. B. einem Jahr) führt (siehe Definition 27.10). Dieser Rentenperiodenzinsfaktor q_m ergibt sich also mittels

$$q_m = \sqrt[m]{q}.$$

Mit q_m kann anschließend in den Rentenformeln nach Definition 27.39 gerechnet werden. Zu beachten ist dabei, dass n dann durch die Anzahl $n \cdot m$ der Rentenperioden ersetzt werden muss, es ergibt sich also bei nachschüssiger Zahlung ein Rentenendwertfaktor von

$$s_n = \frac{\left(\sqrt[m]{q}\right)^{m \cdot n} - 1}{\sqrt[m]{q} - 1} = \frac{q^n - 1}{\sqrt[m]{q} - 1}$$

Aus s_n ergeben sich dann nach Definition 27.39 die nach- bzw. vorschüssigen Rentenend- bzw. -barwerte

$$R_n = r \cdot s_n \qquad R'_n = r \cdot \sqrt[m]{q} \cdot s_n$$
$$R_0 = r \cdot q^{-n} \cdot s_n \qquad R'_0 = r \cdot \sqrt[m]{q} \cdot q^{-n} \cdot s_n$$

Beispiel 27.44

Mit den Werten aus Beispiel 27.43 ergibt sich mit der ICMA-Methode ein konformer Monatszinsfaktor

$$q_m = \sqrt[12]{1.05} \approx 1,00407412378.$$

Damit ist

a) bei nachschüssigen Zahlungen:

$$R_3 \approx 100 \cdot \frac{1.05^3 - 1}{1.004\,074\,123\,78 - 1} = 3868.93$$
$$R_0 \approx 3868.93 \cdot 1.05^{-3} = 3342.13$$

b) bei vorschüssigen Zahlungen:

$$R'_3 \approx 3868.93 \cdot 1.004\,074\,123\,78 = 3884.69,$$
$$R'_0 \approx 3884.69 \cdot 1.05^{-3} = 3355.74$$

Die ICMA-Methode wird aktuell in vielen finanzmathematischen Anwendungen eingesetzt. Weiterführende Ausführungen hierzu findet man beispielsweise bei Tietze (2015) Kap. 3.8.

27.5.3 Veränderliche Renten

Im Zusammenhang mit veränderlichen jährlichen Rentenzahlungen beschränken wir uns auf die wichtigen Spezialfälle von *arithmetisch veränderlichen* und *geometrisch veränderlichen Renten*.

Wird die jeweils nächste Zahlung einer Rente um einen konstanten Betrag d erhöht ($d > 0$) bzw. vermindert ($d < 0$), so erhält man:

Definition 27.45

Für Raten mit

$$r_1 = r\,,$$
$$r_2 = r + d\,,$$
$$\vdots$$
$$r_n = r + (n-1) \cdot d$$

heißt

$$R_n = r \cdot q^{n-1} + (r+d)q^{n-2} + \ldots + \big(r + (n-1)d\big)$$

der *Rentenendwert bei nachschüssig arithmetisch veränderlichen Rentenraten* bzw.

$$R'_n = R_n \cdot q$$

der *Rentenendwert bei vorschüssig arithmetisch veränderlichen Rentenraten*.

Eine explizite Darstellung der Reihe zeigt der folgende

Satz 27.46

Es gilt bei nachschüssig arithmetisch veränderlichen Raten für den Endwert nach n Zahlungen

$$R_n = r \cdot \frac{q^n - 1}{q - 1} + \frac{d}{q - 1}\left(\frac{q^n - 1}{q - 1} - n\right)$$

Beweis

Aus Definition 27.45 folgt für R_n:

$$\begin{aligned}
&rq^{n-1} + (r+d)q^{n-2} + \ldots + (r+(n-1)d) \\
&= r\left(q^{n-1} + \ldots + q + 1\right) \\
&+ d\underbrace{\left(1 \cdot q^{n-2} + 2 \cdot q^{n-3} \ldots + (n-2)q + (n-1)\right)}_{A} \\
&= r \cdot \frac{q^n - 1}{q-1} + d \cdot A
\end{aligned}$$

A berechnen wir durch $qA - A = A(q-1)$:

$$\begin{aligned}
&1q^{n-1} + 2q^{n-2} + \ldots + (n-2)q^2 + (n-1)q^1 \\
&- 1q^{n-2} - \ldots - (n-3)q^2 - (n-2)q^1 - (n-1) \\
&= q^{n-1} + q^{n-2} + \ldots + q + 1 - n \\
&\Rightarrow A(q-1) = \frac{q^n - 1}{q-1} - n \\
&\Rightarrow A = \frac{1}{q-1}\left(\frac{q^n - 1}{q-1} - n\right).
\end{aligned}$$

Für den Endwert bei vorschüssig arithmetisch veränderlichen Raten ergibt sich mit Definition 27.45 und Satz 27.46

$$R'_n = R_n \cdot q$$

und für den nach- bzw. vorschüssigen Barwert

$$\begin{aligned}
R_0 &= R_n \cdot q^{-n} \\
R'_0 &= R'_n \cdot q^{-n} = R_n \cdot q \cdot q^{-n} = R_n \cdot q^{1-n}
\end{aligned}$$

Beispiel 27.47

Für eine Laufzeit von vier Jahren wird bei einem jährlichen Zinssatz von $i = 0.05$ im ersten Jahr nachschüssig eine Rente von 10 000 € bezahlt, die in den drei folgenden Jahren jeweils um 1000 € erhöht wird. Damit erhalten wir

$$\begin{aligned}
R_4 &= 10\,000 \cdot \frac{1.05^4 - 1}{1.05 - 1} \\
&\quad + \frac{1000}{0.05}\left(\frac{1.05^4 - 1}{1.05 - 1} - 4\right) \\
&= 43\,101.25 + 6202.50 \\
&= 49\,303.75
\end{aligned}$$

bzw. für den Barwert

$$R_0 = R_4 \cdot 1.05^{-4} = 40\,562.32$$

Nachfolgend soll die jeweils nächste Zahlung einer Rente durch Multiplikation eines Faktors g mit der vorangegangenen Zahlung errechnet werden.

Definition 27.48

Für Raten

$$r_1 = r, \quad r_2 = rg, \quad \ldots, \quad r_n = rg^{n-1}$$

heißt

$$R_n = rq^{n-1} + rgq^{n-2} + \ldots + rg^{n-1}$$

der *Rentenendwert bei nachschüssig geometrisch veränderlichen Rentenraten* bzw.

$$R'_n = q \cdot R_n$$

der *Rentenendwert bei vorschüssig geometrisch veränderlichen Rentenraten.*

Auch hier lässt sich R_n explizit darstellen.

Satz 27.49

Es gilt bei nachschüssig geometrisch veränderlichen Raten für den Endwert nach n Zahlungen

$$R_n = \begin{cases} r \cdot \dfrac{g^n - q^n}{g - q} & \text{für } g \neq q \\ r \cdot q^{n-1} \cdot n & \text{für } g = q \end{cases}$$

Beweis

Aus Definition 27.48 folgt Im Fall $g \neq q$

$$\begin{aligned}
R_n &= r\sum_{t=0}^{n-1} q^{n-1-t} g^t = rq^{n-1}\sum_{t=0}^{n-1}\left(\frac{g}{q}\right)^t \\
&= r\frac{q^n}{q}\left(\frac{\left(\frac{g}{q}\right)^n - 1}{\frac{g}{q} - 1}\right) = r \cdot \left(\frac{q^n\left(\left(\frac{g}{q}\right)^n - 1\right)}{q \cdot \left(\frac{g}{q} - 1\right)}\right) \\
&= r \cdot \left(\frac{g^n - q^n}{g - q}\right)
\end{aligned}$$

bzw. im Fall $g = q$

$$\begin{aligned}
R_n &= r \cdot \sum_{t=0}^{n-1} q^{n-1-t} \cdot q^t \\
&= r \cdot \sum_{t=0}^{n-1} q^{n-1} = r \cdot q^{n-1} \cdot n\,.
\end{aligned}$$

Für den Rentenendwert bei vorschüssigen Raten gilt damit

$$R'_n = q \cdot R_n = \begin{cases} rq \cdot \dfrac{g^n - q^n}{g - q} & \text{für } g \neq q \\ r \cdot q^n \cdot n & \text{für } g = q \end{cases}$$

und für die Barwerte

$$R_0 = R_n \, q^{-n}$$

bzw.

$$R'_0 = R'_n \, q^{-n} \, .$$

Beispiel 27.50

Für eine Laufzeit von vier Jahren wird bei einem jährlichen Zinssatz von $i = 0.05$ im ersten Jahr vorschüssig eine Rente von 10 000 € bezahlt, die in den drei folgenden Jahren jeweils um 4 % ($g = 1.04$) bzw. 5 % ($g = 1.05$) erhöht wird. Dann erhalten wir für $g = 1.04$ den Rentenendwert

$$\begin{aligned} R'_4 &= 10\,000 \cdot 1.05 \cdot \frac{1.04^4 - 1.05^4}{1.04 - 1.05} \\ &= 47\,930.07 \end{aligned}$$

bzw. den Rentenbarwert

$$R'_0 = 47\,930.07 \cdot 1.05^{-4} = 39\,432.19.$$

Entsprechend ergibt sich für $g = 1.05 = q$

$$R'_4 = 10\,000 \cdot 1.05^4 \cdot 4 = 48\,620.25$$

bzw.

$$R'_0 = 48\,620.25 \cdot 1.05^{-4} = 40\,000.$$

27.5.4 Ewige Renten

Wird für eine Rente kein Endtermin bzw. bei jährlichen Renten kein endlicher Wert für n vereinbart, so spricht man von einer *ewigen Rente*. In diesem Fall macht nur die Betrachtung des Rentenbarwerts Sinn, der Endwert existiert offensichtlich nicht.

Wir betrachten zunächst *ewige Renten bei konstanten Zahlungen*.

Satz 27.51

Mit r als konstanter jährlicher Rentenzahlung sowie $i > 0$ als jährlichem Zinssatz bzw.

$$q = i + 1 > 1$$

gilt bei unendlicher Laufzeit für den *Rentenbarwert bei nachschüssigen* bzw. *vorschüssigen Zahlungen*:

$$R_0 = \frac{r}{i} \qquad \text{bzw.} \qquad R'_0 = \frac{rq}{i}$$

Beweis

Nach Definition 27.39 gilt:

$$\begin{aligned} R_0 &= \lim_{n\to\infty} r \cdot q^{-n} \cdot \frac{q^n - 1}{q - 1} \\ &= \frac{r}{q-1} \cdot \left(1 - \lim_{n\to\infty} q^{-n}\right) \\ &= \frac{r}{q-1} \cdot 1 = \frac{r}{i} \end{aligned}$$

Außerdem ist $R'_0 = R_0 \cdot q$ und damit

$$R'_0 = \frac{rq}{i}.$$

Beispiel 27.52

Ein Betrag von 500 000 € wird zu einem festen Zinssatz von 4 % angelegt. Dann erhalten wir mit dem Anlagebetrag als Barwert einer ewigen Rente eine jährliche nachschüssige Zahlung von

$$r = i \cdot R_0 = 0,04 \cdot 500\,000 = 20\,000$$

bzw. eine jährliche vorschüssige Zahlung von

$$r = \frac{i}{q} \cdot R'_0 = \frac{0.04}{1.04} \cdot 500\,000 = 19\,230.77.$$

Im Vergleich dazu erhält man bei 20-jähriger Laufzeit eine jährliche nachschüssige Zahlung von

$$\begin{aligned} r &= i \cdot R_0 \frac{q^n}{q^n - 1} = 20\,000 \cdot \frac{1.04^{20}}{1.04^{20} - 1} \\ &= 36\,790.88 \end{aligned}$$

bzw. eine jährliche vorschüssige Zahlung von

$$\begin{aligned} r &= i \cdot R_0 \cdot \frac{q^n}{q(q^n - 1)} = 20\,000 \cdot \frac{1.04^{19}}{1.04^{20} - 1} \\ &= 35\,375.84. \end{aligned}$$

Man kann die nachschüssige Rate der unendlichen Rente mit

$$r = R_0 \cdot i$$

auch als den jeweils am Jahresende gezahlten Zins einer Anlagesumme R_0 auffassen. Entnimmt man von dieser Anlage am Jahresende jeweils genau den Zins, bleibt das Kapital (unendlich lange) konstant erhalten.

Eine analoge Überlegung ist für vorschüssige Zahlungen möglich.

Der folgende Satz gibt Aufschluss über *ewige Renten bei arithmetisch und geometrisch veränderlichen Rentenzahlungen*.

Satz 27.53

Bei unbegrenzter Laufzeit und nachschüssiger Zahlung gilt für den Barwert der arithmetisch veränderlichen Rente

$$R_0^d = \frac{r}{i} + \frac{d}{i^2},$$

bzw. für den Barwert der geometrisch veränderlichen Rente:

$$R_0^g = \frac{r}{q-g} \qquad \text{für } g < q$$

$$R_0^g \to \infty \qquad \text{für } g \geq q$$

Beweis

Für $d \in \mathbb{R}$ gilt:

$$\begin{aligned} R_0^d &= \lim_{n\to\infty} R_n^d q^{-n} \\ &= \lim_{n\to\infty} \left(r \cdot \frac{q^n - 1}{q^n \cdot i} + \frac{d}{i} \left(\frac{q^n - 1}{q^n \cdot i} - \frac{n}{q^n} \right) \right) \\ &= r \cdot \frac{1}{i} + \frac{d}{i} \cdot \frac{1}{i} \\ &= \frac{r}{i} + \frac{d}{i^2} \end{aligned}$$

Zur Berechnung von R_0^g unterscheiden wir die Fälle $g = q$ und $g \neq q$.

Für $g = q > 1$ gilt:

$$R_0^g = \lim_{n\to\infty} R_n^g q^{-n} = \lim_{n\to\infty} r \cdot \frac{q^{n-1}}{q^n} \cdot n = \infty$$

Für $g \neq q$ gilt:

$$\begin{aligned} R_0^g &= \lim_{n\to\infty} R_n^g q^{-n} = \lim_{n\to\infty} r \cdot \frac{g^n - q^n}{(g-q) \cdot q^n} \\ &= r \cdot \lim_{n\to\infty} \frac{\left(\frac{g}{q}\right)^n - 1}{g - q} \\ &= \begin{cases} \frac{r}{q-g} & \text{für } \frac{g}{q} < 1 \\ \infty & \text{für } \frac{g}{q} > 1 \end{cases} \end{aligned}$$

Daraus folgt die Behauptung.

Beispiel 27.54

Ein Betrag von 500 000 € wird zum Zinssatz $i = 0.05$ angelegt.

Daraus ergibt sich für eine jährlich nachschüssige ewige Rente

a) bei einer jährlichen Steigerung um 1000 €

$$\begin{aligned} R_0^d &= 500\,000 = \frac{r}{0.05} + \frac{1000}{0.05^2} \\ \Rightarrow\ r &= \left(500\,000 - \frac{1000}{0.0025}\right) \cdot 0.05 \\ &= 5000 \end{aligned}$$

b) und bei einer jährlichen Steigerung um 3 %

$$\begin{aligned} R_0^g &= 500\,000 = \frac{r}{1.05 - 1.03} \\ \Rightarrow\ r &= 500\,000 \cdot 0.02 \\ &= 10\,000 \end{aligned}$$

Für die Rentenzahlungen nach a) ergibt sich nach n Jahren

$$5000 + 1000 \cdot n\,,$$

für die Rentenzahlungen nach b)

$$1000 \cdot 1.03^n\,.$$

27.6 Tilgungsrechnung

Ausgangspunkt der Tilgungsrechnung ist ein von einem Gläubiger (Bank) an einen Schuldner (Bankkunde) ausgeliehener Geldbetrag S, genannt *Schuld*, *Darlehen* oder *Kredit*, der in regelmäßigen Beträgen mit Zinsen bei vorgegebener Laufzeit zurückgezahlt oder *getilgt* werden soll. Die *Annuitäten*, also die Zahlungen an den Gläubiger zum Zeitpunkt t, enthalten dabei reine *Tilgungsbeträge* T_t zur Verminderung der Anfangsschuld S sowie anfallende *Zinsbeträge* Z_t. Den Zeitraum zwischen zwei Rückzahlungen bezeichnet man als *Tilgungsperiode*. Je nachdem, ob die Zahlungen zu Beginn oder am Ende einer Zeitperiode erfolgen, spricht man von *vorschüssiger* oder *nachschüssiger* Tilgung.

Wir beschränken uns im folgenden auf eine ganzzahlige Laufzeit von n Jahren und auf nachschüssige jährliche Tilgung.

Definition 27.55

Für die Jahre $k = 1, \dots, n$ und die Symbole bzw. Bezeichnungen

S	Anfangsschuld, Darlehenssumme
n	Laufzeit in Jahren
T_k	Tilgungsrate am Ende des Jahres k
Z_k	Zinszahlung am Ende des Jahres k
A_k	Annuität ($= T_k + Z_k$)
R_k	Restschuld zu Beginn des Jahres k

erhält man den *Tilgungsplan* in tabellarischer Form:

k	R_k	Z_k	T_k	A_k
1	S	$S \cdot i$	T_1	$T_1 + Z_1$
2	$S - T_1$	$R_2 \cdot i$	T_2	$T_2 + Z_2$
3	$S - T_1 - T_2$	$R_3 \cdot i$	T_3	$T_3 + Z_3$
$\vdots$	$\vdots$	$\vdots$	$\vdots$	$\vdots$
n	$S - T_1 - \ldots - T_{n-1} = T_n$	$T_n \cdot i$	T_n	$T_n + Z_n$

27.6.1 Jährliche Ratentilgung

Definition 27.56

Für $T_1 = \ldots = T_n = T$ bzw.

$$T_k = T = \frac{S}{n}$$

spricht man von *jährlicher Ratentilgung*.

Beispiel 27.57

Für $S = 40\,000$ €, $i = 0.05$, $n = 5$ ergibt sich bei jährlicher Ratentilgung $T = 8000$ sowie nachfolgender Tilgungsplan:

k	R_k	Z_k	T_k	A_k
1	40 000	2000	8000	10 000
2	32 000	1600	8000	9600
3	24 000	1200	8000	9200
4	16 000	800	8000	8800
5	8000	400	8000	8400
Summe		6000	40 000	46 000

Die gesamte Zinsbelastung in 5 Jahren beträgt hier 6000 €.

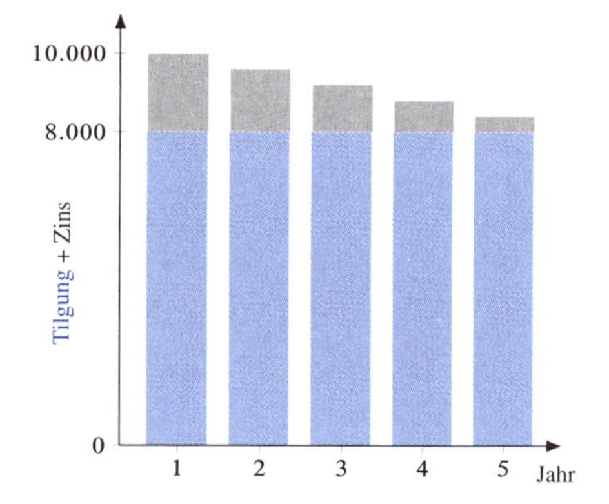

Abbildung 27.4: *Aufteilung der Annuitäten bei Ratentilgung*

Allgemein gilt in Abhängigkeit von S, n, i:

$$\begin{aligned} R_k &= S - (k-1) \cdot T \\ &= nT - (k-1) \cdot T \\ &= (n - k + 1) \cdot T \end{aligned}$$

und damit

$$Z_k = i \cdot R_k = i \cdot (n - k + 1) \cdot T$$

Daraus errechnet man die gesamte Zinsbelastung

$$\begin{aligned} Z &= \sum_{k=1}^{n} Z_k = iT \sum_{k=1}^{n} (n - k + 1) \\ &= iT \cdot \frac{n(n+1)}{2} = iS \cdot \frac{n+1}{2} \end{aligned}$$

27.6.2 Jährliche Annuitätentilgung

Offenbar wird der Schuldner bei jährlicher Ratentilgung in den ersten Tilgungsperioden besonders hoch belastet. Ein Ausweg besteht darin, die Annuitäten während der gesamten Laufzeit konstant zu halten.

Definition 27.58

Für

$$A_1 = A_2 = \ldots = A_n = A$$

mit

$$A = T_k + Z_k$$

spricht man von *jährlicher Annuitätentilgung*.

Hierbei fallen die Zinsbeträge Z_k im Laufe der Zeit und die Tilgungsbeträge T_k nehmen entsprechend zu.

Damit geht es in diesem Fall der Tilgungsrechnung wie in der Rentenrechnung um periodisch konstante nachschüssige Zahlungen. Die Annuitäten A entsprechen also den Renten r, die Anfangsschuld S dem nachschüssigen Rentenbarwert R_0. Da die Anfangsschuld in einer vorgegebenen Laufzeit n zu tilgen ist, ist die Restschuld nach n Jahren gleich 0.

Mit den analogen Formeln der Rentenrechnung folgt damit

Satz 27.59

Für jährliche Annuitätentilgung gelten folgende Beziehungen in Abhängigkeit von s, n, q:

a) $$A = S \cdot q^n \cdot \frac{q-1}{q^n - 1}$$

b) $$\begin{aligned} R_k &= S \cdot q^{k-1} - A \cdot \frac{q^{k-1} - 1}{q-1} \\ &= S \cdot \frac{q^n - q^{k-1}}{q^n - 1} \end{aligned}$$

c) $$\begin{aligned} Z_k &= A - T_k \\ &= A \cdot \left(1 - q^{-n+k-1}\right) \end{aligned}$$

d) $$\begin{aligned} T_k &= A \cdot q^{-n} \cdot q^{k-1} \\ &= T_1 \cdot q^{k-1} \end{aligned}$$

Beweis

(a) folgt aus Satz 27.40 a)

(b) Wir betrachten den Kontostand zweier virtueller Konten. Auf dem ersten wird zum Zeitpunkt $t = 0$ die Schuldsumme S eingezahlt, auf das zweite Konto werden jährlich nachschüssig die Annuitäten A einbezahlt. Die Differenz der beiden Kontostände nach $k-1$ Jahren bei einem jährlichen Zinsfaktor von q entspricht dann der Restschuld des Annuitätenkredits zu Beginn des k-ten Jahres, also

$$R_k = \underbrace{S \cdot q^{k-1}}_{\text{1. Konto}} - \underbrace{A \cdot \frac{q^{k-1} - 1}{q-1}}_{\text{2. Konto}}$$

Ersetzt man in diesem Ausdruck A durch die Formel aus (a), ergibt sich:

$$\begin{aligned} R_k &= S \cdot q^{k-1} - S \cdot q^n \cdot \frac{q-1}{q^n-1} \cdot \frac{q^{k-1}-1}{q-1} \\ &= S \cdot \left(\frac{q^{k-1} \cdot (q^n - 1)}{q^n - 1} - \frac{q^n \cdot (q^{k-1} - 1)}{q^n - 1} \right) \\ &= S \cdot \frac{q^{k-1+n} - q^{k-1} - q^{n+k-1} + q^n}{q^n - 1} \\ &= S \cdot \frac{q^n - q^{k-1}}{q^n - 1} \end{aligned}$$

(c) Aus (b) und (a) folgt:

$$\begin{aligned} Z_k &= i \cdot R_k = i \cdot S \cdot \frac{q^n - q^{k-1}}{q^n - 1} \\ &= i \cdot A \cdot q^{-n} \frac{q^n - 1}{q-1} \cdot \frac{q^n - q^{k-1}}{q^n - 1} \\ &= A \cdot q^{-n} \cdot \left(q^n - q^{k-1}\right) \\ &= A \cdot \left(1 - q^{-n+k-1}\right) \end{aligned}$$

(d) Mit (c) sieht man schnell:

$$\begin{aligned} T_k &= A - Z_k = A - A \cdot \left(1 - q^{-n+k-1}\right) \\ &= A \cdot q^{-n+k-1} \\ &= A \cdot q^{-n} \cdot q^{k-1} = T_1 q^{k-1} \\ &\qquad \text{wegen } T_1 = A \cdot q^{-n} \end{aligned}$$

Für die gesamte Zinsbelastung ergibt sich bei jährlicher Annuitätentilgung damit

$$\begin{aligned} Z &= \sum_{k=1}^{n} Z_k = nA - \sum_{k=1}^{n} T_k = n \cdot A - S \\ &= S \cdot \left(n \cdot q^n \frac{q-1}{q^n - 1} - 1 \right). \end{aligned}$$

Beispiel 27.60

Für

$$S = 40\,000\,€\,, \qquad i = 0.05\,,$$
$$n = 5$$

ergibt sich bei jährlicher Annuitätentilgung gerundet

$$A = 40\,000 \cdot 1,05^5 \cdot \frac{0.05}{1.05^5 - 1} = 9238.99\ €$$

sowie folgender Tilgungsplan

k	R_k	Z_k	T_k	A_k
1	40 000.00	2000.00	7238.99	9238.99
2	32 761.01	1638.05	7600.94	9238.99
3	25 160.07	1258.00	7980.99	9238.99
4	17 179.08	858.95	8380.04	9238.99
5	8799.04	439.95	8799.04	9238.99
Summe		6194.95	40 000.00	46 194.95

Die gesamte Zinsbelastung in 5 Jahren beträgt hier 6194.95 € .

Die sich ändernde Aufteilung der Annuitäten in Tilgungs- und Zinszahlungen zeigt die folgende Abbildung 27.5.

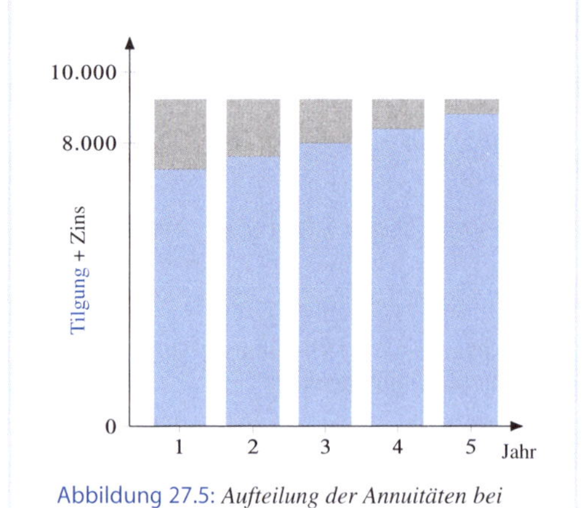

Abbildung 27.5: *Aufteilung der Annuitäten bei Annuitätentilgung*

Typische Annuitätendarlehen sind Hypothekenkredite, deren Annuität oft von der finanziellen Leistungsfähigkeit des Kreditnehmers abhängt. Man vereinbart dann meistens eine Anfangstilgung als kleinen Prozentsatz der Schuldsumme. Die Vertragslaufzeit ist bei solchen Hypothekenkrediten dann kürzer als die Laufzeit n, die bis zur Gesamttilgung nötig wäre, typisch sind Verträge mit Zinsbindung von 5, 10 oder 15 Jahren.

Beispiel 27.61

Für $S = 300\,000\,€$, $i = 0.03$ wird ein jährlich nachschüssig zu bedienender annuitätischer Hypothekenkredit mit einer Anfangstilgung von 1 % und einer Vertragslaufzeit von 15 Jahren vereinbart. Gesucht ist der Tilgungsplan der Jahre 11 bis 15. Es ergibt sich eine Annuität von

$$A = 300\,000 \cdot (0.03 + 0.01) = 12\,000\,€.$$

Die Restschuld zu Beginn des 11. Jahres ist nach Satz 27.59 b)

$$R_{11} = 300\,000 \cdot 1.03^{10} - 12\,000 \cdot \frac{1.03^{10} - 1}{1.03 - 1} \approx 265\,608.36$$

Damit ist der gesuchte Tilgungsplan

k	R_k	Z_k	T_k	A_k
11	265 608.36	7968.25	4031.75	12 000
12	261 576.61	7847.30	4152.70	12 000
13	257 423.91	7722.72	4277.28	12 000
14	253 146.63	7594.40	4405.60	12 000
15	248 741.03	7462.23	4537.77	12 000
16	244 203.26			

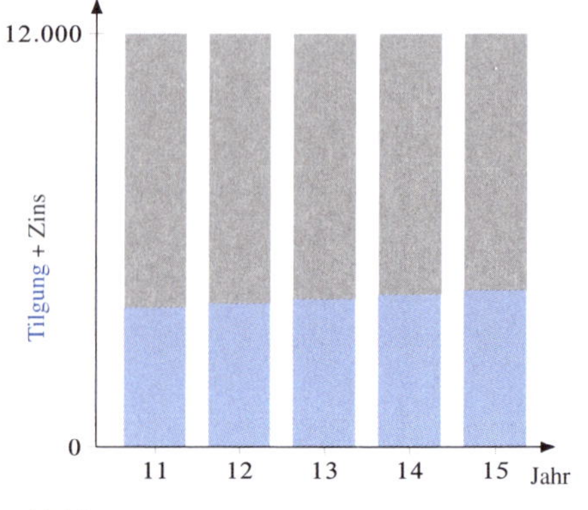

Abbildung 27.6: *Aufteilung der Annuitäten in den Jahren 11 bis 15*

Bei Vertragsende verbleibt also eine Restschuld von 244 203.26 €. Würde man den Vertrag bis zur vollständigen Tilgung zum gleichen Zinssatz fortschreiben, würde sich aus Satz 27.40 a) und

$$A = S \cdot q^n \cdot \frac{q-1}{q^n-1} \quad \Leftrightarrow \quad \frac{q^n-1}{q^n} = \frac{S \cdot i}{A}$$
$$\Leftrightarrow 1 - q^{-n} = \frac{S \cdot i}{A} \quad \Leftrightarrow \quad q^{-n} = 1 - \frac{S \cdot i}{A}$$

eine Gesamtlaufzeit von

$$\begin{aligned} n &= -\frac{1}{\ln q} \cdot \left(1 - \frac{S \cdot i}{A}\right) \\ &= -\frac{1}{\ln 1.03} \cdot \left(1 - \frac{300\,000 \cdot 0.03}{12\,000}\right) \\ &\approx 46.90 \text{ Jahren} \end{aligned}$$

ergeben. In Abbildung 27.7 ist die Entwicklung der Zinsen und Tilgungsanteile in den 47 Laufzeitjahren dargestellt. Darin kann man auch den exponentiellen Verlauf der Tilgungsraten gemäß Satz 27.59 d) gut erkennen.

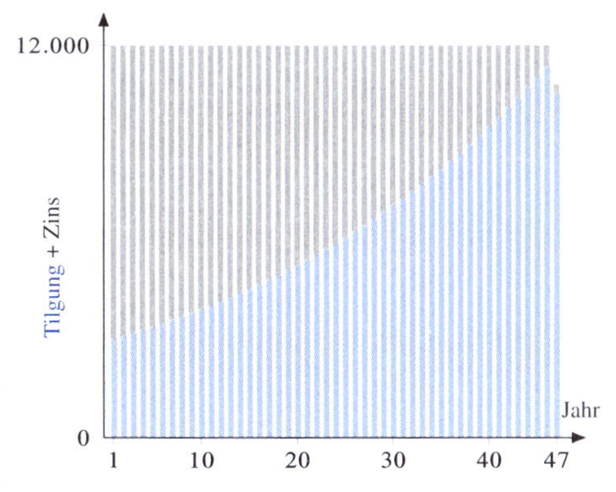

Abbildung 27.7: *Aufteilung der Annuitäten über die komplette Laufzeit*

Weitere Modifikationen dieses Ansatzes erwähnen wir ohne genauere Behandlung:

- *Unterjährige Annuitätentilgung*: Entsprechend der Rentenrechnung (Abschnitt 27.5.2) sind pro Jahr mehrere Annuitäten zu zahlen, während die Zinsabrechnung jährlich fällig ist.
- Im Gegensatz zur nachschüssigen Tilgung ist auch die Betrachtung *vorschüssiger Zahlungen* möglich.

27.7 Kursrechnung

Wir betrachten in diesem Abschnitt *festverzinsliche Wertpapiere*, die an Börsen gehandelt werden. Mit dem Kauf eines solchen Papiers im Ausgabe- oder *Emissionszeitpunkt* $t = 0$ bezahlt der Investor pro 100 € *Nennwert* einen Preis C_0, den sogenannten *Emissionskurs*. Damit erwirbt er während der Laufzeit von n Jahren das Recht auf jährlich nachschüssige Zinszahlungen in Höhe von c, den sogenannten *Kuponzahlungen*, dabei entspricht c dem nominellen Jahresprozentzinssatz des Nennwertes. Am Ende der Laufzeit erhält der Investor die Rückzahlung des eingesetzten Kapitals zum *Rückgabekurs* C_n. Man spricht hier von *gesamtfälligen Wertpapieren*.

Für den nachschüssigen Fall ist die Situation in Abbildung 27.8 dagestellt.

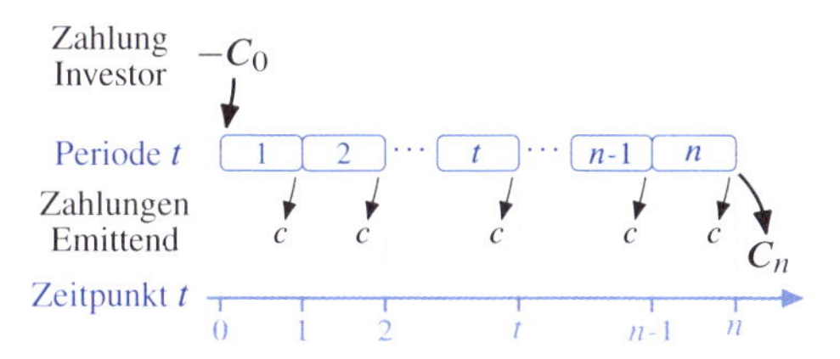

Abbildung 27.8: *Gesamtfällige, festverzinsliche Wertpapiere mit Emissionskurs C_0, Rücknahmekurs C_n und nachschüssigen Kuponzahlungen c*

Auch im Fall der Kursrechnung geht es also ähnlich wie in der Renten- oder Tilgungsrechnung um die Bewertung von gewissen Zahlungsströmen. In Anlehnung an die Rentenrechnung formulieren wir einige wesentliche Aussagen.

27.7.1 Kurs und Rendite

Satz 27.62

Für den Emissionskurs C_0, den Rücknahmekurs C_n, die Laufzeit von n Jahren, die jährliche Kuponzahlung c sowie den *Marktzinsfaktor* $q = 1 + i$ mit der *Rendite* i gilt:

a) $$C_0 = c \cdot q^{-n} \cdot \frac{q^n - 1}{q - 1} + q^{-n} \cdot C_n$$

Für den aktuellen Wert des Wertpapiers C_t' zum Zeitpunkt t gilt der Zusammenhang:

b) $$C_t' = q^t C_0 = c \cdot q^{t-n} \cdot \frac{q^n - 1}{q - 1} + q^{t-n} \cdot C_n$$

Beweis

(a) Nach Definition 27.39 gilt für den Rentenbarwert bei nachschüssiger Rente

$$R_0 = r \cdot q^{-n} \cdot \frac{q^n - 1}{q - 1}.$$

Für die Kursrechnung ersetzen wir die Rentenzahlungen r durch die Kuponzahlungen c und berücksichtigen zusätzlich den Rücknahmekurs C_n, der auf den Emissionskurs abzuzinsen ist, daraus folgt die Behauptung.

(b) folgt aus (a) mit $C_t' = q^t \cdot C_0$. Insbesondere gilt auch $C_0' = C_0$ sowie

$$C_n' = c\frac{q^n - 1}{q - 1} + C_n.$$

Beispiel 27.63

Für ein gesamtfälliges festverzinsliches Wertpapier mit vierjähriger Laufzeit und einer Kuponzahlung von 5 € auf den Nennwert von 100 € gilt ein Rücknahmekurs von $C_n = 100$ €. Dann ergeben sich bei alternativen Renditen von 0.04 bzw. 0.06 unterschiedliche Emissionskurse.

$$q = 1.04 \Rightarrow C_0 = \frac{5}{1.04^4} \cdot \frac{1.04^4 - 1}{0.04} + \frac{100}{1.04^4} = 103.63$$

$$q = 1.06 \Rightarrow C_0 = \frac{5}{1.06^4} \cdot \frac{1.06^4 - 1}{0.06} + \frac{100}{1.06^4} = 96.53$$

Andererseits gilt für die aktuellen Werte des Wertpapiers mit $C_t' = q^t \cdot C_0$ $(t = 1, 2, 3, 4)$ für $q = 1.04$ bzw. 1.06 in Abhängigkeit der errechneten Emissionskurse

t	1	2	3	4
$C_t'(1.04)$	107.78	112.09	116.57	121.23
$C_t'(1.06)$	102.33	108.47	114.97	121.87

Offenbar liegt der Emissionskurs $C_0 = 103.63$ über dem Rücknahmekurs $C_n = 100$, falls der zur Rendite $i = 0.04$ gehörige Prozentzinssatz $p = 4$ kleiner als die Kuponzahlung $c = 5$ ist. Entsprechend liegt der Emissionskurs $C_0 = 96.54$ unter dem Rücknahmekurs $C_n = 100$, falls der zur Rendite $i = 0.06$ gehörige Prozentzinssatz $p = 6$ größer als die Kuponzahlung $c = 5$ ist.

Allgemein lässt sich folgende Aussage beweisen.

Satz 27.64

Für die *Kursformel*

$$\begin{aligned} C_0 &= c \cdot q^{-n} \cdot \frac{q^n - 1}{q - 1} + q^{-n} \cdot C_n \\ &= c \cdot q^{-n}(q^{n-1} + \ldots + 1) + q^{-n} \cdot C_n \\ &= c \cdot (q^{-1} + \ldots + q^{-n}) + q^{-n} \cdot C_n \end{aligned}$$

mit der Rendite $i = q - 1$ bzw. dem zur Rendite gehörigen Prozentsatz $p = 100 \cdot i$, C_0 als Emissionskurs, C_n als Rücknahmekurs sowie der jährlichen Kuponzahlung c gilt:

$$C_0 = \frac{c}{p} \cdot 100 \cdot (1 - q^{-n}) + C_n \cdot q^{-n}$$

Beweis

$$\begin{aligned} C_0 &= c \cdot q^{-n} \cdot \frac{q^n - 1}{\frac{p}{100}} + q^{-n} \cdot C_n \\ &= \frac{c}{p} \cdot 100 \cdot q^{-n} \cdot (q^n - 1) + q^{-n} \cdot C_n \\ &= \frac{c}{p} \cdot 100 \cdot (1 - q^{-n}) + q^{-n} \cdot C_n\,. \end{aligned}$$

Daraus folgt insbesondere:

- Der Emissionskurs C_0 wächst mit dem Rücknahmekurs C_n.
- Für $c = p$ gilt

  $$C_0 = 100 + q^{-n} \cdot (C_n - 100)$$
  $$\text{bzw. } C_0 = 100 \text{ für } C_n = 100\,.$$

  Entspricht also der zur Rendite gehörige Prozentzinssatz p mit der Kuponzahlung überein, so ergibt sich C_0 aus der Addition des Nennwerts 100 und dem Barwert der Differenz von Rücknahmekurs und Nennwert.
- Für $c > p$ gilt

  $$C_0 > 100 + q^{-n} \cdot (C_n - 100)$$
  $$\text{bzw. } C_0 > 100 \text{ für } C_n = 100\,.$$
- Für $c < p$ gilt

  $$C_0 < 100 + q^{-n} \cdot (C_n - 100)$$
  $$\text{bzw. } C_0 < 100 \text{ für } C_n = 100\,.$$

27.7.2 Zeitwert und Duration

Der aktuelle Wert des Papiers $C'_t = q^t \cdot C_0$ wächst mit t und q.

Für $q_1 < q_2$ bzw. $\frac{1}{q_1} > \frac{1}{q_2}$ gilt

$$C'_n(q_1) < C'_n(q_2)$$

bzw. nach Satz 27.64

$$\begin{aligned} C_0(q_1) &= c \cdot (q_1^{-1} + \ldots + q_1^{-n}) + q_1^{-n} \cdot C_n \\ &> c \cdot (q_2^{-1} + \ldots + q_2^{-n}) + q_2^{-n} \cdot C_n \\ &= C_0(q_2) . \end{aligned}$$

Damit stellt sich die Frage, zu welchem Zeitpunkt der aktuelle Zeitwert in Abhängigkeit der Rendite bei einer kleinen Renditeänderung stabil ist. Offenbar entspricht dieser Zeitpunkt gerade der Duration d (Definition 27.28).

Satz 27.65

Für die Duration d ergibt sich bei einem festverzinslichen Wertpapier in Abhängigkeit von q:

$$d = \frac{c \cdot \sum_{t=1}^{n-1} t \cdot q^{-t} + n \cdot (c + C_n) \cdot q^{-n}}{C_0(q)}$$

Beweis

Nach Satz 27.62 erhalten wir den aktuellen Wert des Papiers nach d Jahren bei einem Emissionskurs $C_0(q)$ mit

$$\begin{aligned} C'_d(q) &= q^d \cdot C_0(q) \\ &= q^d \left(c \cdot q^{-n} \cdot \frac{q^n - 1}{q - 1} + q^{-n} \cdot C_n \right) \\ &= q^d \cdot \Big(c \cdot q^{-n} \cdot \left(q^{n-1} + q^{n-2} + \ldots + 1 \right) \\ &\qquad + q^{-n} \cdot C_n \Big) \\ &= q^d \cdot \Big(c \cdot \left(q^{-1} + q^{-2} + \ldots + q^{-n} \right) \\ &\qquad + q^{-n} \cdot C_n \Big) \\ &= c \cdot q^d \cdot \sum_{t=1}^{n-1} q^{-t} + q^{d-n} \cdot (c + C_n) \end{aligned}$$

bzw.

$$C_0(q) = c \cdot \sum_{t=1}^{n-1} q^{-t} + q^{-n} \cdot (c + C_n)$$

Im Vergleich mit dem Zeitwert eines beliebigen Zahlungsstroms A_t $(t = 0, 1, \ldots, n)$ zum Zeitpunkt d

$$K_d = q^d \cdot \sum_{i=0}^{n} A_t \cdot q^{-t} \qquad \text{(Definition 27.22)}$$

setzen wir $A_0 = 0$, $A_t = c$ für $t = 1, \ldots, n-1$ und

$$A_n = c + C_n .$$

Dann ergibt sich nach Satz 27.29 wegen

$$\begin{aligned} d &= \frac{\sum_{t=0}^{n} t A_t q^{-t}}{\sum_{t=0}^{n} A_t q^{-t}} \\ &= \frac{1}{K_0(q)} \sum_{t=0}^{n} t A_t q^{-t} \\ &= \frac{\sum_{t=0}^{n-1} t \cdot c \cdot q^{-t} + n \cdot (c + C_n) \cdot q^{-n}}{\sum_{t=1}^{n-1} c \cdot q^{-t} + (c + C_n) \cdot q^{-n}} \\ &= \frac{1}{C_0(q)} \cdot \left(c \cdot \sum_{t=1}^{n-1} t \cdot q^{-t} + n \cdot (c + C_n) \cdot q^{-n} \right) \end{aligned}$$

die Behauptung.

Beispiel 27.66

Mit den Daten und Ergebnissen aus Beispiel 27.63 erhält man für $q = 1.04$

$$\begin{aligned} d &= \frac{5}{103.63} \left(1.04^{-1} + 2 \cdot 1.04^{-2} + 3 \cdot 1.04^{-3} \right) \\ &\quad + \frac{4 \cdot 105}{103.63} \cdot 1.04^{-4} \qquad \approx 3.729 \end{aligned}$$

also ca. 3 Jahre, 8 Monate, 22 Tage.

Für $q = 1.06$ ergibt sich

$$\begin{aligned} d &= \frac{5}{96.53} \left(1.06^{-1} + 2 \cdot 1.06^{-2} + 3 \cdot 1.06^{-3} \right) \\ &\quad + \frac{4 \cdot 105}{96.53} \cdot 1.06^{-4} \qquad \approx 3.718 \end{aligned}$$

also ca. 3 Jahre, 8 Monate, 18 Tage.

27.7.3 Näherungsformeln für die Rendite

Bei gegebenem Emissionskurs C_0, Kuponzahlungen c, Laufzeit n sowie dem Rücknahmekurs C_n stellt sich die Frage nach der Rendite des Wertpapiers. Mit der Kursformel

$$C_0 = c \cdot q^{-n} \cdot \frac{q^n - 1}{q - 1} + C_n \cdot q^{-n}$$

aus Satz 27.62 (a) erhält man durch einfache Umformungen eine Gleichung in q gemäß:

$$C_0 \cdot q^{n+1} - (C_0 + c) \cdot q^n - C_n \cdot q + (C_n + c) = 0$$

Da in diesem Fall eine Gleichung $n + 1$-ten Grades zu lösen ist, weisen wir auf zwei vereinfachende Näherungsverfahren hin, die in der Praxis geläufig sind.

Definition 27.67

Die sogenannte Formel für die *laufende Verzinsung* berücksichtigt einen vom Nennwert 100 abweichenden Kurs C. Es gilt

$$i' = \frac{c}{C}$$

a) Bei der sogenannten *Bankenformel*

$$q_a = 1 + \frac{c}{C} + \frac{C_n - C}{100 \cdot n}$$

wird neben der laufenden Verzinsung die Rückzahlungsdifferenz zu gleichen Teilen auf die Laufzeit verteilt und auf den Nennwert bezogen.

b) Bei der *Börsenformel*

$$q_b = 1 + \frac{c}{C} + \frac{C_n - C}{C \cdot n}$$

wird neben der laufenden Verzinsung die Rückzahlungsdifferenz auf die Laufzeit verteilt und auf den Kurs C bezogen.

Offenbar gilt damit:

$$q_a < q_b \quad \Leftrightarrow \quad C < 100$$

Beispiel 27.68

Mit den Daten und Ergebnissen aus Beispiel 27.63 erhält man mit $C_0 = 103.63$

$$i' = \frac{5}{103.63} \approx 0.0482$$

$$q_a = 1.0482 + \frac{100 - 103.63}{100 \cdot 4} = 1.039\,13$$

$$q_b = 1.0482 + \frac{100 - 103.63}{103.63 \cdot 4} = 1.039\,44$$

Nach Beispiel 27.63 beträgt der exakte Wert der Rendite $q = 1.04$.

Für $C_0 = 96.53$ erhält man $i' \approx 0.0518$ und damit

$$q_a = 1.0518 + \frac{100 - 96.53}{100 \cdot 4} = 1.060\,47$$

$$q_b = 1.0518 + \frac{100 - 96.53}{96.53 \cdot 4} = 1.060\,78$$

Der korrekte Wert beträgt hier $q = 1.06$ (siehe Beispiel 27.63).

Tendenziell werden die Zinsfaktoren q_a für die Bankenformel bzw. q_b für die Börsenformel bei einem Kurs von $C = C_0 > 100$ unterschätzt, bei einem Kurs von $C = C_0 < 100$ überschätzt.

Relevante Literatur

Albrecht, Peter (2014). *Finanzmathematik für Wirtschaftswissenschaftler: Grundlagen, Anwendungsbeispiele, Fallstudien, Aufgaben und Lösungen*. 3. Aufl. Schäffer-Poeschel

Hettich, Günter u. a. (2012). *Mathematik für Wirtschaftswissenschaftler und Finanzmathematik*. 11. Aufl. De Gruyter Oldenbourg, Kap. 2

Kruschwitz, Lutz (2010). *Finanzmathematik: Lehrbuch der Zins-, Renten-, Tilgungs-, Kurs- und Renditerechnung*. 5. Aufl. De Gruyter Oldenbourg

Locarek-Junge, Hermann (1997). *Finanzmathematik: Lehr- und Übungsbuch*. 3. Aufl. De Gruyter Oldenbourg

Luderer, Bernd und Würker, Uwe (2014). *Einstieg in die Wirtschaftsmathematik*. 9. Aufl. Springer Gabler, Kap. 3

Renger, Klaus (2016). *Finanzmathematik mit Excel: Grundlagen – Beispiele – Lösungen*. 4. Aufl. Springer Gabler

Tietze, Jürgen (2015). *Einführung in die Finanzmathematik: Klassische Verfahren und neuere Entwicklungen: Effektivzins- und Renditeberechnung, Investitionsrechnung, Derivative Finanzinstrumente*. 12. Aufl. Springer Spektrum

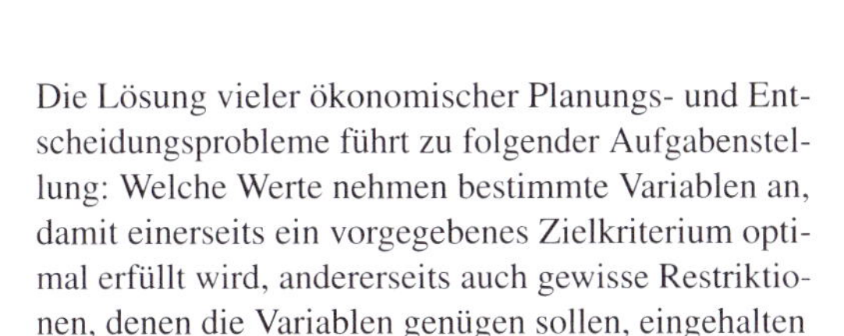

Lineare Optimierung

Die Lösung vieler ökonomischer Planungs- und Entscheidungsprobleme führt zu folgender Aufgabenstellung: Welche Werte nehmen bestimmte Variablen an, damit einerseits ein vorgegebenes Zielkriterium optimal erfüllt wird, andererseits auch gewisse Restriktionen, denen die Variablen genügen sollen, eingehalten werden?

Hängt das Zielkriterium von n Planungs- oder Entscheidungsvariablen $x_1, \ldots, x_n$ ab, so kann es im einfachsten Fall als lineare Abbildung der Form

$$f\colon \mathbb{R}^n \to \mathbb{R}$$

mit

$$f(x_1, \ldots, x_n) = c_1 x_1 + \ldots + c_n x_n$$

dargestellt werden (Abschnitt 18.1, Definition 18.2). Die Restriktionen oder Nebenbedingungen, welche die Variablen erfüllen müssen, haben oft die Form von linearen Gleichungen und Ungleichungen, beispielsweise in Anlehnung an Abschnitt 17.2, Definition 17.4:

$$\begin{array}{ccccccccc} a_{11}x_1 & + & a_{12}x_2 & + & \ldots & + & a_{1n}x_n & = & b_1 \\ a_{21}x_1 & + & a_{22}x_2 & + & \ldots & + & a_{2n}x_n & = & b_2 \\ \vdots & & \vdots & & & & \vdots & & \vdots \\ a_{m1}x_1 & + & a_{m2}x_2 & + & \ldots & + & a_{mn}x_n & = & b_m \end{array}$$

Im Fall von Ungleichungen sind Gleichheitszeichen durch $\leq$ bzw. $\geq$ zu ersetzen.

Die lineare Optimierung ist ein zentrales Thema für Vorlesungen über mathematische Planungsverfahren und Operations Research. Für eine übersichtliche Darstellung dieses Gebietes verweisen wir auf Domschke u. a. (2015) Kap. 2, 4. Hier begnügen wir uns mit wesentlichen Grundlagen.

So beginnen wir in Abschnitt 28.1 mit gebräuchlichen Darstellungsformen, wichtigen Anwendungen sowie einigen Beispielen, welche sich mit der Lösbarkeit linearer Optimierungsaufgaben auseinandersetzen.

Im Fall von zwei Planungsvariablen x_1, x_2 sind lineare Optimierungsaufgaben graphisch lösbar.

Anschließend behandeln wir in den Abschnitten 28.2, 28.3 und 28.4 das Standardmaximierungsproblem und das Standardminimierungsproblem, den Simplexalgorithmus als geeignetes Lösungsverfahren sowie Grundlagen der Dualität beider Standardprobleme. Zur Behandlung von beliebigen linearen Optimierungsproblemen wird in Abschnitt 28.5 die Zweiphasenmethode diskutiert. In Abschnitt 28.6 schließen wir mit einigen Überlegungen zu linearen Transportproblemen.

28.1 Darstellungsformen, Anwendungen, Lösbarkeit

Definition 28.1

Eine lineare Optimierungsaufgabe bzw. ein *lineares Optimierungsproblem* ist charakterisiert durch eine *lineare Zielfunktion* der Form

$$f\colon \mathbb{R}^n \to \mathbb{R}$$

mit

$$f(x_1, \ldots, x_n) = c_1 x_1 + \ldots + c_n x_n$$

sowie $m \geq 1$ *Nebenbedingungen* in Form von *linearen Gleichungen* oder *Ungleichungen*

$$\begin{array}{cccc} a_{11}x_1 + a_{12}x_2 + \ldots + a_{1n}x_n & \underset{(\leq,\geq)}{=} & b_1 \\ a_{21}x_1 + a_{22}x_2 + \ldots + a_{2n}x_n & \underset{(\leq,\geq)}{=} & b_2 \\ \vdots & & \vdots \\ a_{m1}x_1 + a_{m2}x_2 + \ldots + a_{mn}x_n & \underset{(\leq,\geq)}{=} & b_m, \end{array}$$

ferner *Nichtnegativitätsbedingungen* $x_j \geq 0$ (für alle/einige/kein $j = 1, \ldots, n$).

DOI: 10.1515/9783110475333-028

Gesucht ist ein Vektor $\boldsymbol{x} \in \mathbb{R}^n$, der allen Nebenbedingungen genügt und für die Zielfunktion einen maximalen oder minimalen Wert liefert.

Je nachdem spricht man von einer linearen *Maximierungs-* oder *Minimierungsaufgabe*.

In *matrizieller Form* schreibt man:

$$\begin{aligned} \boldsymbol{c}^T\boldsymbol{x} &\rightarrow \max\,(\min) \\ \boldsymbol{A}\boldsymbol{x} &\underset{(\leq,\geq)}{=} \boldsymbol{b} \end{aligned}$$

$$(\text{evtl. } \boldsymbol{x} \geq \boldsymbol{0})$$

Dabei bezeichnet man mit

$\boldsymbol{c}^T = (c_1, \ldots, c_n)$
den Vektor der *Zielfunktionskoeffizienten*,

$\boldsymbol{b}^T = (b_1, \ldots, b_m)$
den Vektor der *Beschränkungsparameter*,

$\boldsymbol{A} = (a_{ij})_{m,n}$
die *Koeffizientenmatrix* der Nebenbedingungen,

$\boldsymbol{x}^T = (x_1, \ldots, x_n)$
den Vektor der *Entscheidungsvariablen*, auch als *Strukturvariablen* bezeichnet.

Jeder Vektor $\boldsymbol{x} \in \mathbb{R}^n$, der alle Nebenbedingungen erfüllt, heißt *zulässige Lösung*, die Menge

$$Z = \{\boldsymbol{x} \in \mathbb{R}\colon\ \boldsymbol{x} \text{ erfüllt alle Nebenbedingungen}\}$$

Zulässigkeitsbereich. Jeder Vektor $\boldsymbol{x}^* \in Z$, der $\boldsymbol{c}^T\boldsymbol{x}$ maximiert bzw. minimiert, heißt *optimale Lösung*, die Menge

$$Z^* = \{\boldsymbol{x}^* \in Z\colon\ \boldsymbol{c}^T\boldsymbol{x}^* = \max\,(\min)\ \boldsymbol{c}^T\boldsymbol{x}\}$$

Optimalbereich.

Für spätere Überlegungen erweist es sich als zweckmäßig, sogenannte Standardprobleme vorzustellen.

Definition 28.2

Ein *Standardmaximumproblem* hat die Form

$$\boldsymbol{c}^T\boldsymbol{x} \rightarrow \max \quad \text{mit} \quad \boldsymbol{A}\boldsymbol{x} \leq \boldsymbol{b},\ \boldsymbol{x} \geq \boldsymbol{0},$$

ein *Standardminimumproblem* hat die Form

$$\boldsymbol{c}^T\boldsymbol{x} \rightarrow \min \quad \text{mit} \quad \boldsymbol{A}\boldsymbol{x} \geq \boldsymbol{b},\ \boldsymbol{x} \geq \boldsymbol{0}.$$

Eine *lineare Optimierungsaufgabe in Normalform* ist gegeben durch

$$\boldsymbol{c}^T\boldsymbol{x} \rightarrow \max \quad \text{mit} \quad \boldsymbol{A}\boldsymbol{x} = \boldsymbol{b},\ \boldsymbol{x} \geq \boldsymbol{0}.$$

Offenbar lässt sich jede vorgegebene lineare Optimierungsaufgabe in jede der drei Standardformen überführen.

Satz 28.3

Es gelten die Äquivalenzen:

$$\begin{aligned} \boldsymbol{c}^T\boldsymbol{x} \rightarrow \max &\quad\Leftrightarrow\quad -\boldsymbol{c}^T\boldsymbol{x} \rightarrow \min \\ \boldsymbol{A}\boldsymbol{x} \leq \boldsymbol{b} &\quad\Leftrightarrow\quad -\boldsymbol{A}\boldsymbol{x} \geq -\boldsymbol{b} \\ \boldsymbol{A}\boldsymbol{x} = \boldsymbol{b} &\quad\Leftrightarrow\quad (\boldsymbol{A}\boldsymbol{x} \leq \boldsymbol{b} \text{ und } \boldsymbol{A}\boldsymbol{x} \geq \boldsymbol{b}) \end{aligned}$$

Im Fall von zwei Entscheidungsvariablen x_1, x_2 kann die Aufgabenstellung graphisch dargestellt und gelöst werden.

Beispiel 28.4 (Produktionsplanung)

Eine Unternehmung stellt zwei Produkte P_1, P_2 her. Die Produktquantitäten x_1, x_2 unterliegen folgenden Beschränkungen:

Für eine Einheit von P_1 sind eine Einheit eines bestimmten Produktionsfaktors F sowie zwei Arbeitsstunden erforderlich und für eine Einheit von P_2 drei Einheiten des Faktors F sowie eine Arbeitsstunde. Für beide Produkte treten die Stückkosten 1 auf. Es stehen 15 Einheiten des Faktors F zur Verfügung sowie 12 Arbeitsstunden, ferner beträgt das Kostenbudget 7 Geldeinheiten.

Für die Produkte P_1, P_2 werden Deckungsbeiträge in Höhe von 4 bzw. 5 Geldeinheiten geschätzt. Die Quantitäten x_1, x_2 sind dabei deckungsbeitragsmaximal zu bestimmen.

Man erhält die lineare Zielfunktion

$$g\colon \mathbb{R}_+^2 \to \mathbb{R}^1$$

mit

$$g(\boldsymbol{x}) = 4x_1 + 5x_2 \to \max$$

sowie die linearen Nebenbedingungen

$$\begin{aligned} x_1 + 3x_2 &\le 15 \quad \text{(Vorrat Produktionsfaktor } F\text{)} \\ 2x_1 + x_2 &\le 12 \quad \text{(Arbeitsstundenkapazität } A\text{)} \\ x_1 + x_2 &\le 7 \quad \text{(Kostenbudget } K\text{)} \\ x_1, x_2 &\ge 0 \quad \text{(Nichtnegativitätsbedingungen)} \end{aligned}$$

und damit eine lineare Optimierungsaufgabe.

Für den Zulässigkeitsbereich ergibt sich

$$Z = \{(x_1, x_2) \in \mathbb{R}_+^2 : x_1 + 3x_2 \le 15,\ 2x_1 + x_2 \le 12,\ x_1 + x_2 \le 7 \}.$$

Da nur zwei Variablen vorliegen, ist eine graphische Lösung möglich. Dazu stellen wir zunächst die Nebenbedingungen im x_1-x_2-Koordinatensystem in Abbildung 28.1 dar.

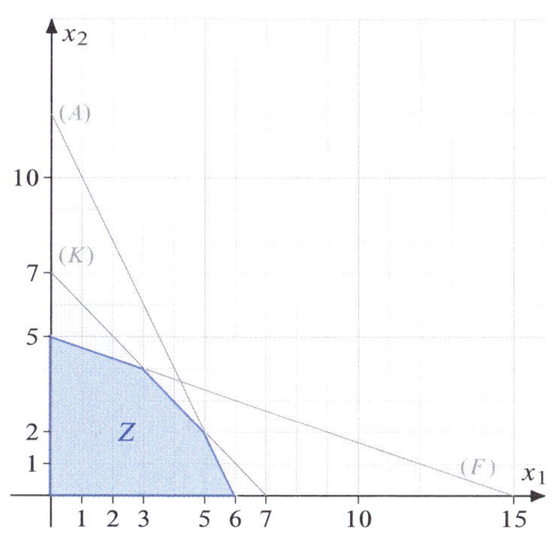

Abbildung 28.1: *Graphische Darstellung des Zulässigkeitsbereichs Z*

Anschließend fügen wir die Deckungsbeiträge

$$g(\boldsymbol{x}) = c$$

für

$$c = 0,\ 12,\ 20,\ 32,\ 40$$

als Geraden ein (Abbildung 28.2).

Abbildung 28.2: *Graphische Darstellung einiger Deckungsbeiträge*

Jede Gerade mit

$$g(\boldsymbol{x}) = 4x_1 + 5x_2 = c$$

hat die Steigung $s = -4/5$, also sind alle Geraden mit $c \in \mathbb{R}$ parallel. Ein Anwachsen von c ist äquivalent zu einer entsprechenden Verschiebung der Geraden nach rechts oben in Richtung des Pfeils ↗ (Abbildung 28.2). Man spricht auch von *Isodeckungsbeitragslinien*.

Ein Deckungsbeitrag von $g(\boldsymbol{x}) = c$ ist genau dann erzielbar, wenn die entsprechende Gerade mindestens einen Punkt mit Z gemeinsam hat. Aus Abbildung 28.2 erhält man beispielsweise die folgenden Werte:

$\boldsymbol{x}^T$	(0, 0)	(3, 0)	(5, 0)	(0, 4)
$g(\boldsymbol{x})$	0	12	20	20
$\boldsymbol{x}^T$	(8, 0)	(3, 4)	(5, 4)	
$g(\boldsymbol{x})$	32	32	40	

Dabei sind $(8, 0), (5, 4) \notin Z$. Der Deckungsbeitrag ist genau dort maximal, wo die Isodeckungsbeitragslinie den Bereich Z rechts oben verlässt. Wir erhalten die optimale Lösung

$$(x_1, x_2) = (3, 4) \quad \text{mit} \quad g(3, 4) = 32.$$

Beispiel 28.5 (Mischungsproblem)

Drei Gase mit jeweils bekanntem Schwefelgehalt (g/m^3) und Heizwert ($1000\,kcal/m^3$) sollen so gemischt werden, dass ein Mischgas mit einem Schwefelgehalt von höchstens $2\,g/m^3$ und einem Heizwert von mindestens $2000\,kcal/m^3$ entsteht. Die Preise der drei Gase seien 0.1, 0.3, 0.2 €/m^3. Schwefelgehalt und Heizwerte der Gase sind in der folgenden Tabelle aufgelistet:

Gas	1	2	3	Mischgas
Schwefelgehalt (g/m^3)	2	1	3	≤ 2
Heizwert ($1000\,kcal/m^3$)	1	2	4	≥ 2

Mit der Zielsetzung Kostenminimierung und den variablen Anteilen x_1, x_2, x_3 für das Mischgas erhalten wir die lineare Zielfunktion $k: \mathbb{R}^3_+ \to \mathbb{R}$ mit

$$k(x_1, x_2, x_3) = 0.1x_1 + 0.3x_2 + 0.2x_3 \to \min$$

sowie die linearen Nebenbedingungen

$$\begin{aligned} 2x_1 + x_2 + 3x_3 &\leq 2 \quad \text{(Schwefelgehalt } S) \\ x_1 + 2x_2 + 4x_3 &\geq 2 \quad \text{(Heizwert } H) \\ x_1 + x_2 + x_3 &= 1 \quad \text{(Mischungsbedingung } M) \\ x_1, x_2, x_3 &\geq 0 \quad \text{(Nichtnegativitätsbedingungen).} \end{aligned}$$

Um eine graphische Analyse im $\mathbb{R}^2_+$ zu ermöglichen, ist eine der Variablen zu eliminieren. Aus der Nebenbedingung (M) folgt beispielsweise $x_1 = 1 - x_2 - x_3$. Damit gilt:

$$\begin{aligned} (S) \quad & 2(1 - x_2 - x_3) + x_2 + 3x_3 \\ & = 2 - x_2 + x_3 \leq 2 \\ & \text{bzw.} \quad -x_2 + x_3 \leq 0 \\ (H) \quad & (1 - x_2 - x_3) + 2x_2 + 4x_3 \\ & = 1 + x_2 + 3x_3 \geq 2 \\ & \text{bzw.} \quad x_2 + 3x_3 \geq 1 \\ (M) \quad & x_2 + x_3 \leq 1 \quad \text{wegen} \quad x_1 \geq 0 \end{aligned}$$

Ferner gilt $x_2, x_3 \geq 0$ und für die Zielfunktion:

$$\begin{aligned} \hat{k}(x_2, x_3) &= 0.1(1 - x_2 - x_3) + 0.3x_2 + 0.2x_3 \\ &= 0.1 + 0.2x_2 + 0.1x_3 \end{aligned}$$

Für den Zulässigkeitsbereich ergibt sich:

$$Z = \{(x_2, x_3) \in \mathbb{R}^2_+ : x_3 \leq x_2, \; x_2 + 3x_3 \geq 1, \; x_2 + x_3 \leq 1 \}$$

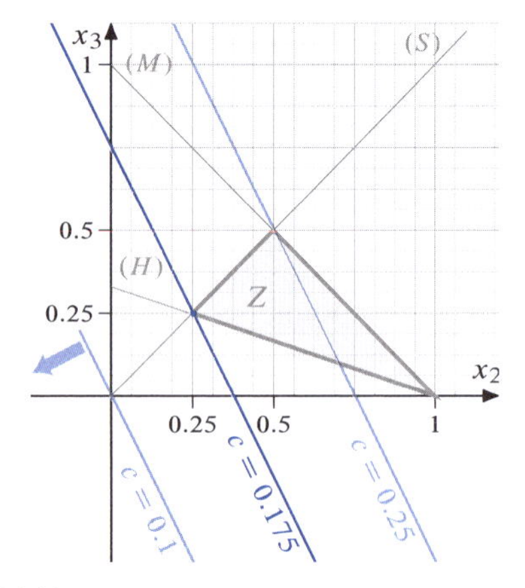

Abbildung 28.3: *Graphische Darstellung des Mischungsproblems*

Die Gerade

$$\hat{k}(x_2, x_3) = 0.1 + 0.2x_2 + 0.1x_3 = c$$

hat die Steigung $s = -2$ für alle $c \in \mathbb{R}$. Eine Verringerung von c ist hier gleichbedeutend mit einer parallelen Verschiebung der Geraden nach links unten in Richtung des Pfeils (siehe Abbildung 28.3). Der Kostenwert $\hat{k}(x_2, x_3) = c$ ist genau dann realisierbar, wenn die entsprechende *Isokostenlinie* mindestens einen Punkt mit Z gemeinsam hat. Aus Abbildung 28.3 erhält man beispielsweise folgende Werte:

(x_2, x_3)	$\hat{k}(x_2, x_3)$
(0, 0)	0.1
(0.25, 0.25)	0.175
(0.5, 0.5)	0.25
(1, 0)	0.3

Die Kosten sind genau dort minimal, wo die Isokostenlinie den Bereich nach links unten verlässt. Wir erhalten aus Abbildung 28.3 die Lösung $(x_2, x_3) = (0.25, 0.25)$ mit $\hat{k}(x_2, x_3) = 0.175$.

Daraus ergibt sich für das ursprüngliche Mischungsproblem wegen $x_1 = 1 - x_2 - x_3$ die Lösung $(x_1, x_2, x_3) = (0.5, 0.25, 0.25)$ mit $k(x_1, x_2, x_3) = 0.175$.

Der Zielfunktionswert bleibt bei Resubstitution also unverändert.

Dieses Beispiel zeigt, dass lineare Optimierungsprobleme für eine Kombination von Gleichungen und Ungleichungen in den Nebenbedingungen genau dann graphisch im $\mathbb{R}^2$ behandelt werden können, wenn die Anzahl der Variablen mit Hilfe vorhandener Gleichungen auf zwei reduzierbar ist.

Dennoch ist die Existenz von Lösungen nicht generell gesichert.

Nachfolgend beschreiben wir einige typische Anwendungsgebiete.

Produktionsplanung

Problemstellung:
Deckungsbeitragsmaximale Herstellung von n Produkten mit m Produktionsfaktoren

Entscheidungsvariablen und Inputparameter:

x_j = Produktionsquantität von Produkt j $(j = 1, \ldots, n)$

b_i = Kapazität des Produktionsfaktors i $(i = 1, \ldots, m)$

a_{ij} = Verbrauch von Produktionsfaktor i für eine Einheit von Produkt j

c_j = Deckungsbeitrag für eine Einheit von Produkt j

Zielfunktion:

$$c_1x_1 + \ldots + c_nx_n \to \max$$

Nebenbedingungen:

$$\begin{aligned} a_{11}x_1 + \ldots + a_{1n}x_n &\le b_1 \\ \vdots \qquad\qquad \vdots\ &\quad \vdots \\ a_{m1}x_1 + \ldots + a_{mn}x_n &\le b_m \\ x_1, \ldots, x_n &\ge 0 \end{aligned}$$

Mischungsproblem

Problemstellung:
Kostenminimale Mischung von n Substanzen aus m Rohstoffen

Entscheidungsvariablen und Inputparameter:

x_j = Mischungsanteil von Substanz j $(j = 1, \ldots, n)$

b_i = Mindestanteil von Rohstoff i $(i = 1, \ldots, m)$ in der Mischung

a_{ij} = Anteil von Rohstoff i an einer Einheit von Substanz j

c_j = Kosten für eine Einheit von Substanz j

Zielfunktion:

$$c_1x_1 + \ldots + c_nx_n \to \min$$

Nebenbedingungen:

$$\begin{aligned} a_{11}x_1 + \ldots + a_{1n}x_n &\ge b_1 \\ \vdots \qquad\qquad \vdots\ &\quad \vdots \\ a_{m1}x_1 + \ldots + a_{mn}x_n &\ge b_m \\ x_1 + \ldots + x_n &= 1 \\ x_1, \ldots, x_n &\ge 0 \end{aligned}$$

Aufteilungsproblem

Problemstellung:
Ertragsmaximale Aufteilung von Budgets und Kapazitäten auf n Aktivitäten

Entscheidungsvariablen und Inputparameter:

x_j = Aktivitätsniveau j $(j = 1, \ldots, n)$

B = verfügbares Budget für alle Aktivitäten

K = verfügbare Kapazität für alle Aktivitäten

p_j = Kosten für eine Einheit von Aktivität j

q_j = maximaler Prozentsatz für Aktivitätsniveau j

c_j = Ertrag für eine Einheit von Aktivität j

Zielfunktion:

$$c_1x_1 + \ldots + c_nx_n \to \max$$

Nebenbedingungen:

$$\begin{aligned} p_1x_1 + \ldots + p_nx_n &\le B \\ x_1 + \ldots + x_n &\le K \\ x_j &\le \tfrac{q_j}{100} \cdot K \quad (j = 1, \ldots, n) \\ x_1, \ldots, x_n &\ge 0 \end{aligned}$$

Transportproblem

Problemstellung (Beispiel 17.3):
Kostenminimaler Transport eines Gutes von m Angebotsorten zu n Bedarfsorten

Entscheidungsvariablen und Inputparameter:

x_{ij} = Transportquantität von Angebotsort i nach Bedarfsort j ($i = 1, \dots, m$; $j = 1, \dots, n$)

a_i = Angebot am Ort i ($i = 1, \dots, m$)

b_j = Bedarf am Ort j ($j = 1, \dots, n$)

c_{ij} = Transportkosten einer Einheit von Angebotsort i nach Bedarfsort j

Zielfunktion:

$$\sum_{i=1}^{m} \sum_{j=1}^{n} c_{ij} x_{ij} \to \min$$

Nebenbedingungen:

$$\sum\nolimits_{j=1}^{n} x_{ij} \le a_i\,, \quad (i = 1, \dots, m) \qquad \sum\nolimits_{i=1}^{m} x_{ij} \ge b_j \quad (j = 1, \dots, n)$$

$$x_{11}, \dots, x_{mn} \ge 0$$

Mit den folgenden Beispielen werden wir die Existenz von Lösungen linearer Optimierungsprobleme graphisch veranschaulichen.

Beispiel 28.6

Optimierungsproblem

$$\begin{aligned} x_1 + x_2 &\to \max && (ZF) \\ x_1 + 2x_2 &\le 2 && (A) \\ 2x_1 + 3x_2 &\ge 6 && (B) \\ x_1, x_2 &\ge 0 \end{aligned}$$

Graphische Darstellung:

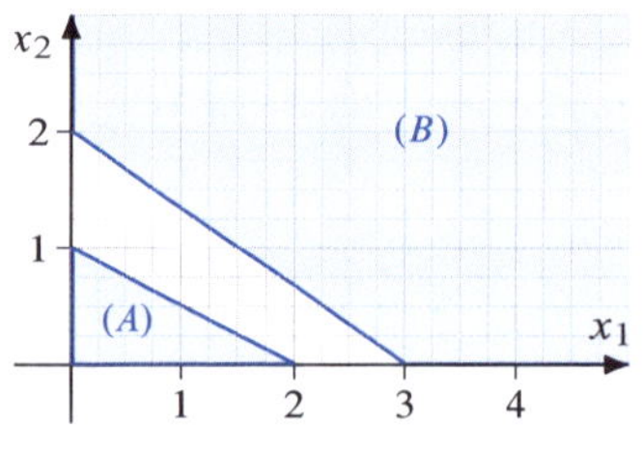

Abbildung 28.4: *Graphische Darstellung von Beispiel 28.6*

Hier gilt: $Z = \emptyset \Rightarrow Z^* = \emptyset$
$\Rightarrow$ das Problem ist unlösbar.

Beispiel 28.7

Optimierungsproblem

$$\begin{aligned} x_1 - x_2 &\to \max && (ZF) \\ x_1 + x_2 &\le 2 && (A) \\ x_1, x_2 &\ge 0 \end{aligned}$$

Graphische Darstellung:

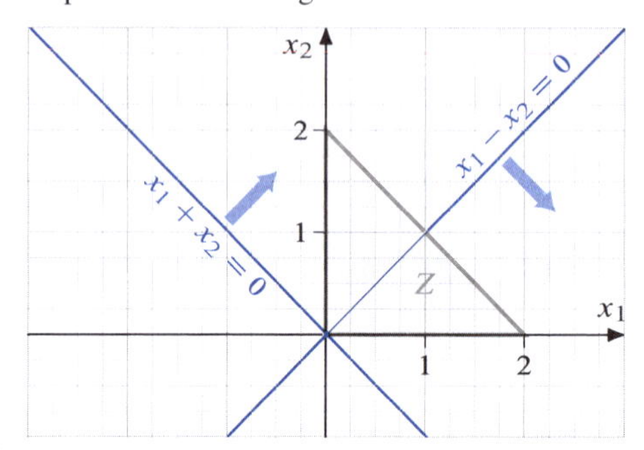

Abbildung 28.5: *Graphische Darstellung von Beispiel 28.7*

Es gilt:

$$Z \neq \emptyset, \text{ beschränkt} \Rightarrow Z^* \neq \emptyset, \text{ beschränkt.}$$

Das Problem ist eindeutig lösbar mit

$$(\boldsymbol{x}^*)^T = (2, 0), \quad x_1^* - x_2^* = 2\,.$$

Ersetzt man obige Zielfunktion durch

$$x_1 + x_2 \to \max,$$

so erhält man (Abbildung 28.5) eine aus unendlich vielen optimalen Lösungen bestehende Konvexkombination

$$\boldsymbol{x}^* \ge \boldsymbol{0} \text{ mit } x_1^* + x_2^* = 2$$

bzw.

$$Z^* = \left\{ \boldsymbol{x}^* \in \mathbb{R}^2 : \boldsymbol{x}^* = \lambda \begin{pmatrix} 0 \\ 2 \end{pmatrix} + (1 - \lambda) \begin{pmatrix} 2 \\ 0 \end{pmatrix}, \ \lambda \in [0, 1] \right\}.$$

Beispiel 28.8

Optimierungsproblem

$$\begin{aligned} x_1 + x_2 &\to \max & (ZF) \\ x_1 - x_2 &\leq 1 & (A) \\ -2x_1 + x_2 &\leq 2 & (B) \\ x_1, x_2 &\geq 0 \end{aligned}$$

Graphische Darstellung:

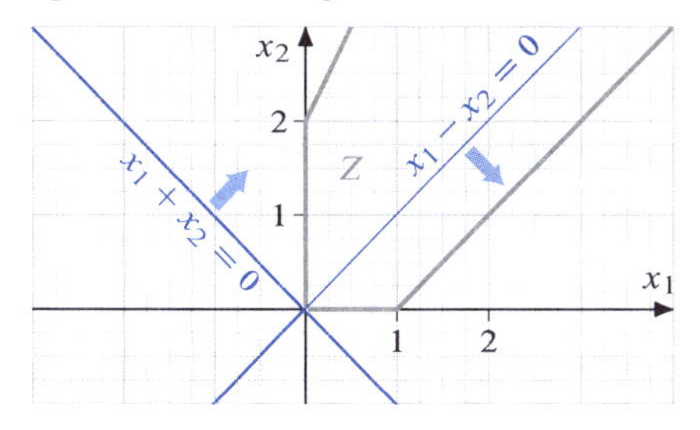

Abbildung 28.6: *Grafische Darstellung von Beispiel 28.8*

Es gilt: $Z \neq \emptyset$, unbeschränkt

- Mit $x_1 + x_2 \to \max$ gilt
  $Z^* = \emptyset, \quad \max(x_1 + x_2) = \infty$
- Mit $x_1 - x_2 \to \max$ gilt (Abbildung 28.6)
  $Z^* \neq \emptyset$ und unbeschränkt:
  Es existieren unendlich viele optimale Lösungen $\boldsymbol{x}^* \geq \boldsymbol{0}$ mit $x_1^* - x_2^* = 1$, die auf der Halbgeraden am Rand der Nebenbedingung (A) liegen:

$$Z^* = \left\{\boldsymbol{x}^* \in \mathbb{R}^2 : \boldsymbol{x}^* = \begin{pmatrix}1\\0\end{pmatrix} + \lambda \begin{pmatrix}1\\1\end{pmatrix}, \lambda \geq 0\right\}$$

- Mit $x_1 + x_2 \to \min$ gilt
  $Z^* \neq \emptyset$ und beschränkt:
  Es existiert genau eine optimale Lösung $\boldsymbol{x}^* = \boldsymbol{0}$.

Für lineare Optimierungsprobleme können damit folgende Fälle auftreten:

a) Das Optimierungsproblem besitzt genau eine Lösung (Beispiel 28.7, 28.8).

b) Das Optimierungsproblem besitzt unendlich viele Lösungen (Beispiel 28.7, 28.8).

c) Das Optimierungsproblem besitzt keine Lösung (Beispiel 28.6, 28.8).

Zur Lage der Optimallösungen sind gegebenenfalls weitere Aussagen nützlich. Dabei beschränken wir uns auf den Fall, dass der Zulässigkeitsbereich ein konvexes Polyeder darstellt (Definition 15.23) und damit endlich viele Eckpunkte besitzt (Satz 15.31).

Satz 28.9

Der zulässige Bereich eines linearen Optimierungsproblems sei ein konvexes Polyeder. Dann gilt:

a) Die Zielfunktion nimmt ihr Maximum bzw. Minimum jeweils in mindestens einem Eckpunkt an.

b) Existieren mehrere optimale Eckpunkte $\boldsymbol{x}_1, \ldots, \boldsymbol{x}_s$, so ist auch jede Konvexkombination

$$\boldsymbol{x}_0 = \sum_{i=1}^{s} r_i \boldsymbol{x}_i \quad \text{mit}$$
$$r_i \geq 0 \; (i = 1, \ldots, s), \quad \sum_{i=1}^{s} r_i = 1$$

optimal.

Beweis

a) Wir betrachten ein Maximierungsproblem und nehmen an, dass keiner der endlich vielen Eckpunkte $\boldsymbol{x}_1, \ldots, \boldsymbol{x}_k$ optimal ist.
Dann existiert ein $\boldsymbol{x} \in Z$ mit $\boldsymbol{c}^T\boldsymbol{x} > \boldsymbol{c}^T\boldsymbol{x}_i$ für alle $i = 1, \ldots, k$.
Andererseits ist $\boldsymbol{x}$ als Konvexkombination der Eckpunkte darstellbar, also $\boldsymbol{x} = \sum_{i=1}^k r_i \boldsymbol{x}_i$ mit $r_i \geq 0$ $(i = 1, \ldots, k)$ und $\sum_{i=1}^k r_i = 1$. Mit

$$\begin{aligned} \boldsymbol{c}^T\boldsymbol{x} &= \sum_{i=1}^k r_i \boldsymbol{c}^T\boldsymbol{x} > \sum_{i=1}^k r_i \boldsymbol{c}^T\boldsymbol{x}_i \\ &= \boldsymbol{c}^T \sum_{i=1}^k r_i \boldsymbol{x}_i = \boldsymbol{c}^T\boldsymbol{x} \end{aligned}$$

erhalten wir einen Widerspruch, also ist mindestens ein Eckpunkt maximal (Beispiel 28.7).
Für ein Minimierungsproblem ersetzen wir die Symbole „>" durch „<".

b) Mit der Gleichung

$$\boldsymbol{c}^T\boldsymbol{x}_0 = \boldsymbol{c}^T \sum_{i=1}^{s} r_i \boldsymbol{x}_i = \sum_{i=1}^{s} r_i \boldsymbol{c}^T\boldsymbol{x}_i = \boldsymbol{c}^T\boldsymbol{x}_i$$

für $i = 1, \ldots, s$

ist die Optimalität von $\boldsymbol{x}_0$ nachgewiesen (Beispiel 28.7).

28.2 Simplexalgorithmus und Standardmaximumproblem

Der sogenannte Simplexalgorithmus dient zunächst der Lösung des Standardmaximumproblems und basiert auf dem Gauß-Jordan-Algorithmus zur Lösung linearer Gleichungssysteme (Kapitel 16, Satz 16.24 bzw. Kapitel 17, Satz 17.7).

Ausgehend von einem Standardmaximumproblem (Definition 28.2) mit $\boldsymbol{b} \geq \boldsymbol{0}$ erhalten wir durch Einführung zusätzlicher Variablen

$$y_1, \ldots, y_m \geq 0,$$

den sogenannten *Schlupfvariablen*, das Gleichungssystem

$$\begin{array}{llllll}
a_{11}x_1 + \ldots + a_{1n}x_n & + y_1 & & & & = b_1 \\
a_{21}x_1 + \ldots + a_{2n}x_n & & + y_2 & & & = b_2 \\
\vdots & & & \ddots & & \vdots \\
a_{m1}x_1 + \ldots + a_{mn}x_n & & & & + y_m & = b_m \\
c_1x_1 + \ldots + c_nx_n & + 0y_1 + & \ldots & & + 0y_m & = c
\end{array}$$

mit

$$\begin{array}{ll}
x_i \geq 0 & (i = 1, \ldots, n), \\
y_j \geq 0 & (j = 1, \ldots, m), \\
c \to \max .
\end{array}$$

In Matrix-Schreibweise schreibt man kurz

$$\begin{aligned}
\boldsymbol{A}\boldsymbol{x} + \boldsymbol{E}\boldsymbol{y} &= \boldsymbol{b} \\
\boldsymbol{c}^T\boldsymbol{x} \quad &= c
\end{aligned}$$

mit $\boldsymbol{x} \geq \boldsymbol{0}$, $\boldsymbol{y} \geq \boldsymbol{0}$, $c \to \max$.
Dabei gilt

$$\begin{array}{ll}
\boldsymbol{c}, \boldsymbol{x} \in \mathbb{R}^n, & \boldsymbol{b}, \boldsymbol{y} \in \mathbb{R}^m, \\
\boldsymbol{A} = (a_{ij})_{m,n}, & \boldsymbol{E} = (e_{ij})_{m,m} \text{ (Einheitsmatrix)}.
\end{array}$$

Nach Kapitel 17, Definition 17.18 heißt nun eine zulässige Lösung $(\boldsymbol{x}, \boldsymbol{y}) \in \mathbb{R}^{n+m}$ des Gleichungssystems

$$\boldsymbol{A}\boldsymbol{x} + \boldsymbol{E}\boldsymbol{y} = \boldsymbol{b}$$

Basislösung, wenn n Variablen gleich 0 sind und die zu den restlichen m Variablen gehörenden Spaltenvektoren der Matrix $(\boldsymbol{A}, \boldsymbol{E})$ linear unabhängig sind. Diese m Variablen nennt man *Basisvariablen*, die übrigen n Variablen *Nichtbasisvariablen*.

In einem Standardmaximumproblem mit $\boldsymbol{b} \geq \boldsymbol{0}$ erhält man damit wegen der linearen Unabhängigkeit der Spaltenvektoren von $\boldsymbol{E}$ stets die nichtnegative Startbasislösung $(\boldsymbol{x}, \boldsymbol{y}) \in \mathbb{R}^{n+m}$ mit

$$\boldsymbol{x} = \boldsymbol{0} \text{ und } \boldsymbol{y} = \boldsymbol{b} \geq \boldsymbol{0}.$$

In einer graphischen Darstellung entspricht diese Basislösung dem Nullpunkt. Weitere Basislösungen ergeben sich durch Basistransformationen (Sätze 16.9, 16.11, Beispiele 16.12, 16.13) mit Hilfe des Gauß-Jordan-Algorithmus.

Ferner erhält man einen wichtigen Zusammenhang zwischen den Basislösungen und der graphischen Deutung.

Satz 28.10

$(\boldsymbol{x}, \boldsymbol{y}) \geq (\boldsymbol{0}, \boldsymbol{0})$ ist eine Basislösung des Systems

$$\boldsymbol{A}\boldsymbol{x} + \boldsymbol{E}\boldsymbol{y} = \boldsymbol{b}$$

$\Leftrightarrow$ $\boldsymbol{x}$ ist Eckpunkt von

$$Z = \{\boldsymbol{x} \in \mathbb{R}^n : \boldsymbol{A}\boldsymbol{x} \leq \boldsymbol{b}\}.$$

Zum Beweis verweisen wir auf Neumann und Morlock 2002, Kap. 1.1.

Offenbar entspricht eine Basistransformation einem Übergang von einer Ecke zu einer benachbarten Ecke. Wir erläutern das Vorgehen zunächst mit Hilfe der Daten von Beispiel 28.4.

Beispiel 28.11

Gegeben sei das Gleichungssystem

$$\begin{array}{llllll}
① & x_1 + 3x_2 + y_1 & & & = 15 \\
② & 2x_1 + x_2 & + y_2 & & = 12 \\
③ & x_1 + x_2 & & + y_3 & = 7 \\
Ⓩ_1 & 4x_1 + 5x_2 & & & = 0
\end{array}$$

mit der Startbasislösung

$$(x_1, x_2, y_1, y_2, y_3) = (0, 0, 15, 12, 7)$$

und dem Zielfunktionswert 0. Die Gleichungen ①, ②, ③ entsprechen den ursprünglichen Nebenbedingungen, die Gleichung Z_1 der Zielfunktion. Der Vektor (y_1, y_2, y_3) enthält die Basisvariablen, der Vektor (x_1, x_2) die Nichtbasisvariablen.

Zur Steigerung des Zielfunktionswertes führen wir eine Basistransformation durch, indem wir eine Basisvariable gegen eine Nichtbasisvariable austauschen. Wir wählen x_2, da die Verbesserung des Zielfunktionswertes je Einheit von x_2 höher ist als bei x_1. Für $x_1 = 0$ folgt für die Nebenbedingungen:

$$\begin{aligned} &(1) \quad 3x_2 + y_1 = 15 \\ &(2) \quad x_2 + y_2 = 12 \\ &(3) \quad x_2 + y_3 = 7 \end{aligned}$$

Wegen $x_1, x_2, y_1, y_2, y_3 \geq 0$ kann x_2 aus (1) von 0 auf 5 erhöht werden. Damit erhält man durch Einsetzen eine neue Basislösung der Form

$$(x_1, x_2, y_1, y_2, y_3) = (0, 5, 0, 7, 2)$$

mit den Basisvariablen x_2, y_2, y_3 und den Nichtbasisvariablen x_1, y_1.

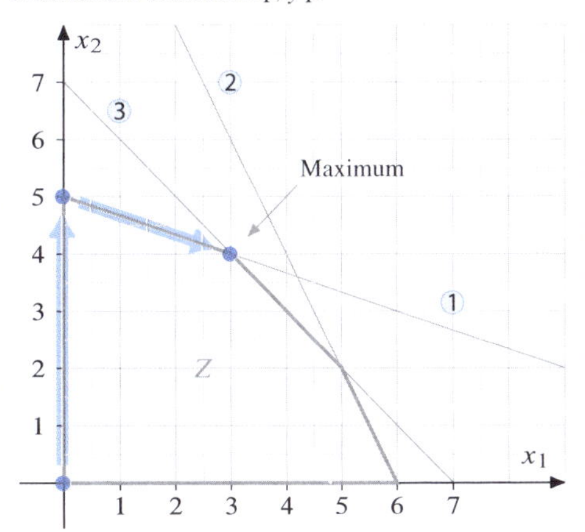

Abbildung 28.7: *Basistransformation mit dem Simplexalgorithmus*

Die durchgeführte Basistransformation führt vom Nullpunkt entlang des Pfeils (Abbildung 28.7) bis zum Punkt (0, 5), der wieder einer Ecke des Zulässigkeitsbereichs Z entspricht. Damit ist die Nebenbedingung (1) ausgeschöpft, nicht jedoch die Nebenbedingungen (2) und (3). Hier ergeben sich freie Kapazitäten mit den Schlupfvariablen $y_2 = 7$ für (2) bzw. $y_3 = 2$ für (3). Für die Zielfunktion (Z₁) berechnet man $0x_1 + 5x_2 = 25$.

Die einzelnen Schritte zur Durchführung einer Basistransformation und der Berechnung des zugehörigen Zielfunktionswertes können mit Hilfe des sogenannten *Simplextableaus* übersichtlich dargestellt werden.

Der Unterschied zum Gauß-Jordan-Algorithmus besteht darin, dass die vorzunehmende Basistransformation im Sinne wachsender Zielfunktionswerte festgelegt ist. Das nachfolgende *Starttableau* orientiert sich an dem vorgegebenen Gleichungssystem $\boldsymbol{Ax} + \boldsymbol{Ey} = \boldsymbol{b}$ mit:

$$\boldsymbol{A} = \begin{pmatrix} 1 & 3 \\ 2 & 1 \\ 1 & 1 \end{pmatrix}, \quad \boldsymbol{E} = \begin{pmatrix} 1 & 0 & 0 \\ 0 & 1 & 0 \\ 0 & 0 & 1 \end{pmatrix}, \quad \boldsymbol{b} = \begin{pmatrix} 15 \\ 12 \\ 7 \end{pmatrix}$$

Zeile	x_1	x_2	y_1	y_2	y_3	$\boldsymbol{b}$
(1)	1	(3)	1	0	0	15
(2)	2	1	0	1	0	12
(3)	1	1	0	0	1	7
(Z₁)	−4	−5	0	0	0	0

Basisvariablen:	y_1, y_2, y_3
Nichtbasisvariablen:	x_1, x_2
Basislösung:	(0, 0, 15, 12, 7)
Zielfunktionswert:	0

Entsprechend zum *Gauß-Jordan-Algorithmus* (Kapitel 16.3) wird durch die Festlegung des Pivotelements (3) die Basistransformation bestimmt. Dabei ist die Basisvariable y_1 gegen die Nichtbasisvariable x_2 auszutauschen. Mit der zugehörigen Pivotspalte wählen wir die Nichtbasisvariable x_2, die pro Einheit den Zielfunktionswert (Zeile (Z₁)) maximal erhöht. Die Pivotzeile orientiert sich an den rechten Seiten der Nebenbedingungen (Spalte $\boldsymbol{b}$), die einen Engpass für die Höhe der ausgewählten Nichtbasisvariablen darstellen. Zu ermitteln ist der minimale nichtnegative Quotient von Koeffizienten der rechten Seite und korrespondierenden Koeffizienten der Pivotspalte, im Beispiel Nebenbedingung (1).

Die Basistransformation erfolgt dann durch elementare Zeilenumformungen (Kapitel 16, Satz 16.24 bzw. Kapitel 17, Satz 17.7). Dafür wird eine zusätzliche Spalte eingeführt, die zeilenweise die erforderliche Operation anzeigt.

Operation
$^1/_3 \cdot$ (1)
(2) $-$ $^1/_3 \cdot$ (1)
(3) $-$ $^1/_3 \cdot$ (1)
(Z₁) $+$ $^5/_3 \cdot$ (1)

Es entsteht eine in den Spaltenpositionen veränderte Einheitsmatrix $\boldsymbol{E}$ und wir erhalten ein erstes Folgetableau des Simplexalgorithmus:

Zeile	x_1	x_2	y_1	y_2	y_3	$\boldsymbol{b}$
④	$1/3$	1	$1/3$	0	0	5
⑤	$5/3$	0	$-1/3$	1	0	7
⑥	$2/3$	0	$-1/3$	0	1	2
(z_2)	$-7/3$	0	$5/3$	0	0	25

Basisvariablen:	x_2, y_2, y_3
Nichtbasisvariablen:	x_1, y_1
Basislösung:	$(0, 5, 0, 7, 2)$
Zielfunktionswert:	25

Zum Nachweis der erhaltenen Daten löst man die ursprüngliche Gleichung ① nach x_2 auf und erhält Zeile ④:

① $x_1 + 3x_2 + y_1 = 15$
$\Rightarrow\ x_2 = 5 - \frac{1}{3}x_1 - \frac{1}{3}y_1$
$\Rightarrow$ Zeile ④

Durch Einsetzen von x_2 in die Gleichungen ②, ③ und (z_1) ergibt sich:

② $2x_1 + x_2 + y_2$
$= 2x_1 + \left(5 - \frac{1}{3}x_1 - \frac{1}{3}y_1\right) + y_2 = 12$
$\Rightarrow\ y_2 = 7 - \frac{5}{3}x_1 + \frac{1}{3}y_1$
$\Rightarrow$ Zeile ⑤

③ $x_1 + x_2 + y_3$
$= x_1 + \left(5 - \frac{1}{3}x_1 - \frac{1}{3}y_1\right) + y_3 = 7$
$\Rightarrow\ y_3 = 2 - \frac{2}{3}x_1 + \frac{1}{3}y_1$
$\Rightarrow$ Zeile ⑥

(z_1) $-4x_1 - 5x_2$
$= -4x_1 - 5\left(5 - \frac{1}{3}x_1 - \frac{1}{3}y_1\right) = 0$
$\Rightarrow\ -\frac{7}{3}x_1 + \frac{5}{3}y_1 = 25$
$\Rightarrow$ Zeile (z_2)

Aus der Zielfunktionszeile (z_2) entnehmen wir ferner den Zielfunktionswert:

$$c = 25 + \tfrac{7}{3}x_1 - \tfrac{5}{3}y_1 = 25 \text{ für } x_1 = y_1 = 0$$

Offenbar kann c für $x_1 > 0$ weiter erhöht werden. Aus diesem Grunde wird für die nächste Basistransformation die Nichtbasisvariable x_1 als Pivotspalte ausgewählt.

Der minimale Quotient aus Komponenten das Beschränkungsvektors $\boldsymbol{b}$ und korrespondierenden Komponenten der Pivotspalte liegt wegen

$$\frac{2}{2/3} < \frac{5}{1/3}, \quad \frac{2}{2/3} < \frac{7}{5/3}$$

in Zeile ⑥, die damit zur Pivotzeile wird. Auf diese Weise erhalten wir die Tableaudarstellung in Tabelle 28.1.

Zeile	x_1	x_2	y_1	y_2	y_3	$\boldsymbol{b}$	Operation
①	1	[3]	1	0	0	15	
②	2	1	0	1	0	12	
③	1	1	0	0	1	7	
(z_1)	-4	-5	0	0	0	0	
④	$1/3$	1	$1/3$	0	0	5	$1/3 \cdot$ ①
⑤	$5/3$	0	$-1/3$	1	0	7	② $- 1/3 \cdot$ ①
⑥	[$2/3$]	0	$-1/3$	0	1	2	③ $- 1/3 \cdot$ ①
(z_2)	$-7/3$	0	$5/3$	0	0	25	$(z_1) + 5/3 \cdot$ ①
⑦	0	1	$1/2$	0	$-1/2$	4	④ $- 1/2 \cdot$ ⑥
⑧	0	0	$1/2$	1	$-5/2$	2	⑤ $- 5/2 \cdot$ ⑥
⑨	1	0	$-1/2$	0	$3/2$	3	$3/2 \cdot$ ⑥
(z_3)	0	0	$1/2$	0	$7/2$	32	$(z_2) + 7/2 \cdot$ ⑥

Tabelle 28.1: *Simplextableau zum Beispiel 28.11*

Zur Wahl des Pivotelements [3] in Zeile ①:

- In der Zielfunktionszeile (z_1) ist -5 minimal
  $\Rightarrow$ x_2-Spalte ist Pivotspalte.
- Die Quotienten aus den jeweiligen rechten Seiten und Komponenten der Pivotspalte sind

  ① $15/3 = 5$, ② $12/1 = 12$, ③ $7/1 = 7$,

  wobei 5 minimal ist.
  $\Rightarrow$ Zeile ① ist Pivotzeile.

Zur Wahl des Pivotelements [$2/3$] in Zeile ⑥:

- In (z_2) ist $-7/3$ minimal
  $\Rightarrow$ x_1-Spalte ist Pivotspalte.
- Unter den Quotienten aus den jeweiligen rechten Seiten und Komponenten der Pivotspalte

  ④ $\frac{5}{1/3} = 15$, ⑤ $\frac{7}{5/3} = 4.2$, ⑥ $\frac{2}{2/3} = 3$

  ist 3 minimal.
  $\Rightarrow$ Zeile ⑥ ist Pivotzeile.

Wir erhalten aus Zeile (7):

$$x_2 = 4 - \frac{1}{2}y_1 + \frac{1}{2}y_3,$$

aus Zeile (8):

$$y_2 = 2 - \frac{1}{2}y_1 + \frac{5}{2}y_3,$$

aus Zeile (9):

$$x_1 = 3 + \frac{1}{2}y_1 - \frac{3}{2}y_3$$

und aus Zeile (z_3)

$$c = 32 - \frac{1}{2}y_1 - \frac{7}{2}y_3$$

für die Zielfunktion.

Wegen $y_1, y_3 \geq 0$ kann der Zielfunktionswert bei einer weiteren Basistransformation nur verringert werden.

Damit ist das Maximum der Optimierungsaufgabe für $y_1 = y_3 = 0$ gefunden.

Wir erhalten die Basislösung

$$(x_1, x_2, y_1, y_2, y_3) = (3, 4, 0, 2, 0)$$

bzw. den Eckpunkt $(3, 4) \in Z$ mit den Basisvariablen x_1, x_2, y_2 und den Nichtbasisvariablen y_1, y_3.

Der Zielfunktionswert beträgt 32 (vgl. Beispiel 28.4).

Da in der Zielfunktionszeile (z_3) kein negativer Wert vorhanden ist, ist das Verfahren beendet.

Das in Beispiel 28.11 behandelte Optimierungsproblem besitzt also genau eine Lösung

$$\begin{aligned}(\boldsymbol{x}^T, \boldsymbol{y}^T) &= (x_1, x_2, y_1, y_2, y_3) \\ &= (3, 4, 0, 2, 0)\end{aligned}$$

mit dem Zielfunktionswert $c = 32$.

Beispiel 28.12

Ersetzt man in Beispiel 28.11 die Zielfunktion durch

$$g\colon \mathbb{R}^2_+ \to \mathbb{R}^1 \quad \text{mit} \quad g(x) = 4x_1 + 4x_2,$$

so erhält man die Darstellung in Tabelle 28.2.

Zeile	x_1	x_2	y_1	y_2	y_3	$\boldsymbol{b}$	Operation
(1)	1	(3)	1	0	0	15	
(2)	2	1	0	1	0	12	
(3)	1	1	0	0	1	7	
(z_1)	−4	−4	0	0	0	0	
(4)	1/3	1	1/3	0	0	5	1/3 · (1)
(5)	5/3	0	−1/3	1	0	7	(2) − 1/3 · (1)
(6)	(2/3)	0	−1/3	0	1	2	(3) − 1/3 · (1)
(z_2)	−8/3	0	4/3	0	0	20	(z_1) + 4/3 · (1)
(7)	0	1	1/2	0	−1/2	4	(4) − 1/2 · (6)
(8)	0	0	(1/2)	1	−5/2	2	(5) − 5/2 · (6)
(9)	1	0	−1/2	0	3/2	3	3/2 · (6)
(z_3)	0	0	0	0	4	28	(z_2) + 4 · (6)
(10)	0	1	0	−1	2	2	(7) − (8)
(11)	0	0	1	(2)	−5	4	2 · (8)
(12)	1	0	0	1	−1	5	(9) + (8)
(z_4)	0	0	0	0	4	28	(z_3)

Tabelle 28.2: *Simplextableau zum Beispiel 28.12*

Zur Wahl des Pivotelements (3) in Zeile (1):

- In der Zielfunktionszeile (z_1) existieren mit −4 zwei minimale Werte
  $\Rightarrow$ Indifferenz zwischen x_1- und x_2-Spalte und somit beliebige Wahl einer dieser Spalten als Pivotspalte
  (hier: Wahl der x_2-Spalte)
- Unter den Quotienten aus den jeweiligen rechten Seiten und Komponenten der Pivotspalte (1) $15/3 = 5$,
  (2) $12/1 = 12$,
  (3) $7/1 = 7$
  ist 5 minimal
  $\Rightarrow$ Zeile (1) ist Pivotzeile

Zur Wahl des Pivotelements $\boxed{2/3}$ in Zeile ⑥:

- In (z_2) ist $-8/3$ minimal
  $\Rightarrow$ x_1-Spalte ist Pivotspalte
- Unter den Quotienten aus den jeweiligen rechten Seiten und Komponenten der Pivotspalte

  $$④\ \frac{5}{1/3} = 15\,,\quad ⑤\ \frac{7}{5/3} = 4.2\,,\quad ⑥\ \frac{2}{2/3} = 3$$

  ist 3 minimal
  $\Rightarrow$ Zeile ⑥ ist Pivotzeile

Zur Wahl des Pivotelements $\boxed{1/2}$ in Zeile ⑧:

- In (z_3) ist 0 minimal
  $\Rightarrow$ y_1-Spalte ist Pivotspalte, da in den anderen Spalten mit ebenfalls 0-Werten bereits Einheitsvektoren vorhanden sind
- Unter den Quotienten aus den jeweiligen rechten Seiten und Komponenten der Pivotspalte

  $$⑦\ \frac{4}{1/2} = 8\,,\quad ⑧\ \frac{2}{1/2} = 4$$

  ist 4 minimal. Die Komponente in Zeile ⑨ $(-1/2)$ wird nicht berücksichtigt, da bei einem negativen Eintrag die Nebenbedingung nicht beschränkend ist
  $\Rightarrow$ Zeile ⑧ ist Pivotzeile

Zur Wahl des Pivotelements $\boxed{2}$ in Zeile ⑪:

- In (z_4) ist 0 minimal
  $\Rightarrow$ y_2-Spalte ist Pivotspalte, da in den anderen Spalten mit ebenfalls 0-Werten bereits Einheitsvektoren vorhanden sind
- Unter den Quotienten aus den jeweiligen rechten Seiten und Komponenten der Pivotspalte

  $$⑪\ 4/2 = 2\,,$$
  $$⑫\ 5/1 = 5$$

  ist 2 minimal.
  Die Komponente (-1) in Zeile ⑩ wird nicht berücksichtigt, da bei einem negativen Eintrag die Nebenbedingung nicht beschränkend ist
  $\Rightarrow$ Zeile ⑪ ist Pivotzeile

Offenbar würde die nächste nicht mehr durchgeführte Basistransformation zu den Zeilen ⑦, ⑧, ⑨, (z_3) zurückführen. Wir erhalten also zwei Endtableaus.

Ausgenommen die Zielfunktionszeilen (z_1), (z_2), (z_3) sind die Zeilen ① bis ⑨ in beiden Tableaus der Beispiele 28.11, 28.12 identisch. Mit den Basisvariablen x_1, x_2, y_2 und den Nichtabasisvariablen y_1, y_3 erhalten wir aus ⑦, ⑧, ⑨, (z_3) die Lösung

$$\left(\boldsymbol{x}^T, \boldsymbol{y}^T\right) = (3, 4, 0, 2, 0)$$

sowie den Zielfunktionswert

$$c = 28 - 4y_3 = 28 \quad \text{für} \quad y_3 = 0.$$

Im Gegensatz zur früheren Tableaudarstellung kann hier die Nichtbasisvariable y_1 in die Basis aufgenommen werden, ohne den Zielfunktionswert zu verändern. Damit entsteht mit den Zeilen ⑩, ⑪, ⑫, (z_4) ein neues Endtableau mit der Lösung

$$\left(\boldsymbol{x}^T, \boldsymbol{y}^T\right) = (5, 2, 4, 0, 0)$$

und dem Zielfunktionswert

$$c = 28 - 4y_3 = 28 \quad \text{für} \quad y_3 = 0.$$

Ersetzt man also in der letzten Basistransformation die Basisvariable y_2 durch y_1, so erhält man eine neue Optimallösung mit $c = 28$. Die beiden Optimallösungen entsprechen den Eckpunkten $(3, 4), (5, 2) \in Z$ (Abbildung 28.8).

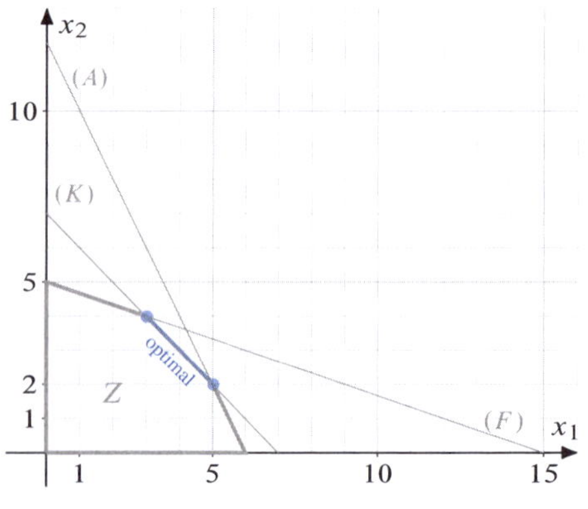

Abbildung 28.8: *Graphische Darstellung der Optimallösung von Beispiel 28.12*

Dabei zeigt sich, dass die Isodeckungsbeitragslinien zur Zielfunktion $g : \mathbb{R}^2_+ \to \mathbb{R}$ mit

$$g(x) = 4x_1 + 4x_2$$

parallel zur Kostenbudgetbedingung (K) verlaufen. Damit sind beide Ecken $(3, 4), (5, 2) \in Z$ sowie die gesamte Verbindungsstrecke

$$v = \lambda(3, 4) + (1 - \lambda)(5, 2)$$

mit $\lambda \in (0, 1)$ optimal (Satz 28.9 b).

Nachfolgend beschreiben wir den *Simplexalgorithmus* für ein *Standardmaximumproblem* mit $\boldsymbol{b} \geq \boldsymbol{0}$ allgemein.

Satz 28.13

Gegeben sei das Standardmaximumproblem mit $\boldsymbol{b} \geq \boldsymbol{0}$ durch

$$\begin{aligned} &\boldsymbol{c}^T \boldsymbol{x} \to \max, \\ &\boldsymbol{A}\boldsymbol{x} + \boldsymbol{E}\boldsymbol{y} = \boldsymbol{b}, \\ &\boldsymbol{x} \geq \boldsymbol{0}, \boldsymbol{y} \geq \boldsymbol{0}, \end{aligned}$$

$$\boldsymbol{c}, \boldsymbol{x} \in \mathbb{R}^n \,;\; \boldsymbol{b}, \boldsymbol{y} \in \mathbb{R}^m \,;\; \boldsymbol{A} = (a_{ij})_{m,n} \,;$$
$$\boldsymbol{E} = (e_{ij})_{m,m} (\text{ Einheitsmatrix})$$

Dann führen endlich viele Basistransformationen zu einer optimalen Lösung des Problems oder das Problem ist unlösbar.

Anstatt eines strengen Beweises stellen wir den *Ablauf des Simplexalgorithmus* ausführlich dar.

Wir gehen vom sogenannten *Starttableau* aus (Tabelle 28.3) und erhalten die *Startbasislösung*

$$(\boldsymbol{x}^T, \boldsymbol{y}^T) = (\boldsymbol{0}^T, \boldsymbol{b}^T)$$

mit den *Basisvariablen*

$$\boldsymbol{y}^T = \boldsymbol{b}^T$$

und den *Nichtbasisvariablen*

$$\boldsymbol{x}^T = \boldsymbol{0}^T .$$

Der *Zielfunktionswert* $\boldsymbol{c}^T \boldsymbol{x} = 0$ steht in Zeile z_1 und Spalte $\boldsymbol{b}$.

Wir führen nun eine erste Basistransformation durch.

Zeile	$x_1 \ldots x_j \ldots x_n$	$y_1 \ldots y_i \ldots y_m$	$\boldsymbol{b}$
1	$a_{11} \ldots a_{1j} \ldots a_{1n}$	$1 \ldots 0 \ldots 0$	b_1
$\vdots$	$\vdots \quad \vdots \quad \vdots$	$\vdots \;\ddots\; \vdots \quad \vdots$	$\vdots$
i	$a_{i1} \ldots a_{ij} \ldots a_{in}$	$0 \ldots 1 \ldots 0$	b_i
$\vdots$	$\vdots \quad \vdots \quad \vdots$	$\vdots \quad \vdots \;\ddots\; \vdots$	$\vdots$
m	$a_{m1} \ldots a_{mj} \ldots a_{mn}$	$0 \ldots 0 \ldots 1$	b_m
z_1	$-c_1 \ldots -c_j \ldots -c_n$	$0 \ldots 0 \ldots 0$	0

Tabelle 28.3: *Starttableau zum Standardmaximumproblem mit dem Beschränkungsvektor* $\boldsymbol{b} \geq \boldsymbol{0}$

1.) Überprüfung der Lösung auf Optimalität:

Betrachtung der Zielfunktionszeile z_1:
Für $-c_j \geq 0$ $(j = 1, \ldots, n)$ liefert das Starttableau bereits eine optimale Lösung, andernfalls existiert mindestens ein $-c_j < 0$.

2.) Wahl der *Pivotspalte*:

Als Pivotspalte wird diejenige Spalte j gewählt, bei der
$$-c_j = \min_v \{-c_v : -c_v < 0\} .$$

Somit bestimmt diejenige Nichtbasisvariable x_j die Pivotspalte, die pro Einheit den Zielfunktionswert maximal erhöht; x_j wird in die Basis aufgenommen.

Gilt in der Pivotspalte $a_{\mu j} \leq 0$ für alle $\mu = 1, \ldots, m$, so existiert keine optimale Lösung. Der Zulässigkeitsbereich ist unbeschränkt (Beispiel 28.15, Satz 28.17). Andernfalls existiert mindestens ein $a_{\mu j} > 0$.

3.) Wahl der *Pivotzeile*:

Als Pivotzeile wird diejenige Zeile i gewählt, die die Gleichung

$$\frac{b_i}{a_{ij}} = \min_{\mu} \left\{ \frac{b_\mu}{a_{\mu j}} : a_{\mu j} > 0 \right\} .$$

erfüllt. Der kleinste Quotient der Werte aus der $\boldsymbol{b}$-Spalte und der entsprechenden positiven Koeffizienten der Pivotspalte legt die Pivotzeile fest. Damit ist die maximale Erhöhung der Variable x_j unter Einhaltung aller Nebenbedingungen gewährleistet.

4.) Resultierendes *Pivotelement*:

Mit der Pivotspalte j und der Pivotzeile i erhält man das Pivotelement $\boxed{a_{ij}} > 0$. Damit erfolgt eine Basistransformation: x_j wird Basisvariable, y_i Nichtbasisvariable (Tabelle 28.4).

5.) Neue Basislösung:
Es entsteht die neue Basislösung $\left(\boldsymbol{x}_1^T, \boldsymbol{y}_1^T\right)$ mit

$$\begin{aligned}\boldsymbol{x}_1^T &= (x_1, \ldots, x_j, \ldots, x_n)\\ &= (0, \ldots, \frac{b_i}{a_{ij}}, \ldots, 0)\\ \boldsymbol{y}_1^T &= (y_1, \ldots, y_i, \ldots, y_m)\\ &= (b_1 - a_{1j}\frac{b_i}{a_{ij}}, \ldots, 0, \ldots, b_m - a_{mj}\frac{b_i}{a_{ij}})\end{aligned}$$

Zusätzlich wird ein neuer Zielfunktionswert in der $\boldsymbol{b}$-Spalte entwickelt:

$$\begin{aligned}\boldsymbol{c}^T\boldsymbol{x}_1 &= c_1 \cdot 0 + \ldots + c_j \cdot \frac{b_i}{a_{ij}} + \ldots + c_n \cdot 0\\ &= c_j \cdot \frac{b_i}{a_{ij}}\end{aligned}$$

In Tableauform erhalten wir das Ergebnis in Tabelle 28.4.

Zeile	x_1	$\ldots$	x_j	$\ldots$	x_n	y_1	$\ldots$	y_i	$\ldots$	y_m	$\boldsymbol{b}$
(1)	a_{11}	$\ldots$	a_{1j}	$\ldots$	a_{1n}	1	$\ldots$	0	$\ldots$	0	b_1
$\vdots$	$\vdots$		$\vdots$		$\vdots$	$\vdots$	$\ddots$	$\vdots$		$\vdots$	$\vdots$
(i)	a_{i1}	$\ldots$	$\boxed{a_{ij}}$	$\ldots$	a_{in}	0	$\ldots$	1	$\ldots$	0	b_i
$\vdots$	$\vdots$		$\vdots$		$\vdots$	$\vdots$		$\vdots$	$\ddots$	$\vdots$	$\vdots$
(m)	a_{m1}	$\ldots$	a_{mj}	$\ldots$	a_{mn}	0	$\ldots$	0	$\ldots$	1	b_m
(z_1)	$-c_1$	$\ldots$	$-c_j$	$\ldots$	$-c_n$	0	$\ldots$	0	$\ldots$	0	0
(m+1)	$a_{11} - a_{1j}\frac{a_{i1}}{a_{ij}}$	$\ldots$	0	$\ldots$	$a_{1n} - a_{1j}\frac{a_{in}}{a_{ij}}$	1	$\ldots$	$-a_{1j}\frac{1}{a_{ij}}$	$\ldots$	0	$b_1 - a_{1j}\frac{b_i}{a_{ij}}$
$\vdots$	$\vdots$		$\vdots$		$\vdots$	$\vdots$		$\vdots$		$\vdots$	$\vdots$
(m+i)	$\frac{a_{i1}}{a_{ij}}$	$\ldots$	1	$\ldots$	$\frac{a_{in}}{a_{ij}}$	0	$\ldots$	$\frac{1}{a_{ij}}$	$\ldots$	0	$\frac{b_i}{a_{ij}}$
$\vdots$	$\vdots$		$\vdots$		$\vdots$	$\vdots$		$\vdots$		$\vdots$	$\vdots$
(2m)	$a_{m1} - a_{mj}\frac{a_{i1}}{a_{ij}}$	$\ldots$	0	$\ldots$	$a_{mn} - a_{mj}\frac{a_{in}}{a_{ij}}$	0	$\ldots$	$-a_{mj}\frac{1}{a_{ij}}$	$\ldots$	1	$b_m - a_{mj}\frac{b_i}{a_{ij}}$
(z_2)	$-c_1 + c_j\frac{a_{i1}}{a_{ij}}$	$\ldots$	0	$\ldots$	$-c_n + c_j\frac{a_{in}}{a_{ij}}$	0	$\ldots$	$c_j\frac{1}{a_{ij}}$	$\ldots$	0	$c_j\frac{b_i}{a_{ij}}$

Tabelle 28.4: *Basistransformation für das Standardmaximumproblem mit* $\boldsymbol{b} \geq \boldsymbol{0}$

Wir erhalten mit dem entstandenen Folgetableau ein optimales *Endtableau*, falls die Zielfunktionszeile (z_2) nur nichtnegative Werte enthält. Andernfalls betrachten wir das Folgetableau als neues Starttableau und führen erneut eine Basistransformation mit den oben beschriebenen Schritten 2.) bis 5.) durch usw.

Mit Hilfe der Werte $a'_{\mu\nu}, b'_{\mu}, c'_{\nu}$ eines Tableaus der Form

x_1	$\ldots$	x_n	y_1	$\ldots$	y_m	$\boldsymbol{b}$
a'_{11}	$\ldots$	a'_{1n}	$a'_{1\,n+1}$	$\ldots$	$a'_{1\,n+m}$	b'_1
$\vdots$		$\vdots$	$\vdots$		$\vdots$	$\vdots$
a'_{m1}	$\ldots$	a'_{mn}	$a'_{m\,n+1}$	$\ldots$	$a'_{m\,n+m}$	b'_m
$-c'_1$	$\ldots$	$-c'_n$	$-c'_{n+1}$	$\ldots$	$-c'_{n+m}$	$-c'$

erfolgt die Berechnung der neuen Werte $a''_{\mu\nu}, b''_{\mu}, c''_{\nu}$.

Für $\nu = 1, \ldots, n+m$ gilt in der Pivotzeile i:

$$a''_{i\nu} = \frac{a'_{i\nu}}{a'_{ij}} \quad (\text{also } a''_{ij} = 0)\,, \qquad b''_i = \frac{b'_i}{a'_{ij}}$$

in den Zeilen $\mu \neq i$:

$$\begin{aligned}a''_{\mu\nu} &= a'_{\mu\nu} - \frac{a'_{\mu j}}{a'_{ij}}a'_{i\nu} \quad (\text{also } a''_{\mu j} = 0)\,,\\ b''_{\mu} &= b'_{\mu} - \frac{a'_{\mu j}}{a'_{ij}}b'_i\\ -c''_{\nu} &= -c'_{\nu} + \frac{c'_j}{a'_{ij}}a'_{i\nu} \quad (\text{also } -c''_j = 0)\,,\\ c'' &= c' + \frac{c'_j}{a'_{ij}}b'_i\end{aligned}$$

6.) Wir erhalten ein optimales Endtableau oder nehmen eine weitere Basistransformation vor.

Beispiel 28.14

Eine Finanzabteilung beabsichtigt, einen Betrag von höchstens 1 000 000 € so anzulegen, dass ein maximaler Gewinn erzielt wird. Die vier Anlagen A_1, A_2, A_3, A_4, die in Frage kommen, sind mit unterschiedlichem Risiko verbunden. Eine sichere Anlage erhält den Risikofaktor 0 und je unsicherer die Anlage ist, desto höher ist der Risikofaktor. Dagegen stehen Renditen der einzelnen Anlagen. Wir stellen die Risikofaktoren sowie die Renditen der Anlagen in der nachfolgenden Tabelle zusammen:

Anlage	A_1	A_2	A_3	A_4
Risikofaktor pro eingesetztem €	0	2	5	10
Rendite in %	10	20	40	100

Aus Gründen der Risikostreuung ist in die Anlage A_4 mit dem höchsten Risiko maximal ein Betrag von 600 000 € zu investieren. Ferner soll der durchschnittliche Risikofaktor nicht größer als 5 sein. Mit der Zielsetzung Gewinnmaximierung erhalten wir ein lineares Optimierungsproblem.

Sei x_i $(i = 1, \ldots, 4)$ der in Anlage A_i investierte Betrag.

Dann ist mit den Nebenbedingungen

$$x_1 + x_2 + x_3 + x_4 \leq 1\,000\,000$$

(Anlagebudgetbeschränkung)

$$\frac{2x_2 + 5x_3 + 10x_4}{1\,000\,000} \leq 5$$

(Beschränkung für durchschnittliches Risiko)

$$x_4 \leq 600\,000$$

(Maximalbetrag für Anlage A_4)

$$x_1, x_2, x_3, x_4 \geq 0$$

(Nichtnegativitätsbedingungen)

die Zielfunktion

$$1.1x_1 + 1.2x_2 + 1.4x_3 + 2x_4$$

zu maximieren. Die Optimierungsaufgabe entspricht einem Standardmaximumproblem mit $\boldsymbol{b} \geq \boldsymbol{0}$. Wir erhalten nach geringfügigen Umformungen:

$$\begin{array}{rcl} 1.1x_1 + 1.2x_2 + 1.4x_3 + 2x_4 & \rightarrow & \max \\ \hline x_1 + x_2 + x_3 + x_4 & \leq & 10 \\ 2x_2 + 5x_3 + 10x_4 & \leq & 50 \\ x_4 & \leq & 6 \\ x_1, x_2, x_3, x_4 & \geq & 0 \end{array}$$

Mit dem Simplexalgorithmus ergibt sich:

Zeile	x_1	x_2	x_3	x_4	y_1	y_2	y_3	$\boldsymbol{b}$	Operation
①	1	1	1	1	1	0	0	10	
②	0	2	5	**10**	0	1	0	50	
③	0	0	0	1	0	0	1	6	
z_1	−1.1	−1.2	−1.4	−2	0	0	0	0	
④	**1**	0.8	0.5	0	1	−0.1	0	5	① − 0.1 · ②
⑤	0	0.2	0.5	1	0	0.1	0	5	0.1 · ②
⑥	0	−0.2	−0.5	0	0	−0.1	1	1	③ − 0.1 · ②
z_2	−1.1	−0.8	−0.4	0	0	0.2	0	10	z_1 + 0.2 · ②
⑦	1	0.8	0.5	0	1	−0.1	0	5	④
⑧	0	0.2	0.5	1	0	0.1	0	5	⑤
⑨	0	−0.2	−0.5	0	0	−0.1	1	1	⑥
z_3	0	0.08	0.15	0	1.1	0.09	0	15.5	z_2 + 1.1 · ④

Tabelle 28.5: *Simplexalgorithmus zu Beispiel 28.14 (Finanzanlage)*

Aus dem Endtableau (Zeilen ⑦, ⑧, ⑨, (z_3)) ist die Lösung abzulesen:

$$(x_1, x_2, x_3, x_4) = (5, 0, 0, 5)$$

mit

$$1.1 \cdot 5 + 2 \cdot 5 = 15.5 .$$

Um den maximalen Endbetrag von

$$15.5 \cdot 10^6 = 1\,550\,000\,€$$

zu erreichen, sind je 500 000 € in die Anlagen A_1 und A_4 zu investieren. Der Gewinn beträgt dann

$$1\,550\,000\,€ - 1\,000\,000\,€ = 550\,000\,€ .$$

Wir schließen dieses Kapitel mit einigen Anmerkungen zur Unlösbarkeit von Standardmaximumproblemen.

Beispiel 28.15

Die in Beispiel 28.6 dargestellte Aufgabe ist ein Standardmaximumproblem der Form:

$$\begin{aligned} x_1 + x_2 &\to \max \\ x_1 + 2x_2 &\le 2 \\ -2x_1 - 3x_2 &\le -6 \\ x_1, x_2 &\ge 0 \end{aligned}$$

Mit dem Simplextableau

Zeile	x_1	x_2	y_1	y_2	b
①	1	1	1	0	2
②	−2	−3	0	1	−6
(z_1)	−1	−1	0	0	0

erhalten wir die Startbasislösung

$$\left(\boldsymbol{x}^T, \boldsymbol{y}^T\right) = (0, 0, 2, -6),$$

die wegen $y_2 < 0$ nicht zulässig ist. Wegen des Beschränkungsvektors $\boldsymbol{b} \not\geq \boldsymbol{0}$ ist der Simplexalgorithmus in der gegebenen Form nicht anwendbar (vgl. Kapitel 28.5).

Beispiel 28.16

Das Beispiel 28.8 behandelte u. a. das Problem:

$$\begin{aligned} x_1 + x_2 &\to \max &\quad (ZF) \\ x_1 - x_2 &\le 1 &\quad (A) \\ -2x_1 + x_2 &\le 2 &\quad (B) \\ x_1, x_2 &\ge 0 \end{aligned}$$

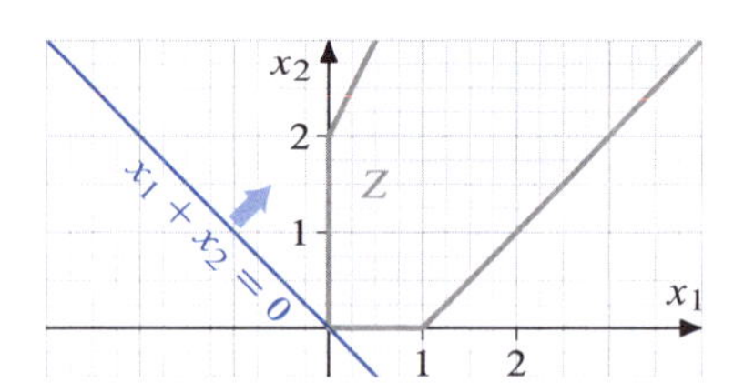

Abbildung 28.9: *Grafische Darstellung zu Beispiel 28.16*

Simplexalgorithmus:

Zeile	x_1	x_2	y_1	y_2	b	Operation
①	(1)	−1	1	0	1	
②	−2	1	0	1	2	
(z_1)	−1	−1	0	0	0	
③	1	−1	1	0	1	①
④	0	−1	2	1	4	② + 2 · ①
(z_2)	0	−2	1	0	1	(z_1) + ①

Aus den Zeilen ③, ④, (z_2) wird ersichtlich:

- Wir erhalten die Basislösung

  $$(x_1, x_2, y_1, y_2) = (1, 0, 0, 4),$$

  in der Graphik den Übergang von der Ecke $(0, 0)$ zur Ecke $(1, 0)$.
- Der Zielfunktionswert kann wegen des Wertes -2 in der Zeile (z_2) durch Erhöhung von x_2 noch verbessert werden. Wegen der negativen Spaltenwerte in Zeile ③, ④ tritt bzgl. der $\boldsymbol{b}$-Spalte kein Engpass auf. Für $x_2 \to \infty$ sind beide Nebenbedingungen

  $$③\ x_1 - x_2 \le 1, \quad ④\ -x_2 \le 4$$

  erfüllbar. In der Graphik entspricht dies dem Verlassen der Ecke $(1, 0)$ auf der Geraden $x_1 - x_2 = 1$ in Richtung wachsender (x_1, x_2)-Werte, wodurch keine weitere Ecke erreicht wird (Satz 28.10, 28.13).

Wir fassen die Bedingungen zur Lösbarkeit des Standardmaximumproblems zusammen.

Satz 28.17

Gegeben ist das Standardmaximumproblem

$$\boldsymbol{c}^T\boldsymbol{x} \to \max, \quad \boldsymbol{A}\boldsymbol{x} \le \boldsymbol{b}, \quad \boldsymbol{x} \ge \boldsymbol{0}.$$

Dann gilt:

a) $Z = \emptyset \Rightarrow Z^* = \emptyset$, das Problem ist unlösbar (Beispiel 28.6, 28.15)

b) $\boldsymbol{b} \ge \boldsymbol{0} \Rightarrow Z \ne \emptyset$ wegen $\boldsymbol{x} = \boldsymbol{0} \in Z$

c) $Z \ne \emptyset$, beschränkt $\Rightarrow Z^* \ne \emptyset$, beschränkt (wegen $Z^* \subseteq Z$), das Problem ist lösbar (Beispiel 28.7, 28.11, 28.12)

d) $Z \ne \emptyset$, unbeschränkt $\Rightarrow Z^* \ne \emptyset$ oder $Z^* = \emptyset$, das Problem ist lösbar oder unlösbar (Beispiel 28.8, 28.16)

28.3 Dualität und Standardminimumproblem

Wir befassen uns nun mit dem Standardminimumproblem und nutzen dabei bestimmte Zusammenhänge mit dem Standardmaximumproblem. Um dabei aber den Rahmen dieser Darstellung nicht zu sprengen, werden wir nur noch sehr elementare Aussagen beweisen. Den zur Lösung von Standardminimumproblemen zentralen Dualitätssatz der linearen Optimierung werden wir zwar formulieren (Definition 28.18, Satz 28.19), zum Beweis jedoch auf relevante Fachliteratur verweisen.

Definition 28.18

Gegeben sei das Standardmaximumproblem

$$\boldsymbol{c}^T\boldsymbol{x} \to \max \quad \text{mit} \quad \boldsymbol{A}\boldsymbol{x} \le \boldsymbol{b},\ \boldsymbol{x} \ge \boldsymbol{0},$$

das wir nun als das *primale Problem* (P) bezeichnen. Dann heißt das Standardminimumproblem der Form

$$\boldsymbol{b}^T\boldsymbol{y} \to \min \quad \text{mit} \quad \boldsymbol{A}^T\boldsymbol{y} \ge \boldsymbol{c},\ \boldsymbol{y} \ge \boldsymbol{0}$$

das zu (P) *duale Problem* (D).

Ferner gilt:
$\boldsymbol{c}, \boldsymbol{x} \in \mathbb{R}^n$; $\boldsymbol{b}, \boldsymbol{y} \in \mathbb{R}^m$; $\boldsymbol{A} = (a_{ij})_{m,n}$

Um von (P) zu (D) zu gelangen, sind

- die Matrix $\boldsymbol{A}$ zu transponieren,
- die Vektoren $\boldsymbol{b}, \boldsymbol{c}$ auszutauschen,
- das System $\boldsymbol{A}\boldsymbol{x} \le \boldsymbol{b}$ durch $\boldsymbol{A}^T\boldsymbol{y} \ge \boldsymbol{c}$ bzw. $\boldsymbol{x} \ge \boldsymbol{0}$ durch $\boldsymbol{y} \ge \boldsymbol{0}$ und
- die Zielsetzung $\boldsymbol{c}^T\boldsymbol{x} \to \max$ durch $\boldsymbol{b}^T\boldsymbol{y} \to \min$ zu ersetzen.

Enthält das primale Problem n Variablen $x_1, \dots, x_n$ und m Ungleichungen der Form

$$\boldsymbol{A}\boldsymbol{x} \le \boldsymbol{b},$$

so enthält das duale Problem m Variablen $y_1, \dots, y_m$ und n Ungleichungen der Form

$$\boldsymbol{A}^T\boldsymbol{y} \ge \boldsymbol{c}.$$

Wenn ferner das primale Problem m Basis- und n Nichtbasisvariablen besitzt, hat das duale Problem n Basis- und m Nichtbasisvariablen. Dualisiert man schließlich (D), so erhält man (P). Daher bezeichnet man beide Probleme auch *zueinander dual*.

Wir formulieren nun den *Dualitätssatz* der linearen Optimierung.

Satz 28.19

Gegeben seien die Probleme (P) und (D). Dann gilt:

a) (P) ist lösbar $\Leftrightarrow$ (D) ist lösbar

b) $\boldsymbol{x}^*$ ist Optimallösung von (P),
$\boldsymbol{y}^*$ ist Optimallösung von (D)
$\Leftrightarrow$ $\boldsymbol{x}^*, \boldsymbol{y}^*$ sind zulässige Lösungen mit

$$\boldsymbol{c}^T\boldsymbol{x}^* = \boldsymbol{b}^T\boldsymbol{y}^*$$

Zum Beweis verweisen wir auf Zimmermann (2008), Kap. 3.1-3.4.

Nach a) sind beide Probleme (P) und (D) entweder lösbar oder unlösbar.

Nach b) gilt für die Zielfunktionswerte von (P) und (D)

$$\boldsymbol{c}^T\boldsymbol{x}^* = \boldsymbol{b}^T\boldsymbol{y}^*$$

genau dann, wenn $\boldsymbol{x}^*$ bzw. $\boldsymbol{y}^*$ Optimallösungen von (P) bzw. (D) darstellen.

Aus b) folgt ferner die Aussage

$$x \text{ zulässig für } (P),\ y \text{ zulässig für } (D)$$
$$\Rightarrow\ c^T x \le b^T y,$$

die sich sehr einfach auch direkt nachweisen lässt:

$$c^T x = x^T c \le x^T A^T y$$
$$= y^T A x \le y^T b = b^T y.$$

Wir illustrieren den Zusammenhang der beiden Probleme

$$(P) \quad \begin{aligned} c^T x &\to \max \\ Ax &\le b \\ x &\ge 0 \end{aligned} \qquad (D) \quad \begin{aligned} b^T y &\to \min \\ A^T y &\ge c \\ y &\ge 0 \end{aligned}$$

mit Hilfe eines Beispiels.

Beispiel 28.20

Mit Hilfe von zwei Produktionsanlagen M_1, M_2 sind zwei Produkte P_1, P_2 in den Quantitäten x_1, x_2 herzustellen. Die erforderlichen Maschinenzeiten sind in der nachfolgenden Tabelle aufgelistet.

	M_1	M_2
P_1	3	1
P_2	2	3

Die verfügbaren Maschinenzeiten betragen 120 bzw. 110 Zeiteinheiten. Nimmt man die Deckungsbeiträge pro Produkteinheit mit jeweils 7 Geldeinheiten an, so ergibt sich das folgende lineare Optimierungsproblem mit der Zielsetzung der Deckungsbeitragsmaximierung:

$$7x_1 + 7x_2 \to \max \quad \text{(Gesamtdeckungsbeitrag)}$$
mit
$$3x_1 + 2x_2 \le 120 \quad \text{(Zeitkapazität } M_1\text{)}$$
$$1x_1 + 3x_2 \le 110 \quad \text{(Zeitkapazität } M_2\text{)}$$
$$x_1, x_2 \ge 0$$

Das dazu duale Problem lautet:

$$120y_1 + 110y_2 \to \min \quad \text{(Gesamtmietkosten)}$$
mit
$$3y_1 + 1y_2 \ge 7 \quad \text{(Mietkosten } P_1\text{)}$$
$$2y_1 + 3y_2 \ge 7 \quad \text{(Mietkosten } P_2\text{)}$$
$$y_1, y_2 \ge 0$$

Zur Interpretation des dualen Problems kann man sich folgende Situation vorstellen:

Ein anderer Betrieb möchte die Produktion von P_1, P_2 übernehmen und bietet dabei an, die Anlagen M_1, M_2 zu mieten. Bezeichnet man den Mietpreis pro Maschinenzeiteinheit mit y_1 bzw. y_2, so sollen die Mietkosten zur Herstellung einer Einheit von P_1 bzw. P_2 mindestens dem Deckungsbeitrag 7 dieser Produkte entsprechen, ferner sind die Gesamtmietkosten bezogen auf die Maschinenzeitobergrenzen zu minimieren.

Wir lösen beide Probleme zunächst graphisch (Abbildungen 28.10, 28.11).

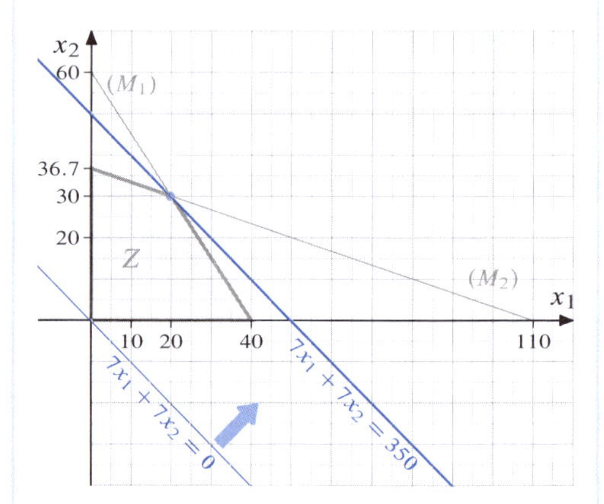

Abbildung 28.10: *Graphische Darstellung des primalen Problems*

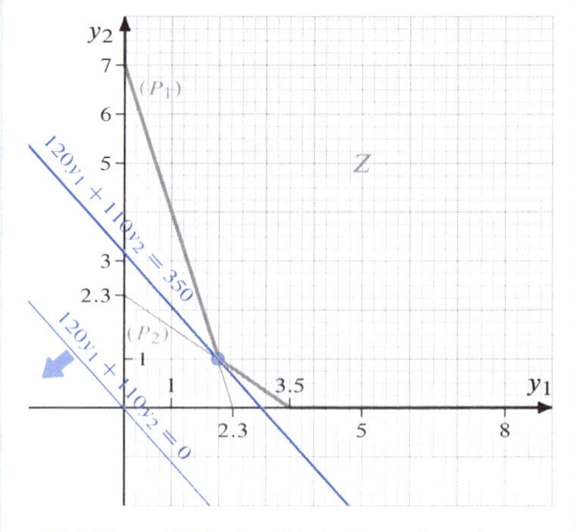

Abbildung 28.11: *Graphische Darstellung des dualen Problems*

Damit besitzt das primale Problem die Lösung

$$(x_1, x_2) = (20, 30)$$
$$\text{mit } \boldsymbol{c}^T\boldsymbol{x} = 7x_1 + 7x_2 = 350.$$

Für das duale Problem ergibt sich

$$(y_1, y_2) = (2, 1)$$
$$\text{mit} \quad \boldsymbol{b}^T\boldsymbol{y} = 120y_1 + 110y_2 = 350.$$

Mit dem Simplexverfahren erhalten wir für das Maximumproblem:

Zeile	x_1	x_2	y_1	y_2	$\boldsymbol{b}$	Operation
1	3	2	1	0	120	
2	1	3	0	1	110	
Z_1	-7	-7	0	0	0	
3	1	$\frac{2}{3}$	$\frac{1}{3}$	0	40	$\frac{1}{3}\cdot$ 1
4	0	$\frac{7}{3}$	$-\frac{1}{3}$	1	70	2 $-\frac{1}{3}\cdot$ 1
Z_2	0	$-\frac{7}{3}$	$\frac{7}{3}$	0	280	Z_1 $+\frac{7}{3}\cdot$ 1
5	1	0	$\frac{3}{7}$	$-\frac{2}{7}$	20	3 $-\frac{2}{7}\cdot$ 4
6	0	1	$-\frac{1}{7}$	$\frac{3}{7}$	30	$\frac{3}{7}\cdot$ 4
Z_3	0	0	2	1	350	Z_2 + 4

Wir erhalten aus dem Endtableau die Lösung des Maximumproblems

$$(x_1, x_2) = (20, 30)$$
$$\text{mit} \quad \boldsymbol{c}^T\boldsymbol{x} = 7x_1 + 7x_2 = 350.$$

Nach Satz 28.19 ist damit auch das duale Problem lösbar und für die optimale Lösung des dualen Problems gilt

$$\boldsymbol{b}^T\boldsymbol{y} = 120y_1 + 110y_2 = 350.$$

In der letzten Zeile des Tableaus findet man auch die Lösung des dualen Problems

$$(y_1, y_2) = (2, 1).$$

Dies ist kein Zufall.

Satz 28.21

Gegeben sei ein lösbares Standardmaximumproblem

$$\boldsymbol{c}^T\boldsymbol{x} \to \max \quad \text{mit} \quad \boldsymbol{A}\boldsymbol{x} \leq \boldsymbol{b},\ \boldsymbol{x} \geq \boldsymbol{0}$$

mit folgendem Endtableau nach Anwendung des Simplexalgorithmus:

x_1	$\dots$	x_n	y_1	$\dots$	y_m	$\boldsymbol{b}$
$\tilde{a}_{11}$	$\dots$	$\tilde{a}_{1n}$	$\tilde{a}_{1,n+1}$	$\dots$	$\tilde{a}_{1,n+m}$	$\tilde{b}_1$
$\vdots$	$\ddots$	$\vdots$	$\vdots$	$\ddots$	$\vdots$	$\vdots$
$\tilde{a}_{m1}$	$\dots$	$\tilde{a}_{mn}$	$\tilde{a}_{m,n+1}$	$\dots$	$\tilde{a}_{m,n+m}$	$\tilde{b}_m$
$-\tilde{c}_1$	$\dots$	$-\tilde{c}_n$	$-\tilde{c}_{n+1}$	$\dots$	$-\tilde{c}_{n+m}$	$\tilde{c}$

Dann gilt für die optimale Lösung des dualen Problems

$$\boldsymbol{y}_D^T = (y_1, \dots, y_m) = (-\tilde{c}_{n+1}, \dots, -\tilde{c}_{n+m})$$
$$\text{mit} \quad \boldsymbol{b}^T\boldsymbol{y}_D = \tilde{c},$$
$$\boldsymbol{x}_D^T = (x_1, \dots, x_n) = (-\tilde{c}_1, \dots, -\tilde{c}_n).$$

Dabei ist $\boldsymbol{y}_D$ der Vektor der Strukturvariablen, $\boldsymbol{x}_D$ der Vektor der Schlupfvariablen im dualen Problem.

Zum Beweis verweisen wir auf Zimmermann (2008), Kap.3.1-3.4.

Daraus lässt sich folgende Vorgehensweise ableiten:

Ist ein *Standardminimumproblem* der Form

$$\boldsymbol{b}^T\boldsymbol{y} \to \min \quad \text{mit} \quad \boldsymbol{A}^T\boldsymbol{y} \geq \boldsymbol{c},\ \boldsymbol{y} \geq \boldsymbol{0}$$

gegeben, so löst man das dazugehörige *Standardmaximumproblem*

$$\boldsymbol{c}^T\boldsymbol{x} \to \max \quad \text{mit} \quad \boldsymbol{A}\boldsymbol{x} \leq \boldsymbol{b},\ \boldsymbol{x} \geq \boldsymbol{0}$$

(Definition 28.18)

mit Hilfe des Simplexalgorithmus und liest die Lösung des Ausgangsproblems aus der letzten Zeile des Endtableaus ab (Satz 28.21).

28.4 Der duale Simplexalgorithmus

Ein direkter Weg zur Lösung des Standardminimumproblems ist durch den sogenannten *dualen Simplexalgorithmus* gegeben. Wegen

$$\begin{aligned} &\boldsymbol{b}^T\boldsymbol{y} \to \min \quad \text{mit} && \boldsymbol{A}^T\boldsymbol{y} \geq \boldsymbol{c},\ \boldsymbol{y} \geq \boldsymbol{0} \\ & && (\text{wobei } \boldsymbol{b} \geq \boldsymbol{0}) \\ \Leftrightarrow &-\boldsymbol{b}^T\boldsymbol{y} \to \max \quad \text{mit} && -\boldsymbol{A}^T\boldsymbol{y} \leq -\boldsymbol{c},\ \boldsymbol{y} \geq \boldsymbol{0} \end{aligned}$$

gehen wir im Gegensatz zu Tabelle 28.3 von nachfolgendem Starttableau aus:

Zeile	$y_1 \ldots y_i \ldots y_m$	$x_1 \ldots x_j \ldots x_n$	$-\boldsymbol{c}$
①	$-a_{11} \ldots -a_{i1} \ldots -a_{m1}$	$1 \ldots 0 \ldots 0$	$-c_1$
$\vdots$	$\vdots \quad \vdots \quad \vdots$	$\vdots \ \ddots \ \vdots \quad \vdots$	$\vdots$
ⓙ	$-a_{1j} \ldots -a_{ij} \ldots -a_{mj}$	$0 \ldots 1 \ldots 0$	$-c_j$
$\vdots$	$\vdots \quad \vdots \quad \vdots$	$\vdots \quad \vdots \ \ddots \ \vdots$	$\vdots$
ⓝ	$-a_{1n} \ldots -a_{in} \ldots -a_{mn}$	$0 \ldots 0 \ldots 1$	$-c_n$
z_1	$+b_1 \ldots +b_i \ldots +b_m$	$0 \ldots 0 \ldots 0$	0

Tabelle 28.6: *Starttableau zum Standardminimumproblem mit dem Beschränkungsvektor* $\boldsymbol{c} \in \mathbb{R}$

Wir erhalten die *Startlösung*

$$\left(\boldsymbol{y}^T, \boldsymbol{x}^T\right) = \left(\boldsymbol{0}^T, -\boldsymbol{c}^T\right),$$

also wegen $\boldsymbol{x} \geq \boldsymbol{0}$ eine unzulässige Lösung falls $\boldsymbol{c} \geq \boldsymbol{0}$, $\boldsymbol{c} \neq \boldsymbol{0}$. Der aktuelle Zielfunktionswert $-\boldsymbol{b}^T\boldsymbol{y} = 0$ steht in Zeile z_1 und Spalte $-\boldsymbol{c}$.

Eine Basistransformation erfolgt nun ähnlich wie beim primalen Simplexalgorithmus, wobei das Standardminimumproblem in gewissem Sinn eine zum Standardmaximumproblem transponierte Aufgabe darstellt. So wählt man im vorliegenden Fall zunächst die Pivotzeile und anschließend die Pivotspalte, woraus sich das Pivotelement ergibt. Mit Hilfe von elementaren Zeilenumformungen entsteht ein neues Simplextableau mit veränderter $n \times n$-Einheitsmatrix.

Für ein Simplextableau der Form

Zeile	$y_1 \ldots y_i \ldots y_m$	$x_1 \ldots x_n$	$-\boldsymbol{c}'$
①	$a'_{11} \ldots a'_{i1} \ldots a'_{m1}$	$a'_{m+1,1} \ldots a'_{m+n,1}$	$-c'_1$
$\vdots$	$\vdots \quad \vdots \quad \vdots$	$\vdots \quad \vdots$	$\vdots$
ⓙ	$a'_{1j} \ldots a'_{ij} \ldots a'_{mj}$	$a'_{m+1,j} \ldots a'_{m+n,j}$	$-c'_j$
$\vdots$	$\vdots \quad \vdots \quad \vdots$	$\vdots \quad \vdots$	$\vdots$
ⓝ	$a'_{1n} \ldots a'_{in} \ldots a'_{mn}$	$a'_{m+1,n} \ldots a'_{m+n,n}$	$-c'_n$
z_1	$b'_1 \ldots b'_i \ldots b'_m$	$b'_{m+1} \ldots b'_{m+n}$	b'

geht man folgendermaßen vor:

1.) Überprüfung der Lösung auf Zulässigkeit:

Betrachtung der letzten Spalte:
Für $-c'_j \geq 0$ ($j = 1, \ldots, n$) ist die erhaltene Basislösung zulässig, andernfalls existiert mindestens ein $-c'_j < 0$.

Für $\boldsymbol{c}' \leq \boldsymbol{0}$ und $\boldsymbol{b}' \geq \boldsymbol{0}$ ist $\boldsymbol{y} = \boldsymbol{0}$ mit $-\boldsymbol{A}^T\boldsymbol{y} = \boldsymbol{0} \geq \boldsymbol{c}'$ minimal.

Ist die Basislösung zulässig, jedoch noch nicht optimal ($\boldsymbol{b}' \ngeq \boldsymbol{0}$), wird das Tableau als Starttableau des primalen Simplexalgorithmus verwendet und mit dessen Hilfe bis zur Optimalität umgeformt.

2.) Wahl der *Pivotzeile*:

Als Pivotzeile wird diejenige Zeile j gewählt, bei der mit

$$-c'_j = \min\{-c'_v : \ -c'_v < 0\}$$

die duale Nebenbedingung am stärksten verletzt ist.

Gilt in der Pivotzeile $a'_{\mu j} \geq 0$ für alle $\mu = 1, \ldots, m$ so existiert keine zulässige Lösung (Beispiel 28.23). Andernfalls existiert mindestens ein $a'_{\mu j} < 0$.

3.) Wahl der *Pivotspalte*:

Als Pivotspalte wird die Spalte i mit

$$\frac{b_i}{a'_{ij}} = \max\left\{\frac{b'_\mu}{a'_{\mu j}} : \ a'_{\mu j} < 0\right\}$$

gewählt.

Der größte Quotient der Werte aus der b'-Zeile und der entsprechenden negativen Koeffizienten der Pivotzeile legt die Pivotspalte fest.

4.) Resultierendes *Pivotelement*:

Mit der Pivotzeile j und der Pivotspalte i erhält man das Pivotelement $a_{ij} < 0$, anhand dessen eine Basistransformation erfolgt: Mit Hilfe elementarer Zeilenumformungen tauscht man die Basisvariable der Spalte i gegen die Nichtbasisvariable der Zeile j.

5.) Berechnung des Folgetableaus:

Mit Hilfe der Werte $a'_{\mu v}$, b'_μ, $-c'_v$ erfolgt die Berechnung der neuen Werte $a''_{\mu v}$, b''_μ, $-c''_v$. Für $v = 1, \ldots, m+n$ gilt

- in der Pivotzeile j:

$$a''_{\mu j} = \frac{a'_{\mu j}}{a'_{ij}} \quad \text{mit } a''_{ij} = 1, \ -c''_j = \frac{-c'_j}{a'_{ij}}$$

- in den Zeilen $v \neq j$:

$$a''_{\mu v} = a'_{\mu v} - \frac{a'_{iv}}{a'_{ij}} a'_{\mu j} \text{ mit } a''_{iv} = 0$$

$$-c''_v = -c'_v + \frac{a'_{iv}}{a'_{ij}} c'_j$$

$$b''_\mu = b'_\mu - \frac{b'_i}{a'_{ij}} a'_{\mu j} \text{ mit } b''_i = 0$$

$$b'' = b' + \frac{b'_i}{a'_{ij}} c'_j$$

Im dualen Simplexalgorithmus geht man in der Regel von einem Tableau mit unzulässiger Startlösung aus.

Beispiel 28.22

Eine Werbeabteilung plant zur Absatzsteigerung eines Produktes Anzeigen in drei verschiedenen Magazinen I_1, I_2, I_3 mit den geschätzten Reichweiten von 200 000 Personen pro Anzeige von I_1, 100 000 Personen pro Anzeige von I_2 und 400 000 Personen pro Anzeige von I_3.

Es soll eine Gesamtreichweite von mindestens 2 Millionen Personen erzielt werden. Die Anzahl x_3 von Anzeigen in I_3 soll dabei nicht kleiner sein als die Summe $x_1 + x_2$ von Anzeigen in I_1 und I_2. In I_1, I_2 sind insgesamt mindestens 2 Anzeigen vorzusehen.

Für den Fall, dass die Kosten pro Anzeige in I_1, I_2, I_3 mit 3000, 2000 und 5000 Geldeinheiten angegeben werden, erhalten wir eine lineare Optimierungsaufgabe mit dem Ziel, die Gesamtkosten zu minimieren.

$$3000x_1 + 2000x_2 + 5000x_3 \to \min$$

$$200\,000x_1 + 100\,000x_2 + 400\,000x_3 \geq 2\,000\,000 \quad \text{(Mindestreichweite)}$$

$$-x_1 - x_2 + x_3 \geq 0 \quad \text{(Mindestanzeigenzahl in } I_3\text{)}$$

$$x_1 + x_2 \geq 2 \quad \text{(Mindestanzeigenzahl in } I_1 \text{ und } I_2\text{)}$$

$$x_1, x_2, x_3 \geq 0$$

Damit gleichbedeutend sind die beiden folgenden Aufgaben:

$$\begin{aligned} 3y_1 + 2y_2 + 5y_3 &\to \min \\ 2y_1 + y_2 + 4y_3 &\geq 20 \\ -y_1 - y_2 + y_3 &\geq 0 \\ y_1 + y_2 &\geq 2 \\ y_1, y_2, y_3 &\geq 0 \end{aligned}$$

$$\begin{aligned} -3y_1 - 2y_2 - 5y_3 &\to \max \\ -2y_1 - y_2 - 4y_3 &\leq -20 \\ y_1 + y_2 - y_3 &\leq 0 \\ -y_1 - y_2 &\leq -2 \\ y_1, y_2, y_3 &\geq 0 \end{aligned}$$

Wir wenden den dualen Simplexalgorithmus (Tabelle 28.7) an.

Zeile	y_1	y_2	y_3	x_1	x_2	x_3	$-c$	Operation
(1)	-2	-1	$\boxed{-4}$	1	0	0	-20	
(2)	1	1	-1	0	1	0	0	
(3)	-1	-1	0	0	0	1	-2	
(Z_1)	3	2	5	0	0	0	0	
(4)	$\frac{1}{2}$	$\frac{1}{4}$	1	$-\frac{1}{4}$	0	0	5	$-\frac{1}{4} \cdot (1)$
(5)	$\frac{3}{2}$	$\frac{5}{4}$	0	$-\frac{1}{4}$	1	0	5	$(2) - \frac{1}{4} \cdot (1)$
(6)	$\boxed{-1}$	-1	0	0	0	1	-2	(3)
(Z_2)	$\frac{1}{2}$	$\frac{3}{4}$	0	$\frac{5}{4}$	0	0	-25	$(Z_1) + \frac{5}{4} \cdot (1)$
(7)	0	$-\frac{1}{4}$	1	$\frac{1}{4}$	0	$\frac{1}{2}$	4	$(4) + \frac{1}{2} \cdot (6)$
(8)	0	$-\frac{1}{4}$	0	$-\frac{1}{4}$	1	$\frac{3}{2}$	2	$(5) + \frac{3}{2} \cdot (6)$
(9)	1	1	0	0	0	-1	2	$(-1) \cdot (6)$
(Z_3)	0	$\frac{1}{4}$	0	$\frac{5}{4}$	0	$\frac{1}{2}$	-26	$(Z_2) + \frac{1}{2} \cdot (6)$

Tabelle 28.7: *Tableau des dualen Simplex*

Zur Wahl des Pivotelements $\boxed{-4}$ in Zeile ①:

- In Spalte $-\boldsymbol{c}$ ist der Wert -20 minimal
  $\Rightarrow$ Zeile ① ist Pivotzeile
- Wir erhalten spaltenweise folgende Quotienten aus Zielfunktionskoeffizienten und negativen Werten in der Pivotzeile:

  y_1-Spalte : $3/(-2)$, y_2-Spalte : $2/(-1)$,
  y_3-Spalte : $5/(-4)$

  $\Rightarrow$ Spalte y_3 ist Pivotspalte, da $-5/4$ maximal

Zur Wahl des Pivotelements $\boxed{-1}$ in Zeile ⑥:

- In Spalte $-\boldsymbol{c}$ ist -2 einziger negativer Wert
  $\Rightarrow$ Zeile ⑥ ist Pivotzeile
- Unter den Quotienten aus Zielfunktionskoeffizienten und negativen Werten in der Pivotzeile

  y_1-Spalte : $-1/2$, y_2-Spalte : $-3/4$,

  $\Rightarrow$ Spalte y_1 ist Pivotspalte, da $-1/2$ maximal

Aus dem Endtableau ist die Lösung abzulesen:

$$(x_1, x_2, x_3) = (2, 0, 4)$$

mit

$$3x_1 + 2x_2 + 5x_3 = 26$$

Mit 2 Anzeigen in Magazin I_1 und 4 Anzeigen in Magazin I_3 werden minimale Kosten in Höhe von 26 000 Geldeinheiten erzielt.

Beispiel 28.23

In Beispiel 28.8 wurde gezeigt, dass die Optimierungsaufgabe

$$\begin{aligned} x_1 + x_2 &\to \max \\ x_1 - x_2 &\leq 1 \\ -2x_1 + x_2 &\leq 2 \\ x_1, x_2 &\geq 0 \end{aligned}$$

wegen Z unbeschränkt, $\max(x_1 + x_2) = \infty$ keine optimale Lösung besitzt.

Wir betrachten das duale Problem:

$$\begin{aligned} y_1 + 2y_2 &\to \min \\ y_1 - 2y_2 &\geq 1 \\ -y_1 + y_2 &\geq 1 \\ y_1, y_2 &\geq 0 \end{aligned}$$

bzw.

$$\begin{aligned} -y_1 - 2y_2 &\to \max \\ -y_1 + 2y_2 &\leq -1 \\ y_1 - y_2 &\leq -1 \\ y_1, y_2 &\geq 0 \end{aligned}$$

Zeile	y_1	y_2	x_1	x_2	$-c$	Operation
①	$\boxed{-1}$	2	1	0	-1	
②	1	-1	0	1	-1	
Z_1	1	2	0	0	0	
③	1	-2	-1	0	1	$(-1) \cdot$ ①
④	0	1	1	1	-2	② + ①
Z_2	0	4	1	0	-1	Z_1 + ①

Zur Wahl des Pivotelements $\boxed{-1}$ in Zeile ①:

- In Spalte $-\boldsymbol{c}$ existieren mit -1 zwei minimale Werte
  $\Rightarrow$ Indifferenz zwischen Zeile ① und ② und somit beliebige Wahl einer dieser Zeilen als Pivotzeile
  z. B. Wahl von Zeile ①
- In Zeile ① existiert lediglich ein negativer Wert in Spalte y_1
  $\Rightarrow$ Spalte y_1 ist Pivotspalte

Keine zulässige Lösung vorhanden:

- In Spalte $-\boldsymbol{c}$ existiert mit -2 lediglich ein negativer Wert
  $\Rightarrow$ Zeile ④ ist Pivotzeile
- Nachdem in Zeile ④ kein negativer Wert auftritt, kann keine zulässige Lösung des Optimierungsproblems existieren

In Beispiel 28.20 waren das primale und das duale Problem eindeutig lösbar. Ferner wissen wir aus Satz 28.19, dass entweder das primale und zugleich das duale Problem lösbar oder beide Probleme unlösbar sind. Den Fall von Mehrfachlösungen behandeln wir zunächst exemplarisch.

Beispiel 28.24

Wir betrachten zunächst die Endtableaus der Beispiele 28.11 und 28.12 mit den Lösungen

$$(\boldsymbol{x}^T, \boldsymbol{y}^T) = (3, 4, 0, 2, 0)$$

in Beispiel 28.11

$$(\boldsymbol{x}^T, \boldsymbol{y}^T) = \lambda(3, 4, 0, 2, 0) + (1-\lambda)(5, 2, 4, 0, 0)$$

mit $\lambda \in [0, 1]$ in Beispiel 28.12.

Für die dualen Lösungen ergibt sich jeweils aus der letzten Tableauzeile

$$(\boldsymbol{y}_D^T, \boldsymbol{x}_D^T) = (1/2, 0, 7/2, 0, 0)$$

in Beispiel 28.11,

$$(\boldsymbol{y}_D^T, \boldsymbol{x}_D^T) = (0, 0, 4, 0, 0)$$

in Beispiel 28.12.

Ferner fällt auf, dass in Beispiel 28.11 die Basisvariablen mit

$$(x_1, x_2, y_2) = (3, 4, 2)$$

im primalen Problem bzw. die Basisvariablen mit

$$(y_1, y_2) = (1/2, 7/2)$$

im dualen Problem positiv sind. Dagegen ist bei einer Mehrfachlösung des primalen Problems mindestens eine Basisvariable im dualen Problem 0. Man spricht in diesem Fall von einer *degenerierten Lösung*.

Das nachfolgende Beispiel soll zeigen, dass eine degenerierte Lösung des primalen Problems eine mehrfache Lösung des dualen Problems impliziert.

Beispiel 28.25

Gegeben sind zwei zueinander duale Probleme, die wir mit ihren Lösungen zunächst graphisch veranschaulichen.

$$(P) \qquad \begin{aligned} 2x_1 + x_2 + x_3 &\to \max \\ x_1 + x_2 + 3x_3 &\le 1 \\ x_1 + 2x_2 + x_3 &\le 1 \\ x_1, x_2, x_3 &\ge 0 \end{aligned}$$

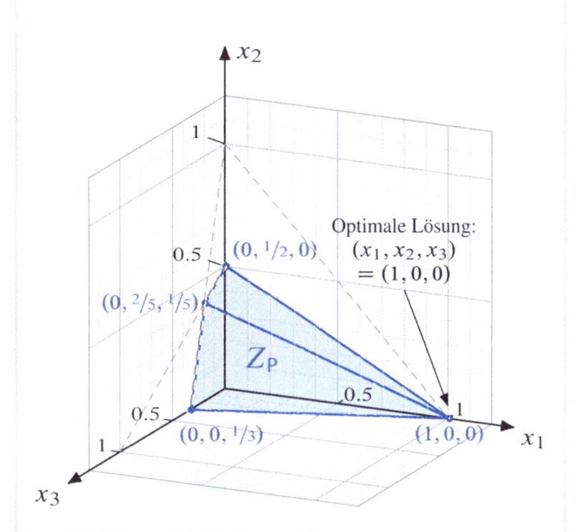

Abbildung 28.12: *Darstellung von Zulässigkeitsbereich Z_P und Optimum des Problems (P)*

$$(D) \qquad \begin{aligned} y_1 + y_2 &\to \min \\ y_1 + y_2 &\ge 2 \\ y_1 + 2y_2 &\ge 1 \\ 3y_1 + y_2 &\ge 1 \\ y_1, y_2 &\ge 0 \end{aligned}$$

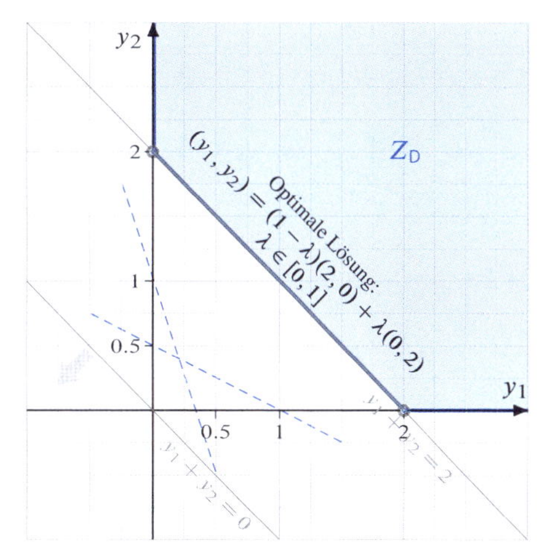

Abbildung 28.13: *Darstellung von Zulässigkeitsbereich Z_D und Optimum des Problems (D)*

In den Abbildungen 28.12, 28.13 zeigt sich, dass eine degenerierte Lösung des primalen Problems zu einer Mehrfachlösung des dualen Problems führt.

Satz 28.26

Für zwei zueinander duale Probleme gilt:

a) Eines der beiden Probleme ist genau dann eindeutig lösbar, wenn auch das andere Problem eindeutig lösbar ist.

b) Eines der Probleme hat genau dann eine degenerierte Lösung, wenn das andere Problem eine Mehrfachlösung besitzt.

Wir diskutieren dazu das Beispiel 28.25 im Zusammenhang mit den Abbildungen 28.12, 28.13 und schließen eine Beweisskizze an.

Beispiel 28.27

Zum primalen (P) bzw. dem dazu dualen Optimierungsproblem (D) aus Beispiel 28.25 ergeben sich in beiden Fällen durch einen Simplexschritt Endtableaus sowie Basislösungen und Zielfunktionswerte.

$$(P) \quad \begin{aligned} 2x_1 + x_2 + x_3 &\to \max \\ x_1 + x_2 + 3x_3 &\leq 1 \\ x_1 + 2x_2 + x_3 &\leq 1 \\ x_1, x_2, x_3 &\geq 0 \end{aligned}$$

Zeile	x_1	x_2	x_3	y_1	y_2	$\boldsymbol{b}$	Operation
①	⓵ (1)	1	3	1	0	1	
②	1	2	1	0	1	1	
(z_1)	−2	−1	−1	0	0	0	
③	1	1	3	1	0	1	①
④	0	1	−2	−1	1	0	② − ①
(z_2)	0	1	5	2	0	2	(z_1) + 2 · ①

Tabelle 28.8: *Simplextableau zu* $(\boldsymbol{P})$

(P): Tableau mit Zeilen ① ② (z_1)

- Primal: $(x_1, x_2, x_3) = (0, 0, 0)$, $(y_1, y_2) = (1, 1)$, $2x_1 + x_2 + x_3 = 0$
- Dual: $(y_1, y_2) = (0, 0)$, $(x_1, x_2, x_3) = (-2, -1, -1)$, $-y_1 - y_2 = 0$

(P): Tableau mit (Zeilen ③ ④ (z_2))

- Primal: $(x_1, x_2, x_3) = (1, 0, 0)$, $(y_1, y_2) = (0, 0)$ (degenerierte Lösung), $2x_1 + x_2 + x_3 = 2$
- Dual: $(y_1, y_2) = (2, 0)$, $(x_1, x_2, x_3) = (0, 1, 5)$, $-y_1 - y_2 = -2$

Dazu sind folgende Anmerkungen hilfreich:

Aus dem *Starttableau* des primalen Simplexalgorithmus liest man die zulässige Startlösung

$$(x_1, x_2, x_3) = (0, 0, 0), \quad (y_1, y_2) = (1, 1)$$

aus den Zeilen ①, ② ab. Für das duale Problem erhält man die unzulässige Startlösung

$$(x_1, x_2, x_3) = (-2, -1, -1), \quad (y_1, y_2) = (0, 0)$$

aus Zeile (z_1). Der Zielfunktionswert ist für beide Probleme 0.

Entsprechend liefert das *Endtableau* des primalen Simplexalgorithmus die degenerierte Optimallösung

$$(x_1, x_2, x_3) = (1, 0, 0), \quad (y_1, y_2) = (0, 0)$$

mit Hilfe der Zeilen ③, ④. Für das duale Problem erhält man eine optimale Lösung

$$(x_1, x_2, x_3) = (0, 1, 5), \quad (y_1, y_2) = (2, 0)$$

aus Zeile (z_2). Wegen der Null in der $\boldsymbol{b}$-Spalte von Zeile ④ existiert hier eine weitere Optimallösung für alle $r \in \mathbb{R}$ mit Zeile (z_3) $= r \cdot$ ④ $+$ (z_2) ≥ 0. In unserem Beispiel erhält man für $r = 2$:

$\mathbf{2 \cdot 0 + 0, \quad 2 \cdot 1 + 1, \quad 2 \cdot (-2) + 5,}$

$\mathbf{2 \cdot (-1) + 2, \quad 2 \cdot 1 + 0, \quad 2 \cdot 0 + 2}$, also

(z_3): $\mathbf{0 \quad 3 \quad 1 \quad 0 \quad 2 \quad 2}$,

wobei der Zielfunktionswert konstant bleibt.

Mit der neuen Optimallösung des dualen Problems

$$(y_1, y_2) = (0, 2), \quad (x_1, x_2, x_3) = (0, 3, 1),$$
$$-y_1 - y_2 = -2$$

erhält man für $\lambda \in [0, 1]$ die Mehrfachlösung

$$(y_1, y_2, x_1, x_2, x_3) = \lambda(2, 0, 0, 1, 5) + (1 - \lambda)(0, 2, 0, 3, 1).$$

Analog ergibt sich für das Problem (D):

$$\begin{array}{llll} (D) & y_1 + \ \ y_2 \to \min \text{ bzw. } & -y_1 - \ \ y_2 \to \max \\ & y_1 + \ \ y_2 \geq 2 & -y_1 - \ \ y_2 \leq -2 \\ & y_1 + 2y_2 \geq 1 & -y_1 - 2y_2 \leq -1 \\ & 3y_1 + \ \ y_2 \geq 1 & -3y_1 - \ \ y_2 \leq -1 \\ & y_1, y_2 \geq 0 & y_1, y_2 \geq 0 \end{array}$$

Zeile	y_1	y_2	x_1	x_2	x_3	$-c$	Operation
(1)	[−1]	−1	1	0	0	−2	
(2)	−1	−2	0	1	0	−1	
(3)	−3	−1	0	0	1	−1	
(z_1)	1	1	0	0	0	0	
(4)	1	1	−1	0	0	2	$(-1)\cdot$ (1)
(5)	0	−1	−1	1	0	1	(2) − (1)
(6)	0	2	−3	0	1	5	(3) − 3 · (1)
(z_2)	0	0	1	0	0	−2	(z_1) + (1)

Tabelle 28.9: *Simplextableau zu* (D)

(D): Tableau mit Zeilen (1) (2) (3) (z_1)

- Dual: $(y_1, y_2) = (0, 0)$, $(x_1, x_2, x_3) = (-2, -1, -1)$, $-y_1 - y_2 = 0$
- Primal: $(x_1, x_2, x_3) = (0, 0, 0)$, $(y_1, y_2) = (1, 1)$, $2x_1 + x_2 + x_3 = 0$

(D): Tableau mit Zeilen (4) (5) (6) (z_2)

- Dual: $(y_1, y_2) = (2, 0)$, $(x_1, x_2, x_3) = (0, 1, 5)$, $-y_1 - y_2 = -2$
- Primal: $(x_1, x_2, x_3) = (1, 0, 0)$, $(y_1, y_2) = (0, 0)$ (degenerierte Lösung), $2x_1 + x_2 + x_3 = 2$

Die beiden Tableaus kann man entsprechend interpretieren.

Aus dem *Starttableau* des dualen Simplexalgorithmus liest man die unzulässige Startlösung

$$(x_1, x_2, x_3) = (-2, -1, -1), \quad (y_1, y_2) = (0, 0)$$

aus den Zeilen (1), (2), (3) ab. Für das primale Problem erhält man die zulässige Startlösung

$$(x_1, x_2, x_3) = (0, 0, 0), \quad (y_1, y_2) = (1, 1)$$

aus Zeile (z_1). Der Zielfunktionswert ist für beide Probleme 0.

Entsprechend liefert das *Endtableau* des dualen Simplexalgorithmus eine Optimallösung

$$(x_1, x_2, x_3) = (0, 1, 5) \quad (y_1, y_2) = (2, 0),$$

mit Hilfe der Zeilen (4), (5), (6). Für das primale Problem erhält man die degenerierte Optimallösung

$$(x_1, x_2, x_3) = (1, 0, 0), \quad (y_1, y_2) = (0, 0)$$

aus Zeile (z_2). Wegen der Null in der y_2-Spalte von Zeile (z_2) existieren hier weitere Optimallösungen für das duale Problem. Mit Pivotspalte y_2 und Pivotzeile (4) erhalten wir ein neues Endtableau:

Zeile	y_1	y_2	x_1	x_2	x_3	$-c$	Operation
(7)	1	1	−1	0	0	2	(4)
(8)	1	0	−2	1	0	3	(5) + (4)
(9)	−2	0	−1	0	1	1	(6) − 2 · (4)
(z_3)	0	0	1	0	0	−2	(z_2)

Mit der neuen Optimallösung $(y_1, y_2) = (0, 2)$, $(x_1, x_2, x_3) = (0, 3, 1)$, $-y_1 - y_2 = -2$ erhalten wir für $\lambda \in [0, 1]$ die Mehrfachlösung

$$(y_1, y_2, x_1, x_2, x_3) = \lambda(2, 0, 0, 1, 5) + (1 - \lambda)(0, 2, 0, 3, 1).$$

Beweisidee [zu Satz 28.26]

Wir betrachten zunächst das Endtableau zum primalen Problem (P). Die Null in der $\boldsymbol{b}$-Spalte einer Nebenbedingung (z. B. in ④) weist auf die degenerierte Lösung von (P) hin. Offenbar kann in diesem Fall ein Vielfaches dieser Nebenbedingungszeile zur Zielfunktionszeile addiert werden, so dass das Ergebnis nur nichtnegative Werte enthält. Daraus ergibt sich eine zweite Lösung von (D). Wegen der Konvexität von Z_D^* erhält man eine Mehrfachlösung.

Das Endtableau zum dualen Problem enthält für eine Nichtbasisvariable (z. B. für y_2) eine Null in der Zielfunktionszeile. Daher ist ein Basistausch zu Gunsten dieser Variablen möglich, ohne die Zielfunktionszeile zu verändern. Daraus resultiert eine Mehrfachlösung für das duale Problem. Die genannte Null in der Zielfunktionszeile für eine Nichbasisvariable weist aber gleichzeitig auf die degenerierte Lösung des primalen Problems hin.

Treten Nullen der beschriebenen Art nicht auf, dann sind beide Probleme eindeutig lösbar.

Zur ökonomischen Interpretation des Zusammenhangs dualer Probleme ist der folgende *Satz vom komplementären Schlupf* hilfreich.

Satz 28.28

Gegeben sind die Optimierungsaufgaben:

$$\begin{array}{llll} (P) & \boldsymbol{c}^T\boldsymbol{x} \to \max & \text{bzw.} & \boldsymbol{c}^T\boldsymbol{x} \to \max \\ & \boldsymbol{A}\boldsymbol{x} \le \boldsymbol{b} & & \boldsymbol{A}\boldsymbol{x} + \boldsymbol{u} = \boldsymbol{b} \\ & \boldsymbol{x} \in \mathbb{R}_+^n & & (\boldsymbol{x}, \boldsymbol{u})^T \in \mathbb{R}_+^{n+m} \end{array}$$

$$\begin{array}{llll} (D) & \boldsymbol{b}^T\boldsymbol{y} \to \min & \text{bzw.} & \boldsymbol{b}^T\boldsymbol{y} \to \min \\ & \boldsymbol{A}^T\boldsymbol{y} \ge \boldsymbol{c} & & \boldsymbol{A}^T\boldsymbol{y} - \boldsymbol{v} = \boldsymbol{c} \\ & \boldsymbol{y} \in \mathbb{R}_+^m & & (\boldsymbol{y}, \boldsymbol{v})^T \in \mathbb{R}_+^{m+n} \end{array}$$

Dann gilt:

$(\boldsymbol{x}^*, \boldsymbol{u}^*)$ ist Optimallösung von (P),

$(\boldsymbol{y}^*, \boldsymbol{v}^*)$ ist Optimallösung von (D)

$$\Leftrightarrow \boldsymbol{x}^{*T}\boldsymbol{u}^* = \boldsymbol{y}^{*T}\boldsymbol{v}^* = 0$$

Beweis

Es gilt

$$\boldsymbol{c}^T\boldsymbol{x}^* = \boldsymbol{b}^T\boldsymbol{y}^* \qquad \text{(Satz 28.19)},$$

ferner

$$\boldsymbol{c}^T = \boldsymbol{y}^{*T}\boldsymbol{A} - \boldsymbol{v}^{*T}, \quad \boldsymbol{b}^T = \boldsymbol{x}^{*T}\boldsymbol{A}^T + \boldsymbol{u}^{*T},$$

$$\boldsymbol{y}^T\boldsymbol{A}\boldsymbol{x} = \boldsymbol{x}^T\boldsymbol{A}^T\boldsymbol{y} \qquad (\text{mit } \boldsymbol{x}^*, \boldsymbol{y}^*, \boldsymbol{u}^*, \boldsymbol{v}^* \ge \boldsymbol{0})$$

Dann erhält man die Äquivalenz

$$\begin{aligned} &\boldsymbol{c}^T\boldsymbol{x}^* - \boldsymbol{b}^T\boldsymbol{y}^* \\ &= (\boldsymbol{y}^{*T}\boldsymbol{A} - \boldsymbol{v}^{*T})\boldsymbol{x}^* - (\boldsymbol{x}^{*T}\boldsymbol{A}^T + \boldsymbol{u}^{*T})\boldsymbol{y}^* \\ &= \boldsymbol{y}^{*T}\boldsymbol{A}\boldsymbol{x}^* - \boldsymbol{v}^{*T}\boldsymbol{x}^* - \boldsymbol{x}^{*T}\boldsymbol{A}^T\boldsymbol{y}^* - \boldsymbol{u}^{*T}\boldsymbol{y}^* \\ &= -(\boldsymbol{v}^{*T}\boldsymbol{x}^* + \boldsymbol{u}^{*T}\boldsymbol{y}^*) = 0 \\ &\Leftrightarrow \boldsymbol{v}^{*T}\boldsymbol{x}^* = \boldsymbol{x}^{*T}\boldsymbol{v}^* = 0, \quad \boldsymbol{u}^{*T}\boldsymbol{y}^* = \boldsymbol{y}^{*T}\boldsymbol{u}^* = 0 \end{aligned}$$

Daraus folgt für alle $j = 1, \ldots, n$

$$x_j^* > 0 \Rightarrow v_j^* = \sum_{i=1}^m a_{ij} y_j^* - c_j = 0,$$

$$x_j^* = 0 \Leftarrow v_j^* = \sum_{i=1}^m a_{ij} y_j^* - c_j > 0$$

sowie für alle $i = 1, \ldots, m$

$$y_i^* > 0 \Rightarrow u_i^* = b_i - \sum_{j=1}^n a_{ij} x_j^* = 0,$$

$$y_i^* = 0 \Leftarrow u_i^* = b_i - \sum_{j=1}^n a_{ij} x_j^* > 0.$$

Viele Produktionsplanungsaufgaben führen zu Optimierungsaufgaben der Form (P):

$$\boldsymbol{c}^T\boldsymbol{x} \to \max \quad \text{mit} \quad \boldsymbol{A}\boldsymbol{x} + \boldsymbol{u} = \boldsymbol{b}, \quad \boldsymbol{x}, \boldsymbol{u} \ge \boldsymbol{0}$$

$$\text{mit } \boldsymbol{A} = (a_{ij})_{m,n};\ \boldsymbol{c}, \boldsymbol{x} \in \mathbb{R}^n;\ \boldsymbol{b}, \boldsymbol{u} \in \mathbb{R}^m$$

(Kapitel 28.1)

Zur gewinnmaximalen Herstellung von n Produkten mit m Produktionsfaktoren gelten folgende Entsprechungen:

x_j	=	Produktionsquantität von Produkt j $(j = 1, \ldots, n)$
b_i	=	Kapazität des Produktionsfaktors i $(i = 1, \ldots, m)$
a_{ij}	=	Verbrauch von Produktionsfaktor i für eine Einheit von Produkt j
c_j	=	Deckungsbeitrag für eine Einheit von Produkt j
u_i	=	nicht verbrauchte Einheiten von Produktionsfaktor i

Für das duale Problem (D) gilt:

$$\boldsymbol{b}^T\boldsymbol{y} \to \min \quad \text{mit} \quad \boldsymbol{A}^T\boldsymbol{y} - \boldsymbol{v} = \boldsymbol{c}, \quad \boldsymbol{y}, \boldsymbol{v} \ge \boldsymbol{0}$$

$$\text{mit } \boldsymbol{A} = (a_{ij})_{m,n};\ \boldsymbol{b}, \boldsymbol{y} \in \mathbb{R}^m;\ \boldsymbol{c}, \boldsymbol{v} \in \mathbb{R}^n$$

Ferner seien beide Probleme eindeutig lösbar.

Für die Zielfunktionswerte gilt im Optimum:

$$c^T x^* = b^T y^*$$

Dazu sind folgende Interpretationen möglich:

- Verringert man die Produktionsfaktorquantität von b_i auf $b_i - 1$, dann gilt für die Zielfunktionswerte im Optimum:

  $$b^T y^* - 1 \cdot y_i^* = c^T x^* - 1 \cdot y_i^*$$

  Der Gesamtdeckungsbeitrag verringert sich um y_i^*, erklärbar als „Preis", den eine zusätzliche Einheit des Produktionsfaktors i „wert" ist. Die Werte $y_1^*, \ldots, y_m^*$ werden oftmals als *Schattenpreise* oder *Opportunitätskosten* (von knappen Gütern) bezeichnet.

  Die Aufgabenstellung des dualen Problems zielt dann darauf ab, dass die Gesamtopportunitätskosten $b^T y$ aller Faktoren zu minimieren sind. Die Opportunitätskosten der zur Herstellung eines Produktes j erforderlichen Produktionsfaktoren $(i = 1, \ldots, m)$ sollen dabei mindestens gleich sein dem durch die Herstellung dieses Produktes erzielten Deckungsbeitrag, also

  $$\sum_{i=1}^{m} a_{ij} y_j \geq c_j$$

  bzw. matriziell

  $$A^T y \geq c\,.$$

  Bei optimaler Produktion ist der Gesamtdeckungsbeitrag $c^T x^*$ der produzierten Güter gleich den Gesamtopportunitätskosten $b^T y^*$ der Produktionsfaktoren.

- Mit Hilfe von Satz 28.28 sind präzisere Aussagen möglich, zunächst zur Gleichung:

  $$y_i^* u_i^* = y_i^* \left(b_i - \sum_{j=1}^{n} a_{ij} x_j^* \right) = 0 \qquad (i = 1, \ldots, m)$$

  .

Aus

$$b_i - \sum_{j=1}^{n} a_{ij} x_j^* > 0$$

folgt $y_i^* = 0$, d. h., wird die Kapazität b_i des Produktionsfaktors nicht voll ausgeschöpft, so resultiert eine Reduktion von b_i nicht in einer Verminderung des Zielfunktionswertes, der Schattenpreis $y_i^* = 0$.

Gilt dagegen $y_i^* > 0$, so folgt die Gleichung

$$b_i - \sum_{j=1}^{n} a_{ij} x_j^* = 0\,.$$

Der Produktionsfaktor i ist knapp und wird im Optimum voll verbraucht, sein Schattenpreis ist positiv.

Für die Gleichung

$$x_j^* v_j^* = x_j^* \left(\sum_{i=1}^{m} a_{ij} y_j^* - c_j \right) = 0$$

gilt die entsprechende Implikation:

$$\sum_{i=1}^{m} a_{ij} y_j^* - c_j > 0 \quad \Rightarrow \quad x_j^* = 0$$

Sind die Opportunitätskosten der zur Herstellung von Produkt j erforderlichen Produktionsfaktoren größer als der für Produkt j erzielbare Deckungsbeitrag, so ist die Herstellung von Produkt j nicht rentabel, also $x_j^* = 0$.

Für $x_j^* > 0$ und folglich

$$\sum_{i=1}^{m} a_{ij} y_j^* - c_j = 0$$

sind für alle herzustellenden Güter die Opportunitätskosten der Produktionsfaktoren gleich dem Deckungsbeitrag dieser Güter.

28.5 Zweiphasenmethode

Bislang haben wir Verfahren zur Lösung von Standardmaximumproblemen mit $\boldsymbol{b} \geq \boldsymbol{0}$ sowie deren dualen Minimumproblemen kennengelernt. Wir werden das Vorgehen nun erweitern.

Definition 28.29

Eine *lineare Optimierungsaufgabe* in *Normalform* (Definition 28.2), kurz mit (LN) bezeichnet, ist gegeben durch:

$$
\begin{aligned}
(LN)\quad & \boldsymbol{c}^T\boldsymbol{x} \to \max \\
\text{mit}\quad & \boldsymbol{A}\boldsymbol{x} = \boldsymbol{b}, \quad \boldsymbol{x} \geq \boldsymbol{0} \\
& \boldsymbol{c}, \boldsymbol{x} \in \mathbb{R}^n;\ \boldsymbol{b} \in \mathbb{R}^m_+; \\
& \boldsymbol{A} = (a_{ij})_{m,n} \\
& \operatorname{Rg}(\boldsymbol{A}|\boldsymbol{b}) = m; \\
& \operatorname{Rg}\boldsymbol{A} = r \leq m
\end{aligned}
$$

Nach Satz 28.3 kann jedes lineare Optimierungsproblem mit $\boldsymbol{x} \geq \boldsymbol{0}$ in seine Normalform überführt werden. Ferner kann $\boldsymbol{b} \geq \boldsymbol{0}$ vorausgesetzt werden, andernfalls multipliziert man davon abweichende Zeilen in $(\boldsymbol{A}|\boldsymbol{b})$ mit (-1).

Die *Zweiphasenmethode* generiert nun in einem ersten Schritt ein Hilfsproblem (H), mit dem eine zulässige Basislösung für (LN) ermittelt werden soll. Gegebenenfalls wird diese, falls sie existiert, im zweiten Schritt zur Bestimmung einer Optimallösung genutzt.

Definition 28.30

Die Optimierungsaufgabe

$$
(H)\ \sum_{i=1}^{m} w_i \to \min \quad \left(\text{bzw. } -\sum_{i=1}^{m} w_i \to \max\right)
$$
$$
\text{mit}\quad \boldsymbol{A}\boldsymbol{x} + \boldsymbol{w} = \boldsymbol{b}, \quad \boldsymbol{x}, \boldsymbol{w} \geq \boldsymbol{0}
$$

wird als *Hilfsproblem* zu (LN) bezeichnet, die neu eingeführten Variablen werden *künstliche Variablen* genannt.

Damit gelangen wir zu folgenden Aussagen.

Satz 28.31

Der Zulässigkeitsbereich von (LN) sei

$$
Z = \left\{\boldsymbol{x} \in \mathbb{R}^n_+ :\ \boldsymbol{A}\boldsymbol{x} = \boldsymbol{b}\right\},
$$

der Zulässigkeitsbereich von (H)

$$
Z_H = \left\{\begin{pmatrix}\boldsymbol{x}\\ \boldsymbol{w}\end{pmatrix} \in \mathbb{R}^{n+m}_+ :\ \boldsymbol{A}\boldsymbol{x} + \boldsymbol{w} = \boldsymbol{b}\right\}.
$$

Dann gilt:

a) $\boldsymbol{x}_0$ ist Ecke von Z
$\Leftrightarrow \begin{pmatrix}\boldsymbol{x}_0\\ \boldsymbol{w}_0\end{pmatrix}$ mit $\boldsymbol{w}_0 = \boldsymbol{0}$ ist Ecke von Z_H.

b) $\begin{pmatrix}\boldsymbol{x}\\ \boldsymbol{w}\end{pmatrix} = \begin{pmatrix}\boldsymbol{0}\\ \boldsymbol{b}\end{pmatrix} \in Z_H$
ist eine zulässige Basislösung von (H).

c) $-\sum_{i=1}^m w_i \leq 0$
$\Rightarrow$ Die Zielfunktion von (H) ist nach oben beschränkt.
$\Rightarrow (H)$ ist wegen $\left(-\sum_{i=1}^m w_i \to \max\right)$ stets lösbar.

d) (H) besitzt eine optimale Lösung mit $\sum_{i=1}^m w_i^* = 0$
$\Leftrightarrow\ \boldsymbol{w}^* = \boldsymbol{0}$ (wegen $w_i \geq 0$ für alle i)
$\Leftrightarrow\ \boldsymbol{A}\boldsymbol{x} + \boldsymbol{w}^* = \boldsymbol{A}\boldsymbol{x} = \boldsymbol{b} \Leftrightarrow Z \neq \emptyset$
$\Leftrightarrow\ (LN)$ besitzt eine zulässige Lösung.

Um den Simplexalgorithmus für das Hilfsproblem anwenden zu können, benötigen wir ein geeignetes Starttableau. Dazu dient folgende Überlegung, wobei $\boldsymbol{b} \geq \boldsymbol{0}$:

$$
\begin{aligned}
\boldsymbol{A}\boldsymbol{x} + \boldsymbol{w} = \boldsymbol{b} &\Leftrightarrow \sum_{j=1}^{n} a_{ij}x_j + w_i = b_i \\
&\qquad (i = 1, \ldots, m) \\
&\Leftrightarrow w_i = b_i - \sum_{j=1}^{n} a_{ij}x_j \\
&\qquad (i = 1, \ldots, m) \\
&\Rightarrow \sum_{i=1}^{m} w_i = \sum_{i=1}^{m} b_i - \sum_{i=1}^{m}\sum_{j=1}^{n} a_{ij}x_j
\end{aligned}
$$

Das Hilfsproblem (H) erhält die Form eines Standardmaximumproblems mit $\boldsymbol{b} \geq 0$:

$$\left(-\sum_{i=1}^{m} w_i\right) = \left(-\sum_{i=1}^{m} b_i + \sum_{i=1}^{m}\sum_{j=1}^{n} a_{ij}x_j\right) \to \max$$
$$\text{mit } \boldsymbol{Ax} + \boldsymbol{w} = \boldsymbol{b}, \boldsymbol{x}, \boldsymbol{w} \geq 0$$

Daraus ergibt sich das *Simplex-Starttableau* für (H):

Zeile	x_1	$\dots$	x_n	w_1	$\dots$	w_n	$\boldsymbol{b}$
①	a_{11}	$\dots$	a_{1n}	1	$\dots$	0	b_1
$\vdots$	$\vdots$		$\vdots$	$\vdots$	$\ddots$	$\vdots$	$\vdots$
ⓜ	a_{m1}	$\dots$	a_{mn}	0	$\dots$	1	b_m
Z_1	$-\sum_{i=1}^{m} a_{i1}$	$\dots$	$-\sum_{i=1}^{m} a_{in}$	0	$\dots$	0	$-\sum_{i=1}^{m} b_i$

mit dem Zielfunktionswert

$$c_H = -\sum_{i=1}^{m} b_i \leq 0 .$$

Mit der Anwendung des Simplexalgorithmus (Kapitel 28.2) erhalten wir ein Endtableau, da (H) stets lösbar ist.

Satz 28.32

Die Auswertung des Endtableaus von (H) impliziert folgende Ergebnisse:

a) Zielfunktionswert < 0
   $\Leftrightarrow$ Es existiert ein i mit $w_i > 0$.
   $\Leftrightarrow$ $Z = Z^* = \emptyset$
   $\Leftrightarrow$ (LN) ist unlösbar.

b) Zielfunktionswert $= 0$
   $\Leftrightarrow$ $\boldsymbol{w}^* = \boldsymbol{0}$
   $\Leftrightarrow$ (LN) ist lösbar.

Die Optimallösung von (H) mit $\boldsymbol{w}^* = \boldsymbol{0}$ impliziert eine Startlösung von (LN). Ein Starttableau von (LN) ergibt sich aus dem Endtableau von (H). Daher empfiehlt sich die Mitführung und Umrechnung der Zielfunktion von (LN) auch bereits im ersten Schritt der Zweiphasenmethode.

Beispiel 28.33

Für das Optimierungsproblem des Beispiels 28.6 lautet die Normalform:

$$\begin{aligned} x_1 + x_2 &\to \max \\ x_1 + 2x_2 + x_3 &= 2 \\ 2x_1 + 3x_2 - x_4 &= 6 \\ x_1, x_2, x_3, x_4 &\geq 0 \end{aligned}$$

Daraus ergibt sich das Hilfsproblem (H):

$$\begin{aligned} -w_1 - w_2 &\to \max \\ x_1 + 2x_2 + x_3 + w_1 &= 2 \\ 2x_1 + 3x_2 - x_4 + w_2 &= 6 \\ x_1, x_2, x_3, x_4, w_1, w_2 &\geq 0 \end{aligned}$$

Das Simplexverfahren für (H) ist in Tabelle 28.10 dargestellt.

Zeile	x_1	x_2	x_3	x_4	w_1	w_2	$\boldsymbol{b}$	Operation
①	1	2	1	0	1	0	2	
②	2	3	0	−1	0	1	6	
Z_1	−3	−5	−1	1	0	0	−8	
③	$\frac{1}{2}$	1	$\frac{1}{2}$	0	$\frac{1}{2}$	0	1	$\frac{1}{2}\cdot$①
④	$\frac{1}{2}$	0	$-\frac{3}{2}$	−1	$-\frac{3}{2}$	1	3	② $-\frac{3}{2}\cdot$①
Z_2	$-\frac{1}{2}$	0	$\frac{3}{2}$	1	$\frac{5}{2}$	0	−3	$Z_1 + \frac{5}{2}\cdot$①
⑤	1	2	1	0	1	0	2	$2\cdot$③
⑥	0	−1	−2	−1	−2	1	2	④ − ③
Z_3	0	1	2	1	3	0	−2	Z_2 + ③

Tabelle 28.10: *Simplextableau zum Beispiel 28.33*

Wir erhalten ein Endtableau mit negativem Zielfunktionswert −2. Die Optimierungsaufgabe ist unlösbar, wie dies zu erwarten war (Beispiel 28.6, 28.15).

Beispiel 28.34

Gegeben ist das lineare Optimierungsproblem in Normalform

$$\begin{aligned} x_1 + x_2 + x_3 &\to \max \\ x_1 + 2x_2 + 2x_3 &= 4 \\ 2x_1 + x_2 + 2x_3 &= 5 \\ 3x_1 + 3x_2 + 4x_3 &= 9 \\ x_1, x_2, x_3 &\geq 0 \end{aligned}$$

Zur Lösung mit Hilfe des Simplexverfahrens werden die Daten beider Probleme (H) und (LN), also auch die Zielfunktionen, in ein gemeinsames Starttableau eingetragen. Erforderliche Basistransformationen werden aber zunächst nur unter Berücksichtigung der Zielfunktion von (H) durchgeführt. Die Zielfunktion von (LN) wird lediglich entsprechend umgerechnet.

Zeile	x_1	x_2	x_3	w_1	w_2	w_3	b	Operation
①	1	2	[2]	1	0	0	4	
②	2	1	2	0	1	0	5	
③	3	3	4	0	0	1	9	
z_1^H	−6	−6	−8	0	0	0	−18	
z_1^{LN}	−1	−1	−1	0	0	0	0	
				Phase 1				
④	$\frac{1}{2}$	1	1	$\frac{1}{2}$	0	0	2	$\frac{1}{2}\cdot$①
⑤	[1]	−1	0	−1	1	0	1	② − ①
⑥	1	−1	0	−2	0	1	1	③ − 2·①
z_2^H	−2	2	0	4	0	0	−2	z_1^H + 4·①
z_2^{LN}	$-\frac{1}{2}$	0	0	$\frac{1}{2}$	0	0	2	z_1^{LN} + $\frac{1}{2}\cdot$①
⑦	0	[$\frac{3}{2}$]	1	1	$-\frac{1}{2}$	0	$\frac{3}{2}$	④ − $\frac{1}{2}\cdot$⑤
⑧	1	−1	0	−1	1	0	1	⑤
⑨	0	0	0	−1	−1	1	0	⑥ − ⑤
z_3^H	0	0	0	2	2	0	0	z_2^H + 2·⑤
z_3^{LN}	0	$-\frac{1}{2}$	0	0	$\frac{1}{2}$	0	$\frac{5}{2}$	z_2^{LN} + $\frac{1}{2}\cdot$⑤
				Phase 2				
⑩	0	1	$\frac{2}{3}$				1	$\frac{2}{3}\cdot$⑦
⑪	1	0	$\frac{2}{3}$		$\boldsymbol{w} = \boldsymbol{0}$		2	⑧ + $\frac{2}{3}\cdot$⑦
⑫	0	0	0				0	⑨
z_4^{LN}	0	0	$\frac{1}{3}$	$\frac{1}{3}$	$\frac{1}{3}$	0	3	z_3^{LN} + $\frac{1}{3}\cdot$⑦

Wegen Zeile $z_3^H \geq 0$ endet Phase 1 mit $\boldsymbol{w} = \boldsymbol{0}$. Wir erhalten die zulässige Lösung

$$(x_1, x_2, x_3) = (1, 0, 3/2),$$

die wegen Zeile $z_3^{LN} \not\geq 0$ nicht optimal ist.

In Phase 2 entfallen die Spalten w_1, w_2, w_3 ($\boldsymbol{w} = \boldsymbol{0}$) sowie die Zielfunktionszeile z_4^H. Nach einer weiteren Basistransformation erhalten wir die optimale Lösung

$$(x_1, x_2, x_3) = (2, 1, 0)$$

mit $x_1 + x_2 + x_3 = 3$.

Enthält ein lineares Optimierungsproblem neben Gleichungen der Form $\boldsymbol{A}_1\boldsymbol{x} = \boldsymbol{b}_1$ ($\boldsymbol{b}_1 \geq \boldsymbol{0}$) auch Ungleichungen mit $\boldsymbol{A}_2\boldsymbol{x} \leq \boldsymbol{b}_2$ ($\boldsymbol{b}_2 \geq \boldsymbol{0}$), so kann man bei diesen Ungleichungen auf künstliche Variable verzichten und den Lösungsvorgang abkürzen (vgl. dazu Neumann und Morlock 2002, Kap. 1.5.

28.6 Lineare Transportprobleme

In Abschnitt 28.1 haben wir ein lineares Transportproblem als typisches Anwendungsgebiet formuliert.

Definition 28.35

Gegeben seien m Angebotsorte mit den Angeboten $a_1, \ldots, a_m$ eines Gutes sowie n Nachfrageorte mit den Bedarfen $b_1, \ldots, b_n$.

Bezeichnet man mit x_{ij} die Transportmenge von i nach j und mit c_{ij} die Transportkosten je Mengeneinheit von i nach j, so bezeichnet man die folgende lineare Optimierungsaufgabe als *Standardtransportproblem*:

$$(\text{TP}): \sum_{i=1}^{m} \sum_{j=1}^{n} c_{ij} x_{ij} \to \min$$

$$\sum_{j=1}^{n} x_{ij} = a_i, \quad (i = 1, \ldots, m) \qquad \sum_{i=1}^{m} x_{ij} = b_j, \quad (j = 1, \ldots, n) \qquad x_{ij} \geq 0$$

Dabei gilt

$$\sum_{i=1}^{m} a_i = \sum_{i=1}^{m}\sum_{j=1}^{n} x_{ij} = \sum_{j=1}^{n} b_j,$$

also entspricht das Gesamtangebot dem Gesamtbedarf.

Satz 28.36

a) Jedes Standardtransportproblem mit

$$a_i \in [0, \bar{a}_i],\ \bar{a}_i \in \mathbb{R} \text{ für alle } i,$$
$$b_j \in [0, \bar{b}_j],\ \bar{b}_j \in \mathbb{R} \text{ für alle } j$$

besitzt eine optimale Lösung.

b) Falls alle a_i, b_j ganzzahlig sind, existieren auch ganzzahlige zulässige und optimale Lösungen x_{ij}.

Beweis

a) Es gilt $x_{ij} \in [0, \min\{a_i, b_j\}]$ für alle i, j
$\Rightarrow$ Der zulässige Bereich ist nichtleer, abgeschlossen und beschränkt. Mit Satz 28.9 folgt die Behauptung.

b) Der Beweis ergibt sich aus Satz 28.37 und Satz 28.40.

Satz 28.37

Zur Bestimmung einer zulässigen Lösung kann man folgendes Verfahren, bezeichnet als *Nordwesteckenregel*, nutzen:

1. Wähle $i = j = 1$.
2. Berechne $x_{ij} = \min\{a_i, b_j\}$,

$$\text{setze } a_i = a_i - x_{ij},\quad b_j = b_j - x_{ij} \Rightarrow \text{a)}$$

a) $(i, j) = (m, n) \Rightarrow x_{mn} = \min\{a_m, b_n\}$
Setze $a_m = b_n = 0 \Rightarrow$ Ende,
andernfalls $\Rightarrow$ b)

b) $a_i = 0 \Rightarrow$ setze $i = i + 1 \Rightarrow$ 2.,
andernfalls $\Rightarrow$ c)

c) $b_j = 0 \Rightarrow$ setze $j = j + 1 \Rightarrow$ 2.

Das Verfahren endet nach endlich vielen Schritten. Da die Variablen sich jeweils als Minimum zweier ganzer Zahlen ergeben, ist die Gesamtlösung des Problems ganzzahlig. Ferner ist festzustellen, dass im Fall $c_{ij} < \infty$ für alle i, j die Kosten bei der Nordwesteckenregel nicht berücksichtigt werden.

Beispiel 28.38

Gegeben sind 3 Angebotsorte mit den Angeboten

$$a_1 = 10,\quad a_2 = 8,\quad a_3 = 7$$

und 4 Nachfrageorte mit den Bedarfen

$$b_1 = 6,\quad b_2 = 5,\quad b_3 = 8,\quad b_4 = 6$$

sowie die 3×4-Kostenmatrix

$$\boldsymbol{C} = \begin{pmatrix} 7 & 2 & 4 & 7 \\ 9 & 5 & 3 & 3 \\ 7 & 7 & 6 & 4 \end{pmatrix}$$

bzw. in komprimierter Form:

Kosten	b_1	b_2	b_3	b_4	Angebot
a_1	7	2	4	7	10
a_2	9	5	3	3	8
a_3	7	7	6	4	7
Nachfrage	6	5	8	6	25

Mit der Nordwesteckenregel erhält man mit

Transport-mengen	b_1	b_2	b_3	b_4	Angebot
a_1	6	4	0	0	10
a_2	0	1	7	0	8
a_3	0	0	1	6	7
Nachfrage	6	5	8	6	25

eine zulässige Lösung mit den Kosten:

$$\sum_{i=1}^{3}\sum_{j=1}^{4} c_{ij}x_j = 7\cdot 6 + 2\cdot 4 + 5\cdot 1 + 3\cdot 7 + 6\cdot 1 + 4\cdot 6 = 106$$

Zur Berechnung einer optimalen Lösung benötigen wir einige Aussagen zur Dualität beim Standardtransportproblem.

Nach Definition 28.18 sind die beiden folgenden Optimierungsaufgaben (P) und (D) zueinander dual.

$$(\mathrm{P}): \sum_{i=1}^{m}\sum_{j=1}^{n} c_{ij}x_{ij} \to \min$$

$$\sum_{j=1}^{n} x_{ij} = a_i\,, \qquad \sum_{i=1}^{m} x_{ij} = b_j\,, \qquad x_{ij} \geq 0$$
$$(i = 1,\dots,m) \qquad (j = 1,\dots,n)$$

Tabelle 28.11 enthält die Daten der Aufgabe (P) zeilenweise, beispielsweise in Zeile (1) bzw. (m+1):

$$x_{11} + x_{12} + \ldots + x_{1n} = a_1$$
$$x_{11} + x_{21} + \ldots + x_{m1} = b_1\,.$$

Die Zielfunktion ergibt sich aus dem Produkt aus Kopfzeile (x_{ij}) und Fußzeile (c_{ij}).

$$(D) \quad \sum_{i=1}^{m} a_i u_i + \sum_{j=1}^{n} b_j v_j \to \max$$
$$\text{mit } u_i + v_j \leq c_{ij}$$
$$(i = 1,\dots,m;\ j = 1,\dots,n),$$
$$u_i, v_j \in \mathbb{R} \quad \text{für alle } i, j,$$

Die Daten der Aufgabe (D) sind spaltenweise abzulesen, beispielsweise in Spalte (1) bzw. (mn):

$$u_1 + v_1 \leq c_{11} \qquad u_m + v_n \leq c_{mn}$$

Die Zielfunktion ergibt sich aus dem Produkt aus linker Spalte $(u_1,\dots,u_m,v_1,\dots,v_n)$ und rechter Spalte $(a_1,\dots,a_m,b_1,\dots,b_n)$.

	(D)	(1)	(2)	$\cdots$	(n)	(n+1)	(n+2)	$\cdots$	(2n)	$\cdots$			$\cdots$	(mn)	
(P)		x_{11}	x_{12}	$\ldots$	x_{1n}	x_{21}	x_{22}	$\ldots$	x_{2n}	$\ldots$	x_{m1}	x_{m2}	$\ldots$	x_{mn}	
(1)	u_1	1	1	$\ldots$	1	0	0	$\ldots$	0		0	0	$\ldots$	0	a_1
(2)	u_2	0	0	$\ldots$	0	1	1	$\ldots$	1		0	0	$\ldots$	0	a_2
$\vdots$	$\vdots$	$\vdots$	$\vdots$		$\vdots$	$\vdots$	$\vdots$		$\vdots$	$\ddots$	$\vdots$	$\vdots$		$\vdots$	$\vdots$
(m)	u_m	0	0	$\ldots$	0	0	0	$\ldots$	0		1	1	$\ldots$	1	a_m
(m+1)	v_1	1	0	$\ldots$	0	1	0	$\ldots$	0		1	0	$\ldots$	0	b_1
(m+2)	v_2	0	1	$\ldots$	0	0	1	$\ldots$	0		0	1	$\ldots$	0	b_2
$\vdots$	$\vdots$	$\vdots$	$\vdots$		$\vdots$	$\vdots$	$\vdots$		$\vdots$	$\ddots$	$\vdots$	$\vdots$		$\vdots$	$\vdots$
(m+n)	v_n	0	0	$\ldots$	1	0	0	$\ldots$	1		0	0	$\ldots$	1	b_n
		c_{11}	c_{12}	$\ldots$	c_{1n}	c_{21}	c_{22}	$\ldots$	c_{2n}		c_{m1}	c_{m2}	$\ldots$	c_{mn}	

Tabelle 28.11: *Datentableau zum Standardtransportproblem*

Bedingt durch die spezielle Struktur der beiden Optimierungsaufgaben (P) und (D) lassen sich folgende Aussagen formulieren.

Satz 28.39

a) Die Aufgabe (P) ist genau dann lösbar, wenn (D) lösbar ist.

b) Jede nicht degenerierte Basislösung der Aufgabe (P) mit $m, n \geq 2$ enthält genau $n + m - 1$ positive Komponenten.

c) Für die Optimallösungen $\boldsymbol{x}^*$ von (P) und $(\boldsymbol{u}^*, \boldsymbol{v}^*)$ von (D) gilt für alle i, j:
$$x_{ij}^*\left(c_{ij} - u_i^* - v_j^*\right) = 0$$

Beweis

a) folgt aus Satz 28.26

b) Mit Hilfe von Tabelle 28.11 verifiziert man direkt: Die Summe der Zeilen (1) bis (m) ist identisch mit der Summe der Zeilen (m+1) bis (m+n). Da weitere lineare Abhängigkeiten nicht auftreten, ist der Rang der Datenmatrix gleich
$$n + m - 1\,.$$

c) folgt aus dem Beweis zu Satz 28.28

Die Aussage von Satz 28.39 c hat folgende Implikationen zur Folge:

$$x_{ij}^* > 0 \Rightarrow u_i^* - v_j^* = c_{ij}$$
$$u_i^* - v_j^* < c_{ij} \Rightarrow x_{ij}^* = 0$$

Auf diesen Implikationen beruht nun ein sehr bekanntes und effizientes Verfahren zur Lösung der Standardtransportaufgabe.

Das Problem, dass dabei eine zulässige Startlösung erforderlich ist, ist mit der Nordwesteckenregel (Satz 28.37) gelöst.

Satz 28.40 (MODI-Verfahren – Modifiziertes Distributionsverfahren)

Gegeben ist ein Standardtransportproblem (Definition 28.35) und eine zulässige Startbasislösung (Satz 28.37) mit $n + m - 1$ Basisvariablen.

1) Diesen Variablen sind Kostenwerte c_{ij} zugeordnet, für welche in einer optimalen Lösung die Gleichungen

$$u_i + v_j = c_{ij}$$

erfüllt sein müssen. Setzen wir eine der Variablen u_i, v_j auf Null, z. B. $u_1 = 0$, so kann man die restlichen Variablen sukzessive berechnen. $\Rightarrow$ 2)

2) Mit Hilfe der berechneten Werte u_i, v_j lassen sich dann auch für die Nichtbasisvariablen die Ungleichungen $u_i + v_j \leq c_{ij}$ kontrollieren. Setzt man

$$\tilde{c}_{ij} = c_{ij} - u_i - v_j,$$

so können zwei Fälle auftreten:

a) $\tilde{c}_{ij} \geq 0$ für alle i, j
$\Rightarrow$ Alle Nebenbedingungen in (D) werden erfüllt
$\Rightarrow$ $\boldsymbol{X} = (x_{ij})_{m,n}$ ist optimale Basislösung → Ende

b) $\tilde{c}_{ij} < 0$ für mindestens ein Paar (i, j)
$\Rightarrow$ Nebenbedingungen von (D) werden verletzt $(u_i + v_j > c_{ij})$.
Analog zum Simplexverfahren ist eine Basistransformation durchzuführen $\Rightarrow$ 3)

3) $\tilde{c}_{uv} = \min\{\tilde{c}_{ij} : x_{ij}$ Nichtbasisvariable, $\tilde{c}_{ij} < 0\}$ ist *Pivotelement*.
Dazu bestimmt man einen geschlossenen „Zickzack"-Weg

$$(x_{\mu v}, x_{v k_1}, \ldots, x_{k_n \mu}, x_{\mu v}),$$

der abgesehen von $x_{\mu v}$ nur Basisvariablen enthält, und man markiert die Positionen der Reihe nach mit +, −, +, −, … $\Rightarrow$ 4)

4) Für $d = \min\{x_{ij} : x_{ij}$ ist Basisvariable mit Markierung $-\}$ bestimmt man eine neue Basislösung mit

$$x_{ij} = \begin{cases} x_{ij} + d \text{ für Markierung } + \\ x_{ij} - d \text{ für Markierung } - \\ x_{ij} \text{ sonst} \end{cases} \Rightarrow 1)$$

Auf der Grundlage des angegebenen Verfahrensablaufs ist auch Satz 28.36 b bewiesen.

Beispiel 28.41

Ausgangspunkt ist das Problem aus Beispiel 28.38

Kosten	b_1	b_2	b_3	b_4	Angebot
a_1	7	2	4	7	10
a_2	9	5	3	3	8
a_3	7	7	6	4	7
Nachfrage	6	5	8	6	25

mit der nach Anwendung der Nordwesteckenregel erhaltenen Startbasislösung:

1

Transportmengen	b_1	b_2	b_3	b_4	Angebot
a_1	6	4			10
a_2		1	7		8
a_3			1	6	7
Nachfrage	6	5	8	6	25

Die erhaltene Startlösung ist nicht degeneriert, da im Beispiel $n + m - 1 = 6$ gilt und die Lösung $\boldsymbol{X}$ genau 6 positive Komponenten besitzt.

MODI-Verfahren, Schritt 1)

Berechnung der u_i $(i = 1, 2, 3)$ und v_j $(j = 1, 2, 3, 4)$ mit Hilfe der c_{ij}:

$$u_1 = 0$$
$$\Rightarrow v_1 = c_{11} - u_1 = 7, \quad v_2 = c_{12} - u_1 = 2$$
$$\Rightarrow u_2 = c_{22} - v_2 = 3$$
$$\Rightarrow v_3 = c_{23} - u_2 = 0$$
$$\Rightarrow u_3 = c_{33} - v_3 = 6$$
$$\Rightarrow v_4 = c_{34} - u_3 = -2$$

Kosten					u_i
	7	2			0
		5	3		3
			6	4	6
v_j	7	2	0	−2	

Schritt 2)

Berechnung der $\tilde{c}_{ij} = c_{ij} - u_i - v_j$:

$\tilde{c}_{ij}$					u_i
	0	0	4	9	0
	−1	0	0	2	3
	[−6]	−1	0	0	6
v_j	7	2	0	−2	

Schritt 3)

Mit dem Pivotelement $\tilde{c}_{31} = \boxed{-6}$ ergibt sich folgender „Zickzackweg":

x_{ij}	b_1	b_2	b_3	b_4	a_i
a_1	6^-	4^+			10
a_2		1^-	7^+		8
a_3	⊕		1^-	6	7
b_j	6	5	8	6	25

Schritt 4) mit $d = 1$

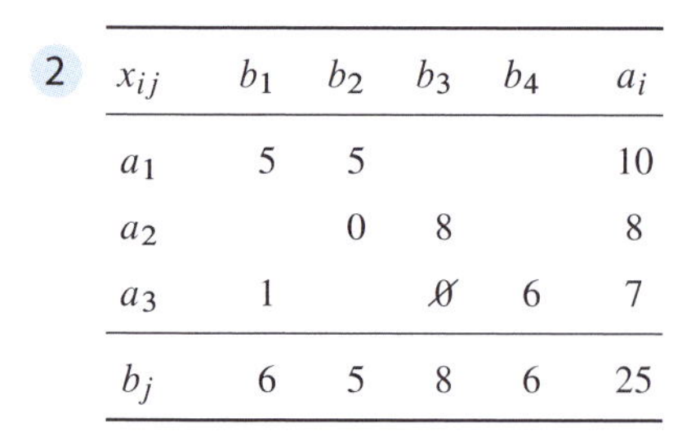

2

x_{ij}	b_1	b_2	b_3	b_4	a_i
a_1	5	5			10
a_2		0	8		8
a_3	1		0̸	6	7
b_j	6	5	8	6	25

Diese zulässige Lösung ist degeneriert. Um im nächsten Schritt einen Zickzackweg angeben zu können, ist eine der beiden Nullen zu streichen.

Im Beispiel streichen wir x_{33}.

Schritte 1) und 2)

Berechnung der u_i, v_j sowie $\tilde{c}_{ij} = c_{ij} - u_i - v_j$:

c_{ij}					u_i
	7	2			0
		5	3		3
	7			4	0
v_j	7	2	0	4	

$\tilde{c}_{ij}$					u_i
	0	0	4	3	0
	−1	0	0	[−4]	3
	0	5	6	0	0
v_j	7	2	0	4	

Schritt 3)

Mit dem Pivotelement $\tilde{c}_{23} = \boxed{-4}$ ergibt sich folgender „Zickzackweg":

x_{ij}	b_1	b_2	b_3	b_4	a_i
a_1	5^-	5^+			10
a_2		0^-	8	⊕	8
a_3	1^+			6^-	7
b_j	6	5	8	6	25

Schritt 4) mit $d = 0$

3 x_{ij}	b_1	b_2	b_3	b_4	a_i
a_1	5	5			10
a_2			8	0	8
a_3	1			6	7
b_j	6	5	8	6	25

Schritte 1) und 2)

Berechnung der u_i, v_j sowie $\tilde{c}_{ij} = c_{ij} - u_i - v_j$:

c_{ij}					u_i
	7	2			0
			3	3	−1
	7			4	0
v_j	7	2	4	4	

$\tilde{c}_{ij}$					u_i
	0	0	(0)	3	0
	3	4	0	0	−1
	0	5	2	0	0
v_j	7	2	4	4	

Wegen $\tilde{c}_{ij} \geq 0$ für alle i, j erhalten wir mit dem Tableau 3 eine Optimallösung.

Wegen $\tilde{c}_{13} = 0$ für die Nichtbasisvariable x_{13} finden wir eine weitere Optimallösung mit dem Pivotelement $\tilde{c}_{13} = 0$.

Schritt 3)

Wir erhalten den „Zickzackweg“:

x_{ij}	b_1	b_2	b_3	b_4	a_i
a_1	5^-	5	(+)		10
a_2			8^-	0^+	8
a_3	1^+			6^-	7
b_j	6	5	8	6	25

Schritt 4) mit $d = 5$

4 x_{ij}	b_1	b_2	b_3	b_4	a_i
a_1		5	5		10
a_2			3	5	8
a_3	6			1	7
b_j	6	5	8	6	25

Schritte 1) und 2)

Berechnung der u_i, v_j sowie

$$\tilde{c}_{ij} = c_{ij} - u_i - v_j \ :$$

c_{ij}	b_1	b_2	b_3	b_4	u_i
a_1		2	4		0
a_2			3	3	−1
a_3	7			4	0
v_j	7	2	4	4	

$\tilde{c}_{ij}$	b_1	b_2	b_3	b_4	u_i
a_1	0			3	0
a_2	3	4			−1
a_3		5	2		0
v_j	7	2	4	4	

Mit den Lösungsmatrizen aus Tableau 3

$$X_1 = \begin{pmatrix} 5 & 5 & 0 & 0 \\ 0 & 0 & 8 & 0 \\ 1 & 0 & 0 & 6 \end{pmatrix}$$

und aus Tableau 4

$$X_2 = \begin{pmatrix} 0 & 5 & 5 & 0 \\ 0 & 0 & 3 & 5 \\ 6 & 0 & 0 & 1 \end{pmatrix}$$

erhalten wir zwei optimale Basislösungen. Damit gilt für die Menge aller Optimallösungen:

$$L = \{X^* = (x^*_{ij})_{3,4} : X^* = \lambda_1 X_1 + \lambda_2 X_2; \quad \lambda_1, \lambda_2 \geq 0; \lambda_1 + \lambda_2 = 1\}$$

Ganzzahlige Lösungen ergeben sich offensichtlich für alle

$$\lambda_1 = 0,\ 0.2,\ 0.4,\ 0.6,\ 0.8,\ 1.$$

Dabei entstehen jeweils Kosten in Höhe von

$$7 \cdot 5 + 2 \cdot 5 + 3 \cdot 8 + 3 \cdot 0 + 7 \cdot 1 + 4 \cdot 6 = 100$$

bzw.

$$2 \cdot 5 + 4 \cdot 5 + 3 \cdot 3 + 3 \cdot 5 + 7 \cdot 6 + 4 \cdot 1 = 100\,.$$

Mit dem MODI-Verfahren hat man ein sehr effizientes Verfahren zur Lösung von Standardtransportproblemen zur Verfügung, das sich für 20 oder sogar etwas mehr Variablen x_{ij} von Hand lösen lässt. Unbefriedigend ist zunächst jedoch die Tatsache, dass sowohl die angebots- als auch die bedarfsorientierten Nebenbedingungen als Gleichungen formuliert werden müssen. Damit muss auch das Gesamtangebot dem Gesamtbedarf genau entsprechen (Definition 28.35).

Dieses Problem kann folgendermaßen umgangen werden:

1) $\sum_{i=1}^{m} a_i > \sum_{j=1}^{n} b_j$:

Das Gesamtangebot ist größer als der Gesamtbedarf.

Wir definieren einen fiktiven Bedarf b_{n+1} mit

$$\begin{aligned} \sum_{i=1}^{m} a_i &= \sum_{j=1}^{n+1} b_j \\ \Rightarrow\ b_{n+1} &= \sum_{i=1}^{m} a_i - \sum_{j=1}^{n} b_j \\ &= \sum_{i=1}^{m} x_{i,n+1} > 0 \end{aligned}$$

mit $c_{i,n+1} = 0$ (ohne Transportkosten)
oder $c_{i,n+1} > 0$
(Lagerkosten für nicht nachgefragte Mengen)

2) $\sum_{i=1}^{m} a_i < \sum_{j=1}^{n} b_j$:

Das Gesamtangebot ist kleiner als der Gesamtbedarf.

$$\begin{aligned} \Rightarrow\ a_{m+1} &= \sum_{j=1}^{n} b_j - \sum_{i=1}^{m} a_i \\ &= \sum_{i=1}^{m} x_{m+1,j} > 0 \end{aligned}$$

mit $c_{m+1,j} \geq 0$ (mit/ohne Fehlmengenkosten)

Relevante Literatur

Arens, Tilo u. a. (2015). *Mathematik*. 3. Aufl. Springer Spektrum, Kap. 23

Dantzig, George B. und Thapa, Mukund N. (1997). *Linear Programming 1: Introduction*. Springer

Domschke, Wolfgang u. a. (2015). *Einführung in Operations Research*. 9. Aufl. Springer Gabler, Kap. 2, 4

Hillier, Frederick S. und Lieberman, Gerald J. (2014). *Introduction to Operations Research*. 10. Aufl. McGraw-Hill, Kap. 3–7, 9

Koop, Andreas und Moock, Hardy (2008). *Lineare Optimierung: Eine anwendungsorientierte Einführung in Operations Research*. Springer Spektrum, Kap. 1–3, 5

Luderer, Bernd und Würker, Uwe (2014). *Einstieg in die Wirtschaftsmathematik*. 9. Aufl. Springer Gabler, Kap. 5

Merz, Michael und Wüthrich, Mario V. (2012). *Mathematik für Wirtschaftswissenschaftler: Die Einführung mit vielen ökonomischen Beispielen*. Vahlen, Kap. 25

Opitz, Otto u. a. (2014). *Mathematik: Übungsbuch für das Studium der Wirtschaftswissenschaften*. 8. Aufl. De Gruyter Oldenbourg, Kap. 16

Neumann, Klaus und Morlock, Martin (2002). *Operations Research*. 2. Aufl. Hanser, Kap. 1, 2.8

Nickel, Stefan u. a. (2014). *Operations Research*. 2. Aufl. Springer Gabler, Kap. 1, 2

Tietze, Jürgen (2013). *Einführung in die angewandte Wirtschaftsmathematik: Das praxisnahe Lehrbuch – inklusive Brückenkurs für Einsteiger*. 17. Aufl. Springer Spektrum, Kap. 10

Zimmermann, Hans-Jürgen (2008). *Operations Research: Methoden und Modelle. Für Wirtschaftsingenieure, Betriebswirte und Informatiker*. 2. Aufl. Vieweg+Teubner, Kap. 3.1–3.4, 3.9

29

Nichtlineare Optimierung

Das Kapitel 21 befasst sich mit reellen Funktionen mehrerer Variablen, das Kapitel 22 darauf aufbauend mit Fragen der Monotonie, Konvexität und Extremwertbestimmung. Die Differentiation reeller Funktionen sowie deren Regeln spielen dabei eine tragende Rolle.

Wie wir bereits im Rahmen der linearen Optimierung (Kapitel 28) festgestellt haben, sind bei ökonomischen Optimierungsaufgaben meistens Nebenbedingungen zu berücksichtigen. Andererseits sind funktionale Zusammenhänge in der Anwendung nicht immer linear formulierbar. Dazu kommt, dass im nichtlinearen Fall sehr viele unterschiedliche Typen von Funktionen relevant sein können, beispielsweise Polynome höherer Ordnung, rationale Funktionen, Potenz- und Exponentialfunktionen (Kapitel 9). Entsprechend vielfältig sind auch die heute bekannten Lösungsverfahren der nichtlinearen Optimierung.

Für eine umfassende Darstellung dieses Gebietes verweisen wir auf Alt (2011), Luenberger und Ye (2016) oder Reinhardt u. a. (2012). Hier begnügen wir uns mit einigen wichtigen Ansätzen.

Wie in der linearen Optimierung beginnen wir im Abschnitt 29.1 mit Darstellungsformen, Beispielen mit graphischer Lösung sowie mit ausgewählten Grundlagen. Anschließend behandeln wir in den Abschnitten 29.2, 29.3 die Ansätze von Lagrange und Kuhn/Tucker. Besonderer Beliebtheit in der Anwendung erfreuen sich Gradientenverfahren, denen der Abschnitt 29.4 gewidmet ist. Abschließend geht es in Kapitel 29.5 um Strafkostenverfahren, insbesondere um Penalty- und Barriereverfahren, bei denen Optimierungsprobleme mit Nebenbedingungen wieder in Probleme ohne Nebenbedingungen überführt werden. Dabei wird die Verletzung der Nebenbedingungen mit wachsenden Strafkosten belegt.

29.1 Darstellungsformen, Beispiele und Grundlagen der nichtlinearen Optimierung

Definition 29.1

Ein nichtlineares Optimierungsproblem ist charakterisiert durch eine *Zielfunktion* der Form

$$f : \mathbb{R}^n \to \mathbb{R} \text{ mit } f(\boldsymbol{x}) = f(x_1, \ldots, x_n)$$

sowie $m \geq 1$ *Nebenbedingungen*

$$g^i(\boldsymbol{x}) = g^i(x_1, \ldots, x_n) \underset{\leq,\geq}{=} 0 \quad (i = 1, \ldots, m),$$

ferner *Nichtnegativitätsbedingungen* für alle, einige oder kein x_j $(j = 1, \ldots, n)$.

Gesucht ist ein Vektor $\boldsymbol{x} \in \mathbb{R}^n$, der allen Nebenbedingungen genügt und für die Zielfunktion einen *minimalen* oder *maximalen* Wert liefert. Die Nichtlinearität der Aufgabe ist gegeben, wenn mindestens eine der Funktionen $f, g^1, \ldots, g^m$ nichtlinear ist.

Analog zur linearen Optimierung heißt jeder Vektor $\boldsymbol{x} \in \mathbb{R}^n$, der alle Nebenbedingungen erfüllt, *zulässige Lösung*, die Menge

$$Z = \{\boldsymbol{x} \in \mathbb{R}^n : \boldsymbol{x} \text{ erfüllt alle Nebenbedingungen}\}$$

Zulässigkeitsbereich. Jeder Vektor $\boldsymbol{x}^* \in Z$, der die Zielfunktion f maximiert oder minimiert, heißt *optimale Lösung*, die Menge

$$Z^* = \{\boldsymbol{x} \in Z : f(\boldsymbol{x}^*) = \underset{(\min)}{\max} f(\boldsymbol{x})\}$$

Optimalbereich.

In der relevanten Literatur wird in der Regel nachfolgende *Standardform* der nichtlinearen Optimierung behandelt:

$$f(\boldsymbol{x}) \to \min, \quad g^i(\boldsymbol{x}) \leq 0 \quad (i = 1, \ldots, m) \tag{NL}$$

DOI: 10.1515/9783110475333-029

Offenbar lässt sich jedes nichtlineare Optimierungsproblem in die angegebene Standardform überführen.

Bevor wir uns nun mit einigen einfachen Beispielen graphisch befassen, weisen wir darauf hin, dass auch eine nichtlineare Optimierungsaufgabe unlösbar ist, wenn der Zulässigkeitsbereich leer ist.

Beispiel 29.2

Gegeben sei der Zulässigkeitsbereich

$$Z = \{ x \in \mathbb{R}^2 : x_1 + x_2 - 3 \leq 0, \\ x_1 - 2x_2 \leq 0, \\ x_1, x_2 \geq 0 \}.$$

Dazu betrachten wir die Zielfunktionen

(A) f_1 mit $f_1(\boldsymbol{x}) = x_1 + 2x_2$,
(B) f_2 mit $f_2(\boldsymbol{x}) = (x_1 - 1)x_2 = x_1 x_2 - x_2$,
(C) f_3 mit $f_3(\boldsymbol{x}) = x_1 x_2$,
(D) f_4 mit $f_4(\boldsymbol{x}) = (x_1 - 1)^2 + (x_2 - 1)^2$
(E) f_5 mit $f_5(\boldsymbol{x}) = \frac{1}{x_1} + \frac{1}{x_2}$.

Bei identischen kompakten Zulässigkeitsbereichen stellen wir fest, dass für die einzelnen Zielfunktionen unterschiedliche Typen von Lösungen auftreten.

Für (A) erhalten wir ein lineares Optimierungsproblem mit

- $\boldsymbol{x}^0 = \boldsymbol{0}$ ist minimal mit $f_1(\boldsymbol{x}^0) = 0$,
- $\boldsymbol{x}^1 = (0, 3)^T$ ist maximal mit $f_1(\boldsymbol{x}^1) = 6$.
- $\boldsymbol{x}^0$ und $\boldsymbol{x}^1$ sind Ecken von Z.

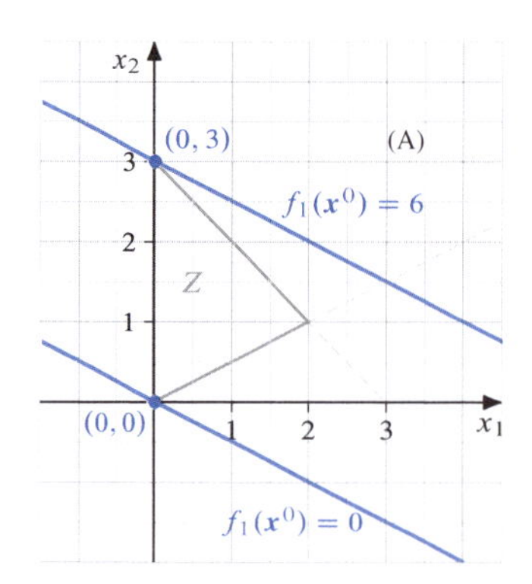

Abbildung 29.1: *Graphische Darstellung zu Beispiel 29.2 (A)*

Für (B) ergibt sich

- $\boldsymbol{x}^0 = (0, 3)^T$ ist minimal mit $f_2(\boldsymbol{x}^0) = -3$,
- $\boldsymbol{x}^1 = (2, 1)^T$ ist maximal mit $f_2(\boldsymbol{x}^1) = 1$.
- Auch hier sind $\boldsymbol{x}^0$ und $\boldsymbol{x}^1$ Ecken von Z.

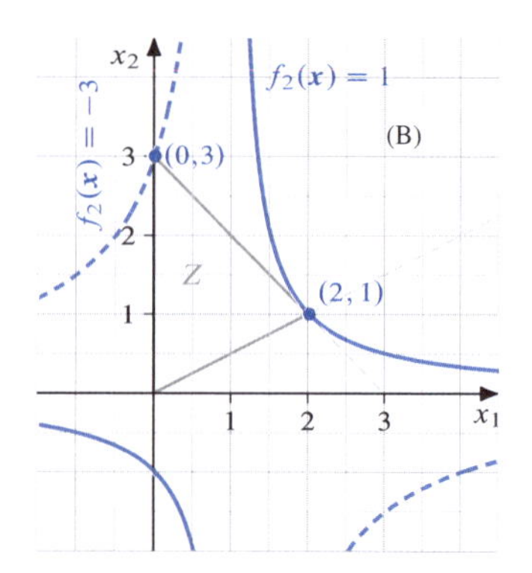

Abbildung 29.2: *Graphische Darstellung zu Beispiel 29.2 (B)*

Für (C) erhalten wir

- $\boldsymbol{x}^0 = (0, c)^T$, $c \in [0, 3]$ ist minimal mit $f_3(\boldsymbol{x}^0) = 0$, als Minimallösungen erhalten wir den Durchschnitt von Z mit der x_2-Achse.
- $\boldsymbol{x}^1 = (1.5, 1.5)^T$ ist maximal mit $f_3(\boldsymbol{x}^1) = 2.25$. Die eindeutige Maximallösung liegt auf der Strecke $x_1 + x_2 = 3, \quad x_1, x_2 \geq 0$.

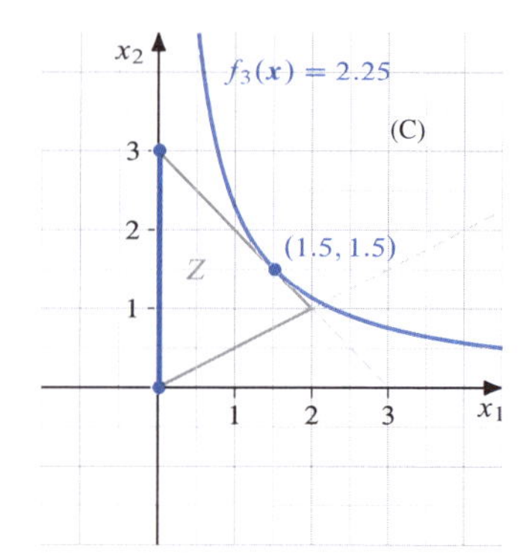

Abbildung 29.3: *Graphische Darstellung zu Beispiel 29.2 (C)*

Bei (D) ist

- $x^0 = (1,1)^T$ minimal mit $f_4(x^0) = 0$. Die eindeutige Minimallösung ist ein innerer Punkt von Z.
- $x^1 = (0,3)^T$ ist maximal mit $f_3(x^1) = 5$.

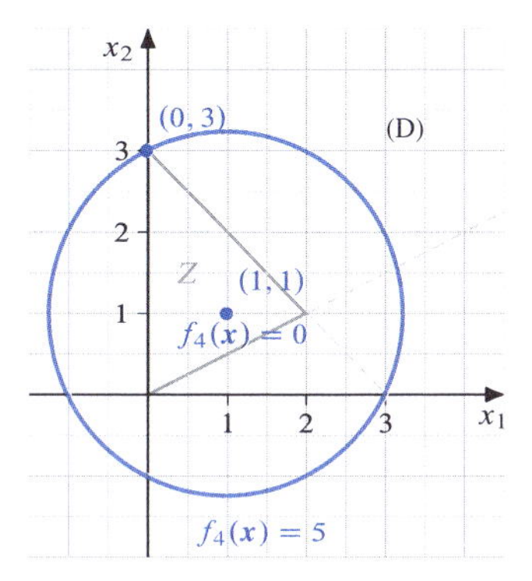

Abbildung 29.4: *Graphische Darstellung zu Beispiel 29.2 (D)*

Im Fall (E) ist

- $x^0 = (1.5, 1.5)^T$ minimal mit $f_5(x^0) = 4/3$.
- Für $x^1 = (x_1, x_2)^T$ mit $x_1 \to 0$ oder $x_2 \to 0$ gilt $f_5(x^1) \to \infty$.
  Es existiert in diesem Fall kein Maximum.

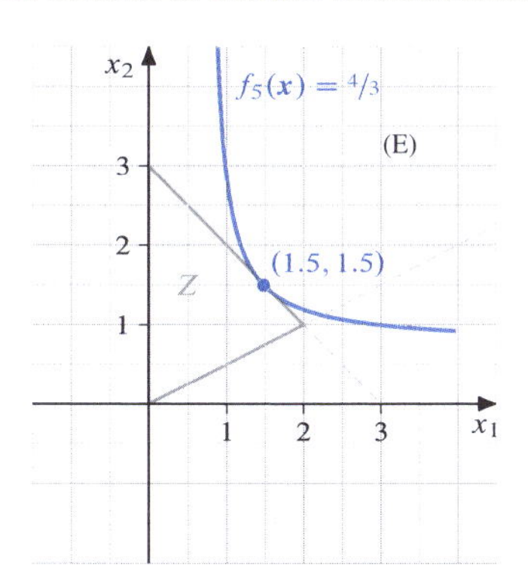

Abbildung 29.5: *Graphische Darstellung zu Beispiel 29.2 (E)*

Wir fassen zusammen: Die Lösungen nichtlinearer Optimierungsprobleme liegen entweder in Eckpunkten von Z (z. B. bei f_2), auf Randflächen von Z (z. B. bei f_3), im Inneren von Z (z. B. bei f_4), oder es existiert keine Lösung (z. B. bei f_5), selbst wenn Z abgeschlosse und beschränkt ist.

Für die folgenden grundsätzlichen Anmerkungen zur nichtlinearen Optimierung mit Nebenbedingungen benötigen wir einige Begriffe und Definitionen aus der Differentialrechnung von Funktionen mehrerer Variablen (Kapitel 21, 22) sowie der Konvexität von Mengen (Kapitel 15.4) und Funktionen, die wir hier kurz wiederholen.

Im Fall differenzierbarer Funktionen $f : \mathbb{R}^n \to \mathbb{R}$ (Kapitel 21.2) charakterisieren wir

- den *Gradienten* von f durch

$$\operatorname{grad} f(x)^T = \left(\frac{\partial f}{\partial x_1}, \ldots, \frac{\partial f}{\partial x_n}\right)$$

(Definition 21.19)

- die *Hessematrix* von f durch

$$H(x) = \left(\frac{\partial^2 f}{\partial x_i \partial x_j}\right)_{n,n} \qquad \text{(Definition 21.36)}$$

- Ferner heißt eine Funktion $f : \mathbb{R}^n \to \mathbb{R}$ *konvex* bzw. *streng konvex*, wenn für alle

$$x^1, x^2 \in M\,, \quad M \subseteq \mathbb{R}^n \text{ konvex}\,,$$
$$\lambda \in (0,1)$$

gilt:

$$f\left(\lambda x^1 + (1-\lambda)x^2\right) \underset{(<)}{\leq} \lambda f(x^1) + (1-\lambda) f(x^2)$$

(Definition 9.21)

Daraus folgt direkt:

$$f \text{ konvex} \Leftrightarrow -f \text{ konkav}$$

Lineare Funktionen mit

$$f(x) = a_0 + \sum\nolimits_{j=1}^{b} a_j x_j$$

sind stets konvex und konkav.

Zur Optimierung einer zweimal stetig partiell differenziebraren nichtlinearen Funktion $f : D \to \mathbb{R}$ mit konvexem $D \subseteq \mathbb{R}^n$ wiederholen wir die bedeutenden Sätze 22.3 und 22.7.

Satz 29.3

a) $\boldsymbol{H}(\boldsymbol{x})$ ist positiv definit für alle $x \in D$
$\Rightarrow f$ ist streng konvex in $D \in \mathbb{R}$
$\Rightarrow$ Für ein $\boldsymbol{x}^* \in D$ mit grad $f(\boldsymbol{x}^*) = \boldsymbol{0}$ ist $\boldsymbol{x}^*$ die einzige globale Minimalstelle von f.

b) $\boldsymbol{H}(x)$ ist positiv semidefinit für alle $\boldsymbol{x} \in D$
$\Leftrightarrow f$ ist konvex in D.

c) Für alle $\boldsymbol{x}^* \in D$ mit grad $f(\boldsymbol{x}^*) = \boldsymbol{0}$ und $\boldsymbol{H}(\boldsymbol{x}^*)$ positiv definit ist $\boldsymbol{x}^*$ eine lokale Minimalstelle von f.

Ersetzt man die Begriffe konvex durch konkav, positiv durch negativ, so erhält man hinreichende Bedingungen für globale und lokale Maximalstellen.

Zwischen konvexen Funktionen und konvexen Mengen existiert nun folgender Zusammenhang.

Satz 29.4

Seien $M \subseteq \mathbb{R}^n$ eine konvexe Menge, g^i $(i = 1, \ldots, m)$ konvexe Funktionen auf M. Dann ist

$$Z = \{\boldsymbol{x} \in M : g^i(\boldsymbol{x}) \leq 0 \; (i = 1, \ldots, m)\}$$

eine konvexe Menge.

Beweis

Sei

$$Z^i = \{\boldsymbol{x} \in M : g^i(\boldsymbol{x}) \leq 0\}$$

mit $g^i(\boldsymbol{x})$ konvex $(i = 1, \ldots, m)$. Daraus folgt für

$$\boldsymbol{x}^1, \boldsymbol{x}^2 \in Z^i$$

bzw.

$$g^i(\boldsymbol{x}^1) \leq 0, \; g^i(\boldsymbol{x}^2) \leq 0$$

sowie $\lambda \in (0, 1)$

$$g^i(\lambda \boldsymbol{x}^1 + (1-\lambda)\boldsymbol{x}^2) \leq \lambda g^i(\boldsymbol{x}^1) + (1-\lambda) g^i(\boldsymbol{x}^2) \leq 0 .$$

Damit ist

$$\lambda \boldsymbol{x}^1 + (1-\lambda)\boldsymbol{x}^2 \in Z^i$$

und Z^i ist eine konvexe Menge.

$$\Rightarrow \bigcap_{i=1}^{m} Z^i = Z \text{ ist eine konvexe Menge} \qquad \text{(Satz 15.29)}$$

Definition 29.5

Die Standardform der nichtlinearen Optimierung

$$f(\boldsymbol{x}) \to \min, \; g^i(\boldsymbol{x}) \leq 0 \qquad (i = 1, \ldots, m) \qquad \text{(K)}$$

heißt *konvexes Optimierungsproblem*, wenn alle Funktionen

$$f, g^i \qquad (i=1, \ldots, m)$$

konvex sind. Dann ist auch der Zulässigkeitsbereich Z eine konvexe Menge.

Entsprechend ist auch

$$f(\boldsymbol{x}) \to \max, \; g^i(\boldsymbol{x}) \geq 0 \qquad (i = 1, \ldots, m)$$

ein konvexes Optimierungsproblem, wenn alle Funktionen f, g^i $(i = 1, \ldots, m)$ konkav sind (Definition 9.21 bzw. Kapitel 22). Dazu muss man lediglich

- die Funktionen f, g^i $(i = 1, \ldots, m)$ durch $-f, -g^i$,
- $\geq$ durch $\leq$ und
- max durch min

ersetzen. Man erhält dann

$$-f(\boldsymbol{x}) \to \min, \; -g^i(\boldsymbol{x}) \leq 0 \qquad (i = 1, \ldots, m).$$

Offenbar sind alle linearen Optimierungsprobleme auch konvexe Optimierungsprobleme. In Beispiel 29.2 ist Z ist konvex. Nach Satz 29.3 erhält man konvexe Optimierungsprobleme für f_4, f_5 wegen

$$\boldsymbol{H}_4(\boldsymbol{x}) = \begin{pmatrix} 2 & 0 \\ 0 & 2 \end{pmatrix},$$

$$\boldsymbol{H}_5(\boldsymbol{x}) = \begin{pmatrix} 2x_1^{-3} & 0 \\ 0 & 2x_2^{-3} \end{pmatrix},$$

im Gegensatz zu f_2 und f_3 mit

$$\boldsymbol{H}_2(\boldsymbol{x}) = \begin{pmatrix} 0 & 1 \\ 1 & 0 \end{pmatrix} = \boldsymbol{H}_3(\boldsymbol{x}).$$

Zur Lösungsstruktur konvexer Optimierungsprobleme gibt es einige interessante Aussagen.

Satz 29.6

Gegeben sei ein konvexes Optimierungsproblem:

$$f(\boldsymbol{x}) \to \min,\ g^i(\boldsymbol{x}) \leq 0\ (i = 1, \ldots, m) \qquad \text{(K)}$$

Dann gilt:

a) Jedes lokale Minimum ist global

b) Der Optimalbereich

$$Z^* = \{\boldsymbol{x}^* \in Z : f(\boldsymbol{x}^*) = \min f(\boldsymbol{x})\}$$

ist konvex

c) f ist streng konvex und $Z^* \neq \emptyset$
$\Rightarrow$ Es existiert genau eine Optimallösung

Beweis

a) $\boldsymbol{x}^0 \in Z$ sei eine lokale Minimalstelle von f. Dann existiert eine offene r-Umgebung

$$K_<(\boldsymbol{x}^0, r) = \{\boldsymbol{x} \in \mathbb{R}^n : \|\boldsymbol{x} - \boldsymbol{x}^0\| < r\}$$

mit

$$f(\boldsymbol{x}^0) \leq f(\boldsymbol{x}) \text{ für alle } \boldsymbol{x} \in K_<(\boldsymbol{x}^0, r)$$

(Definition 9.13, 15.7 b)

Angenommen, es gibt eine globale Minimalstelle $\boldsymbol{x}^*$ von f mit $f(\boldsymbol{x}^*) < f(\boldsymbol{x}^0)$ und $\boldsymbol{x}^* \notin K_<(\boldsymbol{x}^0, r)$.

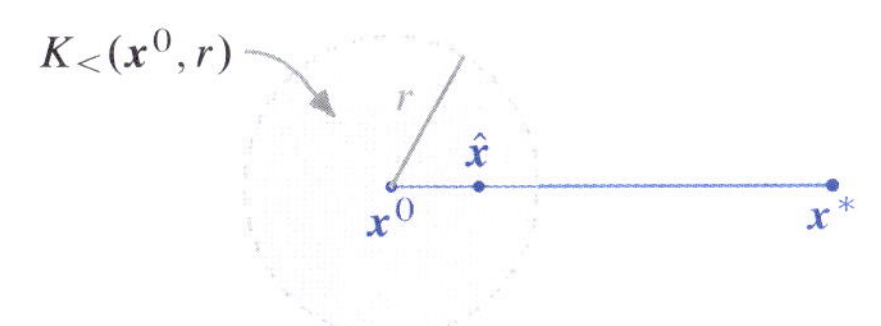

Dann existiert ein $\hat{\boldsymbol{x}}$ innerhalb von $K_<(\boldsymbol{x}^0, r)$ mit

$$\hat{\boldsymbol{x}} = \lambda\boldsymbol{x}^0 + (1-\lambda)\boldsymbol{x}^*, \quad \lambda \in (0, 1).$$

$$\begin{aligned}\Rightarrow f(\boldsymbol{x}^0) \leq f(\hat{\boldsymbol{x}}) &= f(\lambda\boldsymbol{x}^0 + (1-\lambda)\boldsymbol{x}^*)\\ &\leq \lambda f(\boldsymbol{x}^0) + (1-\lambda) f(\boldsymbol{x}^*)\\ &< \lambda f(\boldsymbol{x}^0) + (1-\lambda) f(\boldsymbol{x}^0) = f(\boldsymbol{x}^0)\end{aligned}$$

Wir erhalten einen Widerspruch.
Damit ist jede lokale Minimalstelle global.

b) Für zwei Optimallösungen

$$\boldsymbol{x}^1, \boldsymbol{x}^2 \in Z^*, \boldsymbol{x}^1 \neq \boldsymbol{x}^2, f(\boldsymbol{x}^1) = f(\boldsymbol{x}^2)$$

folgt aus der Konvexität von f:

$$\begin{aligned}f(\lambda\boldsymbol{x}^1 + (1-\lambda)\boldsymbol{x}^2) &\leq \lambda f(\boldsymbol{x}^1) + (1-\lambda) f(\boldsymbol{x}^2)\\ &= \lambda f(\boldsymbol{x}^1) + (1-\lambda) f(\boldsymbol{x}^1)\\ &= f(\boldsymbol{x}^1) = f(\boldsymbol{x}^2)\\ &= \min f(\boldsymbol{x})\end{aligned}$$

$$\Rightarrow \lambda\boldsymbol{x}^1 + (1-\lambda)\boldsymbol{x}^2 \in Z^*$$

$$\Rightarrow Z^* \text{ ist eine konvexe Menge.}$$

c) Angenommen, es gibt zwei verschiedene Optimallösungen $\boldsymbol{x}^1, \boldsymbol{x}^2 \in Z^*$, dann würde aus der strengen Konvexität von f ein Widerspruch der Form

$$\begin{aligned}f(\tfrac{1}{2}\boldsymbol{x}^1 + \tfrac{1}{2}\boldsymbol{x}^2) &< \tfrac{1}{2} f(\boldsymbol{x}^1) + \tfrac{1}{2} f(\boldsymbol{x}^2)\\ &= f(\boldsymbol{x}^1) = f(\boldsymbol{x}^2)\end{aligned}$$

also $\boldsymbol{x}^1, \boldsymbol{x}^2 \notin Z^*$ folgen. Damit kann es nur eine Optimallösung geben.

Der Satz 29.6 zeigt, dass für nichtlineare konvexe Optimierungsprobleme Eigenschaften nachgewiesen werden können, die ohne Konvexität nicht existieren. Diese Tatsache wird sich auch auf die in den folgenden Abschnitten vorgestellten Lösungsalgorithmen auswirken.

Beispiel 29.7

Das folgende nichtlineare Optimierungsproblem

$$f(\boldsymbol{x}) = x_1^2 + x_2^2 \to \min \quad \text{mit}$$

$$\begin{aligned}(x_1 - 2)^2 + x_2 - 3 &\leq 0, && \text{(A)}\\ -x_1 x_2 + 1 &\leq 0, && \text{(B)}\\ -3x_1 - 2x_2 + 7 &\leq 0, && \text{(C)}\\ x_1,\ x_2 &\geq 0\end{aligned}$$

lässt sich graphisch darstellen (Abbildung 29.6).

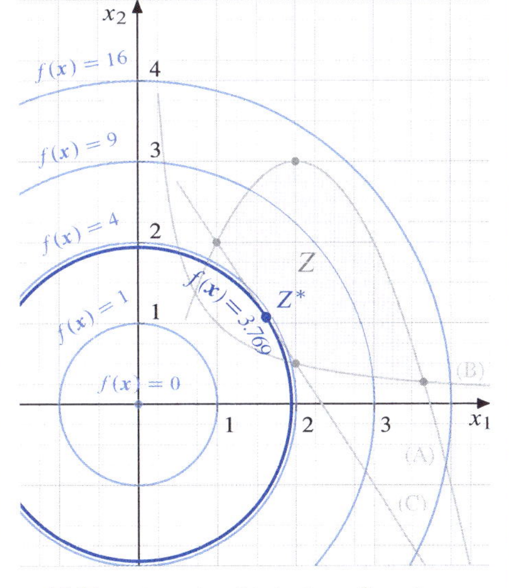

Abbildung 29.6: *Graphische Darstellung der optimalen Lösung von Beispiel 29.7*

Offenbar ist der Zulässigkeitsbereich eine konvexe Menge. Ferner ist f wegen

$$H(\boldsymbol{x}) = \begin{pmatrix} 2 & 0 \\ 0 & 2 \end{pmatrix}$$

eine streng konvexe Funktion. Also existiert genau eine Optimallösung. Diese liegt im Berührpunkt von $x_1^2 + x_2^2 = c$ und der Geraden

$$3x_1 + 2x_2 = 7\,, \qquad \text{(siehe } (C))$$

bzw. im Schnittpunkt von $3x_1 + 2x_2 = 7$ und deren senkrechter Geraden durch den Nullpunkt und den Berührpunkt. Diese hat die Form $-2x_1 + 3x_2 = 0$. Dann gilt:

$$\begin{aligned} &2 \cdot (3x_1 + 2x_2) + 3 \cdot (-2x_1 + 3x_2) = 2 \cdot 7 + 0 \\ &\Leftrightarrow 13x_2 = 14 \Leftrightarrow \quad x_2 = {}^{14}/_{13} \\ &\Rightarrow x_1 = {}^{21}/_{13} \end{aligned}$$

Das Optimum liegt also bei

$$Z^* = \left\{ \boldsymbol{x}^* = \begin{pmatrix} {}^{21}/_{13} \\ {}^{14}/_{13} \end{pmatrix} \approx \begin{pmatrix} 1.615 \\ 1.077 \end{pmatrix} \right\}$$

mit einem minimalen Zielfunktionswert von

$$f(\boldsymbol{x}^*) = \left(\tfrac{21}{13}\right)^2 + \left(\tfrac{14}{13}\right)^2 = \tfrac{49}{13} \approx 3.769\,.$$

Ersetzt man die Zielfunktion f durch $\tilde{f}$ mit $\tilde{f}(\boldsymbol{x}) = 3x_1 + 2x_2$, so erhält man unendlich viele Lösungen der Form

$$\begin{pmatrix} x_1 \\ x_2 \end{pmatrix} = \lambda \cdot \begin{pmatrix} 1 \\ 2 \end{pmatrix} + (1 - \lambda) \cdot \begin{pmatrix} 2 \\ {}^1/_2 \end{pmatrix}, \lambda \in (0, 1)$$

mit $\tilde{f}(\boldsymbol{x}) = 7$ (Abbildung 29.7).

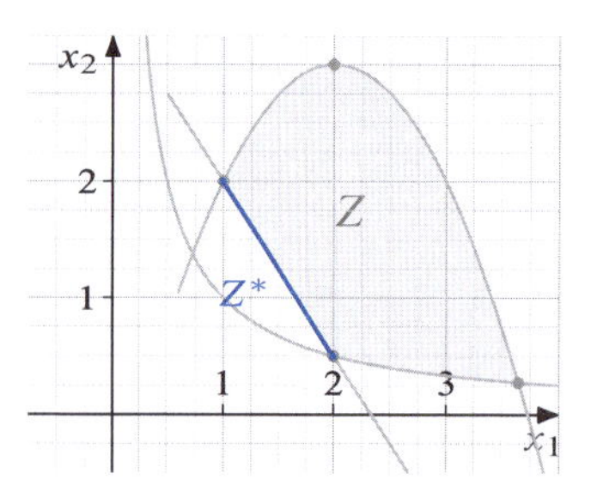

Abbildung 29.7: *Graphische Darstellung der optimalen Lösung von Beispiel 29.7 mit* $\tilde{f}(\boldsymbol{x}) = 3x_1 + 2x_2$

29.2 Der Ansatz von Lagrange

J.-L. Lagrange hat sich mit nichtlinearen Optimierungsproblemen und *Gleichungen als Nebenbedingungen* der Form

$$\begin{aligned} f(\boldsymbol{x}) &= f(x_1, \ldots, x_n) \to \max\ (\min) \qquad \text{(L)} \\ \text{mit } g^i(\boldsymbol{x}) &= g^i(x_1, \ldots, x_n) = 0 \quad (i = 1, \ldots, m) \end{aligned}$$

befasst.

Vorausgesetzt wird ferner, dass alle Funktionen $f, g^1, \ldots, g^m$ *zweimal stetig differenzierbar* und *nicht notwendig konvex* sind. In der Regel ist die Anzahl m der Nebenbedingungen kleiner als die Anzahl der Variablen.

Im Fall linearer Nebenbedingungen, also

$$g^i(x_1, \ldots, x_n) = a_{i1}x_1 + \cdots + a_{in}x_n - b_i = 0 \qquad (i = 1, \ldots, m),$$

gilt matriziell

$$\boldsymbol{A}\boldsymbol{x} - \boldsymbol{b} = \boldsymbol{0}$$
$$\text{mit } \boldsymbol{A} = (a_{ij})_{m,n}, \boldsymbol{x} = \begin{pmatrix} x_1 \\ \vdots \\ x_n \end{pmatrix}, \boldsymbol{b} = \begin{pmatrix} b_1 \\ \vdots \\ b_m \end{pmatrix}.$$

Abbildung 29.8: *J.-L. Lagrange (1736–1813)*

Wir erhalten ein lineares Gleichungssystem (Kapitel 17). Dieses ist genau dann lösbar, wenn

$$\operatorname{Rg}(\boldsymbol{A}) = \operatorname{Rg}(\boldsymbol{A}|\boldsymbol{b}) = k \le m$$

ist (Satz 17.11).

Gegebenenfalls erhält die Lösung bis auf Variablenvertauschungen die Form (Satz 17.7)

$$x_1 = \hat{b}_1 - \hat{a}_{1,k+1}x_{k+1} - \ldots - \hat{a}_{1n}x_n\,,$$
$$\vdots$$
$$x_k = \hat{b}_k - \hat{a}_{k,k+1}x_{k+1} - \ldots - \hat{a}_{kn}x_n\,.$$

Die Variablen $x_{k+1}, \ldots, x_n$ sind frei wählbar, während die Werte der Variablen $x_1, \ldots, x_k$ dann fest sind.

Damit kann das Verfahren der *Variablensubstitution* angewandt werden. Man setzt die für $x_1, \ldots, x_k$ gewonnenen Ausdrücke in die Funktion f ein und erhält eine neue Funktion h mit den $n-k$ Variablen $x_{k+1}, \ldots, x_n$. Diese Funktion berücksichtigt die Nebenbedingungen, und die Aufgabe reduziert sich auf ein Optimierungsproblem ohne Nebenbedingungen.

Dieses kann mit Hilfe von Satz 22.7 gelöst werden, falls entsprechende Differenzierbarkeitseigenschaften erfüllt sind.

Beispiel 29.8

Wir berechnen alle Maximal- und Minimalstellen der Funktion f mit der Funktionsgleichung

$$f(x_1, x_2, x_3) = x_1^2 + x_2^2 + x_3^2$$

unter den Nebenbedingungen

$$g^1(x_1, x_2, x_3) = x_1 - x_2 = 0\,,$$
$$g^2(x_1, x_2, x_3) = x_1 + 2x_2 + 3x_3 - 6 = 0\,.$$

Aus g^1 folgt $x_1 = x_2$.

Die Subtraktion der Nebenbedingungen ergibt:

$$\begin{aligned}(x_1 + 2x_2 + 3x_3 - 6) - (x_1 - x_2) = 0 \\ \Leftrightarrow 3x_2 + 3x_3 = 6 \Leftrightarrow x_3 &= 2 - x_2 \\ &= 2 - x_1\end{aligned}$$

Durch Einsetzen in f ergibt sich:

$$\begin{aligned}f(x_1, x_1, 2 - x_1) &= x_1^2 + x_1^2 + (2 - x_1)^2 \\ &= 3x_1^2 - 4x_1 + 4 = h(x_1) \\ \Rightarrow h'(x_1) &= 6x_1 - 4 = 0 \Leftrightarrow x_1 = \tfrac{2}{3} \\ \text{und } h''(x_1) &= 6 > 0 \text{ für alle } x_1 \in \mathbb{R}\end{aligned}$$

Nach Satz 12.9 besitzt h ein Minimum für $x_1 = \frac{2}{3}$ mit

$$h\left(\frac{2}{3}\right) = \frac{12}{9} - \frac{8}{3} + 4 = \frac{8}{3}\,.$$

Wegen $h(x_1) \to \infty$ für $x_1 \to \pm\infty$ existiert kein Maximum.

Mit den Nebenbedingungen berechnet man

$$x_2 = x_1 = \frac{2}{3}\,, \quad x_3 = 2 - x_1 = \frac{4}{3}\,.$$

Die Funktion f besitzt damit unter den angegebenen Nebenbedingungen ein Minimum für

$$(x_1, x_2, x_3) = \left(\frac{2}{3}, \frac{2}{3}, \frac{4}{3}\right)$$

mit

$$f\left(\frac{2}{3}, \frac{2}{3}, \frac{4}{3}\right) = \frac{4}{9} + \frac{4}{9} + \frac{16}{9} = \frac{8}{3} = h\left(\frac{2}{3}\right)\,.$$

Ein Maximum existiert nicht.

Das Verfahren der Variablensubstitution ist gelegentlich auch im Fall nichtlinearer Nebenbedingungen anwendbar, wenn man die Gleichungen

$$g^i(\boldsymbol{x}) = 0 \quad (i = 1, \ldots, m)$$

beispielsweise nach den Variablen $x_1, \ldots, x_m$ auflösen kann. Wir erhalten dann

$$x_1 = k^1(x_{m+1}, \ldots, x_n)$$
$$\vdots$$
$$x_m = k^m(x_{m+1}, \ldots, x_n)\,.$$

Beispiel 29.9

Wir berechnen alle Maximal- und Minimalstellen der Funktion f mit der Funktionsgleichung

$$f(x_1, x_2, x_3) = x_1^2 + x_2^2 + x_3^2$$

unter der Nebenbedingung

$$x_1 x_2 = 1 \,.$$

Wir erhalten mit $x_1 = x_2^{-1}$ $(x_2 \neq 0)$:

$$f\left(x_2^{-1}, x_2, x_3\right) = x_2^{-2} + x_2^2 + x_3^2 = h(x_2, x_3)$$

$$h_{x_2}(x_2, x_3) = -2x_2^{-3} + 2x_2 = 0$$
$$\Leftrightarrow x_2^4 = 1 \Leftrightarrow x_2 = \pm 1$$
$$h_{x_3}(x_2, x_3) = 2x_3 = 0 \Leftrightarrow x_3 = 0$$

$$\boldsymbol{H}(x_2, x_3) = \begin{pmatrix} h_{x_2 x_2}(x_2, x_3) & h_{x_2 x_3}(x_2, x_3) \\ h_{x_2 x_3}(x_2, x_3) & h_{x_3 x_3}(x_2, x_3) \end{pmatrix}$$
$$= \begin{pmatrix} 6x_2^{-4} + 2 & 0 \\ 0 & 2 \end{pmatrix}$$

Also ist $\boldsymbol{H}(x_2, x_3)$ positiv definit für alle $x_2 \neq 0,\ x_3 \in \mathbb{R}$.

Entsprechend Satz 22.7 besitzt die Funktion h globale Minima für

$$(x_2, x_3) = (1, 0) \text{ oder } (-1, 0)$$

mit

$$h(1, 0) = h(-1, 0) = 2 \,.$$

Mit der Nebenbedingung resultiert daraus $x_1 = +1$ oder $x_1 = -1$.

Die Vektoren

$$(x_1, x_2, x_3) = (1, 1, 0) \quad \text{und}$$
$$(x_1, x_2, x_3) = (-1, -1, 0)$$

minimieren die Funktion f mit

$$f(1, 1, 0) = f(-1, -1, 0) = 2$$
$$= h(1, 0) = h(-1, 0) \,.$$

Ein Maximum existiert weder für h noch für f.

Die Variablensubstitution versagt, wenn die Auflösung der Nebenbedingungen nach je einer Variablen nicht möglich oder zu aufwändig erscheint.

Lagrange hat sich mit dieser Problematik befasst und dabei einen Ansatz entwickelt, der die Variablensubstitution umgeht und dennoch zu einer Optimierungsaufgabe ohne Nebenbedingungen führt.

Dazu bilden wir folgendes Optimierungsproblem:

Definition 29.10

$$f(x_1, \ldots, x_n) = f(\boldsymbol{x}) \to \max\ (\min)$$

mit den Nebenbedingungen

$$g^i(x_1, \ldots, x_n) = g^i(\boldsymbol{x}) = 0 \ (i = 1, \ldots, m) \,.$$

Daraus ergibt sich die sogenannte *Lagrangefunktion* mit

$$\begin{aligned} & L(x_1, \ldots, x_n, \lambda_1, \ldots, \lambda_m) \\ &= L(\boldsymbol{x}, \boldsymbol{\lambda}) \\ &= f(x_1, \ldots, x_n) \\ &\quad + \lambda_1 g^1(x_1, \ldots, x_n) \\ &\quad\ \vdots \\ &\quad + \lambda_m g^m(x_1, \ldots, x_n) \\ &= f(\boldsymbol{x}) + \lambda_1 g^1(\boldsymbol{x}) + \ldots + \lambda_m g^m(\boldsymbol{x}) \,. \end{aligned}$$

Da die *Lagrange-Multiplikatoren* $\lambda_1, \ldots, \lambda_m$ zunächst auch unbekannt sind, ist L eine Funktion von $n + m$ Variablen. Zwischen den Extremalstellen des Ausgangsproblems und denen der Lagrangefunktion besteht nun ein enger Zusammenhang.

Satz 29.11

Lässt sich ein $\boldsymbol{\lambda}^* \in \mathbb{R}^m$ derart finden, dass $\boldsymbol{x}^*$ mit

$$g^i(\boldsymbol{x}^*) = 0 \quad (i = 1, \ldots, m)$$

eine Maximal- bzw. Minimalstelle von

$$L = L(\boldsymbol{x}, \boldsymbol{\lambda}^*)$$

ist, dann ist $\boldsymbol{x}^*$ auch Maximal- bzw. Minimalstelle der ursprünglichen Zielfunktion f (Definition 29.10).

Beweis

Ist $\boldsymbol{x}^*$ eine Maximalstelle der Lagrangefunktion L für ein $\boldsymbol{\lambda}^* \in \mathbb{R}^m$, dann gilt für ein beliebiges $\boldsymbol{x}$ mit

$$g^i(\boldsymbol{x}) = 0 \quad (i = 1, \ldots, m)$$

$$\begin{aligned} f(\boldsymbol{x}^*) &= f(\boldsymbol{x}^*) + \sum\nolimits_{i=1}^{m} \lambda_i^* g^i(\boldsymbol{x}^*) \\ &\geq f(\boldsymbol{x}) + \sum\nolimits_{i=1}^{m} \lambda_i^* g^i(\boldsymbol{x}) = f(\boldsymbol{x}) . \end{aligned}$$

Ist $\boldsymbol{x}^*$ eine Minimalstelle von L für ein $\boldsymbol{\lambda}^* \in \mathbb{R}^m$, dann ist lediglich das Symbol $\geq$ durch $\leq$ zu ersetzen (Kosmol 1993).

Zur Lösung des Ausgangsproblems 29.10 kann ferner Satz 22.5 in geeigneter Weise übertragen werden.

Satz 29.12

Die Funktionen $f, g^1, \ldots, g^m$ seien nach allen Variablen $x_1, \ldots, x_n$ stetig partiell differenzierbar und $\boldsymbol{x}^*$ mit

$$g^i(\boldsymbol{x}^*) = 0 \quad (i = 1, \ldots, m)$$

sei eine lokale Maximal- oder Minimalstelle von L für ein $\boldsymbol{\lambda}^* \in \mathbb{R}^m$. Dann gilt:

$$L_{x_j}(\boldsymbol{x}^*, \boldsymbol{\lambda}^*) = f_{x_j}(\boldsymbol{x}^*) + \sum_{i=1}^{m} \lambda_i^* g_{x_j}^i(\boldsymbol{x}^*) = 0 \qquad (j = 1, \ldots, n)$$

Satz 29.12 liefert ein System von $n + m$ Gleichungen mit den $n + m$ Unbekannten

$$x_1, \ldots, x_n, \lambda_1, \ldots, \lambda_m ,$$

nämlich

$$L_{x_j}(\boldsymbol{x}, \boldsymbol{\lambda}) = f_{x_j}(\boldsymbol{x}) + \sum_{i=1}^{m} \lambda_i g_{x_j}^i(\boldsymbol{x}) = 0 \qquad (j=1, \ldots, n)$$

$$L_{\lambda_i}(\boldsymbol{x}, \boldsymbol{\lambda}) = g^i(\boldsymbol{x}) = 0 \qquad (i = 1, \ldots, m)$$

oder

$$\operatorname{grad} L(\boldsymbol{x}, \boldsymbol{\lambda}) = \begin{pmatrix} L_{x_1}(\boldsymbol{x}, \boldsymbol{\lambda}) \\ \vdots \\ L_{x_n}(\boldsymbol{x}, \boldsymbol{\lambda}) \\ L_{\lambda_1}(\boldsymbol{x}, \boldsymbol{\lambda}) \\ \vdots \\ L_{\lambda_m}(\boldsymbol{x}, \boldsymbol{\lambda}) \end{pmatrix} = \mathbf{0} .$$

Existiert nun eine Lösung $(\boldsymbol{x}^*, \boldsymbol{\lambda}^*)$ dieses Gleichungssystems, so erhält man mit jedem solchen $\boldsymbol{x}^*$ lediglich einen möglichen Kandidaten für die Lösung des Ausgangsproblems 29.10. Wir haben entsprechend Satz 22.7 die hinreichenden Bedingungen zu prüfen. Dazu berechnen wir gegebenenfalls die partiellen Ableitungen zweiter Ordnung von L nach den Variablen $x_1, \ldots, x_n$ bei gegebenem $\boldsymbol{\lambda}^*$ und erhalten die Hessematrix (Definition 21.36)

$$\hat{\boldsymbol{H}}(\boldsymbol{x}, \boldsymbol{\lambda}^*) = \begin{pmatrix} L_{x_1,x_1}(\boldsymbol{x}, \boldsymbol{\lambda}^*) & \cdots & L_{x_1,x_n}(\boldsymbol{x}, \boldsymbol{\lambda}^*) \\ \vdots & & \vdots \\ L_{x_1,x_n}(\boldsymbol{x}, \boldsymbol{\lambda}^*) & \cdots & L_{x_n,x_n}(\boldsymbol{x}, \boldsymbol{\lambda}^*) \end{pmatrix} .$$

Satz 29.13

Gegeben sei das Optimierungsproblem

$$f(\boldsymbol{x}) \to \max\ (\min) , \quad g^i(\boldsymbol{x}) = 0 \qquad (i = 1, \ldots, m,\ m < n)$$

sowie die Lagrangefunktion

$$L(\boldsymbol{x}, \boldsymbol{\lambda}) = f(\boldsymbol{x}) + \sum_{i=1}^{m} \lambda_i g^i(\boldsymbol{x}) .$$

Ferner existiere mit $(\boldsymbol{x}^*, \boldsymbol{\lambda}^*)$ eine Lösung des Systems

$$\operatorname{grad} L(\boldsymbol{x}, \boldsymbol{\lambda}) = \mathbf{0} .$$

Dann gilt:

a)
- $\hat{\boldsymbol{H}}(\boldsymbol{x}^*, \boldsymbol{\lambda}^*)$ negativ definit $\Rightarrow$ $\boldsymbol{x}^*$ ist lokale Maximalstelle von f mit $g^i(\boldsymbol{x}^*) = 0$
- $\hat{\boldsymbol{H}}(\boldsymbol{x}^*, \boldsymbol{\lambda}^*)$ positiv definit $\Rightarrow$ $\boldsymbol{x}^*$ ist lokale Minimalstelle von f mit $g^i(\boldsymbol{x}^*) = 0$

b)
- $\hat{\boldsymbol{H}}(\boldsymbol{x}, \boldsymbol{\lambda}^*)$ negativ definit für alle $\boldsymbol{x}$ $\Rightarrow$ $\boldsymbol{x}^*$ ist globale Maximalstelle von f mit $g^i(\boldsymbol{x}^*) = 0$
- $\hat{\boldsymbol{H}}(\boldsymbol{x}, \boldsymbol{\lambda}^*)$ positiv definit für alle $\boldsymbol{x}$ $\Rightarrow$ $\boldsymbol{x}^*$ ist globale Minimalstelle von f mit $g^i(\boldsymbol{x}^*) = 0$

Für den Beweis kann die Argumentation in der Beweisskizze von Satz 22.7 genutzt werden.

Beispiel 29.14

Ein Erdölproduzent betreibt zwei Ölquellen Q_1 und Q_2, jeweils mit den fixen Kosten $c_0 = 500$. Die variablen Kosten betragen in Abhängigkeit der Fördermengen x_1 und x_2

$$c_1(x_1) = \tfrac{1}{2}x_1^2 \quad \text{für } Q_1,$$
$$c_2(x_2) = x_2^2 + 2x_2 \quad \text{für } Q_2.$$

Die Summe der beiden Fördermengen soll 80 Einheiten betragen.

Der Produzent verfolgt die Zielsetzung der kostenminimalen Förderung mit der Nebenbedingung

$$x_1 + x_2 = 80\,.$$

Obwohl das Problem mit dem Verfahren der Variablensubstitution lösbar ist, verwenden wir hier die Methode von Lagrange.

Wir bilden die Lagrangefunktion:

$$\begin{aligned} L(x_1, x_2, \lambda) = {} & \tfrac{1}{2}x_1^2 + x_2^2 + 2x_2 + 1000 \\ & + \lambda(x_1 + x_2 - 80) \end{aligned}$$

mit

$$\begin{aligned} L_{x_1}(x_1, x_2, \lambda) &= x_1 + \lambda = 0 \\ L_{x_2}(x_1, x_2, \lambda) &= 2x_2 + 2 + \lambda = 0 \\ L_\lambda(x_1, x_2, \lambda) &= x_1 + x_2 - 80 = 0 \end{aligned}$$

Daraus folgt mit der Gleichungsoperation

$$-(L_{x_1}) + (L_{x_2}) + (L_\lambda)$$

sowie Einsetzen von x_2 in $(L_\lambda), (L_{x_1})$:

$$\begin{aligned} 3x_2 - 78 = 0 &\Leftrightarrow x_2 = 26 \\ &\Rightarrow x_1 = 80 - 26 = 54 = -\lambda \end{aligned}$$

Ferner ist die Hessematrix

$$\begin{aligned} \hat{\boldsymbol{H}}(\boldsymbol{x}, \lambda) &= \begin{pmatrix} L_{x_1x_1}(\boldsymbol{x}, \lambda) & L_{x_1x_2}(\boldsymbol{x}, \lambda) \\ L_{x_1x_2}(\boldsymbol{x}, \lambda) & L_{x_2x_2}(\boldsymbol{x}, \lambda) \end{pmatrix} \\ &= \begin{pmatrix} 1 & 0 \\ 0 & 2 \end{pmatrix} \end{aligned}$$

für alle $(\boldsymbol{x}, \lambda)$ positiv definit.

Wir erhalten nach Satz 29.13 b die von den fixen Kosten unabhängige Lösung

$$(x_1, x_2, \lambda) = (54, 26, -54)$$

mit den kostenminimalen Fördermengen für die beiden Ölquellen $x_1 = 54, x_2 = 26$ und den minimalen Gesamtkosten

$$c(54, 26) = \tfrac{1}{2}54^2 + 26^2 + 52 + 1000 = 3186\,.$$

Auf die Bedeutung des Wertes von λ werden wir später eingehen.

Beispiel 29.15

Die Marketingabteilung einer Unternehmung erhält den Auftrag, für ein neues Produkt einen optimalen Werbeplan für die Medien Rundfunk und Fernsehen zu entwickeln. Eine Sekunde Werbung kostet im Rundfunk eine Geldeinheit und im Fernsehen zwei Geldeinheiten. Die Wirkung der Werbekampagne bei x_1 Sekunden Werbung im Rundfunk und x_2 Sekunden Werbung im Fernsehen werde mit

$$f(x_1, x_2) = x_1 + 2x_2 + x_1x_2$$

bewertet. Unter der Bedingung, dass ein zur Verfügung stehendes Werbebudget von 1000 Geldeinheiten investiert werden soll, berechnen wir die maximal erzielbare Wirkung.

Wir bilden die Lagrangefunktion

$$\begin{aligned} L(x_1, x_2, \lambda) = {} & x_1 + 2x_2 + x_1x_2 \\ & + \lambda(x_1 + 2x_2 - 1000) \end{aligned}$$

mit

$$\begin{aligned} L_{x_1}(x_1, x_2, \lambda) &= 1 + x_2 + \lambda = 0 \\ L_{x_2}(x_1, x_2, \lambda) &= 2 + x_1 + 2\lambda = 0 \\ L_\lambda(x_1, x_2, \lambda) &= -1000 + x_1 + 2x_2 = 0 \end{aligned}$$

Die Operation $(L_{x_2}) - 2 \cdot (L_{x_1}) + (L_\lambda)$ ergibt:

$$\begin{aligned} 2x_1 - 1000 = 0 &\Leftrightarrow x_1 = 500 \\ &\Rightarrow x_2 = 500 - \tfrac{1}{2}x_1 = 250 \\ &\Rightarrow \lambda = -1 - x_2 = -251 \end{aligned}$$

Die Hessematrix

$$\hat{\boldsymbol{H}}(\boldsymbol{x},\lambda) = \begin{pmatrix} L_{x_1x_1}(\boldsymbol{x},\lambda) & L_{x_1x_2}(\boldsymbol{x},\lambda) \\ L_{x_1x_2}(\boldsymbol{x},\lambda) & L_{x_2x_2}(\boldsymbol{x},\lambda) \end{pmatrix} = \begin{pmatrix} 0 & 1 \\ 1 & 0 \end{pmatrix}$$

ist jedoch für alle $(\boldsymbol{x},\lambda)$, also insbesondere für

$$(\boldsymbol{x},\lambda) = (x_1, x_2, \lambda) = (500, 250, -251)$$

indefinit. Hier kann der Satz 29.13 nicht angewendet werden.

Wir veranschaulichen das gegebene Problem zunächst graphisch in einem x_1-x_2-Koordinatensystem (Figur 29.9).

Dazu zeichnen wir zunächst die Graphen der Zielfunktionsgleichung

$$f(x_1, x_2) = 126\,000$$

und der Nebenbedingung. Eine Verschiebung der Kurve K nach rechts oben entspricht einem höheren Wert $f(x_1, x_2)$, eine Verschiebung nach links unten einem niedrigeren Wert $f(x_1, x_2)$.

Ein Schnittpunkt von K mit der Geraden G bedeutet, dass die Nebenbedingung eingehalten wird. Die gefundene Lösung

$$(x_1, x_2) = (500, 250)$$

maximiert die Werbewirkung.

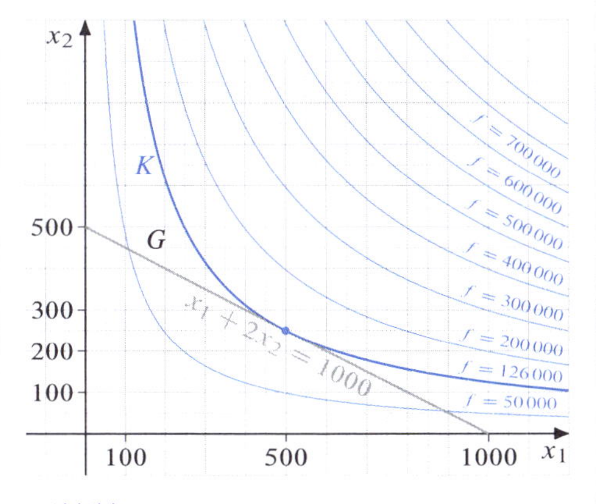

Abbildung 29.9: *Maximum von $f(x_1, x_2) = x_1 + 2x_2 + x_1x_2$ unter der linearen Nebenbedingung $x_1 + 2x_2 = 1000$*

In Anlehnung an Kosmol (1993, S. 45) erweitern wir den Lagrange-Ansatz, um damit mehr Optimierungsprobleme vom Typ 29.10 lösen zu können. Die Erweiterung beruht auf der folgenden Idee *variabler Lagrange-Multiplikatoren*.

Satz 29.16

Wir betrachten das Optimierungsproblem

$$f(\boldsymbol{x}) \to \max\ (\min),\ g^i(\boldsymbol{x}) = 0 \quad (i = 1, \dots, m),\ \boldsymbol{x} \in \mathbb{R}^n$$

sowie die Lagrangefunktion $\hat{L}$

$$\hat{L}(\boldsymbol{x}) = f(\boldsymbol{x}) + \sum_{i=1}^{m} \lambda_i(\boldsymbol{x}) g^i(\boldsymbol{x}) \quad \text{mit } \boldsymbol{x} \in \mathbb{R}^n.$$

Ist $\boldsymbol{x}^*$ eine Maximalstelle bzw. Minimalstelle von

$$\hat{L} \text{ mit } g^i(\boldsymbol{x}^*) = 0, \qquad (i = 1, \dots, m)$$

so ist $\boldsymbol{x}^*$ Maximalstelle bzw. Minimalstelle von f mit

$$g^i(\boldsymbol{x}^*) = 0.$$

Beweis

Ist $\boldsymbol{x}^*$ Maximalstelle von $\hat{L}$ mit

$$g^i(\boldsymbol{x}^*) = 0 \quad (i = 1, \dots, m),$$

so gilt für ein beliebiges $\boldsymbol{x}$ mit $g^i(\boldsymbol{x}) = 0\ (i = 1, \dots, m)$:

$$\begin{aligned} \hat{L}(\boldsymbol{x}^*) &= f(\boldsymbol{x}^*) + \sum_{i=1}^{m} \lambda_i(\boldsymbol{x}^*) g^i(\boldsymbol{x}^*) \\ &\geq f(\boldsymbol{x}) + \sum_{i=1}^{m} \lambda_i(\boldsymbol{x}) g^i(\boldsymbol{x}) \\ &= f(\boldsymbol{x}) + \sum_{i=1}^{m} \lambda_i(\boldsymbol{x}^*) g^i(\boldsymbol{x}^*) \end{aligned}$$

$$\Rightarrow f(\boldsymbol{x}^*) \geq f(\boldsymbol{x})$$

für

$$g^i(\boldsymbol{x}) = 0, \quad g^i(\boldsymbol{x}^*) = 0 \qquad (i = 1, \dots, m)$$

Ist $\boldsymbol{x}^*$ Minimalstelle von $\hat{L}$, dann ist das Symbol $\geq$ jeweils durch $\leq$ zu ersetzen.

Beispiel 29.17

Wir greifen nochmals das Beispiel 29.15 auf. Es ging dabei um den optimalen Werbeplan einer Marketingabteilung mit der Werbewirkungsfunktion

$$f(x_1, x_2) = x_1 + 2x_2 + x_1 x_2$$

und der Restriktion

$$x_1 + 2x_2 = 1000\,.$$

Wir bilden die Lagrangefunktion:

$$\begin{aligned} L(x_1, x_2, \lambda) = {} & x_1 + 2x_2 + x_1 x_2 \\ & + \lambda(x_1 + 2x_2 - 1000) \end{aligned}$$

mit

$$\begin{aligned} & L_{x_1}(x_1, x_2, \lambda) = 1 + x_2 + \lambda = 0 \\ & \Rightarrow \lambda = -1 - x_2 \\ & L_{x_2}(x_1, x_2, \lambda) = 2 + x_1 + 2\lambda = 0 \\ & \Rightarrow \lambda = -1 - \tfrac{1}{2} x_1 \end{aligned}$$

Als variablen Lagrange-Multiplikator benutzen wir beispielsweise $\lambda = -1 - x_2$ und erhalten

$$\begin{aligned} \hat{L}(x_1, x_2) &= x_1 + 2x_2 + x_1 x_2 \\ &\quad - (1 + x_2)(x_1 + 2x_2 - 1000) \\ &= x_1 + 2x_2 + x_1 x_2 - x_1 - x_1 x_2 \\ &\quad - 2x_2 - 2x_2^2 + 1000 + 1000x_2 \\ &= -2x_2^2 + 1000x_2 + 1000\,. \end{aligned}$$

Diese Funktion besitzt wegen

$$\begin{aligned} & \hat{L}_{x_2}(x_1, x_2) = -4x_2 + 1000 = 0 \\ & \Leftrightarrow x_2 = 250\,, \\ & \hat{L}_{x_2 x_2}(x_1, x_2) = -4 < 0 \end{aligned}$$

für alle $(x_1, x_2) \in \mathbb{R}^2$ mit $x_2 = 250$ ein globales Maximum.

Aus der Nebenbedingung erhalten wir $x_1 = 500$.

Damit haben wir das graphisch ermittelte Ergebnis (Abbildung 29.9) von Beispiel 29.15 bestätigt.

Ein identisches Ergebnis erhalten wir mit Hilfe einer Variablensubstitution. Setzt man in Beispiel 29.17 die Nebenbedingung $x_1 = 1000 - 2x_2$ in die Zielfunktion ein, so erhält man

$$\begin{aligned} f(x_1, x_2) &= x_1 + 2x_2 + x_1 x_2 \\ &= 1000 - 2x_2 + 2x_2 + (1000 - 2x_2)x_2 \\ &= 1000 + 1000x_2 - 2x_2^2\,. \end{aligned}$$

Im Folgenden befassen wir uns mit der ökonomischen Interpretation der Lagrange-Multiplikatoren $\lambda_1, \ldots, \lambda_m$. Dazu nehmen wir an, dass die Nebenbedingungen des Ausgangsproblems in der Form

$$g^i(x_1, \ldots, x_n) = c_i - h_i(x_1, \ldots, x_n) = 0 \qquad (i = 1, \ldots, m)$$

geschrieben werden können. Diese Separation der Konstanten $c_1, \ldots, c_m$ ist insbesondere dann möglich, wenn mit den Gleichungen $g^i(\boldsymbol{x}) = 0$ Produktionsbedingungen (Beispiel 29.14) oder Budgetrestriktionen (Beispiel 29.15) zum Ausdruck gebracht werden. Im ersten Fall ist c_i dann oft eine Produktionsquantität, im zweiten Fall ein zu investierendes Budget. Behandelt man auch die Parameter $c_1, \ldots, c_m$ als variabel, so hat die Lagrangefunktion die Form

$$\begin{aligned} L(\boldsymbol{x}, \boldsymbol{c}, \boldsymbol{\lambda}) = {} & f(\boldsymbol{x}) \\ & + \lambda_1\big(c_1 - h_1(\boldsymbol{x})\big) \\ & + \ldots \\ & + \lambda_m\big(c_m - h_m(\boldsymbol{x})\big)\,. \end{aligned}$$

Durch partielles Differenzieren nach $c_1, \ldots, c_m$ erhalten wir

$$L_{c_i}(\boldsymbol{x}, \boldsymbol{c}, \boldsymbol{\lambda}) = \lambda_i \qquad (i = 1, \ldots, m).$$

Der Wert λ_i zeigt also die Veränderung der Lagrangefunktion nach dem Parameter c_i und damit auch die Änderung der Zielfunktion f bei einer Änderung von c_i $(i = 1, \ldots, m)$ an. Auch in diesem Fall bezeichnet man den Wert λ_i als *Schattenpreis*, der einer zusätzlichen Einheit von c_i zugeschrieben wird (Kapitel 28.4).

Wir betrachten abschließend zwei wichtige Anwendungen in der mikroökonomischen Konsum- und Produktionstheorie.

Beispiel 29.18

Wir gehen von einer Nutzenfunktion $u : \mathbb{R}^2_+ \to \mathbb{R}$ aus, die den Besitz zweier Güter in den Quantitäten x_1, x_2 durch

$$u(x_1, x_2) = x_1 x_2$$

bewertet. Mit dem Geldbudget $c > 0$ und den Preisen $p_1, p_2 > 0$ gelte die Gleichung

$$g(x_1, x_2) = c - p_1 x_1 - p_2 x_2 = 0 .$$

Wir bilden die Lagrangefunktion

$$\begin{aligned} L(x_1, x_2, \lambda) &= u(x_1, x_2) + \lambda g(x_1, x_2) \\ &= x_1 x_2 + \lambda(c - p_1 x_1 - p_2 x_2) \end{aligned}$$

und erhalten:

$$\begin{aligned} L_{x_1}(\boldsymbol{x}, \lambda) &= u_{x_1}(\boldsymbol{x}) + \lambda g_{x_1}(\boldsymbol{x}) \\ &= x_2 - \lambda p_1 = 0 \\ L_{x_2}(\boldsymbol{x}, \lambda) &= u_{x_2}(\boldsymbol{x}) + \lambda g_{x_2}(\boldsymbol{x}) \\ &= x_1 - \lambda p_2 = 0 \\ L_{\lambda}(\boldsymbol{x}, \lambda) &= g(\boldsymbol{x}) \\ &= c - p_1 x_1 - p_2 x_2 = 0 \end{aligned}$$

Aus $L_{x_1} = L_{x_2} = 0$ folgt:

$$\Rightarrow \lambda = \frac{x_2}{p_1} = \frac{x_1}{p_2}$$

Da die Hessematrix

$$\hat{\boldsymbol{H}}(x_1, x_2, \lambda) = \begin{pmatrix} 0 & 1 \\ 1 & 0 \end{pmatrix}$$

indefinit ist, wenden wir Satz 29.16 an und erhalten beispielsweise für $\lambda = \frac{x_2}{p_1}$

$$\begin{aligned} \hat{L}(x_1, x_2) &= x_1 x_2 + \frac{x_2}{p_1}(c - p_1 x_1 - p_2 x_2) \\ &= x_1 x_2 + \frac{c}{p_1} x_2 - x_1 x_2 - \frac{p_2}{p_1} x_2^2 \\ &= \frac{c}{p_1} x_2 - \frac{p_2}{p_1} x_2^2 . \end{aligned}$$

Diese Funktion besitzt wegen

$$\begin{aligned} \hat{L}_{x_2}(x_1, x_2) &= \frac{c}{p_1} - \frac{2p_2}{p_1} x_2 = 0 \\ \Leftrightarrow x_2 &= \frac{c}{2p_2} , \end{aligned}$$

$$\hat{L}_{x_2 x_2}(x_1, x_2) = -\frac{2p_2}{p_1} < 0$$

für alle $(x_1, x_2) \in \mathbb{R}^2_+$ mit

$$x_2 = \frac{c}{2p_2}$$

ein Maximum.

Aus der Nebenbedingung erhalten wir

$$x_1 = \frac{1}{p_1}(c - p_2 x_2) = \frac{c}{2p_1} .$$

Ferner ist

$$\lambda = \frac{x_2}{p_1} = \frac{c}{2p_1 p_2} = \frac{x_1}{p_2} .$$

Wir haben mit

$$(x_1, x_2, \lambda) = \left(\frac{c}{2p_1}, \frac{c}{2p_2}, \frac{c}{2p_1 p_2} \right)$$

gleichzeitig die einzige Lösung des Gleichungssystems

$$\operatorname{grad} L(x_1, x_2, \lambda) = \boldsymbol{0} .$$

Im Nutzenmaximum gilt:

$$\left.\begin{aligned} \lambda &= -\frac{u_{x_1}(\boldsymbol{x})}{g_{x_1}(\boldsymbol{x})} = \frac{u_{x_1}(\boldsymbol{x})}{p_1} = \frac{x_2}{p_1} \\ \lambda &= -\frac{u_{x_2}(\boldsymbol{x})}{g_{x_2}(\boldsymbol{x})} = \frac{u_{x_2}(\boldsymbol{x})}{p_2} = \frac{x_1}{p_2} \end{aligned}\right\}$$

$$\Rightarrow \frac{u_{x_1}(\boldsymbol{x})}{u_{x_2}(\boldsymbol{x})} = \frac{x_2}{x_1} = \frac{p_1}{p_2}$$

Im Nutzenmaximum entspricht λ dem Verhältnis aus Grenznutzen und Preis des ersten Gutes oder dem entsprechenden Verhältnis des zweiten Gutes. Ferner ist das Verhältnis der Grenznutzen gleich dem Verhältnis der Preise bzw. gleich dem umgekehrten Verhältnis der Güterquantitäten.

Behandeln wir das Geldbudget c als Variable, so gilt im Nutzenmaximum

$$L_c(\boldsymbol{x}^*, \lambda^*, c) = \lambda^* = \frac{c}{2p_1 p_2} > 0 .$$

Der Lagrange-Multiplikator entspricht dem Grenznutzen des Geldbudgets und gibt damit näherungsweise an, wie der optimale Nutzen mit wachsendem Geldbudget steigt.

Beispiel 29.19

Der Zusammenhang zwischen der Produktionsquantität $y > 0$ eines Gutes und den Einsatzquantitäten $x_1, x_2 > 0$ zweier Produktionsfaktoren sei durch die Produktionsfunktion $f : \mathbb{R}^2_+ \to \mathbb{R}$ mit

$$y = f(x_1, x_2) = x_1 x_2$$

gegeben. Die Stückkosten der Faktoren betragen c_1 und c_2. Unter der Produktionsbedingung sollen die variablen Kosten mit

$$c(x_1, x_2) = c_1 x_1 + c_2 x_2$$

minimiert werden. Aus der Lagrangefunktion

$$\begin{aligned} L(\boldsymbol{x}, \lambda) &= c(\boldsymbol{x}) + \lambda(y - f(\boldsymbol{x})) \\ &= c_1 x_1 + c_2 x_2 + \lambda(y - x_1 x_2) \end{aligned}$$

folgt:

$$\begin{aligned} L_{x_1}(\boldsymbol{x}, \lambda) &= c_{x_1}(\boldsymbol{x}) - \lambda f_{x_1}(\boldsymbol{x}) \\ &= c_1 - \lambda x_2 = 0 \\ L_{x_2}(\boldsymbol{x}, \lambda) &= c_{x_2}(\boldsymbol{x}) - \lambda f_{x_2}(\boldsymbol{x}) \\ &= c_2 - \lambda x_1 = 0 \\ L_\lambda(\boldsymbol{x}, \lambda) &= y - f(\boldsymbol{x}) = y - x_1 x_2 = 0 \\ &\Rightarrow \lambda = \frac{c_1}{x_2} = \frac{c_2}{x_1} \end{aligned}$$

Da die Hessematrix

$$\hat{\boldsymbol{H}}(x_1, x_2, \lambda) = \begin{pmatrix} 0 & -\lambda \\ -\lambda & 0 \end{pmatrix}$$

wieder indefinit ist, wenden wir Satz 29.16 an und erhalten für $\lambda = \frac{c_1}{x_2}$

$$\begin{aligned} \hat{L}(x_1, x_2) &= c_1 x_1 + c_2 x_2 + \frac{c_1}{x_2}(y - x_1 x_2) \\ &= c_1 x_1 + c_2 x_2 + \frac{c_1 y}{x_2} - c_1 x_1 \\ &= c_2 x_2 + \frac{c_1 y}{x_2}\,. \end{aligned}$$

Diese Funktion besitzt wegen

$$\begin{aligned} \hat{L}_{x_2}(x_1, x_2) &= c_2 - \frac{c_1 y}{x_2^2} = 0 \\ \Leftrightarrow x_2 &= \sqrt{\frac{y c_1}{c_2}}\,, \\ \hat{L}_{x_2 x_2}(x_1, x_2) &= \frac{2 c_1 y}{x_2^3} > 0 \end{aligned}$$

für alle $(x_1, x_2) > (0, 0)$ mit

$$x_2 = \sqrt{\frac{y c_1}{c_2}}$$

ein Minimum.

Aus der Nebenbedingung erhalten wir

$$x_1 = \frac{y}{x_2} = \sqrt{\frac{y c_2}{c_1}}\,.$$

Ferner ist

$$\lambda = \frac{c_1}{x_2} = \sqrt{\frac{c_1 c_2}{y}} = \frac{c_2}{x_1}\,.$$

$$(x_1, x_2, \lambda) = \left(\sqrt{\frac{y c_2}{c_1}}, \sqrt{\frac{y c_1}{c_2}}, \sqrt{\frac{c_1 c_2}{y}}\right)$$

ist die einzige Lösung des Gleichungssystems

$$\operatorname{grad} L(x_1, x_2, \lambda) = \boldsymbol{0}\,.$$

Im Kostenminimum gilt:

$$\begin{aligned} \lambda &= \frac{c_{x_1}(\boldsymbol{x})}{f_{x_1}(\boldsymbol{x})} = \frac{c_1}{f_{x_1}(\boldsymbol{x})} = \frac{c_1}{x_2} \\ \lambda &= \frac{c_{x_2}(\boldsymbol{x})}{f_{x_2}(\boldsymbol{x})} = \frac{c_2}{f_{x_2}(\boldsymbol{x})} = \frac{c_2}{x_1} \\ &\Rightarrow \frac{f_{x_1}(\boldsymbol{x})}{f_{x_2}(\boldsymbol{x})} = \frac{x_2}{x_1} = \frac{c_1}{c_2} \end{aligned}$$

Im Kostenminimum entspricht λ dem Verhältnis aus Stückkosten und Grenzproduktivität des ersten Faktors oder dem entsprechenden Verhältnis des zweiten Faktors.

Ferner ist das Verhältnis der Grenzproduktivitäten gleich dem Verhältnis der Stückkosten bzw. gleich dem umgekehrten Verhältnis der Faktorquantitäten.

Behandeln wir die Produktionsquantität y als Variable, so gilt im Kostenminimum

$$L_y(\boldsymbol{x}^*, \lambda^*, y) = \lambda^* = \sqrt{\frac{c_1 c_2}{y}} > 0\,.$$

Der Lagrange-Multiplikator entspricht den Grenzkosten des Produktionsniveaus und gibt damit näherungsweise an, wie die Kosten mit steigendem Produktionsniveau wachsen.

29.3 Der Ansatz von Kuhn und Tucker

H. W. Kuhn und *A. W. Tucker* veröffentlichten eine Erweiterung des Ansatzes von Lagrange (Kuhn und Tucker 1951).

Dabei sind *Ungleichungen als Nebenbedingungen* mit $\boldsymbol{x} \geq \mathbf{0}$ zugelassen.

Abbildung 29.10: *H. W. Kuhn* *(1925–2014)*

Abbildung 29.11: *A. W. Tucker* *(1905–1995)*

Es ergibt sich somit ein *nichtlineares Optimierungsproblem* der Form

$$f(\boldsymbol{x}) = f(x_1, \ldots, x_n) \to \min \qquad (NL^+)$$

$$\text{mit } g^i(\boldsymbol{x}) = g^i(x_1, \ldots, x_n) \leq 0 \quad (i = 1, \ldots, m), \boldsymbol{x} \geq 0,$$

wobei die Zielfunktion zu *minimieren* ist.

Vorausgesetzt wird ferner, dass alle Funktionen

$$f, g^1, \ldots, g^m$$

einmal *stetig differenzierbar* und *nicht notwendig konvex* sind.

Analog zu Definition 29.10 wird auch in diesem Fall eine Lagrangefunktion $L : \mathbb{R}^{n+m} \to \mathbb{R}$ definiert.

Definition 29.20

a) Zu obiger Optimierungsaufgabe heißt

$$\begin{aligned} L(\boldsymbol{x}, \boldsymbol{\lambda}) &= L(x_1, \ldots, x_n, \lambda_1, \ldots, \lambda_m) \\ &= f(x_1, \ldots, x_n) \\ &\quad + \lambda_1 g^1(x_1, \ldots, x_n) \\ &\quad + \cdots + \lambda_m g^m(x_1, \ldots, x_n) \\ &= f(\boldsymbol{x}) + \sum_{i=1}^{m} \lambda_i g^i(\boldsymbol{x}) \end{aligned}$$

Lagrangefunktion L.

b) Ein Punkt

$$(\boldsymbol{x}^*, \boldsymbol{\lambda}^*) \in \mathbb{R}^{n+m} \qquad \text{mit } \boldsymbol{x}^*, \boldsymbol{\lambda}^* \geq \mathbf{0},$$

der den Ungleichungen

$$L(\boldsymbol{x}^*, \boldsymbol{\lambda}) \leq L(\boldsymbol{x}^*, \boldsymbol{\lambda}^*) \leq L(\boldsymbol{x}, \boldsymbol{\lambda}^*)$$

für alle

$$\boldsymbol{\lambda} \geq \mathbf{0}, \ \boldsymbol{x} \geq \mathbf{0}$$

mit

$$g^i(\boldsymbol{x}) \leq 0 \quad (i = 1, \ldots, m)$$

genügt, heißt *Sattelpunkt* von L.

Satz 29.21

Wenn $(\boldsymbol{x}^*, \boldsymbol{\lambda}^*)$ mit $\boldsymbol{x}^*, \boldsymbol{\lambda}^* \geq 0$ Sattelpunkt von L ist, dann erhält man mit $\boldsymbol{x}^*$ eine optimale Lösung des nicht notwendig konvexen Optimierungsproblems (NL^+).

Beweis

a) $\boldsymbol{x}^*$ muss zulässig sein.
Andernfalls wäre $g^j(\boldsymbol{x}^*) > 0$ für ein j.

$$\Rightarrow \lim_{\lambda_j \to \infty} \lambda_j g^j(\boldsymbol{x}^*) \to \infty$$

$$\Rightarrow L(\boldsymbol{x}^*, \boldsymbol{\lambda}) = f(\boldsymbol{x}^*) + \sum_{i=1}^m \lambda_i g^i(\boldsymbol{x}^*) \geq L(\boldsymbol{x}^*, \boldsymbol{\lambda}^*)$$

Dies ist ein Widerspruch zur Voraussetzung

$$L(\boldsymbol{x}^*, \boldsymbol{\lambda}) \leq L(\boldsymbol{x}^*, \boldsymbol{\lambda}^*).$$

Also gilt $g_i(\boldsymbol{x}^*) \leq 0$ für alle $i = 1, \ldots, m$.

b) $L(\boldsymbol{x}^*, \boldsymbol{\lambda}) \leq L(\boldsymbol{x}^*, \boldsymbol{\lambda}^*)$

$$\Rightarrow f(\boldsymbol{x}^*) + \sum_{i=1}^m \lambda_i g^i(\boldsymbol{x}^*) \leq L(\boldsymbol{x}^*, \boldsymbol{\lambda}^*)$$

$$\Rightarrow f(\boldsymbol{x}^*) \leq L(\boldsymbol{x}^*, \boldsymbol{\lambda}^*) \quad \text{für } \boldsymbol{\lambda} = \boldsymbol{0}$$

Andererseits gilt wegen
$\boldsymbol{\lambda}^* \geq 0, g^i(\boldsymbol{x}^*) \leq 0 \ (i = 1, \ldots, m)$

$$L(\boldsymbol{x}^*, \boldsymbol{\lambda}^*) = f(\boldsymbol{x}^*) + \sum_{i=1}^m \lambda_i^* g^i(\boldsymbol{x}^*) \leq f(\boldsymbol{x}^*)$$

$$\Rightarrow L(\boldsymbol{x}^*, \boldsymbol{\lambda}^*) = f(\boldsymbol{x}^*).$$

c) $L(\boldsymbol{x}^*, \boldsymbol{\lambda}^*) \leq L(\boldsymbol{x}, \boldsymbol{\lambda}^*)$

$$\Rightarrow f(\boldsymbol{x}^*) \leq f(\boldsymbol{x}) + \sum_{i=1}^m \lambda_i^* g^i(\boldsymbol{x}) \leq f(\boldsymbol{x}).$$

wegen

$$\lambda_i^* \geq 0, \ g^i(\boldsymbol{x}) \leq 0 \quad (i = 1, \ldots, m)$$

Also ist $\boldsymbol{x}^*$ eine Lösung des Optimierungsproblems (NL^+)

Für die Umkehrung des Satzes benötigen wir die Konvexität des Optimierungsproblems sowie eine weitere Bedingung.

Definition 29.22

Existiert ein zulässiges $\boldsymbol{x}^0$ mit

$$g^i(\boldsymbol{x}^0) < 0$$

für alle $i = 1, \ldots, m$, d. h. besitzt der Zulässigkeitsbereich innere Punkte, so spricht man nach *M. L. Slater (1921–2002)* von der *Slaterbedingung*.

Satz 29.23

Gegeben ist ein konvexes Optimierungsproblem (Definition 29.5) der Form

$$f(\boldsymbol{x}) \to \min, \quad g^i(\boldsymbol{x}) \leq 0 \qquad (K^+)$$
$$(i = 1, \ldots, m), \quad \boldsymbol{x} \geq \boldsymbol{0},$$

das die Slaterbedingung erfüllt. Dann gilt:

$\boldsymbol{x}^*$ ist eine optimale Lösung von (K^+)
$\Leftrightarrow (\boldsymbol{x}^*, \boldsymbol{\lambda}^*) \geq (\boldsymbol{0}, \boldsymbol{0})$ ist Sattelpunkt der Lagrangefunktion L mit

$$L(\boldsymbol{x}, \boldsymbol{\lambda}) = f(\boldsymbol{x}) + \sum_{i=1}^m \lambda_i g^i(\boldsymbol{x})$$

Zum Beweis verweisen wir auf Collatz und Wetterling (1971).

Da ein gängiges Verfahren zur direkten Bestimmung von Sattelpunkten einer Lagrangefunktion nicht bekannt ist, formulierten *W. Karush (1917–1997)* sowie Kuhn und Tucker unabhängig voneinander äquivalente Bedingungen.

Definition 29.24

Gegeben ist ein konvexes Optimierungsproblem (K^+) sowie die Lagrangefunktion L mit

$$L(\boldsymbol{x}, \boldsymbol{\lambda}) = f(\boldsymbol{x}) + \sum_{i=1}^m \lambda_i g^i(\boldsymbol{x}).$$

Dann bezeichnet man die Gleichungen und Ungleichungen

- $L_{x_j}(\boldsymbol{x}, \boldsymbol{\lambda}) = f_{x_j}(\boldsymbol{x}) + \sum_{i=1}^m \lambda_i g^i_{x_j}(\boldsymbol{x}) \geq 0$
  $(j = 1, \ldots, n)$
- $L_{\lambda_i}(\boldsymbol{x}, \boldsymbol{\lambda}) = g^i(\boldsymbol{x}) \leq 0$
  $(i = 1, \ldots, m)$
- $x_j L_{x_j}(\boldsymbol{x}, \boldsymbol{\lambda}) = \lambda_i L_{\lambda_i}(\boldsymbol{x}, \boldsymbol{\lambda}) = 0$
  $x_j \geq 0, \ \lambda_i \geq 0,$
  $(j = 1, \ldots, n; \ i = 1, \ldots, m)$

als *Karush-Kuhn-Tucker-Bedingungen* (KKT).

Satz 29.25

Gegeben ist ein konvexes Optimierungsproblem (K^+), das die Slaterbedingung erfüllt. Dann gilt:

$(\boldsymbol{x}^*, \boldsymbol{\lambda}^*) \geq (\mathbf{0}, \mathbf{0})$ ist Sattelpunkt der Lagrangefunktion L

$\Leftrightarrow$ $(\boldsymbol{x}^*, \boldsymbol{\lambda}^*) \geq (\mathbf{0}, \mathbf{0})$ genügt den Karush-Kuhn-Tucker-Bedingungen

Zum Beweis verweisen wir auf Collatz und Wetterling (1971).

Aus dem Vergleich der beiden Sätze 29.23 und 29.25 ergibt sich eine Aussage, die eine Lösung von (K^+) ermöglicht.

Satz 29.26

Gegeben ist ein konvexes Optimierungsproblem (K^+), das die Slaterbedingung erfüllt. Dann gilt:

$\boldsymbol{x}^*$ ist eine optimale Lösung von (K^+)

$\Leftrightarrow$ $(\boldsymbol{x}^*, \boldsymbol{\lambda}^*) \geq (\mathbf{0}, \mathbf{0})$ genügt den Karush-Kuhn-Tucker-Bedingungen

Mit diesem Satz eröffnet sich ein Weg, Optimierungsprobleme vom Typ (K^+) zu lösen. Zunächst bestimmt man alle Gleichungen und Ungleichungen der Form (KKT). Anschließend behandelt man fallweise $\lambda_i > 0$ bzw. $\lambda_i = 0$ für alle $i = 1, \ldots, m$:

- Für $\lambda_i > 0$ erhält man $g_i(\boldsymbol{x}) = 0$ wegen $\lambda_i g^i(\boldsymbol{x}) = 0$,
- für $\lambda_i = 0$ vereinfachen sich die Ungleichungen $L_{x_j}(\boldsymbol{x}, \boldsymbol{\lambda}) \geq 0$.

Mit Hilfe der sich ergebenden einfacheren Gleichungen und Ungleichungen werden dann Optimallösungen von (K^+) gefunden.

Beispiel 29.27

Gegeben ist das Optimierungsproblem mit

$$
\begin{aligned}
f &: \mathbb{R}^2_+ \to \mathbb{R}\,, \\
f(\boldsymbol{x}) &= (x_1 - 6)^2 + (x_2 - 2)^2 \\
&= x_1^2 - 12x_1 + x_2^2 - 4x_2 + 40 \to \min \\
& \quad x_1 + 2x_2 - 10 \leq 0 \\
& \quad x_1 \qquad\;\; - 4 \leq 0
\end{aligned}
$$

Dabei gilt:

- Z ist konvex
- $(1, 1)$ ist innerer Punkt von Z
- $\boldsymbol{H}(\boldsymbol{x}) = \begin{pmatrix} 2 & 0 \\ 0 & 2 \end{pmatrix}$ ist positiv definit, also ist f streng konvex
- Nach Abbildung 29.12 existiert genau eine optimale Lösung für $(x_1, x_2) = (4, 2)$

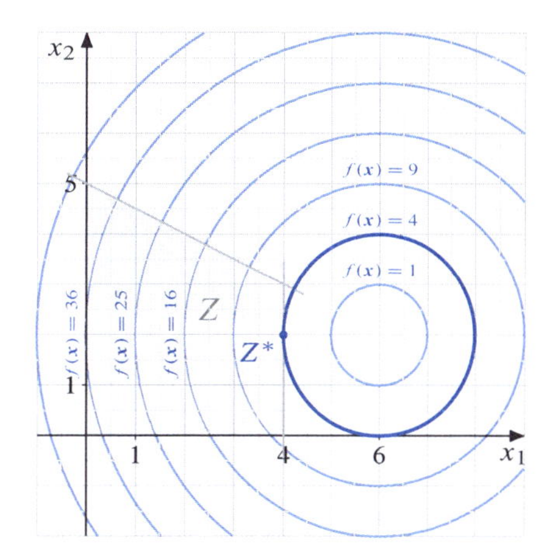

Abbildung 29.12: *Streng konvexe Zielfunktion mit linearen Nebenbedingungen*

Lösung mit Hilfe der Karush-Kuhn-Tucker-Bedingungen:

Aus der Lagrangefunktion L mit

$$L(\boldsymbol{x}, \boldsymbol{\lambda}) = x_1^2 + x_2^2 - 12x_1 - 4x_2 + 40 + \lambda_1(x_1 + 2x_2 - 10) + \lambda_2(x_1 - 4)$$

folgt

① $L_{x_1}(\boldsymbol{x}, \boldsymbol{\lambda}) = 2x_1 - 12 + \lambda_1 + \lambda_2 \geq 0$

② $x_1 L_{x_1}(\boldsymbol{x}, \boldsymbol{\lambda}) = 0$

③ $L_{x_2}(\boldsymbol{x}, \boldsymbol{\lambda}) = 2x_2 - 4 + 2\lambda_1 \geq 0$

④ $x_2 L_{x_2}(\boldsymbol{x}, \boldsymbol{\lambda}) = 0$

⑤ $L_{\lambda_1}(\boldsymbol{x}, \boldsymbol{\lambda}) = x_1 + 2x_2 - 10 \leq 0$

⑥ $\lambda_1 L_{\lambda_1}(\boldsymbol{x}, \boldsymbol{\lambda}) = 0$

⑦ $L_{\lambda_2}(\boldsymbol{x}, \boldsymbol{\lambda}) = x_1 - 4 \leq 0$

⑧ $\lambda_2 L_{\lambda_2}(\boldsymbol{x}, \boldsymbol{\lambda}) = 0$

Fall 1: $\lambda_1 = \lambda_2 = 0$

Aus ① : $2x_1 - 12 \geq 0 \Leftrightarrow x_1 \geq 6$
$\Rightarrow$ Widerspruch zu ⑦

Fall 2: $\lambda_1 = 0, \lambda_2 > 0$

$\Rightarrow$ ⑦, ⑧ : $x_1 = 4$

$\Rightarrow$ ③ : $2x_2 - 4 \geq 0 \Rightarrow x_2 \geq 2$

$\Rightarrow$ ④ : $2x_2 - 4 = 0 \Rightarrow x_2 = 2$

Mit

$$(x_1, x_2) = (4, 2)$$

erhalten wir eine zulässige und damit auch optimale Lösung (Satz 29.26).

Da die Zielfunktion streng konvex ist, kann keine weitere Lösung existieren. Dennoch behandeln wir hier noch die Fälle

$$\lambda_1 > 0, \lambda = 0 \quad \text{und} \quad \lambda_1, \lambda_2 > 0\,.$$

Fall 3: $\lambda_1 > 0, \lambda_2 = 0$

$\Rightarrow$ ⑤, ⑥ : $x_1 + 2x_2 - 10 = 0 \Rightarrow \boldsymbol{x} \neq \boldsymbol{0}$

a) $x_1 > 0, x_2 = 0$

$\Rightarrow$ ⑤, ⑥ : $x_1 - 10 = 0$

$\Rightarrow$ Widerspruch zu ⑦.

b) $x_1 = 0, x_2 > 0$

$\Rightarrow$ ⑤, ⑥ : $2x_2 - 10 = 0 \Rightarrow x_2 = 5$

$\Rightarrow$ ③, ④ : $2x_2 - 4 + 2\lambda_1 = 6 + 2\lambda_1 = 0$

$\Rightarrow$ Widerspruch zu $\lambda_1 > 0$

c) $x_1 > 0, x_2 > 0$

$\Rightarrow$ ①, ② : $2x_1 - 12 + \lambda_1 = 0$
$\Rightarrow \lambda_1 = 12 - 2x_1$

$\Rightarrow$ ③, ④ : $2x_2 - 4 + 2\lambda_1 = 0$
$\Rightarrow \lambda_1 = 2 - x_2$

$\Rightarrow x_2 - 2 = 2x_1 - 12$

$\Rightarrow x_2 \quad = 2x_1 - 10$

Mit ⑤ , ⑥ gilt

$$x_1 + 2x_2 - 10 = x_1 + 2(2x_1 - 10) - 10 = 5x_1 - 30 = 0$$

$\Rightarrow x_1 = 6$

$\Rightarrow$ Widerspruch zu ⑦

Fall 4: $\lambda_1 > 0, \lambda_2 > 0$

$\Rightarrow$ ⑦, ⑧ : $x_1 = 4$

⑤ , ⑥ : $x_1 + 2x_2 - 10 = 2x_2 - 6 = 0$
$\Rightarrow x_2 = 3$

$\Rightarrow$ ③, ④ : $2x_2 - 4 + 2\lambda_1 = 2 + 2\lambda_1 = 0$

$\Rightarrow$ Widerspruch zu $\lambda_1 > 0$

Damit haben wir die graphisch gefundene Lösung bestätigt.

Beispiel 29.28

Gegeben ist das Optimierungsproblem mit

$$f: D \to \mathbb{R}, D = \{\boldsymbol{x} \in \mathbb{R}^4 : \boldsymbol{x} > 0\},$$
$$f(\boldsymbol{x}) = x_1^{-1} + x_2^{-1} + x_3^{-1} + x_4^{-1} \to \min$$
$$x_1^2 + x_2^2 + x_3^2 + x_4^2 - 4 \leq 0$$

Wegen

$$f_{x_i}(\boldsymbol{x}) = -x_i^{-2},$$
$$f_{x_i x_i}(\boldsymbol{x}) = 2x_i^{-3}, f_{x_i x_j} = 0$$
$$i = 1, 2, 3, 4, i \neq j$$

ergibt sich die Hessematrix

$$\boldsymbol{H}(\boldsymbol{x}) = 2\begin{pmatrix} x_1^{-3} & 0 & 0 & 0 \\ 0 & x_2^{-3} & 0 & 0 \\ 0 & 0 & x_3^{-3} & 0 \\ 0 & 0 & 0 & x_4^{-3} \end{pmatrix},$$

diese ist positiv definit für $\boldsymbol{x} > \boldsymbol{0}$.

Die quadratische Nebenbedingung entspricht dem Inneren einer 4-dimensionalen abgeschlossenen Kugel um den Nullpunkt mit dem Radius $r = 2$ und beschreibt damit eine konvexe Menge. Wir erhalten somit ein konvexes Optimierungsproblem vom Typ (K^+) mit einer streng konvexen Zielfunktion. Daher existiert eine eindeutige Lösung.

Es ergibt sich die Lagrangefunktion L mit

$$L(\boldsymbol{x}, \lambda) = x_1^{-1} + x_2^{-1} + x_3^{-1} + x_4^{-1} + \lambda\big(x_1^2 + x_2^2 + x_3^2 + x_4^2 - 4\big)$$

und die Karush-Kuhn-Tucker-Bedingungen für $i = 1, 2, 3, 4$:

(1), (3), (5), (7): $L_{x_i}(\boldsymbol{x}, \lambda) = -x_i^{-2} + 2\lambda x_i \geq 0$

(2), (4), (6), (8): $x_i L_{x_i}(\boldsymbol{x}, \lambda) = 0$

(9): $L_\lambda(\boldsymbol{x}, \lambda) = x_1^2 + x_2^2 + x_3^2 + x_4^2 - 4 \leq 0$

(10): $\lambda L_\lambda(\boldsymbol{x}, \lambda) = 0$

Fall 1: $\lambda = 0$

(1), (3), (5), (7) $\Rightarrow -x_i^{-2} = -\frac{1}{x_i^2} \geq 0$
$\Rightarrow$ Widerspruch

Fall 2: $\lambda > 0$

Aus (9), (10) folgt:

$$x_1^2 + x_2^2 + x_3^2 + x_4^2 = 4$$

Mit $x_i > 0$ folgt wegen (2), (4), (6), (8)

$$L_{x_i}(\boldsymbol{x}, \lambda) = 0 \Leftrightarrow -x_i^{-2} + 2\lambda x_i = 0$$
$$\Leftrightarrow \lambda = \tfrac{1}{2}x_i^{-3} \quad (i = 1, 2, 3, 4)$$

Damit gilt

$$x_1 = x_2 = x_3 = x_4$$

bzw.

$$x_1^2 + x_2^2 + x_3^2 + x_4^2 = 4x_1^2 = 4$$

Die optimale Lösung ist

$$\boldsymbol{x}^T = (1, 1, 1, 1),$$
$$\lambda = 1/2,$$
$$f(\boldsymbol{x}) = 4$$

Beispiel 29.29

Gegeben ist das Optimierungsproblem

$$f: \mathbb{R}_+^2 \to \mathbb{R},$$
$$f(\boldsymbol{x}) = e^{x_1} + e^{x_2} \to \min$$
$$g(\boldsymbol{x}) = 4(x_1 - 2)^2 + x_2^2 - 16$$
$$= 4x_1^2 - 16x_1 + x_2^2 \leq 0$$

Für die Hessematrizen von f und g gilt

$$\boldsymbol{H}_f(\boldsymbol{x}) = \begin{pmatrix} e^{x_1} & 0 \\ 0 & e^{x_2} \end{pmatrix}, \quad \boldsymbol{H}_g(\boldsymbol{x}) = \begin{pmatrix} 8 & 0 \\ 0 & 2 \end{pmatrix}.$$

Damit erhalten wir ein konvexes Optimierungsproblem mit einer streng konvexen Zielfunktion, also einer eindeutigen Lösung.

Es gilt:

$$L(\boldsymbol{x}, \lambda) = e^{x_1} + e^{x_2} + \lambda\left(4x_1^2 - 16x_1 + x_2^2\right)$$

sowie

① $L_{x_1}(\boldsymbol{x}, \lambda) = e^{x_1} + 8x_1\lambda - 16\lambda \geq 0$

② $x_1 L_{x_1}(\boldsymbol{x}, \lambda) = 0$

③ $L_{x_2}(\boldsymbol{x}, \lambda) = e^{x_2} + 2x_2\lambda \geq 0$

④ $x_2 L_{x_2}(\boldsymbol{x}, \lambda) = 0$

⑤ $L_\lambda(\boldsymbol{x}, \lambda) = 4x_1^2 - 16x_1 + x_2^2 \leq 0$

⑥ $\lambda L_\lambda(\boldsymbol{x}, \lambda) = 0$

Fall 1: $\lambda = 0$

Es ergibt sich

$$\Rightarrow ② : x_1 L_{x_1}(\boldsymbol{x}, \lambda = 0) = x_1 \cdot e^{x_1} = 0$$
$$\Rightarrow x_1 = 0$$
$$\Rightarrow ④ : x_2 L_{x_2}(\boldsymbol{x}, \lambda = 0) = x_2 \cdot e^{x_2} = 0$$
$$\Rightarrow x_2 = 0$$

$(x_1, x_2) = (0, 0)$ erfüllt die Bedingungen ① - ⑥ und ist somit eine Lösung mit

$$f(0, 0) = e^0 + e^0 = 2\,.$$

Der Fall 2 mit $\lambda > 0$ muss nicht mehr untersucht werden, da die Lösung eindeutig ist.

Abschließend stellen wir das Beispiel graphisch dar. Der Zulässigkeitsbereich zeigt den im positiven Quadranten liegenden Teil einer Ellipse, die blauen Linien entsprechen den Höhenlinien der Zielfunktion f mit einigen Werten für

$$f(0, x_2) = e^0 + e^{x_2} = 1 + e^{x_2}\,.$$

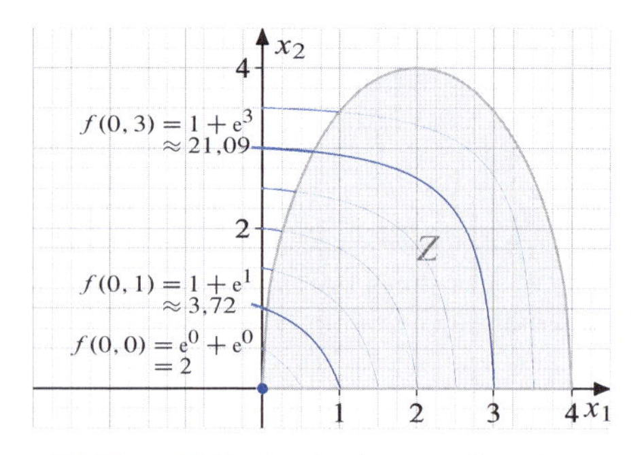

Abbildung 29.13: *Graphische Darstellung der optimalen Lösung für $f(\boldsymbol{x}) = e^{x_1} + e^{x_2}$*

29.4 Gradientenverfahren

In diesem Abschnitt betrachten wir nichtlineare Optimierungsprobleme der Form

$$f : \mathbb{R}^n \to \mathbb{R} \text{ mit } f(\boldsymbol{x}) \to \min, \boldsymbol{x} \in Z \subseteq \mathbb{R}^n$$

Die Zielfunktion sei einmal partiell nach allen Variablen differenzierbar, so dass der Gradient

$$\operatorname{grad} f(\boldsymbol{x})^T = \nabla f(\boldsymbol{x}) = \left(\frac{\partial f(\boldsymbol{x})}{\partial x_1}, \ldots, \frac{\partial f(\boldsymbol{x})}{\partial x_n}\right)$$

existiert. Ferner sind für den Fall $Z \subset \mathbb{R}^n$ Nebenbedingungen zu formulieren.

Beispiel 29.30

Gegeben sei die Funktion $f : \mathbb{R}^2 \to \mathbb{R}$ mit

$$f(x_1, x_2) = 0.15 \cdot \left((x_1 - 1)^2 + (x_2 + 1)^2\right)$$

und

$$\operatorname{grad} f(\boldsymbol{x}) = \nabla f(\boldsymbol{x}) = 0.15 \cdot \begin{pmatrix} 2(x_1 - 1) \\ 2(x_2 + 1) \end{pmatrix}.$$

Daraus folgt:

$\boldsymbol{x}^T$	$f(\boldsymbol{x})$	$\operatorname{grad}^T f(\boldsymbol{x})$
$(1, -1)$	0.00	$(0.00, 0.00)$
$(2, -1)$	0.15	$(0.30, 0.00)$
$(2, 1)$	0.75	$(0.30, 0.60)$
$(3, 2)$	1.95	$(0.60, 0.90)$
$(4, 3)$	3.75	$(0.90, 1.20)$

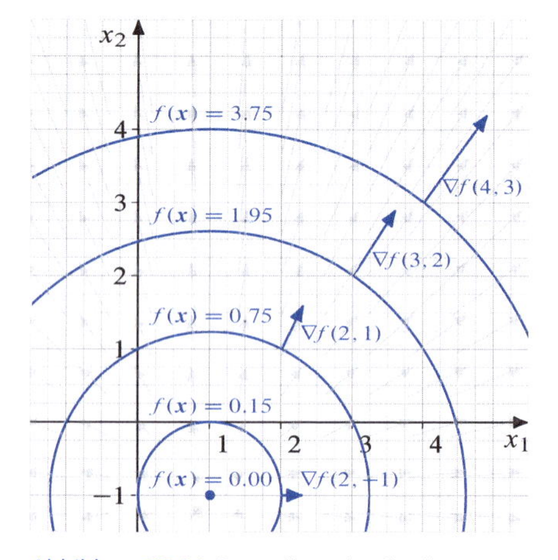

Abbildung 29.14: *Darstellung der Gradienten von $f(\boldsymbol{x}) = 0.15 \cdot \left((x_1 - 1)^2 + (x_2 + 1)^2\right)$*

Der Gradient $\operatorname{grad} f(x)$ ist also ein Vektor, der ausgehend von

$$(x_1, x_2) = (1, -1), (2, -1), (2, 1), (3, 2), (4, 3)$$

senkrecht zu einer den Punkt (x_1, x_2) enthaltenden Hyperfläche

$$f(x_1, x_2) = 0, 0.15, 0.75, 1.95, 3.75$$

steht, in Richtung des stärksten Anstiegs von f zeigt und dessen Länge ein Maß für die Stärke des Anstiegs ist.

Um das Prinzip von Gradientenverfahren klar zu machen, nehmen wir zunächst $Z = \mathbb{R}^n$ an und verzichten auf Nebenbedingungen.

Zur Minimierung der Zielfunktion f gehen wir von einer Anfangslösung $\boldsymbol{x}^0 \in \mathbb{R}^n$ aus und generieren eine Folge

$$\boldsymbol{x}^1, \boldsymbol{x}^2, \ldots \in \mathbb{R}^n$$

mit

$$f(\boldsymbol{x}^0) \geq f(\boldsymbol{x}^1) \geq f(\boldsymbol{x}^2) \geq \ldots$$

in der Hoffnung, damit zur Optimallösung bzw. in ihre Nähe zu kommen.

Als Abstiegsrichtung wählt man beim Übergang von $\boldsymbol{x}^k$ zu $\boldsymbol{x}^{k+1}$ den negativen Gradienten $-\operatorname{grad} f(\boldsymbol{x}^k)$. Wie weit dabei zu gehen ist, gibt eine Schrittweite $\lambda_k \in \mathbb{R}_+$ an, die aus einem einfachen Minimierungsproblem

$$\min_{\lambda \geq 0} f\left(\boldsymbol{x}^k - \lambda \cdot \operatorname{grad} f(\boldsymbol{x}^k)\right)$$

zu bestimmen ist.

Erreicht man

$$\operatorname{grad} f(\boldsymbol{x}^k) = \boldsymbol{0}$$

oder wenigstens

$$\left\|\operatorname{grad} f(\boldsymbol{x}^k)\right\| \approx 0 ,$$

so ist eine weitere Absenkung des Zielfunktionswertes mit diesem Verfahren nicht mehr oder nur noch geringfügig möglich. Man bricht in diesem Fall das Verfahren ab.

Wir formulieren zwei dazu passende Aussagen.

Satz 29.31

Gegeben ist eine einmal stetig differenzierbare Funktion $f : \mathbb{R}^n \to \mathbb{R}$ sowie eine nichtlineare Optimierungsaufgabe ohne Nebenbedingungen

$$f(\boldsymbol{x}) \to \min .$$

Dann gilt:

a) $\boldsymbol{x}^k \in \mathbb{R}^n$ lokal optimal $\Rightarrow \operatorname{grad} f(\boldsymbol{x}^k) = 0$

b) f ist streng konvex mit $\operatorname{grad} f(\boldsymbol{x}^k) = 0$
$\Rightarrow \boldsymbol{x}^k$ ist eine eindeutige Optimallösung der Aufgabe.

Beweis

a) vgl. Satz 22.5

b) vgl. Satz 22.3, 22.7

Damit sind wir in der Lage, ein *Gradientenverfahren (GV) ohne Nebenbedingungen* für

$$f(\boldsymbol{x}) \to \min, \ \boldsymbol{x} \in \mathbb{R}^n$$

zu beschreiben:

(0) Bestimmung einer Startlösung $\boldsymbol{x}^0 \in \mathbb{R}$,
Abbruchschranke $\varepsilon > 0$,
Festlegung eines Zählindexes k mit $k = 0$.

(1) $\left\|\operatorname{grad} f(\boldsymbol{x}^k)\right\| < \varepsilon$
$\Rightarrow \boldsymbol{x}^k$ ist Näherungslösung → Ende

$\left\|\operatorname{grad} f(\boldsymbol{x}^k)\right\| \geq \varepsilon$
$\Rightarrow$ Wahl der Abstiegsrichtung

$$\boldsymbol{r}^k = -\operatorname{grad} f(\boldsymbol{x}^k)$$

(2) Berechnung einer optimalen Schrittweite $\lambda_k \in \mathbb{R}$ aus

$$\min_{\lambda \geq 0} f\left(\boldsymbol{x}^k + \lambda \boldsymbol{r}^k\right) = \min_{\lambda \geq 0} f\left(\boldsymbol{x}^k - \lambda \operatorname{grad} f(\boldsymbol{x}^k)\right)$$
$$= \min_{\lambda \geq 0} \varphi(\lambda) = \varphi(\lambda_k)$$

(3) Berechnung der nächsten zulässigen Lösung

$$\boldsymbol{x}^{k+1} = \boldsymbol{x}^k + \lambda_k \boldsymbol{r}^k = \boldsymbol{x}^k - \lambda_k \operatorname{grad} f(\boldsymbol{x}^k)$$

$\Rightarrow$ (1) mit $k \to k + 1$

Wir bezeichnen dieses Verfahren wegen Schritt (2) auch als *Verfahren der zulässigen Richtungen.*

Beispiel 29.32

Die Funktion $f : \mathbb{R}^2 \to \mathbb{R}$ mit

$$f(x_1, x_2) = x_1^2 - x_1 x_2 + x_2^2 - 3x_1$$

ist zu minimieren. Mit Methoden von Kapitel 22.2 erhält man

$$\operatorname{grad} f(\boldsymbol{x}) = \begin{pmatrix} 2x_1 - x_2 - 3 \\ -x_1 + 2x_2 \end{pmatrix} = \begin{pmatrix} 0 \\ 0 \end{pmatrix}$$

$$\Leftrightarrow \boldsymbol{x} = \begin{pmatrix} 2 \\ 1 \end{pmatrix}.$$

Ferner ist die Hessematrix

$$\boldsymbol{H}(\boldsymbol{x}) = \begin{pmatrix} 2 & -1 \\ -1 & 2 \end{pmatrix}$$

positiv definit. Wir erhalten eine eindeutige Optimallösung

$$\boldsymbol{x}^* = \begin{pmatrix} 2 \\ 1 \end{pmatrix} \text{ mit } f(2,1) = -3.$$

Wir wenden nun das Gradientenverfahren (GV) an.

(0) Festlegungen:

$$\boldsymbol{x}^0 = \begin{pmatrix} 1 \\ 0 \end{pmatrix}, \ \varepsilon = 0.5, \ k = 0$$

(1) $\|\operatorname{grad} f(\boldsymbol{x}^0)\| = \|(-1,-1)\| = \sqrt{2} > \varepsilon = 0.5$

(2)
$$\begin{aligned} \varphi(\lambda) &= f\left(\begin{pmatrix} 1 \\ 0 \end{pmatrix} - \lambda \begin{pmatrix} -1 \\ -1 \end{pmatrix}\right) \\ &= f\left(\begin{pmatrix} 1+\lambda \\ \lambda \end{pmatrix}\right) \\ &= (1+\lambda)^2 - (1+\lambda)\lambda + \lambda^2 \\ &\quad - 3(1+\lambda) \\ \varphi'(\lambda) &= 2(1+\lambda) - 1 - 2\lambda + 2\lambda - 3 \\ &= 2\lambda - 2 = 0 \Leftrightarrow \lambda = 1 \\ \varphi''(\lambda) &= 2 > 0 \Rightarrow \lambda = \lambda_0 = 1 \text{ ist optimal} \end{aligned}$$

(3)
$$\begin{aligned} \boldsymbol{x}^1 &= \boldsymbol{x}^0 - \lambda_0 \cdot \operatorname{grad} f(\boldsymbol{x}^0) \\ &= \begin{pmatrix} 1 \\ 0 \end{pmatrix} - 1 \cdot \begin{pmatrix} -1 \\ -1 \end{pmatrix} = \begin{pmatrix} 2 \\ 1 \end{pmatrix} \end{aligned}$$

$\Rightarrow$ (1) mit $k = 1$

(1) $\|\operatorname{grad} f(\boldsymbol{x}^1)\| = \|\operatorname{grad} f(2,1)\| = 0 < \varepsilon$

Also ist $\boldsymbol{x}^1 = \begin{pmatrix} 2 \\ 1 \end{pmatrix}$ optimal mit $f(\boldsymbol{x}^1) = -3$.

In diesem Fall wurde die Optimallösung in einem Durchlauf des Verfahrens gefunden. Dennoch zeigen wir nachfolgend, dass die Effizienz des Verfahrens von der Startlösung abhängt.

(0) Festlegung $\boldsymbol{x}^0 = \begin{pmatrix} 0 \\ 0 \end{pmatrix}$, $\varepsilon = 0.5$, $k = 0$

(1) $\|\operatorname{grad} f(0,0)\| = \|(-3,0)\| = 3 > \varepsilon = 0.5$

(2)
$$\begin{aligned} \varphi(\lambda) &= f\left(\begin{pmatrix} 0 \\ 0 \end{pmatrix} - \lambda \begin{pmatrix} -3 \\ 0 \end{pmatrix}\right) \\ &= f\left(\begin{pmatrix} 3\lambda \\ 0 \end{pmatrix}\right) \\ &= 9\lambda^2 - 9\lambda \\ \varphi'(\lambda) &= 18\lambda - 9 = 0 \Leftrightarrow \lambda = 1/2 \\ \varphi''(\lambda) &= 18 > 0 \\ &\Rightarrow \lambda = \lambda_0 = 1/2 \text{ ist optimal} \end{aligned}$$

(3)
$$\begin{aligned} \boldsymbol{x}^1 &= \boldsymbol{x}^0 - \lambda_0 \cdot \operatorname{grad} f(\boldsymbol{x}^0) \\ &= \begin{pmatrix} 0 \\ 0 \end{pmatrix} - \tfrac{1}{2} \cdot \begin{pmatrix} -3 \\ 0 \end{pmatrix} = \begin{pmatrix} 3/2 \\ 0 \end{pmatrix} \end{aligned}$$

$\rightarrow$ (1) mit $k = 1$

Iteration mit $k = 1$

(1)
$$\begin{aligned} \left\|\operatorname{grad} f\left(\tfrac{3}{2}, 0\right)\right\| &= \left\|\left(0, -\tfrac{3}{2}\right)\right\| \\ &= \tfrac{3}{2} > \varepsilon = 0.5 \end{aligned}$$

(2)
$$\begin{aligned} \varphi(\lambda) &= f\left(\begin{pmatrix} 3/2 \\ 0 \end{pmatrix} - \lambda \begin{pmatrix} 0 \\ -3/2 \end{pmatrix}\right) \\ &= f\left(\begin{pmatrix} 3/2 \\ 3/2 \cdot \lambda \end{pmatrix}\right) \\ &= \tfrac{9}{4} - \tfrac{9}{4}\lambda + \tfrac{9}{4}\lambda^2 - \tfrac{9}{2} \\ \varphi'(\lambda) &= -\tfrac{9}{4} + \tfrac{18}{4}\lambda = 0 \Leftrightarrow \lambda = 1/2 \\ \varphi''(\lambda) &= \tfrac{18}{4} > 0 \\ &\Rightarrow \lambda = \lambda_1 = 1/2 \text{ ist optimal} \end{aligned}$$

(3)
$$\begin{aligned} \boldsymbol{x}^2 &= \boldsymbol{x}^1 - \lambda_1 \cdot \operatorname{grad} f(\boldsymbol{x}^1) \\ &= \begin{pmatrix} 3/2 \\ 0 \end{pmatrix} - \tfrac{1}{2} \cdot \begin{pmatrix} 0 \\ -3/2 \end{pmatrix} = \begin{pmatrix} 3/2 \\ 3/4 \end{pmatrix} \end{aligned}$$

$\rightarrow$ (1) mit $k = 2$

Iteration mit $k = 2$

(1) $\|\operatorname{grad} f\,(3/2, 3/4)\| = \|(-3/4, 0)\|$
$$= \tfrac{3}{4} > \varepsilon = 0.5$$

(2)
$$\begin{aligned}
\varphi(\lambda) &= f\left(\begin{pmatrix} 3/2 \\ 3/4 \end{pmatrix} - \lambda \begin{pmatrix} -3/4 \\ 0 \end{pmatrix}\right) \\
&= f\left(\begin{pmatrix} 3/2 + 3/4\lambda \\ 3/4 \end{pmatrix}\right) \\
&= \left(\tfrac{3}{2} + \tfrac{3}{4}\lambda\right)^2 - \tfrac{3}{4}\left(\tfrac{3}{2} + \tfrac{3}{4}\lambda\right) \\
&\quad + \tfrac{9}{16} - 3\left(\tfrac{3}{2} + \tfrac{3}{4}\lambda\right) \\
\varphi'(\lambda) &= 2 \cdot \left(\tfrac{3}{2} + \tfrac{3}{4}\lambda\right) \cdot \tfrac{3}{4} - \tfrac{9}{16} - \tfrac{9}{4} \\
&= \tfrac{9}{8}\lambda - \tfrac{9}{16} = 0 \Leftrightarrow \lambda = \tfrac{1}{2} \\
\varphi''(\lambda) &= \tfrac{9}{8} > 0
\end{aligned}$$
$\Rightarrow \lambda = \lambda_2 = \frac{1}{2}$ ist optimal

(3)
$$\begin{aligned}
\boldsymbol{x}^3 &= \boldsymbol{x}^2 - \lambda_2 \cdot \operatorname{grad} f(\boldsymbol{x}^2) \\
&= \begin{pmatrix} 3/2 \\ 3/4 \end{pmatrix} - \tfrac{1}{2} \cdot \begin{pmatrix} -3/4 \\ 0 \end{pmatrix} = \begin{pmatrix} 15/8 \\ 3/4 \end{pmatrix}
\end{aligned}$$
→ (1) mit $k = 3$

Iteration mit $k = 3$

(1) $\left\|\operatorname{grad} f\left(\tfrac{15}{8}, \tfrac{3}{4}\right)\right\| = \left\|\left(0, -\tfrac{3}{8}\right)\right\|$
$$= \tfrac{3}{8} < \varepsilon = 0.5$$
$\Rightarrow \boldsymbol{x}^3 = \begin{pmatrix} 15/8 \\ 3/4 \end{pmatrix}$ ist Näherungslösung mit $f(\boldsymbol{x}^3) = 2.953$

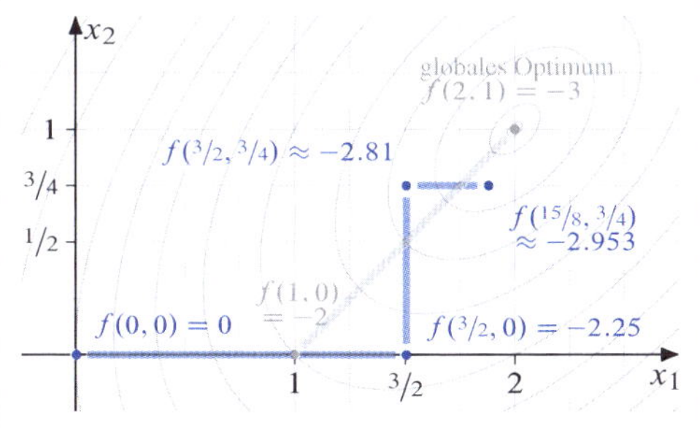

Abbildung 29.15: *Darstellung der Folge von Lösungen von Beispiel 29.32 in Abhängigkeit von der Startlösung*

Im Fall eine Starts mit
$$\boldsymbol{x}^0, \ \operatorname{grad} f(\boldsymbol{x}^0) = \boldsymbol{0}$$
bricht das Verfahren sofort ab.

Ist f eine konvexe Funktion, so hat man mit
$$\boldsymbol{x}^k \text{ wegen } \operatorname{grad} f(\boldsymbol{x}^k) = \boldsymbol{0}$$
eine optimale Lösung gefunden, andernfalls eventuell einen Terrassenpunkt.

Das Gradientenverfahren (GV) ohne Nebenbedingungen lässt sich übertragen auf ein nichtlineares Optimierungsproblem mit linearen Nebenbedingungen
$$f(\boldsymbol{x}) \to \min, \ \boldsymbol{x} \in Z = \left\{x \in \mathbb{R}^n_+ : \boldsymbol{A}\boldsymbol{x} \leq \boldsymbol{b}\right\}. \qquad (GV^+)$$

Wir gehen wieder von einer Startlösung $\boldsymbol{x}^0 \in Z$ aus und generieren eine Folge $\boldsymbol{x}^1, \boldsymbol{x}^2, \ldots \in \mathbb{R}^n$ mit
$$f\left(\boldsymbol{x}^0\right) \geq f\left(\boldsymbol{x}^1\right) \geq f\left(\boldsymbol{x}^2\right) \geq \ldots$$

Für eine sinnvolle Abstiegsrichtung ist hier eine Fallunterscheidung vorzunehmen.

1) $\boldsymbol{x}^k$ ist innerer Punkt von Z.

   Dann liegen in jeder Richtung Punkte von Z. Als Abstiegsrichtung wählen wir dann
   $$\boldsymbol{r}^k = -\operatorname{grad} f(\boldsymbol{x}^k) = -\nabla f(\boldsymbol{x}^k).$$

2) $\boldsymbol{x}^k$ ist Randpunkt von Z.

   Dann zeigt Abbildung 29.16, dass die Abstiegsrichtung $-\nabla f(\boldsymbol{x}^k)$ zu nicht mehr zulässigen Lösungen führen kann.

   In diesem Fall hat man entweder eine Optimallösung erreicht, d. h. $-\nabla f(\boldsymbol{x}^k)$ steht senkrecht auf dem Rand, oder man erhält einen spitzen Winkel zwischen dem Rand $\boldsymbol{r}^k$ und $-\nabla f(\boldsymbol{x}^k)$.

Ist nun γ der von den Richtungen $-\operatorname{grad} f(\boldsymbol{x}^k)$ und $\boldsymbol{r}^k$ eingeschlossene spitze Winkel, so gilt (Satz 15.3):

$$\begin{aligned} &\gamma \in (0, 90^\circ) \\ \Leftrightarrow\ &\cos\gamma = \frac{\boldsymbol{r}^{k^T}\left(-\operatorname{grad} f(\boldsymbol{x}^k)\right)}{\|\boldsymbol{r}^k\| \cdot \|(-\operatorname{grad} f(\boldsymbol{x}^k))\|} > 0 \\ \Leftrightarrow\ &\boldsymbol{r}^{k^T}\left(-\operatorname{grad} f(\boldsymbol{x}^k)\right) > 0 \\ \Leftrightarrow\ &\boldsymbol{r}^{k^T}\left(\operatorname{grad} f(\boldsymbol{x}^k)\right) < 0 \end{aligned}$$

Mit $\boldsymbol{r}^k$ erhält man dann eine sinnvolle Abstiegsrichtung.

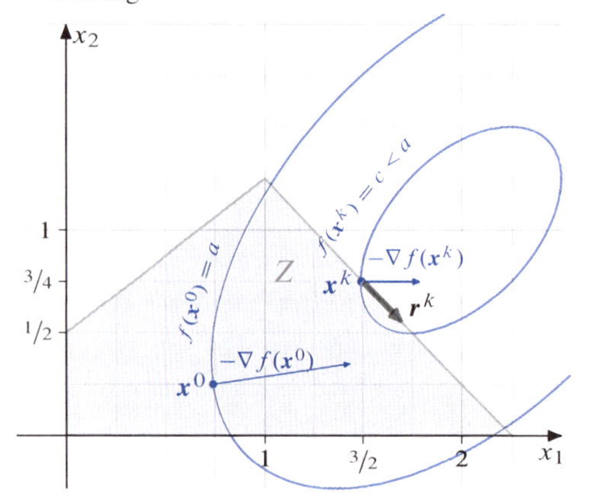

Abbildung 29.16: *Gradientenverfahren mit linearen Nebenbedingungen*

Satz 29.33

Sei $f : \mathbb{R}^n \to \mathbb{R}$ stetig differenzierbar und $\boldsymbol{x}, \boldsymbol{r} \in \mathbb{R}^n$ mit

$$\boldsymbol{r}^T \operatorname{grad} f(\boldsymbol{x}) < 0\,.$$

Dann gibt es ein λ_0 mit

$$f(\boldsymbol{x} + \lambda\boldsymbol{r}) < f(\boldsymbol{x}) \text{ für alle } \lambda \in (0, \lambda_0)$$

Zum Beweis verweisen wir auf Pardalos u. a. (2008).

Falls also ein Vektor $\boldsymbol{r}$ im zulässigen Bereich der Optimierungsaufgabe existiert, der einen spitzen Winkel mit dem negativen Gradienten der Zielfunktion bildet, bezeichnen wir $\boldsymbol{r}$ als zulässige Abstiegsrichtung, die den Zielfunktionswert weiter absenkt.

Um ein Verfahren zur Bestimmung zulässiger Abstiegsrichtungen zu erhalten, betrachten wir das Optimierungsproblem

$$\begin{aligned} &f : \mathbb{R}^n \to \mathbb{R} \text{ mit } f(\boldsymbol{x}) \to \min, \\ &Z = \left\{x \in \mathbb{R}^n_+ : \boldsymbol{A}\boldsymbol{x} \leq \boldsymbol{b}\right\}. \end{aligned}$$

Dabei sei Z beschränkt, und $\boldsymbol{x}^k$ ist ein Randpunkt von Z.

Dann ist die lineare Optimierungsaufgabe

$$\boldsymbol{y}^T \cdot \operatorname{grad} f(\boldsymbol{x}^k) \to \min \quad \text{mit } \boldsymbol{y} \in Z$$

lösbar.

Für die Lösung $\boldsymbol{y}^k$ gilt dann:

$$\begin{aligned} &\boldsymbol{y}^{k^T} \operatorname{grad} f(\boldsymbol{x}^k) \leq \boldsymbol{y}^T \operatorname{grad} f(\boldsymbol{x}^k) \quad \text{für alle } \boldsymbol{y} \in Z \\ \Rightarrow\ &\boldsymbol{y}^{k^T} \operatorname{grad} f(\boldsymbol{x}^k) \leq \boldsymbol{x}^{k^T} \operatorname{grad} f(\boldsymbol{x}^k) \\ \Rightarrow\ &(\boldsymbol{y}^{k^T} - \boldsymbol{x}^{k^T}) \operatorname{grad} f(\boldsymbol{x}^k) \leq 0 \end{aligned}$$

- Für
  $$(y^{k^T} - x^{k^T}) \operatorname{grad} f(\boldsymbol{x}^k) = 0$$
  bzw.
  $$\boldsymbol{y}^k = \boldsymbol{x}^k$$
  ist $\boldsymbol{x}^k$ optimal,
- für
  $$(y^{k^T} - x^{k^T}) \operatorname{grad} f(\boldsymbol{x}^k) < 0$$
  ist
  $$\boldsymbol{r}^k = \boldsymbol{y}^k - \boldsymbol{x}^k$$
  nach Satz 29.33 eine zulässige Abstiegsrichtung.

Damit sind wir in der Lage, ein Gradientenverfahren für *nichtlineare Optimierungsprobleme mit linearen Nebenbedingungen vom Typ (GV^+)* zu beschreiben.

(0) Bestimmung einer Startlösung $\boldsymbol{x}^0 \in Z$,
Abbruchschranke $\varepsilon > 0$,
Festlegung eines Zählindexes k mit $k = 0$.

(1) $\|\operatorname{grad} f(\boldsymbol{x}^k)\| < \varepsilon$
$\Rightarrow \boldsymbol{x}^k$ ist Näherungslösung → Ende

$\|\operatorname{grad} f(\boldsymbol{x}^k)\| \geq \varepsilon$
$\Rightarrow$ Bestimmung einer zulässigen Abstiegsrichtung $\boldsymbol{r}^k$ in $\boldsymbol{x}^k$ mit:

(a) $\boldsymbol{x}^k$ ist innerer Punkt von Z

$$\Rightarrow \boldsymbol{r}^k = -\operatorname{grad} f(\boldsymbol{x}^k) \quad \to (2)$$

(b) $\boldsymbol{x}^k$ ist Randpunkt von Z
$\Rightarrow$ Berechne $\boldsymbol{y}^k$ aus $\boldsymbol{y}^T \cdot \operatorname{grad} f(\boldsymbol{x}^k) \to \min$ mit $\boldsymbol{y} \in Z$:

$(\boldsymbol{y}^k - \boldsymbol{x}^k)^T \operatorname{grad} \boldsymbol{x}^k = 0 \Rightarrow \boldsymbol{x}^k$ optimal
→ Ende

$(\boldsymbol{y}^k - \boldsymbol{x}^k)^T \operatorname{grad} \boldsymbol{x}^k < 0$
$\Rightarrow \boldsymbol{r}^k = \boldsymbol{y}^k - \boldsymbol{x}^k$ ist zulässige Richtung
→ (2)

(2) Berechnung einer optimalen Schrittweite $\lambda_k \in \mathbb{R}$ aus

$$\min_{\lambda \geq 0} f\left(\boldsymbol{x}^k + \lambda \boldsymbol{r}^k\right) = \min_{\lambda \geq 0} \varphi(\lambda) = \varphi(\lambda_k)$$

wobei $\boldsymbol{x}^k + \lambda \boldsymbol{r}^k \in Z$ → (3)

(3) Berechnung der nächsten zulässigen Lösung

$$\boldsymbol{x}^{k+1} = \boldsymbol{x}^k + \lambda_k \boldsymbol{r}^k$$

→ (1) mit $k \to k+1$

Beispiel 29.34

Gegeben ist das Optimierungsproblem

$f : \mathbb{R}^2 \to \mathbb{R}$ mit

$$\begin{aligned} f(x_1, x_2) &= (x_1 - 2)^2 + (x_2 - 1)^2 - 5 \\ &= x_1^2 - 4x_1 + x_2^2 - 2x_2 \to \min \end{aligned}$$

$x_1 + x_2 \leq 2, \quad x_2 \leq 1, \quad x_1, x_2 \geq 0$

Damit erhalten wir $\operatorname{grad} f(\boldsymbol{x}) = \begin{pmatrix} 2x_1 - 4 \\ 2x_2 - 2 \end{pmatrix}$.

Iteration mit $k = 0$

(0) Festlegung $\boldsymbol{x}^0 = (1/2, 1/2)^T$ als innerer Punkt von Z, $\varepsilon = 0.5$, $k = 0$.

(1) $\|\operatorname{grad} f(\boldsymbol{x}^0)\| = \|(-3, -1)\|$
$= \sqrt{10} > \varepsilon = 0.5$

$\boldsymbol{x}^0 \in Z$ ist innerer Punkt (Fall 1a) wegen

$$x_1^0 + x_2^0 = 1 < 2, x_2^0 = 1/2 < 1$$
$$\Rightarrow \boldsymbol{r}^0 = -\operatorname{grad} f(1/2, 1/2) = (3, 1)^T$$
→ (2)

(2)
$$\begin{aligned} \varphi(\lambda) &= f\left(\begin{pmatrix} 1/2 \\ 1/2 \end{pmatrix} + \lambda \begin{pmatrix} 3 \\ 1 \end{pmatrix}\right) \\ &= f\left(\begin{pmatrix} 1/2 + 3\lambda \\ 1/2 + \lambda \end{pmatrix}\right) \\ &= (1/2 + 3\lambda)^2 - 4(1/2 + 3\lambda) \\ &\quad + (1/2 + \lambda)^2 - 2(1/2 + \lambda) \end{aligned}$$
$$\begin{aligned} \varphi'(\lambda) &= 2(1/2 + 3\lambda) \cdot 3 - 12 \\ &\quad + 2(1/2 + \lambda) - 2 \\ &= -10 + 20\lambda = 0 \Leftrightarrow \lambda = 1/2 \end{aligned}$$
$$\varphi''(\lambda) = 20 > 0$$

$\lambda = 1/2$ ist wegen $\boldsymbol{x}^0 + \lambda \boldsymbol{r}^0 = (2, 1)^T \notin Z$ nicht zulässig.

Wegen $x_1 + x_2 = 1/2 + 3\lambda + 1/2 + \lambda$
$= 1 + 4\lambda \leq 2$
und $1/2 + \lambda \leq 1$ muss gelten $\lambda \leq 1/4$.

Für $\lambda < 1/2$ ist die Funktion φ wegen $\varphi'(\lambda) = -10 + 20\lambda < 0$ monoton fallend, damit ist $\lambda_0 = 1/4$ optimal. → (3)

(3)
$$\begin{aligned} \boldsymbol{x}^1 &= \boldsymbol{x}^0 + \lambda_0 \cdot \boldsymbol{r}^0 \\ &= \begin{pmatrix} 1/2 \\ 1/2 \end{pmatrix} + \frac{1}{4}\begin{pmatrix} 3 \\ 1 \end{pmatrix} = \begin{pmatrix} 5/4 \\ 3/4 \end{pmatrix} \end{aligned}$$

→ (1) mit $k = 1$

Iteration mit $k = 1$

(1) $\|\operatorname{grad} f(5/4, 3/4)\| = \|(-\frac{3}{2}, -\frac{1}{2})^T\|$
$= 1/2\sqrt{10} > \varepsilon = 0.5$

$\boldsymbol{x}^1 \in Z$ ist Randpunkt wegen
$x_1^1 + x_2^1 = 2,\ x_2^1 = 3/4 < 1$ (Fall 1b)

$\Rightarrow \boldsymbol{y}^T \operatorname{grad} f(\boldsymbol{x}^1)$
$= y_1(-\frac{3}{2}) + y_2(-\frac{1}{2}) \rightarrow \min$
mit $y_1 + y_2 \leq 2,\ y_2 \leq 1,\ \boldsymbol{y} \geq 0$
$\Rightarrow \boldsymbol{y}^1 = (2, 0)^T$ ist optimal mit
$(\boldsymbol{y}^1 - \boldsymbol{x}^1)^T \cdot \operatorname{grad} f(\boldsymbol{x}^1)$

$$= \left(\begin{pmatrix} 2 \\ 0 \end{pmatrix} - \begin{pmatrix} 5/4 \\ 3/4 \end{pmatrix}\right)^T \cdot \begin{pmatrix} -3/2 \\ -1/2 \end{pmatrix}$$
$$= (3/4, -3/4) \cdot \begin{pmatrix} -3/2 \\ -1/2 \end{pmatrix}$$
$$= -9/8 + 3/8 < 0$$

$\Rightarrow \boldsymbol{r}^1 = (3/4, -3/4)^T$
ist zulässige Richtung → (2)

(2) $$\varphi(\lambda) = f\left(\begin{pmatrix} 5/4 \\ 3/4 \end{pmatrix} + \lambda \begin{pmatrix} 3/4 \\ -3/4 \end{pmatrix}\right)$$
$$= f\left(\begin{pmatrix} 5/4 + 3/4\lambda \\ 3/4 - 3/4\lambda \end{pmatrix}\right)$$
$$= \left(\tfrac{5}{4} + \tfrac{3}{4}\lambda\right)^2 - 4\left(\tfrac{5}{4} + \tfrac{3}{4}\lambda\right) + \left(\tfrac{3}{4} - \tfrac{3}{4}\lambda\right)^2 - 2\left(\tfrac{3}{4} - \tfrac{3}{4}\lambda\right)$$

$$\varphi'(\lambda) = 2(\tfrac{5}{4} + \tfrac{3}{4}\lambda) \cdot \tfrac{3}{4} - 3 + 2(\tfrac{3}{4} - \tfrac{3}{4}\lambda) \cdot (-\tfrac{3}{4}) + \tfrac{3}{2}$$
$$= -\tfrac{3}{4} + \tfrac{9}{4}\lambda = 0 \Leftrightarrow \lambda = 1/3$$

$\varphi''(\lambda) = 9/4 > 0$
$\lambda = \lambda_1 = 1/3$ ist wegen $\varphi''(\lambda_1) > 0$ und
$\frac{5}{4} + \frac{3}{4}\lambda + \frac{3}{4} - \frac{3}{4}\lambda = 2$,
$\frac{3}{4} - \frac{3}{4}\lambda = \frac{3}{4} - \frac{1}{4} = \frac{1}{2}$
optimal. → (3)

(3) $\boldsymbol{x}^2 = \boldsymbol{x}^1 + \lambda_1 \boldsymbol{r}^1$
$$= \begin{pmatrix} 5/4 \\ 3/4 \end{pmatrix} + \tfrac{1}{3} \cdot \begin{pmatrix} 3/4 \\ -3/4 \end{pmatrix} = \begin{pmatrix} 3/2 \\ 1/2 \end{pmatrix}$$
→ (1) mit $k = 2$

Iteration mit $k = 2$

(1) $\|\operatorname{grad} f(3/2, 1/2)\| = \|(-1, -1)^T\|$
$= \sqrt{2} > \varepsilon = 0.5$

$\boldsymbol{x}^2 \in Z$ ist Randpunkt wegen
$x_1^2 + x_2^2 = 2,\ x_2^2 = 1/2 < 1$ (Fall 1b)

$\Rightarrow \boldsymbol{y}^T \operatorname{grad} f(\boldsymbol{x}^2)$
$= -y_1 - y_2 \rightarrow \min$
mit $y_1 + y_2 \leq 2,\ y_2 \leq 1,\ \boldsymbol{y} \geq 0$
$\Rightarrow \boldsymbol{y}^2 = (2, 0)^T$ oder $(1, 1)^T$
ist optimal mit
$(\boldsymbol{y}^2 - \boldsymbol{x}^2)^T \cdot \operatorname{grad} f(\boldsymbol{x}^2)$
$$= \left(\begin{pmatrix} 2 \\ 0 \end{pmatrix} - \begin{pmatrix} 3/2 \\ 1/2 \end{pmatrix}\right)^T \cdot \begin{pmatrix} -1 \\ -1 \end{pmatrix} = 0$$
oder
$(\boldsymbol{y}^2 - \boldsymbol{x}^2)^T \cdot \operatorname{grad} f(\boldsymbol{x}^2)$
$$= \left(\begin{pmatrix} 1 \\ 1 \end{pmatrix} - \begin{pmatrix} 3/2 \\ 1/2 \end{pmatrix}\right)^T \cdot \begin{pmatrix} -1 \\ -1 \end{pmatrix} = 0$$
$\Rightarrow \boldsymbol{x}^2 = (3/2, 1/2)^T$
ist optimal mit $f(\boldsymbol{x}^2) = -4.5$.

In Abbildung 29.17 kann man den Verlauf des Verfahrens nachvollziehen.

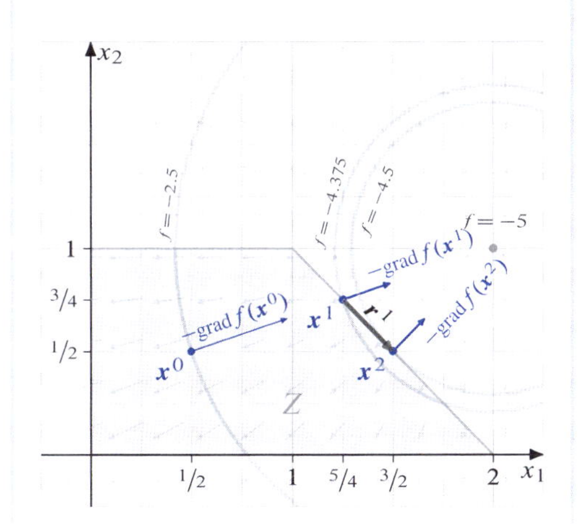

Abbildung 29.17: *Optimierungsproblem mit optimaler Lösung* $\boldsymbol{x}^2 = (^3/_2, ^1/_2)^T$

Mit der Startlösung

$$\boldsymbol{x}^0 = (^1/_2, ^1/_2)^T$$

als inneren Punkt von Z berechnet man die zulässige Richtung

$$\boldsymbol{r}^0 = (3, 1)^T$$

mit Schrittweite $\lambda_0 = ^1/_4$, um mit

$$\begin{aligned} \boldsymbol{x}^{1^T} &= (^1/_2, ^1/_2) + ^1/_4 \cdot (3, 1) \\ &= (^5/_4, ^3/_4) \end{aligned}$$

im zulässigen Bereich zu bleiben.

Mit dem Randpunkt $\boldsymbol{x}^1$ von Z ergibt sich aus einem linearen Minimierungsproblem die nächste zulässige Richtung

$$\boldsymbol{r}^1 = \boldsymbol{y}^1 - \boldsymbol{x}^1 = (^3/_4, -^3/_4)^T$$

sowie die entsprechende Schrittweite $\lambda_1 = ^1/_3$, um mit

$$\begin{aligned} \boldsymbol{x}^{2^T} &= (^5/_4, ^3/_4) + ^1/_3 \cdot (^3/_4, -^3/_4) \\ &= (^3/_2, ^1/_2) \end{aligned}$$

auf dem Rand zur optimalen Lösung zu gelangen.

29.5 Strafkostenverfahren

Die Ansätze von Lagrange (Kapitel 29.2) und Kuhn/Tucker (Kapitel 29.3) basieren auf der Idee, nichtlineare Optimierungsprobleme mit Nebenbedingungen in solche ohne Nebenbedingungen zu überführen. Da diese in vielen Fällen einfacher zu lösen sind, beispielsweise mit Hilfe der Differentialrechnung (Kapitel 22.2) oder auch je nach Typ mit Methoden aus Kapitel 29.2, 29.3, 29.4, nutzen auch die im Folgenden behandelten Methoden diese Idee.

Die bekanntesten Vertreter der Strafkostenverfahren sind die *Penalty-Verfahren* und die *Barriereverfahren*. Die sogenannten *SUMT-Verfahren* (Sequential Unconstrained Minimization Technique) sind als Kombination der beiden genannten Ansätze aufzufassen.

Um die einzelnen Verfahren genauer beschreiben zu können, gehen wir von folgendem nichtlinearen Optimierungsproblem aus:

$$\begin{aligned} f : \mathbb{R}^n_+ \to \mathbb{R} \text{ mit } f(\boldsymbol{x}) &\to \min\,, \\ g^i(\boldsymbol{x}) &\leq 0 \qquad (i = 1, \ldots, m) \end{aligned}$$

Definition 29.35

Eine Funktion $p : \mathbb{R}^n \to \mathbb{R}$ mit

$$p(\boldsymbol{x}) \begin{cases} = 0 & \text{für } \boldsymbol{x} \text{ zulässig} \\ > 0 & \text{sonst} \end{cases}$$

heißt *Penaltyfunktion*.

Häufig wird

$$p(\boldsymbol{x}) = \sum_{i=1}^{m} \left(\max\left(0, g^i(\boldsymbol{x})\right)\right)^2$$

verwendet. Zu minimieren ist dann die Funktion

$$F(\boldsymbol{x}) = f(\boldsymbol{x}) + r \cdot p(\boldsymbol{x}) \qquad \text{mit } r > 0\,.$$

Offenbar gilt $p(\boldsymbol{x}) > 0$ genau dann, wenn mindestens eine der Nebenbedingungen verletzt ist. Der Parameter $r > 0$ zeigt die „Höhe der Bestrafung“ an.

Somit können wir ein *Penaltyverfahren* formulieren:

(0) Bestimmung einer nicht notwendig zulässigen Startlösung $\boldsymbol{x}^0 \in \mathbb{R}^n$,

Festlegung des Parameters $r_0 > 0$,
einer Abbruchschranke $\varepsilon > 0$

und eines Zählindexes k mit $k = 0$.

(1) $r_k \cdot p(\boldsymbol{x}^k) < \varepsilon$
$\Rightarrow \boldsymbol{x}^k$ ist Näherungslösung → Ende

$r_k \cdot p(\boldsymbol{x}^k) \geq \varepsilon$
$\Rightarrow F(\boldsymbol{x}) = f(\boldsymbol{x}) + r_k \cdot p(\boldsymbol{x}) \rightarrow \min$ → (2)

(2) $F(\boldsymbol{x}^{k+1}) = \min F(\boldsymbol{x})$,
$r_{k+1} > r_k$ → (1) mit $k \rightarrow k + 1$

Für die Lösung des Minimierungsproblems (1) ist man wegen der Form der Penaltyfunktion gezwungen, Gradientenverfahren des Typs (GV) (vgl. Seite 443) zu verwenden. Ist eine Lösung $\boldsymbol{x}^*$ zulässig, so gilt $p(\boldsymbol{x}^*) = 0$ und das Optimierungsproblem ist wegen

$$\min F(\boldsymbol{x}) = \min f(\boldsymbol{x}) = f(\boldsymbol{x}^*)$$

gelöst. Andernfalls wächst der Strafanteil für wachsendes r_k mit $r_k \rightarrow \infty$ $(k \rightarrow \infty)$ unbeschränkt. Damit werden Verletzungen der Nebenbedingungen immer höher bestraft, die Lösungen $\boldsymbol{x}^k$ nähern sich dem zulässigen Bereich mit $p(\boldsymbol{x}^k) = 0$.

Enthält das nichtlineare Optimierungsproblem Gleichungen als Nebenbedingungen, z. B. $g^1(\boldsymbol{x}) = 0$, so ist die Penaltyfunktion zu ersetzen, beispielsweise durch

$$p(\boldsymbol{x}) = \left(g^1(\boldsymbol{x})\right)^2 + \sum_{i=2}^{m} \left(\max\left(0, g^i(\boldsymbol{x})\right)\right)^2 .$$

Da man sich dabei dem Zulässigkeitsbereich von außen nähert, spricht man auch von Verfahren mit „*äußerer Straffunktion*".

Beispiel 29.36

Gegeben ist das Optimierungsproblem $f : \mathbb{R} \rightarrow \mathbb{R}$ mit

$$f(x) = 4 - x^2 \rightarrow \min ,$$

$$x \in [0, 1] \text{ bzw. } -x \leq 0 , \ x - 1 \leq 0 .$$

$F_p^r(x) = f(x) + r \cdot p(x)$
$= 4 - x^2 + r \cdot \left(\max(0, -x) + \max(0, x - 1)\right)^2$
Mit $\varepsilon = 0.1$ ergibt sich:

x	$r = 1$	$r = 5$	$r = 10$	$r = 100$
2.000	1.000	5.000	10.000	100.000
1.750	1.500	3.750	6.563	57.188
1.500	2.000	3.000	4.250	26.750
1.250	2.500	2.750	3.063	8.688
1.125	2.750	2.813	2.891	4.297
1.050	2.900	2.910	2.922	3.146
1.025	2.950	2.952	2.956	3.010
1.000	3.000	3.000	3.000	3.000
0.750	3.438	3.438	3.438	3.438
0.500	3.750	3.750	3.750	3.750
0.000	4.000	4.000	4.000	4.000
$r \cdot p(x)$	1.000	0.313	0.156	0.000

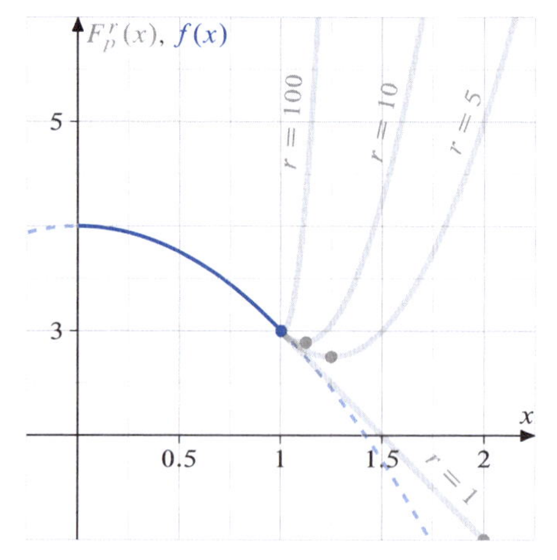

Abbildung 29.18: *Graphische Darstellung der Penaltyfunktion für verschiedene Werte von* $\boldsymbol{r}$

Im Gegensatz dazu existieren auch Verfahren mit „*innerer Straffunktion*".

Definition 29.37

Eine Funktion $b : \mathbb{R}^n \to \mathbb{R}$ mit

$$b(\boldsymbol{x}) = -\sum_{i=1}^{m} \frac{1}{g^i(\boldsymbol{x})}$$

heißt *Barrierefunktion*.

Zu minimieren ist dann die Funktion

$$F(\boldsymbol{x}) = f(\boldsymbol{x}) + r \cdot b(\boldsymbol{x}) \qquad \text{mit } r > 0\,.$$

Voraussetzung dabei ist, dass der Zulässigkeitsbereich innere Punkte besitzt. Andernfalls ist $g^i(\boldsymbol{x}) = 0$ für mindestens ein i und damit $b(\boldsymbol{x}) \to \infty$. Für $\boldsymbol{x}^0$ mit $g^i(\boldsymbol{x}^0) < 0$ ($i = 1, \ldots, m$) ist $\boldsymbol{x}^0$ innerer Punkt mit $b(\boldsymbol{x}^0) > 0$.

Damit können wir ein *Barriereverfahren* formulieren:

(0) Bestimmung einer Startlösung $\boldsymbol{x}^0$ mit $g^i(\boldsymbol{x}) < 0$ ($i = 1, \ldots, m$),
Festlegung des Parameters $r_0 > 0$,
einer Abbruchschranke $\varepsilon > 0$
und eines Zählindexes k mit $k = 0$.

(1) $r_k \cdot b(\boldsymbol{x}^k) < \varepsilon$
$\Rightarrow \boldsymbol{x}^k$ ist Näherungslösung → Ende

$r_k \cdot b(\boldsymbol{x}^k) \geq \varepsilon$
$\Rightarrow F(\boldsymbol{x}) = f(\boldsymbol{x}) + r_k \cdot b(\boldsymbol{x}) \to \min$ → (2)

(2) $F(\boldsymbol{x}^{k+1}) = \min F(\boldsymbol{x})$,
$r_{k+1} < r_k$ → (1) mit $k \to k+1$

Zur Lösung des Minimierungsproblems (1) kann man wieder ein Gradientenverfahren vom Typ (GV) (vgl. Seite 443) anwenden oder auch ein klassisches Optimierungsverfahren (Kapitel 22). Mit abnehmenden Parameterwerten r_k will man schließlich erreichen, dass im Verlauf des Verfahrens auch Randpunkte erreicht werden können. Das Verfahren bricht ab, wenn der Parameter r^k klein genug und damit $r^k \cdot b(\boldsymbol{x}^k) < \varepsilon$ erfüllt ist.

Beispiel 29.38

Wir betrachten noch einmal das Optimierungsproblem aus Beispiel 29.36, wenden nun aber ein Barriereverfahren zu Bestimmung einer Näherungslösung an.

$$\begin{aligned} F_b^r(x) &= f(x) + r \cdot b(x) \\ &= 4 - x^2 + r \cdot \left(\frac{1}{x} + \frac{1}{1-x}\right) \end{aligned}$$

Mit $\varepsilon = 0.1$ erhält man:

x	$r = 1$	$r = 0.1$	$r = 0.01$	$r = 0.001$
0.050	25.050	6.103	4.208	4.019
0.100	15.101	5.101	4.101	4.001
0.250	9.271	4.471	3.991	3.943
0.500	7.750	4.150	3.790	3.754
0.550	7.738	4.102	3.738	3.702
0.750	8.771	3.971	3.491	3.443
0.875	12.377	4.149	3.326	3.244
0.950	24.150	5.203	3.308	3.119
0.980	54.060	8.142	3.550	3.091
0.990	104.030	13.122	4.029	3.122
0.995	204.015	23.112	5.019	3.212
$r \cdot b(\boldsymbol{x})$	4.041	0.533	0.210	0.051

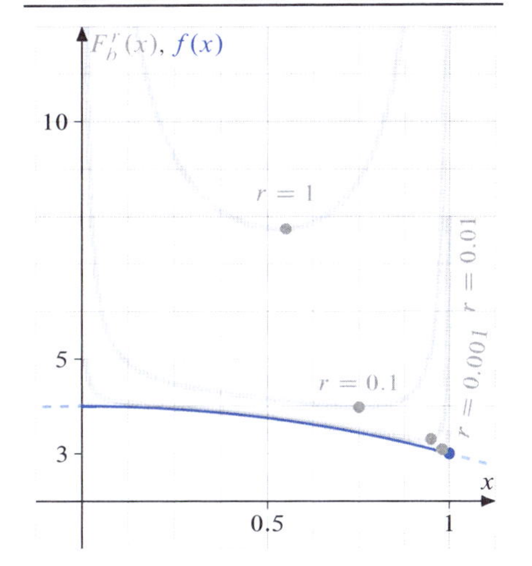

Abbildung 29.19: *Graphische Darstellung der Barrierefunktion für verschiedene Werte von r*

Ein Vergleich beider Verfahren führt zu folgenden Aussagen:

- *Penaltyverfahren* generieren oft unzulässige Lösungen. Die Berücksichtigung von Gleichungen als Nebenbedingungen ist möglich.
- *Barriereverfahren* generieren zulässige Lösungen und konvergieren in vielen Fällen schneller. Die Berücksichtigung von Gleichungen als Nebenbedingungen ist nicht möglich.

Fiacco und McCormick (1969) haben schließlich Barriereverfahren weiterentwickelt. Mit dem sogenannten *SUMT-Verfahren|ie* wird das Optimierungsproblem

$$f : \mathbb{R}^n_+ \to \mathbb{R} \text{ mit } f(\boldsymbol{x}) \to \min\,,$$
$$g^i(\boldsymbol{x}) \leq 0 \qquad (i = 1, \ldots, p)$$
$$h^i(\boldsymbol{x}) = 0 \qquad (i = 1, \ldots, q)$$

behandelt.

Definition 29.39

Für das *SUMT-Verfahren* ist eine Strafkostenfunktion $s : \mathbb{R}^n \to \mathrm{R}$ durch

$$s(\boldsymbol{x}) = -\frac{1}{r}\sum_{i=1}^{p}\frac{1}{g^i(\boldsymbol{x})} + r\sum_{i=1}^{q}\left(h^i(\boldsymbol{x})\right)^2 \qquad \text{mit } r > 0$$

definiert. Zu minimieren ist dann die Funktion

$$F(\boldsymbol{x}) = f(\boldsymbol{x}) + s(\boldsymbol{x})\,.$$

Voraussetzung ist eine Startlösung $\boldsymbol{x}^0$ mit $g^i(\boldsymbol{x}) < 0$ für alle i (vgl. Definition 29.37).

Relevante Literatur

Alt, Walter (2011). *Nichtlineare Optimierung: Eine Einführung in Theorie, Verfahren und Anwendungen*. 2. Aufl. Vieweg+Teubner

Collatz, Lothar und Wetterling, Wolfgang (1971). *Optimierungsaufgaben*. 2. Aufl. Springer, Kap. 7,8

Domschke, Wolfgang u. a. (2015). *Einführung in Operations Research*. 9. Aufl. Springer Gabler, Kap. 8

Hillier, Frederick S. und Lieberman, Gerald J. (2014). *Introduction to Operations Research*. 10. Aufl. McGraw-Hill, Kap. 12.1–12.6

Kosmol, Peter (1993). *Methoden zur numerischen Behandlung nichtlinearer Gleichungen und Optimierungsaufgaben*. 2. Aufl. Teubner

Kuhn, Harold W. und Tucker, Albert W. (1951). „Nonlinear programming". In: *Proceedings of the Second Berkeley Symposium on Mathematical Statistics and Probability*. Hrsg. von Neyman, Jerzey. University of California, S. 481–492

Luenberger, David G. und Ye, Yinyu (2016). *Linear and Nonlinear Programming*. 4. Aufl. Springer

Merz, Michael und Wüthrich, Mario V. (2012). *Mathematik für Wirtschaftswissenschaftler: Die Einführung mit vielen ökonomischen Beispielen*. Vahlen, Kap. 24

Neumann, Klaus und Morlock, Martin (2002). *Operations Research*. 2. Aufl. Hanser, Kap. 4.1–4.3

Opitz, Otto u. a. (2014). *Mathematik: Übungsbuch für das Studium der Wirtschaftswissenschaften*. 8. Aufl. De Gruyter Oldenbourg, Kap. 20

Reinhardt, Rüdiger u. a. (2012). *Nichtlineare Optimierung: Theorie, Numerik und Experimente*. Springer Spektrum

Ulbrich, Michael und Ulbrich, Stefan (2012). *Nichtlineare Optimierung*. Birkhäuser

Zimmermann, Hans-Jürgen (2008). *Operations Research: Methoden und Modelle. Für Wirtschaftsingenieure, Betriebswirte und Informatiker*. 2. Aufl. Vieweg+Teubner, Kap. 4.1–4.3, 4.6

30 Ganzzahlige Optimierung

Im Rahmen ökonomischer Fragestellungen spielt die Ganzzahligkeit der Variablen, beispielsweise Stückzahlen, eine wesentliche Rolle. Während die gesamte klassische Analysis und lineare Algebra vorrangig auf reellen Variablen und Werten basiert, wurde die Ganzzahligkeit insbesondere im Zusammenhang mit Optimierungsmodellen etwa Mitte des 20. Jahrhunderts behandelt.

Dabei zeigte sich, dass ein einheitliches, geschlossenes Konzept wie bei der Linearen Optimierung mit dem Simplexalgorithmus oder der Nichtlinearen Optimierung mit differenzierbaren Funktionen bislang fehlt. Andererseits wurden für viele spezielle Problemfelder maßgeschneiderte Lösungsmethoden entwickelt. Aus diesem Grund ist dieses Kapitel teilweise eng an spezielle ökonomische Fragestellungen angelehnt.

Als wohl wichtigstes allgemein orientiertes Lösungskonzept der Ganzzahligen Optimierung gilt das Branch-and-Bound-Prinzip. Hier wird die Menge der zulässigen Lösungen geeignet in Teilmengen zerlegt (Branch), um daraus Schranken für Optimallösungen abzuleiten (Bound). Nichtganzzzahlige Lösungen werden solange ausgeschlossen, bis man auf ganzzahlige Lösungen stößt.

Wie in früheren Optimierungskapiteln beginnen wir in Abschnitt 30.1 mit Darstellungsformen, Beispielen und Grundlagen. Der zentrale Abschnitt 30.2 befasst sich mit dem Branch-and-Bound-Prinzip, das für lineare und nichtlineare Optimierungsaufgaben genutzt werden kann. Im Abschnitt 30.3 behandeln wir schließlich klassische Schnittebenenverfahren, die besonders für lineare Probleme mit ganzzahligen Parametern relevant sind.

30.1 Darstellungsformen, Beispiele und Grundlagen der ganzzahligen Optimierung

Definition 30.1

Ein ganzzahliges Optimierungsproblem ist charakterisiert durch eine lineare oder nichtlineare Zielfunktion und $m \geq 1$ lineare oder nichtlineare Nebenbedingungen, zusätzlich eventuell Nichtnegativitätsbedingungen, wobei aber nur ganzzahlige Lösungen zulässig sind, also:

$$f:\ \mathbb{R}^n \to \mathbb{R} \text{ mit}$$

$$f(\boldsymbol{x}) = f(x_1, \ldots, x_n) \to \max\ (\min)$$

$$g^i(\boldsymbol{x}) = g^i(x_1, \ldots, x_n) \underset{(\leq, \geq)}{=} 0 \quad (i = 1, \ldots, m)$$

$$\text{sowie } \boldsymbol{x} \in \mathbb{Z}^n \ \left(\text{bzw. } \mathbb{Z}^n_+\right)$$

Für $\boldsymbol{x}^T = (x_1, \ldots, x_n)$ spricht man von einem

- *(rein-)ganzzahligen Problem*, falls $x_j \in \mathbb{Z}$ für alle $j = 1, \ldots, n$,
- *binären Problem*, falls $x_j \in \{0, 1\}$ für alle $j = 1, \ldots, n$.

Falls der Zulässigkeitsbereich

$$Z = \{\boldsymbol{x} \in \mathbb{Z}^n\colon\ g^i(\boldsymbol{x}) \leq 0\ (i = 1, \ldots, m)\}$$

endlich ist, so erhält man ein *kombinatorisches Problem*. Damit ist jedes binäre Problem auch kombinatorisch.

Ist mindestens eine Variable $x_j \in \mathbb{R}$ nicht notwendig ganzzahlig, so spricht man von einem *gemischt-ganzzahligen Problem*.

DOI: 10.1515/9783110475333-030

Beispiel 30.2

Gegeben ist das folgende lineare Maximierungsproblem:

$$\begin{aligned} f(x_1, x_2) = 3x_1 + 6x_2 &\to \max \quad (ZF) \\ 4x_1 + x_2 &\leq 18 \quad (A) \\ 4x_1 + 10x_2 &\leq 45 \quad (B) \\ x_1, x_2 &\geq 0 \end{aligned}$$

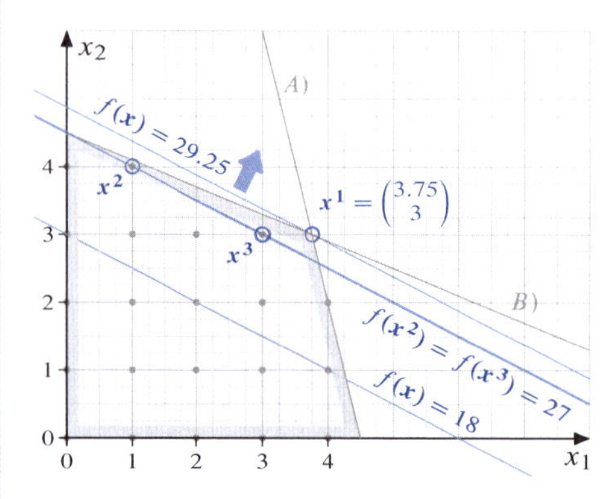

Abbildung 30.1: *Graphische Darstellung der zulässigen ganzzahligen und nicht ganzzahligen Lösungen von Beispiel 30.2*

Optimale Lösungen:

$$x^1 = \begin{pmatrix} 3.75 \\ 3 \end{pmatrix} \qquad \text{für } x \in \mathbb{R}^2_+$$

mit $f(x^1) = 29.25$ bzw.

$$x^2 = \begin{pmatrix} 1 \\ 4 \end{pmatrix}, \; x^3 = \begin{pmatrix} 3 \\ 3 \end{pmatrix} \qquad \text{für } x \in \mathbb{Z}^2_+$$

mit $f(x^2) = f(x^3) = 27$

Durch Rundung der nicht ganzzahligen Lösung x^1 in der ersten oder zweiten Komponente hätte man

$$x^3 = \begin{pmatrix} 3 \\ 3 \end{pmatrix}$$

$$\text{oder} \quad x^4 = \begin{pmatrix} 4 \\ 2 \end{pmatrix}$$

mit $f(x^4) = 24$ erhalten. Gelegentlich führen Rundungen offenbar zu suboptimalen Lösungen.

Beispiel 30.3

Gegeben ist das nichtlineare ganzzahlige Maximierungsproblem:

$$\begin{aligned} f(x_1, x_2) = (x_1 - 2)^2 + x_2^2 &\to \max \quad (ZF) \\ 3x_1^2 + 2x_2^2 &\leq 48 \quad (A) \\ x_1, x_2 &\in \mathbb{Z}_+ \end{aligned}$$

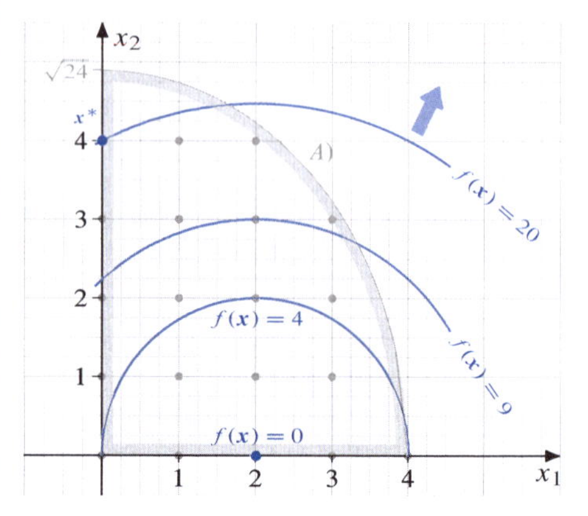

Abbildung 30.2: *Graphische Darstellung von Beispiel 30.3*

Optimale Lösung:

$$x_1, x_2 \in \mathbb{Z}_+ : x^* = \begin{pmatrix} 0 \\ 4 \end{pmatrix} \text{ mit } f(x^*) = 20$$

Beispiel 30.4

Gegeben ist das nichtlineare ganzzahlige Maximierungsproblem:

$$\begin{aligned} f(x_1, x_2) = x_1 + x_2 &\to \max \quad (ZF) \\ x_1^2 - x_2 &\leq 0 \quad (A) \\ x_1, x_2 &\in \mathbb{Z}_+ \end{aligned}$$

Wegen (A) können die Werte von f im Rahmen der Ungleichung

$$x_1^2 - x_2 \leq 0$$

beliebig wachsen (Abbildung 30.3). Daher existiert kein Maximum. Die Aufgabe ist also unlösbar.

Ersetzt man „max" durch „min", so ist $(x_1, x_2) = (0, 0)$ optimal mit $f(0, 0) = 0$.

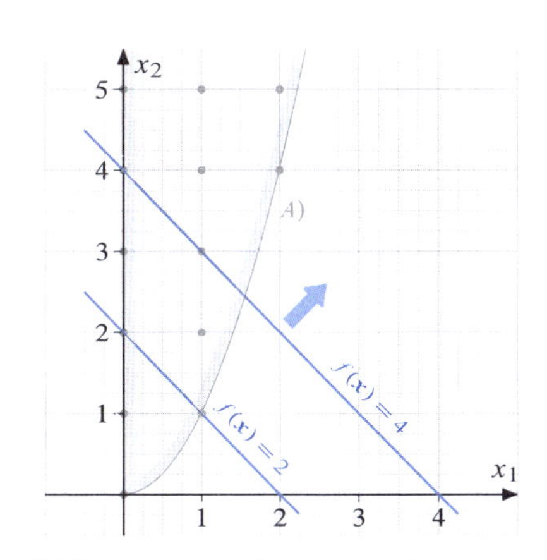

Abbildung 30.3: *Graphische Darstellung von Beispiel 30.4*

Beispiel 30.5

Gegeben ist das binäre Maximierungsproblem:

$$\begin{aligned} x_1 - 2x_2 + 3x_3 - 4x_4 &\to \max\ (\min) & (ZF) \\ x_1 + x_1x_2 + x_2^2 + x_3 &\geq 2 & (A) \\ x_2 + x_3^2 - x_3x_4 - x_4 &\leq 2 & (B) \\ x_1, x_2, x_3, x_4 &\in \{0, 1\} \end{aligned}$$

Offenbar existieren hier wegen $x_i \in \{0, 1\}$ $(i = 1, \ldots, 4)$ für die Maximierungs- und die Minimierungsaufgabe zunächst je 2^4 Lösungskandidaten. Wegen (A) scheiden 5 Lösungen mit $x_1 + x_2 + x_3 + x_4 \leq 1$ aus, ebenso 3 Lösungen mit $x_1 + x_2 + x_3 = x_4 = 1$. Damit erhält man die folgenden 8 zulässigen Lösungen:

$$(1, 1, 0, x_4), (1, 0, 1, x_4), (0, 1, 1, x_4)$$
$$\text{mit } x_4 \in \{0, 1\} \text{ sowie } (1, 1, 1, 0), (1, 1, 1, 1)$$

Durch Einsetzen erhält man

$$\max f(\boldsymbol{x}) = 4 \qquad \text{für } \boldsymbol{x}^T = (1, 0, 1, 0),$$
$$\min f(\boldsymbol{x}) = -5 \qquad \text{für } \boldsymbol{x}^T = (1, 1, 0, 1).$$

In den Beispielen 30.2, 30.3 und 30.5 liegen kombinatorische Optimierungsprobleme vor. Ferner zeigt sich bei dem binären Optimierungsproblem in Beispiel 30.5 mit $x_i \in \{0, 1\}$, dass je nach Form der Aufgabenstellung unterschiedliche enumerativ orientierte Lösungsmethoden zum Einsatz kommen.

Im folgenden nennen wir wichtige ökonomische Aufgabenstellungen, die zu binären Optimierungsproblemen führen.

a) *Zuordnungsprobleme*

   m Aufgaben sollen auf n Personen so verteilt werden, dass ein maximaler Gesamtnutzen entsteht. Dazu führt man binäre Variablen x_{ij} ein mit $x_{ij} = 1$, falls die Aufgabe i der Person j zugeteilt wird, andernfalls $x_{ij} = 0$.

b) *Reihenfolgeprobleme*

   Für die Belieferung von n Kunden ist eine Reihenfolge so festzulegen, dass die gesamte Wegstrecke minimal wird. Dazu führt man binäre Variablen x_{ij} ein mit $x_{ij} = 1$, falls Kunde j unmittelbar nach Kunde i beliefert wird, andernfalls $x_{ij} = 0$.

c) *Gruppierungsprobleme*

   Kunden ähnlichen Kaufverhaltens sollen in Gruppen zusammengefasst werden, so dass eine gruppenspezifische Werbepolitik gestaltet werden kann. Für eine einzuführende Binärvariable x_{ij} setzt man $x_{ij} = 1$, falls die Kunden i und j zu der gleichen Gruppe gehören, andernfalls $x_{ij} = 0$.

d) *Auswahlprobleme*

   Unter n durchführbaren Projekten sollen diejenigen ausgewählt werden, die im Rahmen von Kostenobergrenzen gewinnmaximal realisierbar sind. Für eine einzuführende Binärvariable x_j setzt man $x_j = 1$, falls das Projekt j realisiert wird, andernfalls $x_j = 0$.

Für die angegebenen Aufgabenstellungen existiert eine Fülle von Methoden. Im Unterschied zur linearen und teilweise auch zur nichtlinearen Optimierung ist die Vielfalt an Lösungsverfahren dadurch bedingt, dass für spezielle Aufgabenstellungen gezielte Methoden zur effizienten Lösung entwickelt wurden. Dies trifft vor allem für die hier kurz angesprochenen Problemfelder a), b), c), d) zu.

30.2 Das Branch-and-Bound-Prinzip

Ausgangspunkt ist zunächst ein ganzzahliges Optimierungsproblem (P_0) der Form $f: \mathbb{Z}^n \to \mathbb{R}$ mit

$$f(\boldsymbol{x}) = f(x_1, \ldots, x_n) \to \max\ (\min)$$

mit $m \geq 1$ Nebenbedingungen

$$g^i(\boldsymbol{x}) = g^i(x_1, \ldots, x_n) \leq 0 \qquad (i = 1, \ldots, m)$$

sowie den Ganzzahligkeitsbedingungen

$$x_j \in \mathbb{Z} \qquad (j = 1, \ldots, n).$$

Um die mit der Ganzzahligkeit verbundenen Schwierigkeiten zu umgehen, kann man die Ganzzahligkeit zunächst ignorieren, um die Aufgabenstellung zu vereinfachen.

Definition 30.6

Gegeben seien die Optimierungsprobleme

$$(P_0) \quad f(\boldsymbol{x}) \to \max\ (\min),\ \boldsymbol{x} \in Z_0 \quad \text{mit } Z_0 = \{\boldsymbol{x} \in \mathbb{Z}^n\colon\ g^i(\boldsymbol{x}) \leq 0\ (i = 1, \ldots, m)\},$$

$$(P_0') \quad f(\boldsymbol{x}) \to \max\ (\min),\ \boldsymbol{x} \in Z_0' \quad \text{mit } Z_0' = \{\boldsymbol{x} \in \mathbb{R}^n\colon\ g^i(\boldsymbol{x}) \leq 0\ (i = 1, \ldots, m)\}.$$

Dann bezeichnet man (P_0') als *Relaxation* zu (P_0). Offenbar sind die Optimallösungen von (P_0) ganzzahlig, alle Optimallösungen von (P_0') reell, also nicht notwendig ganzzahlig.

Satz 30.7

Gegeben sind die Optimierungsaufgaben (P_0) und (P_0'). Dann gilt:

a) (P_0') unlösbar $\Rightarrow$ (P_0) unlösbar

b) (P_0') besitzt ganzzahlige Optimallösungen $\Rightarrow$ (P_0) besitzt die gleichen ganzzahligen Optimallösungen und ist damit gelöst

Der Beweis beruht auf der Beziehung $Z_0 \subseteq Z_0'$.

Von Interesse sind damit die Fälle, in denen (P_0') nur nichtganzzahlige Optimallösungen besitzt.

Wenn (P_0) lösbar ist, enthält man mit der nichtganzzahligen Lösung von (P_0') im Fall eines Maximumproblems eine obere Schranke für die Zielfunktion der Aufgabe (P_0), im Fall eines Minimumproblems eine untere Schranke, also in jedem Fall eine Schranke oder einen *Bound* für (P_0).

Im Prinzip kann man anschließend folgendermaßen vorgehen:

Beispielsweise erhält man für eine lösbare Optimierungsaufgabe der Form (P_0') die Lösung

$$(x_1^*, \ldots, x_n^*) \in \mathbb{R}^n \text{ mit } x_1^* \notin \mathbb{Z}.$$

Ist $z_1 = \lfloor x_1^* \rfloor$ die größte ganze Zahl mit $z_1 \leq x_1^*$, so zerlegt man die Aufgabe (P_0') in zwei Teilaufgaben

$$(P_1'), (P_2'),$$

einmal mit der zusätzlichen Bedingung

$$x_1 \leq z_1 \quad \text{bzw.} \quad x_1 \geq z_1 + 1.$$

Diese Zerlegung entspricht einer Verzweigung oder einem *Branch*.

Der Wert x_1^* kann dann weder in der Lösung von (P_1') noch in der Lösung von (P_2') auftreten.

Berechnet man für (P_1'), (P_2') Optimallösungen, so erhält man weitere Bounds für die ursprüngliche Optimierungsaufgabe (P_0).

Die Zerlegungen werden so lange fortgesetzt, bis die Optimallösung die gewünschten Ganzzahligkeitsbedingungen erfüllt oder (P_0) sich als unlösbar erweist.

Beispiel 30.8

Gegeben ist das folgende ganzzahlige Maximierungsproblem:

$$\begin{aligned} f(x_1, x_2) = 2x_1 + 3x_2 &\to \max && (ZF) \\ x_1 + 2x_2 &\leq 8 && (A) \\ 2x_1 + x_2 &\leq 9 && (B) \\ x_1, x_2 &\in \mathbb{Z}_+ \end{aligned}$$

Ersetzt man für (P_0') die Bedingungen $x_1, x_2 \in \mathbb{Z}_+$ durch $x_1, x_2 \in \mathbb{R}_+$, so erhalten wir ein lineares Optimierungsproblem mit der Lösung

$$\boldsymbol{x}^1 = \begin{pmatrix} 10/3 \\ 7/3 \end{pmatrix} \quad \text{mit } f(\boldsymbol{x}^1) = 41/3.$$

Beispielsweise impliziert nun die Forderung $x_2 \in \mathbb{Z}$ die zusätzlichen Bedingungen $x_2 \le 2$ oder $x_2 \ge 3$ (Abbildung 30.4).

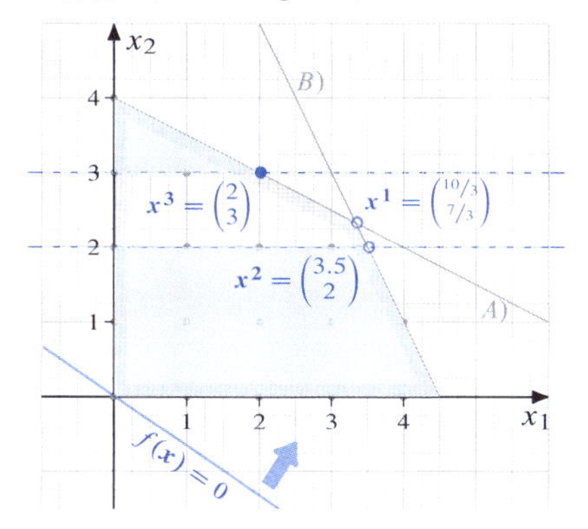

Abbildung 30.4: *Graphische Darstellung des Branch-and-Bound-Prinzips für Beispiel 30.8*

Für $x_2 \le 2$ erhalten wir die Optimallösung

$$x^2 = \begin{pmatrix} 3.5 \\ 2 \end{pmatrix} \quad \text{mit} \quad f(x^2) = 13,$$

für $x_2 \ge 3$ die Optimallösung

$$x^3 = \begin{pmatrix} 2 \\ 3 \end{pmatrix} \quad \text{mit} \quad f(x^3) = 13.$$

Damit haben wir mit ${x^3}^T = (2, 3)$ eine ganzzahlige Lösung, die wegen der Nichtganzzahligkeit von x^2 mit $f(x^2) = f(x^3) = 13$ nicht weiter verbessert werden kann. Also ist x^3 optimal.

Wir beschreiben nun das Branch-and-Bound-Prinzip etwas allgemeiner.

Satz 30.9

Gegeben ist eine Optimierungsaufgabe (P_0) sowie eine geeignete Relaxation (P_0') mit $Z_0 \subseteq Z_0'$.

Branching

(P_0) kann stets in Teilprobleme $(P_1), \ldots, (P_k)$ mit den Zulässigkeitsbereichen $Z_1, \ldots, Z_k$ und

$$\bigcup_{i=1}^{k} Z_i = Z_0, \; Z_i \cap Z_j = \emptyset, \; (i \neq j)$$

disjunkt zerlegt werden.

Bounding (für eine Maximierungsaufgabe)

Für (P_0) bestimmt man eine untere Schranke $\underline{ZF}_0$ des Zielfunktionswertes, z. B.

$$\underline{ZF}_0 = f(\hat{x})$$

für ein beliebiges $\hat{x} \in Z_0$ oder

$$\underline{ZF}_0 = -\infty .$$

Ferner berechnet man sukzessive obere Schranken $\overline{ZF}_s$ durch Lösung der Relaxation (P_s') von (P_s) $(s = 0, 1, 2, \ldots)$.

Dann muss ein Problem (P_s) nicht weiter zerlegt werden bzw. das Problem ist *ausgelotet*, wenn einer der folgenden, sich gegenseitig ausschließenden Fälle auftritt:

a) $Z_s' = \emptyset$

b) $\overline{ZF}_s \le \underline{ZF}_0$

c) $\overline{ZF}_s > \underline{ZF}_0$ und die Lösung von (P_s') ist zulässig für (P_s)

Ist für alle im Laufe des Branching erzeugten Probleme keine weitere Zerlegung erforderlich, so hat man eine optimale Lösung für P_0 gefunden oder P_0 ist unlösbar.

Tritt Fall c) ein, so ist $\underline{ZF}_0$ zusätzlich auf $\overline{ZF}_s$ zu erhöhen.

Beweis

Die Anweisungen von Branching und Bounding sind durchführbar. Offenbar schließen sich die drei Fälle der Auslotung gegenseitig aus.

a) $Z_s' = \emptyset \Rightarrow (P_s')$ ist unlösbar und damit auch (P_s)

b) $\overline{ZF}_s \le \underline{ZF}_0 \Rightarrow$ Die Lösung von (P_s') und damit auch die von (P_s) kann nicht besser sein als die bisher beste Lösung.

c) In diesem Fall erhält man eine neue zulässige Lösung für (P_0) und setzt $\underline{ZF}_0 = \overline{ZF}_s$.

Tritt einer der drei Fälle auf, so ist eine weitere Zerlegung von (P_s) nicht mehr erforderlich.

Andernfalls ist eine weitere Zerlegung vorzunehmen. Nach endlich vielen Schritten tritt einer der Fälle a), b), c) ein. Im Fall a) und $\underline{ZF}_0 = -\infty$ ist das Problem unlösbar, in den Fällen b) und c) erhält man eine Optimallösung, falls keine Kandidaten für eine weitere Zerlegung vorhanden sind.

Beispiel 30.10

In Beispiel 30.8 bestand die Relaxation (P_0') von (P_0) darin, dass wir die Nebenbedingungen $x_1, x_2 \in \mathbb{Z}_+$ durch $x_1, x_2 \geq 0$ ersetzten. Mit der relaxierten Optimallösung

$$\boldsymbol{x}^{1^T} = (10/3, 7/3)$$

ergab sich ein erster Bound $f(\boldsymbol{x}^1) = 41/3$.

Ferner lässt sich mit der zulässigen Lösung

$$\boldsymbol{x}^0 = \begin{pmatrix} 1 \\ 1 \end{pmatrix} \quad \text{mit } f(\boldsymbol{x}^0) = 5 = \underline{ZF}_0$$

eine untere Schranke für den Maximalwert der Zielfunktion angeben.

Offenbar ist (P_0) nicht ausgelotet und daher zu zerlegen, beispielsweise in

$$(P_1): \ Z_1' = Z_0' \cap \{\boldsymbol{x} \geq \boldsymbol{0}: \ x_2 \leq 2\} \text{ und}$$

$$(P_2): \ Z_2' = Z_0' \cap \{\boldsymbol{x} \geq \boldsymbol{0}: \ x_2 \geq 3\}.$$

(Abbildung 30.1)

Für (P_1) erhält man die optimale Lösung

$$\boldsymbol{x}^2 = \begin{pmatrix} 7/2 \\ 2 \end{pmatrix} \text{ sowie den Bound } f(\boldsymbol{x}^2) = 13.$$

Damit ist (P_1) nicht ausgelotet und für eine weitere Lösung vorzumerken.

Für (P_2) erhält man die optimale Lösung $\boldsymbol{x}^{3^T} = (2, 3)$ sowie den Bound $f(\boldsymbol{x}^3) = 13$.

Damit ist (P_2) ausgelotet nach Fall c) und die Lösung $\boldsymbol{x}^{3^T} = (2, 3)$ mit $f(\boldsymbol{x}^3) = 13$ ist optimal.

Eine weitere Zerlegung von (P_1) mit

$$\boldsymbol{x}^2 = \begin{pmatrix} 7/2 \\ 2 \end{pmatrix} \text{ kann wegen } f(\boldsymbol{x}^2) = f(\boldsymbol{x}^3) = 13$$

kein besseres Ergebnis liefern.

Mit dem angegebenen Branch-and-Bound-Verfahren lassen sich auch kompliziertere nichtlineare Optimierungsaufgaben lösen, beispielsweie folgendes Auswahlproblem:

Beispiel 30.11

In einer Region von acht Orten $A_1, \ldots, A_8$ sind zwei Filialen F_1, F_2 eines Unternehmens mit möglichen Standorten in $A_1, \ldots, A_6$ zu errichten. Mit $d_{ij} = d(A_i, A_j)$ als Entfernung zwischen A_i und A_j sowie $d(F_k, A_j)$ als Entfernung zwischen F_k und A_j soll das Optimierungsproblem

$$\sum\nolimits_{j=1}^{8} \left(d(F_1, A_j) + d(F_2, A_j)\right) \to \min$$

bei geforderter Mindestentfernung der beiden Filialen $d(F_1, F_2)$ und einer Maximalentfernung der näheren Filiale von A_i aus gelöst werden.

Die Daten des Problems sind in Abbildung 30.5 und Tabelle 30.1 dargestellt.

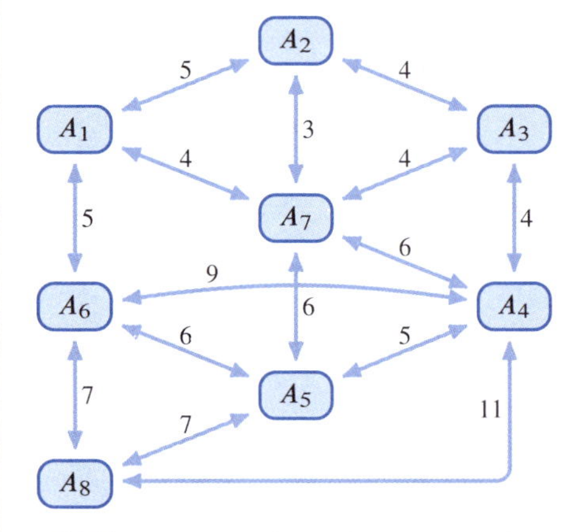

Abbildung 30.5: *Direkte Entfernungen zwischen A_i und A_j*

d_{ij}	A_1	A_2	A_3	A_4	A_5	A_6	A_7	A_8	$\sum$
A_1	0	5	8	10	10	5	4	12	54
A_2	5	0	4	8	9	10	3	16	55
A_3	8	4	0	4	9	13	4	15	57
A_4	10	8	4	0	5	9	6	11	53
A_5	10	9	9	5	0	6	6	7	52
A_6	5	10	13	9	6	0	9	7	59
A_7	4	3	4	6	6	9	0	13	45
A_8	12	16	15	11	7	7	13	0	79

Tabelle 30.1: *Kürzeste Entfernungen zwischen A_i und A_j*

Beispielsweise gilt

$$d_{12} = 5, \qquad d_{14} = 10,$$
$$d_{38} = 15, \qquad \sum\nolimits_{j=1}^{8} d_{4j} = 53.$$

Man erhält ein kombinatorisches Optimierungsproblem:

$$f(\boldsymbol{x}) = \sum\nolimits_{k=1}^{6} \sum\nolimits_{j=1}^{8} d_{kj} x_k$$
$$= 54x_1 + 55x_2 + 57x_3$$
$$+ 53x_4 + 52x_5 + 59x_6 \rightarrow \min$$

mit den Nebenbedingungen

$$(A) \quad x_i = \begin{cases} 1, & \text{falls in } A_i \\ & \text{eine Filiale errichtet wird} \\ 0, & \text{sonst} \end{cases}$$
$$(i = 1, \ldots, 6)$$

$$(B) \quad \sum\nolimits_{i=1}^{6} x_i = 2$$

$$(C) \quad \sum\nolimits_{i=1}^{5} \sum\nolimits_{j=i+1}^{6} d_{ij} x_i x_j \geq 8$$

$$(D) \quad \min\{d_{ik} x_i, d_{jk} x_j\} \leq 7$$
$$(i = 1, \ldots, 5;\ j = i+1, \ldots, 6;\ k = 1, \ldots, 8)$$

Bei der gegebenen Aufgabenstellung handelt es sich um ein Minimierungsproblem. In diesem Fall sind im Verfahren die unteren durch obere Schranken bzw. die oberen durch untere Schranken zu ersetzen, ferner die Zeichen $\leq, <$ durch $\geq, >$.

Da in dem gegebenen Beispiel eine zulässige Anfangslösung nicht leicht zu finden ist, setzen wir $\overline{ZF}_0 = \infty$. Ferner beschränken wir uns zu Beginn des Lösungsverfahrens auf die Nebenbedingungen (A) und (B) und erhalten damit für die Relaxation (P_0') von (P_0):

$$Z_0' = \left\{ \boldsymbol{x} \in \{0,1\}^6 \colon \sum_{i=1}^{6} x_i = 2 \right\}$$

Mit der Optimallösung

$$\boldsymbol{x}^{0^T} = (0, 0, 0, 1, 1, 0)$$

ergibt sich der Bound $f(\boldsymbol{x}^0) = 105$.

Wegen (C) mit $d_{45} = 5 \ngeq 8$ ist (P_0) nicht ausgelotet und daher zu zerlegen, beispielsweise in

$$(P_1) \colon\ Z_1' = Z_0' \cap \{\boldsymbol{x} \geq \boldsymbol{0} \colon\ x_4 = 1,\ x_5 = 0\},$$

$$(P_2) \colon\ Z_2' = Z_0' \cap \{\boldsymbol{x} \geq \boldsymbol{0} \colon\ x_4 = 0,\ x_5 = 1\},$$

$$(P_3) \colon\ Z_3' = Z_0' \cap \{\boldsymbol{x} \geq \boldsymbol{0} \colon\ x_4 = x_5 = 0\}.$$

Für (P_1) erhält man die optimale Lösung

$$\boldsymbol{x}^{1^T} = (1, 0, 0, 1, 0, 0)$$

sowie den Bound $f(\boldsymbol{x}^1) = 107$.

Wegen (D) mit $d_{18} = 12 > 7$, $d_{48} = 11 > 7$ ist (P_1) nicht ausgelotet und für eine Zerlegung vorzumerken.

Für (P_2) erhält man die optimale Lösung

$$\boldsymbol{x}^{2^T} = (1, 0, 0, 0, 1, 0)$$

mit dem Bound $f(\boldsymbol{x}^2) = 106$.

Wegen (D) mit $d_{13} = 8 > 7$, $d_{53} = 9 > 7$ ist (P_2) nicht ausgelotet und für eine Zerlegung vorzumerken.

Für (P_3) erhält man die optimale Lösung

$$\boldsymbol{x}^{3^T} = (1, 1, 0, 0, 0, 0)$$

mit dem Bound $f(\boldsymbol{x}^3) = 109$.

Wegen (C) mit $d_{12} = 5 < 8$ ist (P_3) nicht ausgelotet und für eine Zerlegung vorzumerken.

Nachfolgend könnten wir

$$(P_1) \text{ mit } f(\boldsymbol{x}^1) = 107$$
$$(P_2) \text{ mit } f(\boldsymbol{x}^2) = 106$$
$$(P_3) \text{ mit } f(\boldsymbol{x}^3) = 109$$

weiter zerlegen. Wegen $f(\boldsymbol{x}^2) = 106$ entscheiden wir uns für (P_2) und wählen

$$(P_4) \colon Z_4' = Z_2' \cap \{\boldsymbol{x} \geq \boldsymbol{0} \colon\ x_1 = 0,\ x_2 = 1\}$$
$$= Z_0' \cap \{\boldsymbol{x} \geq \boldsymbol{0} \colon\ x_1 = x_4 = 0,\ x_2 = x_5 = 1\},$$

$$(P_5) \colon Z_5' = Z_2' \cap \{\boldsymbol{x} \geq \boldsymbol{0} \colon\ x_1 = x_2 = 0\},$$
$$= Z_0' \cap \{\boldsymbol{x} \geq \boldsymbol{0} \colon\ x_1 = x_2 = x_4 = 0,\ x_5 = 1\}.$$

Für (P_4) erhält man die optimale Lösung

$$\boldsymbol{x}^{4^T} = (0, 1, 0, 0, 1, 0)$$

mit dem Bound $f(\boldsymbol{x}^4) = 107$.

Wegen (C) mit $d_{25} = 9 \geq 8$ sowie (D) mit $d_{i2} \leq 7$ für $i = 1, 2, 3, 7$, $d_{i5} \leq 7$ für $i = 4, 5, 6, 7, 8$ sind alle Nebenbedingungen erfüllt. Ferner gilt $f(\boldsymbol{x}_4) < \infty$. Damit ist (P_4) ausgelotet und man setzt $\overline{ZF}_0 = 107$.

Für (P_5) erhält man die optimale Lösung

$$x^{5^T} = (0, 0, 1, 0, 1, 0)$$

mit dem Bound $f(x^5) = 109$.

Wegen (D) mit $d_{13} = 8 \geq 7$, $d_{15} = 10 \geq 7$ ist (P_5) nicht ausgelotet.

Auf Grund von

$$\overline{ZF}_0 = 107 \leq f(x^1), f(x^3), f(x^5)$$

ist eine Zerlegung von (P_1), (P_3) oder (P_5) nicht mehr erforderlich. Die Lösung

$$x^{4^T} = (0, 1, 0, 0, 1, 0)$$

mit $f(x^4) = 107$ ist optimal.

Abschließend stellen wir den Lösungsverlauf mit Hilfe eines *Lösungsbaumes* dar (Abbildung 30.6).

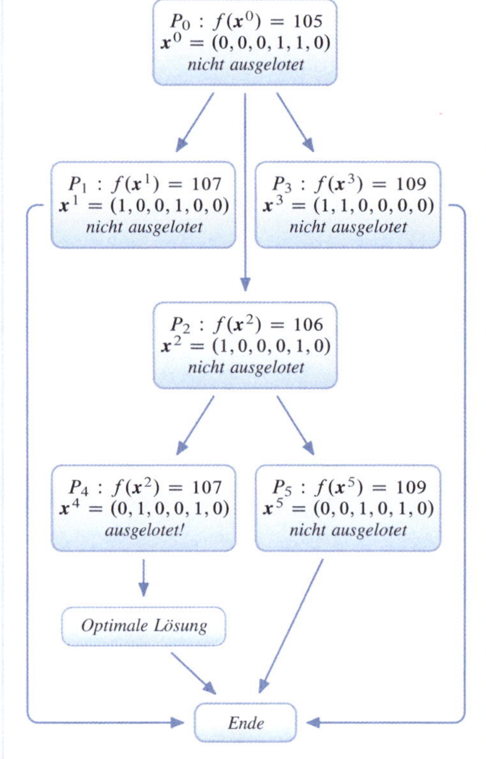

Abbildung 30.6: *Lösungsbaum zur Minimierungsaufgabe von Beispiel 30.11*

Für lineare ganzzahlige Optimierungsprobleme kann der primale bzw. duale Simplexalgorithmus zur Lösung der Aufgabe herangezogen werden. Damit können insbesondere Aufgaben gelöst werden, die nicht graphisch darstellbar sind.

Beispiel 30.12

Gegeben ist das Optimierungsproblem (P_0):

$$\begin{aligned} f(x) = 2x_1 + 4x_2 + 3x_3 + x_4 &\to \max \quad (ZF) \\ 2x_1 + x_2 + 2x_3 + x_4 &\leq 5 \quad (A) \\ 2x_1 + 2x_2 + x_3 + x_4 &\leq 5 \quad (B) \\ x_1, x_2, x_3, x_4 &\in \mathbb{Z}_+ \end{aligned}$$

Ausgangslösung: $\tilde{x} = 0$, $f(\tilde{x}) = 0 = \underline{ZF}_0$

Für die Relaxation (P_0') von (P_0) gilt:

$$Z_0' = \{x \in \mathbb{R}_+^4 : 2x_1 + x_2 + 2x_3 + x_4 \leq 5, \; 2x_1 + 2x_2 + x_3 + x_4 \leq 5\}$$

Mit dem Simplextableau (Tabelle 30.2) ergibt sich die Optimallösung:

$$x^{0^T} = \left(0, \tfrac{5}{3}, \tfrac{5}{3}, 0\right)$$

mit $f(x^0) = 35/3$.

(P_0) ist nicht ausgelotet wegen $x_2 = x_3 = \frac{5}{3}$

$$\begin{aligned} \Rightarrow (P_1): \; Z_1' &= Z_0' \cap \{x \geq 0 : \; x_2 \leq 1\} \\ (P_2): \; Z_2' &= Z_0' \cap \{x \geq 0 : \; x_2 \geq 2\} \end{aligned}$$

Zeile	x_1	x_2	x_3	x_4	y_1	y_2	b	Operation
①	2	1	2	1	1	0	5	
②	2	$\boxed{2}$	1	1	0	1	5	
z_1	−2	−4	−3	−1	0	0	0	
③	1	0	$\boxed{\frac{3}{2}}$	$\frac{1}{2}$	1	$-\frac{1}{2}$	$\frac{5}{2}$	① $- \frac{1}{2} \cdot$ ②
④	1	1	$\frac{1}{2}$	$\frac{1}{2}$	0	$\frac{1}{2}$	$\frac{5}{2}$	$\frac{1}{2} \cdot$ ②
z_2	2	0	−1	1	0	2	10	z_1 $+ 2 \cdot$ ②
⑤	$\frac{2}{3}$	0	1	$\frac{1}{3}$	$\frac{2}{3}$	$-\frac{1}{3}$	$\frac{5}{3}$	$\frac{2}{3} \cdot$ ③
⑥	$\frac{2}{3}$	1	0	$\frac{1}{3}$	$-\frac{1}{3}$	$\frac{2}{3}$	$\frac{5}{3}$	④ $- \frac{1}{3} \cdot$ ③
z_3	$\frac{8}{3}$	0	0	$\frac{4}{3}$	$\frac{2}{3}$	$\frac{5}{3}$	$\frac{35}{3}$	z_2 $+ \frac{2}{3} \cdot$ ③

Tabelle 30.2: *Simplexalgorithmus zur Relaxation P_0' in Beispiel 30.12*

Zeile	x_1	x_2	x_3	x_4	y_1	y_2	y_3	$\boldsymbol{b}$	Operation
①	2/3	0	1	1/3	2/3	−1/3	0	5/3	
②	2/3	1	0	1/3	−1/3	2/3	0	5/3	
③	0	1	0	0	0	0	1	1	$(x_2 \leq 1)$
③ − ②	−2/3	0	0	−1/3	1/3	−2/3	1	−2/3	*(Dualer Simplex)*
Z_1	8/3	0	0	4/3	2/3	5/3	0	35/3	
④	1	0	1	1/2	1/2	0	−1/2	2	① − 1/2 · (③ − ②)
⑤	0	1	0	0	0	0	1	1	② + (③ − ②)
⑥	1	0	0	1/2	−1/2	1	−3/2	1	−3/2 · (③ − ②)
Z_2	1	0	0	1	3/2	0	5/2	10	Z_1 + 5/2 · (③ − ②)

Tabelle 30.3: *Dualer Simplexalgorithmus zu Beispiel 30.12 mit der zusätzlichen Bedingung* $x_2 \leq 1$

Zeile	x_1	x_2	x_3	x_4	y_1	y_2	y_3	$\boldsymbol{b}$	Operation
①	2/3	0	1	1/3	2/3	−1/3	0	5/3	
②	2/3	1	0	1/3	−1/3	2/3	0	5/3	
③	0	−1	0	0	0	0	1	−2	$(-x_2 \leq -2)$
③ + ②	2/3	0	0	1/3	−1/3	2/3	1	−1/3	*(Dualer Simplex)*
Z_1	8/3	0	0	4/3	2/3	5/3	0	35/3	
④	2	0	1	1	0	1	2	1	① + 2 · (③ + ②)
⑤	0	1	0	0	0	0	−1	2	② − (③ + ②)
⑥	−2	0	0	−1	1	−2	−3	1	−3 · (③ + ②)
Z_2	4	0	0	2	0	3	2	11	Z_1 + 2 · (③ + ②)

Tabelle 30.4: *Dualer Simplexalgorithmus zu Beispiel 30.12 mit der zusätzlichen Bedingung* $x_2 \geq 2$

Mit der zusätzlichen Nebenbedingung $x_2 \leq 1$ erhält man mit Hilfe des dualen Simplexalgorithmus (Tabelle 30.3) die Optimallösung

$$\boldsymbol{x}^{1^T} = (0, 1, 2, 0)$$

mit $f(\boldsymbol{x}^1) = 10$.
(P_1) ist ausgelotet nach Fall c) und es gilt

$$\underline{ZF}_0 = f(\boldsymbol{x}^1) = 10\,.$$

Mit der Bedingung $x_2 \geq 2$ bzw. $-x_2 \leq -2$ erhält man die folgende Optimallösung (Tabelle 30.4):

$$\boldsymbol{x}^{2^T} = (0, 2, 1, 0)$$

mit $f(\boldsymbol{x}^2) = 11$.
(P_2) ist ausgelotet nach Fall c) und es gilt

$$\underline{ZF}_0 = f(\boldsymbol{x}^2) = 11\,.$$

Damit ist der Verzweigungsteil abgeschlossen. Die Optimallösung des Problems ist

$$\boldsymbol{x}^{2^T} = (0, 2, 1, 0)$$

mit $f(\boldsymbol{x}^2) = 11$.

30.3 Das Schnittebenenverfahren von Gomory

Ausgangspunkt ist ein ganzzahliges lineares Optimierungsproblem der Form

$$(GS) \quad \boldsymbol{c}^T \boldsymbol{x} \to \max$$
$$\boldsymbol{A}\boldsymbol{x} \leq \boldsymbol{b}, \quad \boldsymbol{x} \in \mathbb{Z}_+^n.$$

Ferner gilt $\boldsymbol{c} \in \mathbb{Z}^n$, $\boldsymbol{b} \in \mathbb{Z}^m$, $\boldsymbol{A}$ ist $m \times n$-Matrix mit $a_{ij} \in \mathbb{Z}$ für alle i, j.

Das Verfahren besteht zunächst wieder darin, eine Relaxierung durch Ersetzen von $\boldsymbol{x} \in \mathbb{Z}^n$ durch $\boldsymbol{x} \geq \boldsymbol{0}$ vorzunehmen und das entstandene lineare Optimierungsproblem zu lösen. Anschließend wird der Zulässigkeitsbereich des linearen Optimierungsproblems durch geschickt gewählte neue Nebenbedingungen eingeschränkt, bis eine ganzzahlige Lösung gefunden wird. Diese neuen Nebenbedingungen sind so zu wählen, dass alle ganzzahligen zulässigen Lösungen erhalten bleiben.

Satz 30.13

Geht man von einem linearen Optimierungsproblem der Form (GS) mit $\boldsymbol{x} \geq \boldsymbol{0}$ aus, so enthält das Endtableau beispielsweise m Basisvariable $x_1, \ldots, x_m \geq 0$ sowie $n - m$ Nichtbasisvariable $x_{m+1}, \ldots, x_n \geq 0$.

Jede Zeile $i = 1, \ldots, m$ hat dann die Form

$$x_i + \sum_{k=m+1}^{n} \tilde{a}_{ik} x_k = \tilde{b}_i .$$

Ferner sei $\lfloor a \rfloor$ die größte ganze Zahl mit $\lfloor a \rfloor \leq a$.

a) Falls alle $\tilde{b}_i \in \mathbb{Z}$ $(i = 1, \ldots, m)$, hat man eine Optimallösung gefunden. Es gilt

$$x_i = \begin{cases} \tilde{b}_i & (i = 1, \ldots, m) \\ 0 & \text{sonst} \end{cases} .$$

b) Für alle $\tilde{b}_i \notin \mathbb{Z}$ $(i = 1, \ldots, m)$ erhält man die Ungleichungen:

$$-\sum_{k=m+1}^{n} (\tilde{a}_{ik} - \lfloor \tilde{a}_{ik} \rfloor) x_k \leq -(\tilde{b}_i - \lfloor \tilde{b}_i \rfloor)$$

Beweis

a) klar

b) Mit $\tilde{a}_{ik} = \lfloor \tilde{a}_{ik} \rfloor + (\tilde{a}_{ik} - \lfloor \tilde{a}_{ik} \rfloor)$,
$\tilde{b}_i = \lfloor \tilde{b}_i \rfloor + (\tilde{b}_i - \lfloor \tilde{b}_i \rfloor)$
lässt sich die Zeile i umschreiben:

$$x_i + \sum_k (\lfloor \tilde{a}_{ik} \rfloor + (\tilde{a}_{ik} - \lfloor \tilde{a}_{ik} \rfloor)) x_k$$
$$= \lfloor \tilde{b}_i \rfloor + (\tilde{b}_i - \lfloor \tilde{b}_i \rfloor)$$
$$\Rightarrow \quad x_i + \sum_k \lfloor \tilde{a}_{ik} \rfloor x_k - \lfloor \tilde{b}_i \rfloor$$
$$= -\sum_k (\tilde{a}_{ik} - \lfloor \tilde{a}_{ik} \rfloor) x_k + (\tilde{b}_i - \lfloor \tilde{b}_i \rfloor)$$
$$\leq (\tilde{b}_i - \lfloor \tilde{b}_i \rfloor) \in (0, 1)$$

$\Rightarrow$ Wegen der Ganzzahligkeit von

$$x_i + \sum\nolimits_k \lfloor \tilde{a}_{ik} \rfloor x_k - \lfloor \tilde{b}_i \rfloor$$

ist dieser Ausdruck kleiner oder gleich 0 und damit wegen der Gleichheit auch:

$$-\sum_{k=m+1}^{n} (\tilde{a}_{ik} - \lfloor \tilde{a}_{ik} \rfloor) x_k + (\tilde{b}_i - \lfloor \tilde{b}_i \rfloor) \leq 0$$

Wir merken an, dass jeder zulässige Punkt des ganzzahligen Optimierungsproblems (GS) der Ungleichung in Satz 30.13 b genügt. Das gilt nicht für die Optimallösung $\boldsymbol{x}^*$ des relaxierten Problems. Da für $\boldsymbol{x}^*$ alle Nichtbasisvariablen 0 sind, gilt

$$-\sum_{k=m+1}^{n} (\tilde{a}_{ik} - \lfloor \tilde{a}_{ik} \rfloor) x_k^* = 0$$

im Widerspruch zu $\tilde{b}_i > \lfloor \tilde{b}_i \rfloor$.

Durch die Ungleichung in Satz 30.13 b wird also der zulässige Bereich eingeschränkt, ohne dass ganzzahlige zulässige Lösungen verloren gehen. Aus diesem Grund ergänzt man das relaxierte Problem so lange durch Ungleichungen der genannten Art, bis $\tilde{b}_i \in \mathbb{Z}$ für alle $i = 1, \ldots, m$ erreicht wird, oder das lineare Optimierungsproblem keine zulässige Lösung hat.

Beispiel 30.14

Gegeben ist das Problem aus Beispiel 30.8:

$$\begin{aligned} f(x_1, x_2) = 2x_1 + 3x_2 &\to \max && (ZF) \\ x_1 + 2x_2 &\le 8 && (A) \\ 2x_1 + \ \ x_2 &\le 9 && (B) \\ x_1, x_2 &\in \mathbb{Z}_+ \end{aligned}$$

Wir ersetzen $x_1, x_2 \in \mathbb{Z}$ durch $x_1, x_2 \ge 0$ und erhalten mit dem Simplexverfahren:

Zeile	x_1	x_2	y_1	y_2	b	Operation
①	1	2 (circled)	1	0	8	
②	2	1	0	1	9	
Z_1	-2	-3	0	0	0	
③	$\frac{1}{2}$	1	$\frac{1}{2}$	0	4	$\frac{1}{2}\cdot$ ①
④	$\frac{3}{2}$ (circled)	0	$-\frac{1}{2}$	1	5	② $-\frac{1}{2}\cdot$ ①
Z_2	$-\frac{1}{2}$	0	$\frac{3}{2}$	0	12	$Z_1 + \frac{3}{2}\cdot$ ①
⑤	0	1	$\frac{2}{3}$	$-\frac{1}{3}$	$\frac{7}{3}$	③ $-\frac{1}{3}\cdot$ ④
⑥	1	0	$-\frac{1}{3}$	$\frac{2}{3}$	$\frac{10}{3}$	$\frac{2}{3}\cdot$ ④
Z_3	0	0	$\frac{4}{3}$	$\frac{1}{3}$	$\frac{41}{3}$	$Z_2 + \frac{1}{3}\cdot$ ④

Optimale Lösung:

$$\begin{pmatrix} x_1 \\ x_2 \end{pmatrix} = \begin{pmatrix} 10/3 \\ 7/3 \end{pmatrix}$$

mit

$$f(x_1, x_2) = \frac{41}{3}$$

Aus ⑤ folgt:

$$x_2 + \frac{2}{3}y_1 - \frac{1}{3}y_2 = \frac{7}{3}$$

Dann gilt nach Satz 30.13 b:

$$-\left(\frac{2}{3} - 0\right) \cdot y_1 - \left(-\frac{1}{3} - (-1)\right) \cdot y_2 \le -\frac{1}{3}$$

$$\Rightarrow -\frac{2}{3} \cdot y_1 - \frac{2}{3}y_2 \le -\frac{1}{3}$$

Wir ergänzen das Simplextableau und erhalten:

Zeile	x_1	x_2	y_1	y_2	y_3	b	Operation
⑤	0	1	$\frac{2}{3}$	$-\frac{1}{3}$	0	$\frac{7}{3}$	
⑥	1	0	$-\frac{1}{3}$	$\frac{2}{3}$	0	$\frac{10}{3}$	
⑦	0	0	$-\frac{2}{3}$	$-\frac{2}{3}$ (circled)	1	$-\frac{1}{3}$	*Dualer Simplex*
Z_4	0	0	$\frac{4}{3}$	$\frac{1}{3}$	0	$\frac{41}{3}$	
⑧	0	1	1	0	$-\frac{1}{2}$	$\frac{5}{2}$	⑤ $-\frac{1}{2}\cdot$ ⑦
⑨	1	0	-1	0	1	3	⑥ + ⑦
⑩	0	0	1	1	$-\frac{3}{2}$	$\frac{1}{2}$	$-\frac{3}{2}\cdot$ ⑦
Z_5	0	0	1	0	$\frac{1}{2}$	$\frac{27}{2}$	$Z_4 + \frac{1}{2}\cdot$ ⑦

Aus ⑧ folgt:

$$x_2 + y_1 - \frac{1}{2}y_3 = \frac{5}{2}$$

Dann gilt nach Satz 30.13 b:

$$-(1-1)y_1 - \left(-\frac{1}{2} - (-1)\right) \cdot y_3 \le -\frac{1}{2}$$

$$\Rightarrow -\frac{1}{2}y_3 \le -\frac{1}{2}$$

Wir ergänzen das Simplextableau und erhalten:

Zeile	x_1	x_2	y_1	y_2	y_3	y_4	b	Operation
⑧	0	1	1	0	$-\frac{1}{2}$	0	$\frac{5}{2}$	
⑨	1	0	-1	0	1	0	3	
⑩	0	0	1	1	$-\frac{3}{2}$	0	$\frac{1}{2}$	
⑪	0	0	0	0	$-\frac{1}{2}$ (circled)	1	$-\frac{1}{2}$	*Dualer Simplex*
Z_6	0	0	1	0	$\frac{1}{2}$	0	$\frac{27}{2}$	
⑫	0	1	1	0	0	-1	3	⑧ − ⑪
⑬	1	0	-1	0	0	2	2	⑨ + 2 · ⑪
⑭	0	0	1	1	0	-3	2	⑩ − 3 · ⑪
⑮	0	0	0	0	1	-2	1	−2 · ⑪
Z_7	0	0	1	0	0	1	13	Z_6 + ⑪

Da die $\boldsymbol{b}$-Spalte nur noch ganzzahlige Werte enthält, ist das ganzzahlige Optimierungsproblem nach Satz 30.13 a gelöst.

Die Optimallösung ist

$$x^* = (x_1, x_2, y_1, y_2)^T = (2, 3, 0, 2)^T \quad \text{mit}$$
$$f(x^*) = 13.$$

Abschließend veranschaulichen wir den Ablauf des Verfahrens von Beispiel 30.14 graphisch.

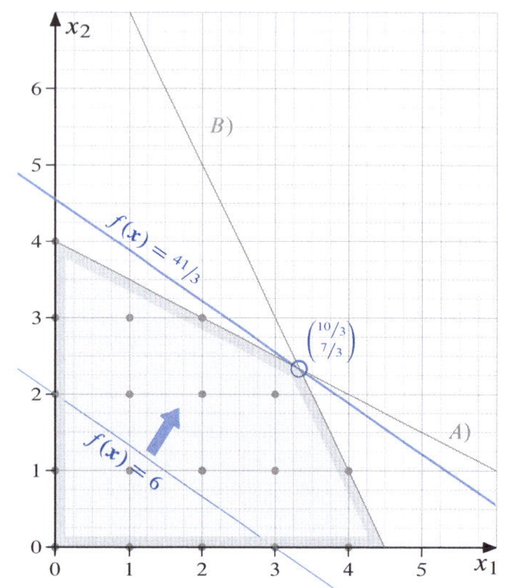

Abbildung 30.7: *Lösung der relaxierten Optimierungsaufgabe von Beispiel 30.14*

Um die neuen Nebenbedingungen einzeichnen zu können, sind einige Umformungen erforderlich.

Aus den beiden Gleichungen

$$\begin{aligned} x_1 + 2x_2 + y_1 \quad &= 8 \qquad (A) \\ 2x_1 + \ x_2 \quad + y_2 &= 9 \qquad (B) \end{aligned}$$

und der Ungleichung $-\frac{2}{3}y_1 - \frac{2}{3}y_2 \leq -\frac{1}{3}$ folgt:

$$\begin{aligned} &-\tfrac{2}{3}(8 - x_1 - 2x_2) - \tfrac{2}{3}(9 - 2x_1 - x_2) \leq -\tfrac{1}{3} \\ &\Rightarrow 6x_1 + 6x_2 \leq 33 \\ &\Rightarrow x_1 + x_2 \leq 5.5 \qquad (C) \end{aligned}$$

Analog dazu folgt aus den beiden Gleichungen

$$\begin{aligned} x_1 + 2x_2 + y_1 \quad &= 8 \qquad (A) \\ 2x_1 + \ x_2 \quad + y_2 &= 9 \qquad (B) \end{aligned}$$

und der Ungleichung $-{}^1/_2 y_3 \leq -{}^1/_2$ bzw. ${}^5/_2 - x_2 - y_1 \leq -{}^1/_2$ (nach ⑧) die Ungleichung

$$\begin{aligned} &\tfrac{5}{2} - x_2 - (8 - x_1 - 2x_2) \leq -\tfrac{1}{2} \\ &\Rightarrow x_1 + x_2 \leq 5. \qquad (D) \end{aligned}$$

Offenbar wurde mit zwei neuen Nebenbedingungen (C) und (D), ausgehend von den nichtganzzahligen Lösungen $({}^{10}/_3, {}^7/_3)$ und $(3, {}^5/_2)$, die optimale Lösung gefunden:

$$x^* = \begin{pmatrix} 2 \\ 3 \end{pmatrix} \quad \text{mit} \quad f(x^*) = 13$$

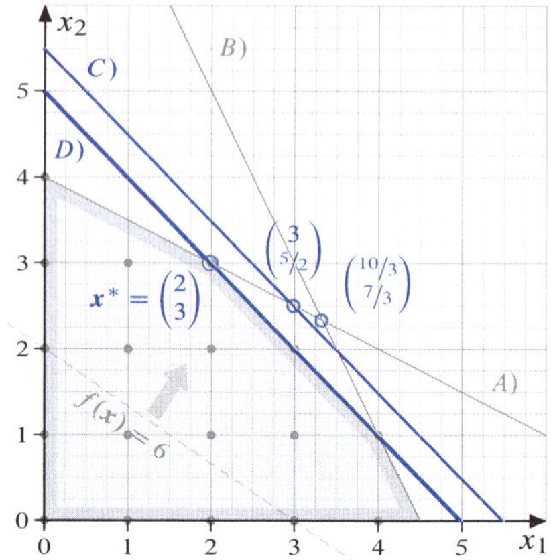

Abbildung 30.8: *Lösung der ganzzahligen Optimierungsaufgabe von Beispiel 30.14*

Die Tatsache, dass die neuen Nebenbedingungen geometrisch „Schnittebenen" entsprechen, die den Zulässigkeitsbereich zunehmend einschränken, ohne ganzzahlige Lösungenn auszuschließen, hat dem Verfahren von Gomory seinen Namen gegeben.

Relevante Literatur

Conforti, Michele u. a. (2014). *Integer Programming*. Springer, Kap. 2

Chen, Der-San u. a. (2010). *Applied Integer Programming: Modeling and Solution*. John Wiley & Sons

Domschke, Wolfgang u. a. (2015). *Einführung in Operations Research*. 9. Aufl. Springer Gabler, Kap. 6

Hillier, Frederick S. und Lieberman, Gerald J. (2014). *Introduction to Operations Research*. 10. Aufl. McGraw-Hill, Kap. 12

Neumann, Klaus und Morlock, Martin (2002). *Operations Research*. 2. Aufl. Hanser, Kap. 3

Nickel, Stefan u. a. (2014). *Operations Research*. 2. Aufl. Springer Gabler, Kap. 5

Taha, Hamdy A. (2010). *Operations Research: An Introduction*. 9. Aufl. Pearson, Kap. 11

Zimmermann, Hans-Jürgen (2008). *Operations Research: Methoden und Modelle. Für Wirtschaftsingenieure, Betriebswirte und Informatiker*. 2. Aufl. Vieweg+Teubner, Kap. 5.3

Literaturverzeichnis

Literatur, auf die am Ende der Kapitel verwiesen wird

Adams, Gabriele, Kruse, Hermann-Josef, Sippel, Diethelm und Pfeiffer, Udo (2013). *Mathematik zum Studieneinstieg: Grundwissen der Analysis für Wirtschaftswissenschaftler, Ingenieure, Naturwissenschaftler und Informatiker.* 6. Aufl. Springer Gabler.

Albrecht, Peter (2014). *Finanzmathematik für Wirtschaftswissenschaftler: Grundlagen, Anwendungsbeispiele, Fallstudien, Aufgaben und Lösungen.* 3. Aufl. Schäffer-Poeschel.

Alt, Walter (2011). *Nichtlineare Optimierung: Eine Einführung in Theorie, Verfahren und Anwendungen.* 2. Aufl. Vieweg+Teubner.

Arens, Tilo, Hettlich, Frank, Karpfinger, Christian, Kockelkorn, Ulrich, Lichtenegger, Klaus und Stachel, Hellmuth (2015). *Mathematik.* 3. Aufl. Springer Spektrum.

Arrenberg, Jutta, Kiy, Manfred, Knobloch, Ralf und Lange, Winfried (2013). *Vorkurs in Wirtschaftsmathematik.* 4. Aufl. Oldenbourg.

Bamberg, Günter, Baur, Franz und Krapp, Michael (2017). *Statistik: Eine Einführung für Wirtschafts- und Sozialwissenschaftler.* 18. Aufl. De Gruyter Oldenbourg.

Benker, Hans (2005). *Differentialgleichungen mit MATHCAD und MATLAB.* Springer.

Beutelspacher, Albrecht (2013). *Lineare Algebra: Eine Einführung in die Wissenschaft der Vektoren, Abbildungen und Matrizen.* 8. Aufl. Springer Spektrum.

Bosch, Karl (2010). *Brückenkurs Mathematik: Eine Einführung mit Beispielen und Übungsaufgaben.* 14. Aufl. De Gruyter Oldenbourg.

Bradtke, Thomas (2003). *Mathematische Grundlagen für Ökonomen.* 2. Aufl. De Gruyter Oldenbourg.

Chen, Der-San, Batson, Robert G. und Dang, Yu (2010). *Applied Integer Programming: Modeling and Solution.* John Wiley & Sons.

Collatz, Lothar und Wetterling, Wolfgang (1971). *Optimierungsaufgaben.* 2. Aufl. Springer.

Conforti, Michele, Cornuéjols, Gérard und Zambelli, Giacomo (2014). *Integer Programming.* Springer.

Cramer, Erhard und Nešlehová, Johanna (2015). *Vorkurs Mathematik: Arbeitsbuch zum Studienbeginn in Bachelor-Studiengängen.* 6. Aufl. Springer Spektrum.

Dantzig, George B. und Thapa, Mukund N. (1997). *Linear Programming 1: Introduction.* Springer.

Dietz, Hans M. (2012). *Mathematik für Wirtschaftswissenschaftler: Das ECOMath-Handbuch.* 2. Aufl. Springer.

Domschke, Wolfgang, Drexl, Andreas, Klein, Robert und Scholl, Armin (2015). *Einführung in Operations Research.* 9. Aufl. Springer Gabler.

Fiacco, Anthony V. und McCormick, Garth P. (1969). *Nonlinear Programming: Sequential Unconstrained Minimization Techniques.* John Wiley & Sons.

Fischer, Gerd (2012). *Lernbuch Lineare Algebra und Analytische Geometrie: Das Wichtigste ausführlich für das Lehramts- und Bachelorstudium.* 2. Aufl. Springer Spektrum.

Fischer, Gerd (2013). *Lineare Algebra: Eine Einführung für Studienanfänger.* 18. Aufl. Springer Spektrum.

Forster, Otto (2013). *Analysis 2: Differentialrechnung im $\mathbb{R}^n$, gewöhnliche Differentialgleichungen.* 10. Aufl. Springer Spektrum.

Forster, Otto (2016). *Analysis 1: Differential- und Integralrechnung einer Veränderlichen.* 12. Aufl. Springer Spektrum.

Gamerith, Wolf, Leopold-Wildburger, Ulrike und Steindl, Werner (2010). *Einführung in die Wirtschaftsmathematik.* 5. Aufl. Springer.

Gramlich, Günter M. (2014). *Lineare Algebra: Eine Einführung.* 4. Aufl. Carl Hanser.

Hettich, Günter, Jüttler, Helmut und Luderer, Bernd (2012). *Mathematik für Wirtschaftswissenschaftler und Finanzmathematik.* 11. Aufl. De Gruyter Oldenbourg.

Heuser, Harro (2009). *Gewöhnliche Differentialgleichungen: Einführung in Lehre und Gebrauch.* 6. Aufl. Vieweg+Teubner.

Hillier, Frederick S. und Lieberman, Gerald J. (2014). *Introduction to Operations Research.* 10. Aufl. McGraw-Hill.

Kemnitz, Arnfried (2014). *Mathematik zum Studienbeginn: Grundlagenwissen für alle technischen, mathematisch-naturwissenschaftlichen und wirtschaftswissenschaftlichen Studiengänge.* 11. Aufl. Springer Spektrum.

Koop, Andreas und Moock, Hardy (2008). *Lineare Optimierung: Eine anwendungsorientierte Einführung in Operations Research.* Springer Spektrum.

Kosmol, Peter (1993). *Methoden zur numerischen Behandlung nichtlinearer Gleichungen und Optimierungsaufgaben.* 2. Aufl. Teubner.

Krause, Ulrich und Nesemann, Tim (2012). *Differenzengleichungen und diskrete dynamische Systeme. Eine Einführung in Theorie und Anwendungen.* 2. Aufl. De Gruyter.

Kruschwitz, Lutz (2010). *Finanzmathematik: Lehrbuch der Zins-, Renten-, Tilgungs-, Kurs- und Renditerechnung.* 5. Aufl. De Gruyter Oldenbourg.

Kuhn, Harold W. und Tucker, Albert W. (1951). „Nonlinear programming“. In: *Proceedings of the Second Berkeley*

Symposium on Mathematical Statistics and Probability. Hrsg. von Neyman, Jerzey. University of California, S. 481–492.

Liesen, Jörg und Mehrmann, Volker (2015). *Lineare Algebra: Ein Lehrbuch über die Theorie mit Blick auf die Praxis*. 2. Aufl. Springer Spektrum.

Locarek-Junge, Hermann (1997). *Finanzmathematik: Lehr- und Übungsbuch*. 3. Aufl. De Gruyter Oldenbourg.

Luderer, Bernd und Würker, Uwe (2014). *Einstieg in die Wirtschaftsmathematik*. 9. Aufl. Springer Gabler.

Luenberger, David G. und Ye, Yinyu (2016). *Linear and Nonlinear Programming*. 4. Aufl. Springer.

Meinel, Christoph und Mundhenk, Martin (2015). *Mathematische Grundlagen der Informatik: Mathematisches Denken und Beweisen. Eine Einführung*. 6. Aufl. Springer Vieweg.

Merz, Michael und Wüthrich, Mario V. (2012). *Mathematik für Wirtschaftswissenschaftler: Die Einführung mit vielen ökonomischen Beispielen*. Vahlen.

Neumann, Klaus und Morlock, Martin (2002). *Operations Research*. 2. Aufl. Hanser.

Nickel, Stefan, Stein, Oliver und Waldmann, Karl-Heinz (2014). *Operations Research*. 2. Aufl. Springer Gabler.

Opitz, Otto, Klein, Robert und Burkart, Wolfgang R. (2014). *Mathematik: Übungsbuch für das Studium der Wirtschaftswissenschaften*. 8. Aufl. De Gruyter Oldenbourg.

Pampel, Thorsten (2010). *Mathematik für Wirtschaftswissenschaftler*. Springer.

Papula, Lothar (2015). *Mathematik für Ingenieure und Naturwissenschaftler Band 2: Ein Lehr- und Arbeitsbuch für das Grundstudium*. 14. Aufl. Springer Vieweg.

Papula, Lothar (2017). *Mathematische Formelsammlung: Für Ingenieure und Naturwissenschaftler*. 12. Aufl. Springer Vieweg.

Pardalos, Panos M., Thoai, Nguyen Van und Horst, Reiner (2008). *Introduction to Global Optimization*. 2. Aufl. Springer.

Plaue, Matthias und Scherfner, Mike (2009). *Mathematik für das Bachelorstudium I: Grundlagen, lineare Algebra und Analysis*. Spektrum.

Purkert, Walter (2014). *Brückenkurs Mathematik für Wirtschaftswissenschaftler*. 8. Aufl. Springer Gabler.

Reinhardt, Rüdiger, Hoffmann, Armin und Gerlach, Tobias (2012). *Nichtlineare Optimierung: Theorie, Numerik und Experimente*. Springer Spektrum.

Renger, Klaus (2016). *Finanzmathematik mit Excel: Grundlagen – Beispiele – Lösungen*. 4. Aufl. Springer Gabler.

Rommelfanger, Heinrich (2014). *Mathematik für Wirtschaftswissenschaftler Band 3: Differenzengleichungen – Differentialgleichungen – Wahrscheinlichkeitstheorie – Stochastische Prozesse*. Springer Spektrum.

Schäfer, Wolfgang, Georgi, Kurt und Trippler, Gisela (2006). *Mathematik-Vorkurs: Übungs- und Arbeitsbuch für Studienanfänger*. 6. Aufl. Vieweg+Teubner.

Schmidt, Karsten und Trenkler, Götz (2015). *Einführung in die Moderne Matrix-Algebra: Mit Anwendungen in der Statistik*. 3. Aufl. Springer Gabler.

Schwarze, Jochen (2011a). *Elementare Grundlagen der Mathematik für Wirtschaftswissenschaftler*. 8. Aufl. NWB.

Senger, Jürgen (2009). *Mathematik: Grundlagen für Ökonomen*. 3. Aufl. De Gruyter Oldenbourg.

Strang, Gilbert (2003). *Lineare Algebra*. Springer.

Sydsæter, Knut und Hammond, Peter (2015). *Mathematik für Wirtschaftswissenschaftler: Basiswissen mit Praxisbezug*. 4. Aufl. Pearson Studium.

Taha, Hamdy A. (2010). *Operations Research: An Introduction*. 9. Aufl. Pearson.

Thomas, George B., Weir, Maurice D. und Hass, Joel (2013). *Analysis 1: Lehr- und Übungsbuch*. 12. Aufl. Pearson.

Tietze, Jürgen (2013). *Einführung in die angewandte Wirtschaftsmathematik: Das praxisnahe Lehrbuch – inklusive Brückenkurs für Einsteiger*. 17. Aufl. Springer Spektrum.

Tietze, Jürgen (2015). *Einführung in die Finanzmathematik: Klassische Verfahren und neuere Entwicklungen: Effektivzins- und Renditeberechnung, Investitionsrechnung, Derivative Finanzinstrumente*. 12. Aufl. Springer Spektrum.

Ulbrich, Michael und Ulbrich, Stefan (2012). *Nichtlineare Optimierung*. Birkhäuser.

Wagner, Jürgen (2016). *Einstieg in die Hochschulmathematik: Verständlich erklärt vom Abiturniveau aus*. Springer Spektrum.

Walz, Guido, Zeilfelder, Frank und Rießinger, Thomas (2015). *Brückenkurs Mathematik: Für Studieneinsteiger aller Disziplinen*. 4. Aufl. Springer Spektrum.

Wellstein, Hartmut und Kirsche, Peter (2009). *Elementargeometrie: Eine aufgabenorientierte Einführung*. Vieweg+Teubner.

Zimmermann, Hans-Jürgen (2008). *Operations Research: Methoden und Modelle. Für Wirtschaftsingenieure, Betriebswirte und Informatiker*. 2. Aufl. Vieweg+Teubner.

Weitere Lehr- und Übungsbücher

Arens, Tilo, Hettlich, Frank, Karpfinger, Christian, Kockelkorn, Ulrich, Lichtenegger, Klaus und Stachel, Hellmuth (2016). *Arbeitsbuch Mathematik: Aufgaben, Hinweise, Lösungen und Lösungswege.* 3. Aufl. Springer Spektrum.

Böker, Fred (2013). *Mathematik für Wirtschaftswissenschaftler: Das Übungsbuch.* 2. Aufl. Pearson.

Bosch, Karl (2012). *Übungs- und Arbeitsbuch Mathematik für Ökonomen.* 8. Aufl. Oldenbourg.

Bradtke, Thomas (2000). *Übungen und Klausuren in Mathematik für Ökonomen.* Oldenbourg.

Chiang, Alpha C., Wainwright, Kevin und Nitsch, Harald (2011). *Mathematik für Ökonomen: Grundlagen, Methoden und Anwendungen.* Vahlen.

Clermont, Stefan, Cramer, Erhard, Jochems, Birgit und Kamps, Udo (2012). *Wirtschaftsmathematik: Mathematik-Training zum Studienstart.* 4. Aufl. Oldenbourg.

Dörsam, Peter (2014). *Mathematik in den Wirtschaftswissenschaften: Aufgabensammlung mit Lösungen.* 10. Aufl. PD.

Gerlach, Silvio, Schelten, Annette und Steuer, Christian (2011). *Rechentrainer: Schlag auf Schlag – Rechnen bis ich's mag.* 3. Aufl. Studeo.

Gohout, Wolfgang (2012). *Mathematik für Wirtschaft und Technik.* 2. Aufl. Oldenbourg.

Hackl, Peter und Katzenbeisser, Walter (2000). *Mathematik für Sozial- und Wirtschaftswissenschaften: Lehrbuch mit Übungsaufgaben.* 9. Aufl. Oldenbourg.

Karmann, Alexander (2008). *Mathematik für Wirtschaftswissenschaftler: Problemorientierte Einführung.* 6. Aufl. Oldenbourg.

Kneis, Gert (2005). *Mathematik für Wirtschaftswissenschaftler.* 2. Aufl. Oldenbourg.

Leydold, Josef (2003). *Mathematik für Ökonomen: Formale Grundlagen der Wirtschaftswissenschaften.* 3. Aufl. Oldenbourg.

Luh, Wolfgang und Stadtmüller, Karin (2004). *Mathematik für Wirtschaftswissenschaftler: Einführung.* 7. Aufl. Oldenbourg.

Merz, Michael (2013). *Übungsbuch zur Mathematik für Wirtschaftswissenschaftler.* Vahlen.

Mosler, Karl, Dyckerhoff, Rainer und Scheicher, Christoph (2011). *Mathematische Methoden für Ökonomen.* 2. Aufl. Springer.

Riedel, Frank und Wichardt, Philipp C. (2009). *Mathematik für Ökonomen.* 2. Aufl. Springer.

Riedel, Frank, Wichardt, Philipp C. und Matzke, Christina (2009). *Arbeitsbuch zur Mathematik fur Okonomen: Übungsaufgaben und Lösungen.* Springer.

Rommelfanger, Heinrich (2001). *Mathematik für Wirtschaftswissenschaftler: Band 2.* 5. Aufl. Spektrum.

Rommelfanger, Heinrich (2004a). *Mathematik für Wirtschaftswissenschaftler: Band 1.* 6. Aufl. Spektrum.

Rommelfanger, Heinrich (2004b). *Übungsbuch Mathematik für Wirtschaftswissenschaftler.* Spektrum.

Schwarze, Jochen (2011b). *Mathematik für Wirtschaftswissenschaftler 2: Differential- und Integralrechnung.* 13. Aufl. nwb.

Schwarze, Jochen (2011c). *Mathematik für Wirtschaftswissenschaftler 3: Lineare Algebra, Lineare Optimierung und Graphentheorie.* 13. Aufl. nwb.

Schwarze, Jochen (2015a). *Aufgabensammlung zur Mathematik für Wirtschaftswissenschaftler.* 8. Aufl. nwb.

Schwarze, Jochen (2015b). *Mathematik für Wirtschaftswissenschaftler 1: Grundlagen.* 14. Aufl. nwb.

Walter, Lothar (2012). *Mathematik in der Betriebswirtschaft: Aufgabensammlung mit Lösungen.* Oldenbourg.

Walter, Lothar (2013). *Mathematik in der Betriebswirtschaft.* 4. Aufl. Oldenbourg.

Symbolverzeichnis

Symbol	Bedeutung	Seite
$a+b, a-b$	Summe bzw. Differenz zweier Zahlen a, b	1, 2
$a \cdot b, \frac{a}{b}$ $(a/b, a:b)$	Produkt bzw. Quotient zweier Zahlen a, b	1, 2
$\mathbb{N}$	Menge der natürlichen Zahlen	2, 56
$\mathbb{Z}$	Menge der ganzen Zahlen	2, 56
$\mathbb{Q}$	Menge der rationalen Zahlen	2, 56
$\mathbb{R}$	Menge der reellen Zahlen	2, 56
$\mathrm{e} = 2.71828\ldots$	Eulersche Zahl	2
$\pi = 3.14159\ldots$	Kreiszahl	2
a^n	n-te Potenz von a mit $a \in \mathbb{R}$ als Basis, $n \in \mathbb{N}$ als Exponent	3
$a^{\frac{1}{n}} = \sqrt[n]{a}$	n-te Wurzel von a mit $a \in \mathbb{R}$ als Radikand, $n \in \mathbb{N}$ als Wurzelexponent	4
$\log_a b$	Logarithmus der Zahl $b > 0$ zur Basis $a > 0$	4
$\log_e b = \ln b$	natürlicher Logarithmus von $b > 0$	4
$\log_{10} b = \lg b$	dekadischer Logarithmus von $b > 0$	4
$i, j, k, m, n, \ldots$	natürliche Zahlen	5
$\sum\limits_{i=k}^{n} a_i$	Summe der Zahlen $a_k, a_{k+1}, \ldots, a_n$	5
$\prod\limits_{i=k}^{n} a_i$	Produkt der Zahlen $a_k, a_{k+1}, \ldots, a_n$	6
$n! = 1 \cdot 2 \cdot \ldots \cdot n$	n-Fakultät	6
$\binom{n}{k} = \frac{n!}{k!\,(n-k)!}$	Binomialkoeffizient n über k	7
$a \leq b$	a kleiner oder gleich b	14
$a \geq b$	a größer oder gleich b	14
$[a, b]$	abgeschlossenes Intervall zwischen a und b	14
(a, b)	offenes Intervall zwischen a und b	14

Symbol	Bedeutung	Seite
$[a,b), (a,b]$	halboffene Intervalle zwischen a und b	14
$\|a\|,\ldots,\|x\|,\ldots$	Betrag einer reellen Zahl oder Variablen	15
$\sin\alpha$	Sinus des Winkels α	21
$\cos\alpha$	Kosinus des Winkels α	21
$\tan\alpha$	Tangens des Winkels α	21
$\cot\alpha$	Kotangens des Winkels α	21
$\mathbb{C}$	Menge der komplexen Zahlen	29
$z = a + ib$	komplexe Zahl mit Realteil a und Imaginärteil b	29
$z = a + ib$, $\overline{z} = a - ib$	konjugiert komplexe Zahlen	29
$\mathsf{A}, \mathsf{B}, \ldots$	Aussagen	40
w, f	Wahrheitsgehalt von Aussagen: w entspricht wahr, f entspricht falsch	40
$\overline{\mathsf{A}}, \overline{\mathsf{B}}, \ldots$	Negation von Aussagen: nicht A, nicht B, ...	40
$\mathsf{A} \wedge \mathsf{B}$	Konjunktion von Aussagen: A und B	41
$\mathsf{A} \vee \mathsf{B}$	Disjunktion von Aussagen: A oder B	41
$\mathsf{A} \Rightarrow \mathsf{B}$	Implikation von Aussagen: Wenn A, dann B	41
$\mathsf{A} \Leftrightarrow \mathsf{B}$	Äquivalenz von Aussagen: A gleichwertig zu B	43
$\bigwedge_x \mathsf{A}(x)$, $\forall x : \mathsf{A}(x)$	Allaussage	47
$\bigvee_x \mathsf{A}(x)$, $\exists x : \mathsf{A}(x)$	Existenzaussage	47
$A, B, \ldots$	Mengen	56
$a \in A$	a ist Element der Menge A, a aus A	56
$a \notin A$	a ist nicht Element der Menge A, a nicht aus A	56
$\mathbb{R}_+$	Menge der nichtnegativen reellen Zahlen	56
$\mathbb{R}_-$	Menge der nichtpositiven reellen Zahlen	56
$A = B$	Mengengleichheit: A ist gleich B	57
$A \neq B$	Mengenungleichheit: A ist ungleich B	57
$A \subseteq B$	A ist Teilmenge von B oder beide Mengen sind gleich	57
$A \subset B$	A ist echte Teilmenge von B	57
$A \not\subseteq B$	A ist nicht Teilmenge von B	57
$\|A\|$	Anzahl der Elemente der Menge A	57

Symbol	Bedeutung	Seite
$\emptyset$	leere Menge, enthält kein Element	58
$\mathcal{P}(A)$	Potenzmenge: Menge aller Teilmengen von A	58
$A \cap B$	Schnittmenge/Durchschnitt, enthält alle Elemente von A und B	59
$A \cup B$	Vereinigungsmenge, enthält alle Elemente von A oder B	59
$\bigcap_x A_x$	Durchschnitt der Mengen A_x für alle x	61
$\bigcup_x A_x$	Vereinigung der Mengen A_x für alle x	61
$B \setminus A$	Differenzmenge, enthält alle Elemente von B ohne A	62
$\overline{A}_B$	Komplementärmenge, enthält alle Elemente von B ohne A, wobei A Teilmenge von B ist	62
$A \times B$	kartesisches Mengenprodukt, enthält alle Elementpaare mit a aus A und b aus B	65
$(a, b) \in A \times B$	geordnetes Elementpaar mit $a \in A, b \in B$	65
$\bigtimes_i A_i$	kartesisches Produkt der Mengen A_i für alle i	66
$\mathbb{R}^n$	Menge aller n-Tupel $(a_1, \ldots, a_n)$ reeller Zahlen, alle n-dimensionalen reellen Vektoren	66
$R, S \subseteq A \times B$	binäre Relationen von der Menge A in die Menge B	66
R^{-1}	inverse Relation, Umkehrrelation	76
$S \circ R$	zusammengesetzte Relation, Komposition	78
$f : A \to B$	Abbildung oder Funktion f von A in B mit A als Definitionsbereich, B als Wertebereich und $f(A)$ als Bildbereich von f	80
$y = f(x)$	Funktionsgleichung: x ist Urbild, y ist Bild bzgl. f	80, 100
$g \circ f$	zusammengesetzte Abbildung oder Funktion, Komposition	82, 101
f^{-1}	inverse Abbildung oder Funktion, Umkehrabbildung	83, 101
$\mathbb{N}_0$	Menge der natürlichen Zahlen einschließlich 0	85
(a_n)	Folge der reellen Zahlen $a_0, a_1, a_2, a_3, \ldots$	85
$\lim\limits_{n\to\infty} a_n = a$, $a_n \to a \ (n \to \infty)$	Grenzwert der Folge (a_n) für n gegen ∞ ist gleich a oder Folge (a_n) strebt gegen a	88
(s_n) mit $s_n = \sum\limits_{i=1}^{n} a_i$	Reihe mit $a_1, a_1 + a_2, a_1 + a_2 + a_3, \ldots$	92
$\lim\limits_{n\to\infty} s_n = \lim\limits_{n\to\infty} \sum\limits_{i=1}^{n} a_i = \sum\limits_{i=1}^{\infty} a_i = s$	Grenzwert der Reihe (s_n) für n gegen ∞ ist gleich s oder Reihe (s_n) strebt gegen s	94

Symbol	Bedeutung	Seite
$\max\{f(\boldsymbol{x}) : \boldsymbol{x} \in D\} = f(\boldsymbol{x}_{\max})$	Maximum der Funktion für alle $\boldsymbol{x}$ aus D	104
$\min\{f(\boldsymbol{x}) : \boldsymbol{x} \in D\} = f(\boldsymbol{x}_{\min})$	Minimum der Funktion für alle $\boldsymbol{x}$ aus D	104
$f(x) = x^a$ mit $x > 0$, a reell	Funktionsgleichung einer Potenzfunktion	117
$f(x) = a^x$ mit $a > 0$, x reell	Funktionsgleichung einer Exponentialfunktion zur Basis a	118
$f(x) = \log_a x$ mit $a > 1$, $x > 0$	Funktionsgleichung einer Logarithmusfunktion zur Basis a	119
$f(x) = \sin x, \cos x, \tan x, \cot x$ mit x reell	Funktionsgleichungen der trigonometrischen Funktionen Sinus, Kosinus, Tangens, Kotangens	121, 123
$\lim\limits_{\boldsymbol{x} \to \boldsymbol{x}_0} f(\boldsymbol{x}) = f(x_0)$	Grenzwert der Funktion f für $x \to x_0$	125
$\lim\limits_{\boldsymbol{x} \searrow \boldsymbol{x}_0} f(\boldsymbol{x}) = f(x_0)$	Grenzwert von f von oben gegen $f(x_0)$	125
$\lim\limits_{\boldsymbol{x} \nearrow \boldsymbol{x}_0} f(\boldsymbol{x}) = f(x_0)$	Grenzwert von f von unten gegen $f(x_0)$	125
$\Delta x = (x + \Delta x) - x$	Differenz der Variablen x	136
$\Delta f(x) = f(x + \Delta x) - f(x)$	Differenz der Funktionswerte bei Übergang von x zu $x + \Delta x$	136
$\dfrac{\Delta f(x)}{\Delta x}$	Differenzenquotient von f in x	136
$f'(x) = \lim\limits_{\Delta x \to 0} \dfrac{\Delta f(x)}{\Delta x}$	Differentialquotient von f in x, Steigung von f in x, erste Ableitung von f in x	136
$f''(x)$	zweite Ableitung von f in x, erste Ableitung von f' in x	144
$f^{(n)}(x)$	n-te Ableitung von f in x	144
$\int f(x)\,dx = F(x) + c$	Stammfunktion F von f, unbestimmtes Integral	170
$\int_a^b f(x)\,dx = F(b) - F(a)$	bestimmtes Integral von f im Intervall zwischen a und b	177, 181
$\boldsymbol{A} = \begin{pmatrix} a_{11} & \cdots & a_{1n} \\ \vdots & & \vdots \\ a_{m1} & \cdots & a_{mn} \end{pmatrix} = (a_{ij})_{m,n}$	Matrix mit m Zeilen und n Spalten, $m \times n$-Matrix mit $m \cdot n$ (reellen) Zahlen als Komponenten	190
$\boldsymbol{A}^T$	transponierte Matrix von $\boldsymbol{A}$	190

Symbol	Bedeutung	Seite
$\boldsymbol{a} = \begin{pmatrix} a_1 \\ \vdots \\ a_n \end{pmatrix}, \ \boldsymbol{x} = \begin{pmatrix} x_1 \\ \vdots \\ x_n \end{pmatrix}$	n-dimensionale Spaltenvektoren, $n \times 1$-Matrizen	191
$\boldsymbol{a}^T = (a_1, \dots, a_n)$, $\boldsymbol{x}^T = (x_1, \dots, x_n)$	n-dimensionale Zeilenvektoren, $1 \times n$-Matrizen	191
$\boldsymbol{A} = \boldsymbol{B}$	Matrix $\boldsymbol{A}$ ist gleich Matrix $\boldsymbol{B}$	192
$\boldsymbol{A} \neq \boldsymbol{B}$	Matrix $\boldsymbol{A}$ ist ungleich Matrix $\boldsymbol{B}$	192
$\boldsymbol{A} < \boldsymbol{B}$	Matrix $\boldsymbol{A}$ ist kleiner als Matrix $\boldsymbol{B}$	192
$\boldsymbol{A} \leq \boldsymbol{B}$	Matrix $\boldsymbol{A}$ ist kleiner oder gleich Matrix $\boldsymbol{B}$	192
$\boldsymbol{E} = \begin{pmatrix} 1 & \cdots & 0 \\ \vdots & \ddots & \vdots \\ 0 & \cdots & 1 \end{pmatrix}$	Einheitsmatrix	193
$\boldsymbol{0} = \begin{pmatrix} 0 & \dots & 0 \\ \vdots & \ddots & \vdots \\ 0 & \dots & 0 \end{pmatrix}$	Nullmatrix	193
$\boldsymbol{e}_1 = \begin{pmatrix} 1 \\ 0 \\ \vdots \\ 0 \end{pmatrix}, \dots, \boldsymbol{e}_n = \begin{pmatrix} 0 \\ \vdots \\ 0 \\ 1 \end{pmatrix}$	n-dimensionale Einheitsvektoren	193
$\boldsymbol{0} = \begin{pmatrix} 0 \\ \vdots \\ 0 \end{pmatrix}$	n-dimensionaler Nullvektor	193
$\lVert \boldsymbol{a} \rVert$	Länge oder Norm des n-dimensionalen Vektors $\boldsymbol{a}$	203
$[\boldsymbol{a}, \boldsymbol{b}], (\boldsymbol{a}, \boldsymbol{b})$	n-dimensionales abgeschlossenes bzw. offenes Intervall	208
Rg $\boldsymbol{A}$	Rang der Matrix $\boldsymbol{A}$	224
$\boldsymbol{A}^{-1}$	inverse Matrix von $\boldsymbol{A}$	252
det $\boldsymbol{A}$	Determinante der Matrix $\boldsymbol{A}$	261
$f : D \to W$ mit $D \subseteq \mathbb{R}^n, W \subseteq \mathbb{R}$	reelle Funktion mehrerer reeller Variablen $x_1, \dots, x_n$ mit $y = f(x_1, \dots, x_n) = f(\boldsymbol{x})$	285
$f^i(\boldsymbol{x}) = f_{x_i}(\boldsymbol{x}) = \frac{\partial f(\boldsymbol{x})}{\partial x_i}$	erste partielle Ableitung von f in $\boldsymbol{x}$ aus $\mathbb{R}^n$ in Richtung der x_i-Achse	291
grad $f(\boldsymbol{x})$, $\nabla f(\boldsymbol{x})$	Vektor der ersten partiellen Ableitungen, Gradient der Funktion f, Nabla-Operator ∇	292

Symbol	Bedeutung	Seite
$f^{ij}(\boldsymbol{x}) = f_{x_i x_j}(\boldsymbol{x}) = \dfrac{\partial^2 f(\boldsymbol{x})}{\partial x_j\ \partial x_i}$	partielle Ableitung zweiter Ordnung in $\boldsymbol{x}$ aus $\mathbb{R}^n$, zunächst in x_i-Richtung, anschließend in x_j-Richtung	299
$\boldsymbol{H}(\boldsymbol{x}) = \begin{pmatrix} f_{x_1,x_1}(\boldsymbol{x}) & \cdots & f_{x_1,x_n}(\boldsymbol{x}) \\ \vdots & \ddots & \vdots \\ f_{x_n,x_1}(\boldsymbol{x}) & \cdots & f_{x_n,x_n}(\boldsymbol{x}) \end{pmatrix}$	Hessematrix, Matrix der partiellen Ableitungen zweiter Ordnung in $\boldsymbol{x}$ aus $\mathbb{R}^n$	300, 425
$\int \ldots \int f(x_1, \ldots, x_n)\, dx_n \ldots dx_1$	Mehrfachintegral	319, 322
$f(\boldsymbol{x}) \to \max$	Maximiere die Funktion f	388
$f(\boldsymbol{x}) \to \min$	Minimiere die Funktion f	388

Griechisches Alphabet

α	A	Alpha
β	B	Beta
γ	Γ	Gamma
δ	Δ	Delta
ε	E	Epsilon
ζ	Z	Zeta
η	H	Eta
ϑ	Θ	Theta
ι	I	Iota
κ	K	Kappa
λ	Λ	Lambda
μ	M	Mü
ν	N	Nü
ξ	Ξ	Xi
o	O	Omikron
π	Π	Pi
ϱ	R	Rho
σ	Σ	Sigma
τ	T	Tau
υ	Υ	Ypsilon
φ	Φ	Phi
χ	X	Chi
ψ	Ψ	Psi
ω	Ω	Omega

Stichwortverzeichnis

B

M

N

W

Z